## 누구나 합격할 수 있는 방법,
## 동일출판사와 함께 하는 것.

54년간 전기만을 연구해 온 최고의 집필진이 만든책!
동일출판사와 함께 합격의 기쁨을 누리시길 기원합니다.

수험서의 기준을 만듭니다.
합격을 위한 지름길을 안내합니다.
전·현직 전기인들이 가장 선호하는 수험서로 인정받았으며,
최다 누적 판매와 최다 합격자 배출의 기록을 자랑하고 있습니다.
동일출판사의 핵심은 다년간 축적된 노하우에 있습니다.
수험 과목의 핵심 개념을 명확하고 효과적으로 전달하며,
풍부한 예제와 실전 모의고사로 실력을 향상시킬 수 있는
최상의 환경을 제공합니다.
동일출판사와 함께라면 수험 고난의 시련을 극복하고
합격의 문을 두드릴 수 있습니다.
지금 동일출판사를 통해 성공적인 미래를 준비하세요.

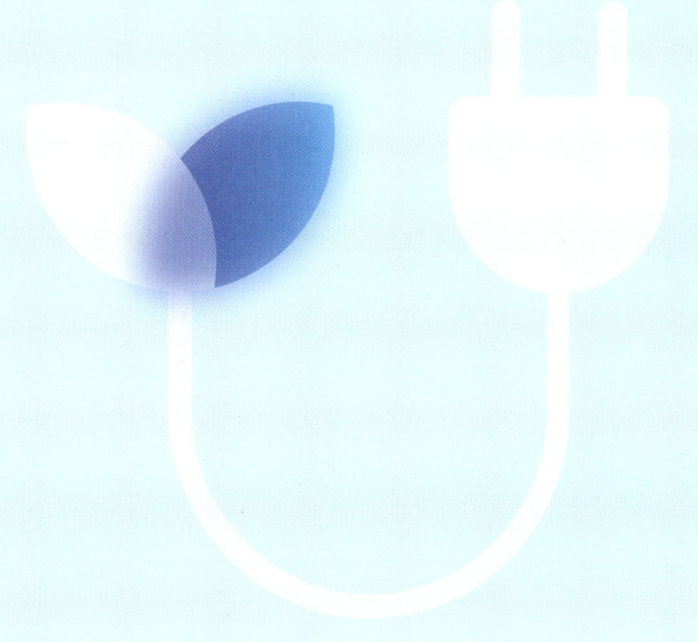

d동일출판사

무료강의　　　　　　　　　　　　　　　　　　　　　　　www.dongilbook.com

## 무료 강의 제공

회원가입만으로 무료 강의 동영상을 제한 없이 이용할 수 있습니다.

도서 구입만으로 무료강의까지! 합격하는 날까지 평생무료!
동일출판사 홈페이지 또는 ▶YouTube 에서도 시청 가능합니다.

### 무료제공 동영상 강의목록

| 전기기사(산업기사) 이론 | 필기 | 전기자기 / 회로이론 / 전기기기 / 전력공학<br>제어공학 / 전기응용 공사재료 / 전기설비기술기준 |
|---|---|---|
| | 실기 | 전기설비설계 / 전기설비작업<br>전기설비의 운영관리 및 유지보수 시험점검<br>전기설비유지보수 및 점검 / 테이블스팩 / 감리 |
| 전기기사(산업기사) 기출문제 풀이 | | 필기 기출문제 2007년 ~ 2025년 |
| | | 실기 기출문제 2014년 ~ 2025년 |
| 전기기능사 이론 | | 전기이론 / 전기기기 / 전기설비 |
| 전기기능사 기출문제 풀이 | | 필기 기출문제 2015년 ~ 2025년 (전기이론 / 전기기기) |

www.dongilbook.com

학습센터

# 학습센터운영

홈페이지를 통한 학습센터를 운영하여
학습에 부족함이 없도록 지원합니다.

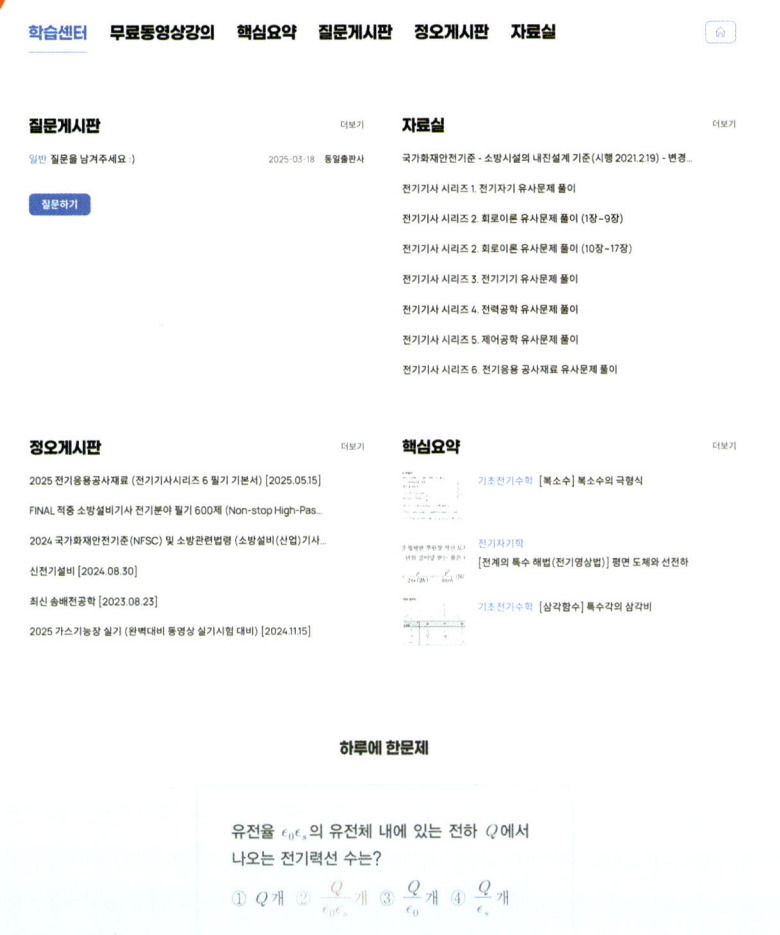

동영상강의 / 핵심요점정리 / 질문게시판 / 정오 및 자료실
회원가입만으로 무료로 이용가능합니다.

# 전기기사 필기

### 전기기사 필기 기본서  전기기사시리즈

전기자기 / 회로이론 / 전기기기 / 전력공학 / 제어공학 / 전기응용 공사재료 / 전기설비기술기준

`이론`  `기출문제`

51년간 과년도 및 복원문제를 완석분석하여 CBT시험에 완벽대비
어떠한 문제유형에도 대응이 가능하도록 핵심 유사문제 수록
10년간 과년도 및 복원문제 풀이 동영상 제공

---

### 기출문제 + 동영상강의
### 20년간 전기기사 필기
### 20년간 전기산업기사 필기

`기출문제`

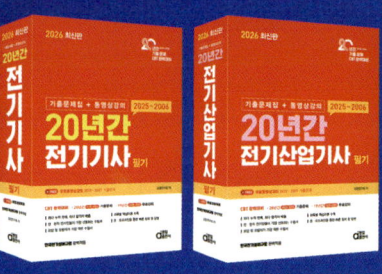

20년간 기출문제 수록
19년간 과년도 및 복원문제 풀이 동영상 제공
가장 많은 문제를 수록하여
CBT시험에 대응할 수 있도록 구성

---

### 답이보인다 30일 단기완성
### 전기기사 · 산업기사 필기
### 전기공사기사 · 산업기사 필기

`이론`  `기출문제`

51년간 과년도 및 복원문제를 완전분석, 이론과 함께 수록
5년간 과년도 및 복원문제 수록
전기기사 · 전기산업기사 풀이 동영상 제공

과년도 문제 중심의
### 완벽대비 전기기사 필기
### 완벽대비 전기산업기사 필기
`이론` `기출문제`

28년간 과년도 및 복원문제를 엄선, 이론과 함께 수록
10년간 과년도 및 복원문제 수록, 풀이 동영상 제공

과년도 문제 중심의
### 완벽대비 전기공사기사 필기
### 완벽대비 전기공사산업기사 필기
`이론` `기출문제`

28년간 과년도 및 복원문제를 엄선, 이론과 함께 수록
10년간 과년도 및 복원문제 수록

최근 7년 과년도 문제
### 핵심 전기기사 필기
### 핵심 전기산업기사 필기
`이론` `기출문제`

과목별 핵심요점 및 문제
최근 7년 과년도 및 복원문제
과년도 및 복원문제 무료 동영상 제공

# 전기기사 실기

기출문제 + 동영상강의
## 30년간 전기기사 실기
`기출문제`

30년간 기출문제 수록
9년간 과년도 및 복원문제 풀이 동영상 제공

기출문제 + 동영상강의
## 30년간 전기산업기사 실기
`기출문제`

30년간 기출문제 수록
9년간 과년도 및 복원문제 풀이 동영상 제공

답이보인다 30일 단기완성
## 전기기사·산업기사 실기
`이론` `기출문제`

38년간 출제된 과년도 및 복원문제를 완전분석하여 이론과 함께 수록
15년간 과년도 및 복원문제를 연도별로 수록
9년간 과년도 및 복원문제 풀이 동영상 제공

답이보인다 30일 단기완성
## 전기공사기사·산업기사 실기
`이론` `기출문제`

38년간 출제된 과년도 및 복원문제를 완전분석하여 이론과 함께 수록
15년간 과년도 및 복원문제를 연도별로 수록

# 전기기능사 필기

### CBT 완벽대비 전기기능사 필기
`이론` `기출문제`

시험에 반복적으로 나오는내용을 과목별로 정리
출제되었던 과년도 및 복원문제를 완전분석하여 내용별로 수록
과년도 및 복원문제 풀이 동영상 제공[전기이론, 전기기기]

### 무료동영상의 전기기능사 필기
`이론` `기출문제`

본문내용 전체를 무료 동영상 강의로 완벽 제공
(핵심요점정리 + 핵심예제 +출제예상문제)
8년간 과년도 및 복원문제 수록
과년도 및 복원문제 풀이 동영상 제공[전기이론, 전기기기]

### 새로운 출제기준에 따른 전기기능사 필기
`이론` `기출문제`

상세한 이론, 기능사 필기의 바이블
10년간 과년도 및 복원문제 수록
출제기준에 따른 과목별 내용과 출제예상문제 수록
과년도 및 복원문제 풀이 동영상 제공[전기이론, 전기기기]

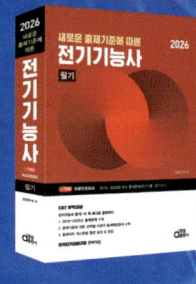

# 합격을 위한 지름길

동일출판사의 베스트셀러 수험서

### 기능장

     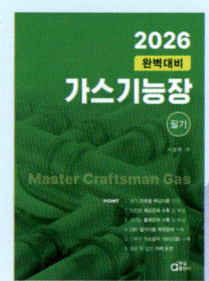

### 신재생

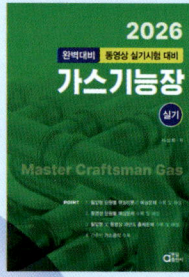   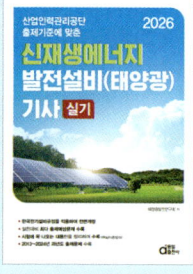 

### 에너지관리

### 소방

전기기사·산업기사  전기공사기사·산업기사
전기직 공무원  군무원  공사  공단 시험대비

**전기기사시리즈**

# 02 회로이론

동일출판사 홈페이지  ▶ FREE  무료 강의제공

동일출판사

# Preface
### 머리말

모든 산업의 기초가 되는 전기는 그 중요성에 의해 전문화된 기술을 필요로 하며 그에 따라 전기설비의 유지 보수, 설계 및 시공 분야에서의 책임은 일정 자격을 취득한 사람에게 한정되는 추세이며 출제문제 또한 지금까지의 기 출제된 문제와 동일한 문제가 계속 반복 출제되고 있는 추세입니다.

따라서 최단 시간 내에 효과적으로 전기 분야 자격 취득을 위해서는 지금까지 출제된 문제를 집중 분석하고 출제 범위 및 난이도를 분석하여 공부하는 것이 바람직합니다.

본서는 이러한 출제 방향에 발맞추어 국가 기술자격법이 처음으로 제정되고 시행된 1975년 이후 지금까지 출제된 문제를 총 망라하여 자격취득에 가장 효과적인 도서가 되도록 준비 하였습니다.

수험생 여러분들이 본 문제집을 조금 공부하다 보면 출제 방향 및 난이도를 용이하게 파악할 수 있으며, 또한 여러분 스스로 최단 시간 내에 자격증 취득을 위한 방향 설정 및 공부하는 방법을 습득할 수 있다고 생각하며 수험생 여러분들이 본 도서를 통하여 합격의 영광을 누리기 바랍니다.

編者 씀

### 이 책의 특징

과거 출제된 문제를 분야 및 유형별로 정리하여 알기 쉽고 완벽하게 풀이.

---

초보자도 쉽게 알 수 있도록 이론을 대폭 보강하여 시험에 나오는 내용만 공부할 수 있도록 각 내용마다 시험에 기출제 된 횟수 표기.

---

문제마다 출제된 빈도 표기 및 난이도 ★표시하여 출제 경향 및 출제 빈도가 높은 문제와 각 항목의 중요도를 쉽게 알 수 있게 정리.
단시간 내에 총정리 가능.

---

유사 기출 문제를 별도로 구성하여 학습효과를 극대화.

---

무료 동영상 강의를 제한 없이 이용.
(단, 공사기사 및 공사산업기사에 해당하는 각 년도 4회차 문제의 동영상은 미지원)

# Contents

## 회로이론

▶FREE 무료 강의 제공

| | | |
|---|---|---|
| 01 직류 회로 … 006 | 10 대칭 좌표법 … 218 |
| 02 정현파 교류 … 030 | 11 왜형파 … 231 |
| 03 기본 교류 회로 … 054 | 12 2단자망 … 257 |
| 04 교류 전력 … 103 | 13 4단자망 … 271 |
| 05 결합 회로 … 127 | 14 분포 정수 회로 … 311 |
| 06 궤적 … 142 | 15 과도현상 … 324 |
| 07 회로망 기하학 … 149 | 16 라플라스 변환 … 362 |
| 08 회로망 … 156 | 17 전달 함수 … 391 |
| 09 다상 교류 … 183 | |

## 2016~2025 과년도문제 및 CBT 복원문제

▶FREE 무료 강의 제공

**전기기사 · 공사기사**

2016년 회로이론 … 426
2017년 회로이론 … 434
2018년 회로이론 … 446
2019년 회로이론 … 458
2020년 회로이론 … 467
2021년 회로이론 … 475
2022년 회로이론 … 485
2023년 회로이론_CBT … 498
2024년 회로이론_CBT … 517
2025년 회로이론_CBT … 526

**전기산업기사 · 공사산업기사**

2016년 회로이론 … 536
2017년 회로이론 … 553
2018년 회로이론 … 569
2019년 회로이론 … 585
2020년 회로이론 … 601
2021년 회로이론_CBT … 614
2022년 회로이론_CBT … 629
2023년 회로이론_CBT … 645
2024년 회로이론_CBT … 661
2025년 회로이론_CBT … 674

전기기사시리즈 2
# 회로이론 출제기준

| 구 분 | 출 제 기 준 | 검정 종목 |
|---|---|---|
| 기 사 | 전문적인 지식이 요구되는 사항 | 전　　기<br>전기공사<br>신호보안<br>소방설비<br>(전기분야) |
| | 1. 전기회로의 기초 | |
| | 2. 직류회로 | |
| | 3. 교류회로 | |
| | 4. 비정현파교류 | |
| | 5. 다상교류 | |
| | 6. 대칭좌표법 | |
| | 7. 4단자 및 2단자 | |
| | 8. 분포정수회로 | |
| | 9. 라플라스 변환 | |
| | 10. 회로의 전달함수 | |
| | 11. 과도현상 | |
| 산업기사 | 일반적인 지식이 요구되는 사항 | 전　　기<br>전기공사<br>신호보안<br>소방설비<br>(전기분야) |
| | 1. 전기회로의 기초 | |
| | 2. 직류회로 | |
| | 3. 교류회로 | |
| | 4. 비정현파교류 | |
| | 5. 다상교류 | |
| | 6. 대칭좌표법 | |
| | 7. 4단자 및 2단자 | |
| | 8. 라플라스 변환 | |
| | 9. 과도현상 | |

# 전기기사시리즈 02 회로이론

| 01 | 직류 회로 | 006 |
| 02 | 정현파 교류 | 030 |
| 03 | 기본 교류 회로 | 054 |
| 04 | 교류 전력 | 103 |
| 05 | 결합 회로 | 127 |
| 06 | 궤적 | 142 |
| 07 | 회로망 기하학 | 149 |
| 08 | 회로망 | 156 |
| 09 | 다상 교류 | 183 |
| 10 | 대칭 좌표법 | 218 |
| 11 | 왜형파 | 231 |
| 12 | 2단자망 | 257 |
| 13 | 4단자망 | 271 |
| 14 | 분포 정수 회로 | 311 |
| 15 | 과도현상 | 324 |
| 16 | 라플라스 변환 | 362 |
| 17 | 전달 함수 | 391 |

동일출판사 홈페이지에서 무료 동영상 강의를 보실 수 있습니다.

# CHAPTER 01 직류 회로

## 01 기호 및 단위

### 1) 그리스 문자

| 그리스 문자 | | 호칭 | | 그리스 문자 | | 호칭 | |
|---|---|---|---|---|---|---|---|
| $A$ | $\alpha$ | alpha | 알 파 | $N$ | $\nu$ | nu | 뉴 어 |
| $B$ | $\beta$ | beta | 베 타 | $\Xi$ | $\xi$ | xi | 크 사 이 |
| $\Gamma$ | $\gamma$ | gamma | 감 마 | $O$ | $o$ | omicron | 오미크론 |
| $\Delta$ | $\delta$ | delta | 델 타 | $\Pi$ | $\pi$ | pi | 파 이 |
| $E$ | $\epsilon$ | epsilon | 입실론 | $P$ | $\rho$ | rho | 로 우 |
| $Z$ | $\zeta$ | zeta | 제에타 | $\Sigma$ | $\sigma$ | sigma | 시 그 마 |
| $H$ | $\eta$ | eta | 이이타 | $T$ | $\tau$ | tau | 타 우 |
| $\Theta$ | $\theta$ | theta | 시이타 | $Y$ | $\upsilon$ | upsilon | 웁실론 |
| $I$ | $\iota$ | iota | 이오타 | $\Phi$ | $\phi(\varphi)$ | phi | 화 이 |
| $K$ | $\kappa$ | kappa | 갑 파 | $X$ | $\chi$ | chi | 카 이 |
| $\Lambda$ | $\lambda$ | lambda | 람 다 | $\Psi$ | $\psi$ | psi | 프 사 이 |
| $M$ | $\mu$ | mu | 뮤 우 | $\Omega$ | $\omega$ | omega | 오 메 가 |

### 2) 전기량과 단위, SI 기호

| 물리량 | 기 호 | 단 위 | 기 호 |
|---|---|---|---|
| 커 패 시 턴 스 | C | 패러드(farad) | F |
| 전 하 량 | Q | 쿨롱(coulomb) | C |
| 도 전 율 | G | 지멘(siemen) | S |
| 전 류 | I | 암페어(ampere) | A |
| 에 너 지 | W | 줄(joule) | J |
| 주 파 수 | f | 헤르쯔(hertz) | Hz |
| 임 피 던 스 | Z | 오옴(ohm) | $\Omega$ |
| 인 덕 턴 스 | L | 헨리(henry) | H |
| 전 력 | P | 와트(watt) | W |
| 리 액 턴 스 | X | 오옴(ohm) | $\Omega$ |
| 저 항 | R | 오옴(ohm) | $\Omega$ |
| 시 간 | t | 초(sec) | s |
| 전 압 | V | 볼트(volt) | V |

### 3) 자주 사용되는 접두 미터법과 기호

| 접두 미터법 | 미터법 기호 | 10의 누승 | 접두 미터법 | 미터법 기호 | 10의 누승 |
|---|---|---|---|---|---|
| 기가(giga) | G | $10^9$ | 밀리(milli) | m | $10^{-3}$ |
| 메가(mega) | M | $10^6$ | 마이크로(micro) | $\mu$ | $10^{-6}$ |
| 킬로(kilo) | K | $10^3$ | 나노(nano) | n | $10^{-9}$ |
|  |  |  | 피코(pico) | p | $10^{-12}$ |

## 02 전압과 전류

### 1) 전류의 정의

도체 내에 존재하는 전하(자유전자)가 일정한 방향으로 이동하는 것을 전류의 흐름이라 한다. 즉, 전류는 원자의 최외각 궤도에 있는 자유전자가 방향성을 갖고 이동하는 현상으로 그 크기는 그 도체의 단면을 단위시간당에 이동한 전기량으로 정의된다.

$$I = \frac{Q}{t} [A] \text{ 또는 } Q = I \cdot t [C]$$

$$i(t) = \frac{dq}{dt} [A] \text{ 또는 } q = \int_0^t i \, dt \, [C]$$

**출제** 산업 6번, 기사 1번

전류의 단위는 MKS 단위계로 암페어(Ampere : [A])이다.

### 2) 전압의 정의

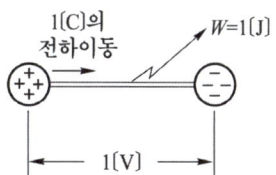

전위가 서로 다른 두 점을 도선으로 연결하면 전위가 높은 곳에서 낮은 곳으로 전하가 이동하게 된다. 이 이동을 전류가 흐른다고 표현한다. 전기회로에 전류가 흐른다는 것은 자신의 위치에너지를 다른 형태의 에너지로 변환하거나 다른 곳으로 에너지를 전송하는 등의 일을 수행하고 있다는 것을 의미한다. 즉, 두 점 간의 전위에너지 차가 전하를 이동시켜서 일을 하게 하는 원동력이 되는 것이다. 이 두 점 간의 에너지 차를 전압 $V$라 하며 단위 전하당($Q$)의 에너지 또는 일($W$)로 표현한다(1[C]의 전하가 이동하여 얻거나 잃은 에너지가 1[J]이면 두 점 사이에는 1[V]로 정의됨).

$$V = \frac{W}{Q}\,[\text{V}] \ \text{또는} \ W = QV\,[\text{J}]$$

$$v = \frac{dw}{dq}\,[\text{V}] \ \text{또는} \ w = \int v\,dq\,[\text{J}]$$

전압 · 전류 · 저항의 단위

| 량 | 위치 | 읽는 법 | 단위의 관계 |
|---|---|---|---|
| 전압 | kV | 킬로볼트 | $1[\text{kV}] = 1000[\text{V}] = 10^3[\text{V}]$ |
| | V | 볼트 | |
| | mV | 밀리볼트 | $1[\text{mV}] = 0.001[\text{V}] = 10^{-3}[\text{V}]$ |
| | μV | 마이크로볼트 | $1[\mu\text{V}] = 0.000001[\text{V}] = 10^{-6}[\text{V}]$ |
| 전류 | A | 암페어 | |
| | mA | 밀리암페어 | $1[\text{mA}] = 0.001[\text{A}] = 10^{-3}[\text{A}]$ |
| | μA | 마이크로암페어 | $1[\mu\text{A}] = 0.000001[\text{A}] = 10^{-6}[\text{A}]$ |
| 저항 | Ω | 옴 | |
| | kΩ | 킬로옴 | $1[\text{k}\Omega] = 1000[\Omega] = 10^3[\Omega]$ |
| | MΩ | 메가옴 | $1[\text{M}\Omega] = 1000000[\Omega] = 10^6[\Omega]$ |

## 03 옴의 법칙

### 1) 옴의 법칙  출제 산업 24번, 기사 10번

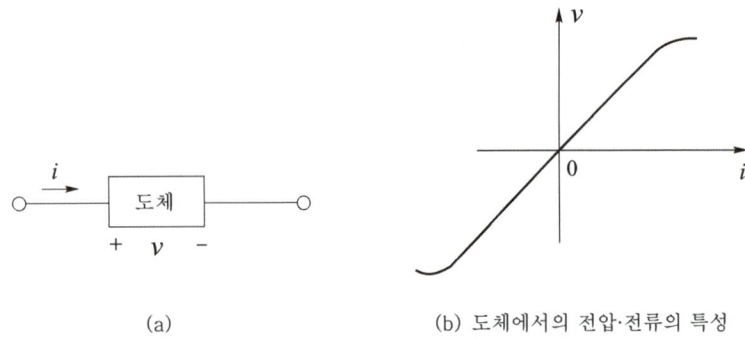

(a)　　　　　　　　(b) 도체에서의 전압·전류의 특성

도체에서의 전압 전류 특성

그림(a)와 같이 도체에 전류가 흐를 경우 도체양단에 나타나는 전압강하는 그림(b)에서 표시된 것처럼 어느 정도 미만의 전류값에서 전류 $I$와 비례관계가 성립된다. (선형성소자의 특성을 말함.) 이때 비례상수(곡선의 기울기)는 도체의 모양 및 종류에 따라 달라지며, 여기에 비례상

수가 크다는 것은 일정전류가 도체를 통과하는 동안 큰 전압강하가 나타남을 의미한다. 따라서 이때의 비례상수를 전류의 흐름에 저항하는 (저해하는)요소라 할 수 있기 때문에 이를 도체의 저항(Resistance)이라 하며 $R$로 표시하고 단위는 [Ω]으로 쓰고 옴(ohm)으로 읽는다. 즉, "도체에 흐르는 전류는 도체에 가해지는 전압에 비례하고 저항에 반비례한다."라 할 수 있다.

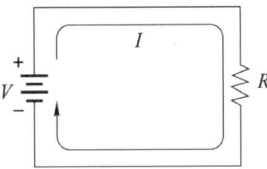

앞의 그림에서 전압 $V = RI[V]$, 전류 $I = \dfrac{V}{R}[A]$, 저항 $R = \dfrac{V}{I}[\Omega]$로 표현된다.

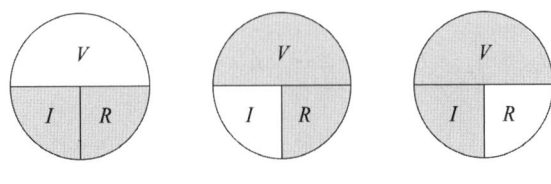

**옴의 법칙의 모식도**

옴의 법칙은 "저항 $R[\Omega]$의 도체에 $I[A]$의 전류가 흐르면 항상 도체 양단에는 $RI[V]$만큼의 전압강하가 생긴다."는 의미를 갖는다.

## 2) 전압 상승과 전압강하

전원에서 에너지를 공급하는 경우를 전압상승(電壓上昇)이라 한다. 또 전하가 회로 내를 이동할 때는 에너지를 공급받아 일을 하게 되므로 처음의 전위에너지를 잃게 되어 전위가 낮아진다. 이 현상을 전압강하(電壓降下)라 하며 모든 부하는 전압강하를 일으키는 작용을 한다.

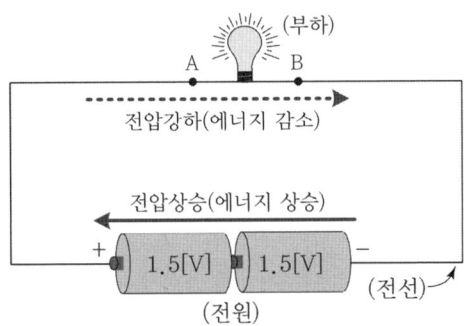

**전압상승과 전압강하**

## 04 키르히호프의 법칙

### 1) 키르히호프의 제1법칙(Kirchhoff's Current Law : KCL)

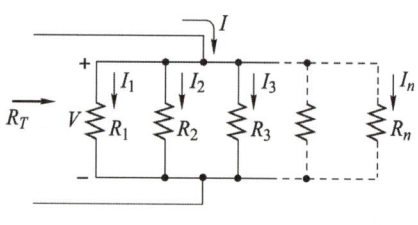

저항의 병렬 회로

그림의 저항의 병렬 회로에서, 각 지로에 흐르는 전류는 각각

$$I_1 = \frac{V}{R_1},\ I_2 = \frac{V}{R_2},\ I_3 = \frac{V}{R_3},\ \cdots,\ I_n = \frac{V}{R_n}$$

가 되고, 각 저항소자에 흐르는 전류는 저항크기에 반비례하여 나타난다.
이때 키르히호프의 전류법칙에 따라 유입전류(전 전류) $I$는 유출전류(각 지로전류) $I_1$, $I_2$, $I_3$, …의 합으로 계산된다.

$$I = I_1 + I_2 + I_3 + \cdots + I_n$$

이 식은 "전선의 임의의 한 분기점에 유입 또는 유출되는 전류의 합은 0 이다. 즉 분기점에 있어서 유입되는 총전류는 유출되는 총전류와 같다(전하보존의 법칙)."를 의미하며 이를 키르히호프의 전류법칙이라 한다.

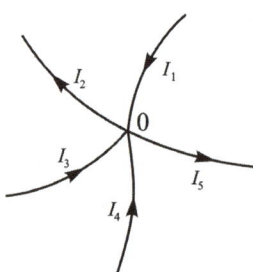

$$I_1 - I_2 + I_3 + I_4 - I_5 = 0$$

### 2) 키르히호프의 제2법칙(Kirchhoff's Voltage Law : KVL)

키르히호프의 전압법칙은 "회로망 내의 임의의 폐회로(경로)에 있어서 전원전압($E_i$)의 합은 전압강하의 합($V_i$)과 같다"라는 법칙으로

$$E_1 + E_2 + E_3 + \cdots = V_1 + V_2 + V_3 + \cdots$$
$$\text{즉,} \ \sum E_i = \sum V_i$$

로 계산된다.

회로망 내의 임의의 한 폐회로에서 한 방향으로 일주하면서 취한 전압상승 또는 전압강하의 대수합은 각 순간에 있어서 0이 된다.

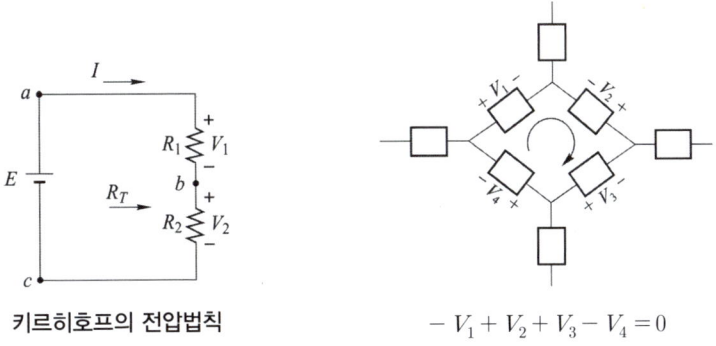

키르히호프의 전압법칙

$-V_1 + V_2 + V_3 - V_4 = 0$

## 05 저항의 연결   출제 산업 4번, 기사 3번

### 1) 직렬연결

그림 (a)와 (b)는 등가회로이며 $V_0$와 $I_0$가 같다. 따라서 합성저항은

$$R_0 = R_1 + R_2 + R_3 + \cdots + R_n [\Omega]$$

이 된다.

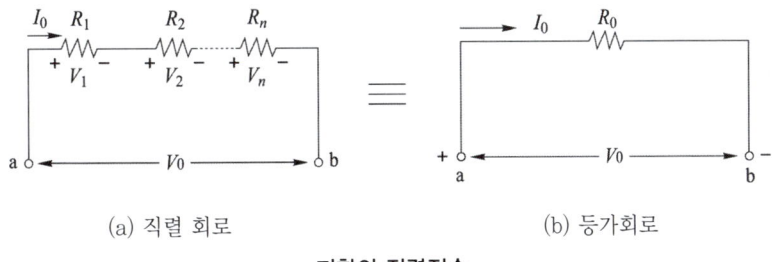

(a) 직렬 회로     (b) 등가회로

저항의 직렬접속

### 2) 병렬연결

그림 (a)와 (b)는 등가회로이며 $V_0$와 $I_0$가 같다. 따라서 합성저항은

$$R_0 = \cfrac{1}{\cfrac{1}{R_1} + \cfrac{1}{R_2} + \cdots + \cfrac{1}{R_n}} [\Omega]$$

이 된다.

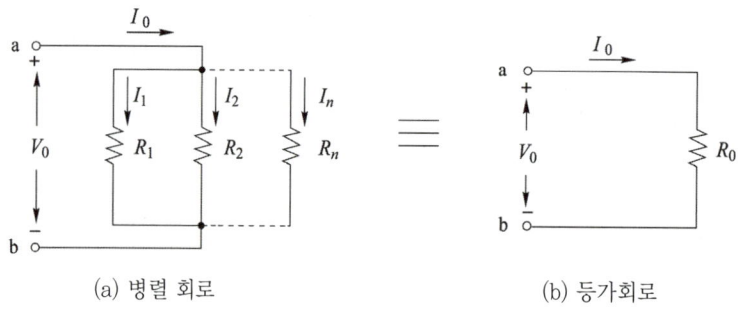

(a) 병렬 회로  (b) 등가회로

**저항의 병렬접속**

## 06 - 분류법칙 및 분압법칙

### 1) 분류법칙

$R_1$, $R_2$가 병렬로 연결된 회로에서 $R_1$, $R_2$에 흐르는 전류를 각각 $I_1$, $I_2$라 할 때 각 저항에 흐르는 전류 $I_1$, $I_2$는 각 저항에 반비례한다.(병렬연결 시는 공급전압이 일정하기 때문)

$$I_1 = \frac{R_2}{R_1 + R_2} I$$
$$I_2 = \frac{R_1}{R_1 + R_2} I$$

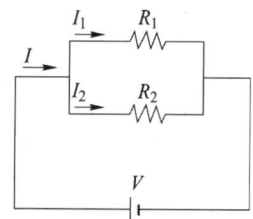

### 2) 분압법칙

$R_1$, $R_2$ 각 단자에 걸리는 전압을 $V_1$, $V_2$라고 하면 각 저항에 걸리는 전압은 저항에 비례한다. (직렬 연결 시는 전류가 일정하기 때문)

$$V_1 = \frac{R_1}{R_1 + R_2} V$$
$$V_2 = \frac{R_2}{R_1 + R_2} V$$

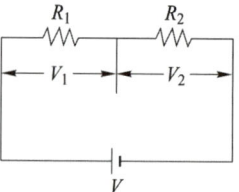

## 07 - 브리지회로 해석  출제 산업 5번

다음 그림을 휘트스톤 브리지(wheatstone bridge)
라 하며 저항측정에 사용된다. 점 C와 D의 전위가 같
아 검류계 G에 전류가 흐르지 않는 상태를 평형상태
라 한다. 점 C와 D의 전위가 같은 조건에서

$$R_1 I_1 = R_2 I_2 \text{ 및 } R_3 I_1 = R_4 I_2$$

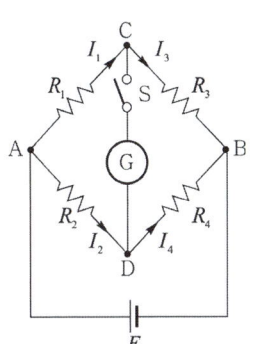

가 된다. 따라서

$$R_1 R_4 = R_2 R_3$$

가 되는데 이를 브리지의 평형조건이라 한다.
서로 대각선으로 마주보고 있는 저항의 곱이 서로 같으면 평형이 됨을 의미한다.
이 브리지의 평형조건은 교류회로의 임피던스의 경우에도 똑같이 적용된다.


## 08 - 전력과 줄의 법칙(Joule's Law)  출제 산업 7번, 기사 3번

### 1) 전력의 정의
전기가 단위시간당에 한 일로 나타내며 단위는 [W](와트)로 나타낸다.

$$P = \frac{W}{t} [\text{J/s}]$$

$$P = \frac{W}{t} = \frac{QV}{t} = VI [\text{W}]$$

### 2) 전력량
전력량은 전기가 한 일에 해당된다.

$$W = Pt [\text{W} \cdot \text{sec}]$$

### 3) 줄의 법칙
위 식에서 [W·sec]는 [J]과 단위가 같고 1[J]은 0.24[cal] 관계가 있다.

$$1[\text{J}] = 0.239[\text{cal}] ≒ 0.24[\text{cal}]$$
$$1[\text{cal}] = 4.186[\text{J}] ≒ 4.2[\text{J}]$$
$$Q = 0.24 Pt [\text{cal}]$$

$$Q = 0.24Pt = 0.24I^2Rt = 0.24\frac{V^2}{R}t = Cm(\theta_2 - \theta_1)$$

도체에 흐르는 전류에 의하여 단위 시간에 발생하는 열량은 $I^2R$에 비례한다.
줄의 법칙은 전기에너지를 열에너지로 변화하여 나타낸 것으로 이 열에너지는 전등, 전기용접, 전열기 등에 자주 이용된다.

$$0.24Pt\eta = Cm(\theta_2 - \theta_1)$$

## 09 - 배율기와 분류기   출제 산업 5번, 기사 1번

### 1) 배율기

전압계의 측정범위를 확대하기 위하여 내부저항 $r_a[\Omega]$인 전압계에 직렬로 접속하는 저항 $R_m$을 배율기라 한다.

$V_a = Ir_a[\text{V}]$, $I = \dfrac{V}{r_a + R_m}$ 이므로

$$V_a = \frac{r_a}{r_a + R_m} \cdot V$$

$$\therefore V = \frac{r_a + R_m}{r_a} \cdot V_a = \left(1 + \frac{R_m}{r_a}\right)V_a$$

배율 $m = \dfrac{V}{V_a} = 1 + \dfrac{R_m}{r_a}$

그러므로 $V = \left(1 + \dfrac{R_m}{r_a}\right)V_a[\text{V}]$가 된다.

### 2) 분류기

전류계의 측정범위를 확대하기 위하여 내부저항 $r_a[\Omega]$인 전류계에 병렬로 접속하는 저항 $R_s$를 분류기라 한다.

$$I_a = \frac{R_s}{r_a + R_s} \times I$$

$$\therefore I = \frac{r_a + R_s}{R_s} \times I_a = \left(1 + \frac{r_a}{R_s}\right) \times I_a$$

배율 $m = \dfrac{I}{I_a} = 1 + \dfrac{r_a}{R_s}$

그러므로 $I = \left(1 + \dfrac{r_a}{R_s}\right)I_a[\text{A}]$가 된다.

# CHAPTER 01 출제예상문제_직류 회로

## 전압과 전류

**01** 전장 중에 단위 정전하를 놓을 때 여기에 작용하는 힘과 같은 것은?
① 전하 　② 전위 　③ 전속 　④ 전장의 세기

**해설** 전장의 세기 : 전계 중에 단위 정전하를 놓았을 때 단위 정전하에 작용하는 힘을 전계의 세기 또는 전장의 세기라 한다.

**02** $i = 2t^2 + 8t$[A]로 표시되는 전류가 도선에 3[s] 동안 흘렀을 때 통과한 전 전기량은 몇 [C]인가?
① 18 　② 48 　③ 54 　④ 61

**해설** $Q = \int_0^t i\,dt = \int_0^3 (2t^2 + 8t)dt = \left[\frac{2}{3}t^3 + 4t^2\right]_0^3 = 54[C]$

**03** $i = 3000(2t + 3t^2)$[A]의 전류가 어떤 도선을 2[s] 동안 흘렀다. 통과한 전 전기량은 몇 [Ah]인가?
① 1.33 　② 10 　③ 13.3 　④ 36

**해설** $Q = \int_0^t i\,dt = \int_0^2 3000(2t + 3t^2)dt = [3000(t^2 + t^3)]_0^2 = 36000[A \cdot sec] = 10[Ah]$

## 합성 저항 및 컨덕턴스

**04** 그림과 같은 회로의 합성 컨덕턴스 $G_{eg}$[m℧]는?
① 2
② 6
③ 12
④ 18

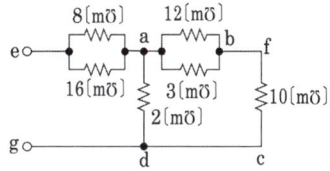

**답** 1.④ 2.③ 3.② 4.②

해설
$$G_{ac} = \frac{(12+3) \times 10}{(12+3)+10} = 6[\text{m℧}]$$
$$G_{ad} = G_{ac} + 2 = 6+2 = 8[\text{m℧}]$$
$$G_{eg} = \frac{(8+16) \times G_{ad}}{(8+16)+G_{ad}} = \frac{(8+16) \times 8}{(8+16)+8} = 6[\text{m℧}]$$

★ 【93. 기사】
**05** 기전력 2[V], 내부 저항 0.5[Ω]의 전지 9개가 있다. 이것을 3개씩 직렬로 하여 3조 병렬 접속한 것에 부하 저항 1.5[Ω]을 접속하면 부하 전류[A]는?

① 1.5  ② 3  ③ 4.5  ④ 5

해설 합성저항은 동일한 크기의 저항 $r$을 $n$개 직렬연결하면 $n \cdot r$, 병렬연결하면 $\frac{r}{n}$이 된다.
'9개의 저항을 3개씩 직렬로 3조 병렬 접속한다.'하였으므로
내부합성저항 $R_0 = \frac{0.5 \times 3}{3} = 0.5[\Omega]$
부하저항까지 포함한 전체 합성저항 $R = 0.5 + 1.5 = 2[\Omega]$이다.
$\therefore I = \frac{V}{R} = \frac{6}{2} = 3[A]$ (전지의 기전력은 $2 \times 3 = 6[V]$)

★ 【85. 기사】
**06** 그림과 같은 회로에서 내부 저항 500[kΩ]의 전압계를 이용하여 단자 a, b 사이의 전압을 측정하니 100[V]였다. 이 전압계를 a, b 사이에 접속하였을 때 전 회로의 합성저항은 몇 [kΩ]인가?

① 250
② 500
③ 750
④ 1000

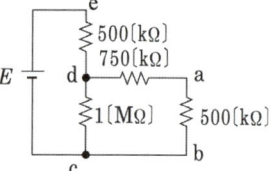

해설 a, b 사이에 500[kΩ]을 병렬로 연결하면 $R_{ab} = 250[k\Omega]$이 되므로 합성 저항 $R_{ec} = 1000[k\Omega]$이 된다.

★ 【03. 기사】
**07** 그림과 같은 회로에서 전압계의 지시가 10[V]였다면 AB 사이의 전압은 몇 [V]인가? (단, 전압계에 흐르는 전류는 무시한다)

① 35
② 50
③ 60
④ 85

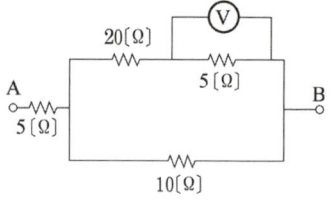

답  5. ②  6. ④  7. ④

해설: 
$I_1 = \dfrac{10}{5} = 2[A]$

$V_{CB} = I_1 R_{CB} = 2 \times (20+5) = 50[V]$

$I_2 = \dfrac{V_{CB}}{10} = \dfrac{50}{10} = 5[A]$

전체 전류 $I = I_1 + I_2 = 2 + 5 = 7[A]$

$V_{AB} = V_{AC} + V_{CB} = 35 + 50 = 85[V]$

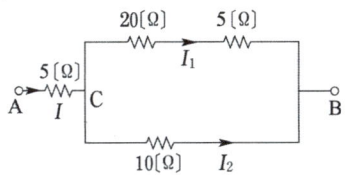

★ 【03. 기사】

**08** 기전력 3[V], 내부 저항 0.2[Ω]인 전지 6개를 직렬로 접속하여 단락시켰을 때의 전류[A]는?

① 30　　② 25　　③ 15　　④ 10

해설: 직렬연결이므로 흐르는 전류는 $I = \dfrac{nE}{nr} = \dfrac{6 \times 3}{6 \times 0.2} = 15[A]$

여기서 $n$은 전지의 갯수

★★★★ 【90. 92. 95. 16. 25. 기사, 89. 96. 산업기사】

**09** $R = 1[\Omega]$의 저항을 그림과 같이 무한히 연결할 때, a, b 간의 합성 저항은?

① 0
② 1
③ ∞
④ $1 + \sqrt{3}$

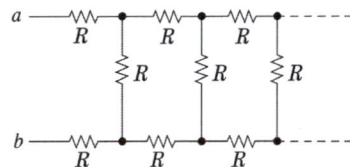

해설:

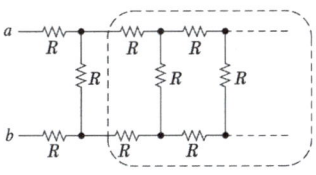 점선부분의 합성 저항을 $R_{cd}$라 할 때 등가회로는 다음과 같다.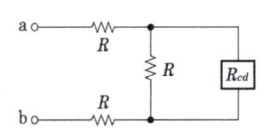

그림의 등가 회로에서 $R_{ab} = 2R + \dfrac{R \cdot R_{cd}}{R + R_{cd}}$ 이며,

$R_{ab} \fallingdotseq R_{cd}$ 이므로 $R \cdot R_{ab} + R_{ab}^2 = 2R^2 + 2R \cdot R_{ab} + R \cdot R_{ab}$

여기서 $R = 1[\Omega]$를 대입하면 $R_{ab} = 1 + \sqrt{3}[\Omega]$이다.

☆ 【92. 산업기사】

**10** 그림과 같은 회로에서 a, b단자에서 본 합성 저항은 몇 [Ω]인가?

① 6
② 6.3
③ 8.3
④ 8

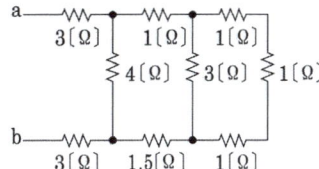

답: 8. ③　9. ④　10. ④

해설 a, b 사이의 합성 저항은

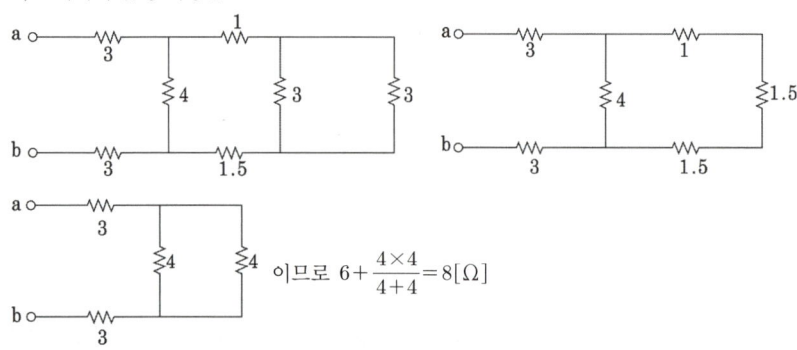

이므로 $6 + \dfrac{4 \times 4}{4+4} = 8[\Omega]$

★ 【89. 04. 기사】
**11** 3개의 같은 저항 $R[\Omega]$을 그림과 같이 △ 결선하고, 기전력 $V[V]$, 내부 저항 $r[\Omega]$인 전지를 $n$개 직렬 접속했다. 이때 전지 내를 흐르는 전류가 $I[A]$라면 $R$은 몇 $[\Omega]$인가?

① $\dfrac{3}{2}n\left(\dfrac{V}{I} - r\right)$

② $\dfrac{3}{2}n\left(\dfrac{V}{I} + r\right)$

③ $\dfrac{2}{3}n\left(\dfrac{V}{I} - r\right)$

④ $\dfrac{2}{3}n\left(\dfrac{V}{I} + r\right)$

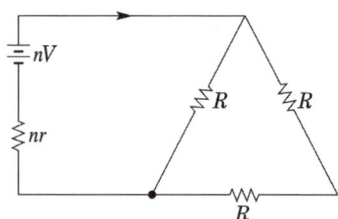

해설 $nV = I\left(nr + \dfrac{R \cdot 2R}{R + 2R}\right)$, $nV = I\left(nr + \dfrac{2R}{3}\right)$

$n\dfrac{V}{I} = nr + \dfrac{2R}{3}$, $n\left(\dfrac{V}{I} - r\right) = \dfrac{2}{3}R$

∴ $R = \dfrac{3}{2}n\left(\dfrac{V}{I} - r\right)$

## 유사문제

▎유사문제 원문 및 해설 : 동일출판사 홈페이지 ≫ 고객센터 ≫ 자료실

**01.** 내부 저항 0.1[Ω]인 건전지 10개를 직렬로 접속하고, 이것을 한 조로 하여 5조 병렬로 접속하면 합성 내부 저항[Ω]은?

답 $R_0 = \dfrac{R}{n} = \dfrac{0.1 \times 10}{5} = 0.2[\Omega]$

**02.** 단위길이당의 저항이 같은 도선을 사용하여 그림과 같은 무한히 긴 사다리꼴 회로를 만든다. 각 지로의 저항을 $r$이라 할 때 a, b 간의 합성 저항은?

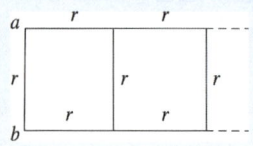

답 $R = (\sqrt{3} - 1)r$

답 11. ①

## 옴의 법칙

**12** ★ 【94. 기사】

그림과 같은 회로에서 미지의 저항 $R$의 값을 구하면 몇 [Ω]인가?

① 2.5[Ω]
② 2[Ω]
③ 1.6[Ω]
④ 1[Ω]

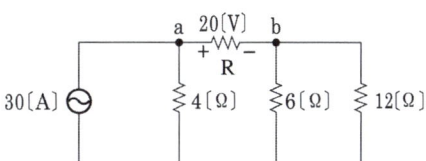

**해설** 그림의 등가 회로에서 $R_x = \dfrac{6 \times 12}{6+12} = 4[\Omega]$

$R$에 흐르는 전류
$I_R = \dfrac{4}{(R_x+R)+4} \times I = \dfrac{4}{8+R} \times 30 = \dfrac{120}{8+R}$

$V_{ab} = I_R \cdot R = \dfrac{120}{8+R} \times R = 20$, $100R = 160$

∴ $R = 1.6[\Omega]$

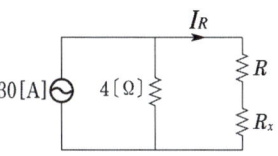

**13** ★★★ 【85. 94. 98. 12. 기사】

그림과 같은 회로에서 S를 열었을 때 전류계의 지시는 10[A]였다. S를 닫을 때 전류계의 지시는 몇 [A]인가?

① 8
② 10
③ 12
④ 15

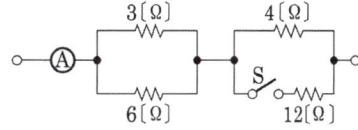

**해설** S를 열었을 때 전전압을 구해 보면 $E = IR = 10\left(\dfrac{3 \times 6}{3+6} + 4\right) = 60[V]$

따라서 S를 닫으면 전전류 $I' = \dfrac{E}{R'} = \dfrac{60}{\dfrac{3 \times 6}{3+6} + \dfrac{4 \times 12}{4+12}} = \dfrac{60}{2+3} = 12[A]$

**14** ★★★★ 【77. 82. 84. 기사, 83. 산업기사, ㊗ : 85. 11. 산업기사】

그림과 같은 회로에 일정한 전압이 걸릴 때 전원에 $R_1$ 및 100[Ω]을 접속하였다. $R_1$에 흐르는 전류를 최소로 하기 위한 $R_2$의 값[Ω]은?

① 25
② 50
③ 75
④ 100

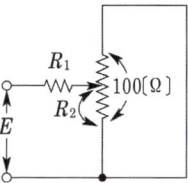

**답** 12. ③ 13. ③ 14. ②

**해설**  100[Ω]의 저항을 $R$이라 하면 회로의 합성 저항 $R_0$는

$$R_0 = R_1 + \frac{R_2(R-R_2)}{R_2+(R-R_2)} = R_1 + \frac{R_2(R-R_2)}{R}$$

전류를 최소로 하기 위해서는 $R_0$가 최대이어야 하고 $R$, $R_1$은 일정하므로 $R_2(R-R_2)$가 최대이어야 한다.

$$\therefore \frac{d}{dR_2}\{R_2(R-R_2)\}=0, \quad R-2R_2=0$$

$$\therefore R_2 = \frac{R}{2} = \frac{100}{2} = 50[\Omega]$$

★ 【83. 93. 산업기사】

**15** 그림과 같은 회로에 있어서 단자 a, b 사이에 24[V]의 전압을 가하여 2[A]의 전류를 흘리고 또한 $r_1$, $r_2$에 흐르는 전류를 1:2로 하고자 한다. $r_1$의 값[Ω]은?

① 3
② 6
③ 12
④ 24

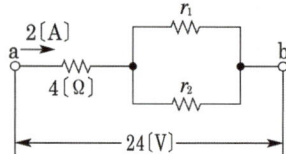

**해설**  전류가 2[A]이므로 합성 저항 $R = \frac{V}{I} = \frac{24}{2} = 12[\Omega]$이고,

전류를 1:2로 할 때 저항은 전류와 반비례하므로 $r_1$과 $r_2$의 비는 2:1이다.

$$12 = 4 + \frac{r_1 r_2}{r_1 + r_2} \quad \cdots\cdots ①$$

$$r_1 = 2r_2 \quad \cdots\cdots ②$$

식 ①, ②로부터 $r_1$과 $r_2$를 구하면

$$4 + \frac{2r_2 \times r_2}{2r_2 + r_2} = 4 + \frac{2r_2 \times r_2}{3r_2} = 4 + \frac{2r_2}{3} = 12[\Omega]$$

$$\therefore r_2 = (12-4) \times \frac{3}{2} = 12[\Omega], \quad r_1 = 2r_2 = 2 \times 12 = 24[\Omega]$$

★★ 【98. 09. 기사, 77. 92. 12. 24. 산업기사】

**16** 일정 전압의 직류 전원에 저항을 접속하고 전류를 흘릴 때 이 전류값을 20[%] 증가시키기 위해서는 저항값을 몇 배로 하여야 하는가?

① 1.25배
② 1.20배
③ 0.83배
④ 0.80배

**해설**  $I_1 = \frac{E}{R_1} \cdots\cdots ①$, $I_2 = \frac{E}{R_2} = 1.2 I_1 \cdots\cdots ②$

식 ①, ②에서 $E = I_1 R_1 = 1.2 I_1 R_2$

$$\therefore R_2 = \frac{I_1 R_1}{1.2 I_1} \fallingdotseq 0.83 R_1$$

**답** 15. ④  16. ③

★★ 【84. 94. 기사】
**17** 두 전원 $E_1$과 $E_2$를 그림과 같이 접속했을 때 흐르는 전류 $I$[A]는?

① 4
② -4
③ 24
④ -24

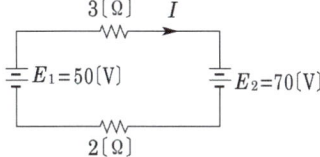

해설 $I = \dfrac{E}{R} = \dfrac{E_1 - E_2}{R} = \dfrac{50-70}{2+3} = -4[A]$

★ 【82. 98. 05. 산업기사, 70. 3급】
**18** 그림과 같은 회로에서 $R$의 값은?

① $\dfrac{E}{E-V} \cdot r$
② $\dfrac{V}{E-V} \cdot r$
③ $\dfrac{E-V}{E} \cdot r$
④ $\dfrac{E-V}{V} \cdot r$

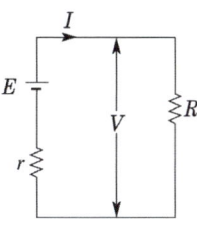

해설 $E - V = I \cdot r$, $I = \dfrac{V}{R}$이므로 $E - V = \dfrac{V \cdot r}{R}$, $R = \dfrac{V}{E-V} \cdot r$

★★★ 【82. 84. 89. 99. 20. 산업기사, ⊕ : 77. 기사】
**19** 어떤 전지의 외부회로 저항은 5[Ω]이고 전류는 8[A]가 흐른다. 외부회로에 5[Ω] 대신에 15[Ω]의 저항을 접속하면 전류는 4[A]로 떨어진다. 전지의 기전력은 몇 [V]인가?

① 80[V]　② 50[V]　③ 15[V]　④ 20[V]

해설 $E = RI + rI$이므로 ($E$ 일정, $r$ 일정)
$E = 5 \times 8 + r \times 8 = 15 \times 4 + r \times 4$
∴ $4r = 20 \to r = 5[\Omega]$
∴ $E = 5 \times 8 + 8r = 5 \times 8 + 5 \times 8 = 80[V]$

★★★ 【81. 84. 87. 98. 07. 산업기사】
**20** 그림에서 a, b 단자에 200[V]를 가할 때 저항 2[Ω]에 흐르는 전류 $I_1$[A]는?

① 40
② 30
③ 20
④ 10

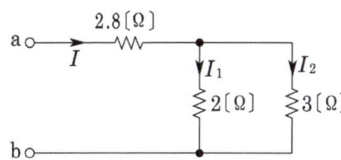

답  17. ②　18. ②　19. ①　20. ②

해설  회로의 합성 저항 $R=2.8+\dfrac{2\times 3}{2+3}=4[\Omega]$, 전 전류 $I=\dfrac{200}{4}=50[A]$

전류 분배 법칙에 따라 $I_1=\dfrac{R_2}{R_1+R_2}\times I=\dfrac{3}{2+3}\times 50=30[A]$

★☆ 【85. 88. 98. 산업기사】

**21** 그림과 같은 회로에서 $I$는 몇 [A]인가? 단, 저항의 단위는 [Ω]이다.

① 1
② $\dfrac{1}{2}$
③ $\dfrac{1}{4}$
④ $\dfrac{1}{8}$

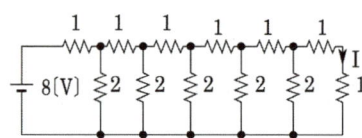

해설

합성저항 $R_0=2[\Omega]$, 전전류 $I_0=\dfrac{V}{R_0}=\dfrac{8}{2}=4[A]$이다.

여기서, 전전류 4[A]는 각 지로의 저항에 반비례하여 분배되므로 $I=\dfrac{1}{8}[A]$이다.

★★★ 【12. 기사, 88. 산업기사, ⊕ : 85. 93. 98. 07. 12. 산업기사】

**22** a, b 간에 25[V]의 전압을 가할 때 5[A]의 전류가 흐른다. $r_1$ 및 $r_2$에 흐르는 전류의 비를 1:3으로 하려면 $r_1$ 및 $r_2$의 저항은 각각 몇 [Ω]인가?

① $r_1=12,\ r_2=4$
② $r_1=24,\ r_2=8$
③ $r_1=6,\ r_2=2$
④ $r_1=2,\ r_2=6$

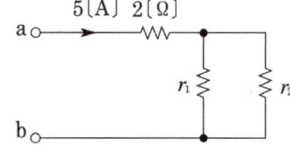

해설  $I=\dfrac{E}{R_t}=\dfrac{25}{R_t}=5[A]$, $R_t=\dfrac{25}{5}=5[\Omega]$

합성저항 $R_t=2+\dfrac{r_1 r_2}{r_1+r_2}=5[\Omega]$ …… ①

전류비가 1:3이므로 $r_1:r_2=3:1$, $r_1=3r_2$ …… ②

②를 ①에 대입하여 정리하면 $R_t=2+\dfrac{3r_2^2}{3r_2+r_2}=5$, $\dfrac{3}{4}r_2=3$

∴ $r_1=12[\Omega]$, $r_2=4[\Omega]$

답 21. ④ 22. ①

**23** 저항 $R$인 검류계 G에 그림과 같이 $r_1$인 저항을 병렬로, 또한 $r_2$인 저항을 직렬로 접속하고 A, B 단자 사이의 저항을 $R$과 같게 하고 또한 G에 흐르는 전류를 전전류의 $\frac{1}{n}$로 하기 위한 $r_1$의 값은 얼마인가?

★☆ 【82. 88. 16. 25. 산업기사】

① $R\left(1 - \dfrac{1}{n}\right)$

② $\dfrac{n-1}{R}$

③ $\dfrac{R}{n-1}$

④ $R\left(1 + \dfrac{1}{n}\right)$

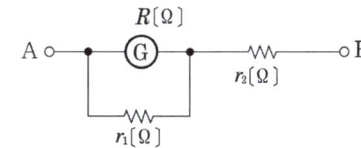

**해설** 전전류를 $I$라 하면 $I_G = \dfrac{1}{n}I = \dfrac{r_1}{R+r_1} \times I$ 이므로 $r_1 = \dfrac{R}{n-1}$

단, 이때 보상용 저항 $r_2 = R - \dfrac{Rr_1}{R+r_1} = \dfrac{n-1}{n} \cdot R$

## 유사문제

유사문제 원문 및 해설 : 동일출판사 홈페이지 ≫ 고객센터 ≫ 자료실

**01.** 20[Ω]과 30[Ω]의 병렬 회로에서 20[Ω]에 흐르는 전류가 6[A]이라면 전체 전류[A]는?

답 10[Ω]

**02.** 그림과 같이 연결한 10[A]의 최대 눈금을 가진 두 개의 전류계 $A_1$, $A_2$에 13[A]의 전류를 흘릴 때, 전류계 $A_2$의 지시는 몇[A]인가? 단, 최대 눈금에 있어서 전압 강하는 $A_1$ 전류계에서는 70[mV], $A_2$ 전류계에서는 60[mV]라 한다.

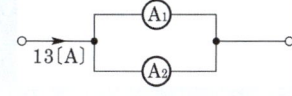

답 7[A]

**03.** 그림과 같은 회로에서 1[Ω]의 병렬 저항에 흐르는 전류는?

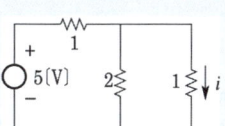

답 2[Ω]

**04.** 다음 그림에서 $V_1 = 24$[V]일 때 $V_0$[V]의 값은?

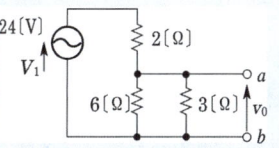

답 12[V]

답 23. ③

**05.** 그림과 같은 회로에서 a, b의 단자 전압 $E_{ab}$[V]를 구하면?

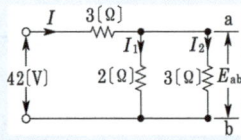

답 12

# 분류기 배율기

★ 【85. 89. 20. 산업기사】

**24** 내부 저항이 15[kΩ]이고 최대 눈금이 150[V]인 전압계와 내부 저항이 10[kΩ]이고 최대 눈금이 150[V]인 전압계가 있다. 두 전압계를 직렬 접속하여 측정하면 최대 몇 [V]까지 측정할 수 있는가?

① 200  ② 250  ③ 300  ④ 315

해설 측정 전압을 $E$라 하면 전압 분배 법칙에 따라 $\frac{15}{15+10} \times E \leq 150$의 조건을 만족해야 한다.

∴ $E \leq 250$[V]

☆ 【93. 산업기사】

**25** 최대 눈금 $I=n$[mA]의 전류계 A(내부 저항 무시)에 직렬로 $R$[kΩ]의 저항을 접속하여 전압계로 했을 때 몇 [V]까지 측정할 수 있는가?

① $\frac{R}{n-1}$  ② $\frac{R}{n}$  ③ $nR$  ④ $(n-1)R$

해설 $I=n$[mA], $R$[kΩ]이므로 $V=R \times 10^3 \times n \times 10^{-3} = nR$[V]

★ 【88. 01. 산업기사】

**26** 최대 눈금이 50[V]인 직류 전압계가 있다. 이 전압계를 사용하여 150[V]의 전압을 측정하려면 배율기의 저항은 몇 [Ω]을 사용하여야 하는가? 단, 전압계의 내부 저항은 5000[Ω]이다.

① 1000  ② 2500  ③ 5000  ④ 10000

해설 배율기의 저항을 $R_m$, 전압계의 내부저항을 $R_v$라 하면

배율 $m = 1 + \frac{R_m}{R_v}$ 에서 $R_m = R_v(m-1) = 5000\left(\frac{150}{50}-1\right) = 10000$[Ω]

답 24. ② 25. ③ 26. ④

**27** DC 12[V]의 전압을 측정하려고 10[V]용 전압계 두 개를 직렬로 연결하였을 때 전압계 $V_1$의 지시는 몇 [V]인가? 단, 전압계 $V_1$, $V_2$의 내부 저항은 각각 8[kΩ], 4[kΩ]이다.

① 10  ② 8  ③ 6  ④ 4

해설  전압 분배 법칙에 의해 구한다.
$$V_1 = \frac{R_1}{R_1+R_2} \times V = \frac{8}{8+4} \times 12 = 8[V]$$

## 유사문제

**01.** 분류기를 사용하여 전류를 측정하는 경우 전류계의 내부 저항 0.12[Ω], 분류기의 저항이 0.04[Ω]이면 그 배율은?

답 $m = 1 + \frac{0.12}{0.04} = 4$ 배

**02.** 그림과 같은 회로에서 분류기의 배율은?

답 $\frac{I_0}{I} = \frac{R_s}{R} + 1 = \frac{G}{R} + 1 = \frac{R+G}{R}$

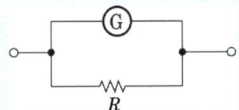

**03.** 어떤 전압계의 측정 범위를 20배로 하려면 배율기의 저항 $R_s$를 전압계의 저항 $R_m$의 몇 배로 하여야 하는가?

답 $\frac{R_s}{R_m} = m - 1 = 20 - 1 = 19$배

## 전력과 줄의 법칙

**28** 다음 회로에서 120[V], 30[V] 전압원의 전력은?

① 240[W], 60[W]
② 240[W], -60[W]
③ -240[W], 60[W]
④ -240[W], -60[W]

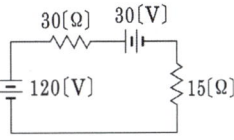

해설  이 회로에 소비되는 전전력은 $P = \frac{V^2}{R} = \frac{(120-30)^2}{30+15} = 180[W]$
따라서 전전력이 180[W]가 되려면 240 - 60 = 180[W]이므로 ②가 정답이 된다.

답 27. ② 28. ②

**29** ★ 【83. 94. 산업기사】
그림과 같은 회로에서 저항 $R_4$에서 소비되는 전력[W]은?

① 2.38
② 4.76
③ 9.52
④ 29.2

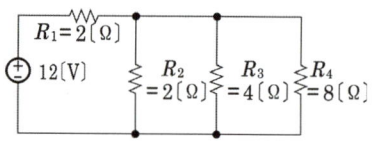

해설) 병렬로 된 부분 $R_2$, $R_3$, $R_4$의 합성 저항 $R_0 = \left(\dfrac{1}{2} + \dfrac{1}{4} + \dfrac{1}{8}\right)^{-1} = \dfrac{8}{7}[\Omega]$

따라서 $R_2$, $R_3$, $R_4$ 양단의 전압 $V_0 = \dfrac{R_0}{R_1 + R_0} \cdot V = \dfrac{\frac{8}{7}}{2 + \frac{8}{7}} \times 12 = 4.37[V]$

그러므로 $R_4$에서 소비되는 전력 $P_4 = \dfrac{V_0^2}{R_4} = \dfrac{4.37^2}{8} = 2.38[W]$가 된다.

**30** ☆ 【97. 산업기사】
100[V], 60[W]의 전구에 50[V]를 가했을 때의 전류는?

① 0.3[A]    ② 0.4[A]    ③ 0.5[A]    ④ 0.6[A]

해설) $P = \dfrac{V^2}{R}$에서 $R = \dfrac{V^2}{P} = \dfrac{100^2}{60} ≒ 167[\Omega]$

∴ $I = \dfrac{V}{R} = \dfrac{50}{167} ≒ 0.3[A]$

**31** ★ 【88. 97. 산업기사】
그림과 같은 회로에서 $I = 10[A]$, $G = 4[℧]$, $G_L = 6[℧]$일 때 $G_L$에서 소비되는 전력은 몇 [W]인가?

① 100
② 10
③ 4
④ 6

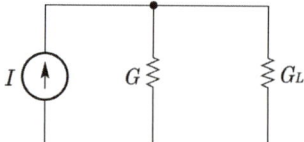

해설) $G = 4[℧]$, $G_L = 6[℧]$이므로

$I_L = \dfrac{G_L}{G + G_L} \times I = \dfrac{6}{4+6} \times 10 = 6[A]$

$P_L = I_L^2 \cdot \dfrac{1}{G_L} = 6^2 \times \dfrac{1}{6} = 6[W]$

**32** ★★ 【97. 기사, 88. 90. 산업기사】
1[kg·m/s]는 몇 [W]인가? 여기서 [kg]은 질량이다.

① 1    ② 0.98    ③ 9.8    ④ 98

답  29. ①  30. ①  31. ④  32. ③

해설  $1[\text{kg} \cdot \text{m}] = 9.8[\text{N} \cdot \text{m}] = 9.8[\text{J}]$
∴ $1[\text{kg} \cdot \text{m/s}] = 9.8[\text{J/s}] = 9.8[\text{W}]$

★ 【94. 기사】
**33** 10[℃] 물 1[kg]을 열효율 70[%], 600[W]의 온수기를 10분간 사용하면 수온은 몇 [℃]가 되는가? 단, 외부 온도는 무시한다.

① 70.5    ② 62.5    ③ 57.5    ④ 40.5

해설  $0.24 P t \eta = C m (\theta_2 - \theta_1)$
∴ $0.24 \times 600 \times 10 \times 60 \times 0.7 = 1 \times 1000 (\theta_2 - 10)$
∴ $\theta_2 = \dfrac{0.24 \times 600 \times 10 \times 60 \times 0.7}{1 \times 1000} + 10 = 70.5[℃]$가 된다.

## 유사문제

∥ 유사문제 원문 및 해설 : 동일출판사 홈페이지 ≫ 고객센터 ≫ 자료실

**01.** 그림에서 a, b 단자에 100[V]를 가했을 경우 어느 저항에서 최대 전력을 소모하는가?

답 5[Ω]

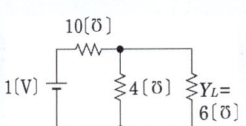

**02.** 그림의 $Y_L$에서 소비되는 전력[W]은?

답 1.5[W]

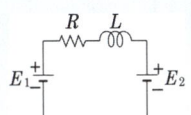

**03.** 그림에서 저항 $R$이 소비하는 전력은?

답 $\dfrac{(E_1 - E_2)^2}{R}[\text{W}]$

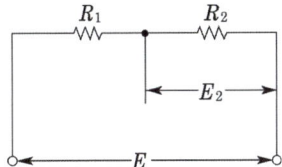

## 분압 및 분류법칙

★★☆ 【85. 92. 97. 00. 산업기사, ㉿ : 01. 산업기사】
**34** 그림과 같은 회로에서 $R_2$ 양단의 전압 $E_2[\text{V}]$는?

① $\dfrac{R_1}{R_1 + R_2} E$    ② $\dfrac{R_2}{R_1 + R_2} E$

③ $\dfrac{R_1 R_2}{R_1 + R_2} E$    ④ $\dfrac{R_1 + R_2}{R_1 \cdot R_2} E$

답 33. ①  34. ②

해설) $E_2 = IR_2$ 이고 $I = \dfrac{E}{R_1+R_2}$

$E_2 = \dfrac{E}{R_1+R_2} \times R_2 = \dfrac{R_2}{R_1+R_2}E$

★☆ 【83. 86. 94. 16. 산업기사】
**35** 회로에서 $E_{30}$과 $E_{15}$는 몇 [V]인가?

① 60, 30  ② 70, 40
③ 80, 50  ④ 50, 40

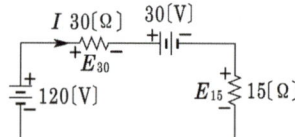

해설) $R_1 = 30[\Omega]$, $R_2 = 15[\Omega]$이라고 하면

$E_{30} = \dfrac{R_1}{R_1+R_2} \times E = \dfrac{30}{30+15} \times (120-30) = 60[\text{V}]$

$E_{15} = \dfrac{R_2}{R_1+R_2} \times E = \dfrac{15}{30+15} \times (120-30) = 30[\text{V}]$

## 브리지 회로

★ 【77. 82. 25. 산업기사】
**36** 그림과 같은 회로에서 a, b 양단의 전압은 몇 [V]인가?

① 1
② 2
③ 1.5
④ 2.5

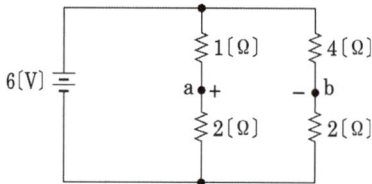

해설) a, b 양단의 전압은 1[Ω]과 4[Ω]에서의 전압차이므로 전압분배 법칙을 적용하여 구하면 다음과 같다.

$V_a = \dfrac{1}{1+2} \times 6 = 2[\text{V}]$, $V_b = \dfrac{4}{4+2} \times 6 = 4[\text{V}]$

∴ $V_{ab} = 4-2 = 2[\text{V}]$

☆ 【99. 산업기사】
**37** 그림과 같은 회로에서 단자 a, b 사이의 합성 저항은?

① $r$
② $\dfrac{3}{2}r$
③ $\dfrac{1}{2}r$
④ $3r$

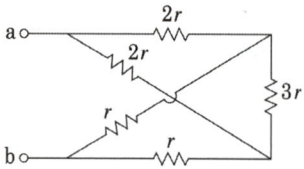

답) 35. ①  36. ②  37. ②

해설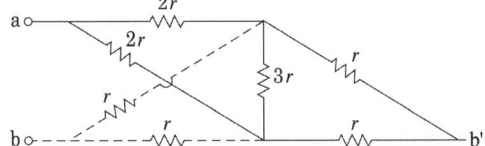

점선의 b 부분을 b'로 이동하여 등가회로를 그리면 다음과 같다.

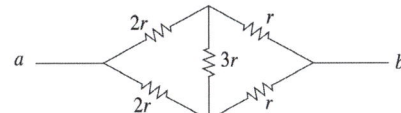

브리지 회로의 평형상태이므로
$$R = \frac{3r \times 3r}{3r+3r} = \frac{9r^2}{6r} = \frac{3}{2}r\,[\Omega]$$

★ 【97. 산업기사, ㉮ : 94. 산업기사】

**38** 그림과 같은 회로에 흐르는 전류 $I$는 몇 [A]인가?

① 1.0
② 1.2
③ 1.5
④ 1.8

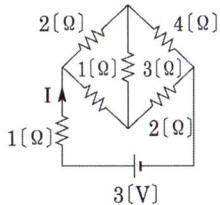

해설 브리지가 평형이므로 3[Ω]의 저항은 필요 없으며, 등가회로는 다음과 같다.

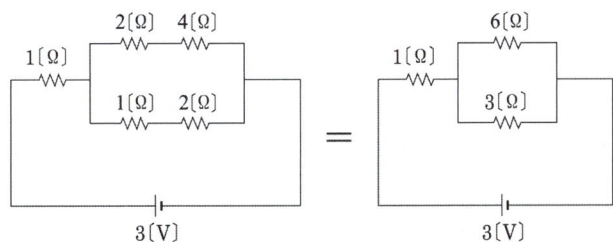

합성 저항 $R_0 = 1 + \dfrac{3 \times 6}{3+6} = 3\,[\Omega]$이므로

$$\therefore I = \frac{V}{R_0} = \frac{3}{3} = 1\,[A]$$

38. ①

# CHAPTER 02 정현파 교류

## 01 정현파 교류기전력의 발생

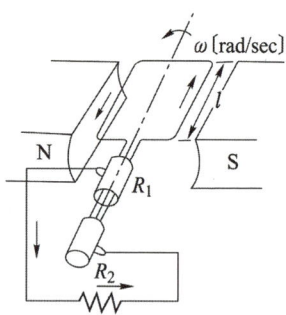

발전기의 원리

그림은 2극 발전기를 화살표 방향으로 회전할 경우 자극 N에서 S로 향하는 자속을 끊어 기전력을 유기하게 된다. 이때 발생하는 기전력의 파형은 정현파의 모양을 만들면서 발생한다. 이때 발생하는 기전력은 플레밍의 오른손 법칙에 따라 방향을 결정한다.

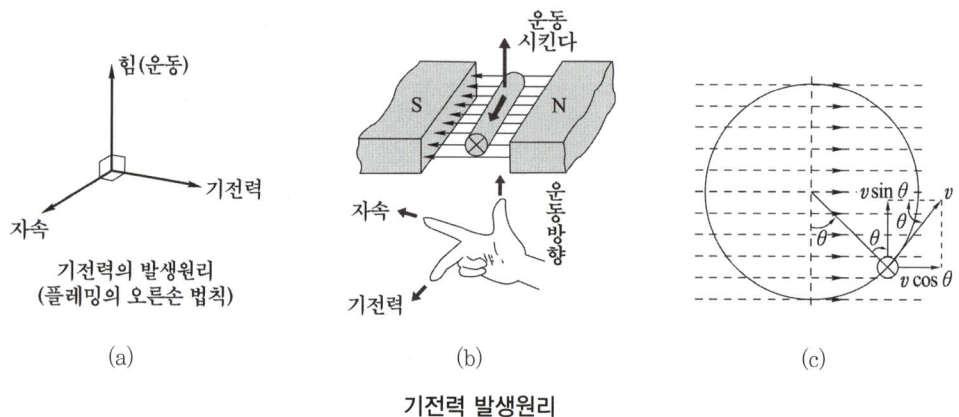

기전력 발생원리

그림 (c)는 속도 $v$의 성분은 아래 그림과 같이 자속의 방향과 직각인 $v\sin\theta$ 성분과 평행인 $v\cos\theta$ 성분으로 분해하면 이 성분 중에서 $v\sin\theta$는 자장과 직각으로 만나게 되어 자속을 수직으로 끊게 되므로 플레밍의 오른손 법칙에 의해 코일에 기전력을 발생시킨다.
그러므로 발생되는 기전력의 크기는

$$e = Blv\sin\theta [\text{V}]$$

여기서, $Blv$는 발전기의 특성에 의해 정해지는 상수로써, $E_m = Blv$가 된다.
이 식을 그래프로 나타내면 정현파 파형으로 된다.

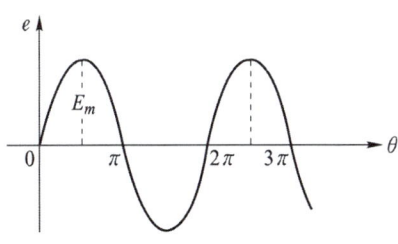

**정현파 기전력**

① 교류(alternating current : AC) : 시간 변화에 따라 파형이 주기적으로 변화하는 전원
② 직류(direct current : DC) : 시간에 관계없이 크기가 일정한 전원
③ 정현파 : 교류 중에서 정현(sine)곡선을 그리는 파형을 정현파라 하며 가정이나 산업용 전원으로 주로 사용되고 있다. 통상 교류라 함은 정현파를 의미한다.
④ 비정현파 : 정현파가 아닌 교류파를 통칭하여 비정현파라 하며 구형파(square wave), 삼각파(triangle wave) 또는 펄스 파(pulse wave) 등을 말한다.
⑤ 왜형파 : 모양이 일정하지 않고 일그러진 모양을 가진 파를 왜형파라 한다.
⑥ 주파수 (Frequency : f) : 주파수는 1초 동안에 반복되는 사이클(cycle)의 수(數)로 정의한다.

$$1[\text{Hz}] = 1[\text{cycle/second} : \text{c/s}]$$

⑦ 주기(period : T) : 파형이 1 사이클 이동할 때까지 걸린 시간

$$T = \frac{1}{f}[\text{sec}]$$

⑧ 각속도(angular velocity : $\omega$) : 정현파 교류는 발전기 코일의 회전에 의해서 발생되므로 코일의 이동을 회전각도로 표시하여 사용한다. 이 회전각도를 각속도 또는 각주파수(angular frequency) $\omega$라 한다.

- 각속도 $\omega$와 주파수 $f$의 관계 : $\omega = 2\pi f [\text{rad/sec}]$  **출제** 산업 6번
- 기하각 $\theta = \frac{180}{\pi}\omega t [\,°\,]$
- 전기각 $\omega t = \frac{\theta}{180}\pi [\text{rad/sec}]$

## 02 정현파 전압과 전류의 표현

### 1) 순시값과 위상

$v = V_m\sin\theta = V_m\sin\omega t$로 표현한 식은 시간의 변화에 따라 순간순간 나타나는 정현파의 값을 의미하기 때문에 $v$를 순시값(instantaneous value)이라 하며 $v = V_m\sin\theta = V_m\sin\omega t$의 식을 순시식이라 한다.

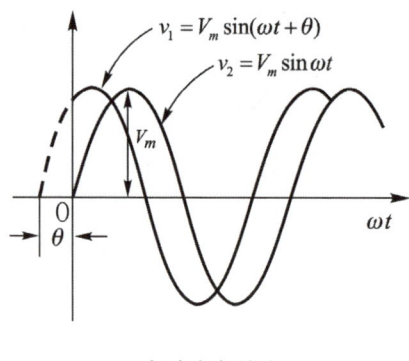

순시값과 위상

그림은 $v_1$이 $v_2$보다 반시계 방향으로 $\theta$만큼 이동한 것으로 $v_1$의 식은 다음과 같이 표현된다.

$$v_1 = V_m\sin(\omega t + \theta)$$

여기서, $\theta$를 초기위상(initial phase) 또는 간단히 위상이라 한다.

## 03 평균값과 실효값

### 1) 평균값(average value)

주기적인 교류파의 평균값은 한 주기 동안을 평균한 값을 말한다.

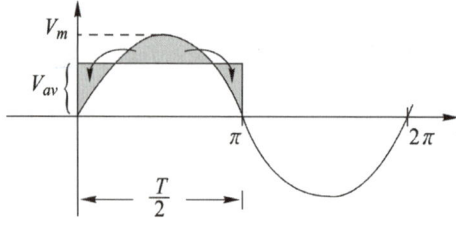

정현파의 평균값

$$V_{av} = \frac{1}{T}\int_0^T v\,dt$$

그러나 정현파 교류는 정(+), 부(-)가 대칭이므로 한 주기를 평균하면 0이 되기 때문에 반 주기에 대한 순시값의 평균을 취하여 정현파 교류의 평균값을 구한다.

$$V_{av} = \frac{1}{T/2}\int_0^{T/2} v\,dt$$

$$V_{av} = \frac{1}{\pi}\int_0^{\pi} v\,dt$$

$$= \frac{1}{\pi}\int_0^{\pi} V_m \sin\omega t\,d\omega t = \frac{1}{\pi}\int_0^{\pi} V_m \sin\theta\,d\theta$$

$$= \frac{V_m}{\pi}[-\cos\theta]_0^{\pi} = \frac{2}{\pi}V_m \doteqdot 0.637\,V_m$$

이 되어 정현파 교류의 평균값은 최댓값의 $2/\pi(\doteqdot 0.637)$배가 됨을 알 수 있다.

## 2) 실효값(effective value)

직류가 교류와 동일한 전력효과를 나타낸다면 직류로써 교류의 효과를 대신할 수가 있다. 따라서 동일한 저항회로에 직류와 교류를 동일시간 인가하였을 때 소비되는 전력량이 같은 경우 이때의 직류값을 정현파 교류의 실효값으로 정의한다.

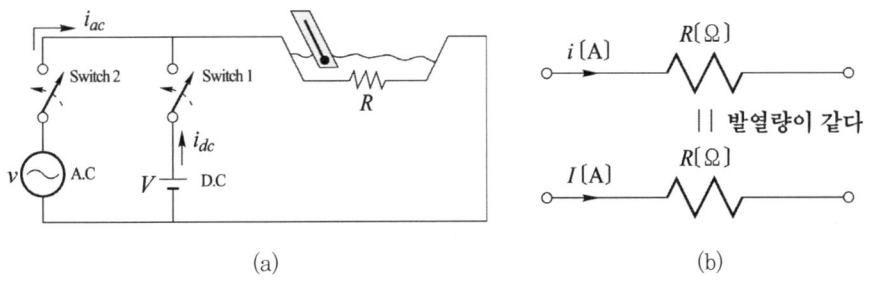

**직류 및 교류전력**

저항 $R$에 직류 $I$가 흐를 때의 전력 $P_{dc}$

$$P_{dc} = I^2 R$$

동일한 저항 $R$에 교류 $i$가 흐를 때의 순시전력

$$p = i^2 R$$

이므로 평균전력 $P_{ac}$는 다음 식으로 된다.

$$P_{ac} = \frac{1}{T}\int_0^T p\,dt = \frac{1}{T}\int_0^T i^2 R\,dt$$

저항에서 소비되는 전력이 같으므로

$$P_{dc} = P_{ac}$$

$$I^2 R = \frac{1}{T}\int_0^T i^2 R\,dt$$

$$\therefore I = \sqrt{\left(\frac{1}{T}\int_0^T i^2\,dt\right)} \quad \boxed{\text{출제 산업 4번}}$$

교류의 실효값 $I$는 순시값 $i$의 자승 평균의 평방근으로 정의되므로 실효값을 rms(root mean square value)라고도 한다.

$$I = \sqrt{\left(\frac{1}{T/2}\int_0^{T/2} i^2\,dt\right)} = \sqrt{\left(\frac{1}{\pi}\int_0^{\pi} i^2\,dt\right)}$$

$$= \sqrt{\left(\frac{1}{\pi}\int_0^{\pi} I_m^2 \sin^2\theta\,d\theta\right)} = \sqrt{\frac{I_m^2}{\pi}\int_0^{\pi}\frac{1}{2}(1-\cos 2\theta)\,d\theta}$$

$$= \sqrt{\frac{I_m^2}{2\pi}\left[\theta - \frac{1}{2}\sin 2\theta\right]_0^{\pi}} = \frac{I_m}{\sqrt{2}} \fallingdotseq 0.707 I_m$$

| 파 형 | 정현파 | 정현반파 | 삼각파 | 구형반파 | 구형파 |
|---|---|---|---|---|---|
| 실효값 | $\dfrac{V_m}{\sqrt{2}}$ <br> 출제 산업 2번 | $\dfrac{V_m}{2}$ <br> 출제 산업 5번 <br> 기사 1번 | $\dfrac{V_m}{\sqrt{3}}$ <br> 출제 산업 3번 | $\dfrac{V_m}{\sqrt{2}}$ <br> 출제 산업 4번 | $V_m$ <br> 출제 기사 2번 |
| 평균값 | $\dfrac{2V_m}{\pi}$ <br> 출제 산업 13번 <br> 기사 2번 | $\dfrac{V_m}{\pi}$ <br> 출제 산업 2번 <br> 기사 4번 | $\dfrac{V_m}{2}$ <br> 출제 기사 1번 | $\dfrac{V_m}{2}$ | $V_m$ |

### 3) 파형률과 파고율

구형파를 기준으로 할 때, 비정현적인 파형이 어느 정도 일그러졌는가를 나타내는 척도로써 파형률(wave factor)과 파고율(peak factor)이 사용된다.

① 파형률 $= \dfrac{\text{실효값}}{\text{평균값}} = \dfrac{V}{V_{av}} = \dfrac{I}{I_{av}}$ 　출제 산업 2번

② 파고율 = $\dfrac{최댓값}{실효값} = \dfrac{V_m}{V} = \dfrac{I_m}{I}$

③ 정현파 교류에 대한 파형률과 파고율

- 파형률 = $\dfrac{V}{V_{av}} = \dfrac{\dfrac{V_m}{\sqrt{2}}}{\dfrac{2I_m}{\pi}} ≒ 1.109$

- 파고율 = $\dfrac{V_m}{V} = \dfrac{V_m}{\dfrac{V_m}{\sqrt{2}}} = 1.414$

④ 주기적인 비정현파에 대한 파형률과 파고율

| 파 형 | | 파형률 | 파고율 |
|---|---|---|---|
| 사각파 | 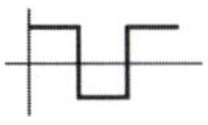 | 1<br>출제 산업 5번 | 1<br>출제 산업 1번, 기사 3번 |
| 반원파 | 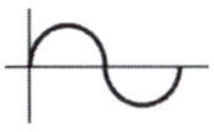 | 1.040 | 1.225 |
| 정현파 |  | 1.109 | 1.414<br>출제 산업 2번 |
| 삼각파 | 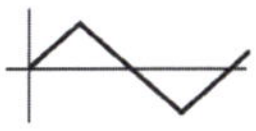 | 1.155<br>출제 산업 3번 | 1.732<br>출제 산업 1번, 기사 1번 |
| 정현반파 |  | 1.57 | 2<br>출제 산업 3번, 기사 1번 |

## 04 정현파 교류의 복소수 표현

### 1) 복소수의 기본개념

수는 크게 실수(real number)와 허수(imaginary number)까지 포함되는 복소수(complex number)를 생각할 수 있다. 수의 기본단위는 1로서 모든 실수는 이것의 배수로 표시된다. 그러나 허수에서는 제곱하여 $-1$로 되는 수를 기본단위로 하여 이를 $i$ 또는 $j$로 표시한다. 즉

$$j = \sqrt{-1}$$

을 의미한다.

- $j = \sqrt{-1}$
- $j^2 = -1$
- $j^3 = j^2 \times j = -1 \times j = -j$
- $j^4 = j^2 \times j^2 = -1 \times -1 = 1$

## 2) 복소수의 표현

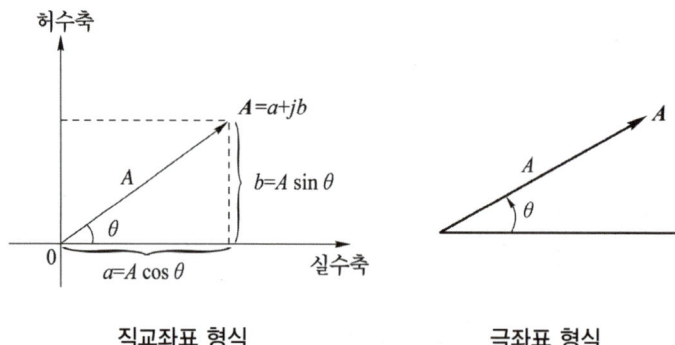

**직교좌표 형식**　　　　　**극좌표 형식**

- 직교좌표형식의 표현　$\dot{A} = a + jb = A(\cos\theta + j\sin\theta)$
- 극좌표 형식의 표현　$\dot{A} = |A| = \sqrt{a^2 + b^2}$

$$\theta = \arg(\dot{A}) = \tan^{-1}\frac{b}{a}$$

## 3) Phasor(정현파교류의 복소수 표현)

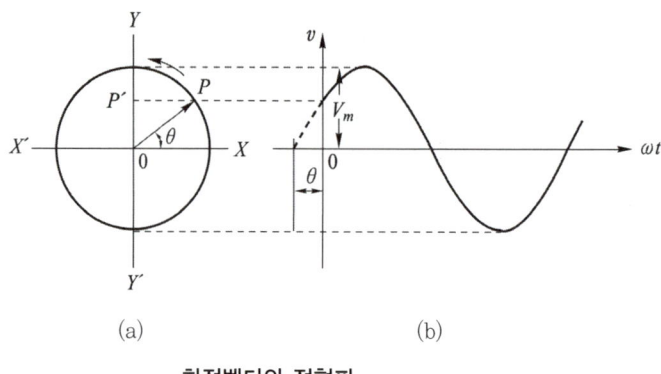

(a)　　　　　　　(b)

**회전벡터와 정현파**

그림 (b)는 $v = V_m \sin(\omega t + \theta)$로 표시되는 정현파이며, (a)에서는 이 정현파의 최댓값 $V_m$과 크기가 같은 화살표선분 $\overline{OP}$가 초기각 $\theta$의 위치로부터 원점을 중심으로 하여 시계반대방향으로 일정한 각속도 $\omega$[rad/sec]로 원운동하고 있을 때(이를 회전벡터라 한다), $\theta$ 지점에 대응하는 벡터를(정지벡터) 페이저 또는 페이저도라고 한다. 일반적으로 정현파의 크기는 실효값으로 대표되므로 페이저의 크기도 정현파의 실효값으로 나타내는 것이 일반적이다. 다음 그림은 정현파를 페이저로 표시한 것이다.

$$v = \sqrt{2}\,V\sin(\omega t + \theta) \rightarrow \dot{V} = V\angle\theta \rightarrow \dot{V} = V\cos\theta + jV\sin\theta$$

출제 산업 3번, 기사 1번

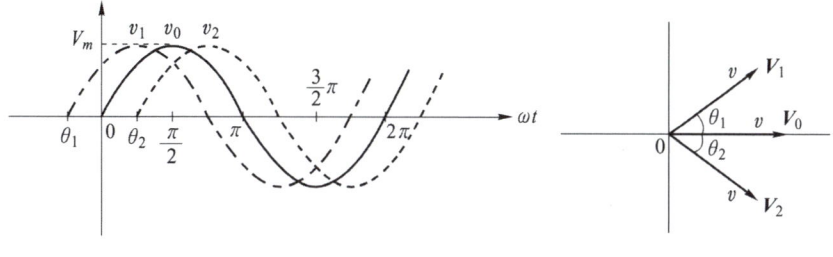

(a) 정현파의 순시값 표시  (b) 페이저 표시

정현파의 페이저 표시

### 4) 임피던스 및 어드미턴스의 복소수 표시

$$Z = \frac{V}{I} = \frac{V\angle 0}{I\angle -\theta} = \frac{V}{I}\angle \theta = Z\angle \theta = R + jX\,[\Omega]$$ 출제 산업 4번

$$Y = \frac{1}{Z} = \frac{1}{R+jX} = \frac{R}{R^2+X^2} - j\frac{X}{R^2+X^2}$$
$$= G - jB = Y\angle -\theta\,[\mho]$$

## 05 정현파의 합성   출제 산업 12번, 기사 4번

$v_1 = \sqrt{2}\,V_1\sin(\omega t + \theta_1)[V]$와 $v_2 = \sqrt{2}\,V_2\sin(\omega t + \theta_2)[V]$의 두 정현파 전압을 합성할 경우 두 정현파 전압의 페이저로 합성하면 쉽게 합성할 수 있다. 즉,

$$v_1 = \sqrt{2}\,V_1\sin(\omega t + \theta_1) \text{는 } \dot{V_1} = V_1\angle\theta_1 = V_1\cos\theta_1 + jV_1\sin\theta_1$$
$$v_2 = \sqrt{2}\,V_2\sin(\omega t + \theta_2) \text{는 } \dot{V_2} = V_2\angle\theta_2 = V_2\cos\theta_2 + jV_2\sin\theta_2$$

따라서

$$v_1 + v_2 = (V_1\cos\theta_1 + V_2\cos\theta_2) + j(V_1\sin\theta_2 + V_2\sin\theta_2)$$

가 되며, 이를 극좌표로 환산하면

$$v_1 + v_2 = \sqrt{(V_1\cos\theta_1 + V_2\cos\theta_2)^2 + (V_1\sin\theta_1 + V_2\sin\theta_2)^2}$$
$$\angle \tan^{-1}\frac{V_1\sin\theta_1 + V_2\sin\theta_2}{V_1\cos\theta_1 + V_2\cos\theta_2}\,[V]$$

가 된다.

# CHAPTER 02 출제예상문제_정현파 교류

## 정현파 교류의 표현

**01** ☆【90. 산업기사】
최댓값이 10[A], 주파수가 10[Hz]이고 $t=0$인 순시값이 5[A]인 교류 전류식은?

① $10\sin\left(20\pi t \pm \dfrac{\pi}{3}\right)$   ② $10\cos\left(20\pi t \pm \dfrac{\pi}{3}\right)$

③ $10\sin(20\pi t)$   ④ $10\cos(20\pi t)$

**해설** $t=0$에서 $\sin 30°$이면 최댓값의 $\dfrac{1}{2}$이고, $i(t)=10\sin\left(20\pi t + \dfrac{\pi}{6}\right)$이므로 cos 함수로 변환하면 $i(t)=10\cos\left(20\pi t \pm \dfrac{\pi}{3}\right)$

**02** ☆【81. 산업기사, ⊕ : 70. 3급】
그림과 같은 파형의 순시값은?

① $70.70\cos\left(\omega t + \dfrac{2\pi}{6}\right)$

② $50\sin\left(\omega t + \dfrac{5\pi}{6}\right)$

③ $70.70\sin\left(\omega t + \dfrac{2\pi}{6}\right)$

④ $50\cos\left(\omega t + \dfrac{5\pi}{6}\right)$

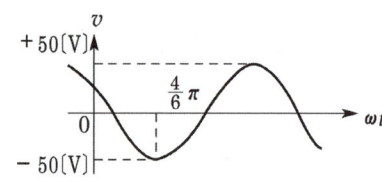

**해설** 전압 파형의 $\omega t < 0$인 부분을 그려 보면 그림과 같다.
정현파의 순시값 기본식 $v = V_m \sin(\omega t + \theta)$에서
$V_m = 50[V]$, $\theta = \dfrac{5\pi}{6}$
$\therefore v = 50\sin\left(\omega t + \dfrac{5\pi}{6}\right)$

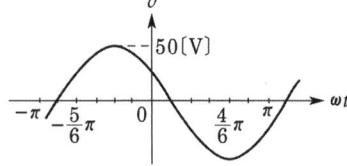

**03** ★【96. 25. 산업기사, ⊕ : 95. 산업기사】
최댓값 100[V], 주파수 60[Hz]인 정현파 전압이 있다. $t=0$에서 순시값이 50[V]이고 이 순간에 전압이 감소하고 있을 경우의 정현파의 순시값은?

① $100\sin(120\pi t + 45°)$   ② $100\sin(120\pi t + 135°)$

③ $100\sin(120\pi t + 150°)$   ④ $100\sin(120\pi t + 30°)$

**답** 1. ② 2. ② 3. ③

[해설] $v = 100\sin(\omega t + 150°)$

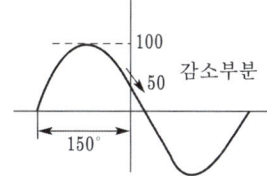

★ 【99. 12. 산업기사】
**04** $i_1 = I_m \sin\omega t$와 $i_2 = I_m \cos\omega t$와 두 교류 전류의 위상차는 몇 도인가?

① 0°　　② 60°　　③ 30°　　④ 90°

[해설] $i_2 = I_m \sin(\omega t + 90°)$　따라서 $i_1$과 위상차는 90°가 된다.

☆ 【92. 23. 산업기사】
**05** 2개의 교류 전압 $e_1 = 141\sin(120\pi t - 30°)$과 $e_2 = 150\cos(120\pi t - 30°)$의 위상차를 시간으로 표시하면 몇 초인가?

① $\dfrac{1}{60}$　　② $\dfrac{1}{120}$　　③ $\dfrac{1}{240}$　　④ $\dfrac{1}{360}$

[해설] $e_2 = 150\sin(120\pi t - 30° + 90°)$

∴ $e_1$과 $e_2$의 위상차 $\theta = \dfrac{\pi}{2}$

$\theta = \omega t$에서　$t = \dfrac{\theta}{\omega} = \dfrac{\pi}{2} \times \dfrac{1}{120\pi} = \dfrac{1}{240}$ [sec]

★★☆ 【75. 77. 96. 05. 09. 산업기사, ⊕ : 67. 96. 산업기사】
**06** $v = 141\sin\left(377t - \dfrac{\pi}{6}\right)$인 파형의 주파수[Hz]는?

① 377　　② 100　　③ 60　　④ 50

[해설] 문제의 전압식에서 $\omega t = 377t$ 이므로 $\omega = 2\pi f = 377$

∴ $f = \dfrac{377}{2\pi} = 60$[Hz]

---

## 유사문제

∥ 유사문제 원문 및 해설 : 동일출판사 홈페이지 ≫ 고객센터 ≫ 자료실

**01.** $v = V_m \sin(\omega t + 30°)$와 $i = I_m \cos(\omega t - 100°)$와의 위상차는 몇 도인가?

[답] 40°

[답] 4. ④　5. ③　6. ③

**02.** 그림과 같은 정현파에서 $v = V_m \sin(\omega t + \theta)$의 주기 $T$를 바르게 표시한 것은?

답 $\dfrac{2\pi}{\omega}$

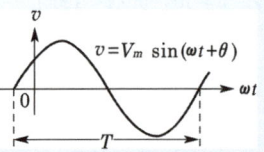

**03.** $i = I_m \sin(\omega t - 15°)[A]$인 정현파에 있어서 $\omega t$가 다음 중 어느 값일 때 순시값이 실효값과 같은가?

답 $60°$

## 실효값과 평균값, 최댓값

★★ 【77. 82. 87. 95. 24. 산업기사】
**07** 정현파 교류의 실효값을 계산하는 식은?

① $I = \dfrac{1}{T}\displaystyle\int_0^T i^2 dt$ 
② $I^2 = \dfrac{2}{T}\displaystyle\int_0^T i\, dt$

③ $I^2 = \dfrac{1}{T}\displaystyle\int_0^T i^2 dt$ 
④ $I = \sqrt{\dfrac{2}{T}\displaystyle\int_0^T i^2 dt}$

[해설] 동일한 저항 $R$에 직류 전류 $I[A]$가 흐를 때 소비 전력 $P_{DC}$는 $P_{DC} = I^2 R[W]$
교류 전류 $i[A]$가 흐를 때 소비 전력 $P_{AC}$는 주기를 $T$라 하면 $P_{AC} = \dfrac{1}{T}\displaystyle\int_0^T i^2 R dt [W]$
실효값의 정의에 의해 $P_{DC} = P_{AC}$이므로
$I^2 R = \dfrac{R}{T}\displaystyle\int_0^T i^2 dt \quad \therefore I^2 = \dfrac{1}{T}\displaystyle\int_0^T i^2 dt$

★★★★☆ 【82. 92. 03. 기사, 81. 83. 93. 96. 00. 11. 산업기사】
**08** 어떤 정현파 전압의 평균값이 191[V]이면 최댓값[V]은?

① 약 150　② 약 250　③ 약 300　④ 약 400

[해설] 정현파에서 $V_{av} = \dfrac{2V_m}{\pi}$이므로 $V_m = \dfrac{\pi}{2}V_{av} = \dfrac{\pi}{2}\times 191 \fallingdotseq 300[V]$

★★ 【95. 00. 01. 25. 산업기사, ㊙ : 92. 산업기사】
**09** 최댓값이 100[V]인 사인파 교류의 평균값은?

① 141　② 70.7　③ 63.7　④ 53.8

[해설] $V_{av} = \dfrac{2}{\pi}V_m = \dfrac{2}{\pi}\times 100 = 63.7[V]$

답 7. ③　8. ③　9. ③

★【97. 기사】
**10** 전류 $i$ 가 $i = I_1\sin(\omega t + 90) + I_2\sin\omega t$ 로 표시될 때 $i$의 최댓값은 얼마인가?

① $\sqrt{I_1^2 + I_2^2}$  ② $I_1^2 + I_2^2$  ③ $\dfrac{\sqrt{I_1^2 + I_2^2}}{2}$  ④ $\dfrac{I_1^2 + I_2^2}{2}$

해설 최댓값이 각각 $I_1$, $I_2$이므로 $\therefore I_m = \sqrt{I_1^2 + I_2^2}$

★【77. 98. 산업기사】
**11** 정현파 교류의 평균값에 어떠한 수를 곱하면 실효값을 얻을 수 있는가?

① $\dfrac{2\sqrt{2}}{\pi}$  ② $\dfrac{\sqrt{3}}{2}$  ③ $\dfrac{2}{\sqrt{3}}$  ④ $\dfrac{\pi}{2\sqrt{2}}$

해설 실효값을 $V$, 최댓값을 $V_m$, 평균값을 $V_{av}$라 하면
$V = \dfrac{V_m}{\sqrt{2}}$, $V_{av} = \dfrac{2}{\pi}V_m$, $V_m = \dfrac{\pi}{2}V_{av}$
$V = \dfrac{V_m}{\sqrt{2}} = \dfrac{1}{\sqrt{2}} \times \dfrac{\pi}{2}V_{av} = \dfrac{\pi}{2\sqrt{2}}V_{av}$

☆【92. 산업기사】
**12** 교류 전류는 크기 및 방향이 주기적으로 변한다. 한 주기의 평균값은?

① 0  ② $\dfrac{2}{\pi}$  ③ $\dfrac{2I_m}{\pi}$  ④ $\dfrac{I_m}{\sqrt{2}}$

해설 정현파의 한 주기의 평균값은 0이고, 일반적으로 정현파는 반주기의 평균값을 취하여 $\dfrac{2I_m}{\pi}$으로 한다. 문제에서 한 주기의 평균값은 0이다.

★【81. 92. 산업기사】
**13** 그림과 같은 제형파의 평균값은 얼마인가?

① $\dfrac{2A}{3}$
② $\dfrac{3A}{2}$
③ $\dfrac{A}{3}$
④ $\dfrac{A}{2}$

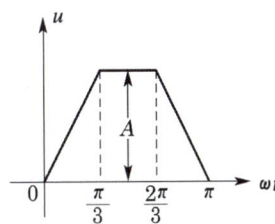

해설 평균값 $= \dfrac{1}{\pi}\int_0^\pi A(\omega t)\,d(\omega t) = \dfrac{1}{\pi}\left\{2\int_0^{\frac{\pi}{3}} \dfrac{A}{\pi/3}\cdot(\omega t)\,d(\omega t) + \int_{\frac{\pi}{3}}^{\frac{2\pi}{3}} A\,d(\omega t)\right\}$
$= \dfrac{1}{\pi}\left\{\dfrac{6A}{\pi}\cdot\dfrac{1}{2}\cdot\dfrac{\pi^2}{9} + \dfrac{\pi A}{3}\right\} = \dfrac{2A}{3}$

답 10. ① 11. ④ 12. ① 13. ①

**14** 【93. 98. 00. 01. 기사, 77. 94. 산업기사】

그림과 같은 $v = 100\sin\omega t$인 정현파 교류 전압의 반파 정류파에 있어서 사선 부분의 평균값[V]은?

① 27.17
② 37
③ 45
④ 51.7

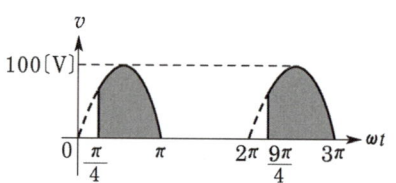

해설) $V_{av} = \dfrac{1}{2\pi}\int_{\frac{\pi}{4}}^{\pi} v\, d(\omega t) = \dfrac{1}{2\pi}\int_{\frac{\pi}{4}}^{\pi} 100\sin\omega t\, d(\omega t)$

$= \dfrac{100}{2\pi}[-\cos\omega t]_{\frac{\pi}{4}}^{\pi} = \dfrac{100}{2\pi}\left(1 + \dfrac{1}{\sqrt{2}}\right) = 27.17[\text{V}]$

**15** 【76. 97. 산업기사】

정현파 교류의 실효값은 최댓값과 어떠한 관계가 있는가?

① $\pi$배   ② $\dfrac{2}{\pi}$배   ③ $\dfrac{1}{\sqrt{2}}$배   ④ $\sqrt{2}$배

해설) 실효값 $V$와 최댓값 $V_m$의 관계는 $V = \dfrac{1}{\sqrt{2}} V_m \fallingdotseq 0.707 V_m$

**16** 【85. 90. 95. 14. 산업기사】

그림과 같은 주기 전압파에서 $t = 0$으로부터 $0.02[\text{s}]$ 사이에는 $v = 5\times 10^4 (t - 0.02)^2$으로 표시되고 $0.02[\text{s}]$에서부터 $0.04[\text{s}]$까지는 $v = 0$이다. 전압의 평균값은 약 얼마인가?

① 2.2
② 3.3
③ 4
④ 5.5

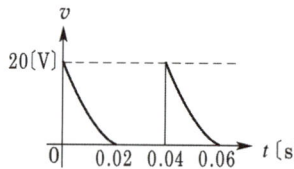

해설) $V_{ab} = \dfrac{1}{T}\int_{0}^{\frac{T}{2}} v\, dt = \dfrac{1}{0.04}\int_{0}^{0.02} 5\times 10^4 (t - 0.02)^2 dt$

$= \dfrac{5\times 10^4}{0.04}\left[\dfrac{1}{3}(t - 0.02)^3\right]_{0}^{0.02} \fallingdotseq 3.33[\text{V}]$

**17** 【90. 97. 00. 산업기사】

그림과 같은 파형의 실효값은?

① 47.7
② 57.7
③ 67.7
④ 77.5

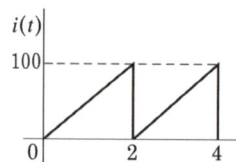

답) 14. ①   15. ③   16. ②   17. ②

해설 $I = \sqrt{\dfrac{1}{2}\int_0^2 (50t)^2 dt} = \sqrt{\dfrac{2500}{2}\left|\dfrac{t^3}{3}\right|_0^2} = \dfrac{100}{\sqrt{3}} = 57.7$

**18** ★★★ 【78, 88. 기사, 77, 99. 산업기사】
그림과 같이 처음 10초 간은 50[A]의 전류를 흘리고, 다음 20초 간은 40[A]의 전류를 흘리면 전류의 실효값 [A]은? 단, 주기는 30초라 한다.

① 38.7
② 43.6
③ 46.8
④ 51.5

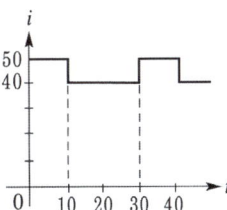

해설 실효값 $I = \sqrt{\dfrac{1}{T}\int_0^T i^2 dt} = \sqrt{\dfrac{1}{30}\left\{\int_0^{10}(50)^2 dt + \int_{10}^{30}(40)^2 dt\right\}}$
$= \sqrt{\dfrac{1}{30}\left\{[2500t]_0^{10} + [1600t]_{10}^{30}\right\}} = \sqrt{1900} \fallingdotseq 43.58[A]$

**19** ★★★☆ 【83. 기사, 77, 82, 84, 94, 99, 16, 18. 산업기사】
그림과 같은 $i = I_m \sin\omega t$ 인 정현파 교류의 반파 정류 파형의 실효값은?

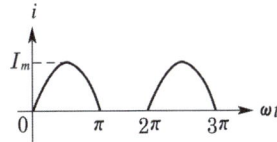

① $\dfrac{I_m}{\sqrt{2}}$   ② $\dfrac{I_m}{\sqrt{3}}$   ③ $\dfrac{I_m}{2\sqrt{2}}$   ④ $\dfrac{I_m}{2}$

해설 실효값 $I = \sqrt{\dfrac{1}{T}\int_0^T i^2 dt} = \sqrt{\dfrac{1}{2\pi}\int_0^{2\pi} i^2 d(\omega t)}$ 에서 반파 정류파는 $\pi \sim 2\pi$일 때 $i=0$이므로
$I = \sqrt{\dfrac{1}{2\pi}\int_0^\pi i^2 d(\omega t)} = \sqrt{\dfrac{1}{2\pi}\int_0^\pi I_m^2 \sin^2\omega t\, d(\omega t)} = \sqrt{\dfrac{I_m^2}{2\pi}\int_0^\pi \dfrac{1-\cos 2\omega t}{2} d(\omega t)} = \dfrac{I_m}{2}$

**20** ★★ 【91. 기사, 81, 94, 18, 24. 산업기사】
그림과 같은 전압 파형의 실효값[V]은?

① 5.67
② 6.67
③ 7.57
④ 8.57

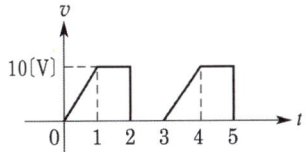

해설 실효값 $V = \sqrt{\dfrac{1}{T}\int_0^T v^2 dt} = \sqrt{\dfrac{1}{3}\left\{\int_0^1 (10t)^2 dt + \int_1^2 10^2 dt\right\}} = \dfrac{20}{3} \fallingdotseq 6.67[A]$

답 18. ② 19. ④ 20. ②

**21** ★ 【93. 11. 기사, 69. 3급】
삼각파의 최댓값이 1이라면 실효값, 평균값은 각각 얼마인가?
① $1/\sqrt{2}$, $1/\sqrt{3}$
② $1/\sqrt{3}$, $1/2$
③ $1/\sqrt{2}$, $1/2$
④ $1/\sqrt{2}$, $1/3$

해설 삼각파인 경우에 실효값은 $V_m/\sqrt{3}$이고, 평균값은 $V_m/2$이다.
∴ 실효값은 $1/\sqrt{3}$이고, 평균값은 $1/2$이다.

**22** ★ 【03. 기사】
다음 중 반파 실효값의 2배의 실효값을 갖는 파는?
① 맥동파  ② 삼각파  ③ 제형파  ④ 구형파

해설
| 파형 | 정현파 | 정현반파 | 삼각파 | 구형반파 | 구형파 |
|---|---|---|---|---|---|
| 실효값 | $\dfrac{V_m}{\sqrt{2}}$ | $\dfrac{V_m}{2}$ | $\dfrac{V_m}{\sqrt{3}}$ | $\dfrac{V_m}{\sqrt{2}}$ | $V_m$ |

**23** ★★ 【91. 기사, 84. 00. 산업기사】
무유도 저항 부하에 그림 (a)와 같이 정현파 교류를 정류한 맥류가 흐를 때 그림 (b)와 같이 접속된 가동 코일형 전압계 및 전류계의 지시값 $V_a$, $I_a$에 의하여 부하의 전력을 구하면?

① $\dfrac{\pi^2}{8} V_a I_a$
② $V_a I_a$
③ $\dfrac{\pi^2}{4} V_a I_a$
④ $\dfrac{\pi^2}{2} V_a I_a$

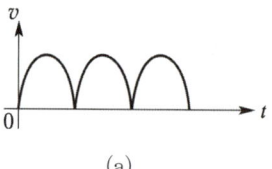
(a)
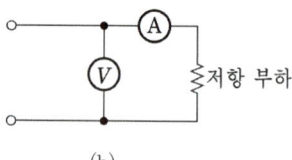
(b)

해설 가동 코일형 계기는 평균값을 지시하고 전파 정류파에서 $I = \dfrac{I_m}{\sqrt{2}}$, $I_a = \dfrac{2}{\pi} I_m$의 관계가 있으므로
$P = VI = \dfrac{1}{\sqrt{2}} \cdot \dfrac{\pi}{2} \cdot V_a \cdot \dfrac{1}{\sqrt{2}} \cdot \dfrac{\pi}{2} \cdot I_a = \dfrac{\pi^2}{8} V_a I_a$

**24** ★★ 【82. 83. 94. 01. 산업기사】
그림과 같은 파형의 맥동 전류를 열선형 계기로 측정한 결과 10[A]이었다. 이를 가동 코일형 계기로 측정할 때 전류의 값은 몇 [A]인가?
① 7.07
② 10
③ 14.14
④ 17.32

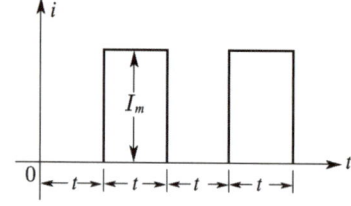

답 21. ② 22. ④ 23. ① 24. ①

**해설**) 열선형 계기는 실효값, 가동 코일형 계기는 평균값을 지시하므로
$$I_{av} = \frac{I_m}{2} = \frac{\sqrt{2}\,I}{2} = \frac{10}{\sqrt{2}} = 7.07[A]$$

★★ 【83. 기사, ⊕ : 84. 96. 산업기사】
**25** 그림과 같은 정류 회로에서 부하 $R$에 흐르는 직류 전류의 크기는 약 몇 [A]인가?
단, $V = 100[V]$, $R = 10\sqrt{2}\,[\Omega]$이다.

① 5.6
② 6.4
③ 4.4
④ 3.2

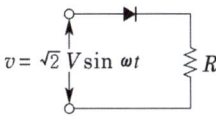

**해설**) $I_m = \dfrac{V_m}{R} = \dfrac{100\sqrt{2}}{10\sqrt{2}} = 10[A]$

따라서 $I_m = 10[A]$인 반파 정류파의 평균값은 $I_{av} = \dfrac{I_m}{\pi} = \dfrac{10}{\pi} = 3.18[A]$

★★★ 【96. 기사, 76. 82. 89. 98. 07. 산업기사】
**26** 그림과 같은 파형을 가진 맥류 전류의 평균값이 10[A]라면 전류의 실효값[A]은?

① 10
② 14
③ 20
④ 28

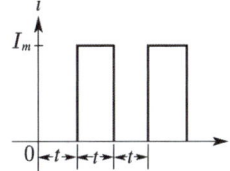

**해설**) 평균값 $I_{av} = \dfrac{1}{T}\displaystyle\int_0^T i\,dt = \dfrac{1}{2t}\displaystyle\int_0^{2t} i\,dt$

그런데 $t = 0 \sim t$ 사이의 전류는 0이므로
$$I_{av} = \frac{1}{2t}\int_t^{2t} I_m\,dt = \frac{I_m}{2t}[t]_t^{2t} = \frac{I_m}{2} = 10[A]$$
$\therefore\ I_m = 2I_{av} = 2 \times 10 = 20[A]$

따라서 실효값은
$$I = \sqrt{\frac{1}{T}\int_0^T i^2\,dt} = \sqrt{\frac{1}{2t}\int_t^{2t}(20)^2\,dt} = \sqrt{200} = 14.14[A]$$

★★ 【88. 93. 기사】
**27** 처음 10[s] 간은 10[A]의 전류를 흘리고, 다음 20[s] 간은 20[A]의 전류를 흘리는 전류의 실효값은 몇 [A]인가?

① 15.4
② 16.5
③ 17.3
④ 18.2

**답** 25. ④ 26. ② 27. ③

해설

의 실효값은 $I = \sqrt{\dfrac{1}{30}\left[\int_0^{10} 10^2 dt + \int_{10}^{30} 20^2 dt\right]}$

$= \sqrt{\dfrac{1}{30}[100[t]_0^{10} + 400[t]_{10}^{30}]}$

$= \sqrt{\dfrac{1}{30}[1000 + 12000 - 4000]} = 17.3[A]$

## 유사문제

∥ 유사문제 원문 및 해설 : 동일출판사 홈페이지 ≫ 고객센터 ≫ 자료실

**01.** 정현파 교류 전압 $v = V_m \sin(\omega t + \theta)[V]$의 평균값은 최댓값의 몇 [%]인가?

답 약 63.7

**02.** 어떤 교류 전압의 실효값이 314[V]일 때 평균값[V]은?

답 $V_{av} = \dfrac{2\sqrt{2}}{\pi} \cdot V = \dfrac{2\sqrt{2}}{\pi} \cdot 314 ≒ 283[V]$

**03.** 그림과 같은 구형파 전압의 평균값은?

답 $V_m$

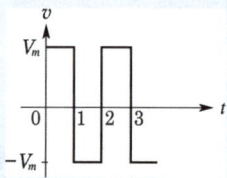

**04.** 그림과 같이 시간축에 대하여 대칭인 3각파 교류 전압의 평균값[V]은?

답 5[V]

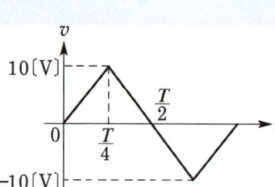

**05.** 그림과 같은 반파 정류파의 평균값은?
단, $0 \leq \omega t \leq \pi$ 일 때 $i(t) = \sin\omega t$이고,
$\pi \leq \omega t \leq 2\pi$ 일 때 $i(t) = 0$인 주기함수이다.

답 약 0.32[A]

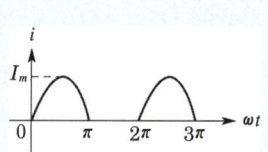

**06.** 정현파 교류의 서술 중 전류의 실효값으로 나타낸 것은? 단, $T$는 주기파의 주기, $i$는 주기 전류의 순시값이다.

답 $\sqrt{i^2}$의 1주기간의 평균값

**07.** 그림과 같은 전류 파형에서 $0\sim\pi$까지는 $i = I_m\sin\omega t$, $\pi\sim 2\pi$까지는 $i = -\dfrac{I_m}{2}$으로 주어진다. $I_m = 5[A]$라 할 때 전류의 평균값은 약 몇 [A]인가?

답 0.342[A]

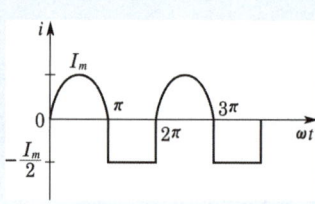

08. 그림과 같은 톱니파형의 실효값은?

답 $\dfrac{A}{\sqrt{3}}$

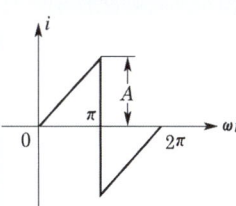

09. 3각파에서 평균값이 100[V], 파형률이 1.155, 파고율이 1.732일 때 이 3각파의 최댓값[V]은?

답 200.0[V]

10. 최댓값이 $E_m$[V]인 반파 정류 정현파의 실효값은 몇 [V]인가?

답 $E_m/2$

11. 그림과 같이 최댓값 $V_m$의 정현파 교류를 다이오드 1개로 반파 정류하여 순저항 부하에 가하고, 직류 전압계로 전압을 측정할 때 전압계의 지시값은 몇 [V]인가?

답 $\dfrac{V_m}{\pi}$

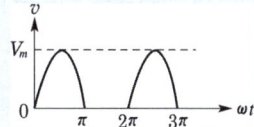

## 파형률과 파고율

★★★★☆ 【82. 84. 95. 기사, 01. 산업기사, ㉮ : 96. 기사】
**28** 그림과 같은 파형의 파고율은 얼마인가?

① 2.828
② 1.732
③ 1.414
④ 1

해설 구형파(단형파, 방형파)는 파형률과 파고율이 모두 1.0이다.

★★ 【93. 01. 20. 산업기사, 63. 3급】
**29** 교류의 파형률이란?

① $\dfrac{실효값}{평균값}$   ② $\dfrac{평균값}{실효값}$   ③ $\dfrac{실효값}{최대값}$   ④ $\dfrac{최대값}{실효값}$

해설 파형률(form factor)=$\dfrac{실효값}{평균값}$ 이고, 파고율(crest factor)=$\dfrac{최대값}{실효값}$ 이다.

답 28. ④  29. ①

**30** 그림과 같은 파형의 파고율은 얼마인가?

① $1/\sqrt{3}$
② $2/\sqrt{3}$
③ $\sqrt{3}$
④ $\sqrt{6}$

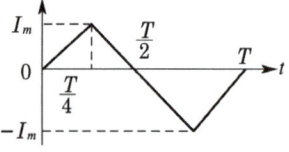

[해설] 삼각파의 파고율은 $\sqrt{3}$으로 1.732이다.

**31** 구형파의 파형률과 파고율은?

① 1, 0  ② 1, 2  ③ 1, 1  ④ 0, 1

[해설]

| | 구형파 | 3각파 | 정현파 | 정류파(전파) | 정류파(반파) |
|---|---|---|---|---|---|
| 파형률 | 1.0 | 1.15 | 1.11 | 1.11 | 1.57 |
| 파고율 | 1.0 | 1.732 | 1.414 | 1.414 | 2.0 |

**32** 그림 중 파형률이 1.15가 되는 파형은?

①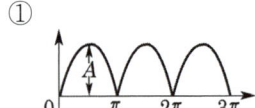
②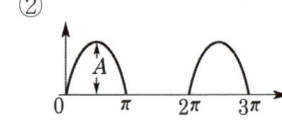
③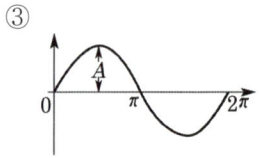
④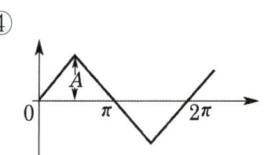

[해설] ① 정류파(전파)=1.11  ② 정류파(반파)=1.57
③ 정현파(여현파)=1.11  ④ 삼각파=1.15

**33** 파고율값이 1.414인 것은 어떤 파인가?

① 반파 정류파
② 직사각형파
③ 정현파
④ 톱니파

[해설]

| | 구형파 | 3각파 | 정현파 | 정류파(전파) | 정류파(반파) |
|---|---|---|---|---|---|
| 파형률 | 1.0 | 1.15 | 1.11 | 1.11 | 1.57 |
| 파고율 | 1.0 | 1.732 | 1.414 | 1.414 | 2.0 |

답  30. ③  31. ③  32. ④  33. ③

**34** 파고율이 2가 되는 파는?

① 정현파　　② 톱니파　　③ 반파 정류파　　④ 전파 정류파

[해설] 반파 정류파의 파고율 = 최댓값/실효값 = $\dfrac{V_m}{\dfrac{V_m}{2}} = 2$

## 유사문제

**01.** 정현파 교류의 실효값을 구하는 식이 잘못된 것은?
　답 파고율 × 평균값

**02.** 그림과 같은 파형의 파고율은 얼마인가?
　답 1.414

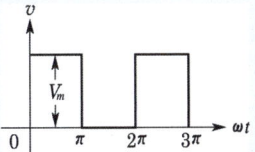

**03.** 파형의 파형률값이 잘못된 것은?
　답 정현파의 파형률은 1.414이다.

**04.** 파형이 톱니파일 경우 파형률은?
　답 1.155

## Phaser

**35** $A_1 = 20\left(\cos\dfrac{\pi}{3} + j\sin\dfrac{\pi}{3}\right)$, $A_2 = 5\left(\cos\dfrac{\pi}{6} + j\sin\dfrac{\pi}{6}\right)$로 표시되는 두 벡터가 있다. $A_3 = A_1/A_2$의 값은 얼마인가?

① $10\left(\cos\dfrac{\pi}{3} + j\sin\dfrac{\pi}{3}\right)$　　② $10\left(\cos\dfrac{\pi}{6} + j\sin\dfrac{\pi}{6}\right)$

③ $4\left(\cos\dfrac{\pi}{3} + j\sin\dfrac{\pi}{3}\right)$　　④ $4\left(\cos\dfrac{\pi}{6} + j\sin\dfrac{\pi}{6}\right)$

[해설] $A_1 = 20\left(\cos\dfrac{\pi}{3} + j\sin\dfrac{\pi}{3}\right) = 20\angle\dfrac{\pi}{3}$, $A_2 = 5\left(\cos\dfrac{\pi}{6} + j\sin\dfrac{\pi}{6}\right) = 5\angle\dfrac{\pi}{6}$

∴ $A_3 = A_1/A_2 = \dfrac{20\angle\dfrac{\pi}{3}}{5\angle\dfrac{\pi}{6}} = 4\angle\left(\dfrac{\pi}{3} - \dfrac{\pi}{6}\right) = 4\angle\dfrac{\pi}{6}$

답 34. ③　35. ④

★ 【77. 94. 산업기사】

**36** 어떤 회로의 전압 및 전류의 순시값이 $v = 200\sin 314t$[V], $i = 10\sin\left(314t - \dfrac{\pi}{6}\right)$[A]일 때 이 회로의 임피던스를 복소수[Ω]로 표시하면?

① $17.32 + j12$   ② $16.30 + j11$
③ $17.32 + j10$   ④ $18.30 + j9$

**해설** 전압과 전류의 순시값을 정지 벡터로 표시하면

$\dot{V}_m = 200\angle 0$, $\dot{I}_m = 10\angle -\dfrac{\pi}{6}$

$\therefore Z = \dfrac{\dot{V}_m}{\dot{I}_m} = \dfrac{200\angle 0}{10\angle -\dfrac{\pi}{6}} = 20\angle \dfrac{\pi}{6} = 20(\cos 30° + j\sin 30°) = 10\sqrt{3} + j10$[Ω]

★ 【89. 기사】

**37** 정현파 전압 및 전류를 복소수로 표시하는 페이저 기호 방법 중 잘못된 것은?

① 정현파 전압 또는 전류를 복소수 평면에 있어서의 페이저로서 표시한다.
② 정현파 전압 또는 전류의 순시값을 구할 때에는 복소수의 허수부를 취급하지 않는다.
③ 그 회전 페이저를 정지 페이저로서 취급한다.
④ 최댓값 대신에 실효값을 쓰기도 한다.

**해설** 정현파 전압 또는 전류의 순시값을 구할 때는 복소수의 허수부를 취급해야만 한다.

★★★★★ 【98. 00. 산업기사, ⊕ : 85. 90. 94. 95. 기사, 78. 86. 산업기사】

**38** 전류의 크기가 $i_1 = 30\sqrt{2}\sin\omega t$[A], $i_2 = 40\sqrt{2}\sin\left(\omega t + \dfrac{\pi}{2}\right)$일 때 $i_1 + i_2$의 실효값은 몇 [A]인가?

① 50   ② $50\sqrt{2}$   ③ 70   ④ $70\sqrt{2}$

**해설** $I_1 = 30\angle 0°$, $I_2 = 40\angle 90° = 40(\cos 90° + j\sin 90°) = j40$
$\therefore I_1 + I_2 = 30 + j40$
$|I_1 + I_2| = \sqrt{30^2 + 40^2} = 50$[A]

★ 【83. 93. 산업기사】

**39** $i_1 = I_{m1}\sin\omega t$ 와 $i_2 = I_{m2}\sin(\omega t + \alpha)$의 두 전류를 합성할 때 다음 중 잘못된 것은?

① 최댓값은 $\sqrt{I_{m1}^2 + I_{m2}^2}$이다.   ② 초기 위상은 $\tan^{-1}\dfrac{I_{m2}\sin\alpha}{I_{m1} + I_{m2}\cos\alpha}$이다.
③ 주파수는 $\dfrac{\omega}{2\pi}$이다.   ④ 파형은 정현파이다.

**해설** 두 전류의 위상차 $\alpha = 90°$인 경우에만 최댓값은 $\sqrt{I_{m1}^2 + I_{m2}^2}$이 성립된다.

**답** 36. ③  37. ②  38. ①  39. ①

**40** $i_1 = 5\sqrt{2}\sin(\omega t + \theta)$와 $i_2 = 3\sqrt{2}\sin(\omega t + \theta - \pi)$와의 차에 상당하는 전류의 실효값 [A]은?

① $9\sqrt{2}$  ② $8$  ③ $3$  ④ $3\sqrt{2}$

해설  $i_1$ 전류를 기준으로 $i_1$과 $i_2$를 실효값 정지 벡터로 표시하면
$I_1 = 5\angle 0 = 5$, $I_2 = 3\angle -\pi = -3$
$\therefore I = I_1 - I_2 = 5 - (-3) = 8[A]$

**41** $V = v_1 + jv_2$와 $I = I$와의 위상차를 $\dfrac{\pi}{3}$[rad]만큼 $I$를 앞서게 하는 조건은?

① $v_2 = \sqrt{3}\,v_1$  ② $v_2 = -\sqrt{3}\,v_1$  ③ $v_2 = \dfrac{1}{\sqrt{3}}v_1$  ④ $v_2 = -\dfrac{1}{\sqrt{3}}v_1$

해설  전류를 기준으로 하여 전압이 $\dfrac{\pi}{3}$[rad]만큼 뒤진 벡터도는 그림과 같다.

그림에서 $\theta = \dfrac{\pi}{3}$이므로 $v_2 = -\sqrt{3}\,v_1$이 된다.

즉, $V = v_1 - j\sqrt{3}\,v_1$이 되면 전류가 전압보다 $\dfrac{\pi}{3}$[rad]만큼
위상이 앞서게 된다.

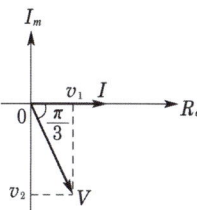

**42** $v = 100\sqrt{2}\sin\left(\omega t + \dfrac{\pi}{3}\right)$를 복소수로 표시하면?

① $50\sqrt{3} + j50\sqrt{3}$  ② $50 + j50\sqrt{3}$
③ $50 + j50$  ④ $50\sqrt{3} + j50$

해설  $v = 100\sqrt{2}\sin\left(\omega t + \dfrac{\pi}{3}\right)$를 실효값 정지 벡터로 표시하면
$V = 100\angle \dfrac{\pi}{3} = 100(\cos 60° + j\sin 60°) = 50 + j50\sqrt{3}$

**43** 그림과 같이 $V = 96 + j28$[V], $Z = 4 - j3$[Ω]이다. 전류 $I$[A]의 값은?
단, $\alpha = \tan^{-1}\dfrac{4}{3}$, $\beta = \tan^{-1}\dfrac{3}{4}$이다.

① $20e^{j\alpha}$
② $10e^{j\alpha}$
③ $20e^{j\beta}$
④ $10e^{j\beta}$

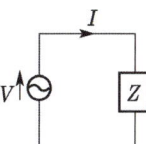

답 40. ② 41. ② 42. ② 43. ①

[해설]  $I = \dfrac{V}{Z} = \dfrac{96+j28}{4-j3} = \dfrac{(96+j28)(4+j3)}{(4-j3)(4+j3)} = \dfrac{300+j400}{4^2+3^2} = 12+j16 = 20\angle tan^{-1}\dfrac{4}{3} = 20e^{j\alpha}$

☆ 【97. 산업기사】

**44** 어느 기준 벡터에 대하여 30° 앞선 200[V]의 전압 $V_1$과 90° 뒤진 200[V]의 전압 $V_2$가 있을 때 이 두 전압의 차는 얼마인가?

① $100(\sqrt{3}+j)$  
② $100(\sqrt{3}-j)$  
③ $100(\sqrt{3}+j3)$  
④ $100(\sqrt{3}-j3)$

[해설]  $V = 200\angle 30 - 200\angle -90 = 200(\cos 30° + j\sin 30°) - 200(\cos 90° - j\sin 90°)$
$= 100\sqrt{3} + j100 - (-j200) = 100\sqrt{3} + j300 = 100(\sqrt{3}+j3)$

★★ 【77. 82. 84. 85. 산업기사】

**45** 그림과 같은 회로에서 $Z_1$의 단자 전압 $V_1 = \sqrt{3}+jy$, $Z_2$의 단자 전압 $V_2 = |V|\angle 30°$ 일 때, $y$ 및 $|V|$의 값은?

① $y=1$, $|V|=2$
② $y=\sqrt{3}$, $|V|=2$
③ $y=2\sqrt{3}$, $|V|=1$
④ $y=1$, $|V|=\sqrt{3}$

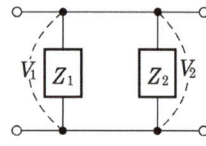

[해설] 그림에서 $V_1 = V_2$

$$\sqrt{3}+jy = |V|(\cos 30° + j\sin 30°) = \dfrac{\sqrt{3}}{2}|V| + j\dfrac{1}{2}|V|$$

실수부와 허수부끼리 같아야 하므로
$$\dfrac{\sqrt{3}}{2}|V| = \sqrt{3}, \quad |V| = 2 \quad y = \dfrac{1}{2}|V| = 1$$

☆ 【97. 14. 산업기사】

**46** 복소 전압 $E = -20e^{j\frac{3}{2}\pi}$를 정현파의 순시값으로 나타내면 어떻게 되는가?

① $e = -20\sin\left(\omega t + \dfrac{\pi}{2}\right)$[V]
② $e = 20\sin\left(\omega t + \dfrac{2}{3}\pi\right)$[V]
③ $e = 20\sqrt{2}\sin\left(\omega t - \dfrac{\pi}{2}\right)$[V]
④ $e = 20\sqrt{2}\sin\left(\omega t + \dfrac{\pi}{2}\right)$[V]

[해설] $E = -20e^{j\frac{3}{2}\pi} = -20e^{-j\frac{\pi}{2}} = 20e^{j\frac{\pi}{2}}$
$e = 20\sqrt{2}\sin\left(\omega t + \dfrac{\pi}{2}\right)$

[답] 44. ③  45. ①  46. ④

## 유사문제

■ 유사문제 원문 및 해설 : 동일출판사 홈페이지 » 고객센터 » 자료실

**01.** $v_1 = V_1 \sin\omega t$, $v_2 = V_2 \sin(\omega t + 30°)$일 때, $v_1 + v_2$의 최댓값은?

답 $\sqrt{\left(V_1 + \frac{\sqrt{3}}{2}V_2\right)^2 + \frac{1}{4}V_2^2}$

**02.** $e_1 = 30\sqrt{2}\sin\omega t$, $e_2 = 40\sqrt{2}\cos(\omega t - \pi/6)$일 때 $e_1 + e_2$의 실효값은 몇[V]인가?

답 $10\sqrt{37}$

**03.** 복소수 $I_1 = 10\angle tan^{-1}\frac{4}{3}$, $I_2 = 10\angle tan^{-1}\frac{3}{4}$일 때 $I = I_1 + I_2$는 얼마인가?

답 $14 + j14$

**04.** $V = 60 + j80$전압[V], 전류 $I = 4 - j3$[A]인 부하의 페이저(복소) 임피던스[Ω]는?

답 $j20$

**05.** $A = j1000$이다. 다음 중 $A$의 3제곱근이 아닌 것은?

답 $5\sqrt{3} - j5$

**06.** 정현파 교류 $i = 10\sqrt{2}\sin\left(\omega t + \frac{\pi}{3}\right)$[A]를 복소수의 극좌표형으로 표시하면 어느 것인가?

답 $10\angle\frac{\pi}{3}$

**07.** 8[Ω]의 저항과 6[Ω]의 용량 리액턴스 직렬 회로에 $E = 28 - j4$인 전압을 가했을 때 흐르는 전류[A]는?

답 $2.48 + j1.36$

**08.** 저항과 리액턴스의 직렬 회로에 $V = 14 + j38$[V]인 교류 전압을 가하니 $I = 6 + j2$[A]의 전류가 흐른다. 이 회로의 저항[Ω]과 리액턴스[Ω]는?

답 $R = 4$[Ω], $X_L = 5$[Ω]

**09.** 임피던스 $Z = 15 + j4$[Ω]의 회로에 $I = 10(2 + j)$를 흘리는 데 필요한 전압 $V$를 구하면?

답 $10(26 + j23)$

**10.** 어떤 회로의 전압 및 전류가 $V = 10\angle 60°$[V], $I = 5\angle 30°$[A]일 때 이 회로의 임피던스 $Z$[Ω]은?

답 $\sqrt{3} + j$

# CHAPTER 03 기본 교류 회로

## 01 수동소자

### 1) 저항(Resistance)
저항은 전원으로부터 공급받은 에너지를 열(줄 열)로 소비하는 회로소자로서 양 단자 간에 전압과 전류 사이에 비례관계가 성립된다.

$$R = \rho \frac{l}{A} [\Omega]$$

### 2) 도체의 컨덕턴스
저항의 역수를 컨덕턴스(conductance) $G$라 하며 단위는 [℧]로 나타내며 'mho'로 읽는다. 또한 컨덕턴스는 저항의 상반되는 개념으로 도체의 길이에 반비례하고 단면적에 비례한다.

$$G = \sigma \frac{A}{l} [℧]$$

### 3) 인덕턴스(inductance)  출제 산업 2번
도선에 전류가 흐르면 그림과 같이 그 주위에 동심원을 그리는 자기장이 형성된다. 이 자기장의 방향은 앙페르의 오른나사법칙에 따라 형성된다.

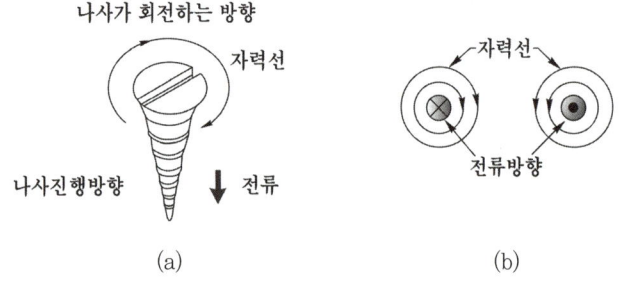

**암페어의 오른나사법칙**

즉, 전류가 코일 모양의 도체를 나사 회전방향으로 흐르게 되면 나사의 진행방향으로 자속은 흐르게 된다. 이와 같은 다수의 코일을 감아서 만든 2 단자 소자를 인덕터(inductor)라 한다. 인덕터에서 코일의 권수 $n$, 전류 주변에 발생되는 자속을 $\Phi$라 하면 총 쇄교자속은 코일의 권수와 자속의 곱으로 표시된다. 여기서 자속 $\Phi$는 전류 $i$에 비례하여 변화하므로 권수가 일정한

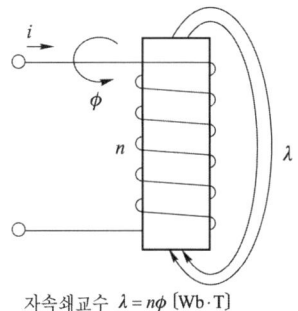

자속쇄교수 $\lambda = n\phi$ [Wb·T]

**인덕터의 구조**

경우라면 총 쇄교자속수 $\lambda$는 전류와 비례한다.

$$\lambda \propto i$$

이때 비례상수를 자기 인덕턴스(self inductance) 또는 간단히 인덕턴스 $L$이라 하며 이는 전류와는 관계없이 코일 자체의 상태 및 주변의 매질에 따라 결정된다.

$$\lambda = Li \text{[Wb·T]}$$

인덕턴스 $L$의 MKS 단위는 헨리(henry : [H])가 사용된다.

### 4) 커패시턴스(Capacitance)

커패시터는 전하가 갖는 정전에너지를 저장할 수 있는 능력을 가진 전기소자를 말하며 일명 콘덴서(condenser)라고도 한다.

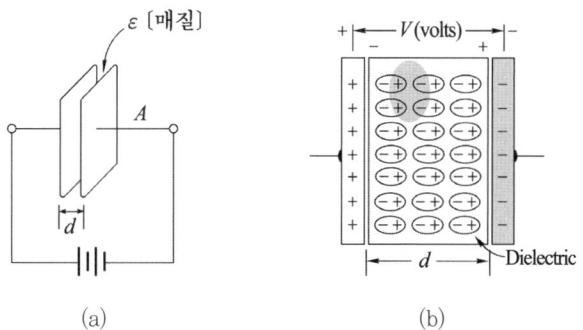

**커패시턴스의 작용**

그림(a) 양 극판에 전압을 인가하면 전위가 높은쪽 극판에는 정(+)전하, 전위가 낮은쪽 극판에는 부(-)전하가 축적된다. 이때 축적된 전하량은 양극판에 인가되는 전압이 어느 범위 미만일 때는 비례관계가 성립된다. 이 때의 비례상수를 양극판의 전하 축적능력의 크기를 나타내는 상수로서 용량계수 또는 정전용량(capacitance) $C$라고 한다.

$$q = Cv$$

이와 같은 전기적 특성이 추가되는 구체적인 실물을 용량기(capacitor)라고 한다. 커패시턴스 $C$의 단위로는 패럿(Farad : [F])이 사용된다.

## 02 회로소자의 응답

### 1) $R$의 회로해석

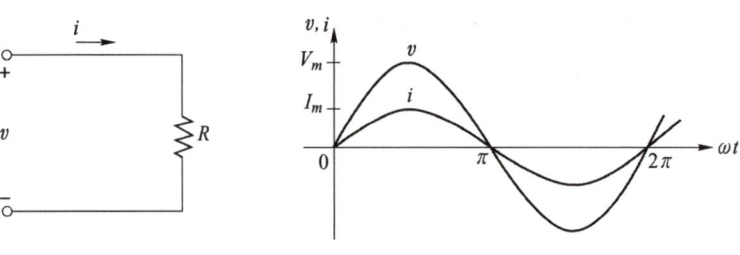

$R$만의 회로

그림의 회로에 전압 $v = V_m \sin\omega t$[V]를 인가하면 전류는 다음과 같다.

① 순시전류 : $i = \dfrac{v}{R} = \dfrac{V_m \sin\omega t}{R} = \dfrac{V_m}{R}\sin\omega t$ [A]

② 최대전류 : $I_m = \dfrac{V_m}{R}$ [A]

③ 실효전류 : $I = \dfrac{V}{R}$ [A]

### 2) $L$만의 회로 해석

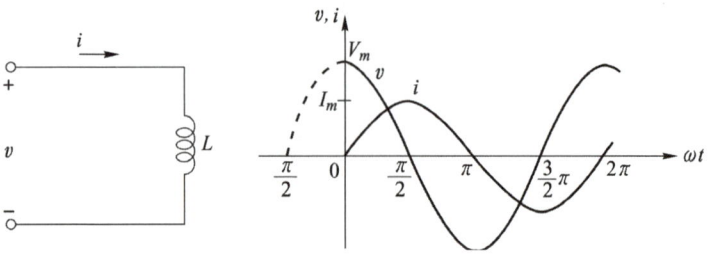

$L$만의 회로

그림의 회로에 전압 $v = V_m \sin\omega t$[V]를 인가하면 전류는 다음과 같다.

① 유도성 리액턴스 $X_L$ : $jX_L = j\omega L$[Ω]   출제 산업 3번

② 순시전류 : $i_L = \dfrac{V_m \sin\omega t}{j\omega L} = \dfrac{V_m}{\omega L}\sin\left(\omega t - \dfrac{\pi}{2}\right)$[A]   출제 기사 2번

③ 최대전류 : $I_m = \dfrac{V_m}{\omega L}$[A]

④ 실효전류 : $I = \dfrac{V}{\omega L}$[A]   출제 기사 2번

⑤ 리액터 양단의 전압 : $V_L = L\dfrac{di}{dt}$[V]   출제 산업 13번, 기사 2번

## 3) $C$만의 회로 해석

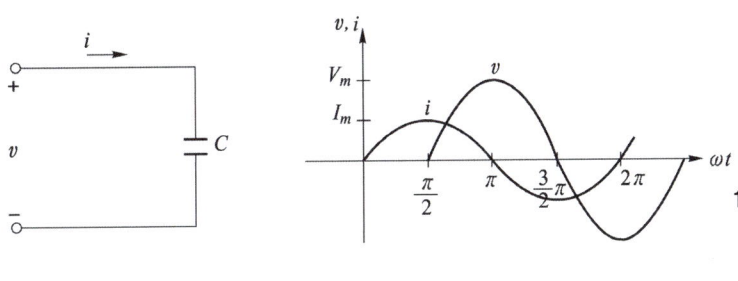

$C$만의 회로

그림의 회로에 전압 $v = V_m \sin\omega t$[V]를 인가하면 전류는 다음과 같다.

① 용량성 리액턴스 $X_C$ : $-jX_C = \dfrac{1}{j\omega C}$[Ω]   출제 산업 1번, 기사 3번

② 순시전류 : $i_C = \dfrac{V_m \sin\omega t}{\dfrac{1}{j\omega C}} = \omega C V_m \sin\left(\omega t + \dfrac{\pi}{2}\right)$[A]   출제 산업 1번, 기사 3번

③ 최대전류 : $I_m = \omega C V_m$[A]

④ 실효전류 : $I = \omega C V$[A]   출제 산업 3번

⑤ 콘덴서에 흐르는 전류 : $I_C = C\dfrac{dv}{dt}$[A]   출제 산업 2번, 기사 3번

## 4) $R-X$ 직렬 회로의 해석

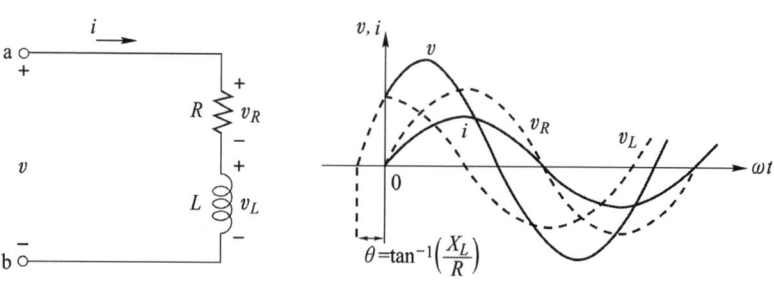

유도성 $R-L$ 직렬 회로

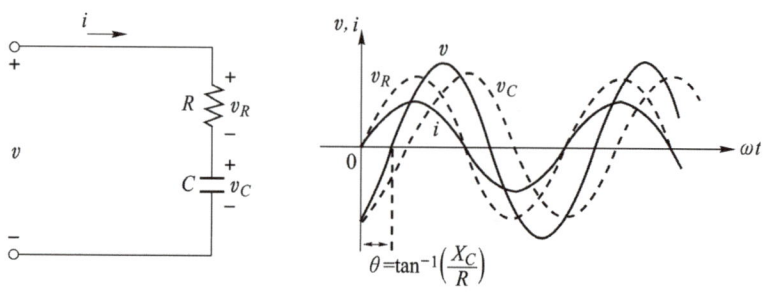

용량성 $R-C$ 직렬 회로

$R-X$ 직렬 회로의 임피던스는

$$Z = R + jX [\Omega]$$

이며, X의 값에 따라 임피던스는 달라진다.

$X = 0 \rightarrow Z = R$ (저항만의 회로와 같다. 공진회로)

$X = j\omega L \rightarrow Z = R + j\omega L$

$X = \dfrac{1}{j\omega C} \rightarrow Z = R - j\dfrac{1}{\omega C}$

$R-X$ 직렬 회로의 임피던스를 극좌표 표현하면

$$Z = \sqrt{R^2 + X^2} \angle \tan^{-1}\dfrac{X}{R} [\Omega]$$

이 되며, 다음과 같이 임피던스 삼각형을 그릴 수 있다.

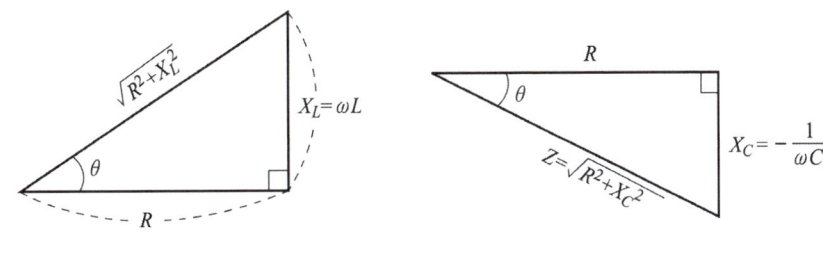

유도성 회로의 임피던스도   　   용량성 회로의 임피던스도

$R-X$ 직렬 회로에 전압 $v = V_m \sin\omega t$[V]를 인가하면 다음과 같다.

① 순시전류 $i = \dfrac{V_m \sin\omega t}{\sqrt{R^2 + X^2} \angle \tan^{-1}\dfrac{X}{R}}$ [A]

- 유도성 : $i = \dfrac{V_m \sin\omega t}{\sqrt{R^2 + (\omega L)^2} \angle \tan^{-1}\dfrac{\omega L}{R}}$

　　　　$= \dfrac{V_m}{\sqrt{R^2 + (\omega L)^2}} \sin\left(\omega t - \tan^{-1}\dfrac{\omega L}{R}\right)$[A]

유도성회로의 경우 전류의 위상은 전압의 위상보다 $\tan^{-1}\dfrac{\omega L}{R}$ 만큼 늦다. 출제 산업 1번

- 용량성 : $i = \dfrac{V_m \sin\omega t}{\sqrt{R^2 + \left(\dfrac{1}{\omega C}\right)^2} \angle \tan^{-1}\dfrac{-\dfrac{1}{\omega C}}{R}}$

　　　　$= \dfrac{V_m}{\sqrt{R^2 + \left(\dfrac{1}{\omega C}\right)^2}} \sin\left(\omega t + \tan^{-1}\dfrac{1}{\omega CR}\right)$[A] 출제 산업 2번, 기사 3번

용량성회로의 경우 전류의 위상은 전압의 위상보다 $\tan^{-1}\dfrac{1}{\omega CR}$ 만큼 빠르다.

② 최대전류 : $I_m = \dfrac{V_m}{\sqrt{R^2 + X^2}}$ [A]  출제 기사 3번

여기서, $X = 2\pi f L$[Ω] 또는 $X = \dfrac{1}{2\pi f C}$[Ω]  출제 기사 2번

임피던스 $Z = \dfrac{V_m}{I_m}$[Ω]

③ 실효전류 : $I = \dfrac{V}{\sqrt{R^2 + X^2}}$ [A]  출제 산업 2번, 기사 5번

여기서, 임피던스 $Z = \dfrac{V}{I}[\Omega]$ 출제 산업 3번, 기사 1번

전압 $V = ZI[\text{V}]$ 출제 산업 1번, 기사 1번

④ 역률과 무효율

출제 산업 3번, 기사 1번    출제 산업 6번, 기사 3번

- 역률 $\cos\theta = \dfrac{R}{\sqrt{R^2+X^2}} = \dfrac{1}{\sqrt{1+\left(\dfrac{X}{R}\right)^2}}$

- 무효율 $\sin\theta = \dfrac{X}{\sqrt{R^2+X^2}}$

### 5) $R-X$ 병렬 회로 해석

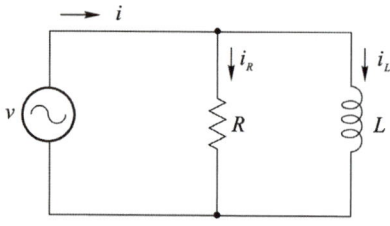

유도성 $R-L$ 병렬 회로

$R-X$ 병렬 회로에 전압 $v = V_m \sin\omega t[\text{V}]$를 인가하면 다음과 같다.

① 임피던스

$$Z = \dfrac{R \times j\omega L}{R + j\omega L} = \dfrac{R}{1+\dfrac{R}{j\omega L}} = \dfrac{R}{1-j\dfrac{R}{\omega L}}[\Omega]$$

② 어드미턴스

$$Z = \dfrac{1}{\dfrac{1}{R} + \dfrac{1}{j\omega L}}$$

$$Y = \dfrac{1}{R} + \dfrac{1}{j\omega L} = \sqrt{\left(\dfrac{1}{R}\right)^2 + \left(\dfrac{1}{\omega L}\right)^2} \angle -\tan^{-1}\dfrac{R}{\omega L}[\mho]$$ 출제 산업 3번, 기사 2번

$$Y = G + jB[\mho]$$

여기서 $G$ : 컨덕턴스, $B$ : 서셉턴스   출제 산업 1번, 기사 1번

③ 순시전류

- 유도성 : $I = \sqrt{\left(\dfrac{1}{R}\right)^2 + \left(\dfrac{1}{\omega L}\right)^2} \angle -\tan^{-1}\dfrac{R}{\omega L} \times V_m \sin\omega t$

  $= \sqrt{\left(\dfrac{1}{R}\right)^2 + \left(\dfrac{1}{\omega L}\right)^2}\, V_m \sin\left(\omega t - \tan^{-1}\dfrac{R}{\omega L}\right)$ [A]

- 용량성 : $I = \sqrt{\left(\dfrac{1}{R}\right)^2 + (\omega C)^2} \angle \tan^{-1}\omega CR \times V_m \sin\omega t$

  $= \sqrt{\left(\dfrac{1}{R}\right)^2 + (\omega C)^2}\, V_m \sin(\omega t + \tan^{-1}\omega CR)$ [A]

④ 최대전류 : $I_m = \sqrt{G^2 + B^2}\, V_m$

⑤ 실효전류 : $I = \sqrt{G^2 + B^2}\, V$  출제 기사 4번

⑥ 역률과 무효율

- 역률 : $\cos\theta = \dfrac{G}{Y} = \dfrac{G}{\sqrt{G^2 + B^2}} = \dfrac{1}{\sqrt{1^2 + \left(\dfrac{B}{G}\right)^2}}$  출제 산업 3번, 기사 1번

  $= \dfrac{\dfrac{1}{B}}{\sqrt{\left(\dfrac{1}{B}\right)^2 + \left(\dfrac{1}{G}\right)^2}} = \dfrac{X}{\sqrt{R^2 + X^2}}$

- 무효율 : $\sin\theta = \dfrac{B}{Y} = \dfrac{B}{\sqrt{G^2 + B^2}} = \dfrac{R}{\sqrt{R^2 + X^2}}$

| 회로 종류 | 전류 | 위상차 | 전압과 전류 관계 | 역률 | 비고 |
|---|---|---|---|---|---|
| $R$만의 회로 | $i = I_m \sin\omega t$ | $\theta = 0$ | $I = \dfrac{V}{R}$ | $\cos\theta = 1$<br>$\sin\theta = 0$ | 전압과 전류가 동상이다.<br>출제 산업 2번 |
| $L$만의 회로 | $i = I_m \sin\left(\omega t - \dfrac{\pi}{2}\right)$ | $\theta = \dfrac{\pi}{2}$ | $I = \dfrac{V}{\omega L} = \dfrac{V}{X_L}$ | $\cos\theta = 0$<br>$\sin\theta = 1$ | 전류가 전압보다 90° 늦다. |
| $C$만의 회로 | $i = I_m \sin\left(\omega t + \dfrac{\pi}{2}\right)$ | $\theta = \dfrac{\pi}{2}$ | $I = \omega CV = \dfrac{V}{X_C}$ | $\cos\theta = 0$<br>$\sin\theta = 1$ | 전류가 전압보다 90° 빠르다. |
| $R-L$ 직렬 | $i = I_m \sin(\omega t - \theta)$ | $\theta = \tan^{-1}\dfrac{\omega L}{R}$ | $I = \dfrac{V}{\sqrt{R^2 + X_L^2}}$<br>$= \dfrac{V}{Z}$ | $\cos\theta = \dfrac{R}{\sqrt{R^2 + X_L^2}}$<br>$\sin\theta = \dfrac{X_L}{\sqrt{R^2 + X_L^2}}$ | |
| $R-C$ 직렬 | $i = I_m \sin(\omega t + \theta)$ | $\theta = \tan^{-1}\dfrac{1}{\omega CR}$ | $I = \dfrac{V}{\sqrt{R^2 + X_C^2}}$<br>$= \dfrac{V}{Z}$ | $\cos\theta = \dfrac{R}{\sqrt{R^2 + X_C^2}}$<br>$\sin\theta = \dfrac{X_C}{\sqrt{R^2 + X_C^2}}$ | |

| 회로 종류 | 전 류 | 위 상 차 | 전압과 전류 관계 | 역 률 | 비 고 |
|---|---|---|---|---|---|
| $R-L-C$ 직렬 ($X_L > X_C$인 경우) | $i = I_m \sin(\omega t - \theta)$ | $\theta = \tan^{-1} \dfrac{X_L - X_C}{R}$ | $I = \dfrac{V}{\sqrt{R^2 + (X_L - X_C)^2}}$ $= \dfrac{V}{Z}$ | $\cos\theta = \dfrac{R}{Z}$ $\sin\theta = \dfrac{X_L - X_C}{Z}$ | $X_L > X_C$ : 유도성 $X_L < X_C$ : 용량성 $X_L = X_C$ : 직렬 공진 |
| $R-L$ 병렬 | $i = I_m \sin(\omega t - \theta)$ | $\theta = \tan^{-1} \dfrac{R}{\omega L}$ | $I = \sqrt{\left(\dfrac{1}{R}\right)^2 + \left(\dfrac{1}{X_L}\right)^2} \cdot V$ $= YV$ | $\cos\theta = \dfrac{X_L}{\sqrt{R^2 + X_L^2}}$ $\sin\theta = \dfrac{R}{\sqrt{R^2 + X_L^2}}$ | |
| $R-C$ 병렬 | $i = I_m \sin(\omega t + \theta)$ | $\theta = \tan^{-1} \omega CR$ | $I = \sqrt{\left(\dfrac{1}{R}\right)^2 + \left(\dfrac{1}{X_C}\right)^2} \cdot V$ $= YV$ | $\cos\theta = \dfrac{X_C}{\sqrt{R^2 + X_C^2}}$ $\sin\theta = \dfrac{R}{\sqrt{R^2 + X_C^2}}$ | |
| $R-L-C$ 병렬 ($X_L > X_C$인 경우) | $i = I_m \sin(\omega t + \theta)$ | $\theta = \tan^{-1} \dfrac{R}{\left(\dfrac{1}{X_C} - \dfrac{1}{X_L}\right)}$ | $I = \sqrt{\left(\dfrac{1}{R}\right)^2 + \left(\dfrac{1}{X_C} - \dfrac{1}{X_L}\right)^2}$ $V = YV$ | $\cos\theta = \dfrac{G}{Y}$ $\sin\theta = \dfrac{B}{Y}$ | $X_L > X_C$ : 용량성 $X_L < X_C$ : 유도성 $X_L = X_C$ : 병렬 공진 |

## 03 ─ 정전에너지와 자기에너지의 계산

### 1) 정전에너지

$$W = \frac{1}{2} CV^2 \, [\text{J}]$$

$$W = \frac{1}{2} QV = \frac{Q^2}{2C} \, [\text{J}] \quad \text{출제 기사 4번}$$

### 2) 전자에너지

출제 산업 5번, 기사 4번

$$W = \frac{1}{2} LI^2 = \frac{1}{2} L\left(\frac{V}{2\pi f L}\right)^2 = \frac{V^2}{8\pi^2 f^2 L} \, [\text{J}] \quad \text{출제 산업 3번}$$

$i_L(t) = \dfrac{V_m}{\omega L} \sin \omega t$인 경우

$$\therefore W_L(t) = \frac{L i_L(t)^2}{2} = \frac{L}{2}\left(\frac{V_m}{\omega L}\right)^2 \sin^2 \omega t = \frac{V_m^2}{2\omega^2 L}\left(\frac{1 - \cos 2\omega t}{2}\right)$$

$$= \frac{1}{4} \cdot \frac{V_m^2}{\omega^2 L}(1 - \cos 2\omega t)\,[\text{J}] \; \left(\because \sin^2 \omega t = \frac{1 - \cos 2\omega t}{2}\right) \quad \text{출제 산업 4번}$$

## 04 공진(Resonance)

### 1) 직렬공진회로

(1) 직렬공진특성

① 임피던스 $Z$

$$Z = R + j\left(\omega L - \frac{1}{\omega C}\right)$$

② 회로전류의 크기 $I$ 및 위상 $\theta$는

$$I = \frac{V}{Z} = \frac{V}{R + j\left(\omega L - \frac{1}{\omega C}\right)} = \frac{V}{\sqrt{R^2 + \left(\omega L - \frac{1}{\omega C}\right)^2}}$$

$$\theta = \tan^{-1}\frac{\omega L - \frac{1}{\omega C}}{R}$$

③ 직렬공진조건

허수부 = 0, 즉 리액턴스 성분 $X = 0$가 되는 조건으로서

$$\omega_r L - \frac{1}{\omega_r C} = 0 \quad \text{출제 산업 7번}$$

즉, $\omega_r L = \dfrac{1}{\omega_r C}$  출제 산업 1번

④ 공진 각주파수 $\omega_r$과 공진주파수(resonance frequency) $f_r$은

$$\omega_r = \frac{1}{\sqrt{LC}}$$

$$f_r = \frac{1}{2\pi\sqrt{LC}}$$

⑤ 공진주파수 $f_r$에서 이 때, 전류 $I$와 위상차 $\theta$는

$$I = I_r = \frac{V}{R}, \quad \theta = \tan^{-1}\frac{0}{R} = 0$$

그러므로 **직렬공진은 리액턴스 성분이 0이 되므로 공진 시 $V$와 $I$는 동상이 되고 전류는 최대로 된다.** 이때의 전류 $I_r$을 공진전류라 한다.  출제 기사 2번

## (2) 전압확대율

직렬공진회로에서는 그림과 같이 $L$과 $C$ 양 단의 전압 $V_L$, $V_C$는 전원전압 $V$보다 수십 배 이상으로 확대되어 나타난다. 따라서 전원전압 $V$에 대한 $V_L$, $V_C$의 비율을 전압확대율 또는 양호도(quality factor) $Q$라 하며 다음 식으로 표시한다.

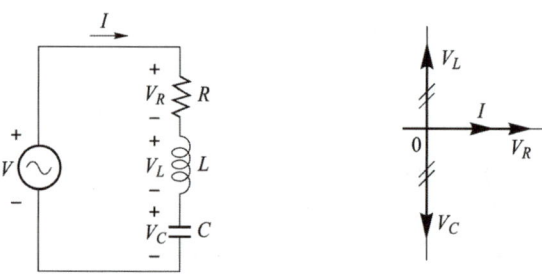

**직렬공진회로의 전압강하**  **공진시의 전류 벡터도**

① 직렬 공진 시 $V_R$, $V_L$, $V_C$

$$V_R = RI_r, \quad V_L = \omega_r L I_r, \quad V_C = \frac{1}{\omega_r C} I_r$$

출제 산업 1번, 기사 1번

② 양호도 $Q$

㉠ $Q_L = \dfrac{V_L}{V_R} = \dfrac{\omega_r L I_r}{R I_r} = \dfrac{\omega_r L}{R}$  출제 기사 1번

㉡ $Q_C = \dfrac{V_C}{V_R} = \dfrac{\dfrac{1}{\omega_r C} I_r}{R I_r} = \dfrac{1}{R \omega_r C}$

㉢ 공진 시 $\omega_r L = \dfrac{1}{\omega_r C}$ 이고 $\omega_r = \dfrac{1}{\sqrt{LC}}$ 이므로

$$Q = Q_L = Q_C = \frac{\omega_r L}{R} = \frac{1}{R \omega_r C} = \frac{1}{R}\sqrt{\frac{L}{C}}$$

출제 산업 5번, 기사 9번

따라서 $V_L = V_C = QV_R$로 되어 $L$과 $C$ 양단의 전압 $V_L$, $V_C$는 전원전압 $V_R$의 $Q$배로 나타나지만 그림 (b)와 같이 벡터적으로 180°의 위상차를 가지므로 서로 상쇄되어 $V_R$ 성분만 남게 된다.

또한 양호도 $Q$는

$$Q = \frac{\omega_r L}{R} = \omega_r \frac{I^2 L}{I^2 R} = \frac{L에\ 축적되는\ 에너지}{평균전력}$$

로 나타내므로 $Q$는 공진회로가 에너지를 축적하는 효능의 척도가 되기도 한다.

### (3) 첨예도  출제 산업 3번, 기사 1번

그림의 직렬 공진곡선에서, 공진주파수 $f_r$ 일 때의 공진전류 $I_r$ 에 대해 $I = \dfrac{1}{\sqrt{2}} I_r$ 일 때의 주파수 $f_1$, $f_2$를 차단주파수(cut off frequency)라 하며 공진주파수와 차단주파수 차의 비율을 첨예도(sharpness) $S$라 하고 다음 식으로 나타낸다.

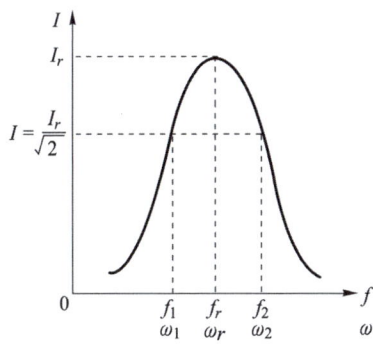

$$S = \frac{f_r}{f_2 - f_1} = \frac{f_r}{\Delta f}$$

여기서, $\Delta f$ 를 대역폭(Band Width : BW)이라 하며

$$\Delta f = f_2 - f_1$$
$$f_1 = f_r - \frac{\Delta f}{2}$$
$$f_2 = f_r + \frac{\Delta f}{2}$$

의 관계로 된다.

첨예도는 공진곡선의 뾰족한 정도를 나타내는 척도로써 첨예도가 크면 주파수의 선택성이 커지므로 선택도(selectivity)라는 말로 사용되기도 한다. 또한 $Q$가 클수록 대역폭이 작아지고 반대로 $Q$ 값이 작을수록 대역폭이 커지므로 첨예도 $S$와 전압확대율 $Q$와의 관계는

$$S = \frac{f_r}{f_2 - f_1} = \frac{f_r}{\Delta f} = \frac{\omega_r L}{R} = \frac{1}{R \omega_r C} = Q$$

로서 $S$와 $Q$는 같은 값으로 사용된다.

## 2) 병렬공진회로(반공진 : anti-resonance)

병렬공진회로는 그림과 같이 $L$과 $C$의 병렬 회로로 구성된다. 여기서, $R$은 인덕터 $L$에 포함된 권선저항성분이다.

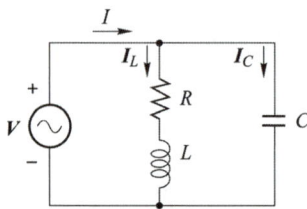

### (1) 병렬공진 특성

① $L$과 $C$회로에 흐르는 전류 $I_L$, $I_C$

$$I_L = \frac{V}{R+j\omega L}, \quad I_C = j\omega CV$$

② 전 전류 $I$

$$\begin{aligned} I = I_L + I_C &= \left(\frac{1}{R+j\omega L} + j\omega C\right)V \\ &= \left\{\frac{R}{R^2+\omega^2 L^2} + j\left(\omega C - \frac{\omega L}{R^2+\omega^2 L^2}\right)\right\}V \\ &= (G+jB)V = YV \end{aligned}$$

③ 병렬공진 조건

직렬공진조건과 마찬가지로 허수부 = 0 즉, 서셉턴스 $B=0$로 되는 조건이다. 즉, $\omega_a C - \dfrac{\omega_a L}{R^2 + \omega_a^2 L^2} = 0$이므로 병렬공진 각주파수 $\omega_a$와 병렬공진 주파수 $f_a$는

$$\omega_a = \sqrt{\left(\frac{1}{LC} - \frac{R^2}{L^2}\right)}, \quad f_a = \frac{1}{2\pi}\sqrt{\left(\frac{1}{LC} - \frac{R^2}{L^2}\right)}$$

출제 산업 2번, 기사 3번

그러나 저항값이 매우 작아 $\dfrac{1}{LC} \gg \dfrac{R^2}{L^2}$로 되므로

$$\omega_a = \frac{1}{\sqrt{LC}}, \quad f_a = \frac{1}{2\pi\sqrt{LC}}$$

출제 산업 2번, 기사 1번

로 되어 수식적으로는 직렬공진 주파수와 같아진다.

④ 병렬공진 시의 임피던스 $Z_a$

$$Z_a = \frac{1}{Y_a} = \frac{R^2 + \omega_a^2 L^2}{R}$$

특히 $R$이 매우 작은 경우나 고주파 전원인 경우에는 $R^2 \ll \omega_a^2 L^2$의 관계로 되므로 다음 식으로 정리된다.

$$Z_a = \frac{\omega_a^2 L^2}{R} = \frac{L}{RC}$$

⑤ 병렬공진 시의 전류 $I_a$

병렬공진 시에는 어드미턴스 $Y$가 최소로 되기 때문에 임피던스 $Z$는 최대가 되고 전류가 최소로 된다. 출제 산업 2번, 기사 2번

$$I_a = \frac{V}{Z_a} = \frac{RC}{L} V$$

⑥ 전류확대율 $Q$

$$Q = \frac{I_L}{I_a} = \frac{I_C}{I_a} = \frac{R}{\omega_a L} = R\omega_a C = R\sqrt{\frac{C}{L}}$$

(2) 직·병렬 공진 요약

| 공진의 종류<br>구 분 | 직렬공진 | 병렬공진 |
|---|---|---|
| 회로의 $Z, Y$ | $Z = R + j\left(\omega L - \dfrac{1}{\omega C}\right)$ | $Y = \dfrac{1}{R} + j\left(\omega C - \dfrac{1}{\omega L}\right)$ |
| 공진 조건 | $\omega_r L = \dfrac{1}{\omega_r C}$ | $\omega_r C = \dfrac{1}{\omega_r L}$ |
| 공진 각주파수 | $\omega_r = \dfrac{1}{\sqrt{LC}}$ | $\omega_r = \dfrac{1}{\sqrt{LC}}$ |
| 공진 주파수 | $f_r = \dfrac{1}{2\pi\sqrt{LC}}$ | $f_r = \dfrac{1}{2\pi\sqrt{LC}}$ |
| 공진시 $Z_r, Y_r$ | $Z_r = R$ (최소) | $Y_r = \dfrac{1}{R}$ (최소) |
| 공진 전류 | $I_r = \dfrac{E}{Z_r} = \dfrac{E}{R}$ (최대) | $I_r = Y_r E = \dfrac{E}{R}$ (최소) |
| 선 택 도 | $Q = \dfrac{\omega_r}{\omega_2 - \omega_1} = \dfrac{\omega_r L}{R}$<br>$= \dfrac{1}{\omega_r CR} = \dfrac{1}{R}\sqrt{\dfrac{L}{C}}$ | $Q = \dfrac{\omega_r}{\omega_2 - \omega_1} = \dfrac{R}{\omega_r L}$<br>$= \omega_r CR = R\sqrt{\dfrac{C}{L}}$ |

# CHAPTER 03 출제예상문제_기본 교류 회로

## R만의 회로

**01** ★☆ 【77. 80. 83. 산업기사】
저항이 $R(t) = R_a + R_b \cos \omega t$일 때 이 저항에 $i(t) = A\cos \omega_1 t$인 전류를 흘리면 $R$에서의 단자 전압의 각주파수는?

① $\omega_1$
② $\omega_1$ 및 $\omega$의 두 가지
③ $\omega + \omega_1$ 및 $\omega - \omega_1$의 두 가지
④ $\omega_1$, $\omega + \omega_1$, $\omega - \omega_1$의 세 가지

**해설** $v(t) = R(t) \cdot i(t)$이므로
$$v(t) = (R_a + R_b \cos \omega t)(A\cos \omega_1 t)$$
$$= AR_a \cos \omega_1 t + AR_b \cos \omega t \cos \omega_1 t$$
$$= AR_a \cos \omega_1 t + \frac{AR_b}{2}\{\cos(\omega+\omega_1)t + \cos(\omega-\omega_1)t\}$$
∴ $v(t)$의 각주파수는 $\omega_1$, $\omega+\omega_1$, $\omega-\omega_1$의 세 가지이다.

**02** ★ 【83. 기사】
전압 $v$와 $i$의 관계가 $i = a(e^{bv} - 1)$ ($a$, $b$는 상수)인 다이오드의 $v = V_0$에서의 교류분에 대한 컨덕턴스는?

① $abe_0^{bV}$
② $ae_0^{bV}$
③ $abV_0$
④ $\dfrac{a(e_0^{bV} - 1)}{V_0}$

**해설** $G = \dfrac{I}{V}$에서 $V = V_0$이므로 $G = \dfrac{a(e_0^{bV} - 1)}{V_0}$

**03** ★☆ 【95. 23. 산업기사, ⊕ : 78. 07. 산업기사】
어떤 회로 소자에 $e = 125 \sin 377t$ [V]를 가했을 때 전류 $i = 25 \sin 377t$ [A]가 흐른다. 이 소자는 어떤 것인가?

① 다이오드
② 순저항
③ 유도 리액턴스
④ 용량 리액턴스

**해설** 전압과 전류의 위상차가 없으므로 순저항만의 부하이다.

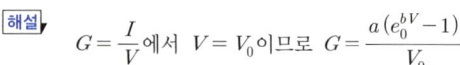
답 1. ④ 2. ④ 3. ②

## L만의 회로

★ 【90. 95. 산업기사】

**04** 인덕터의 특징을 요약한 것 중 잘못된 것은?

① 인덕터는 직류에 대해서 단락 회로로 작용한다.
② 일정한 전류가 흐를 때 전압은 무한대이지만 일정량의 에너지가 축적된다.
③ 인덕터의 전류가 불연속적으로 급격히 변화하면 전압이 무한대가 되어야 하므로 인덕터 전류가 불연속적으로 변할 수 없다.
④ 인덕터는 에너지를 축적하지만 소모하지는 않는다.

**해설** 인덕터에 일정한 전류가 흐르면 $e = L\dfrac{di}{dt}$에서 $di = 0$이므로 전압은 0이 된다.

★★ 【82. 01. 기사】

**05** 4[H] 인덕터에 $\boldsymbol{V} = 8\angle-50°$[V]의 전압을 가하였을 때 흐르는 전류의 순시값[A]은? 단, $\omega$는 100[rad/s]이다.

① $\sin(100t-140°)$
② $0.02\sin(100t-140°)$
③ $\cos(100t-140°)$
④ $0.02\cos(100t-140°)$

**해설** $\boldsymbol{I} = \dfrac{\boldsymbol{V}}{\omega L} = \dfrac{8\angle-50°}{100\times4} = 0.02\angle-50°$

또, 전류는 전압보다 90° 위상이 뒤지므로

$\boldsymbol{I} = 0.02\angle(-50°-90°) = 0.02\angle-140°$

★ 【78. 97. 24. 산업기사】

**06** 0.1[H]인 코일의 리액턴스가 377[Ω]일 때 주파수[Hz]는?

① 60 ② 120 ③ 360 ④ 600

**해설** 유도 리액턴스 $X_L = 2\pi fL$에서

$f = \dfrac{X_L}{2\pi L} = \dfrac{377}{2\times3.14\times0.1} ≒ 600[\text{Hz}]$

★★★★ 【93. 기사, 84. 92. 96. 05. 산업기사, ㊒ : 77. 90. 95. 산업기사】

**07** 어떤 코일에 흐르는 전류가 0.01[s] 사이에 일정하게 50[A]에서 10[A]로 변할 때 20[V]의 기전력이 발생한다고 하면 자기 인덕턴스[mH]는?

① 200 ② 33 ③ 40 ④ 5

**해설** $V_L = L\dfrac{di(t)}{dt}$, $L = \dfrac{V_L}{\dfrac{di(t)}{dt}} = \dfrac{20}{\dfrac{50-10}{0.01}} = 5[\text{mH}]$

답 4. ② 5. ② 6. ④ 7. ④

**08** ★★ 【82. 84. 91. 97. 25. 산업기사】
$L = 2$[H]인 인덕턴스에 $i(t) = 20e^{-2t}$[A]의 전류가 흐를 때 $L$의 단자 전압[V]은?

① $40e^{-2t}$
② $-40e^{-2t}$
③ $80e^{-2t}$
④ $-80e^{-2t}$

[해설] $v_L = L\dfrac{di(t)}{dt} = 2 \times \dfrac{d}{dt}(20e^{-2t}) = -80e^{-2t}$

**09** ★★★ 【93. 기사, ⓤ : 77. 91. 기사】
1[H]의 인덕턴스에 그림과 같은 전류를 흘릴 경우 유기되는 기전력의 파형은?

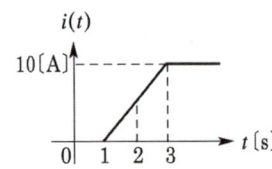

①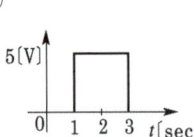
②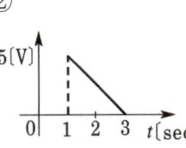
③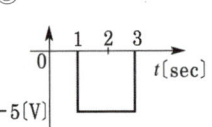
④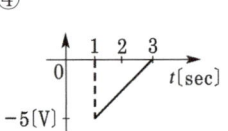

[해설] $V_L = -L\dfrac{di}{dt} = -1\dfrac{10}{2} = -5$[V]

**10** ★★ 【92. 99. 기사】
자기 인덕턴스 0.1[H]인 코일에 실효값 100[V], 60[Hz] 위상각 0인 전압을 가했을 때 흐르는 전류의 실효값[A]은?

① 1.25
② 2.24
③ 2.65
④ 3.41

[해설] $I = \dfrac{E}{X_L} = \dfrac{E}{\omega L} = \dfrac{E}{2\pi f L} = \dfrac{100}{2 \times 3.14 \times 60 \times 0.1} = 2.65$[A]

**11** ★★ 【88. 99. 기사】
다음 그래프에서 기울기는 무엇을 나타내는가?

① 저항 $R$
② 인덕턴스 $L$
③ 커패시턴스 $C$
④ 컨덕턴스 $G$

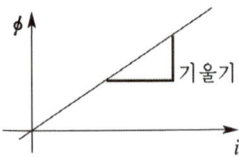

[해설] $LI = N\phi$에서 $L = N\dfrac{\phi}{I}$이므로 인덕턴스를 의미한다.

답 8. ④  9. ③  10. ③  11. ②

## 유사문제

**01.** 그림과 같은 회로에서 전류 $i$를 나타낸 식은?

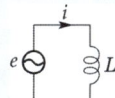

답 $\dfrac{1}{L}\int e\,dt$

**02.** 30[mH]인 코일에 흐르는 전류를 20[mA/ms]의 비율로 증가시킬 때 코일 양단에 나타나는 전압의 크기(절대값)[V]는?

답 0.6[V]

**03.** 그림과 같은 회로에서 $L_1$ 양단의 전압 $v_1$은?
단, 상호 인덕턴스는 무시한다.

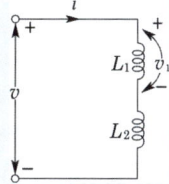

답 $v_1 = \dfrac{L_1}{L_1+L_2}v$

**04.** 실효값 200[V], 50[Hz]인 교류 전압을 인덕턴스 20[H]인 코일에 가했을 때 흐르는 전류의 실효값은?

답 $I = \dfrac{E}{X_L} = \dfrac{200}{2\times\pi\times 50\times 20} = \dfrac{1}{10\pi}$

**05.** 자기 인덕턴스 0.1[H]인 코일에 실효값 100[V], 60[Hz], 위상각 0인 전압을 가할 때 흐르는 전류의 순시값[A]은?

답 약 $3.75\sin\left(377t - \dfrac{\pi}{2}\right)$

**06.** 314[mH]의 자기 인덕턴스에 120[V], 60[Hz]의 교류 전압을 가하였을 때 흐르는 전류[A]는?

답 1[A]

**07.** 어떤 회로에 전압을 가하니 90° 위상이 뒤진 전류가 흘렀다. 이 회로는?

답 유도성

**08.** $i(t) = I_0 e^{st}$[A]로 주어지는 전류가 $L$에 흐르는 경우 임피던스는?

답 $sL$

**09.** 인덕턴스 회로에서 급격히 변화될 수 없는 것은? 단, 인덕턴스의 전압 강하 $e$는 무한대가 될 수 없다고 가정한다.

답 전류

**10.** 0.1[s] 동안에 몇 [Wb]의 자속이 변할 때 1[V]의 전압이 인덕턴스에 유기되는가?

답 0.1[Wb]

## C만의 회로

**12** 정전 용량 $C[F]$의 회로에 기전력 $e = E_m \sin \omega t$ [V]를 가할 때 흐르는 전류 $i$ [A]는?

① $i = \dfrac{E_m}{\omega C} \sin(\omega t + 90°)$  ② $i = \dfrac{E_m}{\omega C} \sin(\omega t - 90°)$

③ $i = \omega C E_m \sin(\omega t + 90°)$  ④ $i = \omega C E_m \cos(\omega t + 90°)$

해설  $i = C\dfrac{de}{dt} = C\dfrac{d}{dt}\{E_m \sin \omega t\} = \omega C E_m \cos \omega t = \omega C E_m \sin(\omega t + 90°)$

**13** 정전 용량이 같은 콘덴서 2개를 병렬로 연결했을 때 합성 용량은 이들을 두 개 직렬로 연결했을 때의 몇 배인가?

① 2  ② 4  ③ 5  ④ 8

해설  정전 용량을 $C$, 직렬로 연결할 때의 정전 용량을 $C_s$, 병렬로 연결할 때의 정전 용량을 $C_p$라 하면
$C_s = \dfrac{C \times C}{C + C} = \dfrac{C^2}{2C} = \dfrac{C}{2}$, $C_p = C + C = 2C$
∴ $C_p = 4C_s$

**14** 그림은 커패시터 $C_1$인 정전 전압계로서 10배의 전압 $E_x$를 측정하기 위해서 $C_2$를 연결하였다. $C_2$의 값은?

① $C_2 = \dfrac{C_1}{10}$

② $C_2 = \dfrac{1}{10C_1}$

③ $C_2 = \dfrac{1}{9C_1}$

④ $C_2 = \dfrac{C_1}{9}$

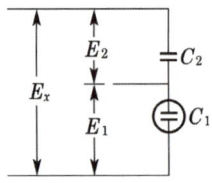

해설  전압 분배 법칙을 적용하면 $E_1 = \dfrac{C_2}{C_1 + C_2} E_x$
여기서, $E_x = 10E_1$이므로 $E_1 = \dfrac{C_2}{C_1 + C_2} 10 E_1$
따라서 $C_1 + C_2 = 10 C_2$ ∴ $C_2 = \dfrac{C_1}{9}$ 가 된다.

답  12. ③  13. ②  14. ④

**15** 60[Hz]에서 3[Ω]의 리액턴스를 갖는 자기 인덕턴스 및 정전 용량값을 구하면?

① 6[mH], 660[μF]  ② 7[mH], 770[μF]
③ 8[mH], 880[μF]  ④ 9[mH], 990[μF]

**해설** $X_L = 2\pi f L$, ∴ $L = \dfrac{X_L}{2\pi f} = \dfrac{3}{2 \times 3.14 \times 60} = 8 \times 10^{-3}[\text{H}] = 8[\text{mH}]$

$X_C = \dfrac{1}{2\pi f C}$,  $C = \dfrac{1}{2\pi f X_C} = 8.846 \times 10^{-4}[\text{F}] = 880[\mu\text{F}]$

---

**16** 정전 용량 $C$만의 회로에 100[V], 60[Hz]의 교류를 가하니 60[mA]의 전류가 흐른다. $C$는 얼마인가?

① 5.26[μF]  ② 4.32[μF]
③ 3.59[μF]  ④ 1.59[μF]

**해설** $X_C = \dfrac{V}{I} = \dfrac{100}{60 \times 10^{-3}} = \dfrac{10}{6} \times 10^3 = 1.66 \times 10^3[\Omega]$

∴ $C = \dfrac{1}{2\pi f X_C} = \dfrac{1}{2 \times 3.14 \times 60 \times 1.66 \times 10^3} = 1.59 \times 10^{-6}[\text{F}] = 1.59[\mu\text{F}]$

---

**17** $i(t) = I_0 e^{st}$ 로 주어지는 전류가 $C$에 흐르는 경우의 임피던스는?

① $C$  ② $sC$  ③ $\dfrac{1}{sC}$  ④ $\dfrac{1}{j\omega C}$

**해설** $C$에서의 전압 $v(t) = \dfrac{1}{C} \displaystyle\int i(t) dt$ 이므로

$v(t) = \dfrac{1}{C} \displaystyle\int I_0 e^{st} dt = \dfrac{I_0}{sC} e^{st}$, ∴ $Z = \dfrac{v(t)}{i(t)} = \dfrac{\dfrac{I_0 e^{st}}{sC}}{I_0 e^{st}} = \dfrac{1}{sC}$

---

**18** 콘덴서와 코일에서 실제적으로 급격히 변화할 수 없는 것이 있다. 그것은 다음 중 어느 것인가?

① 코일에서 전압, 콘덴서에서 전류  ② 코일에서 전류, 콘덴서에서 전압
③ 코일, 콘덴서 모두 전압  ④ 코일, 콘덴서 모두 전류

**해설** $v_L = L\dfrac{di}{dt}$ 에서 $i$가 급격히 ($t=0$인 순간) 변화하면 $v_L$이 ∞가 되는 모순이 생기고,

$i_c = C\dfrac{dv}{dt}$ 에서 $v$가 급격히 변화하면 $i_c$가 ∞가 되는 모순이 생긴다.

---

답 15. ③  16. ④  17. ③  18. ②

**19** 0.1[μF]인 정전 용량을 가지는 콘덴서에 실효값 1414[V], 주파수 1[kHz], 위상각 0인 전압을 가했을 때 순시값 전류는 약 얼마인가?

① $0.89 \sin(\omega t + 90°)$ 
② $0.89 \sin(\omega t - 90°)$
③ $1.26 \sin(\omega t + 90°)$ 
④ $1.26 \sin(\omega t - 90°)$

**해설** 콘덴서에 흐르는 전류는 전압보다 90° 앞서므로
$$i = \omega C V_m \sin(\omega t + 90°)$$
$$= 2\pi \times 10^3 \times 0.1 \times 10^{-6} \times 1414\sqrt{2} \sin(\omega t + 90°)$$
$$= 1.26 \sin(\omega t + 90°) [A]$$

**20** 3[μF]인 커패시턴스는 50[Ω]의 용량 리액턴스로 사용하면 주파수는 몇 [Hz]인가?

① $2.06 \times 10^3$ 
② $1.06 \times 10^3$
③ $3.06 \times 10^3$ 
④ $4.06 \times 10^3$

**해설** $X_C = \dfrac{1}{2\pi f C}$에서 $f = \dfrac{1}{2\pi C \cdot X_C}$ 이므로
$$f = \dfrac{1}{2\pi \times 3 \times 10^{-6} \times 50} \fallingdotseq 1.06 \times 10^3 [Hz]$$

**21** 0.1[μF]인 콘덴서에 $v = 2\sin(2\pi 100 t)$의 전압을 인가했을 때 $t = 0$에서의 전류[mA]는?

① 0 
② 0.01
③ 0.1256 
④ 1.25

**해설** $i = C\dfrac{dv}{dt} = 0.1 \times 10^{-6} \times \dfrac{d}{dt} 2\sin(2\pi 100 t) = 4\pi \times 10^{-5} \times \cos(2\pi 100 t)$
여기서, $t = 0$이므로 $i = 12.56 \times 10^{-5}[A] = 0.1256[mA]$

---

### 유사문제

**01.** 콘덴서 $C_1$과 $C_2$의 직렬 회로에 전압 $V_0$를 가했을 때 $C_2$의 단자 전압은?

답 $V_2 = \dfrac{C_1}{C_1 + C_2} V_0$

**02.** 그림과 같이 콘덴서 3[F]과 2[F]이 직렬로 접속된 회로에 전압 20[V]를 가하였을 때의 3[F] 콘덴서 단자의 전압 $V_1$[V]은?

답 8[V]

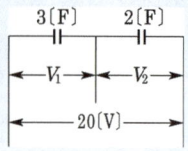

답 19. ③ 20. ② 21. ③

03. 5[μF]과 3[μF]의 콘덴서 2개를 직렬로 연결하였을 때와 병렬로 연결하였을 때의 합성 정전 용량을 각각 $C_s$ 및 $C_p$라 하면 $C_p/C_s$는?

답 약 4.3 배

04. 4[F]인 커패시터 양단에 $V = 8\angle -50°$[V]인 전압을 가했을 때 흐르는 전류 페이저는?
단, $\omega = 100$[rad/s]이다.

답 $3200\angle 40°$

05. 콘덴서만의 회로에서 전압과 전류 사이의 위상 관계는?

답 전압이 전류보다 90° 뒤진다.

06. 1[μF]인 콘덴서가 60[Hz]인 전원에 대해 갖는 용량 리액턴스의 값[Ω]은?

답 2653[Ω]

07. 어느 소자에 전압 $v = 125\sin 377t$[V]를 인가하니 전류 $i = 50\cos 377t$[A]가 흘렀다. 이 소자는 무엇인가?

답 용량 리액턴스

08. 100[μF]인 콘덴서의 양단에 전압을 30[V/ms]의 비율로 변화시킬 때 콘덴서에 흐르는 전류의 크기[A]는?

답 3[A]

09. 2[F]의 커패시터에 그림과 같은 삼각 파형의 전압을 인가할 때 흐르는 전류 파형은? 단, 초기값 전압은 없다.

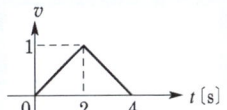

답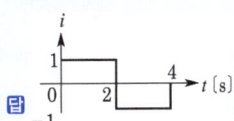

# L 및 C의 에너지

★★★☆ 【83. 89. 94. 16. 기사, 89. 05. 산업기사】

22 인덕턴스 $L = 20$[mH]인 코일에 실효값 $V = 50$[V], 주파수 $f = 60$[Hz]인 정현파 전압을 인가했을 때 코일에 축적되는 평균 자기 에너지 $W_L$[J]은?

① 6.3  ② 0.63  ③ 4.4  ④ 0.44

해설 $W_L = \dfrac{LI^2}{2} = \dfrac{L}{2}\left(\dfrac{V}{2\pi f L}\right)^2 = \dfrac{V^2}{8\pi^2 f^2 L} = \dfrac{50^2}{8\pi^2 \times 60^2 \times 20 \times 10^{-3}} = 0.44$[J]

답 22. ④

**23** 인덕턴스 $L$인 코일에 전류 $i = I_m \sin \omega t$가 흐르고 있다. $L$에 축적된 에너지의 첨두(peak) 값은?

① $\dfrac{1}{\sqrt{2}} L I_m^2$     ② $\dfrac{1}{\sqrt{2}} L^2 I_m^2$

③ $\dfrac{1}{2} L I_m^2$     ④ $\dfrac{1}{2} L^2 I_m^2$

[해설] $L$에 축적되는 자기 에너지 $W_L = \dfrac{LI^2}{2}$ 이므로 $W_m = \dfrac{LI_m^2}{2}$

**24** 인덕턴스가 $L$인 유도기에 $i = \sqrt{2} I \sin \omega t$ [A]의 전류가 흐를 때 유도기에 축적되는 에너지 [J]는?

① $\dfrac{1}{2} L I^2 \sin^2 \omega t$     ② $\dfrac{1}{2} L I^2 (1 - \cos 2\omega t)$

③ $\dfrac{1}{2} L I^2 \cos 2\omega t$     ④ $\dfrac{1}{2} L I^2 \sin 2\omega t$

[해설] $W = \dfrac{1}{2} L I^2 = \dfrac{1}{2} L (\sqrt{2} I \sin \omega t)^2 = \dfrac{1}{2} L \cdot 2 \cdot I^2 \sin^2 \omega t$

$= L I^2 (1 - \cos^2 \omega t) = \dfrac{1}{2} L I^2 (1 - \cos 2\omega t)$ [J]

($\because \sin^2 \omega t = 1 - \cos^2 \omega t,\ \cos^2 \omega t = \dfrac{1 + \cos 2\omega t}{2}$)

**25** $C$[F]의 콘덴서에 $V$[V]의 전압을 가하니 $Q$[C]의 전기량이 충전되었다. 저장 에너지 $W$[J]의 식이 잘못된 것은?

① $\dfrac{1}{2} QV$     ② $\dfrac{1}{2} CV^2$     ③ $\dfrac{1}{2} QV^2$     ④ $\dfrac{Q^2}{2C}$

[해설] $Q = CV$[C]이므로 $W = \dfrac{1}{2} QV = \dfrac{1}{2} CV^2 = \dfrac{Q^2}{2C}$ [J]

**26** 어떤 콘덴서를 300[V]로 충전하는 데 9[J]의 에너지가 필요하였다. 이 콘덴서의 정전 용량은 몇 [$\mu$F]인가?

① 100     ② 200     ③ 300     ④ 400

[답] 23. ③  24. ②  25. ③  26. ②

해설  $W = \dfrac{1}{2}CV^2$ [J]에서  $C = \dfrac{2W}{V^2} = \dfrac{2 \times 9}{300^2} = 200[\mu\text{F}]$

**27** ★★ 【90. 96. 기사】

$R-C$ 직렬 회로에 일정 전압 $V_1$을 인가하여 장시간 경과 후 커패시터 $C$의 전압이 $V_1$이 되었다. 저항 $R$에서 소비된 에너지는 얼마인가? 단, 처음 전압을 인가할 때 커패시터의 전압은 0이었다.

① $\dfrac{1}{2}CV_1^2$ 보다 크다.
② $\dfrac{1}{2}CV_1^2$
③ $\dfrac{1}{2}CV_1^2$ 보다 작다.
④ 무한대가 될 수 있다.

해설  $R-C$ 직렬 회로에 일정 전압 $V_1$을 인가할 경우 회로에 흐르는 전류는
$$i = \dfrac{V_1}{R}e^{-\frac{1}{RC}t}$$
따라서 오랜 시간이 경과하는 동안 $R$에서 소비되는 에너지 $w_R$은
$$w_R = \int_0^\infty i^2 R\,dt = \int_0^\infty \left(\dfrac{V_1}{R}e^{-\frac{1}{RC}t}\right)^2 R\,dt = -\dfrac{CV_1^2}{2}\left[e^{-\frac{2}{RC}t}\right]_0^\infty = \dfrac{CV_1^2}{2}$$

**28** ★★ 【82. 83. 85. 92. 11. 산업기사】

그림에서 $e(t) = E_m\cos\omega t$ 의 전원 전압을 인가했을 때 인덕턴스 $L$에 축적되는 에너지는?

① $\dfrac{1}{4} \cdot \dfrac{E_m^2}{\omega^2 L}(1 - \cos 2\omega t)$

② $\dfrac{1}{2} \cdot \dfrac{E_m^2}{\omega^2 L^2}(1 - \cos 2\omega t)$

③ $\dfrac{1}{4} \cdot \dfrac{E_m^2}{\omega^2 L}(1 + \cos 2\omega t)$

④ $\dfrac{1}{2} \cdot \dfrac{E_m^2}{\omega^2 L^2}(1 + \cos 2\omega t)$

해설  인덕턴스에 흐르는 전류 $i_L(t)$는
$$i_L(t) = \dfrac{1}{L}\int e\,dt = \dfrac{1}{L}\int E_m\cos\omega t\,dt = \dfrac{E_m}{\omega L}\sin\omega t$$
$$\therefore W_L(t) = \dfrac{L i_L(t)^2}{2} = \dfrac{L}{2}\left(\dfrac{E_m}{\omega L}\right)^2 \sin^2\omega t = \dfrac{E_m^2}{2\omega^2 L}\left(\dfrac{1-\cos 2\omega t}{2}\right)$$
$$= \dfrac{1}{4} \cdot \dfrac{E_m^2}{\omega^2 L}(1-\cos 2\omega t)$$

답 27. ② 28. ①

## 유사문제

▌유사문제 원문 및 해설 : 동일출판사 홈페이지 ≫ 고객센터 ≫ 자료실

**01.** 커패시터 $C$[F]에 $v = V_m \sin\omega t$[V]의 교류 전압을 가하였다. 커패시터에 축적되는 에너지 $W$의 최댓값[J]은?

답 $CV^2$

**02.** $C$[F]의 콘덴서에 $V$[V]의 직류 전압을 인가할 때 축적되는 에너지는 몇 [J]인가?

답 $\frac{CV^2}{2}$[J]

**03.** $R = 20[\Omega]$, $L = 0.1$[H]의 직렬 회로에 60[Hz], 115[V]의 교류 전압이 인가되어 있다. 인덕턴스에 축적되는 자기 에너지의 평균값은 몇 [J]인가?

답 0.363[J]

**04.** $L = 20$[mH]에 실효값 $|E| = 50$[V], $f = 50$[Hz]인 정현파 전압을 가했을 때 축적되는 평균 자기 에너지는 몇 [J]인가?

답 0.634[J]

## R-X 직렬

★ 【92. 11. 산업기사】

**29** 저항 1[Ω], 인덕턴스 1[H]를 직렬로 연결한 후 여기에 60[Hz], 100[V]의 전압을 인가 시 흐르는 전류의 위상은 전압의 위상보다?

① 90° 늦다.　　② 같다.
③ 90° 빠르다.　　④ 늦지만 90° 이하이다.

해설 $R-L$ 직렬 회로에서 $\boldsymbol{I} = \frac{\boldsymbol{E}}{\boldsymbol{Z}} \angle -\theta$ $(\theta \le 90°)$

★★ 【85. 99. 기사】

**30** 저항 10[Ω], 인덕턴스 10[mH]인 인덕턴스에 실효값 100[V]인 정현파 전압을 인가했을 때 흐르는 전류의 최댓값[A]은? 단, 정현파의 각주파수는 1000[rad/s]이다.

① 5　　② $5\sqrt{2}$　　③ 10　　④ $10\sqrt{2}$

해설 $X_L = \omega L = 1000 \times 10 \times 10^{-3} = 10[\Omega]$

$\therefore I_m = \sqrt{2}\frac{V}{Z} = \frac{100\sqrt{2}}{\sqrt{10^2 + 10^2}} = 10$[A]

답 29. ④ 30. ③

**31** A, B 2개의 코일이 있다. A, B 코일의 저항과 유도 리액턴스는 각각 3[Ω], 5[Ω], 5[Ω], 1[Ω]이다. 두 코일을 직렬 접속하고 100[V]를 가할 때, $I$[A]는?

① $10\angle 37°$   ② $10\angle -37°$   ③ $10\angle 53°$   ④ $10\angle -53°$

**해설** $I = \dfrac{100}{8+j6} = \dfrac{100(8-j6)}{(8+j6)(8-j6)} = \dfrac{800-j600}{8^2+6^2} = 8-j6$[A]

$\therefore I = 10\angle -\tan^{-1}\dfrac{6}{8} = 10\angle -37°$[A]

**32** $R-L$ 직렬 회로에 $v = 100\sin(120\pi t)$[V]의 전원을 연결하여 $i = 2\sin(120\pi t - 45°)$[A]의 전류가 흐르도록 하려면 저항 $R$[Ω]의 값은?

① 50   ② $\dfrac{50}{\sqrt{2}}$   ③ $50\sqrt{2}$   ④ 100

**해설** $Z = \dfrac{V_m}{I_m} = \dfrac{100\angle 0°}{2\angle -45°} = 50\angle 45°$   $\therefore R = 50\cos 45° = \dfrac{50}{\sqrt{2}}$[Ω]

**33** 100[V] 전원에 1[kW]의 선풍기를 접속하니 12[A]의 전류가 흘렀다. 선풍기의 무효율[%]은?

① 50   ② 55   ③ 83   ④ 91

**해설** $\cos\theta = \dfrac{P}{P_a} = \dfrac{1000}{100\times 12} = 0.833$

$\sin\theta = \sqrt{1-\cos^2\theta} = \sqrt{1-0.833^2} = 0.552$

**34** 어떤 회로의 전압 및 전류가 $E = 10\angle 60°$[V], $I = 5\angle 30°$[A]일 때 이 회로의 임피던스 $Z$[Ω]는?

① $\sqrt{3}+j$   ② $\sqrt{3}-j$   ③ $1+j\sqrt{3}$   ④ $1-j\sqrt{3}$

**해설** $\dot{Z} = \dfrac{\dot{E}}{\dot{I}} = \dfrac{10\angle 60}{5\angle 30} = 2\angle 30 = \sqrt{3}+j$[Ω]

**35** 저항 8[Ω]과 용량 리액턴스 $X_C$[Ω]이 직렬로 접속된 회로에 100[V], 60[Hz]의 교류를 가하니 10[A]의 전류가 흐른다. 이때 $X_C$[Ω]의 값은?

① 10   ② 8   ③ 6   ④ 4

**정답** 31. ②  32. ②  33. ②  34. ①  35. ③

해설) $I = \dfrac{E}{Z} = \dfrac{E}{\sqrt{R^2 + X_C^2}} = \dfrac{100}{\sqrt{8^2 + X_C^2}} = 10[A]$

$\therefore X_C = 6[\Omega]$

★ 【25. 기사, 67. 97. 산업기사 ⊕ : 05 산업기사】

**36** 저항 $R$과 리액턴스 $X$의 직렬 회로에서 $\dfrac{X}{R} = \dfrac{1}{\sqrt{2}}$ 일 경우 회로의 역률은?

① $\dfrac{1}{2}$  ② $\dfrac{1}{\sqrt{3}}$  ③ $\dfrac{\sqrt{2}}{\sqrt{3}}$  ④ $\dfrac{\sqrt{3}}{2}$

해설) $\cos\theta = \dfrac{R}{\sqrt{R^2 + X^2}} = \dfrac{1}{\sqrt{1 + \left(\dfrac{X}{R}\right)^2}} = \dfrac{1}{\sqrt{1 + \left(\dfrac{1}{\sqrt{2}}\right)^2}} = \dfrac{\sqrt{2}}{\sqrt{3}}$

★ 【94. 23. 산업기사】

**37** $E = 40 + j30[V]$의 전압을 가하면 $I = 30 + j10[A]$의 전류가 흐른다. 이 회로의 역률값을 구하면?

① 0.651  ② 0.764  ③ 0.949  ④ 0.831

해설) $\begin{cases} E = 40 + j30 = 50\angle 36.9° \\ I = 30 + j10 = 31.6\angle 18.4° \end{cases}$

$Z = \dfrac{E}{I} = \dfrac{50\angle 36.9°}{31.6\angle 18.4°} = 1.58\angle(36.9° - 18.4°) = 1.58\angle 18.5°$

$\therefore \cos\theta = \cos(18.5°) = 0.949$

★★☆ 【77. 91. 기사, 92. 산업기사】

**38** 그림과 같은 회로에서 $E_1$과 $E_2$가 각각 100[V]이면서 60°의 위상차가 있다. 유도 리액턴스의 단자 전압[V]은? 단, $R = 10[\Omega]$, $X_L = 30[\Omega]$이다.

① 164
② 174
③ 200
④ 150

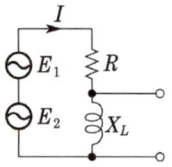

해설) $E_1$과 $E_2$의 크기가 100[V]이고 위상차가 60°이므로 합성 전압 $E$는

$E = E_1 + E_2 = 100 + 100\angle 60° = 100\sqrt{3}\angle 30°[V]$

$I = \dfrac{E}{Z} = \dfrac{100\sqrt{3}\angle 30°}{10 + j30} = \dfrac{100\sqrt{3}\angle 30°}{31.62\angle 71.57°} = 5.48\angle -41.57°[A]$

$\therefore V_L = X_L I = 30 \times 5.48 = 164[V]$

답) 36. ③  37. ③  38. ①

**39** 어떤 부하에 $V = 80 + j60$[V]의 전압을 가하여 $I = 4 + j2$[A]의 전류가 흘렀을 경우, 이 부하의 역률과 무효율은?

① 0.8, 0.6　　② 0.894, 0.448　　③ 0.916, 0.401　　④ 0.984, 0.179

해설　$P_a = \overline{V}I = (80 - j60)(4 + j2) = 440 - j80 = 447.21\underline{/-10.3}$ [VA]이므로
역률은 $\cos 10.3 = 0.984$, 무효율은 $\sin 10.3 = 0.179$가 된다.

**40** 그림과 같은 회로의 출력 전압의 위상은 입력 전압의 위상에 비해 어떻게 되는가?

① 앞선다.
② 뒤진다.
③ 같다.
④ 앞설 수도 있고 뒤질 수도 있다.

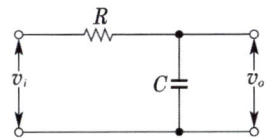

해설　$R$, $C$에 흐르는 전류를 $I$라 하고 벡터도를 그려보면 그림과 같으므로 $V_o$는 $V_i$보다 $\theta$만큼 뒤진다.

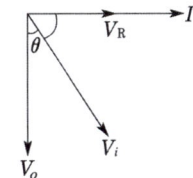

**41** 100[V], 50[Hz]의 교류 전압을 저항 100[Ω], 커패시턴스 10[μF]의 직렬 회로에 가할 때 역률은?

① 0.25　　② 0.27　　③ 0.3　　④ 0.35

해설　$X_C = \dfrac{1}{2\pi f C} = \dfrac{1}{2 \times 3.14 \times 50 \times 10 \times 10^{-6}} = \dfrac{10^3}{3.14}$ [Ω]

$\therefore \cos\theta = \dfrac{R}{Z} = \dfrac{R}{\sqrt{R^2 + X_C^2}} = \dfrac{100}{\sqrt{100^2 + \left(\dfrac{10^3}{3.14}\right)^2}} \fallingdotseq 0.3$

**42** 다음 회로의 정상 전류 $i$[A]는? 단, $e = \sin\left(2t + \dfrac{\pi}{3}\right)$[V]이다.

① $\sin\left(2t + \dfrac{\pi}{12}\right)$

② $\sin\left(2t + \dfrac{\pi}{4}\right)$

③ $\dfrac{1}{\sqrt{2}}\sin\left(2t + \dfrac{\pi}{12}\right)$

④ $\dfrac{1}{\sqrt{2}}\sin\left(2t + \dfrac{3\pi}{4}\right)$

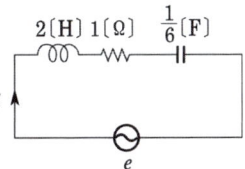

정답　39. ④　40. ②　41. ③　42. ③

해설 $\omega=2$이므로 $\omega L=2\times 2=4[\Omega]$, $\dfrac{1}{\omega C}=\dfrac{1}{2\times\frac{1}{6}}=3[\Omega]$이 되고 임피던스는

$$Z=R+j\left(\omega L-\dfrac{1}{\omega C}\right)=1+j(4-3)=\sqrt{2}\angle\dfrac{\pi}{4}$$

$$\therefore i=\dfrac{e}{Z}=\dfrac{1}{\sqrt{2}}\sin\left(2t+\dfrac{\pi}{3}-\dfrac{\pi}{4}\right)=\dfrac{1}{\sqrt{2}}\sin\left(2t+\dfrac{\pi}{12}\right)[A]$$

★★ 【83. 90. 기사】
**43** $R=200[\Omega]$, $L=1.59[H]$, $C=3.315[\mu F]$을 직렬로 한 회로에 $v=141.4\sin 377t[V]$를 인가할 때 $C$의 단자 전압[V]은?

① 71　　　② 212　　　③ 283　　　④ 401

해설 실효값 $V=\dfrac{E_m}{\sqrt{2}}=\dfrac{141.4}{\sqrt{2}}=100[V]$

$C$의 단자전압을 전압 분배 법칙을 이용하여 구하면

$V_C=\dfrac{X_C}{R+X_L+X_C}\times V$

$=\dfrac{-j800}{200+j600-j800}\times 100=283[V]$

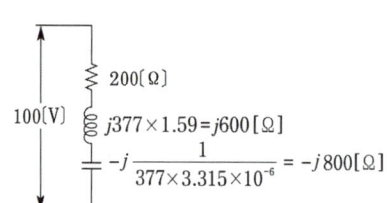

★ 【90. 기사】
**44** 저항 $4[\Omega]$과 인덕턴스 $L$의 코일에 $100[V]$, $60[Hz]$의 교류를 가하니 $20[A]$의 전류가 흘렀다. $L[mH]$은?

① 약 2.7　　　② 약 5.3　　　③ 약 6.6　　　④ 약 8.0

해설 $Z=\dfrac{V}{I}=\dfrac{100}{20}=5[\Omega]$, $Z=\sqrt{R^2+X_L^2}=\sqrt{4^2+X_L^2}=5[\Omega]$

$X_L=3[\Omega]$, $X_L=2\pi fL=3[\Omega]$

$\therefore L=\dfrac{3}{2\pi f}=\dfrac{3}{2\pi 60}≒8\times 10^{-3}[mH]$

★★★☆ 【89. 92. 99. 기사, 92. 18. 산업기사】
**45** $R=50[\Omega]$, $L=200[mH]$의 직렬 회로에 주파수 $f=50[Hz]$의 교류에 대한 역률[%]은?

① 약 52.3　　　② 약 82.3　　　③ 약 62.3　　　④ 약 72.3

해설 $R-L$ 직렬 회로의 $\cos\theta=\dfrac{R}{Z}=\dfrac{R}{\sqrt{R^2+X_L^2}}$, $X_L=2\pi fL[\Omega]$

$\cos\theta=\dfrac{50}{\sqrt{50^2+(2\times 3.14\times 50\times 200\times 10^{-3})^2}}=0.623$　$\therefore 62.3[\%]$

답　43. ③　44. ④　45. ③

**46** 그림과 같은 회로에서 전류 $I$의 최댓값은 몇 [A]가? 단, $e(t) = \sqrt{2} \times 110 \sin(\omega t + 10)$ [V], $R = \sqrt{2}\,[\Omega]$, $\omega L = 10\,[\Omega]$, $\dfrac{1}{\omega C} = 10\,[\Omega]$

① 55[A]
② $\sqrt{2} \times 110$[A]
③ 220[A]
④ 110[A]

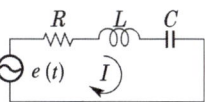

**해설** 회로의 임피던스 $Z$는
$$Z = \sqrt{R^2 + (\omega L - (1/\omega C))^2} = \sqrt{\sqrt{2}^2 + (10-10)^2} = \sqrt{2}\,[\Omega]$$
$$\therefore I_m = E_m/Z = 110\sqrt{2}/\sqrt{2} = 110\,[A]$$

**47** $R = 100\,[\Omega]$, $C = 30\,[\mu F]$의 직렬 회로에 $f = 60\,[Hz]$, $V = 100\,[V]$의 교류 전압을 가할 때 전류[A]는?

① 0.45　　② 0.56　　③ 0.75　　④ 0.96

**해설**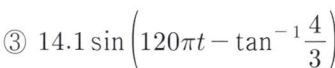
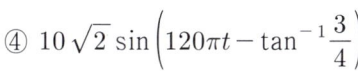

**48** 그림과 같은 회로에서 전류 $i$의 순시값을 표시하는 식은? 단, $Z_1 = 3 + j10$, $Z_2 = 3 - j2$, $e = 100\sqrt{2} \sin 120\pi t$이다.

① $10\sqrt{2} \sin\left(377t + \tan^{-1}\dfrac{4}{3}\right)$
② $14.1 \sin\left(377t + \tan^{-1}\dfrac{3}{4}\right)$
③ $14.1 \sin\left(120\pi t - \tan^{-1}\dfrac{4}{3}\right)$
④ $10\sqrt{2} \sin\left(120\pi t - \tan^{-1}\dfrac{3}{4}\right)$

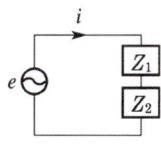

**해설** 합성 임피던스 $Z$는
$$Z = Z_1 + Z_2 = 3 + j10 + 3 - j2 = 6 + j8 = 10\angle \tan^{-1}\dfrac{4}{3}$$
그러므로 회로에 흐르는 전류 $i$는
$$i = \dfrac{v}{Z} = \dfrac{100\sqrt{2}\sin 120\pi t}{10\angle \tan^{-1}\dfrac{4}{3}} = 10\sqrt{2}\sin\left(120\pi t - \tan^{-1}\dfrac{4}{3}\right)$$

**답** 46. ④  47. ③  48. ③

**49** 【97. 12. 기사】

어떤 회로에 $V = 100 + j20$[V]인 전압을 가할 때 $4 + j3$[A]인 전류가 흘렀다. 이 회로의 임피던스는?

① $18.4 - j8.8$[Ω]　　② $18.4 + j15.2$[Ω]
③ $45.8 + j31.4$[Ω]　　④ $65.7 - j54.3$[Ω]

**해설** $Z = \dfrac{V}{I} = \dfrac{100 + j20}{4 + j3} = \dfrac{(100 + j20)(4 - j3)}{(4 + j3)(4 - j3)} = \dfrac{460 - j220}{4^2 + 3^2} = 18.4 - j8.8$[Ω]

**50** 【95. 산업기사】

$Z_1 = 2 + j11$[Ω], $Z_2 = 4 - j3$[Ω]의 직렬 회로에 교류 전압 100[V]를 가할 때 회로에 흐르는 전류[A]는?

① 10　　② 8　　③ 6　　④ 4

**해설** 합성 임피던스 $Z_0 = Z_1 + Z_2 = (2 + j11) + (4 - j3) = 6 + j8$[Ω]

$\therefore I = \dfrac{V}{Z_0} = \dfrac{100}{6 + j8} = 10$[A]

**51** 【98. 07. 산업기사】

$R = 10$[Ω], $L = 0.045$[H]의 직렬 회로에 실효값 140[V], 주파수 25[Hz]의 정현파 교류 전압을 가했을 때 임피던스[Ω]의 크기는?

① 17.25　　② 16.31　　③ 12.25　　④ 10.41

**해설** $\omega L = 2\pi f L = 2 \times 3.14 \times 25 \times 0.045 = 7.068$[Ω]

$\therefore Z = \sqrt{R^2 + (\omega L)^2} = \sqrt{10^2 + 7.06^2} = 12.25$[Ω]

**52** 【87. 94. 기사】

정현파 교류 전원 $v = V_m \sin(\omega t + \theta)$[V]가 인가된 $R - L - C$ 직렬 회로에 있어서 $\omega L > \dfrac{1}{\omega C}$일 경우, 이 회로에 흐르는 전류 $i$는 인가 전압 $v$와 위상이 어떻게 되는가?

① $\tan^{-1} \dfrac{\omega L - \dfrac{1}{\omega C}}{R}$ 앞선다.　　② $\tan^{-1} \dfrac{\omega L - \dfrac{1}{\omega C}}{R}$ 뒤진다.

③ $\tan^{-1} R\left(\dfrac{1}{\omega L} - \omega C\right)$ 앞선다.　　④ $\tan^{-1} R\left(\dfrac{1}{\omega L} - \omega C\right)$ 뒤진다.

**해설** $\omega L > \dfrac{1}{\omega C}$ : 유도성 회로, 지상전류($I_L$), $\omega L < \dfrac{1}{\omega C}$ : 용량성 회로, 진상전류($I_C$)

$Z = R + j\left(\omega L - \dfrac{1}{\omega C}\right)$, $Q = \tan^{-1} \dfrac{허수부}{실수부} = \tan^{-1} \dfrac{\omega L - \dfrac{1}{\omega C}}{R}$ 뒤진다.

**답** 49. ①　50. ①　51. ③　52. ②

## 유사문제

**01.** 저항 10[Ω], 유도 리액턴스 $10\sqrt{3}$[Ω]인 직렬 회로에 교류 전압을 가할 때 전압과 이 회로에 흐르는 전류와의 위상차는 몇 도인가?

답 60°

**02.** 저항 4[Ω], 유도 리액턴스 3[Ω]의 직렬 회로에 실효값 100[V], 주파수 60[Hz]의 교류 전압을 가할 때 흐르는 전류[A]의 크기는?

답 $20\sqrt{2}\sin\left(120\pi t - \tan^{-1}\dfrac{3}{4}\right)$

**03.** 저항 20[Ω], 인덕턴스 56[mH]의 직렬 회로에 60[Hz], 실효값 141.4[V]의 전압을 가할 때 이 회로 전류의 순시값은?

답 약 $6.9\sin(377t - 46°)$

**04.** $R-L$ 직렬 회로에 60[Hz], 100[V]의 교류 전압을 가했더니 위상이 60° 뒤진 3[A]의 전류가 흘렀다. 이때의 리액턴스[Ω]는?

답 28.9[Ω]

**05.** $R-C$ 직렬 회로에 흐르는 전류가 $v = V_m \sin(\omega t - \theta)$일 때 $i = I_m \sin(\omega t - \theta + \phi)$이다. 이때 $\phi$의 값은?

답 $\tan^{-1}\dfrac{-\dfrac{1}{\omega C}}{R}$

**06.** 그림과 같은 회로의 역률은 얼마인가?

답 약 0.97

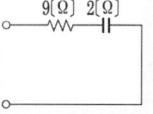

**07.** 그림과 같은 회로에서 $R=8$[Ω], $X_L=10$[Ω], $X_C=16$[Ω], $E=100$[V]일 때 이 회로에 흐르는 전류의 크기[A]는?

답 10[A]

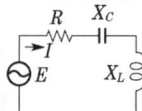

**08.** 그림과 같은 회로에서 $e = \sqrt{2}E\sin\omega t$ [V]일 때 다음 중 옳지 않은 것은?

답 $i$의 실효값 $I = \dfrac{\sqrt{2}E}{\sqrt{R^2 + \left(\omega L - \dfrac{1}{\omega C}\right)^2}}$

**09.** 그림과 같은 직렬 회로에서 각 소자의 전압이 그림과 같다면 a, b 양단에 가한 교류 전압[V]은?

답 5[V]

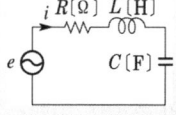

**10.** 어드미턴스 $Y_1$과 $Y_2$가 직렬로 접속된 회로의 합성 어드미턴스는?

답 $Y = \dfrac{1}{\dfrac{1}{Y_1}+\dfrac{1}{Y_2}} = \dfrac{Y_1 Y_2}{Y_1+Y_2}$

**11.** 그림에서 $e = 100\sin(\omega t + 30°)$[V]일 때 전류 $I$의 최댓값은 몇 [A]인가?

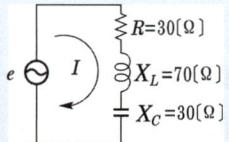

답 2[A]

**12.** 저항 $R$과 유도 리액턴스 $X$가 직렬로 연결된 회로의 서셉턴스는?

답 $\dfrac{X}{R^2+X^2}$

**13.** $R-L$ 직렬 회로에 $i = I_m \cos(\omega t + \theta)$인 전류가 흐른다. 이 직렬 회로 양단의 순시 전압은 어떻게 표시되는가? 단, 여기서 $\phi$는 전압과 전류의 위상차이다.

답 $I_m \sqrt{R^2 + \omega^2 L^2}\cos(\omega t + \theta + \phi)$

**14.** $R-L$ 직렬 회로에 10[V]의 교류 전압을 인가하였을 때 저항에 걸리는 전압이 6[V]이었다면 인덕턴스에 유기되는 전압[V]은?

답 8[V]

**15.** 그림의 회로에서 $E = 1\angle 0°$[V], $I = 1\angle 45°$[A]일 때 $C$는 몇 [F]인가? 단, $\omega$는 각주파수이다.

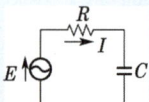

답 $\dfrac{\sqrt{2}}{\omega}$

**16.** $R-L-C$ 직렬 회로에서 $R = 4[\Omega]$, $X_L = 7[\Omega]$, $X_C = 4[\Omega]$일 때 합성 임피던스의 크기[Ω]는?

답 5[Ω]

## R-X 병렬

★ 【89. 99. 산업기사】

**53** 이 회로의 총 어드미턴스 값은 몇 [℧]인가?

① $\dfrac{1}{R}(1+j\omega CR)$

② $j\dfrac{R}{\omega CR-1}$

③ $R - j\dfrac{1}{\omega C}$

④ $\dfrac{1}{R} - j\dfrac{1}{\omega C}$

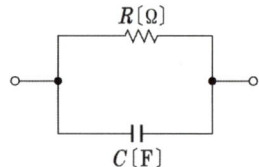

답 53. ①

해설  $Y_0 = Y_1 + Y_2 = \dfrac{1}{R} + \dfrac{1}{\dfrac{1}{j\omega C}} = \dfrac{1}{R} + j\omega C = \dfrac{1}{R}(1+j\omega CR)$

**54** 【77. 기사, 96. 산업기사】
어드미턴스 $Y = a + jb$에서 $b$는?

① 저항이다.  ② 컨덕턴스이다.
③ 리액턴스이다.  ④ 서셉턴스(susceptance)이다.

해설  $Y = a + jb$에서 $a$는 컨덕턴스, $b$는 서셉턴스이다.

**55** 【82. 93. 23. 기사】
그림과 같은 회로의 역률은 얼마인가?

① $1+(\omega RC)^2$
② $\sqrt{1+(\omega RC)^2}$
③ $\dfrac{1}{\sqrt{1+(\omega RC)^2}}$
④ $\dfrac{1}{1+(\omega RC)^2}$

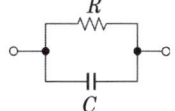

해설  $\cos\theta = \dfrac{\dfrac{1}{R}}{Y} = \dfrac{Z}{R} = \dfrac{\dfrac{RX_C}{\sqrt{R^2+X_C^2}}}{R} = \dfrac{X_C}{\sqrt{R^2+X_C^2}} = \dfrac{1}{\sqrt{1+\dfrac{R^2}{X_C^2}}} = \dfrac{1}{\sqrt{1+\omega^2 C^2 R^2}}$

**56** 【89. 기사, ㉾: 77. 87. 기사】
저항 30[Ω]과 유도 리액턴스 40[Ω]을 병렬로 접속하고 120[V]의 교류 전압을 가했을 때 회로의 역률값은?

① 0.6  ② 0.7  ③ 0.8  ④ 0.9

해설  $R-L$ 병렬 회로에서 역률은 $\cos\theta = \dfrac{G}{Y} = \dfrac{X_L}{\sqrt{R^2+X_L^2}} = \dfrac{40}{\sqrt{30^2+40^2}} = 0.8$

**57** 【97. 산업기사】
$R = 25[\Omega]$, $X_L = 5[\Omega]$, $X_C = 10[\Omega]$을 병렬로 접속한 회로의 어드미턴스 $Y[\mho]$는?

① $0.4 - j0.1$  ② $0.4 + j0.1$
③ $0.04 + j0.1$  ④ $0.04 - j0.1$

답 54. ④  55. ③  56. ③  57. ④

해설  $Y_0 = \dfrac{1}{R} + \dfrac{1}{jX_L} + \dfrac{1}{-jX_C} = \dfrac{1}{25} - j\dfrac{1}{5} + j\dfrac{1}{10} = 0.04 - j0.1[\mho]$

**58** 【85. 90. 16. 산업기사】
그림과 같은 회로에서 전원에 흘러들어오는 전류 $I[A]$는?

① 7
② 10
③ 13
④ 17

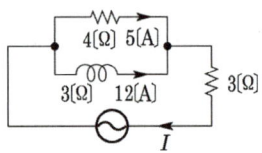

해설  $I = \sqrt{I_R^2 + I_L^2} = \sqrt{5^2 + 12^2} = 13[A]$

**59** 【77. 83. 98. 기사】
$e_s(t) = 3e^{-5t}$인 경우 그림과 같은 회로의 임피던스는?

① $\dfrac{j\omega RC}{1+j\omega RC}$
② $\dfrac{1}{1+RCs}$
③ $\dfrac{R}{1-5RC}$
④ $\dfrac{1+j\omega RC}{R}$

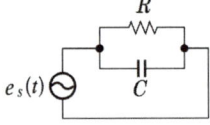

해설  $Z = \dfrac{R \cdot \dfrac{1}{j\omega C}}{R + \dfrac{1}{j\omega C}} = \dfrac{R}{1+j\omega CR}$ 이고, $e_s(t) = 3e^{-5t}$ 에서 $j\omega = -5$ 이므로

$Z = \dfrac{R}{1+j\omega CR} = \dfrac{R}{1-5CR}[\Omega]$

**60** 【78. 81. 90. 93. 산업기사】
저항과 콘덴서를 병렬로 접속한 회로에 직류를 100[V]를 가하면 5[A]가 흐르고, 교류 300[V]를 가하면 25[A]가 흐른다. 이때, 용량 리액턴스[Ω]는?

① 7        ② 14        ③ 15        ④ 30

해설  직류를 인가한 경우 $R = \dfrac{E}{I} = \dfrac{100}{5} = 20[\Omega]$

교류를 인가한 경우 저항에 흐르는 전류를 $I_R$, 콘덴서에 흐르는 전류를 $I_C$, 전체 전류를 $I$라 하면

$I_C^2 = I^2 - I_R^2 = 25^2 - \left(\dfrac{300}{20}\right)^2 = 400[A]$  ∴ $I_C = 20[A]$

$X_C = \dfrac{V}{I_C} = \dfrac{300}{20} = 15[\Omega]$

답  58. ③  59. ③  60. ③

**61** 저항 4[Ω]과 $X_L$의 유도 리액턴스가 병렬로 접속된 회로에 12[V]의 교류 전압을 가하니 5[A]의 전류가 흘렀다. 이 회로의 리액턴스 $X_L$의 값[Ω]은?

① 8　　　　② 6　　　　③ 3　　　　④ 1

해설 
$I_R = \dfrac{V}{R} = \dfrac{12}{4} = 3[A]$

$I_L = \sqrt{I^2 - I_R^2} = \sqrt{5^2 - 3^2} = 4[A]$

$\therefore X_L \cdot I_L = 12[V]$이므로

$X_L = \dfrac{12}{I_L} = \dfrac{12}{4} = 3[\Omega]$

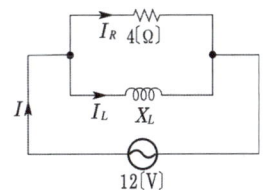

**62** 회로에서 $i_C$값을 구하면?

① $4\pi \times 10^{-3} \cos 2\pi t [A]$
② $4\pi \times 10^{-4} \sin 2\pi t [A]$
③ $4\pi \times 10^{-3} \sin 2\pi t [A]$
④ $4\pi \times 10^{-4} \cos 2\pi t [A]$

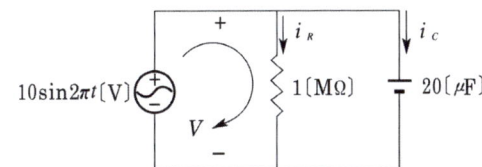

해설 $i_C = C\dfrac{de(t)}{dt} = 20 \times 10^{-6} \times \dfrac{d}{dt} 10\sin 2\pi t = 4\pi \times 10^{-4} \cos 2\pi t [A]$

**63** 다음 회로 중 저항 1[MΩ]에서 $t = 0.5[\text{sec}]$ 동안 소비되는 에너지[J]는 얼마인가?

① 2.5
② $2.5 \times 10^{-2}$
③ $2.5 \times 10^{-3}$
④ $2.5 \times 10^{-4}$

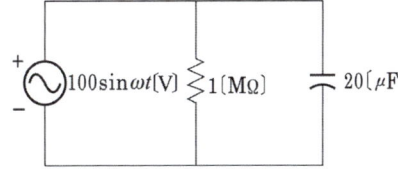

해설 $P = I^2 Rt = \dfrac{V^2}{R}t = \dfrac{\left(\dfrac{100}{\sqrt{2}}\right)^2}{1 \times 10^6} \times 0.5 = 2.5 \times 10^{-3}[J]$

**64** 유도 리액턴스 5[Ω]과 용량 리액턴스 5.2[Ω]를 병렬로 한 회로에 100[V]를 가할 때 용량 리액턴스의 전류는 합성 전류의 약 몇 배가 되는가?

① 10　　　　② 15　　　　③ 20　　　　④ 25

답 61. ③　62. ④　63. ③　64. ④

해설) $I_L = \dfrac{V}{X_L} = \dfrac{100}{5} = 20[A]$, $I_C = \dfrac{V}{X_C} = \dfrac{100}{5.2} = 19.23[A]$

$I_L$은 뒤진 전류이고 $I_C$는 앞선 전류이므로
전체 합성 전류 $I = I_L - I_C = 20 - 19.23 = 0.77[A]$

$\therefore \dfrac{I_C}{I} = \dfrac{19.23}{0.77} = 24.97$배

☆ 【83. 산업기사】

**65** $R = 15[\Omega]$, $X_L = 12[\Omega]$, $X_C = 30[\Omega]$이 병렬로 된 회로에 120[V]의 교류 전압을 가하면 전원에 흐르는 전류[A]와 역률[%]은?

① 22, 85   ② 22, 80   ③ 22, 60   ④ 10, 80

해설) $Y = \dfrac{1}{R} + \dfrac{1}{jX_L} + \dfrac{1}{-jX_C} = \dfrac{1}{15} - j\dfrac{1}{12} + j\dfrac{1}{30} = 0.083\angle -36.87[\mho]$

따라서 $I = YV = 0.083 \times 120 ≒ 10[A]$
$\cos\theta = \cos(-36.87) = 0.8$

## 유사문제

∥ 유사문제 원문 및 해설 : 동일출판사 홈페이지 ≫ 고객센터 ≫ 자료실

**01.** 저항 $R$과 유도 리액턴스 $X_L$이 병렬로 접속된 회로의 역률은?

답) $\cos\theta = \dfrac{G}{Y} = \dfrac{\dfrac{1}{R}}{\sqrt{\left(\dfrac{1}{R}\right)^2 + \left(\dfrac{1}{X_L}\right)^2}} = \dfrac{X_L}{\sqrt{R^2 + X_L^2}}$

**02.** 그림과 같은 회로에서 벡터 어드미턴스 $Y[\mho]$를 구하면?

답) $Y = \dfrac{1}{R} + \dfrac{1}{jX_L} = 3 - j4[\mho]$

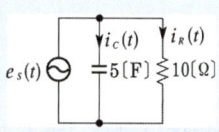

**03.** $R-L$ 병렬 회로의 합성 임피던스는?

답) $Z = \dfrac{R \cdot j\omega L}{R + j\omega L} = \dfrac{R}{1 + \dfrac{R}{j\omega L}} = \dfrac{R}{1 - j\dfrac{R}{\omega L}}$

**04.** 그림과 같은 $R-C$ 병렬 회로에 전압원 $e_s(t)$로서 $10e^{-5t}$인 전압을 사용할 때 전류 $i_c(t)$를 구하면?

답) $i_c(t) = C\dfrac{de_s(t)}{dt} = 5 \times \dfrac{d}{dt}(10e^{-5t}) = -250e^{-5t}$

**05.** 저항 30[Ω]과 유도 리액턴스 40[Ω]을 병렬로 접속한 회로에 120[V]의 교류 전압을 가할 때의 전 전류[A]는?

답) 5[A]

답) 65. ④

**06.** 그림과 같은 회로에서 전류 $I$[A]는?

답 0.5[A]

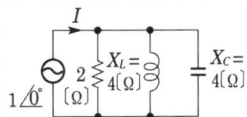

**07.** $R = 10[\Omega]$, $X_L = 8[\Omega]$, $X_C = 20[\Omega]$이 병렬로 접속된 회로에 80[V]의 교류 전압을 가하면 전원에 몇 [A]의 전류가 흐르게 되는가?

답 10[A]

**08.** 100[V] 전압에 대하여 늦은 역률 $\dfrac{1}{\sqrt{2}}$로서 10[A]의 전류를 취하는 부하와 앞선 역률 $\dfrac{\sqrt{3}}{2}$으로서 20[A]의 전류를 취하는 부하가 병렬로 연결되어 있다. 전 전류에 대한 역률은 대략 얼마인가?

답 1


## 직-병렬 회로

**★★ 【91. 12. 기사, ⊕ : 77. 85. 산업기사】**

**66** 회로에서 단자 a, b 사이에 교류 전압 200[V]를 가하였을 때 c, d 사이의 전위차는 몇 [V]인가?

① 46
② 96
③ 56
④ 76

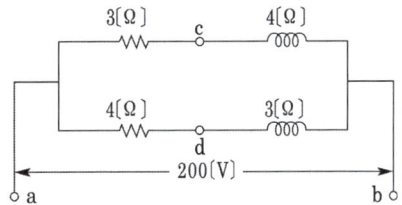

해설

$I_1 = \dfrac{200}{3+j4} = \dfrac{200(3-j4)}{(3+j4)(3-j4)} = \dfrac{200(3-j4)}{25} = \dfrac{600-j800}{25} = 24-j32[A]$

$I_2 = \dfrac{200}{4+j3} = \dfrac{200(4-j3)}{(4+j3)(4-j3)} = \dfrac{200(4-j3)}{25} = \dfrac{800-j600}{25} = 32-j24[A]$

$V_{cd} = 4(32-j24) - 3(24-j32) = 128-j96-72+j96 = 56[V]$


**★☆ 【94. 99. 00. 산업기사】**

**67** 그림과 같은 회로에서 출력 전압의 위상은 입력 전압보다 어떠한가?

① 뒤진다.
② 앞선다.
③ 전압과 관계없다.
④ 같다.

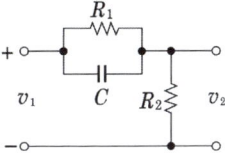

답 66. ③ 67. ②

**해설** $C$의 전압 강하를 $e_1$, $R_1$
$C$에 흐르는 전류를 $i_R$, $i_C$라 하면

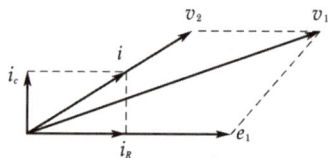

★★ 【77. 80. 82. 83. 산업기사】
**68** 그림에서 $C$를 가감할 때에 회로에 흐르는 전류를 최대로 하기 위한 $C$의 값을 구하여라. 단, $e$, $r$, $R$, $L$은 불변이다.

① $\dfrac{R^2+(\omega L)^2}{\omega L}$  ② $\dfrac{\omega^2 L^2 + R^2}{R^2 + \omega^2 L^2}$

③ $\dfrac{R^2+(\omega L)^2}{\omega^2 L R^2}$  ④ $\dfrac{R^2 + \omega^2 L^2}{\omega L^2 R}$

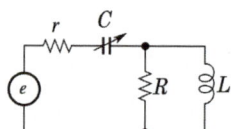

**해설** 합성 임피던스의 허수부가 0이 되면 전류는 최대가 되므로

$$Z = r - jX_C + \dfrac{jRX_L}{R+jX_L} = r + \dfrac{RX_L^2}{R^2+X_L^2} + j\left(\dfrac{R^2 X_L}{R^2+X_L^2} - X_c\right)$$

$$X_C = \dfrac{R^2 X_L}{R^2 + X_L^2}, \quad \dfrac{1}{\omega C} = \dfrac{R^2 X_L}{R^2 + X_L^2}$$

$$\therefore C = \dfrac{R^2 + \omega^2 L^2}{\omega R^2 \omega L} = \dfrac{R^2 + (\omega L)^2}{\omega^2 R^2 L}$$

★ 【77. 94. 산업기사】
**69** 그림 (a)의 병렬 회로를 그림 (b)와 같이 등가 직렬 회로로 고친 등가 임피던스 $Z$는 몇 $[\Omega]$인가?

① $0.12 + j0.16$
② $0.28 + j0.04$
③ $3.5 - j0.5$
④ $4 + j3$

**해설** $Z = \dfrac{(4+j3)(3-j4)}{4+j3+3-j4} = \dfrac{24-j7}{7-j} = 3.5 - j0.5 [\Omega]$

☆ 【91. 산업기사】
**70** 다음 그림에서 각 분로(分路)의 전류가 각각 $i_L = 3 - j6[A]$, $i_C = 5 + j2[A]$일 때 전원에서의 역률은?

① $\dfrac{1}{\sqrt{17}}$  ② $\dfrac{4}{\sqrt{17}}$

③ $\dfrac{1}{\sqrt{5}}$  ④ $\dfrac{2}{\sqrt{5}}$

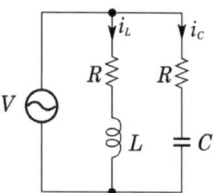

**답** 68. ③  69. ③  70. ④

해설: 합성 전류 $i = i_L + i_C = 3 - j6 + 5 + j2 = 8 - j4$ [A]

역률 $= \dfrac{I_R}{I} = \dfrac{8}{\sqrt{8^2+4^2}} = \dfrac{8}{\sqrt{80}} = \dfrac{2\times 4}{\sqrt{5}\times\sqrt{16}} = \dfrac{2}{\sqrt{5}}$

## 유사문제

※ 유사문제 원문 및 해설: 동일출판사 홈페이지 » 고객센터 » 자료실

**01.** 그림의 회로에서 콘덴서 $C$에 걸리는 전압 $V_{ab}$[V]는?

답 $-15.4 - j23$

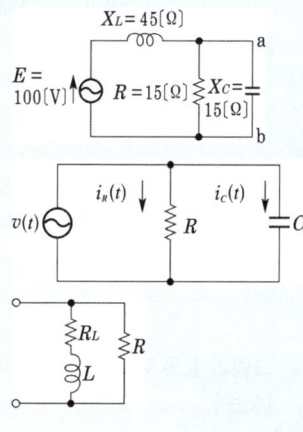

**02.** 그림과 같이 저항 $R$과 커패시터 $C$의 병렬 회로에 전압 $v(t) = V_m \cos\omega t$를 가할 때 $C$에 흐르는 전류는?

답 $-\omega C V_m \sin\omega t$

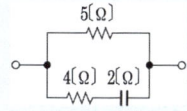

**03.** 그림의 회로에서 등가 직렬 저항 $R_e$를 구하는 식은?

답 $R\left\{\dfrac{R_L(R+R_L)+(\omega L)^2}{(R+R_L)^2+(\omega L)^2}\right\}$

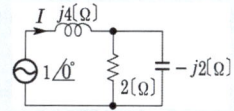

**04.** 그림과 같은 회로의 역률은 대략 얼마인가?

답 0.97

**05.** 그림의 회로에서 전류 $I$의 값[A]은?

답 0.316[A]

**06.** 그림과 같은 회로의 정상 전류 $i_L$은?

단, $e(t) = 5\cos\left(t - \dfrac{\pi}{4}\right)$이다.

답 $2\sqrt{5}\cos\left(t - \dfrac{\pi}{4} - \tan^{-1}2\right)$

**07.** 그림과 같은 회로에서 $L_2$에 흐르는 전류가 단자 전압 $E$보다 위상이 90° 뒤지기 위한 조건은?

답 $R_1 R_2 = \omega^2 L_1 L_2$

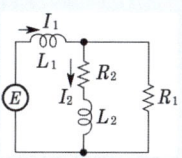

**08.** 저항 $R$ 및 가변 인덕턴스 $l$의 직렬 회로에 인덕턴스 $L$과 커패시턴스 $C$를 병렬로 한 회로가 있다. 단자 a, b에 인가한 전압과 전류가 동위상이라면 $l$의 값은?

답 $\dfrac{L}{\omega^2 LC - 1}$

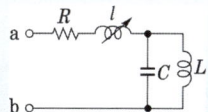

**09.** 그림과 같은 회로에 주파수 $f$의 정현파 일정 전압 $E[V]$를 가했을 때 전 전류를 최대로 하는 $L$의 값을 구하면?

답 $\dfrac{CR^2}{1+(\omega CR)^2}$

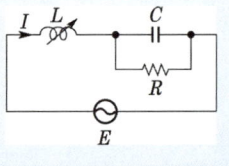

**10.** 그림에서 a, b 사이에 교류 전압 $V$를 가할 때 전류 $I$가 $V$와 동위상이 되었다면 그때의 $X_C$의 값[Ω]은?

답 $0.8[\Omega]$

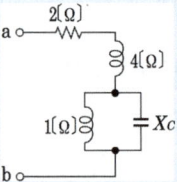

**11.** 그림에서 $e = 100\sin 5000t$이다. 전류 $i$를 구하면?

답 $10\sin 5000t$

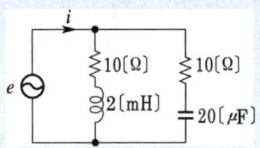

**12.** 그림과 같은 회로에서 $E = 80\angle 0°[V]$이다. $I$의 크기[A]는?

답 $9.4[A]$

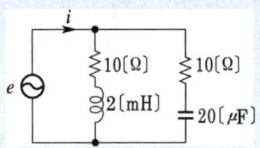

**13.** 그림과 같은 임피던스의 병렬 회로에서 각 분로에 흐르는 전류의 크기가 같고, 또 90°의 위상차가 생기게 하는 조건을 구하면?

답 $R_1 = \dfrac{1}{\omega C}$, $R_2 = \omega L$

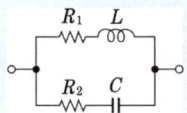

# 공진

★ 【96. 기사】
**71** 직렬 공진 회로에서 최대가 되는 것은?
① 전류  ② 저항
③ 리액턴스  ④ 임피던스

해설, 직렬 공진은 허수부가 0이 되므로 $Z$가 최소가 되어 $I$가 최대로 된다.

답 71. ①

**72** ★ 【89. 18. 기사】
$R = 100[\Omega]$, $X_C = 100[\Omega]$이고 $L$만을 가변할 수 있는 $R, L, C$ 직렬 회로가 있다. 이때 $f = 500[Hz]$, $E = 100[V]$를 인가하여 $L$을 변화시킬 때 $L$의 단자 전압 $E_L$의 최댓값은 몇 [V]인가?

① 200      ② 150      ③ 100      ④ 50

**해설** $\dfrac{E_L}{E} = \dfrac{E_C}{E} = \dfrac{I \cdot X_L}{I \cdot R} = \dfrac{I \cdot X_C}{I \cdot R}$

그러므로 $E_L = \dfrac{X_C}{R} \cdot E$이고, 또한 $E_L = \dfrac{1}{\omega CR} \cdot E = \dfrac{1}{2\pi f CR} \cdot E$

문제 조건에서 $R = 100[\Omega]$, $X_C = 100[\Omega]$, $E = 100[V]$이므로

$E_L = \dfrac{100}{100} \cdot 100 = 100[V]$

---

**73** ★ 【96. 기사】
$R = 10[k\Omega]$, $L = 10[mH]$, $C = 1[\mu F]$의 직렬 회로에 $|E| = 100[V]$인 전압을 가하면 그 주파수를 변화시켰을 때 최대 전류[mA]는?

① $\dfrac{1}{100}$      ② $\dfrac{1}{10}$      ③ 100      ④ 10

**해설** 최대 전류는 $\omega L = \dfrac{1}{\omega C}$일 때이며 이때의 임피던스 $Z = R$이 된다.

$I = \dfrac{E}{R} = \dfrac{100}{10 \times 10^3} = 0.01[A] = 10[mA]$

---

**74** ☆ 【77. 산업기사】
$L - C$ 직렬 회로의 공진 조건은?

① $\dfrac{1}{\omega L} = \omega C + R$      ② 직류 전원을 가할 때

③ $\omega L = \omega C$      ④ $\omega L = \dfrac{1}{\omega C}$

**해설** 직렬 회로 공진 조건 $\omega L = \dfrac{1}{\omega C}$이고, 병렬 공진 조건 $\omega C = \dfrac{1}{\omega L}$이다.

---

**75** ★★★ 【91. 96. 기사, 78. 98. 산업기사】
어떤 $R - L - C$ 병렬 회로가 병렬 공진되었을 때 합성 전류는?

① 최소가 된다.      ② 최대가 된다.
③ 전류는 흐르지 않는다.      ④ 전류는 무한대가 된다.

**해설** 병렬 공진 시 회로의 어드미턴스는 최소가 되므로 전류는 최소가 된다.

$\boldsymbol{Y} = \dfrac{1}{R} + j\left(\omega C - \dfrac{1}{\omega L}\right)$에서 $Y_r = \dfrac{1}{R}$    $\therefore I_r = Y_r V$

---

**답** 72. ③   73. ④   74. ④   75. ①

**76** 1[kHz]인 정현파 교류회로에서 5[mH]인 유도성 리액턴스와 크기가 같은 용량성 리액턴스를 갖는 $C$의 크기는 몇 [$\mu$F]인가?

① 2.07　　　　② 3.07　　　　③ 4.07　　　　④ 5.07

해설　$\omega^2 = \dfrac{1}{LC}$, $C = \dfrac{1}{\omega^2 L} = \dfrac{1}{(2\times\pi\times1000)^2 \times 5\times10^{-3}} = 5.07\times10^{-6} = 5.07[\mu F]$

**77** $R-L-C$ 직렬 공진 회로에서 입력 전압이 $V$[V]일 때 공진 주파수 $f_r$에서 $L$에 걸리는 전압은 얼마인가?

① $V$　　　　　　　　　　② $2\pi f_r L V$

③ $\dfrac{V}{R} \cdot 2\pi f_r C$　　　　　④ $\dfrac{V}{R \cdot 2\pi f_r C}$

해설　$V_L = I_r \omega L = \dfrac{V}{R} \cdot 2\pi f_r L = \dfrac{V}{R} \cdot \dfrac{1}{2\pi f_r C}$

**78** 시불변, 선형 $R-L-C$ 직렬 회로에 $v = V_m \sin\omega t$인 교류 전압을 가하였다. 정상 상태에 대한 설명 중 옳지 않은 것은?

① 이 회로의 합성 리액턴스는 양 또는 음이 될 수 있다.
② $\omega L < 1/\omega C$이면 용량성 회로이다.
③ $\omega L > 1/\omega C$이면 유도성 회로이다.
④ $\omega L = 1/\omega C$이면 공진 회로이며 인덕턴스 양단에 걸린 전압은 $RI_0$이다.

해설　인덕턴스 양단에 걸리는 전압 $V_L = XI_0$가 된다.

**79** 그림과 같은 회로에서 공진 시 임피던스는? 단, $Q = \dfrac{\omega L}{R}$임.

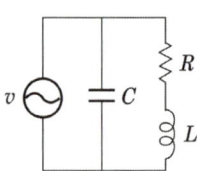

① $R(1+Q^2)$　　② $Q^2$　　③ $R+Q^2$　　④ $\infty$

답　76. ④　77. ④　78. ④　79. ①

[해설] 공진 조건 $\omega C = \dfrac{\omega L}{R^2+(\omega L)^2}$ 로부터

$$Y = \dfrac{1}{R+j\omega L} + j\omega C = \dfrac{R}{R^2+(\omega L)^2} + j\left(\omega C - \dfrac{\omega L}{R^2+(\omega L)^2}\right) = \dfrac{R}{R^2+(\omega L)^2}$$

$$Z = \dfrac{R^2+(\omega L)^2}{R} = R + \dfrac{\omega L^2}{R} = R\left(1+\dfrac{(\omega L)^2}{R^2}\right) = R(1+Q^2)$$

**80** ★★☆ 【94. 기사, 80. 91. 99. 산업기사】
공진 회로의 $Q$가 갖는 물리적 의미와 관계없는 것은?
① 공진 회로의 저항에 대한 리액턴스의 비
② 공진 곡선의 첨예도
③ 공진 시의 전압 확대비
④ 공진 회로에서 에너지 소비 능률

[해설] 직렬 공진 회로의 선택도는 공진 곡선의 첨예도를 의미할 뿐만 아니라 공진시 전압 확대비이고 또한 공진 시 저항에 대한 리액턴스의 비이다.

$$Q = S = \dfrac{f_r}{f_2-f_1} = \dfrac{V_L}{V} = \dfrac{V_C}{V} = \dfrac{\omega_r L}{R} = \dfrac{1}{\omega_r CR} = \dfrac{1}{R}\sqrt{\dfrac{L}{C}}$$

**81** ★★★★ 【82. 86. 90. 97. 기사】
$R-L-C$ 직렬 회로에서 전원 전압을 $V$라 하고 $L$ 및 $C$에 걸리는 전압을 각각 $V_L$ 및 $V_C$라 하면 선택도 $Q$를 나타내는 것은 어느 것인가? 단, 공진 주파수는 $\omega_r$이다.

① $\dfrac{CL}{R}$  ② $\dfrac{\omega_r R}{L}$  ③ $\dfrac{V_L}{V}$  ④ $\dfrac{V}{V_C}$

[해설] $Q = \dfrac{V_L}{V} = \dfrac{V_C}{V} = \dfrac{X}{R} = \dfrac{\omega L}{R} = \dfrac{1}{\omega CR} = \dfrac{1}{R}\sqrt{\dfrac{L}{C}}$

**82** ★☆ 【92. 05. 07. 산업기사】
그림과 같이 주파수 $f$[Hz]인 교류 회로에 있어서 전류 $I$와 $I_R$이 같은 값으로 되는 조건은? 단, $R$은 저항[Ω], $C$는 정전 용량[F], $L$은 인덕턴스[H]로 된다.

① $f = \dfrac{1}{\sqrt{LC}}$

② $f = \dfrac{2\pi}{\sqrt{LC}}$

③ $f = \dfrac{1}{2\pi\sqrt{LC}}$

④ $f = 2\pi(LC)^2$

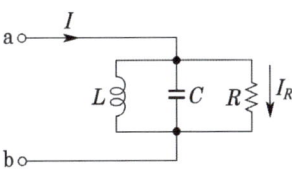

**답** 80. ④  81. ③  82. ③

**해설** 병렬 공진 조건 $Y_0 = \dfrac{1}{R} + j\left(\dfrac{1}{X_C} - \dfrac{1}{X_L}\right)$

허수부 = 0이어야 하므로 $\omega C = \dfrac{1}{\omega L}$, $\omega^2 LC = 1$, $f = \dfrac{1}{2\pi\sqrt{LC}}$

★★★ 【77. 96. 00. 07. 08. 11. 기사 ⊕ : 05. 기사】

**83** $R = 5[\Omega]$, $L = 20[\text{mH}]$ 및 가변 용량 $C$로 구성된 $R-L-C$ 직렬 회로에 주파수 1000[Hz]인 교류를 가한 다음, $C$를 가변하여 직렬 공진시켰다. $C_r[\mu\text{F}]$의 값과 선택도 $Q$는?

① $C_r = 2.277[\mu\text{F}]$, $Q = 2.512$
② $C_r = 1.268[\mu\text{F}]$, $Q = 2.512$
③ $C_r = 2.277[\mu\text{F}]$, $Q = 25.12$
④ $C_r = 1.268[\mu\text{F}]$, $Q = 25.12$

**해설** $C_r = \dfrac{1}{\omega_r^2 L} = \dfrac{1}{(2\pi \times 1000)^2 \times 20 \times 10^{-3}} \fallingdotseq 1.268[\mu\text{F}]$

$Q = \dfrac{1}{R}\sqrt{\dfrac{L}{C}} = \dfrac{1}{5}\sqrt{\dfrac{20 \times 10^{-3}}{1.268 \times 10^{-6}}} \fallingdotseq 25.12$

★★ 【78. 90. 91. 98. 05. 산업기사, ⊕ : 07. 산업기사】

**84** 그림과 같은 $R-L-C$ 병렬 공진 회로에 관한 설명 중 옳지 않은 것은?

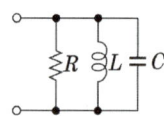

① $R$이 작을수록 $Q$가 높다.
② 공진 시 $L$ 또는 $C$를 흐르는 전류는 입력 전류 크기의 $Q$배가 된다.
③ 공진 주파수 이하에서의 입력 전류는 전압보다 위상이 뒤진다.
④ 공진 시 입력 어드미턴스는 매우 작아진다.

**해설** 회로의 어드미턴스 $Y$는

$Y = \dfrac{1}{R} + \dfrac{1}{j\omega L} + j\omega C = \dfrac{1}{R} + j\left(\omega C - \dfrac{1}{\omega L}\right)$

따라서 공진 조건은 $\omega C = \dfrac{1}{\omega L}$

공진 주파수 : $f_r = \dfrac{1}{2\pi\sqrt{LC}}$

전류 확대비 : $Q = \dfrac{I_C}{I_r} = \dfrac{\omega C V}{\dfrac{V}{R}} = R\omega C$, $Q = \dfrac{I_L}{I_r} = \dfrac{\dfrac{V}{\omega L}}{\dfrac{V}{R}} = \dfrac{R}{\omega L}$

즉, $R$이 클수록 $Q$는 커진다.

$\omega L - \dfrac{1}{\omega C} = 0$에서 $f < f_r$이면 $\dfrac{1}{\omega C} > \omega L$이 되어 유도성 회로가 된다.

또한 공진 시 어드미턴스 $Y_r = \dfrac{1}{R}$이 되어 매우 작아진다.

**85** ★☆ 【92. 기사 ⊕ : 05. 기사, 23. 산업기사】
$R = 100[\Omega]$, $L = 1/\pi[H]$, $C = 100/4\pi[pF]$이다. 직렬 공진회로의 $Q$는 얼마인가?

① $2 \times 10^3$  
② $2 \times 10^4$  
③ $3 \times 10^3$  
④ $3 \times 10^4$

[해설] 직렬 공진회로에서 $Q = \dfrac{1}{R}\sqrt{\dfrac{L}{C}}$

병렬 공진회로에서 $Q = R\sqrt{\dfrac{C}{L}}$

$Q = \dfrac{1}{R}\sqrt{\dfrac{L}{C}} = \dfrac{1}{100}\sqrt{\dfrac{1/\pi}{100/4\pi \times 10^{-12}}} = \dfrac{1}{100} \times \dfrac{1}{5} \times 10^6 = 2 \times 10^3$

**86** ☆ 【98. 산업기사】
$R-L-C$ 직렬 회로에서 $L$ 및 $C$의 값은 고정시켜 놓고 저항 $R$의 값만 큰 값으로 변화시킬 때 옳게 설명한 것은?

① 공진 주파수는 커진다.  
② 공진 주파수는 작아진다.  
③ 공진 주파수는 변화하지 않는다.  
④ 이 회로의 0은 커진다.

[해설] 직렬 공진에서는 저항값을 변화시켜도 주파수는 변화하지 않는다.

**87** ★★★★ 【82. 83. 87. 기사, ⊕ : 77. 78. 산업기사】
그림과 같은 회로의 공진 주파수 $f[Hz]$는?

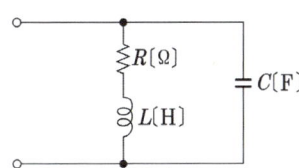

① $\dfrac{1}{2\pi\sqrt{LC}}$  
② $\dfrac{1}{2\pi\sqrt{LC}}\sqrt{1 - \dfrac{R^2 L}{C}}$  
③ $\dfrac{1}{2\pi}\sqrt{\dfrac{C}{L}}$  
④ $\dfrac{1}{2\pi\sqrt{LC}}\sqrt{1 - \dfrac{R^2 C}{L}}$

[해설] 공진 조건은 $\omega_0 C - \dfrac{\omega_0 L}{R^2 + \omega_0^2 L^2}$ 이므로

$C = \dfrac{L}{R^2 + \omega_0^2 L^2}$, $L = CR^2 + \omega_0^2 L^2 C$

$\omega_0^2 = \dfrac{L - CR^2}{L^2 C} = \dfrac{1}{LC} - \dfrac{R^2}{L^2}$ ∴ $\omega_0 = \sqrt{\dfrac{1}{LC} - \dfrac{R^2}{L^2}}$

[답] 85. ① 86. ③ 87. ④

## 88
★★☆ 【71. 90. 기사, 82. 산업기사】
그림과 같은 회로의 공진 시의 어드미턴스는?

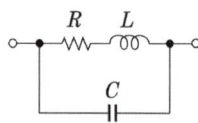

① $\dfrac{CR}{L}$   ② $\dfrac{L}{CR}$   ③ $\dfrac{CL}{R}$   ④ $\dfrac{LR}{C}$

**해설** 공진 시는 합성 어드미턴스의 허수부가 0이므로

$$Y = Y_1 + Y_2 = \dfrac{1}{R+j\omega L} + j\omega C = \dfrac{R}{R^2+\omega^2 L^2} + j\left(\omega C - \dfrac{\omega L}{R^2+\omega^2 L^2}\right)$$

$$\therefore Y = \dfrac{R}{R^2+\omega^2 L^2}$$

그런데 공진 조건은 $\omega C = \dfrac{\omega L}{R^2+\omega^2 L^2}$ 이므로

$$R^2+\omega^2 L^2 = \dfrac{L}{C} \quad \therefore Y_r = \dfrac{R}{R^2+\omega^2 L^2} = \dfrac{R}{\dfrac{L}{C}} = \dfrac{RC}{L}$$

## 89
★ 【84. 기사】
그림과 같은 2단자 회로에서 반공진 각주파수 $\omega_r$[rad/s]을 구하면?

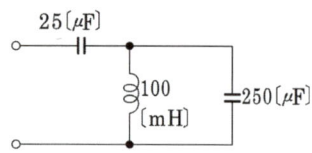

① 100   ② 200   ③ 400   ④ 800

**해설** $\omega_r = \dfrac{1}{\sqrt{LC}} = \dfrac{1}{\sqrt{100\times 10^{-3} \times 250 \times 10^{-6}}} = 200[\text{rad/s}]$

## 90
★★ 【87. 91. 기사】
그림과 같은 $R-L$ 회로에 교류 전압을 가할 때 주파수의 영향을 받지 않기 위해서 콘덴서 $C$를 병렬로 $R$에 연결하였다. 이때 $C$의 값은? 단, $\omega^2 C^2 R^2 \ll 1$이다.

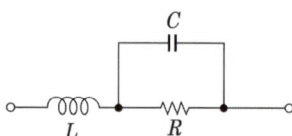

① $C = \dfrac{L}{R}$   ② $C = \dfrac{R^2}{L}$   ③ $C = \dfrac{L}{R^2}$   ④ $C = R^2 L$

**답** 88. ①  89. ②  90. ③

해설. 합성 임피던스의 허수부가 0가 되면 주파수의 영향을 받지 않는다.

$$Z = j\omega L + \frac{\frac{R}{j\omega C}}{R + \frac{1}{j\omega C}} = j\omega L + \frac{R}{1+j\omega CR} = \frac{R}{1+\omega^2 C^2 R^2} + j\omega\left(L - \frac{CR^2}{1+\omega^2 C^2 R^2}\right)$$

여기서, $\omega^2 C^2 R^2 \ll 1$이므로 $L = CR^2$

$$\therefore C = \frac{L}{R^2}$$

☆ 【88. 산업기사】

**91** 그림과 같은 회로에서 전류 $I$는 몇 [A]인가? 단, $R=10[\Omega]$, $X_L=10[\Omega]$, $X_C=10[\Omega]$, $E=100[V]$이다.

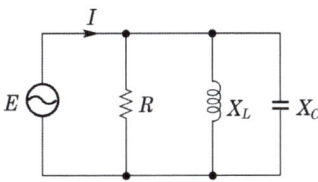

① 30  ② 20  ③ 10  ④ 1

해설. $I = I_R + I_L + I_C = \frac{100}{10} + \frac{100}{j10} + \frac{100}{-j10} = 10 - j10 + j10 = 10[A]$

## 유사문제

┃ 유사문제 원문 및 해설 : 동일출판사 홈페이지 ≫ 고객센터 ≫ 자료실

**01.** $R-L-C$ 직렬 회로에서 전압과 전류가 동상이 되기 위해서는? 단, $\omega = 2\pi f$이고 $f$는 주파수이다.

답 $\omega^2 LC = 1$

**02.** 그림과 같은 회로에서 콘덴서 $C$를 가변해서 전류 $I_1 = I_2$가 될 때 전원의 주파수는?

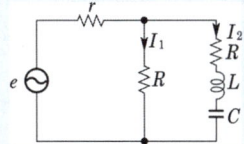

답 $\dfrac{1}{2\pi\sqrt{LC}}$

**03.** $R-L-C$ 직렬 회로의 선택도 $Q$는?

답 $Q = \dfrac{V_L}{V} = \dfrac{V_C}{V} = \dfrac{X}{R} = \dfrac{\omega L}{R} = \dfrac{1}{\omega CR} = \dfrac{1}{R}\sqrt{\dfrac{L}{C}}$

**04.** $R-L-C$ 직렬 공진 회로에서 $R=100[\Omega]$, $L=314[mH]$, $C=125.6[pF]$일 때, 선택도(전압 확대율) $Q$는?

답 $Q = \dfrac{1}{R}\sqrt{\dfrac{L}{C}} = \dfrac{1}{100}\sqrt{\dfrac{314\times 10^{-3}}{125.6\times 10^{-12}}} = 500$

답 91. ③

**05.** $R=18[\Omega]$, $L=150[\mu H]$인 코일과 손실을 무시할 수 있는 가변 축전기(varicon)를 710[kHz], 1[mV] 전원에 직렬로 연결했을 때 710[kHz]에 공진시키려면 바리콘의 용량은 얼마이며, 공진 시 바리콘 양단 전압은?

답 336[pF], 37.2[mV]

**06.** 인가 전압의 주파수가 공진 주파수의 $\dfrac{1}{2Q_0}$ 배만큼 떨어지면 흐르는 전류는 공진 전류의 몇 배이며, 위상차는 몇 도인가?

답 $\dfrac{1}{\sqrt{2}}$ 배, 45°

**07.** 그림과 같은 병렬 공진 회로에서 주파수를 $f$라 할 때 전압 $E$가 전류 $I$보다 앞서는 조건은 다음 중 어느 것인가?

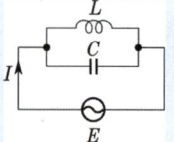

답 $f < \dfrac{1}{2\pi\sqrt{LC}}$

**08.** $R=100[\Omega]$, $L=100[mH]$의 코일과 가변 콘덴서를 병렬로 한 동조 회로가 있다. 콘덴서의 용량을 변화시켜 500[kHz]에 동조시켰다. 이때의 콘덴서 용량 $C_r$은 얼마인가? 또한 공진 임피던스 $Z_r$은 몇 [Ω]인가?

답 $C_r = 1[pF]$, $Z_r = 1 \times 10^9[\Omega]$

**09.** 그림과 같이 $R=5[\Omega]$, $\omega L=10[\Omega]$ 직렬 회로에 가변 정전 용량을 병렬로 연결하고 단자에 100[V]의 전압을 가할 때 유입 전류를 최소로 하는 용량 리액턴스 값[Ω]을 구하면?

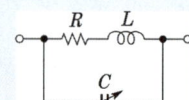

답 12.5[Ω]

**10.** $R-L-C$ 직렬 공진 회로에 대한 설명 중 옳은 것은? 단, 인가 전압은 $V$(실효값은 일정)이다.

답 어드미턴스의 특성과 전류 특성은 같다.

**11.** 그림과 같은 회로에 교류 전압을 인가하여 $I$가 최소로 될 때, 리액턴스 $X_C$의 값은 약 몇 [Ω]인가?

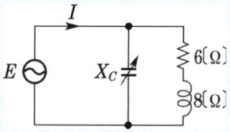

답 12.5[Ω]

# CHAPTER 04 교류 전력

## 01 전력의 개념

교류회로에서는 유효분에서 소비되는 유효전력과, 무효분에서 소비되는 무효전력, 이를 전체적으로 나타내는 피상전력(겉보기전력) 등 3가지를 고려해야 한다.

저항 $R$ 회로에 정현파 교류전압 $v = \sqrt{2}\,V\sin\omega t$ 를 인가했을 때, 저항 $R$에 흐르는 전류

$$i = \frac{v}{R} = \frac{\sqrt{2}\,V}{R}\sin\omega t = \sqrt{2}\,I\sin\omega t$$

저항 $R$에서 소비되는 전력의 순시값 $p$

$$p = vi = (\sqrt{2}\,V\sin\omega t) \times (\sqrt{2}\,I\sin\omega t)$$
$$= 2VI\sin^2\omega t = VI(1-\cos 2\omega t)$$

따라서 순시전력 $p$의 주파수는 전압이나 전류 주파수의 2배($2\omega$)로서 항상 (+) 전력값으로 된다.

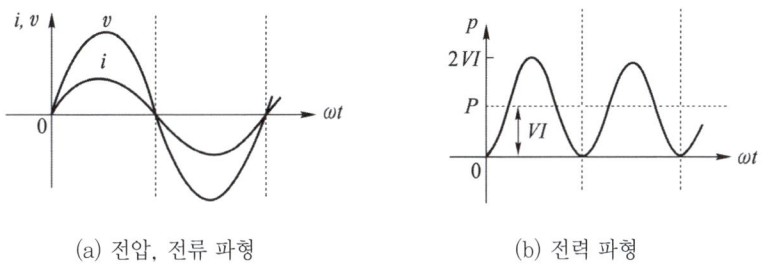

(a) 전압, 전류 파형     (b) 전력 파형

$R$ 회로의 전력 관계

평균전력 $P$는

$$P = VI = I^2 R = \frac{V^2}{R}$$ 출제 산업 2번, 기사 61번

시간 $t(s)$ 동안에 저항에서 열로 소비되는 에너지(전력량)는

$$W_R = Pt = I^2 Rt\,[\text{J}]$$

이 된다.

또, 인덕턴스 $L$ 회로에 정현파 교류전류

$$i = \sqrt{2}\,I\sin\omega t$$

가 흐를 때, 인덕턴스 $L$ 양단에 생기는 단자전압 $v$ 는

$$v = \sqrt{2}\,V\sin\left(\omega t + \frac{\pi}{2}\right) = \sqrt{2}\,V\cos\omega t$$

$L$에 공급되는 순시전력 $p$

$$p = vi = 2VI\sin\omega t \cdot \cos\omega t \sin 2\omega t$$

순시전력 $p$의 주파수는 전압이나 전류 주파수의 2배($2\omega$)로 되며 주기적으로 (+)와 (−)가 변하는 정현파 전력특성을 나타낸다.

$$\text{평균전력 } P = \frac{1}{T}\int_0^T p\,dt = \frac{1}{T}\int_0^T VI\sin 2\omega t\,dt = 0$$

평균전력 $P = 0[\text{W}]$인 것은 소비전력이 $0[\text{W}]$인 것이다. 즉, 인덕터 코일에 교류전원이 공급되면 전원과 인덕터 사이에 주기적인 에너지 교환이 일어날 뿐이며 전력의 소모는 발생하지 않는다.

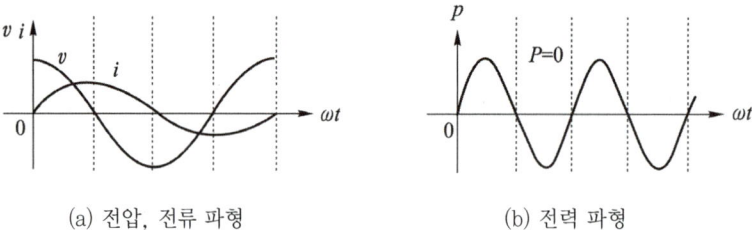

(a) 전압, 전류 파형    (b) 전력 파형

$L$ 회로의 전력 관계

순시전류 $i$가 흐를 때 $L$에 축적되는 자기에너지의 순시값 $w_L$

$$w_L = \frac{1}{2}Li^2 = LI^2\sin^2\omega t = \frac{1}{2}LI^2(1 - \cos 2\omega t)$$

$$\left(\because \sin^2\omega t = \frac{1 - \cos 2\omega t}{2}\right)$$

축적에너지의 평균값 $W_L$은

$$W_L = \frac{1}{T}\int_0^T \frac{1}{2}LI^2(1 - \cos 2\theta)\,d\theta = \frac{1}{2}LI^2$$

이 된다.

커패시턴스 $C$ 회로에 정현파 교류전압 $v = \sqrt{2}\,V\sin\omega t$ 가 인가될 때 커패시턴스 $C$에 흐르는 전류 $i$는

$$i = \sqrt{2}\,I\sin\left(\omega t + \frac{\pi}{2}\right) = \sqrt{2}\,I\cos\omega t$$

커패시턴스 $C$에 공급되는 순시전력 $p$는

$$p = vi = 2VI\sin\omega t \cdot \cos\omega t = VI\sin 2\omega t$$

로서 인턱터 회로와 마찬가지로 순시전력 $p$의 주파수는 전압이나 전류 주파수의 2배($2\omega$)로 되며 주기적으로 (+)와 (−)가 변하는 정현파 전력특성을 나타낸다.

$$\text{평균전력 } P = \frac{1}{T}\int_0^T p\,dt = \frac{1}{T}\int_0^T VI\sin 2\omega t\,dt = 0$$

평균전력 $P = 0[\text{W}]$인 것은 소비전력이 $0[\text{W}]$인 것이다. 즉, 커패시터 회로에 교류전원이 공급되면 전원과 커패시터 사이에 주기적인 에너지 교환이 일어날 뿐이며 전력의 소모는 발생하지 않는다.

커패시턴스 $C$에 순시전압 $v$가 인가되면 축적되는 정전에너지의 순시값 $w_C$

$$w_C = \frac{1}{2}Cv^2 = CV^2\sin^2\omega t = \frac{1}{2}CV^2(1-\cos 2\omega t)$$

축적에너지의 평균값 $W_C$는

$$W_C = \frac{1}{T}\int_0^T w_C\,dt = \frac{1}{T}\int_0^T \frac{1}{2}CV^2(1-\cos 2\omega t)\,dt = \frac{1}{2}CV^2$$

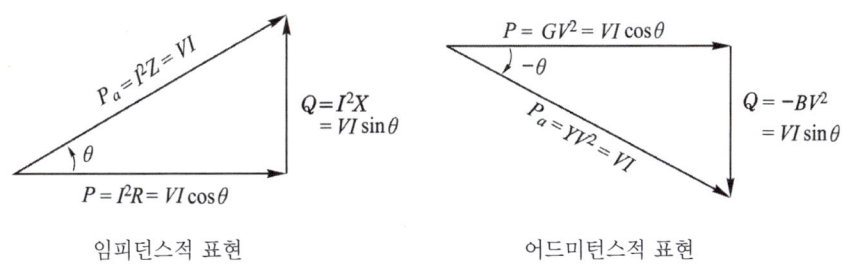

임피던스적 표현      어드미턴스적 표현

**전력삼각형**

- 유효전력 : 실수 성분에서 소비되는 전력으로 $R$, $G$에서 소비된다.

$$P = I^2R = \frac{V^2}{R}[\text{W}]$$

$$P = P_a\cos\theta = VI\cos\theta \quad \text{출제 산업 2번, 기사 6번}$$

• 무효전력 : 허수 성분에서 소비되는 전력으로 $X$, $B$에서 소비된다.

$$P_r = I^2X = \frac{V^2}{X}[\text{Var}]$$

$$P_r = P_a\sin\theta = VI\sin\theta$$ 출제 산업 2번

• 피상전력 : 유효전력과 무효전력의 벡터합으로 $Z$, $Y$에서 소비된다.

$$P_a = VI = I^2Z = \frac{V^2}{Z}[\text{VA}]$$

$$P_a = \sqrt{P^2 + P_r^2}$$ 출제 기사 3번

## 02 $R-X$ 직렬 회로의 전력계산

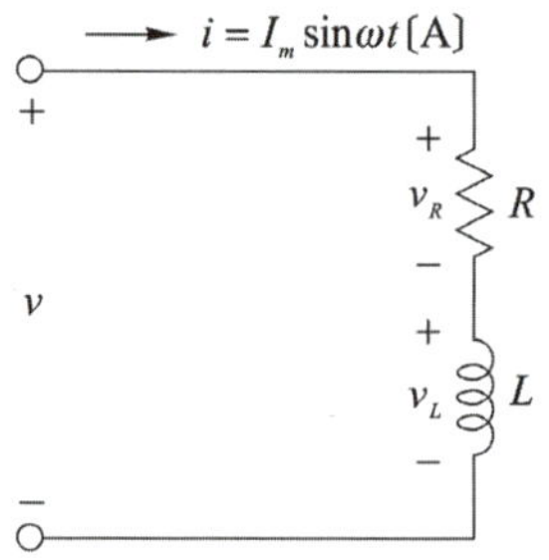

위의 그림에 실효전압 $V$를 인가하면 전류 $I$가 흐르며 $R$ 및 $X$(인덕턴스 $L$)에서 전력이 소비된다. 이때 각각의 소비되는 전력을 $I$를 대입해서 계산하면 다음과 같이 나타난다.

• 유효전력 $P = VI\cos\theta = I^2R = \dfrac{V^2R}{R^2+X^2}$ (출제 산업 8번, 기사 2번) 출제 산업 10번, 기사 3번

• 무효전력 $P_r = VI\sin\theta = I^2X = \dfrac{V^2X}{R^2+X^2}$ (출제 산업 2번, 기사 2번) 출제 기사 3번

• 피상전력 $P_a = VI = I^2Z = \dfrac{V^2Z}{R^2+X^2}$

## 03 최대전력의 전송

전기회로에서 전력을 전송하는 경우, 전원에서 부하로 최대전력을 전달하기 위한 조건은 다음과 같다.

### 1) $Z_S = R_S$, $Z_L = R_L$인 경우

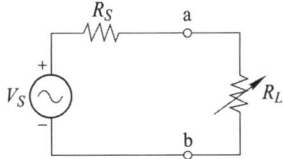

**(1) 전달전력 $P_L$**

전원과 부하측에 리액턴스가 존재하지 않은 순수한 저항회로인 경우로서 $P_L$은 다음 식으로 된다.

$$P_L = \frac{V_S^2 R_L}{(R_S + R_L)^2} = \frac{V_S^2 R_L}{R_S^2 + 2R_S R_L + R_L^2} = \frac{V_S^2}{\frac{R_S^2}{R_L} + 2R_S + R_L}$$

**(2) $R_S$가 일정할 때, $R_L$을 변화시켜 최대출력을 얻기 위한 조건**

$A = \dfrac{R_S^2}{R_L} + 2R_S + R_L$이라 하면 A가 최소일 때 $P_L$은 최대가 된다.

즉, $\dfrac{dA}{dR_L} = 0$일 때 $P_L$은 최대

$$\frac{dA}{dR_L} = -\frac{R_S^2}{R_L^2} + 1 = 0$$

$$\therefore R_S = R_L$$

즉, 부하저항 $R_L$과 전원저항 $R_S$가 같을 때 부하전력 $P_L$은 최대로 된다.

**(3) 최대출력 $P_{L\max}$**

$$P_{L\max} = \frac{V_S^2}{4R_L} = \frac{V_S^2}{4R_S}$$

## 2) $Z_S = R_S + jX_S$, $Z_L = R_L + jX_L$인 경우

(1) $R_S$가 일정할 때 $R_L$을 변화시켜 최대출력을 얻기 위한 $R_L$의 조건

① $Z_L = Z_S^*$

② $R_L = R_S$, $X_L = -X_S$

의 관계를 얻는다. 즉, 부하 임피던스가 전원 임피던스와 공액일 때 전원과 부하 사이에 임피던스 정합(impedance matching)이 이루어져 전원 측에서 부하 측으로 최대전력이 전달된다.

(2) 최대출력 $P_{L\max}$

$$P_{L\max} = \frac{V_S^2}{4R_L} = \frac{V_S^2}{4R_S}$$

### 최대전력전송조건과 최대전력

| 종 류 | 조 건 | 최대 전력 |
|---|---|---|
| (회로: $R_g$, $R_L$, $V$) | $R_L = R_g$<br>출제 산업 2번, 기사 3번 | $P_m = \dfrac{V^2}{4R_g}$<br>출제 산업 5번, 기사 8번 |
| (회로: $Z_g = R_g + jX_g$, $Z_L = R_L + jX_L$, $V$) | $Z_L = \overline{Z_g}$<br>출제 산업 5번 | $P_m = \dfrac{V^2}{4R_g}$<br>출제 기사 4번 |
| (회로: $Z_g = jX_g$, $R_L$, $V$) | $R_L = X_g$<br>출제 산업 5번 | $P_m = \dfrac{V^2}{2X_g}$<br>출제 산업 1번 |

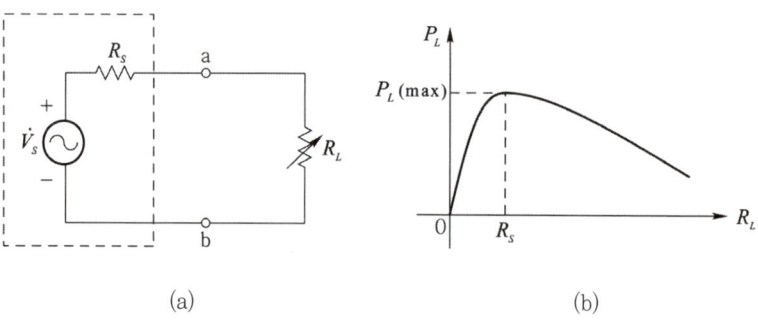

(a)          (b)

$R_L$의 변화에 따른 부하전력의 변화

## 04 복소전력

회로망에 공급되는 유효전력을 실수부로, 무효전력을 허수부로 하는 복소수를 그 회로에 대한 복소전력(complex power)라 하며 다음과 같이 표시된다.

① $I^2 = \dot{I}\,\overline{I}$의 경우

$$P_a = ZI^2 = Z\dot{I}\,\overline{I} = \dot{V}\,\overline{I} = P + jP_r$$

② $V^2 = \dot{V}\,\overline{V}$의 경우

$$P_a = YV^2 = Y\dot{V}\,\overline{V} = \dot{I}\,\overline{V} = P + jP_r \quad \text{출제 산업 8번, 기사 3번}$$

여기서

$$P_a = ZI^2 = Z\dot{I}\,\overline{I} = \dot{V}\,\overline{I} = P + jP_r$$

로 표현되는 경우는 일반적으로 유도성 부하의 경우 허수부가 正(+)으로 나타난다. 또

$$P_a = YV^2 = Y\dot{V}\,\overline{V} = \dot{I}\,\overline{V} = P + jP_r \quad \text{출제 산업 2번}$$

로 나타낼 수도 있는데 이 경우는 용량성 부하의 경우 허수부가 正(+)으로 나타난다. 복소전력을 계산시 전압 또는 전류중의 어느 하나만 공액 하여 계산하면 산술적인 값은 쉽게 찾을 수 있으며 이때 이 값을 좌표변환하면 크기는 피상전력을 편각은 역률각을 의미하는 것도 알 수 있다.

**복소전력**

| 구 분 | 피상전력 | $+jQ$ | $-jQ$ |
|---|---|---|---|
| 전류공액 | $P_a = V\overline{I} = P \pm jQ$ | 유도성 무효전류 | 용량성 무효전력 |
| 전압공액 | $P_a = \overline{V}I = P \pm jQ$ | 용량성 무효전력 | 유도성 무효전력 |

## 05 전력의 측정(3전압계법, 3전류계법)

**1) 3전압계법** : 전압계 3개로 전력을 측정하는 방법

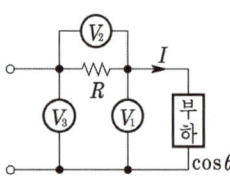 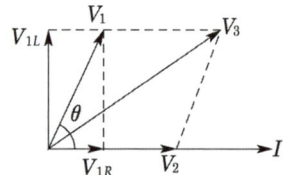

소비 전력 $P = V_1 I \cos\theta$ 이고 벡터도에서

$$V_3 = \sqrt{V_1^2 + V_2^2 + 2V_1 V_2 \cos\theta}$$ 이므로 $\cos\theta = \dfrac{V_3^2 - V_1^2 - V_2^2}{2V_1 V_2}$

$$\therefore P = V_1 I \cos\theta = V_1 \cdot \dfrac{V_2}{R} \cdot \dfrac{V_3^2 - V_1^2 - V_2^2}{2V_1 V_2}$$

$$= \dfrac{1}{2R}(V_3^2 - V_1^2 - V_2^2)$$ 출제 산업 2번

**2) 3전류계법** : 전류계 3개로 전력을 측정하는 방법

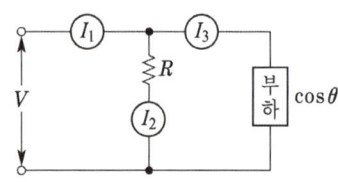 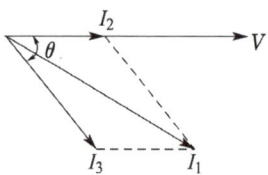

소비전력 $P = V I_3 \cos\theta$ 이고 벡터도에서

$$I_1 = \sqrt{I_2^2 + I_3^2 + 2I_2 I_3 \cos\theta}$$ 이므로 $\cos\theta = \dfrac{I_1^2 - I_2^2 - I_3^2}{2 I_2 I_3}$

$$\therefore P = V I_3 \cos\theta = I_2 R I_3 \cos\theta$$

$$= R \cdot I_2 \cdot I_3 \cdot \dfrac{I_1^2 - I_2^2 - I_3^2}{2 I_2 \cdot I_3} = \dfrac{R}{2}(I_1^2 - I_2^2 - I_3^2)$$ 출제 산업 2번

# CHAPTER 04 출제예상문제_교류 전력

## 교류전력

**01** ★ 【90. 97. 16. 산업기사】
Var은 무엇의 단위인가?
① 전력　② 피상 전력　③ 효율　④ 무효 전력

해설   $P_r = VI\sin\theta = I^2 X [\text{Var}]$

**02** ★★★ 【84. 88. 99. 00. 산업기사, ⊕ : 97. 기사】
어떤 회로에 전압 $v$와 전류 $i$가 각각 $v = 100\sqrt{2}\sin\left(377t + \dfrac{\pi}{3}\right)$[V], $i = \sqrt{8}\sin\left(377t + \dfrac{\pi}{6}\right)$[A]일 때 소비 전력[W]은?

① 100　② $200\sqrt{3}$　③ 300　④ $100\sqrt{3}$

해설   $P = VI\cos\theta = \dfrac{100\sqrt{2}}{\sqrt{2}} \times \dfrac{\sqrt{8}}{\sqrt{2}} \cos\left(\dfrac{\pi}{3} - \dfrac{\pi}{6}\right) = 100\sqrt{3}\,[\text{W}]$

**03** ☆ 【90. 산업기사, 69. 3급】
100[V], 100[W]의 전구와 100[V], 200[W]의 전구가 그림과 같이 직렬 연결되어 있다면 100[W] 전구와 200[W]의 전구가 실제 소비하는 전력의 비는 얼마인가?

① 4 : 1　② 1 : 2
③ 2 : 1　④ 1 : 1

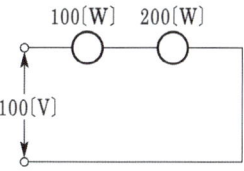

해설   $P = \dfrac{V^2}{R}$ 에서 $R = \dfrac{V^2}{P}$
∴ $R_1 = \dfrac{100^2}{100} = 100[\Omega]$,　$R_2 = \dfrac{100^2}{200} = 50[\Omega]$
직렬 회로에서 전류는 일정하므로 소비 전력은
$P = I^2 R \propto R$이 된다.

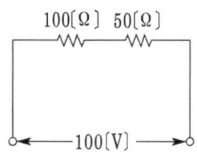

**04** ★★ 【95. 기사, ⊕ : 78. 99. 산업기사】
어느 회로에 전압과 전류의 실효값이 각각 50[V], 10[A]이고 역률이 0.8이다. 소비 전력[W]은?

① 400　② 500　③ 300　④ 600

해설   $P = VI\cos\theta = 50 \times 10 \times 0.8 = 400[\text{W}]$

답   1. ④　2. ④　3. ③　4. ①

**05** ★★★★ 【77. 91. 기사, 91. 95. 99. 00. 09. 17. 산업기사】
$R = 40[\Omega]$, $L = 80[mH]$의 코일이 있다. 이 코일에 100[V], 60[Hz]의 전압을 가할 때에 소비되는 전력[W]은?

① 100　　　② 120　　　③ 160　　　④ 200

해설　$X_L = \omega L = 2\pi f L = 2\pi \times 60 \times 80 \times 10^{-3} \fallingdotseq 30[\Omega]$

$\therefore P = \dfrac{V^2 R}{R^2 + X^2} = \dfrac{100^2 \times 40}{40^2 + 30^2} = 160[W]$

**06** ★ 【86. 01. 산업기사, 67. 3급】
저항 $R$, 리액턴스 $X$와의 직렬 회로에 전압 $V$가 가해졌을 때 소비 전력은?

① $\dfrac{R}{\sqrt{R^2 + X^2}} V^2$　　　② $\dfrac{X}{\sqrt{R^2 + X^2}} V^2$

③ $\dfrac{R}{R^2 + X^2} V^2$　　　④ $\dfrac{X}{R^2 + X^2} V^2$

해설　$P = I^2 R$, $I = \dfrac{V}{\sqrt{R^2 + X^2}}$

$\therefore P = \dfrac{V^2}{\sqrt{(R^2 + X^2)^2}} R = \dfrac{V^2}{R^2 + X^2} R$

**07** ★★★ 【96. 기사, 82. 89. 98. 00. 산업기사】
저항 $R = 3[\Omega]$과 유도 리액턴스 $X_L = 4[\Omega]$이 직렬로 연결된 회로에 $v = 100\sqrt{2} \sin\omega t$ [V]인 전압을 가하였다. 이 회로에서 소비되는 전력[kW]은?

① 1.2　　　② 2.2　　　③ 3.5　　　④ 4.2

해설　$P = \dfrac{V^2 R}{R^2 + X^2} = \dfrac{100^2 \times 3}{3^2 + 4^2} = 1200[W] = 1.2[kW]$

**08** ★★ 【82. 98. 11. 산업기사, ㉤ : 77. 83. 산업기사】
그림에서 주파수 $f$[Hz], 단상 교류 전압 $V$[V]의 전원에 저항 $R[\Omega]$, 인덕턴스 $L$[H]의 코일을 접속한 회로가 있을 때 $L$을 가감해서 $R$의 전력을 $L$이 0인 때의 1/5로 하면 $L$의 크기는?

① $\dfrac{R}{2\pi f}$　　② $\dfrac{R}{\pi f}$

③ $\pi f R^2$　　④ $\dfrac{R^2}{2\pi f}$

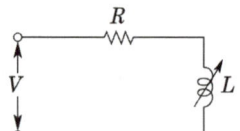

답　5. ③　6. ③　7. ①　8. ②

해설 $\dfrac{V^2}{R} \times \dfrac{1}{5} = \left(\dfrac{V}{\sqrt{R^2+\omega^2 L^2}}\right)^2 \cdot R$ 이므로 $5R^2 = R^2 + \omega^2 L^2$

$\therefore L = \dfrac{2R}{\omega} = \dfrac{R}{\pi f}$

★☆ 【76. 기사, 94. 산업기사】

**09** 입력 임피던스가 $Z = R + jX = \dfrac{1}{Y} = \dfrac{1}{G+jB} = \dfrac{1}{|Y|\angle\theta°}$ 인 회로의 역률에 대한 여러 가지 표시 중 옳지 않은 것은?

① $\dfrac{R}{|Z|}$  ② $\dfrac{G\sin\theta}{B}$  ③ $\dfrac{\text{무효 전력}}{\text{유효 전력}}$  ④ $\dfrac{\text{평균 전력}}{\text{피상 전력}}$

해설 문제의 뜻에 따라 임피던스와 어드미턴스 삼각형을 그려보면 다음과 같다.

그림 (a)에서 $\cos\theta = \dfrac{R}{Z}$

그림 (b)에서 $\tan\theta = \dfrac{\sin\theta}{\cos\theta} = \dfrac{B}{G}$

$\therefore \cos\theta = \dfrac{G}{B}\sin\theta$

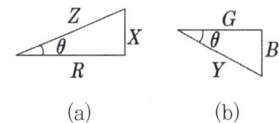

(a)    (b)

다음 전력 $P = VI\cos\theta$ 에서 $\cos\theta = \dfrac{P}{VI} = \dfrac{\text{유효 전력}}{\text{피상 전력}}$

★ 【98. 00. 산업기사】

**10** $R-L$ 병렬 회로의 양단에 $e = E_m\sin(\omega t + \theta)[V]$ 의 전압이 가해졌을 때 소비되는 유효 전력[W]은?

① $\dfrac{E_m^2}{2R}$  ② $\dfrac{E^2}{2R}$  ③ $\dfrac{E_m^2}{\sqrt{2R}}$  ④ $\dfrac{E^2}{\sqrt{2R}}$

해설 $P = I^2 R = \dfrac{V^2}{R} = \dfrac{\left(\dfrac{E_m}{\sqrt{2}}\right)^2}{R} = \dfrac{E_m^2}{2R}[W]$

★☆ 【99. 기사, ⊕ : 77. 산업기사】

**11** 전압 200[V], 전류 30[A]로서 4.8[kW]의 전력을 소비하는 회로의 리액턴스[Ω]는?

① 6.6  ② 5.3  ③ 4.0  ④ 3.3

해설 $P_a = VI = 200 \times 30 = 6000[VA]$,

$P_r = \sqrt{P_a^2 - P^2} = \sqrt{6000^2 - 4800^2} = 3600[Var]$

$P_r = I^2 X$ 에서

$\therefore X = \dfrac{P_r}{I^2} = \dfrac{3600}{30^2} = 4[\Omega]$

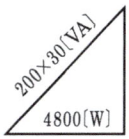

**12** 22[kVA]의 부하가 역률 0.8이라면 무효 전력[kVar]은?

① 16.6  ② 17.6  ③ 15.2  ④ 13.2

해설  $\cos^2\theta + \sin^2\theta = 1$에서 $\sin\theta = \sqrt{1-\cos^2\theta} = \sqrt{1-0.8^2} = 0.6$
∴ $P_r = VI\sin\theta = P_a \cdot \sin\theta = 22 \times 0.6 = 13.2[\text{kVar}]$

**13** 어떤 회로에 전압 115[V]를 인가하였더니 유효 전력이 230[W], 무효 전력이 345[Var]를 지시한다면 회로에 흐르는 전류[A]의 값은 어느 것인가?

① 약 2.5  ② 약 5.6  ③ 약 3.6  ④ 약 4.5

해설  $P_a = \sqrt{P^2 + P_r^2} = \sqrt{230^2 + 345^2} = 414.6[\text{VA}]$
$I = \dfrac{P_a}{V} = \dfrac{414.6}{115} ≒ 3.6[\text{A}]$

**14** 저항 $R = 12[\Omega]$, 인덕턴스 $L = 13.3[\text{mH}]$인 $R-L$ 직렬 회로에 실효값 $|E| = 130[\text{V}]$, 주파수 $f = 60[\text{Hz}]$인 전압을 가했을 때 이 회로의 무효 전력은?

① 500[kVar]  ② 0.5[kVar]  ③ 5[kVar]  ④ 50[kVar]

해설  $P_r = I^2 X = \left(\dfrac{E}{\sqrt{R^2+(\omega L)^2}}\right)^2 \cdot X = \dfrac{E^2 X}{R^2+(\omega L)^2}$
$= \dfrac{130^2 \times (2\times 3.14 \times 60 \times 13.3 \times 10^{-3})}{12^2 + (2\times 3.14 \times 60 \times 13.3 \times 10^{-3})^2} = 500[\text{Var}] = 0.5[\text{kVar}]$

**15** $R-C$ 병렬 회로에 60[Hz], 100[V]의 전압을 가했더니 유효 전력이 800[W], 무효 전력이 600[Var]이었다. 저항 $R[\Omega]$과 정전 용량 $C[\mu\text{F}]$의 값은 각각 얼마인가?

① $R = 12.5$, $C = 159$
② $R = 15.5$, $C = 180$
③ $R = 18.5$, $C = 189$
④ $R = 20.5$, $C = 219$

해설  $R = \dfrac{V^2}{P} = \dfrac{100^2}{800} = 12.5[\Omega]$, $X_C = \dfrac{V^2}{P_r} = \dfrac{100^2}{600} = 16.67[\Omega]$
∴ $C = \dfrac{1}{2\pi f X_C} = \dfrac{1}{2\pi \times 60 \times 16.67} = 159[\mu\text{F}]$

**16** 역률 0.8, 소비 전력 800[W]인 단상 부하에서 30분간의 무효 전력량[Var·h]은?

① 200  ② 300  ③ 400  ④ 800

답  12. ④  13. ③  14. ②  15. ①  16. ②

해설 $P = VI\cos\theta$에서 $VI = \dfrac{P}{\cos\theta} = \dfrac{800}{0.8} = 1000[\text{VA}]$
$P_r = VI\sin\theta = 1000 \times 0.6 = 600[\text{Var}]$
∴ 무효전력량 $= P_r \times t = 600 \times \dfrac{1}{2} = 300[\text{Var}\cdot\text{h}]$

**17** ★ 【90. 97. 산업기사】
역률이 70[%]인 부하에 전압 100[V]를 가해서 전류 5[A]가 흘렀다. 이 부하의 피상 전력 [VA]은?

① 100  ② 200  ③ 400  ④ 500

해설 $P = VI\cos\theta[\text{W}]$에서 $VI = \dfrac{P}{\cos\theta}[\text{W}]$이고, 또한 $P_a = VI = 100 \cdot 5 = 500[\text{VA}]$

**18** ★★ 【85. 00. 11. 산업기사, ㉻ : 79. 기사】
$R = 4[\Omega]$과 $X_c = 3[\Omega]$이 직렬로 접속된 회로에 10[A]의 전류를 통할 때의 교류 전력은 몇 [VA]인가?

① $400 + j300$  ② $400 - j300$  ③ $420 + j360$  ④ $360 + j420$

해설 유효전력 $P = I^2 R = 10^2 \times 4 = 400[\text{W}]$
무효전력 $P_r = I^2 X_c = 10^2 \times (-j3) = -j300[\text{Var}]$
따라서 피상전력 $P_a = P + jP_r = 400 - j300[\text{VA}]$

**19** ★★ 【94. 09. 기사, 23. 산업기사】
어느 회로의 유효 전력은 300[W], 무효 전력은 400[Var]이다. 이 회로의 피상 전력은?

① 500[VA]  ② 600[VA]  ③ 700[VA]  ④ 350[VA]

해설 $P = 300[\text{W}]$, $P_r = 400[\text{Var}]$
$P_a = \sqrt{P^2 + P_r^2} = \sqrt{300^2 + 400^2} = 500[\text{VA}]$

**20** ☆ 【91. 산업기사】
역률 0.8, 부하 800[kW]를 2시간 사용할 때의 소비 전력량[kWh]은?

① 1000  ② 1200  ③ 1400  ④ 1600

해설 전력량 $W = P \cdot t$이므로 ∴ $W = 800 \times 2 = 1600[\text{kWh}]$

**21** ★★★★★ 【94. 기사, 92. 93. 산업기사, ㉻ : 82. 83. 90. 91. 99. 기사】
정격 600[W] 전열기에 정격 전압의 80[%]를 인가하면 전력은 몇 [W]로 되는가?

① 614  ② 545  ③ 486  ④ 384

해설 $P = \dfrac{V^2}{R} = 600[\text{W}]$, $P' = \dfrac{(0.8V)^2}{R} = 0.64 \times \dfrac{V^2}{R} = 0.64 \times 600 = 384[\text{W}]$

답 17. ④  18. ②  19. ①  20. ④  21. ④

## 유사문제

■ 유사문제 원문 및 해설 : 동일출판사 홈페이지 ≫ 고객센터 ≫ 자료실

**01.** 어떤 부하에 $e = 100\sin\left(100\pi t + \dfrac{\pi}{6}\right)$[V]의 기전력을 인가하니 $i = 10\cos\left(100\pi t - \dfrac{\pi}{3}\right)$[A]인 전류가 흘렀다. 이 부하의 소비 전력은 몇[W]인가?

답 500[W]

**02.** 어떤 코일에 직류 전압 30[V]를 가하면 전력 300[W]를 소비하고 정현파 교류 전압 250[V]를 가하면 전력 7500[W]를 소비한다고 한다. 이 코일의 리액턴스[Ω]는?

답 4[Ω]

**03.** 어떤 회로에 전압 $v(t) = V_m \cos(\omega t + \theta)$를 가했더니 전류 $i(t) = I_m \cos(\omega t + \theta + \phi)$가 흘렀다. 이때 회로에 유입하는 평균 전력은?

답 $\dfrac{1}{2} V_m I_m \cos\phi$

**04.** 100[V], 800[W], 역률 80[%]인 회로의 리액턴스[Ω]는?

답 6[Ω]

**05.** 전압 200[V], 전류 50[A]로 6[kW]의 전력을 소비하는 회로의 리액턴스[Ω]는?

답 3.2[Ω]

**06.** 어느 회로의 전압과 전류가 각각 $v = 50\sin(\omega t + \theta)$[V], $i = 4\sin(\omega t + \theta - 30°)$[A]일 때 무효 전력[Var]은 얼마인가?

답 50[Var]

**07.** 50[μF]의 콘덴서에 100[V], 60[Hz]의 교류 전압을 가할 때 무효 전력[Var]은?

답 $60\pi$

**08.** 부하의 유효 전력을 $P$, 무효 전력을 $P_r$, 전압을 $V$, 전류를 $I$라 할 때 저항 $R$과 리액턴스 $X$는?

답 $R = \dfrac{P}{I^2}$, $X = \dfrac{P_r}{I^2}$

**09.** 600[kVA], 역률 0.6(지상)의 부하와 800[kVA], 역률 0.8(진상)의 부하가 접촉되어 있을 때 종합 피상 전력[kVA]은?

답 1000[kVA]

**10.** 60[Hz], 100[V]의 교류 전압이 200[Ω]의 전구에 인가될 때 소비되는 전력은 몇 [W]인가?

답 50[W]

**11.** 역률 60[%]인 부하의 유효 전력이 120[kW]일 때 무효 전력은 몇 [kVar]인가?

답 160[kVar]

**12.** 어떤 회로에서 인가 전압이 100[V]일 때 유효 전력이 300[W], 무효 전력이 400[Var]이다. 전류 $I$는?

답 5[A]

## 복소전력

**22** ☆ 【96. 18. 산업기사】
부하에 $100\angle 30°$[V]의 전압을 가하였을 때 $10\angle 60°$[A]의 전류가 흘렀다. 부하에 소비되는 유효 전력[W], 무효 전력[Var]은 각각 얼마인가?

① $P=500$, $Q=866$
② $P=866$, $Q=500$
③ $P=680$, $Q=400$
④ $P=400$, $Q=680$

[해설] $P=\overline{V}I=V\overline{I}=100\angle -30°\times 10\angle 60°=1{,}000\angle 30°$
$=1{,}000\cos 30°+j1{,}000\sin 30°=866+j500$[VA]

**23** ★ 【96. 12. 산업기사】
$\dot{V}=50\sqrt{3}+j50$[V], $\dot{I}=15\sqrt{3}-j15$[A]일 때 전력[W]과 무효 전력[Var]은?

① $\begin{cases}3{,}000\\1{,}500\end{cases}$
② $\begin{cases}1{,}500\\1{,}500\sqrt{3}\end{cases}$
③ $\begin{cases}750\\750\sqrt{3}\end{cases}$
④ $\begin{cases}2{,}250\\1{,}500\sqrt{3}\end{cases}$

[해설] $P=\overline{V}I=V\overline{I}$
$=(50\sqrt{3}+j50)\times(15\sqrt{3}+j15)=1{,}500+j1{,}500\sqrt{3}$[VA]

**24** ★★ 【23. 기사, 82. 83. 94. 00. 산업기사】
어떤 회로에 $V=100\angle \dfrac{\pi}{3}$[V]의 전압을 가하니 $I=10\sqrt{3}+j10$[A]의 전류가 흘렀다. 이 회로의 무효 전력[Var]은?

① 0
② 1000
③ 1732
④ 2000

[해설] $I=10\sqrt{3}+j10=\sqrt{(10\sqrt{3})^2+10^2}\angle \tan^{-1}\left(\dfrac{1}{\sqrt{3}}\right)=20\angle 30°$[A]
$\therefore P_a=\overline{V}I=100\angle -60\times 20\angle 30=2000\angle -30$
$=2000(\cos 30-j\sin 30)=1000\sqrt{3}-j1000$[VA]

**25** ★ 【94. 산업기사, ㈜ : 94. 산업기사】
$E=40+j30$[V]의 전압을 가하면 $I=30+j10$[A] 전류가 흐른다. 이 회로의 역률값은?

① 0.456
② 0.567
③ 0.854
④ 0.949

[해설] $P_a=E\overline{I}=(40+j30)(30-j10)=1500+j500$[VA]
유효 전력 $P=1500$[W]
피상 전력 $P_a=\sqrt{1500^2+500^2}=1581$[VA]
$\therefore$ 역률 $\cos\theta=\dfrac{P}{P_a}=\dfrac{1500}{1581}=0.949$

답 22. ② 23. ② 24. ② 25. ④

**26** 어떤 회로의 전압 $V$, 전류 $I$일 때, $P_a = \overline{V}I = P + jP_r$에서 $P_r > 0$이다. 이 회로는 어떤 부하인가?

① 유도성  ② 무유도성  ③ 용량성  ④ 정저항

**해설** $P_a = \overline{V}I = P \pm jP_r$에서 허수부가 음(-)이 될 때는 뒤진 전류에 의한 지상 무효 전력이 되고, 양(+)이 될 때는 앞선 전류에 의한 진상 무효 전력이 된다.

**27** 어떤 회로에 $V = 100 + j20$[V]인 전압을 가했을 때, $I = 4 + j3$[A]인 전류가 흘렀다. 이 회로의 임피던스 $Z$[Ω] 및 소비 전력 $P$[W]는?

① $Z = 19.5 - j9.9$, $P = 450$
② $Z = 18.4 - j8.8$, $P = 460$
③ $Z = 17.3 - j8.7$, $P = 470$
④ $Z = 17.3 + j8.7$, $P = 470$

**해설**
$$Z = \frac{V}{I} = \frac{100+j20}{4+j3} = \frac{(100+j20)(4-j3)}{(4+j3)(4-j3)} = \frac{460-j220}{4^2+3^2} = 18.4 - j8.8 [\Omega]$$
$$P_a = \overline{V}I = (100-j20)(4+j3) = 460 + j220 [\text{VA}]$$
$$\therefore P = 460 [\text{W}]$$

**28** 그림과 같은 회로에서 $I_1 = 2e^{-j\frac{\pi}{3}}$[A], $I_2 = 5e^{j\frac{\pi}{3}}$[A], $I_3 = 1$[A]이다. 이 단상 회로에서의 평균 전력[W] 및 무효 전력[Var]은?

① 10, -9.75
② 20, 19.5
③ 20, -19.5
④ 45, 26

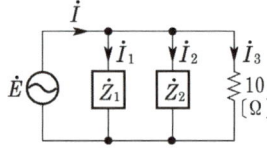

**해설**
$$I = I_1 + I_2 + I_3 = 2e^{-j\frac{\pi}{3}} + 5e^{j\frac{\pi}{3}} + 1$$
$$= 2\left(\cos\frac{\pi}{3} - j\sin\frac{\pi}{3}\right) + 5\left(\cos\frac{\pi}{3} + j\sin\frac{\pi}{3}\right) + 1 = 4.5 + j2.6 [\text{A}]$$
$$E = I_3 R = 1 \times 10 = 10 [\text{V}]$$
$$\therefore P_a = \overline{E}I = 10(4.5 + j2.6) = 45 + j26 [\text{VA}]$$

## 유사문제

**01.** $V = 100 + j30$[V]의 전압을 어떤 회로에 가하니 $I = 16 + j3$[A]의 전류가 흘렀다. 이 회로에서 소비되는 유효 전력[W] 및 무효 전력[Var]은 각각 얼마인가?

답 1690[W], 180[Var]

답 26. ③ 27. ② 28. ④

**02.** $V=100\angle 60°$[V], $I=20\angle 30°$[A]일 때 유효 전력[W]은 얼마인가?

답 $1000\sqrt{3}$ [W]

**03.** $16+j12$[Ω]인 임피던스에 $26+j40$[V]인 전압을 가할 때 유효 전력[W]은?

답 91.04[W]

## 최대전력전송

**29** ★★☆ 【82. 83. 기사, 90. 산업기사】

그림과 같이 전압 $E$와 저항 $R$로 된 회로의 단자 A, B 간에 적당한 저항 $R_L$을 접속하여 $R_L$에서 소비되는 전력을 최대로 되게 하고자 한다. $R_L$을 어떻게 하면 되는가?

① $R$
② $\dfrac{3}{2}R$
③ $\dfrac{1}{2}R$
④ $2R$

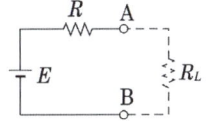

해설, 최대 전력 전송 조건은 임피던스 정합, 즉 $R=R_L$이 되어야 한다.

**30** ★ 【87. 기사】

그림과 같이 내부 저항 $r$[Ω], 기전력 $E$[V]인 전원의 단자 a, b에 $R_1$[Ω]의 저항을 접속한 경우와 $R_2$[Ω]의 저항을 접속한 경우의 부하 저항의 소비 전력이 같았다. $r$과 $R_1$, $R_2$와의 사이에 어떤 관계가 있는가?

① $r=R_1 R_2$
② $r=\dfrac{R_1}{R_2}$
③ $r=\sqrt{R_1 R_2}$
④ $r=R_1^2 R_2^2$

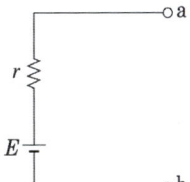

해설, 문제의 뜻에 따라 두 경우의 전력이 같으므로

$$P=\left(\dfrac{E}{r+R_1}\right)^2 R_1 = \left(\dfrac{E}{r+R_2}\right)^2 R_2, \quad \dfrac{R_1}{(r+R_1)^2}=\dfrac{R_2}{(r+R_2)^2}$$

$r^2 R_2 - R_1 r^2 = R_1 R_2^2 - R_1^2 R_2, \quad r^2(R_2-R_1)=R_1 R_2(R_2-R_1)$

$\therefore r=\sqrt{R_1 R_2}$

답 29. ① 30. ③

**31** 그림과 같이 전압 $E$와 저항 $R$로 되는 회로 단자 A, B 간에 적당한 저항 $R_L$을 접속하여 $R_L$에서 소비되는 전력을 최대로 하게 했다. 이때 $R_L$에서 소비되는 전력 $P$는 얼마인가?

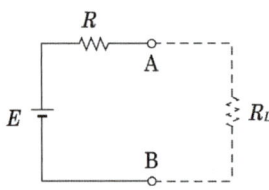

① $\dfrac{E^2}{4R}$  ② $\dfrac{E^2}{2R}$  ③ $\dfrac{E^2}{3R_L}$  ④ $\dfrac{E}{R_L}$

해설 ① 최대 전력 전송 조건 : $R_L = R$
② $P_m = I^2 R_L = \left(\dfrac{E}{R+R}\right)^2 R = \dfrac{E^2}{4R}$ [W]

**32** 그림과 같은 회로에서 일정 전압 $E_0$에 대하여 최대 전력을 공급할 수 있는 조건은?

① $2X$
② $\dfrac{3}{2}X$
③ $3X$
④ $\dfrac{5}{2}X$

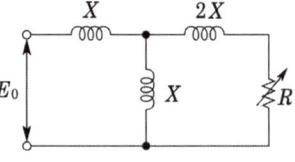

해설 최대 전력 전달 조건에서 내부 저항 = 외부 저항이므로
내부 저항 : $2X + \dfrac{X \cdot X}{X+X} = \dfrac{5X}{2}$ 이므로 외부 저항 : $R = \dfrac{5}{2}X$

**33** 그림과 같은 회로에서 부하 $R_L$에서 소비되는 최대 전력[W]은?

① 50
② 125
③ 250
④ 500

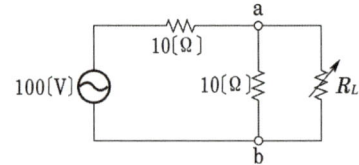

해설 테브냉의 등가 회로를 그리면 오른쪽 그림과 같으므로
최대 전력 $P_m = \dfrac{V^2}{4R} = \dfrac{50^2}{4 \times 5} = 125$ [W]

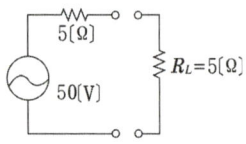

답 31. ① 32. ④ 33. ②

**34** 부하 저항 $R_L$이 전원의 내부 저항 $R_0$의 3배가 되면 부하 저항 $R_L$에서 소비되는 전력 $P_L$은 최대 전송 전력 $P_m$의 몇 배인가?

① 0.89　　② 0.75　　③ 0.5　　④ 0.3

해설)
$$P_L = I^2 R_L = \left(\frac{V_g}{R_0 + R_L}\right)^2 \cdot R_L = \left(\frac{V_g}{R_0 + 3R_0}\right)^2 \times 3R_0 = \frac{3}{16} \cdot \frac{V_g^2}{R_0}, \quad P_{\max} = \frac{V_g^2}{4R_0}$$

$$\therefore \frac{P_L}{P_{\max}} = \frac{\frac{3}{16} \cdot \frac{V_g^2}{R_0}}{\frac{1}{4} \cdot \frac{V_g^2}{R_0}} = \frac{12}{16} = 0.75[배]$$

**35** 어떤 전원의 내부 저항이 저항 $R$과 리액턴스 $X$로 구성되어 있다. 외부에 부하 $R_L$을 연결하여 최대 전력을 소모시키고 싶다. $R_L$의 값은 얼마이어야 하는가?

① $R$　　② $R+X$　　③ $\sqrt{R^2-X^2}$　　④ $\sqrt{R^2+X^2}$

해설) 최대 전력 전송 조건 : 임피던스 정합 (내부 임피던스 = 외부 임피던스)
그러므로 $R_L = \sqrt{R^2+X^2}$ 이 된다.

**36** 최댓값 $V_0$, 내부 임피던스 $\boldsymbol{Z_0} = R_0 + jX_0\,(R_0 > 0)$인 전원에서 공급할 수 있는 최대 전력은?

① $\dfrac{V_0^2}{8R_0}$　　② $\dfrac{V_0^2}{4R_0}$　　③ $\dfrac{V_0^2}{2R_0}$　　④ $\dfrac{V_0^2}{2\sqrt{2}\,R_0}$

해설) 전원 전압이 정현파이고 그 실효값이 $V$라면 $\boldsymbol{Z_0} = \overline{\boldsymbol{Z_L}}$인 경우 최대 전력은

$$P_{\max} = \frac{V^2}{4R_0} = \frac{\left(\frac{V_0}{\sqrt{2}}\right)^2}{4R_0} = \frac{V_0^2}{8R_0}$$

**37** $C=100[\mu F]$인 콘덴서와 저항 $R[\Omega]$과의 직렬 회로에서 $R$의 값을 적당히 선정하면 저항에서 소비되는 전력을 최대로 할 수 있는데 이때의 소비 전력은? 단, 입력 전압은 100[V], 주파수는 60[Hz]라 한다.

① 157.3[W]　　② 188.5[W]　　③ 201.2[W]　　④ 243.5[W]

답　34. ②　35. ④　36. ①　37. ②

해설  $R-C$ 직렬 회로에서 소비 전력이 최대인 경우에서의 조건은 $R=\dfrac{1}{\omega C}$이고,

그 때 최대 소비 전력 $P_L=\dfrac{V^2}{2X}=\dfrac{V^2}{2\dfrac{1}{\omega C}}=\dfrac{1}{2}\omega CV^2$ 이므로

$$P_L=\dfrac{1}{2}\times 2\times \pi \times 60\times 100\times 10^{-6}\times 100^2 = 188.49[\text{W}]$$

★★★★ 【77. 79. 94. 01. 12. 기사】

**38** 내부 임피던스 $Z_g=0.3+j2[\Omega]$인 발전기에 임피던스 $Z_l=1.7+j3[\Omega]$인 선로를 연결하여 부하에 전력을 공급한다. 부하 임피던스 $Z_0[\Omega]$이 어떤 값을 취할 때 부하에 최대 전력이 전송되는가?

① $2-j5$   ② $2+j5$   ③ $2$   ④ $\sqrt{2^2+5^2}$

해설  발전기 내부 임피던스와 선로 임피던스의 합을 전원 임피던스로 생각하면 전원 임피던스 $Z_s$ 는
$Z_s=Z_g+Z_l=0.3+j2+1.7+j3=2+j5[\Omega]$
최대 전력 전달 조건에서의 $Z_0=\overline{Z_s}$ 이므로
$Z_0=2-j5[\Omega]$

★ 【79. 89. 산업기사】

**39** 그림과 같은 회로에서 부하 임피던스 $Z_L$을 얼마로 할 때 이에 최대 전력이 공급되는가?

① $4-j10$
② $4+j10$
③ $10-j4$
④ $10+j4$

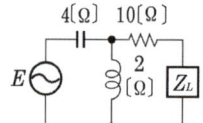

해설  $E$를 단락하고 부하측에서 본 임피던스 $Z_s$가 전원 임피던스이므로
$$Z_s=10+\dfrac{(j2)\cdot(-j4)}{j2-j4}=10+j4[\Omega]$$
$\therefore Z_L=\overline{Z_s}=10-j4[\Omega]$

## 유사문제

∥ 유사문제 원문 및 해설 : 동일출판사 홈페이지 ≫ 고객센터 ≫ 자료실

**01.** 내부 저항 $r[\Omega]$인 전원이 있다. 부하 $R$에 최대 전력을 공급하기 위한 조건은?
답 $R=r$

**02.** 어떤 건전지의 전압이 1.5[V], 내부 저항이 0.1[Ω]이다. 이 건전지 10개를 직렬로 연결하고 외부에 부하 $R$을 연결하여 최대 전력을 소비하고자 하면 $R[\Omega]$은 얼마이어야 하는가?
답 $1[\Omega]$

답 38. ①  39. ③

03. $R-C$ 직렬 회로에 $V[V]$의 교류 기전력을 가한다. 이때 저항 $R$을 변화시켜 부하 $R$에 최대 전력을 공급하고자 한다. $R$에서 소비되는 최대 전력은 얼마인가?

답 $\dfrac{1}{2}\omega CV^2$

04. $R-L-C$ 직렬 회로에서 일정 각주파수의 전압을 가하여 $R$만을 변화시켰을 때 $R$의 어떤값에서 소비 전력의 최대가 되는가?

답 $\omega L - \dfrac{1}{\omega C}$

05. 그림과 같은 교류 회로에서 저항 $R$을 변화시킬 때 저항에서 소비되는 최대 전력[W]은?

답 113[W]

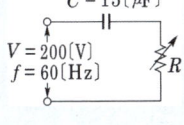

06. 그림과 같이 저항 $R$과 정전 용량 $C$의 병렬 회로가 있다. 전 전류를 일정하게 유지할 때 $R$에서 소비되는 전력을 최대로 하는 $R$의 값은? 단, 주파수는 $f$이다.

답 $\dfrac{1}{\omega C}$

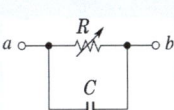

## 역률

**40** ★ 【95. 기사】

$\cos\phi = 0.6$의 유도성 부하 480[kW]에 전력을 공급하고 있는 발전소에서 320[kVA]의 커패시턴스를 이용하면 역률[%]은 얼마나 개선되는가?

① 63　　　② 73　　　③ 79　　　④ 83

[해설] $Q_c = P(\tan\theta_1 - \tan\theta_2)$, $320 = 480(\tan\theta_1 - \tan\theta_2)$
$\tan\theta_2 = \dfrac{0.8}{0.6} - \dfrac{320}{480} = 0.667$, $\theta_2 = \tan^{-1}0.667 = 33.7$
∴ $\cos\theta_2 = \cos 33.7 = 0.83$

**41** ★★★☆ 【94. 96. 99. 02. 12. 기사, 88. 10. 산업기사】

어떤 회로의 유효 전력이 80[W], 무효 전력이 60[Var]이면 역률은 몇 [%]인가?

① 50　　　② 70　　　③ 80　　　④ 90

답 40. ④　41. ③

해설 $P = 80[\text{W}]$, $P_r = 60[\text{Var}]$

$P_a = \sqrt{80^2 + 60^2} = 100[\text{VA}]$, $\cos\theta = \dfrac{P}{P_a} = \dfrac{80}{100} = 0.8$, ∴ 80[%]

★★★☆ 【91. 기사, 80. 89. 91. 94. 95. 11. 산업기사】

**42** 코일에 단상 100[V]의 전압을 가하면 30[A]의 전류가 흐르고 1.8[kW]의 전력을 소비한다고 한다. 이 코일과 병렬로 콘덴서를 접속하여 회로의 합성 역률을 100[%]로 하기 위한 용량 리액턴스는 대략 몇 [Ω]이어야 하는가?

① 1　　　② 2　　　③ 3　　　④ 4

해설 $P_a = V \cdot I = 100 \cdot 30 = 3000[\text{VA}] = 3[\text{kVA}]$, $P_r = \sqrt{P_a^2 - P^2} = \sqrt{3^2 - 1.8^2} = 2.4[\text{kVar}]$

역률이 100[%]가 되기 위해서는 2.4[kVA]의 콘덴서가 필요하므로

$Q_C = 2\pi f C V^2 = \dfrac{V^2}{X_C} = 2.4 \times 10^3$, $X_C = \dfrac{100^2}{2.4 \times 10^3} = 4.16[\Omega]$

☆ 【90. 산업기사】

**43** 10[kVA], $\cos\theta = 0.6$(늦음)을 취하는 3상 평형 부하에 병렬로 축전기를 접속하여 역률을 90[%]로 개선하려고 한다. 이때 축전기의 용량[kVar]은?

① 5.1　　　② 6.1　　　③ 7.1　　　④ 8.1

해설 축전기의 용량 $Q_c = P(\tan\theta_1 - \tan\theta_2)[\text{kVar}]$
$\theta_1 = \cos^{-1}0.6 = 53.1°$, $\theta_2 = \cos^{-1}0.9 = 25.84°$이므로
∴ $Q_c = 10 \times 0.6(\tan53.1 - \tan25.84) ≒ 5.1[\text{kVar}]$

별해 그림에 60[%]의 역률을 90[%]로 개선하기 위한 축전기의 용량 $x[\text{kVar}]$는
$x = 8 - 6\tan\phi = 8 - 6\dfrac{\sqrt{1-0.9^2}}{0.9} = 5.1[\text{kVar}]$

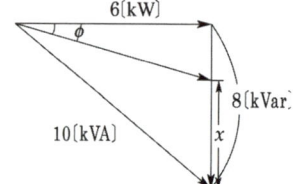

## 유사문제

유사문제 원문 및 해설 : 동일출판사 홈페이지 》 고객센터 》 자료실

**01.** 피상 전력이 20[kVA], 유효 전력이 8.08[kW]이면 역률은?
답 0.404

**02.** 60[Hz], 120[V] 정격의 단상 유도 전동기가 있다. 이 전동기의 출력은 3[HP]이고, 효율은 90[%]이며, 역률은 80[%]이다. 역률을 100[%]로 개선하기 위한 병렬 콘덴서의 용량은 몇 [VA]인가?
답 1865[VA]

답 42. ④　43. ①

## 전력의 측정

**44** 그림과 같은 회로에서 전압계 3개로 단상 전력을 측정하고자 할 때의 유효 전력은?

① $\dfrac{1}{2R}(V_3^2 - V_1^2 - V_2^2)$

② $\dfrac{1}{2R}(V_3^2 - V_1^2)$

③ $\dfrac{R}{2}(V_3^2 - V_1^2 - V_2^2)$

④ $\dfrac{R}{2}(V_2^2 - V_1^2 - V_3^2)$

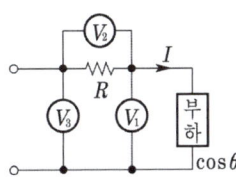

**해설** 전류 $I$를 기준으로 벡터도를 그려 보면 그림과 같다.
소비 전력 $P = V_1 I \cos\theta$ 이고 벡터도에서
$V_3 = \sqrt{V_1^2 + V_2^2 + 2V_1 V_2 \cos\theta}$ 이므로
$\cos\theta = \dfrac{V_3^2 - V_1^2 - V_2^2}{2V_1 V_2}$

$\therefore P = V_1 I \cos\theta = V_1 \cdot \dfrac{V_2}{R} \cdot \dfrac{V_3^2 - V_1^2 - V_2^2}{2V_1 V_2} = \dfrac{1}{2R}(V_3^2 - V_1^2 - V_2^2)$

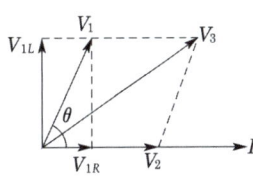

**45** 그림과 같이 전류계 $A_1$, $A_2$, $A_3$, 25[Ω]의 저항 $R$을 접속하였더니 전류계의 지시는 $A_1 = 10$[A], $A_2 = 4$[A], $A_3 = 7$[A]이다. 부하의 전력[W]과 역률을 구하면?

① $P = 437.5$, $\cos\theta = 0.625$
② $P = 437.5$, $\cos\theta = 0.547$
③ $P = 487.5$, $\cos\theta = 0.647$
④ $P = 507.5$, $\cos\theta = 0.747$

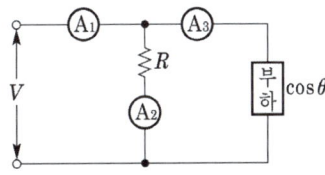

**해설** 전압 $V$를 기준으로 한 그림과 같은 벡터도에서 부하의 역률 $\cos\theta$는
$\cos\theta = \dfrac{I_1^2 - I_2^2 - I_3^2}{2I_2 I_3} = \dfrac{10^2 - 4^2 - 7^2}{2 \times 4 \times 7} = 0.625$
$\therefore P = VI_3 \cos\theta = I_2 R I_3 \cos\theta$
$= 4 \times 25 \times 7 \times 0.625 = 437.5$[W]

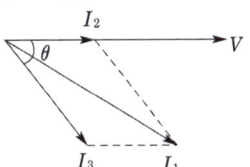

**46** 어떤 코일의 임피던스를 측정하고자 직류 전압 100[V]를 가했더니 500[W]가 소비되고, 교류 전압 150[V]를 가했더니 720[W]가 소비되었다. 이 코일의 저항[Ω]과 리액턴스[Ω]는?

① $R = 20$, $X = 15$
② $R = 15$, $X = 20$
③ $R = 25$, $X = 20$
④ $R = 30$, $X = 25$

**답** 44. ① 45. ① 46. ①

해설: 직류 : $R = \dfrac{V^2}{P} = \dfrac{100^2}{500} = 20[\Omega]$

교류 : $P = \dfrac{V^2 R}{R^2 + X^2}$ 에서 $720 = \dfrac{150^2 \times 20}{20^2 + X^2}$ → $X = 15[\Omega]$

## 47 ☆【83. 산업기사】

그림과 같은 회로에서 각 계기들의 지시값은 다음과 같다. ⓥ는 240[V], Ⓐ는 5[A], Ⓦ는 720[W]이다. 이때 인덕턴스 $L$[H]는? 단, 전원 주파수는 60[Hz]라 한다.

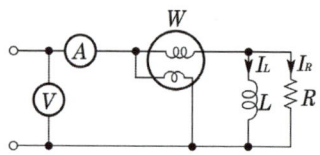

① $\dfrac{1}{\pi}$  ② $\dfrac{1}{2\pi}$  ③ $\dfrac{1}{3\pi}$  ④ $\dfrac{1}{4\pi}$

해설: $P_a = VI = 240 \times 5 = 1200[\text{VA}]$

$P_r = \sqrt{P_a^2 - P^2} = \sqrt{1200^2 - 720^2} = 960[\text{Var}]$

$\therefore X_L = \dfrac{V^2}{P_r} = \dfrac{240^2}{960} = 60[\Omega]$

따라서 $L = \dfrac{X_L}{2\pi f} = \dfrac{60}{2\pi \times 60} = \dfrac{1}{2\pi}[\text{H}]$

## 유사문제

유사문제 원문 및 해설 : 동일출판사 홈페이지 ≫ 고객센터 ≫ 자료실

**01.** 그림과 같이 부하와 저항 $R$을 병렬로 접속하여 100[V]의 교류 전압을 인가할 때 각 지로에 흐르는 전류가 그림과 같을 때 부하의 소비 전력은 몇 [W]인가?

답 600[W]

**02.** 그림과 같은 회로에서 $V$는 일정한 정현파 교류 전압이다. 지금 저항 $R$을 가감하여 전력계의 지시가 0이 될 때 $R$의 값은 얼마인가?
단, $Z_1 = r_1 + jx_1$, $Z_2 = r_2 + jx_2$, $R \neq 0$이다.

답 $R = \dfrac{x_1 x_2 - r_1 r_2}{r_1 + r_2}$

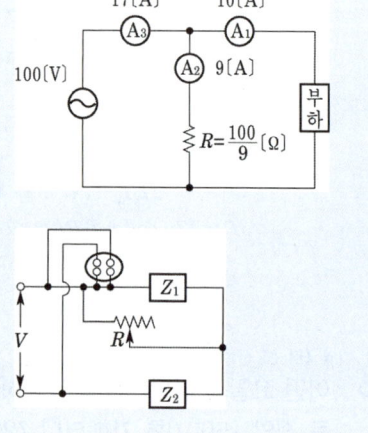

답 47. ②

# CHAPTER 05 결합 회로

## 01 상호유도작용

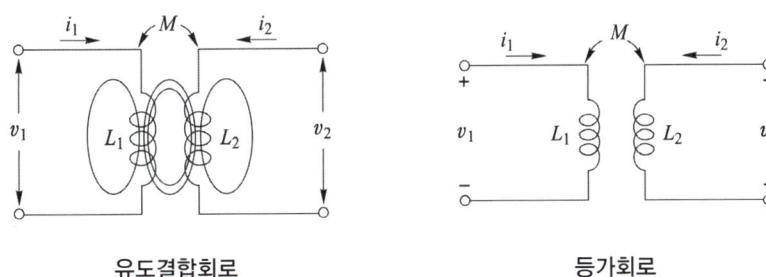

유도결합회로    등가회로

그림과 같이 1차측 코일에 교류전류 $i_1$이 흐르면 시간에 따라 변화하는 교류 자속이 1차 코일에 발생되고 그 자속의 일부는 2차측 코일과 쇄교하므로서 2차측 코일 양 단에는 패러데이법칙에 의한 유도전압이 나타난다. 이와 같은 현상을 상호유도작용이라 한다. 이 경우 두 코일은 자기적으로 유도결합 되어 있다고 한다.

### 1) 1, 2차 코일에 유도되는 전압 $v_1$, $v_2$

$$v_1 = L_1 \frac{di_1}{dt} \pm M \frac{di_2}{dt}$$

$$v_2 = L_2 \frac{di_2}{dt} \pm M \frac{di_1}{dt}$$

여기서, $L_1 \frac{di_1}{dt}$ 와 $L_2 \frac{di_2}{dt}$ 를 자기유도전압이라 하고, $\pm M \frac{di_2}{dt}$ 와 $\pm M \frac{di_1}{dt}$ 를 상호유도전압이라 한다.

### 2) 상호 유도 전압의 극성

- 두 코일에서 생기는 자속이 합쳐지는 방향이면 : $+ M \frac{di_2}{dt}$

- 두 코일에서 생기는 자속이 반대방향이면 : $- M \frac{di_2}{dt}$

## 02 상호인덕턴스(mutual inductance)

상호인덕턴스는 코일 1에 흐르는 전류가 변화할 때 코일 2에 어느 정도의 전압이 유도되는가를 나타내는 양으로서 단위는 자기 인덕턴스와 같이 헨리(Henry : H)로 표시한다.

$$v_1' = +M\frac{di_2}{dt}$$ 에서 상호인덕턴스는 $M = \dfrac{v_1'}{\dfrac{di_2}{dt}}$ [H]   출제 산업 6번, 기사 4번

## 03 유도결합회로의 등가 인덕턴스

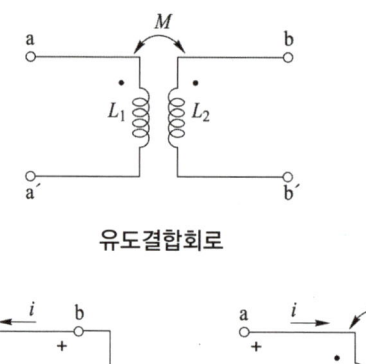

유도결합회로

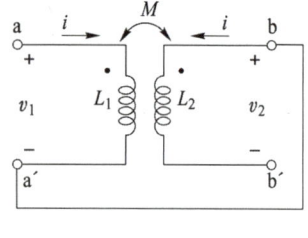   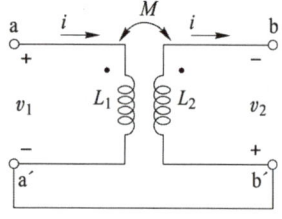

(a) +M인 경우 　　　　　(b) −M인 경우

유도결합회로의 직렬연결

유도결합회로의 상호인덕턴스 $M$은 두 코일의 자기 인덕턴스 $L_1$, $L_2$에 대한 등가 인덕턴스를 계산함으로서 산출할 수 있다.

### 1) $M > 0$일 때의 등가 인덕턴스 $L^+$

$L_1$, $L_2$에 흘러 들어가는 전류의 방향이 모두 dot 방향

$$L^+ = L_1 + L_2 + 2M$$   출제 산업 8번, 기사 4번

### 2) $M < 0$일 때의 등가 인덕턴스 $L^-$

전류의 방향이 $L_1$에는 dot 방향, $L_2$에는 dot 반대방향

$$L^- = L_1 + L_2 - 2M$$

### 3) 상호인덕턴스 $M$

$$M = \frac{L^+ - L^-}{4}$$

출제 산업 2번, 기사 5번

## 04 결합계수(coupling factor)

결합계수는 두 코일 간의 유도결합 정도를 나타내는 양으로 $k$로 표시한다.

$$k = \frac{M}{\sqrt{L_1 L_2}}$$

출제 산업 3번, 기사 5번

로 정의되며 $0 \leq k \leq 1$의 범위로 된다.
$k = 0$ : 상호자속이 전혀 없는 경우(무유도결합 상태)
$k = 1$ : 누설자속이 없는 경우 (완전유도결합 상태)

## 05 캠벨 브리지(Campbell bridge)  출제 산업 2번, 기사 3번

그림과 같은 캠벨 브리지(Campbell bridge) 회로에 있어서 $I_2$가 0이 되기 위한 조건을 평형조건이라 하며 이 경우 $C$ 값은 다음과 같다.

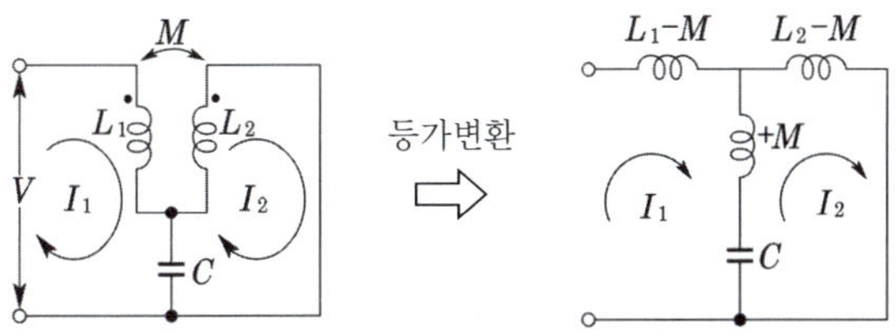

2차 회로의 전압 방정식은

$$(j\omega L_2 - j\omega M)I_2 + \left(j\omega M - j\frac{1}{\omega C}\right)(I_2 - I_1) = 0$$

$$\left(j\frac{1}{\omega C} - j\omega M\right)I_1 + \left(j\omega L_2 - j\frac{1}{\omega C}\right)I_2 = 0$$

$I_2 = 0$가 되려면 $I_1$의 계수가 0이어야 하므로

$$j\frac{1}{\omega C} - j\omega M = 0 \quad \therefore \ C = \frac{1}{\omega^2 M}$$

# CHAPTER 05 출제예상문제_결합 회로

## 상호 인덕턴스

**01** ★ 【92. 23. 기사】
한 코일의 전류가 매초 120[A]의 비율로 변화할 때 다른 코일에 15[V]의 기전력이 발생하였다면 두 코일의 상호 인덕턴스[H]는?

① 0.125　　② 2.85　　③ 0　　④ 1.25

[해설] $V_L = M\dfrac{di(t)}{dt}$, $M = \dfrac{V_L}{\dfrac{di(t)}{dt}} = \dfrac{15}{120} = 0.125$ [H]

**02** ★☆ 【97. 05. 11. 산업기사】
상호 인덕턴스 100[mH]인 회로의 1차 코일에 3[A]의 전류가 0.3초 동안에 18[A]로 변화할 때 2차 유도 기전력[V]은?

① 5　　② 6　　③ 7　　④ 8

[해설] $e = M\dfrac{di}{dt} = 100 \times 10^{-3} \times \dfrac{18-3}{0.3} = 5$ [V]

**03** ★★★★ 【98. 99. 00. 기사, ⊕ : 77. 기사, 90. 92. 01. 산업기사】
코일이 2개 있다. 한 코일의 전류가 매초 150[A]일 때 다른 코일에는 75[V]의 기전력이 유기된다. 이때 두 코일의 상호 인덕턴스는?

① 1[H]　　② $\dfrac{1}{2}$[H]　　③ $\dfrac{1}{4}$[H]　　④ 0.75[H]

[해설] $V_L = M\dfrac{di(t)}{dt}$, $M = \dfrac{V_L}{\dfrac{di(t)}{dt}} = \dfrac{75}{150} = \dfrac{1}{2}$ [H]

**04** ★★★ 【82. 88. 04. 08. 기사, 05. 산업기사 ⊕ : 81. 83. 산업기사】
그림과 같은 회로에서 $i_1 = I_m \sin \omega t$일 때 개방된 2차 단자에 나타나는 유기 기전력 $e_2$는 몇 [V]인가?

① $\omega M \sin \omega t$
② $\omega M \cos \omega t$
③ $\omega M I_m \sin(\omega t - 90°)$
④ $\omega M I_m \sin(\omega t + 90°)$

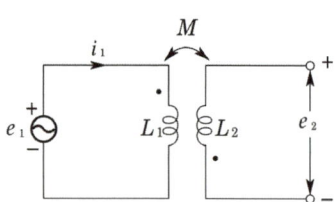

[답] 1. ① 2. ① 3. ② 4. ③

해설 $e_1$은 $i_1$보다 $90°$ 앞서고 $e_2$는 $e_1$과 역위상이므로
$e_1 = \omega M I_m \sin(\omega t - 90°)[\text{V}]$ 또는
$e_2 = -M\dfrac{di_1}{dt} = -\omega M I_m \cos \omega t = \omega M I_m \sin(\omega t - 90°)[\text{V}]$

## 인덕턴스의 결합

**05** ★★★ 【90. 기사, 76. 78. 산업기사, ㊛ : 91. 기사】
인덕턴스 $L_1$, $L_2$가 각각 3[mH], 6[mH]인 두 코일 간의 상호 인덕턴스 $M$이 4[mH]라고 하면 결합 계수 $k$는?

① 약 0.94   ② 약 0.44   ③ 약 0.89   ④ 약 1.12

해설 $k = \dfrac{M}{\sqrt{L_1 L_2}} = \dfrac{4}{\sqrt{3 \times 6}} ≒ 0.94$

**06** ★☆ 【00. 07. 23. 기사】
20[mH]의 두 자기 인덕턴스가 있다. 결합 계수를 0.1부터 0.9까지 변화시킬 수 있다면 이것을 접속시켜 얻을 수 있는 합성 인덕턴스의 최댓값과 최솟값의 비는?

① 9 : 1   ② 19 : 1   ③ 13 : 1   ④ 16 : 1

해설 $L = L_1 + L_2 \pm 2k\sqrt{L_1 L_2}$
합성 인덕턴스의 최댓값과 최솟값은 결합계수가 0.9일 때이므로
최대 : $L_{\max} = 20 + 20 + 2 \times 0.9\sqrt{20 \times 20} = 76[\text{mH}]$
최소 : $L_{\min} = 20 + 20 - 2 \times 0.9\sqrt{20 \times 20} = 4[\text{mH}]$
∴ 최대와 최소의 비는 76 : 4 = 19 : 1

**07** ★★ 【91. 23. 25. 기사】
권수 200, 150회의 코일 A, B가 있다. A코일의 자속이 0.2[Wb]인데 이 중 80[%]가 B 코일과 쇄교한다. A 코일의 전류가 4[A]라면 두 코일의 상호 인덕턴스[H]는?

① 8   ② 6   ③ 7   ④ 5

해설 $L_A = \dfrac{N_A \phi_A}{I_A} = \dfrac{200 \times 0.2}{4} = 10[\text{H}]$, $M = \dfrac{N_B}{N_A} L_A = \dfrac{150}{200} \times 10 \times 0.8 = 6[\text{H}]$

**08** ★★☆ 【96. 산업기사, ㊛ : 77. 91. 기사】
20[mH]와 60[mH]의 두 인덕턴스가 병렬로 연결되어 있다. 합성 인덕턴스의 값[mH]은? 단, 상호 인덕턴스는 없는 것으로 한다.

① 15   ② 20   ③ 50   ④ 75

해설 $L_0 = \dfrac{L_1 \times L_2}{L_1 + L_2} = \dfrac{20 \times 60}{20 + 60} = 15[\text{mH}]$

답 5. ①  6. ②  7. ②  8. ①

**09** ★★ 【83. 88. 기사】
코일 (1)의 권수 $N_1 = 50$회, 코일 (2)의 권수 $N_2 = 500$회이다. 코일 (1)에 1[A]의 전류를 흘렸을 때 코일 (1)과 쇄교하는 전 자속 $\phi_1 = \phi_{11} + \phi_{12} = 6 \times 10^{-4}$[Wb]이고 코일 (2)와 쇄교하는 자속 $\phi_{12} = 5.5 \times 10^{-4}$[Wb]이다. 코일 (2)에 1[A]를 흘렸을 때 코일 (2)와 쇄교하는 자속 $\phi_2 = \phi_{21} + \phi_{22} = 6 \times 10^{-3}$[Wb]이고, 코일 (1)과 쇄교하는 자속 $\phi_{21}$은 $5.5 \times 10^{-3}$[Wb]라고 할 때 결합 계수 $k$의 값은?

① 약 0.917  ② 약 1  ③ 약 0.817  ④ 약 0.717

**해설** $k = \sqrt{k_{12}k_{21}} = \sqrt{\dfrac{\phi_{12}}{\phi_1} \cdot \dfrac{\phi_{21}}{\phi_2}} = \sqrt{\dfrac{5.5 \times 10^{-4}}{6 \times 10^{-4}} \cdot \dfrac{5.5 \times 10^{-3}}{6 \times 10^{-3}}} \fallingdotseq 0.917$

**10** ★★ 【76. 77. 기사】
인덕턴스가 각각 5[H], 3[H]인 두 코일을 직렬로 연결하고 인덕턴스를 측정하였더니 15[H]였다. 두 코일 간의 상호 인덕턴스[H]는?

① 1  ② 3  ③ 3.5  ④ 7

**해설** $L = L_1 + L_2 + 2M$에서 $M = \dfrac{L - L_1 - L_2}{2} = \dfrac{15 - 5 - 3}{2} = 3.5$[H]

**11** ☆ 【91. 산업기사】
그림과 같은 회로의 합성 임피던스 $Z_{ab}$는?

① $25 + j\dfrac{100}{5}$  ② $25 - j\dfrac{100}{5}$

③ $25 + j\dfrac{100}{3}$  ④ $25 - j\dfrac{100}{3}$

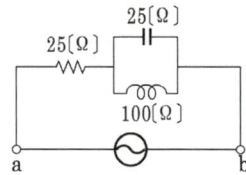

**해설** $Z_{ab} = 25 + \dfrac{j100 \times (-j25)}{j100 - j25} = 25 - \dfrac{(-j)^2 \times 2500}{j75}$
$= 25 + \dfrac{2500}{j75} = 25 - j\dfrac{2500}{75} = 25 - j\dfrac{100}{3}$

**12** ★☆ 【83. 89. 97. 11. 산업기사】
그림과 같은 회로에서 a, b 간의 합성 인덕턴스 $L_0$의 값은?

① $L_1 + L_2 + L$
② $L_1 + L_2 - 2M + L$
③ $L_1 + L_2 + 2M + L$
④ $L_1 + L_2 - M + L$

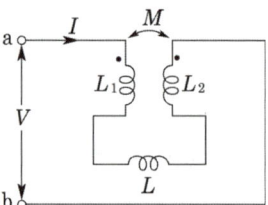

**해설** $L_1$과 $L_2$의 결합이 차동 결합 형태이므로 $L_0 = L_1 + L_2 - 2M + L$ 만약에 (dot)의 방향이 $L_2$의 반대 방향에 찍히면 가동(화동) 결합이므로 $L_0 = L_1 + L_2 + 2M + L$이다.

**답** 9. ① 10. ③ 11. ④ 12. ②

**13** 그림과 같이 직렬로 유도 결합된 회로에서 단자 a, b로 본 등가 임피던스 $Z_{ab}$를 나타낸 식은 어느 것인가?

① $R_1 + R_2 + R_3 + j\omega(L_1 + L_2 - 2M)$
② $R_1 + R_2 + j\omega(L_1 + L_2 + 2M)$
③ $R_1 + R_2 + R_3 + j\omega(L_1 + L_2 + L_3 + 2M)$
④ $R_1 + R_2 + R_3 + j\omega(L_1 + L_2 + L_3 - 2M)$

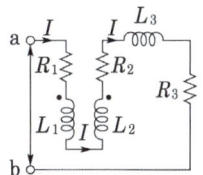

[해설] $L_0 = L_1 + L_2 \pm 2M$에서 $L_1$과 $L_2$에 흐르는 전류가 다른 방향으로 유입하므로 $M$의 부호는 $-$이다.

**14** 그림과 같이 고주파 브리지를 가지고 상호 인덕턴스를 측정하고자 한다. 그림 (a)와 같이 접속하면 합성 자기 인덕턴스는 30[mH]이고, (b)와 같이 접속하면 14[mH]이다. 상호 인덕턴스[mH]는?

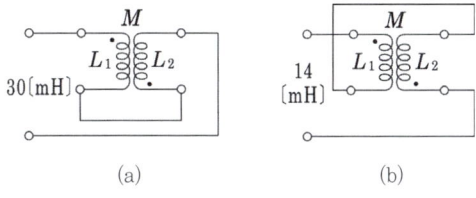

① 2   ② 4   ③ 3   ④ 16

[해설] 상호 인덕턴스를 $M$이라 하면 그림 (a), (b)에서
$30 = L_1 + L_2 + 2M$ ·········· ①
$14 = L_1 + L_2 - 2M$ ·········· ②
식 ①, ②에서 $M = \frac{1}{4}(30 - 14) = 4$[mH]

**15** 두 개의 코일 a, b가 있다. 두 개를 직렬로 접속하였더니 합성 인덕턴스가 119[mH]이었다. 극성을 반대로 했더니 합성 인덕턴스가 11[mH]이고, 코일 a의 자기 인덕턴스 $L_a = 20$[mH]라면 결합 계수 $k$는?

① 0.6   ② 0.7   ③ 0.8   ④ 0.9

[해설] $L_a + L_b + 2M = 119$ ·········· ①
$L_a + L_b - 2M = 11$ ·········· ②
식 ①, ②에서 $M = \frac{119 - 11}{4} = \frac{108}{4}$
$\therefore M = 27$[mH]
$\therefore L_b = 119 - 2M - L_a = 119 - 27 \times 2 - 20 = 45$[mH]
$k = \frac{M}{\sqrt{L_a L_b}} = \frac{27}{\sqrt{20 \times 45}} = 0.9$

[답] 13. ④  14. ②  15. ④

**16** 그림의 회로에서 합성 인덕턴스는?

① $\dfrac{L_1L_2+M^2}{L_1+L_2-2M}$  ② $\dfrac{L_1L_2-M^2}{L_1+L_2-2M}$

③ $\dfrac{L_1L_2+M^2}{L_1+L_2+2M}$  ④ $\dfrac{L_1L_2-M^2}{L_1+L_2+2M}$

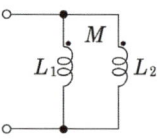

[해설] 병렬 접속형의 등가 회로를 그려 보면 그림과 같다.
그러므로 합성 인덕턴스 $L_0$는
$$L_0 = M + \frac{(L_1-M)(L_2-M)}{(L_1-M)+(L_2-M)} = \frac{L_1L_2-M^2}{L_1+L_2-2M}$$

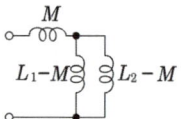

**17** 서로 결합하고 있는 두 코일 A와 B를 같은 방향으로 감아서 직렬로 접속하면 합성 인덕턴스가 10[mH]가 되고, 반대로 연결하면 합성 인덕턴스가 40[%] 감소한다. A 코일의 자기 인덕턴스가 5[mH]라면 B 코일의 자기 인덕턴스는 몇 [mH]인가?

① 10  ② 8  ③ 5  ④ 3

[해설]  $5+L_b+2M=10$ ················· ①
 $5+L_b-2M=10(1-0.4)$ ········ ②
식 ①+②에서 $10+2L_b=16$
∴ $L_b=3$[mH]

**18** 그림과 같이 1개의 콘덴서와 2개의 코일이 직렬로 접속된 회로에 300[Hz]의 주파수가 공진한다고 한다. 콘덴서의 정전 용량 및 코일의 자기 인덕턴스를 각각 $C=25[\mu F]$, $L_1=4.3$[mH], $L_2=4.6$[mH]라고 하면 코일간의 상호 인덕턴스 $M$[mH]은 얼마인가? 단, 코일은 같은 방향으로 감겨져 있고, 동일축 상에 놓여져 있는 것으로 한다.

① 2.36
② 1.18
③ 1.91
④ 1.0

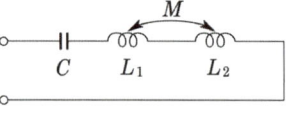

[해설] 화동 결합이므로 두 코일의 인덕턴스 $L$은 $L=L_1+L_2+2M$ ············ ①
또, $L$과 $C$ 사이에 300[Hz]로 공진이 되므로 $L=\dfrac{1}{\omega^2 C}$ ················ ②
식 ①, ②에서 $L_1+L_2+2M=\dfrac{1}{\omega^2 C}$
∴ $M=\dfrac{1}{2}\left(\dfrac{1}{\omega^2 C}-L_1-L_2\right)$
$=\dfrac{1}{2}\left\{\dfrac{1}{(2\pi\times 300)^2\times 25\times 10^{-6}}-4.3\times 10^{-3}-4.6\times 10^{-3}\right\}=1.18$[mH]

답  16. ②  17. ④  18. ②

**19** 그림과 같은 유도 결합 회로는 $e_1 = 2\cos t$로 예진된 상태에서 정상 상태 동작을 하고 있다. $L_1 = L_2 = 1[H]$이고, $M = \dfrac{1}{4}[H]$, $C = 1[F]$일 때 전압 $v_a(t)$는?

① $1.6\cos t$
② $2.4\cos t$
③ $1.6\sin t$
④ $2.4\sin t$

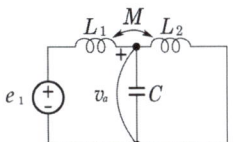

[해설] $\omega = 1$이므로 $\omega L_1 = \omega L_2 = 1[\Omega]$, $\omega M = 0.25[\Omega]$, $\dfrac{1}{\omega C} = 1[\Omega]$이며,

각 값을 대입한 등가 회로에서 그림과 같이 전류 방향을 가정하여 방정식을 세우면

$\begin{cases} 2\cos t = j(1.25 - 0.25 - 1)i_1 + j(0.25 + 1)i_2 \\ 0 = j(0.25 + 1)i_1 + j(1.25 - 0.25 - 1)i_2 \end{cases}$

$\begin{cases} 2\cos t = j1.25\, i_2 \\ 0 = j1.25\, i_1 \end{cases}$

$\therefore i_1 = 0, \; i_2 = -j\dfrac{2}{1.25}\cos t = -j1.6\cos t$

따라서 $C$ 양단의 전압 $v_a(t)$는

$v_a(t) = \dfrac{1}{C}\displaystyle\int (i_1 - i_2)dt = j1.6\int \cos t\, dt = j1.6\sin t = 1.6\cos t$

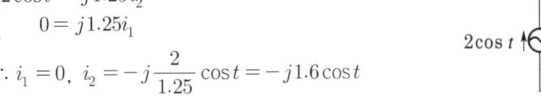

**20** 자기 인덕턴스 150[mH]의 코일 두 개를 감극성이 되게 접속하여 합성 인덕턴스를 20[mH]가 되게 하려면 두 코일의 상호 인덕턴스는 얼마[mH]로 되게 하여야 하는가?

① 170   ② 140   ③ 130   ④ 300

[해설] $L_0 = L_1 + L_2 - 2M$에서 $20 = 150 + 150 - 2M$

$\therefore M = \dfrac{280}{2} = 140[\text{mH}]$

---

### 유사문제

**01.** 5[mH]인 두 개의 자기 인덕턴스가 있다. 결합 계수를 0.2로부터 0.8까지 변화시킬 수 있다면 이것을 접속하여 얻을 수 있는 합성 인덕턴스의 최댓값과 최솟값은 각각 몇 [mH]인가?

답 18, 2

**02.** 자기 인덕턴스 $L_1$, $L_2$가 각각 4[mH], 9[mH]인 두 코일이 이상 결합되었다면 상호 인덕턴스 $M$ [mH]은?

답 6[mH]

답 19. ①  20. ②

03. 그림과 같은 결합 회로의 합성 인덕턴스는 몇 [H]인가?

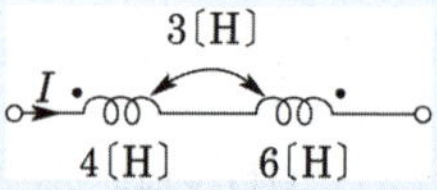

답 4[H]

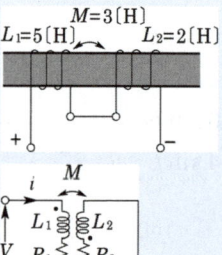

04. 그림과 같은 인덕터의 전체 자기 인덕턴스 $L$의 값[H]은?

답 13[H]

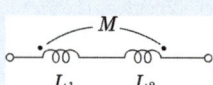

05. 그림의 회로에 있어 $L_1 = 6$[mH], $R_1 = 4$[Ω], $R_2 = 9$[Ω], $L_2 = 7$[mH], $M = 5$[mH]이며 $L_1$과 $L_2$가 서로 유도 결합되어 있을 때 등가 직렬 임피던스는 얼마인가? 단, $\omega = 100$[rad/s]이다.

답 $13 + j2.3$[Ω]

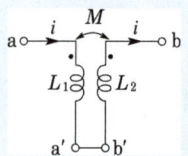

06. 그림과 같은 결합 회로의 등가 인덕턴스는?

답 $L_1 + L_2 - 2M$

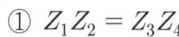

07. 두 코일의 자기 인덕턴스가 $L_1$, $L_2$이고 상호 인덕턴스가 $M$일 때 결합 계수 $k$는?

답 $k = \dfrac{M}{\sqrt{L_1 \cdot L_2}}$

08. 그림의 회로에서 $e_{ab}$는?

답 $(L_1 + L_2 - 2M)\dfrac{di}{dt}$

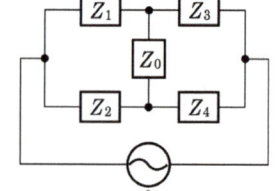

## 브리지 회로

☆ 【93. 산업기사】

**21** 다음 그림과 같은 교류 브리지 회로에서 $Z_0$에 흐르는 전류가 0이 되려면 각 임피던스는 어떤 조건이어야 하는가?

① $Z_1 Z_2 = Z_3 Z_4$
② $Z_1 Z_2 = Z_3 Z_0$
③ $Z_2 Z_3 = Z_1 Z_0$
④ $Z_2 Z_3 = Z_1 Z_4$

해설, 평형이 되었을 경우는 $Z_3 I_1 = Z_4 I_2$이므로
$Z_1/Z_2 = Z_3/Z_4$ 혹은 $Z_1 Z_4 = Z_2 Z_3$

답 21. ④

**22** 그림과 같은 회로에서 A, B 사이에 흐르는 전류는 몇 [A]인가? 단, 단위는[Ω]이다.

① 4  ② 3
③ 2  ④ 1

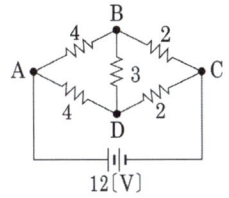

해설 ▸ 브리지가 평형이므로 등가회로를 그리면 오른쪽과 같다.
병렬회로에서 각 회로의 전압은 동일하므로
A, B 사이에 흐르는 전류 $I$는
$$I = \frac{12}{4+2} = 2[A]$$

**23** 그림과 같은 회로에서 절점 a와 절점 b의 전압이 같을 조건은?

① $R_1 R_2 = R_3 R_4$   ② $R_1 + R_3 = R_2 R_4$
③ $R_1 R_3 = R_2 R_4$   ④ $R_1 R_2 = R_3 + R_4$

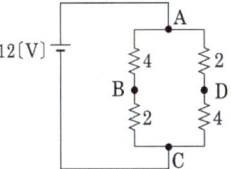

해설 ▸ 문제의 회로는 그림과 같으므로 절점 a와 절점 b의 전압이 같기 위한 조건은 브리지가 평형 상태에 있으면 된다.
즉 $R_1 R_2 = R_3 R_4$

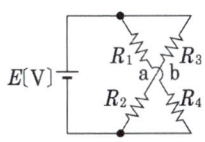

**24** 그림과 같은 브리지 회로가 평형하기 위한 $Z$의 값은?

① $2+j4$
② $-2+j4$
③ $4+j2$
④ $4-j2$

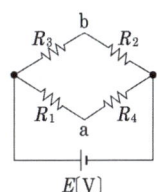

해설 ▸ $Z(3+j2) = (2+j4)(2-j3)$
$$\therefore Z = \frac{(2+j4)(2-j3)}{3+j2} = \frac{(16+j2)(3-j2)}{(3+j2)(3-j2)} = 4-j2$$

**25** 그림과 같은 캠벨 브리지(Campbell bridge) 회로에 있어서 $I_2$가 0이 되기 위한 $C$의 값은?

① $\dfrac{1}{\omega L}$   ② $\dfrac{1}{\omega^2 L}$
③ $\dfrac{1}{\omega M}$   ④ $\dfrac{1}{\omega^2 M}$

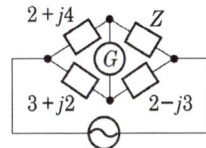

 22. ③  23. ①  24. ④  25. ④

[해설] 2차 회로의 전압 방정식은

$$(j\omega L_2 - j\omega M)I_2 + \left(j\omega M - j\frac{1}{\omega C}\right)(I_2 - I_1) = 0$$

$$\left(j\frac{1}{\omega C} - j\omega M\right)I_1 + \left(j\omega L_2 - j\frac{1}{\omega C}\right)I_2 = 0$$

$I_2 = 0$가 되려면 $I_1$의 계수가 0이어야 하므로

$$j\frac{1}{\omega C} - j\omega M = 0 \quad \therefore C = \frac{1}{\omega^2 M}$$

**26** ☆ 【97. 05. 산업기사】
그림과 같은 브리지가 평형되어 있다. 미지 코일의 저항 $R_4$ 및 인덕턴스 $L_4$의 값은 얼마인가?

① $R_4 = \dfrac{R_1}{R_2} R_3, \ L_4 = \dfrac{R_1}{R_2} L_3$

② $R_4 = \dfrac{R_1}{R_2} R_3, \ L_4 = \dfrac{R_1 R_2}{L_3}$

③ $R_4 = R_1 R_2 R_3, \ L_4 = R_1 R_2 L_3$

④ $R_4 = \dfrac{R_2}{R_1} R_3, \ L_4 = \dfrac{R_2}{R_1} L_3$

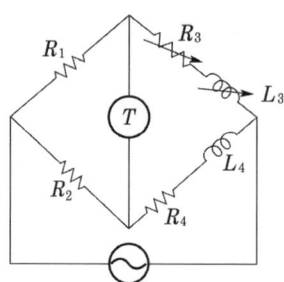

[해설] $R_1(R_4 + j\omega L_4) = R_2(R_3 + j\omega L_3), \quad R_1 R_4 + j\omega R_1 L_4 = R_2 R_3 + j\omega R_2 L_3$

① 실수에서 $R_1 R_4 = R_2 R_3 \quad \therefore R_4 = \dfrac{R_2}{R_1} R_3$

② 허수에서 $j\omega R_1 L_4 = j\omega R_2 L_3 \quad \therefore L_4 = \dfrac{R_2}{R_1} L_3$

**27** ★ 【93. 기사, 70. 3급】
그림과 같은 브리지의 평형 조건은?

① $\dfrac{1}{C_1 C_2} = R_1 R_2$

② $C_1 C_2 = R_1 R_2$

③ $C_1 R_2 = C_2 R_1$

④ $C_1 R_1 = C_2 R_2$

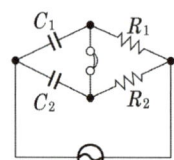

[해설] $R_2 \dfrac{1}{j\omega C_1} = R_1 \dfrac{1}{j\omega C_2}$

$\therefore \dfrac{R_2}{C_1} = \dfrac{R_1}{C_2} \quad \therefore R_1 C_1 = R_2 C_2$

답 26. ④  27. ④

## 유사문제

■ 유사문제 원문 및 해설 : 동일출판사 홈페이지 » 고객센터 » 자료실

**01.** 그림의 회로에서 $e_0$의 크기[V]는?

🖪 0

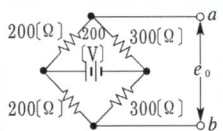

**02.** 그림의 회로에서 저항 $R$을 흐르는 전류가 0이 되는 조건을 구하면?

🖪 $R_1 R_3 = R_2 R_4$

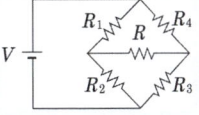

**03.** 그림에서 $\omega L_1 = 2[\Omega]$, $\omega L_2 = 3[\Omega]$, $\omega M = 1$ $[\Omega]$, $\dfrac{1}{\omega C} = 5[\Omega]$일 때 $C$에 흐르는 전류 $I_2$[A]는?

🖪 $j\dfrac{40}{3}$[A]

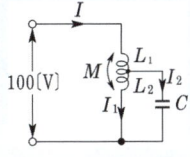

**04.** 그림의 회로에서 전원 주파수가 일정할 경우 평형 조건은?

🖪 $R_1 R_3 - R_2 R_4 = \dfrac{L}{C}$, $\dfrac{R_4}{R_2} = \dfrac{1}{\omega^2 LC}$

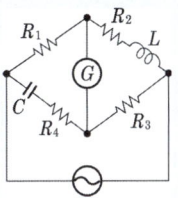

## 이상 변압기

★ 【94. 07. 산업기사】

**28** 이상 변압기에 대한 서술 중 옳은 것은?

① 단자 전압의 비 $V_2/V_1$는 코일의 권수비와 같다.
② 단자 전류의 비 $I_2/I_1$는 권수비와 같다.
③ 1차 단자에서 본 전체 임피던스는 부하 임피던스에 권수비는 자승의 역수를 곱한 것과 같다.
④ 1차측의 복소 전력은 2차측 부하의 복소 전력과 같다.

**해설** 권수비 $a = \dfrac{V_1}{V_2} = \dfrac{n_1}{n_2} = \dfrac{I_2}{I_1}$

🖪 28. ②

**29** 그림과 같은 이상 변압기에 대하여 성립되지 않는 관계식은? 단, $n_1$, $n_2$는 1차 및 2차 코일의 권수이다.

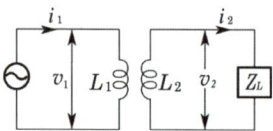

① $v_1 i_1 = v_2 i_2$
② $\dfrac{v_2}{v_1} = \dfrac{n_2}{n_1} = \dfrac{1}{n}$
③ $\dfrac{i_2}{i_1} = \dfrac{n_1}{n_2} = n$
④ $n = \sqrt{\dfrac{L_2}{L_1}}$

**해설** 이상 변압기는 누설 자속이 없으므로  $L_1 = \dfrac{n_1 \phi_1}{i_1}$, $L_2 = \dfrac{n_2 \phi_2}{i_2}$

또, $\dfrac{v_1}{v_2} = n = \dfrac{i_2}{i_1}$ 이므로  $n = \dfrac{n_1}{n_2} = \dfrac{L_1}{M} = \dfrac{M}{L_2} = \sqrt{\dfrac{L_1}{L_2}} = \sqrt{\dfrac{Z_1}{Z_2}}$

**30** 그림과 같은 전원측 저항 100[Ω], 부하 저항 1[Ω]일때, 이것에 변압비 $n : 1$의 이상 변압기를 써서 정합을 취하려고 한다. 이때 $n$의 값은 얼마인가?

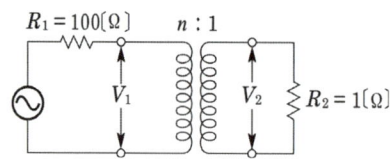

① 100
② 10
③ $\dfrac{1}{10}$
④ $\dfrac{1}{100}$

**해설** $R_1 = n^2 R_2$, $n^2 = \dfrac{R_1}{R_2} = \dfrac{100}{1}$ ∴ $n = 10$

**31** 그림과 같은 이상 변압기의 권선비가 $n_1 : n_2 = 1 : 3$일때 a, b 단자에서 본 임피던스[Ω]는?

① 50
② 100
③ 200
④ 400

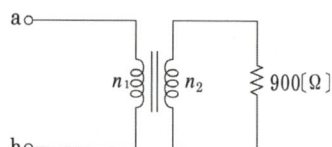

해설 권수비 $a = \dfrac{n_1}{n_2} = \dfrac{1}{3}$ 이므로

$\therefore Z_1 = a^2 Z_2 = \left(\dfrac{1}{3}\right)^2 \times 900 = 100[\Omega]$

**32** ★★★ 【85. 88. 91. 기사】
그림과 같이 2차 회로가 있을 때에는 2차 회로가 없을 때에 비하여 1차측에서 본 임피던스는 어떻게 되는가?

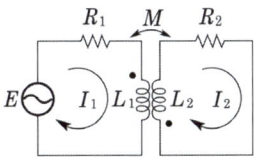

① 저항, 인덕턴스 다같이 $R_1$, $L_1$보다 작게 된다.
② 저항, 인덕턴스 다같이 $R_1$, $L_1$보다 커진다.
③ 저항은 $R_1$보다 크게 되고, 인덕턴스는 $L_1$보다 작아진다.
④ 저항은 $R_1$보다 작게 되고, 인덕턴스는 $L_1$보다 크게 된다.

해설 2차 회로가 없을 때 1차 측에서 본 임피던스는 $R_1 + j\omega L_1$이며 2차 회로가 있을 때 1차 측에서 본 등가 임피던스를 $Z_0$라면

$E = (R_1 + j\omega L_1)I_1 + j\omega M I_2 = Z_{11}I_1 + Z_M I_2$ ………… ①
$0 = j\omega M I_1 + (R_2 + j\omega L_2)I_2 = Z_M I_1 + Z_{22}I_2$ ………… ②

식 ①, ②에서

$I_1 = \dfrac{Z_{22}}{Z_{11}Z_{22} - Z_M^2} E$

$\therefore Z_0 = \dfrac{E}{I_1} = \dfrac{Z_{11}Z_{22} - Z_M^2}{Z_{22}} = R_1 + j\omega L_1 + \dfrac{\omega^2 M^2}{R_2 + j\omega L_2}$

$= \left(R_1 + \dfrac{\omega^2 M^2 R_2}{R_2^2 + \omega^2 L_2^2}\right) + j\omega\left(L_1 - \dfrac{\omega^2 M^2 L_2}{R_2^2 + \omega^2 L_2^2}\right)$

답 32. ③

# CHAPTER 06 궤적

## 01 ▸ $R-L$ 및 $R-C$ 직·병렬 회로의 궤적

| 회로의 종류 | 임피던스 | 어드미턴스 | 전류 |
|---|---|---|---|
| $R-L$ 직렬 (R 가변) | | | 출제 산업 1번 |
| $R-L$ 병렬 (R 가변) | 출제 산업 1번 | 출제 산업 2번 | |
| $R-C$ 직렬 (R 가변) | | | |
| $R-C$ 직렬 ($R_0$ 고정, C 가변) | | 출제 기사 2번 | |
| $G-B$ 병렬 | | | |
| $G-B$ 병렬 | | | |

| 회로의 종류 | 임피던스 | 어드미턴스 | 전류 |
|---|---|---|---|
| (회로도: $E$, $G$, $B_0$, $I$) | (궤적도: $-j\frac{1}{B_0}$, $Z$, $G=\infty$, $G=0$) 출제 산업 4번, 기사 1번 | (궤적도: $jB_0$, $G=0$, $G=\infty$, $Y$) | (궤적도: $jB_0E$, $G=0$, $G=\infty$, $I$) |
| (회로도: $E$, $G_0$, $B$, $I$) | (궤적도: $\frac{1}{G_0}$, $Z$, $B=0$, $B=\infty$) | (궤적도: $B=\infty$, $B=0$, $Y$, $G_0$) | (궤적도: $B=\infty$, $B=0$, $I$, $G_0E$) |

## 02 직선이 되는 궤적

$C = A + jB\lambda = A\lambda + jB$ ($\lambda$ : 실변수)

## 03 원이 되는 궤적

일반적으로 $\lambda$를 실변수라 할 때 $G = \dfrac{A + B\lambda}{C + D\lambda}$의 모양이면 궤적은 원점을 지나지 않는 원이 된다.

## 04 역궤적

① 원점을 지나는 직선의 역궤적은 원점을 지나는 직선이다.
② 원점을 지나지 않는 직선의 역궤적은 원점을 지나는 원이며, 그 역도 성립한다.
③ 원점을 지나지 않는 원의 역궤적은 원점을 지나지 않는 원이며, 이때 두 원의 중심과 지름은 서로 역이 아니다.

# CHAPTER 06 출제예상문제_궤적

## 전류 벡터 궤적

**01** ☆ 【79. 산업기사】
$R-L$ 직렬 회로에 일정 전압 $V$, 일정 주파수의 전원이 접속되어 있다. $L$, $\omega$ 가 일정하고, $R$이 0에서 $\infty$ 까지 변화할 때 전류 벡터 궤적을 구하면?

① 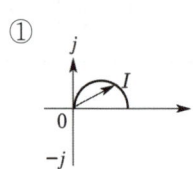  ② 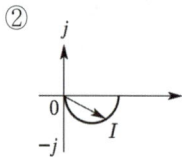  ③ 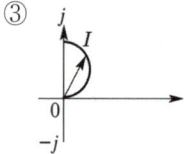  ④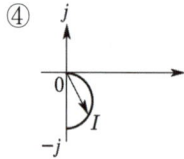

**해설** $I = YV = \dfrac{V}{R+j\omega L} = \dfrac{1}{\dfrac{R}{V} + j\dfrac{\omega L}{V}}$

그림과 같이 $I$의 분모는 $\dfrac{R}{V}$이 변수이고 $j\dfrac{\omega L}{V}$이 상수이므로 1상한 내의 반직선이 되고, 그 역도형은 $-j\dfrac{V}{\omega L}$를 지름으로 하는 4상한 내의 반원이 된다.

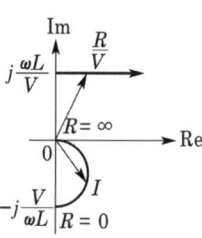

**02** ☆ 【79. 산업기사】
그림의 회로에서 각주파수 $\omega$[rad/s]인 전압 $V$를 가하여 저항 $R$을 가변시켰을 때 흐르는 전류 $I$의 벡터 궤적은?

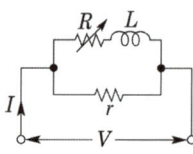

① 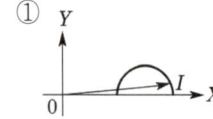  ② 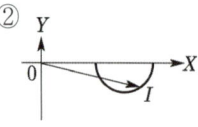  ③ 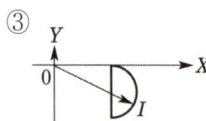  ④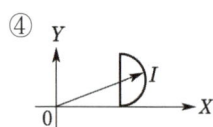

**해설** $I = YV = (Y_1 + Y_2)V$
$= \left(\dfrac{1}{r} + \dfrac{1}{R+j\omega L}\right)V = \dfrac{V}{r} + \dfrac{1}{\dfrac{R}{V} + j\dfrac{\omega L}{V}}$

$I$의 제1항 $\dfrac{V}{r}$는 일정하고 제2항은 $j\dfrac{\omega L}{V}$은 상수이고 $\dfrac{R}{V}$이 변수이므로 그림과 같이 1상한 내의 반직선 a, b가 된다.

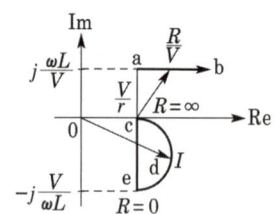

**답** 1. ④  2. ③

따라서 그의 역도형인 $I$의 궤적은 $-j\dfrac{V}{\omega L}$를 지름으로 하는

4상한 내의 반원 cde가 된다.

★ 【92. 기사】
**03** 다음과 같은 병렬 공진 회로에 있어서 $C$를 변화시킬 때 일정 교류 기전력에 대한 전전류 $I$의 궤적은 어떻게 되는가?

① 원점을 통하는 반원이 된다.
② 원점을 통하지 않는 반원이 된다.
③ 원점을 통하는 반직선이 된다.
④ 원점을 통하지 않는 반직선이 된다.

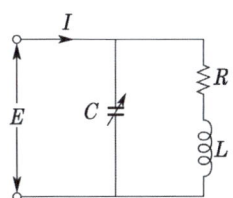

해설 $I = YE$이며 전류의 궤적은 어드미턴스 궤적의 $E$배이다.

## 유사문제

┃유사문제 원문 및 해설 : 동일출판사 홈페이지 ≫ 고객센터 ≫ 자료실

**01.** 그림과 같은 회로에서 콘덴서 $C$를 변화시킬 때 일정 교류 기전력에 대한 전전류 $I$의 궤적은?
답 원점을 통하지 않는 반원

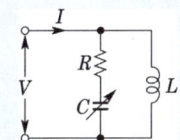

**02.** 저항 $R$과 인덕턴스 $L$의 직렬 회로에서 전원 주파수 $f$가 변할 때 전류 궤적은?
답 원점을 지나는 반원

**03.** 그림의 회로에서 인덕턴스 $L$을 변화시킬 때 일정 교류 기전력에 대한 전전류 $I$의 궤적은?
답 원점을 통하지 않는 직선

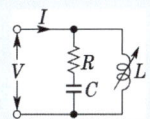

## 어드미턴스 궤적

☆ 【94. 산업기사】
**04** $R-L-C$ 직렬 회로에서 각주파수 $\omega$를 변화시켰을 때 어드미턴스 $Y$의 궤적은?

① 원점을 지나는 반원　　② 원점을 지나는 원
③ 원점을 지나지 않는 직선　　④ 원점을 지나지 않는 원

답 3. ④ 4. ②

**해설**
$$Z = R + j\left(\omega L - \frac{1}{\omega C}\right) = R + jX$$
$$Y = \frac{1}{Z} = \frac{1}{R+jX} = \frac{R}{R^2+X^2} - j\frac{X}{R^2+X^2} = P + jQ$$
$$P^2 + Q^2 = \frac{R^2}{(R^2+X^2)^2} + \frac{X^2}{(R^2+X^2)^2} = \frac{R^2+X^2}{(R^2+X^2)^2} = \frac{1}{R^2+X^2} = \frac{P}{R}$$
$$\therefore \left(P - \frac{1}{2R}\right)^2 + Q^2 = \left(\frac{1}{2R}\right)^2, \text{ 중심은 } \left(\frac{1}{2R}, 0\right), \text{ 반지름 } \frac{1}{2R} \text{인 원의 방정식}$$

★★ 【79. 기사, ⊕ : 78. 기사】
**05** 그림과 같은 $R-C$ 직렬 회로에서 $R$을 고정시키고 $X_C$를 0에서 ∞까지 변화시킬 때의 어드미턴스 궤적은? 단, $R > 0$이다.

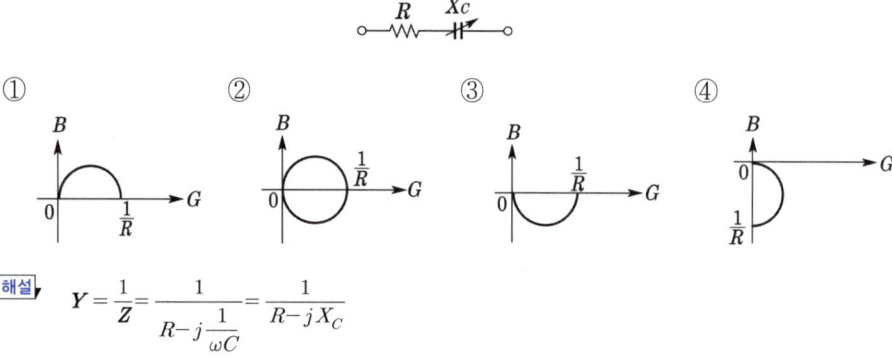

**해설** $Y = \frac{1}{Z} = \frac{1}{R - j\frac{1}{\omega C}} = \frac{1}{R - jX_C}$

$Z$의 궤적은 $R$이 상수이고 $-jX_C$가 변수이므로 4상한 내의 반직선이 되고, 그 역도형인 $Y$궤적은 지름을 $\frac{1}{R}$로 하는 1상한 반원이 된다.

☆ 【76. 산업기사】
**06** $R-L$ 직렬 회로에서 주파수가 변화할 때 어드미턴스 궤적은?

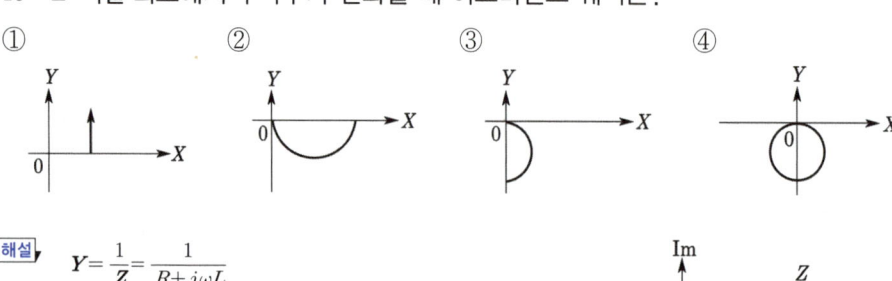

**해설** $Y = \frac{1}{Z} = \frac{1}{R + j\omega L}$

그림과 같이 $Z$의 궤적은 $R$이 상수이고 $j\omega L$이 변수이므로 1상한 내의 반직선이 되고, 그 역도형인 $Y$궤적은 지름을 $1/R$로 하는 4상한 내의 반원이 된다.

**답** 5. ① 6. ②

**07** 임피던스 궤적이 직선일 때 이의 역수인 어드미턴스 궤적은?

① 원점을 통하는 직선
② 원점을 통하지 않는 직선
③ 원점을 통하는 원
④ 원점을 통하지 않는 원

해설, 직선 궤적의 역궤적은 원점을 통과하는 반원

---

### 유사문제

∥ 유사문제 원문 및 해설 : 동일출판사 홈페이지 ≫ 고객센터 ≫ 자료실

**01.** $R-L-C$ 직렬 회로에서 $\omega$를 0에서 $\infty$까지 가변시킬 때 어드미턴스 벡터 궤적의 중심 위치는?

답 $\left(\dfrac{1}{2R},\ 0\right)$

---

### 임피던스 궤적

**08** $R-L$ 직렬 회로에서 주파수가 변할 때의 임피던스 궤적은?

① 4사분면 내의 직선이다.
② 2사분면 내의 직선이다.
③ 1사분면 내의 반원이다.
④ 1사분면 내의 직선이다.

해설, $R-L$ 직렬 회로에서 $Z$의 궤적은 1상한 직선이고, $R-L$ 직렬 회로에서 $Y$의 궤적은 4상한 반원이다.

**09** 그림과 같은 $R$과 $C$의 병렬 회로에서 $C$가 변화할 때의 임피던스 $Z$의 벡터 궤적은 어떻게 되는가?

① 원점을 통하는 반원
② 원점을 통하지 않는 반원
③ 원점을 지나는 직선
④ 원점을 통과하지 않는 직선

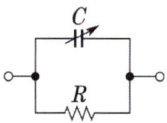

해설, $Z = \dfrac{1}{Y} = \dfrac{1}{\dfrac{1}{R}+j\omega C}$

그림과 같이 $Y$의 궤적은 $\dfrac{1}{R}$의 상수이고 $j\omega C$가 변수이므로
1상한 내의 반직선이 되고, 그 역도형인 $Z$궤적은
$R$을 지름으로 하는 4상한 내의 반원이 된다.

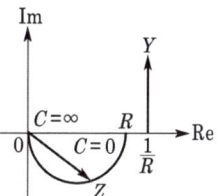

답 7. ③  8. ④  9. ①

## 역궤적

**10** ★ 【77. 기사】
그림의 역궤적은?

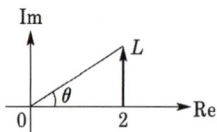

① 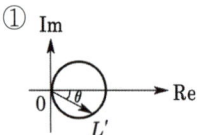 ② 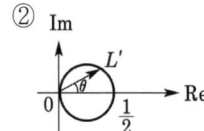 ③ 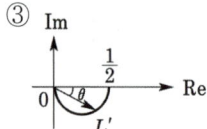 ④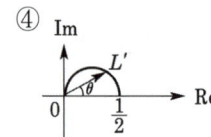

해설) 그림의 역궤적은 지름을 $\frac{1}{2}$로 하는 4상한 내의 반원이다.

10. ③

# CHAPTER 07 회로망 기하학

## 01 용어 해설

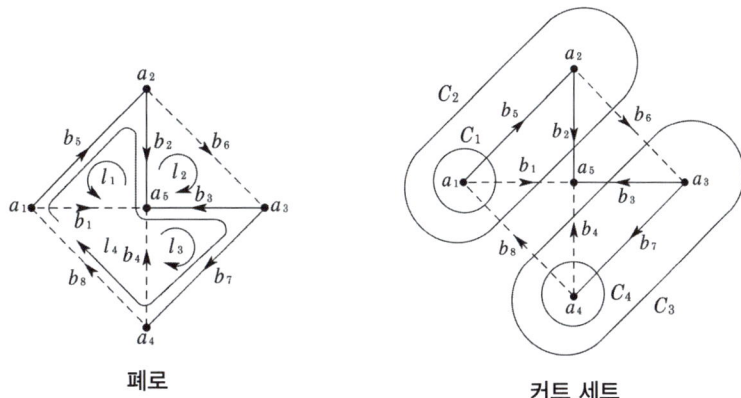

폐로                    커트 세트

① 마디(node) : 절점 또는 접속점이라고도 하며 $a_1$, $a_2$, $\cdots$, $a_5$와 같이 가지가 접속되는 점
② 가지(branch) : 지로라고도 하며 $b_1$, $b_2$, $\cdots$, $b_8$과 같이 두 마디를 연결하는 선
③ 나무(tree) : 모든 마디를 연결하며 폐로를 만들지 않는 가지의 집합. 마디의 수를 $n$, 가지의 수를 $b$라고 하면 나무를 만드는 가지의 수(나무 수)는 $n-1$이 되며 K·C·L의 독립 방정식 수와 같다. 출제 기사 2번
④ 보목(link 또는 cotree) : 나무가 아닌 가지들을 말하며 보목 수는 $b-(n-1) = b-n+1$이 되며 K·V·L의 독립 방정식 수와 같다.
⑤ 폐로(loop) : 위 그림 (a)에서 $\{l_1, l_2, l_3, l_4\}$와 같이 몇 개의 가지로 이루어지는 폐회로
⑥ 커트 세트(cut set) : 위 그림 (b)에서 $\{C_1, C_2, C_3, C_4\}$와 같이 마디를 1개 이상 포함하여 그래프를 두 부분으로 나누는 가지의 결합 출제 기사 7번

## 2 폐로의 기본계 및 폐로 행렬

① 폐로의 기본계(기본 루프) : 폐로 중에서 보목의 가지를 1개만 포함하는 $(b-n+1)$개의 폐로의 집합으로 위 그림 (a)에서 $\{l_1, l_2, l_3, l_4\}$
② 폐로 행렬 : 그래프의 폐로 $l_j$에 가지 $b_k$가 포함될 때 $l_{jk}=1$, 포함되지 않을 때 $l_{jk}=0$이 되는 $l_{jk}$를 요소로 하는 $(b-n+1) \times b$ 행렬

방향성일 경우,

$l_{jk} = 1$ : 방향이 같을 때

$l_{jk} = -1$ : 방향이 반대일 때

따라서 그림 (a)의 폐로 행렬은

$$\begin{array}{c} \\ \begin{bmatrix} l_1 \\ l_2 \\ l_3 \\ l_4 \end{bmatrix} \end{array} \begin{array}{cccccccc} b_1 & b_2 & b_3 & b_4 & b_5 & b_6 & b_7 & b_8 \end{array} \\ \begin{bmatrix} 1 & -1 & 0 & 0 & -1 & 0 & 0 & 0 \\ 0 & -1 & 1 & 0 & 0 & 1 & 0 & 0 \\ 0 & 0 & -1 & 1 & 0 & 0 & 1 & 0 \\ 0 & 1 & -1 & 0 & 1 & 0 & 1 & 1 \end{bmatrix}$$

여기서, 보목의 열에는 1이 한 개만 있고 나머지는 모두 0이다.

## 03 - 커트 세트의 기본계 및 커트 세트 행렬

① 커트 세트의 기본계 : 커트 세트 중에서 나무를 포함하는 $n-1$개의 커트 세트의 집합으로 그림 (b)에서 $\{C_1,\ C_2,\ C_3,\ C_4\}$
② 커트 세트 행렬 : 그래프의 커트 세트 $C_j$에 가지 $b_k$가 포함될 때 $C_{jk}=1$, 포함되지 않을 때 $C_{jk}=0$이 되는 $C_{jk}$를 요소로 하는 $(n-1) \times b$ 행렬

방향성일 경우

$C_{jk} = 1$ : 방향이 같을 때

$C_{jk} = -1$ : 방향이 반대일 때

따라서 그림 (b)의 커트 세트 행렬은

$$\begin{bmatrix} C_1 \\ C_2 \\ C_3 \\ C_4 \end{bmatrix} \begin{bmatrix} 1 & 0 & 0 & 0 & 1 & 0 & 0 & -1 \\ 1 & 1 & 0 & 0 & 0 & 1 & 0 & -1 \\ 0 & 0 & 1 & 1 & 0 & -1 & 0 & 1 \\ 0 & 0 & 0 & 1 & 0 & 0 & -1 & 1 \end{bmatrix}$$

여기서, 나무의 열에는 1이 한 개만 있고 나머지는 모두 0이다.

## 04 접속 행렬

그래프의 마디 $n_j$에 $n_k$가 접속되어 있을 때 $n_{jk}=1$, 접속되어 있지 않을 때 $n_{jk}=0$이 되는 $n_{jk}$를 요소로 하는 $n \times b$ 행렬

방향성일 경우

　　　$n_{jk}=1$ : 마디에서 나가는 방향

　　　$n_{jk}=-1$ : 마디로 들어가는 방향

따라서 그림의 접속 행렬은

$$\begin{array}{c} \\ \begin{bmatrix} n_1 \\ n_2 \\ n_3 \\ n_4 \\ n_5 \end{bmatrix} \end{array} \begin{array}{c} \begin{matrix} b_1 & b_2 & b_3 & b_4 & b_5 & b_6 & b_7 & b_8 \end{matrix} \\ \begin{bmatrix} 1 & 0 & 0 & 0 & 1 & 0 & 0 & -1 \\ 0 & 1 & 0 & 0 & -1 & 1 & 0 & 0 \\ 0 & 0 & 1 & 0 & 0 & -1 & 1 & 0 \\ 0 & 0 & 0 & 1 & 0 & 0 & -1 & 1 \\ -1 & -1 & -1 & -1 & 0 & 0 & 0 & 0 \end{bmatrix} \end{array}$$

여기서, 각 열에는 1과 −1이 한 개씩 있고 나머지는 모두 0이다.

# CHAPTER 07 출제예상문제 _회로망 기하학

## 용어

**01** ★【79. 기사】
어떤 회로의 그래프가 그림과 같다. 다음 중 나무가 되지 못하는 것은?

① 1, 5, 6, 3
② 5, 6, 7, 8
③ 2, 5, 6, 8
④ 1, 7, 8, 2

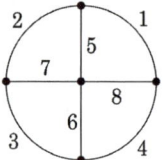

해설  집합 (1, 7, 8, 2)는 폐로를 만듦으로 나무가 아니다.


**02** ★【77. 기사】
그림과 같은 그래프의 나무의 총 수는?

① 4개
② 16개
③ 32개
④ 6개

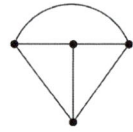

해설  나무의 총 수 = $n^{n-2} = 4^{4-2} = 16$개


**03** ★【78. 기사】
그림의 그래프에서 나무 가지를 5, 6, 7, 8로 취했다. 독립된 전류 방정식과 전압 방정식의 수는 각각 몇 개인가?

① 8개, 8개
② 8개, 4개
③ 4개, 4개
④ 4개, 8개

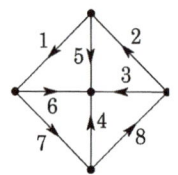

해설  독립된 전류 방정식의 수는 나무 수와 같으므로
 $n - 1 = 5 - 1 = 4$개이고,
 독립된 전압 방정식의 수는 보목의 수와 같으므로
 $b - (n-1) = 8 - (5-1) = 4$개

답  1. ④  2. ②  3. ③

**04** ★ 【76. 기사】
그림과 같은 그래프에서 나무 가지로 5, 6, 7, 8을 선택했을 때 루프 전류의 독립 변수의 집합은?

① 1, 2, 3, 4
② 1, 2, 5, 7
③ 1, 4, 6, 8
④ 5, 6, 7, 8

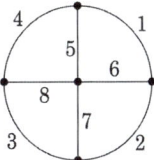

해설 각 보목 가지 전류를 루프 전류로 잡으면 이들은 서로 독립일 것이므로 (1, 2, 3, 4)가 구하는 답이다.

**05** ★★★★ 【77. 기사, ⊕ : 78. 85. 98. 기사】
그림과 같은 그래프에서 커트 세트를 나타내는 것은?

① 1, 5, 4
② 1, 2, 3
③ 1, 3, 4
④ 1, 2, 3, 4

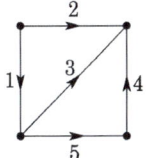

해설 커트 세트는 그래프를 두 부분으로 나누는 가지의 최소의 집합이므로 집합 (1, 3, 4)이다.

**06** ★★★★ 【78. 산업기사, ⊕ : 70. 76. 78. 기사, 79. 산업기사】
그림에서 기본 커트 세트는? 단, 나무는 (1, 2, 3, 7, 9)이다.

① 2, 3, 6
② 3, 4, 7
③ 1, 8, 4
④ 1, 5, 2

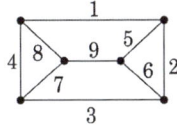

해설 기본 커트 세트는 나무의 가지를 하나만 포함해야 하므로 (1, 8, 4)이다.

**07** ★ 【79. 기사】
그림의 그래프에서 커트 세트가 아닌 것은?

① 2, 5, 4
② 2, 3, 5, 6
③ 1, 2, 7
④ 3, 4, 6, 7

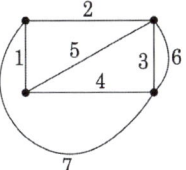

해설 커트 세트는 그래프를 두 부분으로 나누는 가지의 최소의 집합이므로 집합 (2, 5, 4)는 커트 세트가 아니다.

답 4. ① 5. ③ 6. ③ 7. ①

## 접속 행렬

**08** ★ 【77. 기사】
다음은 어떤 그래프의 확장 접속 행렬을 나타낸다. 아래의 서술에서 잘못된 것은?

$$A = \begin{pmatrix} +1 & +1 & 0 & +1 & 0 \\ 0 & -1 & +1 & 0 & 0 \\ -1 & 0 & -1 & 0 & +1 \\ 0 & 0 & 0 & -1 & -1 \end{pmatrix}$$

① 이 그래프는 5개의 가지를 가진다.
② 이 그래프는 4개의 마디를 가진다.
③ 마디 ③에 접속되는 가지는 가지 1, 3, 5이다.
④ 이 행렬의 링크(link)는 4이다.

**[해설]** 접속 행렬의 행은 가지의 수이고 열은 마디의 수이다. 가지가 5개이고 마디가 4개인 그래프의 나무와 링크 수는
  나무 수 $= n-1 = 4-1 = 3$
  링크 수 $= b-(n-1) = 5-(4-1) = 2$

**09** ★ 【78. 기사】
그림과 같은 회로의 접속 행렬(incidence matrix)을 나타내는 것은?

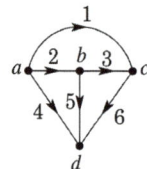

① $\begin{pmatrix} 1 & 1 & 0 & 1 & 0 & 0 \\ 0 & -1 & 1 & 0 & 0 & 0 \\ 1 & 1 & 0 & 1 & 1 & 1 \\ 0 & 0 & 1 & 1 & 1 & 0 \end{pmatrix}$
② $\begin{pmatrix} 1 & 1 & 0 & 1 & 0 & 0 \\ 0 & -1 & 1 & 0 & 0 & 0 \\ 0 & 0 & 1 & 0 & 0 & 1 \\ 1 & 0 & 0 & -1 & 1 & -1 \end{pmatrix}$
③ $\begin{pmatrix} 1 & 1 & 0 & 1 & 0 & 0 \\ 0 & -1 & 1 & 0 & 0 & 0 \\ 1 & 1 & -1 & 1 & 1 & 1 \\ 0 & 0 & 0 & 0 & -1 & 1 \end{pmatrix}$
④ $\begin{pmatrix} 1 & 1 & 0 & 1 & 0 & 0 \\ 0 & -1 & 1 & 0 & 1 & 0 \\ -1 & 0 & -1 & 0 & 0 & 1 \\ 0 & 0 & 0 & -1 & -1 & -1 \end{pmatrix}$

**[해설]** 각 열에 1과 -1이 각각 1개씩만 있고 나머지는 모두 0인 행렬이 접속 행렬이다.

**답** 8. ④  9. ④

## 키르히호프의 법칙

**10** ★ 【88. 94. 산업기사】
그림과 같은 회로망에서 키르히호프의 법칙을 사용하여 마디 전압 방정식을 세우려고 한다. 최소 몇 개의 독립방정식이 필요한가?

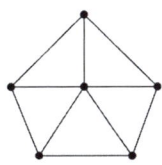

① 5　　　　② 6　　　　③ 7　　　　④ 8

[해설] 독립 방정식의 수 = 보목(링크) 수 $= b-(n-1) = 10-(6-1) = 5$

10. ①

# CHAPTER 08 회로망

## 01 전압원과 전류원

### 1) 전압원(voltage source)

(1) 정전압원

부하에 흐르는 전류 크기와 관계없이 항상 전압원의 기전력과 같은 전압을 부하에 일정하게 공급하는 기능을 가진 전원으로서 이상적인 전압원은 내부 저항($r$)이 적을수록 좋다.
⇒ $r$이 적을수록 내부전압강하 $r \times i$가 적어진다. 출제 산업 1번, 기사 6번

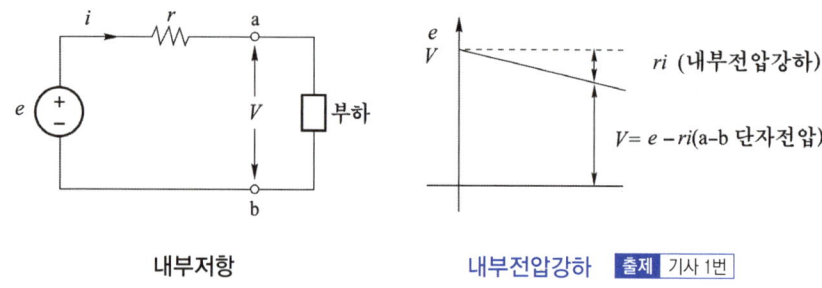

내부저항　　　　　　　　　　내부전압강하　출제 기사 1번

(2) 직렬접속

합성전압은 전원의 극성이 같은 방향으로 접속되어있는 전압은 합하고 반대 극성으로 되어 있는 전압은 감한다.

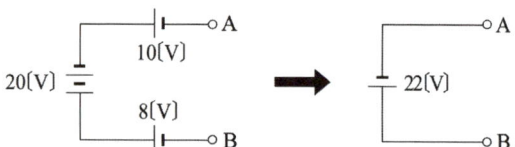

$$E_T = 10 + 20 - 8 = 22 [V]$$

만약 전원의 극성이 다르게 연결되어 있으면 합성전압의 극성은 전압이 큰 극성에 따른다.

(3) 병렬접속

① 병렬 조건 : 전압의 크기가 동일하여야 한다.
따라서 병렬접속 시 전압의 크기는 변함없고 전류용량만 증가된다.

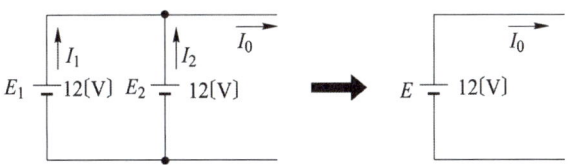

② 전압의 크기가 다른 전압 원을 병렬접속 시
전압원 사이에 전위차가 발생하여 순환전류가 흐르게 된다. 따라서, 전압원 내부저항에 흐르는 순환전류에 의해 기전력이 자체적으로 소모되어 버려 전압원의 기능을 상실하게 된다

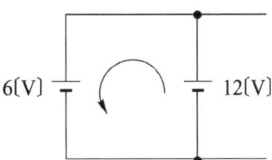

## 2) 전류원(Current source)

### (1) 정전류원

정전류원은 부하의 변동에 관계없이 항상 일정한 전류를 공급하는 전원장치로서 부하전압의 변화에 대해서도 항상 일정한 전류가 유지되어야 한다.
따라서 이상적인 전류원의 내부저항값 ($r$)은 클수록 좋다. 출제 산업 1번, 기사 6번
⇒ $r$이 클수록 저항 $r$에 흐르는 전류 $i_r$이 적어진다.

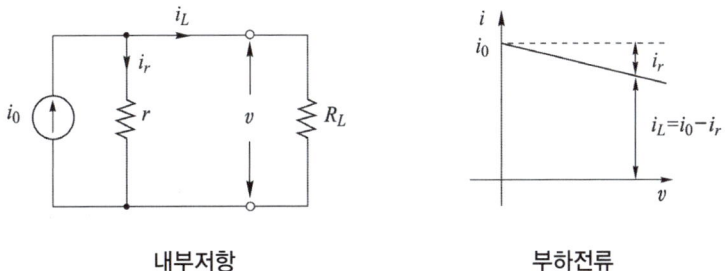

내부저항           부하전류

### (2) 직렬접속

키르히호프의 전류법칙에 따라 어느 한 점에 유입되는 전류와 유출되는 전류는 같아야 한다. 따라서, 전류가 서로 같은 전류원의 직렬접속은 허용되지만 전류값이 다른 전류원의 직렬접속은 허용되지 않는다.

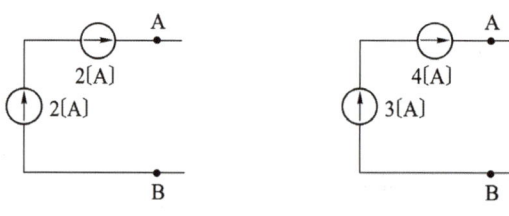

전류원의 직렬접속      허용되지 않는 직렬접속

### (3) 병렬접속

전류원의 병렬접속에 의한 합성전류는 키르히호프의 전류법칙에 따른다. 즉, 전류의 방향이 같으면 더해주고 방향이 반대면 빼준다.

$$\therefore I_0 = I_1 - I_2 + I_3$$

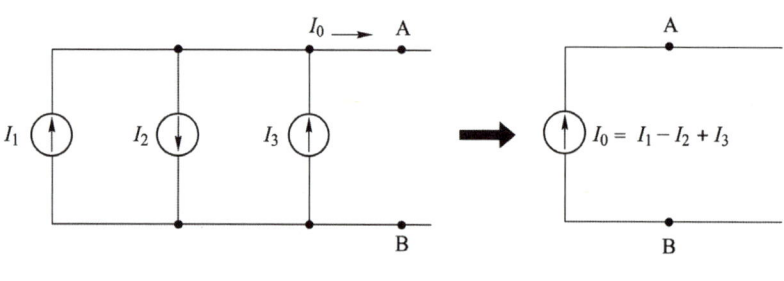

전류원의 병렬접속

## 02 - 선형회로망

$R$, $L$, $C$, $M$ 등의 회로 소자가 전압, 전류에 따라 그 본래의 값이 변화하지 않는 것을 선형소자라 하며, 이들 선형소자로 구성된 회로를 선형회로망이라 한다. [출제 산업 1번]

### 1) 중첩의 정리(Superposition theorem) [출제 산업 32번, 기사 25번]

둘 이상의 전압원이나 전류원이 혼합된 회로망에 있어서, 회로 내 어느 한 지로에 흐르는 전류는 각 전원이 단독으로 존재할 때의 전류를 각각 대수적으로 합하여 구하는 정리로서 그 적용 방법은 [출제 산업 4번]

① 먼저, 한 개의 전원(전압원이나 전류 원)을 취하고 나머지 전원은 모두 없앤다. (이때 다른 전압원은 단락, 다른 전류원은 개방)
② 그 전원 만에 의해 지로에 흐르는 전류를 구한다.
③ 그 다음 전원을 취하여 전원 수만큼 단계 ①, ②를 반복한다.

④ 구하려는 지로의 전류는 각각의 전원에 의해 구한 전류값을 대수적으로 합하여 구하는데 이 때 전류 방향이 같은 것은 (+)하고 다른 것은 (-)로 한다. 전류방향은 (+)값과 (-)값을 비교하여 큰 것으로 결정한다.

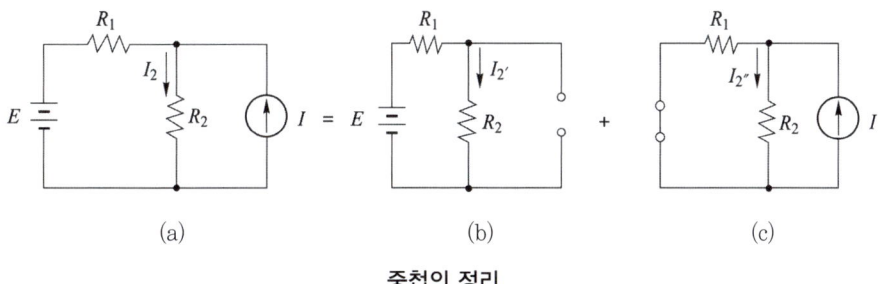

중첩의 정리

## 2) 테브낭의 정리(Thevenin's theorem)  출제 산업 35번, 기사 19번

여하한 구조를 갖는 능동 회로망도 그 임의의 두 단자 a, b 외측에 대해서는 등가적으로 하나의 전원전압 $V_{ab}$와 하나의 저항 $R_{ab}$가 직렬로 연결된 회로로 대치할 수 있다.

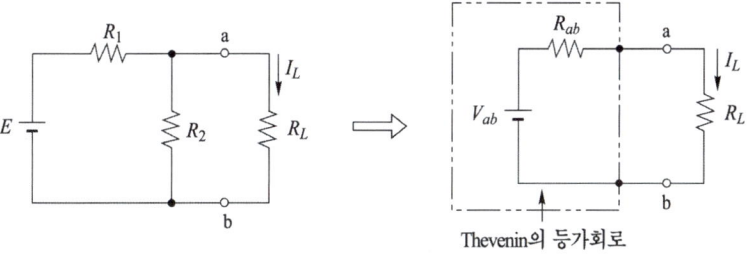

## 3) 노튼의 정리(Norton's theorem)  출제 산업 2번, 기사 1번

전원이 포함된 능동회로망은 하나의 전류원과 하나의 저항이 병렬로 접속된 회로로 대치 할 수 있다.

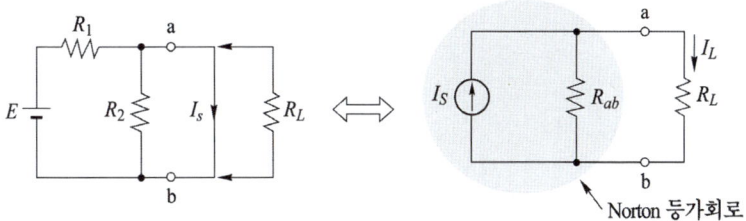

## 4) 밀만의 정리(Millman's theorem)  출제 산업 2번, 기사 1번

다수의 전압원이 병렬로 접속된 회로를 간단하게 전압원의 등가회로(테브낭의 등가회로)로 대치시키는 방법

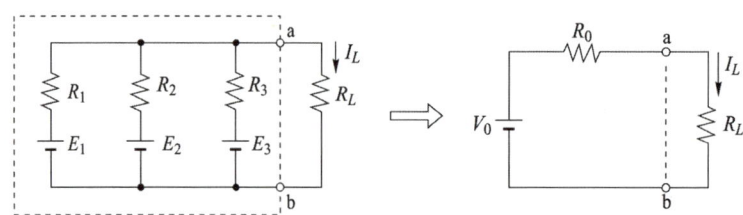

$$V_{ab} = \dfrac{\dfrac{E_1}{R_1} + \dfrac{E_2}{R_2} + \dfrac{E_3}{R_3}}{\dfrac{1}{R_1} + \dfrac{1}{R_2} + \dfrac{1}{R_3}} = \dfrac{G_1 E_1 + G_2 E_2 + G_3 E_3}{G_1 + G_2 + G_3}$$

가 되며, 이 식은 다수의 전원이 병렬로 연결된 회로의 등가합성 전압을 나타낸다.

### 5) 가역정리(상반 정리 : reciprocal theorem)  출제 산업 6번, 기사 7번

그림 (a)에서 제1지로 $V_1$에 의한 제2지로의 전류를 $I_2$라 하고

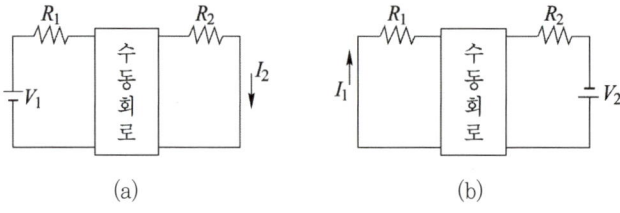

제1지로의 전압원은 단락하고 제2지로에 $V_2$를 연결할 때 제1지로의 전류를 $I_1$이라 할 경우 $V_1 I_1 = V_2 I_2$가 된다. 이를 상반정리 또는 가역정리라 한다.

# CHAPTER 08 출제예상문제_회로망

## 전압원과 전류원

**01** ★★ 【79. 기사, ㊉ : 70. 기사】
실제적인 전압원을 나타내는 전압-전류 특성 곡선은?

① 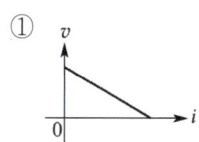  ② 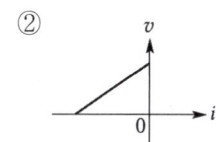  ③ 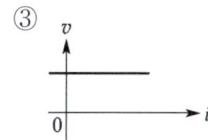  ④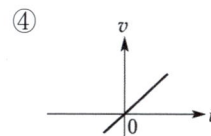

해설 실제적인 전압원은 반드시 내부 저항을 포함한다.
내부 저항이 $r$이라면 그림과 같은 등가 회로로 표시할 수 있다.
그림에서 $v = E - ir$이므로
$v = 0$이면 $i = \dfrac{E}{r}$, $i = 0$이면 $v = E$

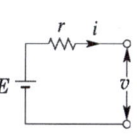

**02** ☆ 【83. 산업기사】
그림 (a), (b)와 같은 특성을 갖는 전압원은 다음 중 어느 것에 속하는가?

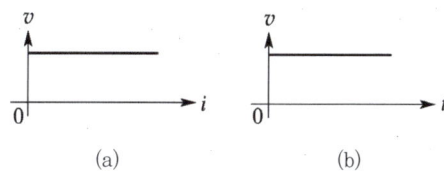

① 시변, 선형 소자
② 시불변, 선형 소자
③ 시변, 비선형 소자
④ 시불변, 비선형 소자

**03** ★★★★★ 【84. 86. 87. 88. 95. 01. 기사, 94. 산업기사】
이상적인 전압 전류원에 관하여 옳은 것은?
① 전압원의 내부 저항은 ∞이고 전류원의 내부 저항은 0이다.
② 전압원의 내부 저항은 0이고 전류원의 내부 저항은 ∞이다.
③ 전압원, 전류원의 내부 저항은 흐르는 전류에 따라 변한다.
④ 전압원의 내부 저항은 일정하고 전류원의 내부 저항은 일정하지 않다.

해설 • 이상 전압원은 내부 저항이 적을수록 좋다. ⇒ 내부 저항이 적을수록 내부 전압 강하가 적어진다.
• 이상 전류원은 내부 저항이 클수록 좋다. ⇒ 내부 저항이 클수록 내부 저항으로 흐르는 분로 전류가 적어진다.

답 1. ① 2. ④ 3. ②

## 유사문제

**01.** 내부 저항 $R$, 기전력 $E$인 건전지의 등가 회로는?

답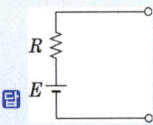

**02.** 다음 중 전류원의 내부 저항에 관하여 맞는 것은?

답 클수록 이상적이다.

## 키르히호프의 법칙

**04** ★★ 【89. 98. 산업기사, ㉮ : 77. 97. 산업기사】

다음에서 전류 $i_5$는?

① 37[A]
② 47[A]
③ 57[A]
④ 67[A]

$i_1 = 40[A]$, $i_2 = 12[A]$
$i_3 = 15[A]$, $i_4 = 10[A]$

**해설** 키르히호프의 1법칙
$i_1 + i_2 + i_3 - i_4 - i_5 = 0$
$\therefore i_5 = i_1 + i_2 + i_3 - i_4 = 40 + 12 + 15 - 10 = 57[A]$

**05** ★ 【77. 94. 산업기사】

그림과 같은 회로에서 $I_a$를 구하기 위해서 폐로 전류를 그림과 같이 설정하고 방정식을 세우면
$a_{11}I_1 + a_{12}I_2 + a_{13}I_3 = 10,\ -2I_1 + 5I_2 + a_{23}I_3 = 0,\ -2I_1 - I_2 + a_{33}I_3 = 0$ 가 된다.
$a_{11},\ a_{12},\ a_{13},\ a_{23},\ a_{33}$을 차례로 나열하면?

① 3, -2, -2, 1, -4
② 5, 2, 2, 1, 4
③ 5, -2, -2, -1, 4
④ 3, -2, -2, -1, 4

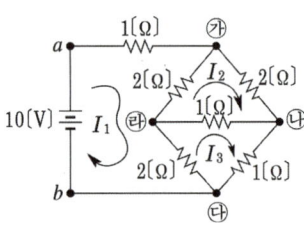

**해설** 키르히호프의 전압 법칙을 적용하여 방정식을 세우면 폐로 ㉮, ㉯, ㉰, ㉮에서
$I_1 + 2(I_1 - I_2) + 2(I_1 - I_3) = 10,\ 5I_1 - 2I_2 - 2I_3 = 10$ ········· ①
폐로 ㉮, ㉰, ㉯, ㉮에서

답 4. ③ 5. ③

$-2I_1 + 5I_2 - I_3 = 0$ ········· ②

폐로 ㉯, ㉰, ㉱, ㉯에서

$-2I_1 - I_2 + 4I_3 = 0$ ········· ③

∴ 식 ①, ②, ③에서

$a_{11} = 5$, $a_{12} = -2$, $a_{13} = -2$, $a_{23} = -1$, $a_{33} = 4$

★★★ 【76. 82. 83. 87. 89. 93. 산업기사】

**06** 키르히호프의 전압 법칙의 적용에 대한 서술 중 옳지 않은 것은?

① 이 법칙은 집중 정수 회로에 적용된다.
② 이 법칙은 회로 소자의 선형, 비선형에는 관계를 받지 않고 적용된다.
③ 이 법칙은 회로 소자의 시변, 시불변성에 구애를 받지 않는다.
④ 이 법칙은 선형 소자로만 이루어진 회로에 적용된다.

해설 키르히호프의 법칙은 집중 정수 회로에서 선형, 비선형에 무관하게 항상 성립된다.

★★ 【76. 89. 산업기사, ㊒ : 95. 01. 산업기사】

**07** 여러 개의 기전력을 포함하는 선형 회로망 내의 전류 분포는 각 기전력이 단독으로 그 위치에 있을 때 흐르는 전류 분포의 합과 같다는 것은?

① 키르히호프(Kirchhoff) 법칙이다.
② 중첩의 원리이다.
③ 테브낭(Thevenin)의 정리이다.
④ 노튼(Norton)의 정리이다.

해설 여러 개의 전압원과 전류원이 함께 존재하는 회로망에서 회로 전류는 각 전압원이나 전류원이 각각 단독으로 존재할 때 흐르는 전류를 합한 것과 같으며 이것을 중첩의 원리라고 한다.

## 유사문제

▮ 유사문제 원문 및 해설 : 동일출판사 홈페이지 ≫ 고객센터 ≫ 자료실

**01.** 그림과 같은 회로망에서 전류를 계산하는 데 옳게 표시된 것은?

답 $I_1 + I_2 - I_3 + I_4 = 0$

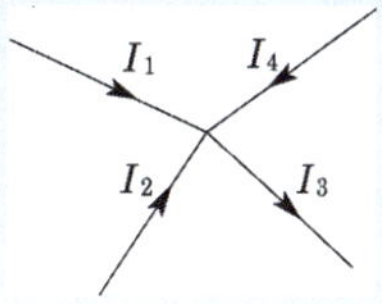


**02.** 그림에서 전지 $E_1$ 및 $E_2$를 흐르는 전류가 0일 때 기전력 $E_1$, $E_2$ 및 $R_1$, $R_2$의 관계는?

답 $E_1R_2 = E_2R_1$

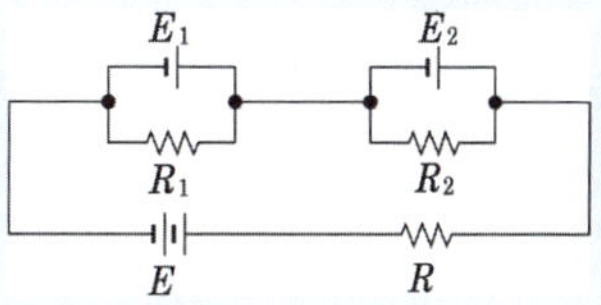


답 6. ④ 7. ②

## 절점방정식

**08** 【78. 산업기사】 그림의 회로에서 $E_0 = 10[\text{V}]$, $R_a = 2[\Omega]$, $R_b = 1[\Omega]$이다. $V_1$ 및 $V_2$의 전압은?

① $\dfrac{20}{11}[\text{V}]$ 및 $\dfrac{10}{11}[\text{V}]$  ② $\dfrac{10}{11}[\text{V}]$ 및 $\dfrac{20}{11}[\text{V}]$

③ $\dfrac{10}{11}[\text{V}]$ 및 $\dfrac{10}{11}[\text{V}]$  ④ $\dfrac{30}{11}[\text{V}]$ 및 $\dfrac{10}{11}[\text{V}]$

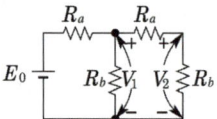

**해설** 절점 방정식을 세우면
$$\begin{bmatrix} \frac{1}{2}+1+\frac{1}{2} & -\frac{1}{2} \\ -\frac{1}{2} & \frac{1}{2}+1 \end{bmatrix}\begin{bmatrix} V_1 \\ V_2 \end{bmatrix} = \begin{bmatrix} \frac{10}{2} \\ 0 \end{bmatrix}$$

방정식으로부터 $V_1 = \dfrac{30}{11}[\text{V}]$, $V_2 = \dfrac{10}{11}[\text{V}]$

**09** 【83. 91. 95. 기사】 그림과 같은 회로의 A, B 간의 전압 $V_{AB}[\text{V}]$를 구하면?
단, $E = 12[\text{V}]$, $I = 4[\text{A}]$, $R = 3[\Omega]$이다.

① 1.4  ② 2.4
③ 3.4  ④ 4.4

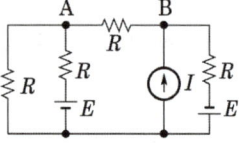

**해설** A, B점의 전위를 $V_A$, $V_B$라 하고 절점 방정식을 세우면
$$\begin{bmatrix} \frac{1}{3}+\frac{1}{3}+\frac{1}{3} & -\frac{1}{3} \\ -\frac{1}{3} & \frac{1}{3}+\frac{1}{3} \end{bmatrix}\begin{bmatrix} V_A \\ V_B \end{bmatrix} = \begin{bmatrix} 4 \\ 4-4 \end{bmatrix}$$

방정식으로부터 $V_A = \dfrac{24}{5}[\text{V}]$, $V_B = \dfrac{12}{5}[\text{V}]$

$\therefore V_{AB} = V_A - V_B = \dfrac{24}{5} - \dfrac{12}{5} = \dfrac{12}{5} = 2.4[\text{V}]$

## 유사문제

유사문제 원문 및 해설 : 동일출판사 홈페이지 » 고객센터 » 자료실

**01.** 그림과 같은 회로에서 점 A의 전위를 기준으로 하면 절점 1의 전위[V]는?

답 $\dfrac{15}{26}$

**02.** 그림의 회로에서 마디 전압 $v_1, v_2[\text{V}]$는?

답 $v_1 = 5$, $v_2 = 2.5$

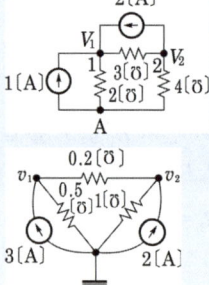

답 8. ④ 9. ②

## 테브낭의 정리

**10** 그림의 (a), (b)가 등가가 되기 위한 $I_g[A]$, $R[\Omega]$의 값은?

① 0.5, 10
② 0.5, $\dfrac{1}{10}$
③ 5, 10
④ 10, 10

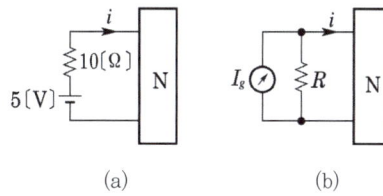

**해설** 전압원을 전류원으로 고치면
$$I_g = \dfrac{E}{R} = \dfrac{5}{10} = 0.5[A], \quad R = 10[\Omega]$$

**11** 그림 (a)를 그림 (b)와 같은 등가 전류원으로 변환할 때 $I$와 $R$은?

① $I = 6$, $R = 2$
② $I = 3$, $R = 5$
③ $I = 4$, $R = 0.5$
④ $I = 3$, $R = 2$

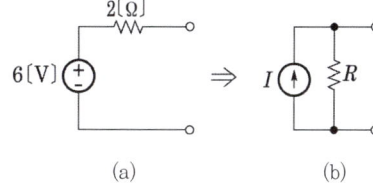

**해설** $I = \dfrac{V}{R} = \dfrac{6}{2} = 3[A], \quad R = 2[\Omega]$

**12** 그림과 같은 회로망을 테브낭의 등가 회로로 변환할 때 a, b단자에서 본 등가 전압원의 값은 얼마인가?

① 6.96[V]
② 7.25[V]
③ 12.32[V]
④ 13.92[V]

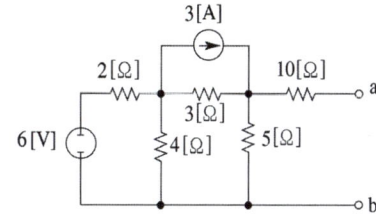

**해설** a, b단자의 전압 $V_{ab}$는 5[Ω] 양단의 전압이므로 그림과 같이 두 절점의 전압이 $v_1$, $v_2$라면 $V_{ab} = v_2$가 된다. 그림에서 절점 방정식을 세우면

$$\begin{bmatrix} \dfrac{1}{2}+\dfrac{1}{3}+\dfrac{1}{4} & -\dfrac{1}{3} \\ -\dfrac{1}{3} & \dfrac{1}{3}+\dfrac{1}{5} \end{bmatrix} \begin{bmatrix} v_1 \\ v_2 \end{bmatrix} = \begin{bmatrix} 3-3 \\ 3 \end{bmatrix}$$

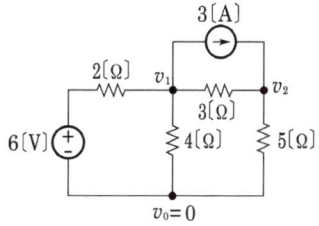

**답** 10. ① 11. ④ 12. ①

$$v_2 = V_{ab} = \frac{\begin{vmatrix} \frac{13}{12} & 0 \\ -\frac{1}{3} & 3 \end{vmatrix}}{\begin{vmatrix} \frac{13}{12} & -\frac{1}{3} \\ -\frac{1}{3} & \frac{8}{15} \end{vmatrix}} = \frac{\frac{13}{4}}{\frac{7}{15}} = 6.96 [V]$$

★★ 【99. 00. 기사】

**13** 회로망의 개방 전압 $E$, 합성 임피던스 $Z_0$, 부하 저항 $Z$라면 여기에 흐르는 전류 $I$는?

① $\dfrac{V}{Z_0}$   ② $\dfrac{V}{Z}$   ③ $\dfrac{V}{Z_0 + Z}$   ④ $\dfrac{V}{Z_0 - Z}$

해설) 테브낭의 정리
$$I = \frac{V}{Z_0 + Z}$$

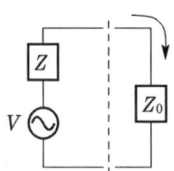

★★★ 【83. 86. 95. 20. 기사】

**14** 회로에서 20[Ω]의 저항이 소비하는 전력[W]은?

① 14
② 27
③ 40
④ 80

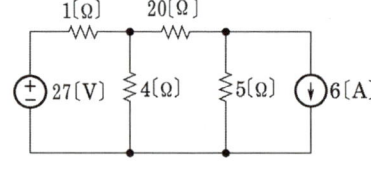

해설) 위 그림을 테브낭의 정리를 사용하여 등가하면 20[Ω]의 저항에 흐르는 전류는

$$I = \frac{E}{R} = \frac{\frac{4}{1+4} \times 27 + 30}{\frac{1 \times 4}{1+4} + 20 + 5} = 2[A]$$

$$\therefore P = I^2 R = 2^2 \times 20 = 80 [W]$$

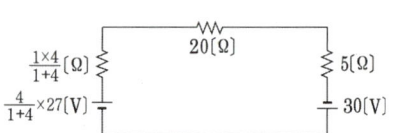

★ 【83. 93. 05. 산업기사】

**15** 그림의 회로에서 a-b 사이의 전압 $E_{ab}$ 값은?

① 8[V]
② 10[V]
③ 12[V]
④ 14[V]

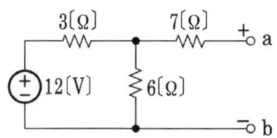

해설) $R_1 = 3[\Omega]$, $R_2 = 6[\Omega]$이라 할 때
전압 분배 법칙을 적용하면 $E_{ab} = \dfrac{R_2}{R_1 + R_2} E = \dfrac{6}{3+6} \times 12 = 8[V]$가 된다.

답) 13. ③  14. ④  15. ①

**16** 테브낭 정리를 써서 그림 (a)의 회로를 그림 (b)와 같은 등가 회로로 만들고자 한다. $E[V]$와 $R[\Omega]$을 구하면?

① 3, 2
② 5, 2
③ 5, 5
④ 3, 1.2

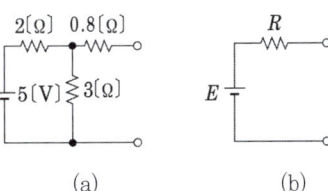

해설) $E = \dfrac{R_2}{R_1 + R_2} E = \dfrac{3}{2+3} \times 5 = 3[V]$, $R = 0.8 + \dfrac{2 \times 3}{2+3} = 2[\Omega]$

**17** 그림과 같은 (a)의 회로를 그림 (b)와 같은 등가 회로로 구성하고자 한다. 이때 $V$ 및 $R$의 값은?

① 2[V], 3[Ω]
② 3[V], 2[Ω]
③ 6[V], 2[Ω]
④ 2[V], 6[Ω]

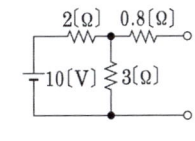 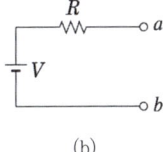

해설) $V = \dfrac{3}{2+3} \times 10 = \dfrac{30}{5} = 6[V]$, $R = 0.8 + \dfrac{2 \times 3}{2+3} = 2[\Omega]$

**18** 전류가 전압에 비례한다는 것을 가장 잘 나타낸 것은?

① 키르히호프의 법칙    ② 테브낭의 정리
③ 밀만의 정리          ④ 중첩의 원리

해설) 전압과 전류의 비례 : 테브낭의 정리
선형 회로 : 중첩의 원리

**19** 그림 (a)와 같은 회로를 (b)와 같은 등가 전압원과 직렬 저항으로 변환시켰을 때 $E_s[V]$ 및 $R_s[\Omega]$의 값은?

① 12, 7
② 8, 9
③ 36, 7
④ 12, 13

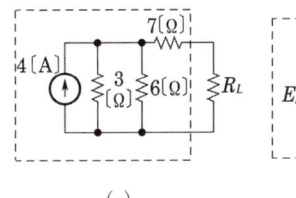 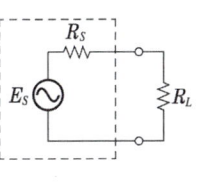

답 16. ①  17. ③  18. ②  19. ②

[해설] 문제 그림 (a)의 전류원을 전압원으로 바꾼 등가 회로는 그림과 같다. 그림에서
$E_s = \frac{6}{3+6} \times 12 = 8[V]$, $R_s = 7 + \frac{3 \times 6}{3+6} = 9[\Omega]$

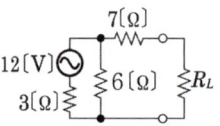

## 20 ★★ 【85. 88. 기사】

그림과 같은 회로에서 테브낭 정리를 이용하기 위해 단자 a, b에서 본 저항 $R_{ab}[\Omega]$은?

① $\frac{24}{7}$   ② $\frac{10}{3}$
③ 14   ④ 24

[해설] 전압원을 단락하면
∴ $R = \frac{2 \times 4}{2+4} + \frac{4 \times 4}{4+4} = \frac{4}{3} + 2 = \frac{10}{3}[\Omega]$

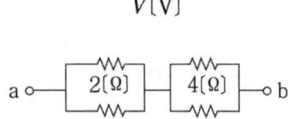

## 21 ★★ 【79. 90. 기사】

그림의 회로망 (a)와 (b)는 등가이다. (b)회로의 저항 $R$값[Ω]은?

① $\frac{7}{15}$
② $\frac{4}{7}$
③ $\frac{7}{4}$
④ $\frac{15}{7}$

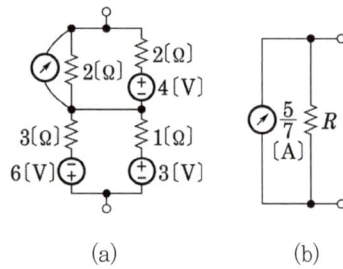

(a)   (b)

[해설] 전압원은 단락, 전류원은 개방한 테브낭의 등가 저항은 그림과 같다.
∴ $R = \frac{2 \times 2}{2+2} + \frac{3 \times 1}{3+1} = \frac{7}{4}[\Omega]$

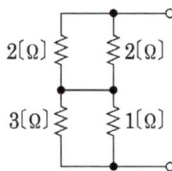

## 22 ★ 【78. 99. 15. 산업기사】

그림에서 a, b 단자의 전압이 50[V], a, b 단자에서 본 능동회로망의 임피던스가 $Z = 6 + j8[\Omega]$일 때 a, b단자에 임피던스 $\dot{Z} = 2 - j2[\Omega]$을 접속하면 이 임피던스에 흐르는 전류[A]는 얼마인가?

① $4 - j3$
② $4 + j3$
③ $3 - j4$
④ $3 + j4$

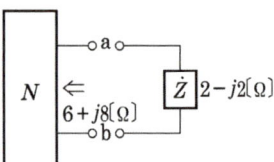

[해설] $\dot{I} = \frac{V}{Z + \dot{Z}} = \frac{50}{6 + j8 + 2 - j2} = 4 - j3[A]$

[답] 20. ②  21. ③  22. ①

**23** 두 개의 $N_1$과 $N_2$가 있다. a, b 단자, a′, b′ 단자의 각각의 전압은 50[V], 30[V]이다. 또, 양 단자에서 $N_1$, $N_2$를 본 임피던스가 15[Ω]과 25[Ω]이다. a와 a′, b와 b′를 연결하면 이때 흐르는 전류[A]는?

① 0.5
② 1
③ 2
④ 4

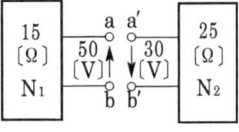

**해설** $N_1$과 $N_2$의 전압 방향이 반대이므로
$$I = \frac{V_1 + V_2}{Z_1 + Z_2} = \frac{50+30}{15+25} = 2[A]$$

**24** 그림에서 저항 0.2[Ω]에 흐르는 전류[A]는?

① 0.1
② 0.2
③ 0.3
④ 0.4

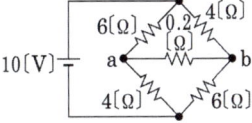

**해설** 그림과 같은 등가 회로로 그려보면 테브낭 정리를 이용할 수 있다.
a, b를 개방했을 때 전압 $V_T$는 a′와 b′간의 전위차이므로
$$V_T = V_b' - V_a' = \frac{6}{4+6} \times 10 - \frac{4}{4+6} \times 10 = 2[V]$$
다음, 전원을 단락하고 a, b에서 본 저항 $R_T$는
$$R_T = \frac{6 \times 4}{6+4} + \frac{6 \times 4}{6+4} = 4.8[Ω]$$
$$\therefore I = \frac{V_T}{R_T + R} = \frac{2}{4.8+0.2} = 0.4[A]$$

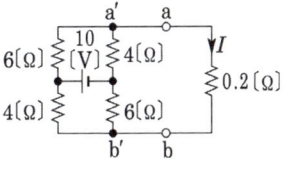

**25** 그림과 같은 회로에서 단자 a, b 간의 전압 $V_{ab}$[V]는?

① $-j160$
② 40
③ $j160$
④ 80

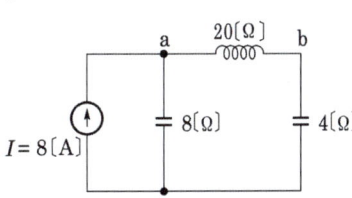

**해설**
$$I_{ab} = \frac{-j8}{(j20-j4)-j8} \times 8 = -8[A]$$
$$V_{ab} = -8 \times j20 = -j160[V]$$

**답** 23. ③  24. ④  25. ①

**26** 그림과 같은 회로에서 단자 b, c 에 걸리는 전압 $V_{bc}$는 몇 [V]인가?

① 4
② 6
③ 8
④ 10

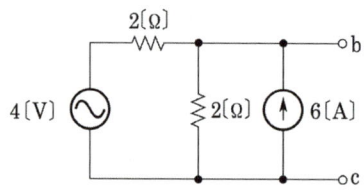

**해설** 위 그림을 테브낭 등가를 이용하여 변환하면

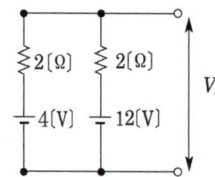

따라서 밀만의 정리를 적용하면

$$V_{bc} = \frac{\frac{4}{2} + \frac{12}{2}}{\frac{1}{2} + \frac{1}{2}} = 8[V]$$

**27** 그림의 회로에서 단자 a, b 에 3[Ω]의 저항을 연결할 때 저항에서의 소비 전력은 몇 [W]인가?

① 1/12
② 1/3
③ 1
④ 12

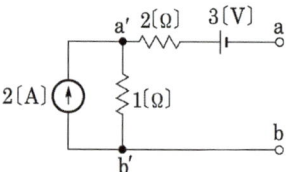

**해설** 문제의 그림에서 전류원을 전압원으로 등가하면 전류는

$$I = \frac{1}{6}[A]$$

그러므로 전력은 $P = I^2 R$에서

$$P = \left(\frac{1}{6}\right)^2 \cdot 3 = \frac{3}{36} = \frac{1}{12}[W]$$

---

### 유사문제

**01.** 다음과 같은 전압원과 전류원 사이의 관계는?

답 $I = \frac{E}{R_e}$, $R_i = R_e$

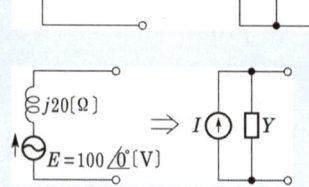

**02.** 그림과 같은 (a), (b) 두 회로가 등가일 때 전류원 ($I$)과 어드미턴스($Y$)의 값은 얼마인가?

답 $I = -j5[A]$, $Y = -j0.05[℧]$

답 26. ③ 27. ①

03. 그림과 같은 회로에서 단자 a, b에 테브낭의 정리를 이용한 등가 전압원[V]은?

답 1[V]

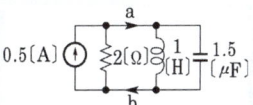

04. 회로 a를 회로 b로 할 때 테브낭의 정리를 이용하여 임피던스 $Z_0$의 값과 전압 $E_{ab}$의 값을 구하여라.

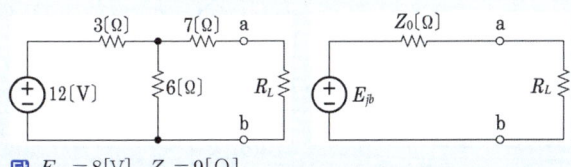

답 $E_{ab} = 8[V]$, $Z_0 = 9[\Omega]$

05. 그림을 테브낭의 등가 회로로 고치려고 한다. 이 때 테브낭의 등가 저항 $R_T[\Omega]$과 등가 전압 $E_T$[V]는?

답 $R_T = 8$, $E_T = 16$

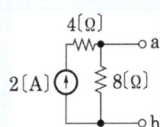

06. 그림과 같은 회로에서 테브낭 정리에 의하여 저항에 흐르는 전류를 계산하고자 한다. 이때, a, b단자에서 본 임피던스는?

답 $-j4[\Omega]$

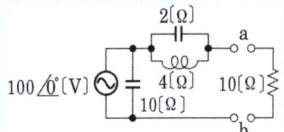

07. 그림에서 단자 a, b에서 바라본 테브낭의 등가 저항은 몇 [Ω]인가?

답 5[Ω]

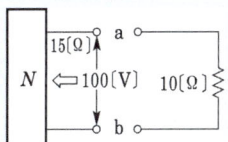

08. a, b단자의 전압이 100[V], a, b에서 본 능동 회로망 $N$의 임피던스가 15[Ω]일 때, 단자 a, b에 10[Ω]의 저항을 접속하면 a, b 사이에 흐르는 전류는 몇 [A]인가?

답 4[Ω]

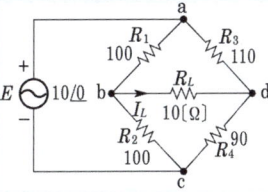

09. 다음 휘트스톤 브리지에서 $R_L$에 흐르는 전류는 약 몇 [mA]인가?

답 4.56[mA]

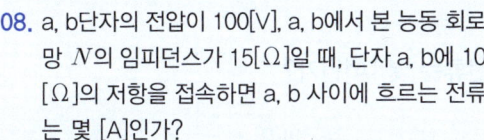

10. 그림과 같은 회로에서 테브낭의 등가 저항 $R_{th}$는 몇 [Ω]인가?

답 0.6[Ω]

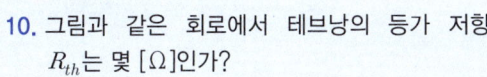

**11.** 내부 임피던스가 50[Ω]인 정전압 전원의 출력 단자에 50[Ω]의 저항을 연결할 때 단자 전압이 6[V]이었다면 같은 전원에 100[Ω]의 저항을 연결했을 때의 단자 전압[V]은?
  답 8[V]

**12.** a, b 단자의 전압 $v$는?
  답 2[V]

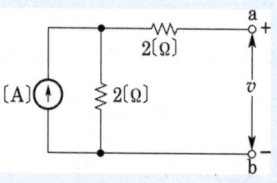

**13.** 다음 회로의 a, b 단자에서 본 임피던스 값은?
  답 0[Ω]

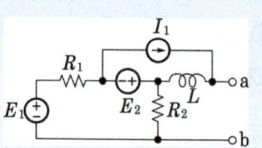

**14.** 그림과 같은 회로망에서 출력단 a, b에서 바라본 등가 임피던스를 구하여라. 단, $E_1 = 6[V]$, $E_2 = 3[V]$, $I_1 = 10[A]$, $R_1 = 15[Ω]$, $R_2 = 10[Ω]$, $L = 2[H]$이다.
  답 $2s + 6[Ω]$

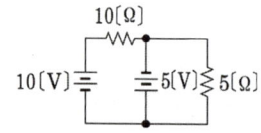

## 중첩의 원리

**28** ☆ 【96. 24. 산업기사】
그림과 같은 회로에서 5[Ω]에 흐르는 전류는 몇 [A]인가?
① 1/2
② 2/3
③ 1
④ 5/3

해설

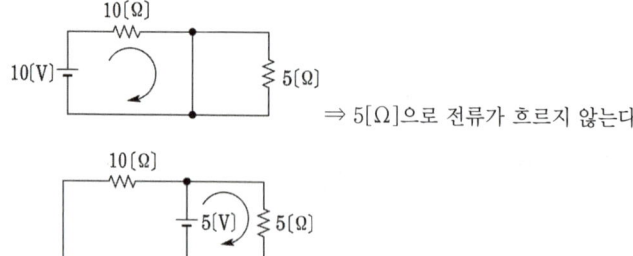

⇒ 5[Ω]으로 전류가 흐르지 않는다.

답 28. ③

**29** 선형 회로에 가장 관계가 있는 것은?
【97. 기사, 89. 90. 95. 04. 05. 07. 산업기사】

① 키르히호프의 법칙
② 중첩의 원리
③ $V = RI^2$
④ 패러데이의 전자 유도 법칙

해설, 중첩의 원리는 선형 회로인 경우에만 적용한다.

**30** 그림에서 10[Ω]의 저항에 흐르는 전류는 몇 [A]인가?
【94. 01. 10. 14. 20. 23. 25. 산업기사】

① 16
② 15
③ 14
④ 13

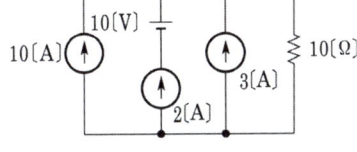

해설, 중첩의 정리에 의해 $I_R = 10 + 2 + 3 = 15 [A]$

**31** 그림에서 저항 20[Ω]에 흐르는 전류는 몇 [A]인가?
【82. 24. 기사, 86. 90. 91. 11. 산업기사, ㉯ : 83. 85. 94. 기사, 93. 07. 산업기사】

① 0.4
② 1
③ 3
④ 3.4

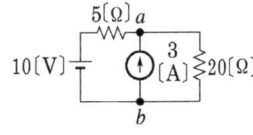

해설, 중첩의 원리에 의하여

10[V]에 의한 전류 : $I_1 = \dfrac{V}{R} = \dfrac{10}{5+20} = 0.4 [A]$

3[A]에 의한 전류 : $I_2 = \dfrac{R_1}{R_1 + R_2} I = \dfrac{5}{5+20} \times 3 = 0.6 [A]$

∴ $I = I_1 + I_2 = 0.4 + 0.6 = 1.0 [A]$

**32** 그림의 회로에서 a, b 사이의 단자 전압[V]은?
【83. 01. 기사】

① +2
② -2
③ +5
④ -5

해설, 중첩의 원리에 의해서
전압원 2[V]에 의해 +2[V]
전류원 5[A]에 의해서는 전압원이 단락 상태이므로 0[V]이다.
∴ +2[V]

답 29. ② 30. ② 31. ② 32. ①

**33** 그림과 같은 회로의 컨덕턴스 $G_2$에 흐르는 전류[A]는?

① 5
② 3
③ 10
④ 15

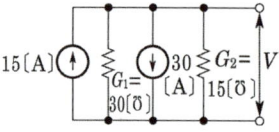

**[해설]** 전류원 두 개가 방향이 반대이므로 그림과 같은 회로가 된다.
$$I_2 = \frac{G_2}{G_1 + G_2}I = \frac{15}{30+15} \times 15 = 5[A]$$

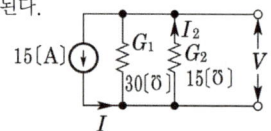

**34** 회로에서 $I_x$의 값은 몇 [A]인가?

① 1
② 2
③ -1
④ 3

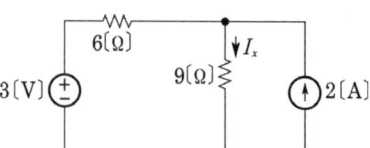

**[해설]** 3[V]의 전압원에 의해서 9[Ω]에 흐르는 전류를 $I'$라 하면
$$I' = \frac{3}{6+9} = \frac{3}{15} = 0.2[A]$$
2[A]의 전류원에 의해 9[Ω]에 흐르는 전류를 $I''$라 하면
$$I'' = \frac{R_1}{R_1 + R_2}I = \frac{6}{6+9} \times 2 = \frac{12}{15} = 0.8[A]$$
$$I_x = I' + I'' = 0.2 + 0.8 = 1[A]$$

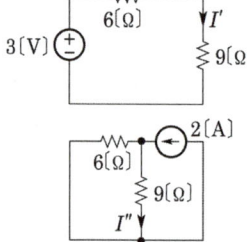

**35** 그림의 회로에서 $I_1$과 $I_2$는 몇 [A]인가?

① $I_1 = 5[A]$, $I_2 = 5[A]$
② $I_1 = 10[A]$, $I_2 = 10[A]$
③ $I_1 = 5[A]$, $I_2 = 10[A]$
④ $I_1 = 10[A]$, $I_2 = 5[A]$

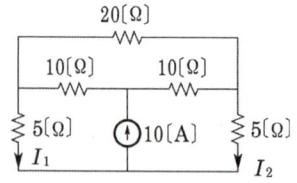

**[해설]** 각 지로의 전류는 저항의 크기에 반비례하여 분배된다.

**36** 그림과 같은 회로에서 전류 $I$[A]를 구하면?

① 2
② -2
③ -4
④ 4

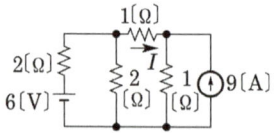

답  33. ①  34. ①  35. ①  36. ②

**[해설]**

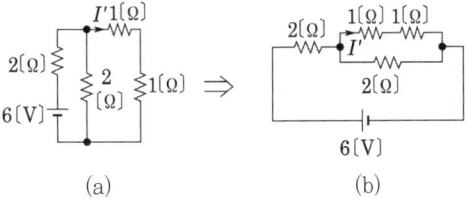

그림 (a), (b)에서 전류원 개방 시 $I'$는

$$I' = \frac{R_2}{R_1 + R_2} \cdot I = \frac{R_2}{R_1 + R_2} \cdot \frac{V}{R} = \frac{2}{(1+1)+2} \cdot \frac{6}{2 + \frac{(1+1) \times 2}{(1+1)+2}} = 1[A]$$

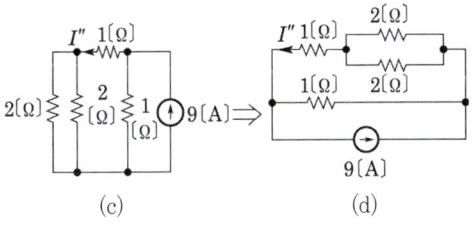

그림 (c), (d)에서 전압원 단락시 $I''$는 $I'' = \frac{R_2}{R_1 + R_2} \cdot I = \frac{1}{\left(1 + \frac{2 \times 2}{2+2}\right) + 1} \times 9 = 3[A]$

전 전류 $I$는 $I'$과 $I''$의 방향이 반대이므로 $I = I' - I'' = 1 - 3 = -2[A]$

---

**37** ★★★☆ 【97. 07. 기사, 78. 85. 94. 산업기사, ⊕ : 81. 92. 산업기사】
그림과 같은 회로에서 2[Ω]의 단자 전압[V]은?

① 3
② 4
③ 6
④ 8

**[해설]** 전압원만 존재할 때 2[Ω]에 흐르는 전류 $I_1 = \frac{V}{R} = \frac{3}{2+1} = 1[A]$

전류원만 존재할 때 2[Ω]에 흐르는 전류 $I_2 = \frac{R_1}{R_1 + R_2} I = \frac{1}{1+2} \times 6 = 2[A]$

2[Ω]을 흐르는 전 전류 $I = I_1 + I_2 = 1 + 2 = 3[A]$

∴ $V = IR = 3 \times 2 = 6[V]$

---

**38** ★★ 【04. 07. 기사, 78. 산업기사, ⊕ : 84. 기사】
그림과 같은 회로에서 7[Ω] 저항 양단의 전압[V]은?

① 4
② −4
③ 7
④ −7

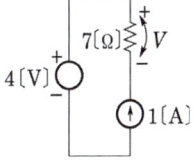

**정답** 37. ③  38. ④

**해설**, 전압원은 단락하고 전류원은 개방하여 중첩의 원리를 적용하면 전압원이 존재할 때 전류는 흐르지 않는다. 그러므로 전류원 존재 시에만 전류가 흐르게 되므로 7[Ω]에 걸리는 전압은 7[V]이다. 그런데 전류원의 방향과 $V$의 방향이 반대이므로 $V = -7$[V]가 된다.

**★★★** 【83. 88. 기사, 96. 00. 산업기사】

**39** 그림과 같은 회로에서 전압 $v$[V]는?

① 약 0.93
② 약 0.6
③ 약 1.47
④ 약 1.5

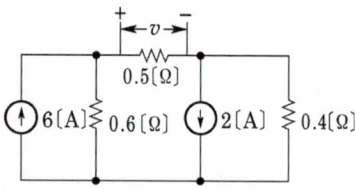

**해설**, 6[A]의 전류원을 $I'$, 2[A] 전류원을 $I''$라 할 때
$$I' = \frac{R_1}{R_1+R_2}I = \frac{0.6}{0.6+(0.5+0.4)} \times 6 = 2.4[A], \quad I'' = \frac{R_2}{R_1+R_2}I = \frac{0.4}{1.1+0.4} \times 2 = 0.53[A]$$
$$v = (2.4+0.53) \times 0.5 ≒ 1.47[V]$$

**★** 【84. 기사】

**40** 그림의 회로에서 12[V]의 전압원이 공급하는 전력은 몇 [W]인가?

① 12
② 24
③ 36
④ 48

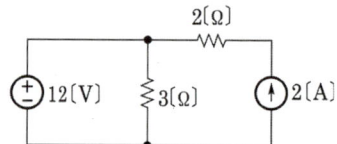

**해설**, 중첩의 원리에 의하여 12[V]의 전압원은 3[Ω]의 저항에만 전력을 공급한다.
$$\therefore P = \frac{V^2}{R} = \frac{12^2}{3} = 48[W]$$

**★★☆** 【83. 90. 05. 기사, 89. 산업기사】

**41** 다음 회로의 a, b 단자에서 $v-i$ 특성을 옳게 나타낸 것은?

① $v = i+1$
② $v = 1-i$
③ $v = i+2$
④ $v = i-\dfrac{1}{2}$

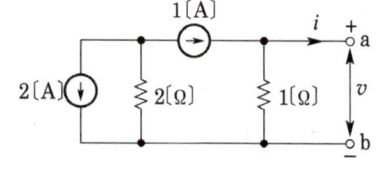

**해설**, 전류원을 전압원으로 등가 변환하면 그림과 같은 테브낭 등가 회로를 구할 수 있다.

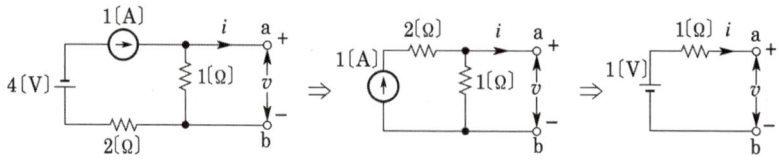

그림으로부터 $v = 1 - i \times 1 = 1 - i$

**답** 39. ③  40. ④  41. ②

**42** 그림과 같은 회로에서 $V-i$ 관계식은?

① $V = 0.8i$
② $V = i_s R_s - 2i$
③ $V = 3 + 0.2i$
④ $V = 2i$

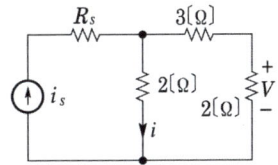

해설: $V = \dfrac{2}{3+2} \times 2i = \dfrac{4}{5}i = 0.8i\,[\text{V}]$

## 유사문제

**01.** 그림에서 $R(=5[\Omega])$을 흐르는 전류의 크기[A]는?
답 2[A]

**02.** 다음 그림에서 a, b간의 단자 전압 $V_{ab}$는?
답 13[V]

**03.** 그림과 같은 회로에서 15[Ω]에 흐르는 전류는 몇 [A]인가?
답 4[A]

**04.** 그림과 같은 회로에서 $i_1$은 몇 [A]인가?
답 4[A]

**05.** 그림에서 2[Ω]에 흐르는 전류 $I$[A]는?
답 $\dfrac{28}{31}$[A]

**06.** 그림과 같은 회로에서 공급되는 전력[W]은?
답 125[W]

**07.** 그림과 같은 회로에서 선형 저항 3[Ω] 양단의 전압[V]은?
답 2[V]

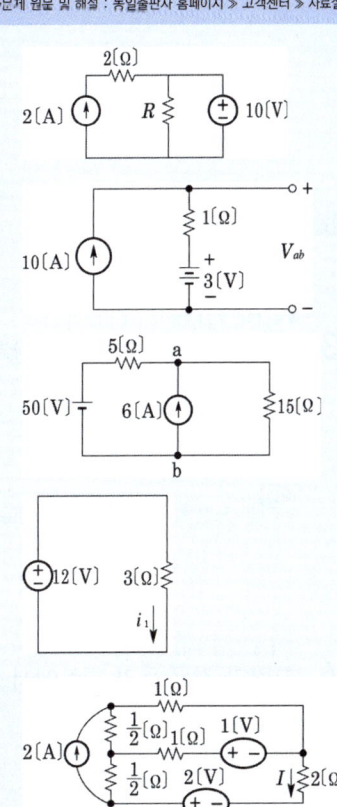

답 42. ①

08. 그림에서 a, b단자의 전압 $V_{ab}$[V]는?

답 2[V]

09. 그림과 같은 회로는 전류 제어 전압원, 독립 전류원 및 전류원을 포함한다. $i_x$는 몇 [A]인가?

답 1.4[A]

10. 다음 회로에서 10[Ω]의 저항에 흐르는 전류는?

답 1[A]

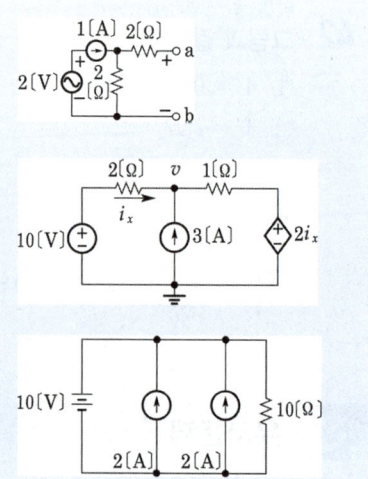

## 노튼 정리

★★ 【91. 기사, 88. 07. 11. 산업기사】
**43** 테브낭의 정리와 쌍대의 관계가 있는 것은 다음 중 어느 것인가?
① 밀만의 정리　　② 중첩의 원리
③ 노튼의 정리　　④ 보상의 정리

해설, 노튼의 정리(Norton's theorem) $I = \dfrac{Y_L}{Y_g + Y_L} \cdot I_s$

☆ 【78. 산업기사】
**44** 그림과 같은 등가 회로에서 노튼 정리를 이용한 등가 전류원[A]은?
① 2.5
② 4
③ 5
④ 10

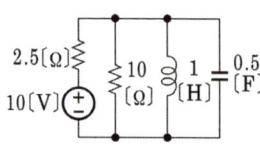

해설, $I = \dfrac{E}{R} = \dfrac{10}{2.5} = 4$[A]

답 43. ③　44. ②

## 밀만의 정리

**45** 그림과 같은 회로에서 단자 a, b 간의 전압 $V_{ab}$[V]는?

① 16.1
② 32.5
③ 23.7
④ 12.5

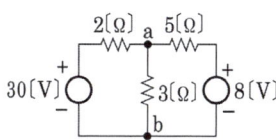

[해설] 밀만의 정리를 적용하면 $V_{ab} = \dfrac{\dfrac{E_1}{R_1}+\dfrac{E_2}{R_2}}{\dfrac{1}{R_1}+\dfrac{1}{R_2}+\dfrac{1}{R_3}} = \dfrac{\dfrac{30}{2}+\dfrac{8}{5}}{\dfrac{1}{2}+\dfrac{1}{3}+\dfrac{1}{5}} = 16.06[V]$

**46** 그림과 같은 회로에서 a, b 사이의 전위차[V]는?

① 2
② 4
③ 6
④ 8

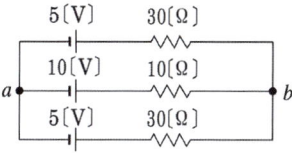

[해설] 밀만의 정리에서 $V_{ab} = \dfrac{\dfrac{E_1}{R_1}+\dfrac{E_2}{R_2}+\dfrac{E_3}{R_3}}{\dfrac{1}{R_1}+\dfrac{1}{R_2}+\dfrac{1}{R_3}} = \dfrac{\dfrac{5}{30}+\dfrac{10}{10}+\dfrac{5}{30}}{\dfrac{1}{30}+\dfrac{1}{10}+\dfrac{1}{30}} = 8[V]$

**47** 그림의 회로에서 단자 a, b 사이의 전압을 구하면?

① $\dfrac{360}{37}$[V]
② $\dfrac{120}{37}$[V]
③ 28[V]
④ 40[V]

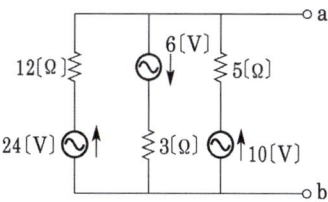

[해설] $V_{ab} = \dfrac{\dfrac{E_1}{R_1}+\dfrac{E_2}{R_2}+\dfrac{E_3}{R_3}}{\dfrac{1}{R_1}+\dfrac{1}{R_2}+\dfrac{1}{R_3}} = \dfrac{\dfrac{24}{12}-\dfrac{6}{3}+\dfrac{10}{5}}{\dfrac{1}{12}+\dfrac{1}{3}+\dfrac{1}{5}} = \dfrac{120}{37}[V]$

답 45. ① 46. ④ 47. ②

★★★ 【90. 81. 기사, 86. 88. 산업기사】

**48** 그림과 같은 회로에서 $E_1 = 110[V]$, $E_2 = 120[V]$, $R_1 = 1[\Omega]$, $R_2 = 2[\Omega]$일 때 a, b 단자에 $5[\Omega]$의 $R_3$를 접속하였을 때 a, b 간의 전압 $V_{ab}[V]$은?

① 85
② 90
③ 100
④ 105

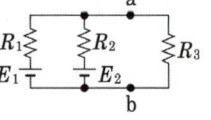

해설, 밀만의 정리를 적용하면 $V_{ab} = \dfrac{\dfrac{E_1}{R_1} + \dfrac{E_2}{R_2}}{\dfrac{1}{R_1} + \dfrac{1}{R_2} + \dfrac{1}{R_3}} = \dfrac{\dfrac{110}{1} + \dfrac{120}{2}}{\dfrac{1}{1} + \dfrac{1}{2} + \dfrac{1}{5}} = \dfrac{1700}{17} = 100[V]$

★★★★★ 【87. 88. 90. 94. 08. 기사, 88. 92. 95. 23. 산업기사, ㉕ : 07. 25. 산업기사】

**49** 다음 회로의 단자 a, b에 나타나는 전압[V]은 얼마인가?

① 9
② 10
③ 12
④ 3

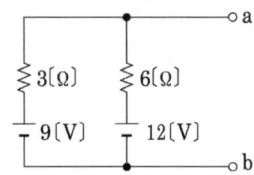

해설, 밀만의 정리를 사용하여 $E_{ab} = \dfrac{E_1 Y_1 + E_2 Y_2}{Y_1 + Y_2} = \dfrac{\dfrac{9}{3} + \dfrac{12}{6}}{\dfrac{1}{3} + \dfrac{1}{6}} = 10[V]$

## 유사문제

유사문제 원문 및 해설 : 동일출판사 홈페이지 ≫ 고객센터 ≫ 자료실

**01.** 그림에서 단자 AB에 나타나는 전압 $V_{AB}[V]$는 얼마인가?
   답 $6.0[V]$

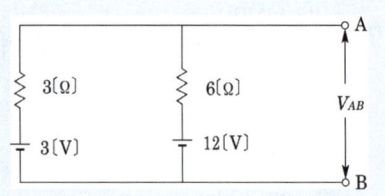

**02.** 그림에서 단자 a, b에 나타나는 $V_{ab}$는 몇 [V]인가?
   답 $4.3[V]$

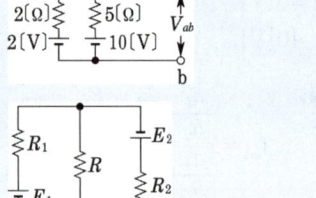

**03.** 그림과 같은 회로에서 $R$을 흐르는 전류가 0이 되기 위한 조건은?
   답 $R_2 E_1 = R_1 E_2$

답 48. ③ 49. ②

## 가역정리

**50** ★★★☆ 【77. 98. 01. 기사, 90. 산업기사】
그림과 같은 선형 회로망에서 단자 a, b 간에 100[V]의 전압을 가할 때 c, d에 흐르는 전류가 5[A]이었다. 반대로 같은 회로에서 c, d 간에 50[V]를 가하면 a, b에 흐르는 전류[A]는?

① 2.5
② 10
③ 25
④ 50

[해설] 가역 정리에 의하여 $E_1 I_1 = E_2 I_2$ 이므로
$$I_1 = \frac{E_2}{E_1} I_2 = \frac{50}{100} \times 5 = 2.5 [A]$$

**51** ★ 【79. 기사】
회로 (a) 및 (b)에서 $I_1 = I_2$가 되면?

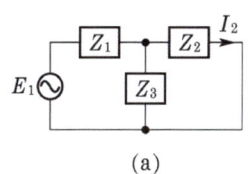
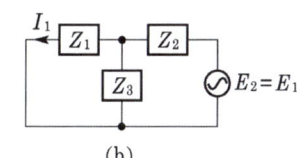

① 보상 정리가 성립한다.
② 중첩의 원리가 성립한다.
③ 노튼의 정리가 성립한다.
④ 가역 정리가 성립한다.

[해설] $I_1 = I_2$, $E_1 = E_2$이므로 가역 정리 $I_1 E_1 = I_2 E_2$가 성립한다.

**52** ★ 【84. 기사】
그림과 같은 회로망에서 $Z_a$ 지로에 300[V]의 전압을 가할 때 $Z_b$ 지로에 30[A]의 전류가 흘렀다. $Z_b$ 지로에 200[V]의 전압을 가할 때 $Z_a$ 지로에 흐르는 전류[A]를 구하면?

① 10
② 20
③ 30
④ 40

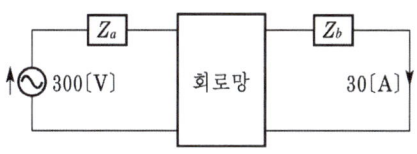

[해설] 가역 정리 $E_1 I_1 = E_2 I_2$를 적용하면 $300 I_1 = 200 \times 30$
따라서 $I_1 = 20 [A]$

답 50. ① 51. ④ 52. ②

**53** 그림과 같은 회로에서 $E_1 = 1[V]$, $E_2 = 0[V]$일 때의 $I_2$와 $E_1 = 0[V]$, $E_2 = 1[V]$일 때의 $I_1$을 비교하였을 때 옳은 것은?

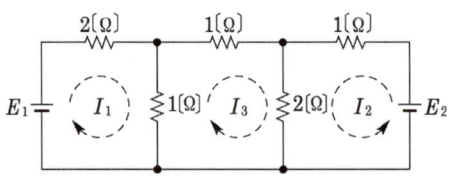

① $I_1 > I_2$   ② $I_1 < I_2$   ③ $I_1 = I_2$   ④ $I_1 < I_3 < I_2$

[해설] 가역 정리에 의하여 두 경우의 전류는 같다.

53. ③

# CHAPTER 09 다상 교류

## 01 평형 3상 기전력의 발생

주파수는 같으나 위상이 다른 여러 기전력이 같은 회로계 내에 동시에 존재하는 교류방식을 다상교류방식(polyphase system)이라고 하며, 이와 같은 기전력을 다상교류 기전력이라 한다. $n$개의 기전력이 존재하는 $n$상 방식에 있어서 $n$개의 다상기전력의 크기가 서로 같고, 또 인접하고 있는 각 기전력 사이의 위상차가 같을 때, 이 방식을 대칭 다상방식이라고 하며, 그렇지 않을 때를 비대칭 다상방식이라고 한다. 또 각상의 순시전력의 총합이 맥동하는가, 않는가에 따라 평형다상방식과 불평형 다상방식으로 구분된다.

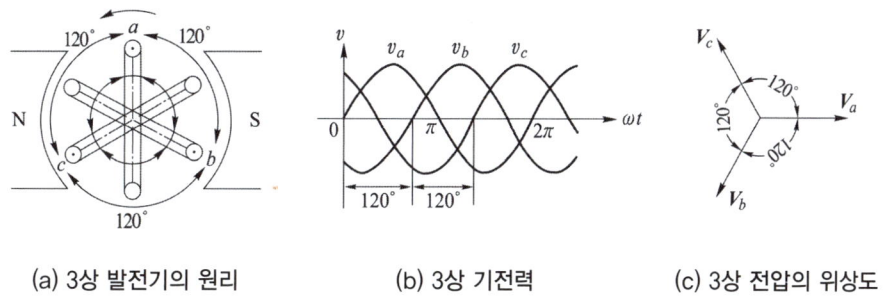

(a) 3상 발전기의 원리　　(b) 3상 기전력　　(c) 3상 전압의 위상도

3상 발전기는 3개의 권선을 공간적으로 120° 간격으로 배치하여 회전자에 감은 구조로 되어 있다. 회전자가 균일 자장 내에서 시계 반대방향으로 일정속도로 회전하면 각 권선의 양 단에는 그림 (b)와 같이 크기가 같고 120°의 위상차를 갖는 교류 정현파 $v_a$, $v_b$, $v_c$가 발생한다. 이 3개의 단상전압을 일컬어 3상 기전력 또는 3상 전압이라 하며 순시값 표현은 다음과 같다.

$$v_a = V_m \sin\omega t$$
$$v_b = V_m \sin(\omega t - 120°)$$
$$v_c = V_m \sin(\omega t - 240°)$$

페이저로 나타내면

$$\boldsymbol{V}_a = V\angle 0°, \quad \boldsymbol{V}_b = V\angle -120°, \quad \boldsymbol{V}_c = V\angle -240°$$

로 되며 페이저도는 그림 (c)와 같이 나타낸다.
이와 같이 기전력의 크기가 같고 120°의 위상차를 갖는 3상 기전력을 평형 3상전원이라 한다. 평형 3상 전원에서는 페이저도에서와 같이 3상 전원을 합하면 0이 된다.

$$\boldsymbol{V}_a + \boldsymbol{V}_b + \boldsymbol{V}_c = 0$$

## 02 - 평형 3상 전원회로의 전압과 전류

### 1) Y 전원회로의 전압과 전류   출제 산업 17번, 기사 8번

$V_a$, $V_b$, $V_c$를 상전압, $I_a$, $I_b$, $I_c$를 상전류, $V_{ab}$, $V_{bc}$, $V_{ca}$를 선간전압, $I_1$, $I_2$, $I_3$를 선전류라 하면 상전압과 선간전압의 관계는

$$V_{ab} = V_a - V_b = V_a + (-V_b)$$
$$V_{bc} = V_b - V_c = V_b + (-V_c)$$
$$V_{ca} = V_c - V_a = V_c + (-V_a)$$

로 되며 페이저도는 그림 (b)와 같다.

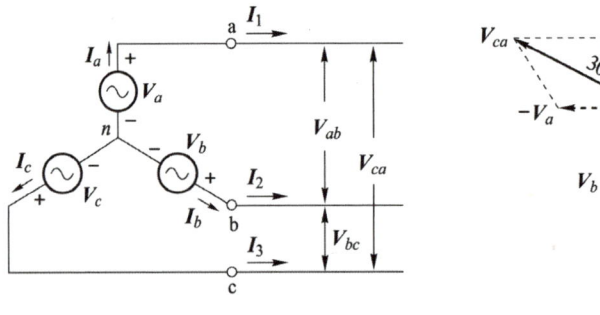 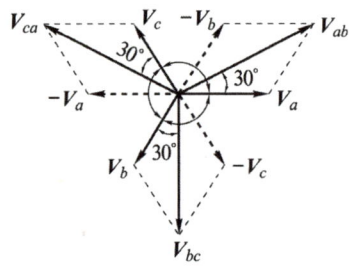

(a) 3상 Y전원 회로    (b) 페이저도

(1) 각 상전압과 각 선간전압의 관계

$$V_{ab} = \sqrt{3}\, V_a \angle 30°$$
$$V_{bc} = \sqrt{3}\, V_b \angle 30°$$
$$V_{ca} = \sqrt{3}\, V_c \angle 30°$$

대표적으로 상전압을 $V_p$, 선간전압을 $V_l$이라 하면

$$V_l = \sqrt{3}\, V_p \angle 30°$$

로 되어 각 선간전압은 각 상전압에 비해 크기가 $\sqrt{3}$ 배이며 위상은 30° 빠르다.

(2) 상전류와 선전류의 관계

$$I_1 = I_a,\ I_2 = I_b,\ I_3 = I_c$$

대표적으로 상전류를 $I_P$, 선전류를 $I_l$이라 하면

$$I_l = I_P$$

로 되어 각 선전류는 각 상전류와 크기와 위상이 같다.

## 2) △ 전원회로의 전압과 전류  출제 산업 13번, 기사 6번

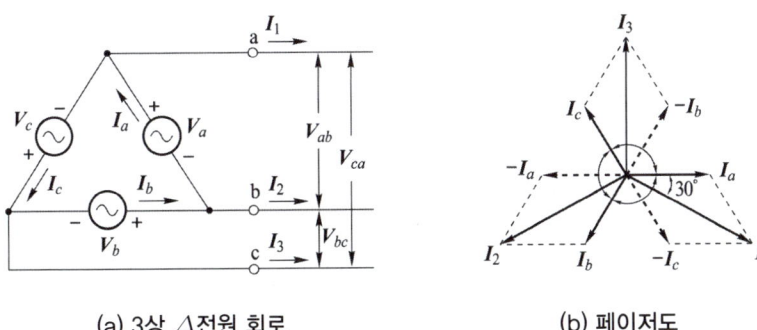

(a) 3상 △전원 회로  (b) 페이저도

(1) 선간전압과 상전압의 관계

$$V_{ab} = V_a, \; V_{bc} = V_b, \; V_{ca} = V_c$$

대표적으로 상전압을 $V_P$, 선간전압을 $V_l$이라 하면

$$V_l = V_P$$

로 되어 각 선간전압은 각 상전압과 크기와 위상이 같다.

(2) 상전류와 선전류의 관계

$$I_1 = I_a - I_c = I_a + (-I_c)$$
$$I_2 = I_b - I_a = I_b + (-I_a)$$
$$I_3 = I_c - I_b = I_c + (-I_b)$$

따라서 각 상전류와 각 선전류의 관계는 다음과 같다.

$$I_1 = \sqrt{3}\,I_a \angle -30°$$
$$I_2 = \sqrt{3}\,I_b \angle -30°$$
$$I_3 = \sqrt{3}\,I_c \angle -30°$$

대표적으로 상전류를 $I_p$, 선전류를 $I_l$이라 하면

$$I_l = \sqrt{3}\,I_p \angle -30°$$

로 되어 각 선전류는 각 상전류에 비해 크기가 $\sqrt{3}$ 배이며 위상은 $30°$ 느리다.

## 03 - 부하의 Y-△ 결선

Y회로와 △회로가 등가가 되려면 각각의 단자 간(a-b, b-c, c-a) 합성저항의 크기가 서로 같아야 한다.

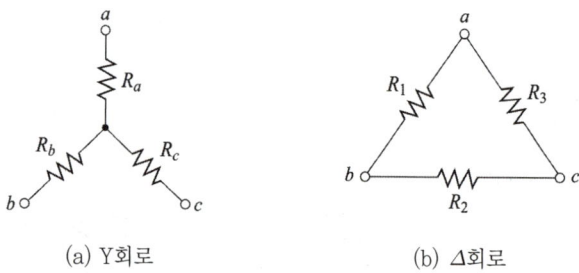

(a) Y회로  (b) △회로

부하의 Y-△ 회로

### 1) Y회로 및 △회로에 있어서, 단자 a-b, b-c, c-a 간의 합성저항

$$R_{a-b} = R_a + R_b = \frac{(R_2 + R_3)R_1}{(R_2 + R_3) + R_1}$$

$$R_{b-c} = R_b + R_c = \frac{(R_1 + R_3)R_2}{(R_1 + R_3) + R_2}$$

$$R_{c-a} = R_c + R_a = \frac{(R_1 + R_2)R_3}{(R_1 + R_2) + R_3}$$

### 2) Y → △로 등가변환   출제 산업 4번

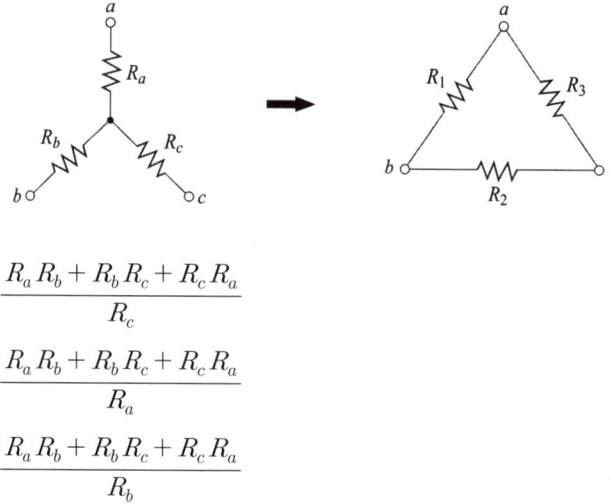

$$R_1 = \frac{R_a R_b + R_b R_c + R_c R_a}{R_c}$$

$$R_2 = \frac{R_a R_b + R_b R_c + R_c R_a}{R_a}$$

$$R_3 = \frac{R_a R_b + R_b R_c + R_c R_a}{R_b}$$

여기서 $R_a = R_b = R_c$가 되면, $R_1 = R_2 = R_3 = R_\Delta = 3R_Y$

## 3) $\Delta \to Y$로 등가변환  출제 산업 5번, 기사 6번

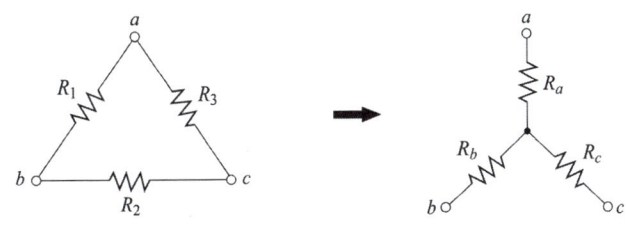

$$R_a = \frac{R_1 R_3}{R_1 + R_2 + R_3}, \quad R_b = \frac{R_1 R_2}{R_1 + R_2 + R_3}, \quad R_c = \frac{R_3 R_2}{R_1 + R_2 + R_3}$$

여기서, $R_1 = R_2 = R_3$가 되면

$$R_a = R_b = R_c = R_Y = \frac{1}{3} R_\Delta$$

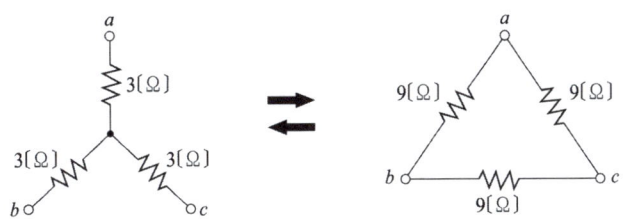

Y–$\Delta$ 등가변환

## 04 - 3상회로의 전력

3상회로의 전력은 그 결선방식이나 평형, 불평형에 관계없이 각 상의 전력을 단상에서와 마찬가지 방법으로 구한 후 이들의 합을 구하면 된다.

### 1) $R-X$ 직렬 회로의 전력산출

3상회로의 전력의 산출식은 상전압, 상전류를 기준으로 하는 경우

유효전력 $P = 3 V_P I_P \cos\theta [\text{W}]$
무효전력 $P = 3 V_P I_P \sin\theta [\text{Var}]$
피상전력 $P = 3 V_P I_P [\text{VA}]$

출제 산업 8번, 기사 9번

선간전압 선전류를 기준으로 하는 경우

유효전력 $P = \sqrt{3}\, V_l I_l \cos\theta\,[\text{W}]$

무효전력 $P = \sqrt{3}\, V_l I_l \sin\theta\,[\text{Var}]$

피상전력 $P = \sqrt{3}\, V_l I_l\,[\text{VA}]$

가 된다.

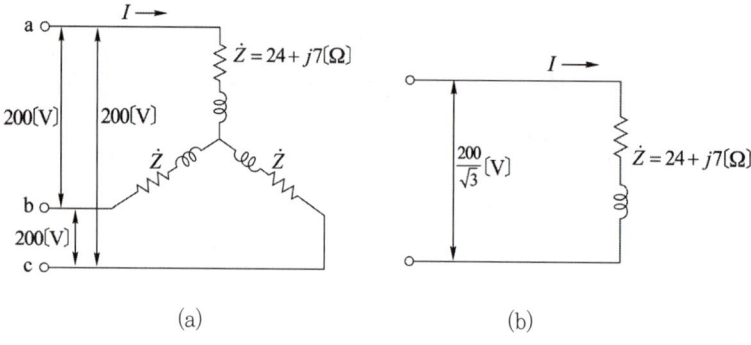

(a)　　　　　　　(b)

위 그림 (a)는 3상부하이며 그림 (b)는 그림 (a)에 대한 등가단상회로이다. 회로의 주어진 조건 (선간전압 200[V], 한 상의 임피던스 $24 + j7[\Omega]$)에 의해 유효전력, 무효전력, 피상전력 그리고 3상역률과 무효율을 구한다. 이때 3상 전력은 평형3상인 경우에는 단상회로의 3배로 구하면 된다.

(1) 유효전력

$$P = 3\frac{V_P^2 R}{R^2 + X^2}$$ 출제 산업 25번, 기사 15번

위의 식을 적용하면

$$P = 3\frac{\left(\frac{200}{\sqrt{3}}\right)^2 \times 24}{24^2 + 7^2} = 1536[\text{W}]$$

(2) 무효전력

$$P = 3\frac{V_P^2 X}{R^2 + X^2}$$

위 식을 적용하면

$$P = 3\frac{\left(\frac{200}{\sqrt{3}}\right)^2 \times 7}{24^2 + 7^2} = 448[\text{Var}]$$

(3) 피상전력

$$P = 3\frac{V_P^2 \sqrt{R^2 + X^2}}{R^2 + X^2}$$

위 식을 적용하면

$$P = 3\frac{\left(\frac{200}{\sqrt{3}}\right)^2 \times \sqrt{24^2 + 7^2}}{24^2 + 7^2} = 1600[\text{VA}]$$

(4) 역률  $p \cdot f = \cos\theta = \dfrac{R}{Z} = \dfrac{24}{\sqrt{24^2 + 7^2}} = \dfrac{24}{25}$

(5) 무효율  $c \cdot f = \sin\theta = \dfrac{X}{Z} = \dfrac{7}{\sqrt{24^2 + 7^2}} = \dfrac{7}{25}$

역률의 계산은 단상회로의 계산과 같다. 즉, 등가단상회로를 잘 활용하면 쉽게 3상회로를 이해할 수 있다.

### 2) 전력의 측정

일반적으로 3상 3선식 회로에 있어서 불평형인 경우에도 2개의 단상 전력계만 사용하므로써 (2전력계법) 회로에 공급되는 총전력을 구할 수 있으며, 이는 다음과 같이 증명된다.

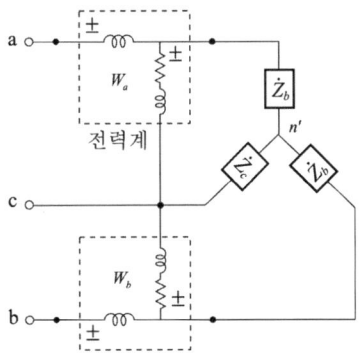

그림과 같은 회로에서 공액 복소전력을 구하면

$$P_a = P - jP_r = \overline{\dot{V_a}}\dot{I_a} + \overline{\dot{V_b}}\dot{I_b} + \overline{\dot{V_c}}\dot{I_c}$$

위 그림은 중성선이 없기 때문에 평형, 불평형에 관계없이 KCL에 의해

$$\dot{I_a} + \dot{I_b} + \dot{I_c} = 0$$

이 되며 이식을 이용하면

$$\begin{aligned} P_a &= P - jP_r = \overline{\dot{V_a}}\dot{I_a} + \overline{\dot{V_b}}\dot{I_b} + \overline{\dot{V_c}}\dot{I_c} \\ &= \overline{\dot{V_a}}\dot{I_a} + \overline{\dot{V_b}}\dot{I_b} + \overline{\dot{V_c}}\dot{I_c} - (\dot{I_a} + \dot{I_b} + \dot{I_c})\overline{\dot{V_c}} \\ &= \dot{I_a}(\overline{\dot{V_a}} - \overline{\dot{V_c}}) + \dot{I_b}(\overline{\dot{V_b}} - \overline{\dot{V_c}}) = \dot{I_a}\overline{\dot{V_{ac}}} + \dot{I_b}\overline{\dot{V_{bc}}} \end{aligned}$$

와 같이 변형될 수 있다. 위 식은 3상회로의 전력이 2개의 선전류와 2개의 선간전압에 의해 구해질 수 있음을 보여준다. 이러한 2전력계법은 선전류와 선간전압만에 의해 결정되기 때문에 $\Delta$결선인 경우도 적용이 된다. 이때 유효전력, 무효전력은 다음과 같이 된다.

(1) 유효전력  $P = W_a + W_b$  출제 산업 6번, 기사 3번

(2) 무효전력  $P_r = \sqrt{3}\,(W_a - W_b)$

(3) 피상전력은 위 두 식으로부터

$$\begin{aligned} P_a &= \sqrt{P^2 + P_r^2} = \sqrt{(W_a + W_b)^2 + \{\sqrt{3}\,(W_a - W_b)\}^2} \\ &= 2\sqrt{W_a^2 + W_b^2 - W_a W_b} \quad \text{출제 기사 1번} \end{aligned}$$

(4) 역률  $\cos\theta = \dfrac{P}{P_a} = \dfrac{W_a + W_b}{2\sqrt{W_a^2 + W_b^2 - W_a W_b}}$  출제 산업 5번, 기사 3번

## 05 - 대칭 $n$상 회로

### 1) 성형결선

① 선간전압  $E_l = 2E_P \sin\dfrac{\pi}{n}$  출제 산업 1번, 기사 5번

② 선전류 = 상전류(성형전류)

③ 위상 : 선간전압이 상전압(성형전압)보다 $\dfrac{\pi}{2}\left(1 - \dfrac{2}{n}\right)$[rad]만큼 앞선다.  출제 산업 5번, 기사 1번

### 2) 환상결선

① 선간전압 = 상전압(환상전압)

② 선전류 $I_l = 2I_P \sin\dfrac{\pi}{n}$ 출제 산업 2번

③ 위상 : 선전류가 상전류(환상전류)보다 $\dfrac{\pi}{2}\left(1-\dfrac{2}{n}\right)$[rad]만큼 뒤진다. 출제 산업 3번

3) 회전자계  출제 산업 6번, 기사 2번
① 대칭 전류 : 원형회전 자계 형성
② 비대칭 전류 : 타원 회전자계 형성

4) $n$상 전력

$$P = \dfrac{n}{2\sin\dfrac{\pi}{n}} V_l\, I_l \cos\theta\,[\text{W}]$$ 출제 산업 3번

## 06 - 3상 V결선(V-connnection)

### 1) V결선의 전압과 전류
단상 전원 3대를 3상 $\Delta$결선하여 운행 중인 3상 전원에서 한 상의 전원에 이상이 생긴 경우 단상전원 2대를 V결선하면 아무런 지장없이 부하에 3상 전압을 공급할 수 있다.

### 2) V결선과 Y결선 및 $\Delta$결선과의 비교

| 결선법 | 선간전압 $V_l$ | 선전류 $I_l$ | 출력 | |
|---|---|---|---|---|
| Y결선 | $\sqrt{3}\,V_p$ | $I_p$ | $\sqrt{3}\,V_l I_l$ | $3V_p I_p$ |
| △결선 | $V_p$ | $\sqrt{3}\,I_p$ | $\sqrt{3}\,V_l I_l$ | $3V_p I_p$ |
| V결선 | $V_p$ | $I_p$ | $\sqrt{3}\,V_l I_l$ | $\sqrt{3}\,V_p I_p$ |

출제 산업 6번

여기서, $V_l$ : 선간 전압, $I_l$ : 선로 전류, $V_p$ : 상전압, $I_p$ : 상전류

### 3) 출력의 비

출력의 비 $= \dfrac{\text{V결선 출력}}{\text{3상 출력}} = \dfrac{\sqrt{3}\,VI}{3\,VI} = \dfrac{1}{\sqrt{3}} \fallingdotseq 0.577 = 57.7[\%]$ 출제 산업 1번, 기사 3번

### 4) 이용률

이용률 $= \dfrac{\text{3상 출력}}{\text{설비 용량}} = \dfrac{\sqrt{3}\,VI}{2\,VI} = \dfrac{\sqrt{3}}{2} = 0.866 = 86.6[\%]$ 출제 기사 1번

# CHAPTER 09 출제예상문제_다상 교류

## △-Y 등가변환

**01** ★★★ 【83. 90. 91. 기사】

$R[\Omega]$인 3개의 저항을 같은 전원에 △결선으로 접속시킬 때와 Y결선으로 접속시킬 때 선전류의 크기 비 $\left(\dfrac{I_\triangle}{I_Y}\right)$는?

① $\dfrac{1}{3}$　　② $\sqrt{6}$　　③ $\sqrt{3}$　　④ 3

[해설] $\dfrac{I_\triangle}{I_Y} = \dfrac{\dfrac{\sqrt{3}\,V}{R}}{\dfrac{V}{\sqrt{3}\,R}} = 3$

**02** ★★★★★ 【87. 89. 01. 08. 기사, ㊕ : 82. 83. 88. 92. 00. 07. 20. 산업기사】

그림과 같은 회로의 단자 a, b, c에 대칭 3상 전압을 가하여 각 선전류를 같게 하려면 $R$의 값을 얼마[Ω]로 하면 되는가?

① 2　　② 8
③ 16　　④ 24

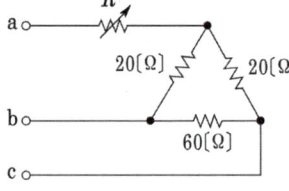

[해설] △저항을 Y저항으로 변환하면

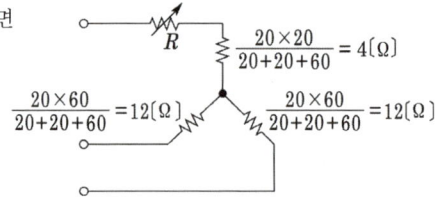

위에서 각 선전류가 같기 위해서는 각 선저항이 같아야 하므로 $R+4=12$라야 한다.
$R = 12 - 4 = 8[\Omega]$

**03** ★★ 【83. 04. 07. 20. 24. 산업기사, ㊕ : 83. 기사】

9[Ω]과 3[Ω]의 저항 6개를 그림과 같이 연결하였을 때 A, B 사이의 합성 저항[Ω]은?

① 6　　② 4
③ 3　　④ 2

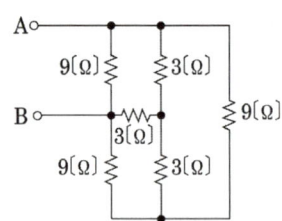

답　1. ④　2. ②　3. ③

해설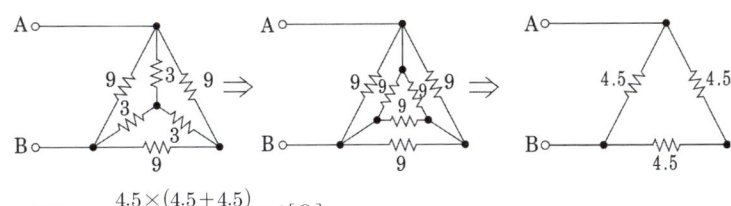

$$\therefore R_{AB} = \frac{4.5 \times (4.5+4.5)}{4.5+(4.5+4.5)} = 3[\Omega]$$

★ 【83. 99. 18. 산업기사】
**04** 그림과 같은 Y결선 회로와 등가인 △결선 회로의 A, B, C 값은?

① $A = \frac{11}{3}$, $B = 11$, $C = \frac{11}{2}$

② $A = \frac{7}{3}$, $B = 7$, $C = \frac{7}{2}$

③ $A = 11$, $B = \frac{11}{2}$, $C = \frac{11}{3}$

④ $A = 7$, $B = \frac{7}{2}$, $C = \frac{7}{3}$

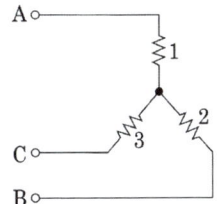 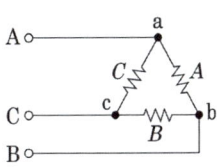

해설
$$A = \frac{1\times 2 + 2\times 3 + 3\times 1}{3} = \frac{11}{3}$$
$$B = \frac{1\times 2 + 2\times 3 + 3\times 1}{1} = 11$$
$$C = \frac{1\times 2 + 2\times 3 + 3\times 1}{2} = \frac{11}{2}$$

★★☆ 【83. 08. 기사, 82. 83. 90. 산업기사】
**05** 대칭 3상 전압을 그림과 같은 평형 부하에 가할 때의 부하의 역률은 얼마인가?

단, $R = 9[\Omega]$, $\frac{1}{\omega C} = 4[\Omega]$이다.

① 1
② 0.96
③ 0.8
④ 0.6

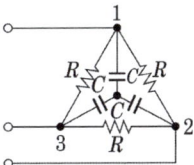

해설  문제의 회로를 등가 변환하면 그림과 같으며 그림에서 1상의 어드미턴스 $Y$는

$$Y = \frac{1}{3} + j\frac{1}{4}[\mho]$$

$$\therefore \cos\theta = \frac{X_C}{\sqrt{R^2 + X_C^2}} = \frac{4}{\sqrt{3^2 + 4^2}} = 0.8$$

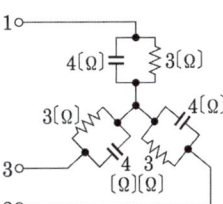

답  4. ①  5. ③

**06** $r[\Omega]$인 6개의 저항을 그림과 같이 접속하고 평형 3상 전압 $V$를 가했을 때 $I$는 몇 [A]인가? 단, $r=3[\Omega]$, $V=60[V]$이다.

① 5
② 6
③ 7.5
④ 8.5

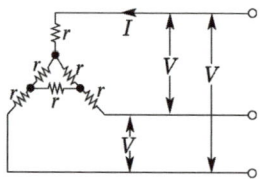

해설 $I = \dfrac{\sqrt{3}\,V}{4r} = \dfrac{60\sqrt{3}}{4\times 3} = 8.66[A]$

**07** 전압 200[V]의 3상 회로에 그림과 같은 평형 부하를 접속했을 때 선전류 $I[A]$는? 단, $r=9[\Omega]$, $\dfrac{1}{\omega C}=4[\Omega]$이다.

① 48.1
② 38.5
③ 28.9
④ 115.5

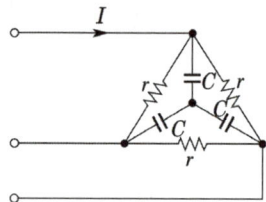

해설 부하를 Y변환하면 1상의 어드미턴스는 $Y = \dfrac{1}{3} + j\dfrac{1}{4}[\Omega]$

∴ $I = YV_p = \left(\dfrac{1}{3} + j\dfrac{1}{4}\right)\cdot\dfrac{200}{\sqrt{3}}$, $I = \dfrac{200}{\sqrt{3}}\sqrt{\left(\dfrac{1}{3}\right)^2 + \left(\dfrac{1}{4}\right)^2} = 48.1[A]$

**08** 그림과 같이 △로 접속된 부하에서 각 선로의 저항은 $r=1[\Omega]$이고 부하의 임피던스는 $Z=6+j12[\Omega]$이다. 단자 a, b, c 간에 200[V]의 평형 3상 전압을 가할 때 부하의 상전류 [A]는?

① 23.09
② 40.26
③ 13.33
④ 69.28

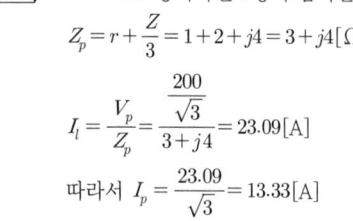

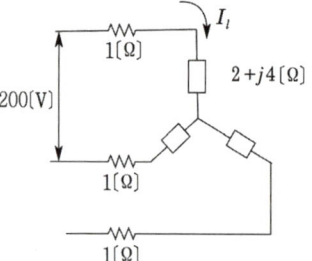

해설 △ → Y로 등가하면 1상의 임피던스
$Z_p = r + \dfrac{Z}{3} = 1 + 2 + j4 = 3 + j4[\Omega]$

$I_l = \dfrac{V_p}{Z_p} = \dfrac{\dfrac{200}{\sqrt{3}}}{3+j4} = 23.09[A]$

따라서 $I_p = \dfrac{23.09}{\sqrt{3}} = 13.33[A]$

답 6. ④ 7. ① 8. ③

**별해** 1상의 임피던스가 $3+j4[\Omega]$이므로 △로 등가하면 다음과 같다.

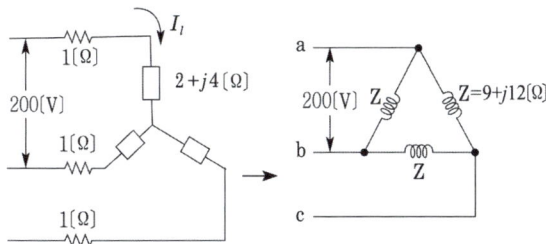

**09** 저항 $R[\Omega]$ 3개를 Y로 접속한 회로에 200[V]의 3상 교류전압을 인가 시 선전류가 10[A]라면 이 3개의 저항을 △로 접속하고 동일 전원을 인가 시 선전류는 몇 [A]인가?

① 10
② $10\sqrt{3}$
③ 30
④ $30\sqrt{3}$

**해설** Y결선 상전류 $I_Y = \dfrac{200}{\sqrt{3}R}$, Y결선 선전류 $I_{Yl} = \dfrac{200}{\sqrt{3}R}$

△결선 상전류 $I_\Delta = \dfrac{200}{R}$, △결선 선전류 $I_{\Delta l} = \sqrt{3}I_\Delta = \dfrac{200\sqrt{3}}{R}$

∴ $\dfrac{I_{\Delta l}}{I_{Yl}} = \dfrac{\frac{200\sqrt{3}}{R}}{\frac{200}{\sqrt{3}R}} = 3$,  ∴ $I_{\Delta l} = 3I_{Yl} = 3 \times 10 = 30[A]$

**10** 그림과 같은 △결선의 평형전원에서 각 전원전압의 크기가 173[V]일 때 6[Ω]의 저항을 흐르는 전류[A]의 실효값은 얼마인가?

① 173
② 17.3
③ 1.73
④ 0.17

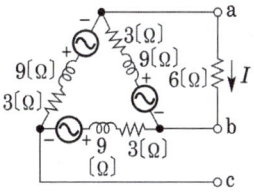

**해설** 전원을 Y결선으로 등가 변환하면
$I = \dfrac{|E_a - E_b|}{|1+j3+1+j3+6|} = \dfrac{173}{\sqrt{8^2+6^2}}$
$= 17.3[A]$

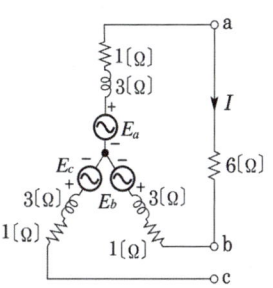

**답** 9. ③  10. ②

## 유사문제

■ 유사문제 원문 및 해설 : 동일출판사 홈페이지 » 고객센터 » 자료실

**01.** 그림에서 (a)의 3상 △부하의 등가인 (b)의 3상 Y부하 사이에 $Z_Y$와 $Z_\triangle$의 관계는 어느 것이 옳은가?

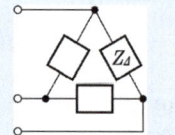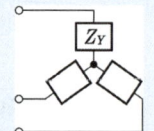

답 $Z_\triangle = 3Z_Y$

**02.** 10[Ω]의 저항 3개를 Y로 결선한 것을 등가 △결선으로 환산한 저항의 크기[Ω]는?

답 30[Ω]

**03.** 그림과 같은 부하에 전압 $V=100$[V]의 대칭 3상 전압을 가할 때 선전류 $I$는?

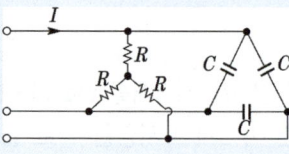

답 $\dfrac{100}{\sqrt{3}}\left(\dfrac{1}{R}+j3\omega C\right)$

**04.** 그림과 같은 △회로를 등가인 Y회로로 환산하면 a상의 임피던스[Ω]는?

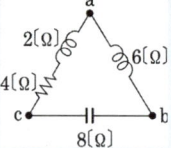

답 $-3+j6$[Ω]

**05.** 그림과 같이 접속한 회로에 평형 3상 전압 $E$를 가할 때에 상전류 $I_2$[A]는 얼마인가?

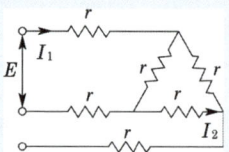

답 $\dfrac{E}{4r}$[A]

## 평형 3상회로

**11** ★★☆ 【87. 99. 산업기사, ⊕ : 82. 83. 88. 산업기사】
3상 4선식에서 중성선이 필요하지 않아서 중성선을 제거하여 3상 3선식을 만들기 위한 중성선에서의 조건식은 어떻게 되는가? 단, $I_a$, $I_b$, $I_c$는 각 상의 전류이다.

① 불평형 3상 $I_a + I_b + I_c = 1$
② 불평형 3상 $I_a + I_b + I_c = \sqrt{3}$
③ 불평형 3상 $I_a + I_b + I_c = 3$
④ 평형 3상 $I_a + I_b + I_c = 0$

해설 평형 3상이면 중성선에는 전류가 흐르지 않는다.

답 11. ④

★【96. 12. 산업기사】

**12** $e^{j\frac{2}{3}\pi}$와 같은 것은?

① $-\dfrac{1}{2}-j\dfrac{\sqrt{3}}{2}$　② $\dfrac{1}{2}-j\dfrac{\sqrt{3}}{2}$

③ $-\dfrac{1}{2}+j\dfrac{\sqrt{3}}{2}$　④ $\cos\dfrac{2}{3}\pi+\sin\dfrac{2}{3}\pi$

해설 $e^{j\frac{2}{3}\pi}=\cos\dfrac{2\pi}{3}+j\sin\dfrac{2}{3}\pi=-\dfrac{1}{2}+j\dfrac{\sqrt{3}}{2}$

★★【03. 07. 11. 산업기사】

**13** 대칭 3상 교류에서 순시값의 벡터 합은?

① 0　② 40　③ 0.577　④ 86.6

해설 $a$상을 기준으로 하면 $e_a+e_b+e_c=e_a+a^2e_a+ae_a=e_a(1+a^2+a)=0$

$(\because 1+a^2+a=0)$

## 유사문제

▮ 유사문제 원문 및 해설 : 동일출판사 홈페이지 ≫ 고객센터 ≫ 자료실

**01.** $a=e^{j\frac{2\pi}{3}}$라 하면 $\dfrac{1-a^2}{a}$는 다음의 어느 것과 같은가?

답 $-j\sqrt{3}$

**02.** $I_a$, $I_b$, $I_c$가 3상 평형 전류이면 $I_a-I_b$ ($I_a=I_b$라 하고)는?

답 $\sqrt{3}Ie^{j30°}$

## 3상 Y결선

★★【85. 98. 00. 23. 25. 산업기사】

**14** 평형 3상 3선식 회로가 있다. 부하는 Y결선이고 $V_{ab}=100\sqrt{3}\angle 0°$[V]일 때 $I_a=20\angle -120°$[A]이었다. Y결선된 부하 한 상의 임피던스는 몇 [Ω]인가?

① $5\angle 60°$　② $5\sqrt{3}\angle 60°$

③ $5\angle 90°$　④ $5\sqrt{3}\angle 90°$

답 12. ③ 13. ① 14. ③

[해설] Y결선에서 선전류 = 상전류, 선간 전압 = $\sqrt{3}\times$상전압 $\angle 30°$ 이므로

상전압 $V_a = \dfrac{V_{ab}}{\sqrt{3}} \angle -30° = \dfrac{100\sqrt{3}}{\sqrt{3}} \angle -30° = 100\angle -30°[V]$

$\therefore Z_a = \dfrac{V_a}{I_a} = \dfrac{100\angle -30°}{20\angle -120°} = 5\angle 90°[\Omega]$

☆ 【94. 산업기사】
**15** Y결선의 전원에서 각 상전압이 100[V]일 때 선간 전압[V]은?

① 143    ② 151    ③ 173    ④ 193

[해설] $V_l = \sqrt{3}\,V_p = \sqrt{3}\times 100 = 173[V]$

★ 【98. 11. 산업기사】
**16** 그림과 같은 평형 Y형 결선에서 각상이 8[Ω]의 저항과 6[Ω]의 리액턴스가 직렬을 접속된 부하에 걸린 선간 전압이 $100\sqrt{3}$[V]이다. 이때 선전류는 몇 [A]인가?

① 5
② 10
③ 15
④ 20

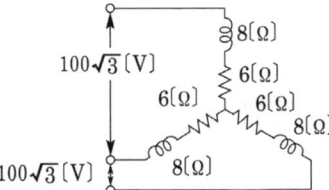

[해설] $I_l = \dfrac{E}{Z} = \dfrac{\frac{100\sqrt{3}}{\sqrt{3}}}{\sqrt{6^2+8^2}} = \dfrac{100}{10} = 10[A]$

★★★ 【88. 11. 기사, 82. 88. 04. 20. 산업기사】
**17** 그림과 같은 불평형 Y형 회로에 평형 3상 전압을 가할 경우 중성점의 전위는?

① $\dfrac{E_1+E_2+E_3}{Z_1+Z_2+Z_3}$

② $\dfrac{Z_1E_1+Z_2E_2+Z_3E_3}{Z_1+Z_2+Z_3}$

③ $\dfrac{E_1+E_2+E_3}{Y_1+Y_2+Y_3}$

④ $\dfrac{Y_1E_1+Y_2E_2+Y_3E_3}{Y_1+Y_2+Y_3}$

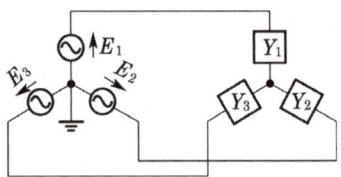

[해설] 밀만의 정리

답 15. ③  16. ②  17. ④

**18** 대칭 3상 Y결선 부하에서 각 상의 임피던스가 $Z = 16 + j12[\Omega]$이고 부하 전류가 10[A]일 때, 이 부하의 선간 전압[V]은?

① 235.4  ② 346.4  ③ 456.7  ④ 524.4

해설) Y결선 선간 전압 = $\sqrt{3}\times$상전압
상전압 = 부하 전류×1상 임피던스 = $10\times\sqrt{16^2+12^2} = 200[V]$
∴ $V_l = \sqrt{3}\,V_p = 200\sqrt{3}[V] = 346.4[V]$

**19** $Z = 8 + j6[\Omega]$인 평형 Y부하에 선간 전압 200[V]인 대칭 3상 전압을 가할 때 선전류[A]는?

① 11.5  ② 10.5  ③ 7.5  ④ 5.5

해설) $I_l = I_p = \dfrac{V_p}{Z} = \dfrac{\dfrac{200}{\sqrt{3}}}{8+j6} = 11.5[A]$

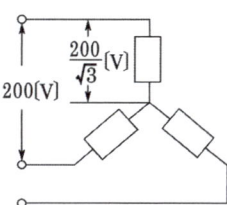

**20** 그림과 같은 회로에 대칭 3상 전압 220[V]를 가할 때 a, a′선이 ×점에서 단선되었다고 하면 선전류[A]는 얼마인가?

① 5  ② 10
③ 15  ④ 20

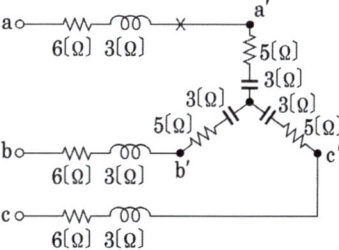

해설) $I = \dfrac{E}{Z}$
$= \dfrac{220}{6+5+5+6+j3-j3+j3-j3}$
$= \dfrac{220}{22} = 10[A]$

×점에 단선이 되면

**21** $R + jX[\Omega]$인 3개의 임피던스를 전압 $|E|[V]$의 대칭 3상 교류 선간에 접속하는 데 있어서 Y결선을 할 때의 선간 전류[A]는?

① $\dfrac{|E|}{\sqrt{2(R^2+X^2)}}$　② $\dfrac{\sqrt{2}\,|E|}{\sqrt{R^2+X^2}}$　③ $\dfrac{\sqrt{3}\,|E|}{\sqrt{R^2+X^2}}$　④ $\dfrac{|E|}{\sqrt{3(R^2+X^2)}}$

답) 18. ②　19. ①　20. ②　21. ④

해설  $I_0 = I_p = \dfrac{E_p}{Z} = \dfrac{|E|/\sqrt{3}}{\sqrt{R^2+X^2}} = \dfrac{|E|}{\sqrt{3(R^2+X^2)}}$

★ 【81. 82. 산업기사】

**22** 그림과 같은 Y결선 평형 부하에서 ×점에서 단선 시 ×의 양단에 나타나는 전압[V]은?

① 100
② $100\sqrt{3}$
③ 200
④ $200\sqrt{3}$

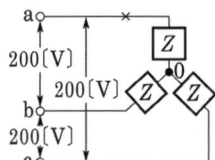

해설  단선되기 전 전압 벡터는 그림과 같다.
a상의 ×점이 단선되었을 때 ×점 양측에 나타나는 전압은 a점과 O점의 전위차가 된다.
$V_{ao} = 200\sin 60° = 200 \times \dfrac{\sqrt{3}}{2} = 100\sqrt{3}\,[V]$

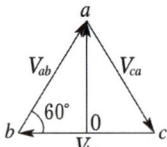

## 유사문제

∥ 유사문제 원문 및 해설 : 동일출판사 홈페이지 ≫ 고객센터 ≫ 자료실

**01.** 그림과 같은 대칭 3상 회로가 있다. $I_a$의 크기 및 $I_c$의 위상각은? 단, $E_a = 120\angle 0°$, $Z_l = 4 + j6$ [Ω], $Z = 20 + j12$ [Ω]이다.

답  $4, -\tan^{-1}\dfrac{3}{4} + 120°$

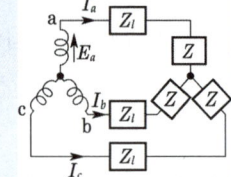

**02.** 각 상의 임피던스 $Z = 6 + j8$ [Ω]인 평형 Y부하에 선간 전압 220[V]인 대칭 3상 전압이 가해졌을 때 선전류는 약 몇 [A]인가?

답  12.7[A]

**03.** 다음 그림과 같은 대칭 3상 성형부하 $Z = 6 + j8$ [Ω]에 200[V]의 상전압이 공급될 때 선전류는?

답  20[A]

**04.** 그림과 같은 성형 평형 부하가 선간 전압 220[V]의 대칭 3상 전원에 접속되어 있다. 이 접속선 중에 한 선이 ×점에서 단선되었다고 하면 이 단선점 ×의 양단에 나타나는 전압은? (단, 전원 전압은 변화하지 않는 것으로 한다.)

답  $110\sqrt{3}\,[V]$

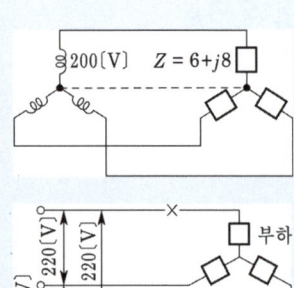

답  22. ②

**05.** 그림의 성형 불평형 회로에 각 상전압이 $E_a$, $E_b$, $E_c$[V]이고, 부하는 $Z_a$, $Z_b$, $Z_c$[Ω]이라면 중성선 임피던스가 $Z_n$[Ω]일 때 중성점간의 전위는 어떻게 되는가?

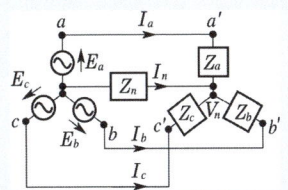

답 $V_n = \dfrac{\dfrac{E_a}{Z_a} + \dfrac{E_b}{Z_b} + \dfrac{E_c}{Z_c}}{\dfrac{1}{Z_a} + \dfrac{1}{Z_b} + \dfrac{1}{Z_c} + \dfrac{1}{Z_n}}$

**06.** 그림과 같은 회로에서 $E_1$, $E_2$, $E_3$를 대칭 3상 전압이라 할 때 전압 $E_0$는?

답 0

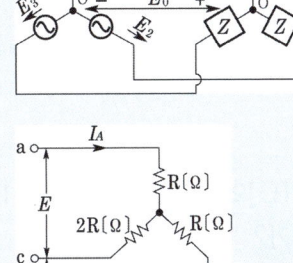

**07.** 그림과 같이 선간 전압 $E$[V]의 3상 전원에 불평형 부하를 접속할 때 a선의 선전류 $I_A$[A]는?

답 $\dfrac{E}{2R}$

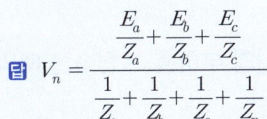

## 3상 △결선

★★★★☆ 【89. 기사, 77. 81. 91. 01. 04. 05. 07. 산업기사, ㊀ : 97. 기사, 97. 산업기사】

**23** 전원과 부하가 다같이 △결선된 3상 평형 회로가 있다. 전원 전압이 200[V], 부하 임피던스가 $6+j8$[Ω]인 경우 선전류[A]는?

① 20  ② $\dfrac{20}{\sqrt{3}}$  ③ $20\sqrt{3}$  ④ $10\sqrt{3}$

해설: 전원과 부하가 다같이 △결선이므로 상전류 $I_p$는
$I_p = \dfrac{V}{Z} = \dfrac{200}{\sqrt{6^2+8^2}} = 20$[A],  ∴ $I_l = \sqrt{3}\,I_p = 20\sqrt{3}$[A]

★ 【91. 99. 산업기사】

**24** 전원과 부하가 △-△결선인 평형 3상 회로의 선간 전압이 220[V], 선전류가 30[A]이었다면 부하 1상의 임피던스[Ω]는?

① 9.7  ② 10.7  ③ 11.7  ④ 12.7

답 23. ③  24. ④

해설 △-△결선 시엔 상전압과 선간 전압은 같고, 선전류는 상전류의 $\sqrt{3}$배이므로

부하 1상의 임피던스 = $\dfrac{상전압}{상전류} = \dfrac{220}{\dfrac{30}{\sqrt{3}}} = \dfrac{220\sqrt{3}}{30} = 12.7[\Omega]$

**25** ☆ 【98. 산업기사】
3상 3선식에서 선간 전압이 100[V] 송전선에 $5\angle 45°[\Omega]$의 부하를 △접속할 때의 선전류 [A]는?

① 20    ② 28.2    ③ 34.6    ④ 40

해설 △결선에서 선전류 $I_l = \sqrt{3}\,I_P$

∴ $I_l = \sqrt{3} \times \dfrac{100}{5\angle 45°} = 20\sqrt{3}\angle -45°[A]$

**26** ★★ 【98. 00. 05. 08. 09. 산업기사】
$R[\Omega]$의 3개의 저항을 전압 $V[V]$의 3상 교류 선간에 그림과 같이 접속할 때 선전류는 얼마인가?

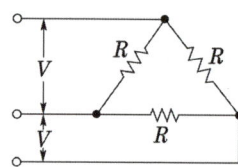

① $\dfrac{V}{\sqrt{3}\,R}$    ② $\dfrac{\sqrt{3}\,V}{R}$    ③ $\dfrac{V}{3R}$    ④ $\dfrac{3V}{R}$

해설 $I_p = \dfrac{V}{R}$, $I_l = \sqrt{3}\,I_p$ 이므로 $I_l = \sqrt{3}\,\dfrac{V}{R}$

**27** ☆ 【98. 산업기사, ㊙ : 69. 3급】
그림과 같은 평형 3상 회로에 선간 전압 100[V]를 가했을 때 흐르는 선전류는?

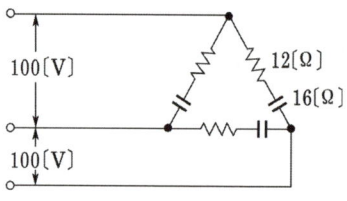

① 3.6[A]    ② $3.6\sqrt{3}$[A]    ③ 5[A]    ④ $5\sqrt{3}$[A]

해설 $I_l = \sqrt{3}\,I_p$, $I_p = \dfrac{100}{12-j16} = \dfrac{100}{\sqrt{12^2+16^2}} = 5[A]$

∴ $I_l = 5\sqrt{3}[A]$

답 25. ③ 26. ② 27. ④

**28** 세 개의 저항 $R$을 △결선하여 3상 평형 전원에 연결하였더니 전전류가 그림에서처럼 100[A] 흘렀다. ac 단자 간의 저항선 한 상이 단선되었다면 각 선전류 $I_a$, $I_b$, $I_c$는?

① $I_a = 100$[A], $I_b = 100$[A], $I_c = 57.7$[A]
② $I_a = 57.7$[A], $I_b = 57.7$[A], $I_c = 100$[A]
③ $I_a = 57.7$[A], $I_b = 100$[A], $I_c = 57.7$[A]
④ $I_a = 100$[A], $I_b = 57.7$[A], $I_c = 57.7$[A]

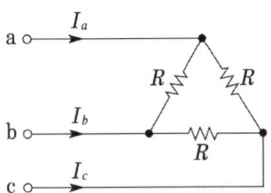

[해설] ac 선이 단선이 되면

따라서 $I_a = 57.7$[A], $I_b = 100$[A], $I_c = 57.7$[A]

**29** △결선된 3상 회로에서 상전류가 다음과 같다.

$$I_{12} = 4\angle -36°[A], \quad I_{23} = 4\angle -156°[A], \quad I_{31} = 4\angle 84°[A]$$

선전류 $I_1$, $I_2$, $I_3$ 중에서 그 크기가 가장 큰 것은?

① 2.31  ② 4.0  ③ 6.93  ④ 8.0

[해설] $I_{12} = 4(\cos 36° - j\sin 36°)$, $I_{23} = 4(\cos 156° - j\sin 156°)$, $I_{31} = 4(\cos 84° + j\sin 84°)$이며, 상전류는 평형 전류이므로 선전류는 $4\sqrt{3}$[A]로 동일하다.

**30** 5[Ω]의 저항 세 개를 그림에서처럼 △결선하여 200[V]의 3상 평형 전원에 연결하였다. P점에서 단선되었다면 선전류 $I_l$은 단선되기 전의 몇 [%]로 되는가?

① 50[%]
② 86.6[%]
③ 66.6[%]
④ 57.7[%]

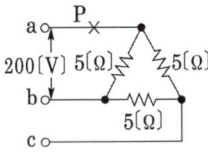

[해설] 단선 전의 선전류 $= \dfrac{200\sqrt{3}}{5} = 40\sqrt{3}$[A]

단선 후의 선전류 = 단선 전의 선전류 $\times \dfrac{\sqrt{3}}{2} = 40\sqrt{3} \times \dfrac{\sqrt{3}}{2} = 60$[A]

따라서 단선되기 전·후의 선전류비는 $\dfrac{60}{40\sqrt{3}} \times 100 = 86.6$[%]

28. ③  29. ③  30. ②

## 유사문제

유사문제 원문 및 해설 : 동일출판사 홈페이지 » 고객센터 » 자료실

**01.** △결선인 평형 순저항 부하를 사용하는 경우 선간 전압이 220[V], 환상 전류가 7.33[A]일 때 부하 저항[Ω]은?
답 30[Ω]

**02.** $R=6[\Omega]$, $X_L=8[\Omega]$이 직렬인 임피던스 3개로 △결선된 대칭 부하 회로에 선간 전압 100[V]인 대칭 3상 전압을 가하면 선전류는 몇 [A]인가?
답 $10\sqrt{3}$ [A]

**03.** 각 상의 임피던스 $Z=6+j8[\Omega]$인 평형 △부하에 선간 전압이 220[V]인 대칭 3상 전압을 가할 때의 선전류[A]를 구하면?
답 38[A]

**04.** △결선의 상전류가 각각 $I_{ab}=4\underline{/-36°}$, $I_{bc}=4\underline{/-156°}$, $I_{ca}=4\underline{/-276°}$이다. 선전류 $I_c$는 약 얼마인가?
답 $6.93\underline{/-306°}$[A]

**05.** 대칭 3상 △결선의 상전압이 220[V]이다. a상의 전원이 단선이 되었을 때 선간 전압은 몇 [V]인가?
답 220[V]

**06.** 대칭 3상 교류의 성형 결선에서 선간 전압이 220[V]일 때 상전압[V]은 약 얼마인가?
답 127[V]

## 대칭 n상 회로

★ 【95. 11. 기사】
**31** 대칭 6상 성형(star) 결선에서 선간 전압과 상전압과의 관계가 바르게 나타난 것은?
단, $E_l$ : 선간 전압, $E_p$ : 상전압

① $E_l=\sqrt{3}\,E_p$   ② $E_l=\dfrac{1}{\sqrt{3}}E_p$   ③ $E_l=\dfrac{2}{\sqrt{3}}E_p$   ④ $E_l=E_p$

해설 $E_l=2E_p\sin\dfrac{\pi}{n}=2E_p\sin\dfrac{\pi}{6}$   ∴ $E_l=E_p$

★★★★☆ 【86. 92. 99. 00. 기사, 90. 산업기사】
**32** 12상 Y결선 상전압이 100[V]일 때 단자 전압[V]은?
① 75.88   ② 25.88   ③ 100   ④ 51.76

답 31. ④  32. ④

해설 $V_l = 2V_p \sin\frac{\pi}{n} = 2 \times 100 \times \sin\frac{\pi}{12} = 51.76[V]$

**33** ★★★☆ 【11. 기사, 89. 91. 97. 00. 09. 24. 산업기사, ㊉ : 88. 기사, 76. 산업기사】
대칭 6상 기전력의 선간 전압과 상기전력의 위상차는?
① $75°$  ② $30°$  ③ $60°$  ④ $120°$

해설 대칭 $n$상인 경우 기전력의 위상차는
$\theta = \frac{\pi}{2}\left(1 - \frac{2}{n}\right) = \frac{180}{2}\left(1 - \frac{2}{6}\right) = 90 \times \frac{2}{3} = 60°$

**34** ★★★ 【08. 15. 23. 기사, 82. 92. 98. 산업기사】
대칭 $n$상에서 선전류와 상전류 사이의 위상차[rad]는 어떻게 되는가?
① $\frac{\pi}{2}\left(1 - \frac{2}{n}\right)$
② $2\left(1 - \frac{2}{n}\right)$
③ $\frac{n}{2}\left(1 - \frac{2}{n}\right)$
④ $\frac{\pi}{2}\left(1 - \frac{n}{2}\right)$

해설 대칭 $n$상에서 선전류는 환상 전류(상전류)보다 $\frac{\pi}{2}\left(1 - \frac{2}{n}\right)$[rad]만큼 위상이 뒤진다.

**35** ★★ 【83. 91. 95. 01. 산업기사】
다음의 대칭 다상 교류에 의한 회전 자계 중 잘못된 것은?
① 대칭 3상 교류에 의한 회전 자계는 원형 회전 자계이다.
② 대칭 2상 교류에 의한 회전 자계는 타원형 회전 자계이다.
③ 3상 교류에서 어느 두 코일의 전류의 상순을 바꾸면 회전 자계의 방향도 바뀐다.
④ 회전 자계의 회전 속도는 일정 각속도 $\omega$이다.

해설 대칭 2상 교류는 존재 의미가 없으므로 회전 자계는 없다.

**36** ★★ 【83. 90. 18. 기사】
공간적으로 서로 $2\pi/n$[rad]의 각도를 두고 배치한 $n$개의 코일에 대칭 $n$상 교류를 흘리면 그 중심에 생기는 회전 자계의 모양은?
① 원형 회전 자계  ② 타원 회전 자계
③ 원통 회전 자계  ④ 원추형 회전 자계

해설 3상 대칭 : 원형, 3상 비대칭 : 타원형

**37** ★ 【86. 89. 12. 산업기사】
대칭 6상 전원이 있다. 환상 결선으로 권선에 120[A]의 전류를 흘린다고 하면 선전류는 몇 [A]인가?
① 60  ② 90  ③ 120  ④ 150

답 33. ③ 34. ① 35. ② 36. ① 37. ③

해설  $I_l = 2I_p \sin\dfrac{\pi}{n} = 2 \times 120 \times \sin\dfrac{\pi}{6} = 120[A]$

★ 【88. 99. 16. 산업기사】
**38** 비대칭 다상 교류가 만드는 회전 자계는?

① 교번 자계  ② 타원 회전 자계
③ 원형 회전 자계  ④ 포물선 회전 자계

해설  3상 대칭 : 원형 , 3상 비대칭 : 타원형

★★ 【82. 83. 98. 11. 산업기사】
**39** 다상 교류 회로의 설명 중 잘못된 것은? 단, $n$ = 상수이다.

① 평형 3상 교류에서 △결선의 상전류는 선전류의 $\dfrac{1}{\sqrt{3}}$과 같다.

② $n$상 전력 $P = \dfrac{1}{2\sin\dfrac{\pi}{n}} V_l I_l \cos\theta$이다.

③ 성형 결선에서 선간 전압과 상전압과의 위상차는 $\dfrac{\pi}{2}\left(1 - \dfrac{2}{n}\right)$[rad]이다.

④ 비대칭 다상 교류가 만드는 회전 자계는 타원 회전 자계이다.

해설  $P = \dfrac{n}{2\sin\dfrac{\pi}{n}} V_l I_l \cos\theta [W]$

---

### 유사문제

**01.** 6상 성형 상전압이 220[V]일 때 선간 전압[V]은?
답 220[V]

**02.** 대칭 $n$상 성형 결선에서 선간 전압의 크기는 성형 전압의 몇 배인가?
답 $2\sin\dfrac{\pi}{n}$

**03.** 대칭 12상 교류 성형 결선에서 상전압이 50[V]일 때 선간 전압은 얼마인가?
답 25.9[V]

**04.** 평형 다상 교류 회로에서 대칭 평형 부하에 공급되는 총 전력의 순시값은?
답 시간에 관계없이 모든 다상 부하 회로에서 항상 일정하다.

답 38. ② 39. ②

## 교류 발전기

**40** ★★ 【82. 90. 기사】
10[kV], 3[A]의 3상 교류 발전기는 Y결선이다. 이것을 △결선으로 변경하면 그 정격 전압 및 전류는 얼마인가?

① $\frac{10}{\sqrt{3}}$[kV], $3\sqrt{3}$[A]   ② $10\sqrt{3}$[kV], $3\sqrt{3}$[A]

③ $10\sqrt{3}$[kV], $\sqrt{3}$[A]   ④ $\frac{10}{\sqrt{3}}$[kV], $\sqrt{3}$[A]

[해설] 한 상에서 발생되는 전압과 전류는 변함이 없으므로 그림과 같다.

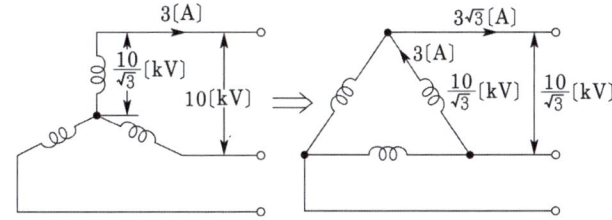

## 전류의 측정

**41** ★★★★★ 【85. 98. 11. 기사, 98. 산업기사, ㉾ : 81. 82. 기사, 89. 산업기사】
평형 3상 회로에 그림과 같이 변류기를 접속하고 전류계 ⓐ를 연결했을 때 ⓐ에 흐르는 전류는 몇 [A]인가?

① 10   ② 5
③ 17.3   ④ 20

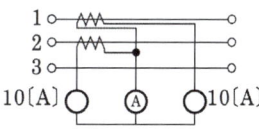

[해설] 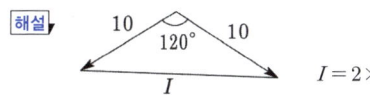  $I = 2 \times 10 \times \cos 30° = 10\sqrt{3}$ [A]

**42** ★ 【81. 92. 산업기사】
그림과 같이 리액터 1개와 동일한 전구 2개를 결선해서 3상 전원에 접속하고 상회전이 1, 2, 3일 때 다음 중에서 적당한 것은?

① $L_1$이 밝고 $L_2$가 어둡다.
② $L_2$가 밝고 $L_1$이 어둡다.
③ $L_1$과 $L_2$의 밝기가 같다.
④ $L_1$과 $L_2$의 밝기를 구별할 수 없다.

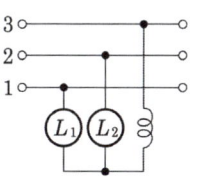

[해설] 문제의 그림에서 상회전 방향이 1, 2, 3이면 $L_2$ 전구가 $L_1$ 전구보다 밝다.

답  40. ①  41. ③  42. ②

## 전력의 측정

**43** 【77. 92. 98. 산업기사】
2전력계법을 써서 3상 전력을 측정하였더니 각 전력계가 +500[W], +300[W]를 지시하였다. 전 전력[W]은?

① 800　　② 200　　③ 500　　④ 300

**해설** 전원과 부하가 모두 평형일 때 그림 (a)에서 전력계 $W_1$, $W_2$의 지시를 각각 $P_1$, $P_2$라 하면 소비 전력 $P$는
$P = P_1 + P_2$가 된다.
그림 (b)의 벡터도에서
$P_1 = |V_{ca}||I_a|\cos(30° - \theta)$
$P_2 = |V_{bc}||I_b|\cos(30° + \theta)$
그런데 $|V_{ca}| = |V_{bc}| = V$
$|I_a| = |I_b| = I$이므로
$P = P_1 + P_2$
$= VI(\cos 30°\cos\theta + \sin 30°\sin\theta) + VI(\cos 30°\cos\theta - \sin 30°\sin\theta)$
$= 2VI\cos 30°\cos\theta = \sqrt{3}VI\cos\theta$
즉, 두 개의 전력계로 3상 부하의 유효 전력을 측정할 수 있으며 이를 2전력계법이라 한다.

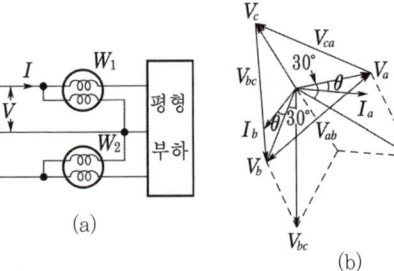

**44** 【93. 기사】
2전력계법으로 평형 3상 전력을 측정하였더니 한 쪽의 지시가 800[W], 다른 쪽의 지시가 1600[W]이었다. 피상 전력은 얼마[VA]인가?

① 2971　　② 2871　　③ 2771　　④ 2671

**해설** $P = W_1 + W_2$, $P_a = 2\sqrt{W_1^2 + W_2^2 - W_1 W_2}$
$\cos\theta = \dfrac{W_1 + W_2}{2\sqrt{W_1^2 + W_2^2 - W_1 W_2}}$
$P_a = 2\sqrt{800^2 + 1600^2 - 800 \times 1600} ≒ 2771[\text{VA}]$

**45** 【85. 89. 23. 기사, 81. 12. 25. 산업기사】
선간 전압 $V$[V]의 3상 평형 전원에 대칭 3상 저항 부하 $R[\Omega]$이 그림과 같이 접속되었을 때 a, b 두 상간에 접속된 전력계의 지시값이 $W$[W]라 하면 c상의 전류[A]는?

① $\dfrac{\sqrt{3}W}{V}$　　② $\dfrac{3W}{V}$

③ $\dfrac{W}{\sqrt{3}V}$　　④ $\dfrac{2W}{\sqrt{3}V}$

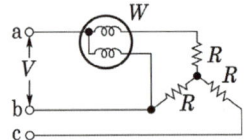

답  43. ①　44. ③　45. ④

해설 전원 및 부하가 모두 대칭이므로 $V_{ab} = V_{bc} = V_{ca} = V$, $I_a = I_b = I_c = I$라 하면
소비 전력 $P = 2W = \sqrt{3} \, VI$  $\therefore I = \dfrac{2W}{\sqrt{3} \, V}$

★★☆ 【83. 91. 기사, 00. 산업기사】
**46** 2개의 전력계에 의한 3상 전력 측정 시 전 3상 전력 $W$는?

① $\sqrt{3}(|W_1| + |W_2|)$
② $3(|W_1| + |W_2|)$
③ $|W_1| + |W_2|$
④ $\sqrt{W_1^2 + W_2^2}$

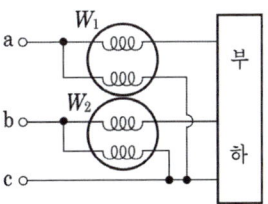

해설  $P = P_1 + P_2$ [W]

★ 【89. 12. 24. 산업기사】
**47** 평형 3상 무유도 저항 부하가 3상 3선식 회로에 걸려 있을 때 단상 전력계를 그림과 같이 접속했더니 그 지시값이 $W$[W]이었다. 부하의 전력은? 단 정현파 교류이다.

① $\sqrt{2} \, W$[W]
② $2W$[W]
③ $\sqrt{3} \, W$[W]
④ $3W$[W]

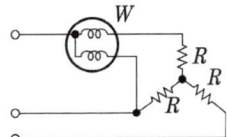

해설 선간 전압을 $E_{12}$, 부하 전류를 $I_1$이라 하면
$I_1$은 상전압 $E_1$과 동상이 되지만 $E_{12}$와는 $30°$ 위상차가 있으므로
$W = E_{12} I_1 \cos 30° = \dfrac{\sqrt{3}}{2} E_{12} \cdot I_1$  $\therefore E_{12} \cdot I_1 = \dfrac{2W}{\sqrt{3}}$
부하 전력 $P = \sqrt{3} \, E_{12} \cdot I_1 = \sqrt{3} \times \dfrac{2W}{\sqrt{3}} = 2W$[W]

★★ 【94. 02. 12. 기사】
**48** 대칭 3상 4선식 전력계통이 있다. 단상 전력계 2개로 전력을 측정하였더니 각 전력계의 값이 −301[W] 및 1327[W]이었다. 이때 역률은 얼마인가?

① 0.94    ② 0.75    ③ 0.62    ④ 0.34

해설 $\cos\theta = \dfrac{P_1 + P_2}{2\sqrt{P_1^2 + P_2^2 - P_1 P_2}} = \dfrac{1026}{2\sqrt{301^2 + 1327^2 + 301 \times 1327}} = 0.34$

답  46. ③  47. ②  48. ④

**49** 두 대의 전력계를 사용하여 평형 부하의 3상 회로의 역률을 측정하려고 한다. 전력계의 지시가 각각 $P_1$, $P_2$라 할 때 이 회로의 역률은?

① $\dfrac{\sqrt{P_1+P_2}}{P_1+P_2}$  
② $\dfrac{P_1+P_2}{P_1^2+P_2^2-2P_1P_2}$  
③ $\dfrac{P_1+P_2}{2\sqrt{P_1^2+P_2^2-P_1P_2}}$  
④ $\dfrac{2P_1P_2}{\sqrt{P_1^2+P_2^2-P_1P_2}}$

**해설** $P=P_1+P_2$, $P_r=\sqrt{3}(P_1-P_2)$이므로

$$\cos\theta = \frac{P_1+P_2}{\sqrt{(P_1+P_2)^2+3(P_1-P_2)^2}} = \frac{P_1+P_2}{\sqrt{4P_1^2+4P_2^2-4P_1P_2}} = \frac{P_1+P_2}{2\sqrt{P_1^2+P_2^2-P_1P_2}}$$

**50** 대칭 3상 전압을 공급한 3상 유도 전동기에서 각 계기의 지시는 다음과 같다. 유도 전동기의 역률은? 단, $W_1=2.36$[kW], $W_2=5.95$[kW], $V=200$[V], $A=30$[A]이다.

① 0.60  
② 0.80  
③ 0.65  
④ 0.86

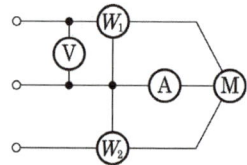

**해설** 전 유효 전력 $P=W_1+W_2=2360+5950=8310$[W]

전 피상 전력 $P_a=\sqrt{3}\,VI=\sqrt{3}\times200\times30=10392$[VA]

∴ $\cos\theta = \dfrac{P}{P_a} = \dfrac{8310}{10392} \fallingdotseq 0.80$

---

### 유사문제

유사문제 원문 및 해설 : 동일출판사 홈페이지 ≫ 고객센터 ≫ 자료실

**01.** 그림은 상순이 abc인 3상 대칭 회로이다. 선간 전압이 220[V]이고 부하 한상의 임피던스가 100∠60[Ω]일 때 전력계 $W$의 지시값[W]은?

답 242[W]

**02.** 그림과 같이 3상 평형 무유도 부하에 전력계의 연결이 $W$를 지시하였다. 부하의 전체 전력은?

답 $2W$

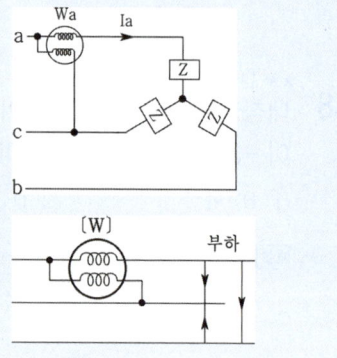

답 49. ③ 50. ②

03. 3상 전력을 측정하는데 두 전력계 중에서 하나가 0이었다. 이때의 역률은 어떻게 되는가?

답 0.5

04. 단상 전력계 2개로 3상 전력을 측정하고자 한다. 전력계의 지시가 각각 200[W], 100[W]를 가리켰다고 한다. 부하의 역률은 약 몇 [%]인가?

답 86.6[%]

05. 그림에서 전력계 $W$의 지시값은 얼마인가? 단, 부하의 역률은 $\cos\theta$이다.

답 $VI\sin\theta$

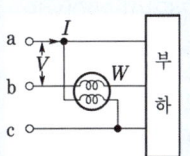

06. 그림과 같이 2전력계법으로 평형 3상 회로의 전력을 측정할 때 $\dfrac{P_2}{P_1}=n$이라 하면 역률은?

답 $\cos\phi = \dfrac{1}{\sqrt{1+3\left(\dfrac{1-n}{1+n}\right)^2}}$

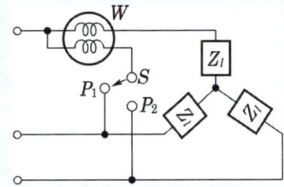

07. 2개의 전력계로 평형 3상 부하의 전력을 측정하였더니 한 쪽의 지시가 다른 쪽 전력계 지시의 3배였다면 부하의 역률 $\cos\phi$는?

답 0.75

## 3상 전력

★★★★ 【91. 00. 01. 기사, ㊜ : 91. 00. 16. 산업기사】

**51** 선간 전압 100[V], 역률 60[%]인 평형 3상 부하에서 소비전력 $P_a = 10$[kW]일 때, 선전류 [A]는?

① 66.2  ② 86.2  ③ 96.2  ④ 99.3

해설 $P = \sqrt{3}\,VI\cos\theta$

$I = \dfrac{P}{\sqrt{3}\,V\cos\theta} = \dfrac{10\times 10^3}{\sqrt{3}\times 100\times 0.6} = 96.2[A]$

★★★★☆ 【83. 87. 25. 기사, 83. 04. 산업기사, ㊜ : 98. 기사, 93. 95. 11. 산업기사】

**52** 3상 유도 전동기의 출력이 5[HP], 전압 200[V], 효율 90[%], 역률 85[%]일 때, 이 전동기에 유입되는 선전류는 약 몇 [A]인가?

① 4  ② 6  ③ 8  ④ 14

답 51. ③  52. ④

[해설] $P_i = \dfrac{P_0}{\eta} = \sqrt{3}\,VI\cos\theta$

$\therefore I = \dfrac{P_0}{\sqrt{3}\,V\cos\theta \cdot \eta} = \dfrac{5 \times 746}{\sqrt{3} \times 200 \times 0.85 \times 0.9} = 14[A]$

**★★★★☆【94. 01. 기사, 98. 산업기사, ⊕ : 87. 96. 기사】**

**53** 부하 단자 전압이 220[V]인 15[kW]의 3상 대칭 부하에 3상 전력을 공급하는 선로 임피던스가 $3+j2[\Omega]$일 때, 부하가 뒤진 역률이 60[%]이면 선전류[A]는?

① 약 $26.2 - j19.7$   ② 약 $39.36 - j52.48$
③ 약 $39.39 - j29.54$   ④ 약 $19.7 - j26.4$

[해설] $P = \sqrt{3}\,V_l I_l \cos\theta$, $I_l = \dfrac{P}{\sqrt{3}\,V_l \cos\theta} = \dfrac{15000}{\sqrt{3} \times 220 \times 0.6} = 65.6[A]$

$I_l = 65.6(\cos\theta - j\sin\theta) = 65.6(0.6 - j0.8) = 39.36 - j52.48[A]$

**★★★★☆【81. 97. 산업기사, ⊕ : 85. 88. 89. 08. 기사, 88. 산업기사】**

**54** 한 상의 임피던스가 $3+j4[\Omega]$인 평형 △ 부하에 대칭인 선간 전압 200[V]를 가할 때 3상 전력은 몇 [kW]인가?

① 9.6   ② 12.5   ③ 14.4   ④ 20.5

[해설] 상전류 : $I_p = \dfrac{V_p}{Z_p} = \dfrac{200}{\sqrt{3^2+4^2}} = 40[A]$

$\therefore P = 3I_p^2 \cdot R = 3 \times 40^2 \times 3 = 14400[W] = 14.4[kW]$

**★★★☆【77. 04. 기사, 77. 83. 85. 99. 05. 20. 25. 산업기사, ⊕ : 92. 산업기사】**

**55** △결선된 부하를 Y결선으로 바꾸면 소비 전력은 어떻게 되겠는가? 단, 선간 전압은 일정하다.

① 3배   ② 9배   ③ $\dfrac{1}{9}$배   ④ $\dfrac{1}{3}$배

[해설] $P_\triangle = 3I^2 R = 3\left(\dfrac{V}{R}\right)^2 R = 3 \cdot \dfrac{V^2}{R}$

다음 Y결선 시 상전압은 선간 전압의 $\dfrac{1}{\sqrt{3}}$이므로 $P_Y = 3 \cdot \dfrac{\left(\dfrac{V}{\sqrt{3}}\right)^2}{R} = \dfrac{V^2}{R}$

$\therefore P_Y = \dfrac{1}{3} P_\triangle$

**★【91. 07. 기사】**

**56** △결선된 대칭 3상 부하가 있다. 역률이 0.8(지상)이고, 소비 전력이 1800[W]이다. 선로의 저항 0.5[Ω]에서 발생하는 선로 손실이 50[W]이면 부하단자 전압[V]은?

① 627   ② 876   ③ 302   ④ 225

**답** 53. ②  54. ③  55. ④  56. ④

해설  $P_l = 3I^2R[\text{W}]$, $I^2 = \dfrac{P_l}{3R} = \dfrac{50}{3 \times 0.5} = \dfrac{100}{3}$ [A]이므로 $I = \dfrac{10}{\sqrt{3}}$ [A]

$P = \sqrt{3}\, VI\cos\theta[\text{W}]$, $V = \dfrac{P}{\sqrt{3}\, I\cos\theta} = \dfrac{1800}{\sqrt{3} \times \dfrac{10}{\sqrt{3}} \times 0.8} = 225[\text{V}]$

★ 【81. 92. 산업기사】

**57** 그림에서 저항 $R$이 접속되고, 여기에 3상 평형 전압 $V$가 가해져 있다. 지금 ×표의 곳에서 1선이 단선되었다고 하면 소비 전력은 몇 배로 되는가?

① 1
② 0.5
③ $\dfrac{1}{4}$
④ $\dfrac{1}{\sqrt{2}}$

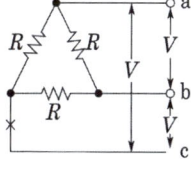

해설  △결선 1상의 전류 $I_\triangle = \dfrac{V}{R}$

∴ $P_\triangle = 3I_\triangle^2 \cdot R = 3\left(\dfrac{V}{R}\right)^2 \cdot R = \dfrac{3V^2}{R}$

다음, c선이 단선되었을 때 a-b 간에는 두 개의 직렬 부분이 병렬로 되었으므로 a-b 간의 전류를 $I_1$, 소비 전력을 $P_1$, a-c-b 간의 전류를 $I_2$, 소비 전력을 $P_2$라 하면

$P_1 = I_1^2 R = \left(\dfrac{V}{R}\right)^2 \cdot R = \dfrac{V^2}{R}$, $P_2 = I_2^2 \cdot 2R = \left(\dfrac{V}{2R}\right)^2 \cdot 2R = \dfrac{V^2}{2R}$

그러므로 병렬 부분의 소비 전력 $P = P_1 + P_2 = \dfrac{V^2}{R} + \dfrac{V^2}{2R} = \dfrac{3V^2}{2R}$

∴ $\dfrac{P}{P_\triangle} = \dfrac{\dfrac{3V^2}{2R}}{\dfrac{3V^2}{R}} = \dfrac{1}{2}$

★★ 【79. 99. 기사】

**58** 그림과 같은 회로에 대칭인 상전압 200[V]를 가했을 때 이 회로에서 소비되는 전력[kW]은? 단, $R_1 = 30[\Omega]$, $R_2 = 10[\Omega]$이라 한다.

① 15
② 24
③ 32
④ 44

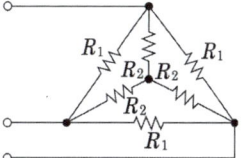

해설  △ 결선된 저항 $R_1$를 Y결선으로 변환시키면 $R_{1Y} = \dfrac{30}{3} = 10[\Omega]$이므로 부하의 등가 회로는 그림 (b)와 같다. 전원의 상전압이 200[V]이므로 $P = 3V_p I_p = 3 \times 200 \times \dfrac{200}{5} = 24000[\text{W}] = 24[\text{kW}]$

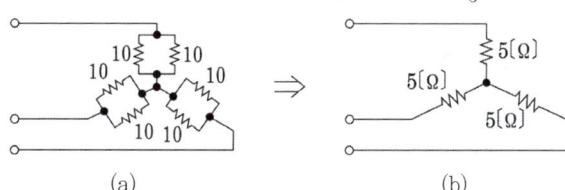

(a)  (b)

답  57. ②  58. ②

**59** 1상의 임피던스 $\dot{Z}_p = 12 + j9[\Omega]$인 평형 △부하에 평형 3상 전압 208[V]가 인가되어 있다. 이 회로의 피상 전력[VA]은 약 얼마인가?

① 8652　　② 7640　　③ 6672　　④ 5340

해설) $P_a = 3I^2Z = 3\left(\dfrac{V_P}{\sqrt{R^2+X^2}}\right)^2 Z = \dfrac{3V_P^2 Z}{R^2+X^2} = \dfrac{3 \times 208^2 \times \sqrt{12^2+9^2}}{12^2+9^2} = 8652[VA]$

**60** 그림의 3상 Y결선 회로에서 소비하는 전력[W]은?

① 3072
② 1536
③ 768
④ 512

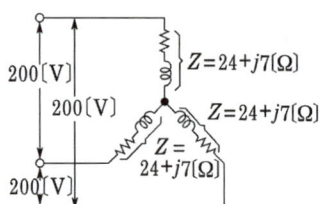

해설) $P = \dfrac{3V_p^2 R}{R^2+X^2}[W] = \dfrac{3\left(\dfrac{200}{\sqrt{3}}\right)^2 \times 24}{24^2 + 7^2} = 1536[W]$

**61** 대칭 3상 Y부하에서 각 상의 임피던스가 $Z = 3 + j4[\Omega]$이고, 부하 전류가 20[A]일 때 이 부하에서 소비되는 전력[W]은?

① 3600　　② 1400　　③ 1600　　④ 1800

해설) $P = 3I^2 R = 3 \times 20^2 \times 3 = 3600[W]$

**62** 한 상의 임피던스가 $Z = 20 + j10[\Omega]$인 Y결선 부하에 대칭 3상 선간 전압 200[V]를 가할 때 유효 전력[W]은?

① 1600　　② 1700　　③ 1800　　④ 1900

해설) $P = \dfrac{3V_p^2 R}{R^2+X^2} = \dfrac{3\left(\dfrac{200}{\sqrt{3}}\right)^2 \times 20}{20^2 + 10^2} = 1600[W]$

**63** 역률이 50[%]이고 1상의 임피던스가 60[Ω]인 유도 부하를 △로 결선하고 여기에 병렬로 저항 20[Ω]을 Y결선으로 하여 3상 선간 전압 200[V]를 가할 때의 소비 전력[W]은?

① 약 2000　　② 약 2200　　③ 약 2500　　④ 약 3000

답) 59. ①　60. ②　61. ①　62. ①　63. ④

해설)
$$P = 3V_p I_p \cos\theta + 3\frac{V_p^2}{R} = 3 \times 200 \times \frac{200}{60} \times 0.5 + 3 \times \frac{\left(\frac{200}{\sqrt{3}}\right)^2}{20} = 3000[W]$$

**64** ★ 【96. 기사】
3상 평형 부하가 있다. 이것의 선간 전압은 200[V], 선전류는 10[A]이고, 부하의 소비 전력은 4[kW]이다. 이 부하의 등가 Y회로의 각 상의 저항[Ω]은 얼마인가?

① 8  ② 13.3  ③ 15.6  ④ 18.3

해설)
$$Z = \frac{\frac{200}{\sqrt{3}}}{10} = 11.547[\Omega]$$
$$P_a = \sqrt{3}\,VI = \sqrt{3} \times 200 \times 10 = 3,464[VA]$$
$$P = 4,000[W]$$
$$\cos\theta = \frac{4,000}{3,464} = 1.155$$
$$\therefore R = Z\cos\theta = 11.547 \times 1.155 = 13.334[\Omega]$$

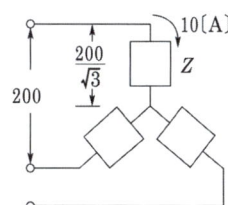

**65** ★★★ 【82. 87. 93. 05. 기사】
3상 평형 부하에 선간 전압 200[V]의 평형 3상 정현파 전압을 인가했을 때 선전류는 8.6[A]가 흐르고 무효 전력이 1788[Var]이었다. 역률은 얼마인가?

① 0.6  ② 0.7  ③ 0.8  ④ 0.9

해설) 피상 전력을 $P_a$, 무효 전력을 $P_r$ 이라 하면
$$P_a = \sqrt{3}\,VI = \sqrt{3} \times 200 \times 8.6 = 2980[VA]$$
$$P_r = P_a \sin\theta \text{에서 } \sin\theta = \frac{P_r}{P_a} = \frac{1788}{2980} = 0.6$$
$$\therefore \cos\theta = \sqrt{1-\sin^2\theta} = \sqrt{1-0.6^2} = 0.8$$

## 유사문제

■ 유사문제 원문 및 해설 : 동일출판사 홈페이지 》 고객센터 》 자료실

**01.** 선간 전압이 200[V]인 10[kW]의 3상 대칭 부하에 3상 전력을 공급하는 선로 임피던스가 $4+j3[\Omega]$일 때 부하가 뒤진 역률 80[%]이면 선전류는 몇 [A]인가?
답 $28.8-j21.6[A]$

**02.** 3상 평형 부하의 전압이 100[V]이고, 전류가 10[A]이다. 이때 소비 전력[W]은? 단, 역률은 0.80이다.
답 1385[W]

**03.** 어떤 3상 회로에서 선간 전압 200[V], 선전류 25[A], 3상 전력 7[kW]였다. 이때의 역률[%]은?
답 80.0[%]

답 64. ②  65. ③

**04.** 한 상의 임피던스 $Z=6+j8[\Omega]$인 평형 Y 부하에 평형 3상 전압 200[V]를 인가할 때 무효전력 [Var]은?

답 3200[Var]

**05.** $Z=5\sqrt{3}+j5[\Omega]$인 3개의 임피던스를 Y결선하여 250[V]의 대칭 3상 전원에 연결하였다. 소비전력[W]은?

답 5410[W]

**06.** 평형 3상 부하에 전력을 공급할 때 선전류 값이 20[A]이고 부하의 소비 전력이 4[kW]이다. 이 부하의 등가 Y회로에 대한 각 상의 저항[$\Omega$]은?

답 $\dfrac{10}{3}[\Omega]$

**07.** 3상 평형 부하의 전압이 200[V], 전류가 20[A]이고 역률은 0.8이다. 이때 무효 전력은 몇 [kVar]인가?

답 $2.4\sqrt{3}$ [kVar]

## V결선

**66** V결선 변압기 이용률[%]은?  ★★ 【82. 기사, 23. 산업기사】

① 57.7   ② 86.6   ③ 80   ④ 100

해설) V결선 변압기 이용률 $U = \dfrac{\sqrt{3}\,VI\cos\theta}{2VI\cos\theta} = \dfrac{\sqrt{3}}{2} = 0.866$

**67** 10[kVA]의 변압기 2대로 공급할 수 있는 최대 3상 전력[kVA]은?  ★★ 【83. 88. 99. 11. 산업기사】

① 20   ② 17.3   ③ 14.1   ④ 10

해설) $P = \sqrt{3}\,P_1 = \sqrt{3} \times 10[\text{kVA}] = 17.3[\text{kVA}]$

**68** 단상 변압기 3개를 △결선하여 부하에 전력을 공급하고 있다. 변압기 1개의 고장으로 V결선으로 한 경우 공급할 수 있는 전력과 고장 전 전력과의 비율[%]은?  ★★★☆ 【77. 90. 98. 기사, 82. 07. 산업기사】

① 57.7   ② 66.7   ③ 75.0   ④ 86.6

해설) 변압기 1개의 출력을 $P$라 하면 $\dfrac{P_V}{P_\triangle} = \dfrac{\sqrt{3}P}{3P} = \dfrac{\sqrt{3}}{3} \fallingdotseq 0.577$

답 66. ②  67. ②  68. ①

**69** 단상 변압기 3대(50[kVA]×3)를 △결선으로 운전 중 한 대가 고장이 생겨 V결선으로 한 경우 출력은 몇 [kVA]인가?

① $30\sqrt{3}$  ② $50\sqrt{3}$  ③ $100\sqrt{3}$  ④ $200\sqrt{3}$

**해설** △결선을 V결선으로 바꿀 때 출력 감소는 $\dfrac{1}{\sqrt{3}}$ 이므로 V결선 시 출력 $P_V$는

$$P_V = \dfrac{1}{\sqrt{3}} \times 50 \times 3 = 50\sqrt{3}\,[\text{kVA}]$$

**70** 용량 30[kVA]의 단상 변압기 2대를 V결선하여 역률 0.8, 전력 20[kW]의 평형 3상 부하에 전력을 공급할 때 변압기 1대가 분담하는 피상 전력[kVA]은 얼마인가?

① 14.4  ② 15  ③ 20  ④ 30

**해설** 변압기 1대가 분담할 피상 전력을 $P_a$, 부하의 피상 전력을 $P_a'$이라 하면

$$\sqrt{3}\,P_a = P_a'$$
$$\therefore P_a = \dfrac{P_a'}{\sqrt{3}} = \dfrac{P}{\sqrt{3}\cos\theta} = \dfrac{20}{\sqrt{3}\times 0.8} = 14.4\,[\text{kVA}]$$

답 69. ②  70. ①

# CHAPTER 10 대칭 좌표법

## 01 대칭 좌표법

비대칭성의 불평형 전압이나 전류를 대칭성의 3성분(영상분, 정상분, 역상분)으로 분해하여 각각의 성분이 단독으로 존재하는 경우로 해석한 다음 각각의 성분을 중첩하는 방법으로 불평형 회로를 해석한다.

즉, 불평형전압 = 영상분 전압 + 정상분 전압 + 역상분 전압으로 구성된다.

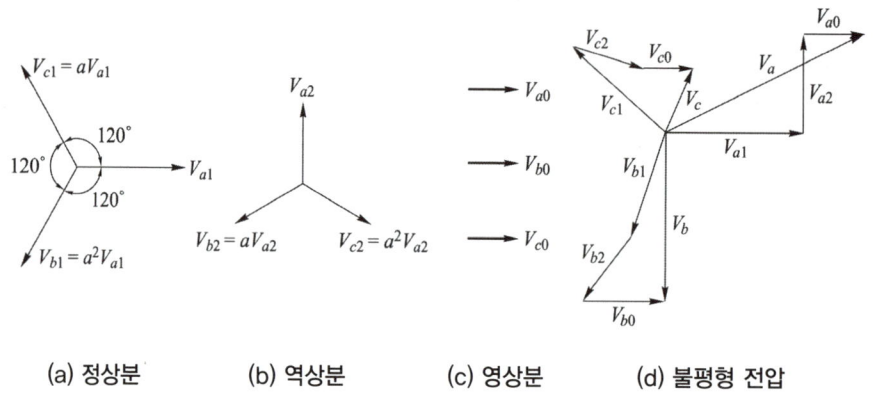

(a) 정상분    (b) 역상분    (c) 영상분    (d) 불평형 전압

① 정상분은 상순 a-b-c로 120°의 위상차를 갖는 전압
② 역상분은 상순 a-c-b로 120°의 위상차를 갖는 전압
③ 영상분은 전압의 크기가 같고 위상이 동상인 성분  출제 산업 6번, 기사 6번
④ 영상분은 접지선 중성선에 존재한다.  출제 산업 19번, 기사 1번

### 1) 불평형 3상전압 $V_a$, $V_b$, $V_c$

$$V_a = V_0 + V_1 + V_2$$
$$V_b = V_0 + a^2 V_1 + a V_2$$
$$V_c = V_0 + a V_1 + a^2 V_2$$   출제 산업 4번, 기사 6번

## 2) 영상, 정상, 역상전압

영상 전압 $V_0 = \dfrac{1}{3}(V_a + V_b + V_c)$

정상 전압 $V_1 = \dfrac{1}{3}(V_a + aV_b + a^2V_c)$

역상 전압 $V_2 = \dfrac{1}{3}(V_a + a^2V_b + aV_c)$  출제 산업 31번, 기사 26번

## 3) 3상 교류발전기의 기본식

$$V_0 = -Z_0 I_0, \quad V_1 = E_a - Z_1 I_1, \quad V_2 = -Z_2 I_2$$  출제 산업 3번, 기사 2번

단, $E_a$ : a 상의 유기 기전력, $Z_0$ : 영상 임피던스
$Z_1$ : 정상 임피던스, $Z_2$ : 역상 임피던스

회전기에서 $Z_1$과 $Z_2$는 일반적으로 같지 않다.

## 4) 고장의 종류에 따른 대칭분의 종류

| 고장의 종류 | 대칭분 |
|---|---|
| 1선 지락 | 정상분+역상분+영상분 |
| 선간 단락 | 정상분+역상분 |
| 3상 단락 | 정상분 |

출제 산업 7번, 기사 2번

## 02 - 불평형률

불평형 회로의 전압과 전류에는 정상분과 더불어 역상분과 영상분이 반드시 포함된다. 따라서 회로의 불평형 정도를 나타내는 척도로서 불평형률이 사용된다.

$$\text{불평형률} = \dfrac{\text{역상분}}{\text{정상분}} \times 100[\%]$$
$$= \dfrac{V_2}{V_1} \times 100[\%] \text{ 또는 } \dfrac{I_2}{I_1} \times 100[\%]$$

출제 산업 16번, 기사 12번

로 정의한다.

# CHAPTER 10 출제예상문제_대칭 좌표법

## 대칭 좌표법

**01** ★★★★ 【78. 86. 95. 기사, 98. 99. 05. 11. 산업기사】
대칭 좌표법에서 사용되는 용어 중 3상에 공통인 성분을 표시하는 것은?

① 정상분　　② 영상분　　③ 역상분　　④ 공통분

[해설] 대칭 좌표법은 불평형 3상 전압이나 전류를 평형의 세 성분(상순이 a-b-c인 정상분, 상순이 이와 반대인 역상분 및 각 상에 공통된 단상인 영상분)의 대칭분으로 분해하여 해석한다. 즉, 각 상마다 대칭분을 합성하면 불평형 3상 전압이나 전류가 얻어진다.

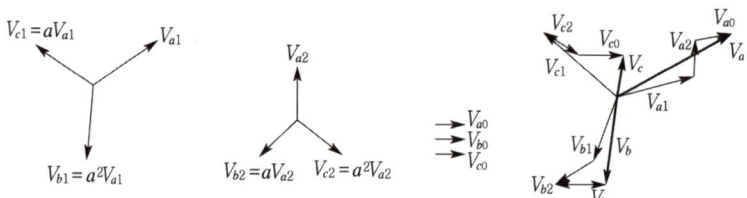

정상분+역상분+영상분 = 불평형 3상 전압($V_a$, $V_b$, $V_c$)
**불평형 3상 전압의 합성 및 분해**

**02** ★★★ 【90. 95. 00. 기사】
3상 3선식에서는 회로의 평형, 불평형 또는 부하의 △, Y에 불구하고, 세 선전류의 합은 0이므로 선전류의 (　)은 0이다. 다음에서 (　) 안에 들어갈 말은?

① 영상분　　② 정상분　　③ 역상분　　④ 상전압

[해설] 중성점 비접지식에서는 평형, 불평형 △, Y에 불구하고
$I_0 = \frac{1}{3}(I_a + I_b + I_c)$에서 $I_a + I_b + I_c = 0$이므로 $I_0$(영상분) = 0이다.

**03** ★★★★★ 【90. 95. 97. 04. 기사, ㊕ : 78. 82. 기사】
대칭 3상 전압 $V_a$, $V_b = a^2 V_a$, $V_c = a V_a$일 때 a상을 기준으로 한 각 대칭분 $V_0$, $V_1$, $V_2$은?

① $0$, $V_a$, $0$

② $a^2 V_a$, $a V_a$, $V_a$

③ $\frac{1}{3}(V_a + V_b + V_c)$, $\frac{1}{3}(V_a + a^2 V_b + a V_c)$, $\frac{1}{3}(V_a + a V_b + a^2 V_c)$

④ $\frac{1}{3}(V_a + V_b + V_c)$, $\frac{1}{3}(V_a + a V_b + a^2 V_c)$, $\frac{1}{3}(V_a + a^2 V_b + a V_c)$

[답] 1. ②　2. ①　3. ①

해설 
$$\begin{bmatrix} V_0 \\ V_1 \\ V_2 \end{bmatrix} = \frac{1}{3}\begin{bmatrix} 1 & 1 & 1 \\ 1 & a & a^2 \\ 1 & a^2 & a \end{bmatrix}\begin{bmatrix} V_a \\ V_b \\ V_c \end{bmatrix} = \frac{1}{3}\begin{bmatrix} 1 & 1 & 1 \\ 1 & a & a^2 \\ 1 & a^2 & a \end{bmatrix}\begin{bmatrix} V_a \\ a^2 V_a \\ a V_a \end{bmatrix} = \begin{bmatrix} 0 \\ V_a \\ 0 \end{bmatrix}$$

★★ 【82. 89. 04. 기사】
**04** 3상 △부하에서 각 선전류를 $I_a$, $I_b$, $I_c$라 하면 전류의 영상분은?

① ∞   ② -1   ③ 1   ④ 0

해설 중성점 비접지식에서 전류의 영상분 $I_0$는 $I_0 = \frac{1}{3}(I_a + I_b + I_c)$에서 $I_a + I_b + I_c = 0$이므로 $I_0 = 0$이다.

★☆ 【85. 86. 92. 05. 산업기사】
**05** 상순이 a, b, c인 불평형 3상 전류 $I_a$, $I_b$, $I_c$의 대칭분을 $I_0$, $I_1$, $I_2$라 하면 이때 대칭분과의 관계식 중 옳지 못한 것은?

① $\frac{1}{3}(I_a + I_b + I_c)$
② $\frac{1}{3}(I_a + I_b \angle 120° + I_c \angle -120°)$
③ $\frac{1}{3}(I_a + I_b \angle -120° + I_c \angle 120°)$
④ $\frac{1}{3}(-I_a - I_b - I_c)$

해설 $I_0 = \frac{1}{3}(I_a + I_b + I_c)$, $I_1 = \frac{1}{3}(I_a + aI_b + a^2I_c)$, $I_2 = \frac{1}{3}(I_a + a^2I_b + aI_c)$

★★ 【90. 05. 07. 18. 기사】
**06** 대칭 좌표법에서 대칭분을 각 상전압으로 표시한 것 중 틀린 것은?

① $E_0 = \frac{1}{3}(E_a + E_b + E_c)$
② $E_1 = \frac{1}{3}(E_a + aE_b + a^2E_c)$
③ $E_3 = \frac{1}{3}(E_a^2 + E_b^2 + E_c^2)$
④ $E_2 = \frac{1}{3}(E_a + a^2E_b + aE_c)$

해설 
$E_0 = \frac{1}{3}(E_a + E_b + E_c)$ : 영상전압
$E_1 = \frac{1}{3}(E_a + aE_b + a^2E_c)$ : 정상전압
$E_2 = \frac{1}{3}(E_a + a^2E_b + aE_c)$ : 역상전압

★★★☆ 【00. 02. 04. 12. 산업기사, ㊉ 77. 기사, 82. 83. 88. 96. 산업기사】
**07** 비접지 3상 Y부하에 각선에 흐르는 비대칭 각 선전류를 $\dot{I}_a$, $\dot{I}_b$, $\dot{I}_c$라 할 때 전류의 영상분 $\dot{I}_0$는?

① $\dot{I}_a + \dot{I}_b$
② $\dot{I}_a + \dot{I}_b + \dot{I}_c$
③ $\frac{1}{3}(\dot{I}_a + \dot{I}_b + \dot{I}_c)$
④ 0

해설 영상분은 접지선, 중성선에 존재한다. 따라서 비접지 3상 Y부하는 영상분이 존재하지 않는다.

답 4. ④ 5. ④ 6. ③ 7. ④

★★★★★ 【97. 산업기사, ㉿ : 82. 87. 89. 90. 98. 99. 기사, 92. 94. 04. 05. 산업기사】

**08** $V_a$, $V_b$, $V_c$를 3상 불평형 전압이라 하면 정상은? 단, $a = -\frac{1}{2} + j\frac{\sqrt{3}}{2}$이다.

① $\frac{1}{3}(V_a + V_b + V_c)$
② $\frac{1}{3}(V_a + aV_b + a^2V_c)$
③ $V_a + V_b + V_c$
④ $\frac{1}{3}(V_a + a^2V_b + aV_c)$

**해설** 비대칭 전압이 $V_a$, $V_b$, $V_c$일 때 대칭분이 $V_0$, $V_1$, $V_2$라면

$$\begin{bmatrix} V_0 \\ V_1 \\ V_2 \end{bmatrix} = \frac{1}{3}\begin{bmatrix} 1 & 1 & 1 \\ 1 & a & a^2 \\ 1 & a^2 & a \end{bmatrix}\begin{bmatrix} V_a \\ V_b \\ V_c \end{bmatrix}, \quad \begin{bmatrix} V_a \\ V_b \\ V_c \end{bmatrix} = \begin{bmatrix} 1 & 1 & 1 \\ 1 & a^2 & a \\ 1 & a & a^2 \end{bmatrix}\begin{bmatrix} V_0 \\ V_1 \\ V_2 \end{bmatrix}$$

∴ $V_0 = \frac{1}{3}(V_a + V_b + V_c)$ 영상 전압

$V_1 = \frac{1}{3}(V_a + aV_b + a^2V_c)$ 정상 전압

$V_2 = \frac{1}{3}(V_a + a^2V_b + aV_c)$ 역상 전압

★★★★★ 【67. 83. 86. 87. 93. 94. 04. 기사】

**09** $V_a$, $V_b$, $V_c$가 3상 전압일 때 역상 전압은? 단, $a = e^{j\frac{2}{3}\pi}$이다.

① $\frac{1}{3}(V_a + aV_b + a^2V_c)$
② $\frac{1}{3}(V_a + a^2V_b + aV_c)$
③ $\frac{1}{3}(V_a + V_b + V_c)$
④ $\frac{1}{3}(V_a + a^2V_b + V_c)$

**해설** $V_0 = \frac{1}{3}(V_a + V_b + V_c)$ 영상 전압

$V_1 = \frac{1}{3}(V_a + aV_b + a^2V_c)$ 정상 전압

$V_2 = \frac{1}{3}(V_a + a^2V_b + aV_c)$ 역상 전압

★★ 【91. 94. 97. 99. 산업기사】

**10** 대칭분을 $I_0$, $I_1$, $I_2$라 하고, 선전류를 $I_a$, $I_b$, $I_c$라 할 때 $I_b$는?

① $I_0 + I_1 + I_2$
② $\frac{1}{3}(I_0 + I_1 + I_2)$
③ $I_0 + a^2I_1 + aI_2$
④ $I_0 + aI_1 + a^2I_2$

**해설** $I_0 = \frac{1}{3}(I_a + I_b + I_c)$, $I_1 = \frac{1}{3}(I_a + aI_b + a^2I_c)$, $I_2 = \frac{1}{3}(I_a + a^2I_b + aI_c)$이며

대칭분 $I_b = I_0 + a^2I_1 + aI_2$이다.

답 8. ② 9. ② 10. ③

★★★★ 【77. 92. 94. 98. 00. 01. 11. 17. 24. 산업기사】

**11** 불평형 회로에서 영상분이 존재하는 3상 회로 구성은?

① △—△ 결선의 3상 3선식
② △—Y 결선의 3상 3선식
③ Y—Y 결선의 3상 3선식
④ Y—Y 결선의 3상 4선식

해설 Y—Y 결선의 3상 4선식은 중성점을 접지하므로 영상분이 존재한다.

★★★★★【97. 24. 기사, 97. 99. 23. 25. 산업기사, 유 : 85. 88. 91. 94. 08. 20. 기사, 79. 81. 83. 91. 07. 11. 17. 산업기사】

**12** 불평형 3상 전류 $I_a = 15 + j2$[A], $I_b = -20 - j14$[A], $I_c = -3 + j10$[A]일 때의 영상 전류 $I_0$ 는?

① $2.67 + j0.36$
② $-2.67 - j0.67$
③ $15.7 - j3.25$
④ $1.91 + j6.24$

해설
$$I_0 = \frac{1}{3}(I_a + I_b + I_c) = \frac{1}{3}(15 + j2 - 20 - j14 - 3 + j10)$$
$$= \frac{1}{3}(-8 - j2) = -2.67 - j0.67[\text{A}]$$

★★★☆ 【91. 94. 기사, 81. 84. 96. 산업기사】

**13** 3상 회로에서 각 상의 전류는 다음과 같다.

$$I_a = 400 - j650, \quad I_b = -230 - j700, \quad I_c = -150 + j600$$

전류의 영상분 $I_0$ 는 얼마인가? 단, b상을 기준으로 한다.

① $20 - j750$
② $6.66 - j250$
③ $572 - j223$
④ $-179 - j177$

해설 영상 전류는 a상을 기준으로 하는 경우와 b상을 기준으로 하는 경우가 같으므로
$$I_0 = \frac{1}{3}(I_a + I_b + I_c) = 6.66 - j250$$

★★★★★ 【82. 83. 89. 92. 94. 97. 04. 11. 20. 23. 산업기사】

**14** 대칭 좌표법에 관한 설명 중 잘못된 것은?

① 불평형 3상 회로 비접지식 회로에서는 영상분이 존재한다.
② 대칭 3상 전압에서 영상분은 0이 된다.
③ 대칭 3상 전압은 정상분만 존재한다.
④ 불평형 3상 회로의 접지식 회로에서는 영상분이 존재한다.

해설 비접지식은 $I_a + I_b + I_c = 0$이므로 $I_0 = \frac{1}{3}(I_a + I_b + I_c) = 0$

답 11. ④ 12. ② 13. ② 14. ①

**15** ★ 【82. 83. 산업기사】
그림과 같이 교류 회로에서 각 선간 전압이 200[V]이면 정상 임피던스는 몇 [Ω]인가?

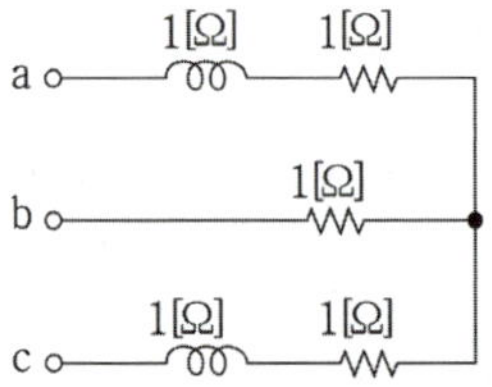

① $1+j0.667$　　　　　　　② $0.288+j0.167$
③ $-0.239+j0.167$　　　　④ $0.133+j0.424$

해설　$Z_1 = \dfrac{1}{3}(Z_a + aZ_b + a^2 Z_c) = \dfrac{1}{3}\left\{(1+j)+\left(-\dfrac{1}{2}+j\dfrac{\sqrt{3}}{2}\right)+\left(-\dfrac{1}{2}-j\dfrac{\sqrt{3}}{2}\right)(1+j)\right\}$
　　　　$= 0.288+j0.167[\Omega]$

**16** ★★★ 【81. 82. 98. 99. 04. 09. 25. 산업기사】
3상 부하가 Y결선으로 되었다. 각 상의 임피던스가 각각 $Z_a=3[\Omega]$, $Z_b=3[\Omega]$, $Z_c=j3$ [Ω]이다. 이 부하의 영상 임피던스[Ω]는?

① $6+j3$　　② $3+j3$　　③ $3+j6$　　④ $2+j$

해설　영상 임피던스 $Z_0 = \dfrac{1}{3}(Z_a+Z_b+Z_c) = \dfrac{1}{3}(3+3+j3) = 2+j[\Omega]$

**17** ★★★★★ 【76. 80. 82. 84. 87. 90. 97. 25. 산업기사, ⊕ : 83. 84. 기사, 85. 산업기사】
3상 3선식 회로에서 $V_a=-j6$[V], $V_b=-8+j6$[V], $V_c=8$[V]일 때 정상분 전압은 몇 [V]가 되는가?

① 0　　② $0.33\angle 37°$　　③ $2.37\angle 43°$　　④ $7.82\angle 257°$

해설　$V_1 = \dfrac{1}{3}(V_a + aV_b + a^2 V_c)$
　　　$= \dfrac{1}{3}\left\{-j6+\left(-\dfrac{1}{2}+j\dfrac{\sqrt{3}}{2}\right)(-8+j6)+\left(-\dfrac{1}{2}-j\dfrac{\sqrt{3}}{2}\right)\times 8\right\}$
　　　$\fallingdotseq 1.73-j7.6 = 7.82\angle 257°[V]$

**18** ★★★ 【83. 89. 97. 20. 기사, 23. 산업기사】
불평형 3상 전류가 $I_a=15+j2$[A], $I_b=-20-j14$[A], $I_c=-3+j10$[A]일 때, 역상분 전류 $I_2$[A]를 구하면?

① $1.91+j6.24$　　　　　　② $15.74-j3.57$
③ $-2.67-j0.67$　　　　　④ $2.67-j0.67$

답　15. ②　16. ④　17. ④　18. ①

해설) $I_2 = \dfrac{1}{3}(I_a + a^2 I_b + a I_c)$

$= \dfrac{1}{3}\left\{(15+j2)+\left(-\dfrac{1}{2}-j\dfrac{\sqrt{3}}{2}\right)(-20-j14)+\left(-\dfrac{1}{2}+j\dfrac{\sqrt{3}}{2}\right)(-3+j10)\right\}$

$= 1.91 + j6.24 [A]$

**★★★★☆ [96. 00. 산업기사, ㉮ : 69. 96. 99. 05. 기사, 82. 산업기사]**

**19** 각상(各相)의 전류 $I_a$, $I_b$, $I_c$가 다음 식으로 표시될 때 영상 대칭분 전류[A]를 나타낸 것은 어느 것인가? ($I_a = 60\sin\omega t$, $I_b = 60\sin(\omega t - 90°)$, $I_c = 60\sin(\omega t + 90°)$[A]이다)

① $10\sin\omega t$[A]
② $20\sin\omega t$[A]
③ $30\sin\omega t$[A]
④ $60\sin\omega t$[A]

해설) 정현파를 phasor로 표시하면
$I_a = 60\angle 0 = 60$, $I_b = 60\angle -90 = -j60$, $I_c = 60\angle 90 = j60$
따라서 영상전류는
$I_o = \dfrac{1}{3}(I_a + I_b + I_c) = \dfrac{1}{3}(60 - j60 + j60) = 20$
∴ $I_o = 20\sin\omega t$ 가 된다.

## 유사문제

유사문제 원문 및 해설 : 동일출판사 홈페이지 ▶ 고객센터 ▶ 자료실

**01.** 대칭 3상 전압이 a상 $V_a$[V], b상 $V_b = a^2 V_a$[V], c상 $V_c = a V_a$[V]일 때 a상을 기준으로 한 대칭분 전압 중 정상분 $V_1$은 어떻게 표시되는가?

답 $V_a$

**02.** 어떤 3상 회로의 각 상전압이 $V_a = V$, $V_b = a^2 V$, $V_c = aV$이다. a상을 기준으로 한 대칭분 $V_0$, $V_1$, $V_2$를 구하면? 단, $V_0$는 영상분, $V_1$은 정상분, $V_2$는 역상분이다.

답 0, $V$, 0

**03.** 대칭분 $\dot{I}_0$, $\dot{I}_1$, $\dot{I}_2$라고 하고 선전류 $I_a$, $I_b$, $I_c$라 할 때 $I_b$는?

답 $\dot{I}_0 + a^2 \dot{I}_1 + a \dot{I}_2$

**04.** $V_a = 3$[V], $V_b = 2 - j3$[V], $V_c = 4 + j3$[V]를 3상 불평형 전압이라고 할 때 영상 전압[V]은?

답 3[V]

**05.** 불평형 3상 전류가 $I_a = 16 + j2$[A], $I_b = -20 - j9$[A], $I_c = -2 + j10$[A]일 때 영상분 전류는?

답 $-2 + j$[A]

**06.** 3상 부하가 △결선으로 되어 있다. 컨덕턴스가 a상에 0.3[℧], b상에 0.3[℧]이고, 유도 서셉턴스가 c상에 0.3[℧]가 연결되어 있을 때 이 부하의 영상 어드미턴스는 몇 [℧]인가?

답 $0.2 - j0.1$[℧]

답 19. ②

**07.** 3상 회로에 있어서 대칭분 전압이 $V_0=-8+j3[V]$, $V_1=6-j8[V]$, $V_2=8+j12[V]$일 때 a상의 전압[V]은?

답 $6+j7[V]$

**08.** 대칭 좌표법에 관한 설명 중 잘못된 것은?

답 비대칭 3상 회로의 접지식 회로에는 영상분이 존재하지 않는다.

**09.** 3상 불평형 전압이 $V_a=80[V]$, $V_b=-40-j30[V]$, $V_c=-40+j30[V]$라고 할 때 대칭분 전압 중 역상 전압 $V_2[V]$는?

답 $22.7[V]$

**10.** 각 상의 전류가 $i_a=30\sin\omega t[A]$, $i_b=30\sin(\omega t-90°)[A]$, $i_c=30\sin(\omega t+90°)[A]$일 때 영상 대칭분 전류[A]는?

답 $10\sin\omega t$

## 불평형률

**20** 3상 불평형 전압에서 불평형률이란?

① $\dfrac{\text{역상 전압}}{\text{영상 전압}} \times 100$  ② $\dfrac{\text{정상 전압}}{\text{역상 전압}} \times 100$

③ $\dfrac{\text{역상 전압}}{\text{정상 전압}} \times 100$  ④ $\dfrac{\text{영상 전압}}{\text{정상 전압}} \times 100$

해설 불평형률 $= \dfrac{\text{역상분}}{\text{정상분}} \times 100[\%]$

**21** 3상 교류의 선간 전압을 측정하였더니 120[V], 100[V], 100[V]이었다. 선간 전압의 불평형률을 구하면?

① 약 13[%]  ② 약 15[%]  ③ 약 17[%]  ④ 약 19[%]

해설 $E_a=120[V]$, $E_b=-60-j80[V]$, $E_c=-60+j80[V]$

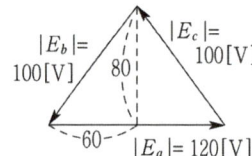

답 20. ③  21. ①

$$E_1 = \frac{1}{3}(E_a + aE_b + a^2 E_c)$$
$$= \frac{1}{3}\left\{120 + \left(-\frac{1}{2} + j\frac{\sqrt{3}}{2}\right)(-60 - j80) + \left(-\frac{1}{2} - j\frac{\sqrt{3}}{2}\right)(-60 + j80)\right\}$$
$$= \frac{1}{3}(120 + 60 + 80\sqrt{3}) = 106.2[\text{V}]$$

$$E_2 = \frac{1}{3}(E_a + a^2 E_b + aE_c)$$
$$= \frac{1}{3}\left\{120 + \left(-\frac{1}{2} - j\frac{\sqrt{3}}{2}\right)(-60 - j80) + \left(-\frac{1}{2} + j\frac{\sqrt{3}}{2}\right)(-60 + j80)\right\}$$
$$= \frac{1}{3}(120 + 60 - 80\sqrt{3}) = 13.8[\text{V}]$$

$$\therefore \text{불평형률} = \frac{|E_2|}{|E_1|} \times 100 = \frac{13.8}{106.2} \times 100 = 13[\%]$$

**22** 3상 불평형 전압에서 영상 전압이 140[V]이고 정상 전압이 600[V], 역상 전압이 280[V]라면 전압의 불평형률은?

① 2.144　　② 0.566
③ 0.466　　④ 0.233

**[해설]** 불평형률 = $\dfrac{\text{역상 전압}}{\text{정상 전압}} = \dfrac{280}{600} = 0.466$

**23** 어느 3상 회로의 선간 전압을 측정하였더니 120[V], 100[V] 및 100[V]이었다. 이때의 역상 전압 $V_2$의 값은 약 몇 [V]인가?

① 9.8　　② 13.8
③ 96.2　　④ 106.2

**[해설]** $E_a = 120[\text{V}], \ E_b = -60 - j80[\text{V}], \ E_c = -60 + j80[\text{V}]$

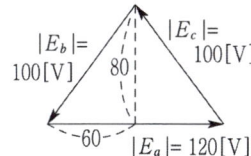

$$E_2 = \frac{1}{3}(E_a + a^2 E_b + aE_c)$$
$$= \frac{1}{3}\left\{120 + \left(-\frac{1}{2} - j\frac{\sqrt{3}}{2}\right)(-60 - j80) + \left(-\frac{1}{2} + j\frac{\sqrt{3}}{2}\right)(-60 + j80)\right\}$$
$$= \frac{1}{3}(120 + 60 - 80\sqrt{3}) = 13.8[\text{V}]$$

**답** 22. ③　23. ②

### 유사문제

**01.** 3상 불평형 전압에서 역상 전압이 50[V]이고 정상 전압이 200[V], 영상 전압이 10[V]라고 할 때 전압의 불평형률은?

답 0.25[%]

**02.** 어느 3상 회로의 상 전압을 측정하니 $V_a = 120[V]$, $V_b = -60 - j80[V]$, $V_c = -60 + j80[V]$이었다. 불평형률[%]은?

답 13[%]

## 교류발전기

**24** 대칭 3상 교류 발전기의 기본식 중 알맞게 표현된 것은? 단, $V_0$는 영상분 전압, $V_1$은 정상분 전압, $V_2$는 역상분 전압이다.

① $V_0 = E_0 - Z_0 I_0$
② $V_1 = -Z_1 I_1$
③ $V_2 = Z_2 I_2$
④ $V_1 = E_a - Z_1 I_1$

**해설** 발전기의 기본식
$V_0 = -Z_0 I_0$ (영상분), $V_1 = E_a - Z_1 I_1$ (정상분), $V_2 = -Z_2 I_2$ (역상분)

**25** 그림과 같이 대칭 3상 교류 발전기의 a상이 임피던스 $\dot{Z}$를 통하여 지락되었을 때 흐르는 지락전류 $\dot{I}_g$는 얼마인가?

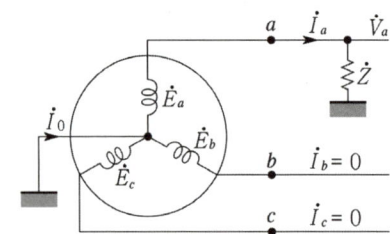

① $\dfrac{3\dot{E}_a}{\dot{Z}_0 + \dot{Z}_1 + \dot{Z}_2 + \dot{Z}}$
② $\dfrac{\dot{E}_a}{\dot{Z}_0 + \dot{Z}_1 + \dot{Z}_2 + \dot{Z}}$
③ $\dfrac{3\dot{E}_a}{\dot{Z}_0 + \dot{Z}_1 + \dot{Z}_2 + 3\dot{Z}}$
④ $\dfrac{\dot{E}_a}{\dot{Z}_0 + \dot{Z}_1 + \dot{Z}_2 + 3\dot{Z}}$

답 24. ④  25. ③

해설 그림에서 $I_b = I_c = 0$, $E_a = ZI_a$가 되는데 이를 대칭분으로 나타내면
$$I_0 + a^2 I_1 + aI_2 = I_0 + aI_1 + a^2 I_2 = 0$$
$$\therefore I_0 = I_1 = I_2 = \frac{1}{3}(I_a + I_b + I_c) = \frac{1}{3}I_a \; (\because I_b = I_c = 0)$$
$$E_a = E_0 + E_1 + E_2 = -Z_0 I_0 + E_a - Z_1 I_1 - Z_2 I_2 = E_a - (Z_0 + Z_1 + Z_2)I_0$$
$$ZI_a = Z(I_0 + I_1 + I_2) = 3ZI_0$$
$$E_a - (Z_0 + Z_1 + Z_2)I_0 = 3ZI_0$$
$$I_0 = \frac{E_a}{Z_0 + Z_1 + Z_2 + 3Z}[A]$$
$$\therefore I_a = 3I_0 = \frac{3E_a}{Z_0 + Z_1 + Z_2 + 3Z}[A]$$

**26** ★★ 【83. 85. 기사】
그림과 같이 중성점을 접지한 3상 교류 발전기의 a상이 지락되었을 때의 조건으로 맞는 것은?

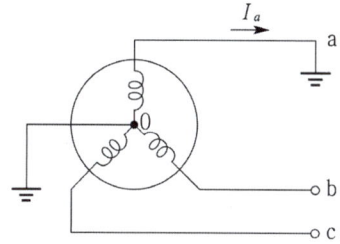

① $I_0 = I_1 = I_2$
② $V_0 = V_1 = V_2$
③ $I_1 = -I_2$, $I_0 = 0$
④ $V_1 = -V_2$, $V_0 = 0$

해설 그림에서 $I_b = I_c = 0$, $E_a = ZI_a$가 되는데 이를 대칭분으로 나타내면
$$I_0 + a^2 I_1 + aI_2 = I_0 + aI_1 + a^2 I_2 = 0$$
$$\therefore I_0 = I_1 = I_2 = \frac{1}{3}(I_a + I_b + I_c) = \frac{1}{3}I_a \; (\because I_b = I_c = 0)$$

**27** ★★★★★ 【87. 94. 기사, 83. 84. 86. 89. 94. 99. 00. 산업기사】
단자 전압의 각 대칭분 $V_0$, $V_1$, $V_2$가 0이 아니고 같게 되는 고장의 종류는?

① 1선 지락
② 선간 단락
③ 2선 지락
④ 3선 단락

해설 $V_0$, $V_1$, $V_2$ 존재 → 1선 지락 고장
$V_0 = 0$, $V_1$, $V_2$ 존재 → 선간 단락 고장
$V_0 = V_1 = V_2 \neq 0$ → 2선 지락

답 26. ① 27. ③

**28** 그림과 같은 평형 3상 교류 발전기의 b, c상이 직접 단락되었을 때의 단락 전류 $I_b$의 값은?
단, $Z_0$는 영상 임피던스, $Z_1$은 정상 임피던스, $Z_2$는 역상 임피던스이다.

★☆ 【82. 83. 93. 산업기사】

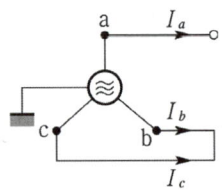

① $\dfrac{(a^2-a)E_a}{Z_1+Z_2}$  ② $\dfrac{3E_a}{Z_0+Z_1+Z_2}$

③ $\dfrac{3E_a}{Z_0+Z_1+Z_2+Z_0Z_2}$  ④ $\dfrac{aE_a}{Z_1+Z_2}$

**해설** 이때의 조건은
$V_b=V_c,\ I_a=0,\ I_b=-I_c$
대칭분으로 표시하면
$V_0+a^2V_1+aV_2=V_0+aV_1+a^2V_2$
$I_0=\dfrac{1}{3}(I_a+I_b+I_c)=0$
$I_0+a^2I_1+aI_2=-(I_0+aI_1+a^2I_2),\ (\therefore I_1=-I_2)$
발전기 기본식에 대입하면
$E_a-Z_1I_1=-Z_2I_2=Z_2I_1$
$\therefore I_1=\dfrac{E_a}{Z_1+Z_2},\ I_2=-I_1,\ I_0=0$
$\therefore I_b=I_0+a^2I_1+aI_2=\dfrac{(a^2-a)E_a}{Z_1+Z_2}$

---

### 유사문제

**01.** 전류의 대칭분을 $I_0,\ I_1,\ I_2$ 유기 기전력 및 단자 전압의 대칭분을 $E_a,\ E_b,\ E_c$ 및 $V_0,\ V_1,\ V_2$라 할 때 교류 발전기의 기본식 중 정상분 $V_1$ 값은?

답 $E_a-Z_1I_1$

**02.** 불평형 3상 회로의 성형 전압 대칭분 전압이 $V_0,\ V_1,\ V_2$ 대칭분 전류가 $I_0,\ I_1,\ I_2$라면 전력은 어떻게 되는가?

답 $P+jP_r=3(\overline{V_0}I_0+\overline{V_1}I_1+\overline{V_2}I_2)$

---

28. ①

# CHAPTER 11 왜형파

## 01 비정현파 교류

그림과 같이 크기와 주파수가 다른 정현파 전류 $i_1$, $i_2$가 합해졌을 때 합성전류파 $i_1 + i_2$는 비정현파로 된다. 이와 반대로 생각하면 비정현파를 크기와 주파수가 다른 몇 개의 정현파로 분해할 수 있다.

정현파로부터 일그러진 파형을 총칭하여 비정현파(non-sinuisoidal wave)라 하며 비정현파의 발생 원인은 다음과 같다.

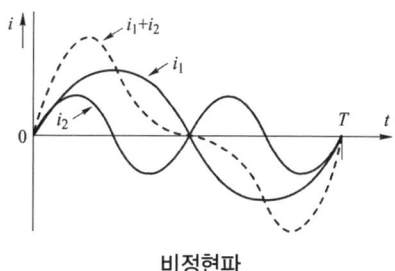

비정현파

① 교류 발전기에서의 전기자 반작용에 의한 일그러짐
② 변압기에서의 철심의 자기포화
③ 변압기에서의 히스테리시스 현상에 의한 여자 전류의 일그러짐
④ 다이오드의 비직선성에 의한 전류의 일그러짐

## 02 푸리에 급수(Fourier series)

### 1) 푸리에 급수의 의미

푸리에 급수는 주파수와 진폭을 달리하는 무수히 많은 성분을 갖는 비정현파를 무수히 많은 정현(正弦)항과 여현(余弦)항의 합으로 표현하는 것을 말한다. 출제 산업 11번, 기사 2번

### 2) 푸리에 급수 표현식

- $f(t) = a_0 + a_1\cos\omega t + a_2\cos 2\omega t + a_3\cos 3\omega t + \cdots + a_n\cos n\omega t$
  $\quad\quad + b_1\sin\omega t + b_2\sin 2\omega t + b_3\sin 3\omega t + \cdots + b_n\sin n\omega t$ ……… ①

  $= a_0 + \sum_{n=1}^{\infty} a_n\cos n\omega t + \sum_{n=1}^{\infty} b_n\sin n\omega t$  출제 산업 1번

- 비정현파 교류 = 직류분 + 기본파 + 고조파  출제 산업 2번, 기사 2번

## 3) 푸리에 급수(Fourier series)에 의한 전개

### (1) 직류분 $(a_0)$

비정현파의 한 주기까지의 평균값

$$a_0 = \frac{1}{T}\int_0^T f(t)dt = \frac{1}{2\pi}\int_0^{2\pi} f(\omega t)d(\omega t)$$

### (2) $a_n$

앞의 식 ①의 양변에 $\cos m\omega t$를 곱하고 한 주기 적분하면

$$\int_0^T f(t)\cos m\omega t\, dt = \int_0^T a_0 \cos m\omega t\, dt + \sum_{n=1}^{\infty}\int_0^T a_n \cos n\omega t \cos m\omega t\, dt$$

$$+ \sum_{n=1}^{\infty}\int_0^T b_n \sin n\omega t \cos m\omega t\, dt = \frac{T}{2}a_n \ (m=n \text{일 때})$$

$$\therefore a_n = \frac{2}{T}\int_0^T f(t)\cdot \cos n\omega t\, dt = \frac{1}{\pi}\int_0^{2\pi} f(\omega t)\cdot \cos n\omega t\, d(\omega t)$$

단, $n=1, 2, 3, \cdots$

### (3) $b_n$

앞의 식 ①의 양변에 $\sin m\omega t$를 곱하고 한 주기 적분하면

$$\int_0^T f(t)\sin m\omega t\, dt = \int_0^T a_0 \sin m\omega t\, dt + \sum_{n=1}^{\infty}\int_0^T a_n \cos n\omega t \sin m\omega t\, dt$$

$$+ \sum_{n=1}^{\infty}\int_0^T b_n \sin n\omega t \sin m\omega t\, dt = \frac{T}{2}b_n \ (m=n \text{일 때})$$

$$\therefore b_n = \frac{2}{T}\int_0^T f(t)\cdot \sin n\omega t\, dt = \frac{1}{\pi}\int_0^{2\pi} f(\omega t)\cdot \sin n\omega t\, d(\omega t)$$

단, $n=1, 2, 3, \cdots$

## 4) 대칭성 비정현파의 푸리에 급수 변환(Fourier series)

### (1) 기함수 : 정현대칭, 원점대칭 …… sin항만 존재(n : 정수)

기함수 정현항을 구할 때는 반주기마다 적분하여 2배 한다.

$f(t) = -f(-t)$ 출제 산업 5번, 기사 1번

$a_0 = 0$, $a_n = 0$

$f(t) = \sum_{n=1}^{\infty} b_n \sin n\omega t$

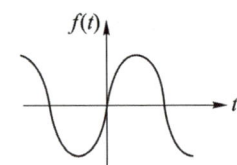

(2) 우함수 : 여현대칭, Y축 대칭 …… $a_0$, cos항만 존재(n : 정수)

우함수의 경우는 정현항이 없다. 출제 산업 6번, 기사 4번

$$f(t) = f(-t)$$ 출제 기사 4번
$$b_n = 0$$
$$f(t) = a_0 + \sum_{n=1}^{\infty} a_n \cos n\omega t$$

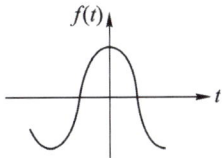

(3) 반파대칭 …… sin항과 cos항 존재 (n : 홀수항)

반파 대칭의 경우 한 주기마다 동일한 파형이 반복된다.

$$f(t) = -f(t+\pi)$$
$$a_0 = 0$$
$$f(t) = \sum_{n=1}^{\infty} a_n \cos n\omega t + \sum_{n=1}^{\infty} b_n \sin n\omega t$$

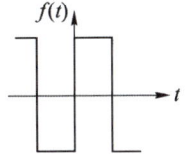

단, $n = 1, 3, 5, \cdots, 2n-1$ (홀수항만 존재) 출제 기사 1번

| | 기함수파(정현대칭) | 우함수파(여현대칭) | 대칭파(반파대칭) |
|---|---|---|---|
| 대칭조건 | $f(t) = -f(-t)$ | $f(t) = f(-t)$ | $f(t) = -f(t+\frac{T}{2})$ |
| 결 과 | sin항만 존재한다. | cos항 존재<br>직류분 존재 | 고조파 차수가<br>홀수차 항만 존재한다. |

출제 산업 9번, 기사 6번

## 03 비정현파의 실효값과 평균값

### 1) 실효값

$i = I_0 + \sum_{n=1}^{\infty} I_{mn} \sin(n\omega t + \theta_n)$ 으로부터

$$I = \sqrt{I_0^2 + \left(\frac{I_{m1}}{\sqrt{2}}\right)^2 + \left(\frac{I_{m2}}{\sqrt{2}}\right)^2 + \cdots + \left(\frac{I_{mn}}{\sqrt{2}}\right)^2}$$
$$= \sqrt{I_0^2 + I_1^2 + I_2^2 + \cdots + I_n^2}$$
$$V = \sqrt{V_0^2 + V_1^2 + V_2^2 + \cdots + V_n^2}$$ 출제 산업 4번, 기사 6번

즉, 비정현파 교류의 실효값은 직류분, 기본파 및 고조파의 제곱 합의 평방근으로 나타냄을 알 수 있다.  출제 산업 4번

## 2) 평균값

비정현파의 평균값은 일반적으로 직류분을 포함하는 정류파일 때는 1주기분의 산술평균을 취하며, 대칭파일 때는 정현파형의 경우와 같이 반주기분에 대한 산술평균을 취한다. 보통의 교류전압계, 전류계는 실효값을 지시하지만 가동코일형 계기는 평균값을 지시함에 주의해야 한다.

## 04 왜형률

비정현파에서 기본파에 대해 고조파 성분이 어느 정도 포함되었는가를 나타내는 지표로서 왜형률(distortion factor)이 사용된다. 이는 비정현파가 정현파를 기준으로 하였을 때 얼마나 일그러졌는가를 표시하는 척도가 된다.

$$왜형률 = \frac{고조파\ 실효값의\ 합}{기본파\ 실효값} = \frac{\sqrt{(V_2^2 + V_3^2 + \cdots)}}{V_1}$$

$$= \sqrt{\frac{(V_2^2 + V_3^2 + \cdots)}{V_1^2}} = \sqrt{\left(\frac{V_2}{V_1}\right)^2 + \left(\frac{V_3}{V_1}\right)^2 + \cdots}$$

출제 산업 18번, 기사 10번

## 05 비정현파 교류회로의 소자응답

### 1) 저항 $R$만의 회로

저항 $R$만의 회로에 비정현파 전압

$$v = V_0 + V_{m1}\sin(\omega t + \phi_1) + V_{m2}\sin(2\omega t + \phi_2) + \cdots$$

이 인가 되었을 때 저항 $R$에 흐르는 전류는 중첩의 원리에 의해

$$i = \frac{V_0}{R} + \frac{V_{m1}}{R}\sin(\omega t + \phi_1) + \frac{V_{m2}}{R}\sin(2\omega t + \phi_2) + \cdots$$

가 된다. 이때의 전류는 전압과 같은 파형이 된다.

## 2) 인덕턴스 $L$만의 회로

$$v = V_{m1}\sin(\omega t + \phi_1) + V_{m2}\sin(\omega t + \phi_2) + \cdots$$

$$i = \frac{V_{m1}}{\omega L}\sin(\omega t + \phi_1 - \frac{\pi}{2}) + \frac{V_{m2}}{2\omega L}\sin(2\omega t + \phi_2 - \frac{\pi}{2})$$
$$+ \frac{V_{m3}}{3\omega L}\sin(3\omega t + \phi_3 - \frac{\pi}{2}) + \cdots$$

각 고조파의 유도 리액턴스 $n\omega L$은 주파수에 비례한다. 따라서 각 고조파의 차수가 높게 될수록 고조파 전류의 비율이 감소하여 전류의 파형은 전압의 파형보다 일그러짐이 작아져서 정현파에 가까워진다. 그러므로 일반적으로 $L$은 고조파를 제거하는 역할을 한다.

## 3) 커패시턴스 $C$만의 회로

$$v = V_0 + V_{m1}\sin(\omega t + \phi_1) + V_{m2}\sin(2\omega t + \phi_2) + \cdots$$

$$i = \omega C V_{m1}\sin(\omega t + \phi_1 + \frac{\pi}{2}) + 2\omega C V_{m2}\sin(2\omega t + \phi_2 + \frac{\pi}{2})$$
$$+ 3\omega C V_{m3}\sin(3\omega t + \phi_3 + \frac{\pi}{2}) + \cdots$$

용량 리액턴스 $\frac{1}{n\omega C}$은 주파수에 반비례하므로 고조파 차수가 높게 될수록 고조파 전류의 비율이 크게 된다. 이때 전류의 파형은 전압의 파형보다 일그러짐이 크게 된다. 그러므로 일반적으로 $C$는 고조파를 발생시킨다.

## 06   $n$차 고조파

### 1) 임피던스의 변화
① 저항 : 변화없음
② 유도 리액턴스 $X_{Ln} = 2\pi n f L = n \cdot X_L \rightarrow n$배로 증가
③ 용량 리액턴스 $X_{Cn} = \frac{1}{2\pi n f C} = \frac{1}{n} \cdot \frac{1}{2\pi f C} = \frac{1}{n} \cdot X_C \rightarrow \frac{1}{n}$배 감소

### 2) 전류

$$I_1 = \frac{V_1}{Z_1} = \frac{V_1}{\sqrt{R^2 + X_L^2}}$$

① 유도 리액턴스의 제3고조파 실효전류

$$I_3 = \frac{V_3}{\sqrt{R^2 + (3X_L)^2}}$$

② 용량 리액턴스의 제3고조파 실효전류

$$I_3 = \frac{V_3}{\sqrt{R^2 + \left(\frac{1}{3}X_C\right)^2}}$$ 출제 산업 11번, 기사 5번

3) 공진조건 $n^2\omega^2 LC = 1$ 출제 산업 3번

## 07 - 비정현파 교류의 전력

### 1) 비정현파 교류의 평균전력

비정현파 전압과 전류가 주어지는 경우 전력은 같은 고조파 성분으로 구한다.

$$P = V_0 I_0 + \sum_{n=1}^{\infty} V_n I_n \cos\theta_n$$
$$= V_0 I_0 + V_1 I_1 \cos\theta_1 + V_2 I_2 \cos\theta_2 + \cdots$$ 출제 산업 17번, 기사 12번

$R - X$ 직렬연결 회로에서의 유효전력은

$$P = \frac{V_0^2 R}{R^2} + \frac{V_1^2 R}{R^2 + X_1^2} + \frac{V_2^2 R}{R^2 + X_2^2} + \frac{V_3^2 R}{R^2 + X_3^2} + \cdots$$
$$= I^2 R = (\sqrt{I_0^2 + I_1^2 + I_2^2 + I_3^2 + \cdots})^2 R$$

가 된다.

즉, 비정현파 교류전력은 직류분과 각 고조파 전력의 합으로 나타난다.
단, 주파수가 다르면 전력은 존재하지 않는다. 출제 산업 1번, 기사 1번

### 2) 무효전력

비정현파 전압과 전류가 주어지는 경우 전력은 같은 고조파 성분으로 구한다.

$$P_r = \sum_{n=1}^{\infty} V_n I_n \sin\theta_n = V_1 I_1 \sin\theta_1 + V_2 I_2 \sin\theta_2 + \cdots$$ 출제 기사 1번

$R-X$ 직렬연결 회로에서의 무효전력은

$$P = \frac{V_1^2 X_1}{R^2 + X_1^2} + \frac{V_2^2 X_2}{R^2 + X_2^2} + \frac{V_3^2 X_3}{R^2 + X_3^2} + \cdots$$
$$= I^2 R = (\sqrt{I_1^2 + I_2^2 + I_3^2 + \cdots})^2 X$$

가 된다.

### 3) 피상전력

$$P_a = VI = \sqrt{V_0^2 + V_1^2 + V_2^2 + V_3^2 + \cdots} \times \sqrt{I_0^2 + I_1^2 + I_2^2 + I_3^2 + \cdots}$$

### 4) 역률

$$\cos\theta = \frac{P}{P_a} = \frac{V_0 I_0 + V_1 I_1 \cos\theta_1 + V_2 I_2 \cos\theta_2 + \cdots}{\sqrt{V_0^2 + V_1^2 + V_2^2 + \cdots} \sqrt{I_0^2 + I_1^2 + I_2^2 + \cdots}}$$

출제 산업 4번, 기사 1번

# CHAPTER 11 출제예상문제 _왜형파

## 푸리에 급수의 전개

**01** ★ 【77. 89. 16. 산업기사】
선형 회로망 소자가 아닌 것은?
① 철심이 있는 코일
② 철심이 없는 코일
③ 저항기
④ 콘덴서

해설 $R, L, C, M$ 등의 회로 소자가 전압, 전류에 따라 그 본래의 값이 변화하지 않는 것을 선형 소자라 하며, 이들 선형 소자로 구성된 회로를 선형 회로망이라 한다.

**02** ★★☆ 【82. 86. 90. 91. 92. 산업기사】
비정현파를 여러 개의 정현파의 합으로 표시하는 방법은?
① 키르히호프의 법칙
② 노튼의 정리
③ 푸리에 분석
④ 테일러의 분석

해설 푸리에 분석은 비정현파를 여러 개의 정현파의 합으로 표시한다.

**03** ★★★ 【84. 기사, 90. 96. 산업기사, ㉕ : 92. 기사】
비정현파 교류를 나타내는 식은?
① 기본파+고조파+직류분
② 기본파+직류분-고조파
③ 직류분+고조파-기본파
④ 교류분+기본파+고조파

해설 비정현파=직류분+기본파+고조파

**04** ★★★★★ 【70. 90. 기사, 77. 85. 88. 93. 94. 97. 99. 04. 07. 20. 산업기사】
주기적인 구형파의 신호는 그 주파수 성분이 어떻게 되는가?
① 무수히 많은 주파수의 성분을 가진다.
② 주파수 성분을 갖지 않는다.
③ 직류분만으로 구성된다.
④ 교류 합성을 갖지 않는다.

해설 주기적인 비정현파는 일반적으로 푸리에 급수에 의해 표시되므로 무수히 많은 주파수의 합성이다.

답 1.① 2.③ 3.① 4.①

## 05 반파 대칭의 왜형파에 포함되는 고조파는 어느 파에 속하는가?

① 제2고조파  ② 제4고조파
③ 제5고조파  ④ 제6고조파

**해설** 반파 대칭의 경우 기수(홀수)파만 포함한다.

## 06 비정현파의 푸리에 급수에 의한 전개에서 옳게 전개한 $f(t)$는?

① $\sum_{n=1}^{\infty} a_n \sin n\omega t + \sum_{n=1}^{\infty} b_n \sin n\omega t$

② $\sum_{n=1}^{\infty} a_n \sin n\omega t + \sum_{n=1}^{\infty} b_n \cos n\omega t$

③ $a_0 + \sum_{n=1}^{\infty} a_n \cos n\omega t + \sum_{n=1}^{\infty} b_n \sin n\omega t$

④ $\sum_{n=1}^{\infty} a_n \cos n\omega t + \sum_{n=1}^{\infty} b_n \cos n\omega t$

**해설** $f(t) = a_0 + \sum_{n=1}^{\infty} a_n \cos n\omega t + \sum_{n=1}^{\infty} b_n \sin n\omega t$

## 07 비정현파에 있어서 정현 대칭의 조건은?

① $f(t) = f(-t)$  ② $f(t) = -f(-t)$
③ $f(t) = -f(t)$  ④ $f(t) = -f\left(t + \dfrac{T}{2}\right)$

**해설** 그림에서 정현 대칭 조건은
$f(t) = -f(-t)$
$f(t) = f(T+t)$

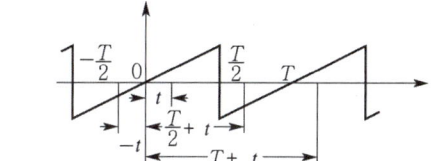

## 08 다음 중 푸리에(Fourier) 급수로 비정현파 교류를 해석하는 데 적당하지 않은 것은?

① 반파 대칭인 경우 직류분은 없다.
② 우함수인 비정현파에서는 사인(sin)항이 없다.
③ 기함수인 경우 사인항을 구할 때 반주기간만 적분하여 2배 한다.
④ 반파 대칭에서는 반주기마다 동일한 파형이 반복되나 부호의 변화가 없다.

**해설**
- 반파 대칭의 왜형파에서는 $b_0 = 0$(직류분)이고 $a_n$, $b_n$만 남는다.
- 우함수의 경우는 정현항이 없다.
- 기함수 정현항을 구할 때는 반주기마다 적분하여 2배 한다.
- 반파 대칭의 경우 한 주기마다 동일한 파형이 반복된다.

답  5. ③  6. ③  7. ②  8. ④

**09** 다음에서 $f_e(t)$는 우함수, $f_o(t)$는 기함수를 나타낸다. 주기 함수 $f(t)=f_e(t)+f_o(t)$에 대한 다음의 서술 중 바르지 못한 것은?

① $f_e(t)=f_e(-t)$  ② $f_o(t)=-f_o(-t)$

③ $f_e(t)=\dfrac{1}{2}[f(t)-f(-t)]$  ④ $f_o(t)=\dfrac{1}{2}[f(t)-f(-t)]$

해설) $f_e(t)=f_e(-t)$, $f_o(t)=-f_o(-t)$는 옳고 $f(t)=f_e(t)+f_o(t)$이므로

$$\dfrac{1}{2}[f(t)+f(-t)]=\dfrac{1}{2}[f_e(t)+f_o(t)+f_e(-t)+f_o(-t)]$$
$$=\dfrac{1}{2}[f_e(t)+f_o(t)+f_e(t)-f_o(t)]=f_e(t)$$
$$\dfrac{1}{2}[f(t)-f(-t)]=\dfrac{1}{2}[f_e(t)+f_o(t)-f_e(-t)-f_o(-t)]$$
$$=\dfrac{1}{2}[f_e(t)+f_o(t)-f_e(t)+f_o(t)]=f_o(t)$$ 가 된다.

**10** 다음의 왜형파 주기 함수를 보고 아래의 서술 중 잘못된 것은?

① 기수차의 정현항 계수는 0이다.
② 기함수파이다.
③ 반파 대칭파이다.
④ 직류 성분은 존재하지 않는다.

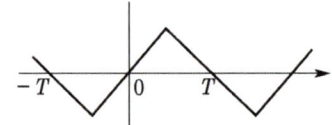

해설) 그림의 파형은 반파 정현 대칭 함수이므로
$f(t)=-f(t+\pi)$와 $f(t)=-f(-t)$의 두 조건을 만족하는 기함수파

**11** 그림과 같은 파형을 실수 푸리에 급수로 전개할 때에는?

① sin항은 없다.
② cos항은 없다.
③ sin항, cos항 모두 있다.
④ sin항, cos항을 쓰면 유한수의 항으로 전개된다.

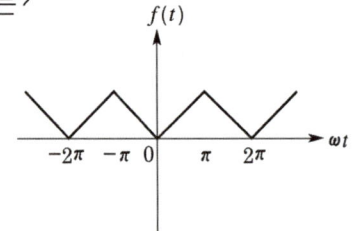

해설) $\omega t$ 축을 위로 이동시키면
그림과 같이 반파, 여현 대칭파가 된다.
그러므로 직류분(+)+cos항으로 전개할 수 있다.

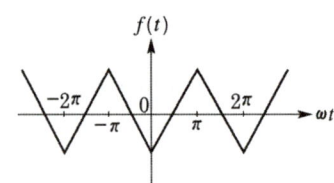

답) 9. ③ 10. ① 11. ①

**12** 그림과 같은 톱니파형을 푸리에 급수로 전개하면?

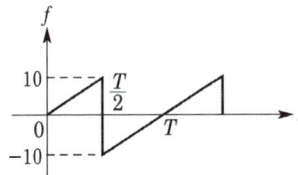

① $\dfrac{20}{\pi}\left(\sin\omega t - \dfrac{1}{2}\sin 2\omega t + \dfrac{1}{3}\sin 3\omega t - \dfrac{1}{4}\sin 4\omega t + \cdots\right)$

② $\dfrac{20}{\pi}\left(\sin\omega t + \dfrac{1}{2}\sin 2\omega t + \dfrac{1}{3}\sin 3\omega t + \cdots\right)$

③ $\dfrac{20}{\pi}\left(\sin\omega t + \dfrac{1}{3}\sin 3\omega t + \dfrac{1}{5}\sin 5\omega t + \cdots\right)$

④ $\dfrac{20}{\pi}\left(\sin\omega t - \dfrac{1}{3}\sin 3\omega t - \dfrac{1}{5}\sin 5\omega t + \cdots\right)$

**해설** 정현 대칭이므로 $b_n$만 존재한다.

$$b_n = \dfrac{4}{T}\int_0^{\frac{T}{2}} f(t)\sin n\omega t\, dt$$

$$= \dfrac{4}{2\pi}\int_0^{\pi} \dfrac{10}{\pi}\omega t \sin n\omega t\, d(\omega t) = \dfrac{20}{\pi^2}\int_0^{\pi} \omega t \sin n\omega t\, d(\omega t)$$

$$= \dfrac{20}{\pi^2}\left[\dfrac{\sin n\omega t}{n^2} - \dfrac{\omega t \cdot \cos n\omega t}{n}\right]_0^{\pi} = \dfrac{20}{\pi^2}\left(-\dfrac{\pi\cos n\pi}{n}\right) = \dfrac{20}{n\pi}(-1)^{n+1}$$

$$\therefore f(t) = \dfrac{20}{\pi}\left(\sin\omega t - \dfrac{1}{2}\sin 2\omega t + \dfrac{1}{3}\sin 3\omega t - \dfrac{1}{4}\sin 4\omega t + \cdots\right)$$

**13** 그림과 같은 왜형파를 푸리에 급수로 전개할 때 옳은 것은?

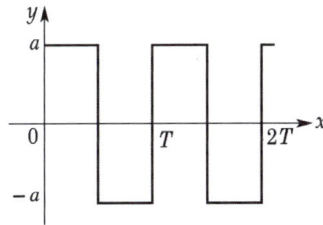

① 우수파만 포함한다.  ② 기수파만 포함한다.
③ 우수파, 기수파 모두 포함한다.  ④ 푸리에 급수로 전개할 수 없다.

**해설** 반파 및 정현 대칭이므로 홀수항의 정현 성분만 존재한다.

답 12. ① 13. ②

**14** 반파 및 정현 대칭인 비정현파 전압의 표시식으로 옳은 것은?

① $a_1 \sin \omega t + a_2 \sin 2\omega t + a_3 \sin 3\omega t + \cdots$
② $b_0 + b_1 \cos \omega t + b_2 \cos 2\omega t + b_3 \cos 3\omega t + \cdots$
③ $a_1 \sin \omega t + a_3 \sin 3\omega t + a_5 \sin 5\omega t + \cdots$
④ $b_1 \cos \omega t + b_3 \cos 3\omega t + b_5 \cos 5\omega t + \cdots$

해설, 반파 정현 대칭의 경우 sin항의 홀수항만 존재한다.

**15** 그림과 같은 삼각파를 푸리에 급수로 전개하면?

① 반파 정현 대칭으로 기수파만 포함한다.
② 반파 정현 대칭으로 우수파만 포함한다.
③ 반파 여현 대칭으로 기수파만 포함한다.
④ 반파 여현 대칭으로 우수파만 포함한다.

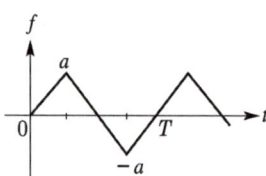

해설, 삼각파를 푸리에 급수로 전개하면
$$i(t) = \frac{2I_m}{\pi}(\sin \omega t + \frac{1}{3}\sin 3\omega t + \frac{1}{5}\sin 5\omega t \cdots)$$
따라서 기수파만 포함된다.

**16** 그림과 같은 반파 정류파를 푸리에 급수로 전개할 때 직류분은?

① $V_m$
② $\frac{V_m}{2}$
③ $\frac{\pi}{2}$
④ $\frac{V_m}{\pi}$

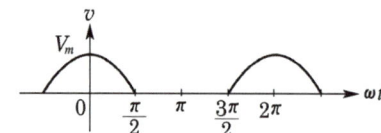

해설, 정현파(전파 정류파)의 평균값(직류분)은 $\frac{2V_m}{\pi}$, 반파 정류파의 평균값은 $\frac{V_m}{\pi}$ 이다.

**17** 그림과 같은 파형을 푸리에 급수로 전개할 때 다음 계수 중 어느 것만 남게 되는가?

$$y(t) = \sum_{n=1}^{\infty} a_n \sin n\omega t + b_0 + \sum_{n=1}^{\infty} b_n \cos n\omega t$$

① $a_1, a_3, a_5, \cdots$
② $b_0, b_1, b_2, \cdots$
③ $a_2, a_4, a_6, \cdots$
④ $a_1, a_2, a_3, \cdots$

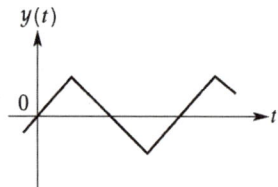

해설, 정현 반파 대칭이므로 sin의 기수(홀수)차 항만 존재한다.

**18** 그림과 같은 파형을 푸리에 급수로 전개하면?

① $\dfrac{A}{\pi} + \dfrac{\sin 2x}{2} + \dfrac{\sin 4x}{4} + \cdots$

② $\dfrac{4A}{\pi}\left(\sin \alpha \sin x + \dfrac{1}{9}\sin 3\alpha \sin 3x + \cdots\right)$

③ $\dfrac{4A}{\pi}\left(\sin x + \dfrac{1}{3}\sin 3x + \dfrac{1}{5}\sin 5x + \cdots\right)$

④ $\dfrac{4}{\pi}\left(\dfrac{\cos 2x}{1 \times 3} + \dfrac{\cos 4x}{3 \times 5} + \dfrac{\cos 6x}{5 \times 7} + \cdots\right)$

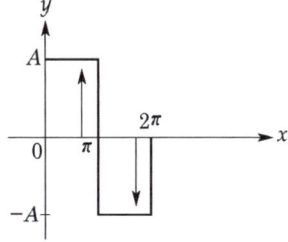

[해설] 반파 대칭 및 정현파 대칭이므로 $b_n = a_0 = 0$ 기수항의 sin 항만이 존재한다.

**19** $\omega t$ 가 0에서 $\pi$ 까지 $i = 10$[A], $\pi$ 에서 $2\pi$ 까지는 $i = 0$[A]인 파형을 푸리에 급수로 전개하면 $a_0$는?

① 14.14
② 10
③ 7.05
④ 5

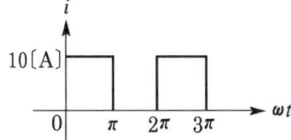

[해설] $a_0 = \dfrac{1}{2\pi}\displaystyle\int_0^\pi i\,d(\omega t) = \dfrac{1}{2\pi}\int_0^\pi 10\,d(\omega t) = \dfrac{10}{2\pi} \cdot \pi = 5[A]$

**20** $i(t) = \dfrac{4I_m}{\pi}\left(\sin \omega t + \dfrac{1}{3}\sin 3\omega t + \dfrac{1}{5}\sin 5\omega t + \cdots\right)$를 표시하는 파형은 어떻게 되는가?

① 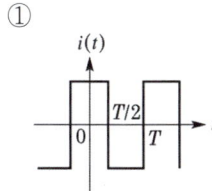　② 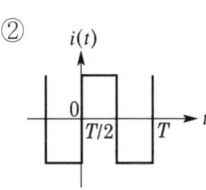　③ 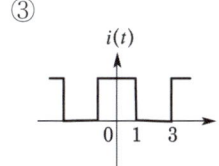　④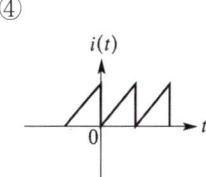

[해설] 정현, 반파 대칭파이다.

**21** 다음의 비정현 주기파 중 고조파의 감소율이 가장 적은 것은? 단, 정류파는 정현파의 정류파를 뜻한다.

① 구형파　② 삼각파　③ 반파 정류파　④ 전파 정류파

답  18. ③　19. ④　20. ②　21. ①

**해설** 고조파의 감소율은 파가 급격히 변화할수록 작고 반대로 완만하게 변화할수록 크다. 구형파는 가장 급격히 변화하며 그 푸리에 급수는 $\frac{1}{n}$로 감소한다. 삼각파는 반파(전파) 정류파는 그 자체는 연속적이지만 그 1차 도함수는 불연속점을 가지며 그 푸리에 급수는 $\frac{1}{n^2}$로 감소한다.

## 유사문제

▮ 유사문제 원문 및 해설 : 동일출판사 홈페이지 》 고객센터 》 자료실

**01.** 비선형 저항에서의 단자 전압의 파형과 여기에 흐르는 전류의 파형은 일반적으로 어떠한가?
   답 전혀 다르다.

**02.** 어느 회로 소자의 전압―전류 특성을 측정하였더니 $v = i^2 + 30i$로 실험식이 표현되었다. 이 회로 소자는 어느 요소로 구성되었는가?
   답 비선형 저항

**03.** 다음 우함수의 주기 구형파의 푸리에 전개에서 맞는 것은?
   답 직류 성분, cos 성분만 존재

**04.** 반파 대칭의 왜형파 푸리에 급수에서 옳게 표현된 것은?
   단, $f(t) = \sum_{n=1}^{\infty} a_n \sin n\omega t + a_0 + \sum_{n=1}^{\infty} b_n \cos n\omega t$ 라 한다.
   답 $a_0 = 0$이고, 홀수항의 $a_n$, $b_n$만 남는다.

**05.** 3상 교류 대칭 전압에 포함되는 고조파 중에서 상회전이 기본파에 대하여 반대인 것은?
   답 제5고조파

**06.** 비정현파 $y(x)$가 반파 및 정현 대칭일 때 옳은 식은?
   답 $y(-x) = -y(x)$, $y(\pi + x) = -y(x)$

**07.** $i(t) = \frac{4I_m}{\pi}\left(\cos t + \frac{1}{3}\cos 3t + \frac{1}{5}\cos 5t + \cdots\right)$를 표시하는 파형은?
   답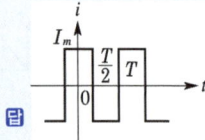

**08.** 그림과 같은 파형을 푸리에 급수로 전개하면?
   답 $\frac{4A}{\pi}\left[\cos a \sin x + \frac{1}{3}\cos 3a \sin 3x + \cdots\right]$

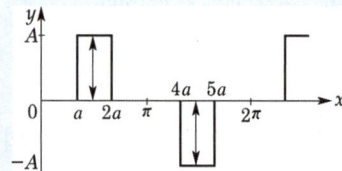

09. 다음과 같은 구형파를 푸리에 급수로 전개하고자 한다. 이때

$$f(t) = a_0 + \sum_{n=1}^{\infty}(a_n \cos n\omega_0 t + b_n \sin n\omega_0 t)$$ 에서 $b_n$은?

단, $f(t) = \begin{cases} A & : 0 < t \leq \dfrac{T}{2} \\ 0 & : \dfrac{T}{2} < t \leq T \end{cases}$ 이다.

답 $\dfrac{2A}{n\pi}$ ($n$ : 홀수)

10. $e = \sum\limits_{n=1}^{\infty} E_{mn} \sin(n\omega t + \theta_n)$인 비정현파 전압을 커패시턴스 $C$에 인가할 때 나타나는 현상은?

답 전류 파형은 전압 파형에 비하여 대단히 크다.

## 실효값

**22** ★ 【95. 00. 산업기사】

저항 3[Ω], 유도 리액턴스 4[Ω]인 직렬 회로에 $e = 141.4 \sin \omega t + 42.4 \sin 3\omega t$ [V] 전압 인가 시 전류의 실효값은 몇 [A]인가?

① 20.15　　② 18.25　　③ 16.15　　④ 14.25

**해설**
$I_1 = \dfrac{V_1}{Z} = \dfrac{141.4/\sqrt{2}}{\sqrt{3^2+4^2}} = 20[\text{A}]$

$I_3 = \dfrac{V_3}{Z} = \dfrac{V_3}{\sqrt{R^2+(3\omega L)^2}} = \dfrac{42.4/\sqrt{2}}{\sqrt{3^2+(3\times 4)^2}} = \dfrac{30}{12.37} = 2.425[\text{A}]$

$I = I_1 + I_3 = \sqrt{20^2 + 2.425^2} \fallingdotseq 20.15[\text{A}]$

**23** ★★★★★ 【77. 85. 86. 90. 91. 01. 24. 기사, ㉾ : 82. 94. 기사】

비정현파의 전압 $v = \sqrt{2} \cdot 100 \sin \omega t + \sqrt{2} \cdot 50 \sin 2\omega t + \sqrt{2} \cdot 30 \sin 3\omega t$[V]일 때 실효 전압[V]은?

① $100 + 50 + 30 = 180$
② $\sqrt{100+50+30} = 13.4$
③ $\sqrt{100^2+50^2+30^2} = 115.8$
④ $\dfrac{\sqrt{100^2+50^2+30^2}}{3} = 38.6$

**해설** 왜형파의 실효값은 각 고조파 실효값 제곱의 합의 제곱근이므로
$V = \sqrt{V_1^2 + V_2^2 + V_3^2} = \sqrt{100^2+50^2+30^2} = 115.8[\text{V}]$

답 22. ①　23. ③

**24** 비정현파의 실효값은?

① 최대파의 실효값
② 각 고조파의 실효값의 합
③ 각 고조파의 실효값의 합의 제곱근
④ 각 고조파의 실효값의 제곱의 합의 제곱근

**해설** 왜형파의 실효값은 각 고조파 실효값 제곱의 합의 제곱근이다.

**25** $v = 50\sin\omega t + 70\sin(3\omega t + 60°)$의 실효값은?

① $\dfrac{50+70}{\sqrt{2}}$
② $\dfrac{\sqrt{50^2+70^2}}{\sqrt{2}}$
③ $\sqrt{\dfrac{50^2+70^2}{\sqrt{2}}}$
④ $\sqrt{\dfrac{50+70}{2}}$

**해설** $V = \sqrt{V_1^2+V_3^2} = \sqrt{\left(\dfrac{50}{\sqrt{2}}\right)^2 + \left(\dfrac{70}{\sqrt{2}}\right)^2} = \sqrt{\dfrac{50^2+70^2}{2}} = \dfrac{\sqrt{50^2+70^2}}{\sqrt{2}}$

**26** 그림과 같은 회로에서 $E_d = 14[\text{V}]$, $E_m = 48\sqrt{2}[\text{V}]$, $R = 20[\Omega]$인 전류의 실효값[A]은?

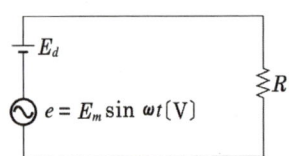

① 약 2.5
② 약 2.2
③ 약 2.0
④ 약 1.5

**해설** $v = 14 + 48\sqrt{2}\sin\omega t [\text{V}]$이므로 $I = \dfrac{V}{R} = \dfrac{\sqrt{14^2+48^2}}{20} = 2.5[\text{A}]$

**27** 전류가 1[H]의 인덕터를 흐르고 있을 때 인덕터에 축적되는 에너지[J]는 얼마인가?
단, $i = 5 + 10\sqrt{2}\sin 100t + 5\sqrt{2}\sin 200t[\text{A}]$이다.

① 150
② 100
③ 75
④ 50

**해설** $I = \sqrt{5^2+10^2+5^2} = \sqrt{150}[\text{A}]$
∴ $W_L = \dfrac{LI^2}{2} = \dfrac{1\times(\sqrt{150})^2}{2} = \dfrac{150}{2} = 75[\text{J}]$

**28** $R-C$ 직렬 회로의 양단에 $e = 50 + 141.4\sin 2\omega t + 212.1\sin 4\omega t$인 전압을 인가할 때, 제2고조파 전류의 실효값은 몇 [A]인가? 단, $R = 8[\Omega]$, $1/\omega C = 12[\Omega]$

① 6
② 8
③ 10
④ 12

**답** 24. ④  25. ②  26. ①  27. ③  28. ③

해설  $I_2 = \dfrac{E_2}{Z_2} = \dfrac{E_2}{\sqrt{R^2 + \left(\dfrac{1}{2\omega C}\right)^2}} = \dfrac{141.4/\sqrt{2}}{\sqrt{8^2 + \left(\dfrac{1}{2} \times 12\right)^2}} = 10[A]$

**29** ★★★★ 【79. 88. 89. 94. 25. 산업기사, ⊕ : 85. 기사, 87. 96. 산업기사】
$R-L$ 직렬 회로에 $v = 10 + 100\sqrt{2} \sin \omega t + 50\sqrt{2} \sin(3\omega t + 60°) + 60\sqrt{2} \sin(5\omega t + 30°)$[V]인 전압을 가할 때 제3고조파 전류의 실효값[A]은? 단, $R = 8[\Omega]$, $\omega L = 2[\Omega]$이다.

① 1   ② 3   ③ 5   ④ 7

해설  $I_3 = \dfrac{V_3}{Z_3} = \dfrac{V_3}{\sqrt{R^2 + (3\omega L)^2}} = \dfrac{50}{\sqrt{8^2 + (3 \times 2)^2}} = 5[A]$

**30** ★★ 【83. 88. 96. 01. 산업기사】
$C$[F]인 용량을 $v = V_1 \sin(\omega t + \theta_1) + V_3 \sin(3\omega t + \theta_3)$인 전압으로 충전할 때 몇 [A]의 전류(실효값)가 필요한가?

① $\dfrac{1}{\sqrt{2}} \sqrt{V_1^2 + 9V_3^2}$   ② $\dfrac{1}{\sqrt{2}} \sqrt{V_1^2 + V_3^2}$

③ $\dfrac{\omega C}{\sqrt{2}} \sqrt{V_1^2 + 9V_3^2}$   ④ $\dfrac{\omega C}{\sqrt{2}} \sqrt{V_1^2 + V_3^2}$

해설  $i = \omega C V_1 \sin(\omega t + \theta_1 + 90°) + 3\omega C V_3 \sin(3\omega t + \theta_3 + 90°)$이므로
$I = \sqrt{\dfrac{(\omega C V_1)^2 + (3\omega C V_3)^2}{2}} = \dfrac{\omega C}{\sqrt{2}} \sqrt{V_1^2 + 9V_3^2}$ [A]

**31** ★ 【03. 12. 산업기사】
$R-L$ 직렬 회로에 $i = I_1 \sin \omega t + I_3 \sin 3\omega t$인 전류를 흘리는 데 필요한 단자 전압 $e$[V]는?

① $(R\sin\omega t + \omega L\cos\omega t)I_1 + (R\sin 3\omega t + 3\omega L\cos 3\omega t)I_3$
② $(R\sin\omega t + \omega L\cos 3\omega t)I_1 + (R\sin 3\omega t + 3\omega L\cos\omega t)I_3$
③ $(R\sin 3\omega t + \omega L\cos\omega t)I_1 + (R\sin\omega t + 3\omega L\cos 3\omega t)I_3$
④ $(R\sin 3\omega t + \omega L\cos\omega 3t)I_1 + (R\sin\omega t + 3\omega L\cos\omega t)I_3$

해설  $e = Ri + L\dfrac{di}{dt} = R(I_1\sin\omega t + I_3\sin 3\omega t) + L(I_1\omega\cos\omega t + 3I_3\omega\cos 3\omega t)$
$= (R\sin\omega t + \omega L\cos\omega t)I_1 + (R\sin 3\omega t + 3\omega L\cos 3\omega t)I_3$ [V]

답  29. ③  30. ③  31. ①

## 유사문제

> 유사문제 원문 및 해설 : 동일출판사 홈페이지 ≫ 고객센터 ≫ 자료실

**01.** $v = V_{m1}\sin\omega t + V_{m2}\sin 2\omega t$ [V]로 표시되는 기전력의 실효값[V]은?

답 $\dfrac{1}{\sqrt{2}}\sqrt{V_{m1}^2 + V_{m2}^2}$

**02.** 전류 순시값 $i = 30\sin\omega t + 50\sin(3\omega t + 60°)$[A]의 실효값은 몇 [A]인가?

답 41.2[A]

**03.** $|E_1| = 4$[V]인 전압보다 위상이 90° 앞선 실효 전압 $|E_2| = 3$[V]인 합성 전압의 실효값 $|E|$는?

답 5[V]

**04.** $i = 100 + 50\sqrt{2}\sin\omega t + 20\sqrt{2}\sin\left(3\omega t + \dfrac{\pi}{6}\right)$[A]로 표시되는 비정현파 전류의 실효값은 약 얼마인가?

답 114[A]

**05.** 전압의 순시값이 $e = 3 + 10\sqrt{2}\sin\omega t + 5\sqrt{2}\sin(3\omega t - 30°)$일 때 실효값은 몇 [V]인가?

답 11.6[V]

**06.** $R = 3[\Omega]$, $\omega L = 4[\Omega]$의 직렬 회로에 $v = 60 + \sqrt{2}\cdot 100\sin\left(\omega t - \dfrac{\pi}{6}\right)$[V]를 가할 때 전류의 실효값은 대략 몇 [A]인가?

답 28.3[A]

**07.** $e = 100\sqrt{2}\sin\omega t + 75\sqrt{2}\sin 3\omega t + 20\sqrt{2}\sin 5\omega t$인 전압을 $R_L$ 직렬 회로에 가할 때 제3고조파 전류의 실효치는? 단, $R = 4[\Omega]$, $\omega L = 1[\Omega]$이다.

답 15[A]

## 왜형률

★★★★★ 【84. 95. 97. 01. 11. 기사, 89. 산업기사, ㉕ : 82. 기사】

**32** 다음 왜형파 전류의 왜형률을 구하면 얼마인가?

$i = 30\sin\omega t + 10\cos 3\omega t + 5\sin 5\omega t$ [A]

① 약 0.46  
② 약 0.26  
③ 약 0.53  
④ 약 0.37  

해설) 왜형률 $= \dfrac{\sqrt{I_3^2 + I_5^2}}{I_1} = \dfrac{\sqrt{(10/\sqrt{2})^2 + (5/\sqrt{2})^2}}{30/\sqrt{2}} = 0.373$

답 32. ④

**33** 기본파의 80[%]인 제3고조파와 60[%]인 제5고조파를 포함한 전압파의 왜형률은?

① 1　　　② 3　　　③ 0.5　　　④ 0.8

해설) 왜형률 $= \dfrac{\text{전 고조파의 실효값}}{\text{기본파의 실효값}} = \dfrac{\sqrt{V_3^2 + V_5^2}}{V_1}$

$= \sqrt{\left(\dfrac{V_3}{V_1}\right)^2 + \left(\dfrac{V_5}{V_1}\right)^2} = \sqrt{\left(\dfrac{80}{100}\right)^2 + \left(\dfrac{60}{100}\right)^2} = 1$

**34** 왜형률이란 무엇인가?

① $\dfrac{\text{전 고조파의 실효값}}{\text{기본파의 실효값}}$　　② $\dfrac{\text{전 고조파의 평균값}}{\text{기본파의 평균값}}$

③ $\dfrac{\text{제3고조파의 실효값}}{\text{기본파의 실효값}}$　　④ $\dfrac{\text{우수 고조파의 실효값}}{\text{기수 고조파의 실효값}}$

해설) 왜형률 $= \dfrac{\text{전 고조파의 실효값}}{\text{기본파의 실효값}}$

**35** 기본파의 40[%]인 제3 고조파와 20[%]인 제5 고조파를 포함하는 전압파의 왜형률은?

① $\dfrac{1}{\sqrt{5}}$　　② $\dfrac{1}{\sqrt{2}}$　　③ $\dfrac{2}{\sqrt{5}}$　　④ $\dfrac{1}{\sqrt{3}}$

해설) 왜형률 $= \dfrac{\sqrt{V_3^2 + V_5^2}}{V_1} = \sqrt{\left(\dfrac{V_3}{V_1}\right)^2 + \left(\dfrac{V_5}{V_1}\right)^2}$

$= \sqrt{0.4^2 + 0.2^2} = \sqrt{\left(\dfrac{4}{10}\right)^2 + \left(\dfrac{2}{10}\right)^2} = \sqrt{\dfrac{20}{100}} = \dfrac{1}{\sqrt{5}}$

---

### 유사문제

**01.** 왜형파 전압 $v = 100\sqrt{2}\sin\omega t + 50\sqrt{2}\sin 2\omega t + 30\sqrt{2}\sin 3\omega t$ 의 왜형률을 구하면?

답 0.5

**02.** 기본파의 30[%]인 제3고조파와 20[%]인 제5고조파를 포함하는 전압파의 왜형률은?

답 0.36

답 33. ①　34. ①　35. ①

## 전력

**36** 전압 $e = 100\sqrt{2}\sin(\omega_1 t + \pi/3)$[V]이고, 전류 $i = 100\sqrt{2}\sin(\omega_2 t + 0)$[A]일 때 평균 전력은 몇 [W]인가? 단, $\omega_1 \neq \omega_2$이다.

① 0　　② 10,000　　③ 5,000　　④ $5,000\sqrt{3}$

**해설** $\omega_1 \neq \omega_2$이므로 0이 된다.

**37** 비정현파의 전력식에서 잘못된 것은?

① $P = V_0 I_0 + \sum_{n=1}^{\infty} V_n I_n \cos\theta_n$[W]　　② $P_a = VI$[VA]

③ $\cos\theta = \dfrac{P}{VI}$　　④ $P_r = \sum_{n=1}^{\infty} V_n I_n \cos\theta_n$[Var]

**해설** $P_r$(무효 전력) $= \sum_{n=1}^{\infty} V_n I_n \sin\theta_n$[Var]

**38** 어떤 교류 회로에 $v = 100\sin\omega t + 20\sin\left(3\omega t + \dfrac{\pi}{3}\right)$[V]인 전압을 가했을 때 이것에 의해 회로에 흐르는 전류가 $i = 40\sin\left(\omega t - \dfrac{\pi}{6}\right) + 5\sin\left(3\omega t + \dfrac{\pi}{12}\right)$[A]라 한다. 이 회로에서 소비되는 전력은 약 몇 [kW]인가?

① 1.27　　② 1.77　　③ 1.97　　④ 2.27

**해설** $P = V_1 I_1 \cos\theta_1 + V_3 I_3 \cos\theta_3 = \dfrac{100}{\sqrt{2}} \cdot \dfrac{40}{\sqrt{2}} \cdot \cos 30° + \dfrac{20}{\sqrt{2}} \cdot \dfrac{5}{\sqrt{2}} \cdot \cos(60° - 15°)$
$= \dfrac{100 \times 40}{2}\cos 30° + \dfrac{20 \times 5}{2}\cos 45° = 1767.4$[W]

**39** 비정현파 기전력 및 전류의 값이
$v = 100\sin\omega t - 50\sin(3\omega t + 30°) + 20\sin(5\omega t + 45°)$[V]
$i = 20\sin(\omega t + 30°) + 10\sin(3\omega t - 30°) + 5\cos 5\omega t$[A]라면 전력[W]은?

① 763.2　　② 776.4　　③ 705.8　　④ 725.6

**답** 36. ①　37. ④　38. ②　39. ②

해설 $\cos\omega t = \sin(\omega t + 90°)$이므로
$i$를 변형하면 $i = 20\sin(\omega t + 30°) + 10\sin(3\omega t - 30°) + 5\sin(5\omega t + 90°)$
$\therefore P = V_1 I_1 \cos\theta_1 + V_3 I_3 \cos\theta_3 + V_5 I_5 \cos\theta_5$
$= \dfrac{100}{\sqrt{2}} \cdot \dfrac{20}{\sqrt{2}} \cos 30° - \dfrac{50}{\sqrt{2}} \cdot \dfrac{10}{\sqrt{2}} \cos 60° + \dfrac{20}{\sqrt{2}} \cdot \dfrac{5}{\sqrt{2}} \cos 45°$
$= \dfrac{2000}{2} \cdot \dfrac{\sqrt{3}}{2} - \dfrac{500}{2} \cdot \dfrac{1}{2} + \dfrac{100}{2} \cdot \dfrac{1}{\sqrt{2}} = 776.4[\text{W}]$

★ 【83. 98. 산업기사】

**40** 전압 $v = V(\sin\omega t - \sin 3\omega t)$, 전류 $i = I\sin\omega t$ 인 교류의 평균 전력[W]은?

① $\displaystyle\int_0^{2\pi} vi dt$ ② $\dfrac{1}{2}VI$ ③ $\dfrac{1}{2}VI\sin\omega t$ ④ $\dfrac{2}{\sqrt{3}}VI$

해설 전력은 주파수가 다르면 0[W]이다. 따라서 주파수가 같은 성분만 고려하면
$P = \dfrac{VI}{2}\cos 0° = \dfrac{VI}{2}[\text{W}]$가 된다.

★☆ 【94. 기사, 77. 산업기사】

**41** 다음의 전류와 전압의 짝(pair)들 중에서 유효 전력(평균 전력) $P$가 가장 작은 것은?

① $\begin{cases} v = 100\sin\omega t \\ i = 5\cos(\omega t + 30°) \end{cases}$    ② $\begin{cases} \boldsymbol{V} = 50\sqrt{3} - j50 \\ \boldsymbol{I} = 10 + j100 \end{cases}$

③ $\begin{cases} v = 200\sin(377t + 45°) \\ i = 4\sin(250t - 15°) \end{cases}$    ④ $\begin{cases} v = 200\sin(120\pi t + 60°) \\ i = 0.5\sin\left(120\pi t + \dfrac{\pi}{6}\right) \end{cases}$

해설 주파수가 다른 전압과 전류의 평균 전력은 0이다.

★★★★ 【77. 82. 산업기사, ㊉ : 86. 89. 93. 기사】

**42** 10[Ω]의 저항에 흐르는 전류가 $i = 5 + 14.14\sin t + 7.07\sin 2t$ 일 때 저항에서 소비되는 평균 전력[W]은?

① 2000  ② 1500  ③ 1000  ④ 750

해설 $P = I_0^2 R + I_1^2 R + I_2^2 R$
$= 5^2 \times 10 + \left(\dfrac{14.14}{\sqrt{2}}\right)^2 \times 10 + \left(\dfrac{7.07}{\sqrt{2}}\right)^2 \times 10 = 1500[\text{W}]$

별해 저항 양단의 전압은
$v = i \cdot R = 10(5 + 14.14\sin t + 7.07\sin 2t) = 50 + 141.4\sin t + 70.7\sin 2t$
$\therefore P = 50 \times 5 + 10 \times 100 + 5 \times 50 = 1500[\text{W}]$

답 40. ② 41. ③ 42. ②

**43** $R=8[\Omega]$, $\omega L=6[\Omega]$의 직렬 회로에 비정현파 전압 $V=200\sqrt{2}\sin\omega t + 100\sqrt{2}\sin 3\omega t\,[V]$를 가했을 때, 이 회로에서 소비되는 전력은 대략 얼마인가?

① 3350[W]  ② 3406[W]  ③ 3250[W]  ④ 3750[W]

**해설**
$$I_1 = \frac{V_1}{Z_1} = \frac{V_1}{\sqrt{R^2+(\omega L)^2}} = \frac{200}{\sqrt{8^2+6^2}} = 20[A]$$
$$I_3 = \frac{V_3}{Z_3} = \frac{V_3}{\sqrt{R^2+(3\omega L)^2}} = \frac{100}{\sqrt{8^2+(3\times 6)^2}} = 5.08[A]$$
$$\therefore P = I_1^2 R + I_3^2 R = 20^2 \times 8 + 5.08^2 \times 8 \fallingdotseq 3406.45[W]$$

**44** 전압 $v=20\sin\omega t + 30\sin 3\omega t\,[V]$이고 전류가 $i=30\sin\omega t + 20\sin 3\omega t\,[A]$인 왜형파 교류 전압과 전류 간의 역률은 얼마인가?

① 0.92  ② 0.86  ③ 0.46  ④ 0.43

**해설**
$$P = \frac{20\times 30}{2} + \frac{30\times 20}{2} = 600[W], \quad P_a = VI = \sqrt{\frac{20^2+30^2}{2}} \cdot \sqrt{\frac{30^2+20^2}{2}} = 650.25[VA]$$
$$\therefore \cos\theta = \frac{P}{P_a} = \frac{600}{650.25} \fallingdotseq 0.92$$

**45** $v = 100\sin(\omega t+30°) - 50\sin(3\omega t+60°) + 25\sin 5\omega t\,[V]$
$i = 20\sin(\omega t-30°) + 15\sin(3\omega t+30°) + 10\cos(5\omega t-60°)\,[A]$
위와 같은 식의 비정현파 전압 전류로부터 전력[W]과 피상 전력[VA]은 얼마인가?

① $P=283.5$, $P_a=1542$  
② $P=385.2$, $P_a=2021$  
③ $P=404.9$, $P_a=3284$  
④ $P=491.3$, $P_a=4141$

**해설** $\cos\omega t = \sin(\omega t+90°)$이므로
$i$를 변형하면 $i = 20\sin(\omega t-30°) + 15\sin(3\omega t+30°) + 10\sin(5\omega t+30°)\,[A]$
$$P = V_1 I_1 \cos\theta_1 + V_3 I_3 \cos\theta_3 + V_5 I_5 \cos\theta_5$$
$$= \frac{100}{\sqrt{2}} \cdot \frac{20}{\sqrt{2}} \cos 60° - \frac{50}{\sqrt{2}} \cdot \frac{15}{\sqrt{2}} \cos 30° + \frac{25}{\sqrt{2}} \cdot \frac{10}{\sqrt{2}} \cos 30°$$
$$\fallingdotseq 283.5[W]$$

다음, 전압의 실효값 $V$와 전류의 실효값 $I$는
$$V = \sqrt{V_1^2 + V_3^2 + V_5^2} = \sqrt{\frac{100^2+50^2+25^2}{2}} \fallingdotseq 81.01[V]$$
$$I = \sqrt{I_1^2 + I_3^2 + I_5^2} = \sqrt{\frac{20^2+15^2+10^2}{2}} \fallingdotseq 19.04[A]$$
$$\therefore P_a = V \cdot I = 81.01 \times 19.04 = 1542[VA]$$

답  43. ②  44. ①  45. ①

**46** 그림과 같은 파형의 교류 전압 $v$ 와 전류 $i$ 간의 등가 역률은?

단, $v = V_m \sin\omega t$, $i = I_m(\sin\omega t - \dfrac{1}{\sqrt{3}}\sin 3\omega t)$ 이다.

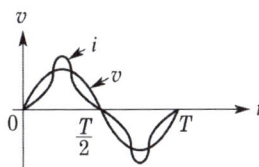

① $\dfrac{\sqrt{3}}{2}$   ② $\dfrac{1}{2}$   ③ 0.8   ④ 0.9

**[해설]** 유효 전력 $P = \dfrac{V_m I_m}{2}$ 이고 $V = \dfrac{V_m}{\sqrt{2}}$, $I = \dfrac{I_m}{\sqrt{2}}\sqrt{1+\left(\dfrac{1}{\sqrt{3}}\right)^2} = \dfrac{\sqrt{2}\,I_m}{\sqrt{3}}$

$\therefore \cos\theta = \dfrac{P}{VI} = \dfrac{\dfrac{V_m I_m}{2}}{\dfrac{V_m}{\sqrt{2}} \cdot \dfrac{\sqrt{2}\,I_m}{\sqrt{3}}} = \dfrac{\sqrt{3}}{2}$

**47** 다음 설명 중 잘못된 것은?

① 역률 $\cos\phi = \dfrac{\text{유효 전력}}{\text{피상 전력}}$   ② 파형률 $= \dfrac{\text{실효값}}{\text{평균값}}$

③ 파고율 $= \dfrac{\text{실효값}}{\text{최대값}}$   ④ 왜형률 $= \dfrac{\text{전고조파의 실효값}}{\text{기본파의 실효값}}$

**[해설]** 파고율(crest factor) $= \dfrac{\text{최대값}}{\text{실효값}}$

---

### 유사문제

**01.** 어떤 회로의 단자 전압과 전류가 $V = 100\sin\omega t + 70\sin 2\omega t + 50\sin(3\omega t - 30°)$
$i = 20\sin(\omega t - 60°) + 10\sin(3\omega t + 45°)$ 일 때, 회로에 공급되는 평균 전력은 얼마인가?

**답** 565[W]

**02.** 전압 $v = 20\sin 20t + 30\sin 30t$ 이고 전류가 $i = 30\sin 20t + 20\sin 30t$ 이면 소비 전력[W]은?

**답** 600[W]

**03.** $V = 100\sqrt{2}\sin\omega t + 50\sqrt{2}\sin\left(3\omega t + \dfrac{\pi}{6}\right)$[V],
$i = 40\sqrt{2}\sin\left(3\omega t - \dfrac{\pi}{6}\right) + 100\sqrt{2}\sin 5\omega t$[A] 일 때 소비 전력[kW]은 얼마인가?

**답** 1[kW]

**답** 46. ①  47. ③

**04.** 전압 $v = V\sin\omega t$[V], 전류 $i = I(\sin3\omega t - \sin5\omega t)$의 교류의 평균 전력은?

답 0[W]

**05.** 어떤 회로의 단자 전압이 $v = 100\sin\omega t + 40\sin2\omega t + 30\sin(3\omega t + 60°)$[V]이고 전압 강하의 방향으로 흐르는 전류가 $i = 10\sin(\omega t - 60°) + 2\sin(3\omega t + 105°)$[A]일 때 회로에 공급되는 평균 전력[W]은?

답 271.2[W]

**06.** 다음과 같은 비정현파 전압 및 전류에 의한 전력을 구하면 몇 [W]인가?
$v = 100\sin\omega t - 50\sin(3\omega t + 30°) + 20\sin(5\omega t + 45°)$[V]
$i = 20\sin\omega t + 10\sin(3\omega t - 30°) + 5\sin(5\omega t - 45°)$[A]

답 875[W]

## 고조파

★☆ 【85. 96. 01. 05. 산업기사】

**48** $i = 2 + 5\sin(100t + 30°) + 10\sin(200t - 10°) - 5\cos(400t + 10°)$와 파형이 동일하나 기본파의 위상이 20° 늦은 비정현 전류파의 순시값 $i'$의 표시식은?

① $2 + 5\sin(100t + 10°) + 10\sin(200t - 50°) - 5\sin(400t - 70°)$
② $2 + 5\sin(100t + 10°) + 10\sin(200t + 20°) + 5\cos(400t - 10°)$
③ $2 + 5\sin(100t + 10°) + 10\sin(200t - 50°) - 5\cos(400t - 70°)$
④ $2 + 5\sin(100t + 10°) + 10\sin(200t + 20°) + 5\sin(400t - 10°)$

해설  각 파에서(직류 제외) 위상을 20°씩 감한다. 이때 기본파는 1배, 2고조파는 2배, 4고조파는 4배를 하여야 한다.

★☆ 【82. 84. 95. 산업기사】

**49** 그림과 같은 Y결선에서 기본파와 제3고조파 전압만이 존재한다고 할 때 전압계의 눈금이 $V_p = 150$[V], $V_l = 220$[V]로 나타났다면 제3고조파 전압[V]은?

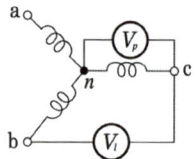

① 약 79.9   ② 약 127.2   ③ 약 150.4   ④ 약 350

답 48. ③  49. ①

**해설** 기본파와 제 3 고조파 전압만 존재하므로 상전압 $V_p$는
$$V_p = \sqrt{V_1^2 + V_3^2}, \quad 150 = \sqrt{V_1^2 + V_3^2} \quad \cdots\cdots \text{①}$$
선간 전압은 제 3 고조파분이 존재하지 않으므로
$$V_l = \sqrt{3}\, V_1, \quad 220 = \sqrt{3}\, V_1 \quad \cdots\cdots \text{②}$$
식 ①, ②에서
$$V_1 = \frac{220}{\sqrt{3}} = 127 [\text{V}]$$
$$V_3 = \sqrt{150^2 - V_1^2} = \sqrt{150^2 - 127^2} = 79.9 [\text{V}]$$

**50** ★★★★ 【79. 81. 82. 85. 87. 92. 97. 98. 04. 산업기사】

대칭 3상 전압이 있다. 1상의 Y전압의 순시값이
$$v_s = 1000\sqrt{2} \sin \omega t + 500\sqrt{2} \sin(3\omega t + 20°) + 100\sqrt{2} \sin(5\omega t + 30°)$$일 때 성상 및 선간 전압과의 비는 얼마인가?

① 0.55    ② 0.65    ③ 0.75    ④ 0.85

**해설** 상전압의 실효값 $V_p$는
$$V_p = \sqrt{V_1^2 + V_3^2 + V_5^2} = \sqrt{1000^2 + 500^2 + 100^2} = 1122.5$$
선간 전압에는 제3고조파분이 나타나지 않으므로
$$V_l = \sqrt{3} \cdot \sqrt{V_1^2 + V_5^2} = \sqrt{3} \cdot \sqrt{1000^2 + 100^2} = 1740.7$$
$$\therefore \frac{V_p}{V_l} = \frac{1122.5}{1740.7} = 0.645$$

**51** ★★ 【80. 82. 83. 96. 기사】

$Ve^{-\frac{t}{T}}$인 지수 함수의 진폭 스펙트럼은?

① $\dfrac{V}{\sqrt{1 + (\omega T)^2}}$

② $\dfrac{VT}{\sqrt{1 + (\omega T)^2}}$

③ $\dfrac{VT}{1 + (\omega T)^2}$

④ $\dfrac{T}{\sqrt{1 + (\omega T)^2}}$

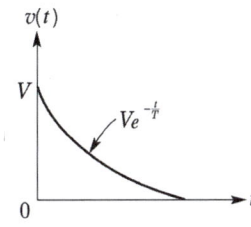

**해설** 푸리에 변환 공식으로부터
$$V(\omega) = \int_0^\infty Ve^{-\frac{t}{T}} e^{-j\omega t} dt = V \cdot \left. \frac{e^{-\left(\frac{1}{T} + j\omega\right)t}}{-\left(\frac{1}{T} + j\omega\right)} \right|_0^\infty = \frac{V}{\frac{1}{T} + j\omega} = \frac{VT}{1 + j\omega T}$$
$$\therefore |V(\omega)| = \frac{VT}{\sqrt{1 + (\omega T)^2}}$$

정답 50. ② 51. ②

★☆ 【83. 95. 00. 16. 산업기사】

**52** $R-L-C$ 직렬 공진 회로에서 제 $n$고조파의 공진 주파수 $f_n$[Hz]은?

① $\dfrac{1}{2\pi\sqrt{LC}}$　　② $\dfrac{1}{2\pi\sqrt{nLC}}$

③ $\dfrac{1}{2\pi n\sqrt{LC}}$　　④ $\dfrac{1}{2\pi n^2\sqrt{LC}}$

해설 제$n$차 고조파 공진 조건은 $n^2\omega^2LC=1$에서 $f_n=\dfrac{1}{2\pi n\sqrt{LC}}$

★★★★ 【90. 기사, 76. 90. 91. 94. 95. 00. 04. 산업기사】

**53** 일반적으로 대칭 3상 회로의 전압, 전류에 포함되는 전압, 전류의 고조파는 $n$을 임의의 정수로 하여 $(3n+1)$일 때의 상회전은 어떻게 되는가?

① 정지 상태　　② 각 상 동위상

③ 상회전은 기본파와 반대　　④ 상회전은 기본파와 동일

해설 일반적으로 교류 발전기에 포함되는 고조파는 기수 고조파만이므로 $n$은 짝수이며 $(3n+1)$ 조파는 상회전이 기본파와 같은 방향이 된다.

## 유사문제

▮ 유사문제 원문 및 해설 : 동일출판사 홈페이지 ≫ 고객센터 ≫ 자료실

**01.** 변압기 결선에 있어서 제 3 고조파가 발생하는 것은?

답 Y—Y

**02.** Y결선으로 된 대칭 6상 전원이 있다. 상전압과 선간 전압을 측정한 결과 각각 117[V], 105[V]였다. 상전압에 포함된 제 3 고조파 전압[V]은? 단, 각 상의 기전력에는 제 3 고조파 이외의 고조파는 없는 것으로 한다.

답 52[V]

**03.** 비정현파 교류의 제 $n$차 고조파의 직렬 공진을 일으킬 조건은?

답 $C=\dfrac{1}{n^2\omega^2L}$

답 52. ③ 53. ④

# CHAPTER 12 2단자망

## 01 복소 각주파수

$\alpha$를 각주파수에 포함시킨 $(\alpha + j\omega)$를 복소 각주파수(complex angular frequency)라 하며 이것을 s로 표시한다.

즉, 구동점 임피던스 $Z(j\omega)$를 $Z(s)$로 표시하고, $L$과 $C$의 임피던스를 $sL$, $\dfrac{1}{sC}$로 표시한다.

직렬 회로의 임피던스 $Z_s(s) = R + sL + \dfrac{1}{sC}$

병렬 회로의 임피던스 $Z_p(s) = \dfrac{1}{\dfrac{1}{R} + \dfrac{1}{sL} + sC}$  출제 산업 7번, 기사 3번

① 영점 : $Z(s) = 0$가 되는 $s$의 값을 영점(zero)이라 하며 회로의 단락 상태를 나타내고 기호 ○으로 표시한다. 출제 산업 3번, 기사 1번
② 극점 : $Z(s) = \infty$가 되는 $s$의 값을 극점(pole)이라 하며 회로가 개방 상태임을 뜻하고 기호 ×로 표시한다. 출제 기사 3번
③ 요약

| 영 점 | 극 점 |
|---|---|
| • $Z(s) = 0$가 되는 $s$의 값<br>• 분자항 = 0<br>• 회로의 단락 상태  출제 산업 3번, 기사 1번<br>• ○로 표시 | • $Z(s) = \infty$가 되는 $s$의 값<br>• 분모항 = 0<br>• 회로의 개방 상태  출제 기사 3번<br>• ×로 표시 |

### 1) 인덕턴스 $L$ 회로

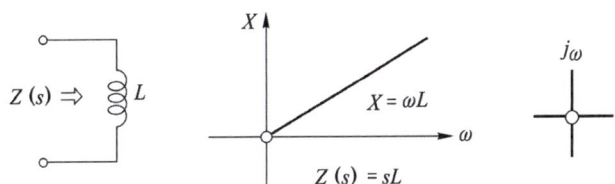

$$Z(j\omega) = jX = j\omega L$$

① 임피던스 $Z(s) = sL$
② 극점 $s = \infty$ 이다.

### 2) 커패시턴스 $C$ 회로

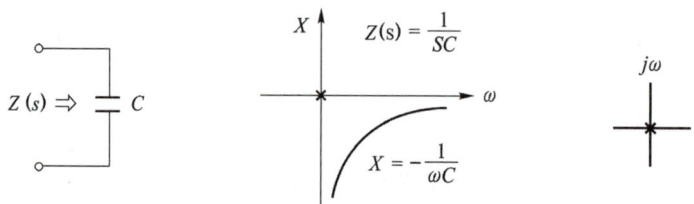

$$Z(j\omega) = jX = \frac{1}{j\omega C} = -j\frac{1}{\omega C}$$

① 임피던스 $Z(s) = \dfrac{1}{sC}$
② 극점 $s = 0$ 이다.

## 02 역회로  출제 산업 3번, 기사 4번

구동점 임피던스가 각각 $Z_1$, $Z_2$인 2개의 2단자 회로망에 있어서, 임피던스의 곱이 주파수에 무관한 점의 정수로 될 때 즉,

$$Z_1 Z_2 = K^2 \text{ 또는 } \frac{Y_1}{Y_2} = K^2 \text{ ($K$는 실정수)}$$

의 관계에 있을 때 이 두 회로의 $\boldsymbol{Z_1}$, $\boldsymbol{Z_2}$는 $\boldsymbol{K} > 0$에 관해서 역회로라 한다. 이를테면

$$Z_1 = j\omega L_1, \ Z_2 = \frac{1}{j\omega C_2}$$

이라 하면

$$Z_1 Z_2 = \frac{j\omega L_1}{j\omega C_2} = \frac{L_1}{C_2} = K^2$$

의 관계가 있을 때 $L$과 $C$는 역회로가 된다. 이때에는 반드시 쌍대의 관계가 있다.

역회로의 예

| $Z_1$ | $Z_1$의 역회로 | $Z_1$ | $Z_1$의 역회로 |
|---|---|---|---|
| 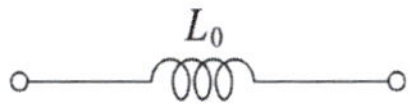 $L_0$ | 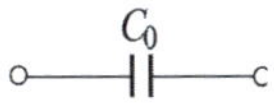 $C_0$ | 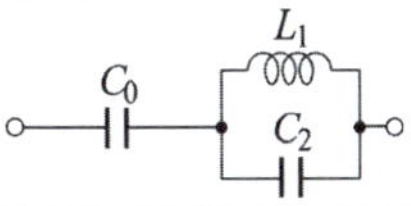 $C_0$ — $L_1 \parallel C_2$ | 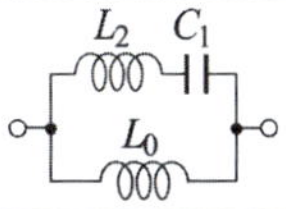 $L_2 C_1 \parallel L_0$ |
| 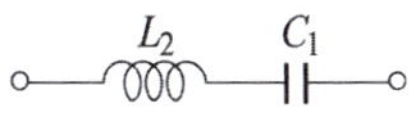 $L_2 C_1$ | 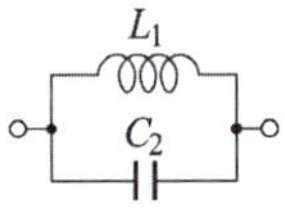 $L_1 \parallel C_2$ | 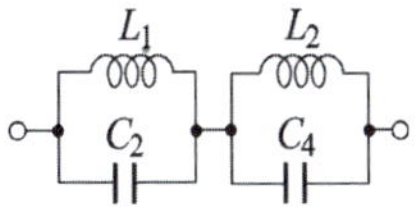 $L_1 \parallel C_2$ — $L_2 \parallel C_4$ | 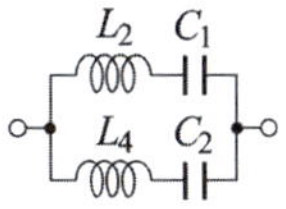 $L_2 C_1 \parallel L_4 C_2$ |
| 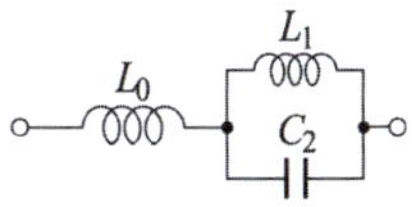 $L_0$ — $L_1 \parallel C_2$ | 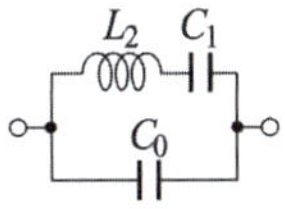 $L_2 C_1 \parallel C_0$ | | |

## 03 정저항 회로  출제 산업 15번, 기사 12번

2단자 구동점 임피던스가 주파수에 관계없이 항상 일정한 순저항으로 될 때 회로를 정저항 회로라 한다.

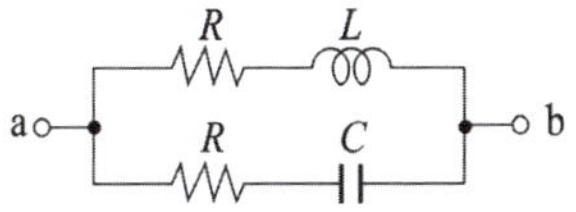

위 그림에서 $Z_1 = j\omega L$, $Z_2 = \dfrac{1}{j\omega C}$인 경우 임피던스를 구하면

$$Z = \frac{(R+Z_1)(R+Z_2)}{(R+Z_1)+(R+Z_2)}$$

가 되며, 여기서 정저항의 조건을 찾기 위해 위 식을 실수와 허수로 분리한다.

$$Z = \frac{R^2 + Z_1 Z_2 + R(Z_1 + Z_2)}{2R + Z_1 + Z_2} = R \frac{\left(R + \dfrac{Z_1 Z_2}{R} + Z_1 + Z_2\right)}{2R + Z_1 + Z_2}$$

따라서 $Z = R$이 되기 위해서는

$$R + \frac{Z_1 Z_2}{R} + Z_1 + Z_2 = 2R + Z_1 + Z_2$$

$$\therefore Z_1 Z_2 = R^2$$

그러므로 $R^2 = Z_1 Z_2$를 정저항 조건이라 한다.

# CHAPTER 12 출제예상문제 _2단자망

## 구동점 임피던스

**01** ★★☆ 【88. 기사, 98. 12. 산업기사, ㉾ : 97. 08. 기사】
그림과 같은 2단자망의 구동점 임피던스는 얼마인가? 단, $s = j\omega$이다.

① $\dfrac{s}{s^2+1}$   ② $\dfrac{1}{s^2+1}$
③ $\dfrac{2s}{s^2+1}$   ④ $\dfrac{3s}{s^2+1}$

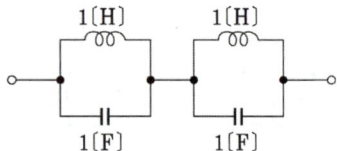

**해설** $L$회로의 임피던스는 $sL$, $C$회로의 임피던스는 $\dfrac{1}{sC}$이고, $L=1[H]$, $C=1[F]$이므로

$$Z(s) = \dfrac{sL \times \dfrac{1}{sC}}{sL + \dfrac{1}{sC}} \times 2 = \dfrac{s \times \dfrac{1}{s}}{s + \dfrac{1}{s}} \times 2 = \dfrac{2s}{s^2+1}[\Omega]$$

**02** ☆ 【91. 04. 산업기사】
그림과 같은 회로의 2단자 임피던스 $Z(s)$는?
단, $s = j\omega$라 한다.

① $\dfrac{s^3+1}{3s^2(s+1)}$   ② $\dfrac{3s^2(s+1)}{s^3+1}$
③ $\dfrac{s(3s^2+1)}{s^4+2s^2+1}$   ④ $\dfrac{s^4+4s^2+1}{s(3s^2+1)}$

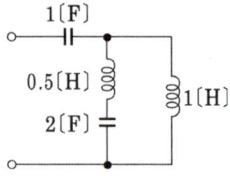

**해설**
$$Z(s) = \dfrac{1}{s} + \dfrac{\left(0.5s + \dfrac{1}{2s}\right)\cdot s}{0.5s + \dfrac{1}{2s} + s} = \dfrac{1}{s} + \dfrac{0.5s^2 + \dfrac{1}{2}}{1.5s + \dfrac{1}{2s}} = \dfrac{1}{s} + \dfrac{\left(0.5s^2 + \dfrac{1}{2}\right)\cdot 2s}{\left(1.5s + \dfrac{1}{2s}\right)\cdot 2s}$$
$$= \dfrac{1}{s} + \dfrac{s^3+s}{3s^2+1} = \dfrac{3s^2+1+s^4+s^2}{s(3s^2+1)} = \dfrac{s^4+4s^2+1}{s(3s^2+1)}$$

**03** ★★ 【89. 94. 00. 04. 08. 산업기사】
그림과 같은 2단자망에서 구동점 임피던스를 구하면?

① $\dfrac{6s^2+1}{s(s^2+1)}$   ② $\dfrac{6s+1}{6s^2+1}$
③ $\dfrac{6s^2+1}{(s+1)(s+2)}$   ④ $\dfrac{s+2}{6s(s+1)}$

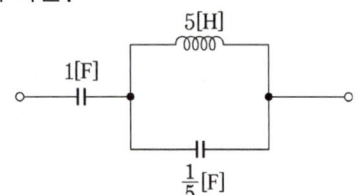

답  1. ③  2. ④  3. ①

해설

$$Z(j\omega) = \frac{1}{j\omega C_1} + \frac{j\omega L \cdot \frac{1}{j\omega C_2}}{j\omega L + \frac{1}{j\omega C_2}}$$

$$Z(s) = \frac{1}{sC_1} + \frac{sL \cdot \frac{1}{sC_2}}{sL + \frac{1}{sC_2}} = \frac{1}{s} + \frac{5s \cdot \frac{5}{s}}{5s + \frac{5}{s}} = \frac{1}{s} + \frac{25}{\frac{5s^2+5}{s}} = \frac{s^2+1+5s^2}{s(s^2+1)} = \frac{6s^2+1}{s(s^2+1)}$$

**★★ [87, 00, 기사]**

**04** 그림과 같은 유한 영역에서 극, 영점 분포를 가진 2단자 회로망의 구동점 임피던스는? 단, 환산 계수는 $H$라 한다.

① $\dfrac{Hs(s+b)}{(s+a)}$　② $\dfrac{H(s+a)}{s(s+b)}$

③ $\dfrac{s(s+b)}{H(s+a)}$　④ $\dfrac{s+a}{Hs(s+b)}$

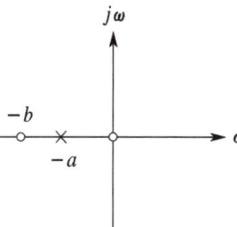

해설　영점 : $s=-b$, $s=0$이므로 분자는 $s \cdot (s+b)$가 된다.
극점 : $s=-a$이므로 분모는 $s+a$가 된다.
따라서 $Z(s) = \dfrac{Hs(s+b)}{s+a}$가 된다.

## 유사문제

▮ 유사문제 원문 및 해설 : 동일출판사 홈페이지 ≫ 고객센터 ≫ 자료실

**01.** 그림과 같은 회로의 구동점 임피던스는?

답 $\dfrac{2\omega^2 + j4\omega}{4+\omega^2}$

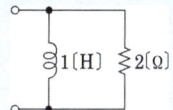

**02.** 그림과 같은 회로의 구동점 임피던스 $Z_{ab}$는?

답 $\dfrac{2(2s+1)}{2s^2+s+2}$

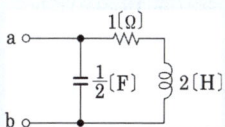

**03.** 그림과 같은 회로의 임피던스 함수는?

답 $\dfrac{1}{\frac{1}{R}+Cs}$

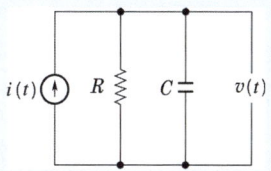

**04.** 그림과 같은 $R-C$ 회로의 임피던스 함수는?

답 $\dfrac{3+19s}{4s(1+s)}$

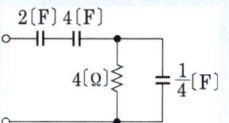

답　4. ①

**05.** 그림과 같은 회로의 임피던스를 표시하는 식은?

답 $\dfrac{2s^2+5s+4}{2s^2+s+2}$

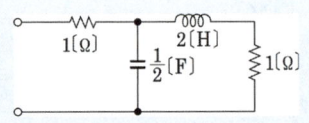

## 영점과 극점

★★ 【88. 기사, 78. 97. 산업기사】
**05** 구동점 임피던스에 있어서 영점(zero)은?
① 전류가 흐르지 않는 경우이다.　② 회로를 개방한 것과 같다.
③ 회로를 단락한 것과 같다.　　④ 전압이 가장 큰 상태이다.

해설　$Z(s)=0$인 경우는 임피던스가 0이므로 회로를 단락한 상태이다.

★★ 【12. 기사, 78. 산업기사, ㉮ : 92. 기사, 77. 18. 산업기사】
**06** 2단자 임피던스 함수 $Z(s)$가 $Z(s)=\dfrac{(s+1)(s+2)}{(s+3)(s+4)}$ 일 때 영점(zero)과 극점을 옳게 표시한 것은?
① 영점 : $-1$, $-2$　　극점 : $-3$, $-4$
② 영점 : $1$, $2$　　　극점 : $3$, $4$
③ 영점 : 없다.　　　　극점 : $-1$, $-2$, $-3$, $-4$
④ 영점 : $-1$, $-2$, $-3$, $-4$　　극점 : 없다.

해설　극점은 $Z(s)=\infty$
　　　　$(s+3)(s+4)=0$,　∴ $s=-3$, $-4$
　　　영점은 $Z(s)=0$
　　　　$(s+1)(s+2)=0$,　∴ $s=-1$, $-2$

★★★ 【78. 88. 97. 23. 25. 기사】
**07** 구동점 임피던스 함수에 있어서 극점(pole)은?
① 단락 회로 상태를 의미한다.
② 개방 회로 상태를 의미한다.
③ 아무 상태도 아니다.
④ 전류가 많이 흐르는 상태를 의미한다.

해설　$Z(s)=\infty$가 되는 경우이며 이때는 회로를 개방한 상태가 되어 전류는 흐르지 못한다.

답　5. ③　6. ①　7. ②

☆ 【77. 산업기사】

**08** 회로망 함수 $N(s) = \dfrac{p(s)}{q(s)} = \dfrac{a_0 s^n + a_1 s^{n-1} + \cdots a_{n-1} s + a_n}{f_0 s^n + f_1 s^{n-1} + \cdots + f_{n-1} s + f_n}$ 에서 분모 $q(s) = 0$을 만족시키는 근들은?

① 영점이다.  
② 극점이다.  
③ 감쇠 정수이다.  
④ 위상 정수이다.

해설  $p(s) = 0$이면 영점, $q(s) = 0$이면 극점이다.

## 유사문제

유사문제 원문 및 해설 : 동일출판사 홈페이지 ≫ 고객센터 ≫ 자료실

**01.** 2단자 임피던스 $Z(s)$가 $Z(s) = \dfrac{s^2 + s + 1}{s^3 + s^2 + 2s + 1}$일 때, 이것을 번분수 전개하면 $Z(s)$는?

답  $\dfrac{1}{s + \dfrac{1}{s + \dfrac{1}{s+1}}}$

**02.** 다음 $F(s) = \dfrac{s^2 - 1}{s^3 - 2s - 4}$과 같은 회로망 함수의 극에 해당하지 않는 것은?

답  $+1$

## 2단자의 회로망

★★ 【79. 89. 기사】

**09** 리액턴스 함수 $Z(\lambda) = \dfrac{6\lambda^2 + 1}{\lambda(\lambda^2 + 1)}$로 표시되는 리액턴스 2단자 회로망은?

① ② ③ ④

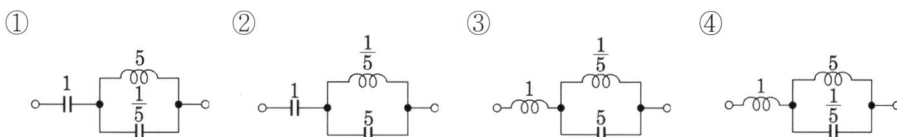

해설  $Z(\lambda)$를 부분 분수로 전개하여 정리하면
$$Z(\lambda) = \dfrac{6\lambda^2 + 1}{\lambda(\lambda^2 + 1)} = \dfrac{\lambda^2 + 1 + 5\lambda^2}{\lambda(\lambda^2 + 1)} = \dfrac{\lambda^2 + 1}{\lambda(\lambda^2 + 1)} + \dfrac{5\lambda^2}{\lambda(\lambda^2 + 1)}$$
$$= \dfrac{1}{\lambda} + \dfrac{5\lambda}{\lambda^2 + 1} = \dfrac{1}{\lambda} + \dfrac{1}{\dfrac{1}{5}\lambda + \dfrac{1}{5\lambda}}$$

답  8. ② 9. ①

☆ 【91. 산업기사】

**10** 유리 함수 $Z(s)$가 리액턴스 2단자 회로의 구동점 임피던스가 되기 위한 조건 중 잘못된 것은?

① $Z(s)$가 극과 0점이 단일하며 모두 허수축상에 서로 분리되어 존재하여야 한다.
② $Z(s)$의 극은 단일하며 허수축상에만 있고, 그 극의 유수는 양의 실수이어야 한다.
③ 2단자 회로망에 있어서 2단자 임피던스의 실수부가 어떠한 주파수에 있어서도 언제나 1이 된다.
④ $Z(s)$의 영점은 단일하며 허수축상에만 있고, 그 영점에서 $dZ(s)/ds$는 양의 실수이고 0이 아니어야 한다.

**해설** 유리 함수 $Z(s)$가 리액턴스 2단자 회로의 구동점 임피던스가 되기 위한 조건은?
① $Z(s)$의 극점과 영점은 단일하며, 모두 허수축상에 서로 분리되어 존재하여야 한다.
② $Z(s)$의 극점은 단일하며 허수축상에만 있고, 그 극점의 유수는 양의 실수이어야 한다.
③ $Z(s)$의 영점은 단일하며 허수축상에만 있고, 그 영점에서 $\dfrac{dZ(s)}{ds}$는 양의 실수이고 0이 아니어야 한다.

★★★★★ 【93. 97. 00. 기사, ㊙ : 78. 79. 91. 93. 97. 23. 산업기사】

**11** 리액턴스 함수가 $Z(\lambda) = \dfrac{4\lambda}{\lambda^2+9}$로 표시되는 리액턴스 2단자망은 다음 중 어느 것인가?

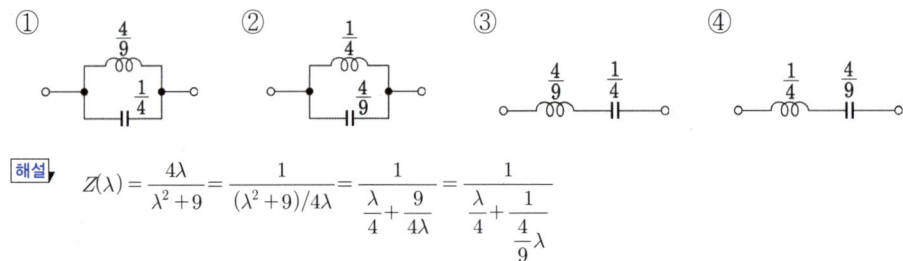

**해설** $Z(\lambda) = \dfrac{4\lambda}{\lambda^2+9} = \dfrac{1}{(\lambda^2+9)/4\lambda} = \dfrac{1}{\dfrac{\lambda}{4}+\dfrac{9}{4\lambda}} = \dfrac{1}{\dfrac{\lambda}{4}+\dfrac{1}{\dfrac{4}{9}\lambda}}$

∴ $C$와 $L$ 병렬 회로이다.

★★☆ 【96. 기사, 12. 산업기사, ㊙ : 77. 90. 94. 05. 14 산업기사】

**12** 임피던스 함수가 $Z(s) = \dfrac{4s+2}{s}$로 표시되는 2단자 회로망은 다음 중 어느 것인가? 단, $s = j\omega$이다.

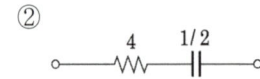

**해설** $Z(s) = \dfrac{4s+2}{s} = 4 + \dfrac{2}{s} = 4 + \dfrac{1}{\dfrac{1}{2}s}$

답 10. ③  11. ①  12. ②

**★★** 【83. 88. 01. 산업기사, ㉕ : 23. 기사, 78. 산업기사】

**13** 임피던스 함수 $Z(s) = \dfrac{s+50}{s^2+3s+2}[\Omega]$으로 주어지는 2단자 회로망에 직류 100[V]의 전압을 가했다면 회로의 전류는 몇 [A]인가?

① 4　　　　　② 6　　　　　③ 8　　　　　④ 10

[해설] 직류이므로 $s = 0$
$$\therefore I = \frac{V}{Z(s)} = \frac{100}{25} = 4[A]$$

☆ 【98. 산업기사】

**14** 그림은 리액턴스 2단자 회로의 성질이다. 잘못된 것은?

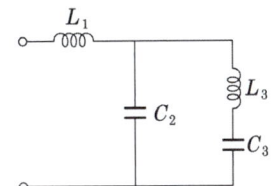

① 곡선의 기울기는 어디서나 정(+)이다.
② 주파수의 증가에 따라 극과 영점이 교대로 나타난다.
③ $\omega = 0$과 $\omega = \infty$에서 영점 또는 극이 존재한다.
④ $\omega > \infty$에의 입력 리액턴스는 $C_2$의 크기에 좌우된다.

[해설] $\omega \to \infty$이면 극점을 의미하며, $C_2$는 영점과 관계된다.

★ 【84. 05. 기사】

**15** 리액턴스 구동점 임피던스 $Z(s)$가 리액턴스 2단자망의 구동점 임피던스가 되기 위한 필요충분 조건이 아닌 것은?

① $Z(s)$의 극은 항상 실수축상에 존재한다.
② $Z(s)$의 영점은 단순근이다.
③ $Z(s)$는 $s$의 정의 실수계 유리 함수이다.
④ $\dfrac{dZ(s)}{ds}$는 항상 실수이다.

[해설] $Z(s)$의 극은 항상 허수축상에 존재한다.

답  13. ①　14. ④　15. ①

★ 【77. 99. 산업기사】

**16** 리액턴스 2단자 회로망의 임피던스 함수 $Z(j\omega)$를 $Z(j\omega) = jX(\omega)$라 놓을 때 $\dfrac{dX(\omega)}{d\omega}$는 어떻게 되는가?

① $\dfrac{dX(\omega)}{d\omega} = 0$  ② $\dfrac{dX(\omega)}{d\omega} = \infty$

③ $\dfrac{dX(\omega)}{d\omega} < 0$  ④ $\dfrac{dX(\omega)}{d\omega} > 0$

**해설** 일반적으로 한 개의 $L-C$ 직렬 리액턴스에서 $\dfrac{dX(\omega)}{d\omega} > 0$가 성립되면 두 리액턴스 $X_1(\omega)$와 $X_2(\omega)$의 직렬 회로에서는

$$X(\omega) = X_1(\omega) + X_2(\omega), \quad \dfrac{dX(\omega)}{d\omega} = \dfrac{dX_1(\omega)}{d\omega} + \dfrac{dX_2(\omega)}{d\omega} > 0$$

병렬 회로에서는

$$X(\omega) = \dfrac{X_1(\omega) \cdot X_2(\omega)}{X_1(\omega) + X_2(\omega)}$$

$$\dfrac{dX(\omega)}{d\omega} = \dfrac{\left\{X_1(\omega)^2 \cdot \dfrac{dX_2(\omega)}{d\omega} + X_2(\omega)^2 \cdot \dfrac{dX_1(\omega)}{d\omega}\right\}}{\{X_1(\omega) + X_2(\omega)\}^2} > 0$$

따라서 리액턴스 $X(\omega)$는 $\omega$에 비해서 단조 증가 함수가 되며 반공진점을 제외한 모든 점에서 항상 $\dfrac{dX(\omega)}{d\omega} > 0$가 성립한다. $Y(\omega)$의 경우는 $Z(\omega)$의 역수이므로 단조 감소 함수이다.

## 유사문제

유사문제 원문 및 해설 : 동일출판사 홈페이지 》 고객센터 》 자료실

**01.** 임피던스 $Z(s)$가 $Z(s) = \dfrac{s+30}{s^2 + 2RLs + 1}[\Omega]$으로 주어지는 2단자 회로에 직류 전류원 30[A]를 가할 때, 이 회로의 단자 전압[V]은? 단, $s = j\omega$이다.
답 900[V]

**02.** $I(s) = \dfrac{2s+5}{s^2 + 3s + 2}$ 일 때 $i(t)|_{t=0} = i(0)$은 얼마인가?
답 2

**03.** 그림과 같은 리액턴스 곡선을 그리는 2단자 회로는?
답 $L-C$ 병렬 회로에 또 하나의 $L$이 직렬로 연결된 것

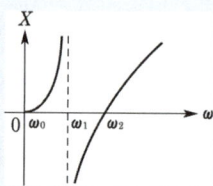

답 16. ④

## 역회로

**17** 다음 회로의 쌍대가 될 수 있는 회로는?

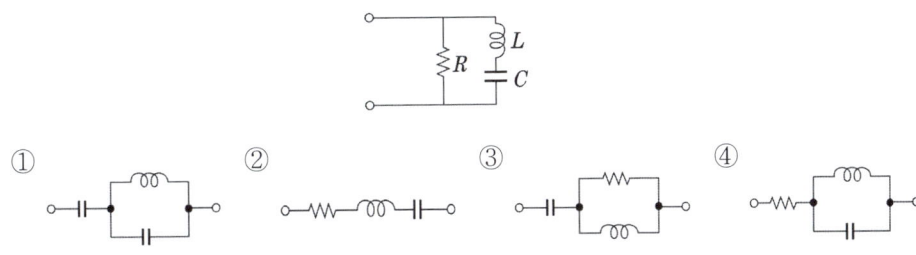

[해설] 각 소자를 역소자, 각 회로를 역회로로 구성한다.

**18** 그림 (a)와 그림 (b)가 역회로 관계에 있으려면 $L$의 값[mH]은? 단, $K^2 = 2000$이다.

① $1.5 \times 10^9$
② $2 \times 10^6$
③ 3
④ 2

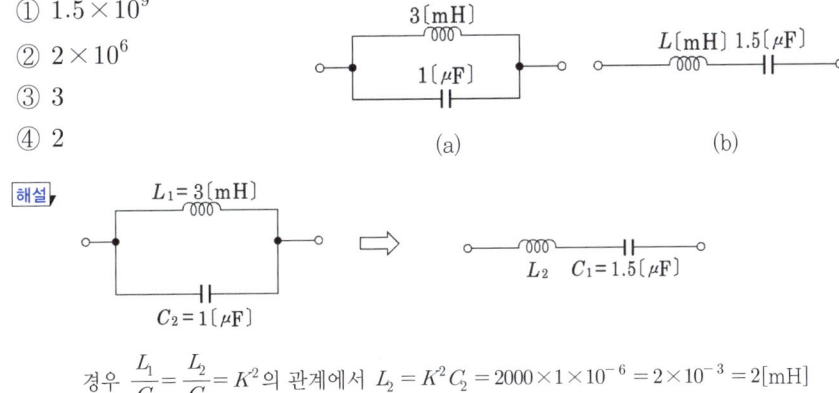

[해설] 경우 $\dfrac{L_1}{C_1} = \dfrac{L_2}{C_2} = K^2$의 관계에서 $L_2 = K^2 C_2 = 2000 \times 1 \times 10^{-6} = 2 \times 10^{-3} = 2[\text{mH}]$

**19** 그림과 같은 (a), (b)의 회로가 서로 역회로의 관계가 있으려면 $L$의 값[mH]은?

① 0.001
② 0.01
③ 0.1
④ 1

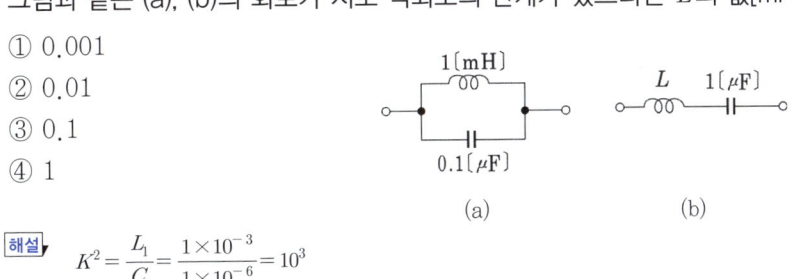

[해설] $K^2 = \dfrac{L_1}{C_1} = \dfrac{1 \times 10^{-3}}{1 \times 10^{-6}} = 10^3$

∴ $L_2 = K^2 C_2 = 10^3 \times 0.1 \times 10^{-6} = 0.1 \times 10^{-3}[\text{H}] = 0.1[\text{mH}]$

[답] 17. ④  18. ④  19. ③

## 유사문제

**01.** 그림과 같은 회로의 쌍대(dual) 회로는?

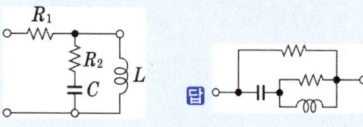

## 정저항 회로

**20** ★★ 【81. 82. 97. 23. 산업기사】
$L$ 및 $C$를 직렬로 접속한 임피던스가 있다. 지금 그림과 같이 $L$ 및 $C$의 각각에 동일한 무유도 저항 $R$을 병렬로 접속하여 이 합성 회로가 주파수에 무관계하게 되는 $R$의 값을 구하여라.

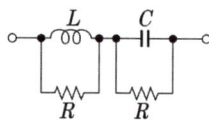

① $R^2 = \dfrac{L}{C}$    ② $R^2 = \dfrac{C}{L}$    ③ $R^2 = L \cdot C$    ④ $R^2 = \dfrac{1}{LC}$

[해설] $L$의 임피던스를 $Z_1$, $C$의 임피던스를 $Z_2$라 하면 구동점 임피던스 $Z$는

$$Z = \frac{Z_1 R}{Z_1 + R} + \frac{Z_2 R}{Z_2 + R} = \frac{R\{Z_1(R+Z_2) + Z_2(R+Z_1)\}}{(Z_1+R)(Z_2+R)}$$

$$= \frac{R\{Z_1 R + Z_1 Z_2 + Z_2 R + Z_1 Z_2\}}{R^2 + Z_1 R + Z_2 R + Z_1 Z_2}$$

$Z$가 주파수에 무관계하게 되려면(정저항 조건)

$$Z_1 R + Z_2 R + 2Z_1 Z_2 = R^2 + Z_1 R + Z_2 R + Z_1 Z_2$$

$$\therefore R^2 = Z_1 Z_2 = j\omega L \times \frac{1}{j\omega C} = \frac{L}{C}$$

**21** ★★★★ 【99. 04. 09. 산업기사, ⊕ : 84. 85. 89. 기사, 95. 25. 산업기사】
그림과 같은 회로가 정저항 회로가 되기 위한 $R$의 값은 얼마인가?

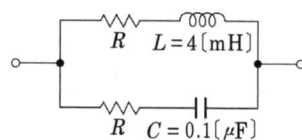

① $200[\Omega]$    ② $2[\Omega]$    ③ $2 \times 10^{-2}[\Omega]$    ④ $2 \times 10^{-4}[\Omega]$

답 20. ① 21. ①

해설  $R^2 = \dfrac{L}{C}$, $R = \sqrt{\dfrac{L}{C}}$

∴ $R = \sqrt{\dfrac{4 \times 10^{-3}}{0.1 \times 10^{-6}}} = 200[\Omega]$

**22** 다음 회로의 임피던스가 $R$이 되기 위한 조건은?

① $Z_1 Z_2 = R$
② $\dfrac{Z_2}{Z_1} = R$
③ $Z_1 Z_2 = R^2$
④ $\dfrac{Z_1}{Z_2} = R^2$

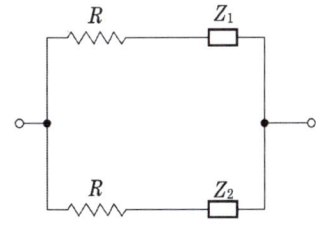

해설  그림에서 $Z_0 = \dfrac{(R+Z_1)(R+Z_2)}{R+Z_1+R+Z_2}$

$= \dfrac{R\left(1+\dfrac{Z_1}{R}\right)(R+Z_2)}{2R+Z_1+Z_2}$

위 식에서 $\left(1+\dfrac{Z_1}{R}\right)(R+Z_2) = 2R+Z_1+Z_2$ 이면

$Z_0 = R$이므로 정저항 조건을 만족

$R+Z_1+Z_2+\dfrac{Z_1 \cdot Z_2}{R} = 2R+Z_1+Z_2$

$R^2 = Z_1 \cdot Z_2$에서 $\begin{pmatrix} Z_1 = j\omega L \\ Z_2 = \dfrac{1}{j\omega C} \end{pmatrix}$이므로 $R = \sqrt{\dfrac{L}{C}}$

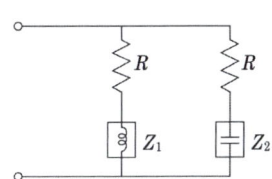

**23** 그림과 같은 회로가 정저항 회로가 되기 위하여는 $\omega L$의 값은 대략 얼마인가?

① 약 $1.6[\Omega]$
② 약 $1.2[\Omega]$
③ 약 $0.8[\Omega]$
④ 약 $0.38[\Omega]$

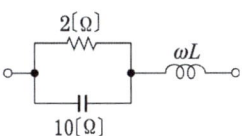

해설  $\dot{Z} = j\omega L + \dfrac{2 \times (-j10)}{2-j10}$ 이므로 $\dot{Z}$의 허수부가 0이면 정저항 회로 조건이 성립된다.

그러므로 $\dot{Z} = j\omega L + \dfrac{(-j20)(2+j10)}{104}$

허수부 $j\left(\omega L - \dfrac{40}{104}\right) = 0$  ∴ $\omega L = 0.38[\Omega]$

답  22. ③  23. ④

**24** 2단자 임피던스의 허수부가 어떤 주파수에 관해서도 언제나 0이 되고 실수부도 주파수에 무관하게 항상 일정하게 되는 회로는?

① 정 인덕턴스 회로  ② 정 임피던스 회로
③ 정 리액턴스 회로  ④ 정 저항 회로

**해설** 주파수와 무관하게 항상 일정한 회로를 정 저항 회로라 하며 조건은 $R^2 = \dfrac{L}{C}$ 이 된다.

**25** 그림에서 회로가 주파수에 관계없이 일정한 임피던스를 갖도록 $C$의 값[$\mu$F]을 결정하면?

① 20
② 10
③ 2.454
④ 0.24

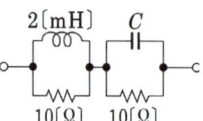

**해설** $R = \sqrt{\dfrac{L}{C}}$ 에서 $C = \dfrac{L}{R^2} = \dfrac{2 \times 10^{-3}}{10^2} = 20[\mu F]$

---

### 유사문제

**01.** 다음 회로에서 주파수에 정저무관한 항 회로로 되기 위한 $R$의 값은?

**답** $\sqrt{\dfrac{L}{C}}$

**02.** 그림과 같은 회로가 정저항 회로가 되기 위한 저항 $R$의 값은?

**답** 14[Ω]

**03.** 그림과 같은 회로가 정저항 회로가 되기 위한 $L$ [H]의 값은? 단, $R = 10[\Omega]$, $C = 100[\mu F]$이다.

**답** 0.01[H]

**04.** 그림과 같은 회로에서 주파수 60[Hz], 교류 전압 200[V]의 전원이 인가되었을 때 $R$의 전력 손실을 $L = 0$인 때의 $\dfrac{1}{2}$로 하면 $L$의 크기는 얼마인가? 단, $R = 600[\Omega]$이다.

**답** 1.59[H]

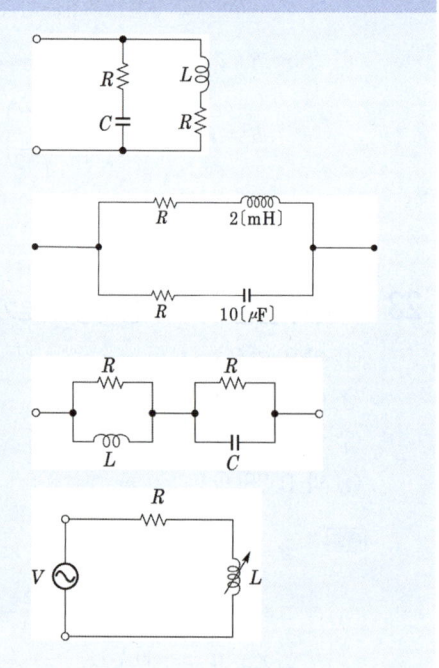

**답** 24. ④  25. ①

# CHAPTER 13 4단자망

일반적으로 전기회로망은 신호의 송신과 수신을 위한 단자쌍 즉, 입력과 출력을 위해 각각 2개씩의 단자를 갖게 된다. 예를 들면 송전선로, 변압기의 입출력단자, 각종 전자회로의 입출력단자 등은 2개의 단자 쌍으로 이루어져 있다. 이와 같이 2개의 단자 쌍으로 이루어진 회로는 4개의 단자를 갖고 있으므로 4단자 회로망(4-terminal network)이라 한다.

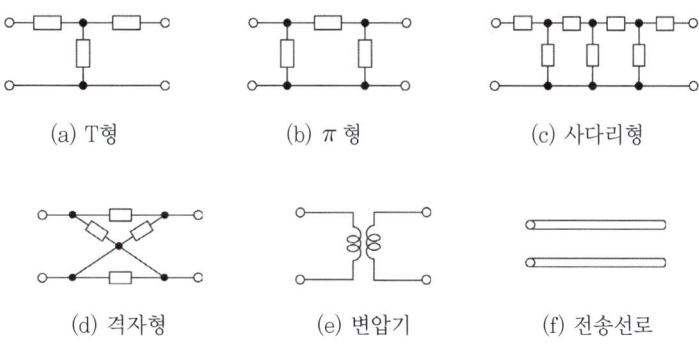

(a) T형    (b) π형    (c) 사다리형

(d) 격자형    (e) 변압기    (f) 전송선로

**4단자 회로망의 종류**

회로망의 내부에 능동소자(기전력)를 포함하고 있는 것을 능동 4단자망(active 4-terminal network)이라 하고 수동소자로만 구성된 것을 수동 4단망(passive 4-terminal network)이라 한다.

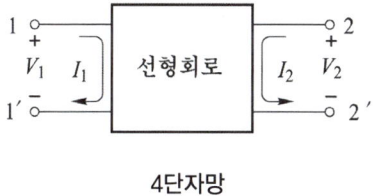

**4단자망**

4단자망은 그림과 같이 임의의 선형 회로망 N에 대해 입력측과 출력측에 각각 1-1'와 2-2'로 표현하는 2단자 쌍으로 나타낸다. 4단자망의 특성은 양단자에서의 전압, 전류 $V_1$, $V_2$, $I_1$, $I_2$의 상호관계로 표시된다.

# 01 임피던스 파라미터(Z parameter)

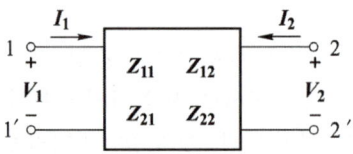

임피던스 파라미터

그림에서 입력단자 1-1'의 전압 $V_1$, 전류 $I_1$이고 출력단자 2-2'의 전압 $V_2$, 전류 $I_2$일 때 키르히호프의 제2법칙(전압법칙)을 적용하여 $V_1$, $V_2$식으로 표시하면 다음과 같다.

$$V_1 = Z_{11}I_1 + Z_{12}I_2$$
$$V_2 = Z_{21}I_1 + Z_{22}I_2$$

행렬식으로 표시하면

$$\begin{bmatrix} V_1 \\ V_2 \end{bmatrix} = \begin{bmatrix} Z_{11} & Z_{12} \\ Z_{21} & Z_{22} \end{bmatrix} \begin{bmatrix} I_1 \\ I_2 \end{bmatrix}$$

이며, 우변의 계수행렬을 임피던스 행렬(impedance matrix) 또는 $Z$행렬이라 한다.
여기서, $Z_{11}$, $Z_{12}$, $Z_{21}$, $Z_{22}$는 비례정수로서 임피던스의 차원을 가지므로 일명 임피던스 파라미터(impedance parameter)라 한다.
임피던스 파라미터의 값은 $I_1$ 또는 $I_2$를 개방하는 조건($I_1 = 0$, $I_2 = 0$)으로 구할 수 있다.

$Z_{11}$ : 단자 1-1'에서의 개방 구동점 임피던스

($T$형 회로에서 $I_1$만 흐르는 경우의 임피던스 합)

$$Z_{11} = \left. \frac{V_1}{I_1} \right|_{I_2 = 0}$$

$Z_{21}$ : 개방 순방향 전달 임피던스

($T$형 회로에서 $I_1 + I_2$만 흐르는 경우의 임피던스)

$$Z_{21} = \left. \frac{V_2}{I_1} \right|_{I_2 = 0}$$

$Z_{22}$ : 단자 2-2'에서의 개방 구동점 임피던스

($T$형 회로에서 $I_2$만 흐르는 경우의 임피던스 합)

$$Z_{22} = \left.\frac{V_2}{I_2}\right|_{I_1=0}$$

$Z_{12}$ : 개방 역방향 전달임피던스

($T$형 회로에서 $I_1 + I_2$만 흐르는 경우의 임피던스)

$$Z_{12} = \left.\frac{V_1}{I_2}\right|_{I_1=0}$$

## 02 - 어드미턴스 파라미터(Y parameter)

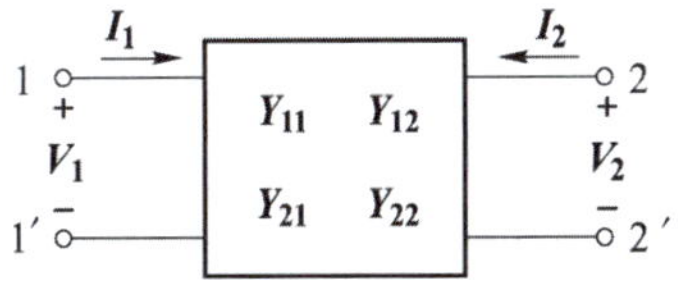

어드미턴스 파라미터

그림의 입력단자 1-1'의 전압 $V_1$, 전류 $I_1$이고 출력단자 2-2'의 전압 $V_2$, 전류 $I_2$일 때 키르히호프의 제2법칙(전압법칙)을 적용하여 $I_1$, $I_2$ 식으로 표시하면 다음과 같다.

$$I_1 = Y_{11}V_1 + Y_{12}V_2$$
$$I_2 = Y_{21}V_1 + Y_{22}V_2$$

또한 행렬식으로 표시하면 다음과 같다.

$$\begin{bmatrix} I_1 \\ I_2 \end{bmatrix} = \begin{bmatrix} Y_{11} & Y_{12} \\ Y_{21} & Y_{22} \end{bmatrix} \begin{bmatrix} V_1 \\ V_2 \end{bmatrix}$$

출제 기사 1번

우변의 계수행렬을 어드미턴스 행렬(admittance matrix) 또는 $Y$행렬이라 한다.
여기서 $Y_{11}$, $Y_{12}$, $Y_{21}$, $Y_{22}$는 비례정수로서 어드미턴스의 차원을 가지므로 이를 어드미턴스 파라미터(admittance parameter)라 한다.
어드미턴스 파라미터의 값은 $V_1$ 또는 $V_2$를 단락하는 조건($V_1=0, V_2=0$)으로 구한다.

$Y_{11}$ : 단자 1-1'에서의 단락 구동점 어드미턴스

($\pi$형 회로에서 $V_1$점에 걸리는 어드미턴스 합)

$$Y_{11} = \left. \frac{I_1}{V_1} \right|_{V_2 = 0}$$

$Y_{21}$ : 단락 순방형 전달 어드미턴스

($\pi$형 회로에서 $V_1 + V_2$점에 걸리는 어드미턴스)

$$Y_{21} = \left. \frac{I_2}{V_1} \right|_{V_2 = 0}$$

$Y_{22}$ : 단자 2-2'에서의 단락 구동점 어드미턴스

($\pi$형 회로에서 $V_2$점에 걸리는 어드미턴스 합)

$$Y_{22} = \left. \frac{I_2}{V_2} \right|_{V_1 = 0}$$

$Y_{12}$ : 단락 역방형 전달 어드미턴스

($\pi$형 회로에서 $V_1 + V_2$점에 걸리는 어드미턴스)

$$Y_{12} = \left. \frac{I_1}{V_2} \right|_{V_1 = 0}$$

## 03 - 4단자 정수(전송 파라미터)

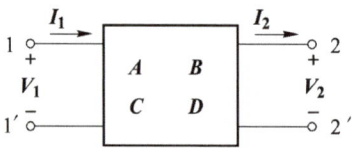

전송 파라미터

송전선로나 배전선로와 같은 전력계통에 있어서 2차측 전류의 기준방향을 그림과 같이 취하는 것이 회로 해석상 편리한 경우가 많다.

2차측 전류의 기준방향만 바뀐 상태이므로 $I_1$, $I_2$의 식으로 나타낸 어드미턴스 파라미터의 식에서 $I_2$ 전류 방향만 바꾸면 식은 같아진다. 즉

$$I_1 = Y_{11}V_1 + Y_{12}V_2$$
$$-I_2 = Y_{21}V_1 + Y_{22}V_2$$

이 식을 $V_1$과 $I_1$에 대하여 정리하면 다음 식으로 된다.

$$V_1 = AV_2 + BI_2$$
$$I_1 = CV_2 + DI_2$$

또 행렬식으로 나타내면

$$\begin{bmatrix} V_1 \\ I_1 \end{bmatrix} = \begin{bmatrix} A & B \\ C & D \end{bmatrix} \begin{bmatrix} V_2 \\ I_2 \end{bmatrix}$$ 출제 산업 3번

$A$, $B$, $C$, $D$ 파라미터의 물리적 의미는 다음과 같다.

$A$ : 개방 역방향 전압 이득(전압비)

$$A = \left. \frac{V_1}{V_2} \right|_{I_2 = 0}$$

$B$ : 단락 역방향 전달 임피던스(임피던스 차원) 출제 기사 2번

$$B = \left. \frac{V_1}{I_2} \right|_{V_2 = 0}$$

$C$ : 개방 역방형 전달 어드미턴스(어드미턴스 차원) 출제 산업 6번, 기사 4번

$$C = \left. \frac{I_1}{V_2} \right|_{I_2 = 0}$$

$D$ : 단락 역방형 전류 이득 (전류비)

$$D = \left. \frac{I_1}{I_2} \right|_{V_2 = 0}$$

그리고 $A$, $B$, $C$, $D$ 파라미터 사이에는

$$\begin{vmatrix} A & B \\ C & D \end{vmatrix} = AD - BC = 1$$ 출제 산업 1번, 기사 4번

의 관계가 항상 성립되며 대칭 4단자망의 경우는 $A = D$의 관계로 된다.

## 1) 일반회로의 4단자 정수

| 회로의 종류 / 4단자 정수 | $A$ | $B$ | $C$ | $D$ |
|---|---|---|---|---|
| 직렬 $Z$ (출제 산업 1번, 기사 1번) | 1 | $Z$ | 0 | 1 |
| 병렬 $Z$ (출제 산업 2번) | 1 | 0 | $\dfrac{1}{Z}$ | 1 |
| $Z_1$, $Z_2$ (출제 산업 10번, 기사 2번) | $1+\dfrac{Z_1}{Z_2}$ (출제 산업 1번) | $Z_1$ | $\dfrac{1}{Z_2}$ | 1 |
| $Z_1$, $Z_2$ | 1 | $Z_1$ | $\dfrac{1}{Z_2}$ | $1+\dfrac{Z_1}{Z_2}$ |
| $Z_1, Z_3, Z_2$ (출제 산업 2번, 기사 5번) | $1+\dfrac{Z_1}{Z_2}$ | $\dfrac{Z_1 Z_2 + Z_2 Z_3 + Z_3 Z_1}{Z_2}$ | $\dfrac{1}{Z_2}$ | $1+\dfrac{Z_3}{Z_2}$ |
| $Z_2, Z_1, Z_3$ (출제 산업 5번, 기사 2번) | $1+\dfrac{Z_2}{Z_3}$ | $Z_2$ | $\dfrac{Z_1+Z_2+Z_3}{Z_1 Z_3}$ | $1+\dfrac{Z_2}{Z_1}$ |

## 2) 변압기와 4단자 정수  출제 산업 10번, 기사 9번

$$\dfrac{V_1}{V_2} = \dfrac{I_2}{I_1} = \dfrac{n_1}{n_2} = a \text{ 에서}$$

$$\begin{bmatrix} A & B \\ C & D \end{bmatrix} = \begin{bmatrix} a & 0 \\ 0 & \dfrac{1}{a} \end{bmatrix}$$

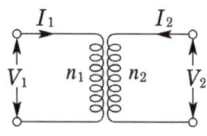

## 3) 유도결합회로와 4단자 정수  출제 산업 4번

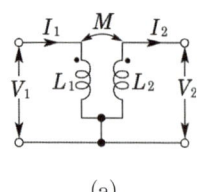

(a)

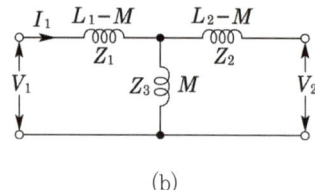

(b)

그림 (a), (b)와 같은 등가 회로이므로 그림 (b)에서 4단자 정수를 구한다.

$$A = 1 + \frac{Z_1}{Z_3} = 1 + \frac{j\omega(L_1 - M)}{j\omega M} = 1 + \frac{L_1 - M}{M} = \frac{L_1}{M}$$

$B = \dfrac{AD-1}{C}$ 로 구한다.

$$C = \frac{1}{Z_3} = \frac{1}{j\omega M}$$
$$D = 1 + \frac{Z_2}{Z_3} = 1 + \frac{j\omega(L_2 - M)}{j\omega M} = 1 + \frac{L_2 - M}{M} = \frac{L_2}{M}$$

## 04 영상 파라미터

### 1) 영상 임피던스

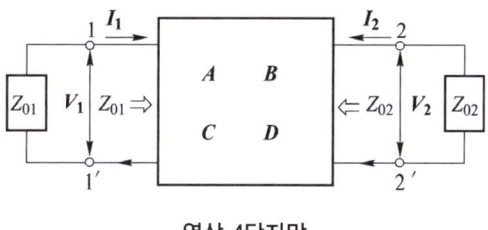

영상 4단자망

그림과 같이 외부 단자에 임피던스가 연결된 경우 영상 파라미터를 도입하여 해석할 수 있다. 입력단자 1-1'에 $Z_{01}$을 접속하고 출력단자 2-2'에 임피던스 $Z_{02}$를 연결한 경우, 입력단자 1-1'에서 좌측이나 우측으로 본 임피던스가 다같이 $Z_{01}$이 되고 또한 출력단자 2-2'에서 좌, 우측으로 본 임피던스가 $Z_{02}$가 된다면 각 단자는 거울의 영상과 같은 임피던스를 갖게 되므로 이 두 임피던스를 4단자망의 영상임피던스(image impedance)라 한다.

그리고 이러한 상태를 입·출력에 대해 임피던스가 정합(impedance matching)되었다고 한다.

단자 1-1'에서의 임피던스 $Z_{01}$은

$$Z_{01} = \frac{V_1}{I_1} = \frac{AV_2 + BI_2}{CV_2 + DI_2}$$

$V_2 = Z_{02} I_2$ 이므로

$$Z_{01} = \frac{AZ_{02}I_2 + BI_2}{CZ_{02}I_2 + DI_2} = \frac{AZ_{02} + B}{CZ_{02} + D}$$

또한 2-2'를 입력단으로 했을 때의 임피던스 $Z_{02}$는

$$Z_{02} = \frac{V_2}{I_2} = \frac{DV_1 + BI_1}{CV_1 + AI_1}$$

$V_1 = Z_{01}I_1$ 이므로

$$Z_{02} = \frac{DZ_{01}I_1 + BI_1}{CZ_{01}I_1 + AI_1} = \frac{DZ_{01} + B}{CZ_{01} + A}$$

앞의 두 식을 $Z_{01}$, $Z_{02}$에 대해 풀면

$$Z_{01} = \sqrt{\frac{AB}{CD}} \quad \text{출제 산업 6번, 기사 2번}$$

$$Z_{02} = \sqrt{\frac{DB}{CA}} \quad \text{출제 산업 15번, 기사 1번}$$

대칭회로망의 경우 $A = D$ 이므로

$$Z_{01} = Z_{02} = \sqrt{\frac{B}{C}} \quad \text{출제 기사 7번}$$

## 2) 영상 전달정수

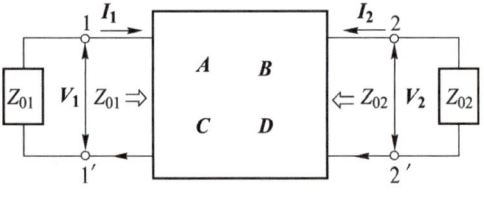

영상 4단자망

그림과 같이 영상 정합되어 있는 4단자 회로망의 출력단자 2-2' 간에 $Z_{02}$를 접속하였을 때, $V_1$과 $V_2$의 비 및 $I_1$과 $I_2$의 비를 각각

$$\frac{V_1}{V_2} = \epsilon_1^\theta, \quad \frac{I_1}{I_2} = \epsilon_2^\theta$$

로 정의하면, 4단자망의 기초방정식으로부터

$$V_1 = (A + BI_2/V_2)V_2 = (A + B/Z_{02})V_2$$
$$I_1 = (CV_2/I_2 + D)I_2 = (CZ_{02} + D)I_2$$

의 관계로 되므로

$$\epsilon^{\theta_1} = A + \frac{B}{Z_{02}} = A + \frac{B}{\sqrt{(DB/CA)}} = \sqrt{\frac{A}{D}}\,(\sqrt{AD} + \sqrt{BC}\,)$$

$$\epsilon^{\theta_2} = CZ_{02} + D = C\sqrt{\frac{AC}{BD}} + D = \sqrt{\frac{D}{A}}\,(\sqrt{AD} + \sqrt{BC}\,)$$

여기서 $\theta_1$, $\theta_2$의 산술평균을 구하면

$$\theta = \frac{\theta_1 + \theta_2}{2}$$

$$\epsilon^\theta = \epsilon^{(\theta_1+\theta_2)/2} = \sqrt{\epsilon^{(\theta_1+\theta_2)}} = \sqrt{\epsilon_1^\theta \epsilon_2^\theta} = \sqrt{AD} + \sqrt{BC}$$

따라서 양변에 대수 ln를 취하면

$$\theta = \ln\sqrt{AD} + \sqrt{BC} \quad \text{출제 산업 2번}$$

여기서, $\theta$를 영상전달정수(image transfer constant)라 하며 $Z_{01}$, $Z_{02}$, $\theta$를 영상 파라미터(image parameter)라고 한다.

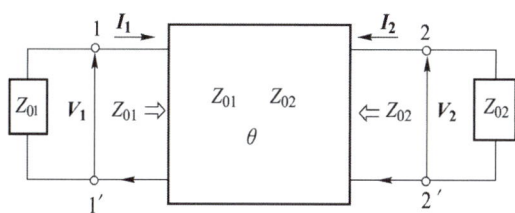

영상 파라미터

또한 영상전달정수 $\theta$를 쌍곡선 함수로 표현하면 다음과 같다.

$$\cosh\theta = \frac{1}{2}(\epsilon^\theta + \epsilon^{-\theta}) = \sqrt{AD}, \quad \theta = \cosh^{-1}\sqrt{AD} \quad \text{출제 산업 7번}$$

$$\sinh\theta = \frac{1}{2}(\epsilon^\theta - \epsilon^{-\theta}) = \sqrt{BC}, \quad \theta = \sinh^{-1}\sqrt{BC} \quad \text{출제 산업 3번}$$

$$\tanh\theta = \sqrt{\frac{BC}{AD}}$$

4단자 정수 $A$, $B$, $C$, $D$를 영상파라미터($Z_{01}$, $Z_{02}$, $\theta$)로 나타내면 다음과 같다.

$$A = \sqrt{\frac{A}{D}} \times \sqrt{AD} = \sqrt{\frac{Z_{01}}{Z_{02}}} \cosh\theta$$

$$B = \sqrt{\frac{B}{C}} \times \sqrt{BC} = \sqrt{Z_{01} Z_{02}} \sinh\theta \quad \boxed{\text{출제} \ \text{산업 1번}}$$

$$C = \sqrt{\frac{C}{B}} \times \sqrt{BC} = \frac{1}{\sqrt{Z_{01} Z_{02}}} \sinh\theta \quad \boxed{\text{출제} \ \text{산업 3번, 기사 1번}}$$

$$D = \sqrt{\frac{D}{A}} \times \sqrt{AD} = \sqrt{\frac{Z_{02}}{Z_{01}}} \cosh\theta \quad \boxed{\text{출제} \ \text{산업 4번, 기사 1번}}$$

따라서 4단자 회로망의 기초방정식을 영상파라미터로 나타내면 다음과 같다.

$$V_1 = \sqrt{\frac{Z_{01}}{Z_{02}}} \cosh\theta V_2 + \sqrt{Z_{01} Z_{02}} \sinh\theta I_2$$

$$I_1 = \frac{1}{\sqrt{Z_{01} Z_{02}}} \sinh\theta V_2 + \sqrt{\frac{Z_{02}}{Z_{01}}} \cosh\theta I_2$$

## 05 필터회로(filter circuit)

회로망 내의 입력신호가 갖는 어떤 주파수영역을 선택하거나 저지시킬 수 있도록 설계된 $R$, $L$, $C$ 요소들의 임의적인 조합을 필터 또는 여파기라 한다.
일반적으로 필터회로의 구성은 2가지로 분류된다.

- 수동필터(passive filter) : $R$, $L$, $C$ 소자들만의 직·병렬조합으로 구성된 필터
- 능동필터(active filter) : $R$, $L$, $C$ 소자들이 트랜지스터나 증폭기들과 결합된 필터

### 1) 저항필터회로

저항필터회로는 저항 $R$과 $L$, $C$ 소자와의 조합으로 구성된 필터회로를 말하며 주파수 선택성에 따라서 다음의 종류로 구분한다.

(1) **저역통과필터**(low-pass filter)
저역통과필터는 낮은 주파수에서는 높은 출력이 나타나고 임계값 이상에서는 감쇠하는 특성을 보인다.

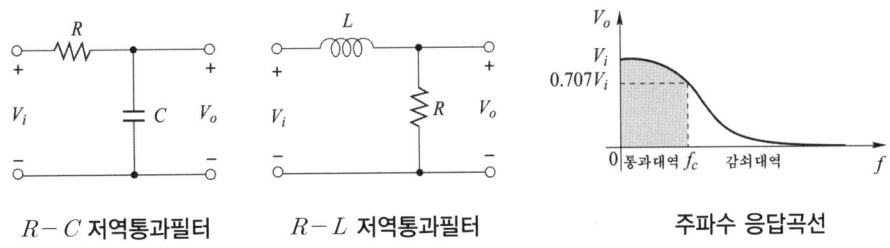

R−C 저역통과필터    R−L 저역통과필터    주파수 응답곡선

(2) 고역통과필터(high-pass filter)

차단주파수(cutoff frequency) $f_c$는 신호의 출력전압이 입력전압의 약 70.7[%] 이상이 되는 주파수이며 −3[dB] 주파수라 한다.

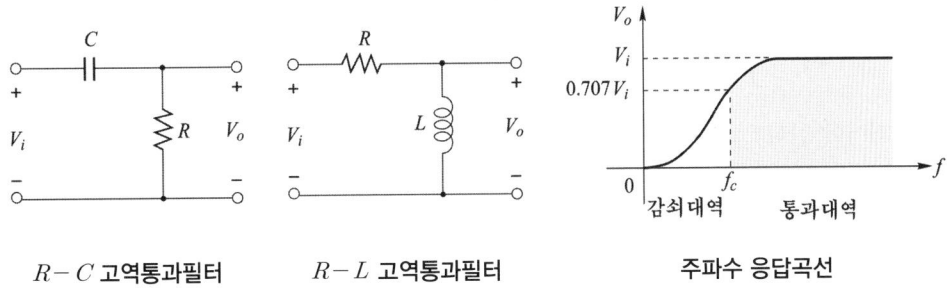

R−C 고역통과필터    R−L 고역통과필터    주파수 응답곡선

(3) 대역통과필터(band-pass filter)

대역통과필터는 특정 대역의 주파수만 통과시키고, 통과대역보다 높거나 낮은 주파수는 저지나 감쇠시키는 필터이다.

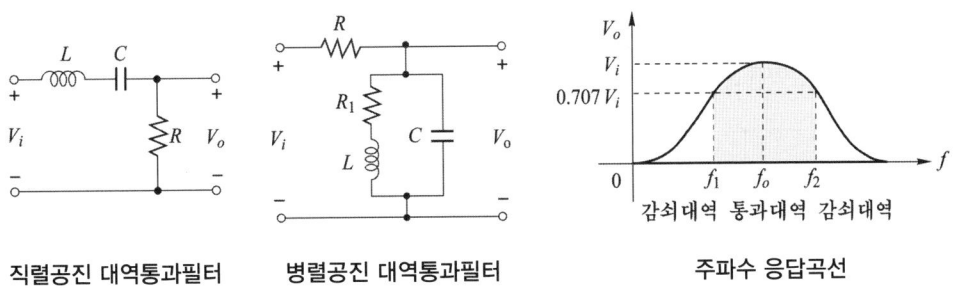

직렬공진 대역통과필터    병렬공진 대역통과필터    주파수 응답곡선

(4) 대역저지필터(band-reject filter)

대역저지필터는 특정한 제거대역을 제외한 나머지 모든 주파수를 통과시키는 필터이다.

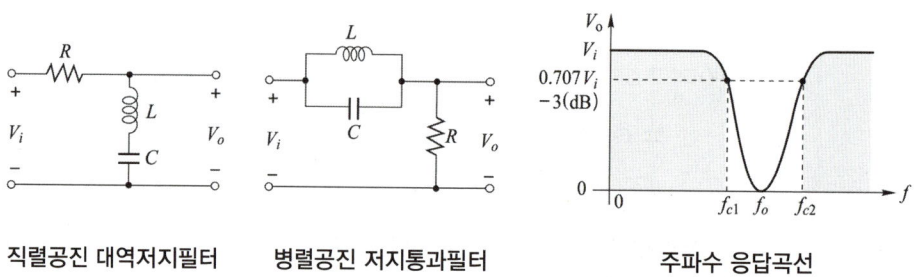

| 직렬공진 대역저지필터 | 병렬공진 저지통과필터 | 주파수 응답곡선 |

### 2) 정 K형 필터

정 K형 필터는 인덕턴스 $L$과 커패시턴스 $C$의 조합으로 구성된 순수한 리액턴스 4단자망 필터를 말한다.

$L$형 기본회로에서 $Z_1 = j\omega L$이면 $Z_2$는 역회로의 관계에 있어야 하므로

$$Z_2 = \frac{1}{j\omega C}$$

로 되어야 한다.

$$Z_1 Z_2 = \frac{L}{C} = K^2, \quad K = \sqrt{\frac{L}{C}}$$

여기서, $K$ : 공칭 임피던스

#### (1) 정 K형 저역통과필터

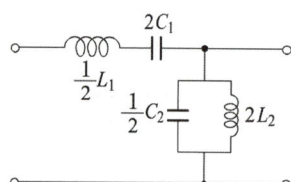

- $L = \dfrac{K}{\pi f_c}$
- $C = \dfrac{1}{\pi f_c K}$

#### (2) 정 K형 고역통과필터

- $L = \dfrac{K}{4\pi f_c}$
- $C = \dfrac{1}{4\pi f_c K}$

#### (3) 정 K형 대역통과 필터

# CHAPTER 13 출제예상문제_4단자망

## 임피던스 정수

**01** ★ 【82. 11. 기사】
그림과 같은 $Z-$파라미터로 표시되는 4단자망의 $1-1'$ 단자 간에 4[A], $2-2'$ 단자 간에 1[A]의 정전류원을 연결하였을 때의 $1-1'$ 단자 간의 전압 $V_1$과 $2-2'$ 단자 간의 전압 $V_2$가 바르게 구하여진 것은? 단, $Z-$파라미터는 $[\Omega]$ 단위이다.

① 18[V], 12[V]
② 36[V], $-24$[V]
③ 36[V], 24[V]
④ 24[V], 36[V]

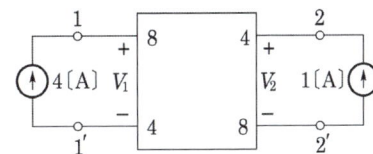

**해설** $\begin{bmatrix} V_1 \\ V_2 \end{bmatrix} = \begin{bmatrix} Z_{11} & Z_{12} \\ Z_{21} & Z_{22} \end{bmatrix} \begin{bmatrix} I_1 \\ I_2 \end{bmatrix} = \begin{bmatrix} 8 & 4 \\ 4 & 8 \end{bmatrix} \begin{bmatrix} 4 \\ 1 \end{bmatrix} = \begin{bmatrix} 8 \times 4 + 4 \times 1 \\ 4 \times 4 + 8 \times 1 \end{bmatrix} = \begin{bmatrix} 36 \\ 24 \end{bmatrix}$

**02** ★★★★★ 【77. 82. 91. 99. 07. 기사, 98. 23. 24. 산업기사, ⊕ : 12. 기사, 94. 00. 07. 산업기사】
그림과 같은 T형 회로의 임피던스 파라미터 $Z_{11}$을 구하면?

① $Z_3$
② $Z_1 + Z_2$
③ $Z_2 + Z_3$
④ $Z_1 + Z_3$

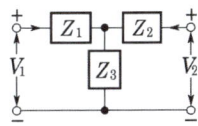

**해설** $Z_{11} = \dfrac{V_1}{I_1}\bigg|_{I_2=0} = Z_1 + Z_3$  $\quad Z_{12} = \dfrac{V_1}{I_2}\bigg|_{I_1=0} = Z_3$

$Z_{21} = \dfrac{V_2}{I_1}\bigg|_{I_2=0} = Z_3$  $\quad Z_{22} = \dfrac{V_2}{I_2}\bigg|_{I_1=0} = Z_2 + Z_3$

**03** ★ 【83. 23. 25. 기사】
4단자 정수 $A$, $B$, $C$, $D$로 출력측을 개방시켰을 때 입력측에서 본 구동점 임피던스 $Z_{11}\left(=\dfrac{V_1}{I_1}\bigg|_{I_2=0}\right)$을 표시한 것 중 옳은 것은?

① $\dfrac{A}{C}$  ② $\dfrac{B}{D}$  ③ $\dfrac{A}{B}$  ④ $\dfrac{B}{C}$

**답** 1. ③  2. ④  3. ①

[해설] $A = \dfrac{Z_{11}}{Z_{21}}$, $B = \dfrac{|Z|}{Z_{21}}$, $C = \dfrac{1}{Z_{21}}$, $D = \dfrac{Z_{22}}{Z_{21}}$ 이므로 $\begin{bmatrix} Z_{11} & Z_{12} \\ Z_{21} & Z_{22} \end{bmatrix} = \dfrac{1}{C}\begin{bmatrix} A & AD-BC \\ 1 & D \end{bmatrix}$ 이다.

**04** ★★★★★ 【78. 85. 89. 97. 12. 산업기사, ⓘ : 82. 83. 85. 97. 01. 05. 07. 18. 산업기사】

그림의 1-1'에서 본 구동점 임피던스 $Z_{11}$의 값[Ω]은?

① 5
② 8
③ 10
④ 4.4

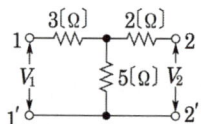

[해설] $Z_{11} = 3 + 5 = 8[\Omega]$

**05** ★★ 【87. 94. 기사】

그림과 같은 4단자망에서 존재하지 않는 파라미터는?

① $Z$ 행렬
② $Y$ 행렬
③ $F$ 행렬
④ $H$ 행렬

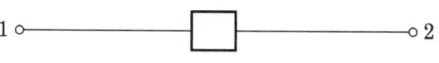

[해설] 폐로가 없어 개방되어 있으므로 임피던스 파라미터는 존재하지 않는다.

## 유사문제

※ 유사문제 원문 및 해설 : 동일출판사 홈페이지 » 고객센터 » 자료실

**01.** 그림과 같은 T형 4단자망의 임피던스 파라미터로서 틀린 것은?

답 $Z_{21} = -Z_3$

**02.** 그림의 회로에서 임피던스 파라미터는?

답 $Z_{11} = Z_2$, $Z_{12} = -Z_2$, $Z_{21} = -Z_2$, $Z_{22} = Z_1 + Z_2$

**03.** $T$형 4단자 회로의 임피던스 파라미터 중 $Z_{22}$는?

답 $\dot{Z}_2 + \dot{Z}_3$

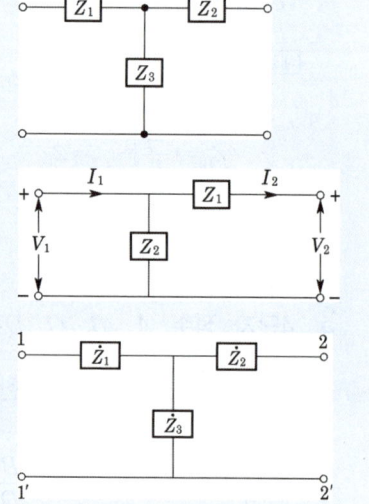

답 4. ② 5. ①

**04.** 그림과 같은 회로망 $N$이 $Z$-parameter로 나타내어져 있다고 한다면 port 2가 개방되어 있을 때 $G_{21}$을 구하면?

답 $\dfrac{Z_{21}}{Z_{11}}$

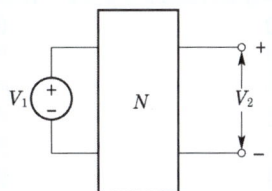

## 어드미턴스 정수

★【88. 기사】

**06** 어떤 2단자 쌍회로망의 $Y-$파라미터가 그림과 같다. aa′ 단자 간에 $V_1 = 36[V]$, bb′ 단자 간에 $V_2 = 24[V]$의 정전압원을 연결하였을 때 $I_1$, $I_2$의 값은 각각 몇 [A]인가? 단, $Y-$파라미터는 [℧] 단위임.

① $I_1 = 4$, $I_2 = 5$
② $I_1 = 5$, $I_2 = 4$
③ $I_1 = 1$, $I_2 = 4$
④ $I_1 = 4$, $I_2 = 1$

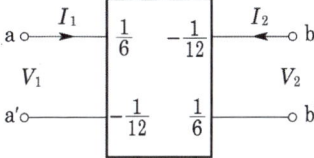

해설

$$\begin{bmatrix} I_1 \\ I_2 \end{bmatrix} = \begin{bmatrix} Y_{11} & Y_{12} \\ Y_{21} & Y_{22} \end{bmatrix} \begin{bmatrix} V_1 \\ V_2 \end{bmatrix} = \begin{bmatrix} \dfrac{1}{6} & -\dfrac{1}{12} \\ -\dfrac{1}{12} & \dfrac{1}{6} \end{bmatrix} \begin{bmatrix} 36 \\ 24 \end{bmatrix} = \begin{bmatrix} \dfrac{1}{6} \times 36 - \dfrac{1}{12} \times 24 \\ -\dfrac{1}{12} \times 36 + \dfrac{1}{6} \times 24 \end{bmatrix} = \begin{bmatrix} 4 \\ 1 \end{bmatrix}$$

★【91. 97. 04. 산업기사】

**07** 그림과 같은 $\pi$형 4단자 회로의 어드미턴스 상수 중 $Y_{22}$는?

① $5[℧]$
② $6[℧]$
③ $9[℧]$
④ $11[℧]$

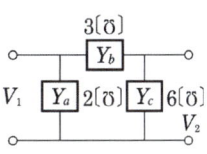

해설

$Y_{11} = \dfrac{I_1}{V_1}\bigg|_{V_2=0} = Y_a + Y_b$   $Y_{12} = \dfrac{I_1}{V_2}\bigg|_{V_1=0} = \dfrac{-Y_b V_2}{V_2} = -Y_b$

$Y_{21} = \dfrac{I_2}{V_1}\bigg|_{V_2=0} = \dfrac{-Y_b V_1}{V_1} = -Y_b$   $Y_{22} = \dfrac{I_2}{V_2}\bigg|_{V_1=0} = Y_b + Y_c$

∴ $Y_{22} = 3 + 6 = 9$

답 6. ④  7. ③

**08** ★★ 【79. 80. 산업기사, ⊕ : 83. 기사】
그림과 같은 4단자 회로망에서 어드미턴스 파라미터 중 $Y_{11}$, $Y_{12}$의 값은 얼마인가?

① 10, 18
② 22, $-12$
③ $\dfrac{1}{8}$, $-\dfrac{1}{24}$
④ $\dfrac{5}{12}$, $\dfrac{1}{4}$

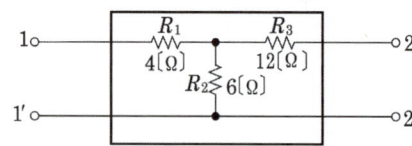

해설 $Y_{11} = \dfrac{R_2 + R_3}{R_1 R_2 + R_2 R_3 + R_3 R_1} = \dfrac{6+12}{4\times6+6\times12+12\times4} = \dfrac{1}{8}$

$Y_{12} = -\dfrac{R_2}{R_1 R_2 + R_2 R_3 + R_3 R_1} = -\dfrac{6}{4\times6+6\times12+12\times4} = -\dfrac{1}{24}$

**09** ★ 【82. 84. 산업기사】
그림과 같은 4단자망을 어드미턴스 파라미터로 나타내면 어떻게 되는가?

① $Y_{11} = 10$, $Y_{21} = 10$, $Y_{22} = 10$
② $Y_{11} = \dfrac{1}{10}$, $Y_{21} = -\dfrac{1}{10}$, $Y_{22} = \dfrac{1}{10}$
③ $Y_{11} = 10$, $Y_{21} = \dfrac{1}{10}$, $Y_{22} = 10$
④ $Y_{11} = \dfrac{1}{10}$, $Y_{21} = 10$, $Y_{22} = \dfrac{1}{10}$

해설 $Y_{11} = \dfrac{I_1}{V_1}\bigg|_{V_2=0} = \dfrac{1}{10} = Y_{22}$, $Y_{21} = -\dfrac{I_2}{V_1}\bigg|_{V_2=0} = -\dfrac{1}{10} = Y_{12}$

**10** ★☆ 【02. 산업기사】
그림의 4단자 회로에서 단자 $ab$에서 본 구동점 임피던스 $\dot{Z}_{11}[\Omega]$과 구동점 어드미턴스 $\dot{Y}_{11}[S]$는?

① $3+j4$, $\dfrac{1}{4.6+j0.8}$
② $3+j4$, $2.11+j0.037$
③ $2+j4$, $\dfrac{1}{4.6+j0.8}$
④ $2+j4$, $0.21+j0.037$

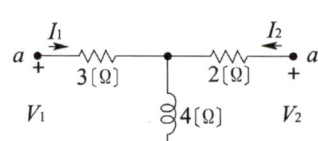

해설 $\dot{Z}_{11} = Z_1 + Z_2 = 3+j4\,[\Omega]$

$\dot{Y}_{11} = \dfrac{R_2 + R_3}{R_1 R_2 + R_2 R_3 + R_3 R_1} = \dfrac{j4+2}{3\times j4 + j4\times 2 + 2\times 3} = \dfrac{2+j4}{6+j20} = \dfrac{1}{\dfrac{6+j20}{2+j4}} = \dfrac{1}{4.6+j0.8}\,[S]$

답 8. ③  9. ②  10. ①

**11** 그림과 같은 T형 회로에서 4단자 회로의 어드미턴스 파라미터 중 $Y_{11}[\mho]$을 구하여라.

① $-j\dfrac{1}{35}$

② $+j\dfrac{2}{35}$

③ $-j\dfrac{1}{31}$

④ $+j\dfrac{2}{33}$

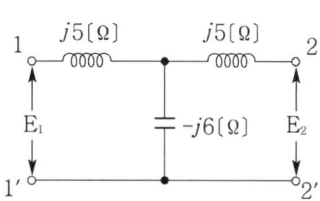

**해설** $Y_{11} = \dfrac{Z_2+Z_3}{Z_1Z_2+Z_2Z_3+Z_3Z_1} = \dfrac{-j6+j5}{j5\times(-j6)+(-j6)\times j5+j5\times j5} = \dfrac{-j}{30+30-25} = -j\dfrac{1}{35}[\mho]$

---

### 유사문제

**01.** 그림과 같은 4단자 회로의 어드미턴스 파라미터 중 $Y_{11}$은 어느 것인가?

답 $Y_a + Y_b$

**02.** 그림에서 4단자망의 개방 순방향 전달 임피던스 $Z_{21}[\Omega]$과 단락 순방향 전달 어드미턴스 $Y_{21}[\mho]$은?

답 $Z_{21} = 3$, $Y_{21} = -\dfrac{1}{2}$

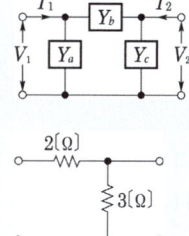

---

## 4단자 정수

**12** 4단자망의 파라미터 정수에 관한 서술 중 잘못된 것은?

① $A$, $B$, $C$, $D$ 파라미터 중 $A$ 및 $D$는 차원(dimension)이 없다.

② $h$ 파라미터 중 $h_{12}$ 및 $h_{21}$은 차원이 없다.

③ $A$, $B$, $C$, $D$ 파라미터 중 $B$는 어드미턴스, $C$는 임피던스 차원을 갖는다.

④ $h$ 파라미터 중 $h_{11}$은 임피던스, $h_{22}$는 어드미턴스의 차원을 갖는다.

**해설** 4단자 정수에서 $A$=전압비, $B$=임피던스 차원, $C$=어드미턴스 차원, $D$=전류비의 의미를 갖는다.

답 11. ① 12. ③

★ 【84. 기사】

**13** 4단자망의 기술에서 옳지 않은 것은?

① 2단자 쌍망이라고도 한다.
② 4개의 단자를 갖는다.
③ 각 단자쌍의 출입 전류는 같다.
④ 관심의 대상은 4단자망 자체의 회로 구성이다.

**해설** 관심 대상은 회로망 해석이 된다.

★★☆ 【87. 기사, 97. 산업기사, ㊒ : 69. 기사】

**14** $ABCD$ 4단자 정수를 올바르게 쓴 것은?

① $AB-CD=1$ ② $AD-BC=1$
③ $AB+CD=1$ ④ $AD+BD=1$

**해설** $AD-BC=1(\sinh^2\theta+\cosh^2\theta=1)$이므로

★★ 【88. 96. 23. 기사, 09. 10. 산업기사】

**15** 어떤 회로망의 4단자 정수가 $A=8$, $B=j2$, $D=3+j2$이면 이 회로망의 $C$는 얼마인가?

① $24+j14$ ② $3-j4$
③ $8-j11.5$ ④ $4+j6$

**해설** $AD-BC=1$이므로 $C=\dfrac{AD-1}{B}=\dfrac{8(3+j2)-1}{j2}=8-j11.5$

★★★★★ 【89. 기사, 79. 90. 95. 97. 07. 산업기사, ㊒ : 97. 기사, 93. 01. 산업기사】

**16** 4단자 정수 $A$, $B$, $C$, $D$ 중에서 어드미턴스의 차원을 가진 정수는 어느 것인가?

① $A$ ② $B$ ③ $C$ ④ $D$

**해설** $A$, $B$, $C$, $D$로 표시되는 4단자 기초 방정식은 $\begin{bmatrix} V_1 \\ I_1 \end{bmatrix}=\begin{bmatrix} A & B \\ C & D \end{bmatrix}\begin{bmatrix} V_2 \\ I_2 \end{bmatrix}$이며,

각 파라미터의 물리적 의미는

$A=\left.\dfrac{V_1}{V_2}\right|_{I_2=0}$ : 출력을 개방했을 때 전압 이득

$B=\left.\dfrac{V_1}{I_2}\right|_{V_2=0}$ : 출력을 단락했을 때 전달 임피던스

$C=\left.\dfrac{I_1}{V_2}\right|_{I_2=0}$ : 출력을 개방했을 때 전달 어드미턴스

$D=\left.\dfrac{I_1}{I_2}\right|_{V_2=0}$ : 출력을 단락했을 때 전류 이득

답 13. ④ 14. ② 15. ③ 16. ③

**17** 그림과 같은 회로망에서 $Z_1$을 4단자 정수에 의해 표시하면 어떻게 되는가?

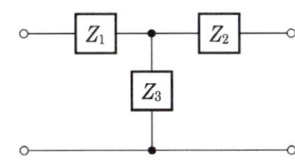

① $\dfrac{1}{C}$      ② $\dfrac{D-1}{C}$      ③ $\dfrac{B-1}{C}$      ④ $\dfrac{A-1}{C}$

해설) 그림과 같은 4단자망의 4단자 정수 중 $A$와 $C$는 $A = 1 + \dfrac{Z_1}{Z_3}$, $C = \dfrac{1}{Z_3}$

$\therefore Z_1 = (A-1)Z_3 = \dfrac{A-1}{C}$

**18** 그림과 같은 4단자 회로망에서 출력측을 개방하니 $V_1 = 12$, $I_1 = 2$, $V_2 = 4$이고 출력측을 단락하니 $V_1 = 16$, $I_1 = 4$, $I_2 = 2$였다. $A$, $B$, $C$, $D$는 얼마인가?

① 3, 8, 0.5, 2      ② 8, 0.5, 2, 3      ③ 0.5, 2, 3, 8      ④ 2, 3, 8, 0.5

해설) $A = \left.\dfrac{V_1}{V_2}\right|_{I_2=0} = \dfrac{12}{4} = 3$      $B = \left.\dfrac{V_1}{I_2}\right|_{V_2=0} = \dfrac{16}{2} = 8$

$C = \left.\dfrac{I_1}{V_2}\right|_{I_2=0} = \dfrac{2}{4} = 0.5$      $D = \left.\dfrac{I_1}{I_2}\right|_{V_2=0} = \dfrac{4}{2} = 2$

**19** 그림과 같은 L형 회로에서 4단자 정수는 어떻게 되는가?

① $A = Z_1$, $B = 1 + \dfrac{Z_1}{Z_2}$, $C = \dfrac{1}{Z_2}$, $D = 1$

② $A = 1$, $B = \dfrac{1}{Z_2}$, $C = 1 + \dfrac{Z_1}{Z_2}$, $D = Z_1$

③ $A = 1 + \dfrac{Z_1}{Z_2}$, $B = Z_1$, $C = \dfrac{1}{Z_2}$, $D = 1$

④ $A = \dfrac{1}{Z_2}$, $B = 1$, $C = Z_1$, $D = 1 + \dfrac{Z_1}{Z_2}$

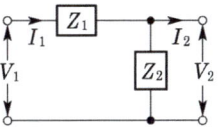

답 17. ④  18. ①  19. ③

해설  $A = \left(\dfrac{E_1}{E_2}\right)_{I_2=0} = \dfrac{I_1(Z_1+Z_2)}{I_1 Z_2} = 1 + \dfrac{Z_1}{Z_2}$   $B = \left(\dfrac{E_1}{I_2}\right)_{E_2=0} = \dfrac{I_1 Z_1}{I_1} = Z_1$

$C = \left(\dfrac{I_1}{E_1}\right)_{I_2=0} = \dfrac{I_1}{I_1 Z_2} = \dfrac{1}{Z_2}$   $D = \left(\dfrac{I_1}{I_2}\right)_{E_2=0} = \dfrac{I_1}{I_1} = 1$

★ 【85. 98. 산업기사】
**20** 그림과 같은 4단자망에서 정수 행렬은?

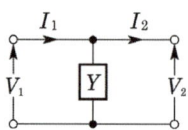

① $\begin{bmatrix} 1 & 0 \\ Y & 1 \end{bmatrix}$   ② $\begin{bmatrix} 1 & Y \\ 0 & 1 \end{bmatrix}$   ③ $\begin{bmatrix} Y & 1 \\ 1 & 0 \end{bmatrix}$   ④ $\begin{bmatrix} 1 & 0 \\ \dfrac{1}{Y} & 1 \end{bmatrix}$

해설  $\begin{bmatrix} A & B \\ C & D \end{bmatrix} = \begin{bmatrix} 1 & 0 \\ Y & 1 \end{bmatrix}$

★☆ 【77. 기사, 98. 산업기사】
**21** 그림과 같은 4단자 회로망에서 정수 $A = \dfrac{V_1}{V_2}\bigg|_{I_2=0}$ 의 값은?

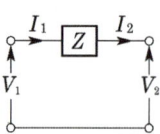

① 0   ② 1   ③ $Z$   ④ $-1$

해설  $\begin{bmatrix} A & B \\ C & D \end{bmatrix} = \begin{bmatrix} 1 & Z \\ 0 & 1 \end{bmatrix}$   ∴ $A = \dfrac{V_1}{V_2}\bigg|_{I_2=0} = 1$

★★★★★ 【87. 05. 08. 기사, 82. 87. 93. 00. 09. 12. 산업기사】
**22** 그림과 같은 4단자 회로의 4단자 정수 중 $D$의 값은?

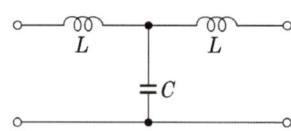

① $1-\omega^2 LC$   ② $j\omega L(2-\omega^2 LC)$   ③ $j\omega C$   ④ $j\omega L$

해설  $\begin{bmatrix} 1 & j\omega L \\ 0 & 1 \end{bmatrix}\begin{bmatrix} 1 & 0 \\ j\omega C & 1 \end{bmatrix}\begin{bmatrix} 1 & j\omega L \\ 0 & 1 \end{bmatrix} = \begin{bmatrix} 1-\omega^2 LC & j\omega L(2-\omega^2 LC) \\ j\omega C & 1-\omega^2 LC \end{bmatrix}$

답  20. ①  21. ②  22. ①

**23** 그림과 같은 L형 회로의 4단자 정수 중 $A$는?

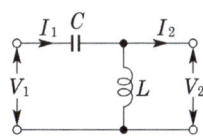

① $1 - \dfrac{1}{\omega^2 LC}$  ② $1 + \dfrac{1}{\omega^2 LC}$  ③ $\dfrac{1}{2\sqrt{LC}}$  ④ $1 + \dfrac{C}{j\omega C}$

해설
$$\begin{bmatrix} A & B \\ C & D \end{bmatrix} = \begin{bmatrix} 1 & \dfrac{1}{j\omega C} \\ 0 & 1 \end{bmatrix} \begin{bmatrix} 1 & 0 \\ \dfrac{1}{j\omega L} & 1 \end{bmatrix} = \begin{bmatrix} 1 - \dfrac{1}{\omega^2 LC} & \dfrac{1}{j\omega C} \\ \dfrac{1}{j\omega L} & 1 \end{bmatrix}$$

**24** 그림에서 4단자 회로 정수 $A$, $B$, $C$, $D$ 중 출력 단자 3, 4가 개방되었을 때의 $\dfrac{V_1}{V_2}$인 $A$의 값은?

① $1 + \dfrac{Z_2}{Z_1}$  ② $\dfrac{Z_1 + Z_2 + Z_3}{Z_1 Z_3}$  ③ $1 + \dfrac{Z_2}{Z_3}$  ④ $1 + \dfrac{Z_3}{Z_2}$

해설
$$A = \dfrac{V_1}{V_2}\bigg|_{I_2=0} = \dfrac{V_1}{\dfrac{Z_2}{Z_2+Z_3} \cdot V_1} = \dfrac{Z_2+Z_3}{Z_2} = 1 + \dfrac{Z_3}{Z_2}$$

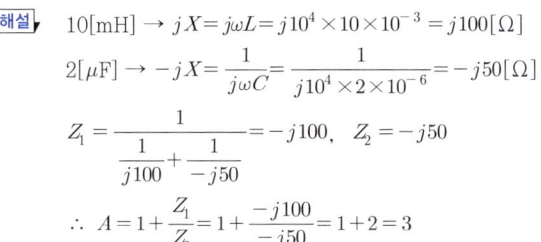

**25** 회로망의 4단자 상수 $A$는 얼마인가?
단, $\omega = 10^4$[rad/s]라 한다.

① 1  ② $-j2$
③ 3  ④ $-j4$

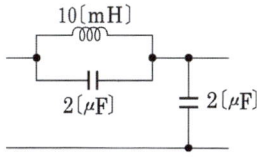

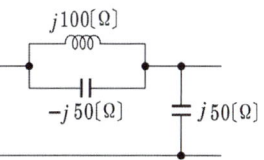

해설
$10[\text{mH}] \rightarrow jX = j\omega L = j10^4 \times 10 \times 10^{-3} = j100[\Omega]$
$2[\mu\text{F}] \rightarrow -jX = \dfrac{1}{j\omega C} = \dfrac{1}{j10^4 \times 2 \times 10^{-6}} = -j50[\Omega]$
$Z_1 = \dfrac{1}{\dfrac{1}{j100} + \dfrac{1}{-j50}} = -j100$, $Z_2 = -j50$
$\therefore A = 1 + \dfrac{Z_1}{Z_2} = 1 + \dfrac{-j100}{-j50} = 1 + 2 = 3$

답 23. ① 24. ④ 25. ③

## 26. 【98. 산업기사】

그림과 같이 π형 회로에서 $Z_3$를 4단자 정수로 표시한 것은?

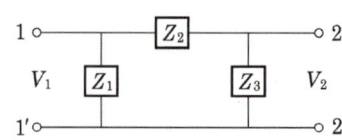

① $\dfrac{B}{1-A}$    ② $\dfrac{A}{1-B}$    ③ $\dfrac{B}{A-1}$    ④ $\dfrac{A}{B-1}$

**해설**  $\begin{bmatrix} A = 1 + \dfrac{Z_2}{Z_3} \\ B = Z_2 \end{bmatrix}$ 이므로 $Z_3 = \dfrac{Z_2}{A-1} = \dfrac{B}{A-1}$

## 27. 【83. 84. 00. 05. 기사】

그림과 같은 4단자 회로망의 4단자 정수 중 $C$는 어떻게 나타내어지는가?

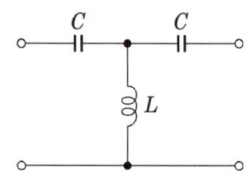

① $1 - \dfrac{1}{\omega^2 LC}$    ② $\dfrac{1}{j\omega C}\left(2 - \dfrac{1}{\omega^2 LC}\right)$    ③ $\dfrac{1}{j\omega L}$    ④ $1 - \dfrac{1}{j\omega C}$

**해설**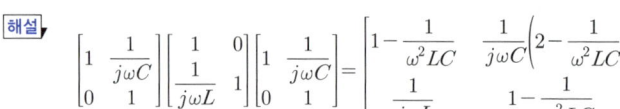

## 28. 【91. 98. 20. 산업기사】

다음 회로에 4단자 상수 중 잘못 구해진 것은 어느 것인가?

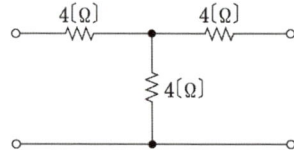

① $A = 2$    ② $B = 12$    ③ $C = \dfrac{1}{2}$    ④ $D = 2$

**해설** 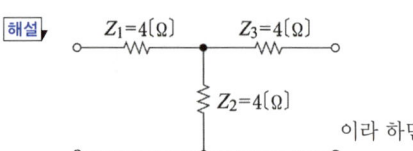 이라 하면

**답** 26. ③  27. ③  28. ③

$$A = 1 + \frac{Z_1}{Z_2} = 1 + \frac{4}{4} = 2 \qquad B = \frac{Z_1 Z_2 + Z_2 Z_3 + Z_3 Z_1}{Z_2} = \frac{4 \times 4 + 4 \times 4 + 4 \times 4}{4} = 12$$

$$C = \frac{1}{Z_2} = \frac{1}{4} \qquad\qquad D = 1 + \frac{Z_3}{Z_2} = 1 + \frac{4}{4} = 2$$

**29** ★☆ 【91. 기사, ⊕ : 83. 산업기사】
그림과 같은 종속 접속으로 된 4단자 회로망의 합성 4단자망의 4단자 정수의 표시 중 틀린 것은 어느 것인가?

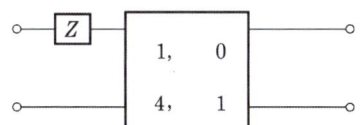

① $A = 1 + 4Z$  ② $B = Z$  ③ $C = 4$  ④ $D = 1 + Z$

해설 $\begin{bmatrix} A, & B \\ C, & D \end{bmatrix} = \begin{bmatrix} 1, & Z \\ 0, & 1 \end{bmatrix} \begin{bmatrix} 1, & 0 \\ 4, & 1 \end{bmatrix} = \begin{bmatrix} 1+4Z & Z \\ 4 & 1 \end{bmatrix}$  ∴ $D = 1$

**30** ☆ 【94. 산업기사】
그림과 같은 4단자망의 4단자 정수 $B$는?

① $\frac{20}{3}$  ② $\frac{2}{3}$  ③ 1  ④ 30

해설 $B = \frac{V_1}{I_2}\bigg|_{V_2=0}$, $V_1 = 30 I_2$, $\frac{V_1}{I_2} = 30$

**31** ★★ 【83. 기사, ⊕ : 83. 기사】
4단자 정수 $A_1, B_1, C_1, D_1$ 및 $A_2, B_2, C_2, D_2$를 갖는 2개의 4단자망을 그림과 같이 종속 접속(cascade connection)하였을 경우 합성 회로의 4단자 정수 중 $A$와 $B$만 열거하였다. 옳은 것은?

① $A = A_1 + A_2$, $B = B_1 + B_2$
② $A = A_1 A_2$, $B = B_1 B_2$
③ $A = A_1 A_2 + B_2 C_1$, $B = B_1 B_2 + A_2 D_1$
④ $A = A_1 A_2 + B_1 C_2$, $B = A_1 B_2 + B_1 D_2$

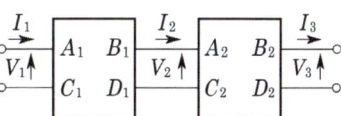

해설 $\begin{bmatrix} A_1 & B_1 \\ C_1 & D_1 \end{bmatrix} \begin{bmatrix} A_2 & B_2 \\ C_2 & D_2 \end{bmatrix} = \begin{bmatrix} A_1 A_2 + B_1 C_2 & A_1 B_2 + B_1 D_2 \\ C_1 A_2 + D_1 C_2 & C_1 B_2 + D_1 D_2 \end{bmatrix}$

답 29. ④  30. ④  31. ④

**32** 그림과 같이 종속 접속된 4단자 회로의 합성 4단자 정수 중 $D$의 값은?

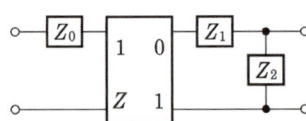

① $ZZ_1 + 1$  ② $Z_1 + Z_0 ZZ_1 + Z_0$  ③ $Z + \dfrac{ZZ_1}{Z_1} + \dfrac{1}{Z_2}$  ④ $Z_1 + Z_0 ZZ_1$

해설
$$\begin{bmatrix} 1 & Z_0 \\ 0 & 1 \end{bmatrix} \begin{bmatrix} 1 & 0 \\ Z & 1 \end{bmatrix} \begin{bmatrix} 1+\dfrac{Z_1}{Z_2} & Z_1 \\ \dfrac{1}{Z_2} & 1 \end{bmatrix} = \begin{bmatrix} 1+ZZ_0 & Z_0 \\ Z & 1 \end{bmatrix} \begin{bmatrix} 1+\dfrac{Z_1}{Z_2} & Z_1 \\ \dfrac{1}{Z_2} & 1 \end{bmatrix}$$

$$= \begin{bmatrix} (1+ZZ_0)\left(1+\dfrac{Z_1}{Z_2}\right)+\dfrac{Z_0}{Z_2} & (1+ZZ_0)Z_1+Z_0 \\ Z\left(1+\dfrac{Z_1}{Z_2}\right)+\dfrac{1}{Z_2} & ZZ_1+1 \end{bmatrix}$$

**33** 그림과 같은 H형 회로의 4단자 정수 중 $A$의 값은 얼마인가?

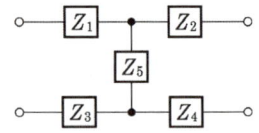

① $Z_5$  ② $\dfrac{Z_5}{Z_2+Z_4+Z_5}$  ③ $\dfrac{1}{Z_5}$  ④ $\dfrac{Z_1+Z_3+Z_5}{Z_5}$

해설 $Z_1$과 $Z_3$, $Z_2$와 $Z_4$는 직렬이므로
$$\begin{bmatrix} A & B \\ C & D \end{bmatrix} = \begin{bmatrix} 1 & Z_1+Z_3 \\ 0 & 1 \end{bmatrix} \begin{bmatrix} 1 & 0 \\ \dfrac{1}{Z_5} & 1 \end{bmatrix} \begin{bmatrix} 1 & Z_2+Z_4 \\ 0 & 1 \end{bmatrix} = \begin{bmatrix} \dfrac{Z_1+Z_3+Z_5}{Z_5} & Z_1+Z_3+\dfrac{(Z_2+Z_4)(Z_1+Z_3+Z_5)}{Z_5} \\ \dfrac{1}{Z_5} & \dfrac{Z_2+Z_4+Z_5}{Z_5} \end{bmatrix}$$

**34** 그림의 대칭 T회로의 일반 4단자 정수가 다음과 같았다. $A=D=1.2$, $B=44[\Omega]$, $C=0.01[\mho]$, 임피던스 $Z[\Omega]$의 값을 구하면?

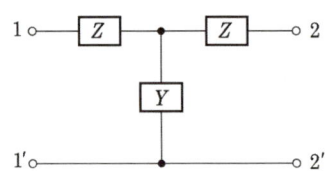

① 1.2  ② 12  ③ 20  ④ 44

답 32. ① 33. ④ 34. ③

해설 그림과 같은 T형 4단자망의 4단자 정수 중 $C$의 값은 병렬 어드미턴스 값이므로 병렬 임피던스는
$Z_p = \dfrac{1}{C} = 100[\Omega]$이 되고, $A = D = 1 + \dfrac{Z}{Z_p}$이므로 $Z = Z_p(A-1) = 100(1.2-1) = 20[\Omega]$

★ 【85. 98. 산업기사】

**35** 그림에서 $\dfrac{V_2}{V_1}$는 얼마인가? 단, 저항은 모두 $1[\Omega]$이다.

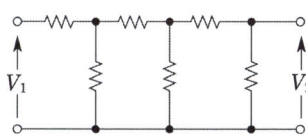

① $\dfrac{1}{13}$    ② $\dfrac{1}{10}$    ③ $\dfrac{1}{7}$    ④ $\dfrac{1}{4}$

해설 4단자 정수 중 $A = \dfrac{V_1}{V_2}\bigg|_{I_2=0}$ 이므로 2차가 개방되었을 때 $\dfrac{V_2}{V_1} = \dfrac{1}{A}$이 되며,
그림과 같은 회로의 4단자 정수는
$\begin{bmatrix} A & B \\ C & D \end{bmatrix} = \begin{bmatrix} 1 & 1 \\ 0 & 1 \end{bmatrix}\begin{bmatrix} 1 & 0 \\ 1 & 1 \end{bmatrix}\begin{bmatrix} 1 & 1 \\ 0 & 1 \end{bmatrix}\begin{bmatrix} 1 & 0 \\ 1 & 1 \end{bmatrix}\begin{bmatrix} 1 & 1 \\ 0 & 1 \end{bmatrix}\begin{bmatrix} 1 & 0 \\ 1 & 1 \end{bmatrix} = \begin{bmatrix} 13 & 8 \\ 8 & 5 \end{bmatrix}$
$\therefore \dfrac{V_2}{V_1} = \dfrac{1}{A} = \dfrac{1}{13}$

---

## 유사문제

∥ 유사문제 원문 및 해설 : 동일출판사 홈페이지 » 고객센터 » 자료실

**01.** 4단자 정수 $A$, $B$, $C$, $D$ 중에서 임피던스의 차원(dimension)을 가진 정수는?

답 $B$

**02.** 4단자 정수를 구하는 식 중 옳지 않은 것은?

답 $B = \left(\dfrac{V_2}{I_2}\right)_{V_2=0}$

**03.** 그림과 같은 단일 임피던스 회로의 4단자 정수는?

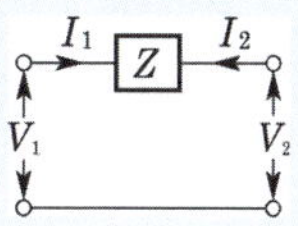

답 $A = 1$, $B = Z$, $C = 0$, $D = 1$

**04.** 그림과 같은 4단자망의 4단자 정수(선로 상수) $A$, $B$, $C$, $D$를 접속법에 의하여 구하면 어떻게 표현이 되는가?

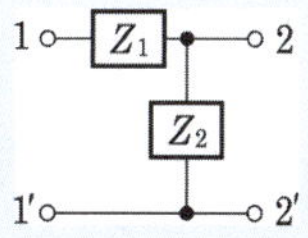

답 $\begin{bmatrix} A & B \\ C & D \end{bmatrix} = \begin{bmatrix} 1 & Z_1 \\ 0 & 1 \end{bmatrix}\begin{bmatrix} 1 & 0 \\ \dfrac{1}{Z_2} & 1 \end{bmatrix}$

답 35. ①

**05.** 그림과 같은 회로에서 4단자 정수는 어떻게 되는가?

답 $A=1$, $B=Z_1$, $C=\dfrac{1}{Z_2}$, $D=1+\dfrac{Z_1}{Z_2}$

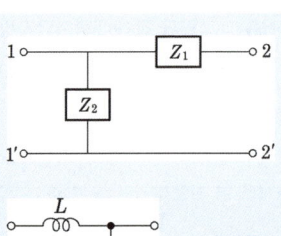

**06.** 그림의 회로의 4단자 정수는?

답 $A=1-2\omega^2 LC$, $B=j\omega L$, $C=j2\omega C$, $D=1$

**07.** 그림과 같은 T형 회로에서 4단자 정수가 아닌 것은?

답 $1+\dfrac{Z_3}{Z_2}$

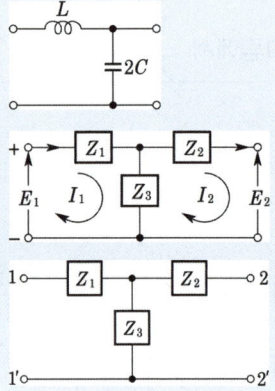

**08.** 그림과 같은 T형 4단자 회로의 4단자 정수 중 $B$의 값은?

답 $\dfrac{Z_1 Z_2 + Z_2 Z_3 + Z_3 Z_1}{Z_3}$

**09.** 그림과 같은 회로에서 4단자 정수 $A$, $B$, $C$, $D$의 값은?

답 $A=1+\dfrac{Z_A}{Z_B}$, $B=Z_A$, $C=\dfrac{Z_A+Z_B+Z_C}{Z_B Z_C}$, $D=\dfrac{Z_A}{Z_C}+1$

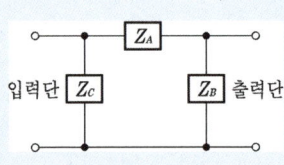

**10.** 그림과 같은 회로의 4단자 정수 $A$, $B$, $C$, $D$를 구하면?

답 $A=\dfrac{5}{3}$, $B=800$, $C=\dfrac{1}{450}$, $D=\dfrac{5}{3}$

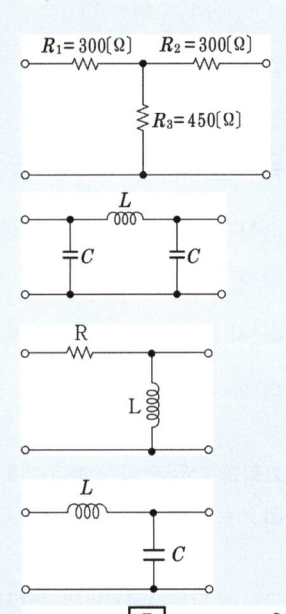

**11.** 그림과 같은 4단자 회로망의 $C$ 파라미터를 구하면? 단, $s=j\omega$이다.

답 $2sC+s^3 LC^2$

**12.** 그림과 같은 회로의 4단자 정수중 $A$는?

답 $1+\dfrac{R}{sL}$

**13.** 다음 4단자망의 4단자 정수 중 $C$정수는?

답 $j\omega C$

**14.** 그림과 같은 π형 회로의 합성 4단자 정수를 $A$, $B$, $C$, $D$라 할 때 $B$는?

답 $Z_2$

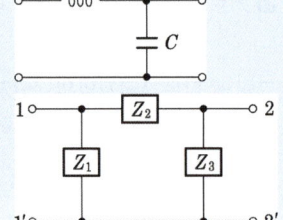

**15.** 그림과 같은 4단자망의 4단자 정수 $A$와 $D$의 곱 $AD$는?

답 0

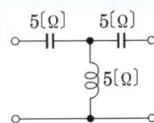

## 변압기

**36** ★★ 【83. 87. 90. 91. 산업기사】

그림과 같은 상호 인덕턴스 $M$인 4단자 회로에서 4단자 회로 중 $D$의 값은?

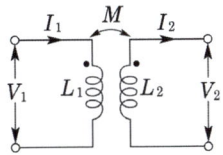

① $+\dfrac{L_2}{M}$   ② $\dfrac{1}{\omega M}$   ③ $-\dfrac{L_2}{M}$   ④ $+\dfrac{L_1 L_2 - M^2}{M}$

해설  그림 (a), (b)와 같은 등가 회로에서
$$D = 1 + \dfrac{Z_2}{Z_3} = 1 + \dfrac{j\omega(L_2 - M)}{j\omega M}$$
$$= 1 + \dfrac{L_2 - M}{M} = \dfrac{L_2}{M}$$

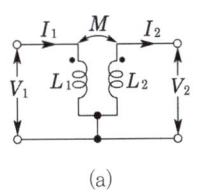
(a)

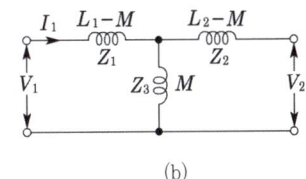
(b)

**37** ★☆ 【78. 81. 82. 산업기사】

그림의 4단자 회로망에서 $\dfrac{n_1}{n_2} = a$ 일 때, 4단자 정수 파라미터 행렬은?

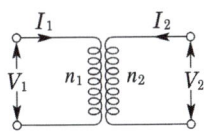

① $\begin{bmatrix} a & 0 \\ 0 & \dfrac{1}{a} \end{bmatrix}$   ② $\begin{bmatrix} \dfrac{1}{a} & 0 \\ 0 & a \end{bmatrix}$   ③ $\begin{bmatrix} 0 & \dfrac{1}{a} \\ a & 0 \end{bmatrix}$   ④ $\begin{bmatrix} 0 & a \\ \dfrac{1}{a} & 0 \end{bmatrix}$

해설  $\dfrac{V_1}{V_2} = \dfrac{I_2}{I_1} = \dfrac{n_1}{n_2} = a$ 에서  $\begin{bmatrix} A & B \\ C & D \end{bmatrix} = \begin{bmatrix} a & 0 \\ 0 & \dfrac{1}{a} \end{bmatrix}$

답 36. ① 37. ①

**38** 결합 회로의 4단자 정수 $A$, $B$, $C$, $D$ 파라미터 행렬은?

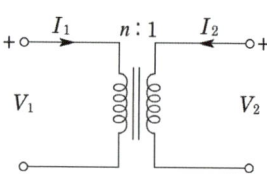

① $\begin{bmatrix} A & B \\ C & D \end{bmatrix} = \begin{bmatrix} n & 0 \\ 0 & \frac{1}{n} \end{bmatrix}$
② $\begin{bmatrix} A & B \\ C & D \end{bmatrix} = \begin{bmatrix} 1 & n \\ \frac{1}{n} & 0 \end{bmatrix}$
③ $\begin{bmatrix} A & B \\ C & D \end{bmatrix} = \begin{bmatrix} 0 & n \\ \frac{1}{n} & 0 \end{bmatrix}$
④ $\begin{bmatrix} A & B \\ C & D \end{bmatrix} = \begin{bmatrix} \frac{1}{n} & 0 \\ 0 & n \end{bmatrix}$

**[해설]** 변압기의 4단자 정수는 $\begin{bmatrix} a & 0 \\ 0 & \frac{1}{a} \end{bmatrix}$ 이므로 $\begin{bmatrix} A & B \\ C & D \end{bmatrix} = \begin{bmatrix} \frac{n_1}{n_2} & 0 \\ 0 & \frac{n_2}{n_1} \end{bmatrix}$ 가 된다.

**39** 그림과 같이 10[Ω]의 저항에 감은비가 10 : 1의 결합 회로를 연결했을 때 4단자 정수 $A$, $B$, $C$, $D$는?

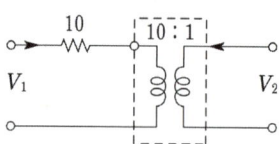

① $A = 10$, $B = 1$, $C = 0$, $D = \frac{1}{10}$
② $A = 1$, $B = 10$, $C = 0$, $D = 10$
③ $A = 10$, $B = 1$, $C = 0$, $D = 10$
④ $A = 10$, $B = 0$, $C = 1$, $D = \frac{1}{10}$

**[해설]** $\begin{bmatrix} A & B \\ C & D \end{bmatrix} = \begin{bmatrix} 1 & 10 \\ 0 & 1 \end{bmatrix} \begin{bmatrix} 10 & 0 \\ 0 & \frac{1}{10} \end{bmatrix} = \begin{bmatrix} 10 & 1 \\ 0 & \frac{1}{10} \end{bmatrix}$

### 유사문제

**01.** 그림과 같은 회로의 임피던스 $[Z]$ 행렬에서 임피던스 파라미터 $Z_{11}$은 어떻게 되는가?

답 $sL_1$

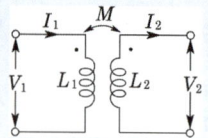

답 38. ① 39. ①

**02.** 그림과 같은 이상 변압기의 4단자 정수 $A$, $B$, $C$, $D$는 어떻게 표시되는가?

답 $\dfrac{1}{n}$, $0$, $0$, $n$

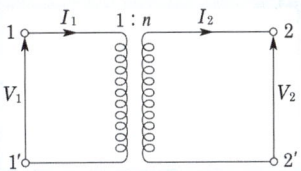

## Gyrator

**40** ★ 【83. 기사】

그림과 같은 이상 gyrator의 한편에 저항 $R_2$를 접속할 때 다른 편에서 측정한 저항 $R_1$을 구하면?

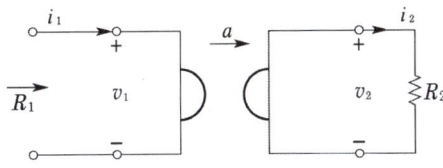

① $R_1 = \dfrac{a^2}{R_2}$  ② $R_1 = a^2 R_2$  ③ $R_1 = \dfrac{a}{R_2}$  ④ $R_1 = aR_2$

[해설] $v_1 = ai_2$, $v_2 = ai_1$의 관계가 있으므로 $R_1 = \dfrac{v_1}{i_1} = \dfrac{ai_2}{\dfrac{v_2}{a}} = a^2 \cdot \dfrac{i_2}{v_2} = a^2 \cdot \dfrac{1}{R_2}$

**41** ★★★★★ 【81. 84. 90. 기사, ⊕ : 83. 88. 기사】

다음 그림은 이상적인 gyrator로서 4단자 정수 $A$, $B$, $C$, $D$ 파라미터 행렬은?
단, 저항은 $r$이다.

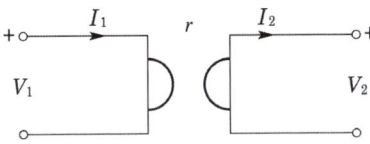

① $\begin{bmatrix} 0 & r \\ -r & 1 \end{bmatrix}$  ② $\begin{bmatrix} 0 & r \\ -\dfrac{1}{r} & 0 \end{bmatrix}$  ③ $\begin{bmatrix} 0 & r \\ \dfrac{1}{r} & 0 \end{bmatrix}$  ④ $\begin{bmatrix} 1 & r \\ -r & 0 \end{bmatrix}$

[해설] gyrator에서 전력은 변압기에서와 같이 어떤 순간에서도 유출입하는 그 합은 0이 되며 $v_1 = ri_2$, $v_2 = ri_1$의 관계를 가진다.

그러므로 $\begin{bmatrix} A & B \\ C & D \end{bmatrix} = \begin{bmatrix} 0 & r \\ \dfrac{1}{r} & 0 \end{bmatrix}$

답 40. ① 41. ③

## 전달함수

**42** ★★ 【85. 90. 기사】
그림과 같은 회로에서 전압 전달비 $\dfrac{V_2}{V_1}$ 는 얼마인가?

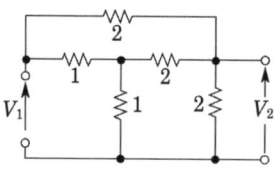

① 0.125    ② 0.25    ③ 0.33    ④ 0.5

[해설] △부분을 Y로 등가 변환하면 그림 (a), (b)와 같다.
(b)회로의 4단자 정수는
$\begin{bmatrix} A & B \\ C & D \end{bmatrix} = \dfrac{1}{1.4}\begin{bmatrix} 2.8 & 2 \\ 2.1 & 2.2 \end{bmatrix}$
$\therefore \dfrac{V_2}{V_1} = \dfrac{1}{A} = \dfrac{1.4}{2.8} = 0.5$

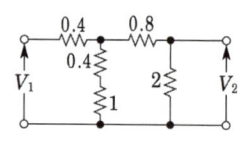

(a)

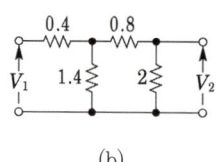

(b)

## 하이브리드 정수

**43** ☆ 【92. 산업기사】
하이브리드 파라미터에서 개방 출력 어드미턴스와 같은 것은?

① $H_{11}$    ② $H_{12}$    ③ $H_{21}$    ④ $H_{22}$

[해설] $H_{22} = \dfrac{I_2}{V_2}\bigg|_{I_1=0} = \dfrac{\triangle Y}{Y_{11}} = \dfrac{1}{Z_{22}}$

**44** ★ 【78. 기사, 05 산업기사】
피동 4단자 회로망(또는 2단자 쌍회로망)이 가역적이기 위한 조건으로 옳지 않은 것은?

① $AB - CD = 1$    ② $Z_{12} = Z_{21}$
③ $Y_{12} = Y_{21}$    ④ $H_{12} = -H_{21}$

[해설] 4단자 회로망이 가역성을 가질 때 각 파라미터의 조건은
$Z_{12} = Z_{21},\ Y_{12} = Y_{21},\ H_{12} = -H_{21},\ AD - BC = 1$
이고, 좌우 대칭인 경우는
$Z_{11} = Z_{22},\ Y_{11} = Y_{22},\ H_{11}H_{22} - H_{12}H_{21} = 1,\ A = D$ 이다.

[답] 42. ④ 43. ④ 44. ①

**45** 그림과 같은 4단자 회로망에서 하이브리드 파라미터 $H_{11}$은?

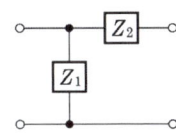

① $\dfrac{Z_1 Z_2}{Z_1 + Z_2}$   ② $\dfrac{Z_1}{Z_1 + Z_2}$   ③ $\dfrac{Z_3}{Z_1 + Z_3}$   ④ $\dfrac{2Z_1}{Z_1 + Z_2}$

[해설] $V_1 = H_{11} I_1 + H_{12} V_2$, $I_2 = H_{21} I_1 + H_{22} V_2$에서

$$H_{11} = \left.\dfrac{V_1}{I_1}\right|_{V_2=0} = \dfrac{\dfrac{Z_1 Z_2}{Z_1 + Z_2} \cdot I_1}{I_1} = \dfrac{Z_1 Z_2}{Z_1 + Z_2}$$

## 영상 임피던스

**46** L형 4단자 회로에서 4단자 정수가 $A = \dfrac{15}{4}$, $D = 1$이고 영상 임피던스 $Z_{02} = \dfrac{12}{5}[\Omega]$일 때 영상 임피던스 $Z_{01}[\Omega]$의 값은 얼마인가?

① 12   ② 9   ③ 8   ④ 6

[해설] $Z_{01} \cdot Z_{02} = \dfrac{B}{C}$, $\dfrac{Z_{01}}{Z_{02}} = \dfrac{A}{D}$에서 $Z_{01} = \dfrac{A}{D} Z_{02} = \dfrac{\dfrac{15}{4}}{1} \times \dfrac{12}{5} = \dfrac{180}{20} = 9[\Omega]$

**47** 어떤 4단자망의 입력 단자 1, 1' 사이의 영상 임피던스 $Z_{01}$과 출력 단자 2, 2' 사이의 영상 임피던스 $Z_{02}$가 같게 되려면 4단자 정수 사이에 어떠한 관계가 있어야 하는가?

① $AD = BC$   ② $AB = CD$   ③ $A = D$   ④ $B = C$

[해설] $Z_{01} = Z_{02}$이므로 $Z_{01} = \sqrt{\dfrac{AB}{CD}}$, $Z_{02} = \sqrt{\dfrac{BD}{AC}}$에서 $A = D$

**48** 대칭 4단자 회로에서 특성 임피던스는?

① $\sqrt{\dfrac{AB}{CD}}$   ② $\sqrt{\dfrac{DB}{CA}}$   ③ $\sqrt{\dfrac{B}{C}}$   ④ $\sqrt{\dfrac{A}{D}}$

[답] 45. ①  46. ②  47. ③  48. ③

해설 $Z_{01} = \sqrt{\dfrac{AB}{CD}}$ 에서 대칭 T형에는 $A = D$ 이므로 $Z_{01} = \sqrt{\dfrac{B}{C}}$

★☆ 【82. 01. 산업기사, ⊕ : 08. 기사】

**49** 4단자 회로에서 4단자 정수를 $A$, $B$, $C$, $D$ 라 하면 영상 임피던스 $Z_{01}$, $Z_{02}$는?

① $Z_{01} = \sqrt{\dfrac{AB}{CD}}$, $Z_{02} = \sqrt{\dfrac{BD}{AC}}$  ② $Z_{01} = \sqrt{AB}$, $Z_{02} = \sqrt{CD}$

③ $Z_{01} = \sqrt{\dfrac{CD}{AB}}$, $Z_{02} = \sqrt{\dfrac{BD}{AC}}$  ④ $Z_{01} = \sqrt{\dfrac{BD}{AC}}$, $Z_{02} = \sqrt{ABCD}$

해설 $Z_{01} = \sqrt{\dfrac{AB}{CD}}$, $Z_{02} = \sqrt{\dfrac{BD}{AC}}$

★★★★☆ 【99. 07. 25. 산업기사, ⊕ : 90. 기사, 75. 77. 82. 84. 88. 92. 23. 산업기사】

**50** 회로의 영상 임피던스 $Z_{01}$과 $Z_{02}$는 각각 몇 [Ω]인가?

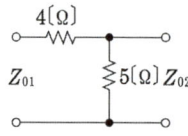

① 6, 5  ② 4, 5  ③ 6, 3.33  ④ 4, 3.33

해설 $A = 1 + \dfrac{4}{5} = \dfrac{9}{5}$, $B = 4$, $C = \dfrac{1}{5}$, $D = 1$

$Z_{01} = \sqrt{\dfrac{AB}{CD}} = \sqrt{\dfrac{\dfrac{9}{5} \times 4}{\dfrac{1}{5} \times 1}} = 6 \,[\Omega]$

$Z_{02} = \sqrt{\dfrac{BD}{AC}} = \sqrt{\dfrac{4 \times 1}{\dfrac{9}{5} \times \dfrac{1}{5}}} = 3.33 \,[\Omega]$

★★☆ 【82. 84. 88. 94. 11. 산업기사】

**51** 그림과 같은 L형 회로의 영상 임피던스 $Z_{02}$를 구하면 다음 어느 것이 되겠는가?

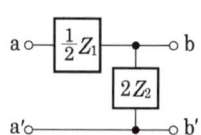

① $\sqrt{1 + \dfrac{Z_1}{4Z_2}}$  ② $\sqrt{\dfrac{Z_1}{4Z_2}}$  ③ $\sqrt{Z_1 Z_2 \left(1 + \dfrac{Z_1}{4Z_2}\right)}$  ④ $\sqrt{\dfrac{Z_1 Z_2}{1 + \dfrac{Z_1}{4Z_2}}}$

답 49. ①  50. ③  51. ④

해설 4단자 정수를 구하면

$$\begin{bmatrix} A & B \\ C & D \end{bmatrix} = \begin{bmatrix} 1 & \frac{1}{2}Z_1 \\ 0 & 1 \end{bmatrix} \begin{bmatrix} 1 & 0 \\ \frac{1}{2Z_2} & 1 \end{bmatrix} = \begin{bmatrix} 1+\frac{Z_1}{4Z_2} & \frac{1}{2}Z_1 \\ \frac{1}{2Z_2} & 1 \end{bmatrix}$$

$$\therefore Z_{02} = \sqrt{\frac{BD}{AC}} = \sqrt{\frac{\frac{1}{2}Z_1}{\left(1+\frac{Z_1}{4Z_2}\right) \cdot \frac{1}{2Z_2}}} = \sqrt{\frac{Z_1 Z_2}{1+\frac{Z_1}{4Z_2}}}$$

**52** ★☆ 【91. 99. 16. 23. 산업기사, ㉾ : 84. 산업기사】
다음과 같은 4단자망에서 영상 임피던스는 몇 [Ω]인가?

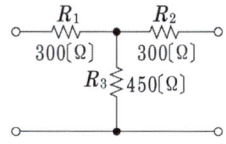

① 600　　　② 450　　　③ 300　　　④ 200

해설 $Z_{01} = \sqrt{\frac{AB}{CD}}$ 에서 대칭 T형 회로에서는 $A=D$이므로

$Z_{01} = \sqrt{\frac{B}{C}}$ 이고 회로에서 $C = \frac{1}{450}$, $B = \frac{300 \times 450 + 300 \times 300 + 300 \times 450}{450}$

$\therefore Z_{01} = \sqrt{(300 \times 450) + (300 \times 300) + (300 \times 450)} = 600[\Omega]$

**53** ☆ 【87. 25. 산업기사】
그림과 같은 L형 4단자 회로망에 $R_1$, $R_2$를 정합하기 위하여 $Z_1$을 구한 값은?
단, $R_2 > R_1$이다.

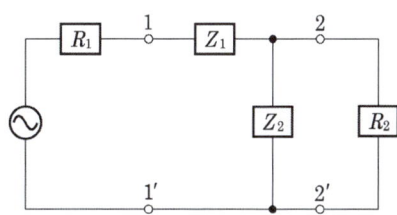

① $\pm j R_2 \sqrt{\frac{R_1}{R_2 - R_1}}$　　　② $\pm j R_1 \sqrt{\frac{R_1}{R_2 - R_1}}$
③ $\pm j \sqrt{R_2(R_2 - R_1)}$　　　④ $\pm j \sqrt{R_1(R_2 - R_1)}$

해설 역 L형 여파기의 4단자 정수는
$A = 1 + \frac{Z_1}{Z_2}$, $B = Z_1$, $C = \frac{1}{Z_2}$, $D = 1$

답 52. ① 53. ④

$$\therefore R_1 = Z_{01} = \sqrt{\frac{AB}{CD}} = \sqrt{\frac{Z_1\left(1+\frac{Z_1}{Z_2}\right)}{\frac{1}{Z_2}}} = \sqrt{Z_1(Z_1+Z_2)} \quad \cdots\cdots ①$$

$$R_2 = Z_{02} = \sqrt{\frac{BD}{AC}} = \sqrt{\frac{Z_1}{\frac{1}{Z_2}\left(1+\frac{Z_1}{Z_2}\right)}} = \sqrt{\frac{Z_1 Z_2^2}{Z_1+Z_2}} \quad \cdots\cdots ②$$

식 ①, ②에서

$$Z_1 = \pm j\sqrt{R_1(R_2-R_1)}, \ Z_2 = \mp jR_2\sqrt{\frac{R_1}{R_2-R_1}}$$

**54** ☆ 【96. 산업기사】
길이 $l$ 인 유한장 선로의 4단자 정수 중 틀린 것은?

① $A = \cosh rl$  
② $B = \dot{Z_0} \cosh rl$  
③ $C = \dfrac{1}{\dot{Z_0}} \sinh rl$  
④ $D = \cosh rl$

**해설** $B = \dot{Z_0} \sinh rl$ 이다.

---

### 유사문제

∥ 유사문제 원문 및 해설 : 동일출판사 홈페이지 » 고객센터 » 자료실

**01.** L형 4단자 회로망에서 4단자 정수가 $B = \dfrac{5}{3}$, $C = 1$이고 영상 임피던스 $Z_{01} = \dfrac{20}{3}[\Omega]$일 때 영상 임피던스 $Z_{02}[\Omega]$의 값은?

답 $\dfrac{1}{4}[\Omega]$

**02.** 그림과 같은 회로의 영상 임피던스 $Z_{01}$과 $Z_{02}$의 값[Ω]은?

답 $2\sqrt{6}[\Omega]$, $\sqrt{\dfrac{8}{3}}[\Omega]$

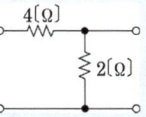

**03.** 그림과 같은 4단자망의 영상 임피던스는 얼마인가?

답 0

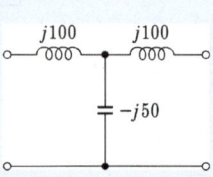

답 54. ②

## 전달정수

**55** 그림과 같은 T형 회로의 영상 파라미터 $\theta$는?

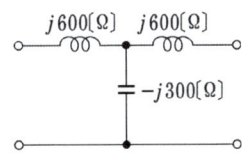

① 0   ② +1   ③ −3   ④ −1

[해설]
$$\begin{bmatrix} A & B \\ C & D \end{bmatrix} = \begin{bmatrix} 1 & j600 \\ 0 & 1 \end{bmatrix} \begin{bmatrix} 1 & 0 \\ \frac{1}{-j300} & 1 \end{bmatrix} \begin{bmatrix} 1 & j600 \\ 0 & 1 \end{bmatrix} = \begin{bmatrix} -1 & 0 \\ j\frac{1}{300} & -1 \end{bmatrix}$$
$\therefore \theta = \cosh^{-1}\sqrt{AD} = \cosh^{-1}1 = 0$

**56** 4단자 회로에서 4단자 정수를 $\dot{A}, \dot{B}, \dot{C}, \dot{D}$라 할 때 전달 정수 $\theta$는 어떻게 되는가?

① $\log_e(\sqrt{\dot{A}\dot{B}} + \sqrt{\dot{B}\dot{C}})$
② $\log_e(\sqrt{\dot{A}\dot{B}} - \sqrt{\dot{C}\dot{D}})$
③ $\log_e(\sqrt{\dot{A}\dot{D}} + \sqrt{\dot{B}\dot{C}})$
④ $\log_e(\sqrt{\dot{A}\dot{D}} - \sqrt{\dot{B}\dot{C}})$

[해설] 4단자 회로에서 전달 정수
$\theta = \log_e(\sqrt{\dot{A}\dot{D}} + \sqrt{\dot{B}\dot{C}}) = \cosh^{-1}\sqrt{\dot{A}\dot{D}} = \sinh^{-1}\sqrt{\dot{B}\dot{C}}$

**57** 그림과 같은 회로의 영상 전달 정수 $\theta$를 $\cosh^{-1}$로 표시하면?

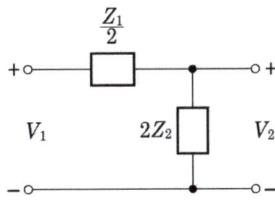

① $\cosh^{-1}\sqrt{1 - \frac{Z_1}{4Z_2}}$
② $\cosh^{-1}\sqrt{1 + \frac{Z_1}{4Z_2}}$
③ $\cosh^{-1}\sqrt{\frac{Z_1}{4Z_2} - 1}$
④ $\cosh^{-1}\sqrt{\frac{Z_1}{Z_2} + 1}$

답 55. ①  56. ③  57. ②

해설  $A = 1 + \dfrac{\dfrac{Z_1}{2}}{2Z_2} = 1 + \dfrac{Z_1}{4Z_2}$, $B = \dfrac{Z_1}{2}$, $C = \dfrac{1}{2Z_2}$, $D = 1$

그러므로 $\theta = \cosh^{-1}\sqrt{AD} = \cosh^{-1}\sqrt{1 + \dfrac{Z_1}{4Z_2}}$

**58** ★★☆ 【90. 96. 05. 산업기사, ⊕ : 91. 기사, 83. 산업기사】
T형 4단자 회로망에서 영상 임피던스가 $Z_{01} = 50[\Omega]$, $Z_{02} = 2[\Omega]$이고, 전달 정수가 0일 때 이 회로의 4단자 정수 $D$의 값은?

① 10  ② 5  ③ $\dfrac{1}{5}$  ④ 0

해설  $D = \sqrt{\dfrac{Z_{02}}{Z_{01}}}\cosh\theta = \sqrt{\dfrac{2}{50}}\cosh 0 = \dfrac{1}{5}$

**59** ★☆ 【83. 89. 95. 산업기사】
다음 그림과 같은 T형 회로에 대한 서술에서 잘못된 것은?

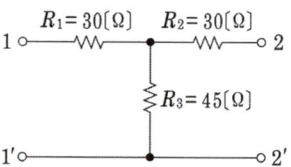

① 영상 임피던스 $Z_{01} = 60[\Omega]$이다.
② 개방 구동점 임피던스 $Z_{11} = 45[\Omega]$이다.
③ 단락 전달 어드미턴스 $Y_{12} = \pm\dfrac{1}{80}[\mho]$이다.
④ 전달 정수 $\theta = \cosh^{-1}\dfrac{5}{3}$이다.

해설  $Z_{11} = R_1 + R_3 = 30 + 45 = 75[\Omega]$이다.

**60** ★ 【94. 99. 05. 산업기사】
전달 정수 $\theta$가 4단자 정수 $A$, $B$, $C$, $D$로 표시할 때 올바르게 표시된 것은?

① $\cosh\theta = \sqrt{BD}$  ② $\sinh\theta = \sqrt{BC}$
③ $\cosh\theta = \sqrt{\dfrac{AD}{BC}}$  ④ $\sinh\theta = \sqrt{AD}$

해설  $\cosh\theta = \sqrt{AD}$, $\sinh\theta = \sqrt{BC}$, $\tanh\theta = \sqrt{\dfrac{BC}{AD}}$

답  58. ③  59. ②  60. ②

**61** 영상 임피던스 및 전달 정수 $Z_{01}$, $Z_{02}$, $\theta$와 4단자 회로망의 정수 $A$, $B$, $C$, $D$와의 관계식 중 옳지 않은 것은?

① $A = \sqrt{\dfrac{Z_{01}}{Z_{02}}} \cosh\theta$  

② $B = \sqrt{Z_{01}Z_{02}} \sinh\theta$

③ $C = \dfrac{1}{\sqrt{Z_{01}Z_{02}}} \cosh\theta$  

④ $D = \sqrt{\dfrac{Z_{02}}{Z_{01}}} \cosh\theta$

**해설** $C = \dfrac{1}{\sqrt{Z_{01}Z_{02}}} \sinh\theta$ 이다.

## 유사문제

**01.** T형 4단자 회로에서 각 소자의 저항이 4[Ω]일 때 4단자 정수 $A = 2$, $B = 12$, $C = \dfrac{1}{4}$, $D = 2$였다. 전달 정수는?
답 $\log_e 3.73$

**02.** 그림과 같은 4단자망 영상 전달 정수 $\theta$는?
답 $\log_e \sqrt{5}$

**03.** 그림과 같은 T형 4단자망의 전달 정수는?
답 $\log_e 3$

**04.** 그림과 같은 회로의 반복 파라미터 중 전파 정수 $\gamma$를 $\cosh^{-1}$로 표시하면?
답 $\cosh^{-1}\left(1 + \dfrac{Z_1}{2Z_2}\right)$

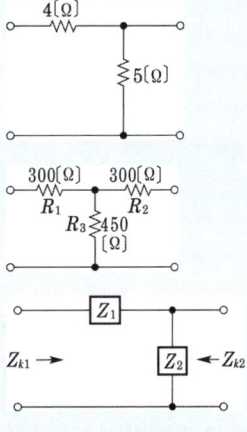

61. ③

## 반복 임피던스

**62** 그림과 같은 L형 회로의 반복 임피던스 $Z_{k2}$는? 【79. 기사】

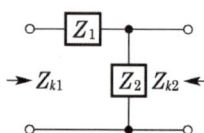

① $\dfrac{1}{2C}\{A-D+\sqrt{(A+D)^2-4BC}\}$  ② $\dfrac{1}{2C}\{D-A+\sqrt{(D+A)^2-4BC}\}$

③ $\dfrac{1}{2C}\{A-D+\sqrt{(A-D)^2+4BC}\}$  ④ $\dfrac{1}{2C}\{D-A+\sqrt{(D-A)^2+4BC}\}$

**해설**

$$Z_{k2}=\frac{V_2}{I_2}=\frac{DV_1+BI_1}{CV_1+AI_1}=\frac{D\left(\dfrac{V_1}{I_1}\right)+B}{C\left(\dfrac{V_1}{I_1}\right)+A}$$

정의에 의해서 $Z_{k2}=\dfrac{V_1}{I_1}$ 이므로  $Z_{k2}=\dfrac{DZ_{k2}+B}{CZ_{k2}+A}$

$Z_{k2}$에 관해 정리하면  $Z_{k2}=\dfrac{1}{2C}\{D-A+\sqrt{(D-A)^2+4BC}\}$

## 이득

**63** 전달 함수 $G(s)=\dfrac{1}{1+sT}$에서 $\omega=0$에서의 이득은 얼마인가? 【91. 기사】

① 10[dB]  ② 1[dB]  ③ 20[dB]  ④ 0[dB]

**해설** 주파수 이득 $|G(j\omega)|$는

$$g[\text{dB}]=20\log_{10}|G(j\omega)|=20\log\left|\frac{1}{1+j\omega T}\right|=20\log\frac{1}{\sqrt{1+(\omega T)^2}}=20\log\frac{1}{\sqrt{1+0^2}}$$
$$=20\log_{10}1=0[\text{dB}]$$

**64** 23[dB]의 감쇠는 전압비로서 다음 중 어느 것에 가장 가까운가? 【76. 기사】

① 11.5 : 1  ② 14 : 1  ③ 20 : 1  ④ 31 : 1

**답** 62. ④  63. ④  64. ②

해설  전압이 감쇠하는 비율(감쇠 정수) $\alpha$는
$$\alpha = 20\log_{10}\left(\frac{V_{\max}}{V_{\min}}\right)[\text{dB}]$$ 이므로 $23 = 20\log_{10}\left(\frac{V_{\max}}{V_{\min}}\right)$

$$\therefore \frac{V_{\max}}{V_{\min}} = 14.1$$

★★ 【03. 08. 기사, 79. 89. 18. 산업기사】

**65** 1[mV]의 입력을 인가 시 0.1[V]의 출력이 나오는 4단자 회로의 이득은 몇 [dB]인가?

① 10  ② 20  ③ 30  ④ 40

해설  $\text{dB} = 20\log_{10}\frac{V_o}{V_i} = 20\log_{10}\frac{0.1}{0.001} = 20 \times 2 = 40[\text{dB}]$

## 필터

☆ 【92. 산업기사】

**66** 다음 설명 중 잘못된 것은?

① 저역 필터는 차단 주파수 이하만 통과시킨다.
② 고역 필터는 차단 주파수 이상만 통과시킨다.
③ 대역 필터는 차단 주파수 이외의 성분은 모두 통과시킨다.
④ 대역 필터는 두 차단 주파수 차이의 범위만 통과시킨다.

해설  대역 필터는 두 차단 주파수 차이의 범위만 통과시킨다.

★★★ 【82. 93. 09. 기사, 82. 94. 산업기사】

**67** 정K형 필터(여파기)에 있어서 임피던스 $Z_1$, $Z_2$는 공칭 임피던스 $K$와 어떤 관계가 있는가?

① $Z_1 Z_2 = K$  ② $\frac{Z_1}{Z_2} = K$  ③ $\sqrt{\frac{Z_2}{Z_1}} = K$  ④ $Z_1 Z_2 = K^2$

해설  정K형 여파기가 되려면 임피던스 $Z_1$과 $Z_2$가 역회로의 관계가 되어야 한다. 즉, $Z_1 Z_2 = K^2$의 관계가 되어야 한다.

★☆ 【96. 15. 산업기사, ㉮ : 78. 92. 산업기사】

**68** 공칭 임피던스 $R = 600[\Omega]$, 차단 주파수 $f_h = 60[\text{kHz}]$인 정K형 고역 필터에서 $L[\text{mH}]$, $C[\mu\text{F}]$ 값은?

① 0.1592, 0.0044  ② 7.96, 0.0221
③ 0.796, 0.00221  ④ 1.592, 0.0044

답  65. ④  66. ③  67. ④  68. ③

해설  $L = \dfrac{R}{4\pi f} = \dfrac{600}{4\pi \times 60 \times 10^3} \times 10^3 = 0.796 [\text{mH}]$

$C = \dfrac{1}{4\pi fR} = \dfrac{1}{4\pi \times 60 \times 10^3 \times 600} \times 10^6 = 0.00221 [\mu\text{F}]$

★★ 【78. 03. 산업기사, ⊕ : 89. 기사, 11. 산업기사】

**69** 그림과 같은 어떤 정K형 필터가 있다고 할 때 이 필터는?

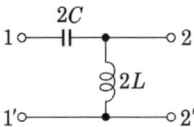

① 중역 필터　　② 대역 필터　　③ 저역 필터　　④ 고역 필터

해설  여파기(필터)의 종류

| 저역 여파기 | 고역 여파기 | 대역 여파기 |
|---|---|---|

★★★ 【96. 산업기사, ⊕ : 91. 94. 기사, 79. 07. 산업기사】

**70** 그림과 같은 고역 여파기에서 공칭 임피던스 $R[\Omega]$ 및 차단 주파수 $f_c[\text{kHz}]$는?

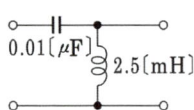

① 400, 25.9　　② 460, 20.9　　③ 480, 18.9　　④ 500, 15.9

해설  $K = \sqrt{\dfrac{L}{C}} = \sqrt{\dfrac{2.5 \times 10^{-3}}{0.01 \times 10^{-6}}} = 500$

$f_c = \dfrac{500}{4\pi \times 2.5 \times 10^{-3}} = 15,915.5[\text{Hz}] = 15.9[\text{kHz}]$

답  69. ④　70. ④

# CHAPTER 14 분포 정수 회로

## 01 특성 임피던스와 전파정수

### 1) 특성 임피던스(파동 임피던스)

$$Z_0 = \sqrt{\frac{Z}{Y}}$$

### 2) 전파정수(propagation constant)

$$\gamma = \sqrt{ZY}$$

또한, 전파정수를 $\gamma = \alpha + j\beta$라 한다.
여기서, $\alpha$를 감쇠정수(attenuation constant), $\beta$를 위상정수(phase constant)라 한다.

### 3) 분포정수 회로의 4단자 정수

$$A = D = \cosh\gamma l, \quad B = Z_0 \sinh\gamma l, \quad C = \frac{1}{Z_0}\sinh\gamma l$$

## 02 무손실 선로

### 1) 무손실 선로

$R = G = 0$인 선로를 무손실 선로라 한다.

### 2) 특성임피던스 $Z_0$

$$Z_0 = \sqrt{\frac{Z}{Y}} = \sqrt{\frac{R + j\omega L}{G + j\omega C}} = \sqrt{\frac{L}{C}}$$

### 3) 전파정수 $\gamma$

$$\gamma = \alpha + j\beta = \sqrt{ZY} = \sqrt{(R + j\omega L)(G + j\omega C)} = j\omega\sqrt{LC}$$

$$\therefore \alpha = 0, \ \beta = \omega\sqrt{LC}$$

### 4) 진행파의 전파속도 $v$

$$v = \frac{1}{\sqrt{LC}}$$ 출제 산업 1번, 기사 4번

따라서 무손실 선로에서는 신호의 감쇠가 없으며 주파수에 관계없이 같은 크기의 파형이 전파속도 $v$로 진행한다.

## 03 무왜형 선로

### 1) 무왜형 선로의 조건

$$RC = GL$$ 출제 기사 4번

### 2) 특성임피던스 $Z_0$

$$Z_0 = \sqrt{\frac{Z}{Y}} = \sqrt{\frac{R+j\omega L}{G+j\omega C}} = \sqrt{\frac{L}{C}}$$

### 3) 전파정수 $\gamma$

$$\gamma = \sqrt{ZY} = \sqrt{(R+j\omega L)(G+j\omega C)} = \sqrt{RG} + j\omega\sqrt{LC}$$

∴ 감쇠정수 $\alpha = \sqrt{RG}$, 위상정수 $\beta = \omega\sqrt{LC}$ 출제 기사 6번

### 4) 진행파의 전파속도 $v$

$$v = \frac{\omega}{\beta} = \frac{\omega}{\omega\sqrt{LC}} = \frac{1}{\sqrt{LC}}$$ 출제 기사 2번

따라서 $Z_0$, $\lambda$, $v$는 주파수에 관계없음을 알 수 있다.

$$v = f\lambda = \frac{2\pi f}{\beta}, \quad \lambda = \frac{2\pi}{\beta}$$ 출제 산업 3번, 기사 7번

# CHAPTER 14 출제예상문제_분포 정수 회로

## 특성 임피던스

**01** ★ 【85. 기사】

그림과 같은 분포 정수 회로의 송전단에서 $x[\text{m}]$ 떨어진 점에서의 전압을 $V$, 선로에 흐르는 전류를 $I$, 또 $x+dx[\text{m}]$ 떨어진 점에서의 전압을 $V+dV$, 전류를 $I+dI$라 하고 선로 방향으로 단위 길이당 $Z=R+j\omega L$의 임피던스를 가지며, 선로 간에는 단위 길이당 $Y=G+j\omega C$의 어드미턴스를 갖는다고 한다. 이때 전압 $V$와 전류 $I$의 관계를 나타내는 식은?

① $\dfrac{d^2V}{dx^2}=ZYV$ 및 $\dfrac{d^2I}{dx^2}=ZYI$

② $\dfrac{d^2V}{dx^2}=ZYI$ 및 $\dfrac{d^2I}{dx^2}=ZYV$

③ $\dfrac{dV}{dx}=ZV$ 및 $\dfrac{dI}{dx}=YI$

④ $\dfrac{dV}{dx}=ZYV$ 및 $\dfrac{dI}{dx}=ZYI$

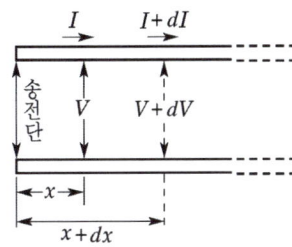

[해설] $\dfrac{d^2V}{dx^2}=-Z\left(\dfrac{dI}{dx}\right)=ZYV$, $\dfrac{d^2I}{dx^2}=-Y\left(\dfrac{dV}{dx}\right)=ZYI$

**02** ★★★★★ 【77. 82. 87. 95. 99. 01. 05. 기사, 82. 산업기사, ㉵ : 93. 98. 기사, 76. 산업기사】

단위 길이당 인덕턴스 $L[\text{H}]$ 커패시턴스 $C[\mu\text{F}]$의 가공전선의 특성 임피던스$[\Omega]$는?

① $\sqrt{\dfrac{C}{L}}\times 10^2$  ② $\sqrt{\dfrac{C}{L}}\times 10^3$  ③ $\sqrt{\dfrac{L}{C}}\times 10^3$  ④ $\sqrt{\dfrac{1}{LC}}\times 10^2$

[해설] $Z_0=\sqrt{\dfrac{Z}{Y}}=\sqrt{\dfrac{j\omega L}{j\omega C\times 10^{-6}}}=\sqrt{\dfrac{L}{C}}\times 10^3[\Omega]$

**03** ★ 【90. 기사】

선로의 단위 길이의 분포 인덕턴스, 저항, 정전 용량, 누설 컨덕턴스를 각각 $L$, $r$, $C$ 및 $g$로 할 때 특성 임피던스는?

① $(r+j\omega L)(g+j\omega C)$  ② $\sqrt{(r+j\omega L)(g+j\omega C)}$

③ $\sqrt{\dfrac{r+j\omega L}{g+j\omega C}}$  ④ $\sqrt{\dfrac{g+j\omega C}{r+j\omega L}}$

답  1. ①  2. ③  3. ③

[해설] 특성 임피던스 $Z_0 = \sqrt{\dfrac{Z}{Y}}\,[\Omega] = \sqrt{\dfrac{r+j\omega L}{g+j\omega C}}$

**04** ★ 【85. 기사】
선로 정수가 $R = 0.09[\Omega/\text{km}]$, $L = 0.66[\text{mH/km}]$, $C = 0.0044[\mu\text{F/km}]$, $G = 0$일 때 주파수 $f = 100[\text{Hz}]$에 있어서 특성 임피던스 $Z_0[\Omega]$을 구하면?

① $392\angle 6°$  ② $392\angle 13°$
③ $392\angle -6°$  ④ $392\angle -13°$

[해설] $Z_0 = \sqrt{\dfrac{Z}{Y}} = \sqrt{\dfrac{R+j\omega L}{G+j\omega C}} = \sqrt{\dfrac{0.09 + j2\pi\times 100 \times 0.66 \times 10^{-3}}{j2\pi\times 100 \times 0.0044 \times 10^{-6}}}$
$= \sqrt{150000 - j32554.42} = (153492\angle -12.24°)^{\frac{1}{2}}$
따라서 $Z_0$는 $392\angle -6.12°[\Omega]$, $392\angle -186.12°[\Omega]$의 2개이다.

**05** ★☆ 【83. 86. 00. 산업기사】
그림과 같은 회로에서 특성 임피던스 $Z_0[\Omega]$는?

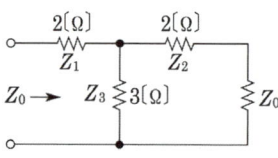

① 1  ② 2  ③ 3  ④ 4

[해설] 단락하면 $Z = 2 + \dfrac{3\times 2}{3+2} = 3.2[\Omega]$, 개방하면 $Z = 5$ 따라서 $Y = \dfrac{1}{5}$
∴ 특성 임피던스 $Z = \sqrt{\dfrac{Z}{Y}} = \sqrt{\dfrac{3.2}{\frac{1}{5}}} = 4[\Omega]$

**06** ★ 【83. 기사】
유한장의 송전 선로가 있다. 수전단을 단락시키고 송전단에서 측정한 임피던스는 $j250[\Omega]$, 또 수전단을 개방시키고 송전단에서 측정한 어드미턴스는 $j1.5\times 10^{-3}[\mho]$이다. 이 송전 선로의 특성 임피던스$[\Omega]$는 약 얼마인가?

① $2.45\times 10^{-3}$  ② $408.25$
③ $j0.612$  ④ $6\times 10^{-6}$

[해설] 수전단을 단락하고 송전단에서 측정한 임피던스를 $Z_{rs}$, 수전단을 개방하고 송전단에서 측정한 임피던스를 $Z_{ro}$라면
$Z_0 = \sqrt{Z_{rs}\cdot Z_{ro}} = \sqrt{j250\times \dfrac{1}{j1.5\times 10^{-3}}} = 408.25[\Omega]$

[답] 4. ③  5. ④  6. ②

## 유사문제

**01.** 단위 길이당 임피던스 및 어드미턴스가 각각 $Z$ 및 $Y$인 전송 선로의 특성 임피던스는?

답 $\sqrt{\dfrac{Z}{Y}}$

**02.** 선로의 1차 상수를 1[m]로 환산했을 때, $L=2[\mu H/m]$, $C=6[pF/m]$으로 되는 무손실 선로가 있다. 주파수 80[MHz]의 전류가 가해진다고 하면 특성 임피던스[Ω]는 약 얼마인가?

답 577[Ω]

**03.** 저항 0.2[Ω/km], 인덕턴스 1.4[mH/km], 정전 용량 0.0085[μF/km], 길이 250[km]의 송전 선로가 있다. 주파수 60[Hz]일 때의 특성 임피던스[Ω]는 대략 얼마인가?

답 $\sqrt{16.5 - j6.2} \times 10^2[\Omega]$

**04.** 통신 선로의 종단을 개방했을 때의 입력 임피던스를 $Z_f$, 종단을 단락했을 때의 입력 임피던스를 $Z_s$라고 하면 특성 임피던스 $Z_0$를 표시하는 것은?

답 $\sqrt{Z_s Z_f}$

## 전파정수

**07** ★★★☆ 【87. 89. 96. 05. 07. 기사, 76. 12. 17. 24. 산업기사】

단위 길이당 임피던스 및 어드미턴스가 각각 $Z$ 및 $Y$인 전송 선로의 전파 정수 $\gamma$는?

① $\sqrt{\dfrac{Z}{Y}}$  ② $\sqrt{\dfrac{Y}{Z}}$  ③ $\sqrt{YZ}$  ④ $YZ$

해설 $Z = R + j\omega L[\Omega/m]$, $Y = G + j\omega C[\mho/m]$일 때 선로의 전파 정수 $\gamma$는

$\gamma = \sqrt{ZY} = \sqrt{(R + j\omega L)(G + j\omega C)}$

**08** ★★★ 【77. 82. 85. 11. 12. 기사】

분포 정수 회로에서 선로의 특성 임피던스를 $Z_0$, 전파 정수를 $\gamma$라 할 때 선로의 직렬 임피던스는?

① $\dfrac{Z_0}{\gamma}$  ② $\dfrac{\gamma}{Z_0}$  ③ $\sqrt{\gamma Z_0}$  ④ $\gamma Z_0$

해설 선로의 직렬 임피던스 $Z$는

$Z = \sqrt{ZY}\sqrt{\dfrac{Z}{Y}} = \gamma Z_0$

답 7. ③  8. ④

**09** 선로의 저항 $R$과 컨덕턴스 $G$가 동시에 0이 되었을 때 전파 정수 $\gamma$와 관계있는 것은?

① $\gamma = j\omega\beta\sqrt{LC}$
② $L = j\omega L\sqrt{\dfrac{C}{\gamma}}$
③ $C = \dfrac{\gamma^2}{(j\omega)^2 L}$
④ $\beta = j\omega\gamma\sqrt{LC}$

**해설** $\gamma = j\omega\sqrt{LC}$에서 양변을 제곱하면 $\gamma^2 = (j\omega)^2 LC$
∴ $C = \dfrac{\gamma^2}{(j\omega)^2 L}$ [F]가 된다.

### 유사문제

**01.** 선로의 단위 길이당 분포 인덕턴스, 저항, 정전용량, 누설 컨덕턴스를 각각 $L$, $R$, $G$, $C$라 하면 전파정수는?
답 $\sqrt{(R+j\omega L)(G+j\omega C)}$

**02.** $R \ll \omega L$, $G \ll \omega C$가 성립하는 분포 정수 회로에서 근사적으로 표시된 감쇠 정수 $\alpha$는?
답 $\dfrac{R}{2}\sqrt{\dfrac{C}{L}} + \dfrac{G}{2}\sqrt{\dfrac{L}{C}}$

**03.** 선로의 저항 $R$과 컨덕턴스 $G$가 동시에 0이 되었을 때 전파 정수 $\gamma$와 관계 있는 것은?
답 $\gamma = j\omega\sqrt{LC}$

## 무손실 선로

**10** 전송 선로에서 무손실일 때, $L = 96$[mH], $C = 0.6$[μF]이면 특성 임피던스[Ω]는?

① 500   ② 400   ③ 300   ④ 200

**해설** $Z_0 = \sqrt{\dfrac{L}{C}} = \sqrt{\dfrac{96 \times 10^{-3}}{0.6 \times 10^{-6}}} = 400$[Ω]

**11** 무손실 선로가 되기 위한 조건 중 옳지 않은 것은?

① $Z_0 = \sqrt{\dfrac{L}{C}}$
② $\gamma = \sqrt{ZY}$
③ $\alpha = \omega\sqrt{LC}$
④ $v = \dfrac{1}{\sqrt{LC}}$

답 9. ③  10. ②  11. ③

[해설] $\dot{\gamma}$ (전파정수) $= \alpha + j\beta \begin{pmatrix} \alpha: \text{감쇠정수} \\ \beta: \text{위상정수} \end{pmatrix} = \sqrt{Z \cdot Y} = \sqrt{(R+j\omega L)(G+j\omega C)} = j\omega\sqrt{LC}$

그러므로 $\begin{bmatrix} \alpha = 0 \\ \beta = \omega\sqrt{LC} \end{bmatrix}$

**12** ★★★★★ 【82. 88. 90. 04. 18. 기사, ※ : 89. 91. 07. 기사】
무손실 선로의 분포 정수 회로에서 감쇠 정수 $\alpha$와 위상 정수 $\beta$의 값은?

① $\alpha = \sqrt{RG}$, $\beta = \omega\sqrt{LC}$
② $\alpha = 0$, $\beta = \omega\sqrt{LC}$
③ $\alpha = \sqrt{RG}$, $\beta = 0$
④ $\alpha = 0$, $\beta = \dfrac{1}{\sqrt{LC}}$

[해설] $\dot{\gamma}$ (전파정수) $= \alpha + j\beta \begin{pmatrix} \alpha: \text{감쇠정수} \\ \beta: \text{위상정수} \end{pmatrix} = \sqrt{Z \cdot Y}$

무손실 선로에서 $R=0$, $G=0$이므로 $\gamma = \sqrt{(R+j\omega L)(G+j\omega C)} = j\omega\sqrt{LC}$

그러므로 $\begin{bmatrix} \alpha = 0 \\ \beta = \omega\sqrt{LC} \end{bmatrix}$

**13** ★☆ 【98. 기사, 81. 산업기사】
무손실 분포 정수 선로에 대한 설명 중 옳지 않은 것은?

① 전파 정수 $\gamma$는 $j\omega\sqrt{LC}$이다.
② 진행파의 전파 속도는 $\sqrt{LC}$이다.
③ 특성 임피던스는 $\sqrt{\dfrac{L}{C}}$이다.
④ 파장은 $\dfrac{1}{f\sqrt{LC}}$이다.

[해설] 분포 정수 회로가 무손실 선로일 때 $R=0$, $G=0$이므로
$Z_0 = \sqrt{\dfrac{Z}{Y}} = \sqrt{\dfrac{R+j\omega L}{G+j\omega C}} = \sqrt{\dfrac{L}{C}}$
$\gamma = \alpha + j\beta = \sqrt{ZY} = \sqrt{(R+j\omega L)(G+j\omega C)} = j\omega\sqrt{LC}$
$\lambda = \dfrac{2\pi}{\beta} = \dfrac{2\pi}{\omega\sqrt{LC}} = \dfrac{1}{f\sqrt{LC}}$, $v = f\lambda = \dfrac{2\pi f}{\beta} = \dfrac{\omega}{\beta} = \dfrac{1}{\sqrt{LC}}$

**14** ★★★ 【83. 기사, ※ : 77. 96. 기사】
단위 길이의 인덕턴스 $L$[H], 정전 용량 $C$[F]의 선로에서의 진행파 속도는?

① $\sqrt{\dfrac{L}{C}}$
② $\sqrt{\dfrac{C}{L}}$
③ $\dfrac{1}{\sqrt{LC}}$
④ $\sqrt{LC}$

[해설] 분포 정수 회로가 무손실 선로일 때 $R=0$, $G=0$이므로
$Z_0 = \sqrt{\dfrac{Z}{Y}} = \sqrt{\dfrac{R+j\omega L}{G+j\omega C}} = \sqrt{\dfrac{L}{C}}$
$\gamma = \alpha + j\beta = \sqrt{ZY} = \sqrt{(R+j\omega L)(G+j\omega C)} = j\omega\sqrt{LC}$
$\lambda = \dfrac{2\pi}{\beta} = \dfrac{2\pi}{\omega\sqrt{LC}} = \dfrac{1}{f\sqrt{LC}}$
$v = f\lambda = \dfrac{2\pi f}{\beta} = \dfrac{\omega}{\beta} = \dfrac{1}{\sqrt{LC}}$

답 12. ② 13. ② 14. ③

**15** 수전단 개방의 무손실 선로에 있어서 입력 임피던스의 절대값을 특성 임피던스와 같게 하려면 선로의 길이를 파장의 몇 배로 하면 되는가?

① $\frac{1}{2}\lambda$  ② $\frac{1}{4}\lambda$  ③ $\frac{1}{6}\lambda$  ④ $\frac{1}{8}\lambda$

**해설** 수전단 개방 시 입력 임피던스 $Z_{s0} = Z_0 \coth \gamma l$

여기서 무손실 선로이므로 $R = G = 0$, $Z_0 = \sqrt{\frac{L}{C}}$, $\gamma = j\beta = j\frac{2\pi}{\lambda}$

$\therefore Z_{s0} = \sqrt{\frac{L}{C}} \coth j\beta l = -j\sqrt{\frac{L}{C}} \cot \beta l$, $Z_{s0} = \sqrt{\frac{L}{C}} \cot \beta l = Z_0 = \sqrt{\frac{L}{C}}$

$\therefore \cot \beta l = 1$, $\beta l = \frac{\pi}{4}$

$\therefore l = \frac{\pi}{4\beta} = \frac{\pi}{4 \times \frac{2\pi}{\lambda}} = \frac{\lambda}{8}$

### 유사문제

**01.** 분포 정수 회로에서 선로 정수가 $R$, $L$, $C$, $G$이고 무왜 조건이 $RC = GL$과 같은 관계가 성립될 때 선로의 특성 임피던스 $Z_0$는?

**답** $\sqrt{\frac{L}{C}}$

**02.** 선로의 분포 정수 $R$, $L$, $C$, $G$ 사이에 $\frac{R}{L} = \frac{G}{C}$의 관계가 있으면 전파 정수 $\gamma$는?

**답** $\sqrt{RG} + j\omega\sqrt{LC}$

**03.** 무왜형 선로를 설명한 것 중 맞는 것은?

**답** 위상 속도 $v$는 주파수에 관계가 없다.

## 무왜선로

**16** 분포 정수 회로에 있어서 선로의 단위 길이당 저항을 10[Ω], 인덕턴스 0.5[H], 누설 컨덕턴스 0.2[℧]라 할 때 일그러짐이 없는 조건을 만족하기 위한 정전 용량은 몇 [F]인가?

① 0.01  ② 0.04  ③ 0.1  ④ 0.25

**해설** $RC = LG$에서 $C = \frac{LG}{R} = \frac{0.5 \times 0.2}{10} = 0.01 [\text{F}]$

**답** 15. ④  16. ①

**17** 무한장 무손실 전송 선로상의 어떤 점에서 전압이 100[V]였다. 이 선로의 인덕턴스가 7.5 [μH/m]이고, 커패시턴스가 0.003[μF/m]일 때 이 점에서 전류는 몇 [A]인가?

① 2　　　② 4　　　③ 6　　　④ 8

해설) 무한장 선로의 경우 송전단에서 $x$ 만큼 떨어진 점의 전압 $V$와 전류 $I$는
$$V = V_s e^{-\gamma x}, \ I = I_s e^{-\gamma x} = \frac{V_s}{Z_0} e^{-\gamma x}$$ 이므로 $\frac{V}{I} = \frac{V_s}{\frac{V_s}{Z_0}} = Z_0$

또, 무손실 선로이므로 $Z_0 = \sqrt{\frac{L}{C}}$

$$\therefore I = \frac{V}{Z_0} = \sqrt{\frac{C}{L}} \cdot V = \sqrt{\frac{0.003}{7.5}} \times 100 = 2[A]$$

**18** 분포 정수 회로가 무왜 선로로 되는 조건은? 단, 선로의 단위 길이당 저항을 $R$, 인덕턴스를 $L$, 정전 용량을 $C$, 누설 컨덕턴스를 $G$라 한다.

① $RC = LG$　　② $RL = CG$　　③ $R = \sqrt{\frac{L}{C}}$　　④ $R = \sqrt{LC}$

해설) 선로의 분포 정수 $R, L, C, G$가 0이 아닌 경우 전송 파형의 변함이 없는 무왜 조건은 $\frac{R}{L} = \frac{G}{C}$, $RC = LG$인 경우이다.

**19** 다음 분포 정수 전송 회로에 대한 서술에서 옳지 않은 것은?

① $\frac{R}{L} = \frac{G}{C}$인 회로를 무왜 회로라 한다.
② $R = G = 0$인 회로를 무손실 회로라 한다.
③ 무손실 회로, 무왜 회로의 감쇠 정수는 $\sqrt{RG}$이다.
④ 무손실 회로, 무왜 회로에서의 위상 속도는 $\frac{1}{\sqrt{CL}}$이다.

해설) 무손실 회로 감쇠 정수 $\alpha = 0$, 무왜 회로 감쇠 정수 $\alpha = \sqrt{RG}$

**20** 분포 정수 회로에서 무왜형 조건이 성립하면 어떻게 되는가?

① 감쇠량이 최소로 된다.　　② 감쇠량은 주파수에 비례한다.
③ 전파 속도가 최대로 된다.　　④ 위상 정수는 주파수에 무관하여 일정하다.

해설) 감쇠량 $\alpha = \sqrt{RG}$로 무왜형 조건인 $RC = LG$일 때 최소가 된다.

답) 17. ①　18. ①　19. ③　20. ①

## 분포 정수 회로

**21** 분포 정수 회로에서 위상 정수가 $\beta$라 할 때 파장 $\lambda$는?

① $2\pi\beta$  ② $\dfrac{2\pi}{\beta}$  ③ $4\pi\beta$  ④ $\dfrac{4\pi}{\beta}$

해설) 위상 정수 $\beta$와 파장 $\lambda$ 사이의 관계는 $\lambda\beta = 2\pi$ 이므로 $\lambda = \dfrac{2\pi}{\beta}$

**22** 분포 정수 회로에서 위치각(position angle)에 관한 정확한 표현은?

① 일반적으로 위치각은 실수로 주어진다.
② 위치각은 선로의 전파 정수에는 관계없다.
③ 위치각은 복소수로 주어진다.
④ 위치각은 집중 회로에서도 그 개념이 적용될 수 있다.

해설) 특성 임피던스 $Z_0$인 선로에 임피던스 $Z$인 부하를 접속할 때 위치각 $\delta$는

$$\delta = \tanh^{-1}\dfrac{Z}{Z_0}$$

수전단의 위치각을 $\delta_R$이라 하면 $x$점의 위치각 $\delta_x = \delta_R + \gamma_x$로 표시되고 $\delta_x$를 알면 임의의 점에서 전압, 전류, 임피던스를 간단히 구할 수 있다. 위치각은 일반적으로 복소수로 표시된다.

**23** 분포 정수 회로에서 4단자 정수 중 $B$값은?

① $\cosh\gamma l$  ② $\dfrac{1}{Z_0}\sinh\gamma l$  ③ $Z_0\sinh\gamma l$  ④ $\sinh\gamma l$

해설) 분포 정수 회로의 4단자 정수는
$A = D = \cosh\gamma l$, $B = Z_0\sinh\gamma l$, $C = \dfrac{1}{Z_0}\sinh\gamma l$

**24** 특성 임피던스 50[Ω], 감쇠 정수 0, 위상 정수 $\dfrac{\pi}{3}$[rad/m], 선로의 길이 2[m]인 분포 정수 회로의 4단자 정수 $A$를 구하면?

① $1 - j\dfrac{1}{2}$  ② $\dfrac{\sqrt{3}}{2}$  ③ $-\dfrac{1}{2}$  ④ $-\dfrac{\sqrt{3}}{2}$

해설) $Z_0 = 50$, $\gamma l = (\alpha + j\beta)l = j\dfrac{2\pi}{3}$

$\therefore A = \cosh\gamma l = \cosh j\dfrac{2\pi}{3} = \cos\dfrac{2\pi}{3} = -\dfrac{1}{2}$

답) 21. ② 22. ③ 23. ③ 24. ③

**25** 특성 임피던스 400[Ω]의 회로 말단에 1200[Ω]의 부하가 연결되어 있다. 전원측에 10[kV]의 전압을 인가할 때 반사파의 크기[kV]는? 단, 선로에서의 전압 감쇠는 없는 것으로 간주한다.

① 3.3  ② 5  ③ 10  ④ 33

**해설** 전압 반사율을 계산해 보면 $\rho = \dfrac{Z_R - Z_0}{Z_R + Z_0} = \dfrac{1200 - 400}{1200 + 400} = 0.5$

반사 전압이 전원측 전압의 0.5배이므로 $10 \times 0.5 = 5[kV]$

**26** 전송 선로의 특성 임피던스가 50[Ω]이고 부하 저항이 150[Ω]이면 부하에서의 반사 계수는?

① 0  ② 0.5  ③ 0.7  ④ 1

**해설** $\rho = \dfrac{Z_L - Z_0}{Z_L + Z_0} = \dfrac{150 - 50}{150 + 50} = 0.5$

**27** 어떤 무손실 전송 선로의 인덕턴스가 1[μH/m]이고 커패시턴스가 400[pF/m]일 때 250[Ω]인 부하를 수전단에 연결하면 이곳에서의 반사 계수는?

① $\dfrac{2}{3}$  ② $\dfrac{1}{3}$  ③ $\dfrac{1}{2}$  ④ 1

**해설** $Z_0 = \sqrt{\dfrac{L}{C}} = \sqrt{\dfrac{10^{-6}}{400 \times 10^{-12}}} = 50[\Omega]$

$\therefore \rho = \dfrac{Z_R - Z_0}{Z_R + Z_0} = \dfrac{250 - 50}{250 + 50} = \dfrac{2}{3}$

## 유사문제

**01.** $Z_L = 3Z_0$인 선로의 반사 계수 $\rho$ 및 전압 정재파비 $s$를 구하면? 단, $Z_L$ : 부하 임피던스, $Z_0$ : 선로의 특성 임피던스이다.

답 $\rho = 0.5$, $s = 3$

**02.** 무한히 긴 전송 회로의 반사 계수는?

답 0

답 25. ②  26. ②  27. ①

## 전파속도

**28** ★★ 【88. 96. 기사】
무한장이라고 생각할 수 있는 평행 2회선 선로에 주파수 4[MHz]의 전압을 가하면 전압 위상은 1[m]에 대하여 얼마나 늦는가? 단, 여기서 위상 속도는 $3 \times 10^8$[m/s]로 한다.

① 약 0.0734  
② 약 0.0834  
③ 약 0.0934  
④ 약 0.0634

**해설** $v = \dfrac{\omega}{\beta}$ 이므로 $\beta = \dfrac{\omega}{v} = \dfrac{2\pi f}{v} = \dfrac{2\pi \times 4 \times 10^6}{3 \times 10^8} = 0.0838$

**29** ★★ 【97. 00. 15. 24. 기사】
송전 선로에서 전압이 $3 \times 10^8$[m/s]인 광속으로 전파할 때 200[MHz]인 주파수에 대한 위상 정수는 몇 [rad/m]인가?

① $\dfrac{4}{3}\pi$  
② $\dfrac{2}{3}\pi$  
③ $\dfrac{\pi}{3}$  
④ $\pi$

**해설** 파장 $\lambda$ 는

$$\lambda = \dfrac{C_0}{f} = \dfrac{3 \times 10^8}{200 \times 10^6} = 1.5 \text{[m]}$$

그런데 1파장 $\lambda$[m]의 거리를 갖는 위상은 $2\pi$[rad] 회전이므로 선로 길이 1[m]당의 상차, 즉 위상 정수 $\beta$는

$$\beta = \dfrac{2\pi}{\lambda} = \dfrac{2\pi \times 2}{3} = \dfrac{4\pi}{3} \text{[rad/m]}$$

**30** ★★★★☆ 【89. 95. 99. 기사, ㉮ : 91. 기사, 78. 산업기사】
위상 정수 $\beta = 6.28$[rad/km]일 때 파장[km]은?

① 1　　② 2　　③ 3　　④ 4

**해설** $\lambda = \dfrac{2\pi}{\beta} = \dfrac{2 \times 3.14}{6.28} = 1$[km]

**31** ★★★★★ 【83. 85. 90. 23. 기사, 81. 82. 산업기사, ㉮ : 82. 기사, 83. 산업기사】
위상 정수가 $\dfrac{\pi}{8}$[rad/m]인 선로의 1[MHz]에 대한 전파 속도[m/s]는?

① $1.6 \times 10^7$　② $9 \times 10^7$　③ $10 \times 10^7$　④ $11 \times 10^7$

**해설** 전파 속도를 $v$[m/s]라 하면 $\beta\lambda = 2\pi$ 이므로

$$v = f\lambda = \dfrac{2\pi f}{\beta} = \dfrac{2\pi \times 10^6}{\dfrac{\pi}{8}} = 16 \times 10^6 = 1.6 \times 10^7 \text{[m/s]}$$

**답** 28. ②　29. ①　30. ①　31. ①

## 유사문제

**01.** 분포 정수 회로에서 각주파수 $\omega = 30$[rad/s]이고 위상 정수 $\beta = 2$[rad/km]일 때 위상 속도 [m/min]는 얼마인가?

답 $9 \times 10^5$[m/min]

**02.** 위상 정수 $\beta = 2.5$[rad/km], 각주파수 $\omega = 20$[rad/s]일 때의 위상 속도는 몇 [m/s]인가?

답 $8000$[m/s]

# CHAPTER 15 과도현상

## 01 직류회로의 과도현상

### 1) $R-L$ 직렬 회로

#### (1) 직류전압을 인가할 경우

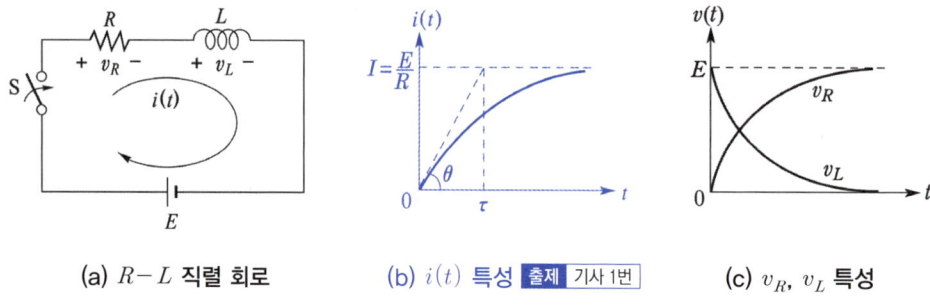

(a) $R-L$ 직렬 회로    (b) $i(t)$ 특성 출제 기사 1번    (c) $v_R$, $v_L$ 특성

그림과 같이 $R-L$ 직렬 회로에 $t=0$에서 직류전압 $E$가 인가되었을 때 순간적으로 회로에 흐르는 전류를 $i$라 하면

① 키르히호프의 전압법칙(KVL)

$$E = Ri + L\frac{di}{dt}$$

② 미분방정식의 일반해(general solution) $i(t)$

$$i(t) = i_s + i_t$$

여기서, $i_s$ : 정상해(steady state solution)
$i_t$ : 과도해(tresient state solution)

③ 정상해 $i_s$

정상상태($t = \infty$)일 때의 전류값이므로

$$E = Ri + L\frac{di}{dt}\bigg|_{t=\infty}$$ 의 조건을 적용시키면

$$i_s = \frac{E}{R}$$ 출제 산업 3번

④ 과도해 $i_t$

미분방정식에서 구동함수 $E = 0$일 때의 해이므로

$$Ri_t + L\frac{di_t}{dt} = 0$$

따라서 이 미분방정식의 해를 $i_t = Ae^{pt}$라 하면

$$RAe^{pt} + LApe^{pt} = 0$$
$$Ae^{pt}(R + Lp) = 0$$
$$\therefore p = -\frac{R}{L}$$

여기서, $A$는 적분상수이며, 초기조건에 의해 결정된다.

$$i = i_s + i_t = \frac{E}{R} + Ae^{-\frac{R}{L}t}$$

$t = 0_-$, 즉 스위치 S를 닫기 직전의 회로전류 $i = 0$이므로

$$0 = \frac{E}{R} + Ae^0$$
$$\therefore A = -\frac{E}{R}$$

과도해 $i_t = -\frac{E}{R}e^{-\frac{R}{L}t}$

⑤ 완전해 $i(t)$

$$i(t) = i_s + i_t = \frac{E}{R} - \frac{E}{R}e^{-\frac{R}{L}t} = \frac{E}{R}\left(1 - e^{-\frac{R}{L}t}\right) [A]$$ 출제 산업 9번, 기사 4번

⑥ 시정수 $\tau$
- 시정수는 정상전류의 63.2[%]에 도달할 때까지의 시간을 의미
- 시정수 $\tau = \frac{L}{R}$ 출제 산업 9번, 기사 10번
- 시정수가 크면 과도현상이 오래 지속되고 시정수가 적으면 과도현상이 짧아진다. 출제 산업 9번, 기사 1번
- 특성근(감쇠정수)은 안정된 회로에서 $\left|\frac{R}{L}\right|$과 같다. 출제 산업 3번

(2) 직류전압을 제거할 경우

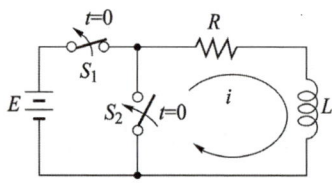

그림과 같이 $R-L$ 회로에 정상상태의 직류전류 $I$가 흐르고 있을 때, $t=0$인 순간에 스위치 $S_1$을 열면서 스위치 $S_2$를 닫는 경우

① 전압방정식 $Ri + L\dfrac{di}{dt} = 0$

② 정상상태($t=\infty$)일 때의 전류인 정상해 $i_s = 0$

③ 과도해 $i_t = A\,e^{-\frac{R}{L}t}$

④ 일반해 $i(t) = i_s + i_t = A\,e^{-\frac{R}{L}t}$

⑤ 적분상수 $A$

초기조건은 $t = 0_-$ ($S_2$를 닫기 전)에 회로에 $I(=E/R)$의 전류가 흐르고 있었으므로

$$i(t)|_{t=0_-} = \dfrac{E}{R}$$

따라서 $t=0$의 조건에서 적분상수 $A$를 구하면

$$A\,e^{-\frac{R}{L}t}\Big|_{t=0} = \dfrac{E}{R}$$

$$\therefore A = \dfrac{E}{R}$$

⑥ 완전해(perfect solution) $i(t)$

$$i(t) = \dfrac{E}{R}e^{-\frac{R}{L}t} \quad \text{출제 기사 2번}$$

이 전류의 시간적 변화는 그림과 같이 시간이 흐름에 따라 지수적으로 감소하여 0에 접근하게 된다.

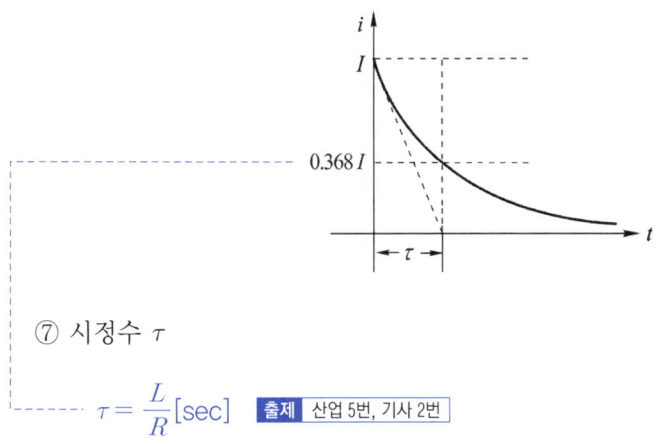

⑦ 시정수 $\tau$

$\tau = \dfrac{L}{R}$ [sec]  출제 산업 5번, 기사 2번

로써 직류전압을 인가하는 경우와 같다.

| | R-L 직렬 회로 | 직류 기전력 인가시(S/W on 시) | 직류 기전력 제거시(S/W off 시) |
|---|---|---|---|
| ① | 전류 $i(t)$ | $i(t) = \dfrac{E}{R}\left(1 - e^{-\frac{R}{L}t}\right)$ 출제 산업 9번, 기사 4번 | $i(t) = \dfrac{E}{R}e^{-\frac{R}{L}t}$ 출제 기사 2번 |
| ② | 시정수 | $\tau = \dfrac{L}{R}$ [sec] 출제 산업 18번, 기사 10번 | $\tau = \dfrac{L}{R}$ [sec] |
| ③ | $v_R$ | $v_R = E\left(1 - e^{-\frac{R}{L}t}\right)$ [V] | |
| ④ | $v_L$ | $v_L = Ee^{-\frac{R}{L}t}$ [V] 출제 산업 5번 | |

## 02 $R-C$ 직렬 회로

### 1) 직류전압을 인가할 경우(충전 시)

$R-C$ 회로에 $t = 0$에서 스위치 $S$가 닫혀서 직류전압 $E$가 인가되었을 때 순간적으로 회로에 흐르는 전류를 $i$라 하면

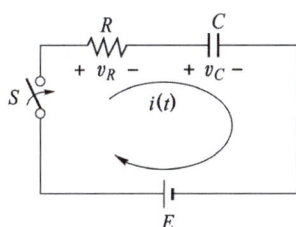

① 키르히호프의 전압법칙(K.V.L)

$$E = Ri + \frac{1}{C}\int i\,dt$$

전류와 전하 사이에는 다음의 관계가 있으므로

$$i = \frac{dq}{dt}, \quad q = \int i\,dt$$

$$E = R\frac{dq}{dt} + \frac{q}{C}$$

② 전하 $q$에 대한 일반해

$$q(t) = q_s + q_t$$

$q_s$ : 정상해,  $q_t$ : 과도해

③ 정상해 $q_s$는 정상상태($t = \infty$)일 때의 전하량이므로

$$q_s = CE$$

④ 과도해 $q_t$

미분방정식에서 구동함수 $E = 0$일 때의 해이므로

$$R\frac{dq}{dt} + \frac{q}{C} = 0$$

의 식으로부터 $q_t = A\,e^{-\frac{1}{RC}t}$가 된다.

⑤ 일반해 $q(t)$

$$q(t) = q_s + q_t = CE + A\,e^{-\frac{1}{RC}t}$$

적분상수 $A$는 초기 조건 $q(t)|_{t=0_-} = 0$을 사용하여

$$CE + A\,e^{-\frac{1}{RC}t}\bigg|_{t=0} = 0$$ 이므로 다음과 같다.

$$\therefore A = -CE$$

⑥ 완전해(perfect solution) $q(t)$

$$q(t) = CE\left(1 - e^{-\frac{1}{RC}t}\right) \quad \boxed{\text{출제 산업 2번}}$$

전하 $q(t)$의 시간적 변화는 그림과 같이 $C$에 충전되는 전하량이 지수함수적으로 증가하여 정상상태의 전하량 $Q = CE$에 접근한다.

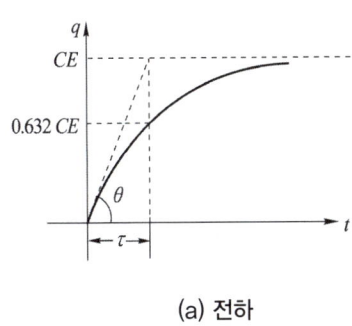
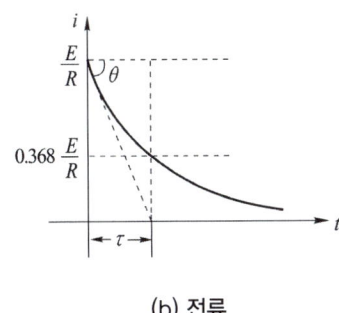

(a) 전하    (b) 전류

⑦ 전류 $i(t)$는 전하 $q(t)$를 시간 $t$로 미분하면 된다.

$$i(t) = \frac{dq(t)}{dt} = \frac{E}{R}e^{-\frac{1}{RC}t}$$ 출제 산업 11번, 기사 7번

⑧ $R-C$ 직렬 회로의 시정수 $\tau$

$$\tau = RC\,[\text{sec}]$$ 출제 산업 1번, 기사 2번

⑨ $t=\tau$일 때의 전류값 $i(\tau)$

$$i(\tau) = \frac{E}{R}e^{-\frac{1}{RC}RC} = \frac{E}{R}e^{-1} \fallingdotseq 0.368\frac{E}{R}$$

로 되어 $R-C$ 직렬 회로의 시정수 $\tau$는 스위치를 닫는 순간 전류$(I=E/R)$의 $36.8[\%]$에 도달할 때까지의 시간을 말한다.

또, 시정수가 크면 클수록 과도 현상은 오래 지속된다. $R-C$ 회로의 시정수는 $R \cdot C$이므로 $R \cdot C$ 값이 클수록 과도 전류의 값이 천천히 사라진다. 출제 산업 3번

⑩ 저항 $R$과 커패시턴스 $C$의 단자전압 $v_R$, $v_C$

$$v_R = Ri = Ee^{-\frac{1}{RC}t}$$

$$v_C = \frac{q}{C} = E\left(1 - e^{-\frac{1}{RC}t}\right)$$ 출제 산업 5번

## 2) 직류전압을 제거할 경우(방전 시)

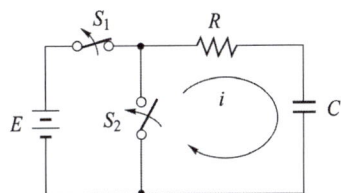

$R-C$ 회로에 정상상태의 직류전류 $I$가 흐르고 있을 때, $t=0$인 순간에 스위치 $S_1$을 열면서 스위치 $S_2$를 닫는 경우

① 전압방정식 $R\dfrac{dq}{dt}+\dfrac{q}{C}=0$

② 정상해 $q_s=0$

③ 과도해 $q_t=Ae^{-\frac{1}{RC}t}$

④ 일반해 $q(t)=q_s+q_t=Ae^{-\frac{1}{RC}t}$

⑤ 적분상수 $A$를 구하는 초기조건

$t=0_-$ ($S_2$를 닫기 전)에 콘덴서에 $Q(=CE)$의 전하가 축적되어 있었으므로

$$q(t)|_{t=0}=CE$$

따라서 $t=0$의 조건에서 적분상수 $A$를 구하면

$$Ae^{-\frac{1}{RC}t}\bigg|_{t=0}=CE \quad \therefore\ A=CE$$

⑥ 완전해(perfect solution) $q(t)$

$$q(t)=CEe^{-\frac{1}{RC}t}$$

이 때의 방전전류 $i(t)$는

$$i(t)=\dfrac{dq(t)}{dt}=-\dfrac{E}{R}e^{-\frac{1}{RC}t}$$ 출제 산업 5번, 기사 1번

여기서, $(-)$부호는 방전전류를 의미한다.

| | $R-C$ 직렬 회로 | 직류 기전력 인가시 (S/W on 시) | 직류 기전력 제거시 (S/W off 시) |
|---|---|---|---|
| ① | 전하 $q(t)$ | $q(t)=CE\left(1-e^{-\frac{1}{RC}t}\right)$ 출제 기사 2번 | $q(t)=CEe^{-\frac{1}{RC}t}$ |
| ② | 전류 $i(t)$ | $i(t)=\dfrac{E}{R}e^{-\frac{1}{RC}t}$ [A] 출제 산업 11번, 기사 7번 | $i(t)=-\dfrac{E}{R}e^{-\frac{1}{RC}t}$ [A] |
| ③ | 시정수 | $\tau=RC$ [sec] 출제 산업 1번, 기사 2번 | $\tau=RC$ [sec] |
| ④ | $v_R$ | $v_R=Ee^{-\frac{1}{RC}t}$ [V] | |
| ⑤ | $v_C$ | $v_c=E\left(1-e^{-\frac{1}{RC}t}\right)$ [V] 출제 산업 5번 | |

## 03  $R-L-C$ 직렬 회로

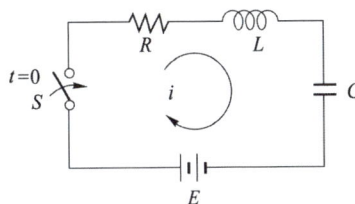

$R-L-C$ 직렬 회로에 $t=0$에서 스위치 S를 닫아 직류전압 $E$를 인가하는 경우

### 1) 미분방정식

$$E = Ri + L\frac{di}{dt} + \frac{1}{C}q$$

여기서, $i = \dfrac{dq}{dt}$ 이므로

$$E = L\frac{d^2q}{dt^2} + R\frac{dq}{dt} + \frac{1}{C}q$$

### 2) 전하 $q$에 대한 일반해 $q(t)$

$$q(t) = q_s + q_t$$

$q_s$ : 정상해,  $q_t$ : 과도해

### 3) 정상해 $q_s$

정상상태($t = \infty$)일 때의 전하량이므로

$$E = L\frac{d^2q}{dt^2} + R\frac{dq}{dt} + \frac{q}{C} \bigg|_{t=\infty}$$

의 조건에서 정상해 $q_s$는 다음으로 된다.

$$q_s = CE$$

### 4) 과도해 $q_t$

$E=0$에서 $Ae^{pt}$ 라고 가정하여 $p$를 구하면

$$p_1, p_2 = \frac{R}{2L} \pm \sqrt{\left(\frac{R}{2L}\right)^2 - \frac{1}{LC}} = -\frac{R}{2L} \pm \frac{1}{2L}\sqrt{\left(R^2 + \frac{4}{C}\right)}$$

① 비진동의 경우

$\left(\frac{R}{2L}\right)^2 - \frac{1}{LC} > 0$ 인 조건으로 $R^2 > \frac{4L}{C}$ 인 경우이다. 출제 산업 19번, 기사 1번

② 임계진동의 경우 : $R^2 = \frac{4L}{C}$

③ 진동인 경우 : $R^2 < \frac{4L}{C}$ 출제 산업 5번, 기사 4번

| | 특 성 | $R-L-C$ 직렬 회로 |
|---|---|---|
| ① | $R > 2\sqrt{\frac{L}{C}}$<br>과제동 (비진동적) | |
| ② | $R = 2\sqrt{\frac{L}{C}}$<br>임계 제동 (진동) | 출제 산업 2번 |
| ③ | $R < 2\sqrt{\frac{L}{C}}$<br>부족 제동 (진동적) | |

# CHAPTER 15 출제예상문제_과도현상

## R-L 과도현상

**01** ★☆ 【85. 97. 00. 산업기사】

$Ri(t) + L\dfrac{di(t)}{dt} = E$ 의 계통 방정식에서 정상 전류는?

① 0　　② $\dfrac{E}{RL}$　　③ $\dfrac{E}{R}$　　④ $E$

**해설** $R-L$ 직렬 회로의 과도 전류는 $i(t) = \dfrac{E}{R}\left(1-e^{-\frac{R}{L}t}\right)$[A]이며 정상 전류는 $t=\infty$인 경우를 말한다. 따라서 $i(t) = \dfrac{E}{R}$[A]가 정상 전류가 된다.

**02** ★ 【92. 기사】

시정수 $\tau$인 $L-R$ 직렬 회로에 직류 전압을 인가할 때 $t=\tau$의 시각에 회로에 흐르는 전류는 최종값의 약 몇 [%]인가?

① 37　　② 63　　③ 73　　④ 86

**해설** $i(t) = \dfrac{E}{R}\left(1-e^{-\frac{R}{L}t}\right)$이므로 $i_\tau = \dfrac{E}{R}\left(1-e^{-\frac{1}{\tau}\tau}\right) = I(1-e^{-1}) \fallingdotseq 0.63I$

**03** ★ 【95. 08. 기사】

$R=5[\Omega]$, $L=1[H]$의 직렬 회로에 직류 10[V]를 가할 때 순시 전류식은?

① $5(1-\epsilon^{-5t})$　　② $2\epsilon^{-5t}$　　③ $5\epsilon^{-5t}$　　④ $2(1-\epsilon^{-5t})$

**해설** $I = \dfrac{E}{R}\left(1-\epsilon^{-\frac{R}{L}t}\right) = \dfrac{10}{5}\left(1-\epsilon^{-\frac{5}{1}t}\right) = 2(1-\epsilon^{-5t})$

**04** ★ 【82. 99. 산업기사, ㉴ : 23. 산업기사】

그림과 같은 회로에서 정상 전류값 $i_s$[A]는? 단, $t=0$에서 스위치 S를 닫았다.

① 0
② 7
③ 35
④ -35

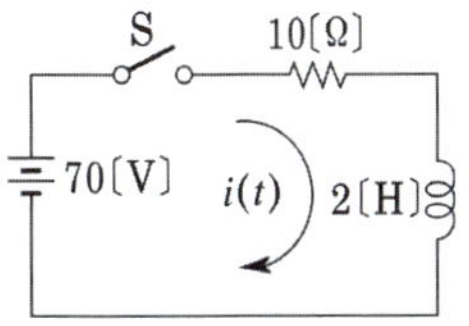

**해설** $i_s = \dfrac{E}{R}\left(1-e^{-\frac{R}{L}t}\right) = \dfrac{70}{10}\left(1-e^{-\frac{10}{2}\times\infty}\right) = 7$[A]

답　1. ③　2. ②　3. ④　4. ②

★ 【85. 기사】
**05** 그림과 같은 파형에서 전류 $I = 4[mA]$, 위상각 $\theta = 45°$일 때 시정수 $\tau[s]$는?

① 0.001
② 0.002
③ 0.003
④ 0.004

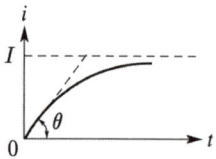

[해설] $\tan\theta = \dfrac{I}{\tau}$ 에서 $\tau = \dfrac{I}{\tan\theta} = \dfrac{4 \times 10^{-3}}{\tan 45°} = 0.004[s]$

★★★★★ 【91. 기사, 82. 85. 87. 90. 92. 97. 99. 01. 04. 산업기사】
**06** 전기 회로에서 일어나는 과도 현상은 그 회로의 시정수와 관계가 있다. 이 사이의 관계를 옳게 표현한 것은?

① 회로의 시정수가 클수록 과도 현상은 오랫동안 지속된다.
② 시정수는 과도 현상의 지속 시간에는 상관되지 않는다.
③ 시정수의 역이 클수록 과도 현상은 천천히 사라진다.
④ 시정수가 클수록 과도 현상은 빨리 사라진다.

[해설] 시정수가 클수록 과도 현상은 오래 지속된다.

★★ 【79. 88. 99. 07. 산업기사】
**07** 회로 방정식의 특성근과 회로의 시정수에 대하여 옳게 서술된 것은?

① 특성근과 시정수는 같다.
② 특성근의 역과 회로의 시정수는 같다.
③ 특성근의 절대값의 역과 회로의 시정수는 같다.
④ 특성근과 회로의 시정수는 서로 상관되지 않는다.

[해설] 안정된 회로에 있어서는 $\tau = \dfrac{1}{\alpha}$의 관계가 있으며 $\tau$는 시정수, $\alpha$는 특성근 또는 감쇠 정수라 한다.

★ 【91. 기사】
**08** $R-L$ 직렬 회로가 있어서 직류 전압 5[V]를 $t=0$에서 인가하였더니 $i(t) = 50(1-e^{-20 \times 10^{-3}t})[mA](t \geq 0)$이었다. 이 회로의 저항을 처음 값의 2배로 하면 시정수는 얼마가 되겠는가?

① 10[msec]   ② 40[msec]   ③ 5[sec]   ④ 25[sec]

[해설] $-\dfrac{R}{L} = -20 \times 10^{-3}$, $\tau = \dfrac{L}{R} = \dfrac{1000}{20} = 50[sec]$

$\tau$는 $R$에 반비례하므로 저항이 2배이면 시정수($\tau$)는 $\dfrac{1}{2}$로 감소된다. 그러므로 시정수는 $\dfrac{50}{2} = 25[sec]$

[답] 5. ④  6. ①  7. ③  8. ④

## 09 ★ 【97. 기사】

$R-L$ 직렬 회로에 각주파수 $\omega_0$인 교류 전압을 가했을 때 전류는 다음 중 어떤 것이 클수록 빨리 정상 상태에 도달하는가?

① $L$  ② $\omega_0$  ③ $R/L$  ④ $L/R$

**해설** 시정수가 작으면 정상값에 빨리 도달한다. 따라서 $\frac{L}{R}$은 작아야 하며 $\frac{R}{L}$은 커야 한다.

## 10 ★★ 【00. 기사, ⊕ : 77. 23. 기사】

$R-L$ 직렬 회로에서 $L=5[\text{mH}]$, $R=10[\Omega]$일 때 회로의 시정수[s]는?

① 500  ② $5 \times 10^{-4}$  ③ $\frac{1}{5} \times 10^2$  ④ $\frac{1}{5}$

**해설** $\tau = \frac{L}{R} = \frac{5 \times 10^{-3}}{10} = 5 \times 10^{-4} [\text{s}]$

## 11 ★★★★ 【87. 98. 기사, 81. 88. 94. 산업기사, ⊕ : 94. 산업기사】

그림에서 스위치 S를 닫을 때의 전류 $i(t)[\text{A}]$는 얼마인가?

① $\frac{E}{R} e^{-\frac{R}{L}t}$  ② $\frac{E}{R}\left(1 - e^{-\frac{R}{L}t}\right)$

③ $\frac{E}{R} e^{-\frac{L}{R}t}$  ④ $\frac{E}{R}\left(1 - e^{-\frac{L}{R}t}\right)$

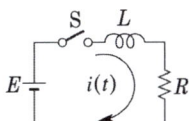

**해설** 스위치를 닫았을 때의 평형 방정식은 $L\frac{di(t)}{dt} + Ri(t) = E$

변수 분리법에 의하여 $\int \frac{di(t)}{E - Ri} = \int \frac{dt}{L} + K_1$, $E - Ri(t) = K_2 e^{-\frac{R}{L}t}$

$t = 0$에서 $i(t) = 0$라 하면 $E - Ri(t) = E e^{-\frac{R}{L}t}$

$\therefore i(t) = \frac{E}{R}\left(1 - e^{-\frac{R}{L}t}\right)[\text{A}]$

## 12 ★★☆ 【98. 99. 09. 23. 기사, 77. 산업기사】

그림과 같은 회로에서 $t=0$에서 스위치를 갑자기 닫은 후 전류 $i(t)$가 0에서 정상 전류의 63.2[%]에 달하는 시간[s]을 구하면?

① $LR$  ② $\frac{1}{LR}$

③ $\frac{L}{R}$  ④ $\frac{R}{L}$

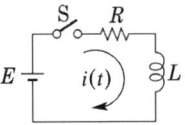

**해설** $R-L$ 직렬 회로에서 정상값에 63.2[%]에 도달하는 시간은 시정수를 의미한다.

따라서 $\tau = \frac{L}{R}[\text{sec}]$

**13** 그림과 같은 회로에서 스위치 S를 닫았을 때 시정수의 값[s]은? 단, $L = 10[\text{mH}]$, $R = 20[\Omega]$이다.

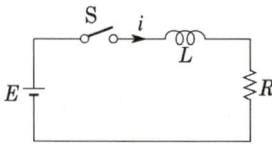

① 2000　　② $5 \times 10^{-4}$　　③ 200　　④ $5 \times 10^{-3}$

해설) $R-L$ 직렬 회로의 시정수 $\tau = \dfrac{L}{R}[\text{s}]$

$\therefore \tau = \dfrac{10 \times 10^{-3}}{20} = 5 \times 10^{-4}[\text{s}]$

**14** $R-L$ 직렬 회로에 $V$인 직류 전압원을 갑자기 연결하였을 때 $t = 0$인 순간 이 회로에 흐르는 회로 전류에 대하여 바르게 표현된 것은?

① 이 회로에는 전류가 흐르지 않는다.
② 이 회로에는 $V/R$ 크기의 전류가 흐른다.
③ 이 회로에는 무한대의 전류가 흐른다.
④ 이 회로에는 $V/(R+j\omega L)$의 전류가 흐른다.

해설) $R-L$ 직렬 회로의 전류 $i(t) = \dfrac{E}{R}\left(1-e^{-\frac{R}{L}t}\right)$에서 $t=0$인 경우 $i(t) = 0$이다.

**15** 그림의 회로에서 S를 닫은 후 $t = 2[\text{s}]$일 때 회로에 흐르는 전류[A]는?

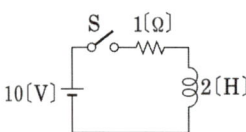

① 약 3.2　　② 약 4.6　　③ 약 5.2　　④ 약 6.3

해설) $i(t) = \dfrac{E}{R}\left(1-e^{-\frac{R}{L}t}\right)$에서 $t=2[\text{s}]$이므로

$i(2) = \dfrac{E}{R}\left(1-e^{-\frac{R}{L} \cdot 2}\right) = \dfrac{10}{1}\left(1-e^{-\frac{1}{2} \cdot 2}\right) = 10(1-e^{-1}) = 6.32[\text{A}]$

답  13. ②　14. ①　15. ④

**16** 직류 과도현상의 저항 $R[\Omega]$과 인덕턴스 $L[H]$의 직렬 회로에서 옳지 않은 것은?

① 회로의 시정수는 $\tau = \dfrac{L}{R}[s]$이다.

② $t=0$에서 직류 저항 $E[V]$를 가했을 때 $t[s]$ 후의 전류는 $i(t) = \dfrac{E}{R}\left(1-e^{-\frac{R}{L}t}\right)$[A]이다.

③ 과도 기간에 있어서의 인덕턴스 $L$의 단자 전압은 $v_L(t) = Ee^{-\frac{L}{R}t}$이다.

④ 과도 기간에 있어서의 저항 $R$의 단자 전압 $v_R(t) = E\left(1-e^{-\frac{R}{L}t}\right)$이다.

**해설** 과도 기간에 인덕턴스 $L$의 단자 전압 $v_L(t)$는
$$v_L(t) = L\dfrac{di(t)}{dt} = L \cdot \dfrac{d}{dt}\dfrac{E}{R}\left(1-e^{-\frac{R}{L}t}\right) = L \cdot \dfrac{E}{R} \cdot \dfrac{R}{L}e^{-\frac{R}{L}t} = Ee^{-\frac{R}{L}t}$$

**17** 그림에서 스위치 S를 열 때 흐르는 전류 $i(t)$[A]는 얼마인가?

① $\dfrac{E}{R}e^{-\frac{R}{L}t}$

② $\dfrac{E}{R}e^{\frac{R}{L}t}$

③ $\dfrac{E}{R}\left(1-e^{\frac{R}{L}t}\right)$

④ $\dfrac{E}{R}\left(1-e^{-\frac{R}{L}t}\right)$

**해설** 스위치가 열려 있는 상태에서 평형 방정식은
$$L\dfrac{di(t)}{dt} + Ri(t) = 0$$
정상 전류는 0이고 변수 분리법에 의해서
$$\dfrac{di(t)}{i(t)} = -\dfrac{R}{L}dt, \quad \ln i(t) = \dfrac{R}{L}t + K$$
이것을 다시 쓰면
$$i(t) = Ae^{-\frac{R}{L}t}$$
초기 조건은 $t=0$에서 $i=\dfrac{E}{R}$라 하면
$$i(t) = \dfrac{E}{R}e^{-\frac{R}{L}t}[A]$$

16. ③  17. ①

**18** 저항 $R[\Omega]$이고 인덕턴스 $L[H]$인 직렬 회로의 교류 과도 현상에서 올바르게 표현된 것은?

① $i=0$에서 $a=E_m\sin(\omega t-\phi)$ 전압을 가했을 때 회로 방정식은
$$Ri+\frac{1}{L}\int i\,dt = E_m\sin(\omega t-\phi)$$이다.

② 과도 현상이 생기지 않을 조건은 $\theta=\phi=\tan^{-1}\dfrac{R}{\omega L}$이다.

③ $t=0$에서 $e=E_m\sin(\omega t+\theta)$ 전압을 가했을 때 $t$초 후의 전류는
$$i=\frac{E_m}{Z}[\sin(\omega t+\theta-\phi)-e^{-\frac{R}{L}t}\sin(\theta-\phi)]$$이다.

④ $\phi-\theta=(1+3n)\dfrac{\pi}{2}$일 때 과도항의 절대값이 최대로 된다.

**해설** ① $Ri+L\dfrac{di}{dt}=E_m\sin(\omega t-\phi)$  ② $\theta=\tan^{-1}\dfrac{\omega L}{R}$

④ $\phi-\theta=\dfrac{\pi}{2}$일 경우 과도항의 절대값이 최대로 된다.

**19** 그림과 같은 회로에서 $t=0$인 순간에 전압 $E$를 인가한 경우 인덕턴스 $L$에 걸리는 전압은?

① 0  ② $E$
③ $\dfrac{LE}{R}$  ④ $\dfrac{E}{R}$

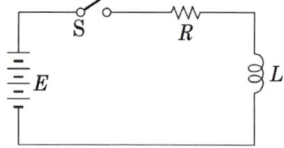

**해설** $E_L = Ee^{-\frac{R}{L}t} = Ee^{-\frac{R}{L}\times 0} = E[V]$
$e^0 = 1$

**20** 그림과 같은 회로에서 스위치 S를 $t=0$에서 닫았을 때 $(V_L)_{t=0}=60[V]$, $\left(\dfrac{di}{dt}\right)_{t=0}=30[A/s]$ 이다. $L$의 값은 몇 [H]인가?

① 0.5  ② 1.0
③ 1.25  ④ 2.0

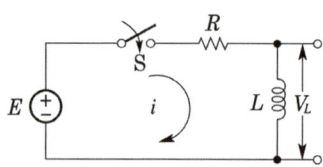

**해설** $V_L = L\cdot\dfrac{di}{dt}[V]$에서  $60=L\cdot 30$
∴ $L=2[H]$

**답** 18. ③  19. ②  20. ④

**21** $R-L$ 직렬 회로에서 그의 양단에 직류 전압 $E$를 연결 후 스위치 S를 개방하면 $\frac{L}{R}$[s] 후의 전류값[A]은?

① $\frac{E}{R}$　　② $0.5\frac{E}{R}$　　③ $0.368\frac{E}{R}$　　④ $0.632\frac{E}{R}$

**해설** 스위치 개방 시 전류 $i(t) = \frac{E}{R}e^{-\frac{R}{L}t}$ 이고 $\frac{L}{R}$은 시정수이므로

$$i_\tau = \frac{E}{R} \cdot e^{-\frac{R}{L}\frac{L}{R}} = \frac{E}{R}e^{-1} = 0.368\frac{E}{R}$$

**22** 함수 $f(t) = Ae^{-\frac{1}{T}t}$ 에서 시정수는 $A$의 몇 [%]가 되기까지의 시간인가?

① 37　　② 63　　③ 85　　④ 92

**해설** $\tau = T$를 대입하면 (시정수는 특성근의 절대값의 역)

$$f(t) = Ae^{-1} = 0.368[A]$$

**23** 코일의 권수 $N = 1000$, 저항 $R = 20[\Omega]$이다. 전류 $I = 10[A]$를 흘릴 때 자속 $\phi = 3 \times 10^{-2}[Wb]$이다. 이 회로의 시정수[s]는?

① 0.15　　② 3　　③ 0.4　　④ 4

**해설** 코일의 인덕턴스 $L$은

$$L = \frac{N\phi}{I} = \frac{1000 \times 3 \times 10^{-2}}{10} = 3[H]$$

$$\therefore \tau = \frac{L}{R} = \frac{3}{20} = 0.15[s]$$

**24** 그림의 회로에서 릴레이의 동작 전류는 10[mA], 코일의 저항은 1200[Ω], 인덕턴스 $L$[H]이다. S가 닫히고 0.015[s] 이내로 이 릴레이가 작동하려면 $L$[H]은 다음 중 어떤 값이어야 하는가?

① 26
② 30
③ 50
④ 68

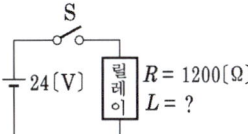

**정답** 21. ③　22. ①　23. ①　24. ①

**해설** $R-L$ 직렬 회로이고 릴레이가 작동하면 회로가 구성되어 전류가 흐르므로 $i(t) = \dfrac{E}{R}\left(1-e^{-\frac{R}{L}t}\right)$에서

$$0.01 = \dfrac{24}{1200}\left(1-e^{-\frac{1200}{L}\times 0.015}\right)$$

$$10 = 20\left(1-e^{-\frac{18}{L}}\right)$$

$$10 = 20e^{-\frac{18}{L}}$$

양변에 $\log_{10}$을 취하여 $L$에 관해 정리하면

$$\log_{10}10 = \log_{10}20 - \dfrac{18}{L}\log_{10}e, \quad 1 = 1.301 - \dfrac{18\times 0.43}{L}$$

$$\therefore L = \dfrac{18\times 0.43}{0.301} \fallingdotseq 26[\text{H}]$$

(이 문제에서 시간을 물어보는 경우도 있다 : $t = 0.014[\text{sec}]$)

**25** ★★★★★【82. 91. 기사, 88. 90. 94. 96. 98. 00. 01. 07. 09. 11. 산업기사, ㉯ : 89. 00. 기사】

$R_1$, $R_2$ 저항 및 인덕턴스 $L$의 직렬 회로가 있다. 이 회로의 시정수는?

① $-\dfrac{R_1+R_2}{L}$  ② $\dfrac{R_1+R_2}{L}$  ③ $\dfrac{-L}{R_1+R_2}$  ④ $\dfrac{L}{R_1+R_2}$

**해설** $R_1 + R_2$를 $R$이라 하면 $R-L$ 직렬 회로와 같다.

$$\therefore \tau = \dfrac{L}{R} = \dfrac{L}{R_1+R_2}$$

**26** ★★【83. 98. 00. 25. 산업기사】

그림과 같이 저항 $R_1$, $R_2$ 및 인덕턴스 $L$의 직렬 회로가 있다. 이 회로에 대한 서술에서 올바른 것은?

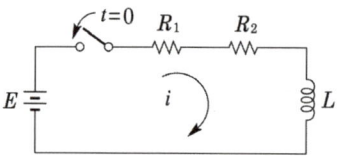

① 이 회로의 시정수는 $\dfrac{L}{R_1+R_2}$[s]이다.

② 이 회로의 특성근은 $\dfrac{R_1+R_2}{L}$이다.

③ 정상 전류값은 $\dfrac{E}{R_2}$이다.

④ 이 회로의 전류값은 $i(t) = \dfrac{E}{R_1+R_2}\left(1-e^{-\frac{L}{R_1+R_2}t}\right)$이다.

**해설** 특성근은 항상 (−)의 값을 갖는다. 정상 전류는 $I = \dfrac{E}{R_1+R_2}$[A]

답 25. ④ 26. ①

**27** 그림의 회로가 정상 상태로 있을 때 S를 닫은 후 인덕턴스 $L$의 전위차 $v(t)$는 몇 [V]인가?

① $\dfrac{(R+r)E}{R}e^{-\frac{R}{L}t}$

② $\dfrac{RE}{R+r}e^{-\frac{R}{L}t}$

③ $-\dfrac{(R+r)E}{R}e^{-\frac{R}{L}t}$

④ $-\dfrac{RE}{R+r}e^{-\frac{R}{L}t}$

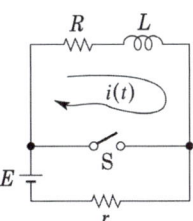

[해설] S를 닫았을 때 평형 방정식은 $L\dfrac{di(t)}{dt}+Ri(t)=0$, $\therefore i(t)=Ae^{-\frac{R}{L}t}$

스위치를 닫기 전 $I=\dfrac{E}{R+r}$ 이므로 $i(t)=\dfrac{E}{R+r}e^{-\frac{R}{L}t}$

$\therefore v_L(t)=L\dfrac{di(t)}{dt}=L\dfrac{d}{dt}\dfrac{E}{R+r}e^{-\frac{R}{L}t}=-\dfrac{RE}{R+r}e^{-\frac{R}{L}t}$

**28** 그림과 같은 회로에 대한 설명으로 잘못된 것은?

① 이 회로에 시정수는 $0.2[s]$이다.
② 이 회로의 정상전류는 $6[A]$이다.
③ 이 회로의 특성근은 $-5$이다.
④ $t=0$에서 직류전압 $60[V]$를 제거할 때 $t=0.4[s]$ 시각의 회로의 전류는 $5.26[A]$이다.

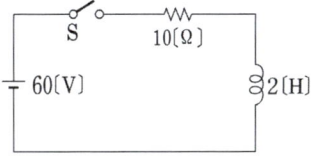

[해설] $i(t)=\dfrac{E}{R}e^{-\frac{R}{L}t}=\dfrac{60}{10}e^{-\frac{10}{2}\times 0.4}=4.912[A]$

**29** 그림과 같은 회로에서 스위치 S를 닫았을 때 $R$에 흐르는 전류는?

① $I_0\left(1-e^{-\frac{R}{L}t}\right)$

② $I_0\left(1+e^{-\frac{R}{L}t}\right)$

③ $I_0 e^{-\frac{R}{L}t}$

④ $I_0$

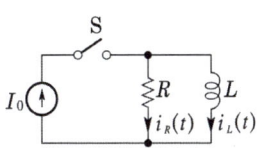

[해설] $i(t)=I_0 e^{-\frac{R}{L}t}[A]$

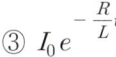 27. ④  28. ④  29. ③

**30** 정상 상태일 때 $t=0$에서 스위치 S를 열 때 흐르는 전류는?

① $\dfrac{E}{R}e^{-\frac{R+r}{L}t}$

② $\dfrac{E}{r}e^{-\frac{R+r}{L}t}$

③ $\dfrac{E}{r}e^{-\frac{L}{R+r}t}$

④ $\dfrac{E}{R}e^{-\frac{L}{R+r}t}$

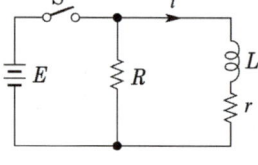

해설) 전원 제거 시 $i(t)=Ie^{-\frac{R}{L}t}$에서 $i(t)=\dfrac{E}{r}e^{-\frac{R+r}{L}t}$ [A]

**31** 그림과 같은 회로에 대한 서술에서 잘못된 것은?

① 이 회로의 시정수는 0.1[s]이다.
② 이 회로의 특성근은 $-10$이다.
③ 이 회로의 특성근은 $+10$이다.
④ 정상 전류값은 3.5[A]이다.

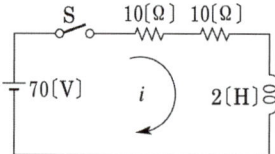

해설) 시정수 $\tau=\dfrac{L}{R}=\dfrac{2}{20}=0.1$[초], 특성근 $-\dfrac{R}{L}=\dfrac{-20}{2}=-10$

정상전류 $I=\dfrac{E}{R}=\dfrac{70}{20}=3.5$[A]

**32** 그림과 같은 회로에서 $t=0$인 순간 S를 열었을 때 $L$의 양단에 발생하는 역기전력은 인가 전압의 몇 배가 발생하는가?

① $\dfrac{r}{r+r_1}$
② $\dfrac{r_1 r}{r+r_1}$
③ $\dfrac{r+r_1}{r_1 r}$
④ $\dfrac{r+r_1}{r}$

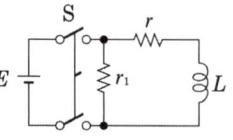

해설) $i=\dfrac{E}{r}e^{-\frac{r+r_1}{L}t}$ 이므로 $e_L=-L\dfrac{di}{dt}=-\dfrac{LE}{r}\left(-\dfrac{r+r_1}{L}\right)e^{-\frac{r+r_1}{L}t}$

여기서 $t=0$이면 $E_L=\dfrac{r+r_1}{r}E$

$\therefore \dfrac{E_L}{E}=\dfrac{r+r_1}{r}$

답 30. ② 31. ③ 32. ④

**33** 그림에 있어서 1차 회로의 저항 $R[\Omega]$, 자기 인덕턴스 $L[H]$이다. 여기에 불변 전압 $E[V]$를 가한 경우 개방된 2차 회로에 유기되는 최대 전압[V]은? 단, 상호 인덕턴스는 $M[H]$이다.

① $\dfrac{L}{M}E$   ② $\dfrac{M}{L}E$

③ $LME$   ④ $\dfrac{E}{LM}$

**해설**  1차 회로의 전류는   $i(t) = \dfrac{E}{R}\left(1 - e^{-\frac{R}{L}t}\right)$

2차 회로에 유기되는 기전력 $e_2(t)$는

$e_2(t) = -M\dfrac{di(t)}{dt} = -M\dfrac{d}{dt}\dfrac{E}{R}\left(1 - e^{-\frac{R}{L}t}\right) = -\dfrac{M}{L}Ee^{-\frac{R}{L}t}$ [V]

∴ $e_2(t)$의 최댓값은 $-\dfrac{M}{L}E$[V]

**34** 다음 회로에서 $t = 0$인 기준 시간에 K를 닫았다고 한다. $t > 0$에서 이 회로에 흐르는 전류는 $i(t) = (1 - e^{-t})$[A]로 변화하며 어떤 시간에 이 회로 전류가 0.63[A]임을 알았다. 이때 전류의 시간 변화율은?

① 약 0.587
② 약 0.63
③ 약 0.37
④ 약 1

**해설**  $\dfrac{di(t)}{at} = e^{-t}$이므로 $t = t_1$일 때

$i(t_1) = 1 - e_1^{-t} = 0.63$, $\dfrac{di(t_1)}{at} = e_1^{-t} = 1 - 0.63 = 0.37$

## 유사문제

∥ 유사문제 원문 및 해설 : 동일출판사 홈페이지 ≫ 고객센터 ≫ 자료실

**01.** 시정수 $\tau$를 갖는 $R-L$ 직렬 회로에 직류 전압을 가할 때 $t = 3\tau$되는 시간에 회로에 흐르는 전류는 최종값의 몇 [%]가 되는가?

답 95[%]

**02.** 그림에서 $t = 0$일 때 S를 닫았다. 전류 $i(t)$[A]를 구하면?

답 $2(1 - e^{-5t})$[A]

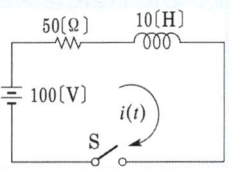

답 33. ② 34. ③

03. $R-L$ 직렬 회로에서 시정수의 값이 클수록 과도 현상의 소멸되는 시간은 어떻게 되는가?
    답 길어진다.

04. 저항 $R$과 인덕턴스 $L$의 직렬 회로에서 시정수는?
    답 $\dfrac{L}{R}$

05. 그림의 회로에서 시정수[s] 및 회로의 정상 전류[A]는?
    답 0.01, 2[A]

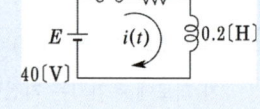

06. 회로에서 $L=50$[mH], $R=20$[kΩ]인 경우 회로의 시정수를 구하여라.
    답 $2.5[\mu \cdot \sec]$

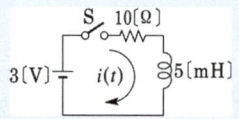

07. 그림과 같은 회로에서 스위치 S를 닫는 순간의 전류를 $I$[A]라 할 때, 스위치를 닫는 순간부터 전류가 $0.6321I$[A]가 될 때까지의 시간[s]은? 단, 코일에는 에너지가 축적되어 있지 않다.
    답 $0.5 \times 10^{-3}$[s]

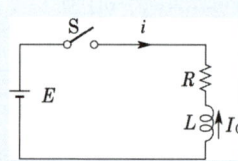

08. $R-L$ 직렬 회로에서 스위치 S를 닫아 직류 전압 $E$[V]를 회로 양단에 급히 가한 후 $\dfrac{L}{R}$[s] 후의 전류 $I$[A]값은?
    답 $0.632\dfrac{E}{R}$[A]

09. 그림과 같은 $R-L$ 직렬 회로에 $t=0$에서 스위치 S를 닫아 직류 전압 100[V]를 회로 양단에 급히 가한 후 $\dfrac{L}{R}$[s]일 때 전류값[A]은? 단, $R=10$[Ω], $L=0.1$[H]이다.
    답 6.32[A]

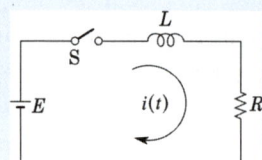

10. $R=4000$[Ω], $L=5$[H]의 직렬 회로에 직류 전압 200[V]를 가할 때 급히 단자 사이의 스위치를 단락시킬 경우 이로부터 1/800[s] 후 $R-L$ 중의 전류는 몇 [mA]인가?
    ▷ 18.4[mA]

11. 그림과 같은 회로에서 스위치 S를 닫았을 때 $L$에 가해지는 전압을 구하면?
    답 $Ee^{-\frac{R}{L}t}$

12. 그림의 회로는 스위치 1의 위치에서 정상 상태에 있었다. $t=0$에서 순간적으로 스위치를 2로 할 때 자연 응답 $i(t)$는?

    답 $7e^{-5t}$

    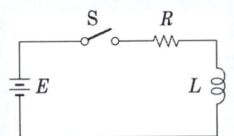

13. 자계 코일의 권수 $N=1000$, 저항 $R[\Omega]$으로 전류 $I=10[A]$를 통했을 때의 자속 $\phi=2\times 10^{-2}$ [Wb]이다. 이때 이 회로의 시정수가 0.1[s]라면 저항 $R[\Omega]$은?

    답 $20[\Omega]$

14. 저항 $1[\Omega]$, 자기 인덕턴스 $10[H]$의 코일에 $10[V]$의 직류 전압을 인가하는 순간 전류 증가율[A/s]은?

    답 $1.0[A/s]$

15. 그림의 $R-L$ 회로에서 $L$의 초기 전류를 그림과 같은 방향으로 $I_0$라 한다. $t=0$에서 S를 닫을 때 이 회로에 흐르는 과도 전류를 그림의 방향으로 $i$라 할 경우 $\left[\dfrac{di}{dt}\right]_{t=0}$의 값은?

    답 $\dfrac{E+RI_0}{L}$

    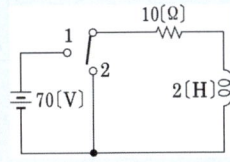

16. 그림의 회로는 스위치 S를 닫은 정상 상태이다. $t=0$에서 스위치를 연 후 저항 $R_2$에 흐르는 과도 전류는? 단, 초기 조건은 $i(0)=\dfrac{E}{R_1}$이다.

    답 $\dfrac{E}{R_1}\left(e^{-\frac{R_2}{L}t}\right)$

    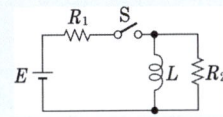

17. 직류 $R-L$ 병렬 회로의 시정수 $\tau[s]$는?

    답 $\dfrac{L}{R+r}$

18. 그림과 같은 회로에서 $t=0$일 때 스위치 S를 닫았다. $R_2=1[\Omega]$ 저항을 흐르는 전류는? 단, $i_L(0)=1[A]$이다.

    답 $\dfrac{1}{2}e^{-\frac{1}{2}t}$

    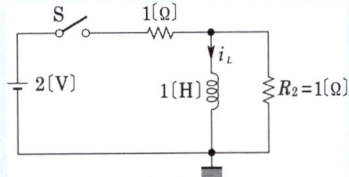

19. 인덕턴스 $0.5[H]$, 저항 $2[\Omega]$의 코일 $30[V]$의 직류 전압을 급히 가했을 때 스위치를 닫은 후 $0.1[s]$ 후의 전류의 순시값[A] 및 회로의 시정수[s]는?

    답 $i=4.95[A]$, $\tau=0.25[s]$

20. $i=I_0+te^{-at}$의 정상값은?

    답 $I_0$

**21.** 유도 코일의 시정수가 0.04[sec], 저항이 15.8[Ω]일 때 코일의 인덕턴스[mH]는?

답 632[mH]

**22.** $R-L$ 직렬 회로에 계단 응답 $i(t)$의 $\frac{L}{R}$[s]에서의 값은?

답 $\frac{0.632}{R}$

**23.** 다음 회로의 임펄스 응답은? 단, $t=0$에서 스위치 $K$를 닫으면 $V_c$를 출력으로 본다.

답 $e^{-t}$

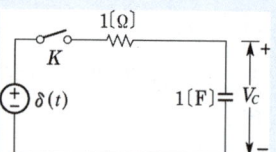

**24.** 그림과 같은 회로에서 특성근 및 시정수[s] 값은?

답 ① $-5$, ② $0.2$

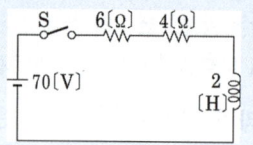

**25.** 그림과 같은 회로에서 $t=0$일 때 스위치 S를 닫을 때 과도 전류 $i(t)$는 어떻게 표시되는가?

답 $\frac{E}{R_1}\left(1-\frac{R_2}{R_1+R_2}e^{-R_1t/L}\right)$

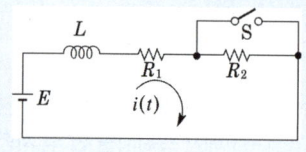

**26.** 그림과 같은 회로에서 스위치 S가 닫힌 상태에서 회로에 정상 전류가 흐르고 있다. 지금 $t=0$에서 스위치 S를 열 때 회로의 전류는?

답 $2+3e^{-5t}$

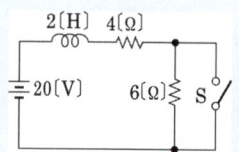

## R-C 과도현상

★ 【94. 기사】
**35** 다음 그림의 회로에서 스위치 S를 닫을 때 $t$초 후의 $R$에 걸리는 전압은 얼마인가?

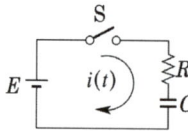

① $Ee^{-\frac{C}{R}t}$  ② $E\left(1-e^{-\frac{C}{R}t}\right)$  ③ $Ee^{-\frac{1}{CR}t}$  ④ $E\left(1-e^{\frac{1}{CR}t}\right)$

해설  $R-C$ 직렬 회로에서 $i=\frac{E}{R}e^{-\frac{1}{RC}t}$  ∴ $v_R=iR=Ee^{-\frac{1}{RC}t}$

답 35. ③

**36** 그림과 같은 $R-C$ 직렬 회로에 $t=0$에서 스위치 S를 닫아 직류 전압 100[V]를 회로의 양단에 급격히 인가하면 그때의 충전 전하는? 단, $R=10[\Omega]$, $C=0.1[F]$이다.

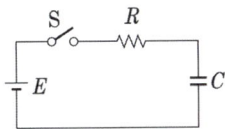

① $10(1-e^{-t})$  ② $-10(1-e^t)$  ③ $10e^{-t}$  ④ $-10e^t$

**해설** $q = CE\left(1-e^{-\frac{1}{RC}t}\right) = 10(1-e^{-t})$ [C]

**37** 그림의 회로에서 스위치 S를 닫을 때 콘덴서의 초기 전하를 무시하고 회로에 흐르는 전류를 구하면?

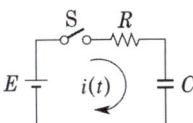

① $\dfrac{E}{R}e^{\frac{C}{R}t}$  ② $\dfrac{E}{R}e^{\frac{R}{C}t}$  ③ $\dfrac{E}{R}e^{-\frac{1}{CR}t}$  ④ $\dfrac{E}{R}e^{\frac{1}{CR}t}$

**해설** 스위치를 닫았을 때 회로의 평형 방정식은 $Ri(t) + \dfrac{1}{C}\int i(t)dt = E$

$C$의 전하를 $q(t)$, $C$의 양단 전압을 $v_0$라 하면 $q(t) = \int i(t)dt = Cv_0$, $i(t) = \dfrac{dq(t)}{dt}$

따라서 위 식은 $R\dfrac{dq(t)}{dt} + \dfrac{1}{C}q(t) = E$

초기 전하를 0이라 하면 $q(t) = CE\left(1-e^{-\frac{1}{RC}t}\right)$

$\therefore i(t) = \dfrac{dq(t)}{dt} = \dfrac{d}{dt}CE\left(1-e^{-\frac{1}{RC}t}\right) = \dfrac{E}{R}e^{-\frac{1}{RC}t}$

**38** $R-C$ 직렬 회로에 $t=0$일 때 직류 전압 10[V]를 인가하면, $t=0.1$초 때 전류[mA]의 크기는? 단, $R=1000[\Omega]$, $C=50[\mu F]$이고, 처음부터 정전 용량의 전하는 없었다고 한다.

① 약 2.25  ② 약 1.8  ③ 약 1.35  ④ 약 2.4

**해설** $i = \dfrac{E}{R}e^{-\frac{1}{RC}t}$ 에서 $t=0.1$이므로

$i = \dfrac{10}{1000}e^{-\frac{0.1}{1000 \times 50 \times 10^{-6}}} = \dfrac{1}{100}e^{-2} \approx 1.35$ [mA]

**답** 36. ① 37. ③ 38. ③

**39** 다음 회로에서 정전 용량 $C$는 초기 전하가 없었다. 지금 $t=0$에서 스위치 K를 닫았을 때 $t=0^+$에서의 $i$값은?

① 0.1[A]   ② 0.2[A]
③ 0.4[A]   ④ 1[A]

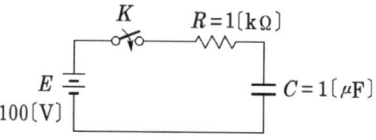

**해설** $i(t) = \dfrac{E}{R}\epsilon^{-\frac{1}{RC}t}$ 에서 $t=0^+$이면 $i(0^+) = \dfrac{E}{R} = \dfrac{100}{1\times 10^3} = 0.1[A]$

**40** $R-C$ 직렬 회로의 시정수는 $RC$이다. 시정수의 단위는?

① [Ω·F]   ② [Ω·μF]   ③ [sec]   ④ [Ω/F]

**해설** $R-C$ 직렬 회로(직류를 공급하는 경우), 시정수 $\tau$는 $\tau = RC[\text{sec}]$

**41** $R-C$ 직렬 회로의 과도 현상에 대하여 옳게 설명된 것은?

① $R-C$ 값이 클수록 과도 전류값은 천천히 사라진다.
② $R-C$ 값이 클수록 과도 전류값은 빨리 사라진다.
③ 과도 전류는 $R-C$ 값에 관계가 없다.
④ $\dfrac{1}{RC}$의 값이 클수록 과도 전류값은 천천히 사라진다.

**해설** 시정수가 크면 클수록 과도 현상은 오래 지속된다.
$R-C$ 회로의 시정수는 $RC$이므로 $RC$값이 클수록 과도 전류의 값이 천천히 사라진다.

**42** 그림과 같은 회로에서 저항 $R[\Omega]$과 정전 용량 $C[F]$의 직렬 회로에서 잘못 표현된 것은?

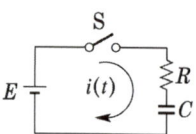

① 회로의 시정수는 $\tau = RC[s]$이다.
② $t=0$에서 직류 전압 $E[V]$를 가했을 때 $t[s]$ 후의 전류 $i = \dfrac{E}{R}e^{-\frac{1}{RC}t}[A]$이다.
③ $t=0$에서 직류 전압 $E[V]$를 가했을 때 $t[s]$ 후의 전류 $i = \dfrac{E}{R}\left(1-e^{-\frac{1}{RC}t}\right)[A]$이다.
④ $R-C$ 직렬 회로의 직류 전압 $E[V]$를 충전하는 경우 회로의 전압 방정식은 $Ri + \dfrac{1}{C}\int i\,dt = E$이다.

**답** 39. ①   40. ③   41. ①   42. ③

**해설** $t=0$에서 직류 전압 $E$를 인가할 때 전류 $i$는 $i(t) = \dfrac{E}{R}\epsilon^{-\frac{1}{RC}t}$ [A]

**43** ★★☆ 【80. 81. 82. 83. 96. 16. 산업기사】

저항 $R = 5000[\Omega]$, 정전 용량 $C = 20[\mu F]$이 직렬로 접속된 회로에 일정 전압 $E = 100$ [V]를 가하고, $t = 0$에서 스위치를 넣을 때 콘덴서 단자 전압[V]을 구하면? 단, 처음에 콘덴서는 충전되지 않았다.

① $100(1-e^{10t})$
② $100e^{-10t}$
③ $100(1-e^{-10t})$
④ $100e^{10t}$

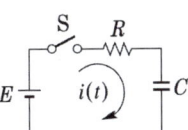

**해설** 직류 전압 인가 시 전류 $i(t) = \dfrac{E}{R}e^{-\frac{1}{RC}t}$ [A]이므로

콘덴서 양단의 전압 $v_c(t)$는 적분 구간을 0~t로 잡으면

$$v_c(t) = \frac{1}{C}\int_0^t i(t)dt = \frac{1}{C}\int_0^t \frac{E}{R}\cdot e^{-\frac{1}{RC}t}dt = E\left(1-e^{-\frac{1}{RC}t}\right)[V]$$

$$\therefore v_c(t) = 100\left(1-e^{-\frac{1}{5000\times 20\times 10^{-6}}t}\right) = 100(1-e^{-10t})$$

**44** 그림과 같은 회로에서 스위치 S를 닫을 때 방전 전류 $i(t)$는?

① $-\dfrac{Q}{RC}e^{-\frac{1}{RC}t}$
② $\dfrac{Q}{RC}e^{-\frac{1}{RC}t}$
③ $-\dfrac{Q}{RC}\left(1-e^{-\frac{1}{RC}t}\right)$
④ $\dfrac{Q}{RC}\left(1+e^{-\frac{1}{RC}t}\right)$

**해설** 스위치를 닫은 상태에서 회로의 평형 방정식은 $R\dfrac{dq(t)}{dt} + \dfrac{1}{C}q(t) = 0$이므로

$q(t) = Ae^{-\frac{1}{RC}t}$

초기 조건에서 $q(0) = Q$라 하면

$q(t) = Qe^{-\frac{1}{RC}t}$

$\therefore i(t) = \dfrac{dq(t)}{dt} = \dfrac{d}{dt}Qe^{-\frac{1}{RC}t} = -\dfrac{Q}{RC}e^{-\frac{1}{RC}t}$

그런데 문제의 그림에서는 전류 방향이 일치하므로 부호는 +이다.

**답** 43. ③  44. ②

**45** 그림과 같은 회로에서 스위치 $S$를 $t=0$에서 닫을 때 $t=0$에서의 전류 $i(0)$[A]는?(단, $Vc(0)$는 $C$의 초기전압이며 20[V]이다.)

★★ 【03. 기사】

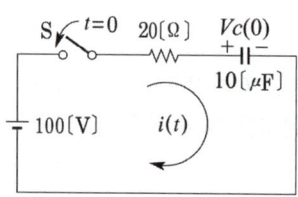

① 0  ② 4  ③ 5  ④ 10

[해설] $t=0$이므로
$$i(t) = \frac{E}{R} = \frac{V - V_C(0)}{R} = \frac{100-20}{20} = 4[A]$$

**46** 그림과 같은 $R$, $C$ 회로의 입력 단자에 계단 전압을 인가하면 출력 전압은 어떻게 되는가?

★★★ 【82. 89. 95. 03. 06. 11. 산업기사】

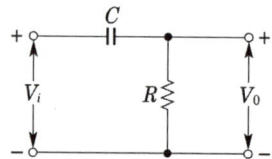

① 0부터 지수적으로 증가한다.
② 처음에는 입력과 같이 변했다가 지수적으로 감쇠한다.
③ 같은 모양의 계단 전압이 나타난다.
④ 아무것도 나타나지 않는다.

[해설] $V_0 = Ve^{-\frac{1}{RC}t}$ 이므로 처음에는 입력과 같이 변했다가 지수적으로 감쇠한다.

**47** $R=1[\text{M}\Omega]$, $C=1[\mu\text{F}]$의 직렬 회로에 직류 100[V]를 가했다. 시정수 $T$, 전류의 초기값 $I$를 구하면?

★★ 【90. 99. 기사】

① 5[sec], $10^{-4}$[A]  ② 4[sec], $10^{-3}$[A]
③ 1[sec], $10^{-4}$[A]  ④ 2[sec], $10^{-3}$[A]

[해설] $\tau = RC = 10^6 \times 10^{-6} = 1[\text{sec}]$
$$I = \frac{E}{R}\bigg|_{t=0} = \frac{100}{1 \times 10^6} = 10^{-4}[A]$$

[답] 45. ② 46. ② 47. ③

**48** 그림과 같은 회로를 사용하여 입력 파형을 미분할 때는 입력 파형의 주기 $T$와 회로의 시정수 $RC$ 사이에 어떤 조건이 만족되어야 하는가?

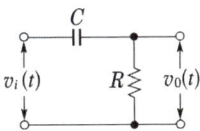

① $T \gg RC$    ② $T \ll RC$    ③ $T = RC$    ④ $T \leq RC$

**해설** 회로에서 $v_i(t) = \dfrac{1}{C}\displaystyle\int_0^t i(t)dt + Ri(t)$에서

시정수를 충분히 작게 하면 $\dfrac{1}{C}\displaystyle\int_0^t i(t)dt \gg Ri(t)$가 되므로 $v_i(t) \fallingdotseq \dfrac{1}{C}\displaystyle\int_0^t i(t)dt$이다.

즉, $i(t) \fallingdotseq C\dfrac{dv_i(t)}{dt}$가 되고 $v_0(t) \fallingdotseq Ri(t) = RC\dfrac{dv_i(t)}{dt} \fallingdotseq \dfrac{dv_i(t)}{dt}$가 되어

근사적인 입력 전압의 미분 파형이 얻어진다.

**49** 다음 회로는 스위치 S가 열린 상태에서 정상 상태에 있었다. $t=0$에서 스위치를 갑자기 닫았을 때 $V(0^+)$[V] 및 $i(0^+)$[mA]는?

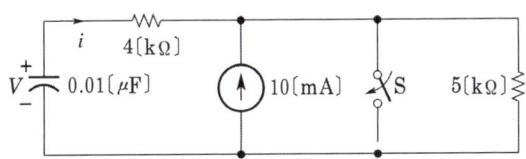

① 50, $-12.5$    ② 50, 0    ③ 50, 12.5    ④ 0, 12.5

**해설**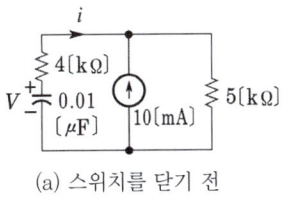

(a) 스위치를 닫기 전    (b) 스위치를 닫은 후

그림 (a)에서 4[kΩ] 지로에는 전류가 흐르지 않으면 4[kΩ] 지로와 5[kΩ] 지로는 병렬이므로 콘덴서에 충전되는 전압은 5[kΩ] 저항 양단의 전압과 같다.

$\therefore i(0^-) = 0$,  $V(0^-) = RI = 5 \times 10^3 \times 10 \times 10^{-3} = 50$[V]

다음 그림 (b)에서

$V(0^+) = 50$[V],  $i(0^+) = \dfrac{V}{R} = \dfrac{50}{4 \times 10^3} = 12.5$[mA]

48. ①  49. ③

**50** ★☆ 【82. 기사, 98. 산업기사】
그림과 같은 회로는?

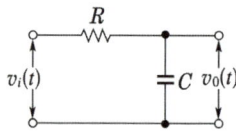

① 가산 회로
② 승산 회로
③ 미분 회로
④ 적분 회로

**해설** 회로에서 $v_i(t) = \dfrac{1}{C}\int_0^t i(t)dt + Ri(t)$에서 시정수를 충분히 크게 하면
$\dfrac{1}{C}\int_0^t i(t)dt \ll Ri(t)$가 되므로
$v_i(t) \fallingdotseq Ri(t)$ 즉, $i(t) = \dfrac{v_i(t)}{R}$가 되고
$v_0(t) = v_C(t) = \dfrac{1}{C}\int_0^t i(t)dt = \dfrac{1}{C}\int_0^t \dfrac{v_i(t)}{R}dt = \dfrac{1}{RC}\int_0^t v_i(t)dt \fallingdotseq \int_0^t v_i(t)dt$
가 되어 입력 전압의 적분 파형과 거의 같게 된다.

## 유사문제

▮ 유사문제 원문 및 해설 : 동일출판사 홈페이지 ≫ 고객센터 ≫ 자료실

**01.** $R-C$ 직렬 회로에 직류 전압을 가했을 때 전류값이 초기값의 $e^{-1}$으로 저하되는 시간은 몇 [초]인가?
**탑** $RC$

**02.** $R=10[\Omega]$, $C=50[\mu F]$의 직렬 회로에 200[V]의 직류를 가할 때 충전 전기량의 정상값[C]은?
**탑** $0.01[C]$

**03.** $t=0$에서 스위치 S를 닫았다. 초기값이 0일 때, $i(t)$는 어느 것인가?
**탑** $2e^{-t}$

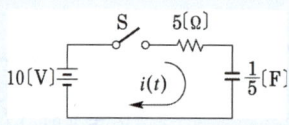

**04.** 그림과 같은 회로에서 커패시턴스에 0.5[C]의 전하가 이미 충전되어 있을 때 스위치 S를 $t=0$일 때 닫는다면 $t=0^+$일 때 흐르는 크기는 얼마인가?
**탑** $5[A]$

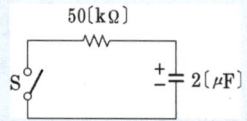

**05.** 그림과 같은 회로에서 콘덴서 $C$는 초기값이 영 (zero)이다. $t=0$에서 스위치 S를 닫은 후 0.02[s] 후에 콘덴서에 충전된 전압[V]은?
**탑** $173[V]$

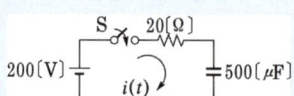

**탑** 50. ④

06. 그림과 같은 회로에서 스위치 S가 1의 위치에 있을 때 $C$ 양단의 전압이 $V_C$로 충전되었고 $i=0$이다. $t=0$에서 S를 2로 전환시켰을 때 전류 $i(t)$를 나타내는 식은?

답 $-\dfrac{V_C}{R}e^{-\frac{1}{RC}t}$

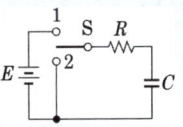

07. 그림과 같은 회로를 흐르는 전류를 라플라스 변환을 써서 구하면? 단, $t=0$에서 전하 $Q_0$가 용량 $C$에 저축되어 있고 전압은 $e(t)=Eu(t)$라 한다.

답 $\dfrac{1}{R}\left(E-\dfrac{Q_0}{C}\right)e^{-\frac{1}{RC}t}$

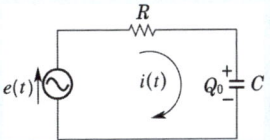

08. 그림과 같은 회로는?

답 미분 회로

09. 그림과 같은 회로에서 스위치 S를 닫은 다음부터의 출력 단자 a, b의 전압[V]은?

답 $10(1-e^{-20t})$ [V]

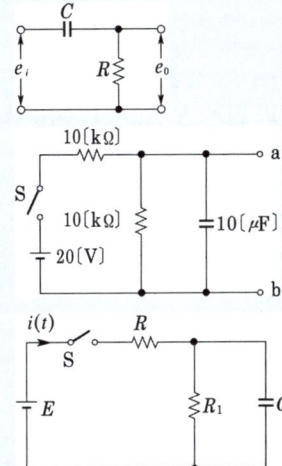

10. 그림의 회로에서 스위치 S를 갑자기 닫은 후 회로에 흐르는 전류 $i(t)$의 시정수는? 단, $C$에 초기 전하는 없었다.

답 $\dfrac{RR_1C}{R+R_1}$

11. $R-C$ 직렬 회로의 시정수 $\tau$[s]는?

답 $RC$

12. 그림의 회로에서 S가 $t=0$인 순간 2 → 1로 이동할 때 $R$의 크기에 따라 a, b 간의 순시 전압을 옳게 표시한 그래프는?

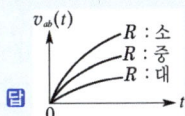

답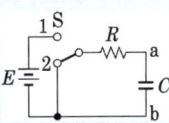

13. 그림의 회로에서 $t=0$에서 스위치 S를 닫았다. 이 회로의 완전 응답 $i(t)$는? 단, 커패시턴스 $C$는 그림의 극성으로 $\dfrac{V}{2}$의 초기 전압을 갖고 있었다.

답 $\dfrac{V}{2R}e^{-\frac{1}{RC}t}$

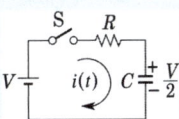

## R-L-C 과도현상

**51** ★☆ 【91. 기사, 91. 산업기사】
$R-L-C$ 직렬 회로에서 $L$ 및 $C$의 값을 고정시켜 놓고 저항 $R$의 값만 큰 값으로 변화시킬 때 옳게 설명한 것은 어느 것인가?

① 이 회로의 $Q$(선택도)는 커진다.
② 공진 주파수는 커진다.
③ 공진 주파수는 작아진다.
④ 공진 주파수는 변화하지 않는다.

[해설] $R$과 공진 주파수는 무관하며, $Q = \frac{1}{R}\sqrt{\frac{L}{C}}$ 에서 $R$을 크게 하면 $Q$값은 감소한다.

**52** ★★★ 【12. 기사, 74. 83. 84. 88. 89. 05. 산업기사】
그림과 같은 $R-L-C$ 직렬 회로에서 발생하는 과도 현상이 진동이 되지 않는 조건은 어느 것인가?

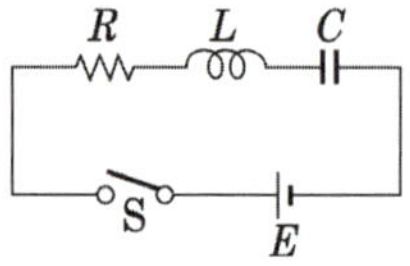

① $\left(\frac{R}{2L}\right)^2 - \frac{1}{LC} < 0$   ② $\left(\frac{R}{2L}\right)^2 - \frac{1}{LC} > 0$
③ $\left(\frac{R}{2L}\right)^2 = \frac{1}{LC}$   ④ $\frac{R}{2L} = \frac{1}{LC}$

[해설] 회로 방정식을 $i(t) = \frac{dq(t)}{dt}$ 를 이용하여 표시하면

$$L\frac{di(t)}{dt} + Ri(t) + \frac{1}{C}\int i(t)dt = E$$

$$L\frac{d^2q(t)}{dt^2} + R\frac{dq(t)}{dt} + \frac{1}{C}q(t) = E$$

$q(t) = q_s + q_t$ 에서 $q_s = CE$ 이고

$$L\frac{d^2q_t}{dt^2} + R\frac{dq_t}{dt} + \frac{1}{C}q_t = 0, \quad LK^2 + RK + \frac{1}{C} = 0$$

$$\therefore K = -\frac{R}{2L} \pm \sqrt{\left(\frac{R}{2L}\right)^2 - \frac{1}{LC}}$$

여기서
$\left(\frac{R}{2L}\right)^2 - \frac{1}{LC} > 0$ 이면 비진동적
$\left(\frac{R}{2L}\right)^2 - \frac{1}{LC} < 0$ 이면 진동적
$\left(\frac{R}{2L}\right)^2 - \frac{1}{LC} = 0$ 이면 임계적

답 51. ④ 52. ②

**53** $R-L-C$ 직렬 회로에서 직류 전압 인가 시 $R^2 = \dfrac{4L}{C}$ 일 때 회로 전류 $i$를 표시하는 것은? 단, $i$는 임계적이다.

① $\dfrac{E}{L}te^{-\alpha t}$  ② $\dfrac{E}{\beta L}e^{-\alpha t}\sin\beta t$  ③ $\dfrac{E}{\beta L}e^{-\alpha t}\sinh\beta t$  ④ $\dfrac{E}{\sqrt{\dfrac{L}{C}}}\sin\omega t$

**해설** 임계적인 경우 $\beta = 0$이면 $K = -\alpha$

$q_t = A_1 e^{-\alpha t} + A_2 t e^{-\alpha t}$

$q(t) = q_s + q_t = CE + A_1 e^{-\alpha t} + A_2 t e^{-\alpha t}$

$i(t) = \dfrac{dq(t)}{dt} = -\alpha A_1 e^{-\alpha t} - \alpha A_2 t e^{-\alpha t} + A e^{-\alpha t}$

$t=0$에서 $q=0$, $i=0$이면

$\begin{cases} 0 = CE + A_1 \\ 0 = -\alpha A_1 + A_2 \end{cases}$

$\therefore A_1 = -CE, \quad A_2 = -\alpha CE$

$\therefore i(t) = \alpha CE e^{-\alpha t} + \alpha^2 CE t e^{-\alpha t} - \alpha CE e^{-\alpha t}$

$= \dfrac{R^2}{4L^2}CE t e^{-\alpha t} = \dfrac{E}{L} t \cdot e^{-\alpha t}$ [A]

**54** $R-L-C$ 직렬 회로에서 부족 제동인 경우 감쇠 진동의 고유 주파수 $f$는?
① 공진 주파수보다 작다.
② 공진 주파수보다 크다.
③ 공진 주파수에 관계없이 일정하다.
④ 공진 주파수와 같이 증가한다.

**55** 그림과 같은 $R-L-C$ 직렬 회로에서 $R = 100[\Omega]$, $L = 0.1[\text{mH}]$, $C = 0.1[\mu\text{F}]$일 때 이 회로의 전류 $i(t)$가 그림 중 가장 적당한 파형은?

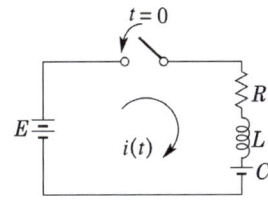

① 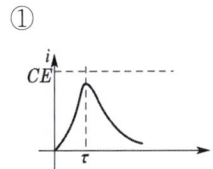 ② 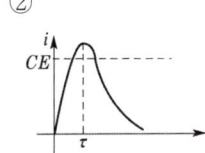 ③ 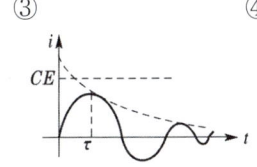 ④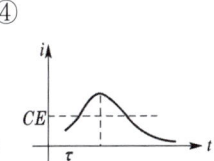

답 53. ① 54. ① 55. ①

**해설**  $R^2 = 100^2 = 10^4$

$4\dfrac{L}{C} = 4\dfrac{0.1 \times 10^{-3}}{0.1 \times 10^{-6}} = 4000$

$\therefore R^2 > 4\dfrac{L}{C}$ 이므로 비진동이다.

**56** ★★★★★ 【82. 93. 기사, 77. 91. 97. 99. 17. 산업기사, ㉾ : 97. 05. 07. 기사, 97. 산업기사】

$R-L-C$ 직렬 회로에서 진동 조건은 어느 것인가?

① $R < 2\sqrt{\dfrac{C}{L}}$  ② $R < 2\sqrt{\dfrac{L}{C}}$  ③ $R < 2\sqrt{LC}$  ④ $R < \dfrac{1}{2\sqrt{LC}}$

**해설** 진동적 조건 $\left(\dfrac{R}{2L}\right)^2 - \dfrac{1}{LC} < 0$ 에서 $R < 2\sqrt{\dfrac{L}{C}}$

**57** ★★★★★ 【84. 기사, 81. 82. 83. 85. 91. 94. 98. 00. 04. 07. 산업기사, ㉾ : 82. 83. 93. 01. 산업기사】

$R-L-C$ 직렬 회로에서 $R=100[\Omega]$, $L=0.1 \times 10^{-3}[H]$, $C=0.1 \times 10^{-6}[F]$일 때 이 회로는?

① 진동적이다.  ② 비진동이다.
③ 정현파 진동이다.  ④ 진동일 수도 있고 비진동일 수도 있다.

**해설** 진동 여부의 판별식에서

$\left(\dfrac{R}{2L}\right)^2 - \dfrac{1}{LC} = R^2 - 4\dfrac{L}{C} = 10^4 - 4 \times \dfrac{0.1 \times 10^{-3}}{0.1 \times 10^{-6}} = 10^4 - 4 \times 10^3 > 0$

이므로 비진동적이다.

**58** ★★★ 【83. 88. 96. 24. ㄴㄴ기사】

다음 회로에서 $E=10[V]$, $R=10[\Omega]$, $L=1[H]$, $C=10[\mu F]$ 그리고 $V_C(0)=0$일 때 스위치 S를 닫은 직후 전류의 변화율 $\dfrac{di(0^+)}{dt}$의 값[A/s]은?

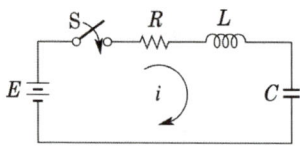

① 0  ② 5  ③ 10  ④ 1

**해설** 진동 여부 판별식으로부터 위와 같은 회로는 진동인 경우이므로

$i = \dfrac{E}{\beta L} e^{-\alpha t} \sin\beta t$

$\therefore \left.\dfrac{di}{dt}\right|_{t=0} = \dfrac{E}{\beta L}[-\alpha e^{-\alpha t}\sin\beta t + \beta e^{-\alpha t}\cos\beta t]_{t=0} = \dfrac{E}{\beta L} \cdot \beta = \dfrac{E}{L} = \dfrac{10}{1} = 10[A/s]$

**답** 56. ②  57. ②  58. ③

**59** 저항 $R = 6[\text{k}\Omega]$, 인덕턴스 $L = 90[\text{mH}]$, 커패시턴스 $C = 0.01[\mu\text{F}]$인 직렬 회로에 $t = 0$에서 직류 전압 $E = 100[\text{V}]$를 가했다. 흐르는 전류가 최대인 시간 $T$를 구하면?

① 30[s]  ② 15[s]  ③ 30[μs]  ④ 15[μs]

**해설** 진동 여부 판별법으로 임계적임을 알 수 있고 이 경우 회로의 전류는 $i(t) = \frac{E}{L}t \cdot e^{-\frac{R}{2L}t}$이다.

따라서 전류가 최대로 되는 시간은 $\frac{di(t)}{dt} = \frac{E}{L} \cdot e^{-\frac{R}{2L}t} - \frac{R}{2L} \cdot \frac{E}{L}te^{-\frac{R}{2L}t} = 0$

$1 = \frac{R}{2L}t$ ∴ $t = \frac{2L}{R} = \frac{2 \times 90 \times 10^{-3}}{6000} = 30[\mu\text{s}]$

**60** 그림의 회로에서 스위치를 닫을 때, 즉 $t = 0_+$일 때 $\frac{di_2}{dt}$의 값은 얼마인가?

① 1
② 10
③ 100
④ 126

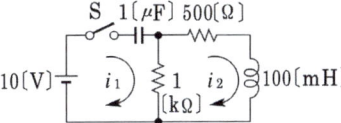

**해설** 저항 $1[\text{k}\Omega]$을 $R_1$, $500[\Omega]$을 $R_2$라 하면 회로 방정식은

$\frac{1}{C}\int i_1 dt + R_1(i_1 - i_2) = E$ …… ①

$R_2 i_2 + L\frac{di_2}{dt} + R_1(i_2 - i_1) = 0$ …… ②

다음, 그림과 같이 S를 닫을 때 $C$는 단락, $L$은 개방 상태이므로 $t = 0$에서

$i_2(0_+) = 0$, $i_1(0_+) = \frac{10}{1000} = 10[\text{mA}]$

식 ②에서

$\frac{di_2(0_+)}{dt} = \frac{R_1}{L}\{i_1(0_+) - i_2(0_+)\} - \frac{R_2}{L}i_2(0_+) = \frac{R_1}{L}i_1(0_+) = \frac{1000}{0.1} \times 0.01 = 100[\text{A/s}]$

**61** 그림의 회로에서 $t = 0$일 때 스위치 S를 닫았다. $i_1(0_+)$, $i_2(0_+)$의 값은? 단, $t < 0$에서 $C$ 전압, $L$ 전압은 0이다.

① $\frac{E}{R_1}$, 0

② $0, \frac{E}{R_2}$

③ 0, 0

④ $-\frac{E}{R_1}$, 0

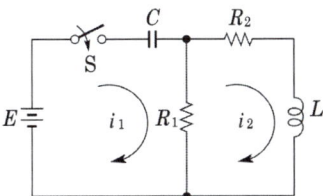

답 59. ③ 60. ③ 61. ①

[해설] $t=0_+$에서 $C$는 단락, $L$은 개방이므로 $i_1 = \dfrac{E}{R_1}$, $i_2 = 0$

**【88. 산업기사】**

**62** 다음 중 초[s]의 차원을 갖지 않는 것은 어느 것인가? 단, $R$은 저항, $L$은 인덕턴스, $C$는 커패시턴스이다.

① $RC$  ② $RL$  ③ $\dfrac{L}{R}$  ④ $\sqrt{LC}$

[해설] 시정수[s]의 차원을 갖는다.

따라서 $[\sec]^2 = \dfrac{L}{R} \times RC = LC$

∴ $\sec = \sqrt{LC}$, 즉 $\sqrt{LC}$도 초의 차원을 갖는다.

---

### 유사문제

∥ 유사문제 원문 및 해설 : 동일출판사 홈페이지 》고객센터 》자료실

**01.** 그림 중에서 $i(t) = e^{-kt}\sin\omega t$의 파형을 나타내는 것은? 단, $t \geq 0$ 이다.

답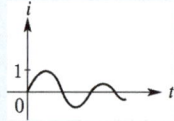

**02.** $L-C$ 직렬 회로에 직류 기전력 $E$를 $t=0$에서 갑자기 인가할 때 $C$에 걸리는 최대 전압은?

답 $2E$

**03.** $R-L-C$ 직렬 회로에 직류 전압을 갑자기 인가할 때 회로의 자유 진동 각주파수[rad/s]는?

답 $\sqrt{\dfrac{1}{LC} - \left(\dfrac{R}{2L}\right)^2}$ [rad/s]

**04.** $R-L-C$ 직렬 회로에 직류 전압을 갑자기 인가할 때, 회로에 흐르는 전류가 비진동적이 될 조건은?

답 $R^2 > \dfrac{4L}{C}$

**05.** $R-L-C$ 직렬 회로에서 저항 $R=1[k\Omega]$, 인덕턴스 $L=3[mH]$일 때 이 회로가 진동적이기 위한 커패시턴스 $C$의 값은?

답 $12[pF]$

**06.** $R-L-C$ 직렬 회로에서 회로 저항값이 다음의 어느 값이어야 이 회로가 임계적으로 제동되는가?

답 $2\sqrt{\dfrac{L}{C}}$

**07.** 그림의 회로에서 $t=0$일 때 스위치를 닫았다. $t=\infty$에서 $i_1(t)$, $i_2(t)$의 값은?

답 $\dfrac{E}{R_1+R_2}$, $\dfrac{E}{R_1+R_2}$

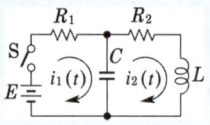

답 62. ②

08. 그림의 회로에서 $t=0$에서 S를 닫을 때 전 전류 $i$가 일정한 값을 갖기 위한 조건을 $R_1$, $R_2$, $L$, $C$로 나타내는 관계식 중 옳은 것은?

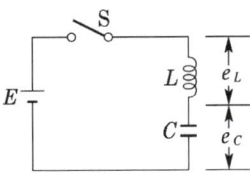

답 $R_1 = R_2 = \sqrt{\dfrac{L}{C}}$

09. $R-L-C$ 직렬 회로에서 시정수의 값이 작을수록 과도 현상이 소멸되는 시간은 어떻게 되는가?
답 짧아진다.

10. $R-L-C$ 직렬 회로에 $t=0$에서 교류 전압 $e = E_m \sin(\omega t + \theta)$를 가할 때 $R^2 - 4\dfrac{L}{C} > 0$이면 이 회로는?
답 비진동적이다.

11. 다음은 과도 현상에 관한 기술이다. 틀린 것은?
답 $R-C$ 직렬 회로에서 $E_0$로 충전된 콘덴서를 방전시킬 경우, $t = RC$에서 콘덴서의 단자 전압은 $0.632E_0$이다.

## L-C 과도현상

**63** ★★ 【89. 99. 07. 기사 ㉺ : 05. 산업기사】

그림과 같은 직류 $LC$ 직렬 회로에 대한 설명 중 맞는 것은?

① $e_L$는 진동 함수이나 $e_C$는 진동하지 않는다.
② $e_L$의 최대치는 $2E$까지 될 수 있다.
③ $e_C$의 최대치가 $2E$까지 될 수 있다.
④ $C$의 충전 전하 $q$는 시간 $t$에 무관계이다.

해설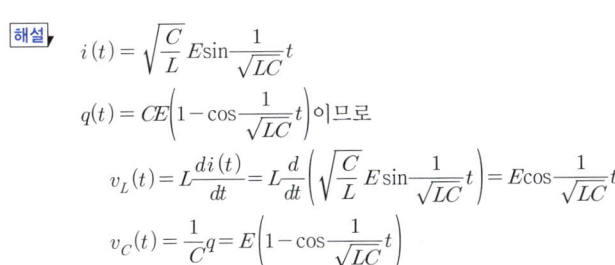

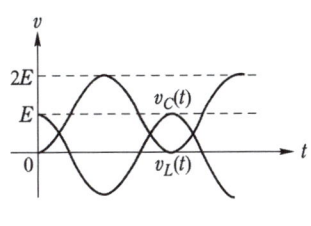

답 63. ③

**64** 【94. 03. 산업기사】
인덕턴스 $L = 50[\text{mH}]$의 코일에 $I_0 = 200[\text{A}]$의 직류를 흘려 급히 그림과 같이 용량 $C = 20[\mu\text{F}]$의 콘덴서에 연결할 때 회로에 생기는 최대 전압[kV]은?

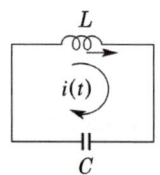

① 10  ② $10\sqrt{2}$  ③ 20  ④ $20\sqrt{2}$

**해설**  $L$, $C$의 직렬 회로에 전류 $i$가 흐르면
$$L\frac{di(t)}{dt} + \frac{1}{C}\int i(t)dt = 0$$
$$\therefore L\frac{d^2i(t)}{dt^2} + \frac{1}{C}i(t) = 0$$
$$\therefore i(t) = (A\cos\omega_r t + B\sin\omega_r t), \quad \omega_r = \frac{1}{\sqrt{LC}}$$
$t = 0$일 때 $i = 200$이므로 $A = 200$, $B = 0$
$$e_L = L\frac{di}{dt} = -\sqrt{\frac{L}{C}} \cdot 200 \cdot \sin\frac{t}{\sqrt{LC}}$$
$$e_C = \frac{1}{C}\int i(t)dt = \sqrt{\frac{L}{C}} \cdot 200 \cdot \sin\frac{t}{\sqrt{LC}}$$
$$e_{L_{\max}} = e_{C_{\max}} = \sqrt{\frac{L}{C}} \cdot 200 = \sqrt{\frac{50 \times 10^{-3}}{20 \times 10^{-6}}} \cdot 200 = 10[\text{kV}]$$

**65** ★★★★★ 【82. 86. 90. 98. 00. 04. 07. 13. 기사, 97. 01. 산업기사】
그림의 정전 용량 $C[\text{F}]$를 충전한 후 스위치 S를 닫아 이것을 방전하는 경우의 과도 전류는? 단, 회로에는 저항이 없다.

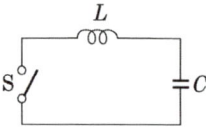

① 불변의 진동 전류
② 감쇠하는 전류
③ 감쇠하는 진동 전류
④ 일정값까지는 증가하여 그 후 감쇠하는 전류

**해설**  저항 성분이 없으므로 전력 소모가 없고 $L$, $C$내의 보유 에너지는 불변하므로 크기, 주파수가 변함없는 무감쇠 진동 전류가 흐른다.

**답** 64. ①  65. ①

## 과도현상이 없는 조건

**66** ★★★★ 【91. 01. 기사, 91. 산업기사, ㊤ : 84. 기사, 83. 산업기사】
$R = 30[\Omega]$, $L = 79.6[mH]$의 $R-L$ 직렬 회로에 60[Hz], 교류를 가할 때 과도현상이 일어나지 않으려면 전압은 어느 위상에서 가해야 하는가?

① 30°    ② 45°    ③ 60°    ④ 75°

**[해설]** $R-L$ 직렬 회로에 $e = E_m \sin(\omega t + \theta)$의 교류 전압을 인가하는 경우 회로에 흐르는 전류는
$$i = \frac{E_m}{Z}\left\{\sin(\omega t + \theta - \phi) - e^{-\frac{R}{L}t}\sin(\theta - \phi)\right\}$$가 된다.
이때, 과도 전류가 생기지 않으려면, $\sin(\theta - \phi)$가 0이어야 한다. 즉, $\theta = \varphi$이므로
$$\phi = \tan^{-1}\frac{\omega L}{R} = \tan^{-1}\frac{2\times\pi\times 79.6\times 10^{-3}\times 60}{30} = \tan^{-1}1$$
$\phi = 45°$

**67** ★★★★★ 【85. 89. 98. 99. 00. 기사】
그림과 같은 회로에서 스위치 S를 닫았을 때 과도분을 포함하지 않기 위한 $R$의 값[$\Omega$]은?

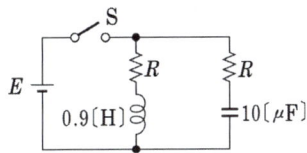

① 100    ② 200    ③ 300    ④ 400

**[해설]** 과도 현상이 발생되지 않기 위한 조건 중 정저항 조건을 만족하면 되므로 $R^2 = \frac{L}{C}$이다.
$$R = \sqrt{\frac{L}{C}} = \sqrt{\frac{0.9}{10\times 10^{-6}}} = 300[\Omega]$$

## 유사문제

유사문제 원문 및 해설 : 동일출판사 홈페이지 ≫ 고객센터 ≫ 자료실

**01.** 60[Hz]의 전압을 40[mH]의 인덕턴스와 20[Ω]의 저항과의 직렬 회로에 가할 때 과도 전류가 생기지 않으려면 그 전압을 어느 위상에 가하면 되는가?

답 약 $\tan^{-1} 0.754$

**02.** 그림의 회로에서 $v(t) = 120\sin(100t + \theta)$[V] 이다. $t = 0$에서 스위치를 닫았을 때 전류의 파형에 과도 현상이 나타나지 않게 하려면 $\theta$의 값은 약 몇 [°]인가?

답 36.86°

답 66. ② 67. ③

# CHAPTER 16 라플라스 변환

## 01 라플라스 변환(Laplace transformation)

어떤 임의의 시간함수 $f(t)$에 $e^{-st}$를 곱한 $f(t)e^{-st}$를 시간 $t$에 대해서 0부터 ∞ 까지 적분하면 $f(t)$는 라플라스 연산자 $s$를 갖는 함수 $F(s)$로 변환된다. 즉, $0 \le t \le \infty$ 로 정의되는 $f(t)$의 라플라스 변환은 다음 식으로 표시한다.

$$F(s) = \mathcal{L}[f(t)] = \int_0^\infty f(t)\, e^{-st}\, dt$$

출제 기사 5번

역으로 $F(s)$ 함수로부터 $f(t)$를 구하는 것을 라플라스 역변환(inverse Laplace transformation)이라 하며 $\mathcal{L}^{-1}[F(s)]$로 표시하며 다음과 같이 정의한다.

$$f(t) = \mathcal{L}^{-1}[F(s)] = \frac{1}{2\pi j}\int_{c-j\infty}^{c+j\infty} f(t)e^{st}\, ds$$

### 1) 상수(constant) $a$

$f(t) = a$ 이므로

$$\mathcal{L}[a] = \int_0^\infty a\, e^{-st}\, dt = a\left[-\frac{e^{-st}}{s}\right]_0^\infty = \frac{a}{s}$$

$$\therefore \mathcal{L}[a] = \frac{a}{s}$$

출제 산업 1번

### 2) 단위 계단함수 $u(t)$

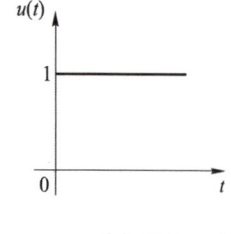

(a) $f(t) = u(t)$

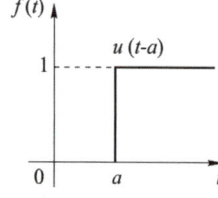

(b) $f(t) = u(t-a)$

(1) 단위 계단함수(unit step function)

$$u(t) = \begin{cases} 0, & t < 0 \\ 1, & t > 0 \end{cases}$$

$u(t)$를 라플라스 변환하면, $s>0$ 범위에서

$$\mathcal{L}[u(t)] = \int_0^\infty u(t)e^{-st}dt = \int_0^\infty 1\,e^{-st}dt = -\frac{1}{s}\left[-\frac{e^{-st}}{s}\right]_0^\infty = \frac{1}{s}$$

출제 기사 1번

(2) 단위 계단함수가 시간 이동하는 경우

$$u(t-a) = \begin{cases} 0, & t<a \\ 1, & t\geq a \end{cases}$$

$u(t-a)$를 라플라스 변환하면

$$\mathcal{L}[u(t-a)] = \int_0^\infty u(t-a)e^{-st}dt = \int_0^a 0\,e^{-st}dt + \int_a^\infty 1\,e^{-st}dt$$

$$= \left[-\frac{1}{s}e^{-st}\right]_a^\infty = -\frac{1}{s}(e^{-\infty} - e^{-as}) = \frac{1}{s}e^{-as}$$

출제 산업 2번, 기사 1번

## 3) 단위 램프함수 $t$

(1) 단위 램프함수(unit ramp function)

$$f(t) = tu(t) = \begin{cases} 0, & t<0 \\ t, & t>0 \end{cases}$$

라플라스 변환하면

$$F(s) = \mathcal{L}[f(t)] = \int_0^\infty tu(t)\,e^{-st}dt$$

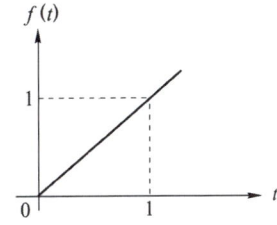

가 되며, 부분적분 공식

$$\int u\,dv = uv - v\int du$$

을 이용하여 $u=t$, $dv=e^{-st}dt$를 대입하면

$$\int_0^\infty t\,e^{-st}dt = \left[t\frac{e^{-st}}{-s}\right]_0^\infty - \int_0^\infty \frac{e^{-st}}{-s}dt$$

$$= \left[-\frac{1}{s^2}e^{-st}\right]_0^\infty = \frac{1}{s^2}$$

출제 산업 3번, 기사 4번

$$\therefore \mathcal{L}[tu(t)] = \frac{1}{s^2}$$

(2) 기울기가 $a$인 경우의 라플라스 변환은

$$\mathcal{L}[at] = \frac{a}{s^2}$$

## 4) 지수함수

$f(t) = e^{-at}$ 의 라플라스 변환

$$F(s) = \mathcal{L}[f(t)] = \int_0^\infty e^{-at} e^{-st} dt = \int_0^\infty e^{-(s+a)t} dt$$

$$= \left[ -\frac{1}{s+a} e^{-(s+a)t} \right]_0^\infty = \frac{1}{s+a}$$

따라서 $\mathcal{L}[e^{\pm at}] = \dfrac{1}{s \pm a}$ 로 된다.

## 5) 기본함수의 라플라스 변환

| | $f(t)$ | $F(s)$ | | $f(t)$ | $F(s)$ |
|---|---|---|---|---|---|
| 1 | $\delta(t)$ | 1 | 11 | $\cosh\omega t$ | $\dfrac{s}{s^2 - \omega^2}$  $s > \|\omega\|$ <br> 출제 기사 1번 |
| 2 | $u(t)$ | $\dfrac{1}{s}$ | 12 | $t \sin\omega t$ | $\dfrac{2\omega s}{(s^2 + \omega^2)^2}$ <br> 출제 산업 7번 |
| 3 | $t$ | $\dfrac{1}{s^2}$ | 13 | $t \cos\omega t$ | $\dfrac{s^2 - \omega^2}{(s^2 + \omega^2)^2}$ |
| 4 | $t^n$ | $\dfrac{n!}{s^{n+1}}$ <br> 출제 산업 5번 | 14 | $\epsilon^{-at} \sin\omega t$ | $\dfrac{\omega}{(s+a)^2 + \omega^2}$ |
| 5 | $\epsilon^{-at}$ | $\dfrac{1}{s+a}$ <br> 출제 산업 4번 | 15 | $\epsilon^{-at} \cos\omega t$ | $\dfrac{s+a}{(s+a)^2 + \omega^2}$ <br> 출제 산업 6번, 기사 2번 |
| 6 | $t \epsilon^{-at}$ | $\dfrac{1}{(s+a)^2}$ <br> 출제 산업 5번 | 16 | $t \epsilon^{-at} \sin\omega t$ | $\dfrac{2\omega(s+a)}{\{(s+a)^2 + \omega^2\}^2}$ |
| 7 | $t^n \epsilon^{-at}$ | $\dfrac{n!}{(s+a)^{n+1}}$ <br> 출제 산업 1번 | 17 | $t \epsilon^{-at} \cos\omega t$ | $\dfrac{(s+a)^2 - \omega^2}{\{(s+a)^2 + \omega^2\}^2}$ |
| 8 | $\sin\omega t$ | $\dfrac{\omega}{s^2 + \omega^2}$ <br> 출제 산업 1번, 기사 2번 | 18 | $\dfrac{\sin\omega t}{t}$ | $\tan^{-1} \dfrac{\omega}{s}$ |
| 9 | $\cos\omega t$ | $\dfrac{s}{s^2 + \omega^2}$ <br> 출제 산업 5번 | 19 | $\dfrac{1}{\sqrt{t}}$ | $\sqrt{\dfrac{\pi}{s}}$ |
| 10 | $\sinh\omega t$ | $\dfrac{\omega}{s^2 - \omega^2}$  $s > \|\omega\|$ | | | |

## 02 - 라플라스 변환의 기본정리

### 1) 선형성

임의의 상수 $a$, $b$에 대해서 다음 관계가 성립하므로

$$af_1(t) \pm bf_2(t) \leftrightarrow aF_1(s) \pm bF_2(s)$$

상수 $a$, $b$에 대한 선형성이 성립한다.

$$\mathcal{L}\left[af_1(t) \pm bf_2(t)\right] = aF_1(s) \pm bF_2(s)$$

### 2) 상사정리

$\mathcal{L}[f(t)] = F(s)$일 때, $a$를 상수라 하면 다음 식이 성립한다.

$$\mathcal{L}[f(at)] = \frac{1}{a} F\left(\frac{s}{a}\right)$$

$$\mathcal{L}\left[f\left(\frac{t}{b}\right)\right] = bF(bs)$$

### 3) 시간추이정리

$\mathcal{L}[f(t)] = F(s)$이고 $f(t)$를 시간 $t$의 양의 방향으로 $a$만큼 이동한 함수 $f(t-a)$에 대한 라플라스 변환은 다음과 같다.

$$\mathcal{L}[f(t-a)] = e^{-as} F(s)$$ 출제 산업 3번

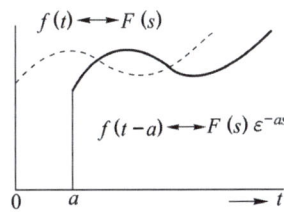

### 4) 복소추이정리

$\mathcal{L}[f(t)] = F(s)$일 때, $e^{\pm at} f(t)$의 라플라스 변환은 다음과 같다.

$$\mathcal{L}[e^{\pm at} f(t)] = F(s \mp a)$$

### 5) 미분정리

$f(t)$가 $n$회 미분 가능하면 $t$영역에 있어서 미분 $f'(t)$, $f''(t)$의 라플라스 변환은 다음과 같다.

$$\mathcal{L}\left[\frac{d}{dt}f(t)\right] = sF(s) - f(0_+)$$ 출제 기사 1번

$$\mathcal{L}\left[\frac{d^2}{dt^2}f(t)\right] = s^2F(s) - sf(0_+) - f'(0_+)$$

### 6) 적분정리

$\mathcal{L}[f(t)] = F(s)$ 일 때, 정적분 $\int_0^t f(t)dt$ 의 라플라스 변환은 다음과 같다.

$$\mathcal{L}\left[\int_0^t f(t)\,dt\right] = \frac{1}{s}F(s)$$ 출제 기사 2번

### 7) 초기값 정리

어떤 함수 $f(t)$에 대해서 시간 $t$가 0에 가까워지는 경우 $f(t)$의 극한값을 초기값(initial value)이라 한다.

$$f(0_+) = \lim_{t \to 0} f(t) = \lim_{s \to \infty} sF(s)$$

### 8) 최종값 정리

어떤 함수 $f(t)$에 대해서 시간 $t$가 $\infty$에 가까워지는 경우 $f(t)$의 극한값을 최종값(final value)이라 한다.

$$f(\infty) = \lim_{t \to \infty} f(t) = \lim_{s \to 0} sF(s)$$ 출제 산업 13번, 기사 6번

| 순위 | 분류 | 공식 |
|---|---|---|
| 1 | 선형성의 정리 | $\mathcal{L}[af(t) \pm bg(t)] = a\mathcal{L}[f(t)] \pm b\mathcal{L}[g(t)]$ |
| 2 | 실미분 정리 | $\mathcal{L}\left[\frac{df(t)}{dt}\right] = sF(s) - f(0_+)$ <br> $\mathcal{L}\left[\frac{d^n f(t)}{dt^n}\right] = s^n F(s) - \sum_{k=1}^{n} s^{n-k} f^{k-1}(0_+)$ |
| 3 | 실적분 정리 | $\mathcal{L}\left[\int f(t)dt\right] = \frac{1}{s}F(s) + \frac{1}{s}f^{-1}(0_+)$ |
| 4 | 상사 정리 | $\mathcal{L}[f(at)] = \frac{1}{a}F\left(\frac{s}{a}\right)$ <br> $\mathcal{L}\left[f\left(\frac{t}{a}\right)\right] = aF(as)$ |
| 5 | 시간 추이 정리 | $\mathcal{L}[f(t-a)] = e^{-as}F(s)$ |
| 6 | 복소 추이 정리 | $\mathcal{L}[e^{\pm at}f(t)] = F(s \mp a)$ |

| 순위 | 분류 | 공식 |
|---|---|---|
| 7 | 복소 미분 정리 | $\pounds[tf(t)] = -1\dfrac{d}{ds}F(s)$<br>$\pounds[t^n f(t)] = (-1)^n \dfrac{d^n}{ds^n}F(s)$ |
| 8 | 복소 적분 정리 | $\pounds\left[\dfrac{f(t)}{t}\right] = \displaystyle\int_0^\infty F(s)ds$ |
| 9 | 초기값 정리 | $f(0_+) = \displaystyle\lim_{t \to 0} f(t) = \lim_{s \to \infty} sF(s)$ |
| 10 | 최종값 정리 | $f(\infty) = \displaystyle\lim_{t \to \infty} f(t) = \lim_{s \to 0} sF(s)$ |
| 11 | 상승 정리 | $\pounds\left[\displaystyle\int_0^t f_1(t-\tau)f_2(\tau)d\tau\right] = F_1(s)F_2(s)$ |
| 12 | 복소 상승 정리 | $\pounds[f_1(t) \cdot f_2(t)] = \dfrac{1}{2\pi j}\displaystyle\int_{r-j\infty}^{r+j\infty} F_1(s-\lambda)F_2(\lambda)d\lambda$ |

## 03 - 역라플라스 변환   출제 산업 28번, 기사 13번

### 1) 정의

$F(s)$의 역 라플라스 변환은

$$\pounds^{-1}[F(s)] = f(t) = \dfrac{1}{2\pi j}\int_{\sigma-j\infty}^{\sigma+j\infty} F(s)e^{st}ds$$

### 2) 부분 분수 전개법

$$F(s) = \dfrac{(s-b_1)(s-b_2)\cdots(s-b_n)}{(s-a_1)(s-a_2)\cdots(s-a_n)}$$

$$= \dfrac{k_1}{s-a_1} + \dfrac{k_2}{s-a_2} + \cdots + \dfrac{k_n}{s-a_n}$$

여기서, $k_1$, $k_2$, $\cdots$, $k_n$을 극점, $a_1$, $a_2$, $\cdots$, $a_n$을 유수라 하며 다음과 같이 구한다.

① 극점이 중복되지 않을 때

$$k_1 = \lim_{s \to a_1}(s-a_1)F(s)$$

$$k_2 = \lim_{s \to a_2}(s-a_2)F(s)$$

$$k_n = \lim_{s \to a_n}(s-a_n)F(s)$$

② 극점이 중복될 때

$$F(s) = \frac{k_{11}}{(s-a_1)^n} + \frac{k_{21}}{(s-a_1)^{n-1}} + \cdots + \frac{k_{n1}}{s-a_1} + \frac{k_2}{s-a_2} + \frac{k_3}{s-a_3} + \cdots + \frac{k_n}{s-a_n}$$

인 경우

$$k_{11} = \lim_{s \to a_1} (s-a_1)^n F(s)$$

$$k_{21} = \lim_{s \to a_1} \frac{d}{ds}(s-a_1)^n F(s)$$

$$k_{n1} = \lim_{s \to a_1} \frac{1}{(n-1)!} \frac{d^{n-1}}{ds^{n-1}}(s-a_1)^n F(s)$$

$k_2$, $k_3$, $\cdots$, $k_n$은 ①의 방법으로 구한다.

# CHAPTER 16 출제예상문제_라플라스 변환

## 라플라스 변환

**01** ★★★★★ 【79, 82, 83, 88, 89. 기사】
함수 $f(t)$의 라플라스 변환은 어떤 식으로 정의되는가?

① $\int_{-\infty}^{\infty} f(t)e^{st}dt$  ② $\int_{-\infty}^{\infty} f(t)e^{-st}dt$  ③ $\int_{0}^{\infty} f(t)e^{-st}dt$  ④ $\int_{0}^{\infty} f(t)e^{st}dt$

[해설] 시간 $t \geqq 0$의 조건에서 시간 함수 $f(t)$에 관한 다음과 같은 적분을 함수 $f(t)$의 라플라스 변환이라 한다.
$$\mathcal{L}[f(t)] = F(s) = \int_{0}^{\infty} f(t)e^{-st}dt$$
여기서 $s = \sigma + j\omega$를 뜻하는 복소량이다.

**02** ★★ 【91, 99. 기사】
$\int_{0}^{t} f(t)dt$를 라플라스 변환하면?

① $s^2 F(s)$  ② $sF(s)$  ③ $\dfrac{1}{s}F(s)$  ④ $\dfrac{1}{s^2}F(s)$

[해설] 실적분 정리에 의하여 $\int_{0}^{t} f(t)dt$를 라플라스 변환하면 $\dfrac{1}{s}F(s)$가 된다.

**03** ★ 【77. 기사】
$\mathcal{L}[f(t)] = F(s)$일 때 $\mathcal{L}\left[f\left(\dfrac{t}{a}\right)\right]$는?

① $aF(s)$  ② $aF(as)$  ③ $\dfrac{1}{a}F(as)$  ④ $\dfrac{1}{a}F(s)$

[해설] 라플라스 변환의 상사 정리는 $\mathcal{L}[f(at)] = \dfrac{1}{a}f\left(\dfrac{s}{a}\right)$, $\mathcal{L}\left[f\left(\dfrac{t}{a}\right)\right] = aF(as)$

**04** ★★★☆ 【78, 98. 기사, ㊉ : 87. 기사, 98. 산업기사】
주어진 회로에서 어느 가지 전류 $i(t)$를 라플라스 변환하였더니 $I(s) = \dfrac{2s+5}{s(s+1)(s+2)}$로 주어졌다. $t = \infty$에서 전류 $i(\infty)$를 구하면?

① 2.5  ② 0  ③ 5  ④ $\infty$

답  1. ③  2. ③  3. ②  4. ①

[해설] 최종값 정리 $f(\infty) = \lim_{t \to \infty} f(t) = \lim_{s \to 0} sF(s)$에 의해서

$$\lim_{t \to \infty} i(t) = \lim_{s \to 0} s \cdot I(s) = \lim_{s \to 0} s \cdot \frac{2s+5}{s(s+1)(s+2)}$$

$$= \lim_{s \to 0} \frac{2s+5}{(s+1)(s+2)} = \frac{5}{2} = 2.5$$

★ 【82. 84. 산업기사】
**05** 다음 관계식 중 옳지 않은 것은?

① $\mathcal{L}[af_1(t) + bf_2(t)] = aF_1(s) + bF_2(s)$
② $\mathcal{L}[f(t-a)] = eF(s)$
③ $\mathcal{L}[e^{-at}f(t)] = F(s+a)$
④ $\mathcal{L}\left[f\left(\dfrac{t}{a}\right)\right] = aF(as)\,(a > 0)$

[해설] 라플라스 변환의 중요한 성질 중
① 선형성의 정리 : $\mathcal{L}[af_1(t) + bf_2(t)] = aF_1(s) + bF_2(s)$
② 시간 추이 정리 : $\mathcal{L}[f(t-a)] = e^{-as}F(s)$
③ 복소 추이 정리 : $\mathcal{L}[e^{-at}f(t)] = F(s+a)$
④ 상사 정리 : $\mathcal{L}[f(at)] = \dfrac{1}{a}F\left(\dfrac{s}{a}\right)$, $\mathcal{L}\left[f\left(\dfrac{t}{a}\right)\right] = aF(as)$

★★☆ 【86. 기사, 81. 82. 99. 산업기사】
**06** $\mathcal{L}[f(t)] = F(s)$일 때의 $\lim_{t \to \infty} f(t)$는?

① $\lim_{s \to 0} F(s)$　　② $\lim_{s \to 0} sF(s)$
③ $\lim_{s \to \infty} F(s)$　　④ $\lim_{s \to \infty} sF(s)$

[해설] $t \to \infty$이므로 최종값 정리를 이용하면
$\lim_{t \to \infty} f(t) = \lim_{s \to 0} sF(s)$

★★★★★ 【87. 24. 기사, 81. 82. 83. 85. 89. 91. 97. 05. 07. 16. 산업기사, ㊉ : 89. 기사, 91. 11. 산업기사】
**07** $F(s) = \dfrac{3s+10}{s^3 + 2s^2 + 5s}$일 때 $f(t)$의 최종값은?

① 0　　② 1　　③ 2　　④ 8

[해설] 최종값 정리에 의해서
$\lim_{t \to \infty} f(t) = \lim_{s \to 0} sF(s) = \lim_{s \to 0} s \cdot \dfrac{3s+10}{s(s^2+2s+5)} = \dfrac{10}{5} = 2$

답 5. ② 6. ② 7. ③

**08** 그림과 같은 램프 함수의 라플라스 변환식은 어느 것인가?

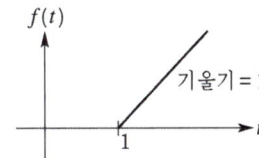

① $e^{s}\dfrac{1}{s^2}$   ② $e^{-s}\dfrac{1}{s^2}$   ③ $e^{2s}\dfrac{1}{s^2}$   ④ $e^{-2s}\dfrac{1}{s^2}$

해설: $f(t)=(t-1)u(t-1)$ 이므로  $\mathcal{L}[f(t)]=\dfrac{1}{s^2}e^{-s}$

**09** $f(t)=3t^2$의 라플라스 변환은?

① $\dfrac{3}{s^2}$   ② $\dfrac{3}{s^3}$   ③ $\dfrac{6}{s^2}$   ④ $\dfrac{6}{s^3}$

해설: $\mathcal{L}[at^n]=a\mathcal{L}[t^n]=\dfrac{an!}{s^{n+1}}$ 에서

$\mathcal{L}[3t^2]=\dfrac{3\times 2!}{s^{2+1}}=\dfrac{6}{s^3}$

**10** $f(t)=1$의 라플라스 변환은?

① $\dfrac{1}{s}$   ② $1$   ③ $\dfrac{1}{s^2}$   ④ $s$

해설: $\displaystyle\int_0^\infty 1\cdot e^{-st}dt=\int_0^\infty e^{-st}dt=\left[-\dfrac{1}{s}e^{-st}\right]_0^\infty=\dfrac{1}{s}$

**11** $f(t)=te^{-at}$일 때 라플라스 변환하면 $F(s)$의 값은?

① $\dfrac{2}{(s+a)^2}$   ② $\dfrac{1}{s(s+a)}$   ③ $\dfrac{1}{(s+a)^2}$   ④ $\dfrac{1}{s+a}$

해설: 복소 추이 정리에 의해서
$\mathcal{L}[te^{-at}]=\mathcal{L}[t]_{s=s+a}=\left[\dfrac{1}{s^2}\right]_{s=s+a}=\dfrac{1}{(s+a)^2}$

답  8. ②  9. ④  10. ①  11. ③

★ 【11. 기사, 81. 산업기사】

**12** $\mathcal{L}[t^2 e^{at}]$는 얼마인가?

① $\dfrac{1}{(s-a)^2}$ ② $\dfrac{2}{(s-a)^2}$ ③ $\dfrac{1}{(s-a)^3}$ ④ $\dfrac{2}{(s-a)^3}$

**해설** 복소 추이 정리에 의해서 $\mathcal{L}[t^2 e^{at}] = \mathcal{L}[t^2]_{s=s-a} = \left[\dfrac{2}{s^3}\right]_{s=s-a} = \dfrac{2}{(s-a)^3}$

☆ 【88. 산업기사】

**13** $f(t) = \dfrac{e^{at} + e^{-at}}{2}$의 라플라스 변환은?

① $\dfrac{s}{s^2 + a^2}$ ② $\dfrac{s}{s^2 - a^2}$ ③ $\dfrac{a}{s^2 + a^2}$ ④ $\dfrac{a}{s^2 - a^2}$

**해설** $F(s) = \mathcal{L}[f(t)] = \mathcal{L}\left[\dfrac{1}{2}(e^{at} + e^{-at})\right] = \dfrac{1}{2}\mathcal{L}[e^{at} + e^{-at}] = \dfrac{1}{2}\left(\dfrac{1}{s-a} + \dfrac{1}{s+a}\right) = \dfrac{s}{s^2 - a^2}$

★★★★ 【10. 23. 25. 기사, 84. 91. 95. 12. 24. 산업기사, ⊕ : 94. 산업기사】

**14** $e^{j\omega t}$의 라플라스 변환은?

① $\dfrac{1}{s - j\omega}$ ② $\dfrac{1}{s + j\omega}$ ③ $\dfrac{1}{s^2 + \omega^2}$ ④ $\dfrac{\omega}{s^2 + \omega^2}$

**해설** 복소 추이 정리에 의해서 $\mathcal{L}[1 \cdot e^{j\omega t}] = \dfrac{1}{s}\bigg|_{s=s-j\omega} = \dfrac{1}{s - j\omega}$

★★☆ 【82. 83. 96. 04. 23. 산업기사】

**15** $f(t) = \delta(t) - be^{-bt}$의 라플라스 변환은? 단, $\delta(t)$는 임펄스 함수이다.

① $\dfrac{b}{s+b}$ ② $\dfrac{s(1-b)+5}{s(s+b)}$ ③ $\dfrac{1}{s(s+b)}$ ④ $\dfrac{s}{s+b}$

**해설** 선형성 정리에 의해서 $\mathcal{L}[\delta(t)] - \mathcal{L}[be^{-bt}] = 1 - \dfrac{b}{s+b} = \dfrac{s}{s+b}$

★★★ 【82. 88. 96. 08. 09. 기사】

**16** 함수 $f(t) = 1 - e^{-at}$를 라플라스 변환하면?

① $\dfrac{1}{s+a}$ ② $\dfrac{1}{s(s+a)}$ ③ $\dfrac{a}{s}$ ④ $\dfrac{a}{s(s+a)}$

**해설** $\mathcal{L}[f(t)] = \mathcal{L}[1 - e^{-at}] = \dfrac{1}{s} - \dfrac{1}{s+a} = \dfrac{s+a-s}{s(s+a)} = \dfrac{a}{s(s+a)}$

**답** 12. ④ 13. ② 14. ① 15. ④ 16. ④

**17** $f(t) = \sin t \cos t$ 를 라플라스 변환하면?

① $\dfrac{1}{s^2+4}$ ② $\dfrac{1}{s^2+2}$ ③ $\dfrac{1}{(s+2)^2}$ ④ $\dfrac{1}{(s+4)^2}$

**해설** 삼각 함수의 가법 정리에 의해서 $\sin t \cos t = \dfrac{1}{2}\sin 2t$ 이므로

$$F(s) = \mathcal{L}[\sin t \cos t] = \mathcal{L}\left[\dfrac{1}{2}\sin 2t\right] = \dfrac{1}{2} \cdot \dfrac{2}{s^2+2^2} = \dfrac{1}{s^2+4}$$

**18** $\mathcal{L}[\sin t] = \dfrac{1}{s^2+1}$ 을 이용하여 ㉮ $\mathcal{L}[\cos \omega t]$, ㉯ $\mathcal{L}[\sin at]$를 구하면?

① ㉮ $\dfrac{1}{s^2-a^2}$ ㉯ $\dfrac{1}{s^2-\omega^2}$  ② ㉮ $\dfrac{1}{s+a}$ ㉯ $\dfrac{s}{s+\omega}$

③ ㉮ $\dfrac{s}{s^2+\omega^2}$ ㉯ $\dfrac{a}{s^2+a^2}$  ④ ㉮ $\dfrac{1}{s+a}$ ㉯ $\dfrac{1}{s-\omega}$

**해설** $\mathcal{L}[\cos \omega t] = \dfrac{s}{s^2+\omega^2}$, $\mathcal{L}[\sin at] = \dfrac{a}{s^2+a^2}$

**19** 주어진 시간 함수 $f(t) = 3u(t) + 2e^{-t}$일 때 라플라스 변환한 함수 $F(s)$는?

① $\dfrac{s+3}{s(s+1)}$ ② $\dfrac{5s+3}{s(s+1)}$ ③ $\dfrac{3s}{s^2+1}$ ④ $\dfrac{5s+1}{(s+1)s^2}$

**해설** $F(s) = \mathcal{L}[f(t)] = \mathcal{L}[3u(t) + 2e^{-t}] = \dfrac{3}{s} + \dfrac{2}{s+1} = \dfrac{3(s+1)+2s}{s(s+1)} = \dfrac{5s+3}{s(s+1)}$

**20** $\sin \omega t$의 라플라스 변환은?

① $\dfrac{s}{s^2+\omega^2}$ ② $\dfrac{\omega}{s^2+\omega^2}$ ③ $\dfrac{s}{s^2-\omega^2}$ ④ $\dfrac{\omega}{s^2-\omega^2}$

**해설** $\mathcal{L}[\sin \omega t] = \dfrac{\omega}{s^2+\omega^2}$

**21** $\cos h\omega t$ 를 라플라스 변환하면?

① $\dfrac{\omega^2}{s^2-\omega^2}$ ② $\dfrac{s}{s^2-\omega^2}$ ③ $\dfrac{s}{s^2+\omega^2}$ ④ $\dfrac{\omega}{s^2+\omega^2}$

**답** 17. ① 18. ③ 19. ② 20. ② 21. ②

**해설**
$$\cos h\omega t = \frac{e^{\omega t}+e^{-\omega t}}{2} = \frac{1}{2}\left(\frac{1}{s-\omega}+\frac{1}{s+\omega}\right) = \frac{1}{2}\left(\frac{2s}{s^2-\omega^2}\right) = \frac{s}{s^2-\omega^2}$$

★ 【83. 기사 ㉮ : 05. 산업기사】

**22** 기전력 $E_m \sin\omega t$ 의 라플라스 변환은?

① $\dfrac{s}{s^2+\omega^2}E_m$   ② $\dfrac{\omega}{s^2+\omega^2}E_m$   ③ $\dfrac{s}{s^2-\omega^2}E_m$   ④ $\dfrac{\omega}{s^2-\omega^2}E_m$

**해설**
$$\mathcal{L}[E_m \sin\omega t] = E_m \mathcal{L}[\sin\omega t] = E_m \frac{\omega}{s^2+\omega^2}$$

★★ 【82. 83. 02. 기사】

**23** $\sin(\omega t + \theta)$의 라플라스 변환은?

① $\dfrac{\omega \sin\theta}{s^2+\omega^2}$   ② $\dfrac{\omega \cos\theta}{s^2+\omega^2}$   ③ $\dfrac{\cos\theta + \sin\theta}{s^2+\omega^2}$   ④ $\dfrac{\omega\cos\theta + s\sin\theta}{s^2+\omega^2}$

**해설**
$f(t) = \sin(\omega t + \theta) = \sin\omega t\cos\theta + \cos\omega t\sin\theta$
$\mathcal{L}[f(t)] = \mathcal{L}[\sin\omega t\cos\theta] + \mathcal{L}[\cos\omega t\sin\theta]$ 에서 $\cos\theta$와 $\sin\theta$는 상수이므로
$$\therefore \mathcal{L}[\sin(\omega t + \theta)] = \frac{\omega}{s^2+\omega^2}\cos\theta + \frac{s}{s^2+\omega^2}\sin\theta = \frac{\omega\cos\theta + s\sin\theta}{s^2+\omega^2}$$

★★★★★ 【90. 91. 10. 15. 기사, 82. 83. 90. 91. 98. 00. 01. 10. 20. 산업기사, ㉮ : 82. 산업기사】

**24** $f(t) = \sin t + 2\cos t$ 를 라플라스 변환하면?

① $\dfrac{2s}{s^2+1}$   ② $\dfrac{2s+1}{(s+1)^2}$   ③ $\dfrac{2s+1}{s^2+1}$   ④ $\dfrac{2s}{(s+1)^2}$

**해설** 라플라스 변환의 선형성 정리에 의해서
$$F(s) = \mathcal{L}[f(t)] = \mathcal{L}[\sin t] + \mathcal{L}[2\cos t] = \frac{1}{s^2+1} + \frac{2s}{s^2+1} = \frac{2s+1}{s^2+1}$$

★★★☆ 【83. 90. 91. 96. 99. 00. 07. 산업기사, ㉮ : 82. 산업기사】

**25** $t\sin\omega t$ 의 라플라스 변환은?

① $\dfrac{\omega}{(s^2+\omega^2)^2}$   ② $\dfrac{\omega s}{(s^2+\omega^2)^2}$   ③ $\dfrac{\omega^2}{(s^2+\omega^2)^2}$   ④ $\dfrac{2\omega s}{(s^2+\omega^2)^2}$

**해설**
$$F(s) = (-1)\frac{d}{ds}\{\mathcal{L}(\sin\omega t)\} = (-1)\frac{d}{ds}\cdot\frac{\omega}{s^2+\omega^2}$$
$$= -1\cdot\frac{\omega'\cdot(s^2+\omega^2) - \omega\cdot(s^2+\omega^2)'}{(s^2+\omega^2)^2} = -1\cdot\frac{0-\omega\cdot 2s}{(s^2+\omega^2)^2} = \frac{2\omega s}{(s^2+\omega^2)^2}$$

**답** 22. ②  23. ④  24. ③  25. ④

**26** $e^{-at}\cos\omega t$ 의 라플라스 변환은?

① $\dfrac{s+a}{(s+a)^2+\omega^2}$  ② $\dfrac{\omega}{(s+a)^2+\omega^2}$

③ $\dfrac{\omega}{(s^2+a^2)^2}$  ④ $\dfrac{s+a}{(s^2+a^2)^2}$

**해설** 복소 추이 정리에 의해서

$$\mathcal{L}[e^{-at}\cos\omega t] = \mathcal{L}[\cos\omega t]_{s=s+a} = \left[\dfrac{s}{s^2+\omega^2}\right]_{s=s+a} = \dfrac{s+a}{(s+a)^2+\omega^2}$$

**27** $f(t) = e^{-at}\sin t\cos t$ 를 라플라스 변환하면?

① $\dfrac{1}{(s-a)^2+4}$  ② $\dfrac{1}{(s+a)^2+4}$

③ $\dfrac{e}{s^2+4}$  ④ $\dfrac{2}{(s-a)^2+4}$

**해설** 삼각함수의 가법정리에 의해서 $\sin t\cos t = \dfrac{1}{2}\sin 2t$ 이므로

$$F(s) = \mathcal{L}[\sin t \cdot \cos t]e^{-at} = \mathcal{L}\dfrac{1}{2}\sin 2t\bigg|_{s=s+a} = \dfrac{1}{s^2+2^2}\bigg|_{s=s+a} = \dfrac{1}{(s+a)^2+2^2}$$

**28** $\mathcal{L}\left[\dfrac{d}{dt}\cos\omega t\right]$ 의 값은?

① $\dfrac{s^2}{s^2+\omega^2}$  ② $\dfrac{-s^2}{s^2+\omega^2}$  ③ $\dfrac{\omega^2}{s^2+\omega^2}$  ④ $\dfrac{-\omega^2}{s^2+\omega^2}$

**해설** $\mathcal{L}\left[\dfrac{d}{dt}\cos\omega t\right] = \mathcal{L}[-\omega\sin\omega t] = -\omega \cdot \dfrac{\omega}{s^2+\omega^2} = \dfrac{-\omega^2}{s^2+\omega^2}$

**29** $\mathcal{L}[e^{-4t}\cos(10t-30°)u(t)]$는?

① $\dfrac{0.866s+10}{(s+4)^2+100}$  ② $\dfrac{0.866s+5}{(s+4)^2+100}$

③ $\dfrac{0.866(s+4)+5}{(s+4)^2+100}$  ④ $\dfrac{0.866s+5}{s^2+100}$

**답** 26. ① 27. ② 28. ④ 29. ③

[해설] $\mathcal{L}[e^{-4t}\cos(10t-30°)u(t)] = \mathcal{L}[e^{-4t}(\cos10t \cdot \cos30° + \sin10t \cdot \sin30°)u(t)]$
$\cos30° = 0.866$, $\sin30° = 0.5$이므로

$$\therefore \mathcal{L}[e^{-4t}\cos(10t-30°)u(t)] = \frac{s \times 0.866}{s^2+10^2} + \frac{10 \times 0.5}{s^2+10^2}\bigg|_{s=s+4}$$

$$= \frac{0.866s+5}{s^2+100}\bigg|_{s=s+4} = \frac{0.866(s+4)+5}{(s+4)^2+100}$$

**30** ★★☆ 【92. 기사, 91. 01. 07. 17. 산업기사】

그림과 같은 단위 계단 함수는?

① $u(t)$
② $u(t-a)$
③ $u(a-t)$
④ $-u(t-a)$

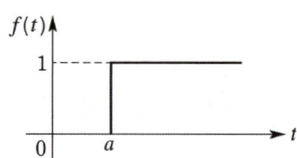

[해설] $f(t) = 1 \cdot u(t-a)$

**31** ★ 【97. 기사】

그림과 같은 직류 전압의 라플라스 변환을 구하면?

① $\dfrac{E}{s-1}$
② $\dfrac{E}{s+1}$
③ $\dfrac{E}{s}$
④ $\dfrac{E}{s^2}$

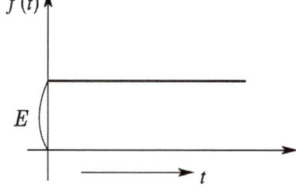

[해설] $\mathcal{L}[Eu(t)] = \dfrac{E}{s}$

**32** ★★ 【83. 90. 98. 00. 산업기사】

그림과 같이 표시되는 파형을 함수로 표시하는 식은?

① $3-u(t)-u(t-2)$
② $3u(t)-3u(t-2)$
③ $3u(t)+3u(t-2)$
④ $3u(t+2)-3u(t)$

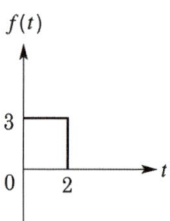

[해설] $f(t) = 3u(t) - 3u(t-2)$

[답] 30. ② 31. ③ 32. ②

**33** 단위 계단 함수 $u(t)$의 라플라스 변환은?

① $e^{-ts}$  ② $\dfrac{1}{s}e^{-ts}$  ③ $\dfrac{1}{e^{-st}}$  ④ $\dfrac{1}{s}$

해설  $\mathcal{L}[u(t)] = \displaystyle\int_0^\infty e^{-st}dt = \left[\dfrac{e^{-st}}{-s}\right]_0^\infty = \dfrac{1}{s}$

**34** 그림과 같은 구형파의 라플라스 변환은?

① $\dfrac{1}{s}(1-e^{-s})$  ② $\dfrac{1}{s}(1+e^{-s})$
③ $\dfrac{1}{s}(1-e^{-2s})$  ④ $\dfrac{1}{s}(1+e^{-2s})$

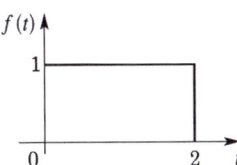

해설  $f(t) = u(t) - u(t-2)$
$F(s) = \mathcal{L}[f(t)] = \mathcal{L}[u(t) - u(t-2)] = \dfrac{1}{s} - \dfrac{1}{s}e^{-2s} = \dfrac{1}{s}(1-e^{-2s})$

**35** 그림의 파형을 단위 함수(unit step function) $u(t)$로 표시하면?

① $u(t) - u(t-T) + u(t-2T) - u(t-3T)$
② $u(t) - 2u(t-T) + 2u(t-2T) - u(t-3T)$
③ $u(t-T) - u(t-2T) + u(t-3T)$
④ $u(t-T) - 2u(t-2T) + 2u(t-3T)$

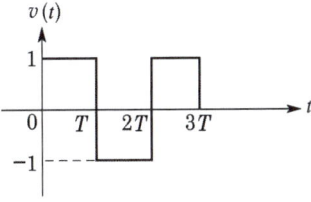

해설  $f(t) = u(t) - 2u(t-T) + 2u(t-2T) - u(t-3T)$

**36** 그림과 같은 파형의 시간함수는 어떻게 표시되는가?
단, $u(T)$는 단위 계단 함수를 나타낸다.

① $f(t) = t \cdot u(t)$
② $f(t) = (t-1) \cdot u(t)$
③ $f(t) = t \cdot u(t-1)$
④ $f(t) = (t-1) \cdot u(t-1)$

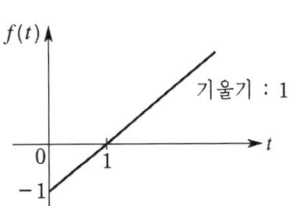

해설  $f(t) = tu(t) - u(t) = (t-1)u(t)$이다.

**37** 다음과 같은 파형을 단위 계단 함수로 표시하면 파형 $u(t)$는 어떻게 되는가?

[98. 16. 산업기사]

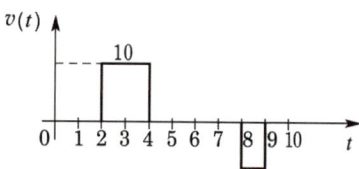

① $10u(t-2)+10u(t-4)+10u(t-8)+10u(t-9)$
② $10u(t-2)-10u(t-4)-10u(t-8)-10u(t-9)$
③ $10u(t-2)-10u(t-4)-10u(t-8)+10u(t-9)$
④ $10u(t-2)-10u(t-4)+10u(t-8)-10u(t-9)$

**해설** $f(t)=10u(t-2)-10u(t-4)-10u(t-8)+10u(t-9)$

**38** 그림과 같은 계단 함수의 라플라스 변환은?

[97. 산업기사]

① $E(1+e^{-Ts})$
② $\dfrac{E}{1-e^{-Ts}}$
③ $\dfrac{E}{s(1-e^{-Ts})}$
④ $\dfrac{E}{s(1-e^{-Ts/2})}$

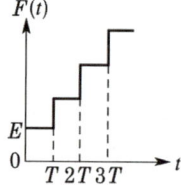

**해설** $f(t)=u_0(t)+u(t-T)+u(t-2T)+u(t-3T)+\cdots$

$\mathcal{L}[f(t)] = \dfrac{E}{s}+\dfrac{E}{s}e^{-Ts}+\dfrac{E}{s}e^{-2Ts}+\dfrac{E}{s}e^{-3Ts}+\cdots = \dfrac{E}{s}(1+e^{-Ts}+e^{-2Ts}+e^{-3Ts}+\cdots)$

$\sum_{n=1}^{\infty} x^n = 1+x+x^2+x^3+\cdots = \dfrac{1}{1-x}$ (등비 급수)이므로

$\therefore F(s)=\dfrac{E}{s}\left(\dfrac{1}{1-e^{-Ts}}\right)=\dfrac{E}{s(1-e^{-Ts})}$

**39** $\mathcal{L}[u(t-a)]$는?

[82. 97. 산업기사]

① $\dfrac{e^{as}}{s^2}$ ② $\dfrac{e^{-as}}{s^2}$ ③ $\dfrac{e^{as}}{s}$ ④ $\dfrac{e^{-as}}{s}$

**해설** 시간 추이 정리에 의해서 $\mathcal{L}[u(t-a)]=\dfrac{1}{s}e^{-as}$

**답** 37. ③ 38. ③ 39. ④

**40** $f(t) = u(t-a) - u(t-b)$ 식으로 표시되는 4각파의 라플라스는?

① $\frac{1}{s}(e^{-as} - e^{-bs})$  
② $\frac{1}{s}(e^{as} + e^{bs})$  
③ $\frac{1}{s^2}(e^{-as} - e^{-bs})$  
④ $\frac{1}{s^2}(e^{as} + e^{bs})$

[해설] $\mathcal{L}[f(t)] = \mathcal{L}[u(t-a)] - \mathcal{L}[u(t-b)] = \frac{e^{-as}}{s} - \frac{e^{-bs}}{s} = \frac{1}{s}(e^{-as} - e^{-bs})$

**41** 그림과 같은 파형의 라플라스 변환은?

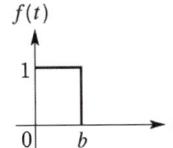

① $\frac{1}{b}\left(\frac{1-e^{-bs}}{s}\right)$  
② $\frac{1}{b}\left(\frac{1+e^{-bs}}{s}\right)$  
③ $\frac{1}{s}(1-e^{-bs})$  
④ $\frac{1}{s}(1+e^{-bs})$

[해설] $f(t) = u(t) - u(t-b)$ 이므로  
$\mathcal{L}[f(t)] = \mathcal{L}[u(t)] - \mathcal{L}[u(t-b)] = \frac{1}{s} - \frac{1}{s}e^{-bs} = \frac{1}{s}(1-e^{-bs})$

**42** 그림과 같이 높이가 1인 펄스의 라플라스 변환은?

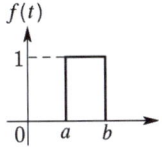

① $\frac{1}{s}(e^{-as} + e^{-bs})$  
② $\frac{1}{s}(e^{-as} - e^{-bs})$  
③ $\frac{1}{a-b}\left(\frac{e^{-as} + e^{-bs}}{s}\right)$  
④ $\frac{1}{a-b}\left(\frac{e^{-as} - e^{-bs}}{s}\right)$

[해설] $f(t) = u(t-a) - u(t-b)$ 이므로  
$\mathcal{L}[f(t)] = \mathcal{L}[u(t-a)] - \mathcal{L}[u(t-b)] = \frac{e^{-as}}{s} - \frac{e^{-bs}}{s} = \frac{1}{s}(e^{-as} - e^{-bs})$

답  40. ①  41. ③  42. ②

★☆ 【90. 기사, 83. 산업기사】
**43** 그림과 같은 구형파의 라플라스 변환을 구하면?

① $\dfrac{1}{s}$

② $\dfrac{e^{-as}}{s}$

③ $\dfrac{1+e^{-as}}{s}$

④ $\dfrac{1-2e^{-as}}{s}$

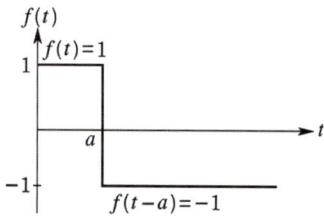

**해설** $f(t) = u(t) - 2u(t-a)$

$F(s) = \mathcal{L}[f(t)] = \mathcal{L}[u(t) - 2u(t-a)] = \dfrac{1}{s} - \dfrac{2}{s}e^{-as} = \dfrac{1-2e^{-as}}{s}$

★★ 【82. 90. 11. 기사, 82. 산업기사】
**44** 그림과 같은 파형의 라플라스 변환은?

① $1 - 2e^{-s} + e^{-2s}$

② $s(1 - 2e^{-s} + e^{-2s})$

③ $\dfrac{1}{s}(1 - 2e^{-s} + e^{-2s})$

④ $\dfrac{1}{s^2}(1 - 2e^{-s} + e^{-2s})$

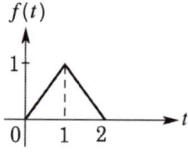

**해설** $f(t) = t[u(t) - u(t-1)] - (t-2)[u(t-1) - u(t-2)]$
$\quad = [tu(t) - (t-1)u(t-1) - u(t-1)] - [(t-1)u(t-1) - u(t-1) - (t-2)u(t-2)]$

$F(s) = \dfrac{1}{s^2} - \dfrac{e^{-s}}{s^2} - \dfrac{e^{-s}}{s} - \dfrac{e^{-s}}{s^2} + \dfrac{e^{-s}}{s} + \dfrac{e^{-2s}}{s^2}$

$\quad = \dfrac{1}{s^2}(1 - 2e^{-s} + e^{-2s})$

★★☆ 【90. 기사, 83. 88. 98. 산업기사】
**45** 다음 파형의 라플라스 변환은?

① $\dfrac{E}{s^2}$   ② $\dfrac{E}{Ts^2}$

③ $\dfrac{E}{s}$   ④ $\dfrac{E}{Ts}$

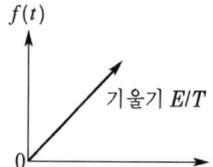

**해설** $f(t) = \dfrac{E}{T}t\,u(t)$ 이므로

$\mathcal{L}[f(t)] = \mathcal{L}\left[\dfrac{E}{T}t\,u(t)\right] = \dfrac{E}{T}\mathcal{L}[t\,u(t)] = \dfrac{E}{T} \cdot \dfrac{1}{s^2}$

**답** 43. ④  44. ④  45. ②

## 46 그림에서 시간 함수의 라플라스 변환은?

① $2.5(1-e^{-2s}-2se^{-2s})/s^2$
② $2.5(1+e^{-2s}+2se^{-2s})/s^2$
③ $2.5(1+e^{2s}-2se^{-2s})/s^2$
④ $2.5(1+e^{2s}-2se^{2s})/s^2$

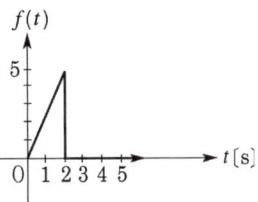

**해설**
$f(t) = \frac{E}{T}t\{u(t)-u(t-T)\} = \frac{5}{2}tu(t) - 5u(t-2) - \frac{5}{2}(t-2)u(t-2)$

$F(s) = 2.5\frac{1}{s^2} - 5\frac{e^{-2s}}{s} - 2.5\frac{e^{-2s}}{s^2} = \frac{2.5}{s^2}(1-e^{-2s}-2se^{-2s})$

## 47 그림과 같은 게이트 함수의 라플라스 변환을 구하면?

① $\frac{E}{Ts^2}[1-(Ts+1)e^{-Ts}]$
② $\frac{E}{Ts^2}[1+(Ts+1)e^{-Ts}]$
③ $\frac{E}{Ts^2}(Ts+1)e^{-Ts}$
④ $\frac{E}{Ts^2}(Ts-1)e^{-Ts}$

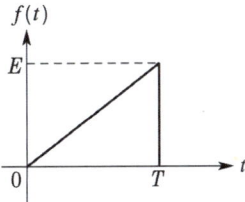

**해설**
$f(t) = \frac{E}{T}t\{u(t)-u(t-T)\} = \frac{E}{T}tu(t) - \frac{E}{T}(t-T)u(t-T) - Eu(t-T)$

$F(s) = \mathcal{L}[f(t)] = \frac{E}{T}\cdot\frac{1}{s^2} - \frac{E}{T}\cdot\frac{1}{s^2}e^{-Ts} - Ee^{-Ts}$

$= \frac{E}{Ts^2}(1-e^{-Ts}-Tse^{-Ts}) = \frac{E}{Ts^2}[1-(Ts+1)e^{-Ts}]$

## 48 그림과 같은 톱니파를 라플라스 변환하면?

① $\frac{a}{s}\left(\frac{1}{Ts} - \frac{e^{-Ts}}{1-e^{-Ts}}\right)$
② $\frac{a}{s}\left(\frac{1-e^{-Ts}}{Ts}\right)$
③ $\frac{a}{s}\left(\frac{e^{-Ts}}{Ts} - \frac{1}{1-e^{-Ts}}\right)$
④ $\frac{a}{s}\left(1 - \frac{e^{-Ts}}{1-e^{-Ts}}\right)$

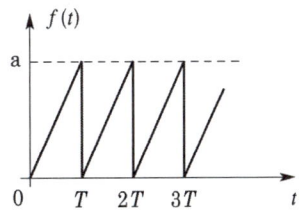

**답** 46. ① 47. ① 48. ①

해설
$$f(t) = \frac{a}{T}t - au(t-T) - au(t-2T) - au(t-3T) - \cdots$$
$$= \frac{a}{T}t - a\{u(t-T) + u(t-2T) + u(t-3T) + \cdots\}$$
$$\mathcal{L}[f(t)] = \frac{a}{Ts^2} - a\left(\frac{1}{s}e^{-Ts} + \frac{1}{s}e^{-2Ts} + \frac{1}{s}e^{-3Ts} + \cdots\right)$$
$$= \frac{a}{Ts^2} - \frac{a}{s}e^{-Ts}(1 + e^{-Ts} + e^{-2Ts} + \cdots)$$
$$\sum_{n=1}^{\infty} x^n = 1 + x + x^2 + x^3 + \cdots = \frac{1}{1-x} \text{(등비 급수)이므로}$$
$$\therefore F(s) = \frac{a}{Ts^2} - \frac{a}{s}e^{-Ts}\left(\frac{1}{1-e^{-Ts}}\right) = \frac{a}{s}\left(\frac{1}{Ts} - \frac{e^{-Ts}}{1-e^{-Ts}}\right)$$

**49** ★☆ 【81. 산업기사, ㉯ : 69. 기사】
그림과 같은 반파 정현파의 라플라스 변환은?

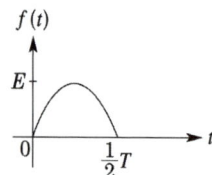

① $\dfrac{E\omega}{s^2+\omega^2}\left(1 - e^{-\frac{1}{2}Ts}\right)$  ② $\dfrac{Es}{s^2+\omega^2}\left(1 - e^{-\frac{1}{2}Ts}\right)$

③ $\dfrac{E\omega}{s^2+\omega^2}\left(1 + e^{-\frac{1}{2}Ts}\right)$  ④ $\dfrac{Es}{s^2+\omega^2}\left(1 + e^{-\frac{1}{2}Ts}\right)$

해설
$f(t) = E\sin\omega t \cdot u(t) + E\sin\omega\left(t - \frac{1}{2}T\right) \cdot u\left(t - \frac{1}{2}T\right)$이므로
$$F(s) = \frac{E\omega}{s^2+\omega^2} + \frac{E\omega}{s^2+\omega^2}e^{-\frac{1}{2}Ts} = \frac{E\omega}{s^2+\omega^2}\left(1 + e^{-\frac{1}{2}Ts}\right)$$

**50** ★☆ 【82. 90. 92. 산업기사】
$\dfrac{dx}{dt} + x = 1$의 라플라스 변환 $X(s)$의 값은?

① $s(s+1)$  ② $s+1$  ③ $\dfrac{1}{s}(s+1)$  ④ $\dfrac{1}{s(s+1)}$

해설 초기값을 0으로 하고 라플라스 변환하면
$$\{sX(s) - x(0)\} + X(s) = \frac{1}{s}$$
$$(s+1)X(s) = \frac{1}{s} \quad \therefore X(s) = \frac{1}{s(s+1)}$$

답 49. ③ 50. ④

**51** $\dfrac{dx}{dt}+3x=5$의 라플라스 변환은? 단, $x(0_+)=0$이다.

① $\dfrac{5}{s+3}$  ② $\dfrac{3}{s(s+5)}$  ③ $\dfrac{3s}{s+5}$  ④ $\dfrac{5}{s(s+3)}$

해설) $\dfrac{dx(t)}{dt}+3x(t)=5$를 라플라스 변환하면

$sX(s)+3X(s)=\dfrac{5}{s}$   $X(s)=\dfrac{5}{(s+3)\cdot s}$

**52** $v_i(t)=Ri(t)+L\dfrac{di(t)}{dt}+\dfrac{1}{C}\int i(t)dt$ 에서 모든 초기 조건을 0으로 하고 라플라스 변환하면 어떻게 되는가?

① $\dfrac{Cs}{LCs^2+RCs+1}V_i(s)$  ② $\dfrac{1}{LCs^2+RCs+1}V_i(s)$

③ $\dfrac{LCs}{LCs^2+RCs+1}V_i(s)$  ④ $\dfrac{C}{LCs^2+RCs+1}V_i(s)$

해설) $V_i(s)=RI(s)+LsI(s)+\dfrac{1}{sC}I(s)$

$\therefore I(s)=\dfrac{1}{R+Ls+\dfrac{1}{sC}}V_i(s)=\dfrac{sC}{LCs^2+RCs+1}V_i(s)$

**53** 그림과 같은 회로에서 $t=0$의 시각에 스위치 S를 닫을 때 전류 $i(t)$의 라플라스 변환 $I(s)$는? 단, $V_c(0)=1[V]$이다.

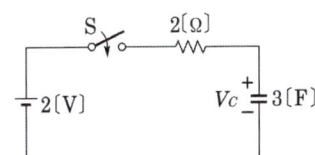

① $\dfrac{3s}{6s+1}$  ② $\dfrac{3}{6s+1}$  ③ $\dfrac{6}{6s+1}$  ④ $\dfrac{-s}{6s+1}$

해설) $Ri+\dfrac{1}{C}\int i\,dt=2,\ 2I(s)+\dfrac{1}{3s}\{I(s)+i^{-1}(0_+)\}=\dfrac{2}{s}$

여기서, $i^{-1}(0_+)$는 초기 충전 전하이므로 $Q_0=CV_c(0)=3\times1=3$

$\therefore I(s)=\dfrac{\dfrac{2}{s}-\dfrac{1}{s}}{2+\dfrac{1}{3s}}=\dfrac{3}{6s+1}$

답 51. ④ 52. ① 53. ②

## 유사문제

**01.** 다음과 같은 2개의 전류의 초기값 $i_1(0_+)$, $i_2(0_+)$가 옳게 구해진 것은?

$$I_1(s) = \frac{12(s+8)}{4s(s+6)}, \quad I_2(s) = \frac{12}{s(s+6)}$$

답 3, 0

**02.** 어떤 제어계의 출력이 $C(s) = \dfrac{5}{s(s^2+s+2)}$로 주어질 때 출력의 시간 함수 $c(t)$의 정상값은?

답 $\dfrac{5}{2}$

**03.** 단위 램프 함수 $\rho(t) = tu(t)$의 라플라스 변환은?

답 $\dfrac{1}{s^2}$

**04.** 선형 시불변 회로망의 어느 응답이 $h(t) = u(t)(e^{-t} + 2e^{-2t})$이면 이것을 라플라스 변환한 값은?

답 $\dfrac{3s+4}{(s+1)(s+2)}$

**05.** $\cos\omega t$의 라플라스 변환은?

답 $\dfrac{s}{s^2+\omega^2}$

**06.** $1-\cos\omega t$를 라플라스 변환하면?

답 $\dfrac{\omega^2}{s(s^2+\omega^2)}$

**07.** $f(t) = \sin\omega t$로 주어졌을 때 $\mathcal{L}[e^{-at}\sin\omega t]$를 구하면?

답 $\dfrac{\omega}{(s+a)^2+\omega^2}$

## 라플라스 역변환

★ 【83. 91. 산업기사】

**54** $F(s) = \dfrac{A}{\alpha+s}$라 하면 이의 역변환은?

① $\alpha e^{At}$  ② $Ae^{\alpha t}$  ③ $\alpha e^{-At}$  ④ $Ae^{-\alpha t}$

해설 $\mathcal{L}^{-1}\left[\dfrac{A}{s+\alpha}\right] = A\mathcal{L}^{-1}\left[\dfrac{1}{s+\alpha}\right] = Ae^{-\alpha t}$

답 54. ④

**55** 다음 함수의 역라플라스 변환을 구하면?

$$F(s) = \frac{3s+8}{s^2+9}$$

① $3\cos3t - \frac{8}{3}\sin3t$  ② $3\sin3t + \frac{8}{3}\cos3t$

③ $3\cos3t + \frac{8}{3}\sin t$  ④ $3\cos3t + \frac{8}{3}\sin3t$

**[해설]** $F(s) = \frac{3s+8}{s^2+9} = \frac{3s}{s^2+3^2} + \frac{8}{s^2+3^2} = 3\left(\frac{s}{s^2+3^2}\right) + \frac{8}{3}\left(\frac{3}{s^2+3^2}\right)$

$\therefore f(t) = \mathcal{L}^{-1}[F(s)] = 3\cos3t + \frac{8}{3}\sin3t$

**56** $\frac{s\sin\theta + \omega\cos\theta}{s^2+\omega^2}$ 의 역라플라스 변환을 구하면?

① $\sin(\omega t - \theta)$  ② $\sin(\omega t + \theta)$  ③ $\cos(\omega t - \theta)$  ④ $\cos(\omega t + \theta)$

**[해설]** $\frac{s}{s^2+\omega^2}\sin\theta + \frac{\omega}{s^2+\omega^2}\cos\theta = \cos\omega t\sin\theta + \sin\omega t\cos\theta = \sin(\omega t + \theta)$

**57** 어떤 회로의 전류에 대한 라플라스 변환이 다음과 같을 때 전류의 시간 함수는?

$$I(s) = \frac{1}{s^2+2s+2}$$

① $5e^{-t}$  ② $2\sin tu(t)$  ③ $e^{-t}\sin tu(t)$  ④ $e^{-t}\cos tu(t)$

**[해설]** $I(s) = \frac{1}{s^2+2s+2} = \frac{1}{(s+1)^2+1}$

$\therefore i(t) = \mathcal{L}^{-1}[I(s)] = e^{-t}\sin t\, u(t)$

**58** $f(t) = \mathcal{L}^{-1}\left[\frac{1}{s^2+6s+10}\right]$ 의 값은 얼마인가?

① $e^{-3t}\sin t$  ② $e^{-3t}\cos t$  ③ $e^{-t}\sin5t$  ④ $e^{-t}\sin5\omega t$

**[해설]** $F(s) = \frac{1}{s^2+6s+10} = \frac{1}{(s+3)^2+1}$  $\therefore f(t) = e^{-3t}\sin t$

**답** 55. ④  56. ②  57. ③  58. ①

**★☆ 【93. 98. 01. 산업기사】**

**59** $\dfrac{1}{s+3}$을 역라플라스 변환하면?

① $e^{3t}$  ② $e^{-3t}$  ③ $e^{\frac{1}{3}}$  ④ $e^{-\frac{1}{3}}$

**해설** $e^{-at} \leftrightarrow \dfrac{1}{s+a}$ 이므로 문제에서 $a=3$이다. 따라서 $f(t) = e^{-3t}$

**★★★★★ 【77. 84. 97. 98. 23. 기사, 82. 83. 85. 94. 96. 산업기사, ㉕ : 07. 기사, 82. 05. 18. 산업기사】**

**60** $F(s) = \dfrac{2s+3}{s^2+3s+2}$의 시간 함수는?

① $e^{-t} - e^{-2t}$  ② $e^{-t} + e^{-2t}$  ③ $e^{-t} + 2e^{-2t}$  ④ $e^{-t} - 2e^{-2t}$

**해설** $F(s) = \dfrac{2s+3}{s^2+3s+2} = \dfrac{2s+3}{(s+2)(s+1)} = \dfrac{A}{s+2} + \dfrac{B}{s+1}$

$A = \lim_{s \to -2} \dfrac{2s+3}{s+1} = 1$, $B = \lim_{s \to -1} \dfrac{2s+3}{s+2} = 1$

$\therefore \mathcal{L}^{-1}\left[\dfrac{1}{s+2} + \dfrac{1}{s+1}\right] = e^{-t} + e^{-2t}$

**★★★☆ 【82. 85. 08. 기사, 89. 94. 산업기사, ㉕ : 88. 산업기사】**

**61** $F(s) = \dfrac{s+1}{s^2+2s}$로 주어졌을 때 $F(s)$의 역변환을 한 것은?

① $\dfrac{1}{2}(1 + e^t)$  ② $\dfrac{1}{2}(1 - e^{-t})$  ③ $\dfrac{1}{2}(1 + e^{-2t})$  ④ $\dfrac{1}{2}(1 - e^{-2t})$

**해설** $F(s) = \dfrac{s+1}{s(s+2)} = \dfrac{A}{s} + \dfrac{B}{s+2}$

$A = \dfrac{s+1}{s+2}\bigg|_{s=0} = \dfrac{1}{2}$, $B = \dfrac{s+1}{s}\bigg|_{s=-2} = \dfrac{-2+1}{-2} = \dfrac{1}{2}$ 이므로

$F(s) = \dfrac{\frac{1}{2}}{s} + \dfrac{\frac{1}{2}}{s+2} = \dfrac{1}{2}\left(\dfrac{1}{s} + \dfrac{1}{s+2}\right)$

$\therefore \mathcal{L}^{-1}[F(s)] = \dfrac{1}{2}(1 + e^{-2t})$

**★★★★ 【91. 95. 99. 05. 07. 10. 산업기사, ㉕ : 80. 82. 84. 89. 96. 산업기사】**

**62** $F(s) = \dfrac{2}{(s+1)(s+3)}$의 역라플라스 변환은?

① $e^{-t} - e^{-3t}$  ② $e^t - e^{3t}$  ③ $e^{-t} - e^{3t}$  ④ $e^t - e^{-3t}$

**해설** $F(s) = \dfrac{2}{(s+1)(s+3)} = \dfrac{A}{s+1} + \dfrac{B}{s+3}$

$A = \dfrac{2}{s+3}\bigg|_{s=-1} = \dfrac{2}{2} = 1$, $B = \dfrac{2}{s+1}\bigg|_{s=-3} = \dfrac{2}{-2} = -1$ 이므로

**답** 59. ②  60. ②  61. ③  62. ①

$$F(s) = \frac{1}{s+1} - \frac{1}{s+3}$$
$$\therefore \mathcal{L}^{-1}(F(s)) = e^{-t} - e^{-3t}$$

★★ 【81. 87. 96. 00. 산업기사】

**63** $Ri(t) + L\frac{di(t)}{dt} = E$에서 모든 초기값을 0으로 하였을 때의 $i(t)$의 값은?

① $\frac{E}{R}e^{-\frac{R}{2}L}$  ② $\frac{E}{R}e^{-\frac{L}{R}t}$  ③ $\frac{E}{R}\left(1-e^{-\frac{R}{L}t}\right)$  ④ $\frac{E}{R}\left(1-e^{-\frac{L}{R}t}\right)$

**해설** $Ri(t) + L\frac{di(t)}{dt} = E$를 라플라스 변환하면

$$RI(s) + LsI(s) = \frac{E}{s}, \quad I(s) = \frac{E}{s(R+Ls)} = \frac{\frac{E}{L}}{s\left(s+\frac{R}{L}\right)} = \frac{\frac{E}{R}}{s} - \frac{\frac{E}{R}}{s+\frac{R}{L}}$$

$$\therefore i(t) = \frac{E}{R} - \frac{E}{R}e^{-\frac{R}{L}t} = \frac{E}{R}\left(1-e^{-\frac{R}{L}t}\right)$$

★★ 【83. 88. 94. 00. 산업기사】

**64** $\frac{6s+2}{s(6s+1)}$의 역라플라스 변환은?

① $4-e^{-\frac{1}{6}t}$  ② $2-e^{-\frac{1}{6}t}$  ③ $4-e^{-\frac{1}{3}t}$  ④ $2-e^{-\frac{1}{3}t}$

**해설** 
$$F(s) = \frac{6s+2}{s(6s+1)} = \frac{s+\frac{1}{3}}{s\left(s+\frac{1}{6}\right)} = \frac{A}{s} + \frac{B}{s+\frac{1}{6}}$$

$$A = \left.\frac{s+\frac{1}{3}}{s+\frac{1}{6}}\right|_{s=0} = 2, \quad B = \left.\frac{s+\frac{1}{3}}{s}\right|_{s=-\frac{1}{6}} = \frac{-\frac{1}{6}+\frac{1}{3}}{-\frac{1}{6}} = -1 \text{이므로}$$

$$\therefore \mathcal{L}^{-1}[F(s)] = \mathcal{L}^{-1}\left[\frac{2}{s} - \frac{1}{s+\frac{1}{6}}\right] = 2 - e^{-\frac{1}{6}t}$$

★★★ 【82. 83. 88. 95. 01. 05. 07. 산업기사】

**65** $\frac{di(t)}{dt} + 4i(t) + 4\int i(t)dt = 50u(t)$를 라플라스 변환하여 풀면 전류는?

단, $t=0$에서 $i(0)=0$, $\int_{-\infty}^{0} i(t)dt = 0$이다.

① $50e^{2t}(1+t)$  ② $e^t(1+5t)$  ③ $\frac{1}{4}(1-e^t)$  ④ $50te^{-2t}$

답 63. ③  64. ②  65. ④

[해설] 양변을 라플라스 변환하면

$$sI(s) + 4I(s) + \frac{4}{s}I(s) = \frac{50}{s}, \quad I(s)\left(s + 4 + \frac{4}{s}\right) = \frac{50}{s}$$

$$I(s) = \frac{\frac{50}{s}}{s + 4 + \frac{4}{s}} = \frac{50}{s^2 + 4s + 4} = \frac{50}{(s+2)^2}$$

$$\therefore i(t) = \mathcal{L}^{-1}[I(s)] = 50t\,e^{-2t}$$

★★★ 【82. 83. 87. 기사】

**66** $f(t) = \mathcal{L}^{-1}\left[\dfrac{s^2 + 3s + 10}{s^2 + 2s + 5}\right]$ 은?

① $\delta(t) + e^{-t}(\cos 2t - \sin 2t)$  
② $\delta(t) + e^{-t}(\cos 2t + 2\sin 2t)$  
③ $\delta(t) + e^{-t}(\cos 2t - 2\sin 2t)$  
④ $\delta(t) + e^{-t}(\cos 2t + \sin 2t)$

[해설]
$$F(s) = \frac{s^2 + 3s + 10}{s^2 + 2s + 5} = \frac{s^2 + 2s + 5 + s + 5}{s^2 + 2s + 5} = 1 + \frac{s+5}{s^2 + 2s + 5} = 1 + \frac{s+5}{(s+1)^2 + 2^2}$$

$$= 1 + \frac{s+1}{(s+1)^2 + 2^2} + 2\frac{2}{(s+1)^2 + 2^2}$$

$$\therefore \mathcal{L}^{-1}[F(s)] = \delta(t) + e^{-t}\cos 2t + 2e^{-t}\sin 2t = \delta(t) + e^{-t}(\cos 2t + 2\sin 2t)$$

☆ 【94. 16. 산업기사】

**67** 그림과 같은 커패시터 $C$의 초기 전압이 $V(0)$일 때 라플라스 변환에 의하여 $s$가 함수로 표시된 등가 회로는 어느 것인가?

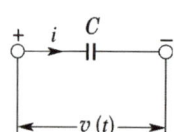

① 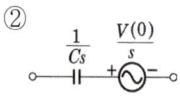  ② 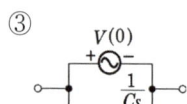  ③ 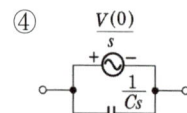  ④ 

[해설] $v(t) = \dfrac{1}{C}\displaystyle\int i(t)dt$

라플라스 변환하면 $V(s) = \dfrac{1}{sC}I(s) + \dfrac{1}{sC}i^{-1}(0)$

여기서, $i^{-1}(0)$는 초기 충전 전하이므로 $Q_0 = Cv(0)$

$\therefore V(s) = \dfrac{1}{sC}I(s) + \dfrac{v(0)}{s}$

답 66. ② 67. ②

## 유사문제

**01.** $I(s) = \dfrac{6+60/s}{12+s/2}$ 에 대응하는 시간 함수 $i(t)$는?

답 $5+7e^{-24t}$

**02.** $\mathcal{L}^{-1}\left[\dfrac{1}{s^2+2s+5}\right]$ 의 값은?

답 $\dfrac{1}{2}e^{-t}\sin 2t$

**03.** $f(t) = \mathcal{L}^{-1}\dfrac{1}{s(s+1)}$ 은?

답 $1-e^{-t}$

**04.** $F(s) = \dfrac{s+2}{(s+1)^2}$ 의 시간 함수 $f(t)$는?

답 $e^{-t}+te^{-t}$

**05.** $F(s) = \dfrac{1}{(s+1)^2(s+2)}$ 의 역라플라스 변환을 구하여라.

답 $-e^{-t}+te^{-t}+e^{-2t}$

**06.** $f(t) = \mathcal{L}^{-1}\left[\dfrac{s+2}{s^3(s-1)^2}\right]$ 는 어떻게 되는가?

답 $(3t-8)e^t+(t^2+5t+8)$

**07.** 라플라스 함수 $F(s) = \dfrac{2s^2+13s+17}{s^2+4s+3}$ 일 때 시간 함수 $f(t)$를 구하면?

답 $2\delta(t)+(3e^{-t}+2e^{-3t})\cdot u(t)$

**08.** $\dfrac{s}{(s-1)^2-4}$ 의 역라플라스 변환은?

답 $\dfrac{e^t}{2}(\sinh 2t + 2\cosh 2t)$

**09.** $\dfrac{d^2}{dt^2}x(t)+2\dfrac{d}{dt}x(t)-3x(t)=4$, $x'(0)=x(0)=0$에서 $x(t)$는 얼마인가?

답 $-\dfrac{4}{3}+\dfrac{1}{3}e^{-3t}+e^t$

**10.** $\dfrac{d^2x(t)}{dt^2}+2\dfrac{dx(t)}{dt}+x(t)=1$에서 $x(t)$는 얼마인가? 단, $x(0)=x'(0)=0$이다.

답 $1-te^{-t}-e^{-t}$

11. 라플라스 변환을 이용하여 미분 방정식을 풀어라.
    $\dfrac{d^2y}{dt^2}+3y=0$ (단, $y(0)=3$, $y'(0)=4$)

    답 $3\cos\sqrt{3}\,t+\dfrac{4\sqrt{3}}{2}\sin\sqrt{3}\,t$

12. 회로망 함수의 라플라스 변환이 $\dfrac{1}{s+a}$로 주어지는 경우 이의 시간 영역에서 동작을 도시한 것 중 옳은 것은? 단, $a$는 정(正)의 상수이다.

    답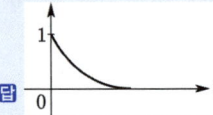

13. 어떤 회로의 입력 전압이 $v(t)=e^{-t}$일 때 회로를 흐르는 전류가 $i(t)=2e^{-t}+e^{-0.5t}$이었다. 구하는 회로는?

    답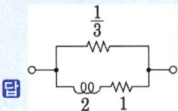

14. $F(s)=\dfrac{\pi}{s^2+\pi^2}\cdot e^{-2s}$ 함수를 역변환할 때의 그림은?

    답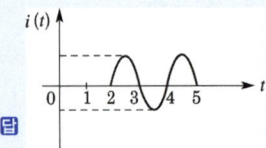

15. 그림과 같이 선형 인덕터 $L$의 초기값 전류가 $i(0^-)$로 주어졌을 경우 라플라스 변환에 의하여 $s$함수로 표시된 등가 회로는?

    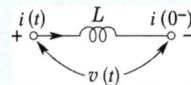

    답

# CHAPTER 17 전달 함수

## 01 전달함수

### 1) 전달 함수의 정의

전달 함수는 제어 시스템에 가해지는 입력신호에 대하여 출력신호가 어떤 모양으로 나오는가 하는 신호전달 특성을 제어요소에 따라 개별적으로 취급한 것으로 선형미분방정식의 초기값을 0으로 했을 때 출력신호의 라플라스 변환과 입력 신호의 라플라스 변환의 값이다.

여기서, 입력신호 $r(t)$에 대하여 출력신호 $c(t)$를 발생하는 요소의 전달 함수 $G(s)$는 다음과 같다.

$$G(s) = \frac{C(s)}{R(s)} = \frac{\text{출력을 라플라스 변환한 값}}{\text{입력을 라플라스 변환한 값}}$$

$$G(s) = \frac{C(s)}{R(s)} = \frac{b_m s^m + b_{m-1} s^{m-1} + \cdots + b_1 s + b_0}{a_n s^n + a_{n-1} s^{n-1} + \cdots + a_1 s + a_0}$$

제어시스템의 전달 함수

## 02 제어요소의 전달 함수

### 1) 비례 요소

입력 신호 $x(t)$와 출력 신호 $y(t)$의 관계가

$$y(t) = Kx(t)$$

로 표시되는 요소를 비례 요소라고 한다. 위 식을 라플라스 변환하면

$$Y(s) = KX(s)$$

$$G(s) = \frac{Y(s)}{X(s)} = K$$

여기서, $K$를 이득 정수라 한다.

## 2) 미분 요소

입력 신호 $x(t)$와 출력 신호 $y(t)$의 관계가

$$y(t) = K\frac{dx(t)}{dt}$$

와 같이 표시되는 요소를 미분 요소라 한다.

$$G(s) = \frac{Y(s)}{X(s)} = Ks$$

## 3) 적분 요소

입력 신호 $x(t)$와 출력 신호 $y(t)$와의 관계가

$$y(t) = K\int x(t)dt$$

로 표시되는 요소를 적분 요소라 한다.

$$G(s) = \frac{Y(s)}{X(s)} = \frac{K}{s}$$ 출제 산업 6번

## 4) 1차 지연 요소

1차 지연 요소의 시간 함수로서는 입력 신호 $x(t)$와 출력 신호 $y(t)$와의 관계가

$$b_1\frac{dy(t)}{dt} + b_0 y(t) = a_0 x(t) \ (b_1,\ b_0 > 0)$$

로 표시되는 요소를 1차 지연 요소라 한다.

$$G(s) = \frac{Y(s)}{X(s)} = \frac{a_0}{b_1 s + b_0} = \frac{a_0/b_0}{(b_1/b_0)s + 1} = \frac{K}{Ts + 1}$$

단, $a_0/b_0 = K$, $b_1/b_0 = T$(시정수)　출제 산업 4번

이와 같은 1차 지연 요소의 블록 선도는 그림 (b)와 같으며, 인디셜 응답은 위 식을 역라플라스 변환한 것으로

$$y(t) = \mathcal{L}^{-1}\left[\frac{1}{s}G(s)\right] = \mathcal{L}^{-1}\left[\frac{K}{s(Ts+1)}\right] = K\left(1 - e^{-\frac{1}{T}t}\right)$$

의 곡선으로 나타내며 그림 (c)와 같다.

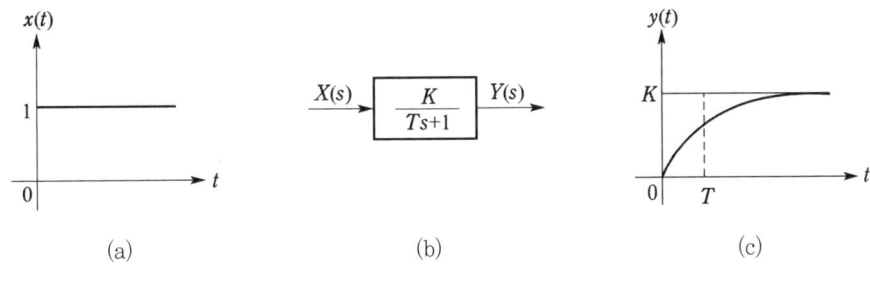

1차 지연 요소

## 5) 2차 지연 요소

입력 신호 $x(t)$와 출력 신호 $y(t)$와의 관계가

$$b_2 \frac{d^2 y(t)}{dt^2} + b_1 \frac{dy(t)}{dt} + b_0 y(t) = a_0 x(t) \quad (b_2,\ b_1,\ b_0 > 0)$$

와 같이 표시되는 요소를 2차 지연 요소라 한다.

$$G(s) = \frac{Y(s)}{X(s)} = \frac{a_0}{b_2 s^2 + b_1 s + b_0}$$

$$= \frac{K}{1 + 2\delta T s + T^2 s^2} = \frac{K\omega_n^2}{s^2 + 2\delta\omega_n s + \omega_n^2}$$

단, $a_0/b_0 = K$, $b_2/b_0 = T^2$, $b_1/b_0 = 2\delta T$ 또는 $1/T = \omega_n$

여기서, $\delta$를 감쇠 계수 또는 제동비, $\omega_n$을 고유 주파수라 한다.

2차 지연 요소의 블록 선도는 그림 (b)와 같으며, 인디셜 응답은 그림 (c)와 같은 모양이 된다.

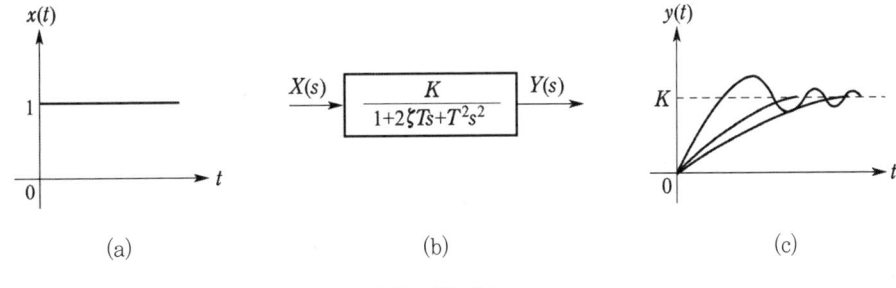

2차 지연 요소

## 6) 부동작 시간 요소

$t = 0$에서 입력의 변화가 생겨도 $t = L$까지 출력측에 어떠한 영향도 나타나지 않은 요소를 부동작 요소라 하며, 그 입력과 출력의 관계는

$$y(t) = Kx(t-L)$$

로 표시된다.

$$G(s) = \frac{Y(s)}{X(s)} = Ke^{-Ls}$$

여기서, $L$을 부동작 시간이라 한다.

부동작 시간 요소의 블록선도는 그림 (b)와 같으며 인디셜 응답은 그림 (c)와 같이 된다.

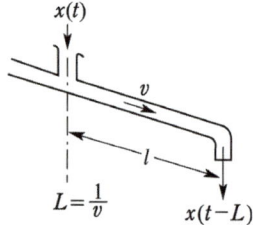

**부동작 시간 요소의 예**

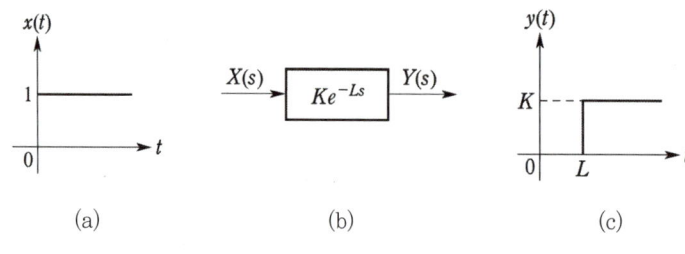

(a)          (b)          (c)

**부동작 시간 요소**

## 03 전기회로의 전달함수

### 1) $R-L$ 직렬 회로의 전달함수

$$\begin{cases} v_i(t) = Ri(t) + L\dfrac{di(t)}{dt} \\ v_o(t) = L\dfrac{di(t)}{dt} \end{cases}$$

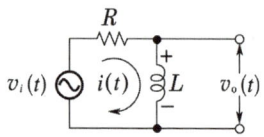

위 식을 초기값 0인 조건에서 라플라스 변환하면

$$\begin{cases} V_i(s) = RI(s) + LsI(s) = (R+Ls)I(s) \\ V_o(s) = LsI(s) \end{cases}$$

$$\therefore G(s) = \frac{V_o(s)}{V_i(s)} = \frac{Ls}{R+Ls} = \frac{s}{s+\dfrac{R}{L}}$$

## 2) $R-C$ 직렬 회로의 전달함수

$$\begin{cases} v_i(t) = Ri(t) + \dfrac{1}{C}\int i(t)dt \\ v_o(t) = \dfrac{1}{C}\int i(t)dt \end{cases}$$

위 식을 초기값 0인 조건에서 라플라스 변환하면

$$\begin{cases} V_i(s) = \left(R + \dfrac{1}{Cs}\right)I(s) \\ V_o(s) = \dfrac{1}{Cs}I(s) \end{cases}$$

$$\therefore G(s) = \frac{V_o(s)}{V_i(s)} = \frac{\dfrac{1}{Cs}}{R + \dfrac{1}{Cs}} = \frac{1}{RCs + 1} = \frac{1}{Ts + 1}$$

## 04 미분방정식의 전달함수  출제 산업 24번

$$a_1 v_o + a_2 \frac{dv_o}{dt} + a_3 \int v_o dt = v_i$$

위 미분 방정식에서 입력 신호가 $v_i$, 출력 신호가 $v_o$일 때 전달 함수는 초기값을 0으로 하고 라플라스 변환하면

$$a_1 V_o(s) + a_2 s V_o(s) + \frac{1}{s} a_3 V_o(s) = V_i(s)$$

$$\left(a_1 + a_2 s + \frac{a_3}{s}\right) V_o(s) = V_i(s)$$

$$\therefore G(s) = \frac{V_o(s)}{V_i(s)} = \frac{1}{a_1 + a_2 s + \dfrac{a_3}{s}} = \frac{s}{a_2 s^2 + a_1 s + a_3}$$

## 05 블록 선도의 전달 함수  출제 산업 7번

### 1) 직렬접속

전달함수 $G_1(s)$, $G_2(s)$를 갖는 2개의 전달요소가 그림과 같이 직렬로 접속되어 있다고 하면 전달요소는 다음 식과 같다.

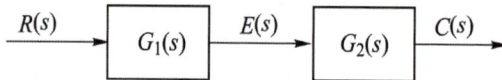

$$E(s) = G_1(s)R(s)$$
$$C(s) = G_2(s)E(s) = G_1(s)G_2(s)R(s)$$

따라서 직렬접속 시의 전달함수와 등가 변환회로는 다음과 같다.

$$\frac{C(s)}{R(s)} = G_1(s)G_2(s)$$

### 2) 병렬결합

전달요소가 병렬로 접속된 경우의 전달함수는 다음과 같다.

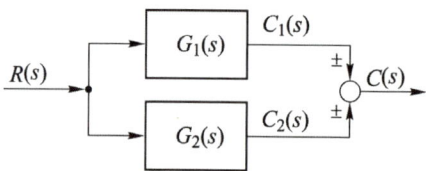

$$C_1(s) = G_1(s)R(s),\ C_2(s) = G_2(s)R(s),\ C(s) = C_1(s) \pm C_2(s)$$

따라서 병렬접속 시의 전달함수와 등가 변환회로는 다음과 같다.

$$\frac{C(s)}{R(s)} = G_1(s) \pm G_2(s)$$

## 3) 궤환결합

다음의 블록 선도는 자동 제어에서 주로 사용하고 있는 부궤환 제어 시스템(negative feedback control system)의 기본 블록 선도이며, 궤환되는 신호가 가산점에 (+)로 들어갈 때는 정궤환이라고 하나 거의 사용되지 않는다.

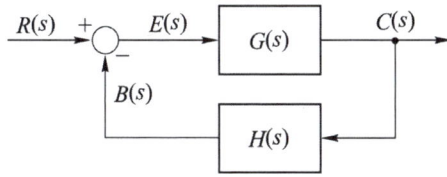

$$E(s) = R(s) - B(s) = R(s) - H(s)C(s)$$
$$C(s) = G(s)E(s)$$
$$B(s) = H(s)C(s)$$

식을 정리해 보면

$$C(s) = G(s)R(s) - G(s)H(s)C(s)$$

따라서 전달함수 및 등가변환 회로는 다음과 같다.

전달함수 $\dfrac{C(s)}{R(s)} = \dfrac{G(s)}{1+G(s)H(s)}$

## 06 - 신호흐름 선도

### 1) 신호흐름 선도의 대수연산

신호흐름 선도의 대수 연산법을 다음과 같이 정의할 수 있다.

**(1) 가산법**

마디 변수의 이득의 값은 마디로 들어오는 모든 신호들의 합과 같다.

$$y_3 = ay_1 + by_2$$

(2) 병렬법

신호흐름 선도에서 두 마디 사이에 같은 방향으로 연결된 병렬 가지는 병렬로 된 가지들의 이득의 합과 같은 이득을 갖는 하나의 가지로 나타낼 수 있다.

$$y_2 = (a+b)y_1$$

(3) 적산법

신호흐름 선도에서 한 방향으로 직렬로 연결된 가지들은 각 가지들의 이득의 곱한 값과 같은 이득을 가지는 한 개의 가지로 나타낼 수 있다.

$$y_4 = abcy_1$$

(4) 궤환루프법

$$y_2 = \frac{a}{1+ab}y_1$$

(5) 자기루프법

$$y_2 = \frac{a}{1+b}y_1$$

## 2) 신호흐름선도의 등가변환

제어계의 블록 선도를 전달 함수의 개념을 살려서 간단한 계통의 신호 흐름 선도로 등가 변환할 수 있으며, 이에 대한 블록 선도와 신호 흐름 선도의 대응 관계는 표와 같다.

| 번호 | 항 목 | 블록 선도 | 신호 흐름 선도 |
|---|---|---|---|
| 1 | 신호 | $\xrightarrow{a}$ | |
| 2 | 전달요소<br>$b = G \cdot a$ | $a \longrightarrow \boxed{G} \longrightarrow b$ | $a \circ \xrightarrow{G} \circ b$ |
| 3 | 가합점<br>$c = a \pm b$ | | |

| 번호 | 항 목 | 블록 선도 | 신호 흐름 선도 |
|---|---|---|---|
| 4 | 인출점<br>$a=b=c$ | | |
| 5 | 종속접속<br>$c=G_1 \cdot G_2 \cdot a$ | | |
| 6 | 병렬접속<br>$d=(G_1 \pm G_2)a$ | | |
| 7 | 피드백 접속<br>$d=\dfrac{G}{1\pm GH}\cdot a$ | | |

### 3) 신호 흐름 선도의 일반 이득 공식

출력과 입력과의 비, 즉 계통의 이득 또는 전달 함수 $G$는 다음의 메이슨(Mason)의 정리에 의하여 구할 수 있다.

$$G = \frac{\sum G_k \Delta_k}{\Delta}$$

$\Delta = 1 -$ (서로 다른 루프 이득의 합) + (서로 접촉하지 않은 두 개의 루프 이득의 곱)
  $-$ (서로 접촉하지 않은 세 개의 루프 이득의 곱) + ⋯

$G_k$ : 입력마디에서 출력마디까지의 $K$ 번째의 전방경로 이득

$\Delta_k$ : $K$번째의 전방경로 이득과 서로 접촉하지 않는 신호흐름 선도에 대한 △의 값

# CHAPTER 17 출제예상문제_전달 함수

## 전달함수

★ 【98. 02. 기사】

**01** 그림과 같은 블록 선도에서 등가 합성 전달 함수 $\dfrac{C}{R}$는?

① $\dfrac{H_1+H_2}{1+G}$   ② $\dfrac{H_1}{1+H_1H_2G}$

③ $\dfrac{G}{1+H_1+H_2}$   ④ $\dfrac{G}{1+H_1G+H_2G}$

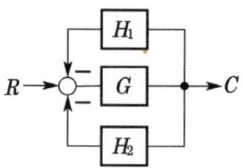

**[해설]** $(R-CH_1-CH_2)G=C$, $RG=C(1+H_1G+H_2G)$

$\therefore \dfrac{C}{R}=\dfrac{G}{1+H_1G+H_2G}$

**[별해]** $\dfrac{C}{R}=\dfrac{\sum 전향\,경로\,이득}{1-\sum 루프이득}=\dfrac{G_1+G_2}{1+H_1G+H_2G}$

(전향경로 이득 : $G$, 루프이득 : $-H_1G$, $-H_2G$)

★★ 【82. 83. 96. 05. 산업기사 ㉮ : 07 산업기사】

**02** 다음 사항 중 옳게 표현된 것은?

① 비례 요소의 전달 함수는 $\dfrac{1}{Ts}$이다.   ② 미분 요소의 전달 함수는 $K$이다.

③ 적분 요소의 전달 함수는 $Ts$이다.   ④ 1차 지연 요소의 전달 함수는 $\dfrac{K}{Ts+1}$이다.

**[해설]** ① 비례 요소의 전달 함수는 $K$,
② 미분 요소의 전달 함수는 $Ks$
③ 적분 요소의 전달 함수는 $\dfrac{K}{s}$

★★★☆ 【91. 기사, 82. 84. 89. 95. 99. 산업기사 ㉮ : 05 산업기사】

**03** 적분 요소의 전달 함수는?

① $K$   ② $\dfrac{K}{1+Ts}$   ③ $\dfrac{1}{Ts}$   ④ $Ts$

**[해설]** 비례 요소 : $K$, 미분 요소 : $Ts$, 적분 요소 : $\dfrac{1}{Ts}$, 1차 지연 요소 : $\dfrac{K}{Ts+1}$

**답** 1. ④  2. ④  3. ③

**04** 부동작 시간(dead time) 요소의 전달 함수는?

① $K$  ② $\dfrac{K}{s}$  ③ $Ke^{-Ls}$  ④ $Ks$

**해설**  $y(t) = Kx(t-L)$, $Y(s) = Ke^{-Ls} \cdot X(s)$

$\therefore G(s) = \dfrac{Y(s)}{X(s)} = Ke^{-Ls}$

**05** 그림과 같은 궤환 회로의 종합 전달 함수는?

① $\dfrac{1}{G_1} + \dfrac{1}{G_2}$  ② $\dfrac{G_1}{1-G_1G_2}$

③ $\dfrac{G_1}{1+G_1G_2}$  ④ $\dfrac{G_1G_2}{1+G_1G_2}$

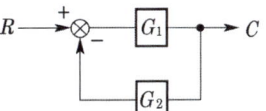

**해설**  $(R - CG_2)G_1 = C$, $RG_1 = C + CG_1G_2 = C(1+G_1G_2)$

$\therefore \dfrac{C}{R} = \dfrac{G_1}{1+G_1G_2}$

**별해**  $\dfrac{C}{R} = \dfrac{\sum 전향 경로 이득}{1 - \sum 루프 이득} = \dfrac{G_1}{1+G_1G_2}$ (전향경로 이득 : $G_1$, 루프 이득 : $-G_1G_2$)

**06** 블록 선도에서 $r(t) = 25$, $G_1 = 1$, $H_1 = 5$, $c(t) = 50$ 일 때 $H_2$를 구하면?

① $\dfrac{1}{4}$  ② $\dfrac{1}{10}$

③ $\dfrac{2}{5}$  ④ $\dfrac{2}{3}$

**해설**  $G(s) = \dfrac{\sum 전향 경로 이득}{1 - \sum 루프이득}$ 이므로  $\dfrac{c(t)}{r(t)} = \dfrac{G_1}{1 - G_1 \cdot H_1 \cdot H_2} = \dfrac{50}{25}$

$\dfrac{1}{1-5H_2} = 2$, $2 - 10H_2 = 1$ $\therefore H_2 = \dfrac{1}{10}$

**07** 다음 블록 선도의 입출력비는?

① $\dfrac{1}{1+G_1G_2}$  ② $\dfrac{G_1G_2}{1-G_2}$

③ $\dfrac{G_1}{1-G_2}$  ④ $\dfrac{G_1}{1+G_2}$

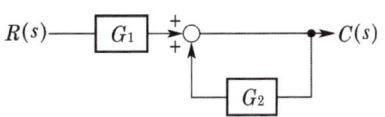

**답**  4. ③  5. ③  6. ②  7. ③

[해설] $RG_1 + CG_2 = C$, $RG_1 = C(1-G_2)$ $\therefore \dfrac{C}{R} = \dfrac{G_1}{1-G_2}$

[별해] $\dfrac{C}{R} = \dfrac{\sum 전향\ 경로\ 이득}{1-\sum 루프이득} = \dfrac{G_1}{1-G_2}$ (전향경로 이득 : $G_1$, 루프이득 : $G_2$)

**08** ★★ 【82. 83. 기사】
그림과 같은 계통의 전달 함수는?

① $G_1G_2G_3 + 1$   ② $G_1G_2 + G_2 + 1$
③ $G_1G_2 + G_2G_3$   ④ $G_1G_2 + G_1 + 1$

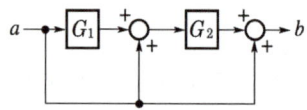

[해설] $(aG_1 + a)G_2 + a = b$, $a(G_1G_2 + G_2 + 1) = b$
$\therefore G(s) = \dfrac{b}{a} = G_1G_2 + G_2 + 1$

**09** ★ 【78. 기사】
그림과 같이 주어진 제어 회로의 전달 함수 $\dfrac{V_2(s)}{V_1(s)}$ 를 구하면?

① $\dfrac{4s+20}{s^2+7s+18}$   ② $\dfrac{4s+20}{s^2+7s+2}$
③ $\dfrac{s^2+7s+2}{4s+20}$   ④ $\dfrac{s^2+7s+18}{4s+20}$

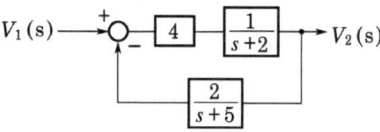

[해설] $\left\{ V_1(s) - \dfrac{2}{s+5}V_2(s) \right\} \dfrac{4}{s+2} = V_2(s)$

$\dfrac{4}{s+2}V_1(s) = \dfrac{8}{(s+5)(s+2)}V_2(s) + V_2(s) = \left\{ \dfrac{8}{(s+5)(s+2)} + 1 \right\} V_2(s)$

$\therefore G(s) = \dfrac{V_2(s)}{V_1(s)} = \dfrac{\dfrac{4}{s+2}}{\dfrac{8+(s+5)(s+2)}{(s+5)(s+2)}} = \dfrac{4s+20}{s^2+7s+18}$

[별해] 전향경로 이득 : $\dfrac{4}{s+2}$, 루프 이득 : $-\dfrac{8}{(s+2)(s+5)}$

$\dfrac{V_2(s)}{V_1(s)} = \dfrac{\sum 전향\ 경로\ 이득}{1-\sum 루프\ 이득} = \dfrac{\dfrac{4}{s+2}}{1+\dfrac{8}{(s+2)(s+5)}} = \dfrac{4s+20}{s^2+7s+18}$

**10** ★★ 【91. 97. 04. 11. 산업기사】
그림과 같은 회로에서 인가 전압에 의한 전류 $i$에 대한 출력 $e_0$의 전달 함수는?

① $\dfrac{1}{Cs}$   ② $Cs$
③ $\dfrac{1}{1+Cs}$   ④ $1+Cs$

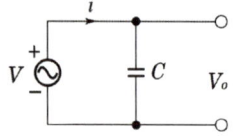

[답] 8. ②  9. ①  10. ①

[해설] $G(s) = \dfrac{V(s)}{I(s)} = \dfrac{1}{j\omega C} = \dfrac{1}{Cs}$

★★★ 【80, 82, 84, 93, 98, 01, 04, 산업기사】

**11** 그림과 같은 $R-L$ 회로에서 전달 함수를 구하면?

① $\dfrac{L}{R+Ls}$  ② $\dfrac{1}{s+\dfrac{R}{L}}$

③ $\dfrac{1}{R+Ls}$  ④ $\dfrac{s}{s+\dfrac{R}{L}}$

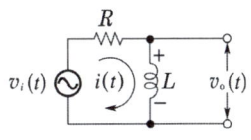

[해설] $v_i(t) = Ri(t) + L\dfrac{di(t)}{dt}, \quad v_o(t) = L\dfrac{di(t)}{dt}$

위 식을 초기값 0인 조건에서 라플라스 변환하면
$V_i(s) = RI(s) + LsI(s) = (R+Ls)I(s), \quad V_o(s) = LsI(s)$

$\therefore G(s) = \dfrac{V_o(s)}{V_i(s)} = \dfrac{Ls}{R+Ls} = \dfrac{s}{s+\dfrac{R}{L}}$

★★★ 【98, 기사, 82, 85, 90, 96, 산업기사】

**12** 그림과 같은 회로의 전달 함수는 어느 것인가?

① $C_1 + C_2$  ② $\dfrac{C_2}{C_1}$

③ $\dfrac{C_1}{C_1 + C_2}$  ④ $\dfrac{C_2}{C_1 + C_2}$

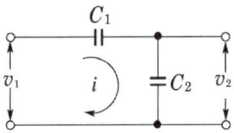

[해설] $\begin{cases} v_1(t) = \dfrac{1}{C_1}\int i(t)dt + \dfrac{1}{C_2}\int i(t)dt \\ v_2(t) = \dfrac{1}{C_2}\int i(t)dt \end{cases}$ , $\begin{cases} V_1(s) = \left(\dfrac{1}{C_1 s} + \dfrac{1}{C_2 s}\right)I(s) = \dfrac{C_1 + C_2}{C_1 C_2 s} \cdot I(s) \\ V_2(s) = \dfrac{I(s)}{C_2 s} \end{cases}$

$\therefore G(s) = \dfrac{V_2(s)}{V_1(s)} = \dfrac{\dfrac{1}{C_2 s} \cdot I(s)}{\dfrac{C_1 + C_2}{C_1 C_2 s} \cdot I(s)} = \dfrac{C_1}{C_1 + C_2}$

★★★★★ 【77, 기사, 82, 83, 86, 90, 92, 94, 11, 23, 산업기사, ⊕ : 92, 98, 05, 산업기사】

**13** 그림과 같은 회로의 전달 함수는? 단, $T = RC$이다.

① $\dfrac{1}{Ts^2 + 1}$  ② $\dfrac{1}{Ts + 1}$

③ $Ts^2 + 1$  ④ $Ts + 1$

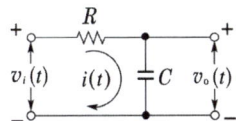

[답] 11. ④  12. ③  13. ②

**해설**

$$\begin{cases} v_i(t) = Ri(t) + \dfrac{1}{C}\int i(t)dt \\ v_o(t) = \dfrac{1}{C}\int i(t)dt \end{cases} , \quad \begin{cases} V_i(s) = \left(R + \dfrac{1}{Cs}\right)I(s) \\ V_o(s) = \dfrac{1}{Cs}I(s) \end{cases}$$

$$\therefore G(s) = \frac{V_o(s)}{V_i(s)} = \frac{\dfrac{1}{Cs}}{R + \dfrac{1}{Cs}} = \frac{1}{RCs+1} = \frac{1}{Ts+1}$$

★☆ 【82. 기사, 98. 산업기사】

**14** 그림과 같은 회로의 전달 함수는 얼마인가? 단, $T_1 = R_1 C$, $T_2 = \dfrac{R_2}{R_1 + R_2}$ 이다.

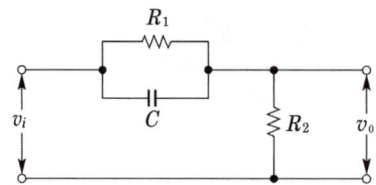

① $\dfrac{1}{1+T_1s}$  ② $\dfrac{T_2(1+T_1s)}{1+T_1T_2s}$  ③ $\dfrac{1+T_1s}{1+T_2s}$  ④ $\dfrac{T_2(1+T_1s)}{T_1(1+T_2s)}$

**해설**

$C$와 $R_1$의 합성 저항 $Zs$는 $Zs = \dfrac{R_1 \dfrac{1}{Cs}}{R_1 + \dfrac{1}{Cs}} = \dfrac{R_1}{CR_1s+1}$

그러므로
$E_i(s) = \left(\dfrac{R_1}{CR_1s+1} + R_2\right)I(s) = \dfrac{R_1 + CR_1R_2s + R_2}{CR_1s+1}I(s)$
$E_o(s) = R_2 I(s)$

$\therefore G(s) = \dfrac{E_o(s)}{E_i(s)} = \dfrac{R_2}{\dfrac{R_1 + CR_1R_2s + R_2}{CR_1s+1}} = \dfrac{R_2 + CR_1R_2s}{R_1 + R_2 + CR_1CR_2s} \cdots = \dfrac{T_2(1+T_1s)}{1+T_1T_2s}$

★★★★★ 【91. 01. 04. 06. 기사, 81. 82. 96. 98. 08. 12. 20. 산업기사】

**15** 그림과 같은 회로에서 전압비 전달 함수는?

① $\dfrac{R_1}{R_1Cs+1}$

② $\dfrac{s+1}{s+(R_1+R_2)+R_1R_2C}$

③ $\dfrac{R_1R_2s+RCs}{R_1Cs+R_1R_2s^2+C}$

④ $\dfrac{R_2 + R_1R_2Cs}{R_2 + R_1R_2Cs + R_1}$

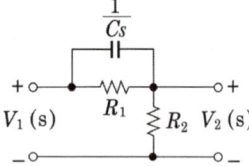

탑 14. ② 15. ④

해설  문제의 $R_1$과 $C$의 합성 임피던스 등가 회로는 그림과 같다.
그림에서
$$V_1(s) = \left\{\left(\frac{R_1}{1+CsR_1}\right)+R_2\right\}I(s)$$
$$V_2(s) = R_2 I(s)$$
$$\therefore G(s) = \frac{V_2(s)}{V_1(s)} = \frac{R_2}{\frac{R_1}{1+CsR_1}+R_2} = \frac{R_2+R_1R_2Cs}{R_1+R_2+R_1R_2Cs}$$

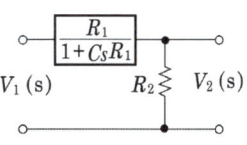

☆ 【00. 산업기사】

**16** 다음 그림과 같은 전기 회로의 입력은 $e_i$, 출력을 $e_o$라고 할 때 전달 함수는?

① $\dfrac{R_2(1+R_1LS)}{R_1+R_2+R_1R_2LS}$

② $\dfrac{1+R_2LS}{1+(R_1+R_2)LS}$

③ $\dfrac{R_2(R_1+LS)}{R_1R_2+R_1LS+R_2LS}$

④ $\dfrac{R_2+\dfrac{1}{LS}}{R_1+R_2\dfrac{1}{LS}}$

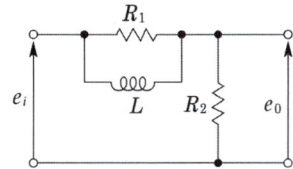

해설
$$G(s)=\frac{e_o}{e_i}=\frac{R_2}{R_2+\dfrac{R_1SL}{R_1+SL}}$$
$$=\frac{R_2}{\dfrac{R_1R_2+R_2SL+R_1SL}{R_1+SL}}$$
$$=\frac{R_1R_2+R_2SL}{R_1R_2+R_1SL+R_2SL}$$

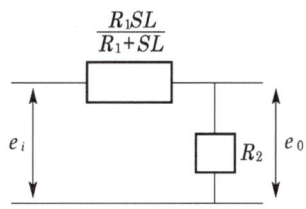

★★★★ 【84. 88. 08. 기사, 81. 91. 산업기사, ㉯ : 89. 기사】

**17** 그림과 같은 회로에서 전압비의 전달 함수는?

① $\dfrac{1}{\dfrac{1}{Ls}+Cs}$   ② $\dfrac{1}{LC+Cs}$

③ $\dfrac{\dfrac{1}{LC}}{s^2+\dfrac{1}{LC}}$   ④ $\dfrac{sC}{s^2(s+LC)}$

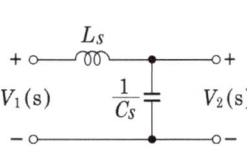

탑  16. ③  17. ③

**해설**
$$\begin{cases} V_1(s) = \left(Ls + \dfrac{1}{Cs}\right)I(s) \\ V_2(s) = \dfrac{1}{Cs}I(s) \end{cases}$$

$$\therefore G(s) = \frac{V_2(s)}{V_1(s)} = \frac{\dfrac{1}{Cs}}{Ls + \dfrac{1}{Cs}} = \frac{1}{1+s^2LC} = \frac{\dfrac{1}{LC}}{s^2 + \dfrac{1}{LC}}$$

★★ 【83. 88. 94. 97. 산업기사】

**18** 그림과 같은 $LC$ 브리지 회로의 전달 함수는?

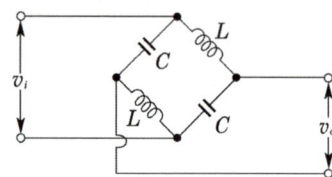

① $\dfrac{1}{1+LCs^2}$  ② $\dfrac{Ls}{1+LCs^2}$  ③ $\dfrac{LCs}{1+LCs^2}$  ④ $\dfrac{1-LCs^2}{1+LCs^2}$

**해설** 전류 방향과 폐로 방향을 그림과 같이 가정하면

$$\frac{V_o(s)}{V_i(s)} = \frac{\left(\dfrac{1}{Cs} - Ls\right)I(s)}{\left(\dfrac{1}{Cs} + Ls\right)I(s)}$$

$$= \frac{1-LCs^2}{1+LCs^2}$$

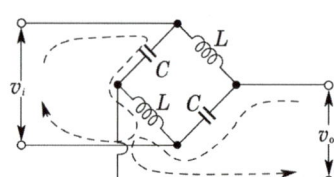

★★★ 【91. 기사, 98. 00. 산업기사, ⊕ : 82. 91. 24. 산업기사】

**19** 회로의 전압비 전달 함수 $G(s) = \dfrac{V_2(s)}{V_1(s)}$ 는?

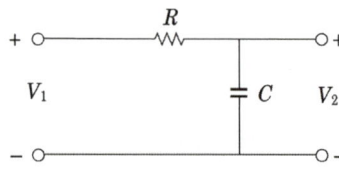

① $\dfrac{1}{RC}$  ② $\dfrac{1}{s+RC}$  ③ $\dfrac{\dfrac{1}{RC}}{s+\dfrac{1}{RC}}$  ④ $\dfrac{-RC}{s+\dfrac{1}{RC}}$

**해설** $G(s) = \dfrac{V_2(s)}{V_1(s)} = \dfrac{\dfrac{1}{Cs}}{R+\dfrac{1}{Cs}} = \dfrac{1}{RCs+1} = \dfrac{\dfrac{1}{RC}}{s+\dfrac{1}{RC}}$

**답** 18. ④  19. ③

★★★★★ 【87. 88. 99. 04. 11. 기사, 89. 94. 99. 16. 산업기사】
**20** 그림과 같은 $R-L-C$ 회로망에서 입력 전압을 $e_i(t)$, 출력량을 전류 $i(t)$로 할 때, 이 요소의 전달 함수는 어느 것인가?

① $\dfrac{Rs}{LCs^2+RCs+1}$

② $\dfrac{RLs}{LCs^2+RCs+1}$

③ $\dfrac{Ls}{LCs^2+RCs+1}$

④ $\dfrac{Cs}{LCs^2+RCs+1}$

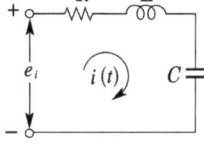

**해설** $e_i(t) = Ri(t) + L\dfrac{d}{dt}i(t) + \dfrac{1}{C}\int i(t)dt$

라플라스 변환하면 $E_i(s) = RI(s) + LsI(s) + \dfrac{1}{Cs}I(s)$

$\therefore \dfrac{I(s)}{E(s)} = \dfrac{Cs}{LCs^2+RCs+1}$

★ 【88. 95. 16. 산업기사】
**21** 그림과 같은 회로의 전달 함수 $\dfrac{V_o(s)}{I(s)}$는?

① $\dfrac{1}{s(C_1+C_2)}$  ② $\dfrac{C_1C_2}{C_1+C_2}$

③ $\dfrac{C_1}{s(C_1+C_2)}$  ④ $\dfrac{C_2}{s(C_1+C_2)}$

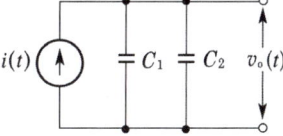

**해설** $i(t) = C_1\dfrac{d}{dt}v_o(t) + C_2\dfrac{d}{dt}v_o(t)$

초기값을 0으로 하고 라플라스 변환하면
$I(s) = C_1 s V_o(s) + C_2 s V_o(s) = (C_1 s + C_2 s)V_o(s)$

$\therefore G(s) = \dfrac{V_o(s)}{I(s)} = \dfrac{1}{C_1 s + C_2 s} = \dfrac{1}{s(C_1+C_2)}$

★ 【87. 94. 산업기사】
**22** 그림에서 $v_i$를 입력 전압, $v_o$를 출력 전압이라 할 때 전달 함수는?

① $\dfrac{RCs-1}{RCs+1}$

② $\dfrac{1}{RCs+1}$

③ $\dfrac{RCs+1}{RCs-1}$

④ $\dfrac{1}{RCs-1}$

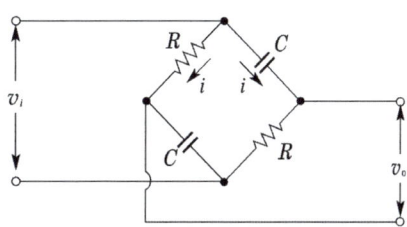

답 20. ④  21. ①  22. ①

해설 ) 전류 방향과 폐로 방향을 그림과 같이 가정하면
$$e_i(t) = Ri(t) + \frac{1}{C}\int i(t)dt, \quad e_o(t) = Ri(t) - \frac{1}{C}\int i(t)dt$$
초기값을 0으로 하고 라플라스 변환하면
$$E_i(s) = \frac{1}{Cs}I(s) + RI(s) = R + \frac{1}{Cs}, \quad E_o(s) = -\frac{1}{Cs}I(s) + RI(s) = R - \frac{1}{Cs}$$
$$\therefore G(s) = \frac{E_o(s)}{E_i(s)} = \frac{R - \frac{1}{Cs}}{R + \frac{1}{Cs}} = \frac{CRs - 1}{CRs + 1}$$

★★ 【83. 95. 05. 기사】

**23** 그림과 같은 회로의 전압비 전달 함수 $H(j\omega) = \dfrac{V_c(j\omega)}{V(j\omega)}$ 는?

① $\dfrac{2}{(j\omega)^2 + j\omega + 2}$  ② $\dfrac{2}{(j\omega)^2 + j\omega + 4}$

③ $\dfrac{4}{(j\omega)^2 + j\omega + 4}$  ④ $\dfrac{1}{(j\omega)^2 + j\omega + 1}$

해설 ) $G(j\omega) = \dfrac{V_c(j\omega)}{V(j\omega)} = \dfrac{1}{LC(j\omega)^2 + RC(j\omega) + 1}$
$R = 1[\Omega]$, $L = 1[H]$, $C = 0.25[F]$를 대입하면
$\therefore G(j\omega) = \dfrac{1}{0.25(j\omega)^2 + 0.25(j\omega) + 1} = \dfrac{4}{(j\omega)^2 + j\omega + 4}$

★★ 【85. 93. 00. 01. 산업기사】

**24** 그림과 같은 회로의 전압비 전달 함수 $H(j\omega)$는 얼마인가? 단, 입력 $v(t)$는 정현파 교류 전압이며, 출력은 $v_R$이다.

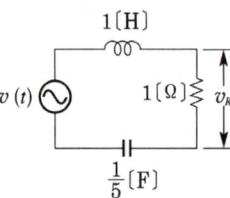

① $\dfrac{j\omega}{(5-\omega^2) + j\omega}$  ② $\dfrac{j\omega}{(5+\omega^2) + j\omega}$

③ $\dfrac{j\omega}{(5-\omega)^2 + j\omega}$  ④ $\dfrac{j\omega}{(5+\omega)^2 + j\omega}$

답  23. ③  24. ①

[해설] $H(j\omega) = \dfrac{V_R}{V(j\omega)} = \dfrac{1}{j\omega + 1 + \dfrac{1}{j\omega\frac{1}{5}}} = \dfrac{j\omega}{(j\omega)^2 + j\omega + 5} = \dfrac{j\omega}{(5-\omega^2) + j\omega}$

★★☆ 【92. 기사, 82. 89. 99. 산업기사】

**25** 그림과 같은 회로에서 전달 함수 $\dfrac{V_o(s)}{I(s)}$ 를 구하여라. 단, 초기 조건은 모두 0으로 한다.

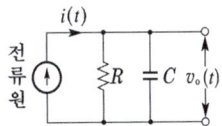

① $\dfrac{1}{RCs + 1}$  ② $\dfrac{R}{RCs + 1}$  ③ $\dfrac{C}{RCs + 1}$  ④ $\dfrac{RCs}{RCs + 1}$

[해설] $i(t) = \dfrac{1}{R}v_o(t) + C\dfrac{d}{dt}v_o(t)$

위 식을 초기값 0인 조건하에서 라플라스 변환하면

$I(s) = \left(\dfrac{1}{R} + Cs\right)V_o(s)$

$\therefore \dfrac{V_o(s)}{I(s)} = \dfrac{1}{\dfrac{1}{R} + Cs} = \dfrac{R}{RCs + 1}$

★★ 【82. 83. 91. 98. 산업기사】

**26** 제어계의 미분 방정식이 $\dfrac{d^3c(t)}{dt^3} + 4\dfrac{d^2c(t)}{dt^2} + 5\dfrac{dc(t)}{dt} + c(t) = 5R(t)$ 로 주어졌을 때 전달 함수를 구하면?

① $\dfrac{5}{s^3 + 4s^2 + 5s + 1}$  ② $\dfrac{s^3 + 4s^2 + 5s + 1}{5s}$

③ $\dfrac{5s}{s^3 + 4s^2 + 5s + 1}$  ④ $s^3 + 4s^2 + 5s + 1$

[해설] $\{s^3C(s) - s^2c(0) - sc'(0) - c''(0)\} + \{4s^2C(s) - sc(0) - c'(0)\} + \{5sC(s) - c(0)\} + c(s) = 5R(s)$

모든 초기값을 0으로 하고 라플라스 변환하면

$s^3C(s) + 4s^2C(s) + 5sC(s) + C(s) = 5R(s)$

$C(s)(s^3 + 4s^2 + 5s + 1) = 5R(s)$

$\therefore \dfrac{C(s)}{R(s)} = \dfrac{5}{s^3 + 4s^2 + 5s + 1}$

답  25. ②  26. ①

★☆ 【82. 83. 97. 산업기사】
**27** 그림과 같은 회로에서 전류비 전달 함수를 라플라스 함수로 표시하면?

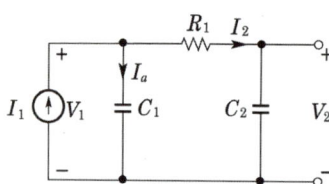

① $\dfrac{1}{s+(C_1+C_2)/R_1C_1s}$ 
② $\dfrac{RC_1C_2s}{R_1C_1s+(C_1+C_2)/R_1C_1C_2}$

③ $\dfrac{R_1(C_1+C_2)s}{R_1C_2s+R_1C_1C_2s^2}\left(\dfrac{1}{R_1C_1C_2}\right)$
④ $\dfrac{1}{s+(C_1+C_2)/R_1C_1C_2}\left(\dfrac{1}{R_1C_1}\right)$

**해설**
$\dfrac{1}{C_1}\int(I_1-I_2)dt=\dfrac{1}{C_2}\int I_2dt+R_1I_2$

$\dfrac{1}{sC_1}\{I_1(s)-I_2(s)\}=\dfrac{1}{sC_2}I_2(s)+R_1I_2(s)$

$\therefore \dfrac{I_2(s)}{I_1(s)}=\dfrac{\dfrac{1}{sC_1}}{\dfrac{1}{sC_1}+\dfrac{1}{sC_2}+R_1}=\dfrac{1}{s+\dfrac{C_1+C_2}{R_1C_1C_2}}\left(\dfrac{1}{R_1C_1}\right)$

★★ 【94. 97. 11. 산업기사】
**28** 그림과 같은 회로에서 전달 함수 $\dfrac{E_o(s)}{I(s)}$는? 단, 초기 조건은 모두 0이다.

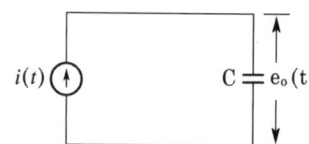

① $\dfrac{1}{Cs}$  ② $\dfrac{1}{Cs+1}$  ③ $\dfrac{C}{Cs+1}$  ④ $\dfrac{Cs}{Cs+1}$

**해설**
$\dfrac{E_o(s)}{I(s)}=\dfrac{\dfrac{1}{Cs}\cdot I(s)}{I(s)}=\dfrac{1}{Cs}$

★★★★★ 【80. 81. 83. 85. 86. 89. 93. 94. 97. 98. 산업기사】
**29** 어떤 계를 표시하는 미분 방정식이 $\dfrac{d^2y(t)}{dt^2}+3\dfrac{dy(t)}{dt}+2y(t)=\dfrac{dx(t)}{dt}+x(t)$라고 한다. $x(t)$는 입력, $y(t)$는 출력이라고 한다면 이 계의 전달 함수는 어떻게 표시되는가?

① $\dfrac{s^2+3s+2}{s+1}$  ② $\dfrac{2s+1}{s^2+s+1}$  ③ $\dfrac{s+1}{s^2+3s+2}$  ④ $\dfrac{s^2+s+1}{2s+1}$

답 27. ④ 28. ① 29. ③

해설, 양변을 라플라스 변환하면
$s^2 Y(s) + 3s Y(s) + 2Y(s) = sX(s) + X(s)$, $(s^2+3s+2)Y(s) = (s+1)X(s)$
$\therefore G(s) = \dfrac{Y(s)}{X(s)} = \dfrac{s+1}{s^2+3s+2}$

☆ 【94. 산업기사】

**30** $R-L-C$ 직렬 회로의 회로 방정식이 $\dfrac{d^2 i}{dt^2} + 3\dfrac{di}{dt} + 2i = 0$이다. 아래의 서술에서 잘못된 것은?

① 특성 방정식은 $s^2 + 3s + 2 = 0$이다.　② 이 회로는 $-1$, $-2$인 점에 실수극을 갖는다.
③ 이 회로는 안정된 동작을 보여 준다.　④ 이 회로는 부족 제동된 상태에 있다.

해설, 부족 제동은 특성 방정식의 근이 공액 복소근일 때이다.

★★ 【84. 98. 14. 산업기사】

**31** 입력 신호가 $v_i$, 출력 신호가 $v_o$일 때, $a_1 v_o + a_2 \dfrac{dv_o}{dt} + a_3 \int v_o dt = v_i$의 전달 함수는?

① $\dfrac{s}{a_2 s^2 + a_1 s + a_3}$　　② $\dfrac{1}{a_2 s^2 + a_1 s + a_3}$

③ $\dfrac{s}{a_3 s^2 + a_2 s + a_1}$　　④ $\dfrac{1}{a_3 s^2 + a_2 s + a_1}$

해설, 초기값을 0으로 하고 라플라스 변환하면
$a_1 V_o(s) + a_2 s V_o(s) + \dfrac{1}{s} a_3 V_o(s) = V_i(s)$, $\left(a_1 + a_2 s + \dfrac{a_3}{s}\right) V_o(s) = V_i(s)$
$\therefore G(s) = \dfrac{V_o(s)}{V_i(s)} = \dfrac{1}{a_1 + a_2 s + \dfrac{a_3}{s}} = \dfrac{s}{a_2 s^2 + a_1 s + a_3}$

★☆ 【83. 88. 94. 05. 24. 산업기사】

**32** $\dfrac{V_o(s)}{V_i(s)} = \dfrac{1}{s^2 + 3s + 1}$의 전달 함수를 미분 방정식으로 표시하면?

① $\dfrac{d^2}{dt^2} v_o(t) + 3\dfrac{d}{dt} v_o(t) + v_o(t) = v_i(t)$

② $\dfrac{d^2}{dt^2} v_i(t) + 3\dfrac{d}{dt} v_i(t) + v_i(t) = v_o(t)$

③ $\dfrac{d^2}{dt^2} v_i(t) + 3\dfrac{d}{dt} v_i(t) + \int v_i(t) dt = v_o(t)$

④ $\dfrac{d^2}{dt^2} v_o(t) + 3\dfrac{d}{dt} v_o(t) + \int v_o(t) dt = v_i(t)$

답 30. ④　31. ①　32. ①

해설  $V_i(s) = s^2 V_o(s) + 3s V_o(s) + V_o(s)$

$v_i(t) = \dfrac{d^2}{dt^2} v_o(t) + 3\dfrac{d}{dt} v_o(t) + v_o(t)$

★ 【89. 기사】
**33** $\dfrac{A(s)}{B(s)} = \dfrac{1}{2s+1}$ 의 전달 함수를 미분 방정식으로 표시하면?

① $\dfrac{da(t)}{dt} + 2a(t) = 2b(t)$
② $2\dfrac{da(t)}{dt} + a(t) = 2b(t)$
③ $\dfrac{da(t)}{dt} + 2a(t) = b(t)$
④ $2\dfrac{da(t)}{dt} + a(t) = b(t)$

해설  $\dfrac{A(s)}{B(s)} = \dfrac{1}{2s+1}$, $2sA(s) + A(s) = B(s)$를 미분 방정식으로 변화하면

$2\dfrac{d}{dt}a(t) + a(t) = b(t)$

☆ 【83. 산업기사】
**34** 다음 전달 함수에 관한 말 중 옳은 것은?
① 2계 회로의 분모와 분자의 차수의 차는 $s$의 1차식이 된다.
② 2계 회로에서는 전달 함수의 분모는 $s$의 2차식이다.
③ 전달 함수의 분자의 차수에 따라 분모의 차수가 결정된다.
④ 전달 함수의 분모의 차수는 초기값에 따라 결정된다.

해설  2계 회로는 $s$의 2차식이 된다.

★☆ 【83. 90. 98. 산업기사】
**35** 전달 함수의 성질 중 옳지 않은 것은?
① 어떤 계의 전달 함수는 그 계에 대한 임펄스 응답의 라플라스 변환과 같다.
② 전달 함수 $P(s)$인 계의 입력이 임펄스 함수($\delta$함수)이고 모든 초기값이 0이면 그 계의 출력 변환은 $P(s)$와 같다.
③ 계의 전달 함수는 계의 미분 방정식을 라플라스 변환하고 초기값에 의하여 생긴 항을 무시하면 $P(s) = \mathcal{L}^{-1}\left[\dfrac{Y^2}{X^2}\right]$와 같이 얻어진다.
④ 계 전달 함수의 분모를 0으로 놓으면 이것이 곧 특성 방정식이 된다.

해설  전달 함수는 모든 초기값을 0으로 했을 때, 출력 신호의 라플라스 변환과 입력 신호 라플라스 변환의 비를 말한다.

답  33. ④  34. ②  35. ③

★★ 【81, 82, 83, 92. 산업기사】

**36** 전달 함수 $G(s) = \dfrac{20}{3+2s}$ 을 갖는 요소가 있다. 이 요소에 $\omega = 2$ 인 정현파를 주었을 때 $|G(j\omega)|$ 를 구하면?

① 8　　　② 6　　　③ 2　　　④ 4

**해설**　$G(j\omega) = \dfrac{20}{3+2j\omega}$, $\omega = 2$ 이므로

$|G(j\omega)| = \left|\dfrac{20}{3+2j\omega}\right|_{\omega=2} = \left|\dfrac{20}{\sqrt{3^2+4^2}}\right| = 4$

★★★★ 【82, 83, 85, 91, 07, 09. 기사, 04, 07. 산업기사】

**37** $R-C$ 저역 필터 회로의 전달 함수 $G(j\omega)$는 $\omega = 0$에서 얼마인가?

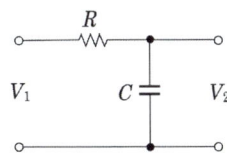

① 0　　　② 0.5　　　③ 1　　　④ 0.707

**해설**　$G(j\omega) = \dfrac{V_2(j\omega)}{V_1(j\omega)} = \dfrac{\dfrac{1}{j\omega C}}{R+\dfrac{1}{j\omega C}} = \dfrac{1}{j\omega RC+1}$, $\omega = 0$ 이므로

∴ $G(j\omega) = 1$

★★★ 【82, 83, 96, 08. 기사】

**38** 다음 $R-C$ 저역 여파기 회로의 전달 함수 $G(j\omega)$에서 $\omega = \dfrac{1}{RC}$인 경우 $|G(j\omega)|$의 값은?

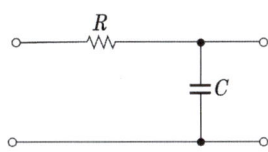

① 1　　　② 0.50　　　③ 0.707　　　④ 0

**해설**　$G(s) = \dfrac{\dfrac{1}{Cs}}{R+\dfrac{1}{Cs}} = \dfrac{1}{sRC+1}$

$G(j\omega) = \dfrac{1}{j\omega RC+1}$ 에서 $\omega = \dfrac{1}{RC}$ 이므로

$|G(j\omega)| = \left|\dfrac{1}{1+j}\right| = \dfrac{1}{\sqrt{2}} = 0.707$

**답** 36. ④　37. ③　38. ③

## 39 그림과 같은 회로는?

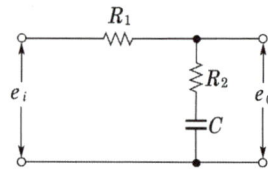

① 미분 회로　② 적분 회로　③ 가산 회로　④ 미분, 적분 회로

**해설**
$$G(s) = \frac{R_2 + \frac{1}{Cs}}{R_1 + R_2 + \frac{1}{Cs}} = \frac{R_2 Cs + 1}{(R_1 + R_2)Cs + 1} = \frac{1 + T_2 s}{1 + \beta T_2 s}$$

(단, $T_2 = R_2 C$, $\beta = \frac{R_1 + R_2}{R_2} > 1$이고, 만일 $T_1 s \ll 1$, $\beta T_2 s \gg 1$이면)

$$\therefore G(s) \fallingdotseq \frac{1}{\beta T_2 s}$$

## 40 일정한 질량 $M$을 가진 이동하는 물체의 위치 $y$는 이 물체에 가해지는 외력이 $f$일 때 이 운동계는 마찰 등의 반저항력을 무시하면 $M\frac{d^2 y}{dt^2} = f$의 미분 방정식으로 표시된다. 위치에 관계되는 전달함수를 구하시오.

① $\dfrac{Y(s)}{F(s)} = \dfrac{1}{Ms^2}$　　② $\dfrac{F(s)}{Y(s)} = \dfrac{s^2}{M}$

③ $\dfrac{F(s)}{Y(s)} = \dfrac{s}{M^2}$　　④ $\dfrac{Y(s)}{F(s)} = \dfrac{1}{-Ms^2}$

**해설**
$$f(t) = M\frac{d^2 y(t)}{dt^2}$$

초기값을 0으로 하고 라플라스 변환하면 $F(s) = Ms^2 Y(s)$

$$\therefore G(s) = \frac{Y(s)}{F(s)} = \frac{1}{Ms^2}$$

## 41 그림과 같은 액면계에서 $q(t)$를 입력, $h(t)$를 출력으로 본 전달 함수는?

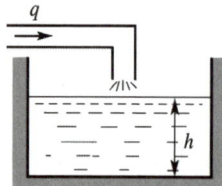

① $\dfrac{K}{s}$　　② $Ks$　　③ $1 + Ks$　　④ $\dfrac{K}{1+s}$

**답** 39. ②　40. ①　41. ①

해설 수위계의 단면적을 $A$라 하면
$$h(t) = \frac{1}{A}\int q(t)dt, \ H(s) = \frac{1}{As}Q(s)$$
$$\therefore G(s) = \frac{H(s)}{Q(s)} = \frac{1}{As} = \frac{K}{s}$$

**42** ★★★★ 【90. 기사, 83. 87. 88. 93. 95. 96. 산업기사】
힘 $f$에 의해 움직이고 있는 질량 $M$인 물체의 좌표를 $y$라 할 때 가한 힘에 대한 전달 함수는?

① $Ms$  ② $Ms^2$  ③ $\dfrac{1}{Ms}$  ④ $\dfrac{1}{Ms^2}$

해설 $f(t) = M\dfrac{d^2y(t)}{dt^2}$
초기값을 0으로 하고 라플라스 변환하면 $F(s) = Ms^2Y(s)$
$$\therefore G(s) = \frac{Y(s)}{F(s)} = \frac{1}{Ms^2}$$

**43** ★★★★ 【85. 기사, 83. 90. 91. 96. 산업기사, ⊕ : 85. 기사】
그림과 같은 기계적인 회전 운동계에서 토크 $T(t)$를 입력으로, 변위 $\theta(t)$를 출력으로 하였을 때의 전달 함수는?

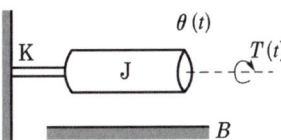

① $\dfrac{1}{Js^2 + Bs + K}$  ② $Js^2 + Bs + K$

③ $\dfrac{s}{Js^2 + Bs + K}$  ④ $\dfrac{Js^2 + Bs + K}{s}$

해설 토크 $T(t)$가 관성 모멘트 $J$, 마찰 계수 $B$, 뒤틀릴 때의 탄성 계수 $K$를 가진 계통에 뉴턴의 법칙을 적용하면
$$T(t) = J\frac{d^2}{dt^2}\theta(t) + B\frac{d}{dt}\theta(t) + K\theta(t)$$
$T(s) = Js^2\Theta(s) + Bs\Theta(s) + K\Theta(s) \quad \therefore \dfrac{\Theta(s)}{T(s)} = \dfrac{1}{Js^2 + Bs + K}$

**44** ★ 【85. 98. 산업기사】
$G(s) = (s+1)/(s^2 + 2s - 3)$인 특성 방정식은?

① $s = -2, 3$  ② $s = 1, -3$  ③ $s = 1, 2$  ④ $s = 1$

해설 특성 방정식은 전달 함수의 분모를 0으로 놓은 식이므로 분모 $s^2 + 2s - 3 = 0$을 인수 분해하면
$(s+3)(s-1) = 0 \quad \therefore s = -3, 1$

답 42. ④  43. ①  44. ②

★★★ 【79. 88. 97. 기사】
**45** 어떤 제어계의 입력으로 단위 임펄스가 가해졌을 때 출력이 $te^{-3t}$이었다. 이 제어계의 전달 함수를 구하면?

① $\dfrac{1}{(s+3)^2}$     ② $\dfrac{t}{(s+1)(s+2)}$
③ $t(s+2)$     ④ $(s+1)(s+4)$

**해설** 복소 추이의 정리에 의해서
$$\mathcal{L}[f(t)e^{-at}] = F(s-a), \quad \mathcal{L}[t] = \frac{1}{s^2}, \quad \mathcal{L}[t \cdot e^{-3t}] = \frac{1}{(s+3)^2}$$
$$R(s) = \mathcal{L}[r(t)] = \mathcal{L}[\delta(t)] = 1, \quad C(s) = \mathcal{L}[c(t)] = \mathcal{L}[te^{-3t}] = \frac{1}{(s+3)^2}$$
$$\therefore G(s) = \frac{C(s)}{R(s)} = C(s) = \frac{1}{(s+3)^2}$$

★★ 【83. 85. 기사】
**46** 그림은 전역 통과형 전달 함수가 극과 영점을 표시하고 있다. 이 전달 함수에 대하여 옳지 않은 것은?

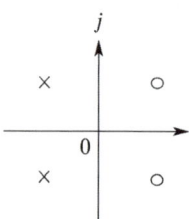

① 입력, 출력의 진폭은 주파수에 따라 다르다.
② 입력, 출력의 진폭은 같다.
③ 입력, 출력의 위상차가 주파수에 따라 다르다.
④ 입력보다 출력은 위상이 뒤진다.

**해설** 그림에서 극점과 영점의 좌표를 실수부와 허수부가 1의 위치라면 전달 함수는
$$G(s) = \frac{(s-1+j)(s-1-j)}{(s+1+j)(s+1-j)} = \frac{s^2-2s+2}{s^2+2s+2}$$
$$G(j\omega) = \frac{2-\omega^2-j2\omega}{2-\omega^2+j2\omega} = \sqrt{\frac{(2-\omega^2)^2+4\omega^2}{(2-\omega^2)^2+4\omega^2}} \angle \tan^{-1}\frac{-2\omega}{2-\omega^2} \angle -\tan^{-1}\frac{2\omega}{2-\omega^2} = 1\angle -2\tan^{-1}\frac{2\omega}{2-\omega^2}$$
여기서, $|G(j\omega)|=1$이므로 입력과 출력의 진폭은 주파수에 관계없이 일정하고, 출력은 입력에 비해 위상이 뒤지며 주파수에 따라 위상차가 변화한다.

★★★ 【94. 99. 03. 04. 11. 산업기사】
**47** 어떤 제어계의 임펄스 응답이 $\sin\omega t$일 때 계의 전달 함수는?

① $\dfrac{\omega}{s+\omega}$     ② $\dfrac{\omega^2}{s^2+\omega^2}$     ③ $\dfrac{\omega}{s^2+\omega^2}$     ④ $\dfrac{\omega^2}{s+\omega}$

답 45. ① 46. ① 47. ③

해설 ) 계의 전달 함수는 그 계에 대한 임펄스 응답의 라플라스 변환과 같으므로
$$\mathcal{L}[\sin\omega t] = \frac{\omega}{s^2+\omega^2}$$

★★ 【83. 93. 96. 23. 산업기사】
**48** 어떤 계에 임펄스 함수($\delta$ 함수)가 입력으로 가하여졌을 때 시간 함수 $e^{-2t}$가 출력으로 나타났다(이 출력을 임펄스 응답이라 한다). 이 계의 전달 함수는?

① $\dfrac{1}{s+2}$   ② $\dfrac{1}{s-2}$   ③ $\dfrac{2}{s+2}$   ④ $\dfrac{2}{s-2}$

해설 ) $R(s) = \mathcal{L}[\delta(t)] = 1$, $G(s) = \dfrac{C(s)}{R(s)} = C(s) = e^{-2t}$
$\mathcal{L}[e^{-2t}] = \dfrac{1}{s+2}$

★★★ 【82. 91. 97. 04. 08. 11. 산업기사】
**49** 전달 함수 $C(s) = G(s)R(s)$에서 입력 함수를 단위 임펄스, 즉 $\delta(t)$로 가할 때 계의 응답은?

① $G(s)\delta(s)$   ② $\dfrac{G(s)}{\delta(s)}$   ③ $\dfrac{G(s)}{s}$   ④ $G(s)$

해설 ) 단위 임펄스인 경우 $G(s)$가 된다.
즉, $r(t) = \delta(t)$를 라플라스 변환하면 $R(s) = 1$
∴ $C(s) = G(s) \cdot 1 = G(s)$

★★☆ 【83. 기사, 83. 92. 99. 산업기사】
**50** 어떤 계의 임펄스 응답(impulse response)이 정현파 신호 $\sin t$일 때, 이 계의 전달 함수와 미분 방정식을 구하면?

① $\dfrac{1}{s^2+1}$, $\dfrac{d^2y}{dt^2}+y=x$
② $\dfrac{1}{s^2-1}$, $\dfrac{d^2y}{dt^2}+2y=2x$
③ $\dfrac{1}{2s+1}$, $\dfrac{d^2y}{dt^2}-y=x$
④ $\dfrac{1}{2s^2-1}$, $\dfrac{d^2y}{dt^2}-2y=2x$

해설 ) $\mathcal{L}\sin t = \dfrac{1}{s^2+1}$이며, 미분 방정식 $x = \dfrac{d^2y}{dt^2}+y$이다.

★★ 【82. 86. 94. 99. 산업기사】
**51** 전달 함수 $G(s) = \dfrac{1}{s+1}$인 제어계의 인디셜 응답은?

① $1-e^{-t}$   ② $e^{-t}$   ③ $1+e^{-t}$   ④ $e^{-t}-1$

답 48. ① 49. ④ 50. ① 51. ①

**해설**
$$G(s) = \frac{C(s)}{R(s)} = \frac{1}{s+1}$$
$$C(s) = \frac{1}{s+1} \cdot R(s) = \frac{1}{s+1} \cdot \frac{1}{s} = \frac{1}{s(s+1)} = \frac{1}{s} - \frac{1}{s+1}$$
$$\therefore c(t) = 1 - e^{-t}$$

★ 【82. 98. 산업기사】

**52** 전달 함수 $G(s) = \dfrac{s+1}{s+2}$ 인 제어계의 경사 응답 $y(t)$를 나타낸 값은?

① $\dfrac{1}{4}(1 + e^{-2t} + 2t)$   ② $\dfrac{1}{4}(1 - e^{-2t} + 2t)$

③ $\dfrac{1}{4}(1 + e^{-2t} - 2t)$   ④ $\dfrac{1}{4}(1 - e^{-2t} - 2t)$

**해설**
$$Y(s) = \frac{s+1}{s+2} \cdot X(s) = \frac{s+1}{s+2} \cdot \frac{1}{s^2} = \frac{\frac{1}{2}}{s^2} + \frac{\frac{1}{4}}{s} - \frac{\frac{1}{4}}{s+2}$$
$$\therefore y(t) = \frac{1}{2} \cdot t + \frac{1}{4} - \frac{1}{4}e^{-2t} = \frac{1}{4}(1 - e^{-2t} + 2t)$$

★ 【99. 기사】

**53** 블록 선도에서 $C(s) = R(s)$ 라면 전달 함수 $G(s)$는?

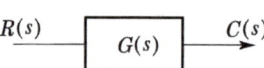

① 1   ② -1   ③ ∞   ④ 0

**해설** $G(s) = \dfrac{C(s)}{R(s)} = 1$

★★ 【87. 기사, 00. 04. 11. 산업기사】

**54** $\dfrac{B(s)}{A(s)} = \dfrac{2}{2s+3}$ 의 전달 함수를 미분 방정식으로 표시하면?

① $2\dfrac{d}{dt}b(t) + 3b(t) = a(t)$   ② $\dfrac{d}{dt}b(t) + b(t) = a(t)$

③ $2\dfrac{d}{dt}b(t) + 3b(t) = 2a(t)$   ④ $3\dfrac{d}{dt}a(t) + (t) = 2b(t)$

**해설** $\dfrac{B(s)}{A(s)} = \dfrac{2}{2s+3}$, $2sB(s) + 3B(s) = 2A(s)$
$$\therefore 2\frac{d}{dt}b(t) + 3b(t) = 2a(t)$$

**답** 52. ② 53. ① 54. ③

**55** 그림과 같은 신호 흐름 선도에서 $C(s)/R(s)$의 값은?

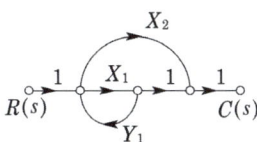

① $\dfrac{C(s)}{R(s)} = \dfrac{X_1}{1-X_1Y_1}$  ② $\dfrac{C(s)}{R(s)} = \dfrac{X_2}{1-X_1Y_1}$

③ $\dfrac{C(s)}{R(s)} = \dfrac{X_1X_2}{1-X_1Y_1}$  ④ $\dfrac{C(s)}{R(s)} = \dfrac{X_1+X_2}{1-X_1Y_1}$

[해설] $\dfrac{C(s)}{R(s)} = \dfrac{경로}{1-폐로} = \dfrac{X_1+X_2}{1-X_1Y_1}$

**56** 다음 신호 흐름 선도에서 전달 함수 $\dfrac{B}{A}$를 구하면?

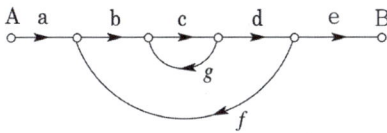

① $\dfrac{abcde}{1-cg-bcdf}$  ② $\dfrac{abcdg}{1-abcde}$

③ $\dfrac{abcde}{1-cg-cgf}$  ④ $\dfrac{abcde}{c+cg+cgf}$

[해설] $\Delta = 1-cg-bcdf$
$G_1 = abcde$, $\Delta_1 = 1$
$\therefore \dfrac{B}{A} = \dfrac{G_1\Delta_1}{\Delta} = \dfrac{abcde}{1-cg-bcdf}$

**57** 제동 계수 $\zeta = 1$인 경우 어떠한가?

① 임계 진동이다.  ② 강제 진동이다.
③ 감쇠 진동이다.  ④ 완전 진동이다.

[해설] $\zeta < 1$인 경우 : 부족 제동(감쇠 진동)
$\zeta = 1$인 경우 : 임계 제동(임계 상태)
$\zeta > 1$인 경우 : 과제동(비진동)
$\zeta = 0$인 경우 : 무제동(무한 진동 또는 완전 진동)

**답** 55. ④ 56. ① 57. ①

**58** 2차 시스템의 감쇠율(damping ratio) $\delta$가 $\delta < 1$이면 어떤 경우인가?

① 비감쇠  ② 과감쇠
③ 부족 감쇠  ④ 발산

해설: • 무제동 $\delta = 0$  • 과제동 $\delta > 1$
• 부족제동 $\delta < 1$  • 임계제동 $\delta = 1$

**59** 어떤 계의 계단 응답이 지수 함수적으로 증가하고 일정값으로 되었다. 이 계는 무슨 요소인가?

① 1차 뒤진 요소  ② 미분 요소
③ 부동작 시간 요소  ④ 2차 뒤진 요소

해설: 제의에 따라 단위 계단 응답이 그림과 같음을 알 수 있고, 이 경우 출력 $y(t)$는

$$y(t) = K\left(1 - e^{-\frac{1}{T}t}\right)$$

가 되며 전달 함수는

$$G(s) = \frac{1}{Ts+1}$$

이 되는 1차 지연 요소이다.

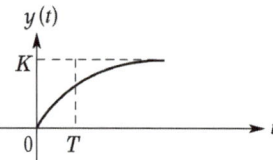

**60** 그림과 같은 회로에서 입력을 $v(t)$, 출력을 $i(t)$로 했을 때의 입·출력 전달 함수는? 단, 스위치 S는 $t = 0$인 순간에 회로에 전압이 공급된다.

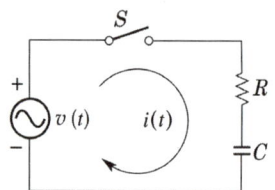

① $\dfrac{I(s)}{V(s)} = \dfrac{s}{R\left(s + \dfrac{1}{RC}\right)}$  ② $\dfrac{I(s)}{V(s)} = \dfrac{1}{RC\left(s + \dfrac{1}{RC}\right)}$

③ $\dfrac{I(s)}{V(s)} = \dfrac{s}{RCs+1}$  ④ $\dfrac{I(s)}{V(s)} = \dfrac{RCs}{RCs+1}$

해설: $v(t) = Ri(t) + \dfrac{1}{C}\int i(t)dt$

초기값을 0으로 하고 라플라스 변환하면

$$V(s) = RI(s) + \frac{1}{Cs}I(s) = \left(R + \frac{1}{Cs}\right)I(s)$$

$$\therefore G(s) = \frac{I(s)}{V(s)} = \frac{1}{R + \dfrac{1}{Cs}} = \frac{Cs}{RCs+1} = \frac{s}{R\left(s + \dfrac{1}{RC}\right)}$$

답: 58. ③  59. ①  60. ①

★ 【94. 기사】

**61** $G(j\omega) = \dfrac{1}{1+j2T}$ 이고 $T = 2$[sec]일 때 크기 $|G(j\omega)|$와 위상 $G\angle(j\omega)$는 각각 얼마인가?

① 0.44, $-36°$  
② 0.44, $36°$  
③ 0.24, $-76°$  
④ 0.24, $76°$

[해설]
$$|G(j\omega)| = \left|\dfrac{1}{1+j4}\right| = \dfrac{1}{\sqrt{17}} = 0.24$$
$$\theta = -\tan^{-1}\omega T = -\tan 4 = -76°$$

☆ 【99. 산업기사】

**62** 개루프 전달 함수 $G(s)$가 다음과 같이 주어지는 단위 피드백계에서 단위 속도 입력에 대한 정상 편차는?

$$G(s) = \dfrac{10}{s(s+1)(s+2)}$$

① 0  ② $\dfrac{36}{5}$  ③ $\dfrac{1}{5}$  ④ 6

[해설]
$$e_{ssv} = \dfrac{1}{\lim\limits_{s \to 0} sG(s)} = \dfrac{1}{\lim\limits_{s \to 0} s \cdot \dfrac{10}{s(s+1)(s+2)}} = \dfrac{1}{\dfrac{10}{2}} = \dfrac{1}{5}$$

## 유사문제

∥ 유사문제 원문 및 해설 : 동일출판사 홈페이지 ≫ 고객센터 ≫ 자료실

**01.** 그림과 같은 전기 회로의 입력을 $v_i$, 출력을 $v_o$라고 할 때 전달 함수는? 단, $T = \dfrac{L}{R}$ 이다.

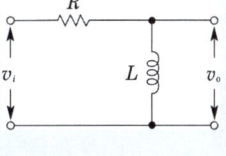

답 $\dfrac{Ts}{Ts+1}$

**02.** 그림과 같은 회로의 전달 함수는?
단, $\dfrac{L}{R} = T$ : 시정수이다.

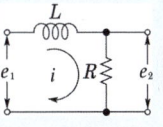

답 $\dfrac{1}{Ts+1}$

**03.** 그림과 같은 회로에서 전압비 전달 함수 $\dfrac{V_2(s)}{V_1(s)}$를 구하면?

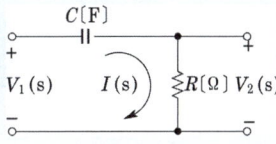

답 61. ③  62. ③

답 $\dfrac{RCs}{1+RCs}$

**04.** 그림과 같은 전기 회로의 입력을 $V_1$, 출력을 $V_2$ 라고 할 때 전달 함수는? 단, $s=j\omega$이다.

답 $\dfrac{j\omega}{j\omega + \dfrac{1}{RC}}$

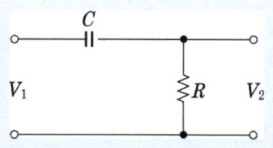

**05.** 다음과 같은 회로의 전달 함수 $\dfrac{E_o(s)}{E_i(s)}$를 구하면? 단, 초기 조건은 모두 0이다.

답 $\dfrac{R_2 + R_1 R_2 Cs}{R_1 + R_2 + R_1 R_2 Cs}$

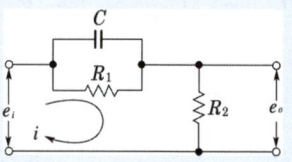

**06.** 그림과 같은 회로에서 2차측을 개방했을 때 $Y(s) = \dfrac{I_1(s)}{V_1(s)}$는 얼마인가?

답 $\dfrac{Cs}{CRs+1}$

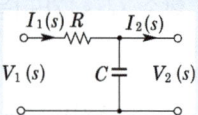

**07.** 그림과 같은 회로의 전달 함수 $\dfrac{V_o(s)}{V_i(s)}$는?

답 $\dfrac{1}{LCs^2 + RCs + 1}$

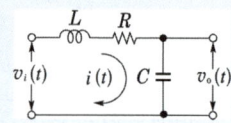

**08.** 그림에서 전기 회로의 전달 함수는?

답 $\dfrac{RCs}{LCs^2 + RCs + 1}$

**09.** 그림과 같은 회로의 전달 함수는?
단, $T_1 = R_2 C$, $T_2 = (R_1 + R_2)C$이다.

답 $\dfrac{T_1 s + 1}{T_2 s + 1}$

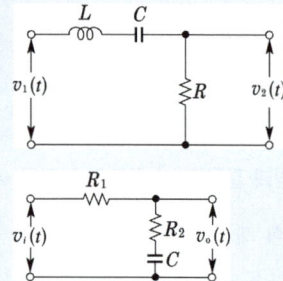

**10.** 시간 지연 요인을 포함한 어떤 특정계가 다음 미분 방정식 $\dfrac{dy(t)}{dt} + y(t) = X(t-T)$으로 표현된다. 이 계의 전달 함수를 구하면?

답 $\dfrac{e^{-sT}}{s+1}$

**11.** 어떤 제어계의 전달 함수가 $G(s) = \dfrac{2s+1}{s^2+s+1}$로 표시될 때, 이 계에 입력 $x(t)$를 가했을 때 출력 $y(t)$를 구하는 미분 방정식은?

🖹 $\dfrac{d^2y}{dt^2}+\dfrac{dy}{dt}+y=2\dfrac{dx}{dt}+x$

**12.** 어떤 제어계의 임펄스 응답이 $\sin t$ 일 때 이 계의 전달 함수를 구하면?

🖹 $\dfrac{1}{s^2+1}$

**13.** 그림은 2차 회로의 특성근의 위치를 나타낸다. 이 2차계의 계단 응답(step response)의 꼴을 제대로 나타낸 것은?

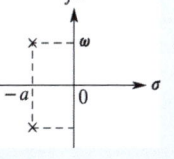

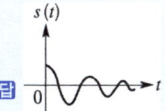

🖹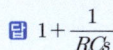

**14.** 그림에서 전달 함수 $G(s)$는?

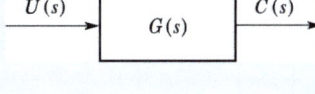

🖹 $\dfrac{C(s)}{U(s)}$

**15.** 그림에서 $x$를 입력, $y$를 출력으로 했을 때의 전달 함수는? 단, $A \gg 1$이다.

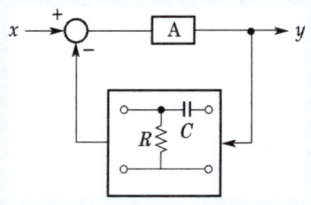

🖹 $1+\dfrac{1}{RCs}$

MEMO

# 전기기사·공사기사
# 2016-2025

## 회로이론
과년도문제 및 CBT 복원문제

| | | |
|---|---|---|
| 2016년 | 회로이론 _ 전기기사·공사기사 | 426 |
| 2017년 | 회로이론 _ 전기기사·공사기사 | 434 |
| 2018년 | 회로이론 _ 전기기사·공사기사 | 446 |
| 2019년 | 회로이론 _ 전기기사·공사기사 | 458 |
| 2020년 | 회로이론 _ 전기기사·공사기사 | 467 |
| 2021년 | 회로이론 _ 전기기사·공사기사 | 475 |
| 2022년 | 회로이론 _ 전기기사·공사기사 | 485 |
| 2023년 | 회로이론 _ 전기기사·공사기사 _ CBT | 498 |
| 2024년 | 회로이론 _ 전기기사·공사기사 _ CBT | 517 |
| 2025년 | 회로이론 _ 전기기사·공사기사 _ CBT | 526 |

동일출판사 홈페이지에서 무료 동영상 강의를 보실 수 있습니다.
- 각 년도 4회차 문제의 동영상은 지원하지 않습니다.

# 2016년 회로이론_전기기사·공사기사

문제의 번호는 실제 시험문제의 번호와 같게 하였습니다.
제어공학에 해당하는 문제는 삭제하였습니다.

## 2016년 - 1회_전기기사·공사기사

**71** 평형 3상 △결선 회로에서 선간전압($E_l$)과 상전압($E_p$)의 관계로 옳은 것은?

① $E_l = \sqrt{3}\, E_p$  ② $E_l = 3E_p$
③ $E_l = E_p$  ④ $E_l = \dfrac{1}{\sqrt{3}} E_p$

**풀이** ① △결선에서
- 선간전압 $E_l = E_p$ (상전압)
- 선전류 $I_l = \sqrt{3}\, I_p$ (상전류)
② Y결선에서
- 선간전압 $E_l = \sqrt{3}\, E_p$ (상전압)
- 선전류 $I_l = I_p$ (상전류)   답 ③

**72** 정격전압에서 1[kW]의 전력을 소비하는 저항에 정격의 80[%] 전압을 가할 때의 전력[W]은?

① 320  ② 540
③ 640  ④ 860

**풀이** $P = \dfrac{V^2}{R}$ 에서 저항 $R$이 일정하면, $P \propto V^2$ 이다.

$\dfrac{P}{P'} = \dfrac{V^2}{(0.8V)^2} \to \dfrac{1000}{P'} = \dfrac{V^2}{0.64V^2} = \dfrac{1}{0.64}$

$\therefore P' = 0.64 \times 1000 = 640[W]$   답 ③

**73** 그림에서 $t = 0$에서 스위치 $S$를 닫았다. 콘덴서에 충전된 초기전압 $V_C(0)$가 1[V]이었다면 전류 $i(t)$를 변환한 값 $I(s)$는?

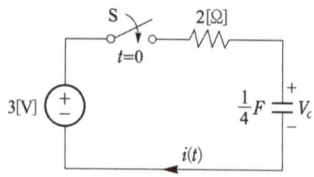

① $\dfrac{3}{2s+4}$  ② $\dfrac{3}{s(2s+4)}$
③ $\dfrac{2}{s(s+2)}$  ④ $\dfrac{1}{s+2}$

**풀이** $i(t) = \dfrac{E}{R} e^{-\frac{1}{RC}t} = \dfrac{3-1}{2} e^{-\frac{1}{2 \times \frac{1}{4}}t} = e^{-2t}$

$\therefore I(s) = \mathcal{L}[e^{-2t}] = \dfrac{1}{s+2}$   답 ④

**74** 그림과 같은 회로에서 $i_x$는 몇 [A]인가?

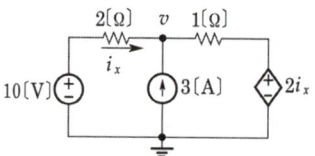

① 3.2  ② 2.6
③ 2.0  ④ 1.4

**풀이** 중첩의 원리에 의하여 전류원을 개방한 (a)회로에서 $i_x{'}$는

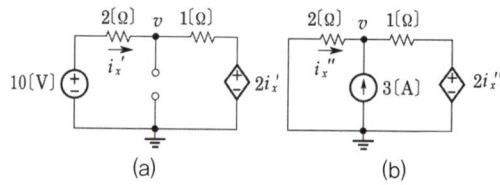

$i_x{'} = \dfrac{10 - 2i_x{'}}{2+1}$, $\therefore i_x{'} = 2[A]$

다음 10[V]의 전압원을 단락시킨 (b)회로에서 $K-I$ 법칙을 적용하면,

$i_x{''} + 3 = \dfrac{v - 2i_x{''}}{1}$ ············· ①

$i_x{''} = -\dfrac{v}{2}$ ············· ②

식 ①, ②에서
$i_x{''} = -0.6[A]$

$\therefore i_x = i_x{'} + i_x{''} = 2 - 0.6 = 1.4[A]$   답 ④

**75** 그림과 같이 전압 $V$와 저항 $R$로 구성되는 회로 단자 A–B 간에 적당한 저항 $R_L$을 접속하여 $R_L$에서 소비되는 전력을 최대로 하게 했다. 이때 $R_L$에서 소비되는 전력 $P$는?

① $\dfrac{V^2}{4R}$

② $\dfrac{V^2}{2R}$

③ $R$

④ $2R$

**풀이** 최대 전력 전송 조건 : $R_L = R$

$\therefore P_m = I^2 R_L = \left(\dfrac{V}{R+R}\right)^2 R = \dfrac{V^2}{4R}$ [W]   **답** ①

**76** 다음의 T형 4단자망 회로에서 $ABCD$ 파라미터 사이의 성질 중 성립되는 대칭조건은?

① $A = D$  ② $A = C$
③ $B = C$  ④ $B = A$

**풀이**
$\begin{bmatrix} 1 & j\omega L \\ 0 & 1 \end{bmatrix} \begin{bmatrix} 1 & 0 \\ j\omega C & 1 \end{bmatrix} \begin{bmatrix} 1 & j\omega L \\ 0 & 1 \end{bmatrix}$
$= \begin{bmatrix} 1-\omega^2 LC & j\omega L(2-\omega^2 LC) \\ j\omega C & 1-\omega^2 LC \end{bmatrix}$

따라서 대칭조건은 $A = D$이다.   **답** ①

**77** 그림의 $RLC$ 직병렬회로를 등가 병렬회로로 바꿀 경우, 저항과 리액턴스는 각각 몇 [Ω]인가?

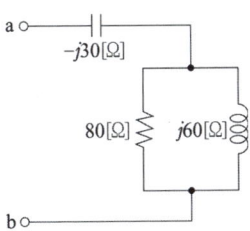

① 46.23, $j87.67$  ② 46.23, $j107.15$
③ 31.25, $j87.67$  ④ 31.25, $j107.15$

**풀이**

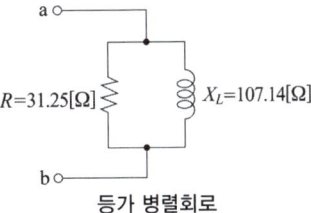

등가 병렬회로

$Z = -j30 + \dfrac{80 \times j60}{80 + j60} = 28.8 + j8.4$ [Ω]

$Y = \dfrac{1}{Z} = \dfrac{1}{28.8 + j8.4} = \dfrac{4}{125} - j\dfrac{7}{750}$ [℧]

허수부가 (−) 이므로 $R-L$ 병렬회로이다.
따라서 저항
$R = \dfrac{1}{G} = \dfrac{1}{\dfrac{4}{125}} = \dfrac{125}{4} = 31.25$ [Ω]

리액턴스
$X_L = j\dfrac{1}{B_L} = j\dfrac{1}{\dfrac{7}{750}} = j\dfrac{750}{7} = j107.14$ [Ω]   **답** ④

**78** 분포정수 회로에서 선로의 특성 임피던스를 $Z_0$, 전파정수를 $\gamma$ 라 할 때 무한장 선로에 있어서 송전단에서 본 직렬 임피던스는?

① $\dfrac{Z_0}{\gamma}$  ② $\sqrt{\gamma Z_0}$
③ $\gamma Z_0$  ④ $\dfrac{\gamma}{Z_0}$

**풀이** 특성 임피던스 $Z_0 = \sqrt{\dfrac{Z}{Y}}$,
전파정수 $\gamma = \sqrt{ZY}$이므로
선로의 직렬 임피던스
$Z = \sqrt{ZY}\sqrt{\dfrac{Z}{Y}} = \gamma Z_0$ 이다.   **답** ③

**80** 선간전압이 200[V], 선전류가 $10\sqrt{3}$ [A], 부하역률이 80[%]인 평형 3상 회로의 무효전력 [Var]은?

① 3600  ② 3000
③ 2400  ④ 1800

**풀이** 무효율 $\sin\theta = \sqrt{1-\cos^2\theta} = \sqrt{1-0.8^2} = 0.6$
따라서 무효전력
$P_r = \sqrt{3}\,VI\sin\theta = \sqrt{3} \times 200 \times 10\sqrt{3} \times 0.6$
$= 3600$ [Var]   **답** ①

## 2016년 2회 _ 전기기사·공사기사

**71** $v = 100\sqrt{2}\sin\left(\omega t + \dfrac{\pi}{3}\right)$[V]를 복소수로 나타내면?

① $25 + j25\sqrt{3}$   ② $50 + j25\sqrt{3}$
③ $25 + j50\sqrt{3}$   ④ $50 + j50\sqrt{3}$

**풀이** $v = 100\sqrt{2}\sin\left(\omega t + \dfrac{\pi}{3}\right)$를
실효값 정지 벡터로 표시하면
$V = 100\underline{/\dfrac{\pi}{3}} = 100(\cos 60° + j\sin 60°)$
$= 50 + j50\sqrt{3}$ [V]   답 ④

**72** 인덕턴스 0.5[H], 저항 2[Ω]의 직렬회로에 30[V]의 직류전압을 급히 가했을 때 스위치를 닫은 후 0.1초 후의 전류의 순시값 $i$[A]와 회로의 시정수 $\tau$[s]는?

① $i = 4.95$, $\tau = 0.25$
② $i = 12.75$, $\tau = 0.35$
③ $i = 5.95$, $\tau = 0.45$
④ $i = 13.95$, $\tau = 0.25$

**풀이** $RL$ 직렬 회로
① 순시값
$i(t) = \dfrac{E}{R}\left(1 - e^{-\frac{R}{L}t}\right) = \dfrac{30}{2}\left(1 - e^{-\frac{2}{0.5}\times 0.1}\right)$
$\fallingdotseq 4.95$[A]
② 시정수 $\tau = \dfrac{L}{R} = \dfrac{0.5}{2} = 0.25$[s]   답 ①

**73** 다음 회로의 4단자 정수는?

① $A = 1 + 2\omega^2 LC$, $B = j2\omega C$, $C = j\omega L$, $D = 0$
② $A = 1 - 2\omega^2 LC$, $B = j\omega L$, $C = j2\omega C$, $D = 1$
③ $A = 2\omega^2 LC$, $B = j\omega L$, $C = j2\omega C$, $D = 1$
④ $A = 2\omega^2 LC$, $B = j2\omega C$, $C = j\omega L$, $D = 0$

**풀이** $\begin{bmatrix} A & B \\ C & D \end{bmatrix} = \begin{bmatrix} 1 & Z_1 \\ 0 & 1 \end{bmatrix}\begin{bmatrix} 1 & 0 \\ \dfrac{1}{Z_2} & 1 \end{bmatrix} = \begin{bmatrix} 1 & j\omega L \\ 0 & 1 \end{bmatrix}\begin{bmatrix} 1 & 0 \\ j2\omega C & 1 \end{bmatrix}$
$= \begin{bmatrix} 1 - 2\omega^2 LC & j\omega L \\ j2\omega C & 1 \end{bmatrix}$   답 ②

**74** 전압의 순시값이 다음과 같을 때 실효값은 약 몇 [V]인가?

$v = 3 + 10\sqrt{2}\sin\omega t$
$\quad + 5\sqrt{2}\sin(3\omega t - 30°)$[V]

① 11.6   ② 13.2
③ 16.4   ④ 20.1

**풀이** 비정현파의 실효값
$V = \sqrt{V_0^2 + V_1^2 + V_3^2} = \sqrt{3^2 + 10^2 + 5^2}$
$\fallingdotseq 11.6$[V]   답 ①

**75** 한 상의 임피던스가 $6 + j8$[Ω]인 △부하에 대칭 선간전압 200[V]를 인가할 때 3상 전력[W]은?

① 2400   ② 4160
③ 7200   ④ 10800

**풀이** △결선 시 선간전압($V_l$)과 상전압($V_p$)은 같으므로
상전류 $I_p = \dfrac{V_p}{Z_p} = \dfrac{200}{\sqrt{6^2 + 8^2}} = 20$[A]
∴ $P = 3I_p^2 R = 3 \times 20^2 \times 6 = 7200$[W]   답 ③

**76** 그림과 같이 $R = 1$[Ω]인 저항을 무한히 연결할 때, a-b에서의 합성저항은?

① $1 + \sqrt{3}$
② $\sqrt{3}$
③ $1 + \sqrt{2}$
④ $\infty$

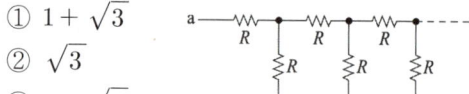
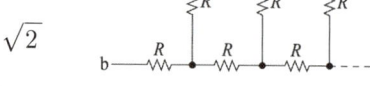

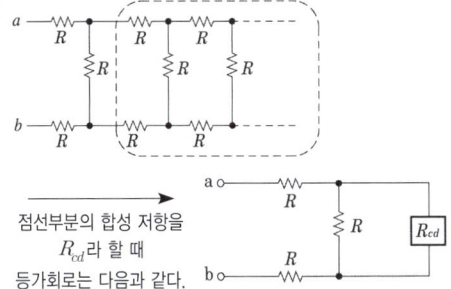

점선부분의 합성 저항을
$R_{cd}$라 할 때
등가회로는 다음과 같다.

그림의 등가회로에서
$R_{ab} = 2R + \dfrac{R \cdot R_{cd}}{R + R_{cd}}$ 이며, $R_{ab} \fallingdotseq R_{cd}$ 이므로
$R \cdot R_{ab} + R_{ab}^2 = 2R^2 + 2R \cdot R_{ab} + R \cdot R_{ab}$
여기서 $R = 1[\Omega]$를 대입하면
$R_{ab}^2 - 2R_{ab} - 2 = 0$
$R_{ab} = \dfrac{-b \pm \sqrt{b^2 - 4ac}}{2a} = \dfrac{2 \pm \sqrt{4 + 4 \times 2}}{2}$
$= 1 \pm \sqrt{3}$
저항값은 음(-)의 값이 될 수 없으므로
$\therefore R_{ab} = 1 + \sqrt{3}$ 답 ①

## 77
3상 불평형 전압에서 역상전압이 35[V]이고, 정상전압이 100[V], 영상전압이 10[V]라 할 때, 전압의 불평형률은?

① 0.10  ② 0.25
③ 0.35  ④ 0.45

풀이 불평형률 = $\dfrac{\text{역상 전압}}{\text{정상 전압}} = \dfrac{35}{100} = 0.35$ 답 ③

## 78
분포정수회로에서 선로의 단위 길이당 저항을 100[Ω], 인덕턴스를 200[mH], 누설 컨덕턴스를 0.5[℧]라 할 때 일그러짐이 없는 조건을 만족하기 위한 정전용량은 몇 [μF]인가?

① 0.001  ② 0.1
③ 10     ④ 1000

풀이 무왜선로(일그러짐이 없는 선로)의 조건은
$RC = LG$ 이다.
$\therefore C = \dfrac{LG}{R} = \dfrac{200 \times 10^{-3} \times 0.5}{100}$
$= 1 \times 10^{-3}[\text{F}] = 1000[\mu\text{F}]$ 답 ④

## 80
4단자 정수 $A$, $B$, $C$, $D$ 중에서 어드미턴스 차원을 가진 정수는?

① $A$  ② $B$
③ $C$  ④ $D$

풀이 $A$, $B$, $C$, $D$로 표시되는
4단자 기초 방정식은 $\begin{bmatrix} V_1 \\ I_1 \end{bmatrix} = \begin{bmatrix} A & B \\ C & D \end{bmatrix} \begin{bmatrix} V_2 \\ I_2 \end{bmatrix}$ 이며,
각 파라미터의 물리적 의미는
• 출력을 개방했을 때 전압 이득
$A = \dfrac{V_1}{V_2} \bigg|_{I_2 = 0}$
• 출력을 단락했을 때 전달 임피던스
$B = \dfrac{V_1}{I_2} \bigg|_{V_2 = 0}$
• 출력을 개방했을 때 전달 어드미턴스
$C = \dfrac{I_1}{V_2} \bigg|_{I_2 = 0}$
• 출력을 단락했을 때 전류 이득
$D = \dfrac{I_1}{I_2} \bigg|_{V_2 = 0}$ 답 ③

# 2016년 - 3회 _ 전기기사

## 71
전하보존의 법칙(conservation of charge)과 가장 관계가 있는 것은?

① 키르히호프의 전류법칙
② 키르히호프의 전압법칙
③ 옴의 법칙
④ 렌츠의 법칙

• **전하보전의 법칙** : 전하는 새로이 생성되거나 소멸되지 않고 **항상 처음의 전하량을 유지**한다.
• **키르히호프의 전류법칙** : 전기회로의 한 접속점에서 유입하는 전류는 유출하는 전류와 같으므로 **회로에 흐르는 전하량은 항상 일정**하다. 답 ①

**73** 그림의 사다리꼴 회로에서 부하전압 $V_L$의 크기는 몇 [V]인가?

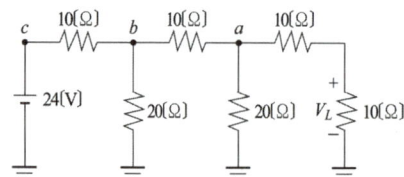

① 3
② 3.25
③ 4
④ 4.15

**풀이** 전압분배 법칙을 적용하면 처음 a점 우측의 합성저항은 20[Ω]이며, 이 저항이 아래측의 20[Ω]과 병렬로 되어 a점의 합성저항은 10[Ω]이 된다. b점에서도 동일하게 되어 10[Ω]이 된다. 즉 24[V]는 1/2씩 b점을 중심으로 나누어 걸리게 된다.
따라서, b점의 전위는 12[V], 마찬가지로 a점의 전위는 6[V], $V_L$의 전위는 3[V]가 된다. **답** ①

**74** $i = 3t^2 + 2t$[A]의 전류가 도선을 30초간 흘렀을 때 통과한 전체 전기량[Ah]은?

① 4.25
② 6.75
③ 7.75
④ 8.25

**풀이**
$$Q = \int_0^t i\,dt = \int_0^{30}(3t^2 + 2t)dt$$
$$= [t^3 + t^2]_0^{30} = 27900[A \cdot sec]$$
$$= \frac{27900}{3600}[Ah] = 7.75[Ah]$$ **답** ③

**75** 인덕턴스 $L = 20$[mH]인 코일에 실효값 $E = 50$[V], 주파수 $f = 60$[Hz]인 정현파 전압을 인가했을 때 코일에 축적되는 평균 자기에너지는 약 몇 [J]인가?

① 6.3
② 4.4
③ 0.63
④ 0.44

**풀이**
$$W_L = \frac{LI^2}{2} = \frac{L}{2}\left(\frac{V}{2\pi fL}\right)^2 = \frac{V^2}{8\pi^2 f^2 L}$$
$$= \frac{50^2}{8\pi^2 \times 60^2 \times 20 \times 10^{-3}} = 0.44[J]$$ **답** ④

**76** 전압비 $10^6$을 데시벨(dB)로 나타내면?

① 2
② 60
③ 100
④ 120

**풀이** 이득 $= 20\log_{10}10^6 = 120$[dB] **답** ④

**77** 전송선로의 특성 임피던스가 100[Ω]이고, 부하저항이 400[Ω]일 때 전압 정재파비 $S$는 얼마인가?

① 0.25
② 0.6
③ 1.67
④ 4.0

**풀이** 반사계수
$$\rho = \frac{Z_R - Z_0}{Z_R + Z_0} = \frac{400 - 100}{400 + 100} = \frac{3}{5} = 0.6$$
따라서 전압 정재파비
$$S = \frac{1 + |\rho|}{1 - |\rho|} = \frac{1 + 0.6}{1 - 0.6} = 4$$ **답** ④

**78** 구동점 임피던스 함수에 있어서 극점(pole)은?

① 개방 회로 상태를 의미한다.
② 단락 회로 상태를 의미한다.
③ 아무 상태도 아니다.
④ 전류가 많이 흐르는 상태를 의미한다.

**풀이**
• 영점 : $Z(s) = 0$가 되는 $s$의 값으로 회로의 단락 상태를 의미한다.
• 극점 : $Z(s) = \infty$가 되는 $s$의 값으로 회로의 개방 상태를 의미한다. **답** ①

**79** 상전압이 120[V]인 평형 3상 Y결선의 전원에 Y결선 부하를 도선으로 연결하였다. 도선의 임피던스는 $1 + j$[Ω]이고 부하의 임피던스는 $20 + j10$[Ω]이다. 이 때 부하에 걸리는 전압은 약 몇 [V]인가?

① $67.18 \angle -25.4°$
② $101.62 \angle 0°$
③ $113.14 \angle -1.1°$
④ $118.42 \angle -30°$

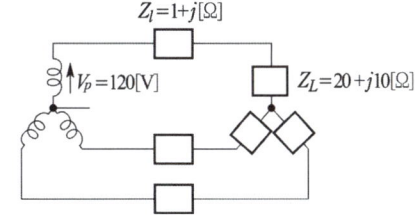

- 도선의 임피던스 $Z_l = 1+j[\Omega]$
- 부하임피던스
$$Z_L = 20+j10 = \sqrt{20^2+10^2} \angle \tan^{-1}\frac{10}{20}$$
$$= 22.36 \angle 26.565°$$
- 합성임피던스
$$Z = Z_l + Z_L = 1+j+20+j10 = 21+j11$$
$$= \sqrt{21^2+11^2} \angle \tan^{-1}\frac{11}{21}$$
$$= 23.71 \angle 27.646°$$
- 부하전압
$$V_L = I_p Z_L = \frac{V_p}{Z} \cdot Z_L$$
$$= \frac{120 \angle 0°}{23.71 \angle 27.646°} \times 22.36 \angle 26.565°$$
$$= 113.17 \angle -1.08°$$   답 ③

## 2016년 - 4회 _ 공사기사

**61** 각 상의 전류가 다음과 같을 때 영상 대칭분 전류[A]는?

$$i_a = 30\sin\omega t [A]$$
$$i_b = 30\sin(\omega t - 90°)[A]$$
$$i_c = 30\sin(\omega t + 90°)[A]$$

① $10\sin\omega t$   ② $30\sin\omega t$
③ $10\sin\dfrac{\omega t}{3}$   ④ $\dfrac{30}{\sqrt{3}}\sin(\omega t + 45°)$

**풀이** 정현파를 phasor로 표시하면
$i_a = 30\angle 0° = 30(\cos 0° + j\sin 0°) = 30[A]$
$i_b = 30\angle -90° = 30(\cos 90° - j\sin 90°) = -j30[A]$
$i_c = 30\angle 90° = 30(\cos 90° + j\sin 90°) = j30[A]$
따라서 영상전류는
$i_o = \dfrac{1}{3}(i_a + i_b + i_c) = \dfrac{1}{3}(30 - j30 + j30) = 10$
∴ $i_o = 10\sin\omega t [A]$가 된다.   답 ①

**80** 그림과 같은 파형의 파고율은 얼마인가?

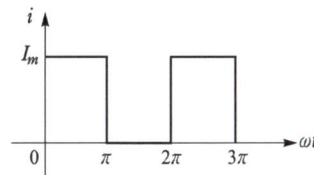

① 0.707   ② 1.414
③ 1.732   ④ 2.000

**풀이** 구형 반파에서
- 실효값 $I = \dfrac{I_m}{\sqrt{2}}$
- 평균값 $I_{av} = \dfrac{I_m}{2}$
- 파고율 = $\dfrac{최대값}{실효값} = \dfrac{I_m}{\frac{I_m}{\sqrt{2}}} = \sqrt{2} = 1.414$   답 ②

**62** $\displaystyle\int_0^t f(t)\,dt$을 라플라스 변환하면?

① $s^2 F(s)$   ② $sF(s)$
③ $\dfrac{1}{s}F(s)$   ④ $\dfrac{1}{s^2}F(s)$

**풀이** 실적분 정리 $\mathcal{L}\left[\displaystyle\int_0^t f(t)\,dt\right] = \dfrac{1}{s}F(s)$   답 ③

**63** 대칭 12상 교류 성형(Y)결선에서 상전압이 50[V]일 때 선간전압은 약 몇 [V]인가?

① 86.6   ② 43.3
③ 28.8   ④ 25.9

**풀이** 대칭 $n$상
$$V_l = 2V_p \sin\frac{\pi}{n} = 2\times 50 \sin\frac{\pi}{12} = 25.9[V]$$   답 ④

**64** 3개의 같은 저항 $R[\Omega]$을 그림과 같이 △ 결선하고, 기전력 $V[V]$, 내부 저항 $r[\Omega]$인 전지를 $n$개 직렬 접속했다. 이때 전지 내에 흐르는 전류가 $I[A]$라면 $R[\Omega]$은?

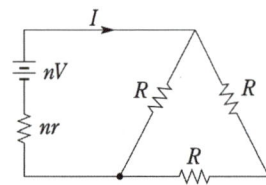

① $\dfrac{3}{2}n\left(\dfrac{V}{I}+r\right)$  ② $\dfrac{2}{3}n\left(\dfrac{V}{I}+r\right)$
③ $\dfrac{3}{2}n\left(\dfrac{V}{I}-r\right)$  ④ $\dfrac{2}{3}n\left(\dfrac{V}{I}-r\right)$

**풀이** $nV=I\left(nr+\dfrac{R\cdot 2R}{R+2R}\right)$, $nV=I\left(nr+\dfrac{2R}{3}\right)$
$n\dfrac{V}{I}=nr+\dfrac{2R}{3}$, $n\left(\dfrac{V}{I}-r\right)=\dfrac{2}{3}R$
∴ $R=\dfrac{3}{2}n\left(\dfrac{V}{I}-r\right)$ **답** ③

**65** 다음 회로에서 a-b 사이의 단자전압 $V_{ab}[V]$는?

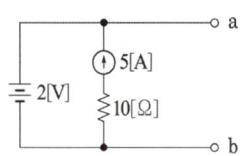

① $+2$  ② $-2$  ③ $+5$  ④ $-5$

**풀이** 중첩의 원리에 의해서
• 전압원 2[V]에 의해 +2[V](전류원 개방)
• 전류원 5[A]에 의해서는 전압원이 단락 상태이므로 0[V]이다.
∴ $V_{ab}=2[V]$ **답** ①

**66** 정상상태에서 $t=0$인 순간 스위치 S를 열면 이 회로에 흐르는 전류 $i(t)$는?

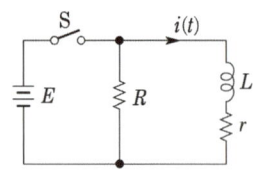

① $\dfrac{E}{R}e^{-\frac{R+r}{L}t}$  ② $\dfrac{E}{r}e^{-\frac{R+r}{L}t}$
③ $\dfrac{E}{R}e^{-\frac{L}{R+r}t}$  ④ $\dfrac{E}{r}e^{-\frac{L}{R+r}t}$

**풀이** ① 스위치를 여는 순간에는 정상상태이므로 인덕턴스는 단락 상태이다.
초기전류 $I=\dfrac{E}{r}[A]$, 시정수 $\tau=\dfrac{L}{R+r}$
② 전원 제거 시 $i(t)=Ie^{-\frac{1}{\tau}t}$ 이므로
∴ $i(t)=\dfrac{E}{r}e^{-\frac{R+r}{L}t}[A]$ **답** ②

**67** 선로의 임피던스 $Z=R+j\omega L[\Omega]$, 병렬 어드미턴스가 $Y=G+j\omega C[\mho]$일 때 선로의 저항 $R$과 컨덕턴스 $G$가 동시에 0이 되었을 때 전파정수는?

① $\sqrt{j\omega LC}$  ② $j\omega\sqrt{LC}$
③ $j\omega\sqrt{\dfrac{C}{L}}$  ④ $j\omega\sqrt{\dfrac{L}{C}}$

**풀이** $R=G=0$이므로
전파정수 $\gamma=\sqrt{ZY}=\sqrt{(R+j\omega L)(G+j\omega C)}$
$=\sqrt{j\omega L\cdot j\omega C}=j\omega\sqrt{LC}$ **답** ②

**68** 다음 회로의 A-B 간의 합성 임피던스 $Z_0$는?

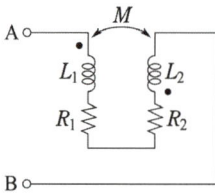

① $R_1+R_2+j\omega M$
② $R_1+R_2-j\omega M$
③ $R_1+R_2+j\omega(L_1+L_2+2M)$
④ $R_1+R_2+j\omega(L_1+L_2-2M)$

**풀이** $L_1$, $L_2$의 전류 방향이 같으므로
합성 임피던스
$Z_0=R_1+R_2+j\omega(L_1+L_2+2M)$ **답** ③

**69** $RL$ 직렬회로에서 다음과 같은 전압을 인가할 때 제3고조파 전류의 실효값은 약 몇 [A]인가? (단, $R=3[\Omega]$, $\omega L = 4[\Omega]$이다.)

$$v = 50 + 40\sqrt{2}\sin\omega t + 100\sqrt{2}\sin(3\omega t + 30°)[V]$$

① 2 ② 4
③ 8 ④ 10

**풀이** 저항은 주파수와 무관하고, 리액턴스는 주파수에 비례하므로

$$I_3 = \frac{V_3}{Z_3} = \frac{V_3}{\sqrt{R^2 + (3\omega L)^2}}$$

$$= \frac{100}{\sqrt{3^2 + (3\times 4)^2}} = 8.08[A]$$

**답** ③

**70** 어떤 회로망의 4단자 정수 중에서 $A=8$, $B=j2$, $D=3+j2$이면 이 회로망의 $C$는?

① $24 + j14$ ② $8 - j11.5$
③ $4 + j6$ ④ $3 - j4$

**풀이** $AD - BC = 1$이므로

$$\therefore C = \frac{AD - 1}{B} = \frac{8(3+j2) - 1}{j2} = 8 - j11.5$$

**답** ②

**71** 그림과 같은 신호 흐름선도의 전달함수는?

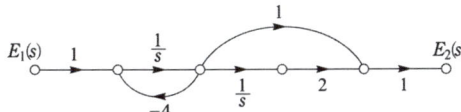

① $\dfrac{E_2(s)}{E_1(s)} = \dfrac{s-4}{s(s-2)}$

② $\dfrac{E_2(s)}{E_1(s)} = \dfrac{s-2}{s(s-4)}$

③ $\dfrac{E_2(s)}{E_1(s)} = \dfrac{s+4}{s(s+2)}$

④ $\dfrac{E_2(s)}{E_1(s)} = \dfrac{s+2}{s(s+4)}$

**풀이**
- 전향경로 이득 $\dfrac{1}{s} + \dfrac{1}{s} \times \dfrac{1}{s} \times 2 = \dfrac{1}{s} + \dfrac{2}{s^2}$
- 루프이득 $\dfrac{1}{s} \times (-4) = -\dfrac{4}{s}$

따라서 전달함수

$$G(s) = \frac{\sum 전향 경로 이득}{1 - \sum 루프 이득} = \frac{\dfrac{1}{s} + \dfrac{2}{s^2}}{1 + \dfrac{4}{s}}$$

$$= \frac{s+2}{s(s+4)}$$

**답** ④

# 2017년 회로이론_전기기사·공사기사

문제의 번호는 실제 시험문제의 번호와 같게 하였습니다.
제어공학에 해당하는 문제는 삭제하였습니다.

## 2017년 - 1회 _ 전기기사·공사기사

**62** 그림에서 ①에 알맞은 신호 이름은?

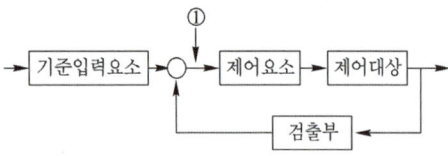

① 조작량  ② 제어량
③ 기준입력  ④ 동작신호

**풀이** 폐루프 제어계의 구성도

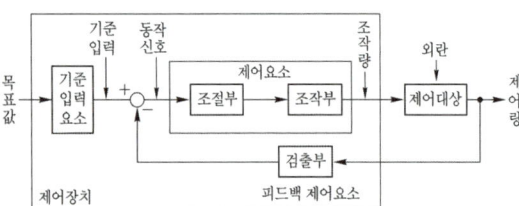

답 ④

**63** 드모르간의 정리를 나타낸 식은?

① $\overline{A+B} = A \cdot B$
② $\overline{A+B} = \overline{A} + \overline{B}$
③ $\overline{A \cdot B} = \overline{A} \cdot \overline{B}$
④ $\overline{A+B} = \overline{A} \cdot \overline{B}$

**풀이** 드모르간의 정리 : $\overline{A+B} = \overline{A} \cdot \overline{B}$
$\overline{A \cdot B} = \overline{A} + \overline{B}$

답 ④

**64** 다음 단위 궤환 제어계의 미분방정식은?

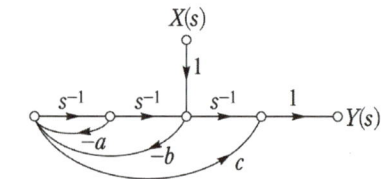

① $\dfrac{d^2c(t)}{dt^2} + \dfrac{dc(t)}{dt} + c(t) = 2u(t)$

② $\dfrac{d^2c(t)}{dt^2} + \dfrac{dc(t)}{dt} + 2c(t) = u(t)$

③ $\dfrac{d^2c(t)}{dt^2} + \dfrac{dc(t)}{dt} + 2c(t) = 5u(t)$

④ $\dfrac{d^2c(t)}{dt^2} + \dfrac{dc(t)}{dt} + 2c(t) = 2u(t)$

**풀이**
$G(s) = \dfrac{C(s)}{U(s)} = \dfrac{\dfrac{2}{s(s+1)}}{1+\dfrac{2}{s(s+1)}}$

$= \dfrac{2}{s(s+1)+2} = \dfrac{2}{s^2+s+2}$

$(s^2+s+2)C(s) = 2U(s)$
$s^2 C(s) + sC(s) + 2C(s) = 2U(s)$
$\therefore \dfrac{d^2c(t)}{dt^2} + \dfrac{dc(t)}{dt} + 2c(t) = 2u(t)$

답 ④

**69** 그림과 같은 신호흐름 선도에서 전달함수 $\dfrac{Y(s)}{X(s)}$는 무엇인가?

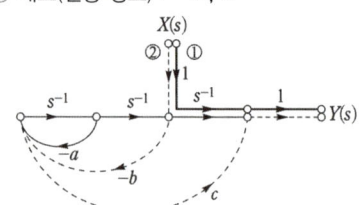

① $\dfrac{s+a}{s^2+as-b^2}$  ② $\dfrac{-bcs^2+s}{s^2+as+b}$

③ $\dfrac{-bcs^2+s+a}{s^2+as}$  ④ $\dfrac{-bcs^2+s+a}{s^2+as+b}$

**풀이** ① 개로(전향 경로) : $-bc$, $s^{-1}$

② 폐로 : $-as^{-1}, -bs^{-2}$

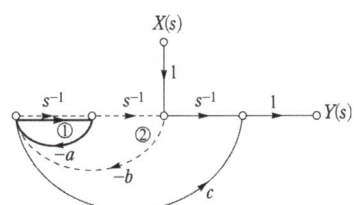

개로 중 비접촉 개로($s^{-1}$)와 폐로 중 독립 폐로 ($-as^{-1}$)가 존재하므로

$$\therefore G(s) = \frac{Y(s)}{X(s)}$$

$$= \frac{\sum 개로 - (비접촉\ 개로 \times 독립\ 폐로)}{1 - \sum 폐로}$$

$$= \frac{-bc + s^{-1} - (s^{-1} \times -as^{-1})}{1 - (-as^{-1} - bs^{-2})}$$

$$= \frac{-bcs^2 + s + a}{s^2 + as + b} \qquad \text{답 ④}$$

**71** $R_1 = R_2 = 100[\Omega]$이며 $L_1 = 5[H]$인 회로에서 시정수는 몇 [sec]인가?

① 0.001
② 0.01
③ 0.1
④ 1

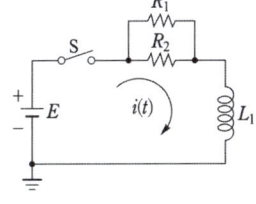

**풀이** 합성저항 $R = \frac{R_1 R_2}{R_1 + R_2} = \frac{100 \times 100}{100 + 100} = 50[\Omega]$

따라서 $RL$ 직렬회로의 시정수

$\tau = \frac{L}{R} = \frac{5}{50} = 0.1[\text{sec}]$  답 ③

**72** 최댓값이 10[V]인 정현파 전압이 있다. $t=0$에서의 순시값이 5[V]이고 이 순간에 전압이 증가하고 있다. 주파수가 60[Hz]일 때, $t=2$[ms]에서의 전압의 순시값[V]은?

① $10\sin 30°$
② $10\sin 43.2°$
③ $10\sin 73.2°$
④ $10\sin 103.2°$

**풀이**

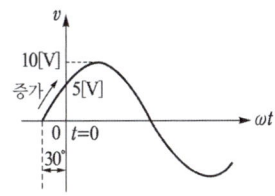

$t=0$에서의 순시값 $v=5[V]$이므로
$v = V_m \sin(\omega t + \theta) = 10\sin(\omega \times 0 + \theta)$
$= 10\sin\theta = 5[V]$
$\sin\theta = \frac{5}{10} = \frac{1}{2} \to \theta = \sin^{-1}\frac{1}{2} = 30°$

따라서 $t=2[\text{ms}] = 2 \times 10^{-3}[\text{s}]$에서의 순시값 $v$는
$v = V_m \sin(\omega t + \theta) = 10\sin(\omega t + 30°)$
$= 10\sin(2\pi \times 60 \times 2 \times 10^{-3} + 30°)$
$= 10\sin 73.2°$  답 ③

**73** 비접지 3상 Y회로에서 전류 $I_a = 15 + j2[A], I_b = -20 - j14[A]$일 경우 $I_c[A]$는?

① $5 + j12$
② $-5 + j12$
③ $5 - j12$
④ $-5 - j12$

**풀이** 비접지 3상 Y회로에서 $I_a + I_b + I_c = 0$이므로
$\therefore I_c = -(I_a + I_b) = -(15 + j2 - 20 - j14)$
$= 5 + j12[A]$  답 ①

**74** 그림과 같은 회로의 구동점 임피던스 $Z_{ab}$는?

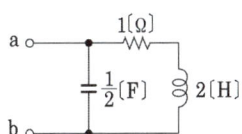

① $\dfrac{2(2s+1)}{2s^2 + s + 2}$
② $\dfrac{2s+1}{2s^2 + s + 2}$
③ $\dfrac{2(2s-1)}{2s^2 + s + 2}$
④ $\dfrac{2s^2 + s + 2}{2(2s+1)}$

**풀이** 2단자망 한 쌍의 단자에서 본 임피던스를 구동점 임피던스라고 하며, 보통 $j\omega$ 또는 $s$로 치환하여 나타낸다.

$$\therefore Z(s) = \frac{(R+Ls) \cdot \frac{1}{Cs}}{(R+Ls) + \frac{1}{Cs}} = \frac{(1+2s) \times \frac{2}{s}}{(1+2s) + \frac{2}{s}}$$

$$= \frac{2(2s+1)}{2s^2 + s + 2} \qquad \text{답 ①}$$

**76** 그림과 같은 구형파의 라플라스 변환은?

① $\dfrac{2}{s}(1-e^{4s})$
② $\dfrac{2}{s}(1-e^{-4s})$
③ $\dfrac{4}{s}(1-e^{4s})$
④ $\dfrac{4}{s}(1-e^{-4s})$

**풀이** $f(t) = 2u(t) - 2u(t-4)$
∴ $F(s) = \mathcal{L}[f(t)] = \mathcal{L}[2u(t) - 2u(t-4)]$
$= 2\left(\dfrac{1}{s} - \dfrac{1}{s}e^{-4s}\right) = \dfrac{2}{s}(1-e^{-4s})$ **답** ②

**77** 그림과 같은 회로의 콘덕턴스 $G_2$에 흐르는 전류 $i$는 몇 [A]인가?

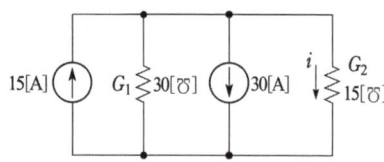

① -5  ② 5  ③ -10  ④ 10

**풀이**

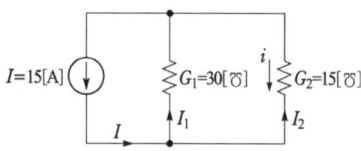

① 전류원 두 개가 방향이 반대이므로 그림과 같은 회로가 된다.
$I_2 = \dfrac{G_2}{G_1+G_2}I = \dfrac{15}{30+15} \times 15 = 5\,[A]$
② $i$의 전류와 $I_2$의 전류 방향이 반대이므로
∴ $i = -5\,[A]$ **답** ①

**78** 분포정수 전송회로에 대한 설명이 아닌 것은?

① $\dfrac{R}{L} = \dfrac{G}{C}$인 회로를 무왜형 회로라 한다.
② $R = G = 0$인 회로를 무손실 회로라 한다.
③ 무손실 회로와 무왜형 회로의 감쇠정수는 $\sqrt{RG}$이다.
④ 무손실 회로와 무왜형 회로에서의 위상속도는 $\dfrac{1}{\sqrt{LC}}$이다.

**풀이**
• 무손실 회로 감쇠정수 $\alpha = 0$
• 무왜형 선로 감쇠정수 $\alpha = \sqrt{RG}$ **답** ③

**79** 그림과 같은 파형의 파고율은?

① 1
② 2
③ $\sqrt{2}$
④ $\sqrt{3}$

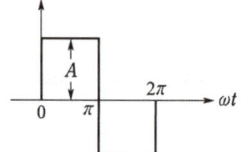

**풀이** 구형파는 파형률과 파고율이 모두 1이다. **답** ①

**80** 다음 회로에서 절점 a와 절점 b의 전압이 같은 조건은?

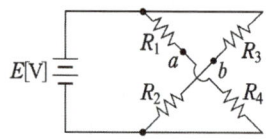

① $R_1R_3 = R_2R_4$
② $R_1R_2 = R_3R_4$
③ $R_1 + R_3 = R_2 + R_4$
④ $R_1 + R_2 = R_3 + R_4$

**풀이** 문제의 회로는 그림과 같으므로 절점 a와 절점 b의 전압이 같기 위한 조건은 브리지가 평형 상태에 있으면 된다.
즉 $R_1R_2 = R_3R_4$

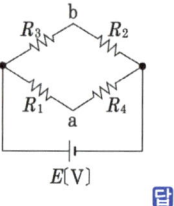

**답** ②

---

### 2017년 - 2회 _ 전기기사·공사기사

**62** 기준 입력과 주궤환량과의 차로서, 제어계의 동작을 일으키는 원인이 되는 신호는?

① 조작 신호  ② 동작 신호
③ 주궤환 신호  ④ 기준 입력 신호

**풀이**  
① 조작신호(량) : 제어요소에서 제어대상에 인가되는 신호(량)이다.  
② 동작신호 : 기준입력과 주궤환신호와의 편차인 신호로서 제어 동작을 일으키는 원인이 되는 신호이다.  
③ 주궤환 신호 : 동작신호를 얻기 위하여 기준입력과 비교되는 신호로서 제어량의 함수 관계가 된다.  
④ 기준입력신호 : 제어계를 동작시키는 기준으로써 목표값에 비례하는 신호입력이다.

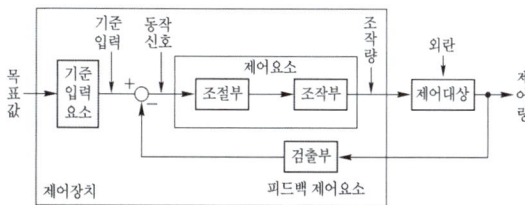

폐루프 제어계의 구성도  **답** ②

**66** 다음 블록선도의 전체전달함수가 1이 되기 위한 조건은?

① $G = \dfrac{1}{1 - H_1 - H_2}$

② $G = \dfrac{1}{1 + H_1 + H_2}$

③ $G = \dfrac{-1}{1 - H_1 - H_2}$

④ $G = \dfrac{-1}{1 + H_1 + H_2}$

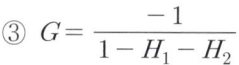

**풀이**  
① 전향경로 이득 : $G$, 루프 이득 : $-H_1 G$, $-H_2 G$

$\dfrac{C}{R} = \dfrac{\sum 전향 경로 이득}{1 - \sum 루프이득} = \dfrac{G}{1 + H_1 G + H_2 G}$

② 전체전달함수가 1이 되어야 하므로

$\dfrac{G}{1 + H_1 G + H_2 G} = 1$

$\therefore G = \dfrac{1}{1 - H_1 - H_2}$  **답** ①

**67** 다음의 미분 방정식을 신호 흐름 선도에 옳게 나타낸 것은? (단, $c(t) = X_1(t)$, $X_2(t) = \dfrac{d}{dt} X_1(t)$로 표시한다.)

$2 \dfrac{dc(t)}{dt} + 5c(t) = r(t)$

①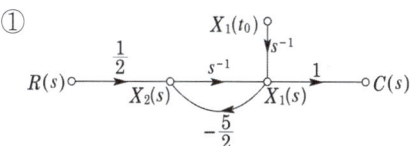

②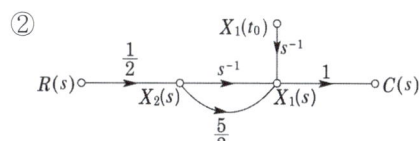

③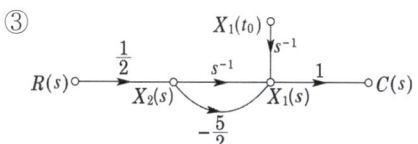

④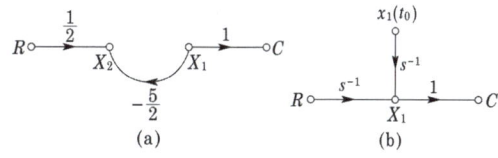

**풀이**  
$\dfrac{d}{dt} c(t) = \dfrac{d}{dt} x_1(t) = x_2(t)$  … ①

이므로 주어진 원 미분 방정식을 다음과 같이 변경할 수 있다.

$\dfrac{d}{dt} c(t) = -\dfrac{5}{2} c(t) + \dfrac{1}{2} r(t)$

$x_2(t) = -\dfrac{5}{2} x_1(t) + \dfrac{1}{2} r(t)$  … ②

식 ①을 적분하면

$x_1(t) = \displaystyle\int_{t_0}^{t} x_2(\tau) d\tau + x_1(t_0)$  … ③

식 ②, ③을 라플라스 변환하면

$X_2(s) = -\dfrac{5}{2} X_1(s) + \dfrac{1}{2} R(s)$  … ④

$X_1(s) = \dfrac{X_2(s)}{s} + \dfrac{x_1(t_0)}{s}$  … ⑤

식 ④, ⑤를 신호 흐름 선도로 변환하면 그림 (a), (b)와 같다. 또한 두 선도를 합성하면 (c)가 된다.

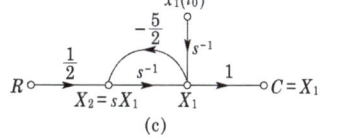

**답** ①

**70** 다음과 같은 회로망에서 영상 파라미터(영상전달정수) $\theta$는?

① 10
② 2
③ 1
④ 0

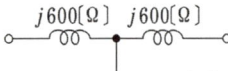

**풀이**
$$\begin{bmatrix} A & B \\ C & D \end{bmatrix} = \begin{bmatrix} 1 & j600 \\ 0 & 1 \end{bmatrix} \begin{bmatrix} 1 & 0 \\ \dfrac{1}{-j300} & 1 \end{bmatrix} \begin{bmatrix} 1 & j600 \\ 0 & 1 \end{bmatrix}$$
$$= \begin{bmatrix} -1 & 0 \\ j\dfrac{1}{300} & -1 \end{bmatrix}$$

$\therefore \theta = \cosh^{-1}\sqrt{AD} = \cosh^{-1}1 = 0$

**답** ④

**71** △결선된 대칭 3상 부하가 있다. 역률이 0.8(지상)이고 소비전력이 1800[W]이다. 선로의 저항 0.5[Ω]에서 발생하는 선로손실이 50[W]이면 부하단자 전압[V]은?

① 627
② 525
③ 326
④ 225

**풀이** 선로손실 $P_l = 3I^2R$[W] 에서
$$I = \sqrt{\dfrac{P_l}{3R}} = \sqrt{\dfrac{50}{3 \times 0.5}} = \dfrac{10}{\sqrt{3}}[\text{A}]$$

전력 $P = \sqrt{3}VI\cos\theta$ 이므로
$$\therefore V = \dfrac{P}{\sqrt{3}I\cos\theta} = \dfrac{1800}{\sqrt{3} \times \dfrac{10}{\sqrt{3}} \times 0.8}$$
$$= 225[\text{V}]$$

**답** ④

**72** 전달함수가 $G(s) = \dfrac{Y(s)}{X(s)} = \dfrac{1}{s^2(s+1)}$ 로 주어진 시스템의 단위 임펄스 응답은?

① $y(t) = 1 - t + e^{-t}$
② $y(t) = 1 + t + e^{-t}$
③ $y(t) = t - 1 + e^{-t}$
④ $y(t) = t - 1 - e^{-t}$

**풀이** ① 단위 임펄스 응답은 단위 임펄스 함수 $\delta(t)$를 입력으로 했을 때의 출력응답이므로
$X(s) = \mathcal{L}[\delta(t)] = 1$
$G(s) = \dfrac{Y(s)}{X(s)} = Y(s)$

② $G(s) = \dfrac{1}{s^2(s+1)} = \dfrac{K_1}{s^2} + \dfrac{K_2}{s} + \dfrac{K_3}{s+1}$

$K_1 = s^2 \cdot G(s)\big|_{s=0} = \dfrac{1}{s+1}\big|_{s=0} = 1$

$K_2 = \dfrac{d}{ds}\{s^2 \cdot G(s)\}\big|_{s=0}$
$= \dfrac{d}{ds}\left(\dfrac{1}{s+1}\right)\big|_{s=0} = -\dfrac{1}{(s+1)^2}\big|_{s=0}$
$= -1$

$K_3 = (s+1) \cdot G(s)\big|_{s=-1} = \dfrac{1}{s^2}\big|_{s=-1} = 1$

$G(s) = \dfrac{1}{s^2} + \dfrac{-1}{s} + \dfrac{1}{s+1}$

$\therefore y(t) = \mathcal{L}^{-1}[G(s)] = \mathcal{L}^{-1}\left[\dfrac{1}{s^2} - \dfrac{1}{s} + \dfrac{1}{s+1}\right]$
$= t - 1 + e^{-t}$

**답** ③

**73** $E = 40 + j30$[V]의 전압을 가하면 $I = 30 + j10$[A]의 전류가 흐르는 회로의 역률은?

① 0.949
② 0.831
③ 0.764
④ 0.651

**풀이**
$\begin{cases} E = 40 + j30 = \sqrt{40^2 + 30^2} \angle \tan^{-1}\dfrac{30}{40} \\ = 50\angle 36.86° \\ I = 30 + j10 = \sqrt{30^2 + 10^2} \angle \tan^{-1}\dfrac{10}{30} \\ = 31.6\angle 18.43° \end{cases}$

$Z = \dfrac{E}{I} = \dfrac{50\angle 36.86°}{31.6\angle 18.43°}$
$= 1.58\angle(36.86° - 18.43°) = 1.58\angle 18.43°$

$\therefore \cos\theta = \cos 18.43° = 0.949$

**답** ①

**74** 분포정수회로에서 직렬 임피던스를 $Z$, 병렬 어드미턴스를 $Y$라 할 때, 선로의 특성 임피던스 $Z_0$는?

① $ZY$
② $\sqrt{ZY}$
③ $\sqrt{\dfrac{Y}{Z}}$
④ $\sqrt{\dfrac{Z}{Y}}$

**풀이** 특성 임피던스
$Z_0 = \sqrt{\dfrac{Z}{Y}} = \sqrt{\dfrac{r + j\omega L}{g + j\omega C}} \fallingdotseq \sqrt{\dfrac{L}{C}}[\Omega]$

**답** ④

**75** 그림과 같은 회로에서 스위치 S를 닫았을 때 과도분을 포함하지 않기 위한 $R[\Omega]$은?

① 100
② 200
③ 300
④ 400

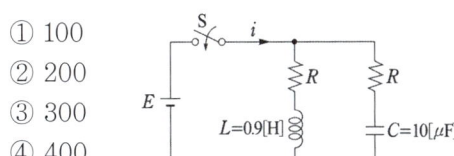

**풀이** 과도 현상이 발생되지 않기 위한 조건은 정저항 조건을 만족하면 되므로 $R^2 = \dfrac{L}{C}$이다.

$$\therefore R = \sqrt{\dfrac{L}{C}} = \sqrt{\dfrac{0.9}{10 \times 10^{-6}}} = 300[\Omega]$$

답 ③

**76** 다음과 같은 회로의 공진 시 어드미턴스는?

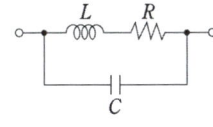

① $\dfrac{RL}{C}$
② $\dfrac{RC}{L}$
③ $\dfrac{L}{RC}$
④ $\dfrac{R}{LC}$

**풀이** 공진 시 합성 어드미턴스의 허수부는 0이므로

① $Y = Y_1 + Y_2 = \dfrac{1}{R+j\omega L} + j\omega C$

$= \dfrac{R}{R^2+\omega^2 L^2} + j\left(\omega C - \dfrac{\omega L}{R^2+\omega^2 L^2}\right)$

$= \dfrac{R}{R^2+\omega^2 L^2}$

② 합성 어드미턴스의 허수부

$\omega C - \dfrac{\omega L}{R^2+\omega^2 L^2} = 0$

$\omega C = \dfrac{\omega L}{R^2+\omega^2 L^2} \rightarrow R^2 + \omega^2 L^2 = \dfrac{L}{C}$

$\therefore Y_r = \dfrac{R}{R^2+\omega^2 L^2} = \dfrac{R}{\dfrac{L}{C}} = \dfrac{RC}{L}$

답 ②

**77** $F(s) = \dfrac{s+1}{s^2+2s}$ 로 주어졌을 때 $F(s)$의 역변환은?

① $\dfrac{1}{2}(1+e^t)$
② $\dfrac{1}{2}(1+e^{-2t})$
③ $\dfrac{1}{2}(1-e^{-t})$
④ $\dfrac{1}{2}(1-e^{-2t})$

**풀이** $F(s) = \dfrac{s+1}{s^2+2s} = \dfrac{s+1}{s(s+2)} = \dfrac{k_1}{s} + \dfrac{k_2}{s+2}$

$k_1 = \lim_{s\to 0} sF(s) = \left[\dfrac{s+1}{s+2}\right]_{s=0} = \dfrac{1}{2}$

$k_2 = \lim_{s\to -2}(s+2)F(s) = \left[\dfrac{s+1}{s}\right]_{s=-2} = \dfrac{1}{2}$

$F(s) = \dfrac{1}{2}\left(\dfrac{1}{s} + \dfrac{1}{s+2}\right)$

$\therefore f(t) = \mathcal{L}^{-1}[F(s)] = \dfrac{1}{2}(1+e^{-2t})$

답 ②

**78** 그림과 같은 회로에서 전류 $I[A]$는?

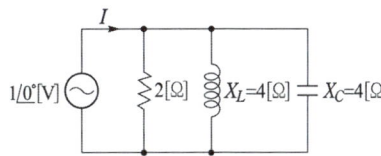

① 0.2
② 0.5
③ 0.7
④ 0.9

**풀이** 키르히호프의 전류법칙에 따라 각 소자에 흐르는 전류의 합은 전 전류이고, 또한 병렬회로이므로 각 소자에는 동일한 전압이 인가된다.

$\therefore I = I_R + I_L + I_C = \dfrac{V}{R} + \dfrac{V}{X_L} + \dfrac{V}{X_C}$

$= \dfrac{1}{2} + \dfrac{1}{j4} + \dfrac{1}{-j4}$

$= 0.5 - j0.25 + j0.25 = 0.5[A]$

답 ②

**79** $e(t) = 100\sqrt{2}\sin\omega t + 150\sqrt{2}\sin 3\omega t + 260\sqrt{2}\sin 5\omega t[V]$

인 전압을 $R-L$ 직렬회로에 가할 때 제5고조파 전류의 실효값은 약 몇 [A]인가? (단, $R=12[\Omega]$, $\omega L = 1[\Omega]$이다.)

① 10
② 15
③ 20
④ 25

**풀이** 유도성 리액턴스 $X_L = \omega L = 2\pi f L \propto f$이므로 제5고조파에 대해 저항은 변화가 없으나 유도성 리액턴스는 5배로 증가한다.
따라서 제5고파전류

$I_5 = \dfrac{V_5}{Z_5} = \dfrac{V_5}{\sqrt{R^2+(5\omega L)^2}}$

$= \dfrac{260}{\sqrt{12^2+(5\times 1)^2}} \fallingdotseq 20[A]$

답 ③

**80** 그림과 같은 파형의 전압 순시값은?

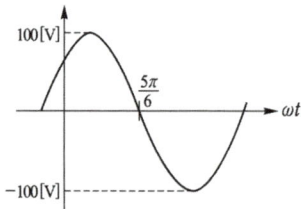

① $100\sin\left(\omega t + \dfrac{\pi}{6}\right)$
② $100\sqrt{2}\sin\left(\omega t + \dfrac{\pi}{6}\right)$
③ $100\sin\left(\omega t - \dfrac{\pi}{6}\right)$
④ $100\sqrt{2}\sin\left(\omega t - \dfrac{\pi}{6}\right)$

**풀이**

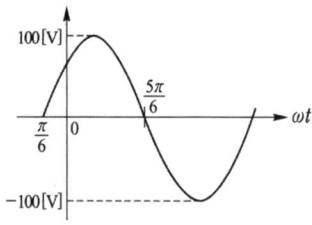

정현파의 순시값 기본식 $v = V_m \sin(\omega t + \theta)$에서
- 최댓값 $V_m = 100[\text{V}]$
- 위상 $\theta = \dfrac{\pi}{6}$ 이므로

$\therefore v = 100\sin\left(\omega t + \dfrac{\pi}{6}\right)[\text{V}]$  **답** ①

---

## 2017년 - 3회 _ 전기기사

**61** 다음 블록선도의 전달함수는?

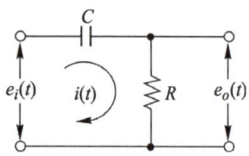

① $\dfrac{Y(s)}{X(s)} = \dfrac{ABC}{1+BCD+ABE}$
② $\dfrac{Y(s)}{X(s)} = \dfrac{ABC}{1+BCD+ABD}$
③ $\dfrac{Y(s)}{X(s)} = \dfrac{ABC}{1+BCE+ABD}$
④ $\dfrac{Y(s)}{X(s)} = \dfrac{ABC}{1+BCE+ABE}$

**풀이** 전향경로 이득 : $ABC$
루프이득 : $-BCE$, $-ABD$

$\therefore G(s) = \dfrac{\sum 전향\ 경로\ 이득}{1 - \sum 루프이득}$

$= \dfrac{ABC}{1-(-BCE-ABD)}$

$= \dfrac{ABC}{1+BCE+ABD}$  **답** ③

**64** 그림과 같은 요소는 제어계의 어떤 요소인가?

① 적분요소
② 미분요소
③ 1차 지연요소
④ 1차 지연 미분요소

**풀이**
- 비례 요소 : $K$  • 미분 요소 : $Ks$
- 적분 요소 : $\dfrac{K}{s}$  • 1차 지연요소 : $\dfrac{K}{Ts+1}$

전달함수 $G(s) = \dfrac{RCs}{1+RCs} = \dfrac{Ts}{1+Ts}$ 이므로
1차 지연 요소를 포함한 미분 요소이다.  **답** ④

**69** 제어장치가 제어대상에 가하는 제어신호로 제어장치의 출력인 동시에 제어대상의 입력인 신호는?

① 목표값  ② 조작량
③ 제어량  ④ 동작신호

**풀이** ① 조작신호(량) : 제어요소에서 제어대상에 인가되는 신호(량)이다.
② 동작신호 : 기준입력과 주궤환신호와의 편차인 신호로서 제어 동작을 일으키는 원인이 되는 신호이다.

③ 주궤환 신호 : 동작신호를 얻기 위하여 기준입력과 비교되는 신호로서 제어량의 함수 관계가 된다.
④ 기준입력신호 : 제어계를 동작시키는 기준으로써 목표값에 비례하는 신호입력이다.

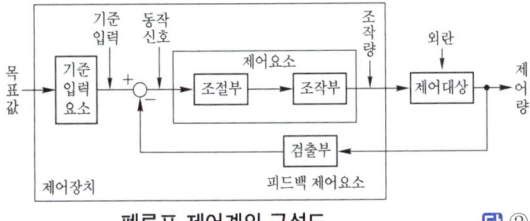

폐루프 제어계의 구성도  답 ②

**70** 회로에서의 전류 방향을 옳게 나타낸 것은?

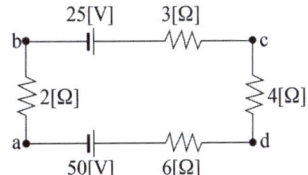

① 알 수 없다.  ② 시계방향이다.
③ 흐르지 않는다.  ④ 반시계방향이다.

**풀이** 직류의 전원이 직렬로 연결되어 있는 경우에는 큰 전원에서 작은 전원 쪽으로 전류가 흐르므로, 반시계 방향으로 전류가 흐른다.  답 ④

**71** 입력신호 $x(t)$와 출력신호 $y(t)$의 관계가 다음과 같을 때 전달함수는?

$$\frac{d^2}{dt^2}y(t)+5\frac{d}{dt}y(t)+6y(t)=x(t)$$

① $\dfrac{1}{(s+2)(s+3)}$  ② $\dfrac{s+1}{(s+2)(s+3)}$
③ $\dfrac{s+4}{(s+2)(s+3)}$  ④ $\dfrac{s}{(s+2)(s+3)}$

**풀이** 모든 초기치를 0으로 하고 라플라스 변환하면
$(s^2+5s+6)Y(s)=X(s)$
∴ $\dfrac{Y(s)}{X(s)}=\dfrac{1}{s^2+5s+6}=\dfrac{1}{(s+2)(s+3)}$  답 ①

**73** 회로에서 10[mH]의 인덕턴스에 흐르는 전류는 일반적으로 $i(t)=A+Be^{-at}$로 표시된다. $a$의 값은?

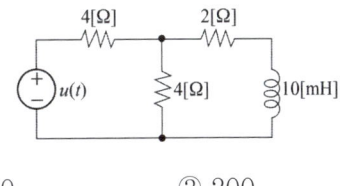

① 100  ② 200
③ 400  ④ 500

**풀이** ① 개방전압과 등가저항

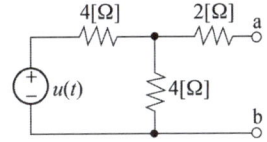

• 개방전압 $V_{ab}=0.5u(t)$
• 테브난 등가저항 $R_{th}=2+\dfrac{4\times 4}{4+4}=4[\Omega]$

③ 테브난 등가회로

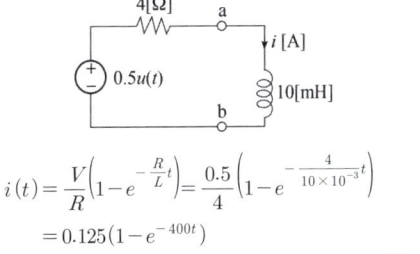

$i(t)=\dfrac{V}{R}\left(1-e^{-\frac{R}{L}t}\right)=\dfrac{0.5}{4}\left(1-e^{-\frac{4}{10\times 10^{-3}}t}\right)$
$=0.125(1-e^{-400t})$
∴ $a=400$  답 ③

**74** $RL$ 직렬회로에
$e=100\sin(120\pi t)$[V]의 전압을 인가하여
$i=2\sin(120\pi t-45°)$[A]의 전류가 흐르도록 하려면 저항은 몇 [Ω]인가?

① 25.0  ② 35.4
③ 50.0  ④ 70.7

**풀이** $Z=\dfrac{V_m}{I_m}=\dfrac{100\angle 0°}{2\angle -45°}$
$=50\angle 45°$
$=50(\cos 45°+j\sin 45°)$
$=35.4+j35.4[\Omega]$
임피던스 $Z=R+jX$이므로
∴ $R=35.4[\Omega], X=35.4[\Omega]$  답 ②

**75** 3상 △부하에서 각 선전류를 $I_a$, $I_b$, $I_c$라 하면 전류의 영상분[A]은? (단, 회로는 평형 상태이다.)

① ∞  ② 1  ③ $\frac{1}{3}$  ④ 0

**풀이** 중성점 비접지식 전류에서 $I_a + I_b + I_c = 0$ 이므로 영상분 전류
$$I_0 = \frac{1}{3}(I_a + I_b + I_c) = \frac{1}{3} \times 0 = 0[A]$$
**답** ④

**76** 정현파 교류전원 $e = E_m \sin(\omega t + \theta)$[V]가 인가된 $RLC$ 직렬회로에 있어서 $\omega L > \frac{1}{\omega C}$ 일 경우, 이 회로에 흐르는 전류 $I$[A]의 위상은 인가전압 $e$[V]의 위상보다 어떻게 되는가?

① $\tan^{-1}\dfrac{\omega L - \dfrac{1}{\omega C}}{R}$ 앞선다.

② $\tan^{-1}\dfrac{\omega L - \dfrac{1}{\omega C}}{R}$ 뒤진다.

③ $\tan^{-1}R\left(\dfrac{1}{\omega L} - \omega C\right)$ 앞선다.

④ $\tan^{-1}R\left(\dfrac{1}{\omega L} - \omega C\right)$ 뒤진다.

**풀이** 임피던스 $Z = R + j\left(\omega L - \dfrac{1}{\omega C}\right)$

- $\omega L > \dfrac{1}{\omega C}$ : 유도성 회로, 지상전류($I_L$)
- $\omega L < \dfrac{1}{\omega C}$ : 용량성 회로, 진상전류($I_C$)

따라서
$$\theta = \tan^{-1}\frac{허수부}{실수부} = \tan^{-1}\frac{\omega L - \frac{1}{\omega C}}{R}$$ 뒤진다. **답** ②

**77** 분포정수 선로에서 위상정수를 $\beta$[rad/m]라 할 때 파장은?

① $2\pi\beta$  ② $\dfrac{2\pi}{\beta}$  ③ $4\pi\beta$  ④ $\dfrac{4\pi}{\beta}$

**풀이** 위상 정수 $\beta$와 파장 $\lambda$ 사이의 관계는 $\lambda\beta = 2\pi$ 이므로
$$\therefore \lambda = \frac{2\pi}{\beta}$$
**답** ②

**78** 그림과 같은 $R-C$ 병렬회로에서 전원전압이 $e(t) = 3e^{-5t}$인 경우 이 회로의 임피던스는?

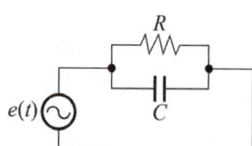

① $\dfrac{j\omega RC}{1+j\omega RC}$  ② $\dfrac{R}{1-5RC}$

③ $\dfrac{R}{1+RCs}$  ④ $\dfrac{1+j\omega RC}{R}$

**풀이**
- 임피던스 $Z = \dfrac{R \cdot \frac{1}{j\omega C}}{R + \frac{1}{j\omega C}} = \dfrac{R}{1+j\omega CR}$
- $e(t) = re^{j\omega t} = 3e^{-5t}$ 에서 $j\omega = -5$
$$\therefore Z = \frac{R}{1+j\omega CR} = \frac{R}{1-5CR}[\Omega]$$
**답** ②

**79** 성형(Y)결선의 부하가 있다. 선간전압 300[V]의 3상 교류를 가했을 때 선전류가 40[A]이고, 역률이 0.8 이라면 리액턴스는 약 몇 [Ω]인가?

① 1.66  ② 2.60  ③ 3.56  ④ 4.33

**풀이**
① 임피던스 $Z = \dfrac{V_p}{I} = \dfrac{300/\sqrt{3}}{40} = 4.33[\Omega]$

② 역률 $\cos\theta = \dfrac{R}{Z} = \dfrac{R}{4.33} = 0.8$ 이므로
$R = 0.8 \times 4.33 = 3.46[\Omega]$

③ $Z = \sqrt{R^2 + X^2}$[Ω]이므로
따라서 리액턴스
$$X = \sqrt{Z^2 - R^2} = \sqrt{4.33^2 - 3.46^2} = 2.60[\Omega]$$
**답** ②

**80** 그림의 회로에서 합성 인덕턴스는?

① $\dfrac{L_1 L_2 - M^2}{L_1 + L_2 - 2M}$

② $\dfrac{L_1 L_2 + M^2}{L_1 + L_2 - 2M}$

③ $\dfrac{L_1 L_2 - M^2}{L_1 + L_2 + 2M}$

④ $\dfrac{L_1 L_2 + M^2}{L_1 + L_2 + 2M}$

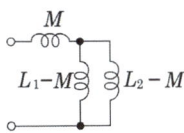

**풀이** 병렬 접속형의 등가 회로를 그려 보면 그림과 같다.

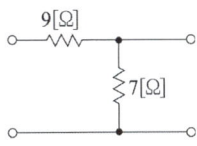

따라서 합성 인덕턴스 $L_0$는

$$L_0 = M + \dfrac{(L_1 - M)(L_2 - M)}{(L_1 - M) + (L_2 - M)}$$

$$= \dfrac{L_1 L_2 - M^2}{L_1 + L_2 - 2M}$$

**답** ①

## 2017년 4회 _ 공사기사

**61** $R = 10[\Omega]$, $C = 50[\mu F]$의 직렬회로에 200[V]의 직류를 가할 때 완충된 전기량 $Q[C]$는?

① 10  ② 0.1
③ 0.01  ④ 0.001

**풀이** · $R-C$ 직렬회로에서 완전해

$$q(t) = CE\left(1 - e^{-\frac{1}{RC}t}\right)$$

· 전하 $q(t)$의 시간적 변화는 그림과 같이 $C$에 충전되는 전하량이 지수함수적으로 증가하여 정상 상태의 전하량 $Q = CE$에 접근한다.

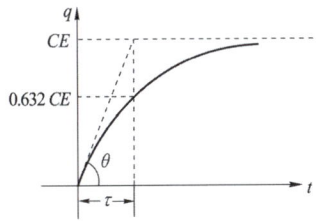

따라서 완충된 전기량

$$Q = CE = 50 \times 10^{-6} \times 200$$

$$= 10^{-2} = 0.01[C]$$

**답** ③

**62** 그림과 같은 4단자 회로의 영상 임피던스 $Z_{02}$는 몇 $[\Omega]$인가?

① 14  ② 12
③ $\dfrac{21}{4}$  ④ $\dfrac{5}{3}$

**풀이** $A = 1 + \dfrac{9}{7} = \dfrac{16}{7}$, $B = 9$,

$C = \dfrac{1}{7}$, $D = 1$

$\therefore Z_{02} = \sqrt{\dfrac{BD}{AC}} = \sqrt{\dfrac{9 \times 1}{\dfrac{16}{7} \times \dfrac{1}{7}}} = \dfrac{21}{4}[\Omega]$

**답** ③

**63** 코일에 최댓값이 $E_m = 200[V]$, 주파수 $f = 50[Hz]$인 정현파 전압을 가했더니 전류의 최댓값 $I_m = 10[A]$이었다. 인덕턴스 $L$은 약 몇 [mH]인가? (단, 코일의 내부저항은 $5[\Omega]$이다.)

① 62  ② 52
③ 42  ④ 32

**풀이** · 임피던스 $Z = \dfrac{E_m}{I_m} = \dfrac{200}{10} = 20[\Omega]$

· 코일의 내부저항은 $5[\Omega]$ 이므로

$Z = \sqrt{R^2 + X_L^2} = \sqrt{5^2 + X_L^2} = 20[\Omega]$

$X_L = 19.36[\Omega]$

· 유도 리액턴스 $X_L = 2\pi f L = 19.36[\Omega]$

$\therefore L = \dfrac{19.36}{2\pi f} = \dfrac{19.36}{2\pi \times 50}$

$\fallingdotseq 62 \times 10^{-3}[H] = 62[mH]$

**답** ①

**64** 불평형 3상 전류 $I_a = 25 + j4$[A], $I_b = -18 - j16$[A], $I_c = 7 + j15$[A]일 때의 영상전류 $I_0$[A]는?

① $2.67 + j$
② $2.67 + j2$
③ $4.67 + j$
④ $4.67 + j2$

**풀이** 영상전류 $I_0 = \dfrac{1}{3}(I_a + I_b + I_c)$

$\therefore I_0 = \dfrac{1}{3}(25 + j4 - 18 - j16 + 7 + j15)$

$= \dfrac{1}{3}(14 + j3) = 4.67 + j$[A]

**답** ③

**65** 분포정수 회로가 무왜선로로 되는 조건은?
(단, 선로의 단위 길이당 저항은 $R$, 인덕턴스는 $L$, 정전용량은 $C$, 누설 컨덕턴스는 $G$이다.)

① $RL = CG$
② $RC = LG$
③ $R = \sqrt{L/C}$
④ $R = \sqrt{LC}$

**풀이** 선로의 분포 정수 $R$, $L$, $G$, $C$가 0이 아닌 경우 무왜선로(일그러짐이 없는 선로)의 조건은
$\dfrac{R}{L} = \dfrac{G}{C}$,
즉 $RC = LG$인 경우이다.

**답** ②

**66** 라플라스 변환함수 $F(s) = \dfrac{s+2}{s^2 + 4s + 13}$에 대한 역변환 함수 $f(t)$는?

① $e^{-3t}\cos 2t$
② $e^{3t}\cos 2t$
③ $e^{-2t}\cos 3t$
④ $e^{2t}\cos 3t$

**풀이** $F(s) = \dfrac{s+2}{s^2 + 4s + 13} = \dfrac{s+2}{s^2 + 4s + 4 + 9}$

$= \dfrac{s+2}{(s+2)^2 + 3^2}$

이므로
$\therefore f(t) = e^{-2t}\cos 3t$ 가 된다.

**답** ③

**67** $RC$ 직렬회로 직류전압 $V$[V]가 인가될 때, 전류 $i(t)$에 대한 시간영역방정식이
$V = Ri(t) + \dfrac{1}{C}\int i(t)dt$[V]로 주어져 있다.
전류 $i(t)$의 라플라스 변환 $I(s)$는?
(단, $C$에는 초기전하가 없음)

① $I(s) = \dfrac{V}{R}\dfrac{1}{s - \dfrac{1}{RC}}$

② $I(s) = \dfrac{C}{R}\dfrac{1}{s + \dfrac{1}{RC}}$

③ $I(s) = \dfrac{V}{R}\dfrac{1}{s + \dfrac{1}{RC}}$

④ $I(s) = \dfrac{R}{C}\dfrac{1}{s - \dfrac{1}{RC}}$

**풀이** 양변을 라플라스변환하면
$\dfrac{V}{s} = RI(s) + \dfrac{1}{Cs}I(s) = \left(R + \dfrac{1}{Cs}\right)I(s)$

$\therefore I(s) = \dfrac{V}{s\left(R + \dfrac{1}{Cs}\right)} = \dfrac{V}{Rs + \dfrac{1}{C}}$

$= \dfrac{V}{Rs + \dfrac{1}{C}} \cdot \dfrac{\dfrac{1}{R}}{\dfrac{1}{R}} = \dfrac{V}{R}\dfrac{1}{s + \dfrac{1}{RC}}$

**답** ③

**68** 다음의 비정현파 전압, 전류로부터 평균전력 $P$[W]와 피상전력 $P_a$[VA]는?

$e = 100\sin\left(\omega t + \dfrac{\pi}{6}\right) - 50\sin\left(3\omega t + \dfrac{\pi}{3}\right)$
$\quad + 25\sin 5\omega t$ [V]

$i = 20\sin\left(\omega t - \dfrac{\pi}{6}\right) + 15\sin\left(3\omega t + \dfrac{\pi}{6}\right)$
$\quad + 10\cos\left(5\omega t - \dfrac{\pi}{3}\right)$[A]

① $P = 283.5$, $P_a = 1542$
② $P = 385.2$, $P_a = 2021$
③ $P = 404.9$, $P_a = 3284$
④ $P = 491.3$, $P_a = 4141$

**풀이**
- $\cos\omega t = \sin(\omega t + \frac{\pi}{2})$ 이므로

$$i = 20\sin(\omega t - \frac{\pi}{6}) + 15\sin(3\omega t + \frac{\pi}{6})$$
$$+ 10\sin(5\omega t + \frac{\pi}{2} - \frac{\pi}{3})$$
$$= 20\sin(\omega t - \frac{\pi}{6}) + 15\sin(3\omega t + \frac{\pi}{6})$$
$$+ 10\sin(5\omega t + \frac{\pi}{6}) \text{ [A]}$$

- 평균전력
$$P = V_1 I_1 \cos\theta_1 + V_3 I_3 \cos\theta_3 + V_5 I_5 \cos\theta_5$$
$$= \frac{100}{\sqrt{2}} \cdot \frac{20}{\sqrt{2}} \cos\frac{\pi}{3} - \frac{50}{\sqrt{2}} \cdot \frac{15}{\sqrt{2}} \cos\frac{\pi}{6}$$
$$+ \frac{25}{\sqrt{2}} \cdot \frac{10}{\sqrt{2}} \cos\frac{\pi}{6}$$
$$\fallingdotseq 283.5[\text{W}]$$

- 전압의 실효값 $V$와 전류의 실효값 $I$는
$$V = \sqrt{V_1^2 + V_3^2 + V_5^2}$$
$$= \sqrt{\frac{100^2 + 50^2 + 25^2}{2}} \fallingdotseq 81.01[\text{V}]$$
$$I = \sqrt{I_1^2 + I_3^2 + I_5^2}$$
$$= \sqrt{\frac{20^2 + 15^2 + 10^2}{2}} \fallingdotseq 19.04 \text{ [A]}$$
$$\therefore P_a = V \cdot I = 81.01 \times 19.04 = 1542[\text{VA}]$$
**답** ①

**71** 6상 성형 상전압이 100[V]일 때 선간전압은 몇 [V]인가?
① 200   ② 173
③ 141   ④ 100

**풀이** 대칭 $n$상 회로의 선간전압(6상이므로, $n=6$)
$$V_l = 2V_p \sin\frac{\pi}{n} = 2V_p \sin\frac{\pi}{6} = V_p$$
따라서, 6상이면 상전압과 선간전압이 같으므로 선간전압은 100[V]이다.
**답** ④

**69** 회로에서 정전용량 $C$는 초기전하가 없었다. $t=0$에서 스위치(K)를 닫았을 때 $t=0^+$에서의 $i(t)$값은?

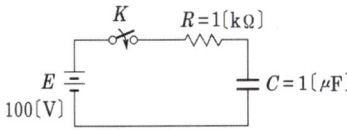

① 0.1 [A]   ② 0.2 [A]
③ 0.4 [A]   ④ 1.0 [A]

**풀이** $i(t) = \frac{E}{R}\epsilon^{-\frac{1}{RC}t}$ 에서 $t=0^+$이면
$$i(0^+) = \frac{E}{R} = \frac{100}{1 \times 10^3} = 0.1 \text{ [A]}$$
**답** ①

# 2018년 회로이론_전기기사·공사기사

문제의 번호는 실제 시험문제의 번호와 같게 하였습니다.
제어공학에 해당하는 문제는 삭제하였습니다.

## 2018년 - 1회 _ 전기기사·공사기사

**67** 그림과 같은 블록선도에서 $C(s)/R(s)$의 값은?

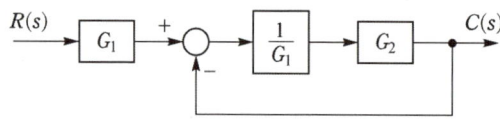

① $\dfrac{G_1}{G_1-G_2}$  ② $\dfrac{G_2}{G_1-G_2}$
③ $\dfrac{G_2}{G_1+G_2}$  ④ $\dfrac{G_1 G_2}{G_1+G_2}$

**풀이** $(RG_1-C)\dfrac{1}{G_1}G_2 = C$, $RG_2 - C\dfrac{G_2}{G_1} = C$,

$RG_2 = C\left(1+\dfrac{G_2}{G_1}\right)$

∴ $G(s) = \dfrac{C}{R} = \dfrac{G_1 G_2}{G_1+G_2}$

**별해** 전향경로 이득 : $G_2$, 루프이득 : $-\dfrac{G_2}{G_1}$

$G(s) = \dfrac{\sum 전향\ 경로\ 이득}{1-\sum 루프이득} = \dfrac{G_2}{1+\dfrac{G_2}{G_1}}$

$= \dfrac{G_1 G_2}{G_1+G_2}$  **답** ④

**68** 신호흐름선도에서 전달함수 $\dfrac{C}{R}$를 구하면?

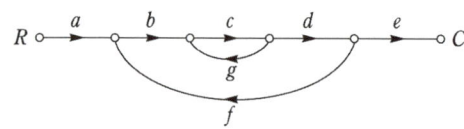

① $\dfrac{abcdg}{1-abcde}$  ② $\dfrac{abcde}{1-cg-bcdf}$
③ $\dfrac{abcde}{1-cg-cgf}$  ④ $\dfrac{abcde}{c+cg+cgf}$

**풀이** $G_1 = abcde$, $\Delta_1 = 1$, $L_{11} = cg$, $L_{21} = bcdf$
$\Delta = 1-(L_{11}+L_{21}) = 1-cg-bcdf$

∴ $G = \dfrac{C}{R} = \dfrac{G_1 \Delta_1}{\Delta} = \dfrac{abcde}{1-cg-bcdf}$

**별해** 전향경로 이득 : $abcde$, 루프이득 : $cg$, $bcdf$

$G(s) = \dfrac{\sum 전향\ 경로\ 이득}{1-\sum 루프이득} = \dfrac{abcde}{1-cg-bcdf}$  **답** ②

**71** 대칭좌표법에서 대칭분을 각 상전압으로 표시한 것 중 틀린 것은?

① $E_0 = \dfrac{1}{3}(E_a+E_b+E_c)$
② $E_1 = \dfrac{1}{3}(E_a+aE_b+a^2 E_c)$
③ $E_2 = \dfrac{1}{3}(E_a+a^2 E_b+aE_c)$
④ $E_3 = \dfrac{1}{3}(E_a^2+E_b^2+E_c^2)$

**풀이** $E_0 = \dfrac{1}{3}(E_a+E_b+E_c)$ : 영상 전압
$E_1 = \dfrac{1}{3}(E_a+aE_b+a^2 E_c)$ : 정상 전압
$E_2 = \dfrac{1}{3}(E_a+a^2 E_b+aE_c)$ : 역상 전압  **답** ④

**72** $R-L$ 직렬회로에서 스위치 S가 1번 위치에 오랫동안 있다가 $t=0^+$에서 위치 2번으로 옮겨진 후, $\dfrac{L}{R}[s]$ 후에 $L$에 흐르는 전류[A]는?

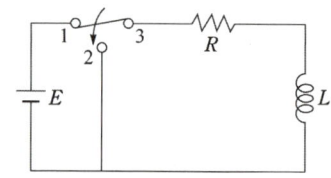

① $\dfrac{E}{R}$  ② $0.5\dfrac{E}{R}$
③ $0.368\dfrac{E}{R}$  ④ $0.632\dfrac{E}{R}$

**풀이** 전원 제거 시 $i(t) = \dfrac{E}{R} e^{-\frac{R}{L}t}$ 에서 $t = \dfrac{L}{R}$[s] 이므로

$$\therefore i(t) = \dfrac{E}{R} e^{-\frac{R}{L} \times \frac{L}{R}} = 0.368 \dfrac{E}{R} [A]$$

**답** ③

**73** 분포 정수회로에서 선로정수가 $R, L, C, G$이고 무왜형 조건이 $RC = GL$과 같은 관계가 성립될 때 선로의 특성 임피던스 $Z_0$는? (단, 선로의 단위 길이당 저항을 $R$, 인덕턴스를 $L$, 정전용량을 $C$, 누설컨덕턴스를 $G$라 한다.)

① $Z_0 = \dfrac{1}{\sqrt{CL}}$ ② $Z_0 = \sqrt{\dfrac{L}{C}}$
③ $Z_0 = \sqrt{CL}$ ④ $Z_0 = \sqrt{RG}$

**풀이** $RC = GL$ 에서 $R = \dfrac{GL}{C}$ 이므로

$$Z_0 = \sqrt{\dfrac{Z}{Y}} = \sqrt{\dfrac{R + j\omega L}{G + j\omega C}} = \sqrt{\dfrac{\dfrac{GL}{C} + j\omega L}{G + j\omega C}}$$

$$= \sqrt{\dfrac{\dfrac{L}{C}(G + j\omega C)}{G + j\omega C}} = \sqrt{\dfrac{L}{C}}$$

즉, 무왜형 선로 및 무손실 선로의 특성 임피던스는 $Z_0 = \sqrt{\dfrac{L}{C}}$ 이다.

**답** ②

**74** 그림과 같은 4단자 회로망에서 하이브리드 파라미터 $H_{11}$은?

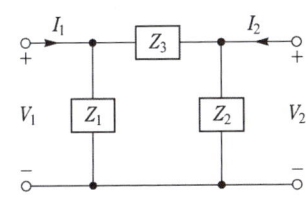

① $\dfrac{Z_1}{Z_1 + Z_3}$ ② $\dfrac{Z_1}{Z_1 + Z_2}$
③ $\dfrac{Z_1 Z_3}{Z_1 + Z_3}$ ④ $\dfrac{Z_1 Z_2}{Z_1 + Z_2}$

**풀이** $H_{11} = \dfrac{V_1}{I_1} \bigg|_{V_2 = 0} = \dfrac{\dfrac{Z_1 Z_3}{Z_1 + Z_3} \cdot I_1}{I_1} = \dfrac{Z_1 Z_3}{Z_1 + Z_3}$

: 단락 입력 임피던스

**답** ③

**75** 내부저항 0.1[Ω]인 건전지 10개를 직렬로 접속하고 이것을 한 조로 하여 5조 병렬로 접속하면 합성 내부저항은 몇 [Ω]인가?

① 5 ② 1
③ 0.5 ④ 0.2

**풀이** ① 내부저항 0.1[Ω]인 건전지 10개를 직렬로 접속 시 저항 $r = 0.1 \times 10 = 1 [Ω]$
② 5조 병렬로 접속 시 저항
$R = \dfrac{r}{n} = \dfrac{1}{5} = 0.2 [Ω]$

**답** ④

**76** 함수 $f(t)$의 라플라스 변환은 어떤 식으로 정의되는가?

① $\int_0^\infty f(t) e^{st} dt$

② $\int_0^\infty f(t) e^{-st} dt$

③ $\int_0^\infty f(-t) e^{st} dt$

④ $\int_{-\infty}^\infty f(-t) e^{-st} dt$

**풀이** 시간 $t \geq 0$의 조건에서 시간함수 $f(t)$에 관한 다음과 같은 적분을 함수 $f(t)$의 라플라스 변환이라 한다.

$$\mathcal{L}[f(t)] = F(s) = \int_0^\infty f(t) e^{-st} dt$$

(여기서, $s = \sigma + j\omega$를 뜻하는 복소량이다.)

**답** ②

**77** 대칭좌표법에서 불평형률을 나타내는 것은?

① $\dfrac{\text{영상분}}{\text{정상분}} \times 100$ ② $\dfrac{\text{정상분}}{\text{역상분}} \times 100$
③ $\dfrac{\text{정상분}}{\text{영상분}} \times 100$ ④ $\dfrac{\text{역상분}}{\text{정상분}} \times 100$

**풀이** 불평형률 $= \dfrac{\text{역상분}}{\text{정상분}} \times 100 [\%]$

**답** ④

**78** 그림의 왜형파를 푸리에 급수로 전개할 때, 옳은 것은?

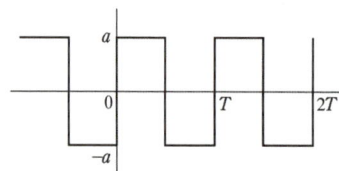

① 우수파만 포함한다.
② 기수파만 포함한다.
③ 우수파·기수파 모두 포함한다.
④ 푸리에 급수로 전개 할 수 없다.

**풀이** 반파 및 정현 대칭이므로 홀수항의 정현 성분만 존재한다.   답 ②

**79** 최댓값이 $E_m$인 반파 정류 정현파의 실효값은 몇 [V]인가?

① $\dfrac{2E_m}{\pi}$  ② $\sqrt{2}E_m$  ③ $\dfrac{E_m}{\sqrt{2}}$  ④ $\dfrac{E_m}{2}$

**풀이**

| 파형 | 정현파 | 정현반파 | 삼각파 | 구형반파 | 구형파 |
|---|---|---|---|---|---|
| 실효값 | $\dfrac{E_m}{\sqrt{2}}$ | $\dfrac{E_m}{2}$ | $\dfrac{E_m}{\sqrt{3}}$ | $\dfrac{E_m}{\sqrt{2}}$ | $E_m$ |
| 평균값 | $\dfrac{2E_m}{\pi}$ | $\dfrac{E_m}{\pi}$ | $\dfrac{E_m}{2}$ | $\dfrac{E_m}{2}$ | $E_m$ |

답 ④

**80** 그림과 같이 $R[\Omega]$의 저항을 Y결선으로 하여 단자 $a$, $b$ 및 $c$에 비대칭 3상 전압을 가할 때, $a$단자의 중성점 $N$에 대한 전압은 약 몇 [V]인가?
(단, $V_{ab}=210[\text{V}]$, $V_{bc}=-90-j180[\text{V}]$, $V_{ca}=-120+j180[\text{V}]$)

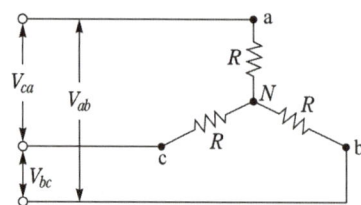

① 100  ② 116
③ 121  ④ 125

**풀이**

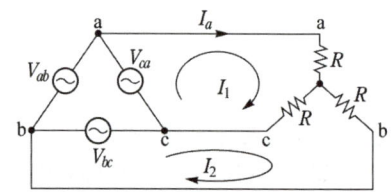

폐로 방정식(메쉬 방정식)
$2RI_1 - RI_2 = V_{ca}$, $-RI_1 + 2RI_2 = V_{bc}$

$I_1 = \dfrac{\begin{vmatrix} V_{ca} & -R \\ V_{bc} & 2R \end{vmatrix}}{\begin{vmatrix} 2R & -R \\ -R & 2R \end{vmatrix}} = \dfrac{2RV_{ca}+RV_{bc}}{4R^2-R^2} = \dfrac{2V_{ca}+V_{bc}}{3R}$

저항 $R$에 흐르는 전류 $I_a = I_1$이므로
전압강하를 나타내는 $a$단자의
중성점 $N$에 대한 전압 $V_{aN} = RI_a = RI_1$이다.

$V_{aN} = RI_1 = R \times \dfrac{2V_{ca}+V_{bc}}{3R} = \dfrac{2V_{ca}+V_{bc}}{3}$
$= \dfrac{2(-120+j180)+(-90-j180)}{3}$
$= -110+j60[\text{V}]$

따라서 중성점 전압의 크기
$|V_{aN}| = \sqrt{(-110)^2+60^2} \fallingdotseq 125[\text{V}]$   답 ④

---

## 2018년 - 2회 _ 전기기사·공사기사

**64** 그림과 같은 스프링 시스템을 전기적 시스템으로 변환했을 때 이에 대응하는 회로는?

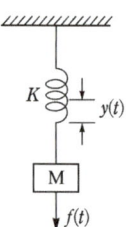

① 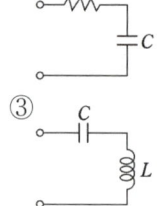  ②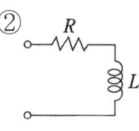

③ (C-L 병렬)  ④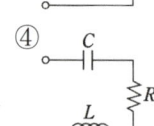

풀이 평형상태에서 힘 $f(t)$로 $y(t)$만큼 변위시킬 때
질량은 $M\dfrac{d^2}{dt^2}y(t)$, 스프링 저항력은 $Ky(t)$이므로

$$M\dfrac{d^2}{dt^2}y(t)+Ky(t)=f(t)$$
$$(Ms^2+K)Y(s)=F(s)$$
$$\therefore G(s)=\dfrac{Y(s)}{F(s)}=\dfrac{1}{Ms^2+K}$$

이 경우를 전기 회로로 표시하면 그림과 같다.

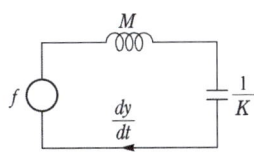

답 ③

**66** 전달함수 $G(s)=\dfrac{1}{s+a}$일 때, 이 계의 임펄스응답 $c(t)$를 나타내는 것은? (단 $a$는 상수이다.)

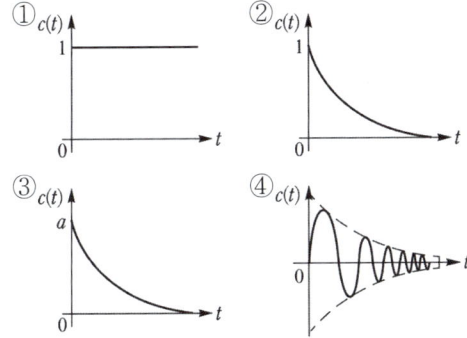

풀이 임펄스 응답은 단위 임펄스 함수를 입력으로 했을 때의 응답이다.
- 임펄스 입력 $R(s)=\mathcal{L}[r(t)]=\mathcal{L}[\delta(t)]=1$
- 임펄스 응답
$c(t)=\mathcal{L}^{-1}[G(s)R(s)]=\mathcal{L}^{-1}[G(s)\cdot 1]$
$=\mathcal{L}^{-1}[G(s)]$
$=\mathcal{L}^{-1}\left[\dfrac{1}{s+a}\right]=e^{-at}$ (지수 감쇠 함수)  답 ②

**67** 궤환(Feed back) 제어계의 특징이 아닌 것은?
① 정확성이 증가한다.
② 대역폭이 증가한다.
③ 구조가 간단하고 설치비가 저렴하다.
④ 계(系)의 특성 변화에 대한 입력 대 출력비의 감도가 감소한다.

풀이 궤환(피드백 : Feed back) 제어계의 특징
① 정확성의 증가
② 계의 특성 변화에 대한 입력 대 출력비의 감도 감소
③ 비선형과 왜형에 대한 효과의 감소
④ 감대폭의 증가
⑤ 발진을 일으키고 불안정한 상태로 되어 가는 경향성
⑥ 구조가 복잡하고 설치비가 고가   답 ③

**71** $R=100[\Omega]$, $X_C=100[\Omega]$이고 $L$만을 가변할 수 있는 $RLC$ 직렬회로가 있다. 이때 $f=500[Hz]$, $E=100[V]$를 인가하여 $L$을 변화시킬 때 $L$의 단자전압 $E_L$의 최댓값은 몇 [V]인가? (단, 공진회로이다.)
① 50
② 100
③ 150
④ 200

풀이 직렬공진은 리액턴스 성분이 0이 되는 조건으로
$X_C=X_L$이므로, $X_L=100[\Omega]$이다.

공진 시 전류 $I=\dfrac{E}{R}=\dfrac{100}{100}=1[A]$

따라서 $E_L=I\cdot X_L=1\times 100=100[V]$   답 ②

**72** 어떤 회로에 전압을 115[V] 인가하였더니 유효전력이 230[W], 무효전력이 345[Var]를 지시한다면 회로에 흐르는 전류는 약 몇 [A]인가?
① 2.5
② 5.6
③ 3.6
④ 4.5

풀이 피상전력 $P_a=\sqrt{P^2+P_r^2}=\sqrt{230^2+345^2}$
$=414.6[VA]$
$\therefore I=\dfrac{P_a}{V}=\dfrac{414.6}{115}\fallingdotseq 3.6[A]$   답 ③

**73** 시정수의 의미를 설명한 것 중 틀린 것은?
① 시정수가 작으면 과도현상이 짧다.
② 시정수가 크면 정상상태에 늦게 도달한다.
③ 시정수는 $\tau$로 표기하며 단위는 초(sec)이다.
④ 시정수는 과도기간 중 변화해야 할 양의 0.632[%]가 변화하는 데 소요된 시간이다.

**풀이** $R-L$ 직렬 회로
- 시정수는 정상전류의 63.2[%]에 도달할 때까지의 시간을 의미한다.
- 시정수 $\tau = \dfrac{L}{R}$[sec]
- 시정수가 크면 과도현상이 오래 지속되고 시정수가 적으면 과도현상이 짧아진다.  답 ④

**74** 무손실 선로에 있어서 감쇠정수 $\alpha$, 위상정수를 $\beta$라 하면 $\alpha$와 $\beta$의 값은? (단, $R$, $G$, $L$, $C$는 선로 단위 길이 당의 저항, 컨덕턴스, 인덕턴스, 커패시턴스이다.)

① $\alpha = \sqrt{RG}$, $\beta = 0$
② $\alpha = 0$, $\beta = \dfrac{1}{\sqrt{LC}}$
③ $\alpha = 0$, $\beta = \omega\sqrt{LC}$
④ $\alpha = \sqrt{RG}$, $\beta = \omega\sqrt{LC}$

**풀이** 무손실 선로는 $R = G = 0$인 선로를 말한다.
전파정수 $\gamma = \alpha + j\beta = \sqrt{ZY}$
$= \sqrt{(R+j\omega L)(G+j\omega C)}$
$= j\omega\sqrt{LC}$
$\therefore \alpha = 0$, $\beta = \omega\sqrt{LC}$
(여기서, $\alpha$ : 감쇠 정수, $\beta$ : 위상 정수)  답 ③

**75** 어떤 소자에 걸리는 전압이 $100\sqrt{2}\cos(314t - \dfrac{\pi}{6})$[V]이고, 흐르는 전류가 $3\sqrt{2}\cos(314t + \dfrac{\pi}{6})$[A]일 때 소비되는 전력[W]은?

① 100  ② 150
③ 250  ④ 300

**풀이** 위상차 $\theta = \dfrac{\pi}{6} - (-\dfrac{\pi}{6}) = \dfrac{180°}{6} - (-\dfrac{180°}{6})$
$= 60°$
$\therefore P = VI\cos\theta = 100 \times 3 \times \cos 60° = 150$[W]
(단, $V$, $I$에는 실효값을 적용한다.)  답 ②

**76** 그림(a)와 그림(b)가 역회로 관계에 있으려면 $L$의 값은 몇 [mH]인가?

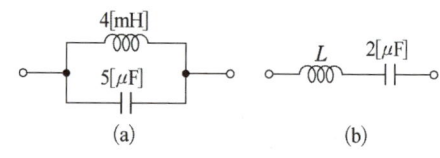

(a)  (b)

① 1   ② 2   ③ 5   ④ 10

**풀이**

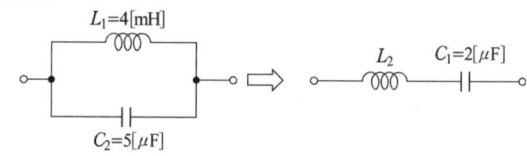

$\dfrac{L_1}{C_1} = \dfrac{L_2}{C_2} = K^2$ 의 관계에서
$K^2 = \dfrac{L_1}{C_1} = \dfrac{4 \times 10^{-3}}{2 \times 10^{-6}} = 2000$
$\therefore L_2 = K^2 C_2 = 2000 \times 5 \times 10^{-6}$
$= 0.01$[H] $= 10$[mH]  답 ④

**77** 2개의 전력계로 평형 3상 부하의 전력을 측정하였더니 한쪽의 지시가 다른 쪽 전력계 지시의 3배였다면 부하의 역률은 약 얼마인가?

① 0.46  ② 0.55  ③ 0.65  ④ 0.76

**풀이** 2전력계법
- 피상전력 $P_a = 2\sqrt{W_1^2 + W_2^2 - W_1 W_2}$[VA]
- 유효전력 $P = W_1 + W_2$[W]
- 무효전력 $Q = \sqrt{3}(W_1 - W_2)$[Var]
- 역률 $\cos\phi = \dfrac{W_1 + W_2}{2\sqrt{W_1^2 + W_2^2 - W_1 \times W_2}}$ 에서

$W_1 = 3W_2$ 이므로
$\therefore \cos\phi = \dfrac{3W_2 + W_2}{2\sqrt{(3W_2)^2 + W_2^2 - (3W_2) \times W_2}}$
$\fallingdotseq 0.76$  답 ④

**78** $F(s) = \dfrac{1}{s(s+a)}$ 의 라플라스 역변환은?

① $e^{-at}$     ② $1 - e^{-at}$
③ $a(1 - e^{-at})$   ④ $\dfrac{1}{a}(1 - e^{-at})$

**풀이**

$$F(s) = \frac{1}{s(s+a)} = \frac{K_1}{s} + \frac{K_2}{s+a}$$

$$K_1 = \lim_{s \to 0} sF(s) = \left[\frac{1}{s+a}\right]_{s=0} = \frac{1}{a}$$

$$K_2 = \lim_{s \to -a}(s+a)F(s) = \left[\frac{1}{s}\right]_{s=-a} = -\frac{1}{a}$$

$$F(s) = \frac{1}{sa} - \frac{1}{a(s+a)} = \frac{1}{a}\left(\frac{1}{s} - \frac{1}{s+a}\right)$$

$$\therefore f(t) = \mathcal{L}^{-1}\left[\frac{1}{a}\left(\frac{1}{s} - \frac{1}{s+a}\right)\right] = \frac{1}{a}(1 - e^{-at})$$

답 ④

**79** 선간전압이 200[V]인 대칭 3상 전원에 평형 3상 부하가 접속되어 있다. 부하 1상의 저항은 10[Ω], 유도 리액턴스 15[Ω], 용량 리액턴스 5[Ω]가 직렬로 접속된 것이다. 부하가 △결선일 경우, 선로 전류[A]와 3상 전력[W]은 약 얼마인가?

① $I_l = 10\sqrt{6}$, $P_3 = 6000$
② $I_l = 10\sqrt{6}$, $P_3 = 8000$
③ $I_l = 10\sqrt{3}$, $P_3 = 6000$
④ $I_l = 10\sqrt{3}$, $P_3 = 8000$

**풀이**

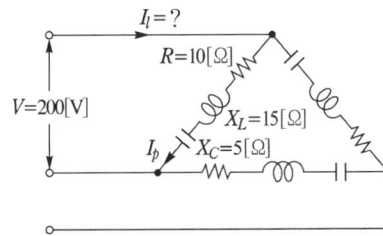

- 임피던스
$$Z = R + j(X_L - X_C) = 10 + j(15-5) = 10 + j10[\Omega]$$

- 상전류 $I_p = \dfrac{V_p}{Z} = \dfrac{200}{\sqrt{10^2 + 10^2}} = \dfrac{20}{\sqrt{2}}$ [A]

- △결선인 경우 선전류는 상전류의 $\sqrt{3}$ 배이므로
선전류 $I_l = \sqrt{3} I_p = \sqrt{3} \times \dfrac{20}{\sqrt{2}} = 10\sqrt{6}$ [A]

- 3상 전력
$$P = 3I_p^2 R = 3 \times \left(\dfrac{20}{\sqrt{2}}\right)^2 \times 10 = 6000[W]$$

답 ①

**80** 공간적으로 서로 $\dfrac{2\pi}{n}$[rad]의 각도를 두고 배치한 $n$개의 코일에 대칭 $n$상 교류를 흘리면 그 중심에 생기는 회전자계의 모양은?

① 원형 회전자계
② 타원형 회전자계
③ 원통형 회전자계
④ 원추형 회전자계

**풀이** 대칭 전류는 원형 회전자계를, 비대칭 전류는 타원형 회전자계를 형성한다.

답 ①

## 2018년 3회 _ 전기기사

**61** 다음의 회로를 블록선도로 그린 것 중 옳은 것은?

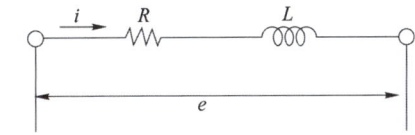

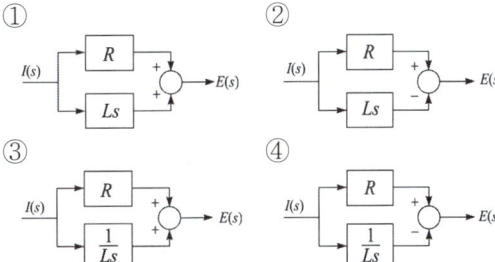

**풀이** 그림의 회로를 시간함수로 표현하면

$$Ri(t) + L\dfrac{di(t)}{dt} = e(t)$$ 이므로

라플라스 변환을 하면

$$\mathcal{L}\left[Ri(t) + L\dfrac{di(t)}{dt} = e(t)\right] = RI(s) + LsI(s) = E(s)$$

$$\to (R + Ls)I(s) = E(s)$$

$$\therefore G(s) = \dfrac{E(s)}{I(s)} = R + Ls$$

그러므로 $I(s)$를 입력으로 하고 $E(s)$를 출력으로 하는 $R$과 $Ls$의 병렬회로가 된다.

답 ①

**69** 그림과 같은 블록선도에서 전달함수 $\dfrac{C(s)}{R(s)}$를 구하면?

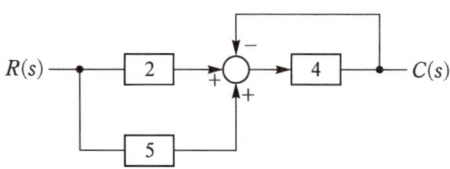

① $\dfrac{1}{8}$  ② $\dfrac{5}{28}$  ③ $\dfrac{28}{5}$  ④ 8

**풀이** 블록선도

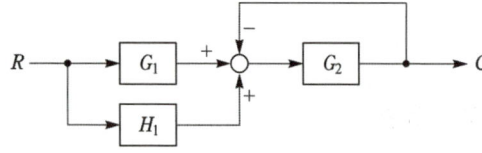

$(RG_1 + RH_1 - C)G_2 = C$
$RG_1G_2 + RH_1G_2 - CG_2 = C$
$R(G_1G_2 + H_1G_2) = C(1+G_2)$
$G(s) = \dfrac{C}{R} = \dfrac{G_1G_2 + H_1G_2}{1+G_2} = \dfrac{G_2(G_1+H_1)}{1+G_2}$ 이므로
$G_1 = 2,\ G_2 = 4,\ H_1 = 5$를 대입하면
$\therefore G(s) = \dfrac{4(2+5)}{1+4} = \dfrac{28}{5}$

**별해** 전향경로 이득 : $(G_1 + H_1)G_2$
루프 이득 : $-G_2$
$G(s) = \dfrac{\sum 전향\ 경로\ 이득}{1-\sum 루프이득} = \dfrac{(G_1+H_1)G_2}{1+G_2}$
$= \dfrac{(2+5)\cdot 4}{1+4} = \dfrac{28}{5}$  **답** ③

**71** $R = 100[\Omega]$, $C = 30[\mu F]$의 직렬회로에 $f = 60[\text{Hz}]$, $V = 100[\text{V}]$의 교류전압을 인가할 때 전류는 약 몇 [A]인가?

① 0.42  ② 0.64
③ 0.75  ④ 0.87

**풀이** 용량성 리액턴스
$X_C = \dfrac{1}{\omega C} = \dfrac{1}{2\pi f C} = \dfrac{1}{2\pi \times 60 \times 30 \times 10^{-6}}$
$\fallingdotseq 88.42[\Omega]$
$\therefore I = \dfrac{V}{Z} = \dfrac{V}{\sqrt{R^2 + X_C^2}} = \dfrac{100}{\sqrt{100^2 + 88.42^2}}$
$\fallingdotseq 0.75[\text{A}]$  **답** ③

**72** 무손실 선로의 정상상태에 대한 설명으로 틀린 것은?

① 전파정수 $\gamma$은 $j\omega\sqrt{LC}$이다.
② 특성 임피던스 $Z_0 = \sqrt{\dfrac{C}{L}}$이다.
③ 진행파의 전파속도 $v = \dfrac{1}{\sqrt{LC}}$이다.
④ 감쇠정수 $\alpha = 0$, 위상정수 $\beta = \omega\sqrt{LC}$이다.

**풀이** 무손실 선로이므로 $R = 0$, $G = 0$
따라서 특성 임피던스
$Z_0 = \sqrt{\dfrac{Z}{Y}} = \sqrt{\dfrac{R+j\omega L}{G+j\omega C}} = \sqrt{\dfrac{L}{C}}$  **답** ②

**73** 그림과 같은 파형의 Laplace 변환은?

① $\dfrac{1}{2s^2}(1-e^{-4s}-se^{-4s})$
② $\dfrac{1}{2s^2}(1-e^{-4s}-4e^{-4s})$
③ $\dfrac{1}{2s^2}(1-se^{-4s}-4e^{-4s})$
④ $\dfrac{1}{2s^2}(1-e^{-4s}-4se^{-4s})$

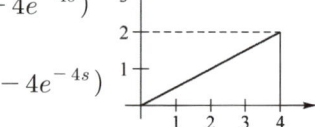

**풀이** 문제의 그림을 시간함수로 표현하면
$f(t) = \dfrac{1}{2}tu(t) - \dfrac{1}{2}(t-4)u(t-4) - 2u(t-4)$ 이므로
이것을 라플라스 변환하면
$F(s) = \mathcal{L}[f(t)]$
$= \dfrac{1}{2} \cdot \dfrac{1}{s^2} - \dfrac{1}{2} \cdot \dfrac{1}{s^2}e^{-4s} - \dfrac{2}{s}e^{-4s}$
$= \dfrac{1}{2s^2}(1-e^{-4s}-4se^{-4s})$  **답** ④

**74** 2전력계법으로 평형 3상 전력을 측정하였더니 한쪽의 지시가 700[W], 다른 쪽의 지시가 1400[W]이었다. 피상전력은 약 몇 [VA]인가?

① 2425  ② 2771
③ 2873  ④ 2974

**풀이** 2전력계법
- 유효전력 $P = W_1 + W_2$ [W]
- 무효전력 $Q = \sqrt{3}(P_1 - P_2)$ [Var]
- 피상전력 $P_a = 2\sqrt{W_1^2 + W_2^2 - W_1 W_2}$ [VA]

따라서 $P_a = 2\sqrt{700^2 + 1400^2 - 700 \times 1400}$
$\fallingdotseq 2425$ [VA]     **답** ①

## 75
최댓값이 $I_m$인 정현파 교류의 반파정류 파형의 실효값은?

① $\dfrac{I_m}{2}$  ② $\dfrac{I_m}{\sqrt{2}}$
③ $\dfrac{2I_m}{\pi}$  ④ $\dfrac{\pi I_m}{2}$

**풀이**

| 파형 | 정현파 | 정현반파 | 삼각파 | 구형반파 | 구형파 |
|---|---|---|---|---|---|
| 실효값 | $\dfrac{I_m}{\sqrt{2}}$ | $\dfrac{I_m}{2}$ | $\dfrac{I_m}{\sqrt{3}}$ | $\dfrac{I_m}{\sqrt{2}}$ | $I_m$ |
| 평균값 | $\dfrac{2I_m}{\pi}$ | $\dfrac{I_m}{\pi}$ | $\dfrac{I_m}{2}$ | $\dfrac{I_m}{2}$ | $I_m$ |

**답** ①

## 76
그림과 같은 파형의 파고율은?

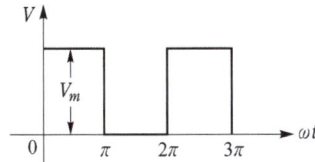

① 1  ② $\dfrac{1}{\sqrt{2}}$
③ $\sqrt{2}$  ④ $\sqrt{3}$

**풀이** 구형 반파에서
- 실효값 $V = \dfrac{V_m}{\sqrt{2}}$
- 평균값 $V_{av} = \dfrac{V_m}{2}$
- 파고율 $= \dfrac{\text{최대값}}{\text{실효값}} = \dfrac{V_m}{\dfrac{V_m}{\sqrt{2}}} = \sqrt{2} = 1.414$     **답** ③

## 77
그림과 같이 10[Ω]의 저항에 권수비가 10:1의 결합회로를 연결했을 때 4단자정수 A, B, C, D는?

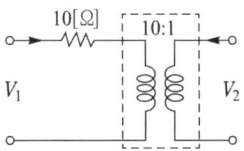

① $A=1,\ B=10,\ C=0,\ D=10$
② $A=10,\ B=1,\ C=0,\ D=10$
③ $A=10,\ B=0,\ C=1,\ D=\dfrac{1}{10}$
④ $A=10,\ B=1,\ C=0,\ D=\dfrac{1}{10}$

**풀이** $\begin{bmatrix} A & B \\ C & D \end{bmatrix} = \begin{bmatrix} 1 & 10 \\ 0 & 1 \end{bmatrix} \begin{bmatrix} 10 & 0 \\ 0 & \dfrac{1}{10} \end{bmatrix} = \begin{bmatrix} 10 & 1 \\ 0 & \dfrac{1}{10} \end{bmatrix}$     **답** ④

## 78
그림과 같은 $RC$ 회로에서 스위치를 넣은 순간 전류는? (단, 초기조건은 0이다.)

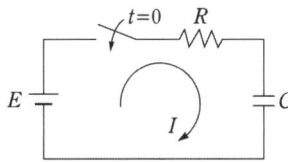

① 불변전류이다.
② 진동전류이다.
③ 증가함수로 나타난다.
④ 감쇠함수로 나타난다.

**풀이** $R-C$ 직렬회로(직류전압을 인가하는 경우)
① 전류 $i(t) = \dfrac{E}{R} e^{-\dfrac{1}{RC}t}$ [A]
② 시정수 $\tau = RC$ [sec]
③ 충전전류의 시간적 변화

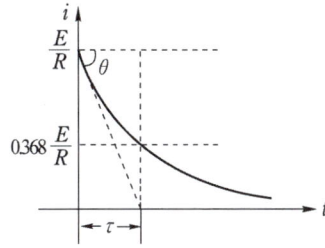

따라서, 스위치를 닫는 순간 과도전류의 값은 지수함수적으로 감소하며, 시정수 값이 클수록 천천히 사라진다. **답** ④

**79** 회로에서 저항 $R$에 흐르는 전류 $I$[A]는?

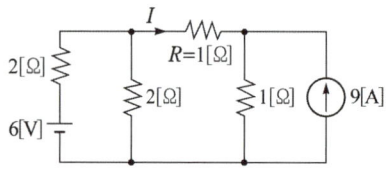

① $-1$  ② $-2$
③ $2$   ④ $4$

**풀이** ① 전류원 개방 시 $I'$는

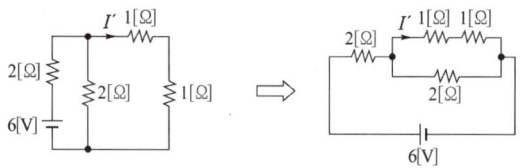

$$I' = \frac{6}{2+\frac{(1+1)\times 2}{(1+1)+2}} \times \frac{2}{(1+1)+2} = 1[A]$$

② 전압원 단락 시 $I''$는

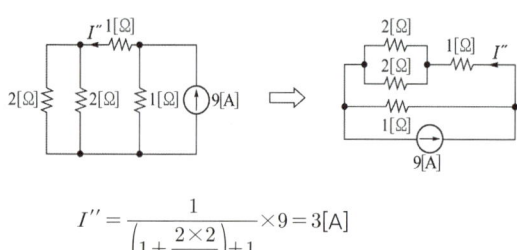

$$I'' = \frac{1}{\left(1+\frac{2\times 2}{2+2}\right)+1} \times 9 = 3[A]$$

③ $I'$과 $I''$의 방향이 반대이므로 $R$에 흐르는 전류 $I$는
∴ $I = I_1 - I_2 = 1 - 3 = -2[A]$ **답** ②

**80** 전류의 대칭분을 $I_0$, $I_1$, $I_2$, 유기기전력을 $E_a$, $E_b$, $E_c$, 단자전압의 대칭분을 $V_0$, $V_1$, $V_2$라 할 때 3상 교류발전기의 기본식 중 정상분 $V_1$ 값은? (단, $Z_0$, $Z_1$, $Z_2$는 영상, 정상, 역상 임피던스이다.)

① $-Z_0 I_0$  ② $-Z_2 I_2$
③ $E_a - Z_1 I_1$  ④ $E_b - Z_2 I_2$

**풀이** 발전기의 기본식
영상분 $V_0 = -Z_0 I_0$, 정상분 $V_1 = E_a - Z_1 I_1$,
역상분 $V_2 = -Z_2 \cdot I_2$ **답** ③

## 2018년 – 4회 _ 공사기사

**61** 다음 회로는 스위치 K가 열린 상태에서 정상상태에 있었다. $t=0$에서 스위치를 갑자기 닫았을 때 $V(0^+)$ 및 $i(0^+)$는?

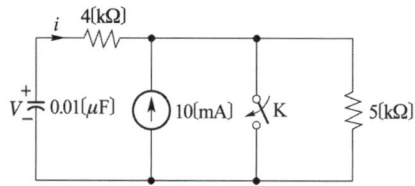

① $0[V]$, $12.5[mA]$
② $50[V]$, $0[mA]$
③ $50[V]$, $12.5[mA]$
④ $50[V]$, $-12.5[mA]$

**풀이** ① 스위치를 닫기 전(콘덴서 충전)

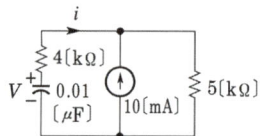

$4[kΩ]$ 지로에 전류 $i$가 흐르지 않으면 $4[kΩ]$ 지로와 $5[kΩ]$ 지로는 병렬이므로 콘덴서에 충전되는 전압은 $5[kΩ]$ 저항 양단의 전압과 같다.
$i(0^-) = 0[A]$
$V(0^-) = IR = 10 \times 10^{-3} \times 5 \times 10^3 = 50[V]$

② 스위치를 닫은 후(콘덴서 방전)

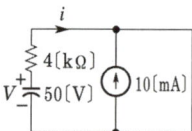

스위치를 닫으면 $5[kΩ]$의 저항은 단락되므로
$V(0^+) = 50[V]$  $i(0^+) = \frac{V}{R} = \frac{50}{4\times 10^3} = 12.5[mA]$

**답** ③

**62** $F = \dfrac{1}{s^n}$ 의 역라플라스 변환은?

① $t^n$  ② $t^{n-1}$
③ $\dfrac{1}{n!} t^n$  ④ $\dfrac{1}{(n-1)!} t^{n-1}$

**풀이** $F(s) = \mathcal{L}[t^n] = \dfrac{n!}{s^{n+1}}$ 이므로

$\therefore f(t) = \mathcal{L}^{-1}\left[\dfrac{1}{s^n}\right] = \dfrac{1}{(n-1)!} t^{n-1}$  **답** ④

**63** 다음과 같이 Y결선을 △결선으로 변환할 경우 $R_1$의 임피던스는 몇 [Ω] 인가?

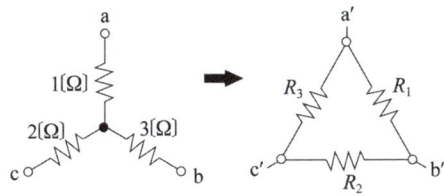

① 0.33  ② 3.67
③ 5.5  ④ 11

**풀이** Y → △로 등가변환

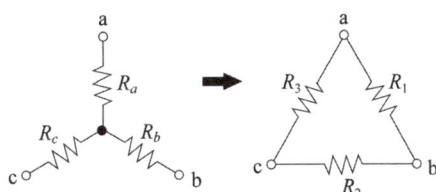

$R_1 = \dfrac{R_a R_b + R_b R_c + R_c R_a}{R_c}$

$= \dfrac{1 \times 2 + 2 \times 3 + 3 \times 1}{2} = \dfrac{11}{2} = 5.5 [\Omega]$

$R_2 = \dfrac{R_a R_b + R_b R_c + R_c R_a}{R_a}$

$= \dfrac{1 \times 2 + 2 \times 3 + 3 \times 1}{1} = 11 [\Omega]$

$R_3 = \dfrac{R_a R_b + R_b R_c + R_c R_a}{R_b}$

$= \dfrac{1 \times 2 + 2 \times 3 + 3 \times 1}{3} = \dfrac{11}{3} = 3.67 [\Omega]$

따라서 $R_1$의 임피던스는 $5.5 [\Omega]$이다.  **답** ③

**64** 60[Hz], 120[V] 정격인 단상 유도전동기의 출력은 3[HP]이고, 효율은 90[%]이며, 역률은 80[%]이다. 역률을 100[%]로 개선하기 위한 병렬 콘덴서가 흡수하는 복소전력은 몇 [VA]인가? (단, 1[HP]=746[W]이다.)

① $-j1865$  ② $-j2252$
③ $-j2667$  ④ $-j3156$

**풀이** 역률 개선용 콘덴서 용량

$Q_c = P_i (\tan\theta_1 - \tan\theta_2)$

$= \dfrac{P}{\eta}\left(\dfrac{\sin\theta_1}{\cos\theta_1} - \dfrac{\sin\theta_2}{\cos\theta_2}\right)$

$= \dfrac{3 \times 746}{0.9}\left(\dfrac{0.6}{0.8} - \dfrac{0}{1}\right) = 1865 [VA]$

따라서 병렬 콘덴서가 흡수하는 복소전력은 $-j1865[VA]$이다.  **답** ①

**65** 2단자 임피던스의 허수부가 어떤 주파수에 관해서도 언제나 0이 되고 실수부도 주파수에 무관하게 항상 일정하게 되는 회로는?

① 정저항 회로
② 정인덕턴스 회로
③ 정임피던스 회로
④ 정리액턴스 회로

**풀이** 2단자 구동점 임피던스가 주파수에 관계없이 항상 일정한 순저항으로 될 때 회로를 정저항 회로라 하며 조건은 $R^2 = \dfrac{L}{C}$이다.  **답** ①

**66** 불평형 3상 회로에서 전압의 대칭분을 각각 $V_0$, $V_1$, $V_2$, 전류의 대칭분을 각각 $I_0$, $I_1$, $I_2$라 할 때 대칭분으로 표시되는 복소전력은?

① $V_0 I_1^* + V_1 I_2^* + V_2 I_0^*$
② $V_0 I_0^* + V_1 I_1^* + V_2 I_2^*$
③ $3V_0 I_1^* + 3V_1 I_2^* + 3V_2 I_0^*$
④ $3V_0 I_0^* + 3V_1 I_1^* + 3V_2 I_2^*$

**풀이** 3상 전력은 1상의 전력에 3배가 되어야 한다.

1상 전력 $P_1 = V_0 I_0^* + V_1 I_1^* + V_2 I_2^*$ 이므로

$\therefore$ 3상 전력 $P_3 = 3V_0 I_0^* + 3V_1 I_1^* + 3V_2 I_2^*$  **답** ④

**67** 그림에서 2[Ω]에 흐르는 전류 $i$는 몇 [A]인가?

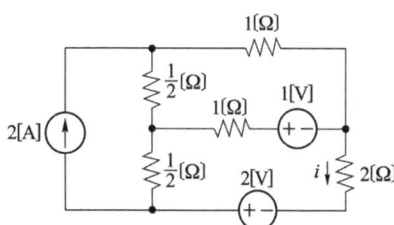

① $\dfrac{28}{31}$ ② $\dfrac{4}{13}$ ③ $\dfrac{4}{7}$ ④ $-\dfrac{8}{35}$

**풀이**

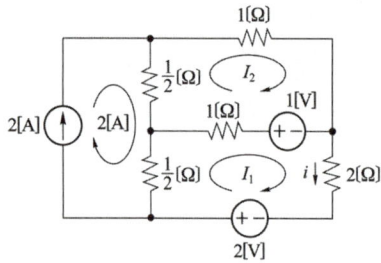

① 1[V] 전압원만 있는 폐회로
$(\dfrac{1}{2}+1+1)I_1 - 1\times I_2 - \dfrac{1}{2}\times 2 = 1$

$\dfrac{5}{2}I_1 - I_2 - 1 = 1[V]$

양변에 4를 곱하여 정리하면
$10I_1 - 4I_2 = 8 \cdots$ ⓐ

② 1[V]와 2[V] 전압원이 있는 폐회로
$-1\times I_1 + (\dfrac{1}{2}+1+2)I_2 - \dfrac{1}{2}\times 2 = 2 - 1$

$-I_1 + \dfrac{7}{2}I_2 - 1 = 1[V]$

양변에 10을 곱하여 정리하면
$-10I_1 + 35I_2 = 20 \cdots$ ⓑ

ⓐ와 ⓑ를 연립하여 풀면
$$\begin{array}{r}10I_1 - 4I_2 = 8 \\ +)-10I_1 + 35I_2 = 20 \\ \hline 31I_2 = 28\end{array}$$

$\therefore I_2 = \dfrac{28}{31}$[A]   **답** ①

**68** 3상 부하가 △결선 되었을 때 $a$상에는 컨덕턴스 0.3[℧], $b$상에는 컨덕턴스 0.3[℧], $c$상은 유도 서셉턴스 0.3[℧]가 연결되어 있다. 이 부하의 영상 어드미턴스[℧]는?

① $0.2 - j0.1$ ② $0.3 + j0.3$
③ $0.6 - j0.3$ ④ $0.6 + j0.3$

**풀이** 영상 어드미턴스
$Y_0 = \dfrac{1}{3}(Y_a + Y_b + Y_c) = \dfrac{1}{3}(0.3 + 0.3 - j0.3)$
$= 0.2 - j0.1[℧]$   **답** ①

**69** $R=4[\Omega]$, $\omega L = 3[\Omega]$의 직렬 $RL$ 회로에서 $v(t) = 100\sqrt{2}\sin\omega t + 50\sqrt{2}\sin 3\omega t[V]$의 전압을 인가할 때 저항에서 소비되는 전력[W]은?

① 1600 ② 1703
③ 2000 ④ 2128.75

**풀이** 기본파 전류
$I_1 = \dfrac{V_1}{Z_1} = \dfrac{V_1}{\sqrt{R^2+(\omega L)^2}} = \dfrac{100}{\sqrt{4^2+3^2}} = 20[A]$

제3고조파 전류
$I_3 = \dfrac{V_3}{Z_3} = \dfrac{V_3}{\sqrt{R^2+(3\omega L)^2}}$
$= \dfrac{50}{\sqrt{4^2+(3\times 3)^2}} \fallingdotseq 5.08[A]$

$\therefore P = I_1^2 R + I_3^2 R$
$= 20^2 \times 4 + 5.08^2 \times 4 \fallingdotseq 1703[W]$   **답** ②

**70** 처음 10초간은 100[A]의 전류를 흘리고 다음 20초간은 20[A]의 전류를 흘리는 전류의 실효값은 몇 [A]인가? 단, 주기는 30초라 한다.

① 50 ② 55
③ 60 ④ 65

**풀이**

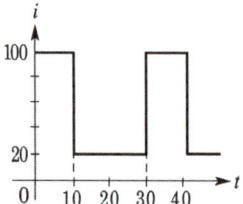

전류의 실효값
$I = \sqrt{\dfrac{1}{T}\int_0^T i^2\,dt}$
$= \sqrt{\dfrac{1}{30}\left\{\int_0^{10}(100)^2 dt + \int_{10}^{30}(20)^2 dt\right\}}$
$= \sqrt{\dfrac{1}{30}\{[10000t]_0^{10} + [400t]_{10}^{30}\}}$
$= 60[A]$   **답** ③

## 75 그림과 같은 피드백제어의 전달함수를 구하면?

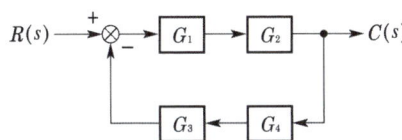

① $\dfrac{G_1 G_2}{1 - G_1 G_2 G_3 G_4}$

② $\dfrac{G_1 G_2}{1 + G_1 G_2 G_3 G_4}$

③ $\dfrac{G_1 G_2}{1 - G_1 G_2} \cdot \dfrac{G_3 G_4}{1 - G_3 G_4}$

④ $\dfrac{G_1 G_2}{1 + G_1 G_2} \cdot \dfrac{G_3 G_4}{1 + G_3 G_4}$

**풀이** $C = (R - CG_3 G_4) G_1 G_2$
$C(1 + G_1 G_2 G_3 G_4) = R G_1 G_2$
$\therefore \dfrac{C}{R} = \dfrac{G_1 G_2}{1 + G_1 G_2 G_3 G_4}$

**별해** 전향경로 이득 : $G_1 G_2$, 루프 이득 : $-G_1 G_2 G_3 G_4$

$G(s) = \dfrac{\sum 전향\ 경로\ 이득}{1 - \sum 루프이득} = \dfrac{G_1 G_2}{1 + G_1 G_2 G_3 G_4}$ **답** ②

## 80 두 그림이 등가인 경우 $A$는?

① $\dfrac{s+2}{s+1}$

② $\dfrac{s-2}{s+1}$

③ $\dfrac{-s+2}{s+1}$

④ $\dfrac{-s-2}{s+1}$

**풀이** 그림 (a)의 전달함수 : $\dfrac{C}{R} = \dfrac{3}{s+1}$

그림 (b)의 전달함수 : $\dfrac{C}{R} = A + 1$이므로

두 개의 그림이 등가인 경우

$\dfrac{3}{s+1} = A + 1$

$\therefore A = \dfrac{3}{s+1} - 1 = \dfrac{-s+2}{s+1}$ **답** ③

# 2019년 회로이론_전기기사·공사기사

문제의 번호는 실제 시험문제의 번호와 같게 하였습니다.
제어공학에 해당하는 문제는 삭제하였습니다.

## 2019년 - 1회 _ 전기기사·공사기사

**62** 다음의 신호 흐름 선도를 메이슨의 공식을 이용하여 전달함수를 구하고자 한다. 이 신호 흐름 선도에서 루프(Loop)는 몇 개인가?

① 0
② 1
③ 2
④ 3

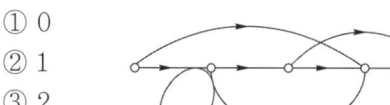

**풀이** 루프(loop)는 한 마디에서 시작하여 다시 그 마디로 돌아오는 경로를 말하며, 모든 마디는 두 번 이상 지날 수 없다. 따라서 ①, ② 두 개이다.

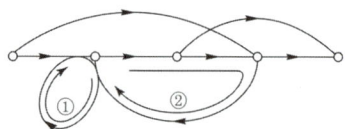

답 ③

**71** $e = 100\sqrt{2}\sin\omega t + 75\sqrt{2}\sin3\omega t + 20\sqrt{2}\sin5\omega t$ [V]인 전압을 $RL$ 직렬회로에 가할 때 제3고조파 전류의 실효값은 몇 [A]인가?
(단, $R = 4[\Omega]$, $\omega L = 1[\Omega]$이다.)

① 15
② $15\sqrt{2}$
③ 20
④ $20\sqrt{2}$

**풀이**
- 유도성 리액턴스는 주파수에 비례하므로 제3고조파에 대한 리액턴스($X_{L3}$)는 기본파 리액턴스($X_L$)의 3배이다.
  $X_{L3} = 3X_L = 3\omega L \; (\because X_L = \omega L = 2\pi f L)$
- 따라서 제3고조파 전류의 실효값 $I_3$은
  $I_3 = \dfrac{E_3}{Z_3} = \dfrac{E_3}{\sqrt{R^2 + (3\omega L)^2}}$
  $= \dfrac{75}{\sqrt{4^2 + (3 \times 1)^2}}$
  $= 15$[A]

답 ①

**72** 전원과 부하가 △결선된 3상 평형회로가 있다. 전원전압이 200[V], 부하 1상의 임피던스가 $6 + j8[\Omega]$일 때 선전류 [A]는?

① 20
② $20\sqrt{3}$
③ $\dfrac{20}{\sqrt{3}}$
④ $\dfrac{\sqrt{3}}{20}$

**풀이** 전원과 부하가 다 같이 △결선이므로
상전류 $I_p = \dfrac{V}{Z} = \dfrac{200}{\sqrt{6^2 + 8^2}} = 20$[A]
따라서 선전류 $I_l = \sqrt{3} I_p = 20\sqrt{3}$[A]

답 ②

**73** 분포정수 선로에서 무왜형 조건이 성립하면 어떻게 되는가?

① 감쇠량이 최소로 된다.
② 전파속도가 최대로 된다.
③ 감쇠량은 주파수에 비례한다.
④ 위상정수가 주파수에 관계없이 일정하다.

**풀이** 감쇠량 $\alpha = \sqrt{RG}$로 무왜형 조건인 $RC = LG$일 때 최소가 된다.

답 ①

**74** 회로에서 $V = 10$[V], $R = 10[\Omega]$, $L = 1$[H], $C = 10[\mu F]$ 그리고 $V_c(0) = 0$일 때 스위치 K를 닫은 직후 전류의 변화율 $\dfrac{di}{dt}(0^+)$의 값 [A/sec]은?

① 0
② 1
③ 5
④ 10

**풀이** 진동 여부 판별식으로부터
$\left(\dfrac{R}{2L}\right)^2 - \dfrac{1}{LC} = \left(\dfrac{10}{2 \times 1}\right)^2 - \dfrac{1}{1 \times 10 \times 10^{-6}} < 0$
즉, 위와 같은 회로는 진동인 경우이므로
$i = \dfrac{V}{\beta L} e^{-\alpha t} \sin\beta t$

$$\therefore \left.\frac{di}{dt}\right|_{t=0} = \frac{V}{\beta L}[-\alpha e^{-\alpha t}\sin\beta t + \beta e^{-\alpha t}\cos\beta t]_{t=0}$$
$$= \frac{V}{\beta L}\cdot\beta = \frac{V}{L} = \frac{10}{1}$$
$$= 10[\text{A/sec}]$$
답 ④

**75** $F(s) = \dfrac{2s+15}{s^3+s^2+3s}$ 일 때 $f(t)$의 최종값은?

① 2　　② 3
③ 5　　④ 15

**풀이** 최종값 정리에 의하여
$$\lim_{t\to\infty}f(t) = \lim_{s\to 0}sF(s)$$
$$= \lim_{s\to 0}s\cdot\frac{2s+15}{s(s^2+s+3)} = \frac{15}{3} = 5$$
답 ③

**76** 정현파 교류 $V = V_m\sin\omega t$의 전압을 반파정류 하였을 때의 실효값은 몇 [V]인가?

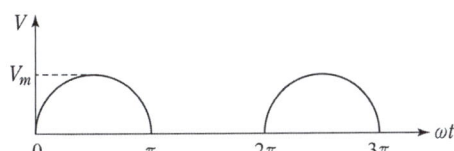

① $\dfrac{V_m}{\sqrt{2}}$　　② $\dfrac{V_m}{2}$

③ $\dfrac{V_m}{2\sqrt{2}}$　　④ $\sqrt{2}\,V_m$

**풀이**

| 파형 | 정현파 | 정현반파 | 삼각파 | 구형반파 | 구형파 |
|---|---|---|---|---|---|
| 실효값 | $\dfrac{V_m}{\sqrt{2}}$ | $\dfrac{V_m}{2}$ | $\dfrac{V_m}{\sqrt{3}}$ | $\dfrac{V_m}{\sqrt{2}}$ | $V_m$ |
| 평균값 | $\dfrac{2V_m}{\pi}$ | $\dfrac{V_m}{\pi}$ | $\dfrac{V_m}{2}$ | $\dfrac{V_m}{2}$ | $V_m$ |

답 ②

**77** 대칭 5상 교류 성형결선에서 선간전압과 상전압 간의 위상차는 몇 도인가?

① 27°　　② 36°
③ 54°　　④ 72°

**풀이** 대칭 $n$상인 경우 기전력의 위상차
$$\theta = \frac{\pi}{2}\left(1-\frac{2}{n}\right) = \frac{180}{2}\left(1-\frac{2}{5}\right) = 90\times\frac{3}{5} = 54°$$
답 ③

**78** 회로망 출력단자 a-b에서 바라본 등가 임피던스는? (단, $V_1 = 6[\text{V}]$, $V_2 = 3[\text{V}]$, $I_1 = 10[\text{A}]$, $R_1 = 15[\Omega]$, $R_2 = 10[\Omega]$, $L = 2[\text{H}]$, $j\omega = s$이다.)

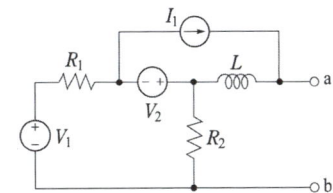

① $s+15$　　② $2s+6$
③ $\dfrac{3}{s+2}$　　④ $\dfrac{1}{s+3}$

**풀이** 전류원은 개방하고 전압원은 단락하면
$$Z = \frac{R_1R_2}{R_1+R_2} + j\omega L$$
$$= \frac{10\times 15}{10+15} + 2s$$
$$= 2s+6[\Omega]$$

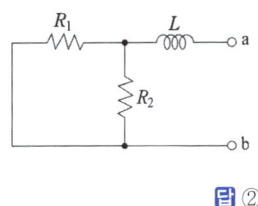

답 ②

**79** 대칭 3상 전압이 a상 $V_a$, b상 $V_b = a^2V_a$, c상 $V_c = aV_a$일 때 a상을 기준으로 한 대칭분 전압 중 정상분 $V_1[\text{V}]$은 어떻게 표시되는가?

① $\dfrac{1}{3}V_a$　　② $V_a$
③ $aV_a$　　④ $a^2V_a$

**풀이**
$$V_1 = \frac{1}{3}(V_a + aV_b + a^2V_c)$$
$$= \frac{1}{3}(V_a + a^3V_a + a^3V_a)$$
$$= \frac{V_a}{3}(1+a^3+a^3) = V_a$$
답 ②

**80** 다음과 같은 비정현파 기전력 및 전류에 의한 평균전력을 구하면 몇 [W]인가?

$$e = 100\sin\omega t - 50\sin(3\omega t + 30°) + 20\sin(5\omega t + 45°)[V]$$
$$i = 20\sin\omega t + 10\sin(3\omega t - 30°) + 5\sin(5\omega t - 45°)[A]$$

① 825  ② 875
③ 925  ④ 1175

**풀이**
$P = V_1 I_1 \cos\theta_1 + V_3 I_3 \cos\theta_3 + V_5 I_5 \cos\theta_5$
$= \dfrac{100}{\sqrt{2}} \cdot \dfrac{20}{\sqrt{2}} \cos 0° - \dfrac{50}{\sqrt{2}} \cdot \dfrac{10}{\sqrt{2}} \cos 60°$
$\quad + \dfrac{20}{\sqrt{2}} \cdot \dfrac{5}{\sqrt{2}} \cos 90°$
$= \dfrac{2000}{2} \cdot 1 - \dfrac{500}{2} \cdot \dfrac{1}{2} + \dfrac{100}{2} \cdot 0$
$= 875[W]$  답 ②

---

## 2019년 - 2회 _ 전기기사·공사기사

**61** 블록선도 변환이 틀린 것은?

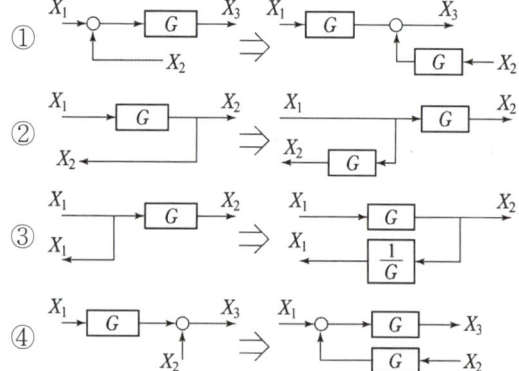

**풀이**
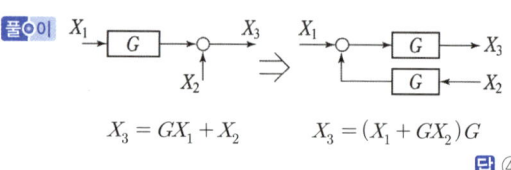
$X_3 = GX_1 + X_2 \quad X_3 = (X_1 + GX_2)G$  답 ④

**64** 다음 신호 흐름선도의 일반식은?

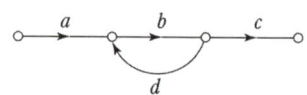

① $G = \dfrac{1-bd}{abc}$  ② $G = \dfrac{1+bd}{abc}$
③ $G = \dfrac{abc}{1+bd}$  ④ $G = \dfrac{abc}{1-bd}$

**풀이** $G_1 = abc$, $\Delta_1 = 1$, $L_{11} = bd$, $\Delta = 1 - L_{11} = 1 - bd$
$\therefore G = \dfrac{C}{R} = \dfrac{G_1 \Delta_1}{\Delta} = \dfrac{abc}{1-bd}$

**별해** 전향경로 이득 : $abc$, 루프 이득 : $bd$
$G(s) = \dfrac{\sum \text{전향 경로 이득}}{1 - \sum \text{루프이득}} = \dfrac{abc}{1-bd}$  답 ④

**72** 평형 3상 3선식 회로에서 부하는 Y결선이고, 선간전압이 $173.2\angle 0°[V]$일 때 선전류는 $20\angle -120°[A]$이었다면, Y결선된 부하 한 상의 임피던스는 약 몇 $[\Omega]$인가?

① $5\angle 60°$  ② $5\angle 90°$
③ $5\sqrt{3}\angle 60°$  ④ $5\sqrt{3}\angle 90°$

**풀이** Y결선에서 선전류($I_l$) = 상전류($I_p$),
선간 전압($V_l$) = $\sqrt{3}\times$상전압($V_p$)$\angle 30°$이므로
상전압 $V_p = \dfrac{V_l}{\sqrt{3}}\angle -30° = \dfrac{100\sqrt{3}}{\sqrt{3}}\angle -30°$
$= 100\angle -30°[V]$
$\therefore Z = \dfrac{V_p}{I_p} = \dfrac{100\angle -30°}{20\angle -120°} = 5\angle 90°[\Omega]$  답 ②

**73** 2전력계법으로 평형 3상 전력을 측정하였더니 한 쪽의 지시가 500[W], 다른 한 쪽의 지시가 1500[W]이었다. 피상전력은 약 몇 [VA]인가?

① 2000  ② 2310
③ 2646  ④ 2771

**풀이** 2전력계법에서의 피상전력

$$P_a = 2\sqrt{W_1^2 + W_2^2 - W_1 W_2}$$
$$= 2\sqrt{500^2 + 1500^2 - 500 \times 1500}$$
$$\fallingdotseq 2646[VA]$$

답 ③

**74** 회로에서 4단자 정수 $A$, $B$, $C$, $D$의 값은?

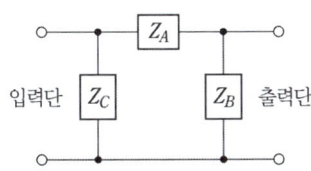

① $A = 1 + \dfrac{Z_A}{Z_B}$, $B = Z_A$, $C = \dfrac{1}{Z_A}$, $D = 1 + \dfrac{Z_B}{Z_A}$

② $A = 1 + \dfrac{Z_A}{Z_B}$, $B = Z_A$, $C = \dfrac{1}{Z_B}$, $D = 1 + \dfrac{Z_A}{Z_B}$

③ $A = 1 + \dfrac{Z_A}{Z_B}$, $B = Z_A$, $C = \dfrac{Z_A + Z_B + Z_C}{Z_B Z_C}$,

$D = \dfrac{1}{Z_B Z_C}$

④ $A = 1 + \dfrac{Z_A}{Z_B}$, $B = Z_A$, $C = \dfrac{Z_A + Z_B + Z_C}{Z_B Z_C}$,

$D = 1 + \dfrac{Z_A}{Z_C}$

**풀이**
$$\begin{bmatrix} A & B \\ C & D \end{bmatrix} = \begin{bmatrix} 1 & 0 \\ \frac{1}{Z_C} & 1 \end{bmatrix} \begin{bmatrix} 1 & Z_A \\ 0 & 1 \end{bmatrix} \begin{bmatrix} 1 & 0 \\ \frac{1}{Z_B} & 1 \end{bmatrix}$$

$$= \begin{bmatrix} 1 & Z_A \\ \frac{1}{Z_C} & \frac{Z_A}{Z_C} + 1 \end{bmatrix} \begin{bmatrix} 1 & 0 \\ \frac{1}{Z_B} & 1 \end{bmatrix}$$

$$= \begin{bmatrix} 1 + \dfrac{Z_A}{Z_B} & Z_A \\ \dfrac{Z_A + Z_B + Z_C}{Z_B Z_C} & 1 + \dfrac{Z_A}{Z_C} \end{bmatrix}$$

답 ④

**75** 길이에 따라 비례하는 저항 값을 가진 어떤 전열선에 $E_0[V]$의 전압을 인가하면 $P_0[W]$의 전력이 소비된다. 이 전열선을 잘라 원래 길이의 $\dfrac{2}{3}$로 만들고 $E[V]$의 전압을 가한다면 소비전력 $P[W]$는?

① $P = \dfrac{P_0}{2}\left(\dfrac{E}{E_0}\right)^2$

② $P = \dfrac{3P_0}{2}\left(\dfrac{E}{E_0}\right)^2$

③ $P = \dfrac{2P_0}{3}\left(\dfrac{E}{E_0}\right)^2$

④ $P = \dfrac{\sqrt{3}\,P_0}{2}\left(\dfrac{E}{E_0}\right)^2$

**풀이** ① $E_0[V]$의 전압을 인가할 때

전력 $P_0 = \dfrac{E_0^2}{R}[W]$에서 $R = \dfrac{E_0^2}{P_0}$

② $E[V]$의 전압을 인가할 때(전열선의 길이는 $\dfrac{2}{3}$)

저항 $R' = \dfrac{2}{3}R[\Omega]$

($\because R = \rho\dfrac{l}{A}$이므로 저항 $R$은 길이 $l$과 비례)

전력 $P = \dfrac{E^2}{R'} = \dfrac{E^2}{\frac{2}{3}R}[W]$에서 $R = \dfrac{3}{2}\dfrac{E^2}{P}$

①, ②에 의해 $\dfrac{E_0^2}{P_0} = \dfrac{3}{2}\dfrac{E^2}{P}$

$\therefore P = \dfrac{3P_0}{2}\left(\dfrac{E}{E_0}\right)^2$

답 ②

**76** 그림과 같은 순 저항회로에서 대칭 3상 전압을 가할 때 각 선에 흐르는 전류가 같으려면 $R$의 값은 몇 $[\Omega]$인가?

① 8
② 12
③ 16
④ 20

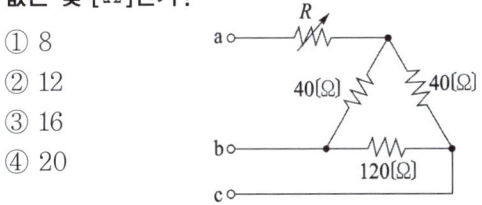

**풀이** △저항을 Y저항으로 변환하면

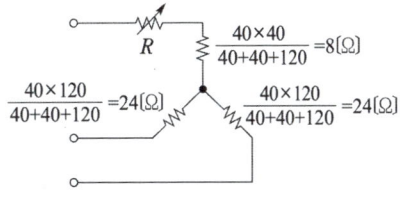

위에서 각 선전류가 같기 위해서는 각 선저항이 같아야 하므로 $R + 8 = 24$이라야 한다.

$\therefore R = 24 - 8 = 16[\Omega]$

답 ③

**77** 1[km]당 인덕턴스 25[mH], 정전용량 0.005[$\mu$F]의 선로가 있다. 무손실 선로라고 가정한 경우 진행파의 위상(전파) 속도는 약 몇 [km/s]인가?

① $8.95 \times 10^4$   ② $9.95 \times 10^4$
③ $89.5 \times 10^4$   ④ $99.5 \times 10^4$

**풀이** 위상(전파) 속도
$$v = \frac{1}{\sqrt{LC}} = \frac{1}{\sqrt{25 \times 10^{-3} \times 0.005 \times 10^{-6}}}$$
$$\approx 8.95 \times 10^4 \text{[km/s]}$$
**답** ①

**78** 전류 $I = 30\sin\omega t + 40\sin(3\omega t + 45°)$[A]의 실효값[A]은?

① 25   ② $25\sqrt{2}$
③ 50   ④ $50\sqrt{2}$

**풀이** 왜형파의 실효값은 각 고조파 실효값 제곱의 합의 제곱근이므로
$$I = \sqrt{I_1^2 + I_3^2} = \sqrt{\left(\frac{30}{\sqrt{2}}\right)^2 + \left(\frac{40}{\sqrt{2}}\right)^2}$$
$$= \sqrt{\frac{30^2 + 40^2}{2}} = 25\sqrt{2} \text{[A]}$$
**답** ②

**79** 어떤 콘덴서를 300[V]로 충전하는 데 9[J]의 에너지가 필요하였다. 이 콘덴서의 정전용량은 몇 [$\mu$F]인가?

① 100   ② 200
③ 300   ④ 400

**풀이** $W = \frac{1}{2}CV^2$[J]이므로
$$\therefore C = \frac{2W}{V^2} = \frac{2 \times 9}{300^2} = 200[\mu F]$$
**답** ②

**80** $f(t) = e^{j\omega t}$의 라플라스 변환은?

① $\dfrac{1}{s - j\omega}$   ② $\dfrac{1}{s + j\omega}$
③ $\dfrac{1}{s^2 + \omega^2}$   ④ $\dfrac{\omega}{s^2 + \omega^2}$

**풀이** $\mathcal{L}[e^{j\omega t}] = \mathcal{L}[1 \cdot e^{j\omega t}] = \dfrac{1}{s}\bigg|_{s = s - j\omega} = \dfrac{1}{s - j\omega}$
**답** ①

## 2019년 3회 _ 전기기사

**67** 그림의 블록선도에 대한 전달함수 $\dfrac{C}{R}$는?

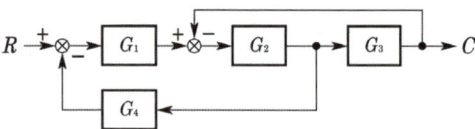

① $\dfrac{G_1 G_2 G_3}{1 + G_1 G_2 + G_1 G_2 G_4}$

② $\dfrac{G_1 G_2 G_4}{1 + G_1 G_2 + G_1 G_2 G_3}$

③ $\dfrac{G_1 G_2 G_3}{1 + G_2 G_3 + G_1 G_2 G_4}$

④ $\dfrac{G_1 G_2 G_4}{1 + G_2 G_3 + G_1 G_2 G_3}$

**풀이** $G_3$ 앞의 인출점을 요소 뒤로 이동하면 그림과 같은 블록 선도로 나타낼 수 있다.

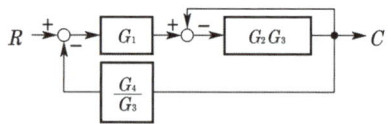

$$\left\{\left(R - C\frac{G_4}{G_3}\right)G_1 - C\right\}G_2 G_3 = C$$
$$RG_1 G_2 G_3 - CG_1 G_2 G_4 - C(G_2 G_3) = C$$
$$RG_1 G_2 G_3 = C(1 + G_2 G_3 + G_1 G_2 G_4)$$
$$\therefore G(s) = \frac{C}{R} = \frac{G_1 G_2 G_3}{1 + G_2 G_3 + G_1 G_2 G_4}$$

**별해** 전향경로 이득 : $G_1 G_2 G_3$
루프 이득 : $-G_2 G_3$, $-G_1 G_2 G_4$
$$G(s) = \frac{\sum \text{전향 경로 이득}}{1 - \sum \text{루프이득}} = \frac{G_1 G_2 G_3}{1 + G_2 G_3 + G_1 G_2 G_4}$$
**답** ③

**68** 신호흐름선도의 전달함수 $T(s) = \dfrac{C(s)}{R(s)}$로 옳은 것은?

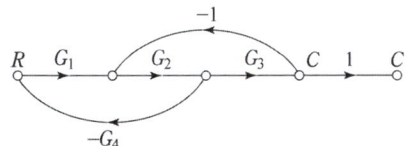

① $\dfrac{G_1 G_2 G_3}{1 - G_2 G_3 + G_1 G_2 G_4}$

② $\dfrac{G_1 G_2 G_3}{1 + G_1 G_2 G_4 + G_2 G_3}$

③ $\dfrac{G_1 G_2 G_3}{1 + G_1 G_3 - G_1 G_2 G_4}$

④ $\dfrac{G_1 G_2 G_3}{1 - G_1 G_3 - G_1 G_2 G_4}$

**풀이**
$G_1' = G_1 G_2 G_3$, $\Delta_1 = 1$
$L_{11} = -G_1 G_2 G_4$, $L_{21} = -G_2 G_3$
$\Delta = 1 - (L_{11} + L_{21}) = 1 + G_1 G_2 G_4 + G_2 G_3$
$\therefore \dfrac{C}{R} = \dfrac{G_1' \Delta_1}{\Delta} = \dfrac{G_1 G_2 G_3}{1 + G_1 G_2 G_4 + G_2 G_3}$

**별해** 전향경로 이득 : $G_1 G_2 G_3$
루프 이득 : $-G_1 G_2 G_4$, $-G_2 G_3$
$G(s) = \dfrac{\sum \text{전향 경로 이득}}{1 - \sum \text{루프이득}} = \dfrac{G_1 G_2 G_3}{1 + G_1 G_2 G_4 + G_2 G_3}$

**답** ②

**70** 4단자 회로망에서 4단자 정수가 $A$, $B$, $C$, $D$일 때, 영상 임피던스 $\dfrac{Z_{01}}{Z_{02}}$은?

① $\dfrac{D}{A}$  ② $\dfrac{B}{C}$

③ $\dfrac{C}{B}$  ④ $\dfrac{A}{D}$

**풀이** $Z_{01} = \sqrt{\dfrac{AB}{CD}}$, $Z_{02} = \sqrt{\dfrac{BD}{AC}}$ 이므로

$\therefore \dfrac{Z_{01}}{Z_{02}} = \dfrac{\sqrt{\dfrac{AB}{CD}}}{\sqrt{\dfrac{BD}{AC}}} = \dfrac{A}{D}$

**답** ④

**72** $RL$ 직렬회로에서 $R = 20[\Omega]$, $L = 40[\text{mH}]$일 때, 이 회로의 시정수[sec]는?

① $2 \times 10^3$  ② $2 \times 10^{-3}$

③ $\dfrac{1}{2} \times 10^3$  ④ $\dfrac{1}{2} \times 10^{-3}$

**풀이** $RL$ 직렬 회로의 시정수
$\tau = \dfrac{L}{R} = \dfrac{40 \times 10^{-3}}{20} = 2 \times 10^{-3}[\text{sec}]$

**답** ②

**73** 비정현파 전류가
$i(t) = 56\sin\omega t + 20\sin 2\omega t + 30\sin(3\omega t + 30°)$
$\qquad + 40\sin(4\omega t + 60°)$

로 표현될 때, 왜형률은 약 얼마인가?

① 1.0  ② 0.96

③ 0.55  ④ 0.11

**풀이** 왜형률 = $\dfrac{\text{전 고조파 실효값}}{\text{기본파 실효값}}$

$= \dfrac{\sqrt{I_2^2 + I_3^2 + I_4^2}}{I_1}$

$= \dfrac{\sqrt{(20/\sqrt{2})^2 + (30/\sqrt{2})^2 + (40/\sqrt{2})^2}}{56/\sqrt{2}}$

$= 0.96$

**답** ②

**74** 3상 불평형 전압 $V_a$, $V_b$, $V_c$가 주어진다면, 정상분 전압은? (단, $a = e^{j2\pi/3} = 1 \angle 120°$이다.)

① $V_a + a^2 V_b + a V_c$

② $V_a + a V_b + a^2 V_c$

③ $\dfrac{1}{3}(V_a + a^2 V_b + a V_c)$

④ $\dfrac{1}{3}(V_a + a V_b + a^2 V_c)$

**풀이**
- 영상 전압 $V_0 = \dfrac{1}{3}(V_a + V_b + V_c)$
- **정상 전압 $V_1 = \dfrac{1}{3}(V_a + a V_b + a^2 V_c)$**
- 역상 전압 $V_2 = \dfrac{1}{3}(V_a + a^2 V_b + a V_c)$

**답** ④

**75** 송전선로가 무손실 선로일 때, $L = 96$[mH]이고, $C = 0.6$[$\mu$F]이면 특성임피던스[$\Omega$]는?

① 100　② 200
③ 400　④ 600

**풀이** 무손실 선로에서의 특성임피던스 $Z_0$는
$$Z_0 = \sqrt{\frac{L}{C}} = \sqrt{\frac{96 \times 10^{-3}}{0.6 \times 10^{-6}}} = 400[\Omega]$$
**답** ③

**76** 대칭 6상 성형(star)결선에서 선간전압 크기와 상전압 크기의 관계로 옳은 것은?
(단, $V_l$ : 선간전압 크기, $V_p$ : 상전압 크기)

① $V_l = V_p$　② $V_l = \sqrt{3}\, V_p$
③ $V_l = \frac{1}{\sqrt{3}} V_p$　④ $V_l = \frac{2}{\sqrt{3}} V_p$

**풀이** 대칭 6상 성형 회로의 선간전압
$$V_l = 2V_p \sin\frac{\pi}{n} = 2V_p \sin\frac{\pi}{6}$$
$\therefore V_l = V_p$
**답** ①

**77** 커패시터와 인덕터에서 물리적으로 급격히 변화할 수 없는 것은?

① 커패시터와 인덕터에서 모두 전압
② 커패시터와 인덕터에서 모두 전류
③ 커패시터에서 전류, 인덕터에서 전압
④ 커패시터에서 전압, 인덕터에서 전류

**풀이** ① 커패시터에 흐르는 전류 $i_C = C\frac{dv}{dt}$[A]에서 $t = 0$(급격히 변화)이면 $i_C$는 $\infty$이다.
② 인덕터 양단의 전압 $v_L = L\frac{di}{dt}$[V]에서 $t = 0$(급격히 변화)이면 $v_L$은 $\infty$이다.
즉 커패시터에서는 전압이, 인덕터에서는 전류가 급격히 변화할 수 없다.
**답** ④

**78** 2전력계법을 이용한 평형 3상회로의 전력이 각각 500[W] 및 300[W]로 측정되었을 때, 부하의 역률은 약 몇 [%]인가?

① 70.7　② 87.7
③ 89.2　④ 91.8

**풀이** 역률 
$$\cos\theta = \frac{W_1 + W_2}{2\sqrt{W_1^2 + W_2^2 - W_1 W_2}} \times 100$$
$$= \frac{500 + 300}{2\sqrt{500^2 + 300^2 - 500 \times 300}} \times 100$$
$$= 91.8[\%]$$
**답** ④

**79** 인덕턴스가 0.1[H]인 코일에 실효값 100[V], 60[Hz], 위상 30도인 전압을 가했을 때 흐르는 전류의 실효값 크기는 약 몇 [A]인가?

① 43.7　② 37.7
③ 5.46　④ 2.65

**풀이** 전류의 실효값
$$I = \frac{E}{X_L} = \frac{E}{\omega L} = \frac{E}{2\pi f L} = \frac{100}{2\pi \times 60 \times 0.1}$$
$$= 2.65[A]$$
**답** ④

**80** $f(t) = \delta(t - T)$의 라플라스변환 $F(s)$는?

① $e^{Ts}$　② $e^{-Ts}$
③ $\frac{1}{s}e^{Ts}$　④ $\frac{1}{s}e^{-Ts}$

**풀이** 시간 추이 정리에 의해서
$\mathcal{L}[\delta(t-T)] = e^{-Ts}\mathcal{L}[\delta(t)] = e^{-Ts}$
**답** ②

## 2019년 4회 _ 공사기사

**61** 불평형 3상 전압($V_a$, $V_b$, $V_c$)에 대한 영상분($V_0$), 정상분($V_1$), 역상분($V_2$)을 모두 더하면?

① 0　② 1
③ $V_a$　④ $V_a + 1$

**풀이**
- 영상분 $V_0 = \frac{1}{3}(V_a + V_b + V_c)$
- 정상분 $V_1 = \frac{1}{3}(V_a + aV_b + a^2 V_c)$
- 역상분 $V_2 = \frac{1}{3}(V_a + a^2 V_b + aV_c)$이므로

영상분, 정상분, 역상분의 합은
$$\therefore V_0 + V_1 + V_2$$
$$= \frac{1}{3}(V_a + V_b + V_c) + \frac{1}{3}(V_a + aV_b + a^2V_c)$$
$$+ \frac{1}{3}(V_a + a^2V_b + aV_c) = V_a$$
$$(\because 1 + a + a^2 = 0)$$
답 ③

**62** 2개의 전력계를 사용하여 3상 평형부하의 역률을 측정하고자 한다. 전력계의 지시 값이 각각 $P_1$, $P_2$일 때 이 회로의 역률은?

① $P_1 + P_2$
② $\sqrt{3}(P_1 - P_2)$
③ $\dfrac{2\sqrt{P_1^2 + P_2^2 - P_1P_2}}{P_1 + P_2}$
④ $\dfrac{P_1 + P_2}{2\sqrt{P_1^2 + P_2^2 - P_1P_2}}$

풀이 2전력계법
- 유효전력 $P = P_1 + P_2$ [W]
- 무효전력 $Q = \sqrt{3}(P_1 - P_2)$ [Var]
- 피상전력 $P_a = 2\sqrt{P_1^2 + P_2^2 - P_1P_2}$ [VA]
- 역률 $\cos\theta = \dfrac{P_1 + P_2}{2\sqrt{P_1^2 + P_2^2 - P_1 \cdot P_2}}$

답 ④

**63** $R = 50[\Omega]$, $L = 200$[mH]의 직렬회로에서 주파수 50[Hz]의 교류전원에 의한 역률은 약 몇 [%]인가?

① 62.3
② 72.3
③ 82.3
④ 92.3

풀이 유도성 리액턴스
$X_L = \omega L = 2\pi \times 50 \times 200 \times 10^{-3} = 62.83[\Omega]$
따라서 $R-L$ 직렬 회로의 역률은
$\cos\theta = \dfrac{R}{Z} = \dfrac{R}{\sqrt{R^2 + X_L^2}} = \dfrac{50}{\sqrt{50^2 + 62.83^2}}$
$= 0.623 = 62.3[\%]$

답 ①

**64** 기본파의 40[%]인 제3고조파와 20[%]인 제5고조파를 포함하는 전압의 왜형률은?

① $\dfrac{1}{\sqrt{2}}$
② $\dfrac{1}{\sqrt{3}}$
③ $\dfrac{2}{\sqrt{3}}$
④ $\dfrac{1}{\sqrt{5}}$

풀이 왜형률 = $\dfrac{\text{전 고조파 실효값}}{\text{기본파 실효값}}$
$= \dfrac{\sqrt{V_3^2 + V_5^2}}{V_1} = \sqrt{\left(\dfrac{V_3}{V_1}\right)^2 + \left(\dfrac{V_5}{V_1}\right)^2}$
$= \sqrt{\left(\dfrac{40}{100}\right)^2 + \left(\dfrac{20}{100}\right)^2} = \dfrac{1}{\sqrt{5}}$

답 ④

**66** 전원과 부하가 모두 △결선된 3상 평형 회로에서 선간전압이 400[V], 부하 임피던스가 $4 + j3$[Ω]인 경우 선전류의 크기는 몇 [A]인가?

① 80
② $\dfrac{80}{3}$
③ $\dfrac{80}{\sqrt{3}}$
④ $80\sqrt{3}$

풀이 전원과 부하가 다같이 △결선이므로
상전류 $I_p = \dfrac{V}{Z} = \dfrac{V}{\sqrt{R^2 + X_L^2}} = \dfrac{400}{\sqrt{4^2 + 3^2}} = 80$[A]
$\therefore I_l = \sqrt{3}\,I_p = 80\sqrt{3}$[A]

답 ④

**67** 그림과 같은 직류회로에서 저항 $R[\Omega]$의 값은?

① 10
② 20
③ 30
④ 40

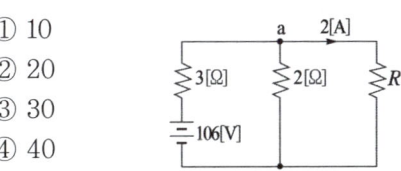

풀이 ① 전압원을 전류원으로 등가변환하면

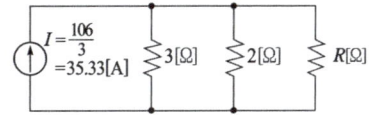

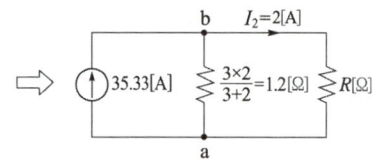

② 전류 분배 법칙에 의해
$$I_2 = \frac{1.2}{1.2+R} \times 35.33 = 2[A]$$
$$\therefore R = \frac{1.2}{2} \times 35.33 - 1.2 \fallingdotseq 20[\Omega]$$
**답** ②

**68** 무한장 평행 2선 선로에 주파수 4[MHz]의 전압을 가하였을 때 전압의 위상정수는 약 몇 [rad/m]인가? (단, 전파속도는 $3 \times 10^8$[m/s]이다.)

① 0.0634  ② 0.0734
③ 0.0838  ④ 0.0934

**풀이** 파장 $\lambda = \frac{C_0}{f} = \frac{3 \times 10^8}{4 \times 10^6} = 75[m]$
$$\therefore \beta = \frac{2\pi}{\lambda} = \frac{2\pi}{75} = 0.0838[rad/m]$$
**답** ③

**69** $RC$ 직렬회로에 $t=0$일 때 직류전압 100[V]를 인가하면 0.2초에 흐르는 전류[mA]는?
(단, $R=1000[\Omega]$, $C=50[\mu F]$이고, 커패시터의 초기충전 전하는 없다.)

① 1.83  ② 1.37
③ 2.98  ④ 3.25

**풀이** $i(t) = \frac{E}{R}e^{-\frac{1}{RC}t}$ 에서 $t=0.2$이므로
$$i(t) = \frac{100}{1000}e^{-\frac{0.2}{1000 \times 50 \times 10^{-6}}}$$
$$= 0.00183[A] = 1.83[mA]$$
**답** ①

**70** 그림과 같은 회로의 임피던스 파라미터 $Z_{22}$는?

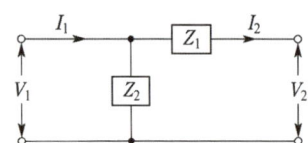

① $Z_1$  ② $Z_2$
③ $Z_1 + Z_2$  ④ $\frac{Z_1 Z_2}{Z_1 + Z_2}$

**풀이** 임피던스 파라미터
$Z_{11} = Z_2$
$Z_{12} = Z_{21} = -Z_2$ (전류의 방향이 반대)
$Z_{22} = Z_1 + Z_2$
**답** ③

**77** 그림과 같은 블록선도의 등가 전달함수는?

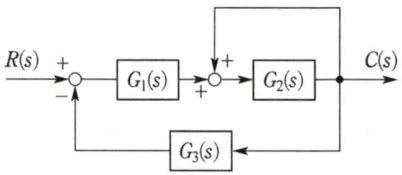

① $\dfrac{G_1(s)G_2(s)}{1+G_2(s)+G_1(s)G_2(s)G_3(s)}$

② $\dfrac{G_1(s)G_2(s)}{1-G_2(s)+G_1(s)G_2(s)G_3(s)}$

③ $\dfrac{G_1(s)G_3(s)}{1-G_2(s)+G_1(s)G_2(s)G_3(s)}$

④ $\dfrac{G_1(s)G_3(s)}{1+G_2(s)+G_1(s)G_2(s)G_3(s)}$

**풀이** $G_2$의 피드백 요소를 없애면 그림과 같다.

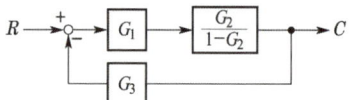

$$G(s) = \frac{C(s)}{R(s)} = \frac{\frac{G_1(s)G_2(s)}{1-G_2(s)}}{1+\frac{G_1(s)G_2(s)}{1-G_2(s)} \cdot G_3(s)}$$
$$= \frac{G_1(s)G_2(s)}{1-G_2(s)+G_1(s)G_2(s)G_3(s)}$$

**별해** 전향경로 이득 : $G_1(s)G_2(s)$
루프 이득 : $G_2(s)$, $-G_1(s)G_2(s)G_3(s)$
$$G(s) = \frac{\sum \text{전향 경로 이득}}{1-\sum \text{루프 이득}}$$
$$= \frac{G_1(s)G_2(s)}{1-G_2(s)+G_1(s)G_2(s)G_3(s)}$$
**답** ②

# 2020년 회로이론_전기기사·공사기사

문제의 번호는 실제 시험문제의 번호와 같게 하였습니다.
제어공학에 해당하는 문제는 삭제하였습니다.

## 2020년 - 1,2회 _ 전기기사·공사기사

**64** 그림과 같은 제어시스템의 전달함수 $\dfrac{C(s)}{R(s)}$ 는?

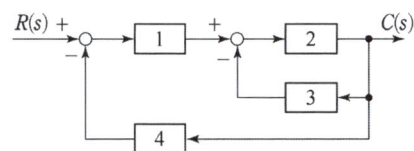

① $\dfrac{1}{15}$    ② $\dfrac{2}{15}$

③ $\dfrac{3}{15}$    ④ $\dfrac{4}{15}$

**풀이**
- 전향경로 이득 : $1 \times 2$
- 루프 이득 : $-(2 \times 3)$, $-(1 \times 2 \times 4)$

따라서 전달함수

$$G(s) = \dfrac{\sum \text{전향 경로 이득}}{1 - \sum \text{루프이득}} = \dfrac{2}{1-(-6-8)} = \dfrac{2}{15}$$

**답** ②

**68** 그림의 신호흐름선도에서 전달함수 $\dfrac{C(s)}{R(s)}$ 는?

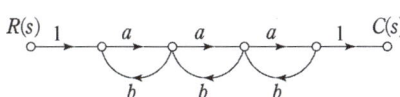

① $\dfrac{a^3}{(1-ab)^3}$    ② $\dfrac{a^3}{(1-3ab+a^2b^2)}$

③ $\dfrac{a^3}{1-3ab}$    ④ $\dfrac{a^3}{1-3ab+2a^2b^2}$

**풀이**
- 전향경로 이득 : $a \times a \times a = a^3$
- 루프 이득 : $ab$, $ab$, $ab$
- 비접촉 루프 이득 : $ab \times ab = a^2b^2$

$$\therefore G(s) = \dfrac{C(s)}{R(s)}$$

$$= \dfrac{\sum \text{전향 경로 이득}}{1 - \sum \text{루프 이득} + \sum \text{비접촉 루프 이득}}$$

$$= \dfrac{a^3}{1-(ab+ab+ab)+a^2b^2} = \dfrac{a^3}{1-3ab+a^2b^2}$$

**답** ②

**71** 3상 전류가 $I_a = 10 + j3$[A], $I_b = -5 - j2$[A], $I_c = -3 + j4$[A]일 때 정상분 전류의 크기는 약 몇 [A]인가?

① 5    ② 6.4
③ 10.5    ④ 13.34

**풀이** 정상전류

$$I_1 = \dfrac{1}{3}(I_a + aI_b + a^2 I_c)$$

$$= \dfrac{1}{3}\left\{10+j3+\left(-\dfrac{1}{2}+j\dfrac{\sqrt{3}}{2}\right)(-5-j2)\right.$$

$$\left.+\left(-\dfrac{1}{2}-j\dfrac{\sqrt{3}}{2}\right)(-3+j4)\right\}$$

$$= 6.40 + j0.09 \fallingdotseq 6.4[\text{A}]$$

**답** ②

**72** 그림의 회로에서 영상 임피던스 $Z_{01}$이 6[$\Omega$]일 때, 저항 $R$의 값은 몇 [$\Omega$]인가?

① 2
② 4
③ 6
④ 9

**풀이**

$$\begin{bmatrix} A & B \\ C & D \end{bmatrix} = \begin{bmatrix} 1 & R \\ 0 & 1 \end{bmatrix}\begin{bmatrix} 1 & 0 \\ \dfrac{1}{5} & 1 \end{bmatrix} = \begin{bmatrix} 1+\dfrac{R}{5} & R \\ \dfrac{1}{5} & 1 \end{bmatrix}$$

$$Z_{01} = \sqrt{\dfrac{AB}{CD}} = \sqrt{\dfrac{\left(1+\dfrac{R}{5}\right)\cdot R}{\dfrac{1}{5}\times 1}} = \sqrt{5R+R^2} = 6$$

$R^2 + 5R = 36 \rightarrow R^2 + 5R - 36 = 0$

$$\therefore R = \dfrac{-5 \pm \sqrt{5^2 + 4\times 36}}{2} = 4[\Omega]$$

**답** ②

**73** Y결선의 평형 3상 회로에서 선간전압 $V_{ab}$와 상전압 $V_{an}$의 관계로 옳은 것은?

(단, $V_{bn} = V_{an} e^{-j(2\pi/3)}$,
$V_{cn} = V_{bn} e^{-j(2\pi/3)}$)

① $V_{ab} = \dfrac{1}{\sqrt{3}} e^{j(\pi/6)} V_{an}$

② $V_{ab} = \sqrt{3} e^{j(\pi/6)} V_{an}$

③ $V_{ab} = \dfrac{1}{\sqrt{3}} e^{-j(\pi/6)} V_{an}$

④ $V_{ab} = \sqrt{3} e^{-j(\pi/6)} V_{an}$

**풀이**

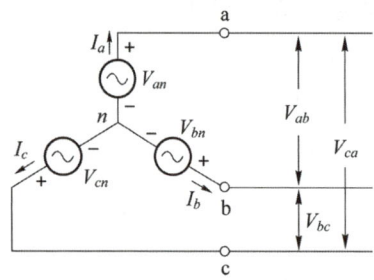

(a) 3상 Y전원 회로

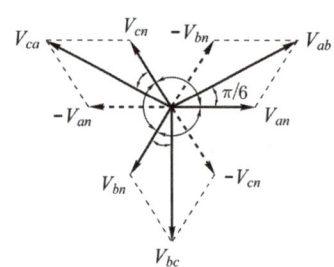

(b) 페이저도

즉 Y결선에서 선간전압
$V_{ab} = \sqrt{3}\, V_{an} \angle \dfrac{\pi}{6} = \sqrt{3} e^{j(\pi/6)} V_{an}$
(상전압)의 관계가 있다. **답** ②

**74** 선로의 단위 길이 당 인덕턴스, 저항, 정전용량, 누설 컨덕턴스를 각각 $L$, $R$, $C$, $G$라 하면 전파정수는?

① $\dfrac{\sqrt{(R+j\omega L)}}{(G+j\omega C)}$

② $\sqrt{(R+j\omega L)(G+j\omega C)}$

③ $\sqrt{\dfrac{(R+j\omega C)}{(G+j\omega L)}}$

④ $\sqrt{\dfrac{(G+j\omega C)}{(R+j\omega L)}}$

**풀이** $Z = R + j\omega L$, $Y = G + j\omega C$에서
전파정수 $\gamma = \sqrt{ZY} = \sqrt{(R+j\omega L)(G+j\omega C)}$ **답** ②

**75** 회로에서 0.5[Ω] 양단 전압 $V$은 약 몇 [V]인가?

① 0.6
② 0.93
③ 1.47
④ 1.5

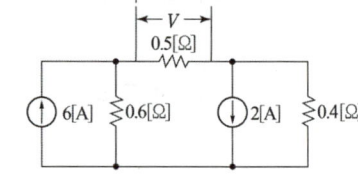

**풀이** ① 6[A]의 전류원 $I'$(2[A]의 전류원은 개방함)
$I' = \dfrac{R_1}{R_1 + R_2} I = \dfrac{0.6}{0.6 + (0.5 + 0.4)} \times 6 = 2.4[A]$

② 2[A] 전류원 $I''$(6[A]의 전류원은 개방함)
$I'' = \dfrac{R_2}{R_1 + R_2} I = \dfrac{0.4}{1.1 + 0.4} \times 2 = 0.53[A]$

③ $I'$, $I''$의 전류방향이 같으므로 0.5[Ω] 양단 전압은
$V = (I' + I'') \times 0.5 = (2.4 + 0.53) \times 0.5 \approx 1.47[V]$ **답** ③

**76** $f(t) = t^2 e^{-\alpha t}$를 라플라스 변환하면?

① $\dfrac{2}{(s+\alpha)^2}$  ② $\dfrac{3}{(s+\alpha)^2}$

③ $\dfrac{2}{(s+\alpha)^3}$  ④ $\dfrac{3}{(s+\alpha)^3}$

**풀이** 복소 추이 정리에 의해서
$\mathcal{L}[t^2 e^{-\alpha t}] = \mathcal{L}[t^2]_{s=s+\alpha} = \left[\dfrac{2}{s^3}\right]_{s=s+a} = \dfrac{2}{(s+a)^3}$ **답** ③

**77** $RLC$ 직렬회로의 파라미터가 $R^2 = \dfrac{4L}{C}$의 관계를 가진다면, 이 회로에 직류 전압을 인가하는 경우 과도 응답특성은?

① 무제동
② 과제동
③ 부족제동
④ 임계제동

| 조건 | 특성 |
|---|---|
| $R^2 > \dfrac{4L}{C}$ | 과제동(비진동적) |
| $R^2 = \dfrac{4L}{C}$ | 임계제동(진동) |
| $R^2 < \dfrac{4L}{C}$ | 부족제동(진동적) |

답 ④

**78** 그림과 같이 결선된 회로의 단자(a, b, c)에 선간전압이 $V$[V]인 평형 3상 전압을 인가할 때 상전류 $I$[A]의 크기는?

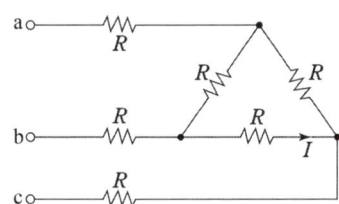

① $\dfrac{V}{4R}$  ② $\dfrac{3V}{4R}$

③ $\dfrac{\sqrt{3}\,V}{4R}$  ④ $\dfrac{V}{4\sqrt{3}\,R}$

**풀이** ① 동일한 세 개의 저항인 경우 △로 결선된 저항을 Y로 등가 변환하면 $R_Y = \dfrac{R_\triangle}{3} = \dfrac{R}{3}$이다.

② 등가 변환 시 Y결선 1상의 저항 $R_Y{'} = R + \dfrac{R}{3} = \dfrac{4R}{3}$이다.

③ Y결선을 다시 △로 등가 변환하면 $R_\triangle{'} = 3R_Y{'} = 3 \times \dfrac{4R}{3} = 4R$이다.

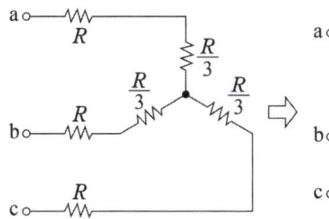 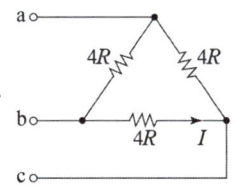

따라서 상전류 $I = \dfrac{V}{4R}$ [A]

답 ①

**79** $v(t) = 3 + 5\sqrt{2}\sin\omega t + 10\sqrt{2}\sin\left(3\omega t - \dfrac{\pi}{3}\right)$[V]의 실효값 크기는 약 몇 [V]인가?

① 9.6  ② 10.6
③ 11.6  ④ 12.6

**풀이** 비정현파의 실효값은 각 파의 실효값 제곱의 합의 제곱근이므로,

∴ 실효값 $V = \sqrt{V_0^2 + V_1^2 + V_2^2} = \sqrt{3^2 + 5^2 + 10^2}$
$\fallingdotseq 11.6$[V]

답 ③

**80** $8 + j6$[Ω]인 임피던스에 $13 + j20$[V]의 전압을 인가할 때 복소전력은 약 몇 [VA]인가?

① $12.7 + j34.1$  ② $12.7 + j55.5$
③ $45.5 + j34.1$  ④ $45.5 + j55.5$

**풀이** $I = \dfrac{V}{Z} = \dfrac{13 + j20}{8 + j6} = \dfrac{(13 + j20)(8 - j6)}{(8 + j6)(8 - j6)}$
$= 2.24 + j0.82$[A]
∴ $P_a = VI^* = (13 + j20)(2.24 - j0.82)$
$= 45.5 + j34.1$[VA]

답 ③

## 2020년 3회 _ 전기기사·공사기사

**64** 다음과 같은 신호흐름선도에서 $\dfrac{C(s)}{R(s)}$의 값은?

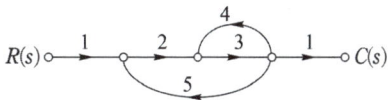

① $-\dfrac{1}{41}$  ② $-\dfrac{3}{41}$
③ $-\dfrac{6}{41}$  ④ $-\dfrac{8}{41}$

**풀이** $G_1 = 1 \cdot 2 \cdot 3 \cdot 1 = 6$, $\Delta_1 = 1$,
$L_{11} = 3 \cdot 4 = 12$, $L_{21} = 2 \cdot 3 \cdot 5 = 30$
$\Delta = 1 - (L_{11} + L_{21}) = 1 - (12 + 30) = -41$
∴ $\dfrac{C}{R} = \dfrac{G_1 \Delta_1}{\Delta} = -\dfrac{6}{41}$

**별해** 전향경로 이득 : $2 \times 3 = 6$
루프 이득 : $3 \times 4 = 12$, $2 \times 3 \times 5 = 30$

$$\therefore G(s) = \frac{\sum 전향 경로 이득}{1-\sum 루프이득}$$
$$= \frac{6}{1-(12+30)} = -\frac{6}{41}$$

답 ③

**67** 다음 회로에서 입력 전압 $v_1(t)$에 대한 출력전압 $v_2(t)$의 전달함수 $G(s)$는?

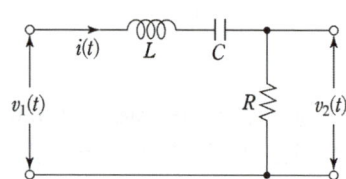

① $\dfrac{RCs}{LCs^2 + RCs + 1}$

② $\dfrac{RCs}{LCs^2 - RCs - 1}$

③ $\dfrac{Cs}{LCs^2 + RCs + 1}$

④ $\dfrac{Cs}{LCs^2 - RCs - 1}$

**풀이**
$$\begin{cases} v_i(t) = L\dfrac{d}{dt}i(t) + \dfrac{1}{C}\int i(t)dt + Ri(t) \\ v_o(t) = Ri(t) \end{cases}$$

초기값을 0으로 하고 라플라스 변환하면

$$\begin{cases} V_i(s) = LsI(s) + \dfrac{1}{Cs}I(s) + RI(s) \\ \qquad = \left(Ls + \dfrac{1}{Cs} + R\right)I(s) \\ V_o(s) = RI(s) \end{cases}$$

$$\therefore G(s) = \frac{V_o(s)}{V_i(s)} = \frac{R}{Ls + \dfrac{1}{Cs} + R}$$
$$= \frac{RCs}{LCs^2 + RCs + 1}$$

답 ①

**71** 선간 전압이 $V_{ab}$[V]인 3상 평형 전원에 대칭 부하 $R[\Omega]$이 그림과 같이 접속되어 있을 때, $a$, $b$ 두 상간에 접속된 전력계의 지시 값이 $W$[W]라면 $c$상 전류의 크기 [A]는?

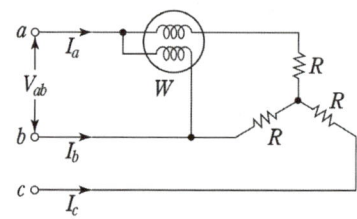

① $\dfrac{W}{3\,V_{ab}}$

② $\dfrac{2\,W}{3\,V_{ab}}$

③ $\dfrac{2\,W}{\sqrt{3}\,V_{ab}}$

④ $\dfrac{\sqrt{3}\,W}{V_{ab}}$

**풀이** 3상 평형이므로 $V_{ab} = V_{bc} = V_{ca}$, $I_a = I_b = I_c$이다.
1전력계법에서 전력 $P = 2W = \sqrt{3}\,VI$이므로,
전력계 지시치 $W = \dfrac{\sqrt{3}}{2}VI$[W]

따라서 $c$상의 전류 $I_c = \dfrac{2W}{\sqrt{3}\,V_{ab}}$[A]

답 ③

**72** 불평형 3상 전류가 $I_a = 15 + j2$[A], $I_b = -20 - j14$[A], $I_c = -3 + j10$[A]일 때, 역상분 전류 $I_2$[A]는?

① $1.91 + j6.24$    ② $15.74 - j3.57$
③ $-2.67 - j0.67$    ④ $-8 - j2$

**풀이**
$$I_2 = \frac{1}{3}(I_a + a^2 I_b + a I_c)$$
$$= \frac{1}{3}\left\{(15+j2) + \left(-\frac{1}{2} - j\frac{\sqrt{3}}{2}\right)(-20 - j14) \right.$$
$$\left. + \left(-\frac{1}{2} + j\frac{\sqrt{3}}{2}\right)(-3 + j10)\right\}$$
$$= 1.91 + j6.24\,[\text{A}]$$

답 ①

**73** 회로에서 20[Ω]의 저항이 소비하는 전력은 몇 [W]인가?

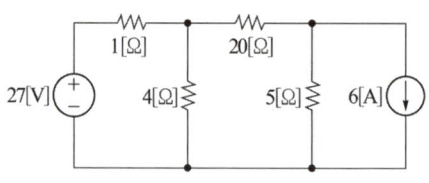

① 14    ② 27    ③ 40    ④ 80

**풀이** 위 그림을 테브낭의 정리를 사용하여 등가하면 20[Ω]의 저항에 흐르는 전류는

$$I = \frac{E}{R} = \frac{\frac{4}{1+4} \times 27 + 30}{\frac{1 \times 4}{1+4} + 20 + 5} = 2[A]$$

$$\therefore P = I^2 R = 2^2 \times 20 = 80[W]$$

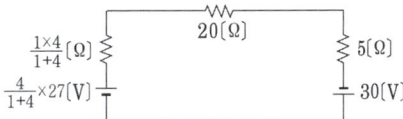

**별해** 폐로 해석법(메쉬 해석법)
전류원을 전압원으로 변환하면 다음의 등가회로가 된다.

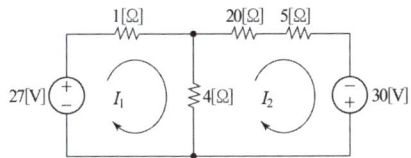

$$\begin{cases} 27 = I_1 + 4(I_1 - I_2) = 5I_1 - 4I_2 \; (\times 4) \\ 30 = 4(I_2 - I_1) + 25I_2 = -4I_1 + 29I_2 \; (\times 5) \end{cases}$$

$$\rightarrow \begin{cases} 108 = 20I_1 - 16I_2 \\ 150 = -20I_1 + 145I_2 \end{cases}$$

위 식을 연립하면

$$129 I_2 = 258 \quad \rightarrow \quad I_2 = \frac{258}{129} = 2[A]$$

$$\therefore P = I_2^2 R = 2^2 \times 20 = 80[W] \qquad \text{답 ④}$$

**74** 선간 전압이 100[V]이고, 역률이 0.6인 평형 3상 부하에서 무효전력이 $Q=10$[kVar]일 때, 선전류의 크기는 약 몇 [A]인가?

① 57.7 ② 72.2
③ 96.2 ④ 125

**풀이** 무효율 $\sin\theta = \sqrt{1-\cos^2\theta} = \sqrt{1-0.6^2} = 0.8$
무효전력 $Q = \sqrt{3}\, VI\sin\theta$이므로
따라서 선전류

$$I = \frac{Q}{\sqrt{3}\, V\sin\theta} = \frac{10 \times 10^3}{\sqrt{3} \times 100 \times 0.8} = 72.2[A] \qquad \text{답 ②}$$

**75** $RC$ 직렬회로에 직류전압 $V$[V]가 인가되었을 때, 전류 $i(t)$에 대한 전압 방정식(KVL)이 $V = Ri(t) + \frac{1}{C}\int i(t)dt$[V]이다. 전류 $i(t)$의 라플라스 변환의 $I(s)$는? (단, $C$에는 초기전하가 없다.)

① $I(s) = \dfrac{V}{R} \dfrac{1}{s - \dfrac{1}{RC}}$

② $I(s) = \dfrac{C}{R} \dfrac{1}{s + \dfrac{1}{RC}}$

③ $I(s) = \dfrac{V}{R} \dfrac{1}{s + \dfrac{1}{RC}}$

④ $I(s) = \dfrac{R}{C} \dfrac{1}{s - \dfrac{1}{RC}}$

**풀이** 양변을 라플라스변환 하면

$$\frac{V}{s} = RI(s) + \frac{1}{Cs}I(s) = \left(R + \frac{1}{Cs}\right)I(s)$$

$$\therefore I(s) = \frac{V}{s\left(R + \frac{1}{Cs}\right)} = \frac{V}{Rs + \frac{1}{C}}$$

$$= \frac{V}{Rs + \frac{1}{C}} \cdot \frac{\frac{1}{R}}{\frac{1}{R}} = \frac{V}{R}\frac{1}{s + \frac{1}{RC}} \qquad \text{답 ③}$$

**76** 그림과 같은 T형 4단자 회로망에서 4단자 정수 $A$와 $C$는?

(단, $Z_1 = \dfrac{1}{Y_1}$, $Z_2 = \dfrac{1}{Y_2}$, $Z_3 = \dfrac{1}{Y_3}$)

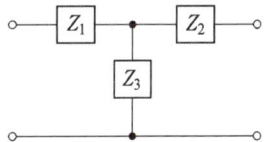

① $A = 1 + \dfrac{Y_3}{Y_1}$, $C = Y_2$

② $A = 1 + \dfrac{Y_3}{Y_1}$, $C = \dfrac{1}{Y_3}$

③ $A = 1 + \dfrac{Y_3}{Y_1}$, $C = Y_3$

④ $A = 1 + \dfrac{Y_1}{Y_3}$, $C = \left(1 + \dfrac{Y_1}{Y_3}\right)\dfrac{1}{Y_3} + \dfrac{1}{Y_2}$

**풀이** $\begin{bmatrix} A & B \\ C & D \end{bmatrix} = \begin{bmatrix} 1 & Z_1 \\ 0 & 1 \end{bmatrix} \begin{bmatrix} 1 & 0 \\ \dfrac{1}{Z_3} & 1 \end{bmatrix} \begin{bmatrix} 1 & Z_2 \\ 0 & 1 \end{bmatrix}$

$$= \begin{bmatrix} 1+\dfrac{Z_1}{Z_3} & \dfrac{Z_1Z_2+Z_2Z_3+Z_3Z_1}{Z_3} \\ \dfrac{1}{Z_3} & 1+\dfrac{Z_2}{Z_3} \end{bmatrix}$$

따라서 $A=1+\dfrac{Z_1}{Z_3}=1+\dfrac{Y_3}{Y_1}$, $C=\dfrac{1}{Z_3}=Y_3$  답 ③

**77** 어떤 회로의 유효전력이 300[W], 무효전력이 400[Var]이다. 이 회로의 복소전력의 크기 [VA]는?

① 350  ② 500
③ 600  ④ 700

**풀이** $P_a = P+jP_r = 300+j400 = \sqrt{300^2+400^2}$
$= 500[VA]$  답 ②

**78** $R=4[\Omega]$, $\omega L=3[\Omega]$의 직렬회로에 $e=100\sqrt{2}\sin\omega t+50\sqrt{2}\sin3\omega t$를 인가할 때 이 회로의 소비전력은 약 몇 [W]인가?

① 1000  ② 1414
③ 1560  ④ 1703

**풀이**
- 기본파 전류
$$I_1 = \dfrac{V_1}{Z_1} = \dfrac{V_1}{\sqrt{R^2+(\omega L)^2}} = \dfrac{100}{\sqrt{4^2+3^2}} = 20[A]$$
- 리액턴스는 주파수와 비례관계에 있으므로 제3고조파에서의 리액턴스는 기본파 리액턴스의 3배가 된다. 제3고조파 전류
$$I_3 = \dfrac{V_3}{Z_3} = \dfrac{V_3}{\sqrt{R^2+(3\omega L)^2}} = \dfrac{50}{\sqrt{4^2+(3\times3)^2}}$$
$= 5.08[A]$
$\therefore P = I_1^2 R + I_3^2 R = 20^2 \times 4 + 5.08^2 \times 4$
$\fallingdotseq 1703[W]$  답 ④

**79** 단위 길이당 인덕턴스가 $L$[H/m]이고, 단위 길이당 정전용량이 $C$[F/m]인 무손실 선로에서의 진행파 속도[m/s]는?

① $\sqrt{LC}$  ② $\dfrac{1}{\sqrt{LC}}$
③ $\sqrt{\dfrac{C}{L}}$  ④ $\sqrt{\dfrac{L}{C}}$

**풀이** 분포정수회로가 무손실 선로일 때 $R=0$, $G=0$이므로
$\gamma = \alpha+j\beta = \sqrt{ZY} = \sqrt{(R+j\omega L)(G+j\omega C)}$
$= j\omega\sqrt{LC}$
$\lambda = \dfrac{2\pi}{\beta} = \dfrac{2\pi}{\omega\sqrt{LC}} = \dfrac{1}{f\sqrt{LC}}$
$\therefore v = f\lambda = \dfrac{2\pi f}{\beta} = \dfrac{\omega}{\beta} = \dfrac{1}{\sqrt{LC}}$  답 ②

**80** $t=0$에서 스위치(S)를 닫았을 때 $t=0^+$에서의 $i(t)$는 몇 [A]인가? (단, 커패시터에 초기 전하는 없다.)

① 0.1
② 0.2
③ 0.4
④ 1.0

**풀이** $R-C$ 직렬 회로
① 스위치를 닫았을 때 회로의 평형방정식은
$$Ri(t) + \dfrac{1}{C}\int i(t)dt = E$$
$C$의 전하를 $q(t)$, $C$의 양단 전압을 $v_0$라 하면
$$q(t) = \int i(t)dt = Cv_0 \rightarrow i(t) = \dfrac{dq(t)}{dt}$$
따라서, $R\dfrac{dq(t)}{dt} + \dfrac{1}{C}q(t) = E$

② 초기 전하를 0이라 하면 $q(t) = CE\left(1-e^{-\frac{1}{RC}t}\right)$
$i(t) = \dfrac{dq(t)}{dt} = \dfrac{d}{dt}CE\left(1-e^{-\frac{1}{RC}t}\right) = \dfrac{E}{R}e^{-\frac{1}{RC}t}$
$\therefore i(0^+) = \dfrac{E}{R}e^{-\frac{1}{RC}\times 0} = \dfrac{E}{R} = \dfrac{100}{1\times10^3} = 0.1[A]$  답 ①

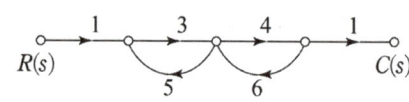

**2020년 · 4회** _ 전기기사·공사기사

**65** 그림의 신호 흐름 선도에서 $\dfrac{C(s)}{R(s)}$는?

① $-\dfrac{2}{5}$  ② $-\dfrac{6}{19}$  ③ $-\dfrac{12}{29}$  ④ $-\dfrac{12}{37}$

**풀이**
$G_1 = 1 \cdot 3 \cdot 4 \cdot 1 = 12$, $\Delta_1 = 1$
$L_{11} = 3 \cdot 5 = 15$, $L_{21} = 4 \cdot 6 = 24$
$\Delta = 1 - (L_{11} + L_{21}) = 1 - (15 + 24) = -38$
$\therefore G = \dfrac{C}{R} = \dfrac{G_1 \Delta_1}{\Delta} = \dfrac{12}{-38} = -\dfrac{6}{19}$

**별해**
전향경로 이득 : $3 \times 4 = 12$
루프 이득 : $3 \times 5 = 15$, $4 \times 6 = 24$
$\therefore G(s) = \dfrac{\sum \text{전향 경로 이득}}{1 - \sum \text{루프이득}}$
$= \dfrac{12}{1 - (15 + 24)} = -\dfrac{6}{19}$ **답** ②

**71** 대칭 3상 전압이 공급되는 3상 유도 전동기에서 각 계기의 지시는 다음과 같다. 유도전동기의 역률은 약 얼마인가?

| 전력계($W_1$) : 2.84[kW] |
| 전력계($W_2$) : 6.00[kW] |
| 전압계(V) : 200[V] |
| 전류계(A) : 30[A] |

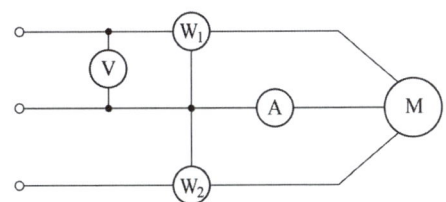

① 0.70  ② 0.75
③ 0.80  ④ 0.85

**풀이** 2전력계법
• 유효전력 $P = W_1 + W_2$
• 피상전력 $P_a = 2\sqrt{W_1^2 + W_2^2 - W_1 W_2}$
따라서 역률 $\cos\theta = \dfrac{W_1 + W_2}{2\sqrt{W_1^2 + W_2^2 - W_1 W_2}}$
$= \dfrac{2.84 + 6.00}{2\sqrt{2.84^2 + 6.00^2 - 2.84 \times 6.00}}$
$= 0.85$

**별해** 유효전력 $P = W_1 + W_2 = 2.84 + 6.00 = 8.84\,[\text{kW}]$
피상전력 $P_a = \sqrt{3}\,VI = \sqrt{3} \times 200 \times 30 \times 10^{-3}$
$= 10.39\,[\text{kVA}]$
따라서 역률 $\cos\theta = \dfrac{P}{P_a} = \dfrac{8.84}{10.39} = 0.85$ **답** ④

**72** 불평형 3상 전류 $I_a = 25 + j4\,[\text{A}]$, $I_b = -18 - j16\,[\text{A}]$, $I_c = 7 + j15\,[\text{A}]$일 때 영상전류 $I_0\,[\text{A}]$는?

① $2.67 + j$  ② $2.67 + j2$
③ $4.67 + j$  ④ $4.67 + j2$

**풀이** 영상전류 $I_0 = \dfrac{1}{3}(I_a + I_b + I_c)$
$= \dfrac{1}{3}[(25 + j4) + (-18 - j16) + (7 + j15)]$
$= 4.67 + j\,[\text{A}]$ **답** ③

**73** △결선으로 운전 중인 3상 변압기에서 하나의 변압기 고장에 의해 V결선으로 운전하는 경우, V결선으로 공급할 수 있는 전력은 고장 전 △결선으로 공급할 수 있는 전력에 비해 약 몇 [%]인가?

① 86.6  ② 75.0
③ 66.7  ④ 57.7

**풀이** 1대의 단상변압기용량을 $P_1$이라 하면 그 출력비는
$\dfrac{\text{V결선의 출력}}{\triangle\text{결선의 출력}} = \dfrac{\sqrt{3}\,P_1}{3P_1} = \dfrac{\sqrt{3}}{3}$
$= 0.577 = 57.7\,[\%]$ **답** ④

**74** 분포정수회로에서 직렬 임피던스를 $Z$, 병렬 어드미턴스를 $Y$라 할 때, 선로의 특성임피던스 $Z_0$는?

① $ZY$  ② $\sqrt{ZY}$
③ $\sqrt{\dfrac{Y}{Z}}$  ④ $\sqrt{\dfrac{Z}{Y}}$

**풀이** 특성 임피던스 $Z_0 = \sqrt{\dfrac{Z(\text{단락})[\Omega]}{Y(\text{개방})[\mho]}} = \sqrt{\dfrac{R + j\omega L}{G + j\omega C}}$ **답** ④

**75** 4단자 정수 A, B, C, D 중에서 전압이득의 차원을 가진 정수는?

① A  ② B
③ C  ④ D

풀이) $A$, $B$, $C$, $D$로 표시되는 4단자 기초 방정식은
$\begin{bmatrix} V_1 \\ I_1 \end{bmatrix} = \begin{bmatrix} A & B \\ C & D \end{bmatrix} \begin{bmatrix} V_2 \\ I_2 \end{bmatrix}$ 이며,
각 파라미터의 물리적 의미는

- 출력을 개방했을 때 전압 이득 $A = \dfrac{V_1}{V_2}\bigg|_{I_2=0}$
- 출력을 단락했을 때 전달 임피던스 $B = \dfrac{V_1}{I_2}\bigg|_{V_2=0}$
- 출력을 개방했을 때 전달 어드미턴스 $C = \dfrac{I_1}{V_2}\bigg|_{I_2=0}$
- 출력을 단락했을 때 전류 이득 $D = \dfrac{I_1}{I_2}\bigg|_{V_2=0}$

답 ①

**76** 그림과 같은 회로의 구동점 임피던스[Ω]는?

① $\dfrac{2(2s+1)}{2s^2+s+2}$

② $\dfrac{2s^2+s-2}{-2(2s+1)}$

③ $\dfrac{-2(2s+1)}{2s^2+s-2}$

④ $\dfrac{2s^2+s+2}{2(2s+1)}$

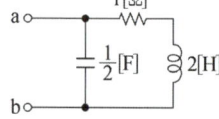

풀이) 2단자망 한 쌍의 단자에서 본 임피던스를 구동점 임피던스라고 하며, 보통 $jw$ 또는 $s$로 치환하여 나타낸다.

$\therefore Z(s) = \dfrac{(R+Ls)\cdot\dfrac{1}{Cs}}{(R+Ls)+\dfrac{1}{Cs}} = \dfrac{(1+2s)\times\dfrac{2}{s}}{(1+2s)+\dfrac{2}{s}}$

$= \dfrac{2(2s+1)}{2s^2+s+2}$

답 ①

**77** 회로의 단자 a와 b 사이에 나타나는 전압 $V_{ab}$는 몇 [V]인가?

① 3
② 9
③ 10
④ 12

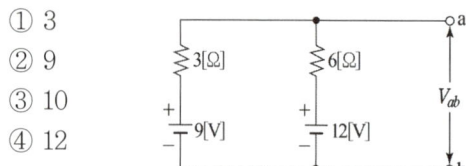

풀이) 밀만의 정리

$E_{ab} = \dfrac{E_1 Y_1 + E_2 Y_2}{Y_1 + Y_2} = \dfrac{\dfrac{9}{3}+\dfrac{12}{6}}{\dfrac{1}{3}+\dfrac{1}{6}} = 10[V]$

답 ③

**78** $RL$ 직렬회로에 순시치 전압
$v(t) = 20 + 100\sin\omega t + 40\sin(3\omega t + 60°) + 40\sin 5\omega t [V]$
를 가할 때 제5고조파 전류의 실효값 크기는 약 몇 [A]인가? (단, $R=4[\Omega]$, $\omega L=1[\Omega]$이다.)

① 4.4
② 5.66
③ 6.25
④ 8.0

풀이) 제5고조파에 대해 저항은 변화가 없으나,
유도성 리액턴스 $X_L = \omega L = 2\pi fL \propto f$이므로,
제5고조파에 대해 유도성 리액턴스는 5배로 증가한다.
따라서, 제5고조파 전류

$I_5 = \dfrac{V_5}{Z_5} = \dfrac{V_5}{\sqrt{R^2+(5\omega L)^2}} = \dfrac{\dfrac{40}{\sqrt{2}}}{\sqrt{4^2+(5\times 1)^2}}$

$\fallingdotseq 4.4[A]$

답 ①

**79** 그림의 교류 브리지 회로가 평형이 되는 조건은?

① $L = \dfrac{R_1 R_2}{C}$

② $L = \dfrac{C}{R_1 R_2}$

③ $L = R_1 R_2 C$

④ $L = \dfrac{R_2}{R_1} C$

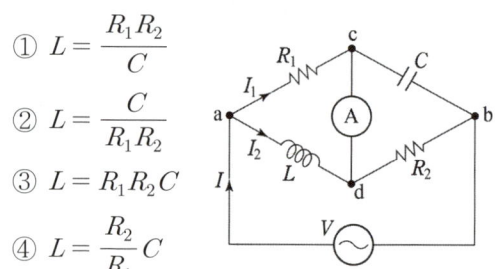

풀이) 브리지의 평형조건 : 서로 대각선으로 마주보고 있는 저항의 곱이 서로 같으면 평형이 된다.

$R_1 R_2 = \omega L \cdot \dfrac{1}{\omega C}$

$\therefore L = R_1 R_2 C$

답 ③

**80** $f(t) = t^n$의 라플라스 변환 식은?

① $\dfrac{n}{s^n}$

② $\dfrac{n+1}{s^{n+1}}$

③ $\dfrac{n!}{s^{n+1}}$

④ $\dfrac{n+1}{s^{n!}}$

풀이) $t^n$을 라플라스 변환하면 $\dfrac{n!}{s^{n+1}}$가 된다.
(여기서, $n! = n\times(n-1)\times(n-2)\times\cdots$)

답 ③

# 2021년 회로이론_전기기사·공사기사

문제의 번호는 실제 시험문제의 번호와 같게 하였습니다.
제어공학에 해당하는 문제는 삭제하였습니다.

## 2021년 - 1회 _ 전기기사·공사기사

**71** $F(s) = \dfrac{2s^2+s-3}{s(s^2+4s+3)}$ 의 라플라스 역변환은?

① $1-e^{-t}+2e^{-3t}$
② $1-e^{-t}-2e^{-3t}$
③ $-1-e^{-t}-2e^{-3t}$
④ $-1+e^{-t}+2e^{-3t}$

**풀이**
$$F(s) = \dfrac{2s^2+s-3}{s(s^2+4s+3)} = \dfrac{2s^2+s-3}{s(s+1)(s+3)}$$
$$= \dfrac{k_1}{s} + \dfrac{k_2}{s+1} + \dfrac{k_3}{s+3}$$
$$k_1 = \lim_{s \to 0} sF(s) = \left[\dfrac{2s^2+s-3}{(s+1)(s+3)}\right]_{s=0} = -1$$
$$k_2 = \lim_{s \to -1} (s+1)F(s) = \left[\dfrac{2s^2+s-3}{s(s+3)}\right]_{s=-1} = 1$$
$$k_3 = \lim_{s \to -3} (s+3)F(s) = \left[\dfrac{2s^2+s-3}{s(s+1)}\right]_{s=-3} = 2$$
$$F(s) = \dfrac{-1}{s} + \dfrac{1}{s+1} + \dfrac{2}{s+3}$$
$$\therefore f(t) = \mathcal{L}^{-1}[F(s)] = -1+e^{-t}+2e^{-3t}$$
**답 ④**

**72** 전압 및 전류가 다음과 같을 때 유효전력[W] 및 역률[%]은 각각 약 얼마인가?

$v(t) = 100\sin\omega t - 50\sin(3\omega t+30°)$
$\qquad + 20\sin(5\omega t+45°)$[V]
$i(t) = 20\sin(\omega t+30°) + 10\sin(3\omega t-30°)$
$\qquad + 5\cos 5\omega t$[A]

① 825[W], 48.6[%]
② 776.4[W], 59.7[%]
③ 1120[W], 77.4[%]
④ 1850[W], 89.6[%]

**풀이**
• 비정현파 전압과 전류가 주어지는 경우 전력은 같은 고조파 성분으로 구한다.

• 유효전력
$P = V_1 I_1 \cos\theta_1 + V_3 I_3 \cos\theta_3 + V_5 I_5 \cos\theta_5$
$= \dfrac{100}{\sqrt{2}} \cdot \dfrac{20}{\sqrt{2}} \cos 30° - \dfrac{50}{\sqrt{2}} \cdot \dfrac{10}{\sqrt{2}} \cos 60°$
$\quad + \dfrac{20}{\sqrt{2}} \cdot \dfrac{5}{\sqrt{2}} \cos 45°$
$= \dfrac{2000}{2} \cdot \dfrac{\sqrt{3}}{2} - \dfrac{500}{2} \cdot \dfrac{1}{2} + \dfrac{100}{2} \cdot \dfrac{\sqrt{2}}{2}$
$= 776.4$[W]

• 피상전력
$P_a = \sqrt{V_1^2+V_3^2+V_5^2} \times \sqrt{I_1^2+I_3^2+I_5^2}$
$= \sqrt{\dfrac{100^2}{2}+\dfrac{50^2}{2}+\dfrac{20^2}{2}} \times \sqrt{\dfrac{20^2}{2}+\dfrac{10^2}{2}+\dfrac{5^2}{2}}$
$= 1301.2$[VA]

$\therefore$ 역률 $\cos\theta = \dfrac{P}{P_a} \times 100 = \dfrac{776.4}{1301.2} \times 100 = 59.7$[%]

**답 ②**

**73** 회로에서 $t=0$초일 때 닫혀 있는 스위치 $S$를 열었다. 이때 $\dfrac{dv(0^+)}{dt}$의 값은?
(단, $C$의 초기 전압은 0[V]이다.)

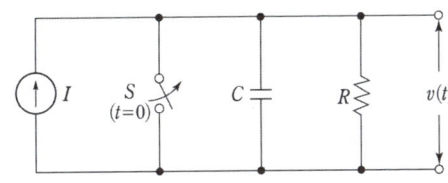

① $\dfrac{1}{RI}$  ② $\dfrac{C}{I}$  ③ $RI$  ④ $\dfrac{I}{C}$

**풀이** 커패시터에서 전류 $i(t)$와 전압 $v(t)$의 관계식에서 초기조건 $t=0^+$를 적용하면
$$i(t) = C\dfrac{dv(t)}{dt}, \quad i(0^+) = C\dfrac{dv(0^+)}{dt}$$
스위치가 닫혀있는 상태에서는 커패시터에 전류가 흐르지 않지만 스위치를 여는 순간 커패시터는 단락 상태가 되어 $R$에는 전류가 흐르지 않고 커패시터 $C$에만 전류가 모두 흐른다. 즉, $i(0^+) = I$가 된다.
그러므로 $i(0^+) = C\dfrac{dv(0^+)}{dt}$에서 $I = C\dfrac{dv(0^+)}{dt}$
$$\therefore \dfrac{dv(0^+)}{dt} = \dfrac{I}{C}$$

**답 ④**

**74** △결선된 대칭 3상 부하가 0.5[Ω]인 저항만의 선로를 통해 평형 3상 전압원에 연결되어 있다. 이 부하의 소비전력이 1800[W]이고 역률이 0.8(지상)일 때, 선로에서 발생하는 손실이 50[W]이면 부하의 단자전압[V]의 크기는?

① 627    ② 525    ③ 326    ④ 225

**풀이**
- 선로손실 $P_l = 3I^2 R$[W]에서
$$I = \sqrt{\frac{P_l}{3R}} = \sqrt{\frac{50}{3 \times 0.5}} = \frac{10}{\sqrt{3}} \text{[A]}$$
- 전력 $P = \sqrt{3}\, VI\cos\theta$ 이므로
$$\therefore V = \frac{P}{\sqrt{3}\, I \cos\theta} = \frac{1800}{\sqrt{3} \times \frac{10}{\sqrt{3}} \times 0.8}$$
$$= 225 \text{[V]}$$

답 ④

**75** 그림과 같이 △회로를 Y회로로 등가 변환하였을 때 임피던스 $Z_a$[Ω]는?

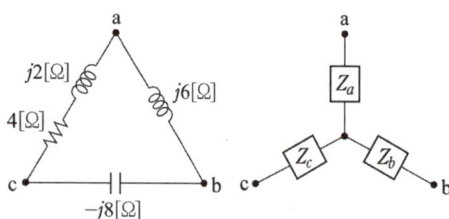

① 12           ② $-3 + j6$
③ $4 - j8$     ④ $6 + j8$

**풀이**

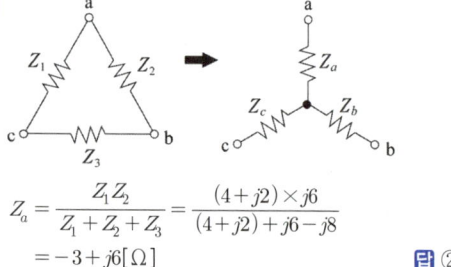

$$Z_a = \frac{Z_1 Z_2}{Z_1 + Z_2 + Z_3} = \frac{(4+j2) \times j6}{(4+j2) + j6 - j8}$$
$$= -3 + j6 \text{[Ω]}$$

답 ②

**76** 그림과 같은 $H$형의 4단자 회로망에서 4단자 정수(전송 파라미터) $A$는? (단, $V_1$은 입력전압이고, $V_2$는 출력전압이고, $A$는 출력 개방 시 회로망의 전압이득 $\left(\dfrac{V_1}{V_2}\right)$ 이다.)

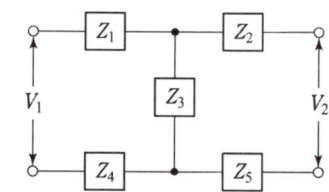

① $\dfrac{Z_1 + Z_2 + Z_3}{Z_3}$    ② $\dfrac{Z_1 + Z_3 + Z_4}{Z_3}$

③ $\dfrac{Z_2 + Z_3 + Z_5}{Z_3}$    ④ $\dfrac{Z_3 + Z_4 + Z_5}{Z_3}$

**풀이** $Z_1$과 $Z_4$, $Z_2$와 $Z_5$는 직렬이므로,

$$\begin{bmatrix} A & B \\ C & D \end{bmatrix} = \begin{bmatrix} 1 & Z_1 + Z_4 \\ 0 & 1 \end{bmatrix} \begin{bmatrix} 1 & 0 \\ \frac{1}{Z_3} & 1 \end{bmatrix} \begin{bmatrix} 1 & Z_2 + Z_5 \\ 0 & 1 \end{bmatrix}$$

$$= \begin{bmatrix} \dfrac{Z_1 + Z_3 + Z_4}{Z_3} & Z_1 + Z_4 + \dfrac{(Z_2 + Z_5)(Z_1 + Z_3 + Z_4)}{Z_3} \\ \dfrac{1}{Z_3} & \dfrac{Z_2 + Z_3 + Z_5}{Z_3} \end{bmatrix}$$

답 ②

**77** 특성 임피던스가 400[Ω]인 회로 말단에 1200[Ω]의 부하가 연결되어 있다. 전원 측에 20[kV]의 전압을 인가할 때 반사파의 크기[kV]는? (단, 선로에서의 전압 감쇠는 없는 것으로 간주한다.)

① 3.3    ② 5    ③ 10    ④ 33

**풀이**
- $Z_0 = 400$[Ω], $Z_R = 1200$[Ω]인 경우 반사계수
$$\rho = \frac{Z_R - Z_0}{Z_R + Z_0} = \frac{1200 - 400}{1200 + 400} = 0.5$$
- 반사 전압이 전원측 전압의 0.5배이므로
$$\therefore 20 \times 0.5 = 10 \text{ [kV]}$$

답 ③

**78** 회로에서 전압 $V_{ab}$[V]는?

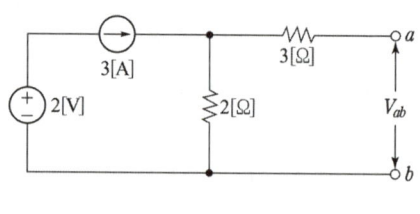

① 2    ② 3    ③ 6    ④ 9

**풀이** 전압원은 단락하고 전류원은 개방하여 중첩의 원리를 적용하면,

- 전압원이 존재(전류원 개방) $V_{ab} = 0[V]$
- 전류원 존재(전압원 단락) $V_{ab} = IR = 3 \times 2 = 6[V]$

**답** ③

**79** △결선된 평형 3상 부하로 흐르는 선전류가 $I_a$, $I_b$, $I_c$ 일 때, 이 부하로 흐르는 영상분 전류 $I_0[A]$는?

① $3I_a$  ② $I_a$  ③ $\frac{1}{3}I_a$  ④ 0

**풀이** △결선(중성점 비접지식) 전류에서
$I_a + I_b + I_c = 0$ 이므로
따라서, 영상분 전류
$I_0 = \frac{1}{3}(I_a + I_b + I_c) = \frac{1}{3} \times 0 = 0[A]$

**답** ④

**80** 저항 $R=15[\Omega]$과 인덕턴스 $L=3[mH]$를 병렬로 접속한 회로의 서셉턴스의 크기는 약 몇 [℧]인가? (단, $\omega = 2\pi \times 10^5$)

① $3.2 \times 10^{-2}$  ② $8.6 \times 10^{-3}$
③ $5.3 \times 10^{-4}$  ④ $4.9 \times 10^{-5}$

**풀이** $Y = \frac{1}{R} + \frac{1}{j\omega L} = \frac{1}{15} + \frac{1}{j2\pi \times 10^5 \times 3 \times 10^{-3}}$
$= 0.07 - j5.31 \times 10^{-4} = G - jB[℧]$
따라서 서셉턴스 $B = 5.3 \times 10^{-4}[℧]$이다.

**답** ③

## 2021년 2회 _ 전기기사·공사기사

**71** 그림(a)와 같은 회로에 대한 구동점 임피던스의 극점과 영점이 각각 그림(b)에 나타낸 것과 같고 $Z(0)=1$일 때, 이 회로에서 $R[\Omega]$, $L[H]$, $C[F]$의 값은?

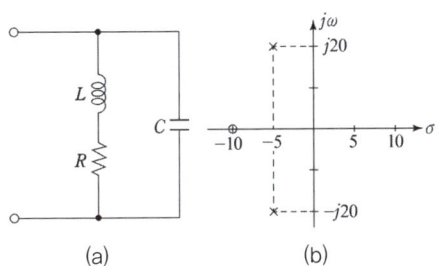

(a)                (b)

① $R = 1.0[\Omega]$, $L = 0.1[H]$, $C = 0.0235[F]$
② $R = 1.0[\Omega]$, $L = 0.2[H]$, $C = 1.0[F]$
③ $R = 2.0[\Omega]$, $L = 0.1[H]$, $C = 0.0235[F]$
④ $R = 2.0[\Omega]$, $L = 0.2[H]$, $C = 1.0[F]$

**풀이** ① 구동점 임피던스
$$Z(s) = \frac{(Ls+R) \cdot \frac{1}{Cs}}{Ls+R+\frac{1}{Cs}} = \frac{Ls+R}{LCs^2+RCs+1}$$
$$= \frac{\frac{1}{C}\left(s+\frac{R}{L}\right)}{s^2 + \frac{R}{L}s + \frac{1}{LC}}$$

② 문제의 조건에서 $Z(0)=1$이므로,
$Z(0) = R = 1[\Omega]$ ($\because s = j\omega = 0$)

③ 영점 $s = -10$은 $Z(s)$의 분자가 0인 경우의 근을 의미
(분자) $= \frac{1}{C}\left(s+\frac{R}{L}\right) = 0$, $s = -\frac{R}{L} = -10$
$\therefore L = 0.1[H]$

④ 극점 $s = -5 \pm j20$은 $Z(s)$의 분모가 0인 경우의 근을 의미
(분모) $= \{s - (-5+j20)\}\{s - (-5-j20)\}$
$= (s+5-j20)(s+5+j20)$
$= (s+5)^2 + 20^2 = s^2 + 10s + 425$

⑤ $s^2 + \frac{R}{L}s + \frac{1}{LC} = s^2 + 10s + 425 \rightarrow \frac{1}{LC} = 425$
$\therefore C = \frac{1}{425L} = \frac{1}{425 \times 0.1} = 0.0235[F]$

**답** ①

**72** 회로에서 저항 $1[\Omega]$에 흐르는 전류 $I[A]$는?

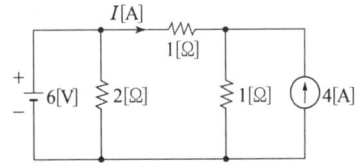

① 3  ② 2  ③ 1  ④ $-1$

**풀이** ① 전류원 개방 시 $I'$는

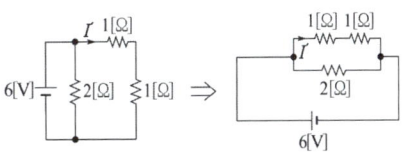

$I' = \frac{6}{\frac{(1+1) \times 2}{(1+1)+2}} \times \frac{2}{(1+1)+2} = 3[A]$

② 전압원 단락시 $I''$는

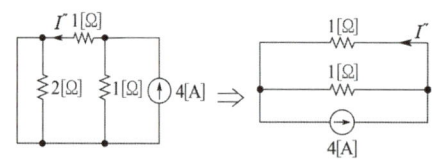

$I'' = \dfrac{1}{2} \times 4 = 2[\text{A}]$

③ $I'$과 $I''$의 방향이 반대이므로 $R$에 흐르는 전류 $I$는

$\therefore I = I' - I'' = 3 - 2 = 1[\text{A}]$

**답** ③

**73** 파형이 톱니파인 경우 파형률은 약 얼마인가?

① 1.155  ② 1.732
③ 1.414  ④ 0.577

**풀이**

| | 구형파 | 삼각파 (톱니파) | 정현파 | 정류파 (전파) | 정류파 (반파) |
|---|---|---|---|---|---|
| 파형률 | 1.0 | 1.155 | 1.109 | 1.57 | |
| 파고율 | | $\sqrt{3}=1.732$ | $\sqrt{2}=1.414$ | 2.0 | |

**답** ①

**74** 무한장 무손실 전송선로의 임의의 위치에서 전압이 100[V]이었다. 이 선로의 인덕턴스가 7.5 [$\mu$H/m]이고, 커패시턴스가 0.012[$\mu$F/m]일 때 이 위치에서 전류[A]는?

① 2  ② 4  ③ 6  ④ 8

**풀이** 무손실 선로의 특성 임피던스는

$Z_0 = \sqrt{\dfrac{L}{C}} = \sqrt{\dfrac{7.5}{0.012}} = 25[\Omega]$

$\therefore I = \dfrac{V}{Z_0} = \dfrac{100}{25} = 4[\text{A}]$

**답** ②

**75** 전압

$v(t) = 14.14\sin\omega t + 7.07\sin\left(3\omega t + \dfrac{\pi}{6}\right)[\text{V}]$

의 실효값은 약 몇 [V]인가?

① 3.87  ② 11.2  ③ 15.8  ④ 21.2

**풀이** 비정현파의 실효값

$V = \sqrt{V_0^2 + V_1^2 + V_2^2 + \cdots + V_n^2}$

$= \sqrt{\left(\dfrac{14.14}{\sqrt{2}}\right)^2 + \left(\dfrac{7.07}{\sqrt{2}}\right)^2} \fallingdotseq 11.2[\text{V}]$

**답** ②

**76** 그림과 같은 평형 3상 회로에서 전원 전압이 $V_{ab}=200[\text{V}]$이고 부하 한 상의 임피던스가 $Z = 4 + j3[\Omega]$인 경우 전원과 부하 사이 선전류 $I_a$는 약 몇 [A]인가?

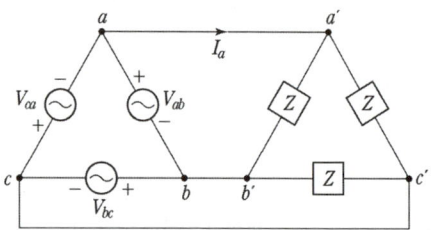

① $40\sqrt{3}\angle 36.87°$  ② $40\sqrt{3}\angle -36.87°$
③ $40\sqrt{3}\angle 66.87°$  ④ $40\sqrt{3}\angle -66.87°$

**풀이**
- 전원과 부하가 다 같이 △결선이므로
상전류 $I_p = \dfrac{V}{Z} = \dfrac{200}{\sqrt{4^2+3^2}} = 40[\text{A}]$

위상차 $\theta = \tan^{-1}\dfrac{X_L}{R} = \tan^{-1}\dfrac{3}{4} = 36.87°$

임피던스 $Z = 4 + j3[\Omega]$에서 허수($j$)의 부호가 '+'이므로 전류는 전압보다 위상이 느리다(유도성 회로).

- △결선시 선전류는 각 상전류에 비해 크기는 $\sqrt{3}$배 크며, 위상은 30° 느리다.
따라서 선전류
$I_a = \sqrt{3}I_p = 40\sqrt{3}\angle -30° - 36.87°$
$= 40\sqrt{3}\angle -66.87°[\text{A}]$

**답** ④

**77** 정상상태에서 $t=0$초인 순간에 스위치 $S$를 열었다. 이 때 흐르는 전류 $i(t)$는?

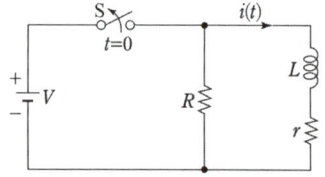

① $\dfrac{V}{R}e^{-\frac{R+r}{L}t}$  ② $\dfrac{V}{r}e^{-\frac{R+r}{L}t}$

③ $\dfrac{V}{R}e^{-\frac{L}{R+r}t}$  ④ $\dfrac{V}{r}e^{-\frac{L}{R+r}t}$

**풀이** 전원 제거 시 $(t=0)$
- 정상상태$(t=\infty)$일 때의 전류인 정상해는 0[A]
- 과도해 $i(t) = Ie^{-\frac{R}{L}t}[\text{A}]$

$\therefore i(t) = \dfrac{V}{r}e^{-\frac{R+r}{L}t}$

**답** ②

**78** 선간전압이 150[V], 선전류가 $10\sqrt{3}$[A], 역률이 80[%]인 평형 3상 유도성 부하로 공급되는 무효전력[var]은?

① 3600  ② 3000
③ 2700  ④ 1800

**풀이** 무효전력 $P_r = \sqrt{3}\,VI\sin\theta = \sqrt{3}\,VI \times \sqrt{1-\cos^2\theta}$
$= \sqrt{3} \times 150 \times 10\sqrt{3} \times \sqrt{1-0.8^2}$
$= 2700\,[\text{var}]$  **답** ③

**79** 그림과 같은 함수의 라플라스 변환은?

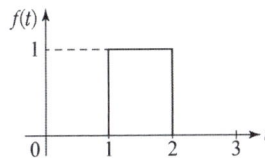

① $\dfrac{1}{s}(e^s - e^{2s})$  ② $\dfrac{1}{s}(e^{-s} - e^{-2s})$
③ $\dfrac{1}{s}(e^{-2s} - e^{-s})$  ④ $\dfrac{1}{s}(e^{-s} + e^{-2s})$

**풀이** $f(t) = 1 \cdot \{u(t-1) - u(t-2)\}$
$\therefore F(s) = \mathcal{L}[f(t)] = \mathcal{L}[u(t-1)] - \mathcal{L}[u(t-2)]$
$= \dfrac{e^{-s}}{s} - \dfrac{e^{-2s}}{s} = \dfrac{1}{s}(e^{-s} - e^{-2s})$  **답** ②

**80** 상의 순서가 $a-b-c$인 불평형 3상 전류가 $I_a = 15 + j2$[A], $I_b = -20 - j14$[A], $I_c = -3 + j10$[A]일 때 영상분 전류 $I_0$는 약 몇 [A]인가?

① $2.67 + j0.38$  ② $2.02 + j6.98$
③ $15.5 - j3.56$  ④ $-2.67 - j0.67$

**풀이** 영상전류
$I_0 = \dfrac{1}{3}(I_a + I_b + I_c)$
$= \dfrac{1}{3}[(15+j2) + (-20-j14) + (-3+j10)]$
$= \dfrac{1}{3}(-8-j2) = -2.67 - j0.67\,[\text{A}]$  **답** ④

---

## 2021년 3회 _ 전기기사

**71** 평형 3상 부하에 선간전압의 크기가 200[V]인 평형 3상 전압을 인가했을 때 흐르는 선전류의 크기가 8.6[A]이고 무효전력이 1298[Var]이었다. 이때 이 부하의 역률은 약 얼마인가?

① 0.6  ② 0.7  ③ 0.8  ④ 0.9

**풀이** • 피상전력
$P_a = \sqrt{3}\,VI = \sqrt{3} \times 200 \times 8.6 = 2979.13\,[\text{VA}]$
• $P_a = \sqrt{P^2 + P_r^2}$ 이므로,
유효전력 $P = \sqrt{P_a^2 - P_r^2} = \sqrt{2979.13^2 - 1298^2}$
$= 2681.49\,[\text{W}]$
$\therefore \cos\theta = \dfrac{P}{P_a} = \dfrac{2681.49}{2979.13} = 0.9$  **답** ④

**72** 단위 길이당 인덕턴스 및 커패시턴스가 각각 $L$ 및 $C$일 때 전송선로의 특성 임피던스는? (단, 전송선로는 무손실 선로이다.)

① $\sqrt{\dfrac{L}{C}}$  ② $\sqrt{\dfrac{C}{L}}$  ③ $\dfrac{L}{C}$  ④ $\dfrac{C}{L}$

**풀이** 선로의 특성 임피던스
$Z_0 = \sqrt{\dfrac{Z}{Y}} = \sqrt{\dfrac{R+j\omega L}{G+j\omega C}}\,[\Omega]$
무손실 회로에서는 $R=0$, $G=0$이므로
$\therefore Z_0 = \sqrt{\dfrac{R+j\omega L}{G+j\omega C}} = \sqrt{\dfrac{0+j\omega L}{0+j\omega C}} = \sqrt{\dfrac{L}{C}}\,[\Omega]$  **답** ①

**73** 각 상의 전류가
$i_a(t) = 90\sin\omega t$[A],
$i_b(t) = 90\sin(\omega t - 90°)$[A],
$i_c(t) = 90\sin(\omega t + 90°)$[A]일 때
영상분 전류[A]의 순시치는?

① $30\cos\omega t$  ② $30\sin\omega t$
③ $90\sin\omega t$  ④ $90\cos\omega t$

**풀이** 정현파를 phasor로 표시하면
$I_a = \dfrac{90}{\sqrt{2}}\angle 0° = \dfrac{90}{\sqrt{2}}$, $I_b = \dfrac{90}{\sqrt{2}}\angle -90° = -j\dfrac{90}{\sqrt{2}}$,

$$I_c = \frac{90}{\sqrt{2}} \angle 90° = j\frac{90}{\sqrt{2}}$$

영상전류 $I_0$는

$$I_o = \frac{1}{3}(I_a + I_b + I_c) = \frac{1}{3}\left(\frac{90}{\sqrt{2}} - j\frac{90}{\sqrt{2}} + j\frac{90}{\sqrt{2}}\right)$$
$$= \frac{30}{\sqrt{2}}[A]$$

∴ $i_o = 30\sin\omega t[A]$ 가 된다.  답 ②

**74** 내부 임피던스가 $0.3+j2[\Omega]$인 발전기에 임피던스가 $1.1+j3[\Omega]$인 선로를 연결하여 어떤 부하에 전력을 공급하고 있다. 이 부하의 임피던스가 몇 $[\Omega]$일 때 발전기로부터 부하로 전달되는 전력이 최대가 되는가?

① $1.4-j5$    ② $1.4+j5$
③ $1.4$       ④ $j5$

**풀이** 발전기 내부 임피던스와 선로 임피던스의 합을 전원 임피던스로 생각하면 전원 임피던스 $Z_s$ 는
$Z_s = Z_g + Z_l = 0.3+j2+1.1+j3 = 1.4+j5[\Omega]$
최대 전력 전달 조건에서 부하임피던스 $Z_L = \overline{Z_s}$
∴ $Z_L = 1.4-j5[\Omega]$  답 ①

**75** 그림과 같은 파형의 라플라스 변환은?

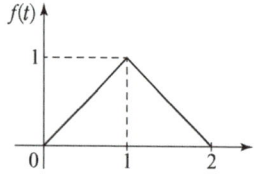

① $\frac{1}{s^2}(1-2e^s)$

② $\frac{1}{s^2}(1-2e^{-s})$

③ $\frac{1}{s^2}(1-2e^s+e^{2s})$

④ $\frac{1}{s^2}(1-2e^{-s}+e^{-2s})$

**풀이** $f(t) = t[u(t)-u(t-1)]$
$\qquad -(t-2)[u(t-1)-u(t-2)]$
$= [tu(t)-(t-1)u(t-1)-u(t-1)]$
$\qquad -[(t-1)u(t-1)-u(t-1)-(t-2)u(t-2)]$

∴ $F(s) = \frac{1}{s^2} - \frac{e^{-s}}{s^2} - \frac{e^{-s}}{s} - \frac{e^{-s}}{s^2} + \frac{e^{-s}}{s} + \frac{e^{-2s}}{s^2}$
$= \frac{1}{s^2}(1-2e^{-s}+e^{-2s})$  답 ④

**76** 어떤 회로에서 $t=0$초에 스위치를 닫은 후 $i=2t+3t^2[A]$의 전류가 흘렀다. 30초까지 스위치를 통과한 총 전기량[Ah]은?

① 4.25    ② 6.75
③ 7.75    ④ 8.25

**풀이** $Q = \int_0^t i\,dt = \int_0^{30}(2t+3t^2)dt = [t^2+t^3]_0^{30}$
$= 27900[A \cdot sec] = \frac{27900}{3600}[Ah] = 7.75[Ah]$  답 ③

**77** 전압 $v(t)$를 $RL$ 직렬회로에 인가했을 때 제3고조파 전류의 실효값[A]의 크기는?
(단, $R=8[\Omega]$, $\omega L=2[\Omega]$,
$v(t) = 100\sqrt{2}\sin\omega t + 200\sqrt{2}\sin 3\omega t$
$\qquad + 50\sqrt{2}\sin 5\omega t[V]$ 이다.)

① 10    ② 14    ③ 20    ④ 28

**풀이** 유도성 리액턴스 $X_L = \omega L = 2\pi f L \propto f$이므로, 제3고조파에 대해서 저항은 변화가 없으나, 유도성 리액턴스는 3배로 증가한다.

∴ $I_3 = \frac{V_3}{Z_3} = \frac{V_3}{\sqrt{R^2+(3\omega L)^2}} = \frac{200}{\sqrt{8^2+(3\times 2)^2}}$
$= 20[A]$  답 ③

**78** 회로에서 $t=0$ 초에 전압 $v_1(t) = e^{-4t}[V]$를 인가하였을 때 $v_2(t)$는 몇 [V]인가?
(단, $R=2[\Omega]$, $L=1[H]$이다.)

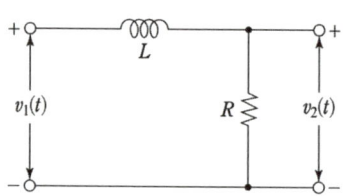

① $e^{-2t}-e^{-4t}$    ② $2e^{-2t}-2e^{-4t}$
③ $-2e^{-2t}+2e^{-4t}$    ④ $-2e^{-2t}-2e^{-4t}$

풀이

① $V_1(s) = \mathcal{L}[v_1(t)] = \mathcal{L}[e^{-4t}] = \dfrac{1}{s+4}$

② $\dfrac{V_2(s)}{V_1(s)} = \dfrac{R}{R+Ls} = \dfrac{2}{s+2}$

∴ $V_2(s) = \dfrac{2}{s+2} V_1(s) = \dfrac{2}{(s+2)(s+4)}$

③ $V_2(s) = \dfrac{2}{(s+2)(s+4)} = \dfrac{K_1}{s+2} + \dfrac{K_2}{s+4}$

$K_1 = \lim\limits_{s \to -2}(s+2) \cdot V_2(s) = \left[\dfrac{2}{s+4}\right]_{s=-2} = 1$

$K_2 = \lim\limits_{s \to -4}(s+4) \cdot V_2(s) = \left[\dfrac{1}{s+2}\right]_{s=-4} = -1$

$V_2(s) = \dfrac{1}{s+2} - \dfrac{1}{s+4}$

∴ $v_2(t) = \mathcal{L}^{-1}\left[\dfrac{2}{(s+2)(s+4)}\right]$
$= \mathcal{L}^{-1}\left[\dfrac{1}{s+2} - \dfrac{1}{s+4}\right] = e^{-2t} - e^{-4t}$ [V]

답 ①

**79** 어떤 선형 회로망의 4단자 정수가 $A=8$, $B=j2$, $D=1.625+j$일 때, 이 회로망의 4단자 정수 $C$는?

① $24-j14$  ② $8-j11.5$
③ $4-j6$   ④ $3-j4$

풀이 $AD-BC=1$이므로

∴ $C = \dfrac{AD-1}{B} = \dfrac{8(1.625+j)-1}{j2} = 4-j6$

답 ③

**80** 동일한 저항 $R[\Omega]$ 6개를 그림과 같이 결선하고 대칭 3상 전압 $V[\text{V}]$를 가하였을 때 전류 $I[\text{A}]$의 크기는?

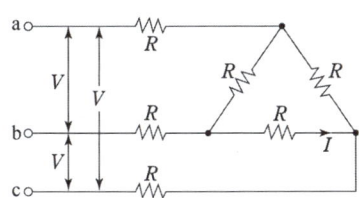

① $\dfrac{V}{R}$  ② $\dfrac{V}{2R}$
③ $\dfrac{V}{4R}$  ④ $\dfrac{V}{5R}$

풀이 세 개의 동일한 저항인 경우

- △를 Y로 환산하면 등가저항은 $R_Y = \dfrac{R_\triangle}{3}$이므로, 한 상의 저항 $R_{1\phi} = R + \dfrac{R}{3} = \dfrac{4R}{3}$

- Y를 △로 환산하면 등가저항은
$R_\triangle = 3R_Y = 3R_{1\phi} = 3 \times \dfrac{4R}{3} = 4R$

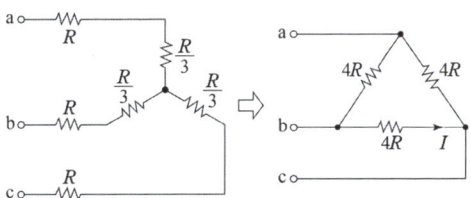

따라서 상전류 $I = \dfrac{V}{4R}$ [A]

답 ③

## 2021년 — 4회 _ 공사기사

**61** 3상 평형회로에서 전압계 V, 전류계 A, 전력계 W를 그림과 같이 접속했을 때, 전압계의 지시가 100[V], 전류계의 지시가 30[A], 전력계의 지시 1.5[kW]이었다. 이 회로에서 선간전압($V_{ab}$)과 선전류($I_a$) 간의 위상차는 몇 도[°]인가? (단, 3상 전압의 상순은 $a-b-c$ 이다.)

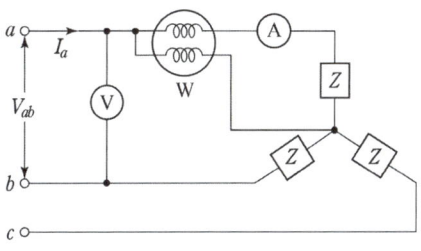

① 15°  ② 30°  ③ 45°  ④ 60°

풀이
- 전압계의 지시(선간전압)이 100[V]이므로,
상전압 $E = \dfrac{V}{\sqrt{3}} = \dfrac{100}{\sqrt{3}}$ [V]

- 1상의 유효전력 $P = EI\cos\theta$ 에서

역률 $\cos\theta = \dfrac{P}{EI} = \dfrac{1500}{\dfrac{100}{\sqrt{3}} \times 30} = 0.866$

∴ $\theta = \cos^{-1}0.866 = 30°$
(상전압과 상전류와의 위상차)

- Y결선에서 선간전압은 상전압보다 위상이 30° 빠르고, 선전류와 상전류는 동위상이므로
  선간전압과 선전류의 위상차 $\theta'$는
  $\theta' = \theta + 30° = 30° + 30° = 60°$ 답 ④

## 62 대칭 6상 성형결선 전원의 상전압의 크기가 100[V]일 때 이 전원의 선간전압의 크기[V]는?

① 200
② $100\sqrt{3}$
③ $100\sqrt{2}$
④ 100

**풀이** 대칭 6상 성형 회로의 선간전압

$E_l = 2E_p \sin\dfrac{\pi}{n} = 2E_p \sin\dfrac{\pi}{6}$

$\therefore E_l = E_p = 100[V]$ 답 ④

## 63 무한장 무손실 전송선로의 임의의 위치에서 전압이 10[V]이었다. 이 선로의 인덕턴스가 10[μH/m]이고, 해당 위치에서 전류가 1[A]일 때 이 선로의 커패시턴스[μF/m]는?

① 0.001
② 0.01
③ 0.1
④ 1

**풀이** ① 전압이 10[V], 전류가 1[A]이므로
$Z_0 = \dfrac{V}{I} = \dfrac{10}{1} = 10[\Omega]$

② 무손실 선로에서 $R=0$, $G=0$이고, 선로의 인덕턴스가 $10[\mu H/m]$ 이므로
$Z_0 = \sqrt{\dfrac{Z}{Y}} = \sqrt{\dfrac{R+j\omega L}{G+j\omega C}} = \sqrt{\dfrac{10\times 10^{-6}}{C}} = 10[\Omega]$

$\therefore C = \dfrac{10\times 10^{-6}}{10^2} = 0.1 \times 10^{-6}[F/m] = 0.1[\mu F/m]$

답 ③

## 64 그림의 회로에서 $a$, $b$ 양에 220[V]의 전압을 인가했을 때 전류 $I$가 1[A]이었다. 저항 $R$은 몇 [Ω]인가?

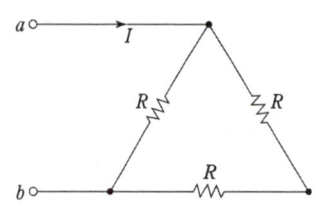

① 100
② 150
③ 220
④ 330

**풀이**

전체 저항 $R_T = \dfrac{R \cdot 2R}{R+2R} = \dfrac{2}{3}R[\Omega]$

전류 $I = \dfrac{V}{R_T} = \dfrac{V}{\frac{2}{3}R} = \dfrac{3}{2} \cdot \dfrac{V}{R}$ [A]

$\therefore R = \dfrac{3}{2} \cdot \dfrac{V}{I} = \dfrac{3}{2} \times \dfrac{220}{1} = 330[\Omega]$ 답 ④

## 65 $f(t) = \mathcal{L}^{-1}\left[\dfrac{s^2+3s+8}{s^2+2s+5}\right]$는?

① $\delta(t) + e^{-t}(\cos 2t - \sin 2t)$
② $\delta(t) + e^{-t}(\cos 2t + 2\sin 2t)$
③ $\delta(t) + e^{-t}(\cos 2t - 2\sin 2t)$
④ $\delta(t) + e^{-t}(\cos 2t + \sin 2t)$

**풀이**

$\mathcal{L}^{-1}\left[\dfrac{s^2+3s+8}{s^2+2s+5}\right] = \mathcal{L}^{-1}\left[1 + \dfrac{s+3}{s^2+2s+5}\right]$

$= \mathcal{L}^{-1}\left[1 + \dfrac{s+3}{(s+1)^2+2^2}\right]$

$= \mathcal{L}^{-1}\left[1 + \dfrac{s+1}{(s+1)^2+2^2} + \dfrac{2}{(s+1)^2+2^2}\right]$

$= \delta(t) + e^{-t}\cos 2t + e^{-t}\sin 2t$

$= \delta(t) + e^{-t}(\cos 2t + \sin 2t)$ 답 ④

## 66 그림의 회로에서 $t=0$[s]에 스위치($S$)를 닫았을 때 인덕터($L$) 양단 전압 $v_L(t)$는?

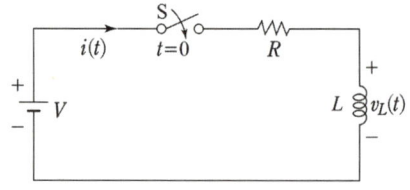

① $Ve^{-\frac{R}{L}t}$
② $\dfrac{L}{R}Ve^{-\frac{R}{L}t}$
③ $V\left(1-e^{-\frac{R}{L}t}\right)$
④ $\dfrac{L}{R}V\left(1-e^{-\frac{R}{L}t}\right)$

## 풀이

| | R-L 직렬 회로 | 직류 기전력 인가 시 (S/W on 시) | 직류 기전력 제거 시 (S/W off 시) |
|---|---|---|---|
| ① | 전류 $i(t)$ | $i(t) = \dfrac{V}{R}\left(1-e^{-\frac{R}{L}t}\right)$ | $i(t) = \dfrac{V}{R}e^{-\frac{R}{L}t}$ |
| ② | 시정수 | $\tau = \dfrac{L}{R}$ [sec] | $\tau = \dfrac{L}{R}$ [sec] |
| ③ | $v_R$ | $v_R = V\left(1-e^{-\frac{R}{L}t}\right)$ [V] | |
| ④ | $v_L$ | $v_L = Ve^{-\frac{R}{L}t}$ [V] | |

**답** ①

**67** 상순이 $a-b-c$인 회로에서 3상 전압이 $V_a$[V], $V_b$[V], $V_c$[V]일 때 역상분 전압 $V_2$[V]는?

① $V_2 = \dfrac{1}{3}(V_a + V_b + V_c)$

② $V_2 = \dfrac{1}{3}(V_a + aV_b + a^2V_c)$

③ $V_2 = \dfrac{1}{3}(V_a + a^2V_b + aV_c)$

④ $V_2 = \dfrac{1}{3}(aV_a + a^2V_b + V_c)$

## 풀이

- 영상분 $V_0 = \dfrac{1}{3}(V_a + V_b + V_c)$
- 정상분 $V_1 = \dfrac{1}{3}(V_a + aV_b + a^2V_c)$
- 역상분 $V_2 = \dfrac{1}{3}(V_a + a^2V_b + aV_c)$

**답** ③

**68** 다음과 같은 비정현파 교류 전압 $v(t)$와 전류 $i(t)$에 의한 평균전력 $P$[W]와 피상전력 $P_a$[VA]는 약 얼마인가?

$$v(t) = 150\sin\left(\omega t + \dfrac{\pi}{6}\right) - 50\sin\left(3\omega t + \dfrac{\pi}{3}\right) + 25\sin 5\omega t \text{[V]}$$

$$i(t) = 20\sin\left(\omega t - \dfrac{\pi}{6}\right) + 15\sin\left(3\omega t + \dfrac{\pi}{6}\right) + 10\cos\left(5\omega t - \dfrac{\pi}{3}\right) \text{[A]}$$

① $P = 283.5$, $P_a = 1542$

② $P = 283.5$, $P_a = 2155$

③ $P = 533.5$, $P_a = 1542$

④ $P = 533.5$, $P_a = 2155$

## 풀이

- $\cos\omega t = \sin\left(\omega t + \dfrac{\pi}{2}\right)$ 이므로

$$i(t) = 20\sin\left(\omega t - \dfrac{\pi}{6}\right) + 15\sin\left(3\omega t + \dfrac{\pi}{6}\right) + 10\sin\left(5\omega t + \dfrac{\pi}{2} - \dfrac{\pi}{3}\right)$$

$$= 20\sin\left(\omega t - \dfrac{\pi}{6}\right) + 15\sin\left(3\omega t + \dfrac{\pi}{6}\right) + 10\sin\left(5\omega t + \dfrac{\pi}{6}\right) \text{[A]}$$

- 평균전력

$$P = V_1 I_1 \cos\theta_1 + V_3 I_3 \cos\theta_3 + V_5 I_5 \cos\theta_5$$

$$= \dfrac{150}{\sqrt{2}} \cdot \dfrac{20}{\sqrt{2}} \cos\dfrac{\pi}{3} - \dfrac{50}{\sqrt{2}} \cdot \dfrac{15}{\sqrt{2}} \cos\dfrac{\pi}{6}$$

$$+ \dfrac{25}{\sqrt{2}} \cdot \dfrac{10}{\sqrt{2}} \cos\dfrac{\pi}{6} \fallingdotseq 533.5 \text{[W]}$$

- 전압의 실효값 $V$와 전류의 실효값 $I$는

$$V = \sqrt{V_1^2 + V_3^2 + V_5^2}$$

$$= \sqrt{\dfrac{150^2 + 50^2 + 25^2}{2}} \fallingdotseq 113.19 \text{[V]}$$

$$I = \sqrt{I_1^2 + I_3^2 + I_5^2}$$

$$= \sqrt{\dfrac{20^2 + 15^2 + 10^2}{2}} \fallingdotseq 19.04 \text{[A]}$$

$$\therefore P_a = V \cdot I = 113.19 \times 19.04 = 2155 \text{[VA]}$$

**답** ④

**69** 4단자 정수가 각각 $A_1$, $B_1$, $C_1$, $D_1$과 $A_2$, $B_2$, $C_2$, $D_2$인 2개의 4단자망을 그림과 같이 종속으로 접속하였을 때 전체 4단자 정수 중 $A$와 $B$는? (단, $\begin{bmatrix} V_1 \\ I_1 \end{bmatrix} = \begin{bmatrix} A & B \\ C & D \end{bmatrix} \begin{bmatrix} V_3 \\ I_3 \end{bmatrix}$)

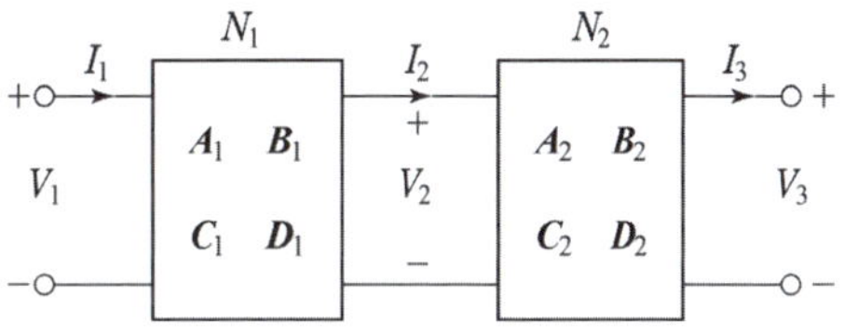

① $A = A_1 + A_2$, $B = B_1 + B_2$

② $A = A_1 A_2$, $B = B_1 B_2$

③ $A = A_1 A_2 + B_2 C_1$, $B = B_1 B_2 + A_2 D_1$

④ $A = A_1 A_2 + B_1 C_2$, $B = A_1 B_2 + B_1 D_2$

**풀이**
$$\begin{bmatrix} A & B \\ C & D \end{bmatrix} = \begin{bmatrix} A_1 & B_1 \\ C_1 & D_1 \end{bmatrix} \begin{bmatrix} A_2 & B_2 \\ C_2 & D_2 \end{bmatrix}$$
$$= \begin{bmatrix} A_1A_2 + B_1C_2 & A_1B_2 + B_1D_2 \\ C_1A_2 + D_1C_2 & C_1B_2 + D_1D_2 \end{bmatrix}$$

**답** ④

**71** 회로에서 인덕터의 양단 전압 $V_L$의 크기는 약 몇 [V]인가?
(단, $V_1 = 100\angle 0°$, $V_2 = 100\angle 60°$)

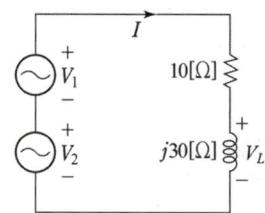

① 164  ② 174
③ 150  ④ 200

**풀이** $V_1$과 $V_2$의 크기가 100 [V]이고, 위상차가 60°이므로 합성전압 $V$는
$V = V_1 + V_2 = 100 + 100\angle 60°$
$\quad = 100 + 100(\cos 60° + j\sin 60°)$
$\quad = 100 + 50 + j50\sqrt{3} = 173.21 [V]$
$I = \dfrac{V}{Z} = \dfrac{173.21}{10 + j30} = \dfrac{173.21}{\sqrt{10^2 + 30^2}} = 5.48 [A]$
$\therefore V_L = X_L I = 30 \times 5.48 = 164 [V]$

**답** ①

# 2022년 회로이론_전기기사·공사기사

문제의 번호는 실제 시험문제의 번호와 같게 하였습니다.
제어공학에 해당하는 문제는 삭제하였습니다.

## 2022년 - 1회_ 전기기사·공사기사

**63** 그림의 신호흐름선도에서 전달함수 $\dfrac{C(s)}{R(s)}$는?

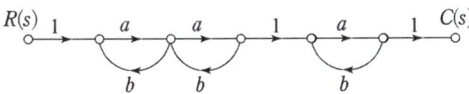

① $\dfrac{a^3}{(1-ab)^3}$  ② $\dfrac{a^3}{1-3ab+a^2b^2}$

③ $\dfrac{a^3}{1-3ab}$  ④ $\dfrac{a^3}{1-3ab+2a^2b^2}$

**풀이**
- 전향경로 이득 : $a \times a \times a = a^3$
- 루프 이득 : $ab,\ ab,\ ab$
- 비접촉 루프 이득 : $ab \times ab = a^2b^2,\ ab \times ab = a^2b^2$

$$\therefore G(s) = \dfrac{C(s)}{R(s)}$$
$$= \dfrac{\sum 전향\ 경로\ 이득}{1 - \sum 루프\ 이득 + \sum 비접촉\ 루프\ 이득}$$
$$= \dfrac{a^3}{1-(ab+ab+ab)+(a^2b^2+a^2b^2)}$$
$$= \dfrac{a^3}{1-3ab+2a^2b^2}$$ **답** ④

**66** 그림과 같은 블록선도의 전달함수 $\dfrac{C(s)}{R(s)}$는?

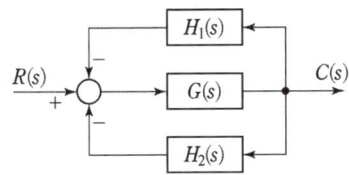

① $\dfrac{G(s)H_1(s)H_2(s)}{1+G(s)H_1(s)H_2(s)}$

② $\dfrac{G(s)}{1+G(s)H_1(s)H_2(s)}$

③ $\dfrac{G(s)}{1-G(s)(H_1(s)+H_2(s))}$

④ $\dfrac{G(s)}{1+G(s)(H_1(s)+H_2(s))}$

**풀이**
- 전향경로 이득 : $G(s)$
- 루프이득 : $-G(s)H_1(s),\ -G(s)H_2(s)$

$$\therefore G(s) = \dfrac{\sum 전향\ 경로\ 이득}{1-\sum 루프이득}$$
$$= \dfrac{G(s)}{1-\{-G(s)H_1(s)-G(s)H_2(s)\}}$$
$$= \dfrac{G(s)}{1+G(s)H_1(s)+G(s)H_2(s)}$$
$$= \dfrac{G(s)}{1+G(s)(H_1(s)+H_2(s))}$$ **답** ④

**68** 블록선도에서 ⓐ에 해당하는 신호는?

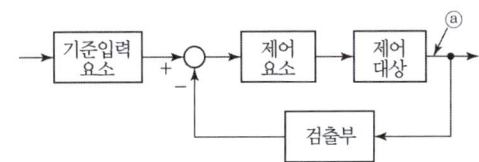

① 조작량  ② 제어량
③ 기준입력  ④ 동작신호

**풀이** 폐루프 제어계의 구성도

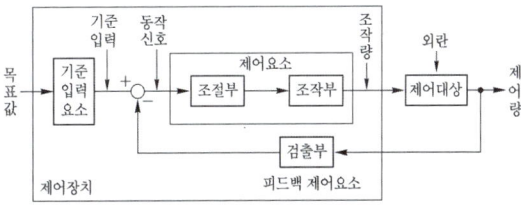

① 조작신호(량) : 제어요소에서 제어대상에 인가되는 신호(량)이다.
② 동작신호 : 기준입력과 주궤환신호와의 편차인 신호로서 제어 동작을 일으키는 원인이 되는 신호이다.
③ 주궤환 신호 : 동작신호를 얻기 위하여 기준입력과 비교되는 신호로서 제어량의 함수 관계가 된다.
④ 기준입력신호 : 제어계를 동작시키는 기준으로서 목표값에 비례하는 신호입력이다.
⑤ 제어량 : 제어계의 출력, 즉 제어된 제어대상의 양이다. **답** ②

**71** $f_e(t)$가 우함수이고 $f_o(t)$가 기함수일 때 주기함수 $f(t) = f_e(t) + f_o(t)$에 대한 다음 식 중 틀린 것은?

① $f_e(t) = f_e(-t)$
② $f_o(t) = -f_o(-t)$
③ $f_o(t) = \frac{1}{2}[f(t) - f(-t)]$
④ $f_e(t) = \frac{1}{2}[f(t) - f(-t)]$

**풀이** $f_e(t) = f_e(-t)$, $f_o(t) = -f_o(-t)$는 옳고
$f(t) = f_e(t) + f_o(t)$이므로

① $\frac{1}{2}[f(t) + f(-t)]$
$= \frac{1}{2}[f_e(t) + f_o(t) + f_e(-t) + f_o(-t)]$
$= \frac{1}{2}[f_e(t) + f_o(t) + f_e(t) - f_o(t)] = f_e(t)$

② $\frac{1}{2}[f(t) - f(-t)]$
$= \frac{1}{2}[f_e(t) + f_o(t) - f_e(-t) - f_o(-t)]$
$= \frac{1}{2}[f_e(t) + f_o(t) - f_e(t) + f_o(t)] = f_o(t)$

가 된다. **답** ④

**72** 그림의 회로에서 120[V]와 30[V]의 전압원(능동소자)에서의 전력은 각각 몇 [W]인가? (단, 전압원(능동소자)에서 공급 또는 발생하는 전력은 양수(+)이고, 수비 또는 흡수하는 전력은 음수(-)이다.)

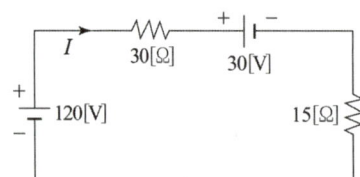

① 240[W], 60[W]   ② 240[W], -60[W]
③ -240[W], 60[W]   ④ -240[W], -60[W]

**풀이**
- 회로에 흐르는 전류 $I = \frac{E}{R} = \frac{120-30}{30+15} = 2[A]$
- 120[V] 전원에서 공급되는 전력
  $P_1 = E_1 I = 120 \times 2 = 240[W]$
- 30[V] 전원에서 흡수되는 전력(전류 방향이 반대)
  $P_2 = E_2 I = 30 \times (-2) = -60[W]$   **답** ②

**73** 3상 평형회로에 $Y$ 결선의 부하가 연결되어 있고, 부하에서의 선간전압이 $V_{ab} = 100\sqrt{3} \angle 0°[V]$일 때 선전류가 $I_a = 20\angle -60°[A]$이었다. 이 부하의 한 상의 임피던스[Ω]는? (단, 3상 전압의 상순은 $a-b-c$이다.)

① $5\angle 30°$   ② $5\sqrt{3}\angle 30°$
③ $5\angle 60°$   ④ $5\sqrt{3}\angle 60°$

**풀이** Y결선에서 선전류($I_l$) = 상전류($I_p$),
선간전압($V_l$) = $\sqrt{3}\times$상전압($V_p$)$\angle 30°$이므로
상전압 $V_p = \frac{V_l}{\sqrt{3}}\angle -30° = \frac{100\sqrt{3}}{\sqrt{3}}\angle -30°$
$= 100\angle -30°[V]$
$\therefore Z = \frac{V_p}{I_p} = \frac{100\angle -30°}{20\angle -60°} = 5\angle 30°[\Omega]$   **답** ①

**74** 각 상의 전압이 다음과 같을 때 영상분 전압[V]의 순시치는? (단, 3상 전압의 상순은 $a-b-c$이다.)

$v_a(t) = 40\sin\omega t[V]$
$v_b(t) = 40\sin\left(\omega t - \frac{\pi}{2}\right)[V]$
$v_c(t) = 40\sin\left(\omega t + \frac{\pi}{2}\right)[V]$

① $40\sin\omega t$
② $\frac{40}{3}\sin\omega t$
③ $\frac{40}{3}\sin\left(\omega t - \frac{\pi}{2}\right)$
④ $\frac{40}{3}\sin\left(\omega t + \frac{\pi}{2}\right)$

**풀이** 순시전압의 최대값을 복소수로 표시하면
$V_a = 40[V]$, $V_b = 40\angle -90° = -j40[V]$,
$V_c = 40\angle 90° = j40[V]$
영상전압
$V_0 = \frac{1}{3}(V_a + V_b + V_c) = \frac{1}{3}(40 - j40 + j40)$
$= \frac{40}{3}[V]$
따라서 영상분 전압의 순시값
$v_0 = \frac{40}{3}\sin\omega t[V]$   **답** ②

**75** 그림과 같이 3상 평형의 순저항 부하에 단상 전력계를 연결하였을 때 전력계가 $W[\text{W}]$를 지시하였다. 이 3상 부하에서 소모하는 전체 전력 [W]은?

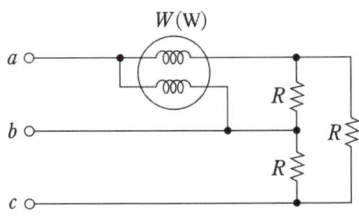

① $2W$　　　② $3W$
③ $\sqrt{2}\,W$　　④ $\sqrt{3}\,W$

**풀이** 그림에서 단상전력 $W = V_l I_l \cos(30° - \theta)$이고, 순 저항 부하($\theta = 0°$)이므로
$$W = V_l I_l \cos 30° = \frac{\sqrt{3}}{2} V_l I_l \,[\text{W}]$$
따라서 3상 전력 $P = \sqrt{3}\,V_l I_l = 2W\,[\text{W}]$ 　**답** ①

**76** 정전용량이 $C[\text{F}]$인 커패시터에 단위 임펄스의 전류원이 연결되어 있다. 이 커패시터의 전압 $v_C(t)$는? (단, $u(t)$는 단위 계단함수이다.)

① $v_C(t) = C$　　② $v_C(t) = Cu(t)$
③ $v_C(t) = \dfrac{1}{C}$　④ $v_C(t) = \dfrac{1}{C}u(t)$

**풀이** 단위 임펄스 함수 $\delta(t)$의 전류원을 접속하면 콘덴서의 전압은
$$V_C(s) = \mathcal{L}\left[\frac{1}{C}\delta(t)\right] = \frac{1}{sC}$$
역라플라스 변환을 하면,
$$v_C(t) = \mathcal{L}^{-1}[v_C(s)] = \mathcal{L}^{-1}\left[\frac{1}{sC}\right] = \frac{1}{C}u(t)$$
(여기서, 라플라스 변환은 $t \geq 0$에서 정의되므로 시간 영역 $t \geq 0$을 의미하는 $u(t)$를 반드시 붙여야 한다.)
　**답** ④

**77** 그림의 회로에서 $t = 0[\text{s}]$에 스위치($S$)를 닫은 후 $t = 1[\text{s}]$일 때 이 회로에 흐르는 전류는 약 몇 [A]인가?

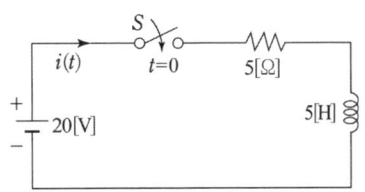

① 2.52　　② 3.16
③ 4.21　　④ 6.32

**풀이** $R-L$ 직렬회로에서의 과도전류
$$i_s = \frac{E}{R}\left(1 - e^{-\frac{R}{L}t}\right) = \frac{20}{5}\left(1 - e^{-\frac{5}{5} \times 1}\right)$$
$$= 2.53[\text{A}]$$ 　**답** ①

**78** 순시치 전류 $i(t) = I_m \sin(\omega t + \theta_I)[\text{A}]$의 파고율은 약 얼마인가?

① 0.577　　② 0.707
③ 1.414　　④ 1.732

**풀이** 정현파 전류의 실효값 $I = \dfrac{I_m}{\sqrt{2}}[\text{A}]$
$$\therefore \text{파고율} = \frac{\text{최댓값}}{\text{실효값}} = \frac{I_m}{\frac{I_m}{\sqrt{2}}} = \sqrt{2} = 1.414[\text{A}]$$ 　**답** ③

**79** 그림의 회로가 정저항 회로로 되기 위한 $L[\text{mH}]$은? (단, $R = 10[\Omega]$, $C = 1000[\mu\text{F}]$이다.)

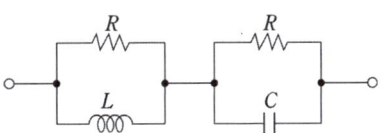

① 1　　② 10
③ 100　④ 1000

**풀이**
- 2단자 구동점 임피던스가 주파수에 관계없이 항상 일정한 순저항으로 될 때의 회로를 정저항 회로라고 한다.
- 정저항 조건은 $R^2 = \dfrac{L}{C}$ 이므로
$$\therefore L = R^2 C = 10^2 \times 1000 \times 10^{-6} = 0.1[\text{H}]$$
$$= 100[\text{mH}]$$ 　**답** ③

**80** 분포정수 회로에 있어서 선로의 단위 길이당 저항이 100[Ω/m], 인덕턴스가 200[mH/m], 누설컨덕턴스가 0.5[℧/m]일 때 일그러짐이 없는 조건(무왜형 조건)을 만족하기 위한 단위 길이당 커패시턴스는 몇 [μF/m]인가?

① 0.001　② 0.1　③ 10　④ 1000

**풀이** 무왜형 조건은 $RC = LG$ 이므로

$$\therefore C = \frac{LG}{R} = \frac{200 \times 10^{-3} \times 0.5}{100} \times 10^6$$
$$= 1000 [\mu F/m]$$

답 ④

## 2022년 2회 _ 전기기사·공사기사

**61** 다음 블록선도의 전달함수 $\left(\frac{C(s)}{R(s)}\right)$는?

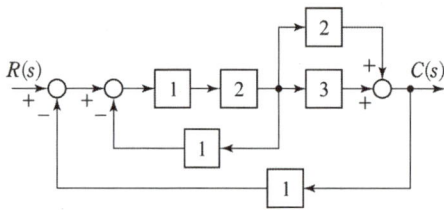

① $\frac{10}{9}$　② $\frac{10}{13}$　③ $\frac{12}{9}$　④ $\frac{12}{13}$

**풀이** 메이슨의 정리에 의해
- 전향경로 이득 : $1 \times 2 \times (2+3) = 10$
- 루프 이득 : $-1 \times 2 \times 1 = -2$
  $\quad\quad\quad -1 \times 2 \times 3 \times 1 = -6$
  $\quad\quad\quad -1 \times 2 \times 2 \times 1 = -4$

$$\therefore G(s) = \frac{\sum 전향 경로 이득}{1-\sum 루프이득}$$
$$= \frac{10}{1-(-2-6-4)} = \frac{10}{13}$$

답 ②

**69** 그림의 신호흐름선도를 미분방정식으로 표현한 것으로 옳은 것은? (단, 모든 초기 값은 0이다.)

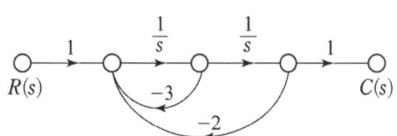

① $\dfrac{d^2c(t)}{dt^2} + 3\dfrac{dc(t)}{dt} + 2c(t) = r(t)$

② $\dfrac{d^2c(t)}{dt^2} + 2\dfrac{dc(t)}{dt} + 3c(t) = r(t)$

③ $\dfrac{d^2c(t)}{dt^2} - 3\dfrac{dc(t)}{dt} - 2c(t) = r(t)$

④ $\dfrac{d^2c(t)}{dt^2} - 2\dfrac{dc(t)}{dt} - 3c(t) = r(t)$

**풀이** 전향경로 이득 : $\dfrac{1}{s} \cdot \dfrac{1}{s} = \dfrac{1}{s^2}$

루프 이득 : $-\dfrac{3}{s}$, $-2 \cdot \dfrac{1}{s} \cdot \dfrac{1}{s} = -\dfrac{2}{s^2}$

$$G(s) = \frac{C(s)}{R(s)} = \frac{\sum 전향 경로 이득}{1-\sum 루프이득} = \frac{\dfrac{1}{s^2}}{1-\dfrac{3}{s}-\dfrac{2}{s^2}}$$

$$= \frac{1}{s^2+3s+2}$$

$\to (s^2+3s+2)C(s) = R(s)$

위 식을 역라플라스 변환하면

$$\therefore \frac{d^2c(t)}{dt^2} + 3\frac{dc(t)}{dt} + 2c(t) = r(t)$$

답 ①

**71** 회로에서 6[Ω]에 흐르는 전류[A]는?

① 2.5
② 5
③ 7.5
④ 10

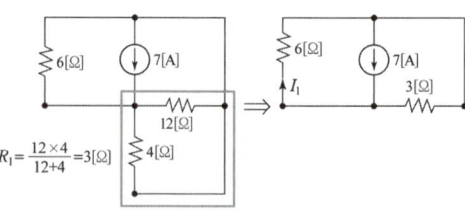

**풀이** 중첩의 원리
여러 개의 전원(전압원 또는 전류원)이 함께 존재하는 경우 한 개의 전원을 취하고, 나머지 전압원은 단락, 나머지 전류원은 개방한다.

① 7[A] 전류원을 취한 경우

$R_1 = \dfrac{12 \times 4}{12+4} = 3[\Omega]$

전류 분배 법칙에 의해 $I_1 = \dfrac{3}{6+3} \times 7 = 2.33[A]$

② 8[A] 전류원을 취한 경우

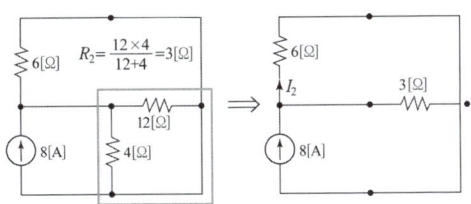

전류 분배 법칙에 의해 $I_1 = \dfrac{3}{6+3} \times 8 = 2.67[A]$

③ 6[Ω]에는 같은 방향의 전류가 흐르므로,
$\therefore I = I_1 + I_2 = 2.33 + 2.67 = 5[A]$ **답** ②

## 72
$RL$ 직렬회로에서 시정수가 0.03[s], 저항이 14.7[Ω]일 때 이 회로의 인덕턴스[mH]는?

① 441　　② 362
③ 17.6　　④ 2.53

**풀이** $RL$ 직렬회로의 시정수 $\tau = \dfrac{L}{R}$[s]이므로

따라서 인덕턴스
$L = \tau R = 0.03 \times 14.7 = 0.441[H] = 441[mH]$ **답** ①

## 73
상의 순서가 $a-b-c$인
불평형 3상 교류회로에서 각 상의 전류가
$I_a = 7.28 \angle 15.95°[A]$,
$I_b = 12.81 \angle -128.66°[A]$,
$I_c = 7.21 \angle 123.69°[A]$일 때
역상분 전류는 약 몇 [A]인가?

① $8.95 \angle -1.14°$
② $8.95 \angle 1.14°$
③ $2.51 \angle -96.55°$
④ $2.51 \angle 96.55°$

**풀이** $I_2 = \dfrac{1}{3}(I_a + a^2 I_b + a I_c)$
$= \dfrac{1}{3}\{7.28 \angle 15.95° + (1 \angle -120°)(12.81 \angle -128.66°)$
$\qquad + (1 \angle 120°)(7.21 \angle 123.69°)\}$
$= 2.51 \angle 96.55°[A]$ **답** ④

## 74
그림과 같은 T형 4단자 회로의 임피던스 파라미터 $Z_{22}$는?

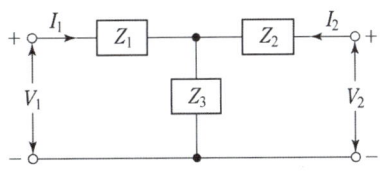

① $Z_3$　　② $Z_1 + Z_2$
③ $Z_1 + Z_3$　　④ $Z_2 + Z_3$

**풀이** 임피던스 파라미터
$Z_{11} = \dfrac{V_1}{I_1}\bigg|_{I_2 = 0} = Z_1 + Z_3$, $Z_{12} = \dfrac{V_1}{I_2}\bigg|_{I_1 = 0} = Z_3$

$Z_{21} = \dfrac{V_2}{I_1}\bigg|_{I_2 = 0} = Z_3$, $\mathbf{Z_{22}} = \dfrac{V_2}{I_2}\bigg|_{I_1 = 0} = \mathbf{Z_2 + Z_3}$

**답** ④

## 75
그림과 같은 부하에
선간전압이 $V_{ab} = 100 \angle 30°[V]$인
평형 3상 전압을 가했을 때 선전류 $I_a$[A]는?

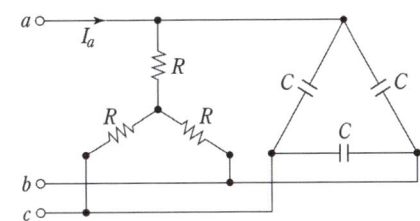

① $\dfrac{100}{\sqrt{3}}\left(\dfrac{1}{R} + j3\omega C\right)$　② $100\left(\dfrac{1}{R} + j\sqrt{3}\omega C\right)$

③ $\dfrac{100}{\sqrt{3}}\left(\dfrac{1}{R} + j\omega C\right)$　④ $100\left(\dfrac{1}{R} + j\omega C\right)$

**풀이**
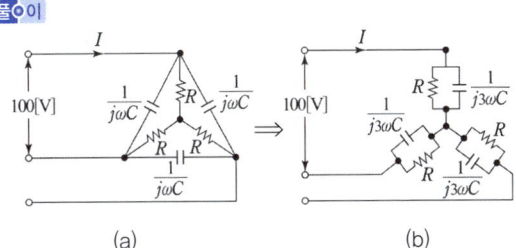

(a)　　　　　(b)

어드미턴스 $Y_p = \dfrac{1}{R} + \dfrac{1}{\dfrac{1}{j3\omega C}} = \dfrac{1}{R} + j3\omega C\,[\mho]$

$\therefore I = V_p Y_p = \dfrac{100}{\sqrt{3}}\left(\dfrac{1}{R} + j3\omega C\right)[A]$ **답** ①

## 76
분포정수로 표현된 선로의 단위 길이당 저항이 0.5[Ω/km], 인덕턴스가 1[μH/km], 커패시턴스가 6[μF/km]일 때 일그러짐이 없는 조건(무왜형 조건)을 만족하기 위한 단위 길이당 컨덕턴스[℧/km]는?

① 1  ② 2  ③ 3  ④ 4

**풀이** 무왜형 조건은 $RC = LG$이므로
따라서 컨덕턴스
$G = \dfrac{RC}{L} = \dfrac{0.5 \times 6 \times 10^{-6}}{1 \times 10^{-6}} = 3[\mho/\text{km}]$  **답** ③

## 77
그림 (a)의 Y결선 회로를 그림 (b)의 △결선 회로로 등가 변환했을 때 $R_{ab}$, $R_{bc}$, $R_{ca}$는 각각 몇 [Ω]인가?
(단, $R_a = 2[\Omega]$, $R_b = 3[\Omega]$, $R_c = 4[\Omega]$)

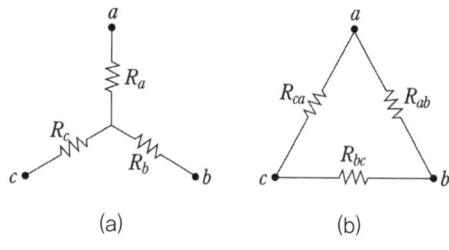

① $R_{ab} = \dfrac{6}{9}$, $R_{bc} = \dfrac{12}{9}$, $R_{ca} = \dfrac{8}{9}$

② $R_{ab} = \dfrac{1}{3}$, $R_{bc} = 1$, $R_{ca} = \dfrac{1}{2}$

③ $R_{ab} = \dfrac{13}{2}$, $R_{bc} = 13$, $R_{ca} = \dfrac{26}{3}$

④ $R_{ab} = \dfrac{11}{3}$, $R_{bc} = 11$, $R_{ca} = \dfrac{11}{2}$

**풀이**
- $R_{ab} = \dfrac{R_a R_b + R_b R_c + R_c R_a}{R_c}$
  $= \dfrac{2\times 3 + 3\times 4 + 4\times 2}{4} = \dfrac{13}{2}[\Omega]$

- $R_{bc} = \dfrac{R_a R_b + R_b R_c + R_c R_a}{R_a}$
  $= \dfrac{2\times 3 + 3\times 4 + 4\times 2}{2} = 13[\Omega]$

- $R_{ca} = \dfrac{R_a R_b + R_b R_c + R_c R_a}{R_b}$
  $= \dfrac{2\times 3 + 3\times 4 + 4\times 2}{3} = \dfrac{26}{3}[\Omega]$  **답** ③

## 78
다음과 같은 비정현파 교류 전압 $v(t)$와 전류 $i(t)$에 의한 평균전력은 약 몇 [W]인가?

$v(t) = 200\sin 100\pi t + 80\sin\left(300\pi t - \dfrac{\pi}{2}\right)[V]$

$i(t) = \dfrac{1}{5}\sin\left(100\pi t - \dfrac{\pi}{3}\right) + \dfrac{1}{10}\sin\left(300\pi t - \dfrac{\pi}{4}\right)[A]$

① 6.414  ② 8.586
③ 12.828  ④ 24.212

**풀이** 비정현파 전압과 전류가 주어지는 경우 전력은 같은 고조파 성분으로 구한다.(주파수가 다르면 전력은 존재하지 않는다).

$\therefore P = V_1 I_1 \cos\theta_1 + V_3 I_3 \cos\theta_3$
$= \dfrac{200}{\sqrt{2}} \cdot \dfrac{1}{5\sqrt{2}} \cdot \cos 60° + \dfrac{80}{\sqrt{2}} \cdot \dfrac{1}{10\sqrt{2}} \cdot \cos 45°$
$= 12.828[W]$  **답** ③

## 79
회로에서 $I_1 = 2e^{-j\frac{\pi}{6}}[A]$, $I_2 = 5e^{j\frac{\pi}{6}}[A]$, $I_3 = 5.0[A]$, $Z_3 = 1.0[\Omega]$일 때 부하($Z_1$, $Z_2$, $Z_3$) 전체에 대한 복소 전력은 약 몇 [VA]인가?
(단, 전류공액을 취하도록 한다.)

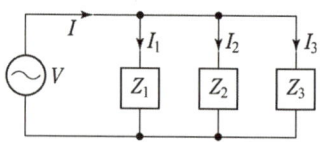

① $55.3 - j7.5$  ② $55.3 + j7.5$
③ $45 - j26$  ④ $45 + j26$

**풀이**
$I = I_1 + I_2 + I_3 = 2e^{-j\frac{\pi}{6}} + 5e^{j\frac{\pi}{6}} + 5$
$= 2\left(\cos\dfrac{\pi}{6} - j\sin\dfrac{\pi}{6}\right) + 5\left(\cos\dfrac{\pi}{6} + j\sin\dfrac{\pi}{6}\right) + 5$
$= 11.06 + j1.5[A]$

$V = I_3 Z_3 = 5 \times 1 = 5[V]$
$\therefore P_a = \overline{V}I = 5(11.06 - j1.5)$
$= 55.3 - j7.5[VA]$     답 ①

**80** $f(t) = \mathcal{L}^{-1}\left[\dfrac{s^2+3s+2}{s^2+2s+5}\right]$ 는?

① $\delta(t) + e^{-t}(\cos 2t - \sin 2t)$
② $\delta(t) + e^{-t}(\cos 2t + 2\sin 2t)$
③ $\delta(t) + e^{-t}(\cos 2t - 2\sin 2t)$
④ $\delta(t) + e^{-t}(\cos 2t + \sin 2t)$

**풀이**
$f(t) = \mathcal{L}^{-1}\left[\dfrac{s^2+3s+2}{s^2+2s+5}\right] = \mathcal{L}^{-1}\left[1 + \dfrac{s-3}{s^2+2s+5}\right]$
$= \mathcal{L}^{-1}\left[1 + \dfrac{s-3}{(s+1)^2+2^2}\right]$
$= \mathcal{L}^{-1}\left[1 + \dfrac{s+1}{(s+1)^2+2^2} - 2\dfrac{2}{(s+1)^2+2^2}\right]$
$= \delta(t) + e^{-t}\cos 2t - 2e^{-t}\sin 2t$
$= \delta(t) + e^{-t}(\cos 2t - 2\sin 2t)$     답 ③

---

## 2022년 — 3회 _ 전기기사 (CBT 복원)

**62** 블록선도의 전달함수가 $\dfrac{C(s)}{R(s)} = 10$ 과 같이 되기 위한 조건은?

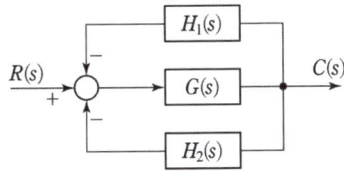

① $G(s) = \dfrac{1}{1 - H_1(s) - H_2(s)}$
② $G(s) = \dfrac{10}{1 - H_1(s) - H_2(s)}$
③ $G(s) = \dfrac{1}{1 - 10H_1(s) - 10H_2(s)}$
④ $G(s) = \dfrac{10}{1 - 10H_1(s) - 10H_2(s)}$

**풀이** ① 전달함수로 나타내면
$(R - CH_1 - CH_2)G = C$
$RG = C(1 + H_1 G + H_2 G)$
$\therefore \dfrac{C}{R} = \dfrac{G}{1 + H_1 G + H_2 G}$

② 블록선도의 전달함수가 10이 되어야 하므로
$\dfrac{G}{1 + H_1 G + H_2 G} = 10$
$G = 10(1 + H_1 G + H_2 G) = 10 + 10H_1 G + 10H_2 G$
$G - 10H_1 G - 10H_2 G = G(1 - 10H_1 - 10H_2) = 10$
$\therefore G(s) = \dfrac{10}{1 - 10H_1(s) - 10H_2(s)}$     답 ④

**63** 회로에서 $t = 0$ 초에 전압 $v_1(t) = e^{-4t}[V]$를 인가하였을 때 $v_2(t)$는 몇 [V]인가?
(단, $R = 2[\Omega]$, $L = 1[H]$이다.)

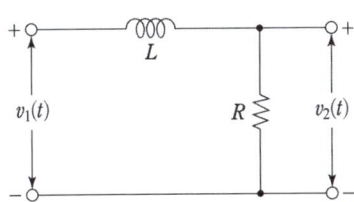

① $e^{-2t} - e^{-4t}$
② $2e^{-2t} - 2e^{-4t}$
③ $-2e^{-2t} + 2e^{-4t}$
④ $-2e^{-2t} - 2e^{-4t}$

**풀이** ① $V_1(s) = \mathcal{L}[v_1(t)] = \mathcal{L}[e^{-4t}] = \dfrac{1}{s+4}$

② $\dfrac{V_2(s)}{V_1(s)} = \dfrac{R}{R + Ls} = \dfrac{2}{s+2}$
$V_2(s) = \dfrac{2}{s+2} V_1(s) = \dfrac{2}{(s+2)(s+4)}$

③ $V_2(s) = \dfrac{2}{(s+2)(s+4)} = \dfrac{K_1}{s+2} + \dfrac{K_2}{s+4}$
$K_1 = \lim_{s \to -2}(s+2) \cdot V_2(s) = \left[\dfrac{2}{s+4}\right]_{s=-2} = 1$
$K_2 = \lim_{s \to -4}(s+4) \cdot V_2(s) = \left[\dfrac{1}{s+2}\right]_{s=-4} = -1$
$V_2(s) = \dfrac{1}{s+2} - \dfrac{1}{s+4}$
$\therefore v_2(t) = \mathcal{L}^{-1}\left[\dfrac{2}{(s+2)(s+4)}\right]$
$= \mathcal{L}^{-1}\left[\dfrac{1}{s+2} - \dfrac{1}{s+4}\right]$
$= e^{-2t} - e^{-4t}[V]$     답 ①

**65** 그림과 같은 높이가 1인 펄스의 라플라스 변환은?

① $\dfrac{1}{s}(e^{-as}+e^{-bs})$

② $\dfrac{1}{s}(e^{-as}-e^{-bs})$

③ $\dfrac{1}{a-b}\left(\dfrac{e^{-as}+e^{-bs}}{s}\right)$

④ $\dfrac{1}{a-b}\left(\dfrac{e^{as}-e^{-bs}}{s}\right)$

**풀이** $f(t)=1\cdot\{u(t-a)-u(t-b)\}$
$\therefore F(s)=\mathcal{L}[f(t)]=\mathcal{L}[u(t-a)]-\mathcal{L}[u(t-b)]$
$=\dfrac{e^{-as}}{s}-\dfrac{e^{-bs}}{s}=\dfrac{1}{s}(e^{-as}-e^{-bs})$  답 ②

**70** 테브낭 정리를 사용하여 그림 (a)의 회로를 그림 (b)와 같이 등가회로로 만들고자 할 때 $V$[V]와 $R$[Ω]의 값은?

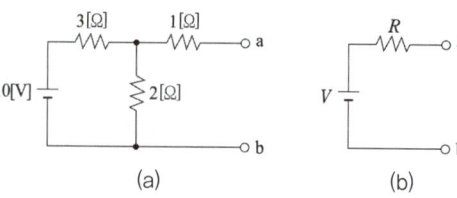

(a)　　　(b)

① $V=5$[V], $R=0.6$[Ω]
② $V=2$[V], $R=2$[Ω]
③ $V=6$[V], $R=2.2$[Ω]
④ $V=4$[V], $R=2.2$[Ω]

**풀이** $R_1=3$[Ω], $R_2=2$[Ω], $R_3=1$[Ω]라고 하면
- 개방된 a, b 단자에 걸리는 등가전압
$V=\dfrac{R_2}{R_1+R_2}E=\dfrac{2}{3+2}\times10=4$[V]
- 전압원을 단락하고 a, b 단자에서 본 등가저항
$R=1+\dfrac{3\times2}{3+2}=2.2$[Ω]  답 ④

**71** $8+j6$[Ω]인 임피던스에 $13+j20$[V]의 전압을 인가할 때 복소전력은 약 몇 [VA]인가? (단, 전류공액을 한다.)

① $12.7+j34.1$　② $12.7+j55.5$
③ $45.5+j34.1$　④ $45.5+j55.5$

**풀이** 전류 $I=\dfrac{V}{Z}=\dfrac{13+j20}{8+j6}=\dfrac{(13+j20)(8-j6)}{(8+j6)(8-j6)}$
$=2.24+j0.82$[A]
$\therefore P_a=VI^*=(13+j20)(2.24-j0.82)$
$=45.5+j34.1$[VA]  답 ③

**72** 그림과 같은 신호흐름선도에서 전달함수 $\dfrac{C}{R}$는?

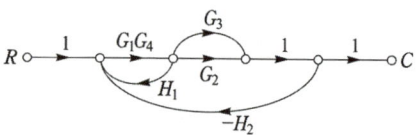

① $\dfrac{G_1G_4(G_2+G_3)}{1+G_1G_4H_1+G_1G_4(G_2+G_3)H_2}$

② $\dfrac{G_1G_4(G_2+G_3)}{1-G_1G_4H_1+G_1G_4(G_3+G_2)H_2}$

③ $\dfrac{G_1G_2+G_3G_4}{1+G_1G_3G_4H_2+G_1G_2H_1}$

④ $\dfrac{G_1G_2-G_3G_4}{1-G_1G_2H_1+G_1G_3G_4H_2}$

**풀이** $G_1'=G_1G_2G_4$, $\Delta_1=1$, $G_2'=G_1G_2G_3$, $\Delta_2=1$
$L_{11}=G_1G_4H_1$, $L_{21}=-G_1G_2G_4H_2$,
$L_{31}=-G_1G_3G_4H_2$, $\Delta=1-(L_{11}+L_{21}+L_{31})$
$\therefore \dfrac{C}{R}=\dfrac{G_1'\Delta_1+G_2'\Delta_2}{\Delta}$
$=\dfrac{G_1G_2G_4+G_1G_3G_4}{1-G_1G_4H_1+G_1G_2G_4H_2+G_1G_3G_4H_2}$
$=\dfrac{G_1G_4(G_2+G_3)}{1-G_1G_4H_1+G_1G_4(G_2+G_3)H_2}$

**별해** 전향경로 이득 : $G_1G_2G_3$, $G_1G_2G_4$
루프 이득 : $G_1G_4H_1$, $-G_1G_2G_4H_2$, $-G_1G_3G_4H_2$
$G(s)=\dfrac{\sum 전향 경로 이득}{1-\sum 루프이득}$
$=\dfrac{G_1G_2G_4+G_1G_3G_4}{1-G_1G_4H_1+G_1G_2G_4H_2+G_1G_3G_4H_2}$
$=\dfrac{G_1G_4(G_2+G_3)}{1-G_1G_4H_1+G_1G_4(G_2+G_3)H_2}$  답 ②

**73** 그림과 같이 △회로를 Y회로로 등가 변환하였을 때 임피던스 $Z_a[\Omega]$는?

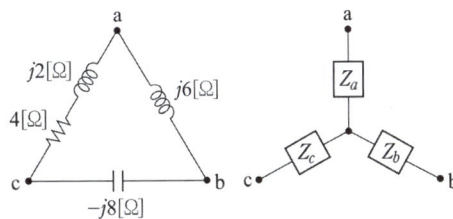

① 12
② $-3+j6$
③ $4-j8$
④ $6+j8$

**풀이** $\therefore Z_a = \dfrac{Z_1 Z_2}{Z_1 + Z_2 + Z_3} = \dfrac{(4+j2) \times j6}{(4+j2) + j6 - j8}$
$= -3 + j6[\Omega]$

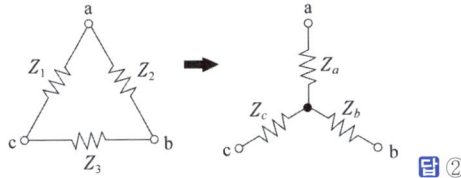

**답** ②

**74** 선간전압이 200[V], 선전류가 $10\sqrt{3}$ [A], 부하역률이 80[%]인 평형 3상회로의 무효전력 [Var]은?

① 3600
② 3000
③ 2400
④ 1800

**풀이** 무효율 $\sin\theta = \sqrt{1-\cos^2\theta} = \sqrt{1-0.8^2} = 0.6$
따라서 무효전력
$P_r = \sqrt{3}\, VI \sin\theta = \sqrt{3} \times 200 \times 10\sqrt{3} \times 0.6$
$= 3600[\text{Var}]$   **답** ①

**75** 선로의 임피던스 $Z = R + j\omega L[\Omega]$, 병렬 어드미턴스 $Y = G + j\omega C[\mho]$일 때 선로의 저항 $R$과 컨덕턴스 $G$가 동시에 0이 되었을 때, 전파정수는?

① $j\omega\sqrt{LC}$
② $j\omega\sqrt{\dfrac{C}{L}}$
③ $j\omega\sqrt{L^2 C}$
④ $j\omega\sqrt{\dfrac{L}{C^2}}$

**풀이** $R = G = 0$이므로,
전파정수 $\gamma = \sqrt{ZY} = \sqrt{(R+j\omega L)(G+j\omega C)}$
$= \sqrt{j\omega L \cdot j\omega C} = j\omega\sqrt{LC}$   **답** ①

**76** 직렬로 유도결합 된 회로이다. 단자 a–b에서 본 등가임피던스 $Z_{ab}$를 나타낸 식은?

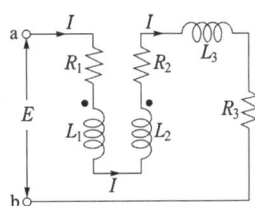

① $R_1 + R_2 + R_3 + j\omega(L_1 + L_2 - 2M)$
② $R_1 + R_2 + j\omega(L_1 + L_2 + 2M)$
③ $R_1 + R_2 + R_3 + j\omega(L_1 + L_2 + L_3 + 2M)$
④ $R_1 + R_2 + R_3 + j\omega(L_1 + L_2 + L_3 - 2M)$

**풀이** 유도결합회로의 상호인덕턴스 $M$은 두 코일의 자기 인덕턴스 $L_1$, $L_2$에 대한 등가 인덕턴스를 계산함으로서 산출할 수 있다.

1) $M > 0$일 때의 등가 인덕턴스 $L^+$($L_1$, $L_2$에 흘러 들어가는 전류의 방향이 모두 dot 방향)

$L^+ = L_1 + L_2 + 2M$

2) $M < 0$일 때의 등가 인덕턴스 $L^-$ (전류의 방향이 $L_1$에는 dot 방향, $L_2$에는 dot 반대방향)

$L^- = L_1 + L_2 - 2M$

따라서, $L_0 = L_1 + L_2 \pm 2M$에서 $L_1$과 $L_2$에 흐르는 전류가 다른 방향으로 유입하므로 $M$의 부호는 –이다.   **답** ④

**78** 대칭 $n$ 상에서 선전류와 상전류 사이의 위상차 [rad]는?

① $\dfrac{n}{2}\left(1 - \dfrac{\pi}{2}\right)$
② $\dfrac{\pi}{2}\left(1 - \dfrac{n}{2}\right)$
③ $2\left(1 - \dfrac{\pi}{n}\right)$
④ $\dfrac{\pi}{2}\left(1 - \dfrac{2}{n}\right)$

**풀이**
- 대칭 $n$상 성형결선 : 선간전압이 상전압보다 $\dfrac{\pi}{2}\left(1-\dfrac{2}{n}\right)$[rad]만큼 앞선다.
- 대칭 $n$상 환상결선 : 선전류가 상전류보다 $\dfrac{\pi}{2}\left(1-\dfrac{2}{n}\right)$[rad]만큼 늦다.   답 ④

**79** $RL$ 직렬회로에서 시정수가 0.03[sec], 저항이 14.7[Ω]일 때 코일의 인덕턴스[mH]는?
① 441  ② 362
③ 17.6  ④ 2.53

**풀이** $R-L$ 직렬회로에서 시정수 $\tau=\dfrac{L}{R}$[s]
$\therefore L=\tau\times R=0.03\times 14.7=0.441$[H]
$=441$[mH]   답 ①

**80** 그림과 같은 회로에 주파수 60[Hz], 교류 전압 200[V]의 전원이 인가되었다. $R$의 전력손실을 $L=0$인 때의 $\dfrac{1}{2}$로 하면 $L$의 크기는 약 몇 [H]인가? 단, $R=600$[Ω]이다.

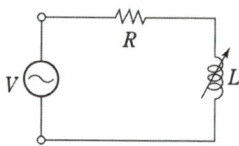

① 0.59  ② 1.59
③ 3.62  ④ 4.62

**풀이**
- $L=0$일 때의 전력손실 $P_1=\dfrac{V^2}{R}$
- $R-L$ 직렬회로에서 전력손실 $P_2=\left(\dfrac{V}{\sqrt{R^2+\omega^2L^2}}\right)^2 R$

문제에서 $\dfrac{1}{2}P_1=P_2$ 이므로
$\dfrac{1}{2}\cdot\dfrac{V^2}{R}=\left(\dfrac{V}{\sqrt{R^2+\omega^2L^2}}\right)^2 R$
$\dfrac{1}{2R}=\dfrac{R}{R^2+\omega^2L^2}$, $2R^2=R^2+\omega^2L^2$, $R=\omega L$

따라서,
$L=\dfrac{R}{\omega}=\dfrac{R}{2\pi f}=\dfrac{600}{2\times 3.14\times 60}=1.59$[H]   답 ②

---

## 2022년 — 4회 _ 공사기사 (CBT 복원)

**61** 라플라스 변환함수 $F(s)=\dfrac{s+2}{s^2+4s+13}$에 대한 역변환 함수 $f(t)$는?
① $e^{-2t}\cos 3t$   ② $e^{-3t}\sin 2t$
③ $e^{3t}\cos 2t$    ④ $e^{2t}\sin 3t$

**풀이** $F(s)=\dfrac{s+2}{s^2+4s+13}=\dfrac{s+2}{s^2+4s+4+9}=\dfrac{s+2}{(s+2)^2+3^2}$
이므로
$\therefore f(t)=e^{-2t}\cos 3t$ 가 된다.   답 ①

**62** 평형 3상 3선식 회로가 있다. 부하는 Y결선이고 $V_{ab}=100\sqrt{3}\angle 0°$[V]일 때 $I_a=20\angle -120°$[A]이었다. Y결선된 부하 한 상의 임피던스는 몇 [Ω]인가?
① $5\angle 60°$   ② $5\sqrt{3}\angle 60°$
③ $5\angle 90°$   ④ $5\sqrt{3}\angle 90°$

**풀이** Y결선에서 선전류 = 상전류,
선간 전압 = $\sqrt{3}\times$상전압 $\angle 30°$ 이므로
상전압 $V_a=\dfrac{V_{ab}}{\sqrt{3}}\angle -30°=\dfrac{100\sqrt{3}}{\sqrt{3}}\angle -30°$
$=100\angle -30°$[V]
$\therefore Z_a=\dfrac{V_a}{I_a}=\dfrac{100\angle -30°}{20\angle -120°}=5\angle 90°$[Ω]   답 ③

**63** 적분 요소의 전달 함수는?
① $K$              ② $\dfrac{K}{1+Ts}$
③ $\dfrac{1}{Ts}$   ④ $Ts$

**풀이** 비례요소 : $K$, 미분요소 : $Ts$, 적분요소 : $\dfrac{1}{Ts}$
1차 지연요소 : $\dfrac{K}{Ts+1}$,
2차 지연요소 : $\dfrac{\dfrac{1}{K}}{T^2s^2+2\delta Ts+1}$   답 ③

**64** 제어계의 미분 방정식이

$$\frac{d^3c(t)}{dt^3}+4\frac{d^2c(t)}{dt^2}+5\frac{dc(t)}{dt}+c(t)=5\gamma(t)$$

로 주어졌을 때 전달 함수를 구하면?

㉮ $\dfrac{C(s)}{R(s)}=\dfrac{5}{s^3+4s^2+5s+1}$

㉯ $\dfrac{C(s)}{R(s)}=\dfrac{s^3+4s^2+5s+1}{5s}$

㉰ $\dfrac{C(s)}{R(s)}=\dfrac{5s}{s^3+4s^2+5s+1}$

㉱ $\dfrac{C(s)}{R(s)}=s^3+4s^2+5s+1$

**[풀이]**
$\{s^3C(s)-s^2c(0)-sc'(0)-c''(0)\}$
$+\{4s^2C(s)-sc(0)-c'(0)\}+\{5sC(s)-c(0)\}$
$+C(s)=5R(s)$
모든 초기값을 0으로 하고 라플라스 변환하면,
$s^3C(s)+4s^2C(s)+5sC(s)+C(s)=5R(s)$
$C(s)(s^3+4s^2+5s+1)=5R(s)$
$\therefore \dfrac{C(s)}{R(s)}=\dfrac{5}{s^3+4s^2+5s+1}$  **답 ①**

**70** 그림과 같은 평형 3상 회로에서 전원 전압이 $V_{ab}=200[V]$이고 부하 한 상의 임피던스가 $Z=4+j3[\Omega]$인 경우 전원과 부하 사이 선전류 $I_a$는 약 몇 [A]인가?

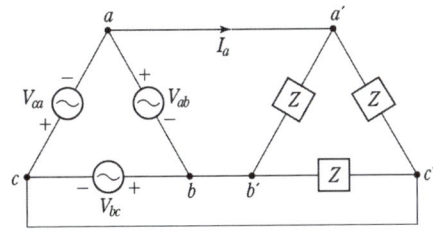

① $40\sqrt{3}\angle 36.87°$
② $40\sqrt{3}\angle -36.87°$
③ $40\sqrt{3}\angle 66.87°$
④ $40\sqrt{3}\angle -66.87°$

**[풀이]**
- 전원과 부하가 다 같이 △결선이므로
상전류 $I_p=\dfrac{V}{Z}=\dfrac{200}{\sqrt{4^2+3^2}}=40[A]$
위상차 $\theta=\tan^{-1}\dfrac{X_L}{R}=\tan^{-1}\dfrac{3}{4}=36.87°$
임피던스 $Z=4+j3[\Omega]$에서 허수($j$)의 부호가 '+'이므로 전류는 전압보다 위상이 느리다(유도성 회로).
- △결선시 선전류는 각 상전류에 비해 크기는 $\sqrt{3}$배 크며, 위상은 30° 느리다.
따라서 선전류
$I_a=\sqrt{3}I_p=40\sqrt{3}\angle -30°-36.87°$
$=40\sqrt{3}\angle -66.87°[A]$  **답 ④**

**71** $\dfrac{k}{s+a}$인 전달함수를 신호 흐름선도로 표시하면?

① 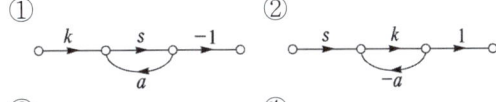  ②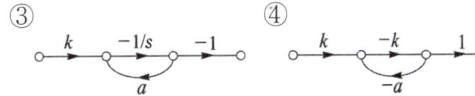

③  ④ 

**[풀이]** ① $\dfrac{-ks}{1-as}$  ② $\dfrac{ks}{1+ak}$  ③ $\dfrac{k}{s+a}$  ④ $\dfrac{-ks}{1-ak}$  **답 ③**

**72** 그림과 같은 회로에서 전압 $v[V]$는?

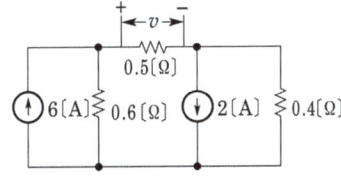

① 약 0.93  ② 약 0.6
③ 약 1.47  ④ 약 1.5

**[풀이]** 6[A]의 전류원을 $I'$, 2[A] 전류원을 $I''$라 할 때
$I'=\dfrac{R_1}{R_1+R_2}I=\dfrac{0.6}{0.6+(0.5+0.4)}\times 6=2.4[A]$
$I''=\dfrac{R_2}{R_1+R_2}I=\dfrac{0.4}{1.1+0.4}\times 2=0.53[A]$
$v=(2.4+0.53)\times 0.5≒1.47[V]$  **답 ③**

**73** 그림의 2단자 회로에서, $L = 100$[mH], $C = 10$[$\mu$F]일 때 주파수에 무관한 정저항 회로가 되려면 저항 $R$의 크기[$\Omega$]는?

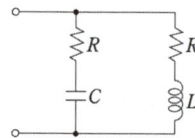

① 100　　② 147
③ 236　　④ 10,000

**풀이**  정저항 회로조건 $R = \sqrt{\dfrac{L}{C}}$ 이므로

$$\therefore R = \sqrt{\dfrac{100 \times 10^{-3}}{10 \times 10^{-6}}} = 100[\Omega]$$

**답** ①

**75** 불평형 3상 전류 $I_a = 15 + j2$[A], $I_b = -20 - j14$[A], $I_c = -3 + j10$[A]일 때 정상분 전류 $I$[A]는?

① $1.91 + j6.24$
② $-2.67 - j0.67$
③ $15.7 - j3.57$
④ $18.4 + j12.3$

**풀이**
$$I_1 = \dfrac{1}{3}(I_a + aI_b + a^2 I_c)$$
$$= \dfrac{1}{3}\left\{(15+j2) + \left(-\dfrac{1}{2} + j\dfrac{\sqrt{3}}{2}\right)(-20-j14)\right.$$
$$\left.+ \left(-\dfrac{1}{2} - j\dfrac{\sqrt{3}}{2}\right)(-3+j10)\right\}$$
$$= 15.7 - j3.57\,[\text{A}]$$

**답** ③

**76** $\dot{V} = 50\sqrt{3} + j50$[V], $\dot{I} = 15\sqrt{3} - j15$[A]일 때 전력[W]과 무효전력[Var]은?

① $\begin{cases} 3{,}000 \\ 1{,}500 \end{cases}$　② $\begin{cases} 1{,}500 \\ 1{,}500\sqrt{3} \end{cases}$
③ $\begin{cases} 750 \\ 750\sqrt{3} \end{cases}$　④ $\begin{cases} 2{,}250 \\ 1{,}500\sqrt{3} \end{cases}$

**풀이** $P = \overline{V}I = V\overline{I}$
$= (50\sqrt{3} + j50) \times (15\sqrt{3} + j15)$
$= 1{,}500 + j1{,}500\sqrt{3}$ [VA]

**답** ②

**77** $R-L-C$ 직렬회로에서 회로 저항값이 다음의 어느 값이어야 이 회로가 임계적으로 제동되는가?

① $\sqrt{\dfrac{L}{C}}$　　② $2\sqrt{\dfrac{L}{C}}$
③ $\dfrac{1}{\sqrt{CL}}$　　④ $2\sqrt{\dfrac{C}{L}}$

**풀이** 임계제동 조건 $\left(\dfrac{R}{2L}\right)^2 - \dfrac{1}{LC} = 0$ 에서

$R = 2\sqrt{\dfrac{L}{C}}$ 또는 $R^2 = \dfrac{4L}{C}$

| 조건 | 특성 |
|---|---|
| $R > 2\sqrt{\dfrac{L}{C}}$ | 과제동(비진동적) |
| $R = 2\sqrt{\dfrac{L}{C}}$ | 임계제동(진동) |
| $R < 2\sqrt{\dfrac{L}{C}}$ | 부족제동(진동적) |

**답** ②

**78** 그림과 같은 블록선도에서 전달함수 $\dfrac{C(s)}{R(s)}$를 구하면?

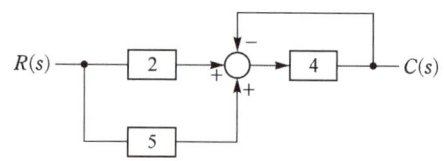

① $\dfrac{1}{8}$　② $\dfrac{5}{28}$　③ $\dfrac{28}{5}$　④ 8

**풀이** 블록선도

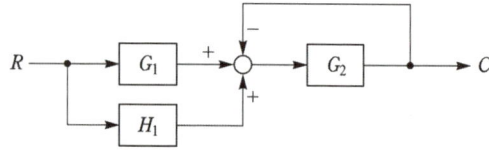

$(RG_1 + RH_1 - C)G_2 = C$
$RG_1 G_2 + RH_1 G_2 - CG_2 = C$
$R(G_1 G_2 + H_1 G_2) = C(1 + G_2)$
$G(s) = \dfrac{C}{R} = \dfrac{G_1 G_2 + H_1 G_2}{1 + G_2} = \dfrac{G_2(G_1 + H_1)}{1 + G_2}$ 이므로
$G_1 = 2$, $G_2 = 4$, $H_1 = 5$를 대입하면

$$\therefore G(s) = \frac{4(2+5)}{1+4} = \frac{28}{5}$$

**별해** 전향경로 이득 : $(G_1 + H_1)G_2$
루프 이득 : $-G_2$

$$G(s) = \frac{\sum 전향 경로 이득}{1 - \sum 루프이득} = \frac{(G_1 + H_1)G_2}{1+G_2}$$
$$= \frac{(2+5) \cdot 4}{1+4} = \frac{28}{5}$$

**답** ③

## 79 대칭 좌표법에 관한 설명 중 잘못된 것은?

① 불평형 3상 회로 비접지식 회로에서는 영상분이 존재한다.
② 대칭 3상 전압에서 영상분은 0이 된다.
③ 대칭 3상 전압은 정상분만 존재한다.
④ 불평형 3상 회로의 접지식 회로에서는 영상분이 존재한다.

**풀이** 영상분은 비대칭 3상 회로의 접지선, 중성선에 존재하며, 비대칭 3상 회로의 비접지식 회로에는 영상분이 존재하지 않는다.

**답** ①

## 80 2개의 전력계로 평형 3상 부하의 전력을 측정하였더니 한쪽의 지시가 다른 쪽 전력계 지시의 3배였다면 부하의 역률은 약 얼마인가?

① 0.46
② 0.55
③ 0.65
④ 0.76

**풀이** 2전력계법

- 피상전력 $P_a = 2\sqrt{W_1^2 + W_2^2 - W_1 W_2}$ [VA]
- 유효전력 $P = W_1 + W_2$ [W]
- 무효전력 $Q = \sqrt{3}(W_1 - W_2)$ [Var]
- 역률 $\cos\phi = \dfrac{W_1 + W_2}{2\sqrt{W_1^2 + W_2^2 - W_1 \times W_2}}$ 에서

$W_1 = 3W_2$ 이므로

$$\therefore \cos\phi = \frac{3W_2 + W_2}{2\sqrt{(3W_2)^2 + W_2^2 - (3W_2) \times W_2}} \approx 0.76$$

**답** ④

# 2023년 회로이론_전기기사·공사기사_CBT 복원문제

문제의 번호는 실제 시험문제의 번호와 같게 하였습니다.
제어공학에 해당하는 문제는 삭제하였습니다.

## 2023년 - 1회_전기기사

**61** 신호흐름선도에서 전달함수 $\left(\dfrac{C(s)}{R(s)}\right)$는?

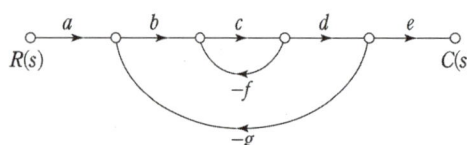

① $\dfrac{abcde}{1-cg-bcdg}$  ② $\dfrac{abcde}{1-cf+bcdg}$

③ $\dfrac{abcde}{1+cf-bcdg}$  ④ $\dfrac{abcde}{1+cf+bcdg}$

**풀이** $G_1 = abcde$, $\Delta_1 = 1$, $L_{11} = -cf$, $L_{21} = -bcdg$
$\Delta = 1-(L_{11}+L_{21}) = 1+cf+bcdg$
$\therefore G = \dfrac{C}{R} = \dfrac{G_1 \Delta_1}{\Delta} = \dfrac{abcde}{1+cf+bcdg}$

**별해** • 전향경로 이득 : $abcde$
• 루프 이득 : $-cf$, $-bcdg$
$G(s) = \dfrac{\sum 전향 경로 이득}{1 - \sum 루프이득} = \dfrac{abcde}{1+cf+bcdg}$   **답** ④

**64** 그림과 같은 신호흐름선도에서 전달함수 $\dfrac{Y(s)}{X(s)}$는 무엇인가?

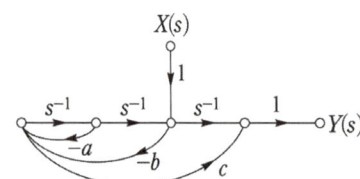

① $\dfrac{s+a}{s^2+as-b^2}$  ② $\dfrac{-bcs^2+s}{s^2+as+b}$

③ $\dfrac{-bcs^2+s+a}{s^2+as}$  ④ $\dfrac{-bcs^2+s+a}{s^2+as+b}$

**풀이** ① 개로(전향 경로) : $-bc$, $s^{-1}$

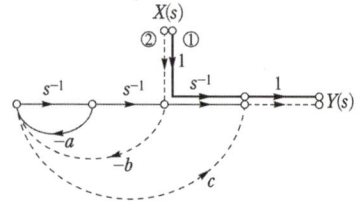

② 폐로 : $-as^{-1}$, $-bs^{-2}$

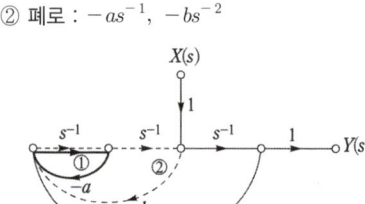

개로 중 비접촉 개로($s^{-1}$)와 폐로 중 독립 폐로($-as^{-1}$)가 존재하므로

$\therefore G(s) = \dfrac{Y(s)}{X(s)}$
$= \dfrac{\sum 개로 - (비접촉 개로 \times 독립 폐로)}{1 - \sum 폐로}$
$= \dfrac{-bc+s^{-1}-(s^{-1} \times -as^{-1})}{1-(-as^{-1}-bs^{-2})}$
$= \dfrac{-bcs^2+s+a}{s^2+as+b}$   **답** ④

**66** $F(s) = \dfrac{2s+3}{s^2+3s+2}$의 시간 함수 $f(t)$는?

① $f(t) = e^{-t} - e^{-2t}$
② $f(t) = e^{-t} + e^{-2t}$
③ $f(t) = e^{-t} + 2e^{-2t}$
④ $f(t) = e^{-t} - 2e^{-2t}$

**풀이** $F(s) = \dfrac{2s+3}{s^2+3s+2} = \dfrac{2s+3}{(s+1)(s+2)} = \dfrac{K_1}{s+1} + \dfrac{K_2}{s+2}$

$K_1 = \lim_{s \to -1}(s+1)F(s) = \left[\dfrac{2s+3}{s+2}\right]_{s=-1} = 1$,

$K_2 = \lim_{s \to -2}(s+2)F(s) = \left[\dfrac{2s+3}{s+1}\right]_{s=-2} = 1$

$$F(s) = \frac{1}{s+1} + \frac{1}{s+2}$$
$$\therefore f(t) = \mathcal{L}^{-1}[F(s)] = \mathcal{L}^{-1}\left[\frac{1}{s+1} + \frac{1}{s+2}\right]$$
$$= e^{-t} + e^{-2t}$$
답 ②

**70** 개루프 전달 함수 $G(s) = \dfrac{(s+2)}{(s+1)(s+3)}$인 부궤환 제어계의 특성 방정식은?

① $s^2 + 5s + 5 = 0$
② $s^2 + 5s + 6 = 0$
③ $s^2 + 6s + 5 = 0$
④ $s^2 + 4s + 3 = 0$

**풀이** 부궤환 제어계의 전달 함수는 $\dfrac{G(s)}{1+G(s)H(s)}$이고 특성 방정식은 $1+G(s)H(s)=0$이다.
$$1 + \frac{s+2}{(s+1)(s+3)} = 0$$
$$\therefore s^2 + 5s + 5 = 0$$
답 ①

**71** 다음과 같은 비정현파 교류 전압 $v(t)$와 전류 $i(t)$에 의한 평균전력은 약 몇 [W]인가?

$$v(t) = 200\sin 100\pi t + 80\sin\left(300\pi t - \frac{\pi}{2}\right)[V]$$
$$i(t) = \frac{1}{5}\sin\left(100\pi t - \frac{\pi}{3}\right)$$
$$+ \frac{1}{10}\sin\left(300\pi t - \frac{\pi}{4}\right)[A]$$

① 6.414
② 8.586
③ 12.828
④ 24.212

**풀이** 비정현파 전압과 전류가 주어지는 경우 전력은 같은 고조파 성분으로 구한다.
(주파수가 다르면 전력은 존재하지 않는다.)
$$\therefore P = V_1 I_1 \cos\theta_1 + V_3 I_3 \cos\theta_3$$
$$= \frac{200}{\sqrt{2}} \cdot \frac{1}{5\sqrt{2}} \cdot \cos 60°$$
$$+ \frac{80}{\sqrt{2}} \cdot \frac{1}{10\sqrt{2}} \cdot \cos 45°$$
$$= 12.828[W]$$
답 ③

**72** 전류의 대칭분을 $I_0$, $I_1$, $I_2$, 유기기전력을 $E_a$, $E_b$, $E_c$, 단자전압의 대칭분을 $V_0$, $V_1$, $V_2$라 할 때 3상 교류발전기의 기본식 중 정상분 $V_1$ 값은? (단, $Z_0$, $Z_1$, $Z_2$는 영상, 정상, 역상 임피던스이다.)

① $-Z_0 I_0$
② $-Z_2 I_2$
③ $E_a - Z_1 I_1$
④ $E_b - Z_2 I_2$

**풀이** 발전기의 기본식
영상분 $V_0 = -Z_0 I_0$
정상분 $V_1 = E_a - Z_1 I_1$
역상분 $V_2 = -Z_2 \cdot I_2$
답 ③

**73** 그림의 교류 브리지 회로가 평형이 되는 조건은?

① $L = \dfrac{R_1 R_2}{C}$
② $L = \dfrac{C}{R_1 R_2}$
③ $L = R_1 R_2 C$
④ $L = \dfrac{R_2}{R_1} C$

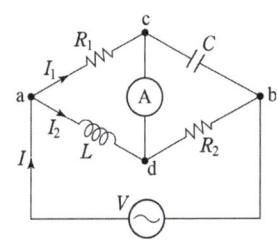

**풀이** 브리지의 평형조건 : 서로 대각선으로 마주보고 있는 저항의 곱이 서로 같으면 평형이 된다.
$$R_1 R_2 = \omega L \cdot \frac{1}{\omega C}$$
$$\therefore L = R_1 R_2 C$$
답 ③

**74** 그림과 같이 접속된 회로에 평형 3상 전압 $E$ [V]를 가할 때의 전류 $I_1$[A]은?

① $\dfrac{\sqrt{3}}{4E}$
② $\dfrac{4E}{\sqrt{3}}$
③ $\dfrac{4r}{\sqrt{3}E}$
④ $\dfrac{\sqrt{3}E}{4r}$

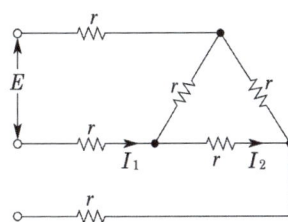

**풀이**

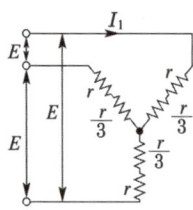

△를 Y로 환산하면 1상의 등가 저항 $R$은

$$R = \frac{r^2}{r+r+r} = \frac{r^2}{3r} = \frac{r}{3}$$

따라서 선전류 $I_1 = \dfrac{\dfrac{E}{\sqrt{3}}}{r+\dfrac{r}{3}} = \dfrac{\sqrt{3}E}{4r}$

**답** ④

**75** 그림과 같은 $H$형의 4단자 회로망에서 4단자 정수(전송 파라미터) $A$는? (단, $V_1$은 입력전압이고, $V_2$는 출력전압이고, $A$는 출력 개방 시 회로망의 전압이득 $\left(\dfrac{V_1}{V_2}\right)$이다.)

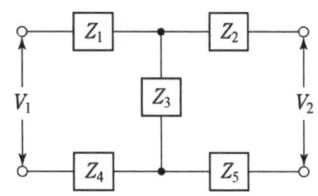

① $\dfrac{Z_1 + Z_2 + Z_3}{Z_3}$  ② $\dfrac{Z_1 + Z_3 + Z_4}{Z_3}$

③ $\dfrac{Z_2 + Z_3 + Z_5}{Z_3}$  ④ $\dfrac{Z_3 + Z_4 + Z_5}{Z_3}$

**풀이** $Z_1$과 $Z_4$, $Z_2$와 $Z_5$는 직렬이므로,

$$\begin{bmatrix} A & B \\ C & D \end{bmatrix} = \begin{bmatrix} 1 & Z_1+Z_4 \\ 0 & 1 \end{bmatrix} \begin{bmatrix} 1 & 0 \\ \dfrac{1}{Z_3} & 1 \end{bmatrix} \begin{bmatrix} 1 & Z_2+Z_5 \\ 0 & 1 \end{bmatrix}$$

$$= \begin{bmatrix} \dfrac{Z_1+Z_3+Z_4}{Z_3} & Z_1+Z_4+\dfrac{(Z_2+Z_5)(Z_1+Z_3+Z_4)}{Z_3} \\ \dfrac{1}{Z_3} & \dfrac{Z_2+Z_3+Z_5}{Z_3} \end{bmatrix}$$

**답** ②

**76** 분포 정수 회로가 무왜 선로로 되는 조건은? 단, 선로의 단위 길이당 저항을 $R$, 인덕턴스를 $L$, 정전 용량을 $C$, 누설 컨덕턴스를 $G$라 한다.

① $RC = LG$  ② $RL = CG$

③ $R = \sqrt{\dfrac{L}{C}}$  ④ $R = \sqrt{LC}$

**풀이** 선로의 분포 정수 $R$, $L$, $G$, $C$가 0이 아닌 경우 전송 파형의 변함이 없는 무왜 조건은
$\dfrac{R}{L} = \dfrac{G}{C}$, $RC = LG$인 경우이다.  **답** ①

**77** 그림과 같은 회로에서 스위치 $S$를 $t=0$에서 닫을 때 $t=0$에서의 전류 $i(0)$[A]는?
(단, $Vc(0)$는 $C$의 초기전압이며 20[V]이다.)

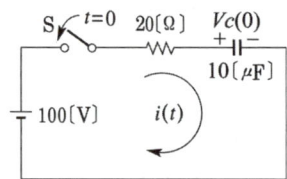

① 0  ② 4
③ 5  ④ 10

**풀이** $t=0$이므로
$$i(0) = \frac{E}{R} = \frac{V-V_C(0)}{R} = \frac{100-20}{20} = 4[A]$$  **답** ②

**78** 그림과 같은 회로에서 $E = 80\angle 0°$[V]이다. $I$의 크기[A]는?

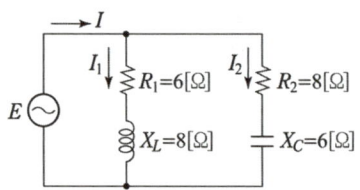

① 1.1  ② 2.3
③ 10.3  ④ 11.3

**풀이**
$$I = I_1 + I_2 = \frac{80}{6+j8} + \frac{80}{8-j6}$$
$$= \frac{80(6-j8)}{(6+j8)(6-j8)} + \frac{80(8+j6)}{(8-j6)(8+j6)}$$
$$= 0.8(6-j8) + 0.8(8+j6)$$
$$= 0.8(14-j2) = 11.3\angle -8.1[A]$$
**답** ④

**79** 다음 회로의 4단자 정수는?

① $A = 1 + 2\omega^2 LC$, $B = j2\omega C$, $C = j\omega L$, $D = 0$

② $A = 1 - 2\omega^2 LC$, $B = j\omega L$, $C = j2\omega C$, $D = 1$

③ $A = 2\omega^2 LC$, $B = j\omega L$, $C = j2\omega C$, $D = 1$

④ $A = 2\omega^2 LC$, $B = j2\omega C$, $C = j\omega L$, $D = 0$

**풀이**
$$\begin{bmatrix} A & B \\ C & D \end{bmatrix} = \begin{bmatrix} 1 & Z_1 \\ 0 & 1 \end{bmatrix} \begin{bmatrix} 1 & 0 \\ \frac{1}{Z_2} & 1 \end{bmatrix} = \begin{bmatrix} 1 & j\omega L \\ 0 & 1 \end{bmatrix} \begin{bmatrix} 1 & 0 \\ j2\omega C & 1 \end{bmatrix}$$
$$= \begin{bmatrix} 1-2\omega^2 LC & j\omega L \\ j2\omega C & 1 \end{bmatrix}$$
**답** ②

## 2023년 1회 _ 공사기사

**61** 주파수 60[Hz], 위상각 30°, 실효값 10[V]인 정현파 전압의 순시값으로 옳은 것은?

① $10\sqrt{2}\sin\left(120\pi t + \frac{\pi}{6}\right)$

② $10\sin\left(120\pi t + \frac{\pi}{6}\right)$

③ $10\sqrt{2}\sin\left[120\pi\left(t+\frac{\pi}{6}\right)\right]$

④ $10\sin\left[120\pi\left(t+\frac{\pi}{6}\right)\right]$

**풀이** 전압의 순시값은 $v = V_m \sin(\omega t + \theta)[V]$ 이므로,
$$v = V_m \sin(\omega t + \theta) = \sqrt{2}\, V\sin(2\pi ft + \theta)$$
$$= 10\sqrt{2}\sin(2\pi \times 60t + 30°)$$
$$\therefore v = 10\sqrt{2}\sin\left(120\pi t + \frac{\pi}{6}\right)[V]$$
**답** ①

**62** 어떤 회로에서 전류의 위상이 전압의 위상보다 90° 앞섰다면, 이 회로는 어떤 회로인가?

① 유도성 회로  ② 용량성 회로
③ 무유도성 회로  ④ 순저항 회로

**풀이** 순시전압 $v = V_m \sin\omega t[V]$를 인가할 때의 회로해석

| 회로 | 순시전류 | 위상 |
|---|---|---|
| 순저항 회로 | $i = \frac{V_m}{R}\sin\omega t[A]$ | 동상(전류와 전압의 위상이 같다.) |
| 유도성 회로 | $i_L = \frac{V_m}{\omega L}\sin\left(\omega t - \frac{\pi}{2}\right)[A]$ | 지상(전류가 전압보다 90° 뒤진다.) |
| 용량성 회로 | $i_C = \omega C V_m \sin\left(\omega t + \frac{\pi}{2}\right)[A]$ | 진상(전류가 전압보다 90° 앞선다.) |

**답** ②

**63** 20[mH]의 두 자기 인덕턴스가 있다. 결합 계수를 0.1부터 0.9까지 변화시킬 수 있다면 이것을 접속시켜 얻을 수 있는 합성 인덕턴스의 최댓값과 최솟값의 비는?

① 9 : 1  ② 19 : 1
③ 13 : 1  ④ 16 : 1

**풀이** $L = L_1 + L_2 \pm 2k\sqrt{L_1 L_2}$

합성 인덕턴스의 최댓값과 최솟값은 결합계수가 0.9일 때 이므로

최대 : $L_{max} = 20 + 20 + 2 \times 0.9\sqrt{20 \times 20} = 76[mH]$

최소 : $L_{min} = 20 + 20 - 2 \times 0.9\sqrt{20 \times 20} = 4[mH]$

∴ 최대와 최소의 비는 76 : 4 = 19 : 1
**답** ②

**64** 불평형 3상 전류가 $I_a = 16 + j2[A]$, $I_b = -20 - j9[A]$, $I_c = -2 + j10[A]$ 일 때 영상분 전류[A]는?

① $-2 + j[A]$  ② $-6 + j3[A]$
③ $-9 + j6[A]$  ④ $-18 + j9[A]$

**풀이** 영상전류 $I_0 = \frac{1}{3}(I_a + I_b + I_c)$
$= \frac{1}{3}(16 + j2 - 20 - j9 - 2 + j10)$
$= \frac{1}{3}(-6 + j3) = -2 + j$ [A]   **답** ①

## 65 비정현파 기전력 및 전류의 값이

$v = 100\sin\omega t - 50\sin(3\omega t + 30°)$
$\quad + 20\sin(5\omega t + 45°)$ [V]
$i = 20\sin(\omega t + 30°) + 10\sin(3\omega t - 30°)$
$\quad + 5\cos 5\omega t$ [A]

라면, 전력[W]은?

① 763.2  ② 776.4
③ 705.8  ④ 725.6

**풀이** $\cos\omega t = \sin(\omega t + 90°)$이므로 $i$를 변형하면
$i = 20\sin(\omega t + 30°) + 10\sin(3\omega t - 30°)$
$\quad + 5\sin(5\omega t + 90°)$
$\therefore P = V_1 I_1 \cos\theta_1 + V_3 I_3 \cos\theta_3 + V_5 I_5 \cos\theta_5$
$= \frac{100}{\sqrt{2}} \cdot \frac{20}{\sqrt{2}}\cos 30° - \frac{50}{\sqrt{2}} \cdot \frac{10}{\sqrt{2}}\cos 60°$
$\quad + \frac{20}{\sqrt{2}} \cdot \frac{5}{\sqrt{2}}\cos 45°$
$= \frac{2000}{2} \cdot \frac{\sqrt{3}}{2} - \frac{500}{2} \cdot \frac{1}{2} + \frac{100}{2} \cdot \frac{1}{\sqrt{2}}$
$= 776.4$ [W]   **답** ②

## 66 그림과 같은 $RLC$ 회로에서 입력전압 $e_i(t)$, 출력 전류가 $i(t)$인 경우 이 회로의 전달함수 $I(s)/E_i(s)$는? (단, 모든 초기조건은 0이다.)

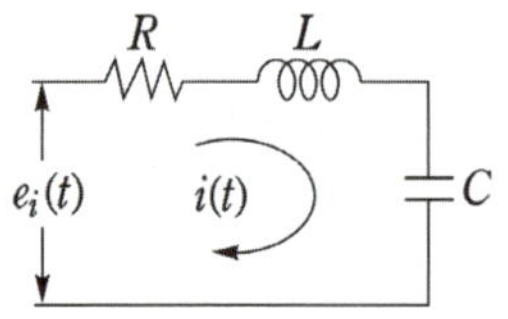

① $\dfrac{Cs}{RCs^2 + LCs + 1}$  ② $\dfrac{1}{RCs^2 + LCs + 1}$
③ $\dfrac{Cs}{LCs^2 + RCs + 1}$  ④ $\dfrac{1}{LCs^2 + RCs + 1}$

**풀이** $e_i(t) = L\dfrac{d}{dt}i(t) + Ri(t) + \dfrac{1}{C}\int i(t)d$
초기값을 0으로 하고 라플라스 변환하면,
$E_i(s) = LsI(s) + RI(s) + \dfrac{1}{Cs}I(s)$
$= \left(Ls + R + \dfrac{1}{Cs}\right)I(s)$
$\therefore G(s) = \dfrac{I(s)}{E_i(s)} = \dfrac{1}{R + Ls + \dfrac{1}{Cs}}$
$= \dfrac{Cs}{LCs^2 + RCs + 1}$   **답** ③

## 67 임피던스 함수 $Z(s) = \dfrac{10}{s^2 + 5s + 2}$ [Ω]으로 주어지는 2단자 회로망에 직류 100[V]의 전압을 가했다면 회로의 전류는 몇 [A]인가?

① 20  ② 40
③ 60  ④ 80

**풀이** 직류이므로 $s = j\omega = j2\pi f = j2\pi \times 0 = 0$
$Z(s) = \dfrac{10}{0^2 + 5 \times 0 + 2} = 5$ [Ω]
$\therefore I = \dfrac{V}{Z(s)} = \dfrac{100}{5} = 20$ [A]   **답** ①

## 68 4단자 회로망에서 4단자 정수가 $A$, $B$, $C$, $D$일 때, 영상 임피던스 $\dfrac{Z_{01}}{Z_{02}}$은?

① $\dfrac{D}{A}$  ② $\dfrac{B}{C}$
③ $\dfrac{C}{B}$  ④ $\dfrac{A}{D}$

**풀이** $Z_{01} = \sqrt{\dfrac{AB}{CD}}$, $Z_{02} = \sqrt{\dfrac{BD}{AC}}$ 이므로
$\therefore \dfrac{Z_{01}}{Z_{02}} = \dfrac{\sqrt{\dfrac{AB}{CD}}}{\sqrt{\dfrac{BD}{AC}}} = \dfrac{A}{D}$   **답** ④

**69** $F(s) = \dfrac{2s^2+s-3}{s(s^2+4s+3)}$ 의 라플라스 역변환은?

① $1 - e^{-t} + 2e^{-3t}$
② $1 - e^{-t} - 2e^{-3t}$
③ $-1 - e^{-t} - 2e^{-3t}$
④ $-1 + e^{-t} + 2e^{-3t}$

**풀이**
$F(s) = \dfrac{2s^2+s-3}{s(s^2+4s+3)} = \dfrac{2s^2+s-3}{s(s+1)(s+3)}$
$= \dfrac{k_1}{s} + \dfrac{k_2}{s+1} + \dfrac{k_3}{s+3}$
$k_1 = \lim_{s \to 0} sF(s) = \left[\dfrac{2s^2+s-3}{(s+1)(s+3)}\right]_{s=0} = -1$
$k_2 = \lim_{s \to -1}(s+1)F(s) = \left[\dfrac{2s^2+s-3}{s(s+3)}\right]_{s=-1} = 1$
$k_3 = \lim_{s \to -3}(s+3)F(s) = \left[\dfrac{2s^2+s-3}{s(s+1)}\right]_{s=-3} = 2$
$F(s) = \dfrac{-1}{s} + \dfrac{1}{s+1} + \dfrac{2}{s+3}$
$\therefore f(t) = \mathcal{L}^{-1}[F(s)] = -1 + e^{-t} + 2e^{-3t}$  **답** ④

**70** 전달 함수가 $G(s) = \dfrac{C(s)}{R(s)} = \dfrac{s+1}{s^2+3s+1}$ 인 함수의 미분 방정식은?

① $\dfrac{d^2c(t)}{dt^2} + 3\dfrac{dc(t)}{dt} + c(t) = \dfrac{dr(t)}{dt} + r(t)$
② $\dfrac{d^2c(t)}{dt^2} + \dfrac{dc(t)}{dt} + c(t) = \dfrac{dr(t)}{dt} + r(t)$
③ $3\dfrac{d^2c(t)}{dt^2} + \dfrac{dc(t)}{dt} + c(t) = \dfrac{dr(t)}{dt} + r(t)$
④ $\dfrac{d^2c(t)}{dt^2} + 3\dfrac{dc(t)}{dt} + 3c(t) = 2\dfrac{dr(t)}{dt} + r(t)$

**풀이**
$\dfrac{C(s)}{R(s)} = \dfrac{s+1}{s^2+3s+1}$
$C(s)(s^2+3s+1) = (s+1)R(s)$
역라플라스 변환하면
$\therefore \dfrac{d^2c(t)}{dt^2} + 3\dfrac{dc(t)}{dt} + c(t) = \dfrac{dr(t)}{dt} + r(t)$  **답** ①

**71** $R-L$ 직렬회로에서 스위치를 갑자기 닫은 후 전류 $i(t)$가 0에서 정상 전류의 63.2[%]에 달하는 시간[s]을 구하면?

① $LR$
② $\dfrac{1}{LR}$
③ $\dfrac{L}{R}$
④ $\dfrac{R}{L}$

**풀이** $R-L$ 직렬 회로에서 정상값에 63.2[%]에 도달하는 시간은 시정수를 의미한다.
따라서, $\tau = \dfrac{L}{R}$[sec]  **답** ③

**72** 자동 제어의 추치 제어가 아닌 것은?
① 프로세스 제어
② 추종 제어
③ 비율 제어
④ 프로그램 제어

**풀이** 추치 제어는 출력의 변동을 조정하는 동시에 목표값에 정확히 추종하도록 설계한 제어계로서 추종 제어, 프로그램 제어, 비율 제어가 이에 속한다.  **답** ①

**73** 그림과 같은 신호흐름선도에서 $\dfrac{C}{R}$를 구하면?

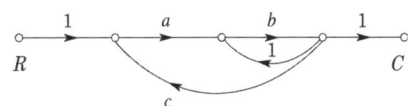

① $\dfrac{ab}{1+b-abc}$
② $\dfrac{ab}{1-b-abc}$
③ $\dfrac{ab}{1-b+abc}$
④ $\dfrac{ab}{1+b+abc}$

**풀이** $G_1 = ab$, $\Delta_1 = 1$, $L_{11} = b$, $L_{21} = abc$
$\Delta = 1 - (L_{11} + L_{21}) = 1 - b - abc$
$\therefore G = \dfrac{C}{R} = \dfrac{G_1 \Delta_1}{\Delta} = \dfrac{ab}{1-b-abc}$

**별해** 전향경로 이득 : $ab$, 루프 이득 : $b$, $abc$
$G(s) = \dfrac{\sum \text{전향 경로 이득}}{1 - \sum \text{루프이득}} = \dfrac{ab}{1-b-abc}$  **답** ②

**78** 분포 정수회로에서 선로정수가 $R$, $L$, $C$, $G$이고 무왜형 조건이 $RC=GL$과 같은 관계가 성립될 때 선로의 특성 임피던스 $Z_0$는? (단, 선로의 단위 길이당 저항을 $R$, 인덕턴스를 $L$, 정전용량을 $C$, 누설컨덕턴스를 $G$라 한다.)

① $Z_0 = \dfrac{1}{\sqrt{CL}}$　② $Z_0 = \sqrt{\dfrac{L}{C}}$
③ $Z_0 = \sqrt{CL}$　④ $Z_0 = \sqrt{RG}$

**풀이**　$RC=GL$에서 $R=\dfrac{GL}{C}$이므로

$$Z_0 = \sqrt{\dfrac{Z}{Y}} = \sqrt{\dfrac{R+j\omega L}{G+j\omega C}} = \sqrt{\dfrac{\dfrac{GL}{C}+j\omega L}{G+j\omega C}}$$
$$= \sqrt{\dfrac{\dfrac{L}{C}(G+j\omega C)}{G+j\omega C}} = \sqrt{\dfrac{L}{C}}$$

즉, 무왜형 선로 및 무손실 선로의 특성 임피던스는 $Z_0 = \sqrt{\dfrac{L}{C}}$ 이다.　**답** ②

**80** 어떤 회로에 $E=200\angle\dfrac{\pi}{3}$ [V]의 전압을 가하니 $I=10\sqrt{3}+j10$ [A]의 전류가 흘렀다. 이 회로의 무효전력[Var]은?

① 707　② 1000
③ 1732　④ 2000

**풀이**
$$I = 10\sqrt{3}+j10$$
$$= \sqrt{(10\sqrt{3})^2+10^2} \angle \tan^{-1}\left(\dfrac{1}{\sqrt{3}}\right)$$
$$= 20\angle 30°\text{[A]}$$
$$P_a = \overline{V}I = 200\angle-60°\times 20\angle 30°$$
$$= 4000\angle-30° = 4000(\cos 30° - j\sin 30°)$$
$$= 2000\sqrt{3}-j2000\text{[VA]}$$

따라서, 이 회로의 유효전력은 $2000\sqrt{3}$[W], 무효전력은 2000[Var]이다.　**답** ④

## 2023년 - 2회 _ 전기기사

**61** 단위길이당의 저항이 같은 도선을 사용하여 그림과 같은 무한히 긴 사다리꼴 회로를 만든다. 각 지로의 저항을 $r$이라 할 때, a, b 간의 합성저항은?

① $r$
② $\sqrt{3}\,r$
③ $(\sqrt{3}+1)r$
④ $(\sqrt{3}-1)r$

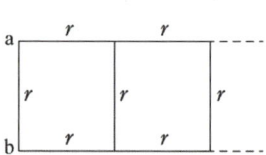

**풀이**

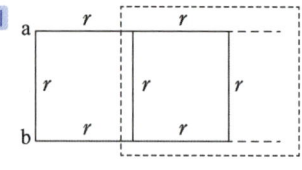

점선부분의 합성 저항을 $R$이라 할 때 등가회로는 다음과 같다.

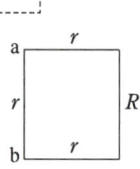

그림의 등가회로에서
$$R_{ab} = \dfrac{r(2r+R)}{r+(2r+R)} = \dfrac{2r^2+rR}{3r+R}$$ 이며,
$R_{ab}=R$이므로
$$R^2+2rR-2r^2=0 \rightarrow R=(-1\pm\sqrt{3})r$$
저항값은 음(−)의 값이 될 수 없으므로
$$\therefore R=(\sqrt{3}-1)r$$　**답** ④

**62** 최댓값이 10[V]인 정현파 전압이 있다. $t=0$에서의 순시값이 5[V]이고 이 순간에 전압이 증가하고 있다. 주파수가 60[Hz]일 때, $t=2$[ms]에서의 전압의 순시값[V]은?

① $10\sin 30°$　② $10\sin 43.2°$
③ $10\sin 73.2°$　④ $10\sin 103.2°$

**풀이**

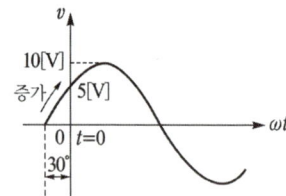

$t=0$에서의 순시값 $v=5$[V]이므로
$$v = V_m\sin(\omega t+\theta) = 10\sin(\omega\times 0 + \theta)$$
$$= 10\sin\theta = 5[V]$$
$$\sin\theta = \frac{5}{10} = \frac{1}{2} \to \theta = \sin^{-1}\frac{1}{2} = 30°$$

따라서 $t=2[ms] = 2\times 10^{-3}[s]$에서의 순시값 $v$는
$$v = V_m\sin(\omega t+\theta) = 10\sin(\omega t+30°)$$
$$= 10\sin(2\pi\times 60\times 2\times 10^{-3}+30°)$$
$$= 10\sin 73.2°$$ 답 ③

**63** 권수 200, 150회의 코일 A, B가 있다. A코일의 자속이 0.2[Wb]인데 이중 80[%]가 B코일과 쇄교한다. A코일의 전류가 4[A]라면 두 코일의 상호 인덕턴스[H]는?

① 8  ② 6
③ 7  ④ 5

풀이
$$L_A = \frac{N_A\phi_A}{I_A} = \frac{200\times 0.2}{4} = 10[H]$$
$$M = \frac{N_B}{N_A}L_A = \frac{150}{200}\times 10\times 0.8 = 6[H]$$ 답 ②

**64** 회로에서 $t=0$초일 때 닫혀 있는 스위치 $S$를 열었다. 이때 $\dfrac{dv(0^+)}{dt}$의 값은?
(단, $C$의 초기 전압은 0[V]이다.)

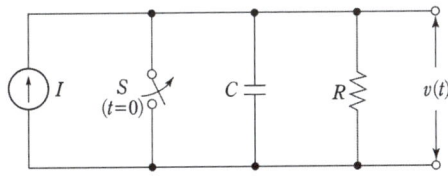

① $\dfrac{1}{RI}$  ② $\dfrac{C}{I}$
③ $RI$  ④ $\dfrac{I}{C}$

풀이 커패시터에서 전류 $i(t)$와 전압 $v(t)$의 관계식에서 초기조건 $t=0^+$를 적용하면
$$i(t) = C\frac{dv(t)}{dt}, \quad i(0^+) = C\frac{dv(0^+)}{dt}$$
스위치가 닫혀있는 상태에서는 커패시터에 전류가 흐르지 않지만 스위치를 여는 순간 커패시터는 단락 상태

가 되어 $R$에는 전류가 흐르지 않고 커패시터 $C$에만 전류가 모두 흐른다. 즉, $i(0^+) = I$가 된다.
그러므로 $i(0^+) = C\dfrac{dv(0^+)}{dt}$에서 $I = C\dfrac{dv(0^+)}{dt}$
$$\therefore \frac{dv(0^+)}{dt} = \frac{I}{C}$$ 답 ④

**65** 전원의 내부임피던스가 순저항 $R$과 리액턴스 $X$로 구성되고 외부에 부하저항 $Z_L$을 연결하여 최대전력을 전달하려면 $Z_L$의 값은?

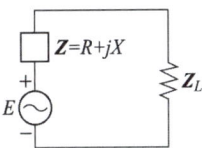

① $R$  ② $R+X$
③ $\sqrt{R^2-X^2}$  ④ $\sqrt{R^2+X^2}$

풀이 최대 전력 전송 조건:
임피던스 정합(내부 임피던스 = 외부 임피던스)
그러므로, $R_L = \sqrt{R^2+X^2}$ 이 된다. 답 ④

**66** 그림과 같은 3상 Y결선 불평형 회로가 있다. 전원은 3상 평형전압 $E_1$, $E_2$, $E_3$이고, 부하는 $Y_1$, $Y_2$, $Y_3$일 때 전원의 중성점과 부하의 중성점 간의 전위차를 나타내는 식은?

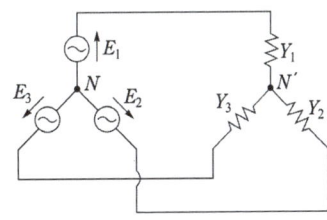

① $\dfrac{E_1Y_1+E_2Y_2+E_3Y_3}{Y_1+Y_2+Y_3}$

② $\dfrac{E_1Y_1+E_2Y_2+E_3Y_3}{Y_1Y_2Y_3}$

③ $\dfrac{E_1Y_1-E_2Y_2-E_3Y_3}{Y_1+Y_2+Y_3}$

④ $\dfrac{E_1Y_1-E_2Y_2-E_3Y_3}{Y_1Y_2Y_3}$

**풀이** 내부 임피던스를 갖는 여러 개의 전원이 병렬로 접속되어 있을 때 양 병렬접속 단자 간에 나타나는 합성전압은 각각의 전원을 단락하였을 때 흐르는 단락전류의 총합을 각 전원의 내부 어드미턴스의 총합으로 나눈 값과 동일하다(밀만의 정리).  **답** ①

## 67 다음과 같은 파형을 푸리에 급수로 전개하면?

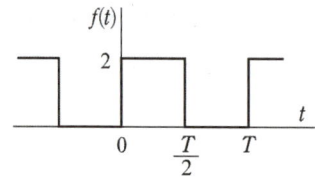

① $1 + \sum_{n=1}^{\infty} \dfrac{4}{\pi \cdot (2n-1)} \cdot \sin\{(2n-1)\omega t\}$

② $1 + \sum_{n=1}^{\infty} \dfrac{4}{\pi \cdot (2n+1)} \cdot \sin\{(2n+1)\omega t\}$

③ $1 + \sum_{n=1}^{\infty} \dfrac{8}{\pi \cdot (2n-1)} \cdot \sin\{(2n-1)\omega t\}$

④ $1 + \sum_{n=1}^{\infty} \dfrac{8}{\pi \cdot (2n+1)} \cdot \sin\{(2n+1)\omega t\}$

**풀이**

| | 반파, 구형파 | 구형파 |
|---|---|---|
| 파형 | (진폭 $A$, 주기 $T$) | (진폭 $\pm A$) |
| 푸리에 변환 $f(t)$ | $f(t) = \dfrac{A}{2} + \dfrac{2A}{\pi} \sum_{n=1}^{\infty} \cdot \dfrac{\sin\{(2n-1)\omega t\}}{2n-1}$ | $f(t) = \dfrac{4A}{\pi} \sum_{n=1}^{\infty} \cdot \dfrac{\sin\{(2n-1)\omega t\}}{2n-1}$ |
| 비고 | 비대칭성 주기함수 | 대칭성 주기함수 (우함수, 반파대칭) |

반파 구형파의 푸리에 변환($A = 2$ 대입)

$f(x) = \dfrac{A}{2} + \dfrac{2A}{\pi} \sum_{n=1}^{\infty} \cdot \dfrac{\sin\{(2n-1)\omega t\}}{2n-1}$

$= \dfrac{2}{2} + \dfrac{2 \times 2}{\pi} \sum_{n=1}^{\infty} \cdot \dfrac{\sin\{(2n-1)\omega t\}}{2n-1}$

$= 1 + \dfrac{4}{\pi} \sum_{n=1}^{\infty} \cdot \dfrac{\sin\{(2n-1)\omega t\}}{2n-1}$  **답** ①

## 68 어떤 회로망의 4단자 정수 중에서 $A = 8$, $B = j2$, $D = 3 + j2$이면 이 회로망의 $C$는?

① $24 + j14$  ② $8 - j11.5$
③ $4 + j6$   ④ $3 - j4$

**풀이** $AD - BC = 1$이므로

$\therefore C = \dfrac{AD - 1}{B} = \dfrac{8(3 + j2) - 1}{j2} = 8 - j11.5$  **답** ②

## 69 구동점 임피던스(driving point impedance) 함수에 있어서 극점(pole)은?

① 단락회로 상태를 의미한다.
② 개방회로 상태를 의미한다.
③ 아무런 상태도 아니다.
④ 전류가 많이 흐르는 상태를 의미한다.

**풀이**
- 영점 : $Z(s) = 0$가 되는 $s$의 값으로 회로의 단락 상태를 의미한다.
- 극점 : $Z(s) = \infty$가 되는 $s$의 값으로 회로의 개방 상태를 의미한다.  **답** ②

## 70 $e^{j\omega t}$의 라플라스 변환은?

① $\dfrac{1}{s - j\omega}$   ② $\dfrac{1}{s + j\omega}$
③ $\dfrac{1}{s^2 + \omega^2}$   ④ $\dfrac{\omega}{s^2 + \omega^2}$

**풀이** 복소 추이 정리에 의해서

$\mathcal{L}[1 \cdot e^{j\omega t}] = \dfrac{1}{s}\bigg|_{s = s - j\omega} = \dfrac{1}{s - j\omega}$  **답** ①

## 71 적분 시간 4[sec], 비례 감도가 4인 비례적분 동작을 하는 제어 요소에 동작신호 $z(t) = 2t$를 주었을 때 이 제어 요소의 조작량은? (단, 조작량의 초기 값은 0이다.)

① $t^2 + 8t$   ② $t^2 + 2t$
③ $t^2 - 8t$   ④ $t^2 - 2t$

**풀이** PI 동작(비례 적분제어)이므로

$y(t) = K_p \left[ z(t) + \dfrac{1}{T_I} \int z(t) dt \right]$

라플라스 변환하면

$$Z(s) = \mathcal{L}[z(t)] = \mathcal{L}[2t] = \frac{2}{s^2}$$

$$Y(s) = \mathcal{L}[y(t)] = K_p(1 + \frac{1}{T_i s})Z(s)$$

$$= 4(1 + \frac{1}{4s}) \times \frac{2}{s^2} = \frac{2}{s^3} + 8t$$

$$\therefore y(t) = \mathcal{L}^{-1}[Y(s)] = \mathcal{L}^{-1}\left[\frac{2}{s^3} + 8t\right]$$

$$= t^2 + 8t$$

답 ①

## 72 그림의 블록선도에서 출력 $C(s)$는?

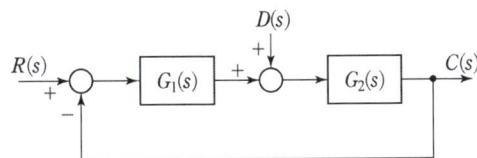

① $\left(\dfrac{G_2(s)}{1 - G_1(s)G_2(s)}\right)(G_1(s)R(s) + D(s))$

② $\left(\dfrac{G_2(s)}{1 + G_1(s)G_2(s)}\right)(G_1(s)R(s) + D(s))$

③ $\left(\dfrac{G_1(s)}{1 - G_1(s)G_2(s)}\right)(G_1(s)R(s) + D(s))$

④ $\left(\dfrac{G_1(s)}{1 + G_1(s)G_2(s)}\right)(G_1(s)R(s) + D(s))$

**풀이**  $\{(R(s) - C(s))G_1(s) + D(s)\}G_2(s) = C(s)$

$R(s)G_1(s)G_2(s) - C(s)G_1(s)G_2(s) + D(s)G_2(s) = C(s)$

$R(s)G_1(s)G_2(s) + D(s)G_2(s) = C(s)(1 + G_1(s)G_2(s))$

$\therefore C(s) = \dfrac{G_1(s)G_2(s)}{1 + G_1(s)G_2(s)}R(s) + \dfrac{G_2(s)}{1 + G_1(s)G_2(s)}D(s)$

$= \dfrac{G_2(s)}{1 + G_1(s)G_2(s)}(G_1(s)R(s) + D(s))$

답 ②

## 73 다음 단위 궤환 제어계의 미분방정식은?

① $\dfrac{d^2c(t)}{dt^2} + \dfrac{dc(t)}{dt} + c(t) = 2u(t)$

② $\dfrac{d^2c(t)}{dt^2} + \dfrac{dc(t)}{dt} + 2c(t) = u(t)$

③ $\dfrac{d^2c(t)}{dt^2} + \dfrac{dc(t)}{dt} + 2c(t) = 5u(t)$

④ $\dfrac{d^2c(t)}{dt^2} + \dfrac{dc(t)}{dt} + 2c(t) = 2u(t)$

**풀이**

$$G(s) = \dfrac{C(s)}{U(s)} = \dfrac{\dfrac{2}{s(s+1)}}{1 + \dfrac{2}{s(s+1)}}$$

$$= \dfrac{2}{s(s+1) + 2} = \dfrac{2}{s^2 + s + 2}$$

$(s^2 + s + 2)C(s) = 2U(s)$

$s^2 C(s) + sC(s) + 2C(s) = 2U(s)$

$\therefore \dfrac{d^2c(t)}{dt^2} + \dfrac{dc(t)}{dt} + 2c(t) = 2u(t)$

답 ④

## 80 전달함수의 크기가 주파수 0에서 최댓값을 갖는 저역통과 필터가 있다. 최댓값의 70.7[%] 또는 −3[dB]로 되는 크기까지의 주파수로 정의되는 것은?

① 공진주파수
② 첨두공진점
③ 대역폭
④ 분리도

**풀이** ① 공진주파수 : 공진 정점이 일어나는 주파수이며, 일반적으로 $\omega_p$의 값이 높으면 주기는 작다.
② 첨두공진점($M_p$) : 최댓값으로 정의하며 계의 안정도의 척도가 된다. $M_p$가 크면 과도 응답 시 오버슈트가 커진다. 제어계에서 최적의 $M_p$의 값은 대략 1.1~1.5이다.
③ 대역폭 : 대역폭은 크기가 $0.707M_0$ 또는 $(20\log M_0 - 3)$[dB]에서의 주파수로 정의한다. 대역폭이 넓으면 넓을수록 응답 속도가 빠르다. (여기서, $M_0$ : 영 주파수에서의 이득)
④ 분리도 : 분리도는 신호와 잡음(외란)을 분리하는 제어계의 특성을 가리킨다. 일반적으로 예리한 분리 특성은 큰 $M_p$를 동반하므로 불안정하기가 쉽다.

답 ③

## 2023년 - 2회 _ 공사기사

**61** $e^{j\omega t}$의 라플라스 변환은?

① $\dfrac{1}{s-j\omega}$    ② $\dfrac{1}{s+j\omega}$

③ $\dfrac{1}{s^2+\omega^2}$    ④ $\dfrac{\omega}{s^2+\omega^2}$

**풀이** 복소 추이 정리에 의해서
$$\mathcal{L}[1\cdot e^{j\omega t}]=\left.\dfrac{1}{s}\right|_{s=s-j\omega}=\dfrac{1}{s-j\omega}$$
**답** ①

**62** 다음의 신호흐름선도에서 C/R는?

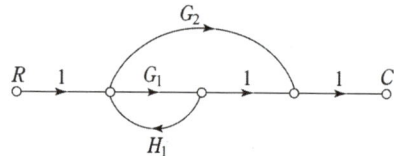

① $\dfrac{G_1+G_2}{1-G_1H_1}$    ② $\dfrac{G_1G_2}{1-G_1H_1}$

③ $\dfrac{G_1+G_2}{1+G_1H_1}$    ④ $\dfrac{G_1G_2}{1+G_1H_1}$

**풀이** 전향경로 이득 : $G_1+G_2$, 루프 이득 : $G_1H_1$
$$\dfrac{C(s)}{R(s)}=\dfrac{\sum \text{전향경로이득}}{1-\sum \text{루프이득}}=\dfrac{G_1+G_2}{1-G_1H_1}$$
**답** ①

**63** 다음과 같은 파형을 푸리에 급수로 전개하면?

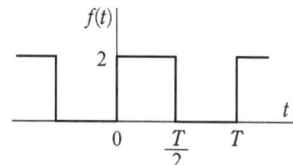

① $1+\displaystyle\sum_{n=1}^{\infty}\dfrac{4}{\pi\cdot(2n-1)}\cdot\sin\{(2n-1)\omega t\}$

② $1+\displaystyle\sum_{n=1}^{\infty}\dfrac{4}{\pi\cdot(2n+1)}\cdot\sin\{(2n+1)\omega t\}$

③ $1+\displaystyle\sum_{n=1}^{\infty}\dfrac{8}{\pi\cdot(2n-1)}\cdot\sin\{(2n-1)\omega t\}$

④ $1+\displaystyle\sum_{n=1}^{\infty}\dfrac{8}{\pi\cdot(2n+1)}\cdot\sin\{(2n+1)\omega t\}$

**풀이**

| | 반파구형파 | |
|---|---|---|
| 파 형 | | |
| 푸리에 변환 $f(t)$ | $f(t)=\dfrac{A}{2}+\dfrac{2A}{\pi}\displaystyle\sum_{n=1}^{\infty}\cdot\dfrac{\sin\{(2n-1)\omega t\}}{2n-1}$ | |
| 비 고 | 비대칭성 주기함수 | |

| | 구형파 | |
|---|---|---|
| 파 형 | | |
| 푸리에 변환 $f(t)$ | $f(t)=\dfrac{4A}{\pi}\displaystyle\sum_{n=1}^{\infty}\cdot\dfrac{\sin\{(2n-1)\omega t\}}{2n-1}$ | |
| 비 고 | 대칭성 주기함수(우함수, 반파대칭) | |

반파 구형파의 푸리에 변환($A=2$ 대입)
$$f(x)=\dfrac{A}{2}+\dfrac{2A}{\pi}\sum_{n=1}^{\infty}\cdot\dfrac{\sin\{(2n-1)\omega t\}}{2n-1}$$
$$=\dfrac{2}{2}+\dfrac{2\times 2}{\pi}\sum_{n=1}^{\infty}\cdot\dfrac{\sin\{(2n-1)\omega t\}}{2n-1}$$
$$=1+\dfrac{4}{\pi}\sum_{n=1}^{\infty}\cdot\dfrac{\sin\{(2n-1)\omega t\}}{2n-1}$$
**답** ①

**64** 0.1[$\mu$F]인 정전 용량을 가지는 콘덴서에 실효값 1414[V], 주파수 1[kHz], 위상각 0인 전압을 가했을 때 순시값 전류는 약 얼마인가?

① $0.89\sin(\omega t+90°)$
② $0.89\sin(\omega t-90°)$
③ $1.26\sin(\omega t+90°)$
④ $1.26\sin(\omega t-90°)$

**풀이** 콘덴서에 흐르는 전류는 전압보다 90° 앞서므로
$$i=\omega CV_m\sin(\omega t+90°)$$
$$=2\pi\times 10^3\times 0.1\times 10^{-6}\times 1414\sqrt{2}\sin(\omega t+90°)$$
$$=1.26\sin(\omega t+90°)[\text{A}]$$
**답** ③

**66** 어떤 전원의 내부 저항이 저항 $R$와 리액턴스 $X$로 구성되어 있다. 외부에 부하 $R_L$을 연결하여 최대 전력을 소모시키고 싶다. $R_L$의 값은 얼마이어야 하는가?

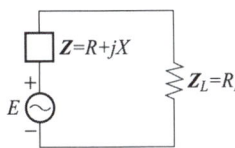

① $R$
② $R+X$
③ $\sqrt{R^2-X^2}$
④ $\sqrt{R^2+X^2}$

**풀이** 최대 전력 전송 조건 :
임피던스 정합(내부 임피던스 = 외부 임피던스)
그러므로, $R_L = \sqrt{R^2+X^2}$ 이 된다.  답 ④

**67** 다음 회로에서 $E=10[V]$, $R=10[\Omega]$, $L=1[H]$, $C=10[\mu F]$ 그리고 $V_C(0)=0$일 때 스위치 S를 닫는 직후 전류의 변화율 $\dfrac{di(0^+)}{dt}$의 값[A/s]은?

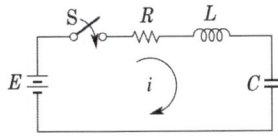

① 0
② 5
③ 10
④ 1

**풀이** 진동 여부 판별식으로부터 위와 같은 회로는 진동인 경우이므로,
$i = \dfrac{E}{\beta L}e^{-\alpha t}\sin\beta t$
$\therefore \left.\dfrac{di}{dt}\right|_{t=0} = \dfrac{E}{\beta L}[-\alpha e^{-\alpha t}\sin\beta t + \beta e^{-\alpha t}\cos\beta t]_{t=0}$
$= \dfrac{E}{\beta L}\cdot\beta = \dfrac{E}{L} = \dfrac{10}{1} = 10[A/s]$  답 ③

**68** 회로에서 $t=0$초일 때 닫혀 있는 스위치 $S$를 열었다. 이때 $\dfrac{dv(0^+)}{dt}$의 값은?
(단, $C$의 초기 전압은 0[V]이다.)

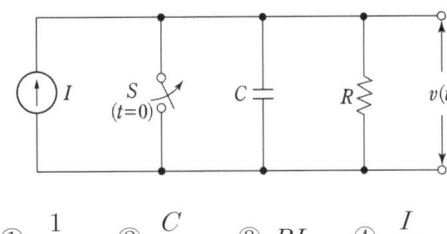

① $\dfrac{1}{RI}$
② $\dfrac{C}{I}$
③ $RI$
④ $\dfrac{I}{C}$

**풀이** 커패시터에서 전류 $i(t)$와 전압 $v(t)$의 관계식에서 초기조건 $t=0^+$를 적용하면
$i(t) = C\dfrac{dv(t)}{dt}$, $i(0^+) = C\dfrac{dv(0^+)}{dt}$
스위치가 닫혀있는 상태에서는 커패시터에 전류가 흐르지 않지만 스위치를 여는 순간 커패시터는 단락 상태가 되어 $R$에는 전류가 흐르지 않고 커패시터 $C$에만 전류가 모두 흐른다. 즉, $i(0^+) = I$가 된다.
그러므로 $i(0^+) = C\dfrac{dv(0^+)}{dt}$에서 $I = C\dfrac{dv(0^+)}{dt}$
$\therefore \dfrac{dv(0^+)}{dt} = \dfrac{I}{C}$  답 ④

**70** 한 코일의 전류가 매초 120[A]의 비율로 변화할 때 다른 코일에 15[V]의 기전력이 발생하였다면 두 코일의 상호 인덕턴스[H]는?

① 0.125
② 2.85
③ 0
④ 1.25

**풀이** $V_L = M\dfrac{di(t)}{dt}$
$M = \dfrac{V_L}{\dfrac{di(t)}{dt}} = \dfrac{15}{120} = 0.125[H]$  답 ①

**72** 단위길이당의 저항이 같은 도선을 사용하여 그림과 같은 무한히 긴 사다리꼴 회로를 만든다. 각 지로의 저항을 $r$이라 할 때, a, b간의 합성 저항은?

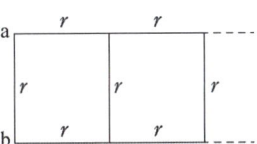

① $r$
② $\sqrt{3}\,r$
③ $(\sqrt{3}+1)r$
④ $(\sqrt{3}-1)r$

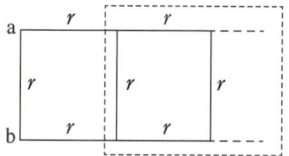

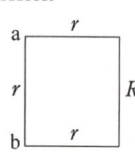

그림의 등가회로에서
$R_{ab} = \dfrac{r(2r+R)}{r+(2r+R)} = \dfrac{2r^2+rR}{3r+R}$ 이며,
$R_{ab} = R$ 이므로
$R^2 + 2rR - 2r^2 = 0 \rightarrow R = (-1 \pm \sqrt{3})r$
저항값은 음(−)의 값이 될 수 없으므로
$\therefore R = (\sqrt{3}-1)r$   답 ④

**75** 저항 R[Ω] 3개를 Y로 접속한 회로에 200[V]의 3상 교류전압을 인가시 선전류가 10[A]라면 이 3개의 저항을 △로 접속하고 동일 전원을 인가시 선전류는 몇[A]인가?

① 10    ② $10\sqrt{3}$
③ 30    ④ $30\sqrt{3}$

풀이 Y결선 상전류 $I_Y = \dfrac{200}{\sqrt{3}R}$

Y결선 선전류 $I_{Yl} = \dfrac{200}{\sqrt{3}R}$

△결선 상전류 $I_\Delta = \dfrac{200}{R}$

△결선 선전류 $I_{\Delta l} = \sqrt{3}I_\Delta = \dfrac{200\sqrt{3}}{R}$

$\dfrac{I_{\Delta l}}{I_{Yl}} = \dfrac{\frac{200\sqrt{3}}{R}}{\frac{200}{\sqrt{3}R}} = 3$

$\therefore I_{\Delta l} = 3I_{Yl} = 3 \times 10 = 30$ [A]   답 ③

**76** 그림과 같은 3상 Y결선 불평형 회로가 있다. 전원은 3상 평형전압 $E_1$, $E_2$, $E_3$이고, 부하는 $Y_1$, $Y_2$, $Y_3$일 때 전원의 중성점과 부하의 중성점 간의 전위차를 나타내는 식은?

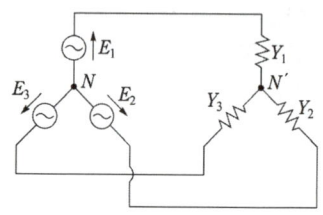

① $\dfrac{E_1Y_1 + E_2Y_2 + E_3Y_3}{Y_1 + Y_2 + Y_3}$

② $\dfrac{E_1Y_1 + E_2Y_2 + E_3Y_3}{Y_1Y_2Y_3}$

③ $\dfrac{E_1Y_1 - E_2Y_2 - E_3Y_3}{Y_1 + Y_2 + Y_3}$

④ $\dfrac{E_1Y_1 - E_2Y_2 - E_3Y_3}{Y_1Y_2Y_3}$

풀이 내부 임피던스를 갖는 여러 개의 전원이 병렬로 접속되어 있을 때 양 병렬접속 단자 간에 나타나는 합성전압은 각각의 전원을 단락하였을 때 흐르는 단락전류의 총합을 각 전원의 내부 어드미턴스의 총합으로 나눈 값과 동일하다(밀만의 정리).   답 ①

**77** 다음 단위 궤환 제어계의 미분방정식은?

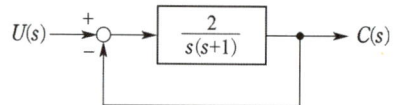

① $\dfrac{d^2c(t)}{dt^2} + \dfrac{dc(t)}{dt} + c(t) = 2u(t)$

② $\dfrac{d^2c(t)}{dt^2} + \dfrac{dc(t)}{dt} + 2c(t) = u(t)$

③ $\dfrac{d^2c(t)}{dt^2} + \dfrac{dc(t)}{dt} + 2c(t) = 5u(t)$

④ $\dfrac{d^2c(t)}{dt^2} + \dfrac{dc(t)}{dt} + 2c(t) = 2u(t)$

풀이 $G(s) = \dfrac{C(s)}{U(s)} = \dfrac{\frac{2}{s(s+1)}}{1 + \frac{2}{s(s+1)}}$

$= \dfrac{2}{s(s+1)+2} = \dfrac{2}{s^2+s+2}$

$$(s^2+s+2)C(s) = 2U(s)$$
$$s^2C(s)+sC(s)+2C(s)=2U(s)$$
$$\therefore \frac{d^2c(t)}{dt^2}+\frac{dc(t)}{dt}+2c(t)=2u(t)$$
답 ④

# 2023년 3회 _ 전기기사

**61** 상의 순서가 $a-b-c$인 불평형 3상 전류가 $I_a = 15+j2$[A], $I_b = -20-j14$[A], $I_c = -3+j10$[A]일 때 영상분 전류 $I_0$는 약 몇 [A]인가?

① $2.67+j0.38$  ② $2.02+j6.98$
③ $15.5-j3.56$  ④ $-2.67-j0.67$

**풀이** 영상전류
$$I_0 = \frac{1}{3}(I_a+I_b+I_c)$$
$$=\frac{1}{3}[(15+j2)+(-20-j14)+(-3+j10)]$$
$$=\frac{1}{3}(-8-j2) = -2.67-j0.67[A]$$
답 ④

**62** 그림과 같이 $R[\Omega]$의 저항을 Y결선으로 하여 단자의 $a$, $b$ 및 $c$에 비대칭 3상 전압을 가할 때, $a$단자의 중성점 $N$에 대한 전압은 약 몇 [V]인가?
(단, $V_{ab}=210$[V], $V_{bc}=-90-j180$[V], $V_{ca}=-120+j180$[V])

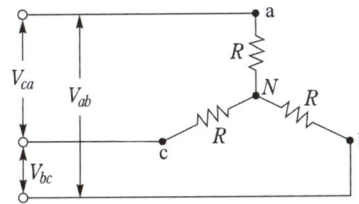

① 100  ② 116
③ 121  ④ 125

**풀이** 폐로 방정식(메쉬 방정식)
$$2RI_1-RI_2=V_{ca}, \quad -RI_1+2RI_2=V_{bc}$$
$$I_1=\frac{\begin{vmatrix}V_{ca} & -R \\ V_{bc} & 2R\end{vmatrix}}{\begin{vmatrix}2R & -R \\ -R & 2R\end{vmatrix}}=\frac{2RV_{ca}+RV_{bc}}{4R^2-R^2}=\frac{2V_{ca}+V_{bc}}{3R}$$

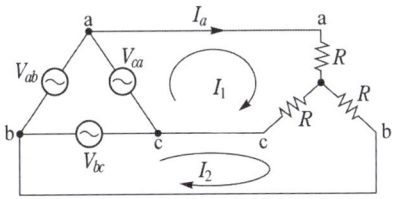

저항 $R$에 흐르는 전류 $I_a=I_1$이므로
전압강하를 나타내는 $a$단자의
중성점 $N$에 대한 전압 $V_{aN}=RI_a=RI_1$이다.
$$V_{aN}=RI_1=R\times\frac{2V_{ca}+V_{bc}}{3R}=\frac{2V_{ca}+V_{bc}}{3}$$
$$=\frac{2(-120+j180)+(-90-j180)}{3}$$
$$=-110+j60[V]$$
따라서 중성점 전압의 크기
$|V_{aN}| = \sqrt{(-110)^2+60^2} ≒ 125[V]$
답 ④

**64** 두 코일 A, B의 저항과 리액턴스가 각각 A코일은 3[Ω], 4[Ω]이고, B코일은 5[Ω], 2[Ω]일 때 두 코일을 직렬로 접속하여 100[V]의 전압을 인가하였다면, 회로에 흐르는 전류는 몇 [A]인가?

① $10\angle-37°$  ② $10\angle37°$
③ $10\angle-53°$  ④ $10\angle53°$

**풀이** A코일의 임피던스 $Z_A=3+j4[\Omega]$
B코일의 임피던스 $Z_B=5+j2[\Omega]$
A, B코일의 합성 임피던스
$$Z_{AB}=8+j6=\sqrt{8^2+6^2}\angle\tan^{-1}\frac{6}{8}$$
$$=10\angle37°[\Omega]$$
따라서 회로에 흐르는 전류
$$I=\frac{V}{Z_{AB}}=\frac{100}{10\angle37°}=10\angle-37°[A]$$
답 ①

**67** 그림의 블록선도에 대한 전달함수 $\dfrac{C}{R}$는?

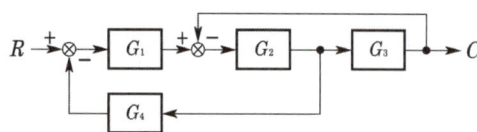

① $\dfrac{G_1 G_2 G_3}{1 + G_1 G_2 + G_1 G_2 G_4}$

② $\dfrac{G_1 G_2 G_4}{1 + G_1 G_2 + G_1 G_2 G_3}$

③ $\dfrac{G_1 G_2 G_3}{1 + G_2 G_3 + G_1 G_2 G_4}$

④ $\dfrac{G_1 G_2 G_4}{1 + G_2 G_3 + G_1 G_2 G_3}$

**풀이** $G_3$ 앞의 인출점을 요소 뒤로 이동하면 그림과 같은 블록 선도로 나타낼 수 있다.

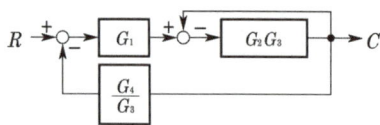

$\left\{\left(R - C\dfrac{G_4}{G_3}\right)G_1 - C\right\}G_2 G_3 = C$

$RG_1 G_2 G_3 - CG_1 G_2 G_4 - C(G_2 G_3) = C$

$RG_1 G_2 G_3 = C(1 + G_2 G_3 + G_1 G_2 G_4)$

$\therefore G(s) = \dfrac{C}{R} = \dfrac{G_1 G_2 G_3}{1 + G_2 G_3 + G_1 G_2 G_4}$

**별해** 전향경로 이득 : $G_1 G_2 G_3$

루프 이득 : $-G_2 G_3, \; -G_1 G_2 G_4$

$G(s) = \dfrac{\sum 전향 경로 이득}{1 - \sum 루프이득}$

$= \dfrac{G_1 G_2 G_3}{1 + G_2 G_3 + G_1 G_2 G_4}$  **답** ③

**70** 한 상의 임피던스가 $6 + j8[\Omega]$인 △부하에 대칭 선간전압 200[V]를 인가할 때 3상 전력[W]은?

① 2400  ② 4160
③ 7200  ④ 10800

**풀이** △결선 시 선간전압($V_l$)과 상전압($V_p$)은 같으므로

상전류 $I_p = \dfrac{V_p}{Z_p} = \dfrac{200}{\sqrt{6^2 + 8^2}} = 20[A]$

$\therefore P = 3 I_p^2 R = 3 \times 20^2 \times 6 = 7200[W]$  **답** ③

**71** 선간 전압 $V$[V]의 3상 평형 전원에 대칭 3상 저항 부하 $R[\Omega]$이 그림과 같이 접속되었을 때 a, b 두 상간에 접속된 전력계의 지시값이 $W$ [W]라 하면 c상의 전류[A]는?

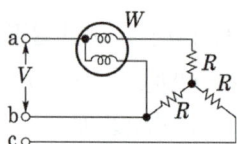

① $\dfrac{\sqrt{3}\, W}{V}$  ② $\dfrac{3W}{V}$

③ $\dfrac{W}{\sqrt{3}\, V}$  ④ $\dfrac{2W}{\sqrt{3}\, V}$

**풀이** 전원 및 부하가 모두 대칭이므로
$V_{ab} = V_{bc} = V_{ca} = V$, $I_a = I_b = I_c = I$라 하면
소비 전력 $P = 2W = \sqrt{3}\, VI$

$\therefore I = \dfrac{2W}{\sqrt{3}\, V}$  **답** ④

**73** 그림과 같은 $R-C$ 병렬회로에서 전원전압이 $e_s(t) = 3e^{-5t}$인 경우 이 회로의 임피던스는?

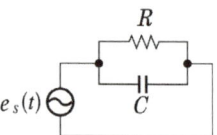

① $\dfrac{j\omega RC}{1 + j\omega RC}$  ② $\dfrac{R}{1 - 5RC}$

③ $\dfrac{R}{1 + RCs}$  ④ $\dfrac{1 + j\omega RC}{R}$

**풀이**

$Z = \dfrac{\dfrac{R}{j\omega C}}{R + \dfrac{1}{j\omega C}} = \dfrac{R}{1 + j\omega CR}$ 이고

$e_s(t) = 3e^{-5t}$에서 $j\omega = -5$이므로

$Z = \dfrac{R}{1 + j\omega CR} = \dfrac{R}{1 - 5CR}$  **답** ②

**74** 위상 정수가 $\frac{\pi}{8}$[rad/m]인 선로의 1[MHz]에 대한 전파 속도[m/s]는?

① $1.6 \times 10^7$  ② $9 \times 10^7$
③ $10 \times 10^7$  ④ $11 \times 10^7$

**풀이**
$Z = \dfrac{R \cdot \dfrac{1}{j\omega C}}{R + \dfrac{1}{j\omega C}} = \dfrac{R}{1 + j\omega CR}$

전파 속도를 $v$[m/s]라 하면 $\beta\lambda = 2\pi$ 이므로
$\therefore v = f\lambda = \dfrac{2\pi f}{\beta} = \dfrac{2\pi \times 10^6}{\dfrac{\pi}{8}}$
$= 16 \times 10^6 = 1.6 \times 10^7$[m/s]  **답** ①

**75** 회로에서 전압 $V_{ab}$[V]는?

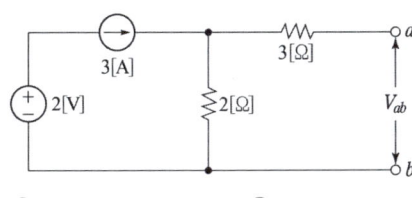

① 2  ② 3
③ 6  ④ 9

**풀이** 전압원은 단락하고 전류원은 개방하여 중첩의 원리를 적용하면,
- 전압원이 존재(전류원 개방)
  $V_{ab} = 0$[V]
- 전류원 존재(전압원 단락)
  $V_{ab} = IR = 3 \times 2 = 6$[V]  **답** ③

**77** 그림의 블록선도와 같이 표현되는 제어시스템에서 $A = 1$, $B = 1$일 때, 블록선도의 출력 $C$는 약 얼마인가?

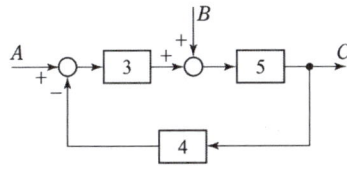

① 0.22  ② 0.33
③ 1.22  ④ 3.1

**풀이** 전달함수 $G(s) = \dfrac{경로}{1 - 폐로}$ 이므로

- 입력 A인 경우
  - 경로 : $3 \times 5 = 15$, 폐로 : $3 \times 4 \times 5 = 60$
  $\dfrac{C}{A} = \dfrac{15}{1 + 60} = \dfrac{15}{61}$

- 입력 B인 경우
  - 경로 : 5, 폐로 : $3 \times 4 \times 5 = 60$
  $\dfrac{C}{B} = \dfrac{5}{1 + 60} = \dfrac{5}{61}$

$\therefore G(s) = \dfrac{C}{A} + \dfrac{C}{B} = \dfrac{15}{61} + \dfrac{5}{61} = 0.33$  **답** ②

**78** 4단자 정수 $A$, $B$, $C$, $D$로 출력 측을 개방시켰을 때 입력측에서 본 구동점 임피던스 $Z_{11}\left(= \dfrac{V_1}{I_1}\bigg|_{I_2=0}\right)$을 표시한 것 중 옳은 것은?

① $\dfrac{A}{C}$  ② $\dfrac{B}{D}$
③ $\dfrac{A}{B}$  ④ $\dfrac{B}{C}$

**풀이** $A = \dfrac{Z_{11}}{Z_{21}}$, $B = \dfrac{|Z|}{Z_{21}}$, $C = \dfrac{1}{Z_{21}}$, $D = \dfrac{Z_{22}}{Z_{21}}$ 이므로

$\therefore \begin{bmatrix} Z_{11} & Z_{12} \\ Z_{21} & Z_{22} \end{bmatrix} = \dfrac{1}{C}\begin{bmatrix} A & AD - BC \\ 1 & D \end{bmatrix}$  **답** ①

**79** $RL$ 직렬회로에서 $R = 20[\Omega]$, $L = 40$[mH]일 때, 이 회로의 시정수[sec]는?

① $2 \times 10^3$  ② $2 \times 10^{-3}$
③ $\dfrac{1}{2} \times 10^3$  ④ $\dfrac{1}{2} \times 10^{-3}$

**풀이** $RL$ 직렬 회로의 시정수
$\tau = \dfrac{L}{R} = \dfrac{40 \times 10^{-3}}{20} = 2 \times 10^{-3}$[sec]  **답** ②

**80** $\mathcal{L}^{-1}\left[\dfrac{1}{s^2 + a^2}\right]$은 어느 것인가?

① $\sin at$  ② $\dfrac{1}{a}\sin at$
③ $\cos at$  ④ $\dfrac{1}{a}\cos at$

**풀이** $RL$ 직렬 회로의 시정수

$$\mathcal{L}^{-1}\left[\frac{a}{s^2+a^2}\right]=\sin at \text{ 이므로}$$

$$\mathcal{L}^{-1}\left[\frac{1}{s^2+a^2}\right]=\frac{1}{a}\sin at$$

**답** ②

## 2023년 - 4회 _ 공사기사

**62** 그림과 같은 회로의 역률은 얼마인가?

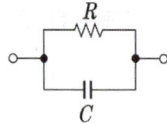

① $1+(\omega RC)^2$  
② $\sqrt{1+(\omega RC)^2}$  
③ $\dfrac{1}{\sqrt{1+(\omega RC)^2}}$  
④ $\dfrac{1}{1+(\omega RC)^2}$

**풀이**
$$\cos\theta = \frac{\frac{1}{R}}{Y} = \frac{Z}{R} = \frac{\frac{RX_C}{\sqrt{R^2+X_C^2}}}{R} = \frac{X_C}{\sqrt{R^2+X_C^2}}$$

$$= \frac{1}{\sqrt{1+\frac{R^2}{X_C^2}}} = \frac{1}{\sqrt{1+\omega^2 C^2 R^2}}$$

**답** ③

**63** 그림에서 $2[\Omega]$에 흐르는 전류 $i$는 몇 $[A]$인가?

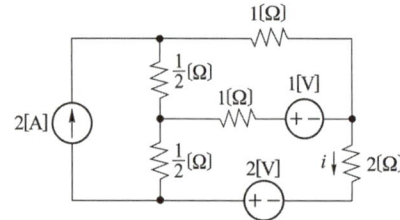

① $\dfrac{28}{31}$  
② $\dfrac{4}{13}$  
③ $\dfrac{4}{7}$  
④ $-\dfrac{8}{35}$

**풀이**

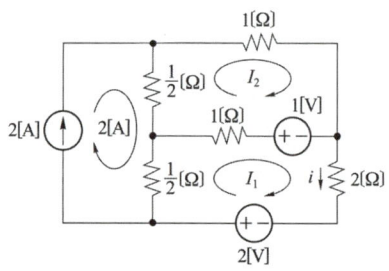

① 1[V] 전압원만 있는 폐회로
$$(\frac{1}{2}+1+1)I_1 - 1\times I_2 - \frac{1}{2}\times 2 = 1$$

$$\frac{5}{2}I_1 - I_2 - 1 = 1[V]$$

양변에 4를 곱하여 정리하면
$$10I_1 - 4I_2 = 8 \cdots ⓐ$$

② 1[V]와 2[V] 전압원이 있는 폐회로
$$-1\times I_1 + (\frac{1}{2}+1+2)I_2 - \frac{1}{2}\times 2 = 2-1$$

$$-I_1 + \frac{7}{2}I_2 - 1 = 1[V]$$

양변에 10을 곱하여 정리하면
$$-10I_1 + 35I_2 = 20 \cdots ⓑ$$

ⓐ와 ⓑ를 연립하여 풀면
$$\begin{aligned}10I_1 - 4I_2 &= 8 \\ +)-10I_1 + 35I_2 &= 20 \\ \hline 31I_2 &= 28\end{aligned}$$

$$\therefore I_2 = \frac{28}{31}[A]$$

**답** ①

**64** 그림의 신호흐름선도를 미분방정식으로 표현한 것으로 옳은 것은? (단, 모든 초기 값은 0이다.)

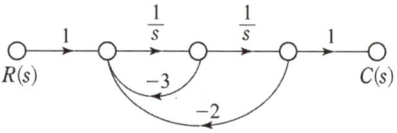

① $\dfrac{d^2c(t)}{dt^2} + 3\dfrac{dc(t)}{dt} + 2c(t) = r(t)$

② $\dfrac{d^2c(t)}{dt^2} + 2\dfrac{dc(t)}{dt} + 3c(t) = r(t)$

③ $\dfrac{d^2c(t)}{dt^2} - 3\dfrac{dc(t)}{dt} - 2c(t) = r(t)$

④ $\dfrac{d^2c(t)}{dt^2} - 2\dfrac{dc(t)}{dt} - 3c(t) = r(t)$

**풀이** 전향경로 이득 : $\dfrac{1}{s} \cdot \dfrac{1}{s} = \dfrac{1}{s^2}$

루프 이득 : $-\dfrac{3}{s}$, $-2 \cdot \dfrac{1}{s} \cdot \dfrac{1}{s} = -\dfrac{2}{s^2}$

$$G(s) = \dfrac{C(s)}{R(s)} = \dfrac{\sum 전향\ 경로\ 이득}{1 - \sum 루프이득} = \dfrac{\dfrac{1}{s^2}}{1 - \dfrac{3}{s} - \dfrac{2}{s^2}}$$

$$= \dfrac{1}{s^2 + 3s + 2}$$

$\to (s^2 + 3s + 2)C(s) = R(s)$

위 식을 역라플라스 변환하면

$\therefore \dfrac{d^2 c(t)}{dt^2} + 3 \dfrac{dc(t)}{dt} + 2c(t) = r(t)$  **답** ①

**65** 어느 소자에 전압 $e = E_m \cos\omega t$[V]를 인가하니 전류 $i = I_m \sin\omega t$[A]가 흘렀다. 이 소자는 무엇인가?

① 순저항
② 저항과 용량성 리액턴스
③ 용량성 리액턴스
④ 유도성 리액턴스

**풀이** 
- $R$ : 전압과 전류의 위상이 같다.
- $L$ : 전압보다 전류의 위상이 90° 느리다.(지상)
- $C$ : 전압보다 전류의 위상이 90° 빠르다.(진상)

$\cos\theta = \sin(\theta + 90°)$이므로 전압이 전류의 위상 보다 90° 빠르다.

즉 전압보다 전류의 위상이 90° 느리므로 유도성 리액턴스이다.  **답** ④

**67** 적분 시간이 3분, 비례 감도가 5인 PI 조절계의 전달 함수는?

① $5 + 3s$
② $5 + \dfrac{1}{3s}$
③ $\dfrac{3s}{15s + 5}$
④ $\dfrac{15s + 5}{3s}$

**풀이** PI 동작(비례 적분 제어)이므로

$y(t) = K_p [z(t) + \dfrac{1}{T_i} z(t) dt]$

$Y(s) = K_p (1 + \dfrac{1}{T_i s}) z(s)$

$\therefore G(s) = \dfrac{Y(s)}{Z(s)} = K_p \left(1 + \dfrac{1}{T_i s}\right) = 5\left(1 + \dfrac{1}{3s}\right)$

$= \dfrac{15s + 5}{3s}$  **답** ④

**70** 2개의 전력계를 사용하여 3상 평형부하의 역률을 측정하고자 한다. 전력계의 지시 값이 각각 $P_1$, $P_2$일 때 이 회로의 역률은?

① $P_1 + P_2$
② $\sqrt{3}(P_1 - P_2)$
③ $\dfrac{2\sqrt{P_1^2 + P_2^2 - P_1 P_2}}{P_1 + P_2}$
④ $\dfrac{P_1 + P_2}{2\sqrt{P_1^2 + P_2^2 - P_1 P_2}}$

**풀이** 2전력계법
- 유효전력 $P = P_1 + P_2$[W]
- 무효전력 $Q = \sqrt{3}(P_1 - P_2)$[Var]
- 피상전력 $P_a = 2\sqrt{P_1^2 + P_2^2 - P_1 P_2}$[VA]
- 역률 $\cos\theta = \dfrac{P_1 + P_2}{2\sqrt{P_1^2 + P_2^2 - P_1 \cdot P_2}}$  **답** ④

**71** 대칭 $n$ 상에서 선전류와 상전류 사이의 위상차[rad]는?

① $\dfrac{n}{2}\left(1 - \dfrac{\pi}{2}\right)$
② $\dfrac{\pi}{2}\left(1 - \dfrac{n}{2}\right)$
③ $2\left(1 - \dfrac{\pi}{n}\right)$
④ $\dfrac{\pi}{2}\left(1 - \dfrac{2}{n}\right)$

**풀이**
- 대칭 $n$상 성형결선 : 선간전압이 상전압보다 $\dfrac{\pi}{2}\left(1 - \dfrac{2}{n}\right)$[rad]만큼 앞선다.
- 대칭 $n$상 환상결선 : 선전류가 상전류보다 $\dfrac{\pi}{2}\left(1 - \dfrac{2}{n}\right)$[rad]만큼 늦다.  **답** ④

**72** 다음과 같은 전류의 초기값 $i(0_+)$은?

$$I(s) = \dfrac{12}{2s(s+6)}$$

① 6  ② 2  ③ 1  ④ 0

**풀이** 초기값 정리에 의해
$$\lim_{s\to\infty} s \cdot I_1(s) = \lim_{s\to\infty} s \cdot \frac{12}{2s(s+6)} = 0$$
**답** ④

**75** 제어기 전달함수가 $\dfrac{2s+5}{7s}$ 인 제어기가 있다. 이 제어기는 어떤 제어기인가?

① 비례미분 제어계
② 적분 제어계
③ 비례 적분제어계
④ 비례 적분 미분 제어계

**풀이** $G(s) = \dfrac{2s+5}{7s} = \dfrac{2}{7} + \dfrac{5}{7s} = \dfrac{2}{7} + \dfrac{1}{\dfrac{7}{5}s} = \dfrac{2}{7}\left(1 + \dfrac{1}{\dfrac{2}{5}s}\right)$

이므로 비례적분 제어계이다. **답** ③

**78** 회로에서 전압 $V_{ab}$[V]는?

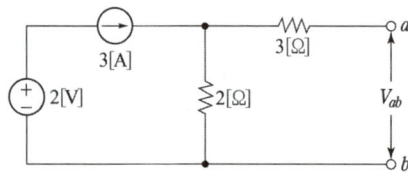

① 2    ② 3
③ 6    ④ 9

**풀이** 전압원은 단락하고 전류원은 개방하여 중첩의 원리를 적용하면,
• 전압원이 존재(전류원 개방) $V_{ab} = 0$[V]
• 전류원 존재(전압원 단락) $V_{ab} = IR = 3 \times 2 = 6$[V]
**답** ③

**79** 선간 전압 $V$[V]의 3상 평형 전원에 대칭 3상 저항 부하 $R$[Ω]이 그림과 같이 접속되었을 때 a, b 두 상간에 접속된 전력계의 지시값이 $W$[W]라 하면 c상의 전류[A]는?

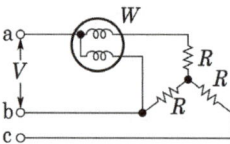

① $\dfrac{\sqrt{3}\,W}{V}$    ② $\dfrac{3W}{V}$
③ $\dfrac{W}{\sqrt{3}\,V}$    ④ $\dfrac{2W}{\sqrt{3}\,V}$

**풀이** 전원 및 부하가 모두 대칭이므로
$V_{ab} = V_{bc} = V_{ca} = V$, $I_a = I_b = I_c = I$라 하면
소비 전력 $P = 2W = \sqrt{3}\,VI$
$\therefore I = \dfrac{2W}{\sqrt{3}\,V}$ **답** ④

**80** $RL$ 직렬회로에서 $R = 20$[Ω], $L = 40$[mH] 일 때, 이 회로의 시정수[sec]는?

① $2 \times 10^3$    ② $2 \times 10^{-3}$
③ $\dfrac{1}{2} \times 10^3$    ④ $\dfrac{1}{2} \times 10^{-3}$

**풀이** $RL$ 직렬 회로의 시정수
$\tau = \dfrac{L}{R} = \dfrac{40 \times 10^{-3}}{20} = 2 \times 10^{-3}$[sec] **답** ②

# 2024년 회로이론_전기기사·공사기사_CBT 복원문제

문제의 번호는 실제 시험문제의 번호와 같게 하였습니다.
제어공학에 해당하는 문제는 삭제하였습니다.

## 2024년 - 1회 _ 전기기사·공사기사

**61** 각 상의 임피던스 $Z = 6 + j8[\Omega]$인 평형 △부하에 선간 전압이 220[V]인 대칭 3상 전압을 가할 때 선전류는 약 몇 [A]인가?

① 11[A]  ② 13.5[A]
③ 22[A]  ④ 38.1[A]

**풀이**
- 상전류 $I_p = \dfrac{V_p}{Z} = \dfrac{220}{\sqrt{8^2+6^2}} = 22[A]$
- 선전류 $I_l = \sqrt{3}\, I_p = \sqrt{3} \times 22 = 38.1[A]$ **답** ④

**62** 비정현파의 전압
$v = 100\sqrt{2}\sin\omega t + 50\sqrt{2}\sin 2\omega t + 30\sqrt{2}\sin 3\omega t\,[V]$
일 때 실효 전압[V]은?

① 180  ② 13.4
③ 115.8  ④ 38.6

**풀이** 왜형파의 실효값은 각 고조파 실효값 제곱의 합의 제곱근이므로
$V = \sqrt{V_1^2 + V_2^2 + V_3^2} = \sqrt{100^2 + 50^2 + 30^2}$
$= 115.8[V]$ **답** ③

**63** 회로에서 $V=10[V]$, $R=10[\Omega]$, $L=1[H]$, $C=10[\mu F]$ 그리고 $V_c(0)=0$일 때 스위치 K를 닫은 직후 전류의 변화율 $\dfrac{di}{dt}(0^+)$의 값 [A/sec]은?

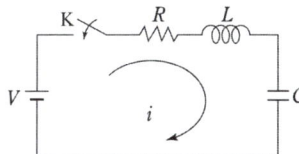

① 0  ② 1  ③ 5  ④ 10

**풀이** 진동 여부 판별식으로부터
$\left(\dfrac{R}{2L}\right)^2 - \dfrac{1}{LC} = \left(\dfrac{10}{2 \times 1}\right)^2 - \dfrac{1}{1 \times 10 \times 10^{-6}} < 0$
즉, 위와 같은 회로는 진동인 경우이므로
$i = \dfrac{V}{\beta L} e^{-\alpha t}\sin\beta t$
$\therefore \left.\dfrac{di}{dt}\right|_{t=0} = \dfrac{V}{\beta L}[-\alpha e^{-\alpha t}\sin\beta t + \beta e^{-\alpha t}\cos\beta t]_{t=0}$
$= \dfrac{V}{\beta L} \cdot \beta = \dfrac{V}{L} = \dfrac{10}{1}$
$= 10[A/sec]$ **답** ④

**64** 다음과 같은 4단자 회로에서 임피던스 파라미터 $Z_{11}$의 값은?

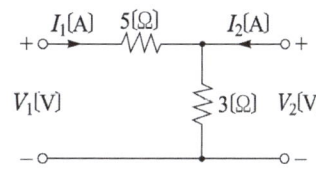

① 8[Ω]  ② 5[Ω]
③ 3[Ω]  ④ 2[Ω]

**풀이** $Z_{11} = \left.\dfrac{V_1}{I_1}\right|_{I_2=0} = \dfrac{I_1 \times (Z_1 + Z_2)}{I_1}$
$= Z_1 + Z_2 = 3 + 5 = 8$ **답** ①

**65** $v = V_m\sin(\omega t + 30°)$와
$i = I_m\cos(\omega t - 100°)$와의
위상차는 몇 도인가?

① 40°  ② 70°
③ 130°  ④ 210°

**풀이** $i = I_m\cos(\omega t - 100°) = I_m\sin\left(\omega t - 100° + \dfrac{\pi}{2}\right)$
$= I_m\sin(\omega t - 10°)$
$\therefore$ 위상차 $\theta = \theta_1 - \theta_2 = 30° - (-10°) = 40°$ **답** ①

**66** 전류의 대칭분을 $I_0$, $I_1$, $I_2$, 유기기전력을 $E_a$, $E_b$, $E_c$, 단자전압의 대칭분을 $V_0$, $V_1$, $V_2$라 할 때 3상 교류발전기의 기본식 중 정상분 $V_1$ 값은? (단, $Z_0$, $Z_1$, $Z_2$는 영상, 정상, 역상 임피던스이다.)

① $-Z_0 I_0$
② $-Z_2 I_2$
③ $E_a - Z_1 I_1$
④ $E_b - Z_2 I_2$

**풀이** 발전기의 기본식
영상분 $V_0 = -Z_0 I_0$
정상분 $V_1 = E_a - Z_1 I_1$
역상분 $V_2 = -Z_2 \cdot I_2$

**답** ③

**68** $F(s) = \dfrac{3s+10}{s^3+2s^2+5s}$ 일 때 $f(t)$의 최종값은?

① 0
② 1
③ 2
④ 8

**풀이** 최종값 정리에 의하여
$\lim_{t\to\infty} f(t) = \lim_{s\to 0} sF(s) = \lim_{s\to 0} s \cdot \dfrac{3s+10}{s(s^2+2s+5)}$
$= \dfrac{10}{5} = 2$

**답** ③

**70** 정 K형 필터(여파기)에 있어서 임피던스 $Z_1$, $Z_2$는 공칭 임피던스 $K$와는 어떤 관계가 있는가?

① $Z_1 Z_2 = K$
② $\dfrac{Z_1}{Z_2} = K$
③ $\sqrt{\dfrac{Z_1}{Z_2}} = K^2$
④ $Z_1 Z_2 = K^2$

**풀이** 정K형 여파기가 되려면 임피던스 $Z_1$과 $Z_2$가 역회로의 관계가 되어야 한다.
즉, $Z_1 Z_2 = K^2$의 관계가 되어야 한다.

**답** ④

**72** 그림과 같은 평형 3상 회로에서 전원 전압이 $V_{ab} = 200[V]$이고 부하 한 상의 임피던스가 $Z = 4 + j3[\Omega]$인 경우 전원과 부하 사이 선전류 $I_a$는 약 몇 [A]인가?

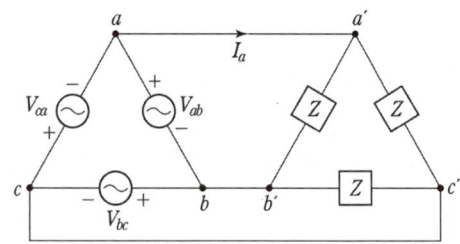

① $40\sqrt{3} \angle 36.87°$
② $40\sqrt{3} \angle -36.87°$
③ $40\sqrt{3} \angle 66.87°$
④ $40\sqrt{3} \angle -66.87°$

**풀이** • 전원과 부하가 다 같이 △결선이므로
상전류 $I_p = \dfrac{V}{Z} = \dfrac{200}{\sqrt{4^2+3^2}} = 40[A]$
위상차 $\theta = \tan^{-1}\dfrac{X_L}{R} = \tan^{-1}\dfrac{3}{4} = 36.87°$
임피던스 $Z = 4+j3[\Omega]$에서 허수($j$)의 부호가 '+'이므로 전류는 전압보다 위상이 느리다(유도성 회로).
• △결선시 선전류는 각 상전류에 비해 크기는 $\sqrt{3}$ 배 크며, 위상은 30° 느리다.
따라서 선전류
$I_a = \sqrt{3} I_p = 40\sqrt{3} \angle -30° -36.87°$
$= 40\sqrt{3} \angle -66.87°[A]$

**답** ④

**73** 전류 $\sqrt{2} I \sin(\omega t + \theta)[A]$와 기전력 $\sqrt{2} V \cos(\omega t - \phi)[V]$ 사이의 위상차는?

① $\dfrac{\pi}{2} - (\phi - \theta)$
② $\dfrac{\pi}{2} - (\phi + \theta)$
③ $\dfrac{\pi}{2} + (\phi + \theta)$
④ $\dfrac{\pi}{2} + (\phi - \theta)$

**풀이** 전류 $= \sqrt{2} I \sin(\omega t + \theta)[A]$
기전력 $= \sqrt{2} V \cos(\omega t - \phi)$
$= \sqrt{2} V \sin(\omega t - \phi + \dfrac{\pi}{2})[V]$
$[\because \cos\theta = \sin(\theta + \dfrac{\pi}{2})]$
위상차 $= (-\phi + \dfrac{\pi}{2}) - \theta = \dfrac{\pi}{2} - (\phi + \theta)$

**답** ②

**76** 블록선도 변환이 틀린 것은?

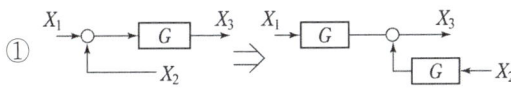

**풀이**
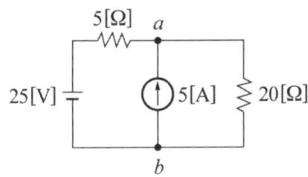

$X_3 = GX_1 + X_2 \quad\quad X_3 = (X_1 + GX_2)G$

답 ④

**80** 그림에서 저항 20[Ω]에 흐르는 전류는 몇 [A]인가?

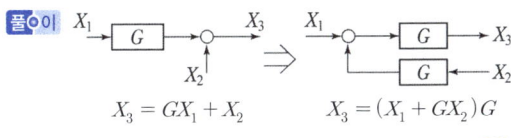

① 1　　② 2
③ 3　　④ 4

**풀이** 중첩의 원리에 의하여
25[V]에 의한 전류 :
$$I_1 = \frac{V}{R} = \frac{25}{5+20} = 1[\text{A}]$$
5[A]에 의한 전류 :
$$I_2 = \frac{R_1}{R_1 + R_2} I = \frac{5}{5+20} \times 5 = 1[\text{A}]$$
$\therefore I = I_1 + I_2 = 1 + 1 = 2[\text{A}]$

답 ②

## 2024년 2회 _ 전기기사·공사기사

**61** 두 대의 전력계를 사용하여 평형부하의 3상 회로의 역률을 측정하려고 한다. 전력계의 지시가 각각 $P_1$, $P_2$라 할 때 이 회로의 역률은?

① $\dfrac{\sqrt{P_1 + P_2}}{P_1 + P_2}$

② $\dfrac{P_1 + P_2}{P_1^2 + P_2^2 - 2P_1 P_2}$

③ $\dfrac{P_1 + P_2}{2\sqrt{P_1^2 + P_2^2 - P_1 P_2}}$

④ $\dfrac{2P_1 P_2}{\sqrt{P_1^2 + P_2^2 - P_1 P_2}}$

**풀이** 2전력계법
- 유효전력 $P = P_1 + P_2$[W]
- 무효전력 $Q = \sqrt{3}(P_1 - P_2)$[Var]
- 피상전력 $P_a = 2\sqrt{P_1^2 + P_2^2 - P_1 P_2}$[VA]
- 역률 $\cos\theta = \dfrac{P_1 + P_2}{2\sqrt{P_1^2 + P_2^2 - P_1 P_2}}$

답 ③

**62** 불평형 3상 전류가 $I_a = 15 + j2$[A], $I_b = -20 - j14$[A], $I_c = -3 + j10$[A] 일 때 영상분 전류 $I_0$는 약 몇 [A]인가?

① $2.67 + j0.38$
② $2.02 + j6.98$
③ $15.5 - j3.56$
④ $-2.67 - j0.67$

**풀이** 영상전류
$$I_0 = \frac{1}{3}(I_a + I_b + I_c)$$
$$= \frac{1}{3}[(15+j2) + (-20-j14) + (-3+j10)]$$
$$= \frac{1}{3}(-8 - j2) = -2.67 - j0.67[\text{A}]$$

답 ④

**63** 어떤 교류 회로에 $v = 100\sin\omega t + 20\sin\left(3\omega t + \dfrac{\pi}{3}\right)$[V]인 전압을 가했을 때 이것에 의해 회로에 흐르는 전류가 $i = 40\sin\left(\omega t - \dfrac{\pi}{6}\right) + 5\sin\left(3\omega t + \dfrac{\pi}{12}\right)$[A]라 한다. 이 회로에서 소비되는 전력은 약 몇 [kW]인가?

① 1.27  ② 1.77
③ 1.97  ④ 2.27

**풀이** $P = V_1 I_1 \cos\theta_1 + V_3 I_3 \cos\theta_3$
$= \dfrac{100}{\sqrt{2}} \cdot \dfrac{40}{\sqrt{2}} \cdot \cos 30° + \dfrac{20}{\sqrt{2}} \cdot \dfrac{5}{\sqrt{2}} \cdot \cos(60° - 15°)$
$= \dfrac{100 \times 40}{2}\cos 30° + \dfrac{20 \times 5}{2}\cos 45° = 1767.4$[W]
$= 1.77$[kW]  **답** ②

**64** 송전 선로에서 전압이 $3 \times 10^8$[m/s]인 광속으로 전파할 때 200[MHz]인 주파수에 대한 위상정수는 몇 [rad/m]인가?

① $\dfrac{4}{3}\pi$  ② $\dfrac{2}{3}\pi$
③ $\dfrac{\pi}{3}$  ④ $\pi$

**풀이** 파장 $\lambda$는 $\lambda = \dfrac{C_0}{f} = \dfrac{3 \times 10^8}{200 \times 10^6} = 1.5$[m]
그런데 1파장 $\lambda$[m]의 거리를 갖는 위상은 $2\pi$[rad] 회전이므로 선로 길이 1[m]당의 상차, 즉 위상 정수 $\beta$는
$\beta = \dfrac{2\pi}{\lambda} = \dfrac{2\pi \times 2}{3} = \dfrac{4\pi}{3}$[rad/m]  **답** ①

**65** 그림과 같은 회로에서 $t=0$에서 스위치를 갑자기 닫은 후 전류 $i(t)$가 0에서 정상 전류의 63.2[%]에 달하는 시간[s]을 구하면?

① $LR$
② $\dfrac{1}{LR}$
③ $\dfrac{L}{R}$
④ $\dfrac{R}{L}$

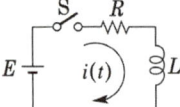

**풀이** $R-L$ 직렬 회로에서 정상값에 63.2[%]에 도달하는 시간은 시정수를 의미한다.
따라서 시정수 $\tau = \dfrac{L}{R}$[s]  **답** ③

**66** $R-L$ 직렬회로에서 시정수의 값이 클수록 과도현상의 소멸되는 시간은 어떻게 되는가?

① 짧아진다.
② 길어진다.
③ 과도기가 없어진다.
④ 관계없다.

**풀이**
- 시정수는 정상전류의 63.2[%]에 도달할 때까지의 시간을 의미
- 시정수 $\tau = \dfrac{L}{R}$[sec]
- 시정수가 크면 과도현상이 오래 지속되고 시정수가 적으면 과도현상이 짧아진다.  **답** ②

**67** $F(s) = \dfrac{(s+5)(s+12)}{s(s+4)(s+6)}$의 역라플라스 변환은?

① $2.5 + e^{4t} + 0.5e^{6t}$
② $2.5 - e^{4t} - 0.5e^{6t}$
③ $2.5 + e^{-4t} + 0.5e^{-6t}$
④ $2.5 - e^{-4t} - 0.5e^{-6t}$

**풀이** $F(s) = \dfrac{(s+5)(s+12)}{s(s+4)(s+6)} = \dfrac{k_1}{s} + \dfrac{k_2}{s+4} + \dfrac{k_3}{s+6}$
$k_1 = \lim\limits_{s \to 0} s F(s) = \left[\dfrac{(s+5)(s+12)}{(s+4)(s+6)}\right]_{s=0} = 2.5$
$k_2 = \lim\limits_{s \to -4} (s+4) F(s) = \left[\dfrac{(s+5)(s+12)}{s(s+6)}\right]_{s=-4}$
$= -1$
$k_3 = \lim\limits_{s \to -6} (s+6) F(s) = \left[\dfrac{(s+5)(s+12)}{s(s+4)}\right]_{s=-6}$
$= -0.5$
$F(s) = \dfrac{2.5}{s} + \dfrac{-1}{s+4} + \dfrac{-0.5}{s+6}$
$\therefore f(t) = \mathcal{L}^{-1}[F(s)] = 2.5 - e^{-4t} - 0.5e^{-6t}$  **답** ④

**68** 그림과 같은 블록선도에서 전달함수 $\dfrac{C(s)}{R(s)}$ 를 구하면?

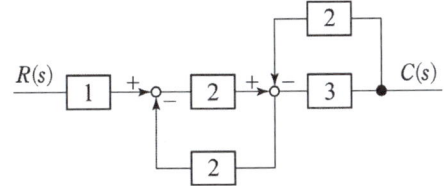

① $-\dfrac{6}{9}$  ② $-\dfrac{6}{11}$

③ $\dfrac{6}{9}$  ④ $\dfrac{6}{11}$

**풀이** 메이슨의 정리에 의해
- 전향경로 이득 : $1 \times 2 \times 3 = 6$
- 루프 이득 : $-2 \times 2 = -4,\ -3 \times 2 = -6$

$$\therefore G(s) = \dfrac{\sum \text{전향 경로 이득}}{1 - \sum \text{루프이득}}$$
$$= \dfrac{6}{1-(-4-6)} = \dfrac{6}{11}$$  답 ④

---

**71** 100[kVA] 단상 변압기 3대로 △결선하여 3상 전원을 공급하던 중 1대의 고장으로 V결선 하였다면 출력은 약 몇 [kVA]인가?

① 100  ② 173
③ 245  ④ 300

**풀이** 변압기 1개의 출력을 $P_1$이라 하면 V결선 시 출력
$P_V = \sqrt{3}\,P_1 = \sqrt{3} \times 100 = 173.2 [\text{kVA}]$  답 ②

---

**75** 어떤 회로에 전압을 가하니 90° 위상이 뒤진 전류가 흘렀다. 이 회로는?

① 저항 성분  ② 용량성
③ 무유도성  ④ 유도성

**풀이**
- 저항, 무유도성 부하 : 전압과 전류의 위상이 같다.
- 유도성 부하 : 전압보다 위상이 90° 뒤진 전류가 흐른다.
- 용량성 부하 : 전압보다 위상이 90° 앞선 전류가 흐른다.  답 ④

---

**77** 4단자 파라미터 A, B, C, D 중에서 C는 어떤 차원의 정수인가?

① 전압비  ② 전류비
③ 임피던스  ④ 어드미턴스

**풀이** $A,\ B,\ C,\ D$로 표시되는 4단자 기초 방정식은
$\begin{bmatrix} V_1 \\ I_1 \end{bmatrix} = \begin{bmatrix} A & B \\ C & D \end{bmatrix} \begin{bmatrix} V_2 \\ I_2 \end{bmatrix}$ 이며 각 파라미터의 물리적 의미는

- 출력을 개방했을 때 전압 이득
$A = \left. \dfrac{V_1}{V_2} \right|_{I_2=0}$

- 출력을 단락했을 때 전달 임피던스
$B = \left. \dfrac{V_1}{I_2} \right|_{V_2=0}$

- 출력을 개방했을 때 전달 어드미턴스
$C = \left. \dfrac{I_1}{V_2} \right|_{I_2=0}$

- 출력을 단락했을 때 전류 이득
$D = \left. \dfrac{I_1}{I_2} \right|_{V_2=0}$  답 ④

---

**78** 위상 정수가 $\dfrac{\pi}{8}$ [rad/m]인 선로의 1[MHz]에 대한 전파 속도[m/s]는?

① $1.6 \times 10^7$  ② $9 \times 10^7$
③ $10 \times 10^7$  ④ $11 \times 10^7$

**풀이**
$Z = \dfrac{\dfrac{R}{j\omega C}}{R + \dfrac{1}{j\omega C}} = \dfrac{R}{1 + j\omega CR}$

전파 속도를 $v$[m/s]라 하면 $\beta\lambda = 2\pi$ 이므로
$\therefore v = f\lambda = \dfrac{2\pi f}{\beta} = \dfrac{2\pi \times 10^6}{\dfrac{\pi}{8}}$
$= 16 \times 10^6 = 1.6 \times 10^7 [\text{m/s}]$  답 ①

---

**80** 권수가 2000회이고, 저항이 12[Ω]인 솔레노이드에 전류 10[A]를 흘릴 때, 자속이 $6 \times 10^{-2}$ [Wb]가 발생하였다. 이 회로의 시정수[sec]는?

① 1  ② 0.1
③ 0.01  ④ 0.001

**풀이** $LI = N\phi$ 이므로
$$L = \frac{N\phi}{I} = \frac{2000 \times 6 \times 10^{-2}}{10} = 12[\text{H}]$$
따라서 $R-L$회로의 시정수 $\tau$은
$$\tau = \frac{L}{R} = \frac{12}{12} = 1[\text{sec}]$$  답 ①

## 2024년 - 3회 _ 전기기사·공사기사

**61** 그림과 같이 $R[\Omega]$의 저항을 Y결선으로 하여 단자의 $a$, $b$ 및 $c$에 비대칭 3상 전압을 가할 때, $a$단자의 중성점 $N$에 대한 전압은 약 몇 [V]인가?
(단, $V_{ab} = 210[\text{V}]$, $V_{bc} = -90 - j180[\text{V}]$, $V_{ca} = -120 + j180[\text{V}]$)

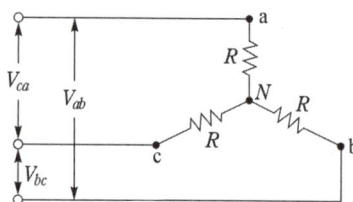

① 100  ② 116
③ 121  ④ 125

**풀이**
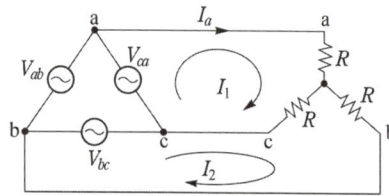

폐로 방정식(메쉬 방정식)
$2RI_1 - RI_2 = V_{ca}$, $-RI_1 + 2RI_2 = V_{bc}$
$$I_1 = \frac{\begin{vmatrix} V_{ca} & -R \\ V_{bc} & 2R \end{vmatrix}}{\begin{vmatrix} 2R & -R \\ -R & 2R \end{vmatrix}} = \frac{2RV_{ca} + RV_{bc}}{4R^2 - R^2}$$
$$= \frac{2V_{ca} + V_{bc}}{3R}$$

저항 $R$에 흐르는 전류 $I_a = I_1$이고, 전압강하를 나타내는 $a$단자의 중성점 $N$에 대한 전압 $V_{aN}$은 $V_{aN} = RI_1 = RI_a$이다.

$$V_{aN} = \frac{2V_{ca} + V_{bc}}{3}$$
$$= \frac{2(-120 + j180) + (-90 - j180)}{3}$$
$$= -110 + j60 = 125\underline{/151.4°}[\text{V}]$$
따라서 중성점 전압의 크기
$V_{aN} = \sqrt{(-110)^2 + 60^2} = 125[\text{V}]$  답 ④

**62** 3상 회로에 있어서 대칭분 전압이
$V_0 = -8 + j3[\text{V}]$, $V_1 = 6 - j8[\text{V}]$,
$V_2 = 8 + j12[\text{V}]$ 일 때 a상의 전압 $V_a[\text{V}]$는?

① $6 + j7$  ② $8 + j12$
③ $6 + j14$  ④ $16 + j4$

**풀이** a상의 전압
$V_a = V_0 + V_1 + V_2$
$= -8 + j3 + 6 - j8 + 8 + j12 = 6 + j7[\text{V}]$  답 ①

**64** $t = 0$에서 스위치(S)를 닫았을 때 $t = 0^+$에서의 $i(t)$는 몇 [A]인가? (단, 커패시터에 초기 전하는 없다.)

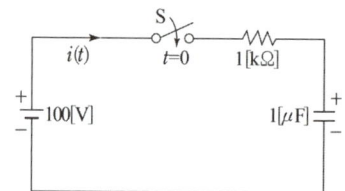

① 0.1  ② 0.2
③ 0.4  ④ 1.0

**풀이** $R-C$ 직렬 회로에서 초기 전하를 0이라 하면
$$i(t) = \frac{dq(t)}{dt} = \frac{d}{dt}CE\left(1 - e^{-\frac{1}{RC}t}\right) = \frac{E}{R}e^{-\frac{1}{RC}t}[\text{A}]$$
따라서 스위치를 닫았을 때($t = 0^+$)의 전류는
$$i(0^+) = \frac{E}{R}e^{-\frac{1}{RC} \times 0} = \frac{E}{R} = \frac{100}{1 \times 10^3} = 0.1[\text{A}]$$  답 ①

**65** $R-L-C$ 직렬공진회로에서 $R=100[\Omega]$, $L=314[\text{mH}]$, $C=125.6[\text{pF}]$일 때, 첨예도 $Q$는?

① $2 \times 10^3$  ② $3 \times 10^3$
③ $4 \times 10^2$  ④ $5 \times 10^2$

**풀이** 직렬공진회로에서 첨예도
$$Q = \frac{1}{R}\sqrt{\frac{L}{C}} = \frac{1}{100}\sqrt{\frac{314 \times 10^{-3}}{125.6 \times 10^{-12}}} = 500$$  **답** ④

**66** 그림의 두 블록선도가 등가인 경우 $A$요소의 전달 함수는?

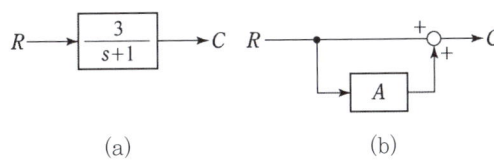

(a)      (b)

① $\dfrac{-s}{s+1}$  ② $\dfrac{-s+1}{s+1}$
③ $\dfrac{-s+2}{s+1}$  ④ $\dfrac{-s+4}{s+1}$

**풀이** 두 블록선도의 전달함수가 같아야 하므로,
$$\frac{3}{s+1} = A+1$$
$$\therefore A = \frac{3}{s+1} - 1 = \frac{-s+2}{s+1}$$  **답** ③

**70** 그림의 블록선도에 대한 전달함수 $\dfrac{C}{R}$는?

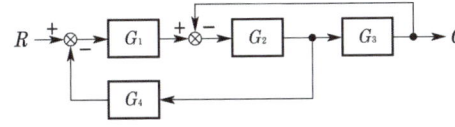

① $\dfrac{G_1G_2G_3}{1+G_1G_2+G_1G_2G_4}$

② $\dfrac{G_1G_2G_4}{1+G_1G_2+G_1G_2G_3}$

③ $\dfrac{G_1G_2G_3}{1+G_2G_3+G_1G_2G_4}$

④ $\dfrac{G_1G_2G_4}{1+G_2G_3+G_1G_2G_3}$

**풀이** $G_3$ 앞의 인출점을 요소 뒤로 이동하면 그림과 같은 블록 선도로 나타낼 수 있다.

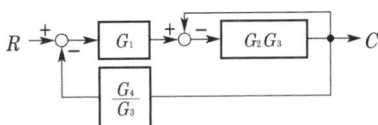

$$\left\{\left(R-C\frac{G_4}{G_3}\right)G_1-C\right\}G_2G_3=C$$
$$RG_1G_2G_3-CG_1G_2G_4-C(G_2G_3)=C$$
$$RG_1G_2G_3=C(1+G_2G_3+G_1G_2G_4)$$
$$\therefore G(s)=\frac{C}{R}=\frac{G_1G_2G_3}{1+G_2G_3+G_1G_2G_4}$$

**별해** 전향경로 이득 : $G_1G_2G_3$
루프 이득 : $-G_2G_3,\ -G_1G_2G_4$
$$G(s)=\frac{\sum\text{전향 경로 이득}}{1-\sum\text{루프이득}}=\frac{G_1G_2G_3}{1+G_2G_3+G_1G_2G_4}$$
**답** ③

**71** 다음 왜형파 전류의 왜형률은 약 얼마인가?
$$i=30\sin\omega t+10\cos3\omega t+5\sin5\omega t[\text{A}]$$

① 0.46  ② 0.26
③ 0.53  ④ 0.37

**풀이** 왜형률 $=\dfrac{\text{전 고조파 실효값}}{\text{기본파 실효값}}$
$$=\frac{\sqrt{I_3^2+I_5^2}}{I_1}=\frac{\sqrt{(10/\sqrt{2})^2+(5/\sqrt{2})^2}}{30/\sqrt{2}}$$
$$=0.373$$  **답** ④

**72** 다음 함수의 라플라스 역변환은?
$$I(s)=\frac{2s+3}{(s+1)(s+2)}$$

① $e^{-t}-e^{-2t}$  ② $e^t-e^{-2t}$
③ $e^{-t}+e^{-2t}$  ④ $e^t+e^{-2t}$

**풀이** $I(s)=\dfrac{2s+3}{(s+1)(s+2)}=\dfrac{K_1}{s+1}+\dfrac{K_2}{s+2}$

$K_1=\lim\limits_{s\to -1}(s+1)F(s)=\left[\dfrac{2s+3}{s+2}\right]_{s=-1}=1$

$K_2=\lim\limits_{s\to -2}(s+2)F(s)=\left[\dfrac{2s+3}{s+1}\right]_{s=-2}=1$

$$I(s) = \frac{1}{s+1} + \frac{1}{s+2}$$
$$\therefore i(t) = \mathcal{L}^{-1}[I(s)] = \mathcal{L}^{-1}\left[\frac{1}{s+1} + \frac{1}{s+2}\right]$$
$$= e^{-t} + e^{-2t}$$

답 ③

**73** 회로의 단자 a와 b 사이에 나타나는 전압 $V_{ab}$는 몇 [V]인가?

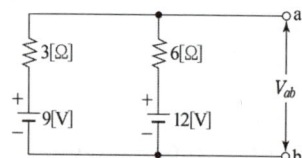

① 3  ② 9  ③ 10  ④ 12

풀이 밀만의 정리
$$E_{ab} = \frac{E_1 Y_1 + E_2 Y_2}{Y_1 + Y_2} = \frac{\frac{9}{3} + \frac{12}{6}}{\frac{1}{3} + \frac{1}{6}} = 10[V]$$

답 ③

**74** a, b단자의 전압이 100[V], a, b에서 본 능동 회로망 $N$의 임피던스가 15[Ω]일 때, 단자 a, b에 10[Ω]의 저항을 접속하면 a, b 사이에 흐르는 전류는 몇 [A]인가?

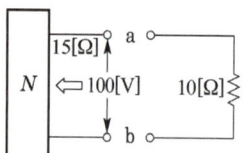

① 2  ② 4  ③ 6  ④ 8

풀이 테브낭의 정리에 의해 전류
$$I = \frac{100}{15+10} = 4 [A]$$

답 ②

**75** 전달함수가 $\dfrac{C(s)}{R(s)} = \dfrac{25}{s^2 + 6s + 25}$ 인 2차 제어시스템의 감쇠 진동 주파수($\omega_d$)는 몇 [rad/sec]인가?

① 3  ② 4  ③ 5  ④ 6

풀이 
$$\frac{C(s)}{R(s)} = \frac{\omega_n^{\,2}}{s^2 + 2\delta\omega_n s + \omega_n^{\,2}} = \frac{25}{s^2 + 6s + 25}$$ 에서

$$\omega_n^2 = 25 \rightarrow \omega_n = \sqrt{25} = 5$$
$$2\delta\omega_n = 6 \rightarrow \delta = \frac{6}{2\omega_n} = \frac{6}{2 \times 5} = \frac{3}{5}$$

따라서 감쇠 진동 주파수(실제 주파수)
$$\omega_d = \omega_n\sqrt{1-\delta^2} = 5\sqrt{1-\left(\frac{3}{5}\right)^2} = 4$$

답 ②

**76** 분포정수 선로에서 위상정수를 $\beta$[rad/m]라 할 때 파장은?

① $2\pi\beta$  ② $\dfrac{2\pi}{\beta}$

③ $4\pi\beta$  ④ $\dfrac{4\pi}{\beta}$

풀이 위상 정수 $\beta$와 파장 $\lambda$ 사이의 관계는 $\lambda\beta = 2\pi$ 이므로
따라서 파장 $\lambda = \dfrac{2\pi}{\beta}$

답 ②

**77** 회로에서 10[mH]의 인덕턴스에 흐르는 전류는 일반적으로 $i(t) = A + Be^{-at}$로 표시된다. $a$의 값은?

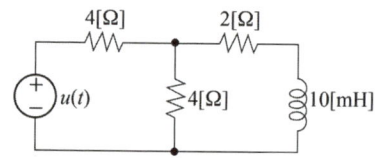

① 100  ② 200
③ 400  ④ 500

풀이 ① 개방전압과 등가저항
- 개방전압 $V_{ab} = 0.5u(t)$
- 테브난 등가저항
$$R_{th} = 2 + \frac{4 \times 4}{4+4} = 4[\Omega]$$

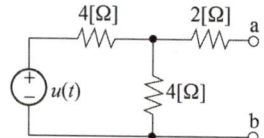

③ 테브난 등가회로

$$i(t) = \frac{V}{R}\left(1-e^{-\frac{R}{L}t}\right) = \frac{0.5}{4}\left(1-e^{-\frac{4}{10\times 10^{-3}}t}\right)$$
$$= 0.125(1-e^{-400t})$$
$$\therefore a = 400$$

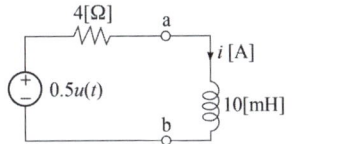

답 ③

**78** 2전력계법을 이용한 평형 3상회로의 전력이 각각 500[W] 및 300[W]로 측정되었을 때, 부하의 역률은 약 몇 [%]인가?

① 70.7 ② 87.7
③ 89.2 ④ 91.8

**풀이** 역률 $\cos\theta = \dfrac{W_1 + W_2}{2\sqrt{W_1^2 + W_2^2 - W_1 W_2}} \times 100$

$= \dfrac{500 + 300}{2\sqrt{500^2 + 300^2 - 500\times 300}} \times 100$

$= 91.8[\%]$

답 ④

**80** 대칭좌표법에서 불평형률을 나타내는 것은?

① $\dfrac{영상분}{정상분} \times 100$ ② $\dfrac{정상분}{역상분} \times 100$

③ $\dfrac{정상분}{영상분} \times 100$ ④ $\dfrac{역상분}{정상분} \times 100$

**풀이** 불평형률 $= \dfrac{역상분}{정상분} \times 100[\%]$

답 ④

# 2025년 회로이론_전기기사·공사기사_CBT 복원문제

문제의 번호는 실제 시험문제의 번호와 같게 하였습니다.
제어공학에 해당하는 문제는 삭제하였습니다.

## 2025년 - 1회 _ 전기기사·공사기사

**61** 단위길이당의 저항이 같은 도선을 사용하여 그림과 같은 무한히 긴 사다리꼴 회로를 만든다. 각 지로의 저항을 $r$이라 할 때, a, b간의 합성 저항은?

① $r$
② $\sqrt{3}\,r$
③ $(\sqrt{3}+1)r$
④ $(\sqrt{3}-1)r$

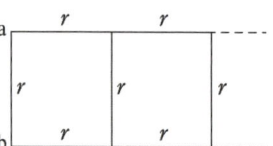

**풀이**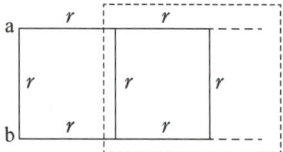

점선부분의 합성 저항을 $R$이라 할 때 등가회로는 다음과 같다.

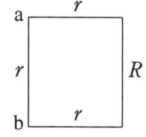

그림의 등가회로에서
$R_{ab} = \dfrac{r(2r+R)}{r+(2r+R)} = \dfrac{2r^2+rR}{3r+R}$ 이며,
$R_{ab} = R$ 이므로
$R^2 + 2rR - 2r^2 = 0 \rightarrow R = (-1 \pm \sqrt{3})r$
저항값은 음(−)의 값이 될 수 없으므로
$\therefore R = (\sqrt{3}-1)r$

**답** ④

**62** 최댓값이 10[V]인 정현파 전압이 있다. $t=0$에서의 순시값이 5[V]이고 이 순간에 전압이 증가하고 있다. 주파수가 60[Hz]일 때, $t=2$[ms]에서의 전압의 순시값[V]은?

① $10\sin 30°$
② $10\sin 43.2°$
③ $10\sin 73.2°$
④ $10\sin 103.2°$

**풀이** $t=0$ 에서의 순시값 $v=5$[V] 이므로
$v = V_m \sin(\omega t+\theta) = 10\sin(\omega \times 0 + \theta)$
$= 10\sin\theta = 5$[V]

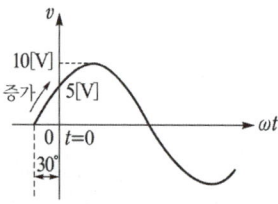

$\sin\theta = \dfrac{5}{10} = \dfrac{1}{2} \rightarrow \theta = \sin^{-1}\dfrac{1}{2} = 30°$

따라서 $t = 2$[ms]$= 2 \times 10^{-3}$[s]에서의 순시값 $v$는
$v = V_m \sin(\omega t + \theta) = 10\sin(\omega t + 30°)$
$= 10\sin(2\pi \times 60 \times 2 \times 10^{-3} + 30°)$
$= 10\sin 73.2°$

**답** ③

**63** 권수 200, 150회의 코일 A, B가 있다. A코일의 자속이 0.2[Wb]인데 이중 80[%]가 B코일과 쇄교한다. A코일의 전류가 4[A]라면 두 코일의 상호 인덕턴스[H]는?

① 8
② 6
③ 7
④ 5

**풀이** $L_A = \dfrac{N_A \phi_A}{I_A} = \dfrac{200 \times 0.2}{4} = 10$[H]

$M = \dfrac{N_B}{N_A} L_A = \dfrac{150}{200} \times 10 \times 0.8 = 6$[H]

**답** ②

**64** 회로에서 $t=0$초일 때 닫혀 있는 스위치 $S$를 열었다. 이때 $\dfrac{dv(0^+)}{dt}$의 값은?
(단, $C$의 초기 전압은 0[V]이다.)

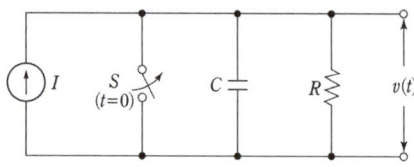

① $\dfrac{1}{RI}$
② $\dfrac{C}{I}$
③ $RI$
④ $\dfrac{I}{C}$

**풀이** 커패시터에서 전류 $i(t)$와 전압 $v(t)$의 관계식에서 초기조건 $t=0^+$를 적용하면
$i(t) = C\dfrac{dv(t)}{dt}$, $i(0^+) = C\dfrac{dv(0^+)}{dt}$

스위치가 닫혀있는 상태에서는 커패시터에 전류가 흐르지 않지만 스위치를 여는 순간 커패시터는 단락 상태가 되어 $R$에는 전류가 흐르지 않고 커패시터 $C$에만 전류가 모두 흐른다. 즉, $i(0^+) = I$ 가 된다.

그러므로 $i(0^+) = C\dfrac{dv(0^+)}{dt}$ 에서

$I = C\dfrac{dv(0^+)}{dt}$  ∴ $\dfrac{dv(0^+)}{dt} = \dfrac{I}{C}$ 　答 ④

**65** 전원의 내부임피던스가 순저항 $R$과 리액턴스 $X$로 구성되고 외부에 부하저항 $Z_L$을 연결하여 최대전력을 전달하려면 $Z_L$의 값은?

① $R$
② $R+X$
③ $\sqrt{R^2-X^2}$
④ $\sqrt{R^2+X^2}$

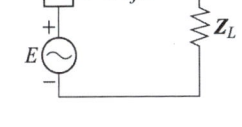

**풀이** ※ 최대 전력 전송 조건
임피던스 정합(내부 임피던스 = 외부 임피던스)
그러므로, $R_L = \sqrt{R^2+X^2}$ 이 된다. 　答 ④

**66** 그림과 같은 3상 Y결선 불평형 회로가 있다. 전원은 3상 평형전압 $E_1, E_2, E_3$이고, 부하는 $Y_1, Y_2, Y_3$일 때 전원의 중성점과 부하의 중성점 간의 전위차를 나타내는 식은?

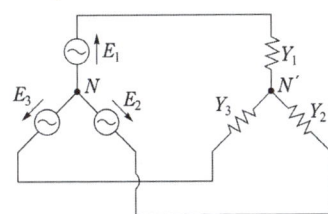

① $\dfrac{E_1Y_1 + E_2Y_2 + E_3Y_3}{Y_1 + Y_2 + Y_3}$

② $\dfrac{E_1Y_1 + E_2Y_2 + E_3Y_3}{Y_1Y_2Y_3}$

③ $\dfrac{E_1Y_1 - E_2Y_2 - E_3Y_3}{Y_1 + Y_2 + Y_3}$

④ $\dfrac{E_1Y_1 - E_2Y_2 - E_3Y_3}{Y_1Y_2Y_3}$

**풀이** 내부 임피던스를 갖는 여러 개의 전원이 병렬로 접속되어 있을 때 양 병렬접속 단자 간에 나타나는 합성전압은 각각의 전원을 단락하였을 때 흐르는 단락전류의 총합을 각 전원의 내부 어드미턴스의 총합으로 나눈 값과 동일하다(밀만의 정리). 　答 ①

**67** 저항 R[Ω] 3개를 Y로 접속한 회로에 200[V]의 3상 교류전압을 인가시 선전류가 10[A]라면 이 3개의 저항을 △로 접속하고 동일 전원을 인가 시 선전류는 몇 [A]인가?

① 10　② $10\sqrt{3}$　③ 30　④ $30\sqrt{3}$

**풀이** Y결선 상전류 $I_Y = \dfrac{200}{\sqrt{3}R}$

Y결선 선전류 $I_{Yl} = \dfrac{200}{\sqrt{3}R}$

△결선 상전류 $I_\Delta = \dfrac{200}{R}$

△결선 선전류 $I_{\Delta l} = \sqrt{3}I_\Delta = \dfrac{200\sqrt{3}}{R}$

$\dfrac{I_{\Delta l}}{I_{Yl}} = \dfrac{\dfrac{200\sqrt{3}}{R}}{\dfrac{200}{\sqrt{3}R}} = 3$

∴ $I_{\Delta l} = 3I_{Yl} = 3 \times 10 = 30$[A] 　答 ③

**68** 다음과 같은 파형을 푸리에 급수로 전개하면?

(단, $\omega_0 = \dfrac{2\pi}{T}$)

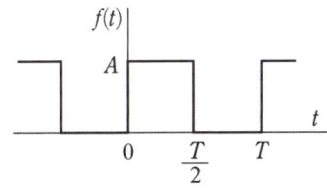

① $f(t) = \dfrac{A}{2} + \dfrac{2A}{\pi}\sum_{n=1}^{\infty} \cdot \dfrac{\sin\{(2n-1)\omega_0 t\}}{2n-1}$

② $f(t) = \dfrac{A}{2} + \dfrac{A}{\pi}\sum_{n=1}^{\infty} \cdot \dfrac{\sin\{(2n-1)\omega_0 t\}}{2n-1}$

③ $f(t) = \dfrac{A}{2} + \dfrac{2A}{\pi}\sum_{n=1}^{\infty} \cdot \dfrac{\sin\{(n-1)\omega_0 t\}}{n-1}$

④ $f(t) = \dfrac{A}{2} + \dfrac{A}{\pi}\sum_{n=1}^{\infty} \cdot \dfrac{\sin\{(n-1)\omega_0 t\}}{n-1}$

| 파형 구분 | 반파, 구형파 | 구형파 |
|---|---|---|
| 파형 | $f(t)$, $A$, $0$, $\frac{T}{2}$, $T$, $t$ | $f$, $A$, $0$, $\pi$, $2\pi$, $3\pi$, $4\pi$, $5\pi$, $\omega t (x)$, $-A$ |
| 푸리에 변환 $f(t)$ | $f(t) = \dfrac{A}{2} + \dfrac{2A}{\pi}\sum_{n=1}^{\infty} \cdot \dfrac{\sin\{(2n-1)\omega t\}}{2n-1}$ | $f(t) = \dfrac{4A}{\pi}\sum_{n=1}^{\infty} \cdot \dfrac{\sin\{(2n-1)\omega t\}}{2n-1}$ |
| 비고 | 비대칭성 주기함수 | 대칭성 주기함수 (우함수, 반파대칭) |

답 ①

**69** 그림의 교류 브리지 회로가 평형이 되는 조건은?

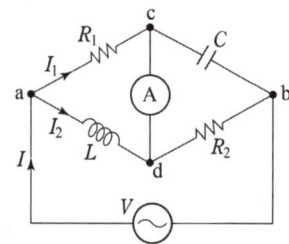

① $L = \dfrac{R_1 R_2}{C}$  ② $L = \dfrac{C}{R_1 R_2}$

③ $L = R_1 R_2 C$  ④ $L = \dfrac{R_2}{R_1} C$

**풀이** 브리지의 평형조건 : 서로 대각선으로 마주보고 있는 저항의 곱이 서로 같으면 평형이 된다.

$R_1 R_2 = \omega L \cdot \dfrac{1}{\omega C}$

$\therefore L = R_1 R_2 C$   답 ③

**70** 5 [mH]인 두 개의 자기 인덕턴스가 있다. 결합계수를 0.2로부터 0.8까지 변화시킬 수 있다면 이것을 접속하여 얻을 수 있는 합성 인덕턴스의 최댓값과 최솟값은 각각 몇 [mH]인가?

① 18, 2  ② 18, 8
③ 20, 2  ④ 20, 8

**풀이** 합성 인덕턴스 $L_0 = L_1 + L_2 \pm 2M$ 이고 $M = k\sqrt{L_1 L_2}$ 이다.
합성 인덕턴스의 최댓값과 최솟값은 결합계수 $k = 0.8$일 때이므로
- 최대 : $L_0 = L_1 + L_2 + 2k\sqrt{L_1 L_2}$
  $= 5 + 5 + 2 \times 0.8 \times 5 = 18 \text{[mH]}$
- 최소 : $L_0 = L_1 + L_2 - 2k\sqrt{L_1 L_2}$
  $= 5 + 5 - 2 \times 0.8 \times 5 = 2 \text{[mH]}$   답 ①

**71** 구동점 임피던스(driving point impedance) 함수에 있어서 극점(pole)은?

① 단락회로 상태를 의미한다.
② 개방회로 상태를 의미한다.
③ 아무런 상태도 아니다.
④ 전류가 많이 흐르는 상태를 의미한다.

**풀이**
- 영점 : $Z(s) = 0$이 되는 $s$의 값으로 회로의 단락 상태를 의미한다.
- 극점 : $Z(s) = \infty$가 되는 $s$의 값으로 회로의 개방 상태를 의미한다.   답 ②

**72** $e^{j\omega t}$의 라플라스 변환은?

① $\dfrac{1}{s - j\omega}$  ② $\dfrac{1}{s + j\omega}$

③ $\dfrac{1}{s^2 + \omega^2}$  ④ $\dfrac{\omega}{s^2 + \omega^2}$

**풀이** 복소 추이 정리에 의해서

$\mathcal{L}[1 \cdot e^{j\omega t}] = \dfrac{1}{s}\bigg|_{s = s - j\omega} = \dfrac{1}{s - j\omega}$   답 ①

## 2025년 - 2회 _ 전기기사·공사기사

**61** 다음과 같은 비정현파 기전력 및 전류에 의한 평균전력을 구하면 몇 [W]인가?

$$e = 100\sin\omega t - 50\sin(3\omega t + 30°) + 20\sin(5\omega t + 45°)[V]$$
$$i = 20\sin\omega t + 10\sin(3\omega t - 30°) + 5\sin(5\omega t - 45°)[A]$$

① 825  ② 875
③ 925  ④ 1175

**풀이** $P = V_1 I_1 \cos\theta_1 + V_3 I_3 \cos\theta_3 + V_5 I_5 \cos\theta_5$
$= \frac{100}{\sqrt{2}} \cdot \frac{20}{\sqrt{2}} \cos 0° - \frac{50}{\sqrt{2}} \cdot \frac{10}{\sqrt{2}} \cos 60°$
$\quad + \frac{20}{\sqrt{2}} \cdot \frac{5}{\sqrt{2}} \cos 90°$
$= \frac{2000}{2} \cdot 1 - \frac{500}{2} \cdot \frac{1}{2} + \frac{100}{2} \cdot 0 = 875[W]$  답 ②

**62** △결선된 대칭 3상 부하가 있다. 역률이 0.8(지상)이고, 전 소비전력이 1800[W]이다. 한 상의 선로저항이 0.5[Ω]이고, 발생하는 전선로 손실이 50[W]이면 부하단자전압은?

① 440[V]  ② 402[V]
③ 324[V]  ④ 225[V]

**풀이** 전선로 손실 $P_l = 3I^2 R[W]$ 이므로
$I = \sqrt{\frac{P_l}{3R}} = \sqrt{\frac{50}{3 \times 0.5}} = \frac{10}{\sqrt{3}}[A]$
소비전력 $P = \sqrt{3} VI\cos\theta[W]$ 이므로
$\therefore V = \frac{P}{\sqrt{3} I\cos\theta} = \frac{1800}{\sqrt{3} \times \frac{10}{\sqrt{3}} \times 0.8}$
$= 225[V]$  답 ④

**63** 3상 유도전동기의 출력이 3.7[kW], 선간 전압 200[V], 효율 90[%], 역률 85[%]일 때, 이 전동기에 유입되는 선전류는?

① 4[A]  ② 6[A]
③ 8[A]  ④ 14[A]

**풀이** $P_i = \frac{P_o}{\eta} = \sqrt{3} VI\cos\theta$
$\therefore I = \frac{P_o}{\sqrt{3} VI\cos\theta \cdot \eta} = \frac{3.7 \times 10^3}{\sqrt{3} \times 200 \times 0.85 \times 0.9}$
$\fallingdotseq 14[A]$  답 ④

**64** 그림과 같은 회로의 전달함수 $\frac{E_o(s)}{E_i(s)}$ 는?

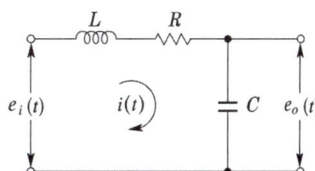

① $\frac{s}{LCs^2 + RCs + 1}$  ② $\frac{1}{LCs^2 + RCs + 1}$
③ $\frac{Ls}{LCs^2 + RCs + 1}$  ④ $\frac{Cs}{LCs^2 + RCs + 1}$

**풀이** $\begin{cases} e_i(t) = L\frac{d}{dt}i(t) + Ri(t) + \frac{1}{C}\int i(t)dt \\ e_o(t) = \frac{1}{C}\int i(t)dt \end{cases}$

초기값을 0으로 하고 라플라스 변환하면
$\begin{cases} E_i(s) = LsI(s) + RI(s) + \frac{1}{Cs}I(s) \\ \quad = \left(Ls + R + \frac{1}{Cs}\right)I(s) \\ E_o(s) = \frac{1}{Cs}I(s) \end{cases}$

$\therefore G(s) = \frac{E_o(s)}{E_i(s)} = \frac{\frac{1}{Cs}}{Ls + R + \frac{1}{Cs}}$
$= \frac{1}{LCs^2 + RCs + 1}$  답 ②

**65** $RL$ 직렬회로에서 $R = 20[\Omega]$, $L = 40[mH]$ 일 때, 이 회로의 시정수[sec]는?

① $2 \times 10^3$  ② $2 \times 10^{-3}$
③ $\frac{1}{2} \times 10^3$  ④ $\frac{1}{2} \times 10^{-3}$

**풀이** $RL$ 직렬 회로의 시정수
$\tau = \frac{L}{R} = \frac{40 \times 10^{-3}}{20} = 2 \times 10^{-3}[sec]$  답 ②

**66** 저항 $R$과 리액턴스 $X$의 직렬 회로에서 $\dfrac{X}{R} = \dfrac{1}{\sqrt{2}}$일 경우 회로의 역률은?

① $\dfrac{1}{2}$   ② $\dfrac{1}{\sqrt{3}}$

③ $\dfrac{\sqrt{2}}{\sqrt{3}}$   ④ $\dfrac{\sqrt{3}}{2}$

**풀이**
$$\cos\theta = \dfrac{R}{\sqrt{R^2+X^2}} = \dfrac{1}{\sqrt{1+\left(\dfrac{X}{R}\right)^2}} = \dfrac{1}{\sqrt{1+\left(\dfrac{1}{\sqrt{2}}\right)^2}}$$
$$= \dfrac{\sqrt{2}}{\sqrt{3}}$$

**답** ③

**67** 상의 순서가 $a-b-c$인 불평형 3상 교류회로에서 각 상의 전류가
$I_a = 7.28\angle 15.95°$[A],
$I_b = 12.81\angle -128.66°$[A],
$I_c = 7.21\angle 123.69°$[A]일 때
역상분 전류는 약 몇 [A]인가?

① $8.95\angle -1.14°$   ② $8.95\angle 1.14°$
③ $2.51\angle -96.55°$   ④ $2.51\angle 96.55°$

**풀이**
$I_2 = \dfrac{1}{3}(I_a + a^2 I_b + a I_c)$
$= \dfrac{1}{3}\{7.28\angle 15.95° + (1\angle -120°)(12.81\angle -128.66°)$
$\qquad + (1\angle 120°)(7.21\angle 123.69°)\}$
$= 2.51\angle 96.55°$[A]

**답** ④

**68** $t=0$에서 스위치(S)를 닫았을 때 $t=0^+$에서의 $i(t)$는 몇 [A]인가? (단, 커패시터에 초기 전하는 없다.)

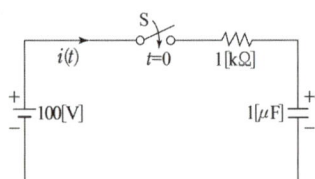

① 0.1   ② 0.2
③ 0.4   ④ 1.0

**풀이** $R-C$ 직렬 회로
① 스위치를 닫았을 때 회로의 평형방정식은
$$Ri(t) + \dfrac{1}{C}\int i(t)dt = E$$
$C$의 전하를 $q(t)$, $C$의 양단 전압을 $v_0$라 하면
$$q(t) = \int i(t)dt = Cv_0 \rightarrow i(t) = \dfrac{dq(t)}{dt}$$
따라서, $R\dfrac{dq(t)}{dt} + \dfrac{1}{C}q(t) = E$

② 초기 전하를 0이라 하면 $q(t) = CE\left(1-e^{-\frac{1}{RC}t}\right)$
$i(t) = \dfrac{dq(t)}{dt} = \dfrac{d}{dt}CE\left(1-e^{-\frac{1}{RC}t}\right)$
$= \dfrac{E}{R}e^{-\frac{1}{RC}t}$
$\therefore i(0^+) = \dfrac{E}{R}e^{-\frac{1}{RC}\times 0} = \dfrac{E}{R} = \dfrac{100}{1\times 10^3} = 0.1$[A]

**답** ①

**69** 선로의 임피던스 $Z = R + j\omega L$[Ω], 병렬 어드미턴스가 $Y = G + j\omega C$[℧]일 때 선로의 저항 $R$과 컨덕턴스 $G$가 동시에 0이 되었을 때, 전파정수는?

① $j\omega\sqrt{LC}$   ② $j\omega\sqrt{\dfrac{C}{L}}$

③ $j\omega\sqrt{L^2 C}$   ④ $j\omega\sqrt{\dfrac{L}{C^2}}$

**풀이** $R = G = 0$이므로,
전파정수 $\gamma = \sqrt{ZY} = \sqrt{(R+j\omega L)(G+j\omega C)}$
$= \sqrt{j\omega L \cdot j\omega C} = j\omega\sqrt{LC}$

**답** ①

**70** 그림의 신호 흐름선도에서 $y_2/y_1$의 값은?

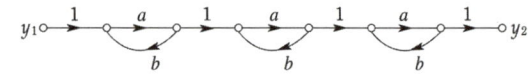

① $\dfrac{a^3}{(1-ab)^3}$   ② $\dfrac{a^3}{1-3ab+a^2 b^2}$

③ $\dfrac{a^3}{1-3ab}$   ④ $\dfrac{a^3}{1-3ab+2a^2 b^2}$

**풀이** 신호 흐름 선도는 3개 부분으로 나누어 계산할 수 있다.

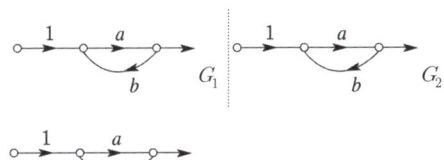

각 부분의 전달 함수는 $\dfrac{a}{1-ab}$이고,

각 부분의 종속(직렬) 접속 관계이므로

전체 전달함수 $G(s) = G_1 \times G_2 \times G_3 = G_1^3 = \left(\dfrac{a}{1-ab}\right)^3$

**별해**

$$G(s) = \dfrac{\sum \text{전향 경로 이득}}{1 - \sum \text{루프이득}_1 + \sum \text{루프이득}_2 - \sum \text{루프이득}_3}$$

$$= \dfrac{a^3}{1 - 3(ab) + 3(ab)^2 - (ab)^3} = \dfrac{a^3}{(1-ab)^3}$$

답 ①

## 77 물체의 위치, 각도, 자세, 방향 등을 제어량으로 하고 목표값의 임의의 변화에 추종하는 것과 같이 구성된 제어장치를 무엇이라고 하는가?

① 프로세서 제어  ② 서보기구
③ 자동조정      ④ 추종제어

**풀이** 제어량의 종류에 의한 분류

| 항목 | 프로세스 제어 | 서보 제어 | 자동조정 제어 |
|---|---|---|---|
| 특징 | 플랜트나 생산 공정 중의 상태량을 제어량으로 하는 제어 | 기계적 변위를 제어량으로 해서 목표값의 임의의 변화에 추종하도록 구성된 제어계 | 전기적, 기계적 양을 주로 제어하는 것으로서, 응답 속도가 대단히 빨라야 한다. |
| 제어량의 종류 | • 온도 • 유량<br>• 압력 • 액위<br>• 농도 • 밀도 등 | • 물체의 위치<br>• 방위<br>• 자세 등 | • 전압 • 전류<br>• 주파수<br>• 회전속도<br>• 힘 등 |

답 ②

## 76 그림의 블록 선도에서 $C/R$를 구하면?

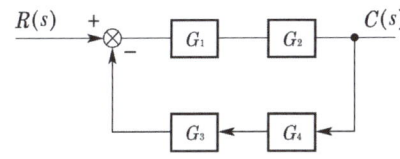

① $\dfrac{G_1 + G_2}{1 + G_1 G_2 + G_3 G_4}$

② $\dfrac{G_1 G_2}{1 + G_1 G_2 G_3 G_4}$

③ $\dfrac{G_3 G_4}{1 + G_1 G_2 G_3 G_4}$

④ $\dfrac{G_1 G_2}{1 + G_1 G_2 + G_3 G_4}$

**풀이** $C = (R - CG_3 G_4)G_1 G_2$, $C(1 + G_1 G_2 G_3 G_4) = RG_1 G_2$

$\therefore \dfrac{C}{R} = \dfrac{G_1 G_2}{1 + G_1 G_2 G_3 G_4}$

**별해** 전향경로 이득 : $G_1 G_2$

루프이득 : $-G_1 G_2 G_3 G_4$

$G(s) = \dfrac{\sum \text{전향 경로 이득}}{1 - \sum \text{루프이득}} = \dfrac{G_1 G_2}{1 + G_1 G_2 G_3 G_4}$

답 ②

# 2025년 3회 _ 전기기사·공사기사

## 61 $R = 1[\Omega]$의 저항을 그림과 같이 무한히 연결할 때, a, b 간의 합성 저항은?

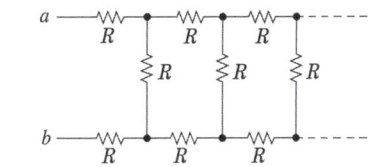

① 0        ② 1
③ ∞       ④ $1 + \sqrt{3}$

**풀이**

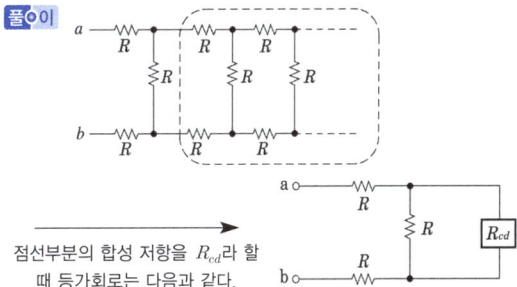

점선부분의 합성 저항을 $R_{cd}$라 할 때 등가회로는 다음과 같다.

그림의 등가 회로에서 $R_{ab} = 2R + \dfrac{R \cdot R_{cd}}{R + R_{cd}}$ 이며,

$R_{ab} \fallingdotseq R_{cd}$ 이므로

$R \cdot R_{ab} + R_{ab}^2 = 2R^2 + 2R \cdot R_{ab} + R \cdot R_{ab}$

여기서 $R = 1[\Omega]$를 대입하면 $R_{ab} = 1 + \sqrt{3}[\Omega]$이다.

답 ④

**풀이**

$Z = \dfrac{R \cdot \dfrac{1}{j\omega C}}{R + \dfrac{1}{j\omega C}} = \dfrac{R}{1 + j\omega CR}$ 이고

$e_s(t) = 3e^{-5t}$ 에서 $j\omega = -5$이므로

$\therefore Z = \dfrac{R}{1 + j\omega CR} = \dfrac{R}{1 - 5RC}$

답 ②

**62** 회로에서 $I_1 = 2e^{-j\frac{\pi}{6}}[A]$, $I_2 = 5e^{j\frac{\pi}{6}}[A]$, $I_3 = 5.0[A]$, $Z_3 = 1.0[\Omega]$일 때 부하 ($Z_1$, $Z_2$, $Z_3$) 전체에 대한 복소 전력은 약 몇 [VA]인가? (단, 전류공액을 취하도록 한다.)

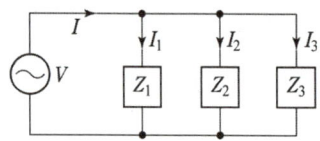

① $55.3 - j7.5$　　② $55.3 + j7.5$
③ $45 - j26$　　④ $45 + j26$

**풀이**

$I = I_1 + I_2 + I_3 = 2e^{-j\frac{\pi}{6}} + 5e^{j\frac{\pi}{6}} + 5$
　$= 2\left(\cos\dfrac{\pi}{6} - j\sin\dfrac{\pi}{6}\right) + 5\left(\cos\dfrac{\pi}{6} + j\sin\dfrac{\pi}{6}\right) + 5$
　$= 11.06 + j1.5[A]$
$V = I_3 Z_3 = 5 \times 1 = 5[V]$
$\therefore P_a = V\bar{I} = 5(11.06 - j1.5) = 55.3 - j7.5[VA]$

답 ①

**64** 선간 전압 $V[V]$의 3상 평형 전원에 대칭 3상 저항 부하 $R[\Omega]$이 그림과 같이 접속되었을 때 a, b 두 상간에 접속된 전력계의 지시값이 $W$[W]라 하면 c상의 전류[A]는?

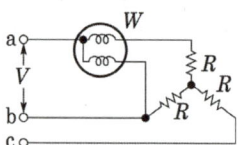

① $\dfrac{\sqrt{3}\,W}{V}$　　② $\dfrac{3W}{V}$
③ $\dfrac{W}{\sqrt{3}\,V}$　　④ $\dfrac{2W}{\sqrt{3}\,V}$

**풀이** 전원 및 부하가 모두 대칭이므로
$V_{ab} = V_{bc} = V_{ca} = V$, $I_a = I_b = I_c = I$라 하면
소비 전력 $P = 2W = \sqrt{3}\,VI$
$\therefore I = \dfrac{2W}{\sqrt{3}\,V}$

답 ④

**63** 그림과 같은 $R-C$ 병렬회로에서 전원전압이 $e_s(t) = 3e^{-5t}$인 경우 이 회로의 임피던스는?

① $\dfrac{j\omega RC}{1 + j\omega RC}$

② $\dfrac{R}{1 - 5RC}$

③ $\dfrac{R}{1 + RCs}$

④ $\dfrac{1 + j\omega RC}{R}$

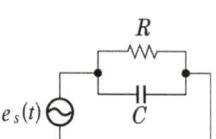

**65** 4단자 정수 $A$, $B$, $C$, $D$로 출력측을 개방시켰을 때 입력측에서 본 구동점 임피던스 $Z_{11}\left(= \left.\dfrac{V_1}{I_1}\right|_{I_2=0}\right)$을 표시한 것 중 옳은 것은?

① $\dfrac{A}{C}$　　② $\dfrac{B}{D}$
③ $\dfrac{A}{B}$　　④ $\dfrac{B}{C}$

**풀이** $A = \dfrac{Z_{11}}{Z_{21}}$, $B = \dfrac{|Z|}{Z_{21}}$, $C = \dfrac{1}{Z_{21}}$, $D = \dfrac{Z_{22}}{Z_{21}}$이므로

$\therefore \begin{bmatrix} Z_{11} & Z_{12} \\ Z_{21} & Z_{22} \end{bmatrix} = \dfrac{1}{C}\begin{bmatrix} A & AD - BC \\ 1 & D \end{bmatrix}$

답 ①

**66** 각상의 임피던스 $Z=6+j8[\Omega]$인 평형 △부하에 선간 전압이 220[V]인 대칭 3상 전압을 가할 때 선전류는 약 몇 [A]인가?

① 11[A]  ② 13.5[A]
③ 22[A]  ④ 38.1[A]

**풀이** 상전류 $I_p = \dfrac{V_p}{Z} = \dfrac{220}{\sqrt{8^2+6^2}} = 22[A]$

△결선에서 선전류는 상전류의 $\sqrt{3}$ 배$(I_l = \sqrt{3}\,I_p)$이므로

∴ 선전류 $I_l = \sqrt{3}\,I_p = \sqrt{3}\times 22 = 38.1[A]$  **답** ④

**67** 테브낭 정리를 사용하여 그림 (a)의 회로를 그림 (b)와 같이 등가회로로 만들고자 할 때 $V$[V]와 $R[\Omega]$의 값은?

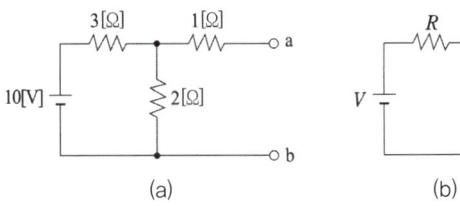

(a)  (b)

① $V=5[V]$, $R=0.6[\Omega]$
② $V=2[V]$, $R=2[\Omega]$
③ $V=6[V]$, $R=2.2[\Omega]$
④ $V=4[V]$, $R=2.2[\Omega]$

**풀이** • 개방된 a, b단자에 걸리는 등가전압

$V = \dfrac{R_2}{R_1+R_2}E = \dfrac{2}{3+2}\times 10 = 4[V]$

• 전압원을 단락하고 a, b단자에서 본 등가저항

$R = 1 + \dfrac{3\times 2}{3+2} = 2.2[\Omega]$  **답** ④

**68** 두 코일 A, B의 저항과 리액턴스가 각각 A코일은 3[Ω], 4[Ω]이고, B코일은 5[Ω], 2[Ω]일 때 두 코일을 직렬로 접속하여 100[V]의 전압을 인가하였다면, 회로에 흐르는 전류는 몇 [A]인가?

① $10\angle -37°$  ② $10\angle 37°$
③ $10\angle -53°$  ④ $10\angle 53°$

**풀이** A코일의 임피던스 $Z_A = 3+j4[\Omega]$
B코일의 임피던스 $Z_B = 5+j2[\Omega]$
A, B코일의 합성 임피던스
$Z_{AB} = 8+j6 = \sqrt{8^2+6^2}\angle\tan^{-1}\dfrac{6}{8} = 10\angle 37°[\Omega]$

따라서 회로에 흐르는 전류

$I = \dfrac{V}{Z_{AB}} = \dfrac{100}{10\angle 37°} = 10\angle -37°[A]$  **답** ①

**69** 그림과 같은 신호흐름선도에서 $\dfrac{C}{R}$의 값은?

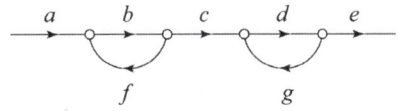

① $\dfrac{abcde}{1+bf+dg}$  ② $\dfrac{abcde}{1+bf-dg}$
③ $\dfrac{abcde}{1-bf+dg}$  ④ $\dfrac{abcde}{1-bf-dg}$

**풀이** • 전향경로 이득 : $abcde$
• 루프 이득 : $bf$, $dg$

∴ $G(s) = \dfrac{C(s)}{R(s)} = \dfrac{\sum 전향 경로 이득}{1-\sum 루프 이득}$

$= \dfrac{abcde}{1-bf-dg}$  **답** ④

**70** 그림과 같은 회로에 교류전압 100[V]를 가하였을 때 a, b 사이의 전위차는 몇 [V]인가?

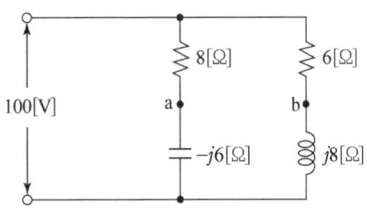

① 25  ② 50
③ 75  ④ 100

**풀이** 전압분배법칙에 의해 각 저항에 걸리는 전압강하
• 저항 8[Ω]의 전압강하

$V_a = \dfrac{8}{8-j6}\times 100 = \dfrac{800(8+j6)}{(8-j6)(8+j6)}$

$= 64+j48\ [V]$

- 저항 6[Ω]의 전압강하

$$V_b = \frac{6}{6+j8} \times 100 = \frac{600(6-j8)}{(6+j8)(6-j8)}$$
$$= 36 - j48 \,[\text{V}]$$

따라서 a, b 사이의 전위차 $V_{ab}$
$$V_{ab} = V_a - V_b = (64+j48) - (36-j48)$$
$$= 28 + j96 = 100\,\underline{/73.74}\,[\text{V}]$$
$$\therefore V_{ab} = \sqrt{28^2 + 96^2} = 100\,[\text{V}]$$

**별해**
- a점의 전류
$$I_1 = \frac{100}{8-j6} = \frac{100(8+j6)}{(8-j6)(8+j6)}$$
$$= \frac{100(8+j6)}{100} = \frac{800+j600}{100} = 8+j6\,[\text{A}]$$

- b점의 전류
$$I_2 = \frac{100}{6+j8} = \frac{100(6-j8)}{(6+j8)(6-j8)}$$
$$= \frac{100(6-j8)}{100} = \frac{600-j800}{100} = 6-j8\,[\text{A}]$$

따라서, a, b 사이의 전위차
$$|V_{ab}| = |8(8+j6) - 6(6-j8)|$$
$$= |28 + j96| = 100\,[\text{V}]$$

답 ④

## 72 $RL$ 직렬회로에 순시치 전압

$$v(t) = 20 + 100\sin\omega t + 40\sin(3\omega t + 60°)$$
$$+ 40\sin 5\omega t\,[\text{V}]$$

를 가할 때 제5고조파 전류의 실효값 크기는 약 몇 [A]인가? (단, $R=4[\Omega]$, $\omega L = 1[\Omega]$이다.)

① 4.4  ② 5.66
③ 6.25  ④ 8.0

**풀이** 제5고조파에 대해 저항은 변화가 없으나, 유도성 리액턴스 $X_L = \omega L = 2\pi f L \propto f$이므로, 제5고조파에 대해 유도성 리액턴스는 5배로 증가한다. 따라서, 제5고조파 전류

$$I_5 = \frac{V_5}{Z_5} = \frac{V_5}{\sqrt{R^2 + (5\omega L)^2}} = \frac{\frac{40}{\sqrt{2}}}{\sqrt{4^2 + (5\times 1)^2}}$$
$$\fallingdotseq 4.4\,[\text{A}]$$

답 ①

## 75 다음의 신호선도에서 $\dfrac{Y(s)}{D(s)}$를 구하면?

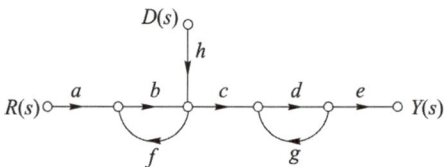

① $\dfrac{cdeh}{1-bf-dg+bfdg}$

② $\dfrac{abcde + hcde}{1-bf-dg+bfdg}$

③ $\dfrac{cdeh}{1-dg}$

④ $\dfrac{abcde + hcde}{1-dg}$

**풀이** $G_1 = cdeh$, $L_{11} = bf$, $L_{21} = dg$, $L_{12} = bfdg$

$$\therefore G = \frac{G_1}{\Delta} = \frac{G_1}{1-(L_{11}+L_{21})+L_{12}}$$
$$= \frac{cdef}{1-bf-dg+bfdg}$$

답 ①

## 77 대공포의 포신 제어에 사용되는 방법으로 목푯값의 크기나 위치가 시간에 따라 변화하므로 이것을 제어량이 자동으로 따라가도록 하는 것은?

① 정치제어  ② 프로그램제어
③ 추종제어  ④ 비율제어

**풀이** 제어목적에 의한 분류
① 정치제어 : 제어량을 어떤 일정한 목푯값으로 유지하는 것을 목적으로 하는 제어법
② 프로그램 제어 : 미리 정해진 프로그램에 따라 제어량을 변화시키는 것을 목적으로 하는 제어법
③ 추종제어 : 미지의 임의 시간적 변화를 하는 목푯값에 제어량을 추종시키는 것을 목적으로 하는 제어법
④ 비율제어 : 목푯값이 다른 것과 일정 비율 관계를 가지고 변화하는 경우의 추종제어법

답 ③

# 전기산업기사·공사산업기사
# 2016-2025

## 회로이론
### 과년도문제 및 CBT 복원문제

| | | |
|---|---|---|
| 2016년 | 회로이론 _ 전기산업기사·공사산업기사 | 536 |
| 2017년 | 회로이론 _ 전기산업기사·공사산업기사 | 553 |
| 2018년 | 회로이론 _ 전기산업기사·공사산업기사 | 569 |
| 2019년 | 회로이론 _ 전기산업기사·공사산업기사 | 585 |
| 2020년 | 회로이론 _ 전기산업기사·공사산업기사 | 601 |
| 2021년 | 회로이론 _ 전기산업기사·공사산업기사 _ CBT | 614 |
| 2022년 | 회로이론 _ 전기산업기사·공사산업기사 _ CBT | 629 |
| 2023년 | 회로이론 _ 전기산업기사·공사산업기사 _ CBT | 645 |
| 2024년 | 회로이론 _ 전기산업기사·공사산업기사 _ CBT | 661 |
| 2025년 | 회로이론 _ 전기산업기사·공사산업기사 _ CBT | 674 |

동일출판사 홈페이지에서 무료 동영상 강의를 보실 수 있습니다.
- 각 년도 4회차 문제의 동영상은 지원하지 않습니다.

# 2016년 회로이론_전기산업기사·공사산업기사

문제의 번호는 실제 시험문제의 번호와 같게 하였습니다.

**2016년 – 1회** _전기산업기사·공사산업기사

**61** 아래와 같은 비정현파 전압을 $RL$ 직렬회로에 인가할 때에 제 3고조파 전류의 실효값[A]은? (단, $R=4[\Omega]$, $\omega L=1[\Omega]$이다.)

$$e = 100\sqrt{2}\sin\omega t + 75\sqrt{2}\sin3\omega t + 20\sqrt{2}\sin5\omega t [V]$$

① 4   ② 15
③ 20  ④ 75

**풀이** 고조파의 유도 리액턴스는 주파수에 비례한다.
$X_L = n\omega L[\Omega]$ (여기서 $n$은 고조파 차수)
따라서 제3고조파 전류

$$I_3 = \frac{V_3}{Z_3} = \frac{V_3}{\sqrt{R^2 + (3\omega L)^2}}$$
$$= \frac{75}{\sqrt{4^2 + 3^2}}$$
$$= 15[A]$$

**답** ②

**62** 선간전압 220[V], 역률 60[%]인 평형 3상 부하에서 소비전력 $P=10$[kW]일 때 선전류는 약 몇 [A]인가?

① 25.3   ② 32.8
③ 43.7   ④ 53.6

**풀이** 3상 부하에서 소비전력
$P = \sqrt{3}\,VI\cos\theta$
따라서 선전류
$$I = \frac{P}{\sqrt{3}\,V\cos\theta} = \frac{10\times10^3}{\sqrt{3}\times220\times0.6}$$
$$= 43.7[A]$$

**답** ③

**63** $\dfrac{E_o(s)}{E_i(s)} = \dfrac{1}{s^2+3s+1}$의 전달함수를 미분방정식으로 표시하면?
(단, $\mathcal{L}^{-1}[E_o(s)] = e_o(t)$,
$\mathcal{L}^{-1}[E_i(s)] = e_i(t)$이다.)

① $\dfrac{d^2}{dt^2}e_o(t) + 3\dfrac{d}{dt}e_o(t) + e_o(t) = e_i(t)$

② $\dfrac{d^2}{dt^2}e_i(t) + 3\dfrac{d}{dt}e_i(t) + e_i(t) = e_o(t)$

③ $\dfrac{d^2}{dt^2}e_i(t) + 3\dfrac{d}{dt}e_i(t) + \int e_i(t)dt = e_o(t)$

④ $\dfrac{d^2}{dt^2}e_o(t) + 3\dfrac{d}{dt}e_o(t) + \int e_o(t)dt = e_i(t)$

**풀이** $\dfrac{E_o(s)}{E_i(s)} = \dfrac{1}{s^2+3s+1}$
→ $(s^2+3s+1)E_o(s) = E_i(s)$
∴ $\dfrac{d^2}{dt^2}e_o(t) + 3\dfrac{d}{dt}e_o(t) + e_o(t) = e_i(t)$

**답** ①

**64** $i(t) = \dfrac{4I_m}{\pi}\left(\sin\omega t + \dfrac{1}{3}\sin3\omega t + \dfrac{1}{5}\sin5\omega t + \cdots\right)$ 를 표시하는 파형은?

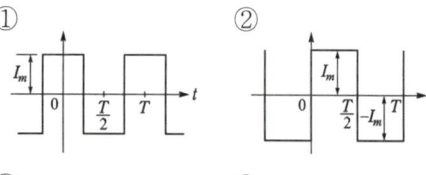

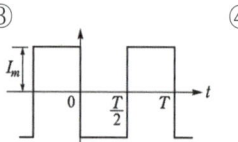  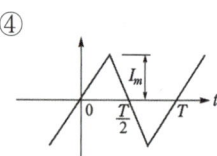

**풀이**
- 여현 대칭 : 직류분, cos항 존재
- 정현 대칭 : sin항만 존재
- 반파 대칭 : 홀수(기수)차 항만 존재
- 반파 및 정현 대칭 : sin항의 홀수(기수)항만 존재

**답** ②

**65** 그림과 같은 회로에서 전류 $I$[A]는?

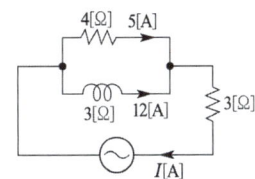

① 7
② 10
③ 13
④ 17

**풀이** $I = \sqrt{I_R^2 + I_L^2} = \sqrt{5^2 + 12^2} = 13$[A]  답 ③

**66** $F(s) = \dfrac{3s+10}{s^3+2s^2+5s}$일 때 $f(t)$의 최종값은?

① 0
② 1
③ 2
④ 3

**풀이** 최종값 정리에 의해서
$$\lim_{t \to \infty} f(t) = \lim_{s \to 0} sF(s)$$
$$= \lim_{s \to 0} s \cdot \dfrac{3s+10}{s(s^2+2s+5)} = \dfrac{10}{5}$$
$$= 2$$
답 ③

**67** 20[kVA] 변압기 2대로 공급할 수 있는 최대 3상 전력은 약 몇 [kVA]인가?

① 17
② 25
③ 35
④ 40

**풀이** V결선의 출력
$P_v = \sqrt{3} P_1 = \sqrt{3} \times 20 ≒ 35$[kVA]  답 ③

**68** $RLC$ 직렬회로에서 제 $n$고조파의 공진주파수 $f_n$[Hz]는?

① $\dfrac{1}{2\pi \sqrt{LC}}$
② $\dfrac{1}{2\pi \sqrt{nLC}}$
③ $\dfrac{1}{2\pi n \sqrt{LC}}$
④ $\dfrac{1}{2\pi n^2 \sqrt{LC}}$

**풀이** 제 $n$차 고조파 공진 조건은
$n^2 \omega^2 LC = n^2 (2\pi f_n)^2 LC = 1$이므로
제 $n$차 고조파 공진주파수
$f_n = \dfrac{1}{2\pi n \sqrt{LC}}$이다.  답 ③

**69** $\dfrac{1}{s+3}$을 역라플라스 변환하면?

① $e^{3t}$
② $e^{-3t}$
③ $e^{\frac{t}{3}}$
④ $e^{-\frac{t}{3}}$

**풀이** $e^{-at} \leftrightarrow \dfrac{1}{s+a}$이며, 문제에서 $a=3$이다.
따라서 $f(t) = e^{-3t}$  답 ②

**70** 한 상의 임피던스 $Z = 6+j8$[Ω]인 평형 Y부하에 평형 3상 전압 200[V]를 인가할 때 무효전력은 약 몇 [Var]인가?

① 1330
② 1848
③ 2381
④ 3200

**풀이** $Q = 3I^2 X = 3\left(\dfrac{V_p}{\sqrt{R^2+X^2}}\right)^2 X$
$= 3 \dfrac{V_p^2 X}{R^2+X^2} = \dfrac{3 \times \left(\dfrac{200}{\sqrt{3}}\right)^2 \times 8}{6^2+8^2}$
$= 3200$[Var]  답 ④

**71** T형 4단자 회로의 임피던스 파라미터 중 $Z_{22}$는?

① $Z_1 + Z_2$
② $Z_2 + Z_3$
③ $Z_1 + Z_3$
④ $-Z_2$

**풀이** $Z_{11} = \dfrac{V_1}{I_1}\bigg|_{I_2=0} = Z_1 + Z_3$
$Z_{12} = \dfrac{V_1}{I_2}\bigg|_{I_1=0} = Z_3$

$$Z_{21} = \frac{V_2}{I_1}\bigg|_{I_2=0} = Z_3$$

$$Z_{22} = \frac{V_2}{I_2}\bigg|_{I_1=0} = Z_2 + Z_3$$

답 ②

**72** 정전용량 $C$만의 회로에서 100[V], 60[Hz]의 교류를 가했을 때 60[mA]의 전류가 흐른다면 $C$는 약 몇 [$\mu$F]인가?

① 5.26     ② 4.32
③ 3.59     ④ 1.59

**풀이**
$$X_C = \frac{V}{I} = \frac{100}{60 \times 10^{-3}} = \frac{10}{6} \times 10^3 = 1.66 \times 10^3 [\Omega]$$

$X_c = \frac{1}{\omega C}$에서 $C = \frac{1}{\omega X_c}$ 이므로

$$\therefore C = \frac{1}{\omega X_c} = \frac{1}{2\pi f X_c} = \frac{1}{2\pi \times 60 \times 1.66 \times 10^3}$$
$$= 1.59 \times 10^{-6} [F] = 1.59 [\mu F]$$

답 ④

**73** △결선된 저항부하를 Y결선으로 바꾸면 소비전력은 어떻게 되겠는가? (단, 선간전압은 일정하다.)

① 1/3로 된다.     ② 3배로 된다.
③ 1/9로 된다.     ④ 9배로 된다.

**풀이**
• △결선 시 소비전력
$$P_\triangle = 3I^2R = 3\left(\frac{V}{R}\right)^2 R = 3 \cdot \frac{V^2}{R}$$

• Y결선 시 상전압은 선간 전압의 $\frac{1}{\sqrt{3}}$ 이므로

Y결선 시 소비전력 $P_Y = 3 \cdot \frac{\left(\frac{V}{\sqrt{3}}\right)^2}{R} = \frac{V^2}{R}$

$$\therefore \frac{P_Y}{P_\triangle} = \frac{\frac{V^2}{R}}{\frac{3V^2}{R}} = \frac{1}{3} \rightarrow P_Y = \frac{1}{3}P_\triangle$$

답 ①

**74** 그림과 같은 $R-L-C$ 회로망에서 입력 전압을 $e_i(t)$, 출력량을 전류 $i(t)$로 할 때, 이 요소의 전달 함수는?

① $\dfrac{Rs}{LCs^2 + RCs + 1}$

② $\dfrac{RLs}{LCs^2 + RCs + 1}$

③ $\dfrac{Ls}{LCs^2 + RCs + 1}$

④ $\dfrac{Cs}{LCs^2 + RCs + 1}$

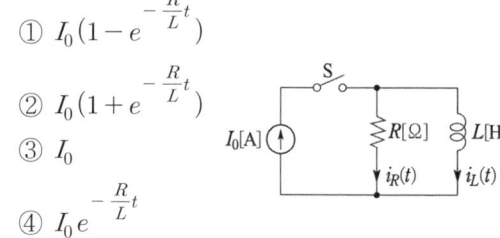

**풀이**
$$e_i(t) = Ri(t) + L\frac{d}{dt}i(t) + \frac{1}{C}\int i(t)dt$$

라플라스 변환하면
$$E_i(s) = RI(s) + LsI(s) + \frac{1}{Cs}I(s)$$

$$\therefore \frac{I(s)}{E(s)} = \frac{Cs}{LCs^2 + RCs + 1}$$

답 ④

**75** 그림과 같은 회로를 $t=0$에서 스위치 $S$를 닫았을 때 $R[\Omega]$에 흐르는 전류 $i_R(t)$[A]는?

① $I_0(1 - e^{-\frac{R}{L}t})$

② $I_0(1 + e^{-\frac{R}{L}t})$

③ $I_0$

④ $I_0 e^{-\frac{R}{L}t}$

**풀이**
인덕턴스에 흐르는 전류 $i_L(t) = I_0\left(1 - e^{-\frac{R}{L}t}\right)$
키르히호프의 전류법칙에 의해
$I_0 = i_R(t) + i_L(t)$이므로
$$\therefore i_R(t) = I_0 - i_L(t)$$
$$= I_0 - I_0\left(1 - e^{-\frac{R}{L}t}\right) = I_0 e^{-\frac{R}{L}t}$$

답 ④

**76** $e = E_m \cos\left(100\pi t - \dfrac{\pi}{3}\right)$[V]와 $i = I_m \sin\left(100\pi t + \dfrac{\pi}{4}\right)$의 위상차를 시간으로 나타내면 약 몇 초인가?

① $3.33 \times 10^{-4}$     ② $4.33 \times 10^{-4}$
③ $6.33 \times 10^{-4}$     ④ $8.33 \times 10^{-4}$

**풀이**
- $e = E_m \cos(100\pi t - \frac{\pi}{3})$
  $= E_m \sin(100\pi t - \frac{\pi}{3} + \frac{\pi}{2})$
  $= E_m \sin(100\pi t + \frac{\pi}{6})$ 이므로
  $e$와 $i$의 위상차 $\theta = \frac{\pi}{4} - \frac{\pi}{6} = \frac{\pi}{12}$ 이다.
- $\theta = \omega t$ 에서 $t = \frac{\theta}{\omega}$ 이므로
  $\therefore t = \frac{\theta}{\omega} = \frac{\pi}{12} \times \frac{1}{100\pi}$
  $= 8.33 \times 10^{-4} [\text{sec}]$   답 ④

**77** 회로의 3[Ω] 저항 양단에 걸리는 전압[V]은?

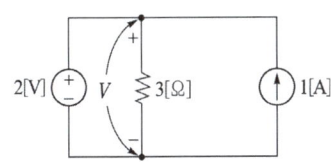

① 2　　② -2
③ 3　　④ -3

**풀이** 중첩의 원리에 의해서
- 전압원 2[V]에 의해서는 전류원이 개방 상태이므로 +2[V]
- 전류원 1[A]에 의해서는 전압원이 단락 상태이므로 0[V]

따라서 3[Ω]의 저항에는 전압원의 2[V]가 걸린다.　답 ①

**78** 대칭 3상 전압이 a상 $V_a$[V], b상 $V_b = a^2 V_a$[V], c상 $V_c = a V_a$[V]일 때 a상을 기준으로 한 대칭분 전압 중 정상분 $V_1$은 어떻게 표시되는가? (단, $a = -\frac{1}{2} + j\frac{\sqrt{3}}{2}$ 이다.)

① 0　　② $V_a$
③ $a V_a$　　④ $a^2 V_a$

**풀이** $V_1 = \frac{1}{3}(V_a + aV_b + a^2 V_c)$
$= \frac{1}{3}(V_a + a^3 V_a + a^3 V_a)$
$= \frac{V_a}{3}(1 + a^3 + a^3) = V_a$ ($\because a^3 = 1$)　답 ②

**79** 314[mH]의 자기 인덕턴스에 120[V], 60[Hz]의 교류전압을 가하였을 때 흐르는 전류[A]는?

① 10　　② 8
③ 1　　④ 0.5

**풀이** 전류 $I = \frac{V}{\omega L} = \frac{V}{2\pi f L}$
$= \frac{120}{2\pi \times 60 \times 314 \times 10^{-3}} = 1$　답 ③

**80** 다음과 같은 회로의 구동점 임피던스는?

① $2 + j\omega$
② $\frac{2\omega^2 + j4\omega}{3}$
③ $\frac{\omega^2 + j8\omega}{4 + \omega^2}$
④ $\frac{2\omega^2 + j4\omega}{4 + \omega^2}$

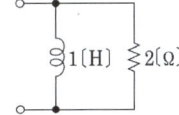

**풀이** 구동점 임피던스는 2단자망의 한 쌍의 단자에서 본 임피던스를 구동점 임피던스라고 하며, 보통 $j\omega$ 또는 $s$로 치환하여 나타낸다.
$Z(j\omega) = \dfrac{1}{\dfrac{1}{j\omega L} + \dfrac{1}{R}} = \dfrac{1}{\dfrac{1}{j\omega} + \dfrac{1}{2}}$
$= \dfrac{2j\omega}{2 + j\omega} = \dfrac{2\omega^2 + j4\omega}{4 + \omega^2}$　답 ④

## 2016년 - 2회 _ 전기산업기사·공사산업기사

**61** 다음 방정식에서 $\dfrac{X_3(s)}{X_1(s)}$를 구하면?

$$\begin{cases} x_2(t) = \dfrac{d}{dt} x_1(t) \\ x_3(t) = x_2(t) + 3\int x_3(t)dt + 2\dfrac{d}{dt}x_2(t) - 2x_1(t) \end{cases}$$

① $\dfrac{s(2s^2 + s - 2)}{s - 3}$　　② $\dfrac{s(2s^2 - s - 2)}{s - 3}$
③ $\dfrac{2(s^2 + s + 2)}{s - 3}$　　④ $\dfrac{(2s^2 + s + 2)}{s - 3}$

**풀이** 라플라스 변환하면
$X_2(s) = sX_1(s)$
$X_3(s) = X_2(s) + \frac{3}{s}X_3(s) + 2sX_2(s) - 2X_1(s)$

위 두 식에서 $X_2(s)$를 소거하면,
$X_3(s) = sX_1(s) + \frac{3}{s}X_3(s) + 2s^2X_1(s) - 2X_1(s)$
$\left(1 - \frac{3}{s}\right)X_3(s) = (2s^2 + s - 2)X_1(s)$
$\therefore \frac{X_3(s)}{X_1(s)} = \frac{2s^2+s-2}{1-\frac{3}{s}} = \frac{s(2s^2+s-2)}{s-3}$ **답** ①

**62** 그림과 같은 반파 정현파의 실효값은?

① $\frac{1}{\sqrt{2}}I_m$

② $\frac{2}{\pi}I_m$

③ $\frac{1}{\pi}I_m$

④ $\frac{1}{2}I_m$

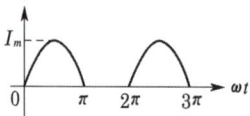

**풀이** 실효값
$I = \sqrt{\frac{1}{T}\int_0^T i^2 dt} = \sqrt{\frac{1}{2\pi}\int_0^{2\pi} i^2 d(\omega t)}$ 에서
반파 정류파는 $\pi \sim 2\pi$일 때 $i=0$이므로
$I = \sqrt{\frac{1}{2\pi}\int_0^{\pi} i^2 d(\omega t)}$
$= \sqrt{\frac{1}{2\pi}\int_0^{\pi} I_m^2 \sin^2\omega t \, d(\omega t)}$
$= \sqrt{\frac{I_m^2}{2\pi}\int_0^{\pi} \frac{1-\cos 2\omega t}{2}d(\omega t)} = \frac{I_m}{2}$ **답** ④

**63** 그림과 같이 높이가 1인 펄스의 라플라스 변환은?

① $\frac{1}{s}(e^{-as} + e^{-bs})$

② $\frac{1}{a-b}\left(\frac{e^{-as}+e^{-bs}}{1}\right)$

③ $\frac{1}{s}(e^{-as} - e^{-bs})$

④ $\frac{1}{a-b}\left(\frac{e^{-as}-e^{-bs}}{s}\right)$

**풀이** $f(t) = u(t-a) - u(t-b)$이므로
$\mathcal{L}[f(t)] = \mathcal{L}[u(t-a)] - \mathcal{L}[u(t-b)]$
$= \frac{e^{-as}}{s} - \frac{e^{-bs}}{s} = \frac{1}{s}(e^{-as} - e^{-bs})$ **답** ③

**64** 그림과 같은 회로의 전달함수는?
(단, 초기조건은 0이다.)

① $\frac{R_2 + Cs}{R_1 + R_2 + Cs}$

② $\frac{R_1 + R_2 + Cs}{R_1 + Cs}$

③ $\frac{R_2 Cs + 1}{R_2 Cs + R_1 Cs + 1}$

④ $\frac{R_1 Cs + R_2 Cs + 1}{R_2 Cs + 1}$

**풀이** $G(s) = \frac{e_o(s)}{e_i(s)} = \frac{R_2 + \frac{1}{Cs}}{R_1 + R_2 + \frac{1}{Cs}}$
$= \frac{R_2 Cs + 1}{R_2 Cs + R_1 Cs + 1}$ **답** ③

**65** 비대칭 다상 교류가 만드는 회전 자계는?

① 교번자기장  ② 타원형 회전자기장
③ 원형 회전자기장  ④ 포물선 회전자기장

**풀이** 회전자계
① 대칭 전류 : 원형 회전 자계 형성
② 비대칭 전류 : 타원 회전 자계 형성 **답** ②

**66** 다음과 같은 회로의 전달함수 $\frac{E_o(s)}{I(s)}$는?

① $\frac{1}{s(C_1+C_2)}$

② $\frac{C_1 C_2}{(C_1+C_2)}$

③ $\frac{C_1}{s(C_1+C_2)}$

④ $\frac{C_2}{s(C_1+C_2)}$

**풀이**
$$i(t) = C_1 \frac{d}{dt} e_o(t) + C_2 \frac{d}{dt} e_o(t)$$
초기값을 0으로 하고 라플라스 변환하면
$$I(s) = C_1 s E_o(s) + C_2 s E_o(s)$$
$$= (C_1 s + C_2 s) E_o(s)$$
$$\therefore G(s) = \frac{E_o(s)}{I(s)} = \frac{1}{C_1 s + C_2 s} = \frac{1}{s(C_1 + C_2)}$$

답 ①

**67** 그림과 같은 L형 회로의 4단자 $A$, $B$, $C$, $D$ 정수 중 $A$는?

① $1 + \frac{1}{\omega LC}$

② $1 - \frac{1}{\omega^2 LC}$

③ $1 + \frac{1}{j\omega L}$

④ $\frac{1}{2\sqrt{LC}}$

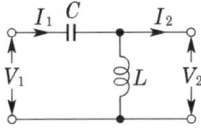

**풀이**
$$\begin{bmatrix} A & B \\ C & D \end{bmatrix} = \begin{bmatrix} 1 & \frac{1}{j\omega C} \\ 0 & 1 \end{bmatrix} \begin{bmatrix} 1 & 0 \\ \frac{1}{j\omega L} & 1 \end{bmatrix}$$
$$= \begin{bmatrix} 1 - \frac{1}{\omega^2 LC} & \frac{1}{j\omega C} \\ \frac{1}{j\omega L} & 1 \end{bmatrix}$$

답 ②

**68** 인덕턴스 $L$[H] 및 커패시턴스 $C$[F]를 직렬로 연결한 임피던스가 있다. 정저항 회로를 만들기 위하여 그림과 같이 $L$ 및 $C$의 각각에 서로 같은 저항 $R$[Ω]을 병렬로 연결할 때, $R$[Ω]은 얼마인가? (단, $L = 4$[mH], $C = 0.1$[μF]이다.)

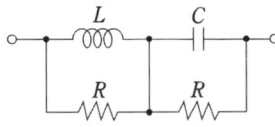

① 100　② 200
③ $2 \times 10^{-5}$　④ $0.5 \times 10^{-2}$

**풀이** $R = \sqrt{\frac{L}{C}} = \sqrt{\frac{4 \times 10^{-3}}{0.1 \times 10^{-6}}} = 200$[Ω]

답 ②

**69** 다음 회로에서 $I$를 구하면 몇 [A]인가?

① 2　② -2　③ -4　④ 4

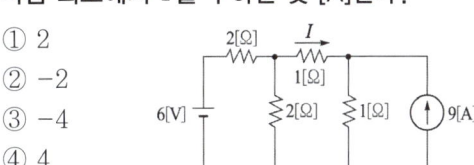

**풀이** ① 그림 (a), (b)에서 전류원 개방시 $I'$는

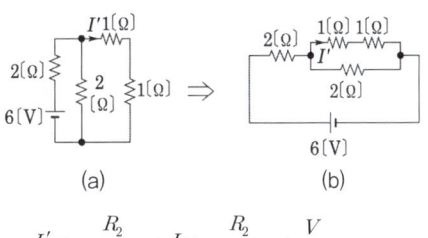

$$I' = \frac{R_2}{R_1 + R_2} \cdot I = \frac{R_2}{R_1 + R_2} \cdot \frac{V}{R}$$
$$= \frac{2}{(1+1)+2} \cdot \frac{6}{2 + \frac{(1+1) \times 2}{(1+1)+2}} = 1[A]$$

② 그림 (c), (d)에서 전압원 단락시 $I''$는

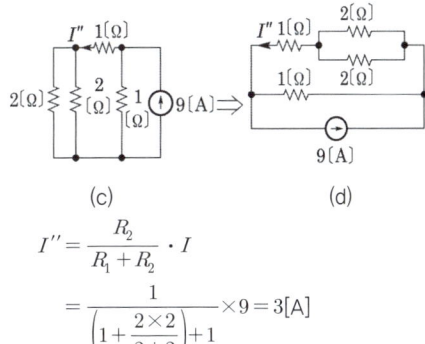

$$I'' = \frac{R_2}{R_1 + R_2} \cdot I$$
$$= \frac{1}{\left(1 + \frac{2 \times 2}{2+2}\right) + 1} \times 9 = 3[A]$$

$I'$과 $I''$의 방향은 반대이고, 그림에서 $I$를 기준 방향으로 하면
$$I = I' - I'' = 1 - 3 = -2[A]$$

답 ②

**70** 두 개의 회로망 $N_1$과 $N_2$가 있다. $a-b$ 단자, $a'-b'$ 단자의 각각의 전압은 50[V], 30[V]이다. 또, 양 단자에서 $N_1$, $N_2$를 본 임피던스가 15[Ω]과 25[Ω]이다. $a-a'$, $b-b'$를 연결하면 이때 흐르는 전류는 몇 [A]인가?

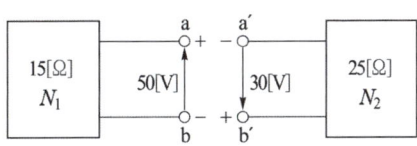

① 0.5　② 1　③ 2　④ 4

**풀이** $N_1$과 $N_2$의 전압 방향이 반대이므로

$$\therefore I = \frac{V_1 + V_2}{Z_1 + Z_2} = \frac{50 + 30}{15 + 25} = 2[\text{A}]$$

**답** ③

**71** 다음과 같은 파형 $v(t)$을 단위계단함수로 표시하면 어떻게 되는가?

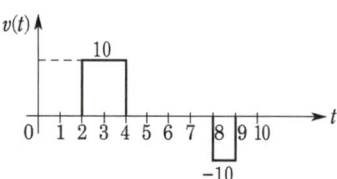

① $10u(t-2) + 10u(t-4) + 10u(t-8) + 10u(t-9)$
② $10u(t-2) - 10u(t-4) - 10u(t-8) - 10u(t-9)$
③ $10u(t-2) - 10u(t-4) + 10u(t-8) - 10u(t-9)$
④ $10u(t-2) - 10u(t-4) - 10u(t-8) + 10u(t-9)$

**풀이** $f(t) = 10u(t-2) - 10u(t-4) - 10u(t-8) + 10u(t-9)$

**답** ④

**72** 3상 회로의 선간 전압이 각각 80[V], 50[V], 50[V]일 때의 전압의 불평형률[%]은?

① 39.6  ② 57.3
③ 73.6  ④ 86.7

**풀이**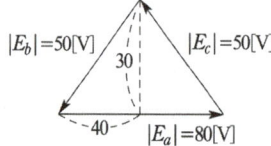

$E_a = 80[\text{V}]$
$E_b = -40 - j30[\text{V}]$
$E_c = -40 + j30[\text{V}]$

$E_1 = \frac{1}{3}(E_a + aE_b + a^2E_c)$ : 정상 전압

$= \frac{1}{3}\left\{80 + \left(-\frac{1}{2} + j\frac{\sqrt{3}}{2}\right)(-40-j30) \right.$
$\left. + \left(-\frac{1}{2} - j\frac{\sqrt{3}}{2}\right)(-40+j30)\right\}$

$= \frac{1}{3}(80 + 40 + 30\sqrt{3}) = 57.32[\text{V}]$

$E_2 = \frac{1}{3}(E_a + a^2E_b + aE_c)$ : 역상 전압

$= \frac{1}{3}\left\{80 + \left(-\frac{1}{2} - j\frac{\sqrt{3}}{2}\right)(-40-j30) \right.$
$\left. + \left(-\frac{1}{2} + j\frac{\sqrt{3}}{2}\right)(-40+j30)\right\}$

$= \frac{1}{3}(80 + 40 - 30\sqrt{3}) = 22.68[\text{V}]$

$\therefore$ 불평형률 $= \frac{|E_2|}{|E_1|} \times 100 = \frac{22.68}{57.32} \times 100$
$\fallingdotseq 39.6[\%]$

**답** ①

**73** Y결선된 대칭 3상 회로에서 전원 한 상의 전압이 $V_a = 220\sqrt{2}\sin\omega t[\text{V}]$일 때 선간전압의 실효값은 약 몇 [V]인가?

① 220  ② 310
③ 380  ④ 540

**풀이** Y결선 시 선간 전압($V_l$)은 상전압($V_p$)의 $\sqrt{3}$ 배이므로
$\therefore V_l = \sqrt{3}\,V_p = \sqrt{3} \times 220 \fallingdotseq 380[\text{V}]$

**답** ③

**74** 저항 $R$인 검류계 G에 그림과 같이 $r_1$인 저항을 병렬로, 또 $r_2$인 저항을 직렬로 접속하였을 때 A, B단자 사이의 저항을 $R$과 같게 하고 또한 G에 흐르는 전류를 전 전류의 $1/n$로 하기 위한 $r_1[\Omega]$의 값은?

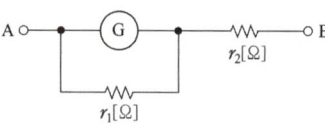

① $\dfrac{n-1}{R}$  ② $R\left(1 - \dfrac{1}{n}\right)$
③ $\dfrac{R}{n-1}$  ④ $R\left(1 + \dfrac{1}{n}\right)$

**풀이**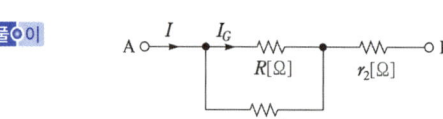

전 전류를 $I$, 검류계에 흐르는 전류를 $I_G$라고 하면
$$I_G = \frac{1}{n}I = \frac{r_1}{R+r_1} \times I$$ 이므로
$$\therefore r_1 = \frac{R}{n-1}$$

답 ③

**75** 저항 $R = 5000[\Omega]$, 정전용량 $C = 20[\mu F]$가 직렬로 접속된 회로에 일정전압 $E = 100[V]$를 가하고 $t = 0$에서 스위치를 넣을 때 콘덴서 단자전압 $V[V]$을 구하면? (단, $t = 0$에서의 콘덴서 전압은 0[V]이다.)

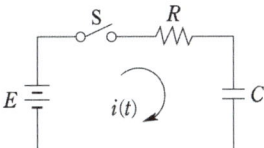

① $100(1 - e^{10t})$  ② $100e^{10t}$
③ $100(1 - e^{-10t})$  ④ $100e^{-10t}$

**풀이** 직류 전압 인가 시 전류 $i(t) = \frac{E}{R}e^{-\frac{1}{RC}t}$[A]이므로
콘덴서 양단의 전압 $v_c(t)$의 적분 구간을 0~$t$로 잡으면
$$v_c(t) = \frac{1}{C}\int_0^t i(t)dt = \frac{1}{C}\int_0^t \frac{E}{R} \cdot e^{-\frac{1}{RC}t}dt$$
$$= E\left(1 - e^{-\frac{1}{RC}t}\right)[V]$$
$$\therefore v_c(t) = 100\left(1 - e^{-\frac{1}{5000 \times 20 \times 10^{-6}}t}\right)$$
$$= 100(1 - e^{-10t})[V]$$

답 ③

**76** 그림과 같이 T형 4단자 회로망의 $A$, $B$, $C$, $D$ 파라미터 중 $B$ 값은?

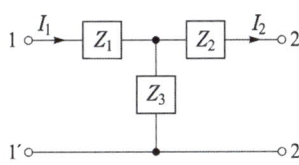

① $\dfrac{1}{Z_3}$  ② $1 + \dfrac{Z_1}{Z_3}$
③ $\dfrac{Z_3 + Z_2}{Z_3}$  ④ $\dfrac{Z_1 Z_2 + Z_2 Z_3 + Z_3 Z_1}{Z_3}$

**풀이**
$$\begin{bmatrix} A & B \\ C & D \end{bmatrix} = \begin{bmatrix} 1 & Z_1 \\ 0 & 1 \end{bmatrix} \begin{bmatrix} 1 & 0 \\ \frac{1}{Z_3} & 1 \end{bmatrix} \begin{bmatrix} 1 & Z_2 \\ 0 & 1 \end{bmatrix}$$
$$= \begin{bmatrix} \dfrac{Z_1 + Z_3}{Z_3} & \dfrac{Z_1 Z_2 + Z_2 Z_3 + Z_3 Z_1}{Z_3} \\ \dfrac{1}{Z_3} & \dfrac{Z_2 + Z_3}{Z_3} \end{bmatrix}$$

답 ④

**77** 휘스톤 브리지에서 $R_L$에 흐르는 전류($I$)는 약 몇 [mA]인가?

① 2.28
② 4.57
③ 7.84
④ 22.8

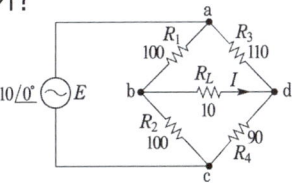

**풀이** ① 테브난 정리 이용하여 $R_L$을 개방하면
- $b$점의 전압 $V_b = 5[V]$
- $d$점의 전압 $V_d = 10 \times \dfrac{90}{200} = 4.5[V]$

따라서 $b-d$의 전위차
$$V_{bd} = V_b - V_d = 5 - 4.5 = 0.5[V]$$

② 전압원을 제거하여 합성저항을 구하면

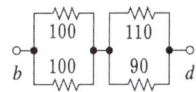

$$R_t = \frac{100 \times 100}{100 + 100} + \frac{110 \times 90}{110 + 90} = 99.5[\Omega]$$

③ 개방하였단 $R_L$을 다시 접속하여 전류를 구하면

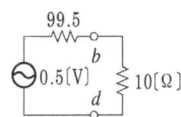

$$\therefore I = \frac{0.5}{99.5 + 10} = 4.57 \times 10^{-3}[A]$$
$$= 4.57[mA]$$

답 ②

**78** 그림은 상순이 a-b-c인 3상 대칭회로이다. 선간전압이 220[V]이고 부하 한 상의 임피던스가 $100 \angle 60°[\Omega]$일 때 전력계 $W_a$의 지시값 [W]은?

① 242
② 386
③ 419
④ 484

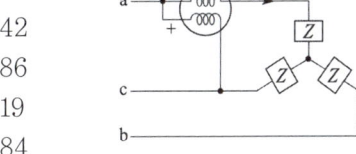

**풀이** 1전력계법에서 전력계 지시치를 $W_a$라 하면

$W_a = \dfrac{\sqrt{3}}{2} VI$이므로

$\therefore W_a = \dfrac{\sqrt{3}}{2} \times 220 \times \dfrac{\dfrac{220}{\sqrt{3}}}{100} ≒ 242[\text{W}]$  **답** ①

**79** $C$[F]인 콘덴서에 $q$[C]의 전하를 충전하였더니 $C$의 양단 전압이 $e$[V]이었다. $C$에 저장된 에너지는 몇 [J]인가?

① $qe$   ② $Ce$
③ $\dfrac{1}{2}Cq^2$   ④ $\dfrac{1}{2}Ce^2$

**풀이** ① 정전에너지
$W = \dfrac{1}{2}Ce^2 = \dfrac{1}{2}Qe = \dfrac{Q^2}{2C}[\text{J}]$
② 전자에너지
$W = \dfrac{1}{2}LI^2[\text{J}]$  **답** ④

**80** 비정현파에서 정현 대칭의 조건은 어느 것인가?

① $f(t) = f(-t)$
② $f(t) = -f(t)$
③ $f(t) = -f(t+\pi)$
④ $f(t) = -f(-t)$

**풀이**

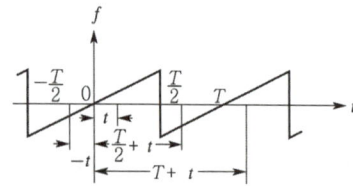

그림에서 정현 대칭 조건은
$f(t) = -f(-t)$
$f(t) = f(T+t)$  **답** ④

## 2016년 - 3회 _ 전기산업기사

**61** 자동제어의 각 요소를 블록선도로 표시할 때 각 요소는 전달함수로 표시하고, 신호의 전달 경로는 무엇으로 표시하는가?

① 전달함수   ② 단자
③ 화살표   ④ 출력

**풀이** 자동제어계의 각 요소를 Block 선도로 표시할 때에 각 요소를 전달함수로 표시하고, 신호의 전달 경로를 화살표로 표시한다.  **답** ③

**62** $t=0$에서 스위치 S를 닫을 때의 전류 $i(t)$는?

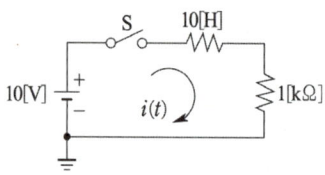

① $0.01(1-e^{-t})$
② $0.01(1+e^{-t})$
③ $0.01(1-e^{-100t})$
④ $0.01(1+e^{-100t})$

**풀이** $R-L$ 직렬 회로에서 직류 기전력을 인가 시 전류 $i(t)$는
$i(t) = \dfrac{E}{R}\left(1-e^{-\dfrac{R}{L}t}\right) = \dfrac{10}{1\times 10^3}\left(1-e^{-\dfrac{1\times 10^3}{10}t}\right)$
$= 0.01(1-e^{-100t})[\text{A}]$  **답** ③

**63** Var는 무엇의 단위인가?

① 효율   ② 유효전력
③ 피상전력   ④ 무효전력

**풀이**
- 피상전력 $P_a = VI = I^2 Z$[VA]
- 유효전력 $P = VI\cos\theta = I^2 R$[W]
- 무효전력 $P_r = VI\sin\theta = I^2 X$[Var]  **답** ④

**64** 임피던스 $Z=15+j4[\Omega]$의 회로에 $I=5(2+j)[A]$의 전류를 흘리는 데 필요한 전압 $V[V]$는?

① $10(26+j23)$ ② $10(34+j23)$
③ $5(26+j23)$ ④ $5(34+j23)$

**풀이** $I=5(2+j)=10+5j[A]$
∴ $V=IZ=(10+5j)\times(15+j4)$
$=130+j115=5(26+j23)[V]$ **답** ③

**65** 다음과 같은 4단자망에서 영상 임피던스는 몇 [$\Omega$]인가?

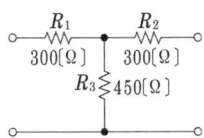

① 200 ② 300
③ 450 ④ 600

**풀이**
- 영상 임피던스 $Z_{01}=\sqrt{\dfrac{AB}{CD}}$
- 대칭 T형 회로에서는 $A=D$이므로 $Z_{01}=\sqrt{\dfrac{B}{C}}$ 이다.
- $C=\dfrac{1}{450}$
- $B=\dfrac{300\times450+300\times300+300\times450}{450}$
$=\dfrac{360000}{450}$
∴ $Z_{01}=\sqrt{\dfrac{B}{C}}=\sqrt{\dfrac{360000/450}{1/450}}$
$=600[\Omega]$ **답** ④

**66** 다음 회로에서 4단자 정수 $A$, $B$, $C$, $D$ 중 $C$의 값은?

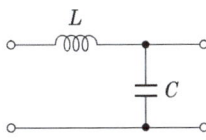

① 1 ② $j\omega L$
③ $j\omega C$ ④ $1+j(\omega L+\omega C)$

**풀이** $C=\dfrac{I_1}{V_2}\bigg|_{I_2=0}=\dfrac{I_1}{\dfrac{I_1}{j\omega C}}=j\omega C$ **답** ③

**67** 회로에서 $V_{30}$과 $V_{15}$는 각각 몇 [V]인가?

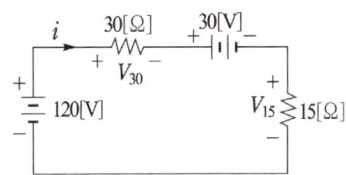

① $V_{30}=60$, $V_{15}=30$
② $V_{30}=80$, $V_{15}=40$
③ $V_{30}=90$, $V_{15}=45$
④ $V_{30}=120$, $V_{15}=60$

**풀이** $R_1=30[\Omega]$, $R_2=15[\Omega]$ 이라고 하면
$V_{30}=\dfrac{R_1}{R_1+R_2}\times V=\dfrac{30}{30+15}\times(120-30)$
$=60[V]$
$V_{15}=\dfrac{R_2}{R_1+R_2}\times V=\dfrac{15}{30+15}\times(120-30)$
$=30[V]$ **답** ①

**68** $e_1=6\sqrt{2}\sin\omega t[V]$, $e_2=4\sqrt{2}\sin(\omega t-60°)[V]$일 때, $e_1-e_2$의 실효값[V]은?

① $2\sqrt{2}$ ② $4$
③ $2\sqrt{7}$ ④ $2\sqrt{13}$

**풀이** $e_1=6\angle 0°$, $e_2=4\angle-60°$
∴ $e_1-e_2=6-4(\cos60°-j\sin60°)$
$=6-4\times\left(\dfrac{1}{2}-j\dfrac{\sqrt{3}}{2}\right)$
$=4+j2\sqrt{3}=\sqrt{4^2+(2\sqrt{3})^2}$
$=2\sqrt{7}[V]$ **답** ③

**69** 그림과 같은 비정현파의 주기함수에 대한 설명으로 틀린 것은?

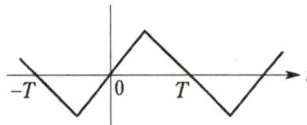

① 기함수파이다.
② 반파 대칭파이다.
③ 직류 성분은 존재하지 않는다.
④ 기수차의 정현항 계수는 0이다.

**풀이** 그림의 파형은 반파 정현 대칭 함수이므로
$f(t)=-f(t+\pi)$와 $f(t)=-f(-t)$의
두 조건을 만족하는 기함수파이다.  **답** ④

**70** 그림에서 $10[\Omega]$의 저항에 흐르는 전류는 몇 [A]인가?

① 13
② 14
③ 15
④ 16

**풀이** 중첩의 정리에 의해
• 전류원 기준(전압원 단락)
  $I_R = 10+2+3 = 15[A]$
• 전압원 기준(전류원 개방)
  $I_R' = 0[A]$
따라서 $I = I_R - I_R' = 15 - 0 = 15[A]$  **답** ③

**71** 3상 불평형 전압에서 불평형률은?

① $\dfrac{영상전압}{정상전압}\times 100[\%]$
② $\dfrac{역상전압}{정상전압}\times 100[\%]$
③ $\dfrac{정상전압}{역상전압}\times 100[\%]$
④ $\dfrac{정상전압}{영상전압}\times 100[\%]$

**풀이** 불평형률 $= \dfrac{역상분}{정상분}\times 100[\%]$  **답** ②

**72** 그림은 평형 3상 회로에서 운전하고 있는 유도전동기의 결선도이다. 각 계기의 지시가 $W_1 = 2.36[kW]$, $W_2 = 5.95[kW]$, $V = 200[V]$, $I = 30[A]$ 일 때, 이 유도 전동기의 역률은 약 몇 [%]인가?

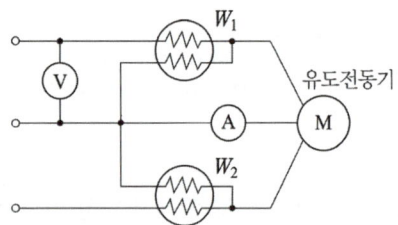

① 80  ② 76
③ 70  ④ 66

**풀이** 유효전력
$P = W_1 + W_2 = 2360 + 5950 = 8310[W]$
피상전력
$P_a = \sqrt{3}\,VI = \sqrt{3}\times 200 \times 30 = 10392.3[VA]$
$\therefore \cos\theta = \dfrac{P}{P_a}\times 100 = \dfrac{8310}{10392.3}\times 100 \fallingdotseq 80[\%]$  **답** ①

**73** 기본파의 30[%]인 제3고조파와 기본파의 20[%]인 제5고조파를 포함하는 전압파의 왜형률은?

① 0.21  ② 0.31
③ 0.36  ④ 0.42

**풀이** 왜형률 $= \dfrac{각\ 고조파의\ 실효값의\ 합}{기본파의\ 실효값}$
$= \dfrac{\sqrt{V_3^2 + V_5^2}}{V_1} = \sqrt{\left(\dfrac{V_3}{V_1}\right)^2 + \left(\dfrac{V_5}{V_1}\right)^2}$
$= \sqrt{0.3^2 + 0.2^2} = 0.36$  **답** ③

**74** 코일의 권수 $N = 1000$회, 저항 $R = 10[\Omega]$이다. 전류 $I = 10[A]$를 흘릴 때 자속 $\phi = 3\times 10^{-2}[Wb]$이라면 이 회로의 시정수[s]는?

① 0.3  ② 0.4
③ 3.0  ④ 4.0

풀이 코일의 인덕턴스
$$L = \frac{N\phi}{I} = \frac{1000 \times 3 \times 10^{-2}}{10} = 3[\text{H}]$$
저항은 $R = 10[\Omega]$이므로
따라서 시정수 $\tau = \frac{L}{R} = \frac{3}{10} = 0.3[\text{s}]$  답 ①

**75** 800[kW], 역률 80[%]의 부하가 있다. $\frac{1}{4}$ 시간 동안 소비되는 전력량[kWh]은?

① 800   ② 600
③ 400   ④ 200

풀이 전력량 $W = P \cdot t = 800 \times \frac{1}{4} = 200[\text{kWh}]$  답 ④

**76** $f(t) = \frac{d}{dt}\cos\omega t$ 를 라플라스 변환하면?

① $\frac{\omega^2}{s^2 + \omega^2}$   ② $\frac{-s^2}{s^2 + \omega^2}$

③ $\frac{s}{s^2 + \omega^2}$   ④ $-\frac{\omega^2}{s^2 + \omega^2}$

풀이 실미분의 정리 $\mathcal{L}[f'(t)] = sF(s) - f(0)$에서
$\mathcal{L}\left[\frac{d}{dt}\cos\omega t\right] = s \cdot \frac{s}{s^2 + \omega^2} - 1 = \frac{-\omega^2}{s^2 + \omega^2}$  답 ④

**77** 3상 불평형 전압을 $V_a$, $V_b$, $V_c$라고 할 때 정상전압은? (단, $a = -\frac{1}{2} + j\frac{\sqrt{3}}{2}$ 이다.)

① $\frac{1}{3}(V_a + aV_b + a^2V_c)$

② $\frac{1}{3}(V_a + a^2V_b + aV_c)$

③ $\frac{1}{3}(V_a + a^2V_b + V_c)$

④ $\frac{1}{3}(V_a + V_b + V_c)$

풀이 비대칭 전압이 $V_a$, $V_b$, $V_c$일 때 대칭분이 $V_0$, $V_1$, $V_2$라면

- 영상 전압 $V_0 = \frac{1}{3}(V_a + V_b + V_c)$
- 정상 전압 $V_1 = \frac{1}{3}(V_a + aV_b + a^2V_c)$
- 역상 전압 $V_2 = \frac{1}{3}(V_a + a^2V_b + aV_c)$  답 ①

**78** 그림과 같이 접속된 회로에 평형 3상 전압 $E$[V]를 가할 때의 전류 $I_1$[A]은?

① $\frac{\sqrt{3}}{4E}$

② $\frac{4E}{\sqrt{3}}$

③ $\frac{4r}{\sqrt{3}E}$

④ $\frac{\sqrt{3}E}{4r}$

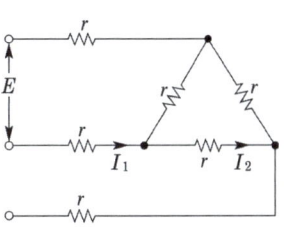

풀이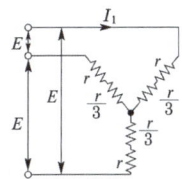

△를 Y로 환산하면 1상의 등가 저항 $R$은
$R = \frac{r^2}{r + r + r} = \frac{r^2}{3r} = \frac{r}{3}$

따라서 선전류 $I_1 = \frac{\frac{E}{\sqrt{3}}}{r + \frac{r}{3}} = \frac{\sqrt{3}E}{4r}$  답 ④

**79** 평형 3상 Y결선 회로의 선간전압 $V_l$, 상전압 $V_p$, 선전류 $I_l$, 상전류가 $I_p$일 때 다음의 관련식 중 틀린 것은? (단 $P_y$는 3상 부하전력을 의미한다.)

① $V_l = \sqrt{3}\,V_p$
② $I_l = I_p$
③ $P_y = \sqrt{3}\,V_l I_l \cos\theta$
④ $P_y = \sqrt{3}\,V_p I_p \cos\theta$

풀이 Y결선 및 △결선과의 비교

| 결선법 | 선간전압 ($V_l$) | 선전류 ($I_l$) | 출력 [W] | |
|---|---|---|---|---|
| Y결선 | $\sqrt{3}\,V_p$ | $I_p$ | $\sqrt{3}\,V_l I_l \cos\theta$ | $3V_p I_p \cos\theta$ |
| △결선 | $V_p$ | $\sqrt{3}\,I_p$ | | |

여기서, $V_l$ : 선간 전압
$I_l$ : 선로 전류
$V_p$ : 상전압
$I_p$ : 상전류

답 ④

**80** 그림과 같은 커패시터 $C$의 초기 전압이 $V(0)$일 때 라플라스 변환에 의하여 $s$함수로 표시된 등가회로로 옳은 것은?

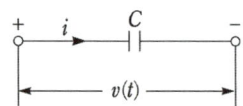

① 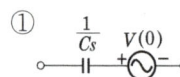   ② (1/Cs 직렬 V(0)/s)

③ 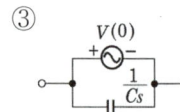   ④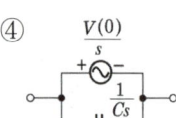

풀이 $v(t) = \dfrac{1}{C}\int i(t)\,dt$

라플라스 변환하면
$V(s) = \dfrac{1}{Cs}I(s) + \dfrac{1}{Cs}i^{-1}(0)$

여기서, $i^{-1}(0)$는 초기 충전 전하이므로
$Q_0 = Cv(0)$

$\therefore V(s) = \dfrac{1}{Cs}I(s) + \dfrac{v(0)}{s}$

답 ②

## 2016년 — 4회 _ 공사산업기사

**61** 다음 두 회로의 4단자 정수가 동일할 조건은?

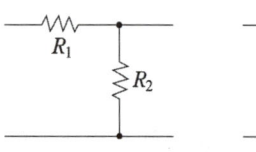 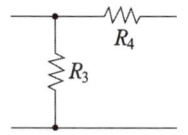

① $R_1 = R_2$, $R_3 = R_4$
② $R_1 = R_3$, $R_2 = R_4$
③ $R_1 = R_4$, $R_2 = R_3 = 0$
④ $R_2 = R_3$, $R_1 = R_4 = 0$

풀이 ①

$\begin{bmatrix} A & B \\ C & D \end{bmatrix} = \begin{bmatrix} 1 & R_1 \\ 0 & 1 \end{bmatrix}\begin{bmatrix} 1 & 0 \\ \dfrac{1}{R_2} & 1 \end{bmatrix} = \begin{bmatrix} 1+\dfrac{R_1}{R_2} & R_1 \\ \dfrac{1}{R_2} & 1 \end{bmatrix}$

②

$\begin{bmatrix} A & B \\ C & D \end{bmatrix} = \begin{bmatrix} 1 & 0 \\ \dfrac{1}{R_3} & 1 \end{bmatrix}\begin{bmatrix} 1 & R_4 \\ 0 & 1 \end{bmatrix} = \begin{bmatrix} 1 & R_4 \\ \dfrac{1}{R_3} & 1+\dfrac{R_4}{R_3} \end{bmatrix}$

$\therefore R_2 = R_3$, $R_1 = R_4 = 0$

답 ④

**62** 그림과 같은 회로에서 인가전압에 의한 전류 $i$를 입력, $V_o$를 출력이라 할 때 전달함수는? (단, 초기조건은 모두 0이다.)

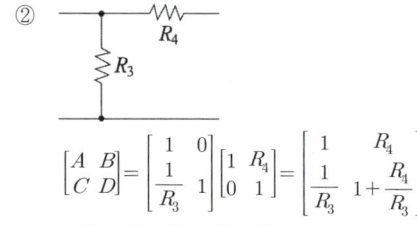

① $\dfrac{1}{Cs}$  ② $Cs$

③ $\dfrac{1}{1+Cs}$  ④ $1+Cs$

**풀이** 전달함수

$$G(s) = \frac{V_o(s)}{I(s)} = \frac{\frac{1}{Cs} \cdot I(s)}{I(s)} = \frac{1}{Cs}$$

**답** ①

**63** $RLC$ 직렬회로에서 $L = 0.1 \times 10^{-3}$[H], $R = 100$[Ω], $C = 0.1 \times 10^{-6}$[F]일 때 이 회로는?

① 진동적이다.
② 비진동적이다.
③ 정현파로 진동한다.
④ 진동과 비진동을 반복한다.

**풀이** 진동 여부의 판별식에서

$$\left(\frac{R}{2L}\right)^2 - \frac{1}{LC} = R^2 - 4\frac{L}{C}$$
$$= 10^4 - 4 \times \frac{0.1 \times 10^{-3}}{0.1 \times 10^{-6}}$$
$$= 10^4 - 4 \times 10^3 > 0$$

즉, $R^2 > 4\frac{L}{C}$ 이므로 비진동적이다.  **답** ②

**64** 어느 회로의 전압과 전류가 각각
$e = 50\sin(\omega t + \theta)$[V],
$i = 4\sin(\omega t + \theta - 30°)$[A]일 때, 무효전력[Var]은?

① 100
② 86.6
③ 70.7
④ 50

**풀이** 무효전력

$$P_r = \frac{V_m}{\sqrt{2}} \cdot \frac{I_m}{\sqrt{2}} \sin\varphi$$
$$= \frac{50}{\sqrt{2}} \cdot \frac{4}{\sqrt{2}} \times \sin 30° = 50[\text{Var}]$$

**답** ④

**65** 3상 평형회로에서 선간 전압 200[V], 각 상의 부하 임피던스가 $24 + j7$[Ω]인 Y결선의 3상 유효전력[W]은?

① 192
② 512
③ 1536
④ 4608

**풀이** 부하전류

$$I = \frac{V}{Z} = \frac{200/\sqrt{3}}{\sqrt{24^2 + 7^2}} = 4.62[\text{A}]$$

따라서 유효전력
$$P = 3I^2R = 3 \times 4.62^2 \times 24$$
$$= 1536.79[\text{W}]$$

**답** ③

**66** 저항($R$)과 유도 리액턴스($X_L$)의 직렬 회로에 $E = 14 + j38$[V]인 교류 전압을 가하니 $I = 6 + j2$[A]의 전류가 흐른다. 이 회로의 저항 $R$[Ω]과 유도 리액턴스 $X_L$[Ω]은?

① $R = 4$[Ω], $X_L = 5$[Ω]
② $R = 5$[Ω], $X_L = 4$[Ω]
③ $R = 6$[Ω], $X_L = 3$[Ω]
④ $R = 7$[Ω], $X_L = 2$[Ω]

**풀이**
$$Z = \frac{E}{I} = \frac{14 + j38}{6 + j2}$$
$$= \frac{(14 + j38)(6 - j2)}{(6 + j2)(6 - j2)}$$
$$= \frac{160 + j200}{40} = 4 + j5[\Omega]$$

**답** ①

**67** 그림에서 $V_1 = 10$[V], $v_2 = 20\sqrt{2}\cos\omega t$[V], $\omega = 200$[rad/s]일 때 전류의 순시값[A]은?

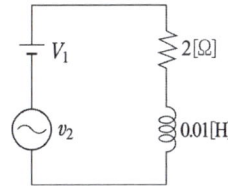

① 10
② 12.07
③ $5 + 10\sin(\omega t + 45°)$
④ $5 + 5\sqrt{2}\cos(\omega t + 30°)$

**풀이** (1) 직류 전압원

전류 $I_1 = \frac{V_1}{R} = \frac{10}{2} = 5$[A]

(∵ 직류전원인 경우 인덕턴스는 단락상태)

(2) 교류 전압원

① 저항 $R=2[\Omega]$
유도 리액턴스
$X_L=\omega L=200\times 0.01=2[\Omega]$

② 임피던스
$Z=\sqrt{R^2+{X_L}^2}=\sqrt{2^2+2^2}$
$=2\sqrt{2}[\Omega]$

③ 위상각 $\theta=\tan^{-1}\dfrac{X_L}{R}=\tan^{-1}\dfrac{2}{2}=45°$

④ 전압의 순시값은
$v_2=20\sqrt{2}\cos\omega t$
$=20\sqrt{2}\sin(\omega t+90°)$[V]이므로
전류의 순시값
$i_2=\dfrac{V_m}{Z}\sin(\omega t-\theta)$
$=\dfrac{20\sqrt{2}}{2\sqrt{2}}\sin(\omega t+90°-45°)$
$=10\sin(\omega t+45°)$[A]

따라서 $RL$ 직렬 회로에서 전류의 순시값
$i=5+10\sin(\omega t+45°)$[A]

답 ③

## 68 $f(t)=1$의 라플라스 변환은?

① 1 ② $s$
③ $\dfrac{1}{s}$ ④ $\dfrac{1}{s^2}$

풀이 상수를 라플라스 변환하면 $\dfrac{\text{상수}}{s}$의 형태가 된다.

$\therefore \mathcal{L}[1]=\dfrac{1}{s}$

답 ③

## 69 다음과 같은 파형의 맥동전류를 열선형 계기로 측정한 결과 10[A]이었다. 이를 가동 코일형 계기로 측정할 때 전류의 값[A]은?

① 7.07
② 10
③ 14.14
④ 17.32

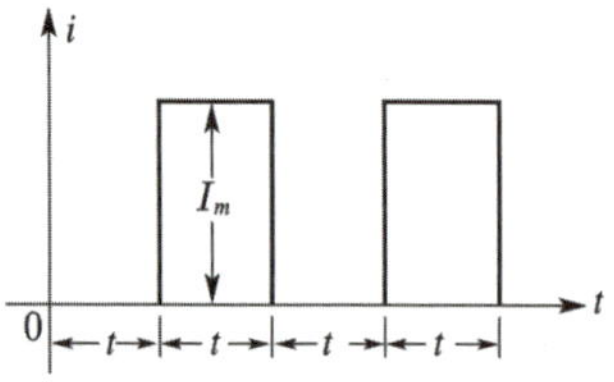


풀이 열선형 계기는 실효값, 가동 코일형 계기는 평균값을 지시하므로

$I_{av}=\dfrac{I_m}{2}=\dfrac{\sqrt{2}\,I}{2}=\dfrac{10}{\sqrt{2}}=7.07$[A]

답 ①

## 70 공급전압이 10[V]이며 회로에 흐른 전류가 10[A]일 때, 이 회로의 유효전력이 50[W]라면 전압과 전류의 위상차는?

① 0° ② 30°
③ 45° ④ 60°

풀이 피상전력 $P_a=VI=10\times 10=100$[VA]

역률 $\cos\theta=\dfrac{P}{P_a}=\dfrac{50}{100}=0.5$

따라서 위상차 $\theta=\cos^{-1}0.5=60°$

답 ④

## 71 4단자 정수 $A$, $B$, $C$, $D$의 관계로 옳은 것은?

① $AC+BD=1$ ② $AB-CD=1$
③ $AB+CD=1$ ④ $AD-BC=1$

풀이 $AD-BC=1$

답 ④

## 72 과도현상에 관한 내용 중 틀린 것은?

① $RL$ 직렬회로의 시정수는 $\dfrac{L}{R}$초이다.
② $RC$ 직렬회로에서 $V_o$로 충전된 콘덴서를 방전시킬 경우 $t=RC$에서의 콘덴서 단자 전압은 $0.632\,V_o$이다.
③ 정현파 교류회로에서는 전원을 넣을 때의 위상을 조절함으로써 과도현상의 영향을 제거할 수 있다.
④ 전원이 직류 기전력인 때에도 회로의 전류가 정현파로 되는 경우가 있다.

풀이 $t=RC$일 때의 콘덴서 전압 $V_c$는

$V_c=V_0\,e^{-\frac{1}{RC}t}=V_0\,e^{-\frac{1}{RC}\times RC}=V_0\,e^{-1}$
$\fallingdotseq 0.368\,V_0$

답 ②

## 73 $F(s)=\dfrac{5s+8}{5s^2+4s}$일 때 $f(t)$의 최종값은?

① 1 ② 2
③ 3 ④ 4

**풀이** 최종값 정리

$f(\infty) = \lim_{t \to \infty} f(t) = \lim_{s \to 0} sF(s)$에 의해서

$$\lim_{t \to \infty} i(t) = \lim_{s \to 0} s \cdot I(s) = \lim_{s \to 0} s \cdot \frac{5s+8}{5s^2+4s}$$

$$= \lim_{s \to 0} s \cdot \frac{5s+8}{s(5s+4)}$$

$$= \lim_{s \to 0} \frac{5s+8}{5s+4} = \frac{8}{4} = 2$$

**답** ②

**74** 그림의 회로에서 a-b 사이의 전압 $E_{ab}$[V]는?

① 6
② 8
③ 10
④ 12

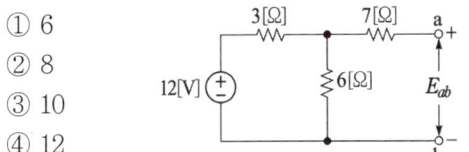

**풀이** 전압 분배 법칙을 적용하면

$E_{ab} = \frac{6}{3+6} \times 12 = 8$[V]이 된다.

**답** ②

**75** 전압 200[V], 전류 30[A]로서 4.3[kW]의 전력을 소비하는 회로의 리액턴스는 약 몇 [Ω]인가?

① 3.35
② 4.65
③ 5.35
④ 6.65

**풀이** ① $P = EI\cos\theta$ 에서

$\cos\theta = \frac{P}{EI} = \frac{4.3 \times 10^3}{200 \times 30} = 0.717$

② $Z = \frac{E}{I} = \frac{200}{30} = 6.667$[Ω]

∴ $X = Z\sin\theta = 6.667 \times \sqrt{1-0.717^2}$
$= 4.65$[Ω]

**답** ②

**76** 전류의 대칭분을 $I_0$, $I_1$, $I_2$, 유기 기전력 및 단자 전압의 대칭분을 $E_a$, $E_b$, $E_c$ 및 $V_0$, $V_1$, $V_2$라 할 때 교류 발전기의 기본식 중 역상분 $V_2$의 값은? (단, 임피던스의 대칭분은 $Z_0$, $Z_1$, $Z_2$라 한다.)

① $-Z_0 I_0$
② $-Z_2 I_2$
③ $E_a - Z_1 I_1$
④ $E_b - Z_2 I_2$

**풀이** 발전기의 기본식

$V_0 = -Z_0 I_0$ (영상분)
$V_1 = E_a - Z_1 I_1$ (정상분)
$V_2 = -Z_2 \cdot I_2$ (역상분)

**답** ②

**77** 그림과 같이 대칭 3상 교류발전기의 a상이 임피던스 $\dot{Z}$를 통하여 지락 되었을 때 흐르는 지락전류 $\dot{I}_g$는?

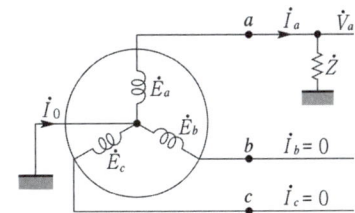

① $\dfrac{3\dot{E}_a}{\dot{Z}_0 + \dot{Z}_1 + \dot{Z}_2 + \dot{Z}}$

② $\dfrac{\dot{E}_a}{\dot{Z}_0 + \dot{Z}_1 + \dot{Z}_2 + \dot{Z}}$

③ $\dfrac{3\dot{E}_a}{\dot{Z}_0 + \dot{Z}_1 + \dot{Z}_2 + 3\dot{Z}}$

④ $\dfrac{\dot{E}_a}{\dot{Z}_0 + \dot{Z}_1 + \dot{Z}_2 + 3\dot{Z}}$

**풀이** 그림에서 $I_b = I_c = 0$, $E_a = ZI_a$ 가 되는데 이를 대칭분으로 나타내면

$I_0 + a^2 I_1 + aI_2 = I_0 + aI_1 + a^2 I_2 = 0$

∴ $I_0 = I_1 = I_2 = \frac{1}{3}(I_a + I_b + I_c) = \frac{1}{3}I_a$

(∵ $I_b = I_c = 0$)

$E_a = E_0 + E_1 + E_2 = -Z_0 I_0 + E_a - Z_1 I_1 - Z_2 I_2$
$= E_a - (Z_0 + Z_1 + Z_2)I_0$

$ZI_a = Z(I_0 + I_1 + I_2) = 3ZI_0$

$E_a - (Z_0 + Z_1 + Z_2)I_0 = 3ZI_0$

$I_0 = \dfrac{E_a}{Z_0 + Z_1 + Z_2 + 3Z}$ [A]

∴ $I_a = 3I_0 = \dfrac{3E_a}{Z_0 + Z_1 + Z_2 + 3Z}$ [A]

**답** ③

**78** 그림과 같은 회로에서 $L_1[H]$ 양단의 전압 $v_1[V]$은? (단, 상호 인덕턴스는 무시한다.)

① $\dfrac{L_1}{L_1+L_2}v$

② $\dfrac{L_1+L_2}{L_1}v$

③ $\dfrac{L_2}{L_1+L_2}v$

④ $\dfrac{L_1+L_2}{L_2}v$

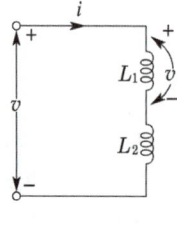

**풀이** 전압은 인덕턴스에 비례하므로
$$v_1 = \dfrac{L_1}{L_1+L_2}v$$
**답** ①

**79** 선형 회로망 소자가 아닌 것은?

① 저항기
② 콘덴서
③ 철심이 있는 코일
④ 철심이 없는 코일

**풀이** 저항($R$), 인덕턴스($L$), 정전용량($C$), 상호 인덕턴스($M$) 등의 회로 소자가 전압, 전류에 따라 그 본래의 값이 변화하지 않는 것을 선형 소자라 하며, 이들 선형 소자로 구성된 회로를 선형 회로망이라 한다. **답** ③

**80** 평형 3상 부하에 전력을 공급할 때 선전류가 20[A]이고 부하의 소비전력이 4[kW]이다. 이 부하의 등가 Y회로에 대한 각 상의 저항은 약 몇 [Ω]인가?

① 3.3  ② 5.7
③ 7.2  ④ 10

**풀이** Y결선에서 유효전력 $P=3I_p^2 R$,
선전류($I_l$) = 상전류($I_p$)이므로
$$\therefore R = \dfrac{P}{3I_p^2} = \dfrac{4\times 10^3}{3\times 20^2} = \dfrac{10}{3} \fallingdotseq 3.3[\Omega]$$
**답** ①

# 2017년 회로이론_전기산업기사·공사산업기사

문제의 번호는 실제 시험문제의 번호와 같게 하였습니다.

## 2017년 1회 _ 전기산업기사·공사산업기사

**61** 정현파 교류전압의 파고율은?

① 0.91   ② 1.11
③ 1.41   ④ 1.73

**풀이**

| | 구형파 | 3각파 | 정현파 | 정류파 (전파) | 정류파 (반파) |
|---|---|---|---|---|---|
| 파형률 | 1.0 | 1.15 | 1.11 | 1.11 | 1.57 |
| 파고율 | 1.0 | 1.732 | 1.414 | 1.414 | 2.0 |

**답** ③

**62** 인덕턴스 $L = 20$[mH]인 코일에 실효값 $V = 50$[V], 주파수 $f = 60$[Hz]인 정현파 전압을 인가했을 때 코일에 축적되는 평균 자기에너지($W_L$)는 약 몇 [J]인가?

① 0.22   ② 0.33
③ 0.44   ④ 0.55

**풀이**
$$W_L = \frac{LI^2}{2} = \frac{L}{2}\left(\frac{V}{2\pi f L}\right)^2 = \frac{V^2}{8\pi^2 f^2 L}$$
$$= \frac{50^2}{8\pi^2 \times 60^2 \times 20 \times 10^{-3}} = 0.44[J]$$

**답** ③

**63** 테브난의 정리를 이용하여 (a) 회로를 (b)와 같은 등가회로로 바꾸려 한다. $V$[V]와 $R$[Ω]의 값은?

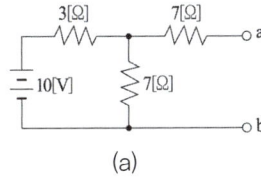
(a)

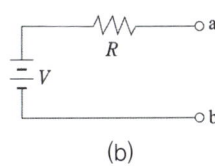
(b)

① 7[V], 9.1[Ω]   ② 10[V], 9.1[Ω]
③ 7[V], 6.5[Ω]   ④ 10[V], 6.5[Ω]

**풀이**
• a, b 사이에 걸리는 전압 $V_{ab}$을 전압 분배 법칙에 의해 구하면
$$V_{ab} = \frac{7}{3+7} \times 10 = 7[V]$$

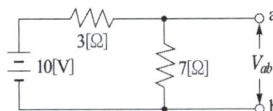

• 전압원을 단락한 a, b 사이의 합성 저항 $R_{ab}$은
$$R_{ab} = 7 + \frac{3 \times 7}{3+7} = 9.1[\Omega]$$

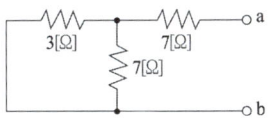

**답** ①

**64** 그림과 같은 회로에서 $r_1$ 저항에 흐르는 전류를 최소로 하기 위한 저항 $r_2$[Ω]는?

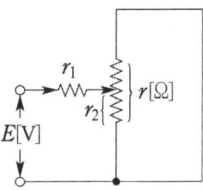

① $\frac{r_1}{2}$   ② $\frac{r}{2}$
③ $r_1$   ④ $r$

**풀이** 회로의 합성 저항 $r_0$는
$$r_0 = r_1 + \frac{r_2(r-r_2)}{r_2+(r-r_2)} = r_1 + \frac{r_2(r-r_2)}{r}$$

전류를 최소로 하기 위해서는 $r_0$가 최대이어야 하고 $r$, $r_1$은 일정하므로 $r_2(r-r_2)$가 최대이어야 한다.
$$\frac{d}{dr_2}\{r_2(r-r_2)\} = 0 \rightarrow r - 2r_2 = 0$$
$$\therefore r_2 = \frac{r}{2}[\Omega]$$

**답** ②

**65** 그림과 같이 π형 회로에서 $Z_3$를 4단자 정수로 표시한 것은?

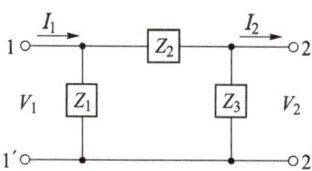

① $\dfrac{A}{1-B}$   ② $\dfrac{B}{1-A}$
③ $\dfrac{A}{B-1}$   ④ $\dfrac{B}{A-1}$

**풀이** 그림과 같은 4단자망의 4단자 정수 중
$A$와 $B$는 $A = 1 + \dfrac{Z_2}{Z_3}$, $B = Z_2$
$\therefore Z_3 = \dfrac{Z_2}{A-1} = \dfrac{B}{A-1}$   **답** ④

**66** 다음의 4단자 회로에서 단자 a-b에서 본 구동점 임피던스 $Z_{11}[\Omega]$은?

① $2 + j4$
② $2 - j4$
③ $3 + j4$
④ $3 - j4$

**풀이** $\dot{Z}_{11} = Z_1 + Z_2 = 3 + j4 [\Omega]$   **답** ③

**67** 불평형 3상 전류가 다음과 같을 때 역상 전류 $I_2$는 약 몇 [A]인가?

$I_a = 15 + j2$[A], $I_b = -20 - j14$[A]
$I_c = -3 + j10$[A]

① $1.91 + j6.24$   ② $2.17 + j5.34$
③ $3.38 - j4.26$   ④ $4.27 - j3.68$

**풀이** $I_2 = \dfrac{1}{3}(I_a + a^2 I_b + a I_c)$
$= \dfrac{1}{3}\left\{(15+j2) + \left(-\dfrac{1}{2} - j\dfrac{\sqrt{3}}{2}\right)(-20-j14) + \left(-\dfrac{1}{2} + j\dfrac{\sqrt{3}}{2}\right)(-3+j10)\right\}$
$= 1.91 + j6.24$ [A]   **답** ①

**68** 그림과 같은 회로에서 $E_1$, $E_2$, $E_3$를 대칭 3상 전압이라 할 때 전압 $E_0$는?

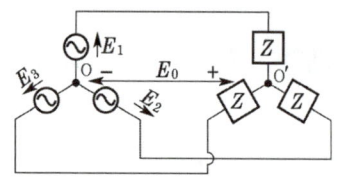

① 0   ② $\dfrac{E_1}{3}$
③ $\dfrac{2}{3}E_1$   ④ $E_1$

**풀이** 중성점 전압 $E_0 = \dfrac{1}{3}(E_1 + E_2 + E_3)$에서
대칭 3상인 경우 $E_1 + E_2 + E_3 = 0$이므로
대칭 3상 회로의 경우 중성점 전위는 0이 된다.   **답** ①

**69** 100[kVA] 단상 변압기 3대로 △결선하여 3상 전원을 공급하던 중 1대의 고장으로 V결선 하였다면 출력은 약 몇 [kVA]인가?

① 100   ② 173
③ 245   ④ 300

**풀이** 변압기 1개의 출력을 $P_1$이라 하면 V결선 시 출력
$P_V = \sqrt{3} P_1 = \sqrt{3} \times 100 = 173.2$[kVA]   **답** ②

**70** 저항 $R[\Omega]$과 리액턴스 $X[\Omega]$이 직렬로 연결된 회로에서 $\dfrac{X}{R} = \dfrac{1}{\sqrt{2}}$일 때, 이 회로의 역률은?

① $\dfrac{1}{\sqrt{2}}$   ② $\dfrac{1}{\sqrt{3}}$
③ $\sqrt{\dfrac{2}{3}}$   ④ $\dfrac{\sqrt{3}}{2}$

**풀이** $\cos\theta = \dfrac{R}{\sqrt{R^2 + X^2}} = \dfrac{1}{\sqrt{1 + \left(\dfrac{X}{R}\right)^2}}$
$= \dfrac{1}{\sqrt{1 + \left(\dfrac{1}{\sqrt{2}}\right)^2}} = \dfrac{1}{\sqrt{\dfrac{3}{2}}} = \sqrt{\dfrac{2}{3}}$   **답** ③

**71** 옴의 법칙은 저항에 흐르는 전류와 전압의 관계를 나타낸 것이다. 회로의 저항이 일정할 때 전류는?

① 전압에 비례한다.
② 전압에 반비례한다.
③ 전압의 제곱에 비례한다.
④ 전압의 제곱에 반비례한다.

**풀이** 옴의 법칙에서 전류 $I = \dfrac{V}{R}$ [A]이므로 저항이 일정할 때 전류는 전압에 비례($I \propto V$)한다.  답 ①

**72** 어떤 회로의 단자전압과 전류가 다음과 같을 때, 회로에 공급되는 평균전력은 약 몇 [W]인가?

$v(t) = 100\sin\omega t + 70\sin 2\omega t$
$\qquad + 50\sin(3\omega t - 30°)$ [V]
$i(t) = 20\sin(\omega t - 60°)$
$\qquad + 10\sin(3\omega t + 45°)$ [A]

① 565  ② 525
③ 495  ④ 465

**풀이** 같은 주파수의 전압과 전류에서만 전력이 발생하므로
$P = V_1 I_1 \cos\theta_1 + V_3 I_3 \cos\theta_3$
$= \dfrac{100}{\sqrt{2}} \cdot \dfrac{20}{\sqrt{2}} \cos 60° + \dfrac{50}{\sqrt{2}} \cdot \dfrac{10}{\sqrt{2}} \cos 75°$
$= 565$ [W]  답 ①

**73** 그림과 같은 회로가 있다.
$I = 10$ [A], $G = 4$ [℧], $G_L = 6$ [℧]일 때 $G_L$의 소비전력[W]은?

① 100
② 10
③ 6
④ 4

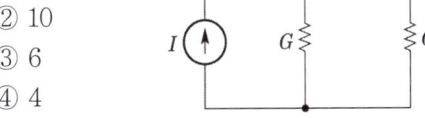

**풀이** $G_L$에 흐르는 전류
$I_L = \dfrac{G_L}{G + G_L} I = \dfrac{6}{4+6} \times 10 = 6$ [A]

컨덕턴스는 저항의 역수이므로
$P_L = I_L^2 \cdot \dfrac{1}{G_L} = 6^2 \times \dfrac{1}{6} = 6$ [W]  답 ③

**74** $F(s) = \dfrac{s+1}{s^2 + 2s}$의 역라플라스 변환은?

① $\dfrac{1}{2}(1 - e^{-t})$  ② $\dfrac{1}{2}(1 - e^{-2t})$
③ $\dfrac{1}{2}(1 + e^t)$   ④ $\dfrac{1}{2}(1 + e^{-2t})$

**풀이** $F(s) = \dfrac{s+1}{s(s+2)} = \dfrac{A}{s} + \dfrac{B}{s+2}$ 에서
$A = \left.\dfrac{s+1}{s+2}\right|_{s=0} = \dfrac{1}{2}$
$B = \left.\dfrac{s+1}{s}\right|_{s=-2} = \dfrac{-2+1}{-2} = \dfrac{1}{2}$
이므로
$F(s) = \dfrac{\frac{1}{2}}{s} + \dfrac{\frac{1}{2}}{s+2} = \dfrac{1}{2}\left(\dfrac{1}{s} + \dfrac{1}{s+2}\right)$
$\therefore \mathcal{L}^{-1}[F(s)] = \dfrac{1}{2}(1 + e^{-2t})$  답 ④

**75** 그림과 같은 회로에서 $t = 0$에서 스위치를 닫으면 전류 $i(t)$[A]는? (단, 콘덴서의 초기 전압은 0[V]이다.)

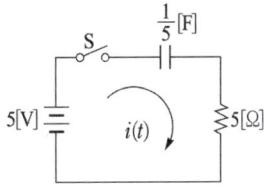

① $5(1 - e^{-t})$  ② $1 - e^{-t}$
③ $5e^{-t}$       ④ $e^{-t}$

**풀이** $RC$ 직렬회로에서 스위치를 닫을 때(충전 시)
$i(t) = \dfrac{E}{R} e^{-\frac{1}{RC}t} = \dfrac{5}{5} e^{-\frac{1}{5 \times 0.2}t} = e^{-t}$ [A]  답 ④

**76** 그림과 같은 회로에서 스위치 S를 $t=0$에서 닫았을 때
$$(V_L)_{t=0} = 100[V]$$
$$\left(\frac{di}{dt}\right)_{t=0} = 400[A/sec]이다.$$
$L[H]$의 값은?

① 0.75
② 0.5
③ 0.25
④ 0.1

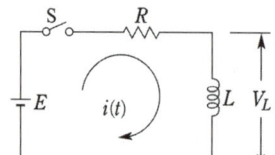

**풀이** $V_L = L\frac{di}{dt}$에서 $100 = L \times 400$
$$\therefore L = \frac{100}{400} = 0.25$$ 답 ③

**77** 임피던스 함수 $Z(s) = \frac{s+50}{s^2+3s+2}[\Omega]$으로 주어지는 2단자 회로망에 100[V]의 직류 전압을 가했다면 회로의 전류는 몇 [A]인가?

① 4  ② 6
③ 8  ④ 10

**풀이** 직류이므로 $s(j\omega) = 0$이다.
$$Z(0) = \frac{s+50}{s^2+3s+2} = \frac{50}{2} = 25[\Omega]$$
$$\therefore I = \frac{V}{Z(0)} = \frac{100}{25} = 4[A]$$ 답 ①

**78** 단위 임펄스 $\delta(t)$의 라플라스 변환은?

① $e^{-s}$  ② $\frac{1}{s}$
③ $\frac{1}{s^2}$  ④ 1

**풀이** 단위 임펄스 함수의 라플라스 변환
$F(s) = \mathcal{L}[\delta(t)] = 1$이다. 답 ④

**79** 전류 $I = 30\sin\omega t + 40\sin(3\omega t + 45°)[A]$의 실효값은 약 몇 [A]인가?

① 25  ② 35.4
③ 50  ④ 70.7

**풀이** 실효값
$I = \sqrt{I_1^2 + I_2^2 + \cdots + I_n^2} = \sqrt{I_1^2 + I_3^2}$이므로
$$\therefore I = \sqrt{\left(\frac{30}{\sqrt{2}}\right)^2 + \left(\frac{40}{\sqrt{2}}\right)^2} = 35.4[A]$$ 답 ②

**80** $\mathcal{L}^{-1}\left[\frac{\omega}{s(s^2+\omega^2)}\right]$은?

① $\frac{1}{\omega}(1-\sin\omega t)$
② $\frac{1}{\omega}(1-\cos\omega t)$
③ $\frac{1}{s}(1-\sin\omega t)$
④ $\frac{1}{s}(1-\cos\omega t)$

**풀이** ① $F(s) = \frac{\omega}{s(s^2+\omega^2)} = \frac{K_1}{s} + \frac{K_2}{s^2+\omega^2}$
$$K_1 = \lim_{s\to 0} sF(s) = \left[\frac{\omega}{s^2+\omega^2}\right]_{s=0} = \frac{1}{\omega}$$
$$K_2 = \lim_{s\to -\omega}(s^2+\omega^2)F(s) = \left[\frac{\omega}{s}\right]_{s^2=-\omega^2}$$
$$= \frac{\omega s}{s^2} = \frac{\omega s}{-\omega^2} = \frac{s}{-\omega}$$
② $F(s) = \frac{1}{\omega} \cdot \frac{1}{s} - \frac{1}{\omega} \cdot \frac{s}{s^2+\omega^2}$
$$= \frac{1}{\omega}\left(\frac{1}{s} - \frac{s}{s^2+\omega^2}\right)$$
$$\therefore \mathcal{L}^{-1}\left[\frac{1}{\omega}\left(\frac{1}{s} - \frac{s}{s^2+\omega^2}\right)\right] = \frac{1}{\omega}(1-\cos\omega t)$$ 답 ②

## 2017년 - 2회 _ 전기산업기사·공사산업기사

**61** 어떤 회로망의 4단자 정수가 $A=8$, $B=j2$, $D=3+j2$이면 이 회로망의 $C$는?

① $2+j3$  ② $3+j3$
③ $24+j14$  ④ $8-j11.5$

**풀이** $AD - BC = 1$이므로
$$C = \frac{AD-1}{B} = \frac{8(3+j2)-1}{j2} = 8-j11.5$$ 답 ④

**62** 다음과 같은 회로에서 $i_1 = I_m \sin \omega t$[A]일 때, 개방된 2차 단자에 나타나는 유기기전력 $e_2$는 몇 [V]인가?

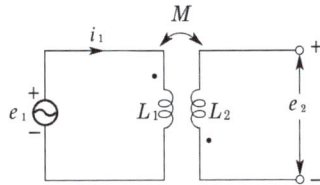

① $\omega M I_m \sin(\omega t - 90°)$
② $\omega M I_m \cos(\omega t - 90°)$
③ $-\omega M \sin \omega t$
④ $-\omega M \cos \omega t$

**풀이**
$e_2 = -M \dfrac{di_1}{dt} = ut - \omega M I_m \cos \omega t$
$\quad = \omega M I_m \sin(\omega t - 90°)$[V]  **답** ①

**63** 다음 회로에서 부하 $R$에 최대 전력이 공급될 때의 전력 값이 5[W]라고 하면 $R_L + R_i$의 값은 몇 [Ω]인가? (단, $R_i$는 전원의 내부저항이다.)

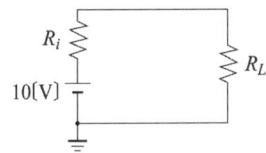

① 5  ② 10
③ 15  ④ 20

**풀이** 최대공급전력 $P_m = \dfrac{V^2}{4R_L}$[W]이므로
$5 = \dfrac{10^2}{4R_L}$에서 $R_L = \dfrac{10^2}{4 \times 5} = 5$[Ω]이 된다.
최대전력전송조건은 $R_i = R_L$이므로
$R_L + R_i = 5 + 5 = 10$[Ω]이 된다.  **답** ②

**64** 부동작 시간(dead time) 요소의 전달함수는?

① $K$  ② $\dfrac{K}{s}$
③ $Ke^{-Ls}$  ④ $Ks$

**풀이** 부동작 시간요소의 전달함수
$y(t) = Kx(t-L)$의 양변을 라플라스 변환하면
$Y(s) = Ke^{-Ls} \cdot X(s)$
$\therefore G(s) = \dfrac{Y(s)}{X(s)} = Ke^{-Ls}$  **답** ③

**65** 회로의 양 단자에서 테브난의 정리에 의한 등가 회로로 변환할 경우 $V_{ab}$ 전압과 테브난 등가 저항은?

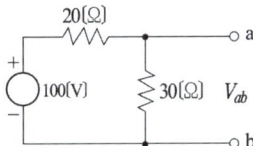

① 60[V], 12[Ω]  ② 60[V], 15[Ω]
③ 50[V], 15[Ω]  ④ 50[V], 50[Ω]

**풀이**
• 30[Ω]에 인가되는 전압
$V_{ab} = 10 \times \dfrac{30}{20+30} = 60$[V]
• 양 단자 측에서 본 전체 저항
(이때 전압원은 단락)
$R_{th} = \dfrac{20 \times 30}{20+30} = 12$[Ω]  **답** ①

**66** 그림과 같은 회로에서 $V_1(s)$를 입력, $V_2(s)$를 출력으로 한 전달함수는?

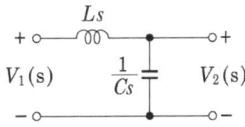

① $\dfrac{1}{\dfrac{1}{Ls} + Cs}$  ② $\dfrac{1}{1 + s^2 LC}$
③ $\dfrac{1}{LC + Cs}$  ④ $\dfrac{Cs}{s^2(s + LC)}$

**풀이** $V_1(s) = \left(Ls + \dfrac{1}{Cs}\right)I(s)$, $V_2(s) = \dfrac{1}{Cs}I(s)$
$\therefore G(s) = \dfrac{V_2(s)}{V_1(s)} = \dfrac{\dfrac{1}{Cs}}{Ls + \dfrac{1}{Cs}} = \dfrac{1}{1 + s^2 LC}$  **답** ②

**67** 저항 $R[\Omega]$, 리액턴스 $X[\Omega]$와의 직렬회로에 교류전압 $V[V]$를 가했을 때 소비되는 전력[W]은?

① $\dfrac{V^2 R}{\sqrt{R^2+X^2}}$  ② $\dfrac{V}{\sqrt{R^2+X^2}}$

③ $\dfrac{V^2 R}{R^2+X^2}$  ④ $\dfrac{X}{R^2+X^2}$

**풀이** $R-X$ 직렬 회로의 유효전력[W]
$$P = I^2 R = \left(\dfrac{V}{\sqrt{R^2+X^2}}\right)^2 R = \dfrac{V^2}{R^2+X^2} R$$
**답** ③

**68** $RLC$ 직렬회로에서 각주파수 $\omega$를 변화시켰을 때 어드미턴스의 궤적은

① 원점을 지나는 원
② 원점을 지나는 반원
③ 원점을 지나지 않는 원
④ 원점을 지나지 않는 직선

**풀이**
$$Z = R + j\left(\omega L - \dfrac{1}{\omega C}\right) = R + jX$$
$$Y = \dfrac{1}{Z} = \dfrac{1}{R+jX} = \dfrac{R}{R^2+X^2} - j\dfrac{X}{R^2+X^2}$$
$$= P + jQ$$
$$P^2 + Q^2 = \dfrac{R^2}{(R^2+X^2)^2} + \dfrac{X^2}{(R^2+X^2)^2}$$
$$= \dfrac{R^2+X^2}{(R^2+X^2)^2} = \dfrac{1}{R^2+X^2} = \dfrac{P}{R}$$
$$\therefore \left(P - \dfrac{1}{2R}\right)^2 + Q^2 = \left(\dfrac{1}{2R}\right)^2$$

즉, 위 식은 중심 $\left(\dfrac{1}{2R}, 0\right)$, 반지름 $\dfrac{1}{2R}$인 원의 방정식이다. **답** ①

**69** 대칭 6상 기전력의 선간 전압과 상기전력의 위상차는?

① 120°  ② 60°
③ 30°  ④ 15°

**풀이** 대칭 $n$상인 경우 기전력의 위상차는
$$\theta = \dfrac{\pi}{2}\left(1 - \dfrac{2}{n}\right) = \dfrac{180}{2}\left(1 - \dfrac{2}{6}\right) = 90 \times \dfrac{2}{3} = 60°$$
**답** ②

**70** $RL$ 병렬회로의 양단에 $e = E_m \sin(\omega t + \theta)[V]$의 전압이 가해졌을 때 소비되는 유효전력[W]은?

① $\dfrac{E_m^2}{2R}$  ② $\dfrac{E_m^2}{\sqrt{2}R}$

③ $\dfrac{E_m}{2R}$  ④ $\dfrac{E_m}{\sqrt{2}R}$

**풀이**
$$P = I^2 R = \dfrac{V^2}{R} = \dfrac{\left(\dfrac{E_m}{\sqrt{2}}\right)^2}{R} = \dfrac{E_m^2}{2R}$$
**답** ①

**71** 2단자 회로 소자 중에서 인가한 전류파형과 동위상의 전압파형을 얻을 수 있는 것은?

① 저항  ② 콘덴서
③ 인덕턴스  ④ 저항 + 콘덴서

**풀이** ① 저항 $R$에 정현파 전류$(i = I_m \sin\omega t)$가 흐를 때 전압강하
$v_R = Ri = RI_m \sin\omega t = V_m \sin\omega t$
(전압과 전류는 동상)
② 인덕턴스 $L$에 정현파 전류가 흐를 때
전압강하 $v_L = L\dfrac{di}{dt} = V_m \sin(\omega t + 90°)$
(전압은 전류보다 90° 앞선다.)
③ 커패시턴스 $C$에 정현파 전류가 흐를 때
전압강하 $v_C = \dfrac{1}{C}\int i dt = V_m \sin(\omega t - 90°)$
(전압은 전류보다 90° 뒤진다.) **답** ①

**72** 다음과 같은 교류 브리지 회로에서 $Z_0$에 흐르는 전류가 0이 되기 위한 각 임피던스의 조건은?

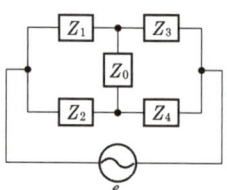

① $Z_1 Z_2 = Z_3 Z_4$  ② $Z_1 Z_2 = Z_3 Z_0$
③ $Z_2 Z_3 = Z_1 Z_0$  ④ $Z_2 Z_3 = Z_1 Z_4$

풀이  브리지의 평형조건 : 서로 대각선으로 마주보고 있는 저항의 곱이 서로 같으면 평형이 됨을 의미
∴ $Z_2 Z_3 = Z_1 Z_4$   답 ④

풀이  주기적인 비정현파는 일반적으로 푸리에 급수에 의해 표시되므로 무수히 많은 주파수의 합성이다.   답 ④

**73** 불평형 3상 전류가 $I_a = 15 + j2$[A], $I_b = -20 - j14$[A], $I_c = -3 + j10$[A] 일 때의 영상전류 $I_0$[A]는?

① $1.57 - j3.25$
② $2.85 + j0.36$
③ $-2.67 - j0.67$
④ $12.67 + j2$

풀이 
$I_0 = \frac{1}{3}(I_a + I_b + I_c)$
$= \frac{1}{3}(15 + j2 - 20 - j14 - 3 + j10)$
$= \frac{1}{3}(-8 - j2) = -2.67 - j0.67$[A]   답 ③

**76** $F(s) = \dfrac{5s+3}{s(s+1)}$ 일 때 $f(t)$의 최종값은?

① 3
② $-3$
③ 5
④ $-5$

풀이  최종값 정리
$f(\infty) = \lim_{t \to \infty} f(t) = \lim_{s \to 0} s F(s)$ 에 의해서
$\lim_{t \to \infty} f(t) = \lim_{s \to 0} s \cdot F(s) = \lim_{s \to 0} s \cdot \dfrac{5s+3}{s(s+1)}$
$= \lim_{s \to 0} \dfrac{5s+3}{s+1} = \dfrac{3}{1} = 3$   답 ①

**74** 회로에서 $L = 50$[mH], $R = 20$[kΩ]인 경우 회로의 시정수는 몇 [μs]인가?

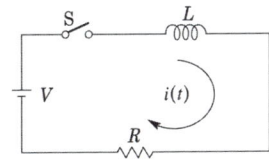

① 4.0
② 3.5
③ 3.0
④ 2.5

풀이  $R-L$ 직렬회로의 시정수 $\tau$
$\tau = \dfrac{L}{R} = \dfrac{50 \times 10^{-3}}{20 \times 10^3} = 2.5 \times 10^{-6}$[sec]
$= 2.5$[μs]   답 ④

**77** $RC$ 회로에 비정현파 전압을 가하여 흐른 전류가 다음과 같을 때 이 회로의 역률은 약 [%]인가?

$v = 20 + 220\sqrt{2}\sin 120\pi t + 40\sqrt{2}\sin 360\pi t$[V]
$i = 2.2\sqrt{2}\sin(120\pi t + 36.87°) + 0.49\sqrt{2}\sin(360\pi t + 14.04°)$[A]

① 75.8
② 80.4
③ 86.3
④ 89.7

풀이  ① 유효전력
$P = V_1 I_1 \cos\theta_1 + V_3 I_3 \cos\theta_3$
$= 220 \times 2.2 \times \cos 36.87° + 40 \times 0.49 \times \cos 14.04°$
$≒ 406.21$[W]

② 피상전력
전압의 실효값 $V$와 전류의 실효값 $I$는
$V = \sqrt{V_0^2 + V_1^2 + V_3^2}$
$= \sqrt{20^2 + 220^2 + 40^2} ≒ 224.5$[V]
$I = \sqrt{I_1^2 + I_3^2} = \sqrt{2.2^2 + 0.49^2} ≒ 2.25$[A]
$P_a = V \cdot I = 224.5 \times 2.25 = 505.13$[VA]

따라서 역률
$\cos\theta = \dfrac{P}{P_a} \times 100 = \dfrac{406.21}{505.13} \times 100$
$= 80.4$[%]   답 ②

**75** 주기적인 구형파 신호의 구성은?

① 직류성분만으로 구성된다.
② 기본파 성분만으로 구성된다.
③ 고조파 성분만으로 구성된다.
④ 직류 성분, 기본파 성분, 무수히 많은 고조파 성분으로 구성된다.

**78** 다음 미분 방정식으로 표시되는 계에 대한 전달함수는? (단, $x(t)$는 입력, $y(t)$는 출력을 나타낸다.)

$$\frac{d^2y(t)}{dt^2} + 3\frac{dy(t)}{dt} + 2y(t) = x(t) + \frac{dx(t)}{dt}$$

① $\dfrac{s+1}{s^2+3s+2}$  ② $\dfrac{s-1}{s^2+3s+2}$
③ $\dfrac{s+1}{s^2-3s+2}$  ④ $\dfrac{s-1}{s^2-3s+2}$

**풀이** 양변을 라플라스 변환하면
$\{s^2Y(s) - sy(0) - y'(0)\}$
$\quad + 3\{sY(s) - y(0)\} + 2Y(s)$
$= X(s) + \{sX(s) - x(0)\}$
모든 초기값을 0으로 보고 정리하면
$(s^2 + 3s + 2)Y(s) = (s+1)X(s)$
$\therefore \dfrac{Y(s)}{X(s)} = \dfrac{s+1}{s^2+3s+2}$  **답** ①

**79** 대칭 좌표법에 관한 설명이 아닌 것은?
① 대칭 좌표법은 일반적인 비대칭 3상 교류 회로의 계산에도 이용된다.
② 대칭 3상 전압의 영상분과 역상분은 0 이고, 정상분만 남는다.
③ 비대칭 3상 교류회로는 영상분, 역상분 및 정상분의 3성분으로 해석한다.
④ 비대칭 3상 회로의 접지식 회로에는 영상분이 존재하지 않는다.

**풀이** 영상분은 비대칭 3상 회로의 접지선, 중성선에 존재하며, 비대칭 3상 회로의 비접지식 회로에는 영상분이 존재하지 않는다.  **답** ④

**80** 3상 Y결선 전원에서 각 상전압이 100[V]일 때 선간전압[V]은?
① 150  ② 170
③ 173  ④ 179

**풀이** Y결선이므로 선간전압
$V_l = \sqrt{3}\,V_p = \sqrt{3} \times 100 = 173[V]$  **답** ③

## 2017년 - 3회 _ 전기산업기사

**61** 그림과 같은 회로에서 저항 $r_1$, $r_2$에 흐르는 전류의 크기가 1 : 2의 비율이라면 $r_1$, $r_2$는 각각 몇 [Ω]인가?

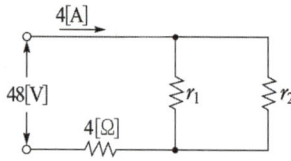

① $r_1 = 6$, $r_2 = 3$  ② $r_1 = 8$, $r_2 = 4$
③ $r_1 = 16$, $r_2 = 8$  ④ $r_1 = 24$, $r_2 = 12$

**풀이** $I = \dfrac{E}{R_t} = \dfrac{48}{R_t} = 4[A] \rightarrow R_t = \dfrac{48}{4} = 12[Ω]$
합성저항
$R_t = 4 + \dfrac{r_1 r_2}{r_1 + r_2} = 12\,[Ω]$ ············ ①
전류비가 1 : 2이므로
$r_1 : r_2 = 2 : 1 \rightarrow r_1 = 2r_2$ ······ ②
②를 ①에 대입하여 정리하면
$R_t = 4 + \dfrac{2r_2 \cdot r_2}{2r_2 + r_2} = 12 \rightarrow \dfrac{2}{3}r_2 = 8$
$\therefore r_1 = 24[Ω]$, $r_2 = 12[Ω]$  **답** ④

**62** 회로에서 스위치를 닫을 때 콘덴서의 초기전하를 무시하면 회로에 흐르는 전류 $i(t)$는 어떻게 되는가?

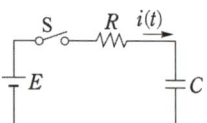

① $\dfrac{E}{R}e^{\frac{C}{R}t}$  ② $\dfrac{E}{R}e^{\frac{R}{C}t}$
③ $\dfrac{E}{R}e^{-\frac{1}{CR}t}$  ④ $\dfrac{E}{R}e^{\frac{1}{CR}t}$

**풀이** • 스위치를 닫았을 때 회로의 평형 방정식은
$Ri(t) + \dfrac{1}{C}\displaystyle\int i(t)dt = E$

- $i(t) = \dfrac{dq(t)}{dt}$ 이므로

  $R\dfrac{dq(t)}{dt} + \dfrac{1}{C}q(t) = E$

- 초기 전하를 0라 하면

  $q(t) = CE\left(1 - e^{-\frac{1}{RC}t}\right)$ 이므로

  $i(t) = \dfrac{dq(t)}{dt}$ 에 대입하면

  $\therefore i(t) = \dfrac{dq(t)}{dt} = \dfrac{d}{dt}CE\left(1 - e^{-\frac{1}{RC}t}\right)$

  $= \dfrac{E}{R}e^{-\frac{1}{RC}t}$

  답 ③

**63** 코일에 단상 100[V]의 전압을 가하면 30[A]의 전류가 흐르고 1.8[kW]의 전력을 소비한다고 한다. 이 코일과 병렬로 콘덴서를 접속하여 회로의 역률을 100[%]로 하기 위한 용량 리액턴스는 약 몇 [Ω]인가?

① 4.2　② 6.2
③ 8.2　④ 10.2

풀이 ① 피상전력
   $P_a = V \cdot I = 100 \cdot 30 = 3000[\text{VA}] = 3[\text{kVA}]$
② 지상 무효전력
   $P_r = \sqrt{P_a^2 - P^2} = \sqrt{3^2 - 1.8^2} = 2.4[\text{kVar}]$
③ 역률이 100[%]가 되기 위해서는 진상의 무효전력인 2.4[kVA]의 콘덴서가 필요하다.
   콘덴서 용량
   $Q_C = 2\pi f C V^2 = \dfrac{V^2}{X_C} = 2.4 \times 10^3[\text{kVA}]$

따라서 용량성 리액턴스
$X_C = \dfrac{V^2}{Q_C} = \dfrac{100^2}{2.4 \times 10^3} \fallingdotseq 4.2[\Omega]$

답 ①

**64** 다음 그림과 같은 전기회로의 입력을 $e_i$, 출력을 $e_o$라고 할 때 전달함수는?

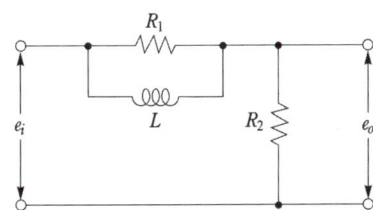

① $\dfrac{R_2(1 + R_1 Ls)}{R_1 + R_2 + R_1 R_2 Ls}$

② $\dfrac{1 + R_2 Ls}{1 + (R_1 + R_2)Ls}$

③ $\dfrac{R_2(R_1 + Ls)}{R_1 R_2 + R_1 Ls + R_2 Ls}$

④ $\dfrac{R_2 + \dfrac{1}{Ls}}{R_1 + R_2 + \dfrac{1}{Ls}}$

풀이

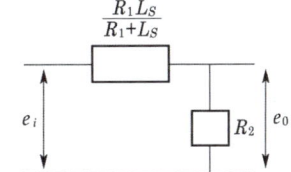

$G(s) = \dfrac{E_o(s)}{E_i(s)} = \dfrac{R_2}{R_2 + \dfrac{R_1 Ls}{R_1 + Ls}}$

$= \dfrac{R_2}{\dfrac{R_1 R_2 + R_2 Ls + R_1 Ls}{R_1 + Ls}}$

$= \dfrac{R_1 R_2 + R_2 Ls}{R_1 R_2 + R_1 Ls + R_2 Ls}$

$= \dfrac{R_2(R_1 + Ls)}{R_1 R_2 + R_1 Ls + R_2 Ls}$

답 ③

**65** 3대의 단상변압기를 △결선으로 하여 운전하던 중 변압기 1대가 고장으로 제거하여 V결선으로 한 경우 공급할 수 있는 전력은 고장 전 전력의 몇 [%]인가?

① 57.7　② 50.0
③ 63.3　④ 67.7

풀이 1대의 단상 변압기 용량을 $P_1$이라 하면
그 출력비는

$\dfrac{\text{V결선의 출력}}{\triangle\text{결선의 출력}} = \dfrac{\sqrt{3}P_1}{3P_1} = \dfrac{\sqrt{3}}{3}$

$= 0.577 = 57.7[\%]$

답 ①

**66** 3상 회로의 영상분, 정상분, 역상분을 각각 $I_0$, $I_1$, $I_2$라 하고 선전류를 $I_a$, $I_b$, $I_c$라 할 때 $I_b$는? (단, $a = -\frac{1}{2} + j\frac{\sqrt{3}}{2}$이다.)

① $I_0 + I_1 + I_2$
② $I_0 + a^2 I_1 + a I_2$
③ $\frac{1}{3}(I_0 + I_1 + I_2)$
④ $\frac{1}{3}(I_0 + a I_1 + a^2 I_2)$

**풀이** 불평형 3상 전류
$I_a = I_0 + I_1 + I_2$
$I_b = I_0 + a^2 I_1 + a I_2$
$I_c = I_0 + a I_1 + a^2 I_2$  답 ②

**67** 시간 지연 요인을 포함한 어떤 특정계가 다음 미분방정식 $\frac{dy(t)}{dt} + y(t) = x(t-T)$로 표현된다. $x(t)$를 입력, $y(t)$를 출력이라 할 때 이 계의 전달 함수는?

① $\frac{e^{-sT}}{s+1}$
② $\frac{s+1}{e^{-sT}}$
③ $\frac{e^{sT}}{s-1}$
④ $\frac{s^{-2sT}}{s+1}$

**풀이** 미분방정식을 라플라스 변환하면
$\mathcal{L}\left[\frac{dy(t)}{dt} + y(t) = x(t-T)\right]$
$sY(s) + Y(s) = e^{-Ts}X(s)$
$\rightarrow (s+1)Y(s) = e^{-Ts}X(s)$
$\therefore \frac{Y(s)}{X(s)} = \frac{e^{-Ts}}{s+1}$  답 ①

**68** 다음과 같은 회로에서 단자 $a$, $b$ 사이의 합성 저항[Ω]은?

① $r$
② $\frac{1}{2}r$
③ $\frac{3}{2}r$
④ $3r$

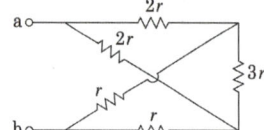

**풀이**
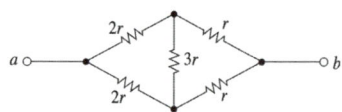

브리지 회로의 평형상태이므로 $3r$을 무시하면
$R = \frac{(2r+r)\times(2r+r)}{(2r+r)+(2r+r)} = \frac{9r^2}{6r} = \frac{3}{2}r[\Omega]$  답 ③

**69** 전압의 순시값이 $v = 3 + 10\sqrt{2}\sin\omega t$[V]일 때 실효값은 약 몇 [V]인가?

① 10.4
② 11.6
③ 12.5
④ 16.2

**풀이** 실효값 $E = \sqrt{E_0^2 + E_1^2 + E_2^2 + \cdots + E_n^2}$
$= \sqrt{3^2 + 10^2} = 10.4[V]$  답 ①

**70** 4단자 회로망이 가역적이기 위한 조건으로 틀린 것은?

① $Z_{12} = Z_{21}$
② $Y_{12} = Y_{21}$
③ $H_{12} = -H_{21}$
④ $AB - CD = 1$

**풀이** 4단자 회로망이 가역성을 가질 때 각 파라미터의 조건은
$Y_{12} = Y_{21}$, $H_{12} = -H_{21}$, $AD - BC = 1$이고,
좌우 대칭인 경우는
$Y_{11} = Y_{22}$, $H_{11}H_{22} - H_{12}H_{21} = 1$, $A = D$이다.  답 ④

**71** 그림과 같은 회로에서 유도성 리액턴스 $X_L$의 값[Ω]은?

① 8
② 6
③ 4
④ 1

**풀이** $I_R = \frac{V}{R} = \frac{12}{3} = 4$ [A]
$I_L = \sqrt{I^2 - I_R^2} = \sqrt{5^2 - 4^2} = 3$ [A]
병렬회로이므로 $E = X_L \cdot I_L = 12$ [V]이다.
$\therefore X_L = \frac{12}{I_L} = \frac{12}{3} = 4$ [Ω]  답 ③

**72** 그림과 같은 단일 임피던스 회로의 4단자 정수는?

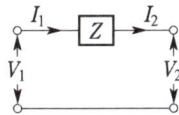

① $A=Z$, $B=0$, $C=1$, $D=0$
② $A=0$, $B=1$, $C=Z$, $D=1$
③ $A=1$, $B=Z$, $C=0$, $D=1$
④ $A=1$, $B=0$, $C=1$, $D=Z$

**풀이**
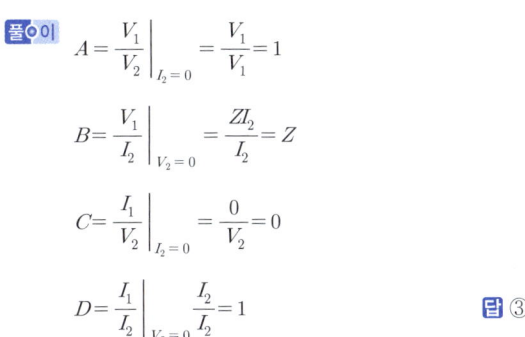
답 ③

**73** 저항 3개를 Y로 접속하고 이것을 선간전압 200[V]의 평형 3상 교류 전원에 연결할 때 선전류가 20[A] 흘렀다. 이 3개의 저항을 △로 접속하고 동일전원에 연결하였을 때의 선전류는 몇 [A]인가?

① 30   ② 40
③ 50   ④ 60

**풀이**
- Y결선에서 상전압 = $\dfrac{\text{선간전압}}{\sqrt{3}}$,
  선전류 = 상전류 이므로, Y접속 시 상전류
  $I_Y = \dfrac{E}{R} = \dfrac{200/\sqrt{3}}{R} = 20[\text{A}]$에서
  $R = 5.77[\Omega]$ 이다.

- △결선에서 선간전압 = 상전압,
  선전류 = 상전류 $\times \sqrt{3}$ 이므로
  따라서 △접속 시의 선전류
  $I_\Delta = \dfrac{200}{5.77} \times \sqrt{3} = 60.03[\text{A}]$
  답 ④

**74** $R=4000[\Omega]$, $L=5[\text{H}]$의 직렬회로에 직류전압 200[V]를 가하던 중 직류전원을 제거함과 동시에 급히 부하단자 사이의 스위치를 단락시킬 경우 이로부터 1/800초 후 회로의 전류는 몇 [mA]인가?

① 18.4   ② 1.84
③ 28.4   ④ 2.84

**풀이** 전원을 제거하는 경우이므로
$i(t) = \dfrac{E}{R}e^{-\frac{R}{L}t} = \dfrac{200}{4000}e^{-\frac{4000}{5} \times \frac{1}{800}}$
$= 18.4[\text{mA}]$
답 ①

**75** 다음과 같은 파형을 푸리에 급수로 전개하면?

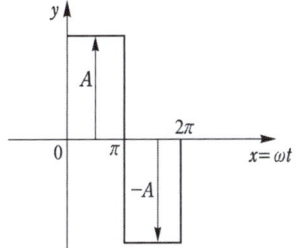

① $y = \dfrac{4A}{\pi}(\sin\alpha \sin x + \dfrac{1}{9}\sin 3\alpha \sin 3x + \cdots)$
② $y = \dfrac{4A}{\pi}(\sin x + \dfrac{1}{3}\sin 3x + \dfrac{1}{5}\sin 5x + \cdots)$
③ $y = \dfrac{4}{\pi}(\dfrac{\cos 2x}{1 \cdot 3} + \dfrac{\cos 4x}{3 \cdot 5} + \dfrac{\cos 6x}{5 \cdot 7} + \cdots)$
④ $y = \dfrac{A}{\pi} + \dfrac{\sin 2x}{2} + \dfrac{\sin 4x}{4} + \cdots$

**풀이** 반파 대칭 및 정현파 대칭이므로 $b_n = a_0 = 0$
기수항의 sin 항만이 존재한다.
답 ②

**76** $i_1 = I_m \sin\omega t$ [A]와 $i_2 = I_m \cos\omega t$ [A]인 두 교류 전류의 위상차는 몇 도인가?

① 0°   ② 60°
③ 30°   ④ 90°

**풀이** $i_2 = I_m \cos\omega t = I_m \sin(\omega t + 90°)$이므로
$i_1$과 위상차는 90°가 된다.
답 ④

**77** $R-L$ 직렬회로에서
$$e = 10 + 100\sqrt{2}\sin\omega t$$
$$+ 50\sqrt{2}\sin(3\omega t + 60°)$$
$$+ 60\sqrt{2}\sin(5\omega t + 30°)[V]인$$

전압을 가할 때 제3고조파 전류의 실효값은 몇 [A]인가? (단, $R=8[\Omega]$, $\omega L=2[\Omega]$이다.)

① 1  ② 3
③ 5  ④ 7

**풀이** 기본파 $Z_1 = \sqrt{R^2 + \omega L^2}$
3고조파 $Z_3 = \sqrt{R^2 + (3\omega L)^2}$
$$\therefore I_3 = \frac{V_3}{Z_3} = \frac{V_3}{\sqrt{R^2 + (3\omega L)^2}}$$
$$= \frac{50}{\sqrt{8^2 + (3 \times 2)^2}} = 5[A]$$  **답** ③

**78** 대칭 $n$ 상 Y형 결선에서 선간전압의 크기는 상전압의 몇 배인가?

① $\sin\dfrac{\pi}{n}$  ② $\cos\dfrac{\pi}{n}$
③ $2\sin\dfrac{\pi}{n}$  ④ $2\cos\dfrac{\pi}{n}$

**풀이** $V_l = 2V_p\sin\dfrac{\pi}{n}$ 이므로
$$\therefore \frac{V_l}{V_p} = 2\sin\frac{\pi}{n}$$  **답** ③

**79** 다음 함수 $F(s) = \dfrac{5s+3}{s(s+1)}$의 역라플라스 변환은?

① $2 + 3e^{-t}$  ② $3 + 2e^{-t}$
③ $3 - 2e^{-t}$  ④ $2 - 3e^{-t}$

**풀이** $F(s) = \dfrac{5s+3}{s(s+1)} = \dfrac{A}{s} + \dfrac{B}{s+1}$
여기서, $A = \dfrac{5s+3}{s+1}\bigg|_{s=0} = \dfrac{3}{1} = 3$,
$B = \dfrac{5s+3}{s}\bigg|_{s=-1} = \dfrac{-2}{-1} = 2$ 이므로

$$F(s) = \frac{3}{s} + \frac{2}{s+1}$$
$$\therefore \mathcal{L}^{-1}[F(s)] = \mathcal{L}^{-1}\left[\frac{3}{s} + \frac{2}{s+1}\right] = 3 + 2e^{-t}$$  **답** ②

**80** 그림과 같은 회로가 공진이 되기 위한 조건을 만족하는 어드미턴스는?

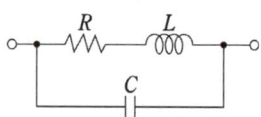

① $\dfrac{CL}{R}$  ② $\dfrac{CR}{L}$
③ $\dfrac{L}{CR}$  ④ $\dfrac{LR}{C}$

**풀이** ① 합성 어드미턴스
$$Y = Y_1 + Y_2 = \frac{1}{R + j\omega L} + j\omega C$$
$$= \frac{R}{R^2 + \omega^2 L^2} + j\left(\omega C - \frac{\omega L}{R^2 + \omega^2 L^2}\right)$$

② 병렬공진 시 합성 어드미턴스의 허수부는 0이 되어야 하므로
$$\omega C - \frac{\omega L}{R^2 + \omega^2 L^2} = 0 \rightarrow \omega C = \frac{\omega L}{R^2 + \omega^2 L^2}$$
$$\therefore R^2 + \omega^2 L^2 = \frac{L}{C}$$

허수부가 0인 경우
합성어드미턴스 $Y = \dfrac{R}{R^2 + \omega^2 L^2}$ 이므로
②의 식을 대입하여 정리하면
$$\therefore Y_r = \frac{R}{R^2 + \omega^2 L^2} = \frac{R}{\dfrac{L}{C}} = \frac{RC}{L}$$  **답** ②

## 2017년 4회 _ 공사산업기사

**61** 그림과 같은 주기파형의 전류 $i(t) = 10e^{-100t}$[A]의 평균값은 약 몇 [A]인가?

① 0.5
② 1
③ 2.5
④ 5

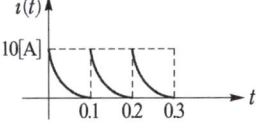

**풀이**
$$I = \frac{1}{T}\int_0^{\frac{T}{2}} i(t)dt = \frac{1}{0.1}\int_0^{\frac{0.1}{2}} 10e^{-100t}dt$$
$$= \frac{10}{0.1}\left[-\frac{1}{100}e^{-100t}\right]_0^{0.05} \fallingdotseq 1$$

**답** ②

**62** 그림과 같은 $R-C$ 회로에서 입력전압을 $e_i(t)$, 출력전압을 $e_o(t)$라 할 때의 전달함수는? (단, $\tau = RC$이다.)

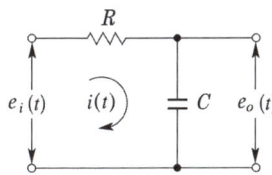

① $\dfrac{1}{\tau s + 1}$
② $\dfrac{1}{\tau s + 2}$
③ $\dfrac{2}{\tau s + 3}$
④ $\dfrac{1}{\tau s + 3}$

**풀이**
$\begin{cases} e_i(t) = Ri(t) + \frac{1}{C}\int i(t)dt \\ e_o(t) = \frac{1}{C}\int i(t)dt \end{cases}$

$\rightarrow \begin{cases} E_i(s) = \left(R + \frac{1}{Cs}\right)I(s) \\ E_o(s) = \frac{1}{Cs}I(s) \end{cases}$

$\therefore G(s) = \dfrac{E_o(s)}{E_i(s)} = \dfrac{\frac{1}{Cs}}{R + \frac{1}{Cs}}$
$= \dfrac{1}{RCs + 1} = \dfrac{1}{\tau s + 1}$

**답** ①

**63** $R = 40[\Omega]$, $L = 80$[mH]의 코일이 있다. 이 코일에 100[V], 60[Hz]의 전압을 가할 때 소비되는 전력은 약 몇 [W]인가?

① 200
② 160
③ 120
④ 100

**풀이**
$X_L = \omega L = 2\pi f L$
$= 2\pi \times 60 \times 80 \times 10^{-3} \fallingdotseq 30[\Omega]$
$\therefore P = \dfrac{V^2 R}{R^2 + X^2} = \dfrac{100^2 \times 40}{40^2 + 30^2} = 160[W]$

**답** ②

**64** 분포 정수회로에서 직렬 임피던스 $Z[\Omega]$, 병렬 어드미턴스 $Y[\mho]$일 때 선로의 전파정수 $\gamma$는?

① $\sqrt{\dfrac{Z}{Y}}$
② $\sqrt{\dfrac{Y}{Z}}$
③ $\sqrt{ZY}$
④ $ZY$

**풀이** $Z = R + j\omega L[\Omega/m]$
$Y = G + j\omega C[\mho/m]$일 때 선로의 전파 정수 $\gamma$는
$\gamma = \sqrt{ZY} = \sqrt{(R + j\omega L)(G + j\omega C)}$

**답** ③

**65** 4단자 정수 A, B, C, D 중에서 전압 이득의 차원을 가지는 것은?

① A
② B
③ C
④ D

**풀이** $A, B, C, D$로 표시되는 4단자 기초 방정식은
$\begin{bmatrix} V_1 \\ I_1 \end{bmatrix} = \begin{bmatrix} A & B \\ C & D \end{bmatrix} \begin{bmatrix} V_2 \\ I_2 \end{bmatrix}$ 이며,
각 파라미터의 물리적 의미는 다음과 같다.

$A = \dfrac{V_1}{V_2}\bigg|_{I_2 = 0}$ : 출력을 개방했을 때 **전압 이득**

$B = \dfrac{V_1}{I_2}\bigg|_{V_2 = 0}$ : 출력을 단락했을 때 전달 임피던스

$C = \dfrac{I_1}{V_2}\bigg|_{I_2 = 0}$ : 출력을 개방했을 때 전달 어드미턴스

$D = \dfrac{I_1}{I_2}\bigg|_{V_2 = 0}$ : 출력을 단락했을 때 전류 이득

**답** ①

**66** 그림과 같은 단위 계단함수는?

① $u(t)$
② $-u(a)$
③ $u(t-a)$
④ $u(a-t)$

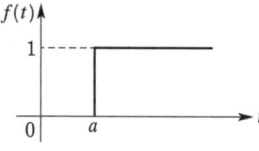

**풀이** $f(t) = 1 \cdot u(t-a)$ **답** ③

**67** 단위 램프함수 $tu(t)$의 라플라스 변환은?

① $-\dfrac{1}{s+a}$   ② $\dfrac{1}{s+a}$
③ $\dfrac{-1}{s^2}$   ④ $\dfrac{1}{s^2}$

**풀이** 단위 램프함수

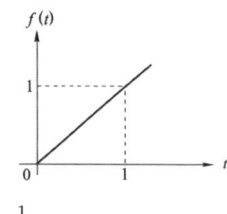

$\mathcal{L}[tu(t)] = \dfrac{1}{s^2}$ **답** ④

**68** $R-L-C$ 직렬 회로에서 진동 조건은 어느 것인가?

① $R < 2\sqrt{\dfrac{L}{C}}$   ② $R < 2\sqrt{\dfrac{C}{L}}$
③ $R < 2\sqrt{LC}$   ④ $R < \dfrac{1}{2\sqrt{LC}}$

**풀이** 진동적 조건 $\left(\dfrac{R}{2L}\right)^2 - \dfrac{1}{LC} < 0$ 이므로

∴ $R < 2\sqrt{\dfrac{L}{C}}$ **답** ①

**69** 키르히호프의 전류법칙(KCL) 적용에 대한 설명 중 틀린 것은?

① 이 법칙은 집중정수회로에 적용된다.
② 이 법칙은 선형소자로만 이루어진 회로에 적용된다.
③ 이 법칙은 회로의 선형, 비선형에 관계 받지 않고 적용된다.
④ 이 법칙은 회로의 시변, 시불변에는 관계 받지 않고 적용된다.

**풀이** 키르히호프의 법칙은 집중 정수 회로에서 선형, 비선형에 무관하게 항상 성립된다. **답** ②

**70** 테브난의 정리를 이용하여 그림(a)의 회로를 그림(b)와 같은 등가회로로 만들려고 한다. $E$[V]와 $R$[Ω]의 값은 각각 얼마인가?

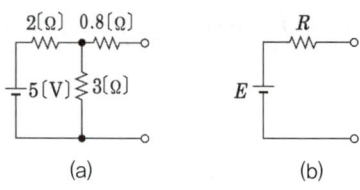

① $E=3,\ R=2$   ② $E=5,\ R=2$
③ $E=5,\ R=5$   ④ $E=3,\ R=1.2$

**풀이** a, b 사이에 걸리는 전압 $E$를 전압 분배 법칙에 의해 구하면

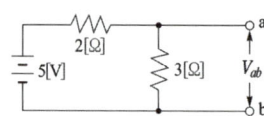

$E = \dfrac{3}{2+3} \times 5 = 3[V]$

전압원을 단락한 a, b 사이의 합성 저항 $R$은

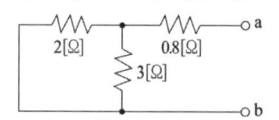

$R = 0.8 + \dfrac{2 \times 3}{2+3} = 2[Ω]$ **답** ①

**71** 구형파의 파고율은?

① 1   ② 2
③ 1.414   ④ 1.732

**풀이**

|  | 구형파 | 3각파 | 정현파 | 정류파 (전파) | 정류파 (반파) |
|---|---|---|---|---|---|
| 파형률 | 1.0 | 1.15 | 1.11 | 1.11 | 1.57 |
| 파고율 | 1.0 | 1.732 | 1.414 | 1.414 | 2.0 |

**답** ①

**72** 시간함수 $1-\cos\omega t$ 를 라플라스 변환하면?

① $\dfrac{s}{s^2+\omega^2}$  ② $\dfrac{\omega^2}{s(s^2+\omega^2)}$

③ $\dfrac{s}{s(s^2-\omega^2)}$  ④ $\dfrac{\omega^2}{s(s^2-\omega^2)}$

**풀이** $\mathcal{L}[1-\cos\omega t] = \dfrac{1}{s} - \dfrac{s}{s^2+\omega^2} = \dfrac{\omega^2}{s(s^2+\omega^2)}$  **답** ②

**73** 대칭 3상 Y결선에서 선간전압이 $200\sqrt{3}$ [V]이고 각 상의 임피던스 $Z=30+j40[\Omega]$의 평형 부하일 때 선전류는 몇 [A]인가?

① 2  ② $2\sqrt{3}$
③ 4  ④ $4\sqrt{3}$

**풀이** ① Y결선 시 선간전압($V_l$)은 상전압($V_p$)의 $\sqrt{3}$ 이다.

상전압 $V_p = \dfrac{V_l}{\sqrt{3}} = \dfrac{200\sqrt{3}}{\sqrt{3}} = 200[V]$

② Y결선 시 선전류($I_l$)와 상전류($I_p$)는 같다.
따라서 선전류
$I_l = I_p = \dfrac{V_p}{Z} = \dfrac{200}{\sqrt{30^2+40^2}} = 4[A]$  **답** ③

**74** 불평형 3상전류 $I_a = 10+j2$[A], $I_b = -20-j24$[A], $I_c = -5+j10$[A] 일 때의 영상전류 $I_0$[A]는?

① $15+j2$  ② $-5-j4$
③ $-15-j12$  ④ $-45-j36$

**풀이** $I_0 = \dfrac{1}{3}(I_a+I_b+I_c)$
$= \dfrac{1}{3}(10+j2-20-j24-5+j10)$
$= \dfrac{1}{3}(-15-j12) = -5-j4[A]$  **답** ②

**75** 그림에서 저항 양단의 전압 $V$[V]는 얼마인가?

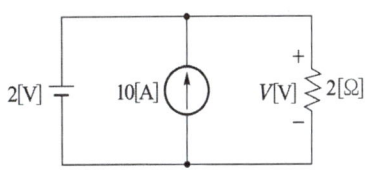

① 2  ② 4
③ 18  ④ 22

**풀이** 전압원은 단락하고 전류원은 개방하여 중첩의 원리를 적용하면, 전류원이 존재할 때 전류는 단락된 전압원 쪽으로 흐르므로 저항쪽으로는 흐르지 않는다.

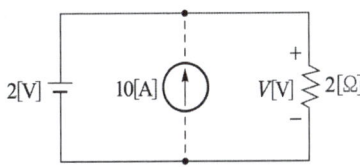

그러므로 전압원과 전류원이 병렬연결이고 저항 소자가 하나인 경우에는 전압원만 존재하게 되므로 저항 양단의 전압은 2[V]가 된다.  **답** ①

**76** $i(t) = 10\sin(\omega t - \dfrac{\pi}{3})$[A]로 표시되는 전류 파형보다 위상이 30° 앞서고, 최대치가 100[V]인 전압파형을 식으로 나타내면?

① $100\sin(\omega t - \dfrac{\pi}{2})$

② $100\sin(\omega t - \dfrac{\pi}{6})$

③ $100\sqrt{2}\sin(\omega t - \dfrac{\pi}{6})$

④ $100\sqrt{2}\cos(\omega t - \dfrac{\pi}{6})$

**풀이** 최댓값이 100[V]이고
전류보다 위상이 30°($= \dfrac{\pi}{6}$) 앞서므로
$\therefore v = 100\sin(\omega t - \dfrac{\pi}{3} + \dfrac{\pi}{6})$
$= 100\sin(\omega t - \dfrac{\pi}{6})$[V]  **답** ②

**77** 그림과 같은 $RC$ 직렬회로에 비정현파 전압
$$v(t) = 20 + 220\sqrt{2}\sin\omega t + 40\sqrt{2}\sin3\omega t [\text{V}]$$
를 가할 때 제3고조파전류 $i_3(t)$는 몇 [A]인가? (단, $\omega = 120\pi$[rad/s]이다.)

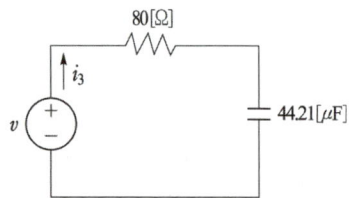

① $0.49\sin(360\pi t - 14.04°)$
② $0.49\sin(360\pi t + 14.04°)$
③ $0.49\sqrt{2}\sin(360\pi t - 14.04°)$
④ $0.49\sqrt{2}\sin(360\pi t + 14.04°)$

**풀이** 3고조파 리액턴스를 $X_3$, 3고조파 전류를 $I_3$라 하면
$$X_3 = \frac{1}{3\omega C} = \frac{1}{3 \times 120\pi \times 44.21 \times 10^{-6}} \fallingdotseq 20[\Omega]$$
$$I_3 = \frac{V_3}{Z_3} = \frac{V_3}{\sqrt{R^2 + X_3^2}} = \frac{40}{\sqrt{80^2 + 20^2}} \fallingdotseq 0.49[\text{A}]$$
$$\theta = \tan^{-1}\frac{X_3}{R} = \tan^{-1}\frac{20}{80} = 14.04°$$
$$\therefore i_3(t) = 0.49\sqrt{2}\sin(360\pi t + 14.04°)[\text{A}] \quad \text{답} ④$$

**78** 스위치 S를 닫을 때의 전류 $i(t)$는?

① $\frac{E}{R}e^{-\frac{R}{L}t}$
② $\frac{E}{R}(1-e^{-\frac{R}{L}t})$
③ $\frac{E}{R}e^{-\frac{L}{R}t}$
④ $\frac{E}{R}(1-e^{-\frac{L}{R}t})$

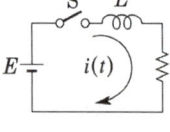

**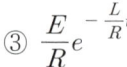** 스위치를 닫았을 때의 평형 방정식은
$$L\frac{di(t)}{dt} + Ri(t) = E$$
변수 분리법에 의하여

$$\int \frac{di(t)}{E-Ri} = \int \frac{dt}{L} + K_1$$
$$E - Ri(t) = K_2 e^{-\frac{R}{L}t}$$
$t=0$에서 $i(t) = 0$라 하면
$$E - Ri(t) = Ee^{-\frac{R}{L}t}$$
$$\therefore i(t) = \frac{E}{R}\left(1 - e^{-\frac{R}{L}t}\right)[\text{A}] \quad \text{답} ②$$

**79** 불평형 회로에서 영상분이 존재하는 3상회로 구성은?

① △—△결선의 3상 3선식
② △—Y결선의 3상 3선식
③ Y—Y결선의 3상 3선식
④ Y—Y결선의 3상 4선식

**풀이**
- 영상분은 비대칭 3상회로의 접지선, 중성선에 존재하며, 비대칭 3상회로의 비접지식 회로에는 영상분이 존재하지 않는다.
- Y—Y결선의 3상 4선식은 중성점을 접지하므로 영상분이 존재한다. 답 ④

**80** 상순이 a-b-c인 3상 회로의 각 상전압이 보기와 같을 때 역상분 전압은 약 몇 [V]인가? (단, 보기 전압의 단위는 [V]이다.)

[보기]  $V_a = 220\underline{/0°}$
$V_b = 220\underline{/-130°}$
$V_c = 185.95\underline{/115°}$

① 22    ② 28
③ 30    ④ 35

**풀이** 역상분 전압 $V_2 = \frac{1}{3}(V_a + a^2V_b + aV_c)$이므로
$V_a = 220\underline{/0°}$
$a^2V_b = 1\underline{/240°} \times 220\underline{/-130°} = 220\underline{/110°}$
$aV_c = 1\underline{/120°} \times 185.95\underline{/115°} = 185.95\underline{/235°}$
$$\therefore V_2 = \frac{1}{3}[220 + 220(\cos110° + j\sin110°) + 185.95(\cos235° + j\sin235°)]$$
$$= \frac{1}{3}(220 - 75.24 + j206.73 - 106.66 - j152.32)$$
$$= 12.7 + j18.14 = 22.14[\text{V}] \quad \text{답} ①$$

# 2018년 회로이론_전기산업기사·공사산업기사

문제의 번호는 실제 시험문제의 번호와 같게 하였습니다.

## 2018년 - 1회 _ 전기산업기사·공사산업기사

**61** $r[\Omega]$인 6개의 저항을 그림과 같이 접속하고 평형 3상 전압 $E$를 가했을 때 전류 $I$는 몇 [A]인가? (단, $r = 3[\Omega]$, $E = 60[V]$이다.)

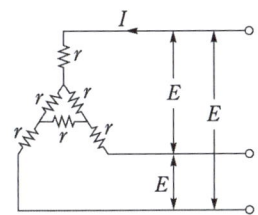

① 8.66  ② 9.56
③ 10.8  ④ 12.6

**풀이**

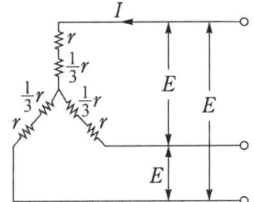

△를 Y로 등가변환시키면

전류 $I = \dfrac{\dfrac{E}{\sqrt{3}}}{r + \dfrac{1}{3}r} = \dfrac{\sqrt{3}E}{4r} = \dfrac{\sqrt{3} \times 60}{4 \times 3} = 8.66[A]$

(여기서 저항의 크기가 동일한 경우,
$R_Y = \dfrac{1}{3}R_\triangle$ 이다.)  **답** ①

**62** 다음 중 정전용량의 단위 F(패럿)와 같은 것은? (단, C는 쿨롱, N은 뉴턴, V는 볼트, m은 미터이다.)

① $\dfrac{V}{C}$   ② $\dfrac{N}{C}$
③ $\dfrac{C}{m}$   ④ $\dfrac{C}{V}$

**풀이** 정전용량 $C = \dfrac{Q[C]}{V[V]}[F]$

∴ [F] = [C/V]  **답** ④

**63** 다음과 같은 Y결선 회로와 등가인 △결선회로의 A, B, C 값은 몇 $[\Omega]$인가?

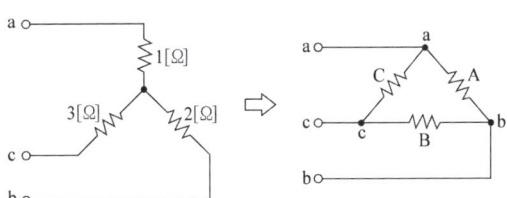

① $A = \dfrac{7}{3}$, $B = 7$, $C = \dfrac{7}{2}$

② $A = 7$, $B = \dfrac{7}{2}$, $C = \dfrac{7}{3}$

③ $A = 11$, $B = \dfrac{11}{2}$, $C = \dfrac{11}{3}$

④ $A = \dfrac{11}{3}$, $B = 11$, $C = \dfrac{11}{2}$

**풀이** Y → △로 등가변환

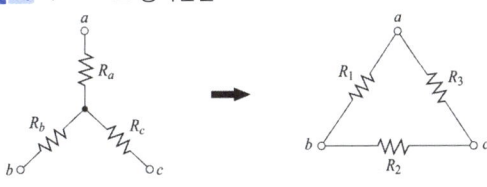

- $A(R_3) = \dfrac{R_a R_b + R_b R_c + R_c R_a}{R_b}$
  $= \dfrac{1 \times 2 + 2 \times 3 + 3 \times 1}{3} = \dfrac{11}{3}[\Omega]$

- $B(R_2) = \dfrac{R_a R_b + R_b R_c + R_c R_a}{R_a}$
  $= \dfrac{1 \times 2 + 2 \times 3 + 3 \times 1}{1} = 11[\Omega]$

- $C(R_1) = \dfrac{R_a R_b + R_b R_c + R_c R_a}{R_c}$
  $= \dfrac{1 \times 2 + 2 \times 3 + 3 \times 1}{2} = \dfrac{11}{2}[\Omega]$  **답** ④

**64** 회로의 전압비 전달함수 $G(s) = \dfrac{V_2(s)}{V_1(s)}$는?

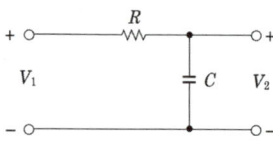

① $RC$  
② $\dfrac{1}{RC}$  
③ $RCs+1$  
④ $\dfrac{1}{RCs+1}$

**풀이**
$$G(s) = \dfrac{V_2(s)}{V_1(s)} = \dfrac{\dfrac{1}{Cs}}{R+\dfrac{1}{Cs}} = \dfrac{1}{RCs+1}$$  답 ④

**65** 측정하고자 하는 전압이 전압계의 최대 눈금보다 클 때에 전압계에 직렬로 저항을 접속하여 측정 범위를 넓히는 것은?

① 분류기  ② 분광기
③ 배율기  ④ 감쇠기

**풀이** ① 배율기 : 전압계의 측정범위를 확대하기 위하여 내부저항 $r_a[\Omega]$인 전압계에 직렬로 접속하는 저항 $R_m$을 배율기라 한다.

배율 $m = \dfrac{V}{V_a} = 1 + \dfrac{R_m}{r_a}$

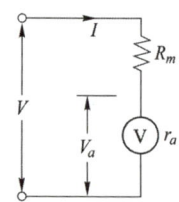

② 분류기 : 전류계의 측정범위를 확대하기 위하여 내부저항 $r_a[\Omega]$인 전류계에 병렬로 접속하는 저항 $R_s$를 분류기라 한다.

배율 $m = \dfrac{I}{I_a} = 1 + \dfrac{r_a}{R_s}$

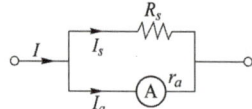

답 ③

**66** 그림과 같이 주기가 3[s]인 전압 파형의 실효값은 약 몇 [V]인가?

① 5.67
② 6.67
③ 7.57
④ 8.57

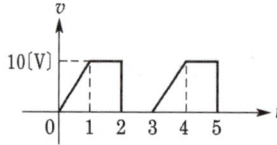

**풀이** 실효값 $V = \sqrt{\dfrac{1}{T}\displaystyle\int_0^T v^2 dt}$
$= \sqrt{\dfrac{1}{3}\left\{\displaystyle\int_0^1 (10t)^2 dt + \displaystyle\int_1^2 10^2 dt\right\}}$
$= \dfrac{20}{3} \fallingdotseq 6.67\,[V]$  답 ②

**67** 1[mV]의 입력을 가했을 때 100[mV]의 출력이 나오는 4단자 회로의 이득[dB]은?

① 40  ② 30  ③ 20  ④ 10

**풀이** 이득 $G = 20\log_{10}\dfrac{V_o}{V_i} = 20\log_{10}\dfrac{100}{1}$
$= 20\log_{10}10^2 = 20 \times 2 = 40\,[dB]$  답 ①

**68** 다음과 같은 회로에서 $t=0$인 순간에 스위치 S를 닫았다. 이 순간에 인덕턴스 $L$에 걸리는 전압[V]은? (단, $L$의 초기 전류는 0이다.)

① 0
② $\dfrac{LE}{R}$
③ $E$
④ $\dfrac{E}{R}$

**풀이** $E_L = Ee^{-\frac{R}{L}t} = Ee^{-\frac{R}{L}\times 0} = E\,[V]$  답 ③

**69** $f(t) = 3u(t) + 2e^{-t}$인 시간함수를 라플라스 변환한 것은?

① $\dfrac{3s}{s^2+1}$
② $\dfrac{s+3}{s(s+1)}$
③ $\dfrac{5s+3}{s(s+1)}$
④ $\dfrac{5s+1}{(s+1)s^2}$

풀이  $F(s) = \mathcal{L}[f(t)] = \mathcal{L}[3u(t) + 2e^{-t}]$
$= \dfrac{3}{s} + \dfrac{2}{s+1} = \dfrac{5s+3}{s(s+1)}$  답 ③

**70** 비정현파 $f(x)$가 반파대칭 및 정현대칭일 때 옳은 식은? (단, 주기는 $2\pi$이다.)
① $f(-x) = f(x),\ f(x+\pi) = f(x)$
② $f(-x) = f(x),\ f(x+2\pi) = f(x)$
③ $f(-x) = -f(x),\ -f(x+\pi) = f(x)$
④ $f(-x) = -f(x),\ -f(x+2\pi) = f(x)$

풀이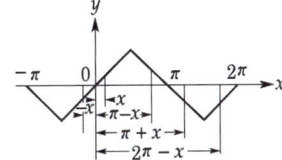
① 정현 반파 대칭이므로 sin의 기수(홀수)차 항만 존재한다.
② 그림에서 반파 및 정현 대칭 조건은
$f(-x) = -f(x)$
$f(2\pi - x) = f(-x) = f(\pi + x)$
$f(\pi + x) = f(-x) = -f(x)$  답 ③

**71** $F(s) = \dfrac{2(s+1)}{s^2 + 2s + 5}$ 의 시간함수 $f(t)$는 어느 것인가?
① $2e^t \cos 2t$  ② $2e^t \sin 2t$
③ $2e^{-t} \cos 2t$  ④ $2e^{-t} \sin 2t$

풀이 $F(s) = \dfrac{2(s+1)}{s^2 + 2s + 5} = \dfrac{2(s+1)}{(s+1)^2 + 2^2}$
$= 2\dfrac{s}{s^2 + 2^2}\bigg|_{s=s+1}$
$\therefore \mathcal{L}\left[\dfrac{2(s+1)}{(s+1)^2 + 2^2}\right] = 2e^{-t}\cos 2t$  답 ③

**72** 그림과 같은 회로에서 스위치 S를 닫았을 때 시정수(sec)의 값은?
(단, $L = 10[\text{mH}]$, $R = 20[\Omega]$이다.)

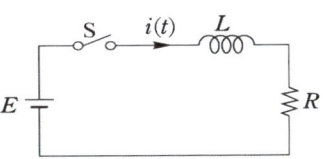

① 200  ② 2000
③ $5 \times 10^{-3}$  ④ $5 \times 10^{-4}$

풀이 $R-L$ 직렬 회로의 시정수 $\tau = \dfrac{L}{R}[s]$
$\therefore \tau = \dfrac{10 \times 10^{-3}}{20} = 5 \times 10^{-4}[s]$  답 ④

**73** 대칭 10상 회로의 선간전압이 100[V]일 때 상전압은 약 몇 [V]인가?
(단, $\sin 18° = 0.309$이다.)
① 161.8  ② 172
③ 183.1  ④ 193

풀이 대칭 $n$상 성형결선
선간전압
$E_l = 2E_p \sin \dfrac{\pi}{n} = 2E_p \sin \dfrac{\pi}{10} = 2E_p \sin 18°[\text{V}]$
따라서 상전압
$E_p = \dfrac{E_l}{2\sin 18°} = \dfrac{100}{2 \times 0.309} = 161.8[\text{V}]$  답 ①

**74** 단자 1-1'에서 본 구동점 임피던스 $Z_{11}$은 몇 [Ω]인가?

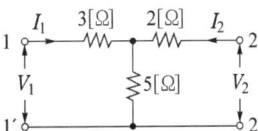

① 5  ② 8
③ 10  ④ 15

풀이 그림과 같은 T형 회로에서
$Z_1 = 3[\Omega]$, $Z_2 = 2[\Omega]$, $Z_3 = 5[\Omega]$이라고 할 때
임피던스 파라미터
$Z_{11} = \dfrac{V_1}{I_1}\bigg|_{I_2=0} = Z_1 + Z_3 = 3 + 5 = 8[\Omega]$  답 ②

**75** 어느 회로망의 응답 $h(t) = (e^{-t} + 2e^{-2t})u(t)$의 라플라스 변환은?

① $\dfrac{3s+4}{(s+1)(s+2)}$  ② $\dfrac{3s}{(s-1)(s-2)}$

③ $\dfrac{3s+2}{(s+1)(s+2)}$  ④ $\dfrac{-s-4}{(s-1)(s-2)}$

**풀이**
$$H(s) = \mathcal{L}[h(t)] = \frac{1}{s+1} + \frac{2}{s+2}$$
$$= \frac{3s+4}{(s+1)(s+2)}$$
**답** ①

**76** $R = 50[\Omega]$, $L = 200[mH]$의 직렬회로에서 주파수 $f = 50[Hz]$의 교류에 대한 역률[%]은?

① 82.3  ② 72.3
③ 62.3  ④ 52.3

**풀이** $R-L$ 직렬회로의
$$\cos\theta = \frac{R}{Z} = \frac{R}{\sqrt{R^2+X_L^2}} = \frac{R}{\sqrt{R^2+(\omega L)^2}}$$
$$\therefore \cos\theta = \frac{50}{\sqrt{50^2+(2\pi\times 50\times 200\times 10^{-3})^2}}\times 100$$
$$= 62.3[\%]$$
**답** ③

**77** 그림과 같은 $e = E_m\sin\omega t$인 정현파 교류의 반파정류파형의 실효값은?

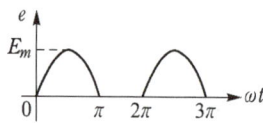

① $E_m$  ② $\dfrac{E_m}{\sqrt{2}}$

③ $\dfrac{E_m}{2}$  ④ $\dfrac{E_m}{\sqrt{3}}$

**풀이** 실효값 $E = \sqrt{\dfrac{1}{T}\int_0^T e^2 dt}$
$= \sqrt{\dfrac{1}{2\pi}\int_0^{2\pi} e^2 d(\omega t)}$ 에서

반파 정류파는 $\pi \sim 2\pi$일 때 $e = 0$이므로
$$E = \sqrt{\frac{1}{2\pi}\int_0^\pi e^2 d(\omega t)}$$
$$= \sqrt{\frac{1}{2\pi}\int_0^\pi E_m^2 \sin^2\omega t\, d(\omega t)}$$
$$= \sqrt{\frac{E_m^2}{2\pi}\int_0^\pi \frac{1-\cos 2\omega t}{2} d(\omega t)} = \frac{E_m}{2}$$
**답** ③

**78** 대칭 3상 교류전원에서 각 상의 전압이 $v_a$, $v_b$, $v_c$일 때 3상 전압[V]의 합은?

① 0  ② $0.3v_a$
③ $0.5v_a$  ④ $3v_a$

**풀이** $a$상을 기준으로 하면
$$v = v_a + v_b + v_c = v_a + a^2 v_a + av_a$$
$$= v_a(1 + a^2 + a) = 0$$
$$(\because 1 + a^2 + a = 0)$$
**답** ①

**79** 전압 $e = 100\sin 10t + 20\sin 20t[V]$이고, 전류 $i = 20\sin(10t-60) + 10\sin 20t[A]$일 때 소비전력은 몇 [W]인가?

① 500  ② 550
③ 600  ④ 650

**풀이** 비정현파의 유효전력 $P = \sum_{n=1}^{\infty} V_n I_n \cos\theta_n$ 에서
$$P = \frac{100}{\sqrt{2}}\times\frac{20}{\sqrt{2}}\times\cos 60° + \frac{20}{\sqrt{2}}\times\frac{10}{\sqrt{2}}\times\cos 0°$$
$$= 600[W]$$
**답** ③

**80** $RLC$ 직렬회로에서 공진 시의 전류는 공급전압에 대하여 어떤 위상차를 갖는가?

① 0°  ② 90°
③ 180°  ④ 270°

**풀이** 직렬공진에서는 회로의 리액턴스 성분이 0이 되어 전압과 전류가 동상이 되므로 위상차는 0°이다.
**답** ①

## 2018년 - 2회 _ 전기산업기사 · 공사산업기사

**61** 3상 불평형 전압에서 역상전압이 50[V], 정상전압이 200[V], 영상전압이 10[V]라고 할 때 전압의 불평형률[%]은?

① 1  ② 5
③ 25  ④ 50

**풀이** 불평형률 = $\dfrac{\text{역상 전압}}{\text{정상 전압}} \times 100$

$= \dfrac{50}{200} \times 100 = 25[\%]$  답 ③

**62** 다음과 같은 회로의 a-b 간 합성 인덕턴스는 몇 [H]인가? (단, $L_1 = 4$[H], $L_2 = 4$[H], $L_3 = 2$[H], $L_4 = 2$[H]이다.)

① $\dfrac{8}{9}$
② 6
③ 9
④ 12

**풀이** 합성 인덕턴스

$L = \dfrac{1}{\dfrac{1}{L_1+L_2} + \dfrac{1}{L_3} + \dfrac{1}{L_4}} = \dfrac{1}{\dfrac{1}{4+4} + \dfrac{1}{2} + \dfrac{1}{2}}$

$= \dfrac{8}{9}$[H]  답 ①

**63** $R-L-C$ 직렬회로에서 시정수의 값이 작을수록 과도현상이 소멸되는 시간은 어떻게 되는가?

① 짧아진다.  ② 관계없다.
③ 길어진다.  ④ 일정하다.

**풀이** 시정수($\tau$)는 과도현상의 길고 짧음을 나타낸 양이다.
• 시정수가 크면 과도현상이 오래 지속되어 과도현상 소멸 시간은 길어진다.
• 시정수가 작으면 과도현상이 짧아진다.  답 ①

**64** 대칭 좌표법에서 사용되는 용어 중 3상에 공통된 성분을 표시하는 것은?

① 공통분  ② 정상분
③ 역상분  ④ 영상분

**풀이** 대칭 좌표법은 불평형 3상 전압이나 전류를 평형의 세 성분(상순이 a-b-c인 정상분, 상순이 이와 반대인 역상분 및 각 상에 공통된 단상분인 영상분)의 대칭분으로 분해하여 해석한다.  답 ④

**65** 어떤 회로의 단자전압이
$V = 100\sin\omega t + 40\sin 2\omega t + 30\sin(3\omega t + 60°)$[V]
이고, 전압강하의 방향으로 흐르는 전류가
$I = 10\sin(\omega t - 60°) + 2\sin(3\omega t + 105°)$[A]
일 때 회로에 공급되는 평균전력[W]은?

① 271.2  ② 371.2
③ 530.2  ④ 630.2

**풀이** 같은 주파수의 전압과 전류에서만 전력이 발생하므로
$P = V_1 I_1 \cos\theta_1 + V_3 I_3 \cos\theta_3$

$= \dfrac{100}{\sqrt{2}} \times \dfrac{10}{\sqrt{2}} \times \cos 60°$

$+ \dfrac{30}{\sqrt{2}} \times \dfrac{2}{\sqrt{2}} \times \cos(105° - 60°)$

$= 271.2$[W]  답 ①

**66** 3상 대칭분 전류를 $I_0$, $I_1$, $I_2$라 하고 선전류를 $I_a$, $I_b$, $I_c$라고 할 때 $I_b$는 어떻게 되는가?

① $I_0 + I_1 + I_2$
② $I_0 + a^2 I_1 + a I_2$
③ $I_0 + a I_1 + a^2 I_2$
④ $\dfrac{1}{3}(I_0 + I_1 + I_2)$

**풀이** 불평형 3상 전류
$I_a = I_0 + I_1 + I_2$
$I_b = I_0 + a^2 I_1 + a I_2$
$I_c = I_0 + a I_1 + a^2 I_2$  답 ②

**67** 부하에 $100\angle 30°$[V]의 전압을 가하였을 때 $10\angle 60°$[A]의 전류가 흘렀다면 부하에서 소비되는 유효전력은 약 몇 [W]인가?

① 400　　② 500
③ 682　　④ 866

**풀이** $P = \overline{V}I = 100\angle -30° \times 10\angle 60°$
$= 1,000\angle 30°$
$= 1,000\cos 30° + j1,000\sin 30°$
$= 866 + j500$[VA]
따라서 유효전력은 866[W],
무효전력은 500[W]이다.　　**답** ④

**68** 그림과 같은 회로에서 0.2[Ω]의 저항에 흐르는 전류는 몇 [A]인가?

① 0.1　　② 0.2
③ 0.3　　④ 0.4

**풀이**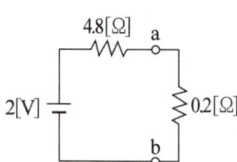

테브난 정리 이용 a, b 개방
$V_a = \dfrac{6}{6+4} \times 10 = 6$[V]
$V_b = \dfrac{4}{6+4} \times 10 = 4$[V]
$\therefore V_{ab} = V_a - V_b = 6 - 4 = 2$[V]
전압원을 제거(단락)하고 a, b에서 본 저항 $R_t$는
$R_t = \dfrac{6 \times 4}{6+4} + \dfrac{6 \times 4}{6+4} = 4.8$[Ω]
$\therefore I = \dfrac{V}{R} = \dfrac{2}{4.8 + 0.2} = 0.4$[A]　　**답** ④

**69** $\dfrac{1}{s^2 + 2s + 5}$의 라플라스 역변환 값은?

① $e^{-2t}\cos 2t$　　② $\dfrac{1}{2}e^{-t}\sin t$
③ $\dfrac{1}{2}e^{-t}\sin 2t$　　④ $\dfrac{1}{2}e^{-t}\cos 2t$

**풀이** $F(s) = \dfrac{1}{s^2 + 2s + 5} = \dfrac{1}{2} \cdot \dfrac{2}{(s+1)^2 + 2^2}$
$\therefore f(t) = \mathcal{L}^{-1}[F(s)] = \dfrac{1}{2}e^{-t}\sin 2t$　　**답** ③

**70** $\mathcal{L}[u(t-a)]$는 어느 것인가?

① $\dfrac{e^{as}}{s^2}$　　② $\dfrac{e^{-as}}{s^2}$
③ $\dfrac{e^{as}}{s}$　　④ $\dfrac{e^{-as}}{s}$

**풀이** 시간추이정리 $\mathcal{L}[f(t-a)] = e^{-as}F(s)$이므로
$\therefore \mathcal{L}[u(t-a)] = \dfrac{e^{-as}}{s}$　　**답** ④

**71** 2단자 임피던스 함수
$Z(s) = \dfrac{(s+2)(s+3)}{(s+4)(s+5)}$일 때
극점(pole)은?

① $-2, -3$　　② $-3, -4$
③ $-2, -4$　　④ $-4, -5$

**풀이** ・극점은 $Z(s) = \infty$ (분모 = 0)
$(s+4)(s+5) = 0$, $\therefore s = -4, -5$
・영점은 $Z(s) = 0$ (분자 = 0)
$(s+2)(s+3) = 0$, $\therefore s = -1, -2$　　**답** ④

**72** 그림과 같은 회로에서 $G_2$[℧] 양단의 전압강하 $E_2$[V]는?

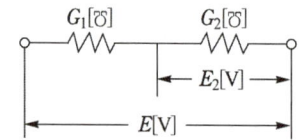

① $\dfrac{G_2}{G_1 + G_2}E$　　② $\dfrac{G_1}{G_1 + G_2}E$
③ $\dfrac{G_1 G_2}{G_1 + G_2}E$　　④ $\dfrac{G_1 + G_2}{G_1 + G_2}E$

**풀이** 전압분배법칙에 의해 $E_1 = \dfrac{G_2}{G_1 + G_2}E$[V]
$E_2 = \dfrac{G_1}{G_1 + G_2}E$[V]　　**답** ②

**73** 그림과 같은 T형 회로의 영상 전달정수 $\theta$는?

① 0
② 1
③ $-3$
④ $-1$

풀이
$$\begin{bmatrix} A & B \\ C & D \end{bmatrix} = \begin{bmatrix} 1 & j600 \\ 0 & 1 \end{bmatrix} \begin{bmatrix} 1 & 0 \\ \dfrac{1}{-j300} & 1 \end{bmatrix} \begin{bmatrix} 1 & j600 \\ 0 & 1 \end{bmatrix}$$
$$= \begin{bmatrix} -1 & 0 \\ j\dfrac{1}{300} & -1 \end{bmatrix}$$
$$\therefore \theta = \cosh^{-1}\sqrt{AD} = \cosh^{-1}\sqrt{(-1)\times(-1)} = 0$$
답 ①

**74** 저항 $\dfrac{1}{3}[\Omega]$, 유도 리액턴스 $\dfrac{1}{4}[\Omega]$인 $R-L$ 병렬회로의 합성 어드미턴스[℧]는?

① $3+j4$
② $3-j4$
③ $\dfrac{1}{3}+j\dfrac{1}{4}$
④ $\dfrac{1}{3}-j\dfrac{1}{4}$

풀이
$Y = Y_1 + Y_2 = \dfrac{1}{R} + \dfrac{1}{j\omega L} = \dfrac{1}{\dfrac{1}{3}} + \dfrac{1}{j\dfrac{1}{4}}$
$= 3 - j4 [℧]$
답 ②

**75** 대칭 3상 Y결선 부하에서 각상의 임피던스가 $Z=16+j12[\Omega]$이고 부하전류가 5[A]일 때 이 부하의 선간전압[V]은?

① $100\sqrt{2}$
② $100\sqrt{3}$
③ $200\sqrt{2}$
④ $200\sqrt{3}$

풀이 Y결선 선간전압($V_l$) = $\sqrt{3}\times$상전압($V_p$)
상전압 = 부하전류 × 1상 임피던스
$= 5 \times \sqrt{16^2 + 12^2} = 100[V]$
$\therefore V_l = \sqrt{3}\,V_p = 100\sqrt{3}[V]$
답 ②

**76** 정현파의 파고율은?

① 1.111
② 1.414
③ 1.732
④ 2.356

풀이

| | 구형파 | 3각파 | 정현파 | 정류파(전파) | 정류파(반파) |
|---|---|---|---|---|---|
| 파형률 | 1.0 | 1.15 | 1.11 | 1.11 | 1.57 |
| 파고율 | 1.0 | 1.732 | 1.414 | 1.414 | 2.0 |

답 ②

**77** 부동작 시간(dead time) 요소의 전달함수는?

① $Ks$
② $\dfrac{K}{s}$
③ $Ke^{-Ls}$
④ $\dfrac{K}{Ts+1}$

풀이 부동작 시간함수 $y(t) = Kx(t-L)$의 양변을 라플라스 변환하면 $Y(s) = Ke^{-Ls} \cdot X(s)$
$\therefore G(s) = \dfrac{Y(s)}{X(s)} = Ke^{-Ls}$
답 ③

**78** $i(t) = I_o e^{st}$[A]로 주어지는 전류가 콘덴서 $C$[F]에 흐르는 경우의 임피던스[$\Omega$]는?

① $C$
② $sC$
③ $\dfrac{C}{s}$
④ $\dfrac{1}{sC}$

풀이 $C$에서의 전압 $v(t) = \dfrac{1}{C}\int i(t)dt$이므로
$v(t) = \dfrac{1}{C}\int I_0 e^{st} dt = \dfrac{I_0}{sC}e^{st}$
$\therefore Z = \dfrac{v(t)}{i(t)} = \dfrac{\dfrac{I_0 e^{st}}{sC}}{I_0 e^{st}} = \dfrac{1}{sC}$
답 ④

**79** 전기회로의 입력을 $V_1$, 출력을 $V_2$라고 할 때 전달함수는? (단, $s = j\omega$이다.)

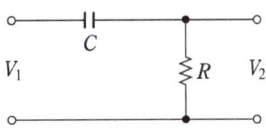

① $\dfrac{1}{R + \dfrac{1}{j\omega C}}$
② $\dfrac{1}{j\omega + \dfrac{1}{RC}}$
③ $\dfrac{j\omega}{j\omega + \dfrac{1}{RC}}$
④ $\dfrac{j\omega}{R + \dfrac{1}{j\omega C}}$

풀이
$$G(s) = \frac{V_2(s)}{V_1(s)} = \frac{R}{R+\frac{1}{Cs}} = \frac{RCs}{RCs+1}$$
$$= \frac{s}{s+\frac{1}{RC}} = \frac{j\omega}{j\omega+\frac{1}{RC}}$$ 답 ③

**80** 비정현파 전압
$$v = 100\sqrt{2}\sin\omega t + 50\sqrt{2}\sin 2\omega t + 30\sqrt{2}\sin 3\omega t [V]$$의
왜형률은 약 얼마인가?

① 0.36　② 0.58
③ 0.87　④ 1.41

풀이
왜형률 $= \frac{\text{전 고조파의 실효값}}{\text{기본파의 실효값}} = \frac{\sqrt{V_2^2+V_3^2}}{V_1}$
$= \frac{\sqrt{50^2+30^2}}{100} = 0.58$ 답 ②

## 2018년 - 3회 _전기산업기사

**61** $e^{j\frac{2}{3}\pi}$ 와 같은 것은?

① $\frac{1}{2} - j\frac{\sqrt{3}}{2}$　② $-\frac{1}{2} - j\frac{\sqrt{3}}{2}$
③ $-\frac{1}{2} + j\frac{\sqrt{3}}{2}$　④ $\cos\frac{2}{3}\pi + \sin\frac{2}{3}\pi$

풀이
$e^{j\frac{2}{3}\pi} = \cos\frac{2}{3}\pi + j\sin\frac{2}{3}\pi$
$= -\frac{1}{2} + j\frac{\sqrt{3}}{2}$ 답 ③

**62** 100[V], 800[W], 역률 80[%]인 교류회로의 리액턴스는 몇 [Ω]인가?

① 6　② 8
③ 10　④ 12

풀이
$P = EI\cos\theta$ 에서
전류 $I = \frac{P}{E\cos\theta} = \frac{800}{100\times 0.8} = 10[A]$
임피던스 $Z = \frac{E}{I} = \frac{100}{10} = 10[\Omega]$
∴ $X = Z\sin\theta = 10\times\sqrt{1-0.8^2} = 6[\Omega]$ 답 ①

**63** 그림과 같은 π형 4단자 회로의 어드미턴스 상수 중 $Y_{22}$는 몇 [℧]인가?

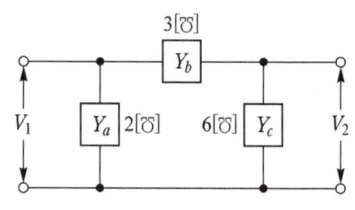

① 5　② 6
③ 9　④ 11

풀이
- $Y_{11} = \frac{I_1}{V_1}\bigg|_{V_2=0} = Y_a + Y_b$
- $Y_{12} = \frac{I_1}{V_2}\bigg|_{V_1=0} = \frac{-Y_bV_2}{V_2} = -Y_b$
- $Y_{21} = \frac{I_2}{V_1}\bigg|_{V_2=0} = \frac{-Y_bV_1}{V_1} = -Y_b$
- $Y_{22} = \frac{I_2}{V_2}\bigg|_{V_1=0} = Y_b + Y_c$

∴ $Y_{22} = 3 + 6 = 9[℧]$ 답 ③

**64** 불평형 3상 전류 $I_a = 15+j2[A]$
$I_b = -20-j14[A]$, $I_c = -3+j10[A]$일 때 영상전류 $I_0$는 약 몇 [A]인가?

① $2.67+j0.36$　② $15.7-j3.25$
③ $-1.91+j6.24$　④ $-2.67-j0.67$

풀이
영상전류 $I_0 = \frac{1}{3}(I_a+I_b+I_c)$
∴ $I_0 = \frac{1}{3}(15+j2-20-j14-3+j10)$
$= \frac{1}{3}(-8-j2)$
$= -2.67-j0.67[A]$ 답 ④

**65** 어떤 계에 임펄스 함수($\delta$함수)가 입력으로 가해졌을 때 시간함수 $e^{-2t}$가 출력으로 나타났다. 이 계의 전달함수는?

① $\dfrac{1}{s+2}$  ② $\dfrac{1}{s-2}$

③ $\dfrac{2}{s+2}$  ④ $\dfrac{2}{s-2}$

**풀이**
- 입력 $R(s) = \mathcal{L}[r(t)] = \mathcal{L}[\delta(t)] = 1$
- 출력 $C(s) = \mathcal{L}[c(t)] = \mathcal{L}[e^{-2t}] = \dfrac{1}{s+2}$

따라서 전달함수

$G(s) = \dfrac{C(s)}{R(s)} = C(s) = \dfrac{1}{s+2}$     **답** ①

**66** 0.2[H]의 인덕터와 150[$\Omega$]의 저항을 직렬로 접속하고 220[V] 상용교류를 인가하였다. 1시간 동안 소비된 전력량은 약 몇 [Wh]인가?

① 209.6  ② 226.4
③ 257.6  ④ 286.9

**풀이** 리액턴스
$X_L = \omega L = 2\pi f L = 2\pi \times 60 \times 0.2 \fallingdotseq 75.4[\Omega]$
전류
$I = \dfrac{V}{Z} = \dfrac{V}{\sqrt{R^2 + X_L^2}} = \dfrac{220}{\sqrt{150^2 + 75.4^2}}$
$\fallingdotseq 1.31[A]$
$\therefore W = P \cdot t = I^2 R \cdot t = 1.31^2 \times 150 \times 1$
$\fallingdotseq 257.6[Wh]$     **답** ③

**67** 어떤 제어계의 출력이 $C(s) = \dfrac{5}{s(s^2+s+2)}$로 주어질 때 출력의 시간함수 $c(t)$의 최종값은?

① 5  ② 2
③ $\dfrac{2}{5}$  ④ $\dfrac{5}{2}$

**풀이** 최종값 정리에 의해서
$\lim_{t \to \infty} c(t) = \lim_{s \to 0} sC(s)$
$= \lim_{s \to 0} s \cdot \dfrac{5}{s(s^2+s+2)} = \dfrac{5}{2}$     **답** ④

**68** $e = E_m \cos(100\pi t - \dfrac{\pi}{3})$[V]와 $i = I_m \sin(100\pi t + \dfrac{\pi}{4})$[A]의 위상차를 시간으로 나타내면 약 몇 초인가?

① $3.33 \times 10^{-4}$  ② $4.33 \times 10^{-4}$
③ $6.33 \times 10^{-4}$  ④ $8.33 \times 10^{-4}$

**풀이**
- $e = E_m \cos(100\pi t - \dfrac{\pi}{3})$
  $= E_m \sin(100\pi t - \dfrac{\pi}{3} + \dfrac{\pi}{2})$
  $= E_m \sin(100\pi t + \dfrac{\pi}{6})$이므로

$e$과 $i$의 위상차 $\theta = \dfrac{\pi}{4} - \dfrac{\pi}{6} = \dfrac{\pi}{12}$ 이다.

- $\theta = \omega t$에서 $t = \dfrac{\theta}{\omega}$이므로

$\therefore t = \dfrac{\theta}{\omega} = \dfrac{\frac{\pi}{12}}{100\pi} = 8.33 \times 10^{-4}[\sec]$     **답** ④

**69** 같은 저항 $r[\Omega]$ 6개를 사용하여 그림과 같이 결선하고 대칭 3상 전압 $V[V]$를 가하였을 때 흐르는 전류 $I$는 몇 [A]인가?

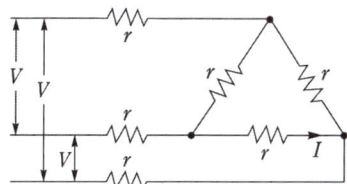

① $\dfrac{V}{2r}$  ② $\dfrac{V}{3r}$
③ $\dfrac{V}{4r}$  ④ $\dfrac{V}{5r}$

**풀이** $\triangle$를 Y로 환산하면 1상의 등가 저항 $R$은
$R = \dfrac{r \times r}{r+r+r} = \dfrac{r^2}{3r} = \dfrac{r}{3}[\Omega]$
선전류

$I_l = \dfrac{\frac{V}{\sqrt{3}}}{r + \frac{r}{3}} = \dfrac{\sqrt{3}\,V}{4r}$[A]

따라서 상전류
$I = \dfrac{I_l}{\sqrt{3}} = \dfrac{V}{4r}$[A]

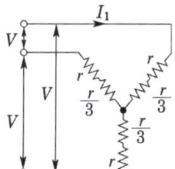

**답** ③

**70** 어떤 교류전동기의 명판에 역률= 0.6, 소비전력= 120[kW]로 표기되어 있다. 이 전동기의 무효전력은 몇 [kVar]인가?

① 80  ② 100
③ 140  ④ 160

**풀이** 피상전력 $P_a = \dfrac{P}{\cos\theta}$

무효율 $\sin\theta = \sqrt{1-\cos^2\theta}$ 이므로
무효전력
$$Q = P_a \sin\theta = \dfrac{P}{\cos\theta} \times \sqrt{1-\cos^2\theta}$$
$$= \dfrac{120}{0.6} \times \sqrt{1-0.6^2} = 160[kVar]$$

**답** ④

**71** 대칭 3상 전압이 있을 때 한 상의 Y전압 순시값
$$e_p = 1000\sqrt{2}\sin\omega t + 500\sqrt{2}\sin(3\omega t + 20°)$$
$$+ 100\sqrt{2}\sin(5\omega t + 30°)[V]$$
이면 선간전압 $E_l$에 대한 상전압 $E_p$의 실효값 비율($\dfrac{E_p}{E_l}$)은 약 몇 [%]인가?

① 55  ② 64
③ 85  ④ 95

**풀이** 상전압의 실효값 $E_p$는
$$E_p = \sqrt{E_1^2 + E_3^2 + E_5^2}$$
$$= \sqrt{1000^2 + 500^2 + 100^2} = 1122.5[V]$$
선간전압에는 제3고조파분이 나타나지 않으므로 선간전압의 실효값 $E_l$은
$$E_l = \sqrt{3} \cdot \sqrt{E_1^2 + E_5^2}$$
$$= \sqrt{3} \cdot \sqrt{1000^2 + 100^2} = 1740.7[V]$$
따라서 $\dfrac{E_p}{E_l} = \dfrac{1122.5}{1740.7} \times 100 \fallingdotseq 64[\%]$

**답** ②

**72** 대칭 좌표법에서 사용되는 용어 중 각 상에 공통인 성분을 표시하는 것은?

① 영상분  ② 정상분
③ 역상분  ④ 공통분

**풀이** ① 정상분 : 상순 a-b-c로 120°의 위상차를 갖는 전압
② 역상분 : 상순 a-c-b(정상분과 반대)로 120°의 위상차를 갖는 전압

③ 영상분 : 상별 크기가 같고 위상이 동상인 성분(각 상에 공통된 단상분)

**답** ①

**73** 어느 저항에
$v_1 = 220\sqrt{2}\sin(2\pi \cdot 60t - 30°)[V]$와
$v_2 = 100\sqrt{2}\sin(3 \cdot 2\pi \cdot 60t - 30°)[V]$의
전압이 각각 걸릴 때의 설명으로 옳은 것은?

① $v_1$이 $v_2$보다 위상이 15° 앞선다.
② $v_1$이 $v_2$보다 위상이 15° 뒤진다.
③ $v_1$이 $v_2$보다 위상이 75° 앞선다.
④ $v_1$과 $v_2$의 위상관계는 의미가 없다.

**풀이** $v_1$은 기본파, $v_3$는 제3고조파 성분이므로 위상관계는 의미가 없다.

**답** ④

**74** $RLC$ 병렬 공진회로에 관한 설명 중 틀린 것은?

① $R$의 비중이 작을수록 $Q$가 높다.
② 공진 시 입력 어드미턴스는 매우 작아진다.
③ 공진 주파수 이하에서의 입력전류는 전압보다 위상이 뒤진다.
④ 공진 시 $L$ 또는 $C$에 흐르는 전류는 입력전류 크기의 $Q$배가 된다.

**풀이** • 회로의 어드미턴스
$$Y = \dfrac{1}{R} + \dfrac{1}{j\omega L} + j\omega C = \dfrac{1}{R} + j\left(\omega C - \dfrac{1}{\omega L}\right)$$이므로

공진 조건은 $\omega C - \dfrac{1}{\omega L} = 0$이다.

• 전류 확대비
$$Q = \dfrac{I_C}{I_r} = \dfrac{\omega CV}{\dfrac{V}{R}} = R\omega C \quad Q = \dfrac{I_L}{I_r} = \dfrac{\dfrac{V}{\omega L}}{\dfrac{V}{R}} = \dfrac{R}{\omega L}$$

즉, $R$이 클수록 $Q$는 커진다.

• 공진 시 어드미턴스 $Y_r = \dfrac{1}{R}$이 되어 매우 작아진다.

• $\omega L - \dfrac{1}{\omega C} = 0$에서 $f < f_r$이면 $\dfrac{1}{\omega C} > \omega L$이 되어 유도성 회로가 된다.
따라서 입력전류는 전압보다 위상이 뒤진다.
(여기서 공진 주파수 $f_r = \dfrac{1}{2\pi\sqrt{LC}}$)

**답** ①

**75** 대칭 5상 회로의 선간전압과 상전압의 위상차는?

① 27°  ② 36°
③ 54°  ④ 72°

**풀이** 대칭 $n$상인 경우 기전력의 위상차는
$$\theta = \frac{\pi}{2}\left(1-\frac{2}{n}\right) = \frac{180°}{2}\left(1-\frac{2}{5}\right) = 90° \times \frac{3}{5}$$
$$= 54°$$
**답** ③

**76** $\dfrac{s\sin\theta + \omega\cos\theta}{s^2 + \omega^2}$ 의 역라플라스 변환을 구하면 어떻게 되는가?

① $\sin(\omega t - \theta)$  ② $\sin(\omega t + \theta)$
③ $\cos(\omega t - \theta)$  ④ $\cos(\omega t + \theta)$

**풀이**
$$\mathcal{L}^{-1}\left[\frac{\omega}{s^2+\omega^2}\right] = \sin\omega t,$$
$$\mathcal{L}^{-1}\left[\frac{s}{s^2+\omega^2}\right] = \cos\omega t \text{ 이므로}$$
$$F(s) = \frac{s\sin\theta + \omega\cos\theta}{s^2+\omega^2}$$
$$= \frac{\omega}{s^2+\omega^2}\cos\theta + \frac{s}{s^2+\omega^2}\sin\theta$$
$$\therefore f(t) = \mathcal{L}^{-1}[F(s)]$$
$$= \sin\omega t \cdot \cos\theta + \cos\omega t \cdot \sin\theta$$
$$= \sin(\omega t + \theta)$$
**답** ②

**77** 대칭 3상 전압이 $a$상 $V_a$[V], $b$상 $V_b = a^2 V_a$[V], $c$상 $V_c = aV_a$[V]일 때 $a$상을 기준으로 한 대칭분전압 중 정상분 $V_1$[V]은 어떻게 표시되는가?

(단, $a = -\dfrac{1}{2} + j\dfrac{\sqrt{3}}{2}$ 이다.)

① 0  ② $V_a$
③ $aV_a$  ④ $a^2 V_a$

**풀이** $V_1 = \dfrac{1}{3}(V_a + aV_b + a^2 V_c) = \dfrac{1}{3}(V_a + a^3 V_a + a^3 V_a)$
$= \dfrac{V_a}{3}(1 + a^3 + a^3) = V_a \ (\because a^3 = 1)$
**답** ②

**78** 그림에서 a, b 단자의 전압이 100[V], a, b에서 본 능동 회로망 N의 임피던스가 15[Ω]일 때, a, b 단자에 10[Ω]의 저항을 접속하면 a, b 사이에 흐르는 전류는 몇 [A]인가?

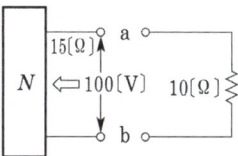

① 2  ② 4
③ 6  ④ 8

**풀이** 테브난의 정리에 의해 $I = \dfrac{100}{15+10} = 4$[A]

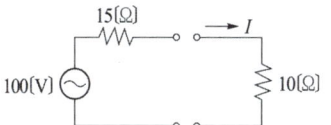

**답** ②

**79** 전원이 Y결선, 부하가 △결선된 3상 대칭회로가 있다. 전원의 상전압이 220[V]이고 전원의 상전류가 10[A]일 경우, 부하 한 상의 임피던스 [Ω]는?

① $22\sqrt{3}$  ② 22
③ $\dfrac{22}{\sqrt{3}}$  ④ 66

**풀이**

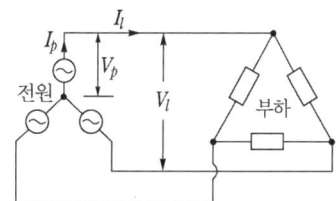

① 부하(△결선)의 상전압($V$)은 전원(Y결선)의 선간전압($V_l$)과 같으므로 부하에서의 상전압
$V = \sqrt{3} V_p = 220\sqrt{3}$ [V]
② 부하(△결선)의 선전류($I_l$)는 전원(Y결선)의 상전류($I_p$)와 같으므로 부하에서의 상전류
$I = \dfrac{I_l}{\sqrt{3}} = \dfrac{10}{\sqrt{3}}$ [A]
따라서 부하 1상의 임피던스
$Z = \dfrac{V}{I} = \dfrac{220\sqrt{3}}{\dfrac{10}{\sqrt{3}}} = 66$ [Ω]
**답** ④

**80** $\dfrac{dx(t)}{dt}+3x(t)=5$의 라플라스 변환 $X(s)$는? (단, $x(0^+)=0$이다.)

① $\dfrac{5}{s+3}$  ② $\dfrac{3s}{s+5}$
③ $\dfrac{3}{s(s+5)}$  ④ $\dfrac{5}{s(s+3)}$

**풀이** 초기값을 0으로 하고 라플라스 변환하면
$\{sX(s)-x(0)\}+3X(s)=\dfrac{5}{s}$
→ $(s+3)X(s)=\dfrac{5}{s}$
∴ $X(s)=\dfrac{5}{s(s+3)}$  답 ④

## 2018년 4회 _ 공사산업기사

**61** 대칭 3상 전압을 그림과 같은 평형 부하에 가할 때 부하의 역률은 약 얼마인가?
(단, $R=12[\Omega]$, $\dfrac{1}{\omega C}=4[\Omega]$이다.)

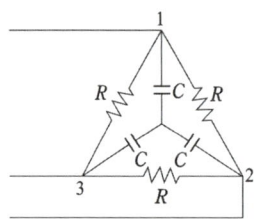

① 0.6  ② 0.7
③ 0.8  ④ 0.9

**풀이** 저항의 크기가 동일한 경우, △를 Y로 등가변환시키면 $R_Y=\dfrac{1}{3}R_\triangle$ 이다.
그러므로 문제의 회로를 등가 변환하면

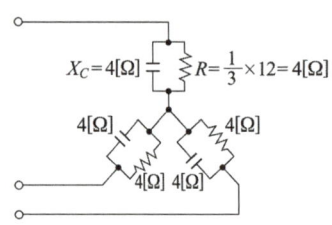

따라서 $R-C$ 병렬 회로에서의 역률은
$\cos\theta=\dfrac{X_C}{\sqrt{R^2+X_C^2}}=\dfrac{4}{\sqrt{4^2+4^2}}=0.7$  답 ②

**62** 전달함수에 대한 설명으로 틀린 것은?
① 전달함수가 $s$가 될 때 적분요소라 한다.
② 전달함수는 $\dfrac{\text{출력 라플라스 변환}}{\text{입력 라플라스 변환}}$으로 정의된다.
③ 어떤 계의 전달함수의 분모를 0으로 놓으면 이것이 곧 특성방정식이 된다.
④ 어떤 계의 전달함수는 그 계에 대한 임펄스 응답의 라플라스 변환과 같다.

**풀이** 적분 요소의 전달함수는 $\dfrac{K}{s}$ 이다.  답 ①

**63** $f(t)=10[u(t-3)-u(t-5)]$를 라플라스 변환하면 어떻게 되는가?

① $\dfrac{10}{s}(e^{3s}+e^{-5s})$
② $\dfrac{10}{s}(e^{-3s}-e^{-5s})$
③ $\dfrac{10}{s}(e^{-3s}+e^{-5s})$
④ $\dfrac{10}{s}(e^{-3s}-e^{5s})$

**풀이** $\mathcal{L}[f(t)]=\mathcal{L}[10\{u(t-3)-u(t-5)\}]$
$=10\left(\dfrac{e^{-3s}}{s}-\dfrac{e^{-5s}}{s}\right)$
$=\dfrac{10}{s}(e^{-3s}-e^{-5s})$  답 ②

**64** 대칭 3상 Y부하에서 각 상의 임피던스가 $3+j4[\Omega]$이고 부하전류가 20[A]일 때 이 부하에서 소비되는 유효전력[W]은?

① 1400  ② 1600
③ 1800  ④ 3600

**풀이** 유효전력 $P=3I^2R=3\times 20^2\times 3=3600[W]$  답 ④

**65** $RL$ 직렬회로에 직류전압을 가했을 때 흐르는 전류가 정상전류 $I = \dfrac{E}{R}$의 70[%]에 도달하는 데 걸리는 시간은? (단, $\tau$는 시정수이다.)

① $t = 0.7\tau$   ② $t = 1.1\tau$
③ $t = 1.2\tau$   ④ $t = 1.4\tau$

**풀이** ① $RL$ 직렬회로인 경우
$i(t) = \dfrac{E}{R}\left(1 - e^{-\frac{R}{L}t}\right)$에서

시정수 $\tau = \dfrac{L}{R}$이므로
$i(t) = \dfrac{E}{R}\left(1 - e^{-\frac{t}{\tau}}\right)$

② 정상전류 $I$의 70[%]에 도달하는 데 걸리는 시간
$i = 0.7\dfrac{E}{R} = \dfrac{E}{R}(1 - e^{-\frac{t}{\tau}})$의 관계식에서
$e^{-\frac{t}{\tau}} = 1 - 0.7 = 0.3$
$-\dfrac{t}{\tau} = \ln 0.3$
$t = -\tau \ln 0.3$
$\therefore t = 1.2\tau$   **답** ③

**66** 다음의 회로에서 입력 임피던스 $Z$의 실수부가 $\dfrac{R}{2}$이 되려면 $\dfrac{1}{\omega C}$은? (단, 각주파수는 $\omega$ [rad/s]이다.)

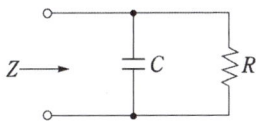

① $R$   ② $R\omega$
③ $\dfrac{1}{R}$   ④ $\dfrac{\omega}{R}$

**풀이** 입력 임피던스
$Z = \dfrac{1}{\dfrac{1}{R} + j\omega C} = \dfrac{\dfrac{1}{R} - j\omega C}{\left(\dfrac{1}{R}\right)^2 + (\omega C)^2}$에서

실수부가 $\dfrac{R}{2}$이 되려면

$\dfrac{\dfrac{1}{R}}{\left(\dfrac{1}{R}\right)^2 + (\omega C)^2} = \dfrac{R}{1 + (\omega CR)^2} = \dfrac{R}{2}$

$1 + (\omega CR)^2 = 2$
$\omega CR = 1$
$\therefore \dfrac{1}{\omega C} = R$   **답** ①

**67** $5\dfrac{d^2q(t)}{dt^2} + \dfrac{dq(t)}{dt} = 10\sin t$에서 모든 초기 조건을 0으로 하고 라플라스 변환하면 어떻게 되는가? (단, $Q(s)$는 $q(t)$의 라플라스 변환이다.)

① $Q(s) = \dfrac{10}{2(s^2+1)}$

② $Q(s) = \dfrac{10}{(s^2+5)(s^2+1)}$

③ $Q(s) = \dfrac{10}{(5s+1)(s^2+1)}$

④ $Q(s) = \dfrac{10}{(5s^2+s)(s^2+1)}$

**풀이** $\{5s^2Q(s) - sq(0) - q'(0)\} + sQ(s) = 10\left(\dfrac{1}{s^2+1}\right)$에서
모든 초기조건을 0으로 하면
$Q(s)(5s^2 + s) = \dfrac{10}{s^2+1}$
$\therefore Q(s) = \dfrac{10}{(5s^2+s)(s^2+1)}$   **답** ④

**68** 비접지 3상 Y부하의 각 선에 흐르는 비대칭 각 선전류를 $I_a$, $I_b$, $I_c$라 할 때 선전류의 영상분 $I_0$는?

① $0$
② $I_a + I_b$
③ $I_a + I_b + I_c$
④ $\dfrac{1}{3}(I_a - I_b - I_c)$

**풀이** 영상분은 접지선, 중성선에 존재하므로, 비접지 3상 Y부하에는 영상분이 존재하지 않는다.   **답** ①

**69** $i = 2 + 5\sin(100t + 30°) + 10\sin(200t - 10°)$ [A]
와 파형은 동일하나 기본파 위상이 20° 늦은 비정현파 전류[A]의 순시값을 나타내는 식은?

① $2 + 5\sin(100t + 10°) + 10\sin(200t - 30°)$
② $2 + 5\sin(100t + 10°) + 10\sin(200t + 30°)$
③ $2 + 5\sin(100t + 10°) + 10\sin(200t + 50°)$
④ $2 + 5\sin(100t + 10°) + 10\sin(200t - 50°)$

**풀이** 기본파 위상이 20° 늦은 비정현파 전류이므로, 각 파에서(직류 제외) 위상을 20°씩 감하여야 한다.
이때 기본파는 1배, 2고조파는 2배, 4고조파는 4배를 하여야 하므로
$i = 2 + 5\sin(100t + 30° - 20°)$
$\quad + 10\sin(200t - 10° - (20° \times 2))$
$\quad = 2 + 5\sin(100t + 10°) + 10\sin(200t - 50°)$

**답** ④

**70** 직류 과도현상의 저항 $R[\Omega]$과 인덕턴스 $L$[H]의 직렬회로에 대한 설명으로 틀린 것은?

① 회로의 시정수는 $\tau = \dfrac{L}{R}$[s]이다.
② 과도기간에 있어서의 인덕턴스 $L$의 단자 전압은 $V_L(t) = Ee^{-\frac{L}{R}t}$이다.
③ 과도기간에 있어서의 저항 $R$의 단자전압은 $V_R(t) = E\left(1 - e^{-\frac{R}{L}t}\right)$이다.
④ $t = 0$에서 직류전압 $E$[V]를 가했을 때 $t$[s] 후의 전류는 $i(t) = \dfrac{E}{R}\left(1 - e^{-\frac{R}{L}t}\right)$ [A]이다.

**풀이** 과도기간에 인덕턴스 $L$의 단자 전압 $v_L(t)$는
$v_L(t) = L\dfrac{di(t)}{dt} = L \cdot \dfrac{d}{dt}\dfrac{E}{R}\left(1 - e^{-\frac{R}{L}t}\right)$
$\quad = L \cdot \dfrac{E}{R} \cdot \dfrac{R}{L}e^{-\frac{R}{L}t} = Ee^{-\frac{R}{L}t}$

**답** ②

**71** 정현파 사이클의 수학적 평균값은?
① 0
② $0.637 \times$ 최댓값
③ $0.707 \times$ 최댓값
④ $1.414 \times$ 실효값

**풀이** 주기적인 교류파의 평균값은 한 주기 동안을 평균한 값을 말한다.
$$V_{av} = \dfrac{1}{T}\int_0^T v\,dt$$
그러나 정현파 교류는 정(+), 부(-)가 대칭이므로 한 주기를 평균하면 0이 되기 때문에 반 주기에 대한 순시값의 평균을 취하여 정현파 교류의 평균값을 구한다.

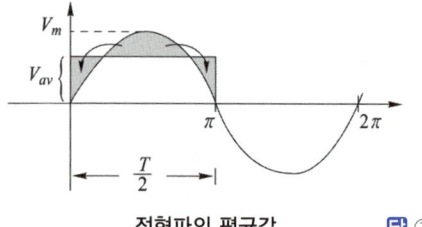

정현파의 평균값

**답** ①

**72** 그림과 같은 회로망에서 전류를 산출하는 데 옳게 표시한 식은?

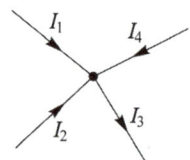

① $I_1 + I_2 - I_4 - I_3 = 0$
② $I_1 + I_4 - I_2 - I_3 = 0$
③ $I_1 + I_2 + I_3 + I_4 = 0$
④ $I_1 + I_2 - I_3 + I_4 = 0$

**풀이** 키르히호프의 제1법칙(전류법칙)
전선의 임의의 한 분기점에 유입 또는 유출되는 전류의 합은 0 이다. 즉 분기점에 있어서 유입되는 총 전류는 유출되는 총 전류와 같다.
$\therefore I_1 + I_2 - I_3 + I_4 = 0$

**답** ④

**73** 그림과 같은 이상적인 변압기로 구성된 4단자 회로에서 4단자 정수 $A$와 $C$는 어떻게 되는가?

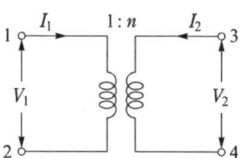

① $A = n$, $C = 0$
② $A = 0$, $C = n$
③ $A = 0$, $C = 1/n$
④ $A = 1/n$, $C = 0$

**풀이**

변압기의 4단자 정수는 $\begin{bmatrix} a & 0 \\ 0 & \frac{1}{a} \end{bmatrix}$ 이므로

$\begin{bmatrix} A & B \\ C & D \end{bmatrix} = \begin{bmatrix} \frac{n_1}{n_2} & 0 \\ 0 & \frac{n_2}{n_1} \end{bmatrix}$ 가 된다.

따라서 $A = \frac{n_1}{n_2} = \frac{1}{n}$, $C = 0$ 　　**답 ④**

**74** 어떤 회로에서 $i = 10\sin\left(314t - \frac{\pi}{6}\right)$ [A]의 전류가 흐른다. 이를 복소수로 표시하면?

① $3.54 - j6.12$　② $5 - j17.32$
③ $6.12 - j3.54$　④ $17.32 - j5$

**풀이**
$I = \frac{10}{\sqrt{2}} \angle -\frac{\pi}{6} = \frac{10}{\sqrt{2}}\left(\cos\frac{\pi}{6} - j\sin\frac{\pi}{6}\right)$
$= 6.12 - j3.54$ [A] 　　**답 ③**

**75** 그림과 같이 주파수 $f$[Hz]인 교류회로에서 전류 $I$와 $I_R$이 같은 값으로 되는 조건은? (단, $R$은 저항[Ω], $C$는 정전용량[F], $L$은 인덕턴스[H]이다.)

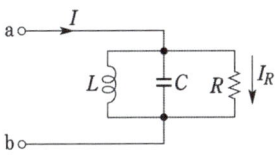

① $f = \frac{1}{\sqrt{LC}}$　② $f = \frac{2\pi}{\sqrt{LC}}$
③ $f = \frac{1}{2\pi\sqrt{LC}}$　④ $f = 2\pi(LC)^2$

**풀이** 병렬 공진 조건

$Y_0 = \frac{1}{R} + j\left(\omega C - \frac{1}{\omega L}\right)$ 에서

허수부 = 0이어야 하므로

$\omega C = \frac{1}{\omega L} \rightarrow \omega^2 LC = 1$

$\therefore f = \frac{1}{2\pi\sqrt{LC}}$　　**답 ③**

**76** $V_a = 3$[V], $V_b = 2 - j3$[V], $V_c = 4 + j3$[V]를 3상 불평형 전압이라고 할 때 영상전압[V]은?

① 0　② 3
③ 9　④ 27

**풀이**
$V_0 = \frac{1}{3}(V_a + V_b + V_c)$
$= \frac{1}{3}(3 + 2 - j3 + 4 + j3) = 3$[V]　　**답 ②**

**77** 2개의 전력계로 평형 3상 부하의 전력을 측정하였더니 한 쪽의 지시치가 다른 쪽 전력계의 지시치보다 3배이었다면 부하역률은 약 얼마인가?

① 0.37　② 0.57
③ 0.76　④ 0.86

**풀이** 2전력계법에 의한 역률

$\cos\theta = \frac{P_1 + P_2}{2\sqrt{P_1^2 + P_2^2 - P_1 \times P_2}}$ 에서

다른 쪽 전력계의 3배($P_1 = 3P_2$)이므로

$\cos\theta = \frac{3P_2 + P_2}{2\sqrt{(3P_2)^2 + P_2^2 - (3P_2) \times P_2}} = 0.76$　**답 ③**

**78** 어떤 회로의 단자전압이
$V = 100\sin\omega t + 40\sin 2\omega t + 30\sin(3\omega t + 60°)$ [V]
이고 전압강하의 방향으로 흐르는 전류가
$I = 10\sin(\omega t - 60°) + 2\sin(3\omega t + 105°)$ [A]일 때 회로에 공급되는 평균전력[W]은?

① 271.2　② 371.2
③ 530.2　④ 630.2

**풀이** 같은 주파수의 전압과 전류에서만 전력이 발생하므로
$P = V_1 I_1 \cos\theta_1 + V_3 I_3 \cos\theta_3$
$= \frac{100}{\sqrt{2}} \times \frac{10}{\sqrt{2}} \times \cos 60°$
$\quad + \frac{30}{\sqrt{2}} \times \frac{2}{\sqrt{2}} \times \cos(105° - 60°)$
$= 271.2$ [W]　　**답 ①**

## 79 다음의 회로가 정저항 회로가 되기 위한 $L[\text{H}]$의 값은?

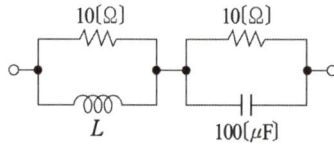

① 1
② 0.1
③ 0.01
④ 0.001

**풀이** 정저항의 조건 $R=\sqrt{\dfrac{L}{C}}$ 에서
$L=R^2C=10^2\times100\times10^{-6}=0.01[\text{H}]$ **답** ③

## 80 다음과 같은 전기회로의 입력을 $e_i$, 출력을 $e_o$라고 할 때 전달함수는? (단, $T=\dfrac{L}{R}$ 이다.)

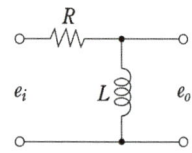

① $Ts+1$
② $Ts^2+1$
③ $\dfrac{1}{Ts+1}$
④ $\dfrac{Ts}{Ts+1}$

**풀이** $G(s)=\dfrac{V_o(s)}{V_i(s)}=\dfrac{Ls}{R+Ls}=\dfrac{\dfrac{L}{R}s}{1+\dfrac{L}{R}s}$

$=\dfrac{Ts}{Ts+1}$ **답** ④

# 2019년 회로이론_전기산업기사·공사산업기사

문제의 번호는 실제 시험문제의 번호와 같게 하였습니다.

**2019년 - 1회** _ 전기산업기사·공사산업기사

**61** 비정현파의 성분을 가장 옳게 나타낸 것은?

① 직류분 + 고조파
② 교류분 + 고조파
③ 교류분 + 기본파 + 고조파
④ 직류분 + 기본파 + 고조파

**풀이** 비정현파 교류 = 직류분 + 기본파 + 고조파   답 ④

**62** 다음과 같은 전류의 초기값 $i(0^+)$를 구하면?

$$I(s) = \frac{12(s+8)}{4s(s+6)}$$

① 1    ② 2
③ 3    ④ 4

**풀이** 초기값 정리에 의해

$$\lim_{t \to 0} i(t) = \lim_{s \to \infty} s \cdot I(s) = \lim_{s \to \infty} s \cdot \frac{12(s+8)}{4s(s+6)}$$

$$= \lim_{s \to \infty} \frac{12 + \frac{96}{s}}{4 + \frac{24}{s}} = 3$$   답 ③

**63** 대칭 $n$상 환상결선에서 선전류와 환상전류 사이의 위상차는 어떻게 되는가?

① $2\left(1 - \frac{2}{n}\right)$
② $\frac{n}{2}\left(1 - \frac{\pi}{2}\right)$
③ $\frac{\pi}{2}\left(1 - \frac{n}{2}\right)$
④ $\frac{\pi}{2}\left(1 - \frac{2}{n}\right)$

**풀이**
- 성형 결선 : 대칭 $n$상에서 선간전압은 상전압보다 $\frac{\pi}{2}\left(1 - \frac{2}{n}\right)$[rad]만큼 위상이 앞선다.
- 환상 결선 : 대칭 $n$상에서 선전류는 상전류보다 $\frac{\pi}{2}\left(1 - \frac{2}{n}\right)$[rad]만큼 위상이 뒤진다.   답 ④

**64** $V_a$, $V_b$, $V_c$를 3상 불평형 전압이라 하면 정상(正相)전압[V]은?
(단, $a = -\frac{1}{2} + j\frac{\sqrt{3}}{2}$이다.)

① $3(V_a + V_b + V_c)$
② $\frac{1}{3}(V_a + V_b + V_c)$
③ $\frac{1}{3}(V_a + a^2 V_b + a V_c)$
④ $\frac{1}{3}(V_a + a V_b + a^2 V_c)$

**풀이**
- 영상 전압 $V_0 = \frac{1}{3}(V_a + V_b + V_c)$
- 정상 전압 $V_1 = \frac{1}{3}(V_a + a V_b + a^2 V_c)$
- 역상 전압 $V_2 = \frac{1}{3}(V_a + a^2 V_b + a V_c)$   답 ④

**65** 그림에서 4단자 회로 정수 A, B, C, D 중 출력 단자 3, 4가 개방되었을 때의 $\frac{V_1}{V_2}$인 A의 값은?

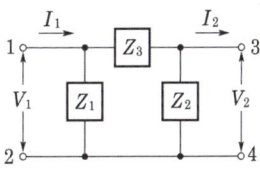

① $1 + \frac{Z_2}{Z_1}$    ② $1 + \frac{Z_3}{Z_2}$
③ $1 + \frac{Z_2}{Z_3}$    ④ $\frac{Z_1 + Z_2 + Z_3}{Z_1 Z_3}$

**풀이**  $Z_2$에서의 전압  $V_2 = \dfrac{Z_2}{Z_2+Z_3}V_1$

$$\therefore A = \dfrac{V_1}{V_2}\bigg|_{I_2=0} = \dfrac{V_1}{\dfrac{Z_2}{Z_2+Z_3}V_1} = \dfrac{Z_2+Z_3}{Z_2}$$

$$= 1+\dfrac{Z_3}{Z_2}$$

답 ②

**66** $R=1[\text{k}\Omega]$, $C=1[\mu\text{F}]$가 직렬접속된 회로에 스텝(구형파)전압 10[V]를 인가하는 순간 커패시터 $C$에 걸리는 최대전압[V]은?

① 0　　　　② 3.72
③ 6.32　　　④ 10

**풀이** 커패시터는 전압이 불연속적으로 급변할 수 없으므로 인가하는 순간의 전압은 0이 된다.　　답 ①

**67** 저항 $R=6[\Omega]$과 유도리액턴스 $X_L=8[\Omega]$이 직렬로 접속된 회로에서 $v=200\sqrt{2}\sin\omega t\,[\text{V}]$인 전압을 인가하였다. 이 회로의 소비되는 전력[kW]은?

① 1.2　　　　② 2.2
③ 2.4　　　　④ 3.2

**풀이** $RL$ 직렬회로에서 전류

$I=\dfrac{V}{Z}=\dfrac{V}{\sqrt{R^2+X^2}}[\text{A}]$이므로

전력 $P=I^2R=\left(\dfrac{V}{\sqrt{R^2+X^2}}\right)^2 R = \dfrac{V^2 R}{R^2+X^2}$

$=\dfrac{200^2\times 6}{6^2+8^2}=2400[\text{W}]=2.4[\text{kW}]$　답 ③

**68** 어느 소자에 전압 $e=125\sin 377t\,[\text{V}]$를 가했을 때 전류 $i=50\cos 377t\,[\text{A}]$가 흘렀다. 이 회로의 소자는 어떤 종류인가?

① 순저항
② 용량 리액턴스
③ 유도 리액턴스
④ 저항과 유도 리액턴스

**풀이** 순시전압 $v=V_m\sin\omega t\,[\text{V}]$를 인가할 때의 회로해석

| 소자 | 순시전류 | 위상 |
|---|---|---|
| $R$만의 회로 | $i=\dfrac{V_m}{R}\sin\omega t\,[\text{A}]$ | 동상(전류와 전압의 위상이 같다.) |
| $L$만의 회로 | $i_L=\dfrac{V_m}{\omega L}\sin\left(\omega t-\dfrac{\pi}{2}\right)[\text{A}]$ | 지상(전류가 전압보다 90° 뒤진다.) |
| $C$만의 회로 | $i_C=\omega CV_m\sin\left(\omega t+\dfrac{\pi}{2}\right)[\text{A}]$ | 진상(전류가 전압보다 90° 앞선다.) |

$i=50\cos 377t=50\sin(377t+90°)[\text{A}]$
즉, 전류가 전압보다 위상이 90° 앞선 진상전류가 흐르므로 용량 리액턴스이다.　답 ②

**69** 기전력 3[V], 내부저항 0.5[$\Omega$]의 전지 9개가 있다. 이것을 3개씩 직렬로 하여 3조 병렬 접속한 것에 부하저항 1.5[$\Omega$]을 접속하면 부하전류[A]는?

① 2.5　　　　② 3.5
③ 4.5　　　　④ 5.5

**풀이** ① 동일한 크기의 저항 $r$을 $n$개 연결하였을 경우 합성저항
　• 직렬연결 : $n\cdot r$　• 병렬연결 : $\dfrac{r}{n}$

② 전지 내부 합성저항 $R_0=\dfrac{0.5\times 3}{3}=0.5[\Omega]$

부하저항까지 포함한 전체합성저항
$R=0.5+1.5=2[\Omega]$

따라서 부하전류 $I=\dfrac{V}{R}=\dfrac{9}{2}=4.5[\text{A}]$

(전지의 기전력은 $3\times 3=9[\text{V}]$)　답 ③

**70** 정격전압에서 1[kW]의 전력을 소비하는 저항에 정격의 80[%]의 전압을 가할 때의 전력[W]은?

① 340　　　　② 540
③ 640　　　　④ 740

**풀이** 전력 $P=\dfrac{V^2}{R}\propto V^2$이므로

80[%]의 전압을 가할 때의 전력을 $P'$이라고 하면

$\dfrac{P}{P'}=\dfrac{V^2}{(0.8V)^2}$

$\therefore P'=0.64P=0.64\times 1=0.64[\text{kW}]$
$\quad=640[\text{W}]$　답 ③

**71** $\dfrac{E_o(s)}{E_i(s)} = \dfrac{1}{s^2+3s+1}$ 의 전달함수를 미분방정식으로 표시하면?
(단, $\mathcal{L}^{-1}[E_o(s)] = e_o(t)$, $\mathcal{L}^{-1}[E_i(s)] = e_i(t)$이다.)

① $\dfrac{d^2}{dt^2}e_i(t) + 3\dfrac{d}{dt}e_i(t) + e_i(t) = e_o(t)$

② $\dfrac{d^2}{dt^2}e_o(t) + 3\dfrac{d}{dt}e_o(t) + e_o(t) = e_i(t)$

③ $\dfrac{d^2}{dt^2}e_i(t) + 3\dfrac{d}{dt}e_i(t) + \int e_i(t)dt = e_o(t)$

④ $\dfrac{d^2}{dt^2}e_o(t) + 3\dfrac{d}{dt}e_o(t) + \int e_o(t)dt = e_i(t)$

**풀이**
$\dfrac{E_o(s)}{E_i(s)} = \dfrac{1}{s^2+3s+1}$
$E_i(s) = s^2 E_o(s) + 3s E_o(s) + E_o(s)$
$\therefore e_i(t) = \dfrac{d^2}{dt^2}e_o(t) + 3\dfrac{d}{dt}e_o(t) + e_o(t)$  **답** ②

**72** $e = 200\sqrt{2}\sin\omega t + 150\sqrt{2}\sin 3\omega t + 100\sqrt{2}\sin 5\omega t [V]$인 전압을 $R-L$ 직렬회로에 가할 때에 제3고조파 전류의 실효값은 몇 [A]인가?
(단, $R=8[\Omega]$, $\omega L=2[\Omega]$이다.)

① 5  ② 8
③ 10  ④ 15

**풀이** 고조파의 유도 리액턴스는 주파수에 비례한다.
$X_L = n\omega L[\Omega]$ (여기서 $n$은 고조파 차수)
따라서 제3고조파 전류
$I_3 = \dfrac{V_3}{Z_3} = \dfrac{V_3}{\sqrt{R^2+(3\omega L)^2}} = \dfrac{150}{\sqrt{8^2+(3\times2)^2}}$
$= 15[A]$  **답** ④

**73** 대칭 3상 Y결선에서 선간전압이 $200\sqrt{3}[V]$이고 각 상의 임피던스가 $30+j40[\Omega]$의 평형 부하일 때 선전류[A]는?

① 2  ② $2\sqrt{3}$
③ 4  ④ $4\sqrt{3}$

**풀이** Y결선에서 $V_l = \sqrt{3}V_p$, $I_l = I_p$이므로
$I_l = I_p = \dfrac{V_p}{Z} = \dfrac{200}{\sqrt{30^2+40^2}} = 4[A]$

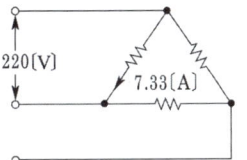

**답** ③

**74** 3상 회로에 △결선된 평형 순저항 부하를 사용하는 경우 선간전압 220[V], 상전류가 7.33[A]라면 1상의 부하저항은 약 몇 [Ω]인가?

① 80  ② 60  ③ 45  ④ 30

**풀이** 부하 1상의 임피던스 $= \dfrac{\text{상전압}}{\text{상전류}} = \dfrac{220}{7.33} = 30[\Omega]$

**답** ④

**75** 두 대의 전력계를 사용하여 3상 평형 부하의 역률을 측정하려고 한다. 전력계의 지시가 각각 $P_1[W]$, $P_2[W]$라고 할 때 이 회로의 역률은?

① $\dfrac{\sqrt{P_1+P_2}}{P_1+P_2}$

② $\dfrac{P_1+P_2}{P_1^2+P_2^2-2P_1P_2}$

③ $\dfrac{2(P_1+P_2)}{\sqrt{P_1^2+P_2^2-P_1P_2}}$

④ $\dfrac{P_1+P_2}{2\sqrt{P_1^2+P_2^2-P_1P_2}}$

**풀이** 2전력계법
- 피상전력 $P_a = 2\sqrt{P_1^2+P_2^2-P_1P_2}[VA]$
- 유효전력 $P = P_1+P_2[W]$
- 무효전력 $Q = \sqrt{3}(P_1-P_2)[Var]$
- 역률 $\cos\phi = \dfrac{P_1+P_2}{2\sqrt{P_1^2+P_2^2-P_1\times P_2}}$  **답** ④

**76** $t=0$에서 스위치 S를 닫았을 때 정상 전류값 [A]은?

① 1
② 2.5
③ 3.5
④ 7

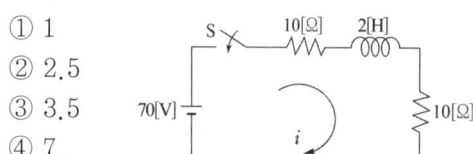

**풀이** 정상상태의 전류값은 $t=\infty$일 때이므로 $R-L$ 직렬 회로에서의 정상전류 $i_s$는

$$i_s = \frac{E}{R}\left(1-e^{-\frac{R}{L}t}\right) = \frac{70}{20}\left(1-e^{-\frac{20}{2}\times\infty}\right) = 3.5[\text{A}]$$

답 ③

**77** $L$형 4단자 회로망에서 4단자 정수가 $B=\frac{5}{3}$, $C=1$이고, 영상임피던스 $Z_{01} = \frac{20}{3}[\Omega]$일 때 영상임피던스 $Z_{02}[\Omega]$의 값은?

① 4
② $\frac{1}{4}$
③ $\frac{100}{9}$
④ $\frac{9}{100}$

**풀이** $Z_{01} \cdot Z_{02} = \frac{B}{C}$이므로

$$\therefore Z_{02} = \frac{B}{C \cdot Z_{01}} = \frac{\frac{5}{3}}{1 \times \frac{20}{3}} = \frac{1}{4}[\Omega]$$

답 ②

**78** 다음과 같은 회로에서 a, b 양단의 전압은 몇 [V]인가?

① 1
② 2
③ 2.5
④ 3.5

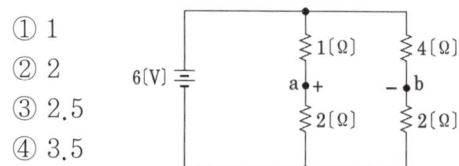

**풀이** a, b 양단의 전압은 1[Ω]과 4[Ω]에서의 전압차와 같으므로 전압분배 법칙을 적용하여 구하면 다음과 같다.

$$V_a = \frac{1}{1+2}\times 6 = 2[\text{V}], \ V_b = \frac{4}{4+2}\times 6 = 4[\text{V}]$$

$$\therefore V_{ab} = 4-2 = 2[\text{V}]$$

답 ②

**79** 저항 $R_1[\Omega]$, $R_2[\Omega]$ 및 인덕턴스 $L[\text{H}]$이 직렬로 연결되어 있는 회로의 시정수[s]는?

① $\frac{R_1+R_2}{L}$
② $\frac{L}{R_1+R_2}$
③ $-\frac{R_1+R_2}{L}$
④ $-\frac{L}{R_1+R_2}$

**풀이** $R_1 + R_2$를 $R$이라 하면 $R-L$ 직렬 회로와 같다.

$$\therefore \tau = \frac{L}{R} = \frac{L}{R_1+R_2}[\text{s}]$$

답 ②

**80** $F(s) = \frac{s}{s^2+\pi^2} \cdot e^{-2s}$ 함수를 시간추이정리에 의해서 역변환하면?

① $\sin\pi(t+a) \cdot u(t+a)$
② $\sin\pi(t-2) \cdot u(t-2)$
③ $\cos\pi(t+a) \cdot u(t+a)$
④ $\cos\pi(t-2) \cdot u(t-2)$

**풀이** $\mathcal{L}^{-1}\left[\frac{s}{s^2+\pi^2}\right] = \cos\pi t$,

$\mathcal{L}^{-1}[e^{-as}F(s)] = f(t-a) \cdot u(t-a)$이므로, 시간 추이 정리에 의해서 역변환하면

$$\mathcal{L}^{-1}[F(s)] = f(t) = \cos\pi(t-2) \cdot u(t-2)$$

답 ④

### 2019년 - 2회 _ 전기산업기사·공사산업기사

**61** $f(t) = e^{-t} + 3t^2 + 3\cos 2t + 5$의 라플라스 변환식은?

① $\frac{1}{s+1} + \frac{6}{s^2} + \frac{3s}{s^2+5} + \frac{5}{s}$
② $\frac{1}{s+1} + \frac{6}{s^3} + \frac{3s}{s^2+4} + \frac{5}{s}$
③ $\frac{1}{s+1} + \frac{5}{s^2} + \frac{3s}{s^2+5} + \frac{4}{s}$
④ $\frac{1}{s+1} + \frac{5}{s^3} + \frac{2s}{s^2+4} + \frac{4}{s}$

**풀이**
$$F(s) = \mathcal{L}[f(t)] = \mathcal{L}[e^{-t} + 3t^2 + 3\cos 2t + 5]$$
$$= \mathcal{L}[e^{-t}] + \mathcal{L}[3t^2] + \mathcal{L}[3\cos 2t] + \mathcal{L}[5]$$
$$\mathcal{L}[e^{-t}] = \frac{1}{s+1}, \quad \mathcal{L}[3t^2] = \frac{3 \times 2!}{s^{2+1}} = \frac{6}{s^3}$$
$$\mathcal{L}[3\cos 2t] = \frac{3s}{s^2 + 2^2} = \frac{3s}{s^2+4}, \quad \mathcal{L}[5] = \frac{5}{s}$$
$$\therefore F(s) = \frac{1}{s+1} + \frac{6}{s^3} + \frac{3s}{s^2+4} + \frac{5}{s} \quad \boxed{답}\ ②$$

**62** $RLC$ 직렬회로에서 $R = 100[\Omega]$, $L = 5[\text{mH}]$, $C = 2[\mu\text{F}]$일 때 이 회로는?
① 과제동이다.  ② 무제동이다.
③ 임계제동이다.  ④ 부족제동이다.

**풀이** 진동 여부의 판별식에서
$$\left(\frac{R}{2L}\right)^2 - \frac{1}{LC} = R^2 - 4\frac{L}{C} = 100^2 - 4 \times \frac{5 \times 10^{-3}}{2 \times 10^{-6}} = 0$$
이므로 임계제동이다. $\boxed{답}\ ③$

**63** 구형파의 파형률( ㉠ )과 파고율( ㉡ )은?
① ㉠ 1, ㉡ 0  ② ㉠ 1.11, ㉡ 1.414
③ ㉠ 1, ㉡ 1  ④ ㉠ 1.57, ㉡ 2

**풀이**

| | 구형파 | 3각파 | 정현파 | 정류파(전파) | 정류파(반파) |
|---|---|---|---|---|---|
| 파형률 | 1.0 | 1.15 | 1.11 | 1.11 | 1.57 |
| 파고율 | 1.0 | 1.732 | 1.414 | 1.414 | 2.0 |

$\boxed{답}\ ③$

**64** 그림과 같은 회로의 전압 전달함수 $G(s)$는?

① $\dfrac{RC}{s + \dfrac{1}{RC}}$

② $\dfrac{RC}{s + RC}$

③ $\dfrac{RC}{RCs + 1}$

④ $\dfrac{1}{RCs + 1}$

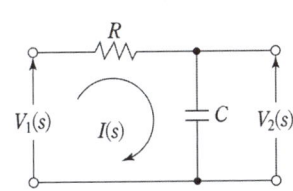

**풀이**
$$\begin{cases} v_1(t) = Ri(t) + \dfrac{1}{C}\int i(t)dt \\ v_2(t) = \dfrac{1}{C}\int i(t)dt \end{cases}$$
$$\begin{cases} V_1(s) = \left(R + \dfrac{1}{Cs}\right)I(s) \\ V_2(s) = \dfrac{1}{Cs}I(s) \end{cases}$$
$$\therefore G(s) = \frac{V_2(s)}{V_1(s)} = \frac{\dfrac{1}{Cs}}{R + \dfrac{1}{Cs}} = \frac{1}{RCs+1} \quad \boxed{답}\ ④$$

**65** 평형 3상 부하에 전력을 공급할 때 선전류가 20[A]이고 부하의 소비전력이 4[kW]이다. 이 부하의 등가 Y회로에 대한 각 상의 저항은 약 몇 [Ω]인가?
① 3.3  ② 5.7
③ 7.2  ④ 10

**풀이** Y결선에서 유효전력 $P = 3I_p^2 R$
선전류($I_l$) = 상전류($I_p$)이므로
$$\therefore R = \frac{P}{3I_p^2} = \frac{4 \times 10^3}{3 \times 20^2} = \frac{10}{3} \fallingdotseq 3.3[\Omega] \quad \boxed{답}\ ①$$

**66** $RL$ 직렬회로에서 시정수의 값이 클수록 과도현상은 어떻게 되는가?
① 없어진다.  ② 짧아진다.
③ 길어진다.  ④ 변화가 없다.

**풀이** $R-L$ 직렬 회로에서 직류 전압 인가 시
$$i(t) = \frac{E}{R}\left(1 - e^{-\frac{R}{L}t}\right) = \frac{E}{R}\left(1 - e^{-\frac{1}{\tau}t}\right)$$
즉, 시정수 $\tau$가 커지면 $e^{-\frac{1}{\tau}t}$의 값이 증가하므로 과도상태는 길어진다. $\boxed{답}\ ③$

**67** 3상 평형회로에서 선간전압이 200[V]이고 각 상의 임피던스가 $24 + j7[\Omega]$인 Y결선 3상 부하의 유효전력은 약 몇 [W]인가?
① 192  ② 512
③ 1536  ④ 4608

**풀이** Y결선 시 상전압($V_p$)은 선간전압($V_l$)의 $\frac{1}{\sqrt{3}}$ 배이므로

상전류 $I_p = \frac{V_p}{Z_p} = \frac{\frac{V_l}{\sqrt{3}}}{Z_p} = \frac{\frac{200}{\sqrt{3}}}{\sqrt{24^2+7^2}}$

$= \frac{200}{25\sqrt{3}}$ [A]

$\therefore P = 3I_p^2 R = 3 \times \left(\frac{200}{25\sqrt{3}}\right)^2 \times 24$
$= 1536$ [W]  **답** ③

**68** 그림과 같은 회로의 영상 임피던스 $Z_{01}$, $Z_{02}$ [Ω]은 각각 얼마인가?

① 9, 5
② 6, $\frac{10}{3}$
③ 4, 5
④ 4, $\frac{20}{9}$

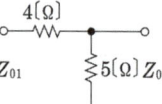

**풀이**
$\begin{bmatrix} A & B \\ C & D \end{bmatrix} = \begin{bmatrix} 1 & 4 \\ 0 & 1 \end{bmatrix} \begin{bmatrix} 1 & 0 \\ \frac{1}{5} & 1 \end{bmatrix} = \begin{bmatrix} 1+\frac{4}{5} & 4 \\ \frac{1}{5} & 1 \end{bmatrix}$

즉 $A = 1+\frac{4}{5} = \frac{9}{5}$, $B=4$, $C=\frac{1}{5}$, $D=1$이므로

$\therefore Z_{01} = \sqrt{\frac{AB}{CD}} = \sqrt{\frac{\frac{9}{5} \times 4}{\frac{1}{5} \times 1}} = 6$ [Ω]

$\therefore Z_{02} = \sqrt{\frac{BD}{AC}} = \sqrt{\frac{4 \times 1}{\frac{9}{5} \times \frac{1}{5}}} = \frac{10}{3}$ [Ω]  **답** ②

**69** 기본파의 60[%]인 제3고조파와 80[%]인 제5고조파를 포함하는 전압의 왜형률은?

① 0.3
② 1
③ 5
④ 10

**풀이** 왜형률 = $\frac{\text{각 고조파의 실효값의 합}}{\text{기본파의 실효값}}$

$= \frac{\sqrt{V_3^2 + V_5^2}}{V_1} = \sqrt{\left(\frac{V_3}{V_1}\right)^2 + \left(\frac{V_5}{V_1}\right)^2}$

$= \sqrt{0.6^2 + 0.8^2} = 1$  **답** ②

**70** $e_1 = 6\sqrt{2}\sin\omega t$ [V], $e_2 = 4\sqrt{2}\sin(\omega t - 60°)$ [V]일 때 $e_1 - e_2$의 실효값 [V]은?

① 4
② $2\sqrt{2}$
③ $2\sqrt{7}$
④ $2\sqrt{13}$

**풀이** $e_1 = 6∠0°$, $e_2 = 4∠-60°$

$\therefore e_1 - e_2 = 6 - 4(\cos60° - j\sin60°)$
$= 6 - 4 \times \left(\frac{1}{2} - j\frac{\sqrt{3}}{2}\right)$
$= 4 + j2\sqrt{3} = \sqrt{4^2 + (2\sqrt{3})^2}$
$= 2\sqrt{7}$ [V]  **답** ③

**71** 대칭 6상 전원이 있다. 환상결선으로 각 전원이 150[A]의 전류를 흘린다고 하면 선전류는 몇 [A]인가?

① 50
② 75
③ $\frac{150}{\sqrt{3}}$
④ 150

**풀이** $I_l = 2I_p \sin\frac{\pi}{n} = 2 \times 150 \times \sin\frac{\pi}{6} = 150$ [A]  **답** ④

**72** $f(t) = e^{at}$의 라플라스 변환은?

① $\frac{1}{s-a}$
② $\frac{1}{s+a}$
③ $\frac{1}{s^2-a^2}$
④ $\frac{1}{s^2+a^2}$

**풀이** 복소 추이 정리에 의해서

$\mathcal{L}[1 \cdot e^{at}] = \frac{1}{s}\bigg|_{s=s-a} = \frac{1}{s-a}$  **답** ①

**73** 1상의 직렬 임피던스가 $R=6$ [Ω], $X_L=8$ [Ω]인 △결선의 평형부하가 있다. 여기에 선간전압 100[V]인 대칭 3상 교류전압을 가하면 선전류는 몇 [A]인가?

① $3\sqrt{3}$
② $\frac{10\sqrt{3}}{3}$
③ 10
④ $10\sqrt{3}$

**풀이** ① △결선 시 선간전압($V_l$)과 상전압($V_p$)은 같다.

상전류 $I_p = \dfrac{V_p}{Z} = \dfrac{V_l}{\sqrt{R^2+X^2}} = \dfrac{100}{\sqrt{6^2+8^2}} = 10[A]$

② △결선 시 선전류($I_l$)는 상전류($I_p$)의 $\sqrt{3}$ 이다.
따라서 선전류 $I_l = \sqrt{3}\,I_p = 10\sqrt{3}\,[A]$ **답** ④

**74** 그림의 회로에서 전류 $I$는 약 몇 [A]인가? (단, 저항의 단위는 [Ω]이다.)

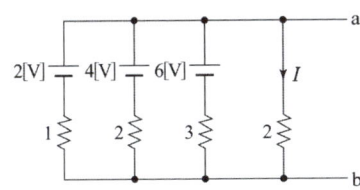

① 1.125    ② 1.29
③ 6    ④ 7

**풀이** 밀만의 정리를 적용하면

$V_{ab} = \dfrac{\dfrac{2}{1}+\dfrac{4}{2}+\dfrac{6}{3}}{\dfrac{1}{1}+\dfrac{1}{2}+\dfrac{1}{3}+\dfrac{1}{2}} = 2.57[V]$

$\therefore I = \dfrac{2.57}{2} ≒ 1.29[V]$ **답** ②

**75** $Z(s) = \dfrac{2s+3}{s}$ 로 표시되는 2단자 회로망은?

① ─MM─ 2[Ω] ─∥─ $\dfrac{1}{3}$[F]─
② ─⨀⨀─ 2[H] ─MM─ 3[Ω]─
③ ─MM─ 2[Ω] ─⨀⨀─ 3[H]─
④ ─∥─ 3[F] ─MM─ 2[Ω]─

**풀이** $Z(s) = \dfrac{2s+3}{s} = 2 + \dfrac{3}{s} = 2 + \dfrac{1}{\dfrac{1}{3}s}$

따라서 저항 2[Ω]과 콘덴서 $\dfrac{1}{3}$[F]의 직렬 회로이다.

**답** ①

**76** $i = 20\sqrt{2}\sin(377t - \dfrac{\pi}{6})$의 주파수는 약 몇 [Hz]인가?

① 50    ② 60    ③ 70    ④ 80

**풀이** 순시전류 $i = \sqrt{2}\,I\sin(\omega t - \theta)$
$= 20\sqrt{2}\sin(377t - \dfrac{\pi}{6})[A]$이므로
$\omega t = 377t$ 이다.
$\omega = 2\pi f = 377$
$\therefore f = \dfrac{377}{2\pi} = 60[Hz]$ **답** ②

**77** a-b 단자의 전압이 $50\angle 0°[V]$, a-b단자에서 본 능동 회로망($N$)의 임피던스가 $Z = 6+j8$ [Ω]일 때, a-b 단자에 임피던스 $Z' = 2-j2$ [Ω]를 접속하면 이 임피던스에 흐르는 전류 [A]는?

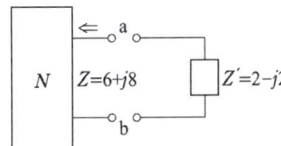

① $3-j4$    ② $3+j4$
③ $4-j3$    ④ $4+j3$

**풀이** $\dot{I} = \dfrac{V}{Z+Z'} = \dfrac{50}{6+j8+2-j2} = \dfrac{50}{8+j6}$
$= \dfrac{50(8-j6)}{(8+j6)(8-j6)} = 4-j3[A]$ **답** ③

**78** 그림과 같은 평형 3상 Y결선에서 각 상이 8[Ω]의 저항과 6[Ω]의 리액턴스가 직렬로 연결된 부하에 선간전압 $100\sqrt{3}$ [V]가 공급되었다. 이때 선전류는 몇 [A]인가?

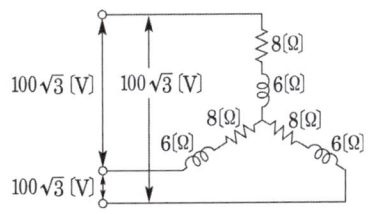

① 5    ② 10    ③ 15    ④ 20

**풀이** Y결선에서의 선전류($I_l$)는 상전류($I_p$)와 같으므로

$$I_l = I_p = \frac{E_p}{Z} = \frac{\frac{100\sqrt{3}}{\sqrt{3}}}{\sqrt{8^2+6^2}} = \frac{100}{10} = 10[A]$$ **답** ②

**79** $F(s) = \dfrac{2}{(s+1)(s+3)}$ 의 역라플라스 변환은?

① $e^{-t} - e^{-3t}$  ② $e^{-t} - e^{3t}$
③ $e^{t} - e^{3t}$   ④ $e^{t} - e^{-3t}$

**풀이** $F(s) = \dfrac{2}{(s+1)(s+3)} = \dfrac{A}{s+1} + \dfrac{B}{s+3}$

$A = \dfrac{2}{s+3}\bigg|_{s=-1} = \dfrac{2}{2} = 1$,

$B = \dfrac{2}{s+1}\bigg|_{s=-3} = \dfrac{2}{-2} = -1$이므로

$F(s) = \dfrac{1}{s+1} - \dfrac{1}{s+3}$

$\therefore \mathcal{L}^{-1}(F(s)) = e^{-t} - e^{-3t}$ **답** ①

**80** 인덕턴스가 각각 5[H], 3[H]인 두 코일을 모두 dot 방향으로 전류가 흐르게 직렬로 연결하고 인덕턴스를 측정하였더니 15[H]이었다. 두 코일간의 상호 인덕턴스[H]는?

① 3.5    ② 4.5
③ 7     ④ 9

**풀이**

두 코일 모두 dot 방향으로 전류가 흐르므로
합성인덕턴스 $L = L_1 + L_2 + 2M$이다.
따라서 상호인덕턴스
$M = \dfrac{L - L_1 - L_2}{2} = \dfrac{15 - 5 - 3}{2} = 3.5[H]$ **답** ①

## 2019년 3회 _ 전기산업기사

**61** 전달함수 출력(응답)식 $C(s) = G(s)R(s)$에서 입력함수 $R(s)$를 단위 임펄스 $\delta(t)$로 인가할 때 이 계의 출력은?

① $C(s) = G(s)\delta(s)$   ② $C(s) = \dfrac{G(s)}{\delta(s)}$
③ $C(s) = \dfrac{G(s)}{s}$    ④ $C(s) = G(s)$

**풀이** $r(t) = \delta(t)$를 라플라스 변환하면
$R(s) = \mathcal{L}[r(t)] = \mathcal{L}[\delta(t)] = 1$
$\therefore C(s) = G(s)R(s) = G(s) \times 1 = G(s)$ **답** ④

**62** 단자 a와 b 사이에 전압 30[V]를 가했을 때 전류 $I$가 3[A] 흘렀다고 한다. 저항 $r[\Omega]$은 얼마인가?

① 5
② 10
③ 15
④ 20

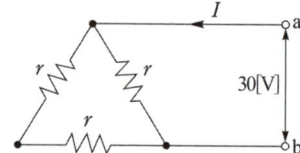

**풀이** 합성저항 $R = \dfrac{r \cdot 2r}{r + 2r} = \dfrac{2}{3}r$

전압 $V = IR = 3 \times \dfrac{2}{3}r = 2r = 30[V]$이므로

따라서 저항 $r = \dfrac{30}{2} = 15[\Omega]$ **답** ③

**63** 3상 불평형 전압에서 불평형률은?

① $\dfrac{\text{영상전압}}{\text{정상전압}} \times 100[\%]$

② $\dfrac{\text{역상전압}}{\text{정상전압}} \times 100[\%]$

③ $\dfrac{\text{정상전압}}{\text{역상전압}} \times 100[\%]$

④ $\dfrac{\text{정상전압}}{\text{영상전압}} \times 100[\%]$

**풀이** 불평형률 $= \dfrac{\text{역상분}}{\text{정상분}} \times 100[\%]$ **답** ②

**64** 다음과 같은 4단자 회로에서 영상 임피던스 [Ω]는?

① 200
② 300
③ 450
④ 600

**풀이**
- 영상 임피던스 $Z_{01} = \sqrt{\dfrac{AB}{CD}}$
- 대칭 T형 회로에서는 $A = D$이므로
  $Z_{01} = \sqrt{\dfrac{B}{C}}$ 이다.
- $C = \dfrac{1}{450}$
- $B = \dfrac{R_1 R_3 + R_1 R_2 + R_2 R_3}{R_3}$
  $= \dfrac{300 \times 450 + 300 \times 300 + 300 \times 450}{450} = 800$

∴ $Z_{01} = \sqrt{\dfrac{B}{C}} = \sqrt{\dfrac{800}{1/450}} = 600[\Omega]$   답 ④

**65** 전압과 전류가 각각

$v = 141.4 \sin\left(377t + \dfrac{\pi}{3}\right)$[V],

$i = \sqrt{8} \sin\left(377t + \dfrac{\pi}{6}\right)$[A]인

회로의 소비(유효)전력은 약 몇 [W]인가?

① 100     ② 173
③ 200     ④ 344

**풀이** 유효전력

$P = \dfrac{V_m}{\sqrt{2}} \times \dfrac{I_m}{\sqrt{2}} \cos\theta$

$= \dfrac{141.4 \times \sqrt{8}}{2} \times \cos\left(\dfrac{\pi}{3} - \dfrac{\pi}{6}\right) = 173$[W]   답 ②

**66** 저항 1[Ω]과 인덕턴스 1[H]를 직렬로 연결한 후 60[Hz], 100[V]의 전압을 인가할 때 흐르는 전류의 위상은 전압의 위상보다 어떻게 되는가?

① 뒤지지만 90° 이하이다.
② 90° 늦다.
③ 앞서지만 90° 이하이다.
④ 90° 빠르다.

**풀이** $R-L$ 직렬 회로에서 전류

$I = \dfrac{E}{Z} \angle -\theta \ (\theta \leq 90°)$   답 ①

**67** 어떤 정현파 교류전압의 실효값이 314[V]일 때 평균값은 약 몇 [V]인가?

① 142     ② 283
③ 365     ④ 382

**풀이**

| 파 형 | 정현파 | 정현반파 | 삼각파 | 구형반파 | 구형파 |
|---|---|---|---|---|---|
| 평균값 | $\dfrac{2V_m}{\pi}$ | $\dfrac{V_m}{\pi}$ | $\dfrac{V_m}{2}$ | $\dfrac{V_m}{2}$ | $V_m$ |

따라서 정현파 교류전압의 평균값

$= \dfrac{2V_m}{\pi} = \dfrac{2\sqrt{2}\,V}{\pi} = \dfrac{2\sqrt{2} \times 314}{\pi} \fallingdotseq 283$[V]   답 ②

**68** 평형 3상 저항 부하가 3상 4선식 회로에 접속되어 있을 때 단상 전력계를 그림과 같이 접속하였더니 그 지시 값이 $W$[W]이었다. 이 부하의 3상 전력[W]은?

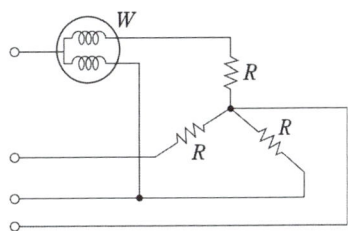

① $\sqrt{2}\,W$     ② $2W$
③ $\sqrt{3}\,W$     ④ $3W$

**풀이** Y결선이므로 부하전류 $I_1$은 상전압 $E_1$과 동상이 되지만 선간전압 $E_{12}$와는 30° 위상차가 있다.

$W = E_{12} I_1 \cos 30° = \dfrac{\sqrt{3}}{2} E_{12} \cdot I_1$

$E_{12} \cdot I_1 = \dfrac{2W}{\sqrt{3}}$

따라서 부하 전력

$P = \sqrt{3}\,E_{12} \cdot I_1 = \sqrt{3} \times \dfrac{2W}{\sqrt{3}} = 2W$[W]   답 ②

**69** 그림과 같은 $RC$ 직렬회로에 $t=0$에서 스위치 S를 닫아 직류 전압 100[V]를 회로의 양단에 인가하면 시간 $t$에서의 충전전하는? (단, $R=10[\Omega]$, $C=0.1[F]$이다.)

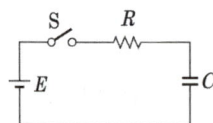

① $10(1-e^{-t})$   ② $-10(1-e^{t})$
③ $10e^{-t}$   ④ $-10e^{t}$

**풀이** $q = CE\left(1-e^{-\frac{1}{RC}t}\right) = 0.1 \times 100\left(1-e^{-\frac{1}{10 \times 0.1}t}\right)$
$= 10(1-e^{-t})[C]$   **답** ①

**70** 다음 두 회로의 4단자 정수 $A, B, C, D$가 동일할 조건은?

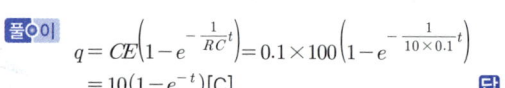

① $R_1=R_2,\ R_3=R_4$
② $R_1=R_3,\ R_2=R_4$
③ $R_1=R_4,\ R_2=R_3=0$
④ $R_2=R_3,\ R_1=R_4=0$

**풀이** ①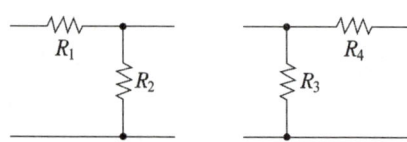

$\begin{bmatrix} A & B \\ C & D \end{bmatrix} = \begin{bmatrix} 1 & R_1 \\ 0 & 1 \end{bmatrix}\begin{bmatrix} 1 & 0 \\ \frac{1}{R_2} & 1 \end{bmatrix} = \begin{bmatrix} 1+\frac{R_1}{R_2} & R_1 \\ \frac{1}{R_2} & 1 \end{bmatrix}$

②

$\begin{bmatrix} A & B \\ C & D \end{bmatrix} = \begin{bmatrix} 1 & 0 \\ \frac{1}{R_3} & 1 \end{bmatrix}\begin{bmatrix} 1 & R_4 \\ 0 & 1 \end{bmatrix} = \begin{bmatrix} 1 & R_4 \\ \frac{1}{R_3} & 1+\frac{R_4}{R_3} \end{bmatrix}$

∴ $R_2=R_3,\ R_1=R_4=0$   **답** ④

**71** Y결선된 대칭 3상 회로에서 전원 한 상의 전압이 $V_a=220\sqrt{2}\sin\omega t[V]$일 때 선간전압의 실효값 크기는 약 몇 [V]인가?

① 220   ② 310
③ 380   ④ 540

**풀이** Y결선시 선간 전압($V_l$)은 상전압($V_p$)의 $\sqrt{3}$ 배이므로
∴ $V_l = \sqrt{3}\,V_p = \sqrt{3} \times 220 ≒ 380[V]$   **답** ③

**72** 전압이 $v=10\sin 10t+20\sin 20t[V]$이고 전류가 $i=20\sin 10t+10\sin 20t[A]$이면 소비(유효)전력[W]은?

① 400   ② 283
③ 200   ④ 141

**풀이** 비정현파의 유효전력 $P=\sum_{n=1}^{\infty}V_n I_n \cos\theta_n$ 에서
$P=\frac{10}{\sqrt{2}}\times\frac{20}{\sqrt{2}}\times\cos 0°+\frac{20}{\sqrt{2}}\times\frac{10}{\sqrt{2}}\times\cos 0°$
$=200[W]$   **답** ③

**73** $a+a^2$의 값은?
(단, $a=e^{j2\pi/3}=1\angle 120°$이다.)

① 0   ② $-1$
③ 1   ④ $a^3$

**풀이** $a=1\angle 120°$, $a^2=1\angle 240°$,
$a^3=1\angle 360°=1\angle 0°=1$
$a^2+a+1=0$   ∴ $a+a^2=-1$   **답** ②

**74** 평형 3상 Y결선 회로의 선간전압이 $V_l$, 상전압이 $V_p$, 선전류가 $I_l$, 상전류가 $I_p$일 때 다음의 수식 중 틀린 것은? (단, $P$는 3상 부하전력을 의미한다.)

① $V_l=\sqrt{3}\,V_p$
② $I_l=I_p$
③ $P=\sqrt{3}\,V_l I_l \cos\theta$
④ $P=\sqrt{3}\,V_p I_p \cos\theta$

**풀이** Y결선 및 △결선과의 비교

| 결선법 | 선간전압 ($V_l$) | 선전류 ($I_l$) | 출력 [W] |
|---|---|---|---|
| Y결선 | $\sqrt{3}\,V_p$ | $I_p$ | $\sqrt{3}\,V_l I_l \cos\theta$ |
| △결선 | $V_p$ | $\sqrt{3}\,I_p$ | $3V_p I_p \cos\theta$ |

여기서, $V_l$ : 선간 전압, $I_l$ : 선로 전류,
$V_p$ : 상전압, $I_p$ : 상전류   **답** ④

**75** 코일의 권수 $N=1000$회이고, 코일의 저항 $R=10[\Omega]$이다. 전류 $I=10[A]$를 흘릴 때 코일의 권수 1회에 대한 자속이 $\phi=3\times10^{-2}$ [Wb]이라면 이 회로의 시정수[s]는?

① 0.3   ② 0.4
③ 3.0   ④ 4.0

**풀이** 코일의 인덕턴스
$$L = \frac{N\phi}{I} = \frac{1000\times 3\times 10^{-2}}{10} = 3[H]$$
저항은 $R=10[\Omega]$ 이므로
따라서 시정수 $\tau = \frac{L}{R} = \frac{3}{10} = 0.3[s]$   **답** ①

**76** $\mathcal{L}[f(t)] = F(s) = \dfrac{5s+8}{5s^2+4s}$ 일 때, $f(t)$의 최종값 $f(\infty)$는?

① 1   ② 2
③ 3   ④ 4

**풀이** 최종값 정리
$$f(\infty) = \lim_{t\to\infty} f(t) = \lim_{s\to 0} sF(s)$$ 에 의해서
$$\lim_{t\to\infty} i(t) = \lim_{s\to 0} s\cdot I(s) = \lim_{s\to 0} s\cdot \frac{5s+8}{5s^2+4s}$$
$$= \lim_{s\to 0} s\cdot \frac{5s+8}{s(5s+4)}$$
$$= \lim_{s\to 0} \frac{5s+8}{5s+4} = \frac{8}{4} = 2$$   **답** ②

**77** 평형 3상 부하의 결선을 Y에서 △로 하면 소비전력은 몇 배가 되는가?

① 1.5   ② 1.73
③ 3   ④ 3.46

**풀이** • Y결선 시 한 상에 인가되는 전압은 선간전압의 $\dfrac{1}{\sqrt{3}}$ 이므로
$$P_Y = 3I^2 R = 3\left(\frac{\frac{V}{\sqrt{3}}}{R}\right)^2 R = \frac{V^2}{R}$$

• △결선 시 상전압은 선간전압과 같으므로
$$P_\triangle = 3I^2 R = 3\left(\frac{V}{R}\right)^2 R = 3\frac{V^2}{R}$$

$$\frac{P_Y}{P_\triangle} = \frac{\frac{V^2}{R}}{3\frac{V^2}{R}} = \frac{1}{3}$$

따라서 $P_\triangle = 3P_Y$   **답** ③

**78** 정현파 교류 $i = 10\sqrt{2}\sin\left(\omega t + \dfrac{\pi}{3}\right)$를 복소수의 극좌표 형식인 페이저(phasor)로 나타내면?

① $10\sqrt{2} \angle \dfrac{\pi}{3}$   ② $10\sqrt{2} \angle -\dfrac{\pi}{3}$
③ $10 \angle \dfrac{\pi}{3}$   ④ $10 \angle -\dfrac{\pi}{3}$

**풀이** $i = \sqrt{2}\,I\sin(\omega t + \theta) \to \dot{I} = I\angle\theta$ 이므로
$\therefore i = 10\sqrt{2}\sin\left(\omega t + \dfrac{\pi}{3}\right) \to 10\angle\dfrac{\pi}{3}$   **답** ③

**79** $V_1(s)$을 입력, $V_2(s)$를 출력이라 할 때 다음 회로의 전달함수는?
(단, $C_1=1[F]$, $L_1=1[H]$)

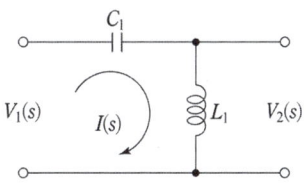

① $\dfrac{s}{s+1}$   ② $\dfrac{s^2}{s^2+1}$
③ $\dfrac{1}{s+1}$   ④ $1+\dfrac{1}{s}$

**풀이**
$$\begin{cases} V_1(s) = \left(\dfrac{1}{Cs} + Ls\right)I(s) \\ V_2(s) = LsI(s) \end{cases}$$

$$\therefore G(s) = \dfrac{V_2(s)}{V_1(s)} = \dfrac{Ls}{\dfrac{1}{Cs} + Ls} = \dfrac{LCs^2}{LCs^2 + 1}$$

$$= \dfrac{1 \times 1 \times s^2}{1 \times 1 \times s^2 + 1} = \dfrac{s^2}{s^2 + 1}$$

**답** ②

**80** $\dfrac{dx(t)}{dt} + 3x(t) = 5$ 의 라플라스 변환은?

(단, $x(0) = 0$, $X(s) = \mathcal{L}[x(t)]$)

① $X(s) = \dfrac{5}{s+3}$   ② $X(s) = \dfrac{3}{s(s+5)}$

③ $X(s) = \dfrac{3}{s+5}$   ④ $X(s) = \dfrac{5}{s(s+3)}$

**풀이** 초기값을 0으로 하고 라플라스 변환하면,

$$\{sX(s) - x(0)\} + 3X(s) = \dfrac{5}{s} \rightarrow (s+3)X(s) = \dfrac{5}{s}$$

$$\therefore X(s) = \dfrac{5}{s(s+3)}$$

**답** ④

## 2019년 4회 _ 공사산업기사

**61** 정현파 교류의 평균치에 어떠한 수를 곱하여 실효치를 얻을 수 있는가?

① $\dfrac{\pi}{2\sqrt{2}}$   ② $\dfrac{2}{\sqrt{3}}$

③ $\dfrac{\sqrt{3}}{2}$   ④ $\dfrac{2\sqrt{2}}{\pi}$

**풀이** 실효값을 $V$, 최댓값을 $V_m$, 평균값을 $V_{av}$라 하면

| 파 형 | 정현파 | 정현반파 | 삼각파 | 구형반파 | 구형파 |
|---|---|---|---|---|---|
| 실효값 | $\dfrac{V_m}{\sqrt{2}}$ | $\dfrac{V_m}{2}$ | $\dfrac{V_m}{\sqrt{3}}$ | $\dfrac{V_m}{\sqrt{2}}$ | $V_m$ |
| 평균값 | $\dfrac{2V_m}{\pi}$ | $\dfrac{V_m}{\pi}$ | $\dfrac{V_m}{2}$ | $\dfrac{V_m}{2}$ | $V_m$ |

$$V_{av} = \dfrac{2}{\pi}V_m \rightarrow V_m = \dfrac{\pi}{2}V_{av}$$

$$\therefore V = \dfrac{V_m}{\sqrt{2}} = \dfrac{1}{\sqrt{2}} \times \dfrac{\pi}{2}V_{av} = \dfrac{\pi}{2\sqrt{2}}V_{av}$$

**답** ①

**62** 그림의 T형 회로에 대한 4단자 정수 $A$, $B$, $C$, $D$로 틀린 것은?

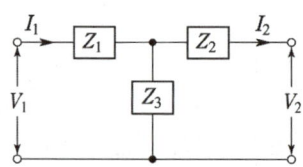

① $A = 1 + \dfrac{Z_1}{Z_3}$   ② $B = \dfrac{Z_1 Z_2}{Z_3} + Z_1 + Z_2$

③ $C = 1 + \dfrac{Z_3}{Z_2}$   ④ $D = 1 + \dfrac{Z_2}{Z_3}$

**풀이**

$$\begin{bmatrix} A & B \\ C & D \end{bmatrix} = \begin{bmatrix} 1 & Z_1 \\ 0 & 1 \end{bmatrix} \begin{bmatrix} 1 & 0 \\ \dfrac{1}{Z_3} & 1 \end{bmatrix} \begin{bmatrix} 1 & Z_2 \\ 0 & 1 \end{bmatrix}$$

$$= \begin{bmatrix} 1 + \dfrac{Z_1}{Z_3} & Z_1 \\ \dfrac{1}{Z_3} & 1 \end{bmatrix} \begin{bmatrix} 1 & Z_2 \\ 1 & 0 \end{bmatrix}$$

$$= \begin{bmatrix} 1 + \dfrac{Z_1}{Z_3} & \dfrac{Z_1 Z_2}{Z_3} + Z_1 + Z_2 \\ \dfrac{1}{Z_3} & 1 + \dfrac{Z_2}{Z_3} \end{bmatrix}$$

**답** ③

**63** 3상 회로에서 각 상전압이 $V_a = 60[V]$, $V_b = 0[V]$, $V_c = -10 + j120[V]$일 때, a상의 정상분 전압은 약 몇 [V]인가?

① $-13 - j24$   ② $16 + j40$
③ $56 - j17$   ④ $60 + j0$

**풀이**
$$V_1 = \dfrac{1}{3}(V_a + aV_b + a^2 V_c)$$

$$= \dfrac{1}{3}\left\{60 + \left(-\dfrac{1}{2} + j\dfrac{\sqrt{3}}{2}\right) \times 0\right.$$

$$\left. + \left(-\dfrac{1}{2} - j\dfrac{\sqrt{3}}{2}\right)(-10 + j120)\right\}$$

$$= \dfrac{1}{3}(168.92 - j51.34) \fallingdotseq 56 - j17 [A]$$

**답** ③

**64** 불평형 3상 회로 조건에서 영상분 회로(경로)가 존재하는 3상 변압기의 구성은?

① △-△ 결선의 3상 3선식
② △-Y 결선의 3상 3선식
③ Y-△ 결선의 3상 3선식
④ Y-Y 결선의 3상 4선식

**풀이** ① 영상분은 비대칭 3상 회로의 접지선, 중성선에 존재하며, 비대칭 3상 회로의 비접지식 회로에는 영상분이 존재하지 않는다.
② Y—Y결선의 3상 4선식은 중성점을 접지하므로 영상분이 존재한다. **답** ④

**65** 그림과 같은 커패시터 $C$의 초기 전압이 $V(0)$일 때 라플라스 변환에 의하여 $s$함수로 표현된 등가회로로 옳은 것은?

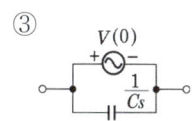

① $\frac{1}{Cs}$ $V(0)$
② $\frac{1}{Cs}$ $\frac{V(0)}{s}$
③ $V(0)$ $\frac{1}{Cs}$
④ $\frac{V(0)}{s}$ $\frac{1}{Cs}$

**풀이** $v(t) = \frac{1}{C}\int i(t)dt$

라플라스 변환하면
$$V(s) = \frac{1}{Cs}I(s) + \frac{1}{Cs}i^{-1}(0)$$

여기서, $i^{-1}(0)$는 초기 충전 전하이므로
$Q_0 = Cv(0)$

$$\therefore V(s) = \frac{1}{Cs}I(s) + \frac{V(0)}{s}$$ **답** ②

**66** 저항 $R = 5000[\Omega]$과, 커패시터 $C = 20[\mu F]$이 직렬로 접속된 회로에 일정전압 $V = 100$[V]를 연결하고 $t = 0$에서 스위치(S)를 넣을 때 커패시터 단자전압[V]은? (단, $t = 0$에서의 커패시터 전압은 0[V]이다.)

① $100(1 - e^{10t})$
② $100e^{10t}$
③ $100(1 - e^{-10t})$
④ $100e^{-10t}$

**풀이** 직류 전압 인가 시 전류 $i(t) = \frac{V}{R}e^{-\frac{1}{RC}t}$[A]이므로 콘덴서 양단의 전압 $v_c(t)$의 적분 구간을 0~$t$로 잡으면

$$v_c(t) = \frac{1}{C}\int_0^t i(t)dt = \frac{1}{C}\int_0^t \frac{V}{R} \cdot e^{-\frac{1}{RC}t}dt$$
$$= V\left(1 - e^{-\frac{1}{RC}t}\right)[V]$$
$$\therefore v_c(t) = 100\left(1 - e^{-\frac{1}{5000 \times 20 \times 10^{-6}}t}\right)$$
$$= 100(1 - e^{-10t})[V]$$ **답** ③

**67** 극좌표 형식으로 표현된 전류의 페이저가 각각
$I_1 = 10 \angle tan^{-1}\frac{4}{3}$[A],
$I_2 = 10 \angle tan^{-1}\frac{3}{4}$[A]이고,
$I = I_1 + I_2$ 일 때, $I$[A]는?

① $-2 + j2$
② $14 + j14$
③ $14 + j4$
④ $14 + j3$

**풀이** $\theta_1 = \tan^{-1}\frac{4}{3}$, $\theta_2 = \tan^{-1}\frac{3}{4}$이라면 그림과 같다.

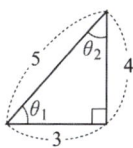

$I_1$과 $I_2$를 복소수로 변환하면
$I_1 = 10 \angle \theta_1 = 10(\cos\theta_1 + j\sin\theta_1)$
$= 10(\frac{3}{5} + j\frac{4}{5}) = 6 + j8$
$I_2 = 10 \angle \theta_2 = 10(\cos\theta_2 + j\sin\theta_2)$
$= 10(\frac{4}{5} + j\frac{3}{5}) = 8 + j6$
$\therefore I = I_1 + I_2 = 6 + j8 + 8 + j6 = 14 + j14$ **답** ②

**68** 30[Ω]의 저항과 40[Ω]의 유도성 리액턴스가 병렬로 연결되어 있다. 이 $RL$ 병렬회로에 $v(t) = 220\sqrt{2}\sin 377t$[V]의 전압을 인가할 때 흐르는 전류는 약 몇 [A]인가?

① $12.96\sin(377t - 36.87°)$
② $9.17\sin(377t - 36.87°)$
③ $12.96 \angle -36.87°$
④ $10.37 + j7.78$

**풀이** • 임피던스
$$Z = \frac{R \times jX_L}{R + jX_L} = \frac{30 \times j40}{30 + j40} = \frac{j12(30 - j40)}{(30 + j40)(30 - j40)}$$
$$= 24[\Omega]$$

• 위상차
$$\theta = \tan^{-1}\frac{R}{X_L} = \tan^{-1}\frac{30}{40} = 36.87°$$

따라서 전류
$$i = \frac{v}{Z} = \frac{220 \angle 0°}{24 \angle 36.87°} = 9.17 \angle -36.87°$$
$$= 9.17\sqrt{2}\sin(377t - 36.87°)$$
$$= 12.96\sin(377t - 36.87°)[A]$$  **답 ①**

**69** 그림에서 저항 20[Ω]에 흐르는 전류[A]는?

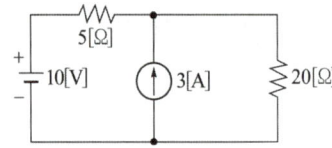

① 0.5  ② 1.0
③ 1.5  ④ 2.0

**풀이** 중첩의 원리에 의하여 10[V]에 의한 전류
$$I_1 = \frac{V}{R} = \frac{10}{5+20} = 0.4[A] \; (\because 전류원\;개방)$$

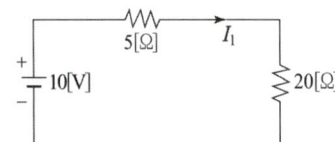

3[A]에 의한 전류
$$I_2 = \frac{R_1}{R_1 + R_2}I = \frac{5}{5+20} \times 3 = 0.6[A]$$
($\because$ 전압원 단락)

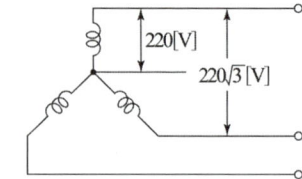

따라서 전체 전류 $I = I_1 + I_2 = 0.4 + 0.6 = 1.0$ [A]

**답 ②**

**70** 3상 Y결선의 전원에서 각 상전압의 크기가 220[V]일 때 선간전압의 크기는 약 몇 [V]인가?

① 127  ② 220
③ 311  ④ 381

**풀이** Y결선 선간전압($V_l$) = $\sqrt{3}\times$상전압($V_p$)
$$= \sqrt{3} \times 220 = 381[V]$$

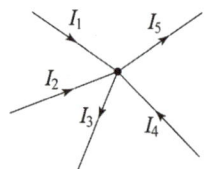

**답 ④**

**71** 그림에서 전류 $I_5$[A]의 크기는? (단, $I_1 = 5$[A], $I_2 = 3$[A], $I_3 = 2$[A], $I_4 = 2$[A])

① 3  ② 5
③ 8  ④ 12

**풀이** 키르히호프의 제1법칙(전류법칙)
전선 임의의 한 분기점에 있어서 유입되는 총 전류는 유출되는 총 전류와 같으므로
$I_1 + I_2 + I_4 = I_3 + I_5$ 이다.
$\therefore I_5 = I_1 + I_2 + I_4 - I_3 = 5 + 3 + 2 - 2 = 8[A]$ **답 ③**

**72** $RL$ 직렬회로에 $v(t)$전압을 인가하였을 때 제3고조파 성분의 실효치 전류는 약 몇 [A]인가?
(단, $v(t) = 150\sqrt{2}\cos\omega t + 100\sqrt{2}\sin3\omega t + 25\sqrt{2}\sin5\omega t$[V], $R=5[\Omega]$, $\omega L = 4[\Omega]$)

① 7.69　② 10.88
③ 15.62　④ 22.08

**풀이** 기본파의 리액턴스를 $\omega L$이라고 하면 제3고조파에서의 리액턴스는 $3\omega L$이다.($\because \omega = 2\pi f \propto f$)

$$\therefore I_3 = \frac{V_3}{Z_3} = \frac{V_3}{\sqrt{R^2+(3\omega L)^2}} = \frac{100}{\sqrt{5^2+(3\times 4)^2}}$$
$$= 7.69 \text{ [A]}$$

**답** ①

**73** 전압 $V$가 200[V]인 3상 회로에 그림과 같은 평형 부하를 접속했을 때 선전류의 크기는 약 몇 [A]인가? (단, $R=9[\Omega]$, $\frac{1}{\omega C} = 4[\Omega]$)

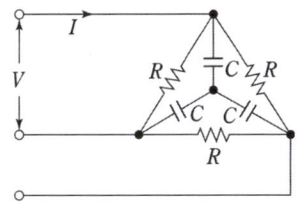

① 28.9　② 38.5
③ 48.1　④ 115.5

**풀이**

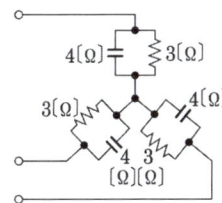

△결선의 저항 $R=9[\Omega]$을 Y로 변환하면
$R_Y = \frac{R}{3} = \frac{9}{3} = 3[\Omega]$
따라서 문제의 회로를 등가 변환하면
1상의 어드미턴스 $Y = \frac{1}{3} + j\frac{1}{4}[\Omega]$

$$\therefore I = YV_p = \left(\frac{1}{3}+j\frac{1}{4}\right)\cdot\frac{200}{\sqrt{3}}$$
$$= \sqrt{\left(\frac{1}{3}\right)^2+\left(\frac{1}{4}\right)^2}\times\frac{200}{\sqrt{3}} = 48.1 \text{ [A]}$$

**답** ③

**74** 커패시터 $C$를 100[V]로 충전하고 10[Ω]의 저항으로 1초 동안 방전하였더니 $C$의 단자전압이 90[V]로 감소하였다. 이때 $C$는 약 몇 [F]인가?

① 1.05　② 0.95
③ 0.75　④ 0.55

**풀이** $q=CEe^{-\frac{1}{RC}t}$이므로 $e_C = \frac{q}{C} = Ee^{-\frac{1}{RC}t}$

방전 후 $C$의 단자전압은 90[V], 저항은 10[Ω]이므로
$$90 = 100e^{-\frac{1}{10C}\times 1}$$

$$\therefore C = \frac{1}{\ln(\frac{90}{100})\times(-10)} = 0.95[F]$$

**답** ②

**75** 전압이 $v(t) = 20\sin\omega t + 30\sin3\omega t$[V]이고, 전류가 $i(t) = 30\sin\omega t + 20\sin3\omega t$[A]인 왜형파 교류 전압과 전류에 대한 역률은 약 얼마인가?

① 0.43　② 0.57
③ 0.86　④ 0.92

**풀이**
• 유효전력
$$P = V_1I_1\cos\theta_1 + V_3I_3\cos\theta_3$$
$$= \frac{20}{\sqrt{2}}\times\frac{30}{\sqrt{2}}\times\cos 0° + \frac{20}{\sqrt{2}}\times\frac{30}{\sqrt{2}}\times\cos 0°$$
$$= 600[W]$$
• 피상전력
$$P_a = VI$$
$$= \sqrt{\left(\frac{20}{\sqrt{2}}\right)^2+\left(\frac{30}{\sqrt{2}}\right)^2}\times\sqrt{\left(\frac{20}{\sqrt{2}}\right)^2+\left(\frac{30}{\sqrt{2}}\right)^2}$$
$$= 650[VA]$$
$$\therefore \cos\theta = \frac{P}{P_a} = \frac{600}{650} \fallingdotseq 0.92$$

**답** ④

**76** 600[kVA], 역률 0.6(지상)의 부하 A와 800[kVA], 역률 0.8(진상)의 부하 B가 함께 접속되어 있을 때 전체 피상전력[kVA]은?

① 0　② 960
③ 1000　④ 1400

**풀이** ① 유효전력 $P$
- 부하 A $= 600 \times 0.6 = 360$[kW]
- 부하 B $= 800 \times 0.8 = 640$[kW]

② 무효전력 $P_r$
- 부하 A $= j600 \times 0.8 = j480$[kVar](지상)
- 부하 B $= -j800 \times 0.6 = -j480$[kVar](진상)

따라서 피상전력
$$P_a = \sqrt{P^2 + P_r^2} = \sqrt{(360+640)^2 + (480-480)^2}$$
$$= 1000 \text{[kVA]}$$
**답** ③

**77** 그림과 같이 높이가 1인 펄스의 라플라스 변환은?

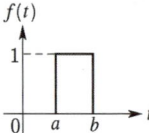

① $\dfrac{1}{s}(e^{-as} + e^{-bs})$

② $\dfrac{1}{a-b}\left(\dfrac{e^{-as} + e^{-bs}}{1}\right)$

③ $\dfrac{1}{s}(e^{-as} - e^{-bs})$

④ $\dfrac{1}{a-b}\left(\dfrac{e^{-as} - e^{-bs}}{s}\right)$

**풀이**

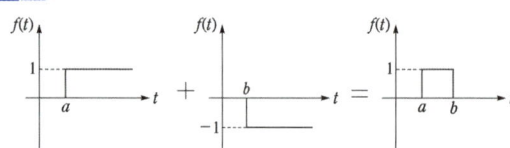

$f(t) = u(t-a) - u(t-b)$ 이므로
$\mathcal{L}[f(t)] = \mathcal{L}[u(t-a)] - \mathcal{L}[u(t-b)]$
$= \dfrac{e^{-as}}{s} - \dfrac{e^{-bs}}{s} = \dfrac{1}{s}(e^{-as} - e^{-bs})$ **답** ③

**78** 대칭 3상 Y결선 부하에서 1상당의 부하 임피던스가 $Z = 16 + j12$[Ω]이다. 부하전류의 크기가 10[A]일 때 이 부하의 선간전압의 크기는 약 몇 [V]인가?

① 200  ② 245
③ 346  ④ 375

**풀이** Y결선 선간전압($V_l$) $= \sqrt{3} \times$ 상전압($V_p$)
상전압 = 부하전류 × 1상 임피던스
$= 10 \times \sqrt{16^2 + 12^2} = 200$[V]
$\therefore V_l = \sqrt{3}\, V_p = 200\sqrt{3} \fallingdotseq 346$[V] **답** ③

**79** 회로에서 단자 a-b 사이의 합성저항 $R_{ab}$는 몇 [Ω]인가?

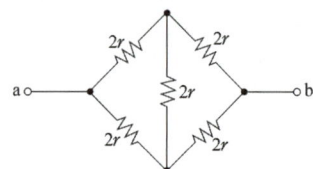

① $\dfrac{1}{3}r$  ② $\dfrac{1}{2}r$
③ $r$  ④ $2r$

**풀이** 브리지 회로의 평형상태이므로 세로로 연결된 $2r$에는 전류가 흐르지 않으며, 등가회로로 나타내면 다음과 같다.

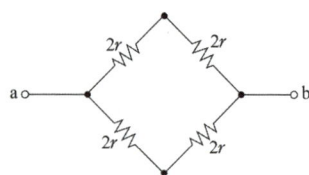

$\therefore R = \dfrac{4r \times 4r}{4r + 4r} = 2r$ [Ω] **답** ④

**80** 다음 회로에서 4단자 정수 $A$, $B$, $C$, $D$ 중 $C$의 값은?

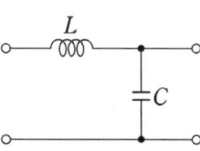

① 1  ② $j\omega L$
③ $j\omega C$  ④ $1 + j\omega(L+C)$

**풀이** $\begin{bmatrix} A & B \\ C & D \end{bmatrix} = \begin{bmatrix} 1 & j\omega L \\ 0 & 1 \end{bmatrix} \begin{bmatrix} 1 & 0 \\ j\omega C & 1 \end{bmatrix} = \begin{bmatrix} 1-\omega^2 LC & j\omega L \\ j\omega C & 1 \end{bmatrix}$

**답** ③

# 2020년 회로이론_전기산업기사·공사산업기사

문제의 번호는 실제 시험문제의 번호와 같게 하였습니다.

**2020년 1, 2회** _ 전기산업기사·공사산업기사

**61** $Z = 5\sqrt{3} + j5[\Omega]$인 3개의 임피던스를 Y결선하여 선간전압 250[V]의 평형 3상 전원에 연결하였다. 이때 소비되는 유효전력은 약 몇 [W]인가?

① 3125  ② 5413
③ 6252  ④ 7120

**풀이** 3상 유효전력

$$P = 3I_p^2 R = \frac{3V_p^2 R}{R^2 + X^2}$$

$$= \frac{3 \times \left(\frac{V_l}{\sqrt{3}}\right)^2 R}{R^2 + X^2} = \frac{V_l^2 R}{R^2 + X^2}[W]$$

(여기서, $I_p$ : 상전류, $V_p$ : 상전압, $V_l$ : 선간전압)

∴ 유효전력 $P = \frac{V_l^2 R}{R^2 + X^2} = \frac{250^2 \times 5\sqrt{3}}{(5\sqrt{3})^2 + 5^2} = 5413[W]$

**답** ②

**62** $r_1[\Omega]$인 저항에 $r[\Omega]$인 가변저항이 연결된 그림과 같은 회로에서 전류 $I$를 최소로 하기 위한 저항 $r_2[\Omega]$는? (단, $r[\Omega]$은 가변저항의 최대 크기이다.)

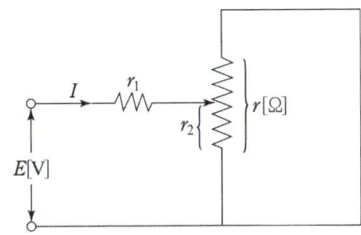

① $\frac{r_1}{2}$  ② $\frac{r}{2}$  ③ $r_1$  ④ $r$

**풀이** 회로의 합성 저항 $r_0$는

$$r_0 = r_1 + \frac{r_2(r-r_2)}{r_2 + (r-r_2)} = r_1 + \frac{r_2(r-r_2)}{r}$$

전류를 최소로 하기 위해서는 $r_0$가 최대이어야 하고 $r, r_1$은 일정하므로 $r_2(r-r_2)$가 최대이어야 한다.

$$\frac{d}{dr_2}\{r_2(r-r_2)\} = 0 \rightarrow r - 2r_2 = 0$$

∴ $r_2 = \frac{r}{2}[\Omega]$

**답** ②

**63** 그림과 같은 회로에서 스위치 S를 $t=0$에서 닫았을 때 $v_L(t)|_{t=0} = 100[V]$, $\frac{di(t)}{dt}\Big|_{t=0} = 400[A/s]$ 이다. $L[H]$의 값은?

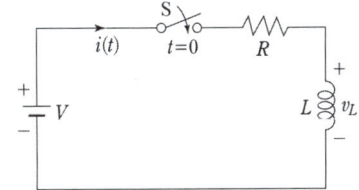

① 0.75  ② 0.5
③ 0.25  ④ 0.1

**풀이** $v_L(t) = L\frac{di(t)}{dt}$ 이므로,

∴ $L = \frac{v_L(t)}{\frac{di(t)}{dt}} = \frac{100}{400} = 0.25[H]$

**답** ③

**64** 다음과 같은 회로에서 $V_a, V_b, V_c[V]$를 평형 3상 전압이라 할 때 $V_0[V]$는?

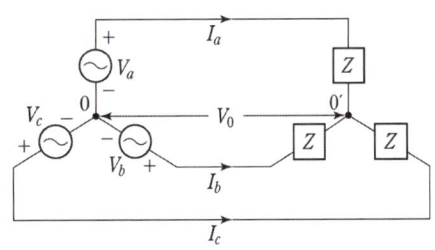

① 0  ② $\frac{V_1}{3}$
③ $\frac{2}{3}V_1$  ④ $V_1$

**풀이** ① 밀만의 정리

$$V_0 = \frac{\frac{V_a}{Z}+\frac{V_b}{Z}+\frac{V_c}{Z}}{\frac{1}{Z}+\frac{1}{Z}+\frac{1}{Z}} = \frac{\frac{1}{Z}(V_a+V_b+V_c)}{\frac{3}{Z}} = 0$$

② 평형 3상 전압인 경우, 3개의 전압은 평형을 이루므로, $\dot{V}_a + \dot{V}_b + \dot{V}_c = 0$
즉, 중성점 간의 전위는 0[V]이다.   **답** ①

**65** 9[Ω]과 3[Ω]인 저항 6개를 그림과 같이 연결하였을 때, $a$와 $b$ 사이의 합성저항[Ω]은?

① 9
② 4
③ 3
④ 2

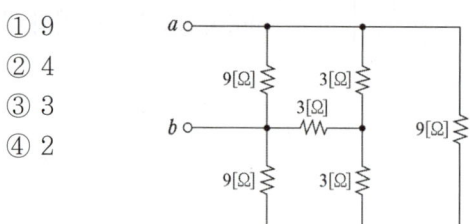

**풀이**

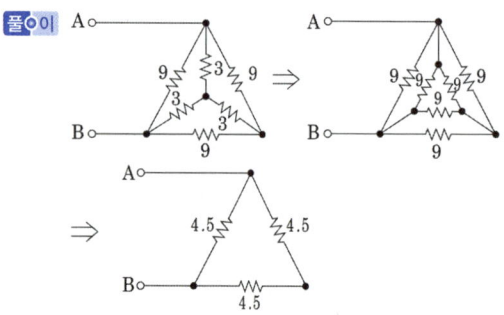

$$\therefore R_{AB} = \frac{4.5 \times (4.5+4.5)}{4.5+(4.5+4.5)} = 3[\Omega]$$

**답** ③

**66** 그림과 같은 회로의 전달함수는?
(단, 초기조건은 0이다.)

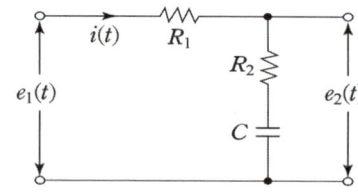

① $\dfrac{R_2 + Cs}{R_1 + R_2 + Cs}$

② $\dfrac{R_1 + R_2 + Cs}{R_1 + Cs}$

③ $\dfrac{R_2 Cs + 1}{R_2 Cs + R_1 Cs + 1}$

④ $\dfrac{R_1 Cs + R_2 Cs + 1}{R_2 Cs + 1}$

**풀이**
$$\begin{cases} e_1(t) = R_1 i(t) + R_2 i(t) + \dfrac{1}{C}\int i(t)dt \\ e_2(t) = R_2 i(t) + \dfrac{1}{C}\int i(t)dt \end{cases}$$

$$\rightarrow \begin{cases} E_1(s) = \left(R_1 + R_2 + \dfrac{1}{Cs}\right)I(s) \\ E_2(s) = \left(R_2 + \dfrac{1}{Cs}\right)I(s) \end{cases}$$

$$G(s) = \frac{E_2(s)}{E_1(s)} = \frac{R_2 + \dfrac{1}{Cs}}{R_1 + R_2 + \dfrac{1}{Cs}} = \frac{R_2 Cs + 1}{R_1 Cs + R_2 Cs + 1}$$

**답** ③

**67** 그림과 같은 회로에서 5[Ω]에 흐르는 전류 $I$는 몇 [A]인가?

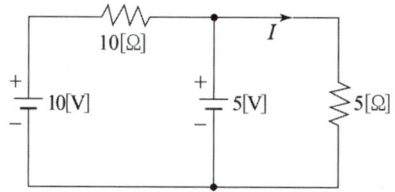

① $\dfrac{1}{2}$   ② $\dfrac{2}{3}$   ③ 1   ④ $\dfrac{5}{3}$

**풀이** ① 10[V] 전압원에 의해 흐르는 전류
(5[V] 전압원은 단락)

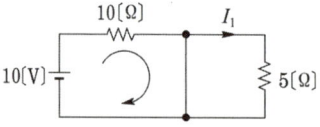

⇒ 5[Ω]으로는 전류 흐르지 않으므로 $I_1 = 0$

② 5[V] 전압원에 의해 흐르는 전류
(10[V] 전압원은 단락)

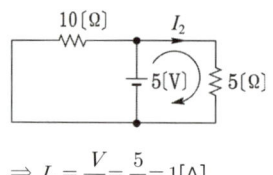

⇒ $I_2 = \dfrac{V}{R} = \dfrac{5}{5} = 1[A]$

따라서 5[Ω]에 흐르는 전류
$I = I_1 + I_2 = 0 + 1 = 1[A]$  답 ③

**68** 전류의 대칭분이 $I_0 = -2 + j4[A]$, $I_1 = 6 - j5[A]$, $I_2 = 8 + j10[A]$일 때 3상 전류 중 $a$상 전류($I_a$)의 크기($|I_a|$)는 몇 [A]인가? (단, $I_0$는 영상분이고, $I_1$은 정상분이고, $I_2$는 역상분이다.)

① 9  ② 12
③ 15  ④ 19

**풀이**
$I_a = I_0 + I_1 + I_2$
$= (-2 + j4) + (6 - j5) + (8 + j10) = 12 + j9$
$\therefore |I_a| = \sqrt{12^2 + 9^2} = 15[A]$  답 ③

**69** $V = 50\sqrt{3} - j50[V]$, $I = 15\sqrt{3} + j15[A]$일 때 유효전력 $P[W]$와 무효전력 $Q[Var]$는 각각 얼마인가?

① $P = 3000$, $Q = -1500$
② $P = 1500$, $Q = -1500\sqrt{3}$
③ $P = 750$, $Q = -750\sqrt{3}$
④ $P = 2250$, $Q = -1500\sqrt{3}$

**풀이** 피상전력
$P_a = V\overline{I} = (50\sqrt{3} - j50) \times (15\sqrt{3} - j15)$
$= 1500 - j1500\sqrt{3}[VA]$
따라서 유효전력 $P = 1500[W]$,
무효전력 $Q = -1500\sqrt{3}[Var]$  답 ②

**70** 푸리에 급수로 표현된 왜형파 $f(t)$가 반파대칭 및 정현대칭일 때 $f(t)$에 대한 특징으로 옳은 것은?

$$f(t) = a_0 + \sum_{n=1}^{\infty} a_n \cos n\omega t + \sum_{n=1}^{\infty} b_n \sin n\omega t$$

① $a_n$의 우수항만 존재한다.
② $a_n$의 기수항만 존재한다.
③ $b_n$의 우수항만 존재한다.
④ $b_n$의 기수항만 존재한다.

**풀이**

| | 기함수파<br>(정현대칭) | 우함수파<br>(여현대칭) | 대칭파<br>(반파대칭) |
|---|---|---|---|
| 대칭<br>조건 | $f(t) = -f(-t)$ | $f(t) = f(-t)$ | $f(t) = -f(t + \dfrac{T}{2})$ |
| 결과 | sin항만<br>존재한다. | cos항 존재,<br>직류분 존재 | 고조파 차수가 홀수<br>차 항만 존재한다. |

※ 반파 및 정현 대칭의 경우 sin항의 홀수(기수)항만 존재한다.  답 ④

**71** $RC$ 직렬회로의 과도현상에 대한 설명으로 옳은 것은?

① $(R \times C)$의 값이 클수록 과도 전류는 빨리 사라진다.
② $(R \times C)$의 값이 클수록 과도 전류는 천천히 사라진다.
③ 과도전류는 $(R \times C)$의 값에 관계가 없다.
④ $\dfrac{1}{R \times C}$의 값이 클수록 과도 전류는 천천히 사라진다.

**풀이**
• 과도현상은 시정수가 크면 클수록 오래 지속된다.
• $R-C$ 회로의 시정수는 $RC$이므로 $RC$ 값이 클수록 과도전류의 값은 천천히 사라진다.  답 ②

**72** 그림과 같은 회로에서 $L_2$에 흐르는 전류 $I_2[A]$가 단자전압 $V[V]$보다 위상이 90° 뒤지기 위한 조건은? (단, $\omega$는 회로의 각주파수[rad/s]이다.)

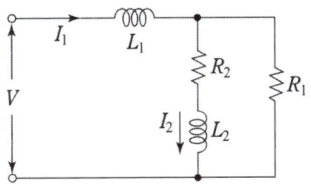

① $\dfrac{R_2}{R_1} = \dfrac{L_2}{L_1}$  ② $R_1 R_2 = L_1 L_2$
③ $R_1 R_2 = \omega L_1 L_2$  ④ $R_1 R_2 = \omega^2 L_1 L_2$

**풀이** 회로의 어드미턴스 $Y$

$$Y_1 = \frac{1}{j\omega L_1}, \quad Y_2 = \frac{1}{R_1} + \frac{1}{R_2 + j\omega L_2}$$

$$Y = \frac{Y_1 Y_2}{Y_1 + Y_2} = \frac{\frac{1}{j\omega L_1}\left(\frac{1}{R_1} + \frac{1}{R_2 + j\omega L_2}\right)}{\frac{1}{j\omega L_1} + \frac{1}{R_1} + \frac{1}{R_2 + j\omega L_2}}$$

$$= \frac{\frac{1}{R_1} + \frac{1}{R_2 + j\omega L_2}}{1 + \frac{j\omega L_1}{R_1} + \frac{j\omega L_1}{R_2 + j\omega L_2}}$$

$$= \frac{R_1 + R_2 + j\omega L_2}{R_1(R_2 + j\omega L_2) + j\omega L_1(R_2 + j\omega L_2) + jR_1\omega L_1}$$

$$= \frac{R_1 + R_2 + j\omega L_2}{R_1 R_2 - \omega^2 L_1 L_2 + j(R_1\omega L_2 + R_2\omega L_1 + R_1\omega L_1)}$$

회로의 전체 전류 $I_1 = YV$이고, 전류 $I_2$는 전류 분류 법칙에 의해

$$I_2 = \frac{R_1}{R_1 + R_2 + j\omega L_2} I_1 = \frac{R_1}{R_1 + R_2 + j\omega L_2} YV$$

$$= \frac{R_1 V}{R_1 R_2 - \omega^2 L_1 L_2 + j(R_1\omega L_2 + R_2\omega L_1 + R_1\omega L_1)}$$

$I_2$의 분모에서 실수부가 0이 되어야 전압 $V$보다 90° 뒤지게 된다. 즉

$$I_2 = \frac{R_1 V}{j(R_1\omega L_2 + R_2\omega L_1 + R_1\omega L_1)}$$

$$= -j\frac{R_1 V}{(R_1\omega L_2 + R_2\omega L_1 + R_1\omega L_1)}$$

$$= \frac{R_1 V}{(R_1\omega L_2 + R_2\omega L_1 + R_1\omega L_1)} \angle -90°$$

따라서 전류 $I_2$가 전압 $V$보다 위상이 90° 뒤지기 위한 조건은

$$R_1 R_2 - \omega^2 L_1 L_2 = 0$$

$$\therefore R_1 R_2 = \omega^2 L_1 L_2 \qquad \text{답 ④}$$

---

**73** 용량이 50[kVA]인 단상 변압기 3대를 △결선하여 3상으로 운전하는 중 1대의 변압기에 고장이 발생하였다. 나머지 2대의 변압기를 이용하여 3상 V결선으로 운전하는 경우 최대 출력은 몇 [kVA]인가?

① $30\sqrt{3}$  ② $50\sqrt{3}$
③ $100\sqrt{3}$  ④ $200\sqrt{3}$

**풀이** 변압기 1개의 출력을 $P_1$이라 하면
V결선 시 출력
$P_V = \sqrt{3}\,P_1 = \sqrt{3} \times 50 = 50\sqrt{3}\,[\text{kVA}]$ 답 ②

---

**74** 각 상의 전류가
$i_a = 30\sin\omega t\,[\text{A}]$
$i_b = 30\sin(\omega t - 90°)\,[\text{A}]$,
$i_c = 30\sin(\omega t + 90°)\,[\text{A}]$일 때
영상분 전류[A]의 순시치는?

① $10\sin\omega t$  ② $10\sin\dfrac{\omega t}{3}$
③ $30\sin\omega t$  ④ $\dfrac{30}{\sqrt{3}}\sin(\omega t + 45°)$

**풀이** • 정현파를 phasor로 표시하면
$i_a = 30\angle 0° = 30\,[\text{A}]$
$i_b = 30\angle -90° = -j30\,[\text{A}]$
$i_c = 30\angle 90° = j30\,[\text{A}]$

• 영상전류
$i_o = \dfrac{1}{3}(i_a + i_b + i_c) = \dfrac{1}{3} \times (30 - j30 + j30) = 10\,[\text{A}]$

따라서 순시전류 $i = 10\sin\omega t\,[\text{A}]$ 답 ①

---

**75** $f(t) = \sin t + 2\cos t$를 라플라스 변환하면?

① $\dfrac{2s}{s^2+1}$  ② $\dfrac{2s+1}{(s+1)^2}$
③ $\dfrac{2s+1}{s^2+1}$  ④ $\dfrac{2s}{(s+1)^2}$

**풀이** 라플라스 변환의 선형성 정리에 의해서
$F(s) = \mathcal{L}[f(t)] = \mathcal{L}[\sin t] + \mathcal{L}[2\cos t]$
$= \dfrac{1}{s^2+1} + \dfrac{2s}{s^2+1} = \dfrac{2s+1}{s^2+1}$ 답 ③

---

**76** 어떤 회로에 흐르는 전류가
$i(t) = 7 + 14.1\sin\omega t\,[\text{A}]$인 경우 실효값은 약 몇 [A]인가?

① 11.2  ② 12.2
③ 13.2  ④ 14.2

**풀이** 비정현파의 실효값
$I = \sqrt{I_0^2 + I_1^2 + I_2^2 + \cdots + I_n^2}$ 에서
$I = \sqrt{7^2 + \left(\dfrac{14.1}{\sqrt{2}}\right)^2} = 12.2\,[\text{A}]$ 답 ②

**77** 어떤 전지에 연결된 외부 회로의 저항은 5[Ω]이고 전류는 8[A]가 흐른다. 외부 회로에 5[Ω] 대신 15[Ω]의 저항을 접속하면 전류는 4[A]로 떨어진다. 이 전지의 내부 기전력은 몇 [V]인가?

① 15  ② 20  ③ 50  ④ 80

**풀이** 외부 회로의 저항을 $R$,
전지의 내부저항을 $r$이라고 하면,
내부 기전력 $E = rI + RI$
- 외부 회로의 저항은 5[Ω], 전류는 8[A]인 경우
  $E = rI + RI = r \times 8 + 5 \times 8 = 8r + 40$
- 외부 회로의 저항은 15[Ω], 전류는 4[A]인 경우인
  $E = r \times 4 + 15 \times 4 = 4r + 60$
- 전지의 내부 기전력 $E$와 내부저항 $r$은 일정하므로,
  $8r + 40 = 4r + 60$
  $4r = 20 \rightarrow r = 5[\Omega]$
  ∴ $E = 8r + 40 = 8 \times 5 + 40 = 80[V]$

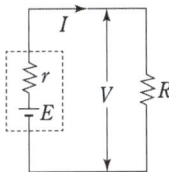

**답** ④

**78** 파형률과 파고율이 모두 1인 파형은?

① 고조파  ② 삼각파
③ 구형파  ④ 사인파

**풀이**

|      | 구형파 | 3각파 | 정현파 | 정류파 (전파) | 정류파 (반파) |
|------|--------|-------|--------|----------------|----------------|
| 파형률 | 1.0    | 1.15  | 1.11   | 1.11           | 1.57           |
| 파고율 | 1.0    | 1.732 | 1.414  | 1.414          | 2.0            |

**답** ③

**79** 회로의 4단자 정수로 틀린 것은?

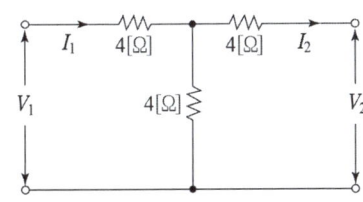

① $A = 2$  ② $B = 12$
③ $C = \dfrac{1}{4}$  ④ $D = 6$

**풀이**
$$\begin{bmatrix} A & B \\ C & D \end{bmatrix} = \begin{bmatrix} 1 & 4 \\ 0 & 1 \end{bmatrix} \begin{bmatrix} 1 & 0 \\ \frac{1}{4} & 1 \end{bmatrix} \begin{bmatrix} 1 & 4 \\ 0 & 1 \end{bmatrix}$$
$$= \begin{bmatrix} 2 & 4 \\ \frac{1}{4} & 1 \end{bmatrix} \begin{bmatrix} 1 & 4 \\ 0 & 1 \end{bmatrix} = \begin{bmatrix} 2 & 12 \\ \frac{1}{4} & 2 \end{bmatrix}$$

**답** ④

**80** 그림과 같은 4단자 회로망에서 출력 측을 개방하니 $V_1 = 12[V]$, $I_1 = 2[A]$, $V_2 = 4[V]$이고, 출력 측을 단락하니 $V_1 = 16[V]$, $I_1 = 4[A]$, $I_2 = 2[A]$이었다. 4단자 정수 $A$, $B$, $C$, $D$는 얼마인가?

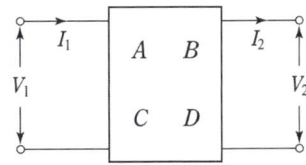

① $A = 2$, $B = 3$, $C = 8$, $D = 0.5$
② $A = 0.5$, $B = 2$, $C = 3$, $D = 8$
③ $A = 8$, $B = 0.5$, $C = 2$, $D = 3$
④ $A = 3$, $B = 8$, $C = 0.5$, $D = 2$

**풀이** 4단자 정수
$$A = \left.\frac{V_1}{V_2}\right|_{I_2=0} = \frac{12}{4} = 3, \quad B = \left.\frac{V_1}{I_2}\right|_{V_2=0} = \frac{16}{2} = 8$$
$$C = \left.\frac{I_1}{V_2}\right|_{I_2=0} = \frac{2}{4} = 0.5, \quad D = \left.\frac{I_1}{I_2}\right|_{V_2=0} = \frac{4}{2} = 2$$

**답** ④

---

## 2020년 · 3회 _ 전기산업기사 · 공사산업기사

**61** 기본파의 30[%]인 제3고조파와 기본파의 20[%]인 제5고조파를 포함하는 전압의 왜형률은 약 얼마인가?

① 0.21  ② 0.31
③ 0.36  ④ 0.42

**풀이** 왜형률 = $\dfrac{\text{각 고조파의 실효값의 합}}{\text{기본파의 실효값}}$

$= \dfrac{\sqrt{V_3^2 + V_5^2}}{V_1} = \sqrt{\left(\dfrac{V_3}{V_1}\right)^2 + \left(\dfrac{V_5}{V_1}\right)^2}$

$= \sqrt{0.3^2 + 0.2^2} = 0.36$   **답** ③

**62** $e_i(t) = Ri(t) + L\dfrac{di(t)}{dt} + \dfrac{1}{C}\int i(t)dt$ 에서 모든 초기값을 0으로 하고 라플라스 변환했을 때 $I(s)$는? (단, $I(s)$, $E_i(s)$는 각각 $i(t)$, $e_i(t)$를 라플라스 변환한 것이다.)

① $\dfrac{Cs}{LCs^2 + RCs + 1}E_i(s)$

② $\dfrac{1}{R + Ls + \dfrac{1}{C}s}E_i(s)$

③ $\dfrac{1}{s^2 + \dfrac{L}{R}s + \dfrac{1}{LC}}E_i(s)$

④ $\left(R + Ls + \dfrac{1}{Cs}\right)E_i(s)$

**풀이** 라플라스 변환하면

$E_i(s) = RI(s) + LsI(s) + \dfrac{1}{Cs}I(s)$

$= \left(R + Ls + \dfrac{1}{Cs}\right)I(s)$ 이므로

$\therefore I(s) = \dfrac{1}{R + Ls + \dfrac{1}{Cs}}E_i(s)$

$= \dfrac{Cs}{LCs^2 + RCs + 1}E_i(s)$   **답** ①

**63** 3상 회로의 대칭분 전압이 $V_0 = -8 + j3[V]$, $V_1 = 6 - j8[V]$, $V_2 = 8 + j12[V]$일 때 $a$상의 전압[V]은? (단, $V_0$은 영상분, $V_1$은 정상분, $V_2$는 역상분 전압이다.)

① $5 - j6$  ② $5 + j6$
③ $6 - j7$  ④ $6 + j7$

**풀이** $V_a = V_0 + V_1 + V_2$
$= (-8 + j3) + (6 - j8) + (8 + j12)$
$= 6 + j7[V]$   **답** ④

**64** 어느 회로에 $V = 120 + j90[V]$의 전압을 인가하면 $I = 3 + j4[A]$의 전류가 흐른다. 이 회로의 역률은?

① 0.92  ② 0.94
③ 0.96  ④ 0.98

**풀이** $P_a = V\overline{I} = (120 + j90)(3 - j4) = 720 - j210$

$\therefore \cos\theta = \dfrac{P(\text{유효전력})}{P_a(\text{피상전력})} = \dfrac{720}{\sqrt{720^2 + 210^2}}$

$= 0.96$   **답** ③

**65** 2단자 회로망에 단상 100[V]의 전압을 가하면 30[A]의 전류가 흐르고 1.8[kW]의 전력이 소비된다. 이 회로망과 병렬로 커패시터를 접속하여 합성 역률을 100[%]로 하기 위한 용량성 리액턴스는 약 몇 [Ω]인가?

① 2.1  ② 4.2
③ 6.3  ④ 8.4

**풀이**
- 피상전력
  $P_a = V \cdot I = 100 \cdot 30 = 3000[VA] = 3[kVA]$
- 지상 무효전력
  $P_r = \sqrt{P_a^2 - P^2} = \sqrt{3^2 - 1.8^2} = 2.4[kVar]$
- 역률이 100[%]가 되기 위해서는
  진상의 무효전력인 2.4[kVA]의 콘덴서가 필요하다.
  콘덴서 용량
  $Q_C = 2\pi f CV^2 = \dfrac{V^2}{X_C} = 2.4 \times 10^3[kVA]$

따라서 용량성 리액턴스
$X_C = \dfrac{V^2}{Q_C} = \dfrac{100^2}{2.4 \times 10^3} \fallingdotseq 4.2[\Omega]$   **답** ②

**66** 22[kVA]의 부하가 0.8의 역률로 운전될 때 이 부하의 무효전력[kVar]은?

① 11.5  ② 12.3
③ 13.2  ④ 14.5

**풀이** 부하의 무효전력
$Q_L = P_a \sin\theta = P_a\sqrt{1 - \cos^2\theta} = 22 \times \sqrt{1 - 0.8^2}$
$= 13.2[kVar]$   **답** ③

**67** 어드미턴스 $Y[\mho]$로 표현된 4단자 회로망에서 4단자 정수 행렬 $T$는?

(단, $\begin{bmatrix} V_1 \\ I_1 \end{bmatrix} = T \begin{bmatrix} V_2 \\ I_2 \end{bmatrix}$, $T = \begin{bmatrix} A & B \\ C & D \end{bmatrix}$)

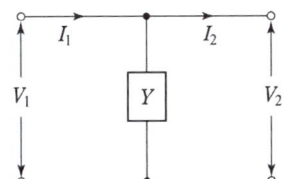

① $\begin{bmatrix} 1 & 0 \\ Y & 1 \end{bmatrix}$  ② $\begin{bmatrix} 1 & Y \\ 0 & 1 \end{bmatrix}$

③ $\begin{bmatrix} 1 & 0 \\ \frac{1}{Y} & 1 \end{bmatrix}$  ④ $\begin{bmatrix} Y & 1 \\ 1 & 0 \end{bmatrix}$

**풀이** $\begin{bmatrix} A & B \\ C & D \end{bmatrix} = \begin{bmatrix} 1 & 0 \\ Y & 1 \end{bmatrix}$   **답** ①

**68** 10[Ω]의 저항 5개를 접속하여 얻을 수 있는 합성저항 중 가장 적은 값은 몇 [Ω]인가?

① 10   ② 5
③ 2    ④ 0.5

**풀이**
- 합성저항은 직렬로만 접속하였을 때 가장 크고, 병렬만 연결 하였을 때 가장 작다.
- 합성저항은 동일한 크기의 저항 $r$을 $n$개 직렬연결하면 $n \cdot r$, 병렬연결하면 $\frac{r}{n}$이 된다.

∴ $R_T = \frac{R_1}{n} = \frac{10}{5} = 2[\Omega]$   **답** ③

**69** 동일한 용량 2대의 단상 변압기를 V결선하여 3상으로 운전하고 있다. 단상 변압기 2대의 용량에 대한 3상 V결선시 변압기 용량의 비인 변압기 이용률은 약 몇 [%]인가?

① 57.7   ② 70.7
③ 80.1   ④ 86.6

**풀이** V결선에는 변압기 2대를 사용하였으므로 그 정격출력의 합은 $2VI$가 된다.

따라서 이용률 = $\frac{\sqrt{3}\,VI}{2VI} = \frac{\sqrt{3}}{2} = 0.866 = 86.6[\%]$

**답** ④

**70** 회로에서 10[Ω]의 저항에 흐르는 전류[A]는?

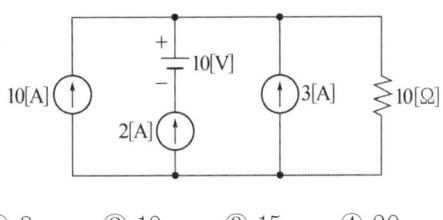

① 8   ② 10   ③ 15   ④ 20

**풀이** 중첩의 정리에 의해
- 전류원 기준(전압원 단락) : $I_R = 10+2+3 = 15[A]$
- 전압원 기준(전류원 개방) : $I_R = 0[A]$

즉, 10[Ω]의 저항에는 전류원 기준의 15[A]의 전류가 흐른다.

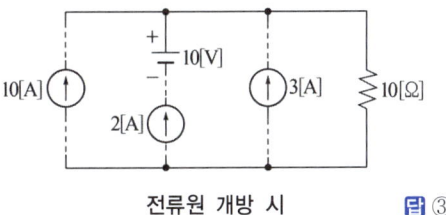

전류원 개방 시   **답** ③

**71** 4단자 회로망에서의 영상 임피던스[Ω]는?

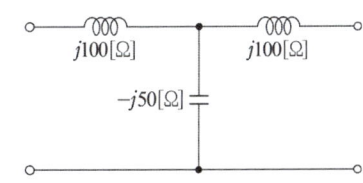

① $j\frac{1}{50}$   ② $-1$
③ $1$              ④ $0$

**풀이**
- 영상 임피던스 $Z_{01} = \sqrt{\frac{AB}{CD}}$
- 대칭 T형 회로에서는 $A = D$ 이므로
  $Z_{01} = \sqrt{\frac{B}{C}}$ 이다.
- $\begin{bmatrix} A & B \\ C & D \end{bmatrix} = \begin{bmatrix} 1 & j100 \\ 0 & 1 \end{bmatrix} \begin{bmatrix} 1 & 0 \\ \frac{1}{-j50} & 1 \end{bmatrix} \begin{bmatrix} 1 & j100 \\ 0 & 1 \end{bmatrix}$

$= \begin{bmatrix} -1 & 0 \\ j\frac{1}{50} & -1 \end{bmatrix}$

∴ $Z_0 = \sqrt{\frac{B}{C}} = \sqrt{\frac{0}{j\frac{1}{50}}} = 0$   **답** ④

**72** 20[Ω]과 30[Ω]의 병렬회로에서 20[Ω]에 흐르는 전류가 6[A]이라면 전체 전류 $I$[A]는?

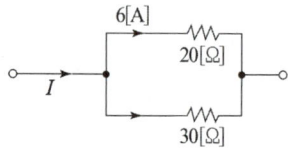

① 3   ② 4
③ 9   ④ 10

**풀이** $R_1 = 20[\Omega]$에 흐르는 전류를 $I_1$이라고 하고 전류분배 법칙을 적용하면
$$I_1 = \frac{R_2}{R_1+R_2}\times I = \frac{30}{20+30}\times I = 6[A]$$
$$\therefore I = \frac{50\times 6}{30} = 10[A] \quad \text{답 ④}$$

**73** $i(t) = 3\sqrt{2}\sin(377t - 30°)$[A]의 평균값은 약 몇 [A]인가?

① 1.35   ② 2.7
③ 4.35   ④ 5.4

**풀이** 평균 전류 $I_{av} = \frac{2}{\pi}I_m = \frac{2}{\pi}\times 3\sqrt{2} = 2.7[A]$   답 ②

**74** $F(s) = \dfrac{A}{\alpha+s}$의 라플라스 역변환은?

① $\alpha e^{At}$   ② $Ae^{\alpha t}$
③ $\alpha e^{-At}$   ④ $Ae^{-\alpha t}$

**풀이** $\mathcal{L}^{-1}\left[\dfrac{A}{s+\alpha}\right] = A\mathcal{L}^{-1}\left[\dfrac{1}{s+\alpha}\right] = Ae^{-\alpha t}$   답 ④

**75** $RC$ 직렬회로의 과도현상에 대한 설명으로 옳은 것은?

① 과도상태 전류의 크기는 $(R\times C)$의 값과 무관하다.
② $(R\times C)$의 값이 클수록 과도상태 전류의 크기는 빨리 사라진다.
③ $(R\times C)$의 값이 클수록 과도상태 전류의 크기는 천천히 사라진다.
④ $\dfrac{1}{R\times C}$의 값이 클수록 과도상태 전류의 크기는 천천히 사라진다.

**풀이**
- 과도현상은 시정수가 크면 클수록 오래 지속된다.
- $R-C$ 회로의 시정수는 $RC$이므로 $RC$ 값이 클수록 과도전류의 값은 천천히 사라진다.   답 ③

**76** 불평형 Y결선의 부하 회로에 평형 3상 전압을 가할 경우 중성점의 전위 $V_{n'n}$[V]는? (단, $Z_1$, $Z_2$, $Z_3$는 각 상의 임피던스[Ω]이고, $Y_1$, $Y_2$, $Y_3$는 각 상의 임피던스에 대한 어드미턴스[℧]이다.)

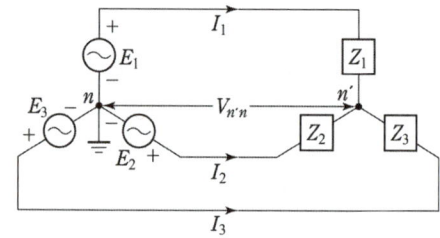

① $\dfrac{E_1+E_2+E_3}{Z_1+Z_2+Z_3}$

② $\dfrac{Z_1E_1+Z_2E_2+Z_3E_3}{Z_1+Z_2+Z_3}$

③ $\dfrac{E_1+E_2+E_3}{Y_1+Y_2+Y_3}$

④ $\dfrac{Y_1E_1+Y_2E_2+Y_3E_3}{Y_1+Y_2+Y_3}$

**풀이** 밀만의 정리
$$V_{n'n} = \frac{\frac{E_1}{Z_1}+\frac{E_2}{Z_2}+\frac{E_3}{Z_3}}{\frac{1}{Z_1}+\frac{1}{Z_2}+\frac{1}{Z_3}} = \frac{Y_1E_1+Y_2E_2+Y_3E_3}{Y_1+Y_2+Y_3}$$
답 ④

**77** $RL$ 병렬회로에서 $t=0$일 때 스위치 S를 닫는 경우 $R[\Omega]$에 흐르는 전류 $i_R(t)$[A]는?

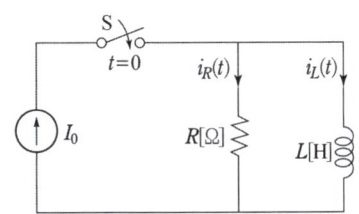

① $I_0\left(1-e^{-\frac{R}{L}t}\right)$
② $I_0\left(1+e^{-\frac{R}{L}t}\right)$
③ $I_0$
④ $I_0 e^{-\frac{R}{L}t}$

**풀이** 인덕턴스에 흐르는 전류
$$i_L(t)=I_0\left(1-e^{-\frac{R}{L}t}\right)$$
키르히호프의 전류법칙에 의해
$I_0=i_R(t)+i_L(t)$이므로
$$\therefore i_R(t)=I_0-i_L(t)=I_0-I_0\left(1-e^{-\frac{R}{L}t}\right)=I_0 e^{-\frac{R}{L}t}$$
**답** ④

**78** 1상의 임피던스가 $14+j48[\Omega]$인 평형 △부하에 선간전압이 200[V]인 평형 3상 전압이 인가될 때 이 부하의 피상전력[VA]은?

① 1200　② 1384
③ 2400　④ 4157

**풀이**
$$P_a=3I^2Z=3\left(\frac{V_p}{\sqrt{R^2+X^2}}\right)^2 Z=\frac{3V_p^2 Z}{R^2+X^2}$$
$$=\frac{3\times 200^2 \times \sqrt{14^2+48^2}}{14^2+48^2}$$
$$=2400[\text{VA}]$$
**답** ③

**79** 저항만으로 구성된 그림의 회로에 평형 3상 전압을 가했을 때 각 선에 흐르는 선전류가 모두 같게 되기 위한 $R[\Omega]$의 값은?

① 2
② 4
③ 6
④ 8

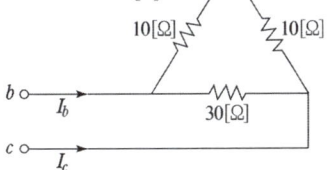

**풀이** △저항을 Y저항으로 변환하면

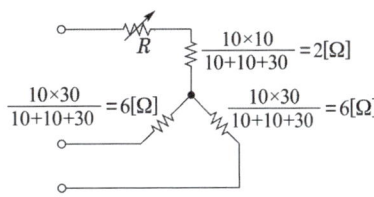

$\frac{10\times 10}{10+10+30}=2[\Omega]$
$\frac{10\times 30}{10+10+30}=6[\Omega]$
$\frac{10\times 30}{10+10+30}=6[\Omega]$

위에서 각 선전류가 같기 위해서는 각 선저항이 같아야 하므로 $R+2=6$ 이어야 한다.
$\therefore R=6-2=4[\Omega]$
**답** ②

**80** $i(t)=100+50\sqrt{2}\sin\omega t+20\sqrt{2}\sin\left(3\omega t+\frac{\pi}{6}\right)$[A]로 표현되는 비정현파 전류의 실효값은 약 몇 [A]인가?

① 20　② 50
③ 114　④ 150

**풀이** 왜형파의 실효값은 직류분, 기본파 및 각 고조파 실효값 제곱의 합의 제곱근이므로
$$I=\sqrt{100^2+50^2+20^2}=114[\text{A}]$$
**답** ③

---

## 2020년 4회 _ 전기산업기사·공사산업기사

**61** 6상 성형 상전압이 200[V]일 때 선간전압[V]은?

① 200　② 150
③ 100　④ 50

**풀이** 대칭 $n$상 회로에서의 선간전압
$$V_l=2V_p\sin\frac{\pi}{n}$$
(여기서, $V_l$ : 선간전압, $V_p$ : 상전압, $n$ : 상수)
따라서 6상 선간전압
$$V_l=2V_p\sin\frac{\pi}{n}=2V_p\sin\frac{\pi}{6}=V_p=200[\text{V}]$$
**답** ①

**62** 주기적인 구형파 신호의 구성은?

① 직류성분으로 구성된다.
② 기본파 성분만으로 구성된다.
③ 고조파 성분만으로 구성된다.
④ 직류 성분, 기본파 성분, 무수히 많은 고조파 성분으로 구성된다.

**풀이** 주기적인 비정현파는 일반적으로 푸리에 급수에 의해 표시되므로 무수히 많은 주파수의 합성이다. **답 ④**

**63** 대칭 3상 Y부하에서 각 상의 임피던스가 $Z = 3 + j4[\Omega]$이고 부하전류가 20[A]일 때 피상전력은 얼마인가?

① 1800[VA]  ② 2000[VA]
③ 2400[VA]  ④ 2800[VA]

**풀이** 임피던스 $Z = \sqrt{R^2 + X^2} = \sqrt{3^2 + 4^2} = 5[\Omega]$
피상전력 $P_a = I^2 Z = 20^2 \times 5 = 2000[VA]$ **답 ②**

**64** $f(t) = u(t-a) - u(t-b)$ 식으로 표시되는 4각파의 라플라스는?

① $\frac{1}{s}(e^{-as} - e^{-bs})$  ② $\frac{1}{s}(e^{as} + e^{bs})$
③ $\frac{1}{s^2}(e^{-as} - e^{-bs})$  ④ $\frac{1}{s^2}(e^{as} + e^{bs})$

**풀이** $\mathcal{L}[f(t)] = \mathcal{L}[u(t-a) - u(t-b)]$
$= \frac{e^{-as}}{s} - \frac{e^{-bs}}{s} = \frac{1}{s}(e^{-as} - e^{-bs})$ **답 ①**

**65** $F(s) = \frac{5s+3}{s(s+1)}$의 정상값 $f(\infty)$는?

① 3  ② $-3$
③ 2  ④ $-2$

**풀이** $f(\infty) = \lim_{t \to \infty} f(t) = \lim_{s \to 0} s F(s)$로부터
$f(\infty) = \lim_{s \to 0} s \cdot \frac{5s+3}{s(s+1)} = 3$ **답 ①**

**66** 대칭좌표법에 관한 설명 중 잘못된 것은?

① 불평형 3상 회로 비접지식 회로에서는 영상분이 존재한다.
② 대칭 3상 전압에서 영상분은 0이다.
③ 대칭 3상 전압은 정상분만 존재한다.
④ 불평형 3상 회로의 접지식 회로에서는 영상분이 존재한다.

**풀이** 비접지식에서는 중성선이 없으므로 중성선에 전류가 흐를 수 없다. 따라서 3상 전류의 합 $I_a + I_b + I_c = 0$이 되어야 한다.
그러므로 대칭좌표법에서 영상전류는
$I_0 = \frac{1}{3}(I_a + I_b + I_c) = 0$
이 되어 영상분이 존재하지 않는다. **답 ①**

**67** 다상 교류회로 설명 중 잘못된 것은? (단, $n =$ 상수)

① 평형 3상 교류에서 △결선의 상전류는 선전류의 $\frac{1}{\sqrt{3}}$과 같다.
② $n$상 전력 $P = \frac{1}{2\sin\frac{\pi}{n}} V_l I_l \cos\theta$이다.
③ 성형결선에서 선간전압과 상전압과의 위상차는 $\frac{\pi}{2}(1 - \frac{2}{n})[rad]$이다.
④ 비대칭 다상교류가 만드는 회전 자기장은 타원회전 자기장이다.

**풀이** $n$상 전력 $P = \frac{n}{2\sin\frac{\pi}{n}} V_l I_l \cos\theta[W]$ **답 ②**

**68** 내부저항이 15[kΩ]이고 최대눈금이 150[V]인 전압계와 내부저항이 10[kΩ]이고 최대눈금이 150[V]인 전압계가 있다. 두 전압계를 직렬 접속하여 측정하면 최대 몇 [V]까지 측정할 수 있는가?

① 200  ② 250
③ 300  ④ 375

풀이 측정 전압을 $E$라 하면 전압 분배 법칙에 따라
$\frac{15}{15+10} \times E \leq 150$의 조건을 만족해야 한다.
∴ $E \leq 250[V]$

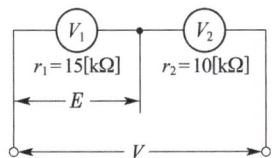

답 ②

## 69 교류의 파형률이란?

① $\frac{최댓값}{실효값}$  ② $\frac{실효값}{최댓값}$

③ $\frac{평균값}{실효값}$  ④ $\frac{실효값}{평균값}$

풀이 파형률(form factor) = $\frac{실효값}{평균값}$ 이고,
파고율(crest factor) = $\frac{최댓값}{실효값}$ 이다.

답 ④

## 70 9[Ω]과 3[Ω]의 저항 각 3개를 그림과 같이 연결하였을 때 A, B 사이의 합성 저항은 몇 [Ω]인가?

① 2  ② 3  ③ 4  ④ 6

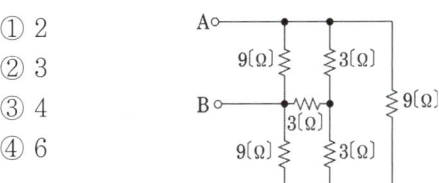

풀이

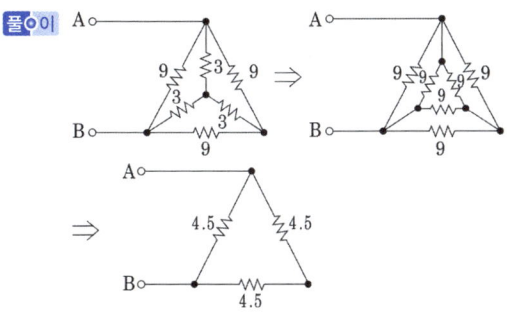

$R_{AB} = \frac{4.5 \times (4.5+4.5)}{4.5+(4.5+4.5)} = 3[Ω]$

답 ②

## 71 다음 회로에서 $V_1 = 6[V]$, $R_1 = 1[kΩ]$, $R_2 = 2[kΩ]$ 일 때 등가회로로 변환한 회로의 합성저항 $R_{th}[kΩ]$와 등가전압 $V_{eq}[V]$는 각각 얼마인가?

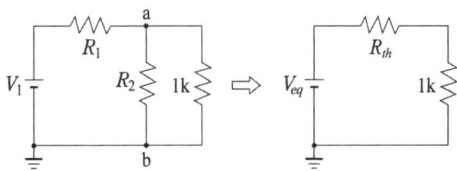

① $R_{th} = 0.67$, $V_{eq} = 2$
② $R_{th} = 0.67$, $V_{eq} = 4$
③ $R_{th} = 3$, $V_{eq} = 2$
④ $R_{th} = 4$, $V_{eq} = 4$

풀이 테브난의 정리에 의해
- $a, b$ 단자에서 회로측으로 바라본 저항(전압원을 단락)
$R_{th} = \frac{R_1 R_2}{R_1+R_2} = \frac{1 \times 10^3 \times 2 \times 10^3}{(1+2) \times 10^3} ≒ 667[Ω]$
$= 0.67[kΩ]$
- $a, b$ 단자에 걸리는 개방전압
$V_{eq} = \frac{R_2}{R_1+R_2} V_1 = \frac{2 \times 10^3}{(1+2) \times 10^3} \times 6 = 4[V]$ 답 ②

## 72 $10t^3$의 라플라스 변환은?

① $\frac{60}{s^4}$  ② $\frac{30}{s^4}$

③ $\frac{10}{s^4}$  ④ $\frac{80}{s^4}$

풀이 $\mathcal{L}[at^n] = a\mathcal{L}[t^n] = \frac{an!}{s^{n+1}}$ 에서
$\mathcal{L}[10t^3] = \frac{10 \times 3!}{s^{3+1}} = \frac{10 \times (3 \times 2 \times 1)}{s^4} = \frac{60}{s^4}$

답 ①

## 73 $R-L-C$ 직렬회로에서 시정수의 값이 작을수록 과도현상이 소멸되는 시간은 어떻게 되는가?

① 짧아진다.  ② 관계없다.
③ 길어진다.  ④ 과도 상태가 없다.

**풀이** 시정수($\tau$)는 과도현상의 길고 짧음을 나타낸 양으로서
- 시정수가 크면 과도현상이 오래 지속되어 과도현상 소멸 시간은 길어진다.
- 시정수가 작으면 과도현상이 빨리 끝난다.  **답** ①

**74** $V_a = 3$[V], $V_b = 2 - j3$[V], $V_c = 4 + j3$[V]를 3상 불평형 전압이라고 할 때 영상 전압[V]은?

① 3  ② 9
③ 27  ④ 0

**풀이** 영상전압
$$V_0 = \frac{1}{3}(V_a + V_b + V_c)$$
$$= \frac{1}{3}(3 + 2 - j3 + 4 + j3)$$
$$= 3[\text{V}] \qquad \text{답 ①}$$

**75** 부하저항 $R_L[\Omega]$이 전원의 내부저항 $R_0[\Omega]$의 3배가 되면 부하저항 $R_L$에서 소비되는 전력 $P_L$[W]는 최대 전송전력 $P_m$[W]의 몇 배인가?

① 0.89배  ② 0.75배
③ 0.5배  ④ 0.3배

**풀이**
$$P_L = I^2 R_L = \left(\frac{V_g}{R_0 + R_L}\right)^2 \cdot R_L$$
$$= \left(\frac{V_g}{R_0 + 3R_0}\right)^2 \times 3R_0 = \frac{3}{16} \cdot \frac{V_g^2}{R_0}$$

최대 전력 전송 전력 $P_m = \dfrac{V_g^2}{4R_0}$ 이므로

$$\therefore \frac{P_L}{P_m} = \frac{\frac{3}{16} \cdot \frac{V_g^2}{R_0}}{\frac{1}{4} \cdot \frac{V_g^2}{R_0}} = \frac{12}{16} = 0.75[\text{배}] \qquad \text{답 ②}$$

**76** 어떤 코일의 임피던스를 측정하고자 직류전압 100[V]를 가했더니 500[W]가 소비되고, 교류전압 150[V]를 가했더니 720[W]가 소비되었다. 코일의 저항[$\Omega$]과 리액턴스[$\Omega$]는 각각 얼마인가?

① $R = 20$, $X_L = 15$
② $R = 15$, $X_L = 20$
③ $R = 25$, $X_L = 20$
④ $R = 30$, $X_L = 25$

**풀이** 직류 : $R = \dfrac{V^2}{P} = \dfrac{100^2}{500} = 20[\Omega]$

교류 : $P = \dfrac{V^2 R}{R^2 + X^2}$ 에서

$$720 = \frac{150^2 \times 20}{20^2 + X^2}[\Omega]$$

$$\therefore X = \sqrt{\frac{150^2 \times 20}{720} - 20^2} = 15[\Omega] \qquad \text{답 ①}$$

**77** 다음 회로에서 전압비 전달함수 $\dfrac{V_2(s)}{V_1(s)}$는 어떻게 되는가?

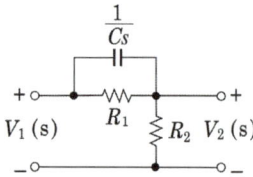

① $\dfrac{R_1 + R_2 + R_1 R_2 Cs}{R_2 + R_1 R_2 Cs}$

② $\dfrac{R_1 R_2 Cs + R_2}{R_1 R_2 Cs + R_1 + R_2}$

③ $\dfrac{R_1 Cs + R_2}{R_2 + R_1 R_2 Cs}$

④ $\dfrac{R_1 R_2 Cs}{R_1 R_2 Cs + R_1 + R_2}$

**풀이** 문제의 $R_1$과 $C$의 합성 임피던스 등가회로는 그림과 같다.

그림에서 $V_1(s) = \left\{\left(\dfrac{R_1}{1 + CsR_1}\right) + R_2\right\} I(s)$

$V_2(s) = R_2 I(s)$

$$\therefore G(s) = \frac{V_2(s)}{V_1(s)} = \frac{R_2}{\frac{R_1}{1+CsR_1} + R_2}$$
$$= \frac{R_2 + R_1 R_2 Cs}{R_1 + R_2 + R_1 R_2 Cs}$$

**답 ②**

**78** 대칭 3상 전압이 있다. 1상의 Y결선 전압의 순시값이 다음과 같을 때 선간전압에 대한 상전압의 비율은?

$$e = 1000\sqrt{2}\sin\omega t + 500\sqrt{2}\sin(3\omega t + 20°) + 100\sqrt{2}\sin(5\omega t + 30°)\,[\text{V}]$$

① 약 55[%]   ② 약 65[%]
③ 약 70[%]   ④ 약 75[%]

**풀이** 상전압의 실효값 $E_p$ 는
$$E_p = \sqrt{E_1^2 + E_3^2 + E_5^2}$$
$$= \sqrt{1000^2 + 500^2 + 100^2} = 1122.5[\text{V}]$$
선간 전압에는 제 3 고조파분이 나타나지 않으므로
$$E_l = \sqrt{3} \cdot \sqrt{E_1^2 + E_5^2}$$
$$= \sqrt{3} \cdot \sqrt{1000^2 + 100^2} = 1740.7[\text{V}]$$
따라서 $\dfrac{E_p}{E_l} = \dfrac{1122.5}{1740.7} = 0.645 ≒ 65[\%]$

**답 ②**

**79** $R[\Omega]$의 저항 3개를 Y로 접속하고 이것을 200[V]의 평형 3상 교류 전원에 연결할 때 선전류가 20[A]가 흘렀다. 이 3개의 저항을 Δ로 접속하고 동일 전원에 연결 하였을 때의 선전류[A]는?

① 약 30   ② 약 40
③ 약 50   ④ 약 60

**풀이** $20 = \dfrac{\frac{200}{\sqrt{3}}}{R}$ 에서 $R = 5.77[\Omega]$이므로
Δ접속 시의 선전류는
$$I_\Delta = \frac{200}{5.77} \times \sqrt{3} = 60.03[\text{A}]$$

**답 ④**

**80** △결선된 저항 부하를 Y결선으로 바꾸면 소비전력은 어떻게 되겠는가? 단, 저항과 선간 전압은 일정하다.

① 3배   ② 9배
③ $\dfrac{1}{9}$ 배   ④ $\dfrac{1}{3}$ 배

**풀이**
- △결선 시 소비전력
$$P_\Delta = 3I^2 R = 3\left(\frac{V}{R}\right)^2 R = 3 \cdot \frac{V^2}{R}$$
- Y결선 시 소비전력 :
Y결선 시 상전압은 선간 전압의 $\dfrac{1}{\sqrt{3}}$ 이므로
$$P_Y = 3\left(\frac{\frac{V}{\sqrt{3}}}{R}\right)^2 \cdot R = 3 \cdot \frac{V^2}{3R} = \frac{V^2}{R}$$
$$\therefore \frac{P_Y}{P_\Delta} = \frac{\frac{V^2}{R}}{\frac{3V^2}{R}} = \frac{1}{3}, \quad P_Y = \frac{1}{3}P_\Delta$$

**답 ④**

# 2021년 회로이론_전기산업기사·공사산업기사_CBT 복원문제

문제의 번호는 실제 시험문제의 번호와 같게 하였습니다.

## 2021년 - 1회_ 전기산업기사·공사산업기사

**61** $R-L$ 직렬회로에서 시정수의 값이 클수록 과도현상의 소멸되는 시간은 어떻게 되는가?

① 짧아진다.  ② 길어진다.
③ 과도기가 없어진다.  ④ 관계없다.

**풀이** $R-L$ 직렬회로에서 직류전압 인가 시
$i(t) = \frac{E}{R}\left(1-e^{-\frac{R}{L}t}\right) = \frac{E}{R}\left(1-e^{-\frac{1}{\tau}t}\right)$ 이므로,

시정수 $\tau$가 커지면 $e^{-\frac{1}{\tau}t}$의 값이 증가하므로 과도 상태는 길어진다.  **답** ②

**62** 아래와 같은 비정현파 전압을 $RL$ 직렬회로에 인가할 때에 제 3고조파 전류의 실효값[A]은? (단, $R = 4[\Omega]$, $\omega L = 1[\Omega]$이다.)

$e = 100\sqrt{2}\sin\omega t + 75\sqrt{2}\sin 3\omega t + 20\sqrt{2}\sin 5\omega t[V]$

① 4  ② 15  ③ 20  ④ 75

**풀이** 고조파의 유도 리액턴스는 주파수에 비례한다.
$X_L = n\omega L[\Omega]$ (여기서 $n$은 고조파 차수)
따라서 제3고조파 전류
$I_3 = \frac{V_3}{Z_3} = \frac{V_3}{\sqrt{R^2+(3\omega L)^2}} = \frac{75}{\sqrt{4^2+3^2}}$
$= 15[A]$  **답** ②

**63** 분포정수 전송회로에 대한 설명이 아닌 것은?

① $\frac{R}{L} = \frac{G}{C}$ 인 회로를 무왜형 회로라 한다.
② $R = G = 0$ 인 회로를 무손실 회로라 한다.
③ 무손실 회로와 무왜형 회로의 감쇠정수는 $\sqrt{RG}$이다.
④ 무손실 회로와 무왜형 회로에서의 위상속도는 $\frac{1}{\sqrt{LC}}$이다.

**풀이** • 무손실 회로 감쇠정수 $\alpha = 0$
• 무왜형 선로 감쇠정수 $\alpha = \sqrt{RG}$  **답** ③

**64** 대칭좌표법에 관한 설명 중 잘못된 것은?

① 불평형 3상 회로 비접지식 회로에서는 영상분이 존재한다.
② 대칭 3상 전압에서 영상분은 0이다.
③ 대칭 3상 전압은 정상분만 존재한다.
④ 불평형 3상 회로의 접지식 회로에서는 영상분이 존재한다.

**풀이** 비접지식에서는 중성선이 없어 중성선에 전류가 흐를 수 없으므로, 3상 전류의 합 $I_a + I_b + I_c = 0$ 이다.
대칭좌표법에서 영상전류는 $I_0 = \frac{1}{3}(I_a+I_b+I_c) = 0$
이 되어 영상분이 존재하지 않는다.  **답** ①

**65** 전압 $v = V(\sin\omega t - \sin 3\omega t)$,
전류 $i = I\sin\omega t$인 교류의 평균 전력[W]은?

① $\int_0^{2\pi} vi\,dt$  ② $\frac{1}{2}VI$
③ $\frac{1}{2}VI\sin\omega t$  ④ $\frac{2}{\sqrt{3}}VI$

**풀이** 전력은 주파수가 다르면 전력이 발생하지 않으므로, 주파수가 같은 성분만 고려하면
$P = \frac{VI}{2}\cos 0° = \frac{VI}{2}$[W]가 된다.  **답** ②

**66** 그림의 회로에서 단자 a, b 에 3[$\Omega$]의 저항을 연결할 때 저항에서의 소비 전력은 몇[W]인가?

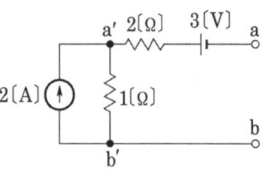

① 1/12  ② 1/3
③ 1  ④ 12

**풀이** 문제의 그림에서 전류원을 전압원으로 등가하면,

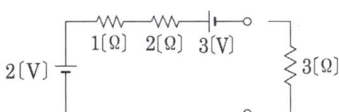

전류 $I = \dfrac{V}{R} = \dfrac{3-2}{1+2+3} = \dfrac{1}{6}$[A]

따라서 전력 $P = I^2 R = \left(\dfrac{1}{6}\right)^2 \cdot 3 = \dfrac{3}{36} = \dfrac{1}{12}$[W]

답 ①

**67** 그림에서 $e(t) = E_m \cos\omega t$의 전원전압을 인가했을 때 인덕턴스 $L$에 축적되는 에너지[J]는?

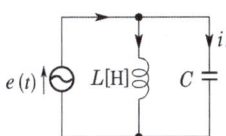

① $\dfrac{1}{2} \dfrac{E_m^2}{\omega^2 L^2}(1 + \cos\omega t)$

② $\dfrac{1}{4} \dfrac{E_m^2}{\omega^2 L}(1 - \cos\omega t)$

③ $\dfrac{1}{2} \dfrac{E_m^2}{\omega^2 L^2}(1 + \cos 2\omega t)$

④ $\dfrac{1}{4} \dfrac{E_m^2}{\omega^2 L}(1 - \cos 2\omega t)$

**풀이** 인덕턴스에 흐르는 전류 $i_L(t)$는

$i_L(t) = \dfrac{1}{L} \int e\, dt = \dfrac{1}{L} \int E_m \cos\omega t\, dt = \dfrac{E_m}{\omega L} \sin\omega t$

$\therefore W_L(t) = \dfrac{L i_L(t)^2}{2} = \dfrac{L}{2}\left(\dfrac{E_m}{\omega L}\right)^2 \sin^2\omega t$

$= \dfrac{E_m^2}{2\omega^2 L}\left(\dfrac{1 - \cos 2\omega t}{2}\right)$

$= \dfrac{1}{4}\dfrac{E_m^2}{\omega^2 L}(1 - \cos 2\omega t)$

답 ④

**68** 3상 △부하에서 각 선전류를 $I_a$, $I_b$, $I_c$라 하면 전류의 영상분은?

① ∞   ② −1   ③ 1   ④ 0

**풀이** 비접지식(△결선)에서는 중성선이 없어 **중성선에 전류가 흐를 수 없으므로**, 3상 전류의 합 $I_a + I_b + I_c = 0$이다.

대칭좌표법에서 영상전류는 $I_0 = \dfrac{1}{3}(I_a + I_b + I_c) = 0$이 되어 **영상분이 존재하지 않는다.**

답 ④

**69** 그림과 같은 회로에서 $i_1 = I_m \sin\omega t$일 때 개방된 2차 단자에 나타나는 유기 기전력 $e_2$는 몇[V]인가?

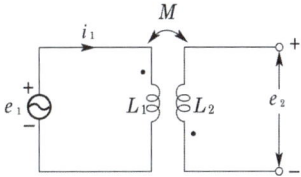

① $\omega M I_m \sin\omega t$

② $\omega M I_m \cos\omega t$

③ $\omega M I_m \sin(\omega t - 90°)$

④ $\omega M I_m \sin(\omega t + 90°)$

**풀이** • 1차 전류에 의한 2차 단자의 유기 기전력

$e_2 = -M\dfrac{di_1}{dt}$[V]

• $i_1 = I_m \sin\omega t$ [A] 이므로

$e_2 = -M\dfrac{di_1}{dt} = -M\dfrac{d}{dt}(I_m \sin\omega t)$

$= -\omega M I_m \cos\omega t = -\omega M I_m \sin(\omega t + 90°)$

$= \omega M I_m \sin(\omega t + 90° \pm 180°)$

일반적으로 순시값의 위상 범위는 $-180° \leq \theta \leq 180°$로 표현하므로

$\therefore e_2 = \omega M I_m \sin(\omega t - 90°)$[V]

답 ③

**70** 왜형률이란 무엇인가?

① $\dfrac{\text{전 고조파의 실효값}}{\text{기본파의 실효값}}$

② $\dfrac{\text{전 고조파의 평균값}}{\text{기본파의 평균값}}$

③ $\dfrac{\text{제3고조파의 실효값}}{\text{기본파의 실효값}}$

④ $\dfrac{\text{우수 고조파의 실효값}}{\text{기수 고조파의 실효값}}$

**풀이** 왜형률 = $\dfrac{\text{고조파의 실효값의 합}}{\text{기본파의 실효값}}$

비정현파에서 기본파에 대해 고조파 성분이 어느 정도 포함되었는가를 나타내는 지표로서 왜형률(distortion factor)이 사용된다. 이는 비정현파가 정현파를 기준으로 하였을 때 얼마나 일그러졌는가를 표시하는 척도가 된다. **답** ①

**71** 전기회로에서 일어나는 과도현상은 그 회로의 시정수와 관계가 있다. 이 사이의 관계를 옳게 표현한 것은?

① 회로의 시정수가 클수록 과도현상은 오래 동안 지속된다.
② 시정수는 과도현상의 지속시간에는 상관되지 않는다.
③ 시정수의 역이 클수록 과도현상은 천천히 사라진다.
④ 시정수가 클수록 과도현상은 빨리 사라진다.

**풀이** 시정수($\tau$)는 과도현상의 길고 짧음을 나타낸 양이다.
- 시정수가 크면 과도현상이 오래 지속되어 과도현상 소멸 시간은 길어진다.
- 시정수가 작으면 과도현상이 짧아진다. **답** ①

**72** 다음과 같은 비정현파 전압 및 전류에 의한 전력을 구하면 몇 [W]인가?

$$v = 100\sin\omega t - 50\sin(3\omega t + 30°)$$
$$\quad + 20\sin(5\omega t + 45°)[V]$$
$$i = 20\sin\omega t + 10\sin(3\omega t - 30°)$$
$$\quad + 5\sin(5\omega t - 45°)[A]$$

① 1175    ② 925
③ 875    ④ 825

**풀이** 비정현파인 경우 주파수가 같은 성분끼리만 고려하면 된다.

$$\therefore P = \dfrac{100\times 20}{2}\cos 0° + \dfrac{-50\times 10}{2}\cos 60°$$
$$\quad + \dfrac{20\times 5}{2}\cos 90° = 875[W]$$

**답** ③

**73** 6상 성형 상전압이 200[V]일 때 선간전압[V]은?

① 200    ② 150
③ 100    ④ 50

**풀이** 대칭 $n$상 회로에서의 선간전압

$$V_l = 2V_p\sin\dfrac{\pi}{n}[V]$$

(여기서, $V_l$ : 선간전압, $V_p$ : 상전압, $n$ : 상수)
따라서 6상 전간전압

$$V_l = 2V_p\sin\dfrac{\pi}{n} = 2V_p\sin\dfrac{\pi}{6} = V_p = 200[V]$$

(6상일 때의 선간전압은 상전압과 같다.) **답** ①

**74** a, b 단자의 전압 $v$는?

① 2
② $-2$
③ $-8$
④ 8

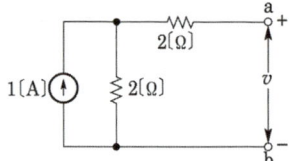

**풀이** $v$는 개방단의 전압이므로
$\therefore v = 2\times 1 = 2[V]$ **답** ①

**75** $5\dfrac{d^2q}{dt^2} + \dfrac{dq}{dt} = 10\sin t$ 에서 모든 초기 조건을 0으로 하고 라플라스 변환하면?

① $Q(s) = \dfrac{10}{(5s+1)(s^2+1)}$

② $Q(s) = \dfrac{10}{(5s^2+s)(s^2+1)}$

③ $Q(s) = \dfrac{10}{2(s^2+1)}$

④ $Q(s) = \dfrac{10}{(s^2+5)(s^2+1)}$

**풀이** 초기 조건이 0일 때

$$\mathcal{L}\left[\dfrac{d^2q}{dt^2}\right] = s^2Q(s), \ \mathcal{L}\left[\dfrac{dq}{dt}\right] = sQ(s)$$

$$5s^2Q(s) + sQ(s) = 10\left(\dfrac{1}{s^2+1}\right)$$

$$(5s^2+s)Q(s) = \dfrac{10}{s^2+1}$$

$$\therefore Q(s) = \dfrac{10}{(5s^2+s)(s^2+1)}$$

**답** ②

**76** 라플라스 변환함수 $\dfrac{1}{s(s+1)}$에 대한 역라플라스 변환은?

① $1+e^{-t}$  
② $1-e^{-t}$  
③ $\dfrac{1}{1-e^{-t}}$  
④ $\dfrac{1}{1+e^{-t}}$

**풀이**  
$F(s) = \dfrac{1}{s(s+1)} = \dfrac{A}{s} + \dfrac{B}{s+1}$

$A = \dfrac{1}{s+1}\bigg|_{s=0} = \dfrac{1}{1} = 1$,

$B = \dfrac{1}{s}\bigg|_{s=-1} = \dfrac{1}{-1} = -1$ 이므로

$F(s) = \dfrac{1}{s} - \dfrac{1}{s+1}$, $\mathcal{L}^{-1}[F(s)] = 1 - e^{-t}$ **답** ②

**77** 저항 10[Ω], 인덕턴스 10[mH]인 인덕턴스에 실효값 100[V]인 정현파 전압을 인가했을 때 흐르는 전류의 최댓값[A]은? 단, 정현파의 각 주파수는 1000[rad/s]이다.

① 5  ② $5\sqrt{2}$  ③ 10  ④ $10\sqrt{2}$

**풀이**  리액턴스 $X_L = \omega L = 1000 \times 10 \times 10^{-3} = 10[\Omega]$

임피던스 $Z = \sqrt{R^2 + X_L^2} = \sqrt{10^2 + 10^2} = 10\sqrt{2}[\Omega]$

최댓값은 실효값의 $\sqrt{2}$배이므로

$\therefore I_m = \sqrt{2} I = \sqrt{2} \cdot \dfrac{V}{Z} = \dfrac{\sqrt{2} \times 100}{10\sqrt{2}} = 10[A]$ **답** ③

**78** 그림과 같은 파형의 라플라스 변환은?

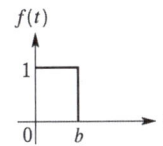

① $\dfrac{1}{b}\left(\dfrac{1-e^{-bs}}{s}\right)$  
② $\dfrac{1}{b}\left(\dfrac{1+e^{-bs}}{s}\right)$  
③ $\dfrac{1}{s}(1-e^{-bs})$  
④ $\dfrac{1}{s}(1+e^{-bs})$

**풀이**  $f(t) = u(t) - u(t-b)$이므로

$\mathcal{L}[f(t)] = \mathcal{L}[u(t)] - \mathcal{L}[u(t-b)]$

$= \dfrac{1}{s} - \dfrac{1}{s}e^{-bs} = \dfrac{1}{s}(1-e^{-bs})$ **답** ③

**79** 저항 $R=6[\Omega]$과 유도리액턴스 $X_L=8[\Omega]$이 직렬로 접속된 회로에서 $v=200\sqrt{2}\sin\omega t$[V]인 전압을 인가하였다. 이 회로의 소비되는 무효전력[kvar]은?

① 1.2  ② 2.2  ③ 2.4  ④ 3.2

**풀이**  $RL$ 직렬회로에서 전류

$I = \dfrac{V}{Z} = \dfrac{V}{\sqrt{R^2 + X^2}}$[A]이므로

무효전력

$P_r = I^2 X = \left(\dfrac{V}{\sqrt{R^2+X^2}}\right)^2 X = \dfrac{V^2 X}{R^2 + X^2}$

$= \dfrac{200^2 \times 8}{6^2 + 8^2} = 3200[W] = 3.2[kW]$ **답** ④

**80** 3상 3선식에서 선간전압이 100[V] 송전선에 $5\underline{/45°}[\Omega]$의 부하를 △접속할 때의 선전류[A]는?

① 20  ② 28.2  ③ 34.6  ④ 40

**풀이**  △결선에서 선간전압($V_l$)과 상전압($V_p$)은 같고, 선전류 $I_l = \sqrt{3} I_p$ 이므로,

$\therefore I_l = \sqrt{3} \times \dfrac{V}{Z} = \sqrt{3} \times \dfrac{100}{5\underline{/45°}}$

$= 20\sqrt{3}\underline{/-45°} = 34.64\underline{/-45°}[A]$ **답** ③

### 2021년 - 2회 _ 전기산업기사·공사산업기사

**61** 그림과 같은 회로망에서 $Z_1$을 4단자 정수에 의해 표시하면 어떻게 되는가?

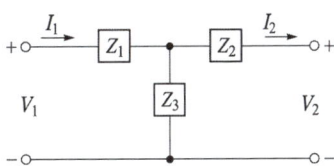

① $\dfrac{1}{C}$  
② $\dfrac{D-1}{C}$  
③ $\dfrac{B-1}{C}$  
④ $\dfrac{A-1}{C}$

**풀이** 그림과 같은 4단자망의 4단자 정수 중 $A$와 $C$는
$$A = 1 + \frac{Z_1}{Z_3}, \quad C = \frac{1}{Z_3}$$
$$\therefore Z_1 = (A-1)Z_3 = \frac{A-1}{C}$$
**답** ④

**62** 분포정수 선로에서 위상정수를 $\beta$[rad/m]라 할 때 파장은?

① $2\pi\beta$  ② $\dfrac{2\pi}{\beta}$

③ $4\pi\beta$  ④ $\dfrac{4\pi}{\beta}$

**풀이** 위상 정수 $\beta$와 파장 $\lambda$ 사이의 관계는
$\lambda\beta = 2\pi$ 이므로, 파장 $\lambda = \dfrac{2\pi}{\beta}$
**답** ②

**63** 3상 회로에 있어서 대칭분 전압이
$V_0 = -8 + j3$[V], $V_1 = 6 - j8$[V],
$V_2 = 8 + j12$[V] 일 때 a상의 전압 $V_a$[V]는?

① $6 + j7$  ② $8 + j12$
③ $6 + j14$  ④ $16 + j4$

**풀이** $V_a = V_0 + V_1 + V_2$
$= -8 + j3 + 6 - j8 + 8 + j12$
$= 6 + j7$[V]
**답** ①

**64** 회로 방정식의 특성근과 회로의 시정수에 대하여 옳게 서술된 것은?

① 특성근과 시정수는 같다.
② 특성근의 역과 회로의 시정수는 같다.
③ 특성근의 절대값의 역과 회로의 시정수는 같다.
④ 특성근과 회로의 시정수는 서로 상관되지 않는다.

**풀이** 안정된 회로에 있어서는 $\tau = \dfrac{1}{|\alpha|}$ 의 관계가 있으며 $\tau$는 시정수, $\alpha$는 특성근 또는 감쇠 정수라 한다.
**답** ③

**65** $R-L-C$ 직렬회로에서 회로 저항값이 다음의 어느 값이어야 이 회로가 임계적으로 제동되는가?

① $\sqrt{\dfrac{L}{C}}$  ② $2\sqrt{\dfrac{L}{C}}$

③ $\dfrac{1}{\sqrt{CL}}$  ④ $2\sqrt{\dfrac{C}{L}}$

**풀이** 임계제동 조건 $\left(\dfrac{R}{2L}\right)^2 - \dfrac{1}{LC} = 0$ 에서
$R = 2\sqrt{\dfrac{L}{C}}$ 또는 $R^2 = \dfrac{4L}{C}$

| 조건 | 특성 |
|---|---|
| $R > 2\sqrt{\dfrac{L}{C}}$ | 과제동(비진동적) |
| $R = 2\sqrt{\dfrac{L}{C}}$ | 임계제동(진동) |
| $R < 2\sqrt{\dfrac{L}{C}}$ | 부족제동(진동적) |

**답** ②

**66** 정현파 교류의 실효값을 계산하는 식은?

① $I = \dfrac{1}{T}\displaystyle\int_0^T i^2 \, dt$  ② $I^2 = \dfrac{2}{T}\displaystyle\int_0^T i \, dt$

③ $I^2 = \dfrac{1}{T}\displaystyle\int_0^T i^2 \, dt$  ④ $I = \sqrt{\dfrac{2}{T}\displaystyle\int_0^T i^2 \, dt}$

**풀이** 동일한 저항 $R$에 직류전류 $I$[A]가 흐를 때 소비전력 $P_{DC} = I^2 R$[W]
교류전류 $i$[A]가 흐를 때 소비전력 $P_{AC}$는 주기를 $T$라 하면 $P_{AC} = \dfrac{1}{T}\displaystyle\int_0^T i^2 R \, dt$[W]
실효값의 정의에 의해 $P_{DC} = P_{AC}$ 이므로
$I^2 R = \dfrac{R}{T}\displaystyle\int_0^T i^2 \, dt$
$\therefore I^2 = \dfrac{1}{T}\displaystyle\int_0^T i^2 \, dt$
**답** ③

**67** 어떤 회로에 흐르는 전류가 $i = 5 + 14.1\sin\omega t$인 경우 실효값은 약 몇 [A]인가?

① 11.2[A]  ② 12.5[A]
③ 14.4[A]  ④ 16.1[A]

**풀이** 비정현파의 실효값
$I = \sqrt{I_0^2 + I_1^2 + I_2^2 + \cdots + I_n^2}$ 에서
$I = \sqrt{5^2 + (\frac{14.1}{\sqrt{2}})^2} = 11.2[A]$  **답** ①

**68** 비정현파 $y(x)$가 반파 및 정현 대칭일 때 옳은 식은?

① $y(-x) = -y(x), \ y(2\pi - x) = y(x)$
② $y(-x) = y(x), \ y(2\pi - x) = y(x)$
③ $y(-x) = -y(x), \ y(\pi + x) = -y(x)$
④ $y(-x) = y(x), \ y(\pi - x) = -y(-x)$

**풀이** 그림에서 반파 및 정현 대칭 조건은
- $y(-x) = -y(x)$
- $y(2\pi - x) = y(-x) = y(\pi + x)$
- $y(\pi + x) = y(-x) = -y(x)$

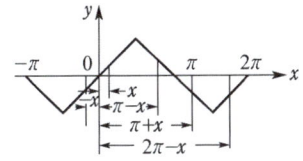

**답** ③

**69** 키르히호프의 전류법칙(KCL) 적용에 대한 설명 중 틀린 것은?

① 이 법칙은 집중정수회로에 적용된다.
② 이 법칙은 선형소자로만 이루어진 회로에 적용된다.
③ 이 법칙은 회로의 선형, 비선형에 관계 받지 않고 적용된다.
④ 이 법칙은 회로의 시변, 시불변에는 관계 받지 않고 적용된다.

**풀이** 키르히호프의 법칙은 집중 정수 회로에서 선형, 비선형에 무관하게 항상 성립되고, 중첩의 원리는 선형에서만 성립된다.  **답** ②

**70** 그림과 같은 $i = I_m \sin\omega t$ 인 정현파 교류의 반파 정류 파형의 실효값은?

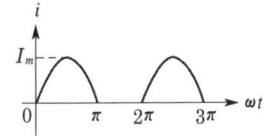

① $\dfrac{I_m}{\sqrt{2}}$  ② $\dfrac{I_m}{\sqrt{3}}$
③ $\dfrac{I_m}{2\sqrt{2}}$  ④ $\dfrac{I_m}{2}$

**풀이**

| 파형 | 정현파 | 정현반파 | 삼각파 | 구형반파 | 구형파 |
|---|---|---|---|---|---|
| 실효값 | $\dfrac{I_m}{\sqrt{2}}$ | $\dfrac{I_m}{2}$ | $\dfrac{I_m}{\sqrt{3}}$ | $\dfrac{I_m}{\sqrt{2}}$ | $I_m$ |
| 평균값 | $\dfrac{2I_m}{\pi}$ | $\dfrac{I_m}{\pi}$ | $\dfrac{I_m}{2}$ | $\dfrac{I_m}{2}$ | $I_m$ |

**답** ④

**71** 다음과 같은 직류 $LC$ 직렬회로에 대한 설명 중 맞는 것은?

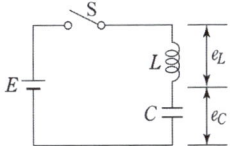

① $e_L$는 진동 함수이나 $e_C$는 진동하지 않는다.
② $e_L$의 최대치는 $2E$까지 될 수 있다.
③ $e_C$의 최대치가 $2E$까지 될 수 있다.
④ $C$의 충전 전하 $q$는 시간 $t$에 무관계이다.

**풀이**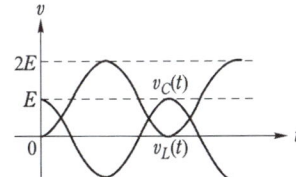

$i(t) = \sqrt{\dfrac{C}{L}} E \sin \dfrac{1}{\sqrt{LC}} t$

$q(t) = CE\left(1 - \cos \dfrac{1}{\sqrt{LC}} t\right)$ 이므로

$v_L(t) = L\dfrac{di(t)}{dt} = L\dfrac{d}{dt}\left(\sqrt{\dfrac{C}{L}} E \sin \dfrac{1}{\sqrt{LC}} t\right)$
$= E\cos \dfrac{1}{\sqrt{LC}} t$

$v_C(t) = \dfrac{1}{C} q = E\left(1 - \cos \dfrac{1}{\sqrt{LC}} t\right)$  **답** ③

**72** $R=100[\Omega]$, $L=1/\pi[H]$, $C=100/4\pi[pF]$이다. 직렬 공진회로의 $Q$는 얼마인가?

① $2\times 10^3$  ② $2\times 10^4$
③ $3\times 10^3$  ④ $3\times 10^4$

**풀이** 직렬 공진회로에서 $Q=\dfrac{1}{R}\sqrt{\dfrac{L}{C}}$

병렬 공진회로에서 $Q=R\sqrt{\dfrac{C}{L}}$

$Q=\dfrac{1}{R}\sqrt{\dfrac{L}{C}}=\dfrac{1}{100}\sqrt{\dfrac{1/\pi}{100/4\pi\times 10^{-12}}}$

$=\dfrac{1}{100}\times\dfrac{1}{5}\times 10^6=2\times 10^3$  **답** ①

**73** 각 상의 전류가
$i_a=30\sin\omega t[A]$, $i_b=30\sin(\omega t-90°)[A]$,
$i_c=30\sin(\omega t+90°)[A]$
일 때 영상분 전류[A]의 순시치는?

① $10\sin\omega t$  ② $10\sin\dfrac{\omega t}{3}$
③ $30\sin\omega t$  ④ $\dfrac{30}{\sqrt{3}}\sin(\omega t+45°)$

**풀이**
- 정현파를 phasor로 표시하면
  $i_a=30\angle 0°=30[A]$, $i_b=30\angle-90°=-j30[A]$,
  $i_c=30\angle 90°=j30[A]$
- 영상전류
  $i_o=\dfrac{1}{3}(i_a+i_b+i_c)=\dfrac{1}{3}\times(30-j30+j30)=10[A]$

따라서 순시전류 $i=10\sin\omega t[A]$  **답** ①

**74** 그림과 같은 회로의 전달 함수는?
(단, $\dfrac{L}{R}=T$ : 시정수이다.)

① $\dfrac{1}{Ts^2+1}$
② $\dfrac{1}{Ts+1}$
③ $Ts^2+1$
④ $Ts+1$

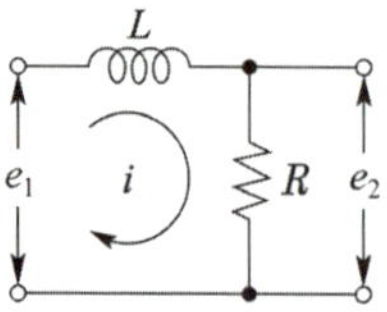

**풀이** $G(s)=\dfrac{R}{sL+R}=\dfrac{1}{s\cdot\dfrac{L}{R}+1}=\dfrac{1}{Ts+1}$  **답** ②

**75** 비정현파 교류를 나타내는 식은?

① 기본파+고조파+직류분
② 기본파+직류분-고조파
③ 직류분+고조파-기본파
④ 교류분+기본파+고조파

**풀이** 비정현파 = 직류분 + 기본파 + 고조파  **답** ①

**76** 어떤 회로의 전압 및 전류의 순시값이
$v=200\sin 314t[V]$,
$i=10\sin\left(314t-\dfrac{\pi}{6}\right)[A]$일 때,
이 회로의 임피던스를 복소수[$\Omega$]로 표시하면?

① $17.32+j12$  ② $16.30+j11$
③ $17.32+j10$  ④ $18.30+j9$

**풀이** 전압과 전류의 순시값을 정지 벡터로 표시하면
$\dot{V}_m=200\angle 0$,  $\dot{I}_m=10\angle-\dfrac{\pi}{6}$

$\therefore Z=\dfrac{\dot{V}_m}{\dot{I}_m}=\dfrac{200\angle 0}{10\angle-\dfrac{\pi}{6}}$

$=20\angle\dfrac{\pi}{6}=20(\cos 30°+j\sin 30°)$
$=10\sqrt{3}+j10=17.32+j10[\Omega]$  **답** ③

**77** 어떤 회로에 전압을 115[V] 인가하였더니 유효전력이 230[W], 무효전력이 345[Var]를 지시한다면 회로에 흐르는 전류는 약 몇 [A]인가?

① 2.5  ② 5.6
③ 3.6  ④ 4.5

**풀이** 피상전력
$P_a=\sqrt{P^2+P_r^2}=\sqrt{230^2+345^2}=414.6[VA]$

$\therefore I=\dfrac{P_a}{V}=\dfrac{414.6}{115}\fallingdotseq 3.6[A]$  **답** ③

**78** 정격전압에서 1[kW]의 전력을 소비하는 저항에 정격의 80[%]의 전압을 가할 때의 전력[W]은?

① 340    ② 540
③ 640    ④ 740

**풀이** 전력 $P = \dfrac{V^2}{R} \propto V^2$ 이므로

80[%]의 전압을 가할 때의 전력을 $P'$ 이라고 하면

$\dfrac{P}{P'} = \dfrac{V^2}{(0.8V)^2}$

$\therefore P' = 0.64P = 0.64 \times 1 = 0.64$ [kW]
$= 640$ [W]    **답** ③

**79** 그림과 같은 회로의 컨덕턴스 $G_2$에 흐르는 전류[A]는?

① 5
② 3
③ 10
④ 15

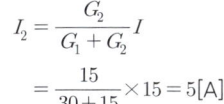

**풀이** 전류원 두 개가 방향이 반대이므로 그림과 같은 회로가 된다.

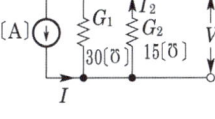

$I_2 = \dfrac{G_2}{G_1 + G_2} I$

$= \dfrac{15}{30+15} \times 15 = 5$ [A]    **답** ①

**80** 입력 신호가 $v_i$, 출력 신호가 $v_o$일 때,

$a_1 v_o + a_2 \dfrac{dv_o}{dt} + a_3 \displaystyle\int v_o dt = v_i$ 의

전달함수는?

① $\dfrac{s}{a_2 s^2 + a_1 s + a_3}$

② $\dfrac{1}{a_2 s^2 + a_1 s + a_3}$

③ $\dfrac{s}{a_3 s^2 + a_2 s + a_1}$

④ $\dfrac{1}{a_3 s^2 + a_2 s + a_1}$

**풀이** 초기값을 0으로 하고 라플라스 변환하면

$a_1 V_o(s) + a_2 s V_o(s) + \dfrac{1}{s} a_3 V_o(s) = V_i(s)$

$\left(a_1 + a_2 s + \dfrac{a_3}{s}\right) V_o(s) = V_i(s)$

$\therefore G(s) = \dfrac{V_o(s)}{V_i(s)} = \dfrac{1}{a_1 + a_2 s + \dfrac{a_3}{s}} = \dfrac{s}{a_2 s^2 + a_1 s + a_3}$

**답** ①

## 2021년 3회 _ 전기산업기사

**61** 그림과 같은 회로에서 2[Ω]의 단자전압[V]은?

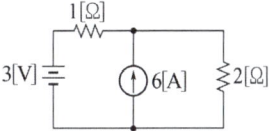

① 3    ② 4    ③ 6    ④ 8

**풀이** 전압원만 존재할 때 2[Ω]에 흐르는 전류

$I_1 = \dfrac{V}{R} = \dfrac{3}{2+1} = 1$ [A]

전류원만 존재할 때 2[Ω]에 흐르는 전류

$I_2 = \dfrac{R_1}{R_1 + R_2} I = \dfrac{1}{1+2} \times 6 = 2$ [A]

2[Ω]을 흐르는 전 전류 $I = I_1 + I_2 = 1 + 2 = 3$ [A]

$\therefore V = IR = 3 \times 2 = 6$ [V]    **답** ③

**62** 4단자 회로망이 가역적이기 위한 조건으로 틀린 것은?

① $Z_{12} = Z_{21}$
② $Y_{12} = Y_{21}$
③ $H_{12} = -H_{21}$
④ $AB - CD = 1$

**풀이** 4단자 회로망이 가역성을 가질 때 각 파라미터의 조건은 $Y_{12} = Y_{21}$, $H_{12} = -H_{21}$, $AD - BC = 1$ 이고, 좌우 대칭인 경우는

$Y_{11} = Y_{22}$, $H_{11} H_{22} - H_{12} H_{21} = 1$, $A = D$    **답** ④

**63** 그림과 같은 $R-L-C$ 직렬 회로에서 발생하는 과도 현상이 진동이 되지 않는 조건은 어느 것인가?

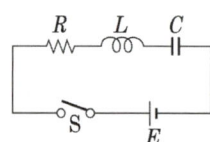

① $\left(\dfrac{R}{2L}\right)^2 - \dfrac{1}{LC} < 0$   ② $\left(\dfrac{R}{2L}\right)^2 - \dfrac{1}{LC} > 0$

③ $\left(\dfrac{R}{2L}\right)^2 = \dfrac{1}{LC}$   ④ $\dfrac{R}{2L} = \dfrac{1}{LC}$

**풀이** 회로 방정식을 $i(t) = \dfrac{dq(t)}{dt}$를 이용하여 표시하면

$L\dfrac{di(t)}{dt} + Ri(t) + \dfrac{1}{C}\int i(t)dt = E$

$L\dfrac{d^2q(t)}{dt^2} + R\dfrac{dq(t)}{dt} + \dfrac{1}{C}q(t) = E$

$q(t) = q_s + q_t$ 에서 $q_s = CE$ 이고

$L\dfrac{d^2q_t}{dt^2} + R\dfrac{dq_t}{dt} + \dfrac{1}{C}q_t = 0$

$LK^2 + RK + \dfrac{1}{C} = 0$

$\therefore K = -\dfrac{R}{2L} \pm \sqrt{\left(\dfrac{R}{2L}\right)^2 - \dfrac{1}{LC}}$

여기서, $\left(\dfrac{R}{2L}\right)^2 - \dfrac{1}{LC} > 0$ : 비진동적

$\left(\dfrac{R}{2L}\right)^2 - \dfrac{1}{LC} < 0$ : 진동적

$\left(\dfrac{R}{2L}\right)^2 - \dfrac{1}{LC} = 0$ : 임계적   **답** ②

**64** 어느 회로에 전압과 전류의 실효값이 각각 50[V], 10[A]이고, 역률이 0.8이다. 무효전력[Var]은?

① 300   ② 400
③ 500   ④ 600

**풀이** 무효전력 $P_r = VI\sin\theta = 50 \times 10 \times \sqrt{1-0.8^2}$
$= 300[\text{Var}]$   **답** ①

**65** 3상 불평형 전압을 $V_a$, $V_b$, $V_c$라고 할 때 역상전압 $V_2$는?

① $V_2 = \dfrac{1}{3}(V_a + V_b + V_c)$

② $V_2 = \dfrac{1}{3}(V_a + aV_b + a^2V_c)$

③ $V_2 = \dfrac{1}{3}(V_a + a^2V_b + V_c)$

④ $V_2 = \dfrac{1}{3}(V_a + a^2V_b + aV_c)$

**풀이**
• 영상전압 $V_0 = \dfrac{1}{3}(V_a + V_b + V_c)$
• 정상전압 $V_1 = \dfrac{1}{3}(V_a + aV_b + a^2V_c)$
• 역상전압 $V_2 = \dfrac{1}{3}(V_a + a^2V_b + aV_c)$   **답** ④

**66** 어떤 회로에 전압 $v$와 전류 $i$가 각각

$v = 100\sqrt{2}\sin\left(377t + \dfrac{\pi}{3}\right)[\text{V}]$

$i = \sqrt{8}\sin\left(377t + \dfrac{\pi}{6}\right)[\text{A}]$ 일 때

소비전력[W]은?

① 100   ② $200\sqrt{3}$
③ 300   ④ $100\sqrt{3}$

**풀이** $P = VI\cos\theta = \dfrac{100\sqrt{2}}{\sqrt{2}} \times \dfrac{\sqrt{8}}{\sqrt{2}}\cos\left(\dfrac{\pi}{3} - \dfrac{\pi}{6}\right)$
$= 100\sqrt{3}[\text{W}]$   **답** ④

**67** 회로의 영상 임피던스 $Z_{01}$과 $Z_{02}$는 각각 몇 [Ω]인가?

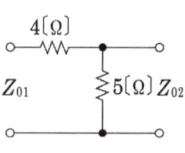

① 6, 5   ② 4, 5
③ 6, 3.33   ④ 4, 3.33

**풀이** $A=1+\dfrac{4}{5}=\dfrac{9}{5}$, $B=4$, $C=\dfrac{1}{5}$, $D=1$

$Z_{01}=\sqrt{\dfrac{AB}{CD}}=\sqrt{\dfrac{\dfrac{9}{5}\times 4}{\dfrac{1}{5}\times 1}}=6[\Omega]$

$Z_{02}=\sqrt{\dfrac{BD}{AC}}=\sqrt{\dfrac{4\times 1}{\dfrac{9}{5}\times\dfrac{1}{5}}}=3.33[\Omega]$ **답** ③

**68** $R=1[\mathrm{M}\Omega]$, $C=1[\mu\mathrm{F}]$의 직렬 회로에 직류 100[V]를 가했다. 시정수 $\tau$, 전류의 초기값 $I$를 구하면?

① 5[sec], $10^{-4}$[A]
② 4[sec], $10^{-3}$[A]
③ 1[sec], $10^{-4}$[A]
④ 2[sec], $10^{-3}$[A]

**풀이** $R-C$ 직렬회로
- 시정수 $\tau=RC=10^6\times 10^{-6}=1[\mathrm{sec}]$
- 전류의 초기값 $I=\left.\dfrac{E}{R}\right|_{t=0}=\dfrac{100}{1\times 10^6}=10^{-4}[\mathrm{A}]$

**답** ③

**69** 그림과 같은 회로에 $t=0$에서 $S$를 닫을 때의 방전 과도전류 $i(t)$[A]는?

① $\dfrac{Q}{RC}e^{-\frac{t}{RC}}$

② $-\dfrac{Q}{RC}e^{\frac{t}{RC}}$

③ $\dfrac{Q}{RC}(1+e^{\frac{t}{RC}})$

④ $-\dfrac{1}{RC}(1-e^{-\frac{t}{RC}})$

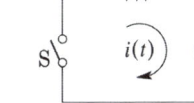

**풀이** 스위치를 닫은 상태에서 회로의 평형방정식은
$R\dfrac{dq(t)}{dt}+\dfrac{1}{C}q(t)=0$ 이므로 $q(t)=Ae^{-\frac{1}{RC}t}$

초기조건에서 $q(0)=Q$라 하면 $q(t)=Qe^{-\frac{1}{RC}t}$

$\therefore i(t)=\dfrac{dq(t)}{dt}=\dfrac{d}{dt}Qe^{-\frac{1}{RC}t}=-\dfrac{Q}{RC}e^{-\frac{1}{RC}t}$

그런데, 문제의 그림에서는 전류방향이 일치하므로 부호는 +이다. **답** ①

**70** 그림에서 4단자망의 개방 순방향 전달 임피던스 $Z_{21}[\Omega]$과 단락 순방향 전달 어드미턴스 $Y_{21}[\mho]$은?

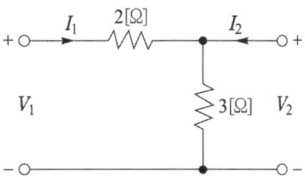

① $Z_{21}=5$, $Y_{21}=-\dfrac{1}{2}$

② $Z_{21}=3$, $Y_{21}=-\dfrac{1}{3}$

③ $Z_{21}=3$, $Y_{21}=-\dfrac{1}{2}$

④ $Z_{21}=3$, $Y_{21}=-\dfrac{5}{6}$

**풀이** $Z_{21}=\left.\dfrac{V_2}{I_1}\right|_{I_2=0}=\dfrac{3I_1}{I_1}=3[\Omega]$

$Y_{21}=\left.\dfrac{I_2}{V_1}\right|_{V_2=0}=\dfrac{-\dfrac{V_1}{2}}{V_1}=-\dfrac{1}{2}[\mho]$ **답** ③

**71** 그림과 같은 전기회로의 입력을 $v_i$, 출력을 $v_o$라고 할 때 전달함수는? 단, $T=\dfrac{L}{R}$이다.

① $Ts+1$

② $Ts^2+1$

③ $\dfrac{1}{Ts+1}$

④ $\dfrac{Ts}{Ts+1}$

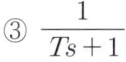

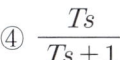

**풀이** $G(s)=\dfrac{V_o(s)}{V_i(s)}=\dfrac{Ls}{R+Ls}=\dfrac{\dfrac{L}{R}s}{1+\dfrac{L}{R}s}=\dfrac{Ts}{1+Ts}$

**답** ④

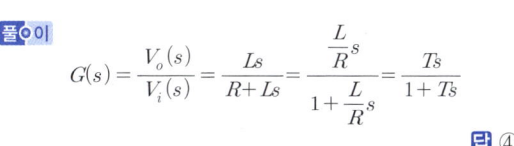

**72** $f(t) = \sin t \cos t$를 라플라스 변환하면?

① $\dfrac{1}{s^2+2}$   ② $\dfrac{1}{s^2+4}$

③ $\dfrac{1}{(s+2)^2}$   ④ $\dfrac{1}{(s+4)^2}$

**풀이** 삼각 함수의 가법 정리에 의해서
$\sin t \cos t = \dfrac{1}{2}\sin 2t$ 이므로
$$F(s) = \mathcal{L}[\sin t \cos t] = \mathcal{L}\left[\dfrac{1}{2}\sin 2t\right]$$
$$= \dfrac{1}{2} \cdot \dfrac{2}{s^2+2^2} = \dfrac{1}{s^2+4}$$   답 ②

**73** 저항 $R = 60[\Omega]$과 유도리액턴스 $\omega L = 80[\Omega]$인 코일이 직렬로 연결된 회로에 200[V]의 전압을 인가할 때 전압과 전류의 위상차는?

① 48.17°   ② 50.23°
③ 53.13°   ④ 55.27°

**풀이** 임피던스 $Z = R + j\omega L = 60 + j80$
$= \sqrt{60^2 + 80^2} \angle \tan^{-1}\dfrac{80}{60}$
$= 100\angle 53.13°$

전류 $I = \dfrac{E}{Z} = \dfrac{200\angle 0°}{100\angle 53.13°} = 2\angle -53.13°$   답 ③

**74** 최대 눈금 $I = n[\text{mA}]$의 전류계 A(내부 저항 무시)에 직렬로 $R[\text{k}\Omega]$의 저항을 접속하여 전압계로 했을 때 몇 [V]까지 측정할 수 있는가?

① $\dfrac{R}{n-1}$   ② $\dfrac{R}{n}$
③ $nR$   ④ $(n-1)R$

**풀이** $I = n[\text{mA}]$, $R[\text{k}\Omega]$이므로,
$\therefore V = R \times 10^3 \times n \times 10^{-3} = nR[\text{V}]$   답 ③

**75** 3상 3선식에서는 회로의 평형, 불평형 또는 부하의 △, Y에 불구하고, 세 선전류의 합은 0이므로 선전류의 (   )은 0이다.
다음에서 (   ) 안에 들어갈 말은?

① 영상분   ② 정상분
③ 역상분   ④ 상전압

**풀이** 중성점 비접지식에서는 평형, 불평형 또는
△결선, Y결선과 관계없이 $I_0 = \dfrac{1}{3}(I_a + I_b + I_c)$에서
$I_a + I_b + I_c = 0$이므로 $I_0$ (영상분) = 0 이다.   답 ①

**76** 극좌표 형식으로 표현된 전류의 페이저가
각각 $I_1 = 10\angle \tan^{-1}\dfrac{4}{3}[\text{A}]$,
$I_2 = 10\angle \tan^{-1}\dfrac{3}{4}[\text{A}]$이고,
$I = I_1 + I_2$ 일 때, $I[\text{A}]$는?

① $-2 + j2$   ② $14 + j14$
③ $14 + j4$   ④ $14 + j3$

**풀이** $\theta_1 = \tan^{-1}\dfrac{4}{3}$, $\theta_2 = \tan^{-1}\dfrac{3}{4}$ 이라면 그림과 같다.
$I_1$과 $I_2$를 복소수로 변환하면
$I_1 = 10\angle\theta_1 = 10(\cos\theta_1 + j\sin\theta_1)$
$= 10\left(\dfrac{3}{5} + j\dfrac{4}{5}\right) = 6 + j8$
$I_2 = 10\angle\theta_2 = 10(\cos\theta_2 + j\sin\theta_2)$
$= 10\left(\dfrac{4}{5} + j\dfrac{3}{5}\right) = 8 + j6$
$\therefore I = I_1 + I_2 = 6 + j8 + 8 + j6 = 14 + j14$   답 ②

**77** 그림과 같은 4단자망의 영상 임피던스는 얼마인가?

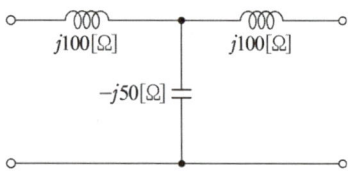

① $j\dfrac{1}{50}$   ② $-1$
③ $1$   ④ $0$

**풀이** • 영상 임피던스 $Z_{01} = \sqrt{\dfrac{AB}{CD}} = \sqrt{\dfrac{B}{C}}$
(∵ 대칭 T형 회로에서는 $A = D$ 이다.)

- $\begin{bmatrix} A & B \\ C & D \end{bmatrix} = \begin{bmatrix} 1 & j100 \\ 0 & 1 \end{bmatrix} \begin{bmatrix} 1 & 0 \\ \frac{1}{-j50} & 1 \end{bmatrix} \begin{bmatrix} 1 & j100 \\ 0 & 1 \end{bmatrix}$

$= \begin{bmatrix} -1 & 0 \\ j\frac{1}{50} & -1 \end{bmatrix}$

$\therefore Z_0 = \sqrt{\frac{B}{C}} = \sqrt{\frac{0}{j\frac{1}{50}}} = 0$ **답** ④

## 78 한 상의 임피던스가 $3+j4[\Omega]$인 평형 △ 부하에 대칭인 선간 전압 200[V]를 가할 때 3상 전력은 몇 [kW]인가?

① 9.6
② 12.5
③ 14.4
④ 20.5

**풀이** 상전류 : $I_p = \frac{V_p}{Z_p} = \frac{200}{\sqrt{3^2+4^2}} = 40[A]$

$\therefore P = 3I_p^2 R = 3 \times 40^2 \times 3 = 14400[W]$
$= 14.4[kW]$ **답** ③

## 79 2전력계법으로 평형 3상 전력을 측정하였더니 각각의 전력계가 500[W], 300[W]를 지시하였다면 전 전력[W]은?

① 200
② 300
③ 500
④ 800

**풀이**
- 유효전력 $P = W_1 + W_2 [W]$
- 피상전력 $P_a = 2\sqrt{W_1^2 + W_2^2 - W_1 W_2}[VA]$

$\therefore P = W_1 + W_2 = 500 + 300 = 800[W]$ **답** ④

## 80 주기적인 구형파 신호의 구성은?

① 직류성분만으로 구성된다.
② 기본파 성분만으로 구성된다.
③ 고조파 성분만으로 구성된다.
④ 직류 성분, 기본파 성분, 무수히 많은 고조파 성분으로 구성된다.

**풀이** 주기적인 비정현파는 일반적으로 푸리에 급수에 의해 표시되므로 무수히 많은 주파수의 합성이다. **답** ④

# 2021년 — 4회 _ 공사산업기사

## 61 $R=50[\Omega]$, $L=200[mH]$의 직렬회로에서 주파수 $f=50[Hz]$의 교류에 대한 역률[%]은?

① 82.3
② 72.3
③ 62.3
④ 52.3

**풀이** $R-L$ 직렬회로의
$\cos\theta = \frac{R}{Z} = \frac{R}{\sqrt{R^2+X_L^2}} = \frac{R}{\sqrt{R^2+(\omega L)^2}}$

$\therefore \cos\theta = \frac{50}{\sqrt{50^2+(2\pi \times 50 \times 200 \times 10^{-3})^2}} \times 100$
$= 62.3[\%]$ **답** ③

## 62 이상적인 전압원과 전류원의 내부저항[$\Omega$]은 각각 얼마인가?

① 전압원과 전류원의 내부저항은 모두 0이다.
② 전압원의 내부저항은 ∞이고, 전류원의 내부저항은 0이다.
③ 전압원과 전류원의 내부저항은 모두 ∞이다.
④ 전압원의 내부저항은 0이고, 전류원의 내부저항은 ∞이다.

**풀이**
- 이상 전압원은 내부 저항이 작을수록 좋다. ⇒ 내부 저항이 작을수록 내부 전압강하가 작아진다.
- 이상 전류원은 내부 저항이 클수록 좋다. ⇒ 내부 저항이 클수록 내부 저항으로 흐르는 분로전류가 작아진다. **답** ④

## 63 $\frac{1}{s+3}$을 역라플라스 변환하면?

① $e^{3t}$
② $e^{-3t}$
③ $e^{\frac{t}{3}}$
④ $e^{-\frac{t}{3}}$

**풀이** $\mathcal{L}^{-1}\left[\frac{1}{s+a}\right] = e^{-at}$이며, 문제에서 $a=3$이다.

$\therefore f(t) = e^{-3t}$ **답** ②

**64** 어떤 회로망의 4단자 정수가 $A=8$, $B=j2$, $D=3+j2$ 이면 이 회로망의 $C$는?

① $2+j3$
② $3+j3$
③ $24+j14$
④ $8-j11.5$

**풀이** $AD-BC=1$이므로
$$C=\frac{AD-1}{B}=\frac{8(3+j2)-1}{j2}=8-j11.5$$
**답** ④

**65** 불평형 3상 전류가 $I_a=15+j2$[A], $I_b=-20-j14$[A], $I_c=-3+j10$[A] 일 때의 영상전류 $I_0$[A]는?

① $1.57-j3.25$
② $2.85+j0.36$
③ $-2.67-j0.67$
④ $12.67+j2$

**풀이**
$$I_0=\frac{1}{3}(I_a+I_b+I_c)$$
$$=\frac{1}{3}(15+j2-20-j14-3+j10)$$
$$=\frac{1}{3}(-8-j2)=-2.67-j0.67[A]$$
**답** ③

**66** 비정현파에서 정현 대칭의 조건은 어느 것인가?

① $f(t)=f(-t)$
② $f(t)=-f(t)$
③ $f(t)=-f(t+\pi)$
④ $f(t)=-f(-t)$

**풀이** 그림에서 정현 대칭 조건은
$$f(t)=-f(-t)$$
$$f(t)=f(T+t)$$

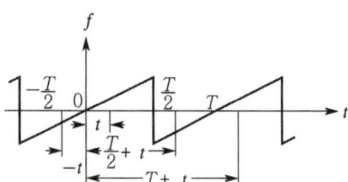

**답** ④

**67** 전압과 전류가 각각
$$e=141.4\sin\left(377t+\frac{\pi}{3}\right)[V],$$
$$i=\sqrt{8}\sin\left(377t+\frac{\pi}{6}\right)[A]인$$
회로의 소비전력은 약 몇 [W]인가?

① 100
② 173
③ 200
④ 344

**풀이**
$$P=\frac{V_m}{\sqrt{2}}\cdot\frac{I_m}{\sqrt{2}}\cos\theta$$
$$=\frac{141.4}{\sqrt{2}}\times\frac{\sqrt{8}}{\sqrt{2}}\times\cos\left(\frac{\pi}{3}-\frac{\pi}{6}\right)$$
$$=173[W]$$
**답** ②

**68** 그림과 같은 회로에서 S를 열었을 때 전류계는 10[A]를 지시하였다. S를 닫을 때 전류계의 지시는 몇 [A]인가?

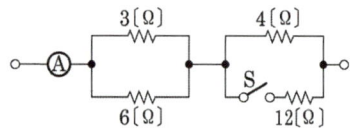

① 10
② 12
③ 14
④ 16

**풀이** S를 열었을 때 전전압 $E$는
$$E=IR=10\left(\frac{3\times 6}{3+6}+4\right)=60[V]$$
따라서, S를 닫으면 전전류 $I'$는
$$I'=\frac{E}{R'}=\frac{60}{\frac{3\times 6}{3+6}+\frac{4\times 12}{4+12}}=\frac{60}{2+3}$$
$$=12[A]$$
**답** ②

**69** 1차 지연 요소의 전달함수는?

① $K$
② $\dfrac{K}{s}$
③ $Ks$
④ $\dfrac{K}{1+Ts}$

**풀이**
- 비례 요소 : $K$
- 미분 요소 : $Ks$
- 적분 요소 : $\dfrac{K}{s}$
- 1차 지연요소 : $\dfrac{K}{Ts+1}$

**답** ④

**70** 다음의 회로가 정저항 회로가 되기 위한 $L$[H]의 값은?

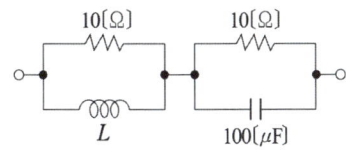

① 1  ② 0.1
③ 0.01  ④ 0.001

**풀이** 정저항의 조건 $R = \sqrt{\dfrac{L}{C}}$ 에서
$L = R^2 C = 10^2 \times 100 \times 10^{-6} = 0.01$[H]  **답** ③

**71** 테브난의 정리를 이용하여 (a) 회로를 (b)와 같은 등가회로로 바꾸려 한다. $V$[V]와 $R$[Ω]의 값은?

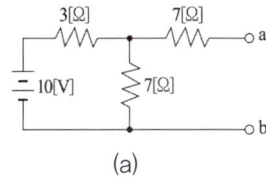 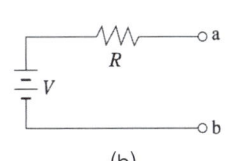

(a)　　　　　(b)

① 7[V], 9.1[Ω]　② 10[V], 9.1[Ω]
③ 7[V], 6.5[Ω]　④ 10[V], 6.5[Ω]

**풀이** • a, b 사이에 걸리는 전압 $V_{ab}$을 전압 분배 법칙에 의해 구하면
$V_{ab} = \dfrac{7}{3+7} \times 10 = 7$[V]

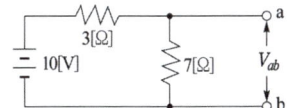

• 전압원을 단락한 a, b 사이의 합성 저항 $R_{ab}$은
$R_{ab} = 7 + \dfrac{3 \times 7}{3+7} = 9.1$[Ω]

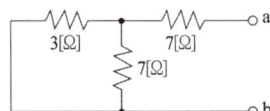

**답** ①

**72** 대칭 3상 전압을 그림과 같은 평형 부하에 가할 때의 부하의 역률은 얼마인가?

단, $R = 9$[Ω], $\dfrac{1}{\omega C} = 4$[Ω]이다.

① 1
② 0.96
③ 0.8
④ 0.6

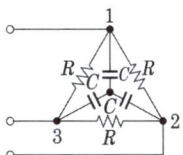

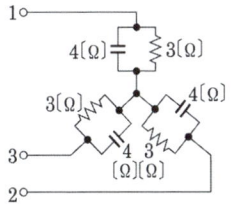

문제의 회로를 등가 변환하면 그림과 같으며 그림에서 1상의 어드미턴스 $Y$는
$Y = \dfrac{1}{3} + j\dfrac{1}{4}$[℧]

$\therefore \cos\theta = \dfrac{X_C}{\sqrt{R^2 + X_C^2}} = \dfrac{4}{\sqrt{3^2 + 4^2}} = 0.8$  **답** ③

**73** 1000[Hz]인 정현파 교류에서 5[mH]인 유도 리액턴스와 같은 용량 리액턴스를 갖는 $C$의 값은 몇 [μF]인가?

① 4.07  ② 5.07
③ 6.07  ④ 7.07

**풀이** $\omega L = \dfrac{1}{\omega C}$ 이므로
$\therefore C = \dfrac{1}{\omega^2 L} = \dfrac{1}{(2 \times \pi \times 1000)^2 \times 5 \times 10^{-3}}$
$= 5.07 \times 10^{-6} = 5.07[\mu F]$  **답** ②

**74** $t = 0$에서 스위치 S를 닫았을 때 정상 전류값[A]은?

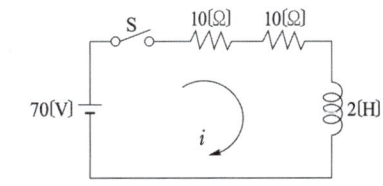

① 1  ② 2.5  ③ 3.5  ④ 7

**풀이**
$i_s = \dfrac{E}{R}\left(1-e^{-\dfrac{R}{L}t}\right)$ 에서 $t=\infty$(정상 상태)를 대입하면
$\therefore i_s = \dfrac{E}{R} = \dfrac{70}{20} = 3.5[\text{A}]$ **답** ③

**75** $\dfrac{B(s)}{A(s)} = \dfrac{2}{2s+3}$ 의 전달함수를 미분방정식으로 표시하면? (단, $\mathcal{L}^{-1}[A(s)] = a(t)$, $\mathcal{L}^{-1}[B(s)] = b(t)$이다.)

① $2\dfrac{d}{dt}b(t) + 3b(t) = a(t)$
② $\dfrac{d}{dt}b(t) + b(t) = a(t)$
③ $2\dfrac{d}{dt}b(t) + 3b(t) = 2a(t)$
④ $3\dfrac{d}{dt}a(t) + a(t) = 2b(t)$

**풀이** $\dfrac{B(s)}{A(s)} = \dfrac{2}{2s+3}$ → $2sB(s) + 3B(s) = 2A(s)$
$\therefore 2\dfrac{d}{dt}b(t) + 3b(t) = 2a(t)$ **답** ③

**76** 대칭 $n$상 환상결선에서 선전류와 환상전류 사이의 위상차는 어떻게 되는가?

① $2\left(1 - \dfrac{2}{n}\right)$
② $\dfrac{n}{2}\left(1 - \dfrac{\pi}{2}\right)$
③ $\dfrac{\pi}{2}\left(1 - \dfrac{n}{2}\right)$
④ $\dfrac{\pi}{2}\left(1 - \dfrac{2}{n}\right)$

**풀이**
- 성형 결선 : 대칭 $n$상에서 선간전압은 상전압보다 $\dfrac{\pi}{2}\left(1 - \dfrac{2}{n}\right)$[rad]만큼 위상이 앞선다.
- 환상 결선 : 대칭 $n$상에서 선전류는 상전류보다 $\dfrac{\pi}{2}\left(1 - \dfrac{2}{n}\right)$[rad]만큼 위상이 뒤진다. **답** ④

**77** 파고율이 2가 되는 파형은?
① 정현파
② 톱니파
③ 사각파
④ 정류파(정현반파)

**풀이**

| | 구형파 | 3각파 | 정현파 | 정류파 (전파) | 정류파 (반파) |
|---|---|---|---|---|---|
| 파형률 | 1.0 | 1.15 | 1.11 | 1.11 | 1.57 |
| 파고율 | 1.0 | 1.732 | 1.414 | 1.414 | 2.0 |

**답** ④

**78** $RLC$ 직렬회로에서 $R = 100[\Omega]$, $L = 5[\text{mH}]$, $C = 2[\mu\text{F}]$일 때 이 회로는?
① 과제동이다.
② 무제동이다.
③ 임계제동이다.
④ 부족제동이다.

**풀이** 진동 여부의 판별식에서
$\left(\dfrac{R}{2L}\right)^2 - \dfrac{1}{LC} = R^2 - 4\dfrac{L}{C} = 100^2 - 4 \times \dfrac{5 \times 10^{-3}}{2 \times 10^{-6}} = 0$
이므로 임계제동이다.
여기서, $\left(\dfrac{R}{2L}\right)^2 - \dfrac{1}{LC} > 0$이면 비진동적
$\left(\dfrac{R}{2L}\right)^2 - \dfrac{1}{LC} < 0$이면 진동적
$\left(\dfrac{R}{2L}\right)^2 - \dfrac{1}{LC} = 0$이면 임계적 **답** ③

**79** 어떤 회로에 $V = 100 + j20[\text{V}]$인 전압을 가할 때 $4 + j3[\text{A}]$인 전류가 흘렀다. 이 회로의 임피던스는?
① $18.4 - j8.8[\Omega]$
② $18.4 + j15.2[\Omega]$
③ $45.8 + j31.4[\Omega]$
④ $65.7 - j54.3[\Omega]$

**풀이** $Z = \dfrac{V}{I} = \dfrac{100+j20}{4+j3} = \dfrac{(100+j20)(4-j3)}{(4+j3)(4-j3)}$
$= \dfrac{460 - j220}{4^2 + 3^2} = 18.4 - j8.8[\Omega]$ **답** ①

**80** 3상 유도전동기의 출력이 3.7[kW], 선간 전압 200[V], 효율 90[%], 역률 85[%]일 때, 이 전동기에 유입되는 선전류는?
① 4[A]  ② 6[A]  ③ 8[A]  ④ 14[A]

**풀이** $P_i = \dfrac{P_0}{\eta} = \sqrt{3}\, VI\cos\theta$
$\therefore I = \dfrac{P_0}{\sqrt{3}\, V\cos\theta \cdot \eta}$
$= \dfrac{3.7 \times 10^3}{\sqrt{3} \times 200 \times 0.85 \times 0.9} \fallingdotseq 14[\text{A}]$ **답** ④

# 2022년 회로이론_전기산업기사·공사산업기사 _CBT 복원문제

문제의 번호는 실제 시험문제의 번호와 같게 하였습니다.

**2022년 - 1회** _ 전기산업기사·공사산업기사

**61** 그림과 같은 비정현파의 주기함수에 대한 설명으로 틀린 것은?

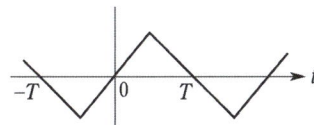

① 기함수파이다.
② 반파 대칭파이다.
③ 직류 성분은 존재하지 않는다.
④ 기수차의 정현항 계수는 0이다.

**풀이** 그림의 파형은 반파 정현 대칭 함수이므로 $f(t) = -f(t+\pi)$와 $f(t) = -f(-t)$의 두 조건을 만족하는 기함수파이다. **답** ④

**62** T형 4단자 회로망에서 영상 임피던스가 $Z_{01} = 50[\Omega]$, $Z_{02} = 2[\Omega]$이고, 전달 정수가 0일 때 이 회로의 4단자 정수 $D$의 값은?

① 10  ② 5
③ 0.2  ④ 0.1

**풀이** $D = \sqrt{\dfrac{Z_{02}}{Z_{01}}} \cosh\theta = \sqrt{\dfrac{2}{50}} \cosh 0 = \dfrac{1}{5}$  **답** ③

**63** 대칭 3상 교류에서 순시값의 벡터 합은?

① 0  ② 40
③ 0.577  ④ 86.6

**풀이** a상을 기준하면
$e_a + e_b + e_c = e_a + a^2 e_a + a e_a = e_a(1 + a^2 + a) = 0$
($\because 1 + a + a^2 = 0$)  **답** ①

**64** $\dfrac{s\sin\theta + \omega\cos\theta}{s^2 + \omega^2}$의 역라플라스 변환을 구하면 어떻게 되는가?

① $\sin(\omega t - \theta)$  ② $\sin(\omega t + \theta)$
③ $\cos(\omega t - \theta)$  ④ $\cos(\omega t + \theta)$

**풀이** $\mathcal{L}^{-1}\left[\dfrac{\omega}{s^2 + \omega^2}\right] = \sin\omega t$, $\mathcal{L}^{-1}\left[\dfrac{s}{s^2 + \omega^2}\right] = \cos\omega t$

이므로
$F(s) = \dfrac{s\sin\theta + \omega\cos\theta}{s^2 + \omega^2}$
$= \dfrac{\omega}{s^2 + \omega^2}\cos\theta + \dfrac{s}{s^2 + \omega^2}\sin\theta$
$\therefore f(t) = \mathcal{L}^{-1}[F(s)]$
$= \sin\omega t \cdot \cos\theta + \cos\omega t \cdot \sin\theta$
$= \sin(\omega t + \theta)$  **답** ②

**65** 임피던스 함수 $Z(s) = \dfrac{s+50}{s^2 + 3s + 2}[\Omega]$으로 주어지는 2단자 회로망에 100[V]의 직류전압을 가했다면 회로의 전류는 몇 [A]인가?

① 4  ② 6
③ 8  ④ 10

**풀이** 직류이므로 $s(j\omega) = 0$이다.
$Z(0) = \dfrac{s+50}{s^2 + 3s + 2} = \dfrac{50}{2} = 25[\Omega]$
$\therefore I = \dfrac{V}{Z(0)} = \dfrac{100}{25} = 4[A]$  **답** ①

**66** 그림에서 10[Ω]의 저항에 흐르는 전류는 몇 [A] 인가?

① 16  ② 15
③ 14  ④ 13

**풀이** 중첩의 정리에 의해
$I_R = 10 + 2 + 3 = 15[A]$  **답** ②

**67** 테브난의 정리와 쌍대 관계에 있는 정리는?

① 보상의 정리　② 노턴의 정리
③ 중첩의 정리　④ 밀만의 정리

**풀이** 테브난의 정리(등가 전압원 정리)와 노턴의 정리(등가 전류원 정리)는 쌍대 관계가 있다.　**답** ②

**68** $R=15[\Omega]$, $X_L=12[\Omega]$, $X_C=30[\Omega]$이 병렬로 접속된 회로에 120[V]의 교류전압을 가하면 전원에 흐르는 전류는 몇 [A]인가?

① 5[A]　② 7[A]
③ 10[A]　④ 22[A]

**풀이** 병렬접속인 경우 전압이 일정하므로
- 저항에 흐르는 전류
$I_R = \dfrac{V}{R} = \dfrac{120}{15} = 8[A]$
- 유도성 리액턴스에 흐르는 전류
$I_L = \dfrac{V}{jX_L} = \dfrac{120}{j12} = -j10[A]$
- 용량성 리액턴스에 흐르는 전류
$I_C = \dfrac{V}{-jX_C} = \dfrac{120}{-j30} = j4[A]$

따라서 전체 전류
$I = I_R + I_L + I_C = 8 - j10 + j4$
$= 8 - j6 = 10\angle -36.86[A]$　**답** ③

**69** $RL$ 직렬회로에 직류전압을 가했을 때 흐르는 전류가 정상전류 $I = \dfrac{E}{R}$의 70%에 도달하는데 요하는 시간은? (단, $\tau$는 시정수이다.)

① $t = 0.7\tau$　② $t = 1.1\tau$
③ $t = 1.2\tau$　④ $t = 1.4\tau$

**풀이** $I = 0.7\dfrac{E}{R} = \dfrac{E}{R}(1 - e^{-\frac{t}{\tau}})$의 관계식에서
$e^{-\frac{t}{\tau}} = 1 - 0.7 = 0.3$, $-\dfrac{t}{\tau} = \ln 0.3$
$t = -\tau \ln 0.3$ ∴ $t = 1.2\tau$　**답** ③

**70** 3상 불평형 전압에서 영상전압이 150[V]이고 정상전압이 600[V], 역상전압이 300[V]이면 전압의 불평형률[%]은?

① 60[%]　② 50[%]
③ 40[%]　④ 30[%]

**풀이** 불평형률 $= \dfrac{\text{역상 전압}}{\text{정상 전압}} \times 100 = \dfrac{300}{600} \times 100 = 50[\%]$　**답** ②

**71** 다음 회로에 대한 설명으로 옳은 것은?

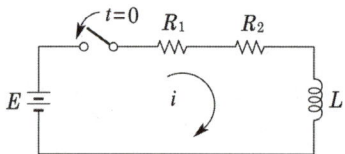

① 이 회로의 시정수는 $\dfrac{L}{R_1 + R_2}$이다.

② 이 회로의 특성근은 $\dfrac{R_1 + R_2}{L}$이다.

③ 정상 전류값은 $\dfrac{E}{R_2}$이다.

④ 이 회로의 전류값은
$i(t) = \dfrac{E}{R_1 + R_2}\left(1 - e^{-\frac{L}{R_1 + R_2}t}\right)$이다.

**풀이**
② 특성근은 $-\dfrac{R_1 + R_2}{L}$이며, 항상 (-)의 값을 갖는다.
③ 정상 전류값은 $I = \dfrac{E}{R_1 + R_2}[A]$이다.
④ 회로의 전류값은 $i(t) = \dfrac{E}{R_1 + R_2}\left(1 - e^{-\frac{R_1 + R_2}{L}t}\right)$이다.　**답** ①

**72** 그림과 같은 교류 브리지가 평형상태에 있다. $L[H]$의 값은 얼마인가?

① $L = \dfrac{R_1 R_2}{C}$

② $L = \dfrac{C}{R_1 R_2}$

③ $L = R_1 R_2 C$

④ $L = \dfrac{R_2}{R_1 C}$

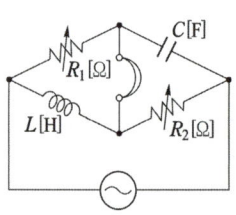

**풀이**
$R_1 R_2 = \dfrac{j\omega L}{j\omega C}$
$\therefore L = R_1 R_2 C$
**답 ③**

**73** 저항 40[Ω], 임피던스 50[Ω]의 직렬 유도부하에서 100[V]가 인가될 때 소비되는 무효전력은?

① 120[Var]   ② 160[Var]
③ 200[Var]   ④ 250[Var]

**풀이**
$R = 40[\Omega],\ Z = 50[\Omega]$
유도부하 $X_L = \sqrt{50^2 - 40^2} = 30[\Omega]$
$P_r = I^2 \cdot X_L = \left(\dfrac{100}{50}\right)^2 \cdot 30 = 120[\text{Var}]$
**답 ①**

**74** 파고율이 2이고 파형률이 1.57인 파형은?

① 구형파   ② 정현반파
③ 삼각파   ④ 정현파

**풀이**

|  | 구형파 | 3각파 | 정현파 | 정류파(전파) | 정류파(반파) |
|---|---|---|---|---|---|
| 파형률 | 1.0 | 1.15 | 1.11 | 1.11 | 1.57 |
| 파고율 | 1.0 | 1.732 | 1.414 | 1.414 | 2.0 |

**답 ②**

**75** 부하저항 $R_L[\Omega]$이 전원의 내부저항 $R_0[\Omega]$의 3배가 되면 부하저항 $R_L$에서 소비되는 전력 $P_L[\text{W}]$는 최대 전송전력 $P_m[\text{W}]$의 몇 배인가?

① 0.89배   ② 0.75배
③ 0.5배    ④ 0.3배

**풀이**
$P_L = I^2 R_L = \left(\dfrac{V_g}{R_0 + R_L}\right)^2 \cdot R_L$
$= \left(\dfrac{V_g}{R_0 + 3R_0}\right)^2 \times 3R_0 = \dfrac{3}{16} \cdot \dfrac{V_g^2}{R_0}$
$P_{\max} = \dfrac{V_g^2}{4R_0}$
$\therefore \dfrac{P_L}{P_{\max}} = \dfrac{\frac{3}{16} \cdot \frac{V_g^2}{R_0}}{\frac{1}{4} \cdot \frac{V_g^2}{R_0}} = \dfrac{12}{16} = 0.75[\text{배}]$
**답 ②**

**76** 다음 중 푸리에(Fourier) 급수로 비정현파 교류를 해석하는 데 적당하지 않은 것은?

① 반파 대칭인 경우 직류분은 없다.
② 우함수인 비정현파에서는 사인(sin)항이 없다.
③ 기함수인 경우 사인항을 구할 때 반주기간만 적분하여 2배 한다.
④ 반파 대칭에서는 반주기마다 동일한 파형이 반복되나 부호의 변화가 없다.

**풀이**
- 반파 대칭의 왜형파에서는 $b_0 = 0$(직류분)이고 $a_n$, $b_n$만 남는다.
- 우함수의 경우는 정현항이 없다.
- 기함수 정현항을 구할 때는 반주기마다 적분하여 2배 한다.
- 반파 대칭의 경우 한 주기마다 동일한 파형이 반복된다.
**답 ④**

**77** 그림과 같은 4단자망의 영상 전달 정수 $\theta$는?

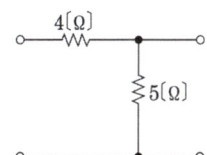

① $\sqrt{5}$
② $\log_e \sqrt{5}$
③ $\log_e \dfrac{1}{\sqrt{5}}$
④ $5\log_e \sqrt{5}$

**풀이**
$\begin{bmatrix} A & B \\ C & D \end{bmatrix} = \begin{bmatrix} 1 + \dfrac{4}{5} & 4 \\ \dfrac{1}{5} & 1 \end{bmatrix} = \begin{bmatrix} \dfrac{9}{5} & 4 \\ \dfrac{1}{5} & 1 \end{bmatrix}$
$\therefore \theta = \log_e (\sqrt{AD} + \sqrt{BC})$
$= \log_e \left(\sqrt{\dfrac{9}{5} \times 1} + \sqrt{4 \times \dfrac{1}{5}}\right)$
$= \log_e \left(\dfrac{3}{\sqrt{5}} + \dfrac{2}{\sqrt{5}}\right) = \log_e \left(\dfrac{5}{\sqrt{5}}\right)$
$= \log_e \sqrt{5}$
**답 ②**

**78** $t=3$[ms]에서 최대치 5[V]에 도달하는 60[Hz]의 정현파 전압 $e(t)$를 시간함수로 표시하면 어떻게 되는가?

① $e=5\sin(376.8t+25.2°)$[V]
② $e=5\sin(376.8t+35.2°)$[V]
③ $e=5\sqrt{2}\sin(376.8t+25.2°)$[V]
④ $e=5\sqrt{2}\sin(376.8t+35.2°)$[V]

**풀이** $e=E_m\sin(\omega t+\theta)$에서
$\omega t=2\pi ft=2\pi\times 60\times t=376.8t$
또, 전압이 최댓값이 될 때는
$\omega t+\theta=90°$일 때이므로 $\theta$는
$\theta=90°-\omega t$
$=90°-2\pi\times 60\times 3\times 10^{-3}\times\dfrac{180°}{\pi}=25.2°$
$\therefore e=5\sin(376.8t+25.2°)$ 답 ①

**79** T형 4단자 회로의 임피던스 파라미터 중 $Z_{22}$는?

① $Z_1+Z_2$
② $Z_2+Z_3$
③ $Z_1+Z_3$
④ $-Z_2$

**풀이**
$Z_{11}=\dfrac{V_1}{I_1}\bigg|_{I_2=0}=Z_1+Z_3$
$Z_{12}=\dfrac{V_1}{I_2}\bigg|_{I_1=0}=Z_3$
$Z_{21}=\dfrac{V_2}{I_1}\bigg|_{I_2=0}=Z_3$
$Z_{22}=\dfrac{V_2}{I_2}\bigg|_{I_1=0}=Z_2+Z_3$ 답 ②

**80** 구동점 임피던스에 있어서 영점(Zero)은?
① 전류가 흐르지 않는 경우이다.
② 회로를 개방한 것과 같다.
③ 전압이 가장 큰 상태이다.
④ 회로를 단락한 것과 같다.

**풀이** $Z(s)=0$인 경우는 임피던스가 0이므로 회로를 단락한 상태이다. 답 ④

## 2022년 - 2회 _ 전기산업기사·공사산업기사

**61** 전압 $e=5+10\sqrt{2}\sin\omega t+10\sqrt{2}\sin 3\omega t$[V]일 때 실효값은?

① 7.07[V]  ② 10[V]
③ 15[V]   ④ 20[V]

**풀이** 실효값 $E=\sqrt{E_0^2+E_1^2+E_2^2+\cdots+E_n^2}$
$=\sqrt{5^2+10^2+10^2}=15$[V] 답 ③

**62** 다음과 같은 회로에서 출력전압 $v_2$의 위상은 입력전압 $v_1$보다 어떠한가?

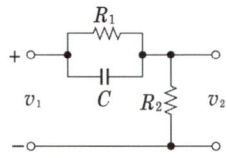

① 같다.     ② 앞선다.
③ 뒤진다.   ④ 전압과 관계없다.

**풀이** $C$의 전압강하를 $e_1$, $R_1$, $C$에 흐르는 전류를 $i_R$, $i_C$라 하면

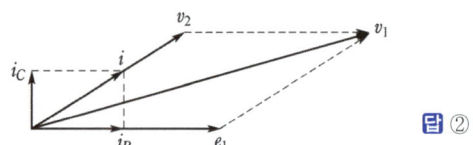

답 ②

**63** 그림과 같은 회로가 공진이 되기 위한 조건을 만족하는 어드미턴스는?

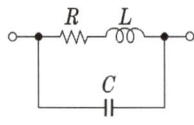

① $\dfrac{CL}{R}$    ② $\dfrac{CR}{L}$
③ $\dfrac{L}{CR}$    ④ $\dfrac{LR}{C}$

**풀이** 공진시는 합성 어드미턴스의 허수부가 0이므로

$$Y = Y_1 + Y_2 = \frac{1}{R+j\omega L} + j\omega C$$
$$= \frac{R}{R^2+\omega^2 L^2} + j\left(\omega C - \frac{\omega L}{R^2+\omega^2 L^2}\right)$$
$$\therefore Y = \frac{R}{R^2+\omega^2 L^2}$$

그런데 공진 조건은 $\omega C = \frac{\omega L}{R^2+\omega^2 L^2}$ 이므로

$$R^2 + \omega^2 L^2 = \frac{L}{C}$$

$$\therefore Y_r = \frac{R}{R^2+\omega^2 L^2} = \frac{R}{\frac{L}{C}} = \frac{CR}{L}$$

**답** ②

**64** 314[mH]의 자기 인덕턴스에 120[V], 60[Hz]의 교류전압을 가하였을 때 흐르는 전류[A]는?

① 10　② 8
③ 1　④ 0.5

**풀이** 전류 $I = \frac{V}{\omega L} = \frac{V}{2\pi f L} = \frac{120}{2\pi \times 60 \times 314 \times 10^{-3}} = 1$

**답** ③

**65** 자동차 축전지의 무부하 전압을 측정하니 13.5[V]를 지시하였다. 이때 정격이 12[V], 55[W]인 자동차 전구를 연결하여 축전지의 단자전압을 측정하니 12[V]를 지시하였다. 축전지의 내부저항은 약 몇 [Ω]인가?

① 0.33[Ω]　② 0.45[Ω]
③ 2.62[Ω]　④ 3.31[Ω]

**풀이**

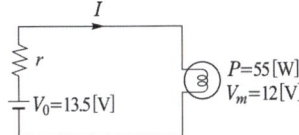

전구를 연결하였을 때의 부하 전류
$$I = \frac{P}{V} = \frac{55}{12} = 4.58[A]$$
무부하 전압이 13.5[V]이므로
내부저항 $r$에서의 전압강하
$$e = Ir = 4.58r = 13.5 - 12 = 1.5[V]$$
$$\therefore r = \frac{1.5}{4.58} = 0.33[\Omega]$$

**답** ①

**66** 회로에서 각 계기들의 지시값은 다음과 같다. 전압계 Ⓥ는 240[V], 전류계 Ⓐ는 5[A], 전력계 Ⓦ는 720[W]이다. 이때 인덕턴스 $L$[H]은 얼마인가? (단, 전원주파수는 60[Hz]이다.)

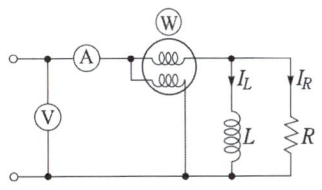

① $\frac{1}{\pi}$　② $\frac{1}{2\pi}$　③ $\frac{1}{3\pi}$　④ $\frac{1}{4\pi}$

**풀이**
- 피상전력 $P_a = VI = 240 \times 5 = 1200[VA]$
- 무효전력 $P_r = \sqrt{P_a^2 - P^2}$
$$= \sqrt{1200^2 - 720^2} = 960[Var]$$
- 리액턴스 $X_L = \frac{V^2}{P_r} = \frac{240^2}{960} = 60[\Omega]$

따라서 $L = \frac{X_L}{2\pi f} = \frac{60}{2\pi \times 60} = \frac{1}{2\pi}[H]$

**답** ②

**67** 최대 눈금이 50[V]인 직류 전압계가 있다. 이 전압계를 사용하여 150[V]의 전압을 측정하려면 배율기의 저항은 몇 [Ω]을 사용하여야 하는가? 단, 전압계의 내부 저항은 5000[Ω]이다.

① 1000　② 2500
③ 5000　④ 10000

**풀이** 배율기의 저항을 $R_m$, 전압계의 내부저항을 $R_v$이라 하면, 배율 $m = 1 + \frac{R_m}{R_v}$ 이므로

$$\therefore R_m = R_v(m-1) = 5000\left(\frac{150}{50} - 1\right) = 10000[\Omega]$$

**답** ④

**68** 출력이 $F(s) = \dfrac{3s+2}{s(s^2+2s+6)}$ 로 표시되는 제어계가 있다. 이 계의 시간함수 $f(t)$의 정상값은?

① 3　② 2　③ $\frac{1}{3}$　④ $\frac{1}{6}$

**풀이** 최종값 정리에 의해서
$$\lim_{t\to\infty} f(t) = \lim_{s\to 0} sF(s) = \lim_{s\to 0} s\frac{3s+2}{s(s^2+2s+6)}$$
$$= \frac{2}{6} = \frac{1}{3}$$
**답** ③

**69** 그림과 같이 접속된 회로에 평형 3상 전압 $E$[V]를 가할 때의 전류 $I_1$[A]은?

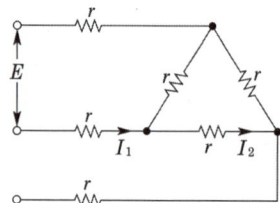

① $\frac{\sqrt{3}}{4E}$  ② $\frac{4E}{\sqrt{3}}$
③ $\frac{4r}{\sqrt{3}E}$  ④ $\frac{\sqrt{3}E}{4r}$

**풀이**

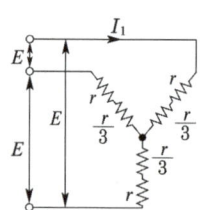

△를 Y로 환산하면 1상의 등가 저항 $R$은
$$R = \frac{r^2}{r+r+r} = \frac{r^2}{3r} = \frac{r}{3}$$

따라서 선전류 $I_1 = \frac{\frac{E}{\sqrt{3}}}{r+\frac{r}{3}} = \frac{\sqrt{3}E}{4r}$  **답** ④

**70** 어떤 회로에서 전압과 전류가 각각
$e = 50\sin(\omega t + \theta)$[V],
$i = 4\sin(\omega t + \theta - 30°)$[A]
일 때 무효전력[Var]은 얼마인가?

① 100  ② 86.6
③ 70.7  ④ 50

**풀이** 무효전력
$$P_r = \frac{V_m}{\sqrt{2}} \times \frac{I_m}{\sqrt{2}} \sin\varphi = \frac{50\times 4}{2}\sin 30°$$
$$= 50\text{[Var]}$$
**답** ④

**71** 불평형 3상전류 $I_a = 10 + j2$[A], $I_b = -20 - j24$[A], $I_c = -5 + j10$[A] 일 때의 영상전류 $I_0$ 값은 얼마인가?

① $15 + j2$[A]  ② $-5 - j4$[A]
③ $-15 - j12$[A]  ④ $-45 - j36$[A]

**풀이**
$$I_0 = \frac{1}{3}(I_a + I_b + I_c)$$
$$= \frac{1}{3}(10+j2-20-j24-5+j10)$$
$$= \frac{1}{3}(-15-j12) = -5 - j4\text{[A]}$$
**답** ②

**72** 어떤 회로에 $i = 10\sin\left(314t - \frac{\pi}{6}\right)$의 전류가 흐른다. 이를 복소수로 표시하면?

① $6.12 - j3.5$  ② $17.32 - j5$
③ $3.54 - j6.12$  ④ $5 - j17.32$

**풀이**
$$I = \frac{10}{\sqrt{2}} \angle -\frac{\pi}{6} = \frac{10}{\sqrt{2}}\left(\cos\frac{\pi}{6} - j\sin\frac{\pi}{6}\right)$$
$$= 6.12 - j3.54$$
**답** ①

**73** 2단자 회로 소자 중에서 인가한 전류파형과 동위상의 전압파형을 얻을 수 있는 것은?

① 저항  ② 콘덴서
③ 인덕턴스  ④ 저항 + 콘덴서

**풀이** ① 저항 $R$에 정현파 전류($i = I_m\sin\omega t$)가 흐를 때
전압강하 $v_R = Ri = RI_m\sin\omega t = V_m\sin\omega t$
(전압과 전류는 동상)
② 인덕턴스 $L$에 정현파 전류가 흐를 때
전압강하 $v_L = L\frac{di}{dt} = V_m\sin(\omega t + 90°)$
(전압은 전류보다 90° 앞선다.)
③ 커패시턴스 $C$에 정현파 전류가 흐를 때
전압강하 $v_C = \frac{1}{C}\int i dt = V_m\sin(\omega t - 90°)$
(전압은 전류보다 90° 뒤진다.)
**답** ①

**74** $R=100[\Omega]$, $L=\dfrac{1}{\pi}[H]$, $C=\dfrac{100}{4\pi}[pF]$가 직렬로 연결되어 공진할 경우 이 공진회로의 전압확대율 $Q$는?

① $2\times 10^3$  ② $2\times 10^4$
③ $3\times 10^3$  ④ $3\times 10^4$

**풀이** 직렬공진회로에서 전압 확대율

$$Q=\dfrac{1}{R}\sqrt{\dfrac{L}{C}}=\dfrac{1}{100}\sqrt{\dfrac{\dfrac{1}{\pi}}{\dfrac{100}{4\pi}\times 10^{-12}}}$$
$$=2\times 10^3$$

**답** ①

**75** 어드미턴스 $Y_1$과 $Y_2$가 직렬로 접속된 회로의 합성 어드미턴스는?

① $Y_1+Y_2$  ② $\dfrac{Y_1Y_2}{Y_1+Y_2}$
③ $\dfrac{1}{Y_1}+\dfrac{1}{Y_2}$  ④ $\dfrac{1}{Y_1+Y_2}$

**풀이** 어드미턴스

$$Y=\dfrac{1}{\dfrac{1}{Y_1}+\dfrac{1}{Y_2}}=\dfrac{Y_1Y_2}{Y_1+Y_2}[\mho]$$

**답** ②

**76** 어느 저항에
$v_1=220\sqrt{2}\sin(2\pi\cdot 60t-30°)[V]$와
$v_2=100\sqrt{2}\sin(3\cdot 2\pi\cdot 60t-30°)[V]$
의 전압이 각각 걸릴 때 올바른 것은?

① $v_1$이 $v_2$보다 위상이 15° 앞선다.
② $v_1$이 $v_2$보다 위상이 15° 뒤진다.
③ $v_1$이 $v_2$보다 위상이 75° 앞선다.
④ $v_1$과 $v_2$의 위상관계는 의미가 없다.

**풀이** $v_1$은 기본파, $v_3$는 제3고조파 성분이므로 위상관계는 의미가 없다.

**답** ④

**77** 그림의 회로에서 a-b 사이의 전압 $E_{ab}$ 값은?

① 8[V]
② 10[V]
③ 12[V]
④ 14[V]

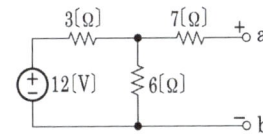

**풀이** 전압 분배 법칙을 적용하면
$E_{ab}=\dfrac{6}{3+6}\times 12=8[V]$이 된다.

**답** ①

**78** 테브난의 정리를 사용하여 다음의 (a)회로를 (b)와 같은 등가회로로 바꾸려 한다. $V[V]$와 $R[\Omega]$의 값은?

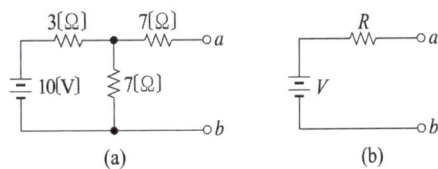

① 7[V], 9.1[Ω]  ② 10[V], 9.1[Ω]
③ 7[V], 6.5[Ω]  ④ 10[V], 6.5[Ω]

**풀이** • a, b 단자 사이에 걸리는 개방전압
$V_{ab}=\dfrac{10}{3+7}\times 7=7[V]$

• a, b 단자에서 전원측으로 본 합성 저항
(전압원은 단락시킨다.)
$R_{ab}=7+\dfrac{3\times 7}{3+7}=9.1[\Omega]$

**답** ①

**79** 다음 그림은 전압이 10[V]인 전원장치에 가변저항과 전열기를 연결한 회로이다. 가변저항이 5[Ω]일 때 회로에 흐르는 전류는 1[A]이다. 가변저항을 15[Ω]으로 바꾸고 전열기를 4초 동안 사용 할 경우 전열기에서 소비되는 전력[W]은 얼마인가? (단, 전원장치의 전압과 전열기의 저항은 일정하다.)

① 1.25
② 1.5
③ 1.88
④ 2.0

**풀이** ① 전체 저항($R_T$)은 가변 저항과 전열기 저항($R_H$)의 합이므로,
$$R_T = \frac{V}{I} = \frac{10}{1} = 10 = 5 + R_H [\Omega]$$
가변 저항이 5[Ω]일 때 전열기의 저항은 5[Ω]이다.
② 가변 저항을 15[Ω]으로 바꾸면
$$I = \frac{V}{R_T} = \frac{10}{(15+5)} = 0.5[A]$$
따라서, 전열기에서 소비되는 전력
$P = I^2 R_H = 0.5^2 \times 5 = 1.25[W]$ **답** ①

**80** 그림과 같은 회로에서 a-b 단자에서 본 합성저항은 몇 [Ω]인가?

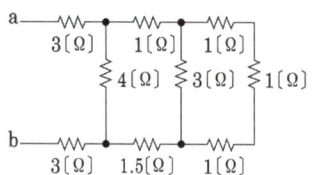

① 2 ② 4
③ 6 ④ 8

**풀이** a-b 사이의 합성 저항은

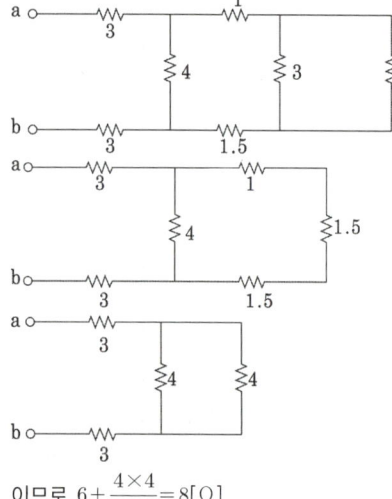

이므로 $6 + \frac{4 \times 4}{4+4} = 8[\Omega]$ **답** ④

## 2022년 - 3회 _ 전기산업기사

**61** $\mathcal{L}[e^{-4t}\cos(10t-30°)u(t)]$는?

① $\dfrac{0.866s + 10}{(s+4)^2 + 100}$  ② $\dfrac{0.866s + 5}{(s+4)^2 + 100}$

③ $\dfrac{0.866(s+4) + 5}{(s+4)^2 + 100}$  ④ $\dfrac{0.866s + 5}{s^2 + 100}$

**풀이** $\mathcal{L}[e^{-4t}\cos(10t - 30°)u(t)]$
$= \mathcal{L}[e^{-4t}(\cos 10t \cdot \cos 30° + \sin 10t \cdot \sin 30°)u(t)]$
$\cos 30° = 0.866,\ \sin 30° = 0.5$이므로
$\therefore \mathcal{L}[e^{-4t}\cos(10t-30°)u(t)]\big|_{s=s+4}$
$= \dfrac{s \times 0.866}{s^2 + 10^2} + \dfrac{10 \times 0.5}{s^2 + 10^2}\bigg|_{s=s+4}$
$= \dfrac{0.866s + 5}{s^2 + 100}\bigg|_{s=s+4}$
$= \dfrac{0.866(s+4) + 5}{(s+4)^2 + 100}$ **답** ③

**62** 회로에서 저항 15[Ω]에 흐르는 전류는 몇 [A]인가?

① 8
② 5.5
③ 2
④ 0.5

**풀이** 중첩의 원리에 의하여
• 10[V]에 의한 전류
$$I_1 = \frac{V}{R} = \frac{10}{5+15} = 0.5[A]$$
• 6[A]에 의한 전류
$$I_2 = \frac{R_1}{R_1 + R_2}I = \frac{5}{5+15} \times 6 = 1.5[A]$$
$\therefore I = I_1 + I_2 = 0.5 + 1.5 = 2[A]$ **답** ③

**63** 비접지 3상 Y부하의 각 선에 흐르는 비대칭 각 선전류를 $I_a, I_b, I_c$라 할 때 선전류의 영상분 $I_0$는?

① $I_a + I_b$  ② $I_a + I_b + I_c$
③ $\dfrac{1}{3}(I_a - I_b - I_c)$  ④ 0

**풀이** 영상분은 접지선, 중성선에 존재한다. 따라서 비접지 3상 Y부하는 영상분이 존재하지 않는다. **답** ④

## 64 대칭 3상 전압이 있다. 1상의 Y결선 전압의 순시값이 다음과 같을 때 선간전압에 대한 상전압의 비율은?

$$e = 1000\sqrt{2}\sin\omega t + 500\sqrt{2}\sin(3\omega t + 20°) + 100\sqrt{2}\sin(5\omega t + 30°)[V]$$

① 약 55[%]  ② 약 65[%]
③ 약 70[%]  ④ 약 75[%]

**풀이** 상전압의 실효값 $E_p$ 는
$E_p = \sqrt{E_1^2 + E_3^2 + E_5^2}$
$= \sqrt{1000^2 + 500^2 + 100^2} = 1122.5[V]$
선간 전압에는 제 3 고조파분이 나타나지 않으므로
$E_l = \sqrt{3} \cdot \sqrt{E_1^2 + E_5^2}$
$= \sqrt{3} \cdot \sqrt{1000^2 + 100^2} = 1740.7[V]$
따라서 $\dfrac{E_p}{E_l} = \dfrac{1122.5}{1740.7} = 0.645 ≒ 65[\%]$ **답** ②

## 65 다음 회로에서 4단자 정수 $A, B, C, D$ 중 $C$의 값은?

① 1
② $j\omega L$
③ $j\omega C$
④ $1 + j(\omega L + \omega C)$

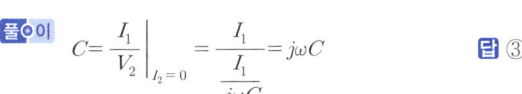

**풀이** $C = \dfrac{I_1}{V_2}\bigg|_{I_2=0} = \dfrac{I_1}{\dfrac{I_1}{j\omega C}} = j\omega C$ **답** ③

## 66 시정수 $\tau$를 갖는 $RL$ 직렬회로에 직류전압을 가할 때 $t = 2\tau$되는 시간에 회로에 흐르는 전류는 최종값의 약 몇 [%]인가?

① 98  ② 95  ③ 86  ④ 63

**풀이** 시정수는 특성근 절대값의 역이므로
$i(t) = \dfrac{E}{R}\left(1 - e^{-\frac{R}{L}t}\right) = \dfrac{E}{R}\left(1 - e^{-\frac{1}{\tau}t}\right)$
이다. $t = 2\tau$를 대입하면

$i_\tau = \dfrac{E}{R}\left(1 - e^{-\frac{1}{\tau}\times 2\tau}\right) = I(1 - e^{-2}) ≒ 0.86I$ **답** ③

## 67 어떤 부하에 $100\sin\left(100\omega t + \dfrac{\pi}{6}\right)$[V]의 전압을 가했을 때 흐르는 전류가 $10\cos\left(100\omega t - \dfrac{\pi}{3}\right)$[A]이었다면 이 부하의 소비전력은?

① 250[W]  ② 433[W]
③ 500[W]  ④ 866[W]

**풀이** $i = 10\cos\left(100\pi t - \dfrac{\pi}{3}\right) = 10\sin\left(100\pi t - \dfrac{\pi}{3} + \dfrac{\pi}{2}\right)$
$= 10\sin\left(100\pi t + \dfrac{\pi}{6}\right)$
$P = VI\cos\theta = \dfrac{100}{\sqrt{2}} \times \dfrac{10}{\sqrt{2}} \cos\left(\dfrac{\pi}{6} - \dfrac{\pi}{6}\right)$
$= 500[W]$ **답** ③

## 68 100[$\mu$F]인 콘덴서의 양단에 전압을 30[V/ms]의 비율로 변화시킬 때 콘덴서에 흐르는 전류의 크기[A]는?

① 0.03  ② 0.3
③ 3  ④ 30

**풀이** $i = C\dfrac{dv}{dt} = 100 \times 10^{-6} \times 30 \times \dfrac{1}{10^{-3}}$
$= 3[A]$ **답** ③

## 69 RC 회로의 입력단자에 계단전압을 인가하면 출력전압은?

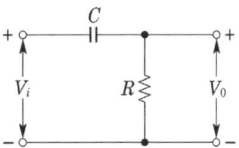

① 0부터 지수적으로 증가한다.
② 처음에는 입력과 같이 변했다가 지수적으로 감쇠한다.
③ 같은 모양의 계단전압이 나타난다.
④ 아무 것도 나타나지 않는다.

**풀이** $V_0 = Ve^{-\frac{1}{RC}t}$ 이므로 처음에는 입력과 같이 변했다가 지수적으로 감쇠한다. **답 ②**

**70** 대칭 $n$상 환상결선에서 선전류와 환상전류 사이의 위상차는 어떻게 되는가?

① $\frac{\pi}{2}\left(1-\frac{2}{n}\right)$  ② $2\left(1-\frac{2}{n}\right)$
③ $\frac{n}{2}\left(1-\frac{\pi}{2}\right)$  ④ $\frac{\pi}{2}\left(1-\frac{n}{2}\right)$

**풀이**
- 성형결선 : 대칭 $n$상에서 선간전압은 상전압보다 $\frac{\pi}{2}\left(1-\frac{2}{n}\right)$[rad]만큼 위상이 앞선다.
- 환상결선 : 대칭 $n$상에서 선전류는 상전류보다 $\frac{\pi}{2}\left(1-\frac{2}{n}\right)$[rad]만큼 위상이 뒤진다. **답 ①**

**71** $i(t) = 100 + 50\sqrt{2}\sin\omega t + 20\sqrt{2}\sin\left(3\omega t + \frac{\pi}{6}\right)$[A]로 표현되는 비정현파 전류의 실효값은 약 몇 [A]인가?

① 20  ② 50
③ 114  ④ 150

**풀이** 왜형파의 실효값은 직류분, 기본파 및 각 고조파 실효값 제곱의 합의 제곱근이므로
$I = \sqrt{100^2 + 50^2 + 20^2} = 114$[A] **답 ③**

**72** 그림과 같은 순 저항회로에서 대칭 3상 전압을 가할 때 각 선에 흐르는 전류가 같으려면 $R$의 값은 몇 [Ω]인가?

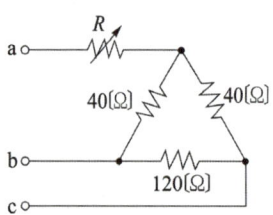

① 8  ② 12
③ 16  ④ 20

**풀이** △저항을 Y저항으로 변환하면

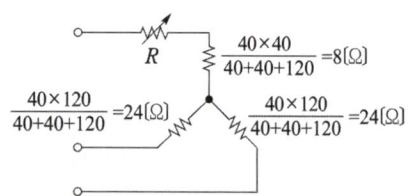

위에서 각 선전류가 같기 위해서는 각 선저항이 같아야 하므로 $R+8 = 24$ 이라야 한다.
∴ $R = 24-8 = 16$[Ω] **답 ③**

**73** 그림과 같은 회로의 a-b간에 20[V]의 전압을 가할 때 5[A]의 전류가 흐른다. $r_1$ 및 $r_2$에 흐르는 전류의 비를 1 : 2로 하려면 $r_1$ 및 $r_2$는 각각 몇 [Ω]인가?

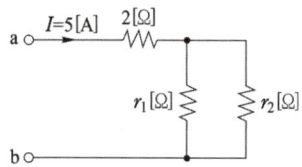

① $r_1 = 2$, $r_2 = 4$  ② $r_1 = 4$, $r_2 = 2$
③ $r_1 = 3$, $r_2 = 6$  ④ $r_1 = 6$, $r_2 = 3$

**풀이** $I = \frac{E}{R_t} = \frac{20}{R_t} = 5$[A], $R_t = \frac{20}{5} = 4$[Ω]

합성저항 $R_t = 2 + \frac{r_1 r_2}{r_1+r_2} = 4$[Ω] …… ①

전류비가 1 : 2이므로
$r_1 : r_2 = 2 : 1$, $r_1 = 2r_2$ …… ②
②를 ①에 대입하여 정리하면
$R_t = 2 + \frac{2r_2^2}{2r_2+r_2} = 4$, $\frac{2}{3}r_2 = 2$
∴ $r_1 = 6$[Ω], $r_2 = 3$[Ω] **답 ④**

**74** 그림에서 절점 B의 전위[V]는?

① 130
② 110
③ 100
④ 90

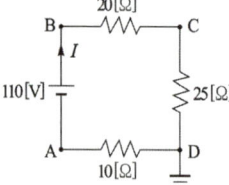

**풀이** $I = \dfrac{V}{R} = \dfrac{110}{(20+25+10)} = 2[A]$

접지를 기준(0[V])으로 잡고, 각 저항에서의 전압강하를 구하면

- B점과 C점 사이의 전압강하
  $e_{BC} = IR_1 = 2 \times 20 = 40[V]$
- C점과 D점 사이의 전압강하
  $e_{CD} = 2 \times 25 = 50[V]$
- D점과 A점 사이의 전압강하
  $e_{DA} = (-2) \times 10 = -20[V]$

따라서 B점의 전위는
$e_{BD} = 40 + 50 = 90[V]$이다.  답 ④

**75** 회로에서 $L = 50[\text{mH}]$, $R = 20[\text{k}\Omega]$인 경우 회로의 시정수는 몇 $[\mu s]$인가?

① 4.0
② 3.5
③ 3.0
④ 2.5

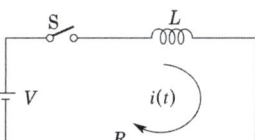

**풀이** $R-L$ 직렬회로의 시정수 $\tau$
$\tau = \dfrac{L}{R} = \dfrac{50 \times 10^{-3}}{20 \times 10^3} = 2.5 \times 10^{-6}[\sec]$
$= 2.5[\mu s]$   답 ④

**76** 그림과 같은 회로에서 단자 a, b 사이의 합성저항은?

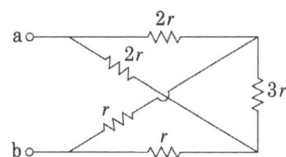

① $r$
② $\dfrac{3}{2}r$
③ $\dfrac{1}{2}r$
④ $3r$

**풀이**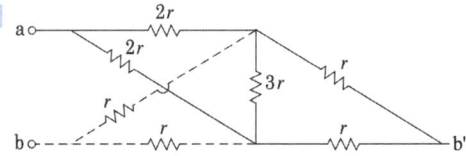

점선의 b부분을 b'로 이동하여 등가회로를 그리면 다음과 같다.

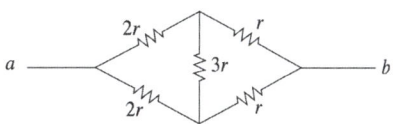

브리지 회로의 평형상태이므로
$R = \dfrac{3r \times 3r}{3r + 3r} = \dfrac{9r^2}{6r} = \dfrac{3}{2}r[\Omega]$   답 ②

**77** 다음과 같은 회로가 정저항 회로로 되기 위해서는 $C[\mu F]$를 얼마로 하면 좋은가?
(단, $R = 10[\Omega]$, $L = 100[\text{mH}]$이다.)

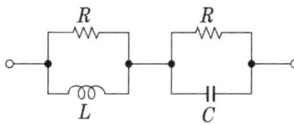

① $1[\mu F]$
② $10[\mu F]$
③ $100[\mu F]$
④ $1000[\mu F]$

**풀이** 정저항 회로조건 $R = \sqrt{\dfrac{L}{C}}$ 에서
$C = \dfrac{L}{R^2} = \dfrac{100 \times 10^{-3}}{10^2} = 1000[\mu F]$   답 ④

**78** 그림과 같은 회로의 합성 인덕턴스는?

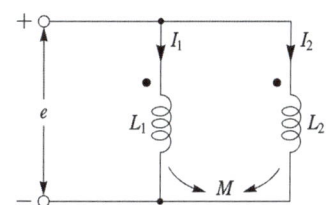

① $\dfrac{L_1 L_2 - M^2}{L_1 + L_2 - 2M}$
② $\dfrac{L_1 L_2 + M^2}{L_1 + L_2 - 2M}$
③ $\dfrac{L_1 L_2 - M^2}{L_1 + L_2 + 2M}$
④ $\dfrac{L_1 L_2 + M^2}{L_1 + L_2 + 2M}$

**풀이** 병렬접속형의 등가회로를 그려 보면 그림과 같다.

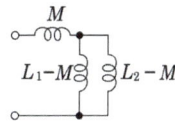

그러므로 합성 인덕턴스 $L_0$는
$$L_0 = M + \frac{(L_1-M)(L_2-M)}{(L_1-M)+(L_2-M)}$$
$$= \frac{L_1L_2 - M^2}{L_1 + L_2 - 2M}$$

**답** ①

**79** 그림과 같은 $R-L-C$ 회로망에서 입력 전압을 $e_i(t)$, 출력량을 전류 $i(t)$로 할 때, 이 요소의 전달함수는?

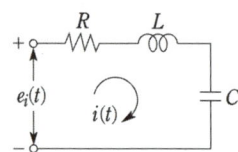

① $\dfrac{Rs}{LCs^2 + RCs + 1}$

② $\dfrac{RLs}{LCs^2 + RCs + 1}$

③ $\dfrac{Ls}{LCs^2 + RCs + 1}$

④ $\dfrac{Cs}{LCs^2 + RCs + 1}$

**풀이**
$e_i(t) = Ri(t) + L\dfrac{d}{dt}i(t) + \dfrac{1}{C}\int i(t)dt$

라플라스 변환하면

$E_i(s) = RI(s) + LsI(s) + \dfrac{1}{Cs}I(s)$

$\therefore \dfrac{I(s)}{E(s)} = \dfrac{Cs}{LCs^2 + RCs + 1}$

**답** ④

**80** 다음의 4단자 회로에서 단자 a-b에서 본 구동점 임피던스 $Z_{11}[\Omega]$은?

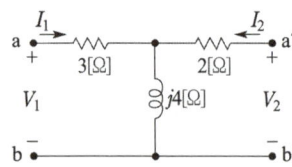

① $2 + j4$  ② $2 - j4$
③ $3 + j4$  ④ $3 - j4$

**풀이** $\dot{Z}_{11} = Z_1 + Z_2 = 3 + j4[\Omega]$

**답** ③

## 2022년 - 4회 _ 전기산업기사

**61** 그림과 같은 파형의 교류전압 $v$와 전류 $i$ 간의 등가 역률은?
(단, $v = V_m \sin\omega t$[V],
$i = I_m\left(\sin\omega t - \dfrac{1}{\sqrt{3}}\sin 3\omega t\right)$[A]이다.)

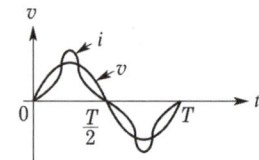

① $\dfrac{\sqrt{3}}{2}$  ② $\dfrac{\sqrt{4}}{2}$  ③ 0.8  ④ 0.9

**풀이** 유효 전력 $P = \dfrac{V_m I_m}{2}$ 이고 $V = \dfrac{V_m}{\sqrt{2}}$,

$I = \dfrac{I_m}{\sqrt{2}}\sqrt{1 + \left(\dfrac{1}{\sqrt{3}}\right)^2} = \dfrac{\sqrt{2}I_m}{\sqrt{3}}$

$\therefore \cos\theta = \dfrac{P}{VI} = \dfrac{\dfrac{V_m I_m}{2}}{\dfrac{V_m}{\sqrt{2}} \cdot \dfrac{\sqrt{2}I_m}{\sqrt{3}}} = \dfrac{\sqrt{3}}{2}$

**답** ①

**62** 그림에서 저항 $R$이 접속되고 여기에 3상 평형 전압 $V$가 가해져 있다. 지금 X표의 곳에서 1선이 단선 되었다고 하면 소비 전력은 처음의 몇 배로 되는가?

① 1.0
② 0.7
③ 0.5
④ 0.25

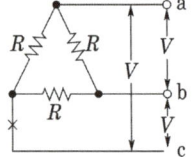

**풀이** ① △결선 1상의 전류 $I_\triangle = \dfrac{V}{R}$

$\therefore P_\triangle = 3I_\triangle^2 \cdot R = 3\left(\dfrac{V}{R}\right)^2 \cdot R = \dfrac{3V^2}{R}$

② c선이 단선되었을 때 a, b간은 직·병렬회로가 되므로 a-b간의 전류를 $I_1$, 소비 전력을 $P_1$, a-c-b 간의 전류를 $I_2$, 소비 전력을 $P_2$라 하면

$P_1 = I_1^2 R = \left(\dfrac{V}{R}\right)^2 \cdot R = \dfrac{V^2}{R}$

$$P_2 = I_2^2 \cdot 2R = \left(\frac{V}{2R}\right)^2 \cdot 2R = \frac{V^2}{2R}$$

그러므로 단선 되었을 때 소비 전력 $P$는

$$P = P_1 + P_2 = \frac{V^2}{R} + \frac{V^2}{2R} = \frac{3V^2}{2R}$$

$$\therefore \frac{P}{P_\triangle} = \frac{\frac{3V^2}{2R}}{\frac{3V^2}{R}} = \frac{1}{2}$$

답 ③

## 63 다음 파형의 파형율과 파고율을 더한 값은?

① 1
② 2
③ 2.51
④ 3.57

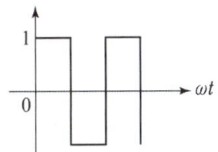

**풀이** 주기적인 비정현파에 대한 파형율과 파고율

| 파 형 | | 파형률 | 파고율 |
|---|---|---|---|
| 사각파 | | 1 | 1 |
| 반원파 | | 1.040 | 1.225 |
| 정현파 | | 1.109 | 1.414 |
| 삼각파 | | 1.155 | 1.732 |

∴ 파형률 + 파고율 = 1 + 1 = 2

답 ②

## 64 그림과 같은 회로에서 선형저항 3[Ω] 양단의 전압은?

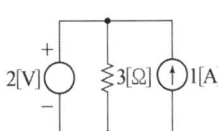

① 4.5[V]  ② 3[V]
③ 2.5[V]  ④ 2[V]

**풀이** 중첩의 정리에 의해
- 2[V] 전압원에 의해 3[Ω]에 인가되는 전압 : 2[V]
  (이때 전류원 1[A]는 개방)
- 1[A] 전류원에 의해 3[Ω]에 인가되는 전압 : 0[V]
  (이때 전압원은 단락 시키므로 0[V])

답 ④

## 65 그림과 같은 회로에서 a-b 사이의 전위차[V]는?

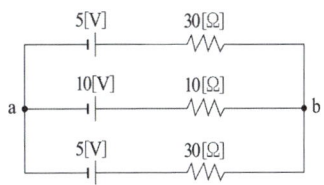

① 10[V]  ② 8[V]
③ 6[V]   ④ 4[V]

**풀이** 밀만의 정리에서

$$V_{ab} = \frac{\frac{E_1}{R_1} + \frac{E_2}{R_2} + \frac{E_3}{R_3}}{\frac{1}{R_1} + \frac{1}{R_2} + \frac{1}{R_3}} = \frac{\frac{5}{30} + \frac{10}{10} + \frac{5}{30}}{\frac{1}{30} + \frac{1}{10} + \frac{1}{30}}$$

$$= 8[V]$$

답 ②

## 66 대칭 3상 전압을 a상을 기준으로 했을 때 영상분 $V_0$, 정상분 $V_1$, 역상분 $V_2$의 합은?

① $V_a$           ② $V_a + 1$
③ 0              ④ 1

**풀이**

영상분 : $V_0 = \frac{1}{3}(V_a + V_b + V_c)$

정상분 : $V_1 = \frac{1}{3}(V_a + aV_b + a^2 V_c)$

역상분 : $V_2 = \frac{1}{3}(V_a + a^2 V_b + aV_c)$ 이므로

영상분, 정상분, 역상분의 합은

$$\therefore V_0 + V_1 + V_2$$
$$= \frac{1}{3}(V_a + V_b + V_c) + \frac{1}{3}(V_a + aV_b + a^2 V_c)$$
$$+ \frac{1}{3}(V_a + a^2 V_b + aV_c) = V_a$$

답 ①

## 67 $f(t) = 3t^2$의 라플라스 변환은?

① $\frac{3}{s^2}$     ② $\frac{3}{s^3}$
③ $\frac{6}{s^2}$     ④ $\frac{6}{s^3}$

**풀이** $\mathcal{L}[at^n] = \frac{an!}{s^{n+1}}$에서

$$\mathcal{L}[3t^2] = \frac{3 \times 2!}{s^{2+1}} = \frac{6}{s^3}$$

답 ④

**68** 다음 왜형파 전류의 왜형률은 약 얼마인가?

$$i = 30\sin\omega t + 10\cos 3\omega t + 5\sin 5\omega t [A]$$

① 0.46 ② 0.26
③ 0.53 ④ 0.37

**풀이** 왜형률 = $\dfrac{\text{전 고조파 실효값}}{\text{기본파 실효값}}$

$= \dfrac{\sqrt{{I_3}^2 + {I_5}^2}}{I_1} = \dfrac{\sqrt{(10/\sqrt{2})^2 + (5/\sqrt{2})^2}}{30/\sqrt{2}}$

$= 0.373$

**답** ④

**69** 전압 200[V]의 3상 회로에 다음과 같은 평형부하를 접속했을 때 선전류는?

(단, $r = 9[\Omega]$, $\dfrac{1}{\omega C} = 4[\Omega]$이다.)

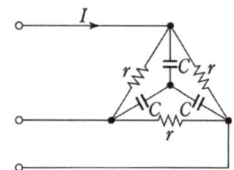

① 약 28.9[A] ② 약 38.5[A]
③ 약 48.1[A] ④ 약 115.5[A]

**풀이** △결선된 저항 $r$을 Y결선으로 변환하면
$R_Y = \dfrac{1}{3}R_\Delta = \dfrac{1}{3} \times 9 = 3[\Omega]$이 된다. 따라서 $r$과 $C$회로가 병렬로 되므로 부하 1상의 어드미턴스 $Y$는

$Y = \dfrac{1}{R_Y} + j\omega C = \dfrac{1}{3} + j\dfrac{1}{4}[\Omega]$

$\therefore I = YV_p = \left(\dfrac{1}{3} + j\dfrac{1}{4}\right)\dfrac{200}{\sqrt{3}}$

$I = \dfrac{200}{\sqrt{3}}\sqrt{\left(\dfrac{1}{3}\right)^2 + \left(\dfrac{1}{4}\right)^2} = 48.1[A]$

**답** ③

**70** 교류회로에서 역률이란 무엇인가?
① 전압과 전류의 위상차의 정현
② 전압과 전류의 위상차의 여현
③ 임피던스와 리액턴스의 위상차의 여현
④ 임피던스와 저항의 위상차의 정현

**풀이** 역률이란 전압과 전류의 위상차의 여현($\cos\theta$)이다.

**답** ②

**71** $F(s) = \dfrac{5s + 8}{5s^2 + 4s}$일 때 $f(t)$의 최종값은?

① 1 ② 2
③ 3 ④ 4

**풀이** 최종값 정리
$f(\infty) = \lim\limits_{t \to \infty} f(t) = \lim\limits_{s \to 0} sF(s)$에 의해서

$\lim\limits_{t \to \infty} i(t) = \lim\limits_{s \to 0} s \cdot I(s) = \lim\limits_{s \to 0} s \cdot \dfrac{5s+8}{5s^2+4s}$

$= \lim\limits_{s \to 0} s \cdot \dfrac{5s+8}{s(5s+4)}$

$= \lim\limits_{s \to 0} \dfrac{5s+8}{5s+4} = \dfrac{8}{4} = 2$

**답** ②

**72** $RLC$ 직렬회로에

$e = 170\cos\left(120t + \dfrac{\pi}{6}\right)$[V]를 인가할 때

$i = 8.5\cos\left(120t - \dfrac{\pi}{6}\right)$[A]가 흐르는 경우

소비되는 전력은 약 몇 [W]인가?
① 361 ② 623
③ 720 ④ 1445

**풀이** 소비전력 $P = VI\cos\theta$

$= \dfrac{170}{\sqrt{2}} \times \dfrac{8.5}{\sqrt{2}} \times \cos\{30° - (-30°)\}$

$= 361.25$[W]

**답** ①

**73** 반파 및 정현대칭의 왜형파의 푸리에 급수에서 옳게 표현된 것은?

(단, $f(t) = a_0 + \sum\limits_{n=1}^{\infty} a_n\cos n\omega t + \sum\limits_{n=1}^{\infty} b_n\sin n\omega t$임)

① $a_n$의 우수항만 존재한다.
② $a_n$의 기수항만 존재한다.
③ $b_n$의 우수항만 존재한다.
④ $b_n$의 기수항만 존재한다.

**풀이**

| | 기함수파 (정현대칭) | 우함수파 (여현대칭) | 대칭파 (반파대칭) |
|---|---|---|---|
| 대칭 조건 | $f(t) = -f(-t)$ | $f(t) = f(-t)$ | $f(t) = -f(t + \frac{T}{2})$ |
| 결과 | sin항만 존재한다. | cos항 존재 직류분 존재 | 고조파 차수가 홀수차 항만 존재한다. |

이므로 반파 정현 대칭의 경우 sin항의 홀수항만 존재한다.

답 ④

## 74
2개의 전력계로 평형 3상 부하의 전력을 측정하였더니 한쪽의 지시치가 다른 쪽 전력계의 지시치보다 3배이었다면 부하역률은 약 얼마인가?

① 0.37    ② 0.57
③ 0.76    ④ 0.86

**풀이** 2전력계법에 의한 역률은

$$\cos\phi = \frac{P_1 + P_2}{2\sqrt{P_1^2 + P_2^2 - P_1 \times P_2}}$$ 에서 $P_1 = 3P_2$

$$\cos\phi = \frac{3P_2 + P_2}{2\sqrt{(3P_2)^2 + P_2^2 - (3P_2) \times P_2}}$$
$$= 0.76$$

답 ③

## 75
전류가 전압에 비례한다는 것을 가장 잘 나타낸 것은?

① 테브난의 정리    ② 상반의 정리
③ 밀만의 정리       ④ 중첩의 원리

**풀이**
- 전압과 전류의 비례 : 테브난의 정리
- 선형 회로 : 중첩의 원리

답 ①

## 76
저항 20[Ω], 인덕턴스 0.1[H]인 직렬회로에 60[Hz], 110[V]의 교류전압이 인가되어 있다. 인덕턴스에 축적되는 자기에너지의 평균값은 약 몇 [J]인가?

① 0.14    ② 0.33
③ 0.75    ④ 1.45

**풀이** 회로에 흐르는 전류 $I$는

$$I = \frac{E}{\sqrt{R^2 + X_L^2}} = \frac{E}{\sqrt{R^2 + (\omega L)^2}}$$
$$= \frac{E}{\sqrt{R^2 + (2\pi f L)^2}}$$
$$= \frac{110}{\sqrt{20^2 + (2\pi \times 60 \times 0.1)^2}} = 2.58[J]$$

따라서 인덕턴스에 축적되는 자기 에너지

$$W = \frac{1}{2}LI^2 = \frac{1}{2} \times 0.1 \times 2.58^2 ≒ 0.33[A]$$

답 ②

## 77
정현파 사이클의 수학적인 평균값은?

① 0.637 × 최댓값
② 0.707 × 최댓값
③ 1.414 × 실효값
④ 0

**풀이** 정현파 교류는 정(+), 부(-)가 대칭이므로 한 주기를 평균하면 0이 되기 때문에 반주기에 대한 순시값의 평균을 취하여 정현파 교류의 평균값을 구한다.

답 ④

## 78
그림과 같은 4단자 회로망에서 어드미턴스 파라미터 $Y_{12}[\mho]$는?

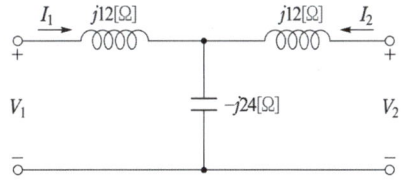

① $-j\frac{1}{12}$    ② $j\frac{1}{18}$
③ $-j\frac{1}{24}$    ④ $j\frac{1}{24}$

**풀이**
$$Y_{12} = -\frac{Z_2}{Z_1Z_2 + Z_2Z_3 + Z_3Z_1}$$
$$= -\frac{-j24}{j12 \times (-j24) + (-j24) \times j12 + j12 \times j12}$$
$$= j\frac{1}{18}[\mho]$$

답 ②

**79** 다음 회로의 A-B 간의 합성 임피던스 $Z_0$는?

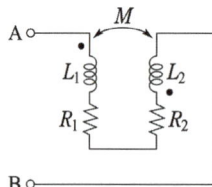

① $R_1 + R_2 + j\omega M$
② $R_1 + R_2 - j\omega M$
③ $R_1 + R_2 + j\omega(L_1 + L_2 + 2M)$
④ $R_1 + R_2 + j\omega(L_1 + L_2 - 2M)$

**풀이** $L_1$, $L_2$의 전류 방향이 같으므로
합성 임피던스
$Z_0 = R_1 + R_2 + j\omega(L_1 + L_2 + 2M)$  **답** ③

**80** 그림과 같은 $R-C$ 회로에서 입력전압을 $e_i(t)$, 출력전압을 $e_o(t)$라 할 때의 전달 함수는? (단, $\tau = RC$이다.)

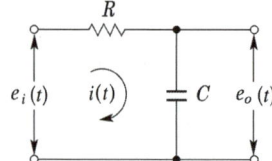

① $\dfrac{1}{\tau s + 1}$  ② $\dfrac{1}{\tau s + 2}$
③ $\dfrac{2}{\tau s + 3}$  ④ $\dfrac{1}{\tau s + 3}$

**풀이** $\begin{cases} e_i(t) = Ri(t) + \dfrac{1}{C}\int i(t)dt \\ e_o(t) = \dfrac{1}{C}\int i(t)dt \end{cases}$

$\rightarrow \begin{cases} E_i(s) = \left(R + \dfrac{1}{Cs}\right)I(s) \\ E_o(s) = \dfrac{1}{Cs}I(s) \end{cases}$

$\therefore G(s) = \dfrac{E_o(s)}{E_i(s)} = \dfrac{\dfrac{1}{Cs}}{R + \dfrac{1}{Cs}}$

$= \dfrac{1}{RCs + 1} = \dfrac{1}{\tau s + 1}$  **답** ①

# 2023년 회로이론_전기산업기사·공사산업기사_CBT 복원문제

문제의 번호는 실제 시험문제의 번호와 같게 하였습니다.

**2023년 - 1회** _ 전기산업기사·공사산업기사

**61** T형 4단자 회로의 임피던스 파라미터 중 $Z_{22}$는?

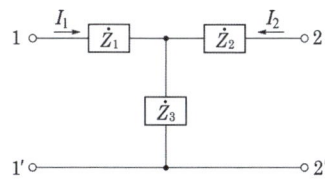

① $Z_1 + Z_2$　　② $Z_2 + Z_3$
③ $Z_1 + Z_3$　　④ $-Z_2$

$Z_{11} = \dfrac{V_1}{I_1}\bigg|_{I_2=0} = Z_1 + Z_3$

$Z_{12} = \dfrac{V_1}{I_2}\bigg|_{I_1=0} = Z_3$

$Z_{21} = \dfrac{V_2}{I_1}\bigg|_{I_2=0} = Z_3$

$Z_{22} = \dfrac{V_2}{I_2}\bigg|_{I_1=0} = Z_2 + Z_3$　　답 ②

**62** 다음과 같은 4단자망에서 영상 임피던스는 몇 [Ω]인가?

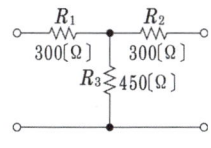

① 200　　② 300
③ 450　　④ 600

풀이
- 영상 임피던스 $Z_{01} = \sqrt{\dfrac{AB}{CD}}$
- 대칭 T형 회로에서는 $A=D$이므로 $Z_{01} = \sqrt{\dfrac{B}{C}}$ 이다.
- $C = \dfrac{1}{450}$

- $B = \dfrac{300\times 450 + 300\times 300 + 300\times 450}{450} = \dfrac{360000}{450}$

∴ $Z_{01} = \sqrt{\dfrac{B}{C}} = \sqrt{\dfrac{360000/450}{1/450}} = 600[\Omega]$　　답 ④

**63** 6상 성형 상전압이 200[V]일 때 선간전압[V]은?

① 200　　② 150
③ 100　　④ 50

풀이　대칭 $n$상 회로에서의 선간전압

$V_l = 2V_p \sin\dfrac{\pi}{n}$

(여기서, $V_l$ : 선간전압, $V_p$ : 상전압, $n$ : 상수)

따라서 6상 선간전압

$V_l = 2V_p \sin\dfrac{\pi}{n} = 2V_p\sin\dfrac{\pi}{6} = V_p = 200[V]$　답 ①

**64** 3상 불평형 전압에서 영상전압이 150[V]이고 정상전압이 600[V], 역상전압이 300[V]이면 전압의 불평형률[%]은?

① 60[%]　　② 50[%]
③ 40[%]　　④ 30[%]

풀이　불평형률 $= \dfrac{\text{역상 전압}}{\text{정상 전압}} \times 100 = \dfrac{300}{600} \times 100$
$= 50[\%]$　　답 ②

**65** $R-L-C$ 직렬회로에서 회로 저항값이 다음의 어느 값이어야 이 회로가 임계적으로 제동되는가?

① $\sqrt{\dfrac{L}{C}}$　　② $2\sqrt{\dfrac{L}{C}}$
③ $\dfrac{1}{\sqrt{CL}}$　　④ $2\sqrt{\dfrac{C}{L}}$

풀이　임계제동 조건 $\left(\dfrac{R}{2L}\right)^2 - \dfrac{1}{LC} = 0$ 에서

$R = 2\sqrt{\dfrac{L}{C}}$ 또는 $R^2 = \dfrac{4L}{C}$

| 조건 | 특성 |
|---|---|
| $R > 2\sqrt{\dfrac{L}{C}}$ | 과제동(비진동적) |
| $R = 2\sqrt{\dfrac{L}{C}}$ | 임계제동(진동) |
| $R < 2\sqrt{\dfrac{L}{C}}$ | 부족제동(진동적) |

**답** ②

**66** 다음 회로에서 S를 닫은 후 $t=2$초일 때 회로에 흐르는 전류는 약 몇 [A]인가?

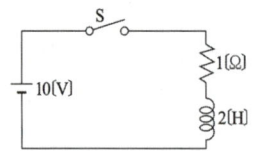

① 3.7[A]  ② 4.6[A]
③ 5.2[A]  ④ 6.3[A]

**풀이** $R-L$ 직렬 회로에 직류 전압 인가 시 흐르는 전류
$i(t) = \dfrac{E}{R}\left(1 - e^{-\frac{R}{L}t}\right)$ 에서 $t=2$[s]이므로
$\therefore i(2) = \dfrac{10}{1}\left(1 - e^{-\frac{1}{2} \cdot 2}\right) = 10(1 - e^{-1})$
$= 6.32$[A]

**답** ④

**67** 정현파 교류의 실효값을 구하는 식이 잘못된 것은?

① $\sqrt{\dfrac{1}{T}\displaystyle\int_0^T i^2\,dt}$

② 파고율 × 평균값

③ $\dfrac{\text{최댓값}}{\sqrt{2}}$

④ $\dfrac{\pi}{2\sqrt{2}} \times$ 평균값

**풀이** 실효값 $= \sqrt{\dfrac{1}{T}\displaystyle\int_0^T i^2\,dt} = \dfrac{1}{\text{파고율}} \times \text{최댓값}$
$=$ 파형률 × 평균값
$= \dfrac{1}{\sqrt{2}}$ 최댓값 $= \dfrac{\pi}{2\sqrt{2}}$ 평균값

**답** ②

**68** 주기함수 $f(t)$의 푸리에 급수 전개식으로 옳은 것은?

① $f(t) = \displaystyle\sum_{n=1}^{\infty} a_n \sin n\omega t + \sum_{n=1}^{\infty} b_n \sin n\omega t$

② $f(t) = b_0 + \displaystyle\sum_{n=2}^{\infty} a_n \sin n\omega t + \sum_{n=2}^{\infty} b_n \cos n\omega t$

③ $f(t) = a_0 + \displaystyle\sum_{n=1}^{\infty} a_n \cos n\omega t + \sum_{n=1}^{\infty} b_n \sin n\omega t$

④ $f(t) = \displaystyle\sum_{n=1}^{\infty} a_n \cos n\omega t + \sum_{n=1}^{\infty} b_n \cos n\omega t$

**풀이** 푸리에 급수는 주파수와 진폭을 달리하는 무수히 많은 성분을 갖는 비정현파를 무수히 많은 정현항과 여현항의 합으로 표현하는 것이다.
$f(t) = a_0 + \displaystyle\sum_{n=1}^{\infty} a_n \cos n\omega t + \sum_{n=1}^{\infty} b_n \sin n\omega t$

**답** ③

**69** 어떤 계에 임펄스 함수($\delta$함수)가 입력으로 가해졌을 때 시간함수 $e^{-2t}$가 출력으로 나타났다. 이 계의 전달함수는?

① $\dfrac{1}{s+2}$  ② $\dfrac{1}{s-2}$

③ $\dfrac{2}{s+2}$  ④ $\dfrac{2}{s-2}$

**풀이** 입력 $R(s) = 1$, 출력 $C(s) = \mathcal{L}[e^{-2t}] = \dfrac{1}{s+2}$
$G(s) = \dfrac{C(s)}{R(s)} = \dfrac{\frac{1}{s+2}}{1} = \dfrac{1}{s+2}$

**답** ①

**70** 다음과 같은 전류의 초기값 $i(0^+)$를 구하면?

$$I(s) = \dfrac{12(s+8)}{4s(s+6)}$$

① 1  ② 2  ③ 3  ④ 4

**풀이** 초기값 정리에 의해
$\displaystyle\lim_{t \to 0} i(t) = \lim_{s \to \infty} s \cdot I(s) = \lim_{s \to \infty} s \cdot \dfrac{12(s+8)}{4s(s+6)}$
$= \displaystyle\lim_{s \to \infty} \dfrac{12 + \frac{96}{s}}{4 + \frac{24}{s}} = 3$

**답** ③

**71** $e = 200\sqrt{2}\sin\omega t + 150\sqrt{2}\sin3\omega t + 100\sqrt{2}\sin5\omega t[V]$
인 전압을 $R-L$ 직렬회로에 가할 때에 제3고조파 전류의 실효값은 몇 [A]인가? (단, $R=8[\Omega]$, $\omega L=2[\Omega]$이다.)

① 5  ② 8
③ 10  ④ 15

**풀이** 고조파의 유도 리액턴스는 주파수에 비례한다.
$X_L = n\omega L[\Omega]$ (여기서 $n$은 고조파 차수)
따라서 제3고조파 전류
$I_3 = \dfrac{V_3}{Z_3} = \dfrac{V_3}{\sqrt{R^2 + (3\omega L)^2}} = \dfrac{150}{\sqrt{8^2 + (3\times2)^2}}$
$= 15[A]$  **답** ④

**72** $Z = 8 + j6[\Omega]$인 평형 Y부하에 선간전압 200[V]인 대칭 3상 전압을 가할 때 선전류는 약 몇 [A]인가?

① 20  ② 11.5
③ 7.5  ④ 5.5

**풀이** Y결선에서 $V_l = \sqrt{3}V_p$, $I_l = I_p$ 이므로
$\therefore I_l = I_p = \dfrac{V_p}{Z} = \dfrac{\frac{200}{\sqrt{3}}}{8 + j6} = 11.5[A]$

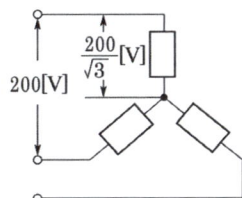

**답** ②

**73** 그림과 같은 불평형 Y형 회로에 평형 3상 전압을 가할 경우 중성점의 전위 $V_n[V]$는? (단, $Y_1$, $Y_2$, $Y_3$는 각 상의 어드미턴스[℧]이고, $Z_1$, $Z_2$, $Z_3$는 각 어드미턴스에 대한 임피던스[$\Omega$]이다.)

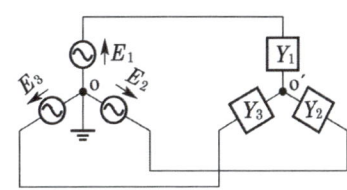

① $\dfrac{E_1 + E_2 + E_3}{Z_1 + Z_2 + Z_3}$

② $\dfrac{Z_1E_1 + Z_2E_2 + Z_3E_3}{Z_1 + Z_2 + Z_3}$

③ $\dfrac{E_1 + E_2 + E_3}{Y_1 + Y_2 + Y_3}$

④ $\dfrac{Y_1E_1 + Y_2E_2 + Y_3E_3}{Y_1 + Y_2 + Y_3}$

**풀이** 밀만의 정리
$V_0 = \dfrac{\frac{E_1}{Z_1} + \frac{E_2}{Z_2} + \frac{E_3}{Z_3}}{\frac{1}{Z_1} + \frac{1}{Z_2} + \frac{1}{Z_3}} = \dfrac{Y_1E_1 + Y_2E_2 + Y_3E_3}{Y_1 + Y_2 + Y_3}$

**답** ④

**74** 22[kVA]의 부하가 역률 0.8이라면 무효 전력 [kVar]은?

① 16.6  ② 17.6
③ 15.2  ④ 13.2

**풀이** $\cos^2\theta + \sin^2\theta = 1$에서
$\sin\theta = \sqrt{1 - \cos^2\theta} = \sqrt{1 - 0.8^2} = 0.6$
$\therefore P_r = VI\sin\theta = P_a \cdot \sin\theta = 22 \times 0.6$
$= 13.2[kVar]$  **답** ④

**75** 한 상의 임피던스가 $Z = 20 + j10[\Omega]$인 Y결선 부하에 대칭 3상 선간 전압 200[V]를 가할 때 유효 전력[W]은?

① 1600  ② 1700
③ 1800  ④ 1900

**풀이** 유효전력 $P = \dfrac{3V_p^2 R}{R^2 + X^2} = \dfrac{3\left(\frac{200}{\sqrt{3}}\right)^2 \times 20}{20^2 + 10^2}$
$= 1600[W]$  **답** ①

**76** 2개의 교류 전압 $e_1 = 141\sin(120\pi t - 30°)$ 과 $e_2 = 150\cos(120\pi t - 30°)$의 위상차를 시간으로 표시하면 몇 초인가?

① $\dfrac{1}{60}$  ② $\dfrac{1}{120}$
③ $\dfrac{1}{240}$  ④ $\dfrac{1}{360}$

**풀이** $e_2 = 150\sin(120\pi t - 30° + 90°)$
$e_1$과 $e_2$의 위상차 $\theta = \dfrac{\pi}{2}$, $\theta = \omega t$에서
$t = \dfrac{\theta}{\omega} = \dfrac{\pi}{2} \times \dfrac{1}{120\pi} = \dfrac{1}{240}$ [sec]   답 ③

**77** 대칭 좌표법에 관한 설명 중 잘못된 것은?
① 불평형 3상 회로 비접지식 회로에서는 영상분이 존재한다.
② 대칭 3상 전압에서 영상분은 0이 된다.
③ 대칭 3상 전압은 정상분만 존재한다.
④ 불평형 3상 회로의 접지식 회로에서는 영상분이 존재한다.

**풀이** 영상분은 비대칭 3상회로의 접지선, 중성선에 존재하며, 비대칭 3상회로의 비접지식 회로에는 영상분이 존재하지 않는다.   답 ①

**78** 왜형파 전압
$v = 100\sqrt{2}\sin\omega t + 50\sqrt{2}\sin 2\omega t + 30\sqrt{2}\sin 3\omega t$
의 왜형률을 구하면?

① 1.0  ② 0.8
③ 0.5  ④ 0.3

**풀이** 왜형률 $= \dfrac{\text{전 고조파의 실효값}}{\text{기본파의 실효값}}$
$= \dfrac{\sqrt{V_2^2 + V_3^2}}{V_1} = \dfrac{\sqrt{50^2 + 30^2}}{100}$
$= 0.58 \fallingdotseq 0.5$   답 ③

**79** 다음과 같은 회로에서 $t = 0$인 순간에 스위치 S를 닫았다. 이 순간에 인덕턴스 $L$에 걸리는 전압[V]은? (단, $L$의 초기 전류는 0 이다.)

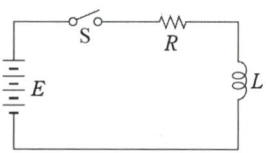

① 0  ② $\dfrac{LE}{R}$  ③ $E$  ④ $\dfrac{E}{R}$

**풀이** $E_L = Ee^{-\frac{R}{L}t} = Ee^{-\frac{R}{L}\times 0} = E$ [V]
($\because e^0 = 1$)   답 ③

**80** 4단자 회로에서 4단자 정수를 $A$, $B$, $C$, $D$라 할 때 전달정수 $\theta$는 어떻게 되는가?
① $\ln(\sqrt{AB} + \sqrt{BC})$
② $\ln(\sqrt{AB} - \sqrt{CD})$
③ $\ln(\sqrt{AD} + \sqrt{BC})$
④ $\ln(\sqrt{AD} - \sqrt{BC})$

**풀이** 영상전달정수 $\theta$는
$\theta = \ln(\sqrt{AD} + \sqrt{BC})$
$= \cosh^{-1}\sqrt{AD} = \sinh^{-1} = \sqrt{BC}$
$= \tanh^{-1} = \sqrt{\dfrac{BC}{AD}}$   답 ③

### 2023년 - 2회 _ 전기산업기사·공사산업기사

**61** 어느 회로의 유효 전력은 300[W], 무효 전력은 400[Var]이다. 이 회로의 피상 전력은?
① 500[VA]  ② 600[VA]
③ 700[VA]  ④ 350[VA]

**풀이** 유효전력 $P = 300$[W]
무효전력 $P_r = 400$[Var]
따라서 피상전력
$P_a = \sqrt{P^2 + P_r^2} = \sqrt{300^2 + 400^2} = 500$[VA]   답 ①

**62** 그림에서 $e(t) = E_m \cos\omega t$의 전원전압을 인가했을 때 인덕턴스 $L$에 축적되는 에너지[J]는?

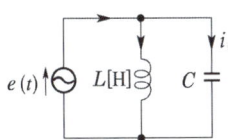

① $\dfrac{1}{2}\dfrac{E_m^2}{\omega^2 L^2}(1+\cos\omega t)$

② $\dfrac{1}{4}\dfrac{E_m^2}{\omega^2 L}(1-\cos\omega t)$

③ $\dfrac{1}{2}\dfrac{E_m^2}{\omega^2 L^2}(1+\cos 2\omega t)$

④ $\dfrac{1}{4}\dfrac{E_m^2}{\omega^2 L}(1-\cos 2\omega t)$

**풀이** 인덕턴스에 흐르는 전류 $i_L(t)$는

$i_L(t) = \dfrac{1}{L}\int e\,dt = \dfrac{1}{L}\int E_m\cos\omega t\,dt = \dfrac{E_m}{\omega L}\sin\omega t$

$\therefore W_L(t) = \dfrac{L i_L(t)^2}{2} = \dfrac{L}{2}\left(\dfrac{E_m}{\omega L}\right)^2\sin^2\omega t$

$= \dfrac{E_m^2}{2\omega^2 L}\left(\dfrac{1-\cos 2\omega t}{2}\right)$

$= \dfrac{1}{4}\dfrac{E_m^2}{\omega^2 L}(1-\cos 2\omega t)$  **답** ④

**63** 시정수 $\tau$를 갖는 $RL$ 직렬회로에 직류전압을 가할 때 $t=2\tau$ 되는 시간에 회로에 흐르는 전류는 최종값의 약 몇 [%]인가?

① 98  ② 95
③ 86  ④ 63

**풀이** 시정수는 특성근 절대값의 역이므로

$i(t) = \dfrac{E}{R}\left(1-e^{-\frac{R}{L}t}\right) = \dfrac{E}{R}\left(1-e^{-\frac{1}{\tau}t}\right)$이다.

$t=2\tau$를 대입하면

$i_\tau = \dfrac{E}{R}\left(1-e^{-\frac{1}{\tau}\times 2\tau}\right) = I(1-e^{-2}) \fallingdotseq 0.86I$  **답** ③

**64** $f(t) = \delta(t) - be^{-bt}$의 라플라스 변환은? 단, $\delta(t)$는 임펄스 함수이다.

① $\dfrac{b}{s+b}$  ② $\dfrac{s(1-b)+5}{s(s+b)}$

③ $\dfrac{1}{s(s+b)}$  ④ $\dfrac{s}{s+b}$

**풀이** 선형성 정리에 의해서

$\mathcal{L}[\delta(t)] - \mathcal{L}[be^{-bt}] = 1 - \dfrac{b}{s+b} = \dfrac{s}{s+b}$  **답** ④

**65** $RLC$ 직렬회로에서 공진 시의 전류는 공급 전압에 대하여 어떤 위상차를 갖는가?

① 0°  ② 90°
③ 180°  ④ 270°

**풀이** 임피던스 $Z = R+j\left(\omega L - \dfrac{1}{\omega C}\right)[\Omega]$에서

직렬공진은 리액턴스 성분이 $0\left(j\omega L = \dfrac{1}{j\omega C}\right)$이 되므로

공진 시 전압과 전류는 동상(0°)이 되고 전류는 최대로 된다.  **답** ①

**66** 그림과 같은 회로의 전달함수는? 단, $T=RC$이다.

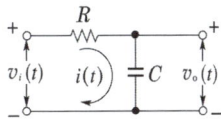

① $Ts+1$  ② $Ts^2+1$
③ $\dfrac{1}{Ts+1}$  ④ $\dfrac{1}{Ts^2+1}$

**풀이** $\begin{cases} v_i(t) = Ri(t) + \dfrac{1}{C}\int i(t)dt \\ v_o(t) = \dfrac{1}{C}\int i(t)dt \end{cases}$

$\begin{cases} V_i(s) = \left(R+\dfrac{1}{Cs}\right)I(s) \\ V_o(s) = \dfrac{1}{Cs}I(s) \end{cases}$

$\therefore G(s) = \dfrac{V_o(s)}{V_i(s)} = \dfrac{\dfrac{1}{Cs}}{R+\dfrac{1}{Cs}} = \dfrac{1}{RCs+1} = \dfrac{1}{Ts+1}$

**답** ③

**67** $L$ 및 $C$를 직렬로 접속한 임피던스가 있다. 지금 그림과 같이 $L$ 및 $C$의 각각에 동일한 무유도 저항 $R$을 병렬로 접속하여 이 합성 회로가 주파수에 무관계하게 되는 $R$의 값을 구하여라.

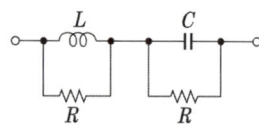

① $R^2 = \dfrac{L}{C}$  ② $R^2 = \dfrac{C}{L}$

③ $R^2 = L \cdot C$  ④ $R^2 = \dfrac{1}{LC}$

**풀이** $L$의 임피던스를 $Z_1$, $C$의 임피던스를 $Z_2$라 하면 구동점 임피던스 $Z$는

$$Z = \dfrac{Z_1 R}{Z_1 + R} + \dfrac{Z_2 R}{Z_2 + R}$$

$$= \dfrac{R\{Z_1(R+Z_2) + Z_2(R+Z_1)\}}{(Z_1+R)(Z_2+R)}$$

$$= \dfrac{R\{Z_1 R + Z_1 Z_2 + Z_2 R + Z_1 Z_2\}}{R^2 + Z_1 R + Z_2 R + Z_1 Z_2}$$

$Z$가 주파수에 무관계하게 되려면(정저항 조건)

$Z_1 R + Z_2 R + 2Z_1 Z_2 = R^2 + Z_1 R + Z_2 R + Z_1 Z_2$

$\therefore R^2 = Z_1 Z_2 = j\omega L \times \dfrac{1}{j\omega C} = \dfrac{L}{C}$  **답** ①

**68** $R-L-C$ 직렬공진회로에서 $R = 100[\Omega]$, $L = 314[mH]$, $C = 125.6[pF]$일 때, 선택도 (전압 확대율) $Q$는?

① $2 \times 10^3$  ② $3 \times 10^3$
③ $4 \times 10^2$  ④ $5 \times 10^2$

**풀이** 직렬공진회로에서 $Q = \dfrac{1}{R}\sqrt{\dfrac{L}{C}}$

$Q = \dfrac{1}{R}\sqrt{\dfrac{L}{C}} = \dfrac{1}{100}\sqrt{\dfrac{314 \times 10^{-3}}{125.6 \times 10^{-12}}} = 500$  **답** ④

**69** 동일한 용량 2대의 단상 변압기를 V결선하여 3상으로 운전하고 있다. 단상 변압기 2대의 용량에 대한 3상 V결선시 변압기 용량의 비인 변압기 이용률은 약 몇 [%]인가?

① 57.7  ② 70.7
③ 80.1  ④ 86.6

**풀이** V결선에는 변압기 2대를 사용하였으므로 그 정격출력의 합은 $2VI$가 된다.

이용률 $= \dfrac{\sqrt{3}\,VI}{2VI} = \dfrac{\sqrt{3}}{2} = 0.866 = 86.6[\%]$  **답** ④

**70** 4단자 정수를 구하는 식으로 틀린 것은?

① $A = \left(\dfrac{V_1}{V_2}\right)_{I_2=0}$  ② $B = \left(\dfrac{V_2}{I_2}\right)_{V_1=0}$

③ $C = \left(\dfrac{I_1}{V_2}\right)_{I_2=0}$  ④ $D = \left(\dfrac{I_1}{I_2}\right)_{V_2=0}$

**풀이** $A$, $B$, $C$, $D$로 표시되는
4단자 기초 방정식은 $\begin{bmatrix} V_1 \\ I_1 \end{bmatrix} = \begin{bmatrix} A & B \\ C & D \end{bmatrix}\begin{bmatrix} V_2 \\ I_2 \end{bmatrix}$이며, 각 파라미터의 물리적 의미는

• 출력을 개방했을 때 전압 이득 $A = \dfrac{V_1}{V_2}\bigg|_{I_2=0}$

• 출력을 단락했을 때 전달 임피던스 $B = \dfrac{V_1}{I_2}\bigg|_{V_2=0}$

• 출력을 개방했을 때 전달 어드미턴스 $C = \dfrac{I_1}{V_2}\bigg|_{I_2=0}$

• 출력을 단락했을 때 전류 이득 $D = \dfrac{I_1}{I_2}\bigg|_{V_2=0}$

**답** ②

**71** 그림과 같은 구형파의 라플라스 변환은?

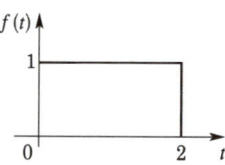

① $\dfrac{1}{s}(1 - e^{-s})$  ② $\dfrac{1}{s}(1 + e^{-s})$

③ $\dfrac{1}{s}(1 - e^{-2s})$  ④ $\dfrac{1}{s}(1 + e^{-2s})$

**풀이**

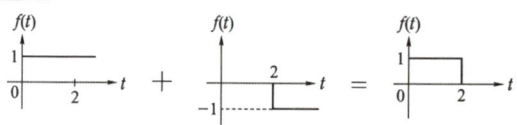

$f(t) = u(t) - u(t-2)$

$\therefore F(s) = \mathcal{L}[f(t)] = \mathcal{L}[u(t) - u(t-2)]$

$= \dfrac{1}{s} - \dfrac{1}{s}e^{-2s} = \dfrac{1}{s}(1 - e^{-2s})$  **답** ③

**72** 평형 3상 3선식 회로가 있다. 부하는 Y결선이고 $V_{ab} = 100\sqrt{3} \angle 0°$[V]일 때 $I_a = 20 \angle -120°$[A]이었다. Y결선된 부하 한 상의 임피던스는 몇 [Ω]인가?

① $5 \angle 60°$　　② $5\sqrt{3} \angle 60°$
③ $5 \angle 90°$　　④ $5\sqrt{3} \angle 90°$

**풀이** Y결선에서 선전류 = 상전류,
선간 전압 = $\sqrt{3} \times$상전압 $\angle 30°$이므로
상전압
$$V_a = \frac{V_{ab}}{\sqrt{3}} \angle -30° = \frac{100\sqrt{3}}{\sqrt{3}} \angle -30°$$
$$= 100 \angle -30°[V]$$
$$\therefore Z_a = \frac{V_a}{I_a} = \frac{100 \angle -30°}{20 \angle -120°} = 5 \angle 90°[Ω]$$　**답** ③

**73** 불평형 3상 전류 $I_a = 15 + j2$[A], $I_b = -20 - j14$[A], $I_c = -3 + j10$[A]일 때 영상전류 $I_0$는 약 몇 [A]인가?

① $2.67 + j0.36$　　② $-2.67 - j0.67$
③ $15.7 - j3.25$　　④ $1.91 + j6.24$

**풀이** 영상전류 $I_0 = \frac{1}{3}(I_a + I_b + I_c)$
$\therefore I_0 = \frac{1}{3}(15 + j2 - 20 - j14 - 3 + j10)$
$= \frac{1}{3}(-8 - j2) = -2.67 - j0.67$[A]　**답** ②

**74** 그림과 같은 회로에서 처음에 스위치 S가 닫힌 상태에서 회로에 정상전류가 흐르고 있었다. $t = 0$에서 스위치 S를 연다면 회로의 전류는?

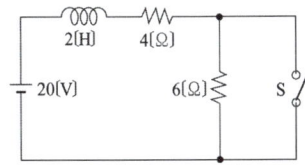

① $2 + 3e^{-5t}$　　② $2 + 3e^{-2t}$
③ $4 + 2e^{-2t}$　　④ $4 + 2e^{-5t}$

**풀이** 스위치를 열 때 회로 방정식은 $2\frac{di}{dt} + (4+6)i = 20$
특별해 $i_s$는 정상전류이므로 $0 + (4+6)i_s = 20$
$\therefore i_s = 2$
보조해는 우변 $E$를 0으로 놓은 미분방정식,
즉 $2\frac{di}{dt} + (4+6)i_t = 0$, $i_t = Ae^{-\frac{4+6}{2}t} = Ae^{-5t}$ 이다.
따라서 일반해는 $i = i_s + i_t = 2 + Ae^{-5t}$[A]
적분 상수 $A$를 구하면 $t = 0$에서 $i = \frac{20}{4} = 5$[A]이다.
$\therefore A = 5 - 2 = 3$
그러므로 일반해는 $i = 2 + 3e^{-5t}$[A]이다.　**답** ①

**75** $RL$ 병렬회로의 합성 임피던스[Ω]는?
(단, $\omega$[rad/s]는 이 회로의 각 주파수이다.)

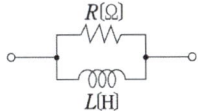

① $R(1 + j\frac{\omega L}{R})$　　② $R(1 - j\frac{1}{\omega L})$
③ $\dfrac{R}{(1 - j\frac{R}{\omega L})}$　　④ $\dfrac{R}{(1 + j\frac{R}{\omega L})}$

**풀이** $Z = \dfrac{R \cdot j\omega L}{R + j\omega L} = \dfrac{R}{1 + \frac{R}{j\omega L}} = \dfrac{R}{1 - j\frac{R}{\omega L}}$　**답** ③

**76** 선간 전압 200[V], 부하 임피던스 $24 + j7$[Ω] 인 3상 Y결선의 3상 유효전력은?

① 192[W]　　② 512[W]
③ 1536[W]　　④ 4608[W]

**풀이** $I = \dfrac{V/\sqrt{3}}{Z} = \dfrac{200/\sqrt{3}}{\sqrt{24^2 + 7^2}} ≒ 4.62$[A]이므로
$\therefore P = 3I^2R = 3 \times 4.62^2 \times 24 ≒ 1536$[W]　**답** ③

**77** 어떤 회로 소자에 $e = 125\sin 377t$[V]를 가했을 때 전류 $i = 25\sin 377t$[A]가 흐른다면 이 소자는?

① 다이오드　　② 순저항
③ 유도 리액턴스　　④ 용량 리액턴스

**풀이**
- $R$ : 전압과 전류의 위상이 같다.
- $L$ : 전압보다 전류의 위상이 90° 느리다.(지상)
- $C$ : 전압보다 전류의 위상이 90° 빠르다.(진상)

전압과 전류의 위상차가 없으므로 순저항만의 부하이다. 답 ②

**78** 파형의 파형률 값이 잘못된 것은?

① 정현파의 파형률은 1.414이다.
② 톱니파의 파형률은 1.0이다.
③ 전파 정류파의 파형률은 1.11이다.
④ 반파 정류파의 파형률은 1.571이다.

**풀이**
정현파의 파형률 $= \dfrac{\text{실효값}}{\text{평균값}} = \dfrac{\frac{1}{\sqrt{2}}I_m}{\frac{2}{\pi}I_m} = \dfrac{\pi}{2\sqrt{2}} = 1.11$

답 ①

**79** 저항 $R = 60[\Omega]$과 유도리액턴스 $\omega L = 80[\Omega]$인 코일이 직렬로 연결된 회로에 200[V]의 전압을 인가할 때 전압과 전류의 위상차는?

① 48.17°   ② 50.23°
③ 53.13°   ④ 55.27°

**풀이** 임피던스 $Z = R + j\omega L = 60 + j80$
$= \sqrt{60^2 + 80^2} \angle \tan^{-1}\dfrac{80}{60} = 100 \angle 53.13°$

전류 $I = \dfrac{E}{Z} = \dfrac{200 \angle 0°}{100 \angle 53.13°} = 2 \angle -53.13°$  답 ③

**80** 그림과 같은 회로망에서 전류를 계산하는데 옳게 표시된 것은?

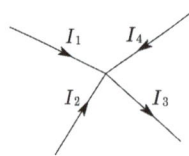

① $I_1 + I_2 + I_3 + I_4 = 0$
② $I_1 + I_2 - I_3 + I_4 = 0$
③ $I_1 + I_4 = I_2 + I_3$
④ $I_1 + I_2 - I_4 = I_3$

**풀이** 키르히호프의 전류 법칙 (제1법칙)  답 ②

## 2023년 - 3회_전기산업기사

**61** 저항 4[Ω]과 유도 리액턴스 $X_L[\Omega]$이 병렬로 접속된 회로에 12[V]의 교류전압을 가하니 5[A]의 전류가 흘렀다. 이 회로의 $X_L[\Omega]$은?

① 8   ② 6
③ 3   ④ 1

**풀이**
$I_R = \dfrac{V}{R} = \dfrac{12}{4} = 3[A]$
$I_L = \sqrt{I^2 - I_R^2} = \sqrt{5^2 - 3^2} = 4[A]$
$X_L \cdot I_L = 12[V]$이므로
$\therefore X_L = \dfrac{12}{I_L} = \dfrac{12}{4} = 3[\Omega]$

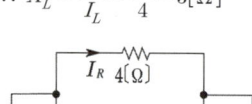
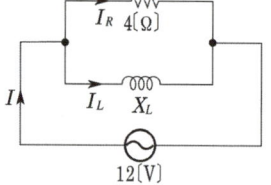

답 ③

**62** $E = 40 + j30[V]$의 전압을 가하면 $I = 30 + j10[A]$의 전류가 흐른다. 이 회로의 역률은?

① 0.456   ② 0.567
③ 0.854   ④ 0.949

**풀이** $P_a = \overline{V}I = (40 - j30)(30 + j10) = 1500 - j500$
$\therefore \cos\theta = \dfrac{P(\text{유효전력})}{P_a(\text{피상전력})} = \dfrac{1500}{\sqrt{1500^2 + 500^2}}$
$= 0.949$  답 ④

**63** $V = 50\sqrt{3} - j50[V]$, $I = 15\sqrt{3} + j15[A]$일 때 유효전력 $P[W]$와 무효전력 $Q[Var]$는 각각 얼마인가?

① $P = 3000$, $Q = -1500$
② $P = 1500$, $Q = -1500\sqrt{3}$
③ $P = 750$, $Q = -750\sqrt{3}$
④ $P = 2250$, $Q = -1500\sqrt{3}$

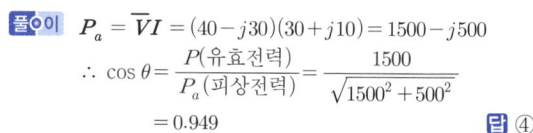

풀이 피상전력 $P_a = V\overline{I} = (50\sqrt{3} - j50) \times (15\sqrt{3} - j15)$
$= 1500 - j1500\sqrt{3}$ [VA]
따라서 유효전력 $P = 1500$[W]
무효전력 $Q = -1500\sqrt{3}$ [Var]  답 ②

**64** 임피던스 궤적이 직선일 때 이의 역수인 어드미턴스 궤적은?

① 원점을 통하는 직선
② 원점을 통하지 않는 직선
③ 원점을 통하는 원
④ 원점을 통하지 않는 원

풀이 직선 궤적의 역궤적은 원점을 통과하는 반원이다.  답 ③

**65** $3r[\Omega]$인 6개의 저항을 그림과 같이 접속하고 평형 3상 전압 $V$를 가했을 때 전류 $I$는 몇 [A] 인가? (단, $r = 2[\Omega]$, $V = 200\sqrt{3}$ [V]이다.)

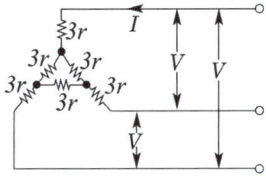

① 10  ② 15
③ 20  ④ 25

풀이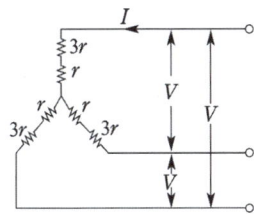

△로 결선된 저항을 Y로 변경하면
$R_Y = \frac{1}{3}R_\Delta = \frac{1}{3} \times 3r = r$이 되므로

전류 $I = \frac{\frac{V}{\sqrt{3}}}{3r+r} = \frac{V}{\sqrt{3} \times 4r} = \frac{200\sqrt{3}}{\sqrt{3} \times 4 \times 2}$
$= 25$[A]  답 ④

**66** 그림과 같은 순저항으로 된 회로에 대칭 3상 전압을 가했을 때 각 선에 흐르는 전류가 같으려면 $R[\Omega]$의 값은?

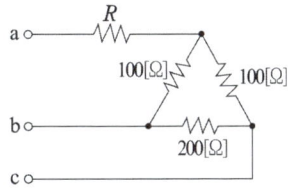

① 20  ② 25
③ 30  ④ 35

풀이 △저항을 Y저항으로 변환하면

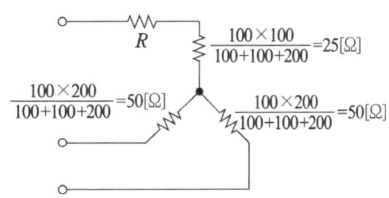

위에서 각 선전류가 같기 위해서는 각 선저항이 같아야 하므로 $R + 25 = 50$이라야 한다.
∴ $R = 50 - 25 = 25[\Omega]$  답 ②

**67** 3상 불평형 전압을 $V_a$, $V_b$, $V_c$라고 할 때 영상 전압 $V_0$는?

① $V_0 = \frac{1}{3}(V_a + V_b + V_c)$

② $V_0 = \frac{1}{3}(V_a + aV_b + a^2V_c)$

③ $V_0 = \frac{1}{3}(V_a + a^2V_b + V_c)$

④ $V_0 = \frac{1}{3}(V_a + a^2V_b + aV_c)$

풀이
- 영상전압 $V_0 = \frac{1}{3}(V_a + V_b + V_c)$
- 정상전압 $V_1 = \frac{1}{3}(V_a + aV_b + a^2V_c)$
- 역상전압 $V_2 = \frac{1}{3}(V_a + a^2V_b + aV_c)$  답 ①

**68** 불평형 3상 전류가 다음과 같을 때 역상 전류 $I_2$는 약 몇 [A]인가?

$I_a = 15 + j2$[A], $I_b = -20 - j14$[A], $I_c = -3 + j10$[A]

① $1.91 + j6.24$  ② $2.17 + j5.34$
③ $3.38 - j4.26$  ④ $4.27 - j3.68$

**풀이**
$$I_2 = \frac{1}{3}(I_a + a^2 I_b + a I_c)$$
$$= \frac{1}{3}\left\{(15+j2) + \left(-\frac{1}{2} - j\frac{\sqrt{3}}{2}\right)(-20-j14)\right.$$
$$\left. + \left(-\frac{1}{2} + j\frac{\sqrt{3}}{2}\right)(-3+j10)\right\}$$
$$= 1.91 + j6.24 [\text{A}]$$
**답** ①

**69** 다음 회로에서 $E = 40$[V]일 때 정상 전류는?

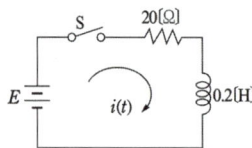

① $0.5$[A]  ② $1$[A]
③ $2$[A]    ④ $4$[A]

**풀이** 정상 전류 $I = \frac{E}{R} = \frac{40}{20} = 2$[A]
(직류에서는 주파수가 없으므로 리액턴스 $X_L = 2\pi f L = 0$이 된다.) **답** ③

**70** 리액턴스 함수가 $Z(s) = \dfrac{5s}{s^2 + 15}$로 표시되는 리액턴스 2단자망은 다음 중 어느 것인가?

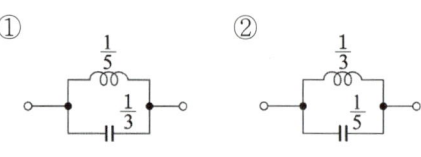

**풀이**
$$Z(s) = \frac{5s}{s^2+15} = \frac{1}{\frac{s^2+15}{5s}} = \frac{1}{\frac{1}{5}s + \frac{3}{s}}$$
$$= \frac{1}{\frac{1}{5}s + \frac{1}{\frac{1}{3}s}}$$

∴ $C$와 $L$ 병렬 회로이다. **답** ②

**71** $\cos\omega t$의 라플라스 변환은?

① $\dfrac{s}{s^2 - \omega^2}$  ② $\dfrac{s}{s^2 + \omega^2}$
③ $\dfrac{\omega}{s^2 - \omega^2}$  ④ $\dfrac{\omega}{s^2 + \omega^2}$

**풀이** $f(t) = \cos\omega t$에 대한 라플라스 변환은
$$\mathcal{L}[f(t)] = \mathcal{L}[\cos\omega t] = \int_0^\infty \cos\omega t\, e^{-st} dt \text{ 이고,}$$
$$\cos\omega t = \frac{e^{j\omega t} + e^{-j\omega t}}{2} \text{ 이므로}$$
$$\therefore \mathcal{L}[\cos\omega t] = \int_0^\infty \cos\omega t\, e^{-st} dt$$
$$= \frac{1}{2}\int_0^\infty (e^{j\omega t} + e^{-j\omega t}) e^{-st} dt$$
$$= \frac{1}{2}\int_0^\infty (e^{-(s-j\omega)t} + e^{-(s+j\omega)t}) dt$$
$$= \frac{1}{2}\left(\frac{1}{s-j\omega} + \frac{1}{s+j\omega}\right) = \frac{s}{s^2+\omega^2}$$
**답** ②

**72** $F(s) = \dfrac{s+1}{s^2 + 2s}$의 역라플라스 변환은?

① $\dfrac{1}{2}(1 - e^{-t})$  ② $\dfrac{1}{2}(1 - e^{-2t})$
③ $\dfrac{1}{2}(1 + e^t)$    ④ $\dfrac{1}{2}(1 + e^{-2t})$

**풀이** $F(s) = \dfrac{s+1}{s(s+2)} = \dfrac{A}{s} + \dfrac{B}{s+2}$에서
$A = \left.\dfrac{s+1}{s+2}\right|_{s=0} = \dfrac{1}{2}$,
$B = \left.\dfrac{s+1}{s}\right|_{s=-2} = \dfrac{-2+1}{-2} = \dfrac{1}{2}$이므로
$$F(s) = \frac{\frac{1}{2}}{s} + \frac{\frac{1}{2}}{s+2} = \frac{1}{2}\left(\frac{1}{s} + \frac{1}{s+2}\right)$$
$$\therefore \mathcal{L}^{-1}[F(s)] = \frac{1}{2}(1 + e^{-2t})$$
**답** ④

**73** 시정수 $\tau$를 갖는 $R-L$ 직렬 회로에 직류 전압을 가할 때 $t=3\tau$되는 시간에 회로에 흐르는 전류는 최종값의 몇 [%]가 되는가?

① 63　　② 86
③ 95　　④ 98

**풀이** 직류 전압 인가 시 $i(t) = \dfrac{E}{R}\left(1-e^{-\frac{R}{L}t}\right)$이므로

$\therefore i_{3\tau} = \dfrac{E}{R}\left(1-e^{-\frac{1}{\tau}3\tau}\right) = I(1-e^{-3}) = I(1-0.049)$
$\quad \fallingdotseq 0.95\,I$　　**답** ③

**74** 그림의 회로에서 $S$를 닫은 후 $t=2$[s]일 때 회로에 흐르는 전류[A]는?

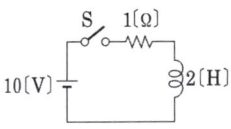

① 약 3.2　　② 약 4.6
③ 약 5.2　　④ 약 6.3

**풀이** $i(t) = \dfrac{E}{R}\left(1-e^{-\frac{R}{L}t}\right)$에서 $t=2$[s]이므로

$i(2) = \dfrac{E}{R}\left(1-e^{-\frac{R}{L}\cdot 2}\right) = \dfrac{10}{1}\left(1-e^{-\frac{1}{2}\cdot 2}\right)$
$\quad = 10(1-e^{-1}) = 6.32$[A]　　**답** ④

**75** 전압 $e = 100\sqrt{2}\sin(\omega_1 t + \pi/3)$[V]이고, 전류 $i = 100\sqrt{2}\sin(\omega_2 t + 0)$[A]일 때, 평균 전력은 몇 [W]인가? 단, $\omega_1 \neq \omega_2$이다.

① 0　　② 10,000
③ 5,000　　④ $5,000\sqrt{3}$

**풀이** $\omega_1 \neq \omega_2$이므로 0이 된다.　　**답** ①

**76** 최댓값이 10[V]인 정현파 전압이 있다. $t=0$에서의 순시값이 5[V]이고 이 순간에 전압이 증가하고 있다. 주파수가 60[Hz]일 때, $t=2$[ms]에서의 전압의 순시값[V]은?

① $10\sin 30°$　　② $10\sin 43.2°$
③ $10\sin 73.2°$　　④ $10\sin 103.2°$

**풀이**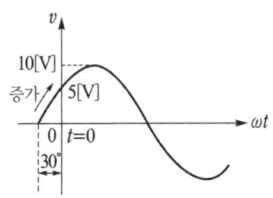

$t=0$에서의 순시값 $v=5$[V]이므로
$v = V_m\sin(\omega t+\theta) = 10\sin(\omega\times 0+\theta) = 10\sin\theta = 5$[V]
$\sin\theta = \dfrac{5}{10} = \dfrac{1}{2} \to \theta = \sin^{-1}\dfrac{1}{2} = 30°$

따라서 $t=2$[ms]$=2\times 10^{-3}$[s]에서의 순시값 $v$는
$v = V_m\sin(\omega t+\theta) = 10\sin(\omega t+30°)$
$\quad = 10\sin(2\pi\times 60\times 2\times 10^{-3}+30°)$
$\quad = 10\sin 73.2°$　　**답** ③

**77** 그림의 T형 회로에 대한 4단자 정수 $A$, $B$, $C$, $D$로 틀린 것은?

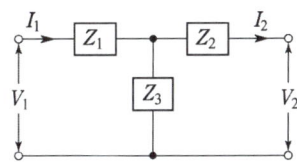

① $A = 1+\dfrac{Z_1}{Z_3}$　　② $B = \dfrac{Z_1 Z_2}{Z_3}+Z_1+Z_2$

③ $C = 1+\dfrac{Z_3}{Z_2}$　　④ $D = 1+\dfrac{Z_2}{Z_3}$

**풀이** $\begin{bmatrix} A & B \\ C & D \end{bmatrix} = \begin{bmatrix} 1 & Z_1 \\ 0 & 1 \end{bmatrix}\begin{bmatrix} 1 & 0 \\ \frac{1}{Z_3} & 1 \end{bmatrix}\begin{bmatrix} 1 & Z_2 \\ 0 & 1 \end{bmatrix}$

$= \begin{bmatrix} 1+\frac{Z_1}{Z_3} & Z_1 \\ \frac{1}{Z_3} & 1 \end{bmatrix}\begin{bmatrix} 1 & Z_2 \\ 1 & 0 \end{bmatrix}$

$= \begin{bmatrix} 1+\frac{Z_1}{Z_3} & \frac{Z_1 Z_2}{Z_3}+Z_1+Z_2 \\ \frac{1}{Z_3} & 1+\frac{Z_2}{Z_3} \end{bmatrix}$　　**답** ③

**78** 어떤 회로에 $V = 100\angle\dfrac{\pi}{3}$[V]의 전압을 가하니 $I = 10\sqrt{3} + j10$[A]의 전류가 흘렀다. 이 회로의 무효 전력[Var]은?

① 0    ② 1000
③ 1732    ④ 2000

**풀이**  $I = 10\sqrt{3} + j10$
$= \sqrt{(10\sqrt{3})^2 + 10^2} \angle \tan^{-1}\left(\dfrac{1}{\sqrt{3}}\right)$
$= 20\angle 30°$[A]
$\therefore P_a = \overline{V}I$
$= 100\angle -60 \times 20\angle 30$
$= 2000\angle -30$
$= 2000(\cos 30 - j\sin 30)$
$= 1000\sqrt{3} - j1000$[VA]    **답** ②

**79** 전원과 부하가 모두 △결선된 3상 평형회로에서 전원전압이 200[V], 부하 임피던스가 $6 + j8$[Ω]인 경우 선전류는?

① 20[A]    ② $\dfrac{20}{\sqrt{3}}$[A]
③ $20\sqrt{3}$[A]    ④ $10\sqrt{3}$[A]

**풀이**  전원과 부하가 다같이 △결선이므로 상전류 $I_p$는
$I_p = \dfrac{V}{Z} = \dfrac{200}{\sqrt{6^2 + 8^2}} = 20$[A]
$\therefore I_l = \sqrt{3}\, I_p = 20\sqrt{3}$[A]    **답** ③

**80** 정현파 교류전압의 파고율은?

① 0.91    ② 1.11
③ 1.41    ④ 1.73

**풀이**

|  | 구형파 | 3각파 | 정현파 | 정류파(전파) | 정류파(반파) |
|---|---|---|---|---|---|
| 파형률 | 1.0 | 1.15 | 1.11 | 1.11 | 1.57 |
| 파고율 | 1.0 | 1.732 | 1.414 | 1.414 | 2.0 |

**답** ③

## 2023년 - 4회 _ 공사산업기사

**61** $R-L-C$가 직렬로 연결되어 공진할 경우 이 공진회로의 전압확대율 $Q$는?

① $\sqrt{\dfrac{L}{C}}$    ② $\dfrac{1}{R}\sqrt{\dfrac{L}{C}}$
③ $\dfrac{1}{\omega LR}$    ④ $\dfrac{\omega C}{R}$

**풀이**  선택도(전압 확대율)
- $Q = \dfrac{V_L}{V} = \dfrac{X_L}{R} = \dfrac{\omega_0 L}{R}$
- $Q = \dfrac{V_C}{V} = \dfrac{X_C}{R} = \dfrac{1}{\omega_0 CR}$
- 공진주파수 $\omega_0 = \dfrac{1}{\sqrt{LC}}$[rad/s]를 대입하여 정리하면
  $Q = \dfrac{1}{R}\sqrt{\dfrac{L}{C}}$    **답** ②

**62** 그림과 같은 회로망에서 전류를 산출하는 데 옳게 표시한 식은?

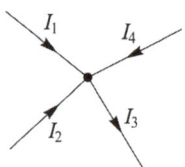

① $I_1 + I_2 - I_4 - I_3 = 0$
② $I_1 + I_4 - I_2 - I_3 = 0$
③ $I_1 + I_2 + I_3 + I_4 = 0$
④ $I_1 + I_2 - I_3 + I_4 = 0$

**풀이**  키르히호프의 제1법칙(전류법칙)
전선의 임의의 한 분기점에 유입 또는 유출되는 전류의 합은 0이다. 즉 분기점에 있어서 유입되는 총 전류는 유출되는 총 전류와 같다.
$\therefore I_1 + I_2 - I_3 + I_4 = 0$    **답** ④

## 63 보기의 그림 중에서 전구에 불이 들어오지 않는 경우는?

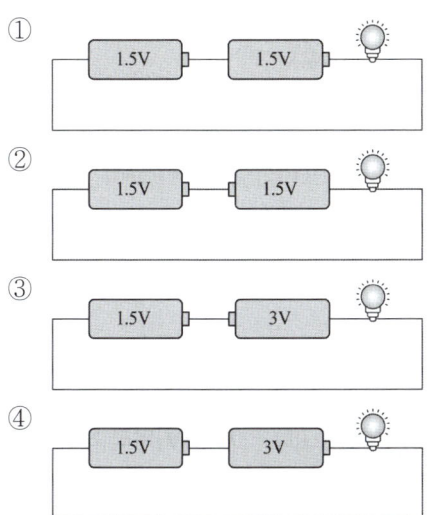

**풀이** 전구의 저항을 $R$이라고 할 경우 전구에 흐르는 전류 $I$는

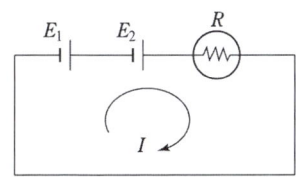

① $I = \dfrac{1.5 + 1.5}{R} = \dfrac{3}{R}$ [A]

② $I = \dfrac{1.5 - 1.5}{R} = 0$ [A]

③ $I = \dfrac{1.5 - 3}{R} = -\dfrac{1.5}{R}$ [A]

④ $I = \dfrac{1.5 + 3}{R} = \dfrac{4.5}{R}$ [A]   **답** ②

## 64 파형률과 파고율의 값이 옳게 연결된 것은?

① 사각파 : 파형률 1, 파고율 2
② 정현파 : 파형률 1.11, 파고율 1.41
③ 삼각파 : 파형률 1.15, 파고율 1.23
④ 정현반파 : 파형률 1.57, 파고율 1.73

**풀이** 주기적인 비정현파에 대한 파형율과 파고율

| 파 형 | | 파형률 | 파고율 |
|---|---|---|---|
| 사각파 | | 1 | 1 |
| 반원파 | | 1.040 | 1.225 |
| 정현파 | | 1.109 | 1.414 |
| 삼각파 | | 1.155 | 1.732 |
| 정현반파 | | 1.57 | 2 |

**답** ②

## 65 그림에서 10[Ω]의 저항에 흐르는 전류는 몇 [A]인가?

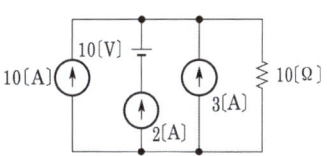

① 13   ② 14   ③ 15   ④ 16

**풀이** 중첩의 정리에 의해
- 전류원 기준(전압원 단락) $I_R = 10 + 2 + 3 = 15$ [A]
- 전압원 기준(전류원 개방) $I_R' = 0$ [A]

따라서 $I = I_R - I_R' = 15 - 0 = 15$ [A]   **답** ③

## 66 다음 회로의 단자 a, b에 나타나는 전압[V]은 얼마인가?

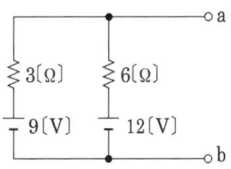

① 9   ② 10   ③ 12   ④ 3

**풀이** 밀만의 정리를 사용하여

$$E_{ab} = \dfrac{E_1 Y_1 + E_2 Y_2}{Y_1 + Y_2} = \dfrac{\dfrac{9}{3} + \dfrac{12}{6}}{\dfrac{1}{3} + \dfrac{1}{6}} = 10 \text{ [V]}$$

**답** ②

## 67
전압이 $v(t) = 20\sin\omega t + 30\sin 3\omega t$[V]이고, 전류가 $i(t) = 30\sin\omega t + 20\sin 3\omega t$[A]인 왜형파 교류 전압과 전류에 대한 역률은 약 얼마인가?

① 0.43  ② 0.57
③ 0.86  ④ 0.92

**풀이**
- 유효전력
$$P = V_1 I_1 \cos\theta_1 + V_3 I_3 \cos\theta_3$$
$$= \frac{20}{\sqrt{2}} \times \frac{30}{\sqrt{2}} \times \cos 0° + \frac{20}{\sqrt{2}} \times \frac{30}{\sqrt{2}} \times \cos 0°$$
$$= 600[\text{W}]$$
- 피상전력
$$P_a = VI$$
$$= \sqrt{\left(\frac{20}{\sqrt{2}}\right)^2 + \left(\frac{30}{\sqrt{2}}\right)^2} \times \sqrt{\left(\frac{20}{\sqrt{2}}\right)^2 + \left(\frac{30}{\sqrt{2}}\right)^2}$$
$$= 650[\text{VA}]$$
$$\therefore \cos\theta = \frac{P}{P_a} = \frac{600}{650} \fallingdotseq 0.92$$
**답 ④**

## 68
전압 $e = 5 + 10\sqrt{2}\sin\omega t + 10\sqrt{2}\sin 3\omega t$[V] 일 때 실효값은?

① 7.07[V]  ② 10[V]
③ 15[V]    ④ 20[V]

**풀이** 실효값 $E = \sqrt{E_0^2 + E_1^2 + E_2^2 + \cdots + E_n^2}$
$$= \sqrt{5^2 + 10^2 + 10^2} = 15[\text{V}]$$
**답 ③**

## 69
그림과 같은 순저항으로 된 회로에 대칭 3상 전압을 가했을 때 각 선에 흐르는 전류가 같으려면 $R[\Omega]$의 값은?

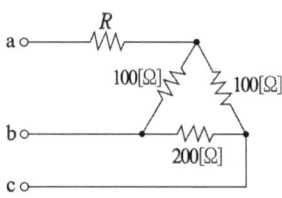

① 20  ② 25
③ 30  ④ 35

**풀이** △저항을 Y저항으로 변환하면

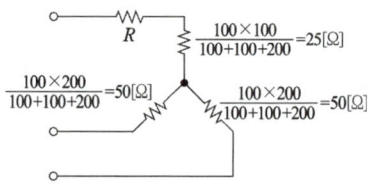

위에서 각 선전류가 같기 위해서는 각 선저항이 같아야 하므로 $R + 25 = 50$이라야 한다.
$$\therefore R = 50 - 25 = 25[\Omega]$$
**답 ②**

## 70
각 상전압이 $V_a = 40\sin\omega t$[V], $V_b = 40\sin(\omega t + 90°)$[V], $V_c = 40\sin(\omega t - 90°)$[V]이라 하면 영상 대칭분 전압은?

① $40\sin\omega t$
② $\dfrac{40}{3}\sin\omega t$
③ $\dfrac{40}{3}\sin(\omega t - 90°)$
④ $\dfrac{40}{3}\sin(\omega t + 90°)$

**풀이** 정현파를 phasor로 표시하면
$V_a = 40\angle 0° = 40$, $V_b = 40\angle 90° = j40$,
$V_c = 40\angle -90° = -j40$
따라서 영상대칭분 전압은
$$V_o = \frac{1}{3}(V_a + V_b + V_c)$$
$$= \frac{1}{3}(40 + j40 - j40) = \frac{40}{3}$$
$$\therefore V_o = \frac{40}{3}\sin\omega t \text{ 가 된다.}$$
**답 ②**

## 71
3상 불평형 전압에서 역상전압이 50[V], 정상전압이 200[V], 영상전압이 10[V]라고 할 때 전압의 불평형률[%]은?

① 1   ② 5
③ 25  ④ 50

**풀이** 불평형률 = $\dfrac{\text{역상 전압}}{\text{정상 전압}} \times 100$
$$= \frac{50}{200} \times 100 = 25[\%]$$
**답 ③**

**72** 2단자 회로 소자 중에서 인가한 전류파형과 동위상의 전압파형을 얻을 수 있는 것은?

① 저항　　② 콘덴서
③ 인덕턴스　　④ 저항 + 콘덴서

**풀이** ① 저항 $R$에 정현파 전류($i = I_m \sin\omega t$)가 흐를 때 전압강하
$v_R = Ri = RI_m \sin\omega t = V_m \sin\omega t$
(전압과 전류는 동상)
② 인덕턴스 $L$에 정현파 전류가 흐를 때
전압강하 $v_L = L\dfrac{di}{dt} = V_m \sin(\omega t + 90°)$
(전압은 전류보다 90° 앞선다.)
③ 커패시턴스 $C$에 정현파 전류가 흐를 때
전압강하 $v_C = \dfrac{1}{C}\int i dt = V_m \sin(\omega t - 90°)$
(전압은 전류보다 90° 뒤진다.) **답** ①

**73** 라플라스변환 중 옳은 것은?

① $\mathcal{L}[\delta(t)] = \dfrac{1}{s}$

② $\mathcal{L}[t^n] = \dfrac{n!}{s^{n-1}}$

③ $\mathcal{L}[\epsilon^{-at}] = \dfrac{1}{s+a}$

④ $\mathcal{L}[f(t-a)] = e^{as}F(s)$

**풀이**

| $f(t)$ | $F(s)$ | $f(t)$ | $F(s)$ |
|---|---|---|---|
| $\delta(t)$ | 1 | $\epsilon^{-at}$ | $\dfrac{1}{s+a}$ |
| $t^n$ | $\dfrac{n!}{s^{n+1}}$ | $\mathcal{L}[f(t-a)]$ | $e^{-as}F(s)$ |

**답** ③

**74** 그림과 같은 회로의 영상 임피던스 $Z_{01}$, $Z_{02}$ [Ω]은 각각 얼마인가?

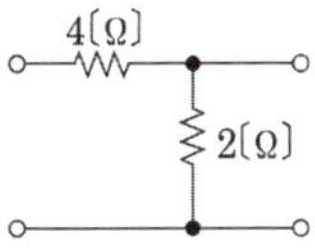

① $\sqrt{\dfrac{8}{3}}$, $2\sqrt{6}$　　② $2\sqrt{6}$, $\sqrt{\dfrac{8}{3}}$
③ $\sqrt{\dfrac{3}{8}}$, $\dfrac{1}{2\sqrt{6}}$　　④ $\dfrac{1}{2\sqrt{6}}$, $\sqrt{\dfrac{3}{8}}$

**풀이**
$\begin{bmatrix} A & B \\ C & D \end{bmatrix} = \begin{bmatrix} 1 & 4 \\ 0 & 1 \end{bmatrix}\begin{bmatrix} 1 & 0 \\ \frac{1}{2} & 1 \end{bmatrix} = \begin{bmatrix} 3 & 4 \\ \frac{1}{2} & 1 \end{bmatrix}$

$\therefore Z_{01} = \sqrt{\dfrac{AB}{CD}} = \sqrt{\dfrac{3 \times 4}{\frac{1}{2} \times 1}} = \sqrt{24} = 2\sqrt{6}[\Omega]$

$Z_{02} = \sqrt{\dfrac{BD}{AC}} = \sqrt{\dfrac{4 \times 1}{\frac{1}{2} \times 3}} = \sqrt{\dfrac{8}{3}}[\Omega]$ **답** ②

**75** $\dfrac{\omega^2}{s(s^2 + \omega^2)}$의 역라플라스 변환은?

① $\sin\omega t$　　② $1 - \sin\omega t$
③ $\cos\omega t$　　④ $1 - \cos\omega t$

**풀이** $F(s) = \dfrac{\omega^2}{s(s^2 + \omega^2)} = \dfrac{A}{s} + \dfrac{B}{s^2 + \omega^2}$

$A = \dfrac{\omega^2}{s^2 + \omega^2}\bigg|_{s=0} = \dfrac{\omega^2}{0^2 + \omega^2} = 1$

$B = \dfrac{\omega^2}{s}\bigg|_{s^2=-\omega^2} = \dfrac{s\omega^2}{s^2} = \dfrac{s\omega^2}{-\omega^2} = -s$ 이므로

$F(s) = \dfrac{1}{s} - \dfrac{s}{s^2 + \omega^2}$

$\therefore \mathcal{L}^{-1}[F(s)] = 1 - \cos\omega t$ **답** ④

**76** $R = 1[k\Omega]$, $C = 1[\mu F]$가 직렬접속된 회로에 스텝(구형파)전압 10[V]를 인가하는 순간 커패시터 $C$에 걸리는 최대전압[V]은?

① 0　　② 3.72
③ 6.32　　④ 10

**풀이** 커패시터는 전압이 불연속적으로 급변할 수 없으므로 인가하는 순간의 전압은 0이 된다. **답** ①

**77** $R-L-C$ 직렬회로에서 회로저항의 값이 다음의 어느 때이어야 이 회로가 부족제동이 되었다고 하는가?

① $R = 0$　　② $R > 2\sqrt{\dfrac{L}{C}}$
③ $R = 2\sqrt{\dfrac{L}{C}}$　　④ $R < 2\sqrt{\dfrac{L}{C}}$

**풀이** $R-L-C$ 직렬 회로의 특성
① $R > 2\sqrt{\dfrac{L}{C}}$ : 과제동 (비진동적)
② $R = 2\sqrt{\dfrac{L}{C}}$ : 임계제동 (진동)
③ $R < 2\sqrt{\dfrac{L}{C}}$ : 부족제동(진동적)  **답** ④

## 78 22[kVA]의 부하가 역률 0.8이라면 무효 전력 [kVar]은?

① 16.6  ② 17.6
③ 15.2  ④ 13.2

**풀이** $\cos^2\theta + \sin^2\theta = 1$ 에서
$\sin\theta = \sqrt{1-\cos^2\theta} = \sqrt{1-0.8^2} = 0.6$
$\therefore P_r = VI\sin\theta = P_a \cdot \sin\theta = 22 \times 0.6$
$= 13.2[\text{kVar}]$  **답** ④

## 79 어떤 계에 임펄스 함수($\delta$함수)가 입력으로 가해졌을 때 시간함수 $e^{-2t}$가 출력으로 나타났다. 이 계의 전달함수는?

① $\dfrac{1}{s+2}$  ② $\dfrac{1}{s-2}$
③ $\dfrac{2}{s+2}$  ④ $\dfrac{2}{s-2}$

**풀이** 입력 $R(s) = 1$
출력 $C(s) = \mathcal{L}[e^{-2t}] = \dfrac{1}{s+2}$
$\therefore G(s) = \dfrac{C(s)}{R(s)} = \dfrac{\frac{1}{s+2}}{1} = \dfrac{1}{s+2}$  **답** ①

## 80 주기함수 $f(t)$의 푸리에 급수 전개식으로 옳은 것은?

① $f(t) = \sum_{n=1}^{\infty} a_n \sin n\omega t + \sum_{n=1}^{\infty} b_n \sin n\omega t$

② $f(t) = b_0 + \sum_{n=2}^{\infty} a_n \sin n\omega t + \sum_{n=2}^{\infty} b_n \cos n\omega t$

③ $f(t) = a_0 + \sum_{n=1}^{\infty} a_n \cos n\omega t + \sum_{n=1}^{\infty} b_n \sin n\omega t$

④ $f(t) = \sum_{n=1}^{\infty} a_n \cos n\omega t + \sum_{n=1}^{\infty} b_n \cos n\omega t$

**풀이** 푸리에 급수는 주파수와 진폭을 달리하는 무수히 많은 성분을 갖는 비정현파를 무수히 많은 정현항과 여현항의 합으로 표현하는 것이다.
$f(t) = a_0 + \sum_{n=1}^{\infty} a_n \cos n\omega t + \sum_{n=1}^{\infty} b_n \sin n\omega t$  **답** ③

# 2024년 회로이론_전기산업기사·공사산업기사 CBT 복원문제

문제의 번호는 실제 시험문제의 번호와 같게 하였습니다.

**2024년 - 1회** _ 전기산업기사·공사산업기사

**61** 평형 3상 무유도 저항 부하가 3상 4선식 회로에 접속되어 있을 때 단상 전력계를 그림과 같이 접속했더니 그 지시값이 $W$[W]이었다. 이 부하의 전력[W]은?(단, 정현파 교류이다.)

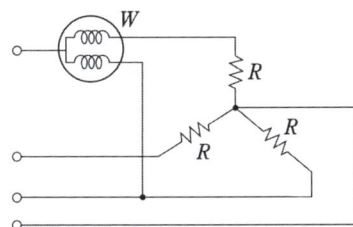

① $\sqrt{2}\,W$  ② $2W$
③ $\sqrt{3}\,W$  ④ $3W$

**풀이** 선간전압을 $E_{12}$, 부하전류를 $I_1$이라 하면 $I_1$은 상전압 $E_1$과 동상이 되지만 $E_{12}$와는 30° 위상차가 있으므로

$$W = E_{12}I_1\cos 30° = \frac{\sqrt{3}}{2}E_{12}\cdot I_1$$

$$\therefore E_{12}\cdot I_1 = \frac{2W}{\sqrt{3}}$$

부하전력 $P = \sqrt{3}\,E_{12}\cdot I_1 = \sqrt{3}\times \frac{2W}{\sqrt{3}} = 2W$[W]

**답** ②

**62** 상순이 $abc$인 3상 회로에 있어서 대칭분 전압이 $V_0 = -8+j3$[V], $V_1 = 6-j8$[V], $V_2 = 8+j12$[V] 일 때 a상의 전압 $V_a$[V]는?

① $6+j7$  ② $8+j12$
③ $6+j14$  ④ $16+j4$

**풀이** $V_a = V_0 + V_1 + V_2$
$= -8+j3+6-j8+8+j12$
$= 6+j7$[V]

**답** ①

**63** 정현파 교류의 실효값을 구하는 식이 잘못된 것은?

① $\sqrt{\dfrac{1}{T}\displaystyle\int_0^T i^2 dt}$

② 파고율×평균값

③ $\dfrac{\text{최댓값}}{\sqrt{2}}$

④ $\dfrac{\pi}{2\sqrt{2}}\times$평균값

**풀이** 실효값 $= \sqrt{\dfrac{1}{T}\displaystyle\int_0^T i^2 dt} = \dfrac{1}{\text{파고율}}\times$최댓값
$=$ 파형률×평균값
$= \dfrac{1}{\sqrt{2}}$최댓값 $= \dfrac{\pi}{2\sqrt{2}}$평균값

**답** ②

**64** 22[kVA]의 부하가 0.8의 역률로 운전될 때 이 부하의 무효전력[kVar]은?

① 11.5  ② 12.3
③ 13.2  ④ 14.5

**풀이** 부하의 무효전력
$Q_L = P_a\sin\theta = P_a\sqrt{1-\cos^2\theta} = 22\times\sqrt{1-0.8^2}$
$= 13.2$[kVar]

**답** ③

**65** 기본파의 30[%]인 제3고조파와 기본파의 20[%]인 제5고조파를 포함하는 전압의 왜형률은 약 얼마인가?

① 0.21  ② 0.31
③ 0.36  ④ 0.42

**풀이** 왜형률 $= \dfrac{\text{각 고조파의 실효값의 합}}{\text{기본파의 실효값}}$

$= \dfrac{\sqrt{V_3^2+V_5^2}}{V_1} = \sqrt{\left(\dfrac{V_3}{V_1}\right)^2+\left(\dfrac{V_5}{V_1}\right)^2}$

$= \sqrt{0.3^2+0.2^2} = 0.36$

**답** ③

**66** 그림과 같은 회로에서 스위치 S를 닫았을 때 시정수의 값[s]은? 단, $L = 10$[mH], $R = 20$[Ω]이다.

① 2000
② $5 \times 10^{-4}$
③ 200
④ $5 \times 10^{-3}$

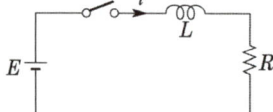

**풀이** $R-L$ 직렬 회로의 시정수 $\tau = \dfrac{L}{R}$[s]

$\therefore \tau = \dfrac{10 \times 10^{-3}}{20} = 5 \times 10^{-4}$[s]　**답** ②

**67** 회로의 전압비 전달함수 $G(s) = \dfrac{V_2(s)}{V_1(s)}$는?

① $RC$
② $\dfrac{1}{RC}$
③ $RCs + 1$
④ $\dfrac{1}{RCs + 1}$

**풀이** $G(s) = \dfrac{V_2(s)}{V_1(s)} = \dfrac{\dfrac{1}{Cs}}{R + \dfrac{1}{Cs}} = \dfrac{1}{RCs + 1}$　**답** ④

**68** 불평형 Y결선의 부하 회로에 평형 3상 전압을 가할 경우 중성점의 전위 $V_{n'n}$[V]는? (단, $Z_1$, $Z_2$, $Z_3$는 각 상의 임피던스[Ω]이고, $Y_1$, $Y_2$, $Y_3$는 각 상의 임피던스에 대한 어드미턴스[℧]이다.)

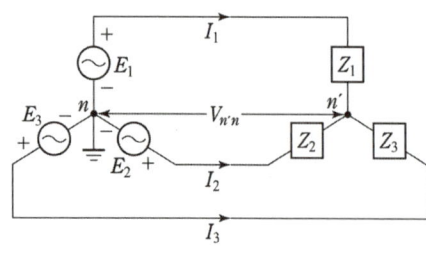

① $\dfrac{E_1 + E_2 + E_3}{Z_1 + Z_2 + Z_3}$
② $\dfrac{Z_1 E_1 + Z_2 E_2 + Z_3 E_3}{Z_1 + Z_2 + Z_3}$
③ $\dfrac{E_1 + E_2 + E_3}{Y_1 + Y_2 + Y_3}$
④ $\dfrac{Y_1 E_1 + Y_2 E_2 + Y_3 E_3}{Y_1 + Y_2 + Y_3}$

**풀이** 밀만의 정리

$V_{n'n} = \dfrac{\dfrac{E_1}{Z_1} + \dfrac{E_2}{Z_2} + \dfrac{E_3}{Z_3}}{\dfrac{1}{Z_1} + \dfrac{1}{Z_2} + \dfrac{1}{Z_3}} = \dfrac{Y_1 E_1 + Y_2 E_2 + Y_3 E_3}{Y_1 + Y_2 + Y_3}$　**답** ④

**69** 어떤 회로의 단자전압이
$V = 100\sin\omega t + 40\sin 2\omega t + 30\sin(3\omega t + 60°)$[V]이고,
전압강하의 방향으로 흐르는 전류가
$I = 10\sin(\omega t - 60°) + 2\sin(3\omega t + 105°)$[A]
일 때 회로에 공급되는 평균전력[W]은?

① 271.2
② 371.2
③ 530.2
④ 630.2

**풀이** 같은 주파수의 전압과 전류에서만 전력이 발생하므로
$P = V_1 I_1 \cos\theta_1 + V_3 I_3 \cos\theta_3$
$= \dfrac{100}{\sqrt{2}} \times \dfrac{10}{\sqrt{2}} \times \cos 60°$
$\quad + \dfrac{30}{\sqrt{2}} \times \dfrac{2}{\sqrt{2}} \times \cos(105° - 60°)$
$= 271.2$[W]　**답** ①

**70** 3상 평형회로에서 선간전압이 200[V]이고 각 상의 임피던스가 $24 + j7$[Ω]인 Y결선 3상 부하의 유효전력은 약 몇 [W]인가?

① 192
② 512
③ 1536
④ 4608

**풀이** Y결선 시 상전압($V_p$)은 선간전압($V_l$)의 $\dfrac{1}{\sqrt{3}}$배이므로

상전류 $I_p = \dfrac{V_p}{Z_p} = \dfrac{\dfrac{V_l}{\sqrt{3}}}{Z_p} = \dfrac{\dfrac{200}{\sqrt{3}}}{\sqrt{24^2 + 7^2}} = \dfrac{200}{25\sqrt{3}}$[A]

$\therefore P = 3I_p^2 R = 3 \times \left(\dfrac{200}{25\sqrt{3}}\right)^2 \times 24 = 1536$[W]　**답** ③

**71** 그림에서 절점 B의 전위[V]는?

① 130
② 110
③ 100
④ 90

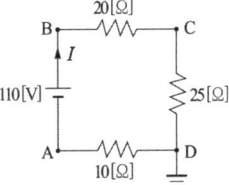

**풀이**
$$I = \frac{V}{R} = \frac{110}{(20+25+10)} = 2[A]$$
접지를 기준(0[V])으로 잡고,
각 저항에서의 전압강하를 구하면
- B점과 C점 사이의 전압강하
  $e_{BC} = IR_1 = 2 \times 20 = 40[V]$
- C점과 D점 사이의 전압강하
  $e_{CD} = 2 \times 25 = 50[V]$
- D점과 A점 사이의 전압강하
  $e_{DA} = (-2) \times 10 = -20[V]$
따라서 B점의 전위는
$e_{BD} = 40 + 50 = 90[V]$이다.  **답** ④

**72** $\dfrac{B(s)}{A(s)} = \dfrac{2}{2s+3}$ 의 전달함수를 미분방정식으로 표시하면?

① $2\dfrac{d}{dt}b(t) + 3b(t) = a(t)$

② $\dfrac{d}{dt}b(t) + b(t) = a(t)$

③ $2\dfrac{d}{dt}b(t) + 3b(t) = 2a(t)$

④ $3\dfrac{d}{dt}a(t) + (t) = 2b(t)$

**풀이**
$\dfrac{B(s)}{A(s)} = \dfrac{2}{2s+3} \rightarrow 2sB(s) + 3B(s) = 2A(s)$

$\therefore 2\dfrac{d}{dt}b(t) + 3b(t) = 2a(t)$  **답** ③

**73** 대칭 6상 기전력의 선간 전압과 상기전력의 위상차는?

① 120°
② 60°
③ 30°
④ 15°

**풀이** 대칭 $n$상인 경우 기전력의 위상차는
$\theta = \dfrac{\pi}{2}\left(1 - \dfrac{2}{n}\right) = \dfrac{180}{2}\left(1 - \dfrac{2}{6}\right) = 90 \times \dfrac{2}{3} = 60°$  **답** ②

**74** $RL$ 직렬회로에 직류전압 $E[V]$를 어느 순간에 인가하였을 때 시정수의 5배의 시간에서는 정상 전류의 약 몇 [%]에 도달하는가?

① 93.3
② 95.3
③ 97.3
④ 99.3

**풀이**
- $RL$ 직렬회로에 흐르는 전류
$$i = \frac{E}{R}(1 - e^{-\frac{R}{L}t}) = \frac{E}{R}(1 - e^{-\frac{t}{\tau}}) \text{ 에서}$$
$t = 5\tau$ 이므로
$$i = \frac{E}{R}(1 - e^{-\frac{5\tau}{\tau}}) = \frac{E}{R}(1 - e^{-5}) = 0.993\frac{E}{R}$$

- 정상 전류는 $I = \dfrac{E}{R}$ 이므로 시정수의 5배의 시간에서는 정상전류의 99.3[%]에 도달한다.  **답** ④

**75** 그림과 같은 회로에서 5[Ω]에 흐르는 전류 $I$는 몇 [A]인가?

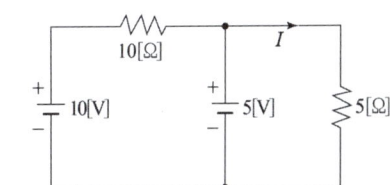

① $\dfrac{1}{2}$
② $\dfrac{2}{3}$
③ 1
④ $\dfrac{5}{3}$

**풀이** ① 10[V] 전압원에 의해 흐르는 전류 (5[V] 전압원은 단락)

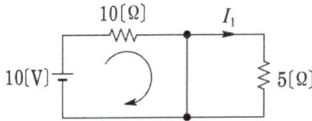

⇒ 5[Ω]으로는 전류 흐르지 않으므로 $I_1 = 0$

② 5[V] 전압원에 의해 흐르는 전류 (10[V] 전압원은 단락)

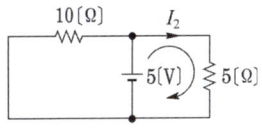

⇒ $I_2 = \dfrac{V}{R} = \dfrac{5}{5} = 1[A]$

따라서 5[Ω]에 흐르는 전류
$I = I_1 + I_2 = 0 + 1 = 1[A]$  **답** ③

**76** 2단자 회로망에 단상 100[V]의 전압을 가하면 30[A]의 전류가 흐르고 1.8[kW]의 전력이 소비된다. 이 회로망과 병렬로 커패시터를 접속하여 합성 역률을 100[%]로 하기 위한 용량성 리액턴스는 약 몇 [Ω]인가?

① 2.1　② 4.2
③ 6.3　④ 8.4

**풀이**
- 피상전력
  $P_a = V \cdot I = 100 \cdot 30 = 3000[\text{VA}] = 3[\text{kVA}]$
- 지상 무효전력
  $P_r = \sqrt{P_a^2 - P^2} = \sqrt{3^2 - 1.8^2} = 2.4[\text{kVar}]$
- 역률이 100[%]가 되기 위해서는 진상의 무효전력인 2.4[kVA]의 콘덴서가 필요하다.
  콘덴서 용량 $Q_C = 2\pi f C V^2 = \dfrac{V^2}{X_C} = 2.4 \times 10^3 [\text{kVA}]$
  따라서 용량성 리액턴스
  $X_C = \dfrac{V^2}{Q_C} = \dfrac{100^2}{2.4 \times 10^3} \fallingdotseq 4.2[\Omega]$　**답** ②

**77** 어떤 회로에 흐르는 전류가
$i(t) = 7 + 14.1\sin\omega t$ [A]인 경우 실효값은 약 몇 [A]인가?

① 11.2　② 12.2
③ 13.2　④ 14.2

**풀이** 비정현파의 실효값
$I = \sqrt{I_0^2 + I_1^2 + I_2^2 + \cdots + I_n^2}$ 에서
$I = \sqrt{7^2 + \left(\dfrac{14.1}{\sqrt{2}}\right)^2} = 12.2[\text{A}]$　**답** ②

**78** T형 4단자 회로의 임피던스 파라미터 중 $Z_{22}$는?

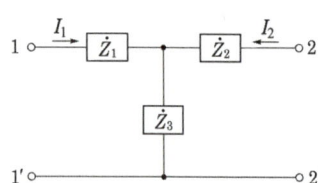

① $Z_1 + Z_2$　② $Z_2 + Z_3$
③ $Z_1 + Z_3$　④ $-Z_2$

**풀이**
$Z_{11} = \left.\dfrac{V_1}{I_1}\right|_{I_2=0} = Z_1 + Z_3$

$Z_{12} = \left.\dfrac{V_1}{I_2}\right|_{I_1=0} = Z_3$

$Z_{21} = \left.\dfrac{V_2}{I_1}\right|_{I_2=0} = Z_3$

$Z_{22} = \left.\dfrac{V_2}{I_2}\right|_{I_1=0} = Z_2 + Z_3$　**답** ②

**79** 그림과 같은 전압 파형의 실효값[V]은?

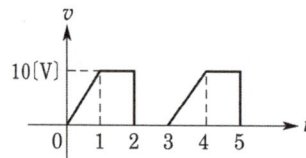

① 5.67　② 6.67
③ 7.57　④ 8.57

**풀이** 실효값
$V = \sqrt{\dfrac{1}{T}\int_0^T v^2 dt}$
$= \sqrt{\dfrac{1}{3}\left\{\int_0^1 (10t)^2 dt + \int_1^2 10^2 dt\right\}}$
$= \dfrac{20}{3} \fallingdotseq 6.67[\text{A}]$　**답** ②

**80** 3상 평형 부하가 있다. 선간전압이 200[V], 역률이 0.8이고, 소비전력이 10[kW]라면 선전류는 약 몇 [A]인가?

① 30　② 32
③ 34　④ 36

**풀이** 소비전력 $P = \sqrt{3} VI\cos\theta$
$\therefore I = \dfrac{P_0}{\sqrt{3} V\cos\theta} = \dfrac{10 \times 10^3}{\sqrt{3} \times 200 \times 0.8}$
$\fallingdotseq 36[\text{A}]$　**답** ④

## 2024년 2회 _ 전기산업기사·공사산업기사

**61** $f(t) = e^{at}$의 라플라스 변환은?

① $\dfrac{1}{s-a}$  ② $\dfrac{1}{s+a}$

③ $\dfrac{1}{s^2-a^2}$  ④ $\dfrac{1}{s^2+a^2}$

**풀이** 복소 추이 정리에 의해서

$$\mathcal{L}[1 \cdot e^{at}] = \dfrac{1}{s}\bigg|_{s=s-a} = \dfrac{1}{s-a}$$

답 ①

**62** $R = 5[\Omega]$, $L = 10[\text{mH}]$, $C = 1[\mu\text{F}]$의 직렬 회로에서 공진 주파수 $f_r[\text{Hz}]$는 약 얼마인가?

① 3181  ② 1820
③ 1592  ④ 1432

**풀이** 공진 주파수

$$f_r = \dfrac{1}{2\pi\sqrt{LC}} = \dfrac{1}{2\pi\sqrt{10\times 10^{-3}\times 1\times 10^{-6}}}$$
$$= 1591.55[\text{Hz}]$$

답 ③

**63** 같은 저항 $r[\Omega]$ 6개를 사용하여 그림과 같이 결선하고 대칭 3상 전압 $V[\text{V}]$를 가하였을 때 흐르는 전류 $I$는 몇 [A]인가?

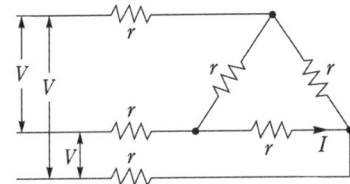

① $\dfrac{V}{2r}$  ② $\dfrac{V}{3r}$

③ $\dfrac{V}{4r}$  ④ $\dfrac{V}{5r}$

**풀이** △를 Y로 환산하면 1상의 등가 저항 $R$은

$$R = \dfrac{r \times r}{r+r+r} = \dfrac{r^2}{3r} = \dfrac{r}{3}[\Omega]$$

선전류 $I_l = \dfrac{\dfrac{V}{\sqrt{3}}}{r + \dfrac{r}{3}} = \dfrac{\sqrt{3}\,V}{4r}[\text{A}]$

따라서 상전류 $I = \dfrac{I_l}{\sqrt{3}} = \dfrac{V}{4r}[\text{A}]$

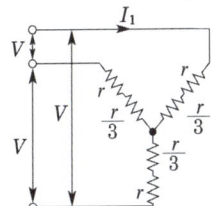

답 ③

**64** 그림 (a)와 그림 (b)가 역회로 관계에 있으려면 $L$의 값[mH]은? 단, $K^2 = 2000$이다.

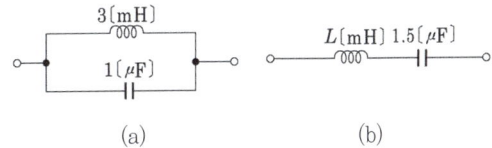

① $1.5 \times 10^9$  ② $2 \times 10^6$
③ 3  ④ 2

**풀이** 
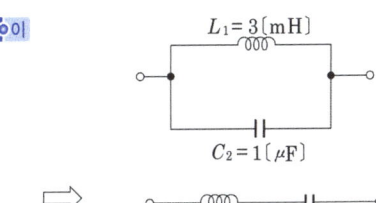

경우 $\dfrac{L_1}{C_1} = \dfrac{L_2}{C_2} = K^2$의 관계에서

$L_2 = K^2 C_2 = 2000 \times 1 \times 10^{-6} = 2 \times 10^{-3}$
$= 2[\text{mH}]$

답 ④

**65** $V_a = 3[\text{V}]$, $V_b = 2 - j3[\text{V}]$, $V_c = 4 + j3[\text{V}]$를 3상 불평형 전압이라고 할 때 영상전압[V]은?

① 3  ② 9
③ 27  ④ 0

**풀이** 영상전압
$$V_0 = \frac{1}{3}(V_a + V_b + V_c) = \frac{1}{3}(3+2-j3+4+j3)$$
$$= 3[V]$$  **답** ①

**풀이**
- 영상분은 비대칭 3상회로의 접지선, 중성선에 존재하며, 비대칭 3상회로의 비접지식 회로에는 영상분이 존재하지 않는다.
- Y—Y결선의 3상 4선식은 중성점을 접지하므로 영상분이 존재한다.  **답** ④

## 66 $t=0$에서 스위치 S를 닫았을 때 정상 전류값[A]은?

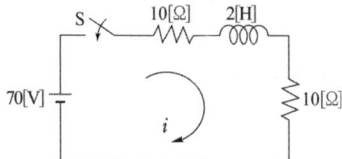

① 1   ② 2.5
③ 3.5   ④ 7

**풀이** 정상상태의 전류값은 $t=\infty$일 때이므로 $R-L$ 직렬회로에서의 정상전류 $i_s$는
$$i_s = \frac{E}{R}\left(1-e^{-\frac{R}{L}t}\right) = \frac{70}{20}\left(1-e^{-\frac{20}{2}\times\infty}\right) = 3.5[A]$$
**답** ③

## 67 그림과 같은 단위 계단함수는?

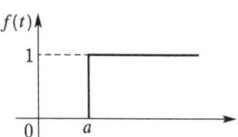

① $u(t)$   ② $u(t-a)$
③ $u(a-t)$   ④ $-u(t-a)$

**풀이** 크기는 1이고, 시간이 $a$만큼 늦은 시간 함수 $(t-a)$이므로
$$\therefore f(t) = 1 \cdot u(t-a) = u(t-a)$$  **답** ②

## 68 불평형 회로에서 영상분이 존재하는 3상회로 구성은?

① △—△ 결선의 3상 3선식
② △—Y 결선의 3상 3선식
③ Y—Y 결선의 3상 3선식
④ Y—Y 결선의 3상 4선식

## 69 주기함수 $f(t)$의 푸리에 급수 전개식으로 옳은 것은?

① $f(t) = \sum_{n=1}^{\infty} a_n \sin n\omega t + \sum_{n=1}^{\infty} b_n \sin n\omega t$

② $f(t) = b_0 + \sum_{n=2}^{\infty} a_n \sin n\omega t + \sum_{n=2}^{\infty} b_n \cos n\omega t$

③ $f(t) = a_0 + \sum_{n=1}^{\infty} a_n \cos n\omega t + \sum_{n=1}^{\infty} b_n \sin n\omega t$

④ $f(t) = \sum_{n=1}^{\infty} a_n \cos n\omega t + \sum_{n=1}^{\infty} b_n \cos n\omega t$

**풀이** 푸리에 급수는 주파수와 진폭을 달리하는 무수히 많은 성분을 갖는 비정현파를 무수히 많은 정현항과 여현항의 합으로 표현하는 것이다.
$$f(t) = a_0 + \sum_{n=1}^{\infty} a_n \cos n\omega t + \sum_{n=1}^{\infty} b_n \sin n\omega t$$  **답** ③

## 70 전압 $e = 100\sin 10t + 20\sin 20t[V]$이고, 전류 $i = 20\sin(10t-60) + 10\sin 20t[A]$ 일 때 소비전력은 몇 [W]인가?

① 500   ② 550
③ 600   ④ 650

**풀이** 비정현파의 유효전력
$$P = \sum_{n=1}^{\infty} V_n I_n \cos\theta_n \text{ 에서}$$
$$P = \frac{100}{\sqrt{2}} \times \frac{20}{\sqrt{2}} \times \cos 60° + \frac{20}{\sqrt{2}} \times \frac{10}{\sqrt{2}} \times \cos 0°$$
$$= 600[W]$$  **답** ③

**71** 다음 그림과 같은 전기회로의 입력을 $e_i$, 출력을 $e_o$라고 할 때 전달함수는?

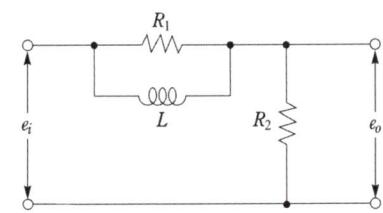

① $\dfrac{R_2(1+R_1Ls)}{R_1+R_2+R_1R_2Ls}$

② $\dfrac{1+R_2Ls}{1+(R_1+R_2)Ls}$

③ $\dfrac{R_2(R_1+Ls)}{R_1R_2+R_1Ls+R_2Ls}$

④ $\dfrac{R_2+\dfrac{1}{Ls}}{R_1+R_2+\dfrac{1}{Ls}}$

**풀이** $G(s)=\dfrac{E_o(s)}{E_i(s)}=\dfrac{R_2}{R_2+\dfrac{R_1Ls}{R_1+Ls}}$

$=\dfrac{R_2}{\dfrac{R_1R_2+R_2Ls+R_1Ls}{R_1+Ls}}$

$=\dfrac{R_1R_2+R_2Ls}{R_1R_2+R_1Ls+R_2Ls}$

$=\dfrac{R_2(R_1+Ls)}{R_1R_2+R_1Ls+R_2Ls}$

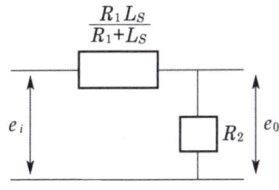

답 ③

**72** 100[kVA] 단상 변압기 3대로 △결선하여 3상 전원을 공급하던 중 1대의 고장으로 V결선 하였다면 출력은 약 몇 [kVA]인가?

① 100　② 173
③ 245　④ 300

**풀이** 변압기 1개의 출력을 $P_1$이라 하면 V결선 시 출력
$P_V=\sqrt{3}\,P_1=\sqrt{3}\times100=173.2[\text{kVA}]$　답 ②

**73** $\dfrac{E_o(s)}{E_i(s)}=\dfrac{1}{s^2+3s+1}$의 전달함수를 미분방정식으로 표시하면? (단, $\mathcal{L}^{-1}[E_o(s)]=e_o(t)$, $\mathcal{L}^{-1}[E_i(s)]=e_i(t)$이다.)

① $\dfrac{d^2}{dt^2}e_i(t)+3\dfrac{d}{dt}e_i(t)+e_i(t)=e_o(t)$

② $\dfrac{d^2}{dt^2}e_o(t)+3\dfrac{d}{dt}e_o(t)+e_o(t)=e_i(t)$

③ $\dfrac{d^2}{dt^2}e_i(t)+3\dfrac{d}{dt}e_i(t)+\displaystyle\int e_i(t)dt=e_o(t)$

④ $\dfrac{d^2}{dt^2}e_o(t)+3\dfrac{d}{dt}e_o(t)+\displaystyle\int e_o(t)dt=e_i(t)$

**풀이** $\dfrac{E_o(s)}{E_i(s)}=\dfrac{1}{s^2+3s+1}$

$E_i(s)=s^2E_o(s)+3sE_o(s)+E_o(s)$

$\therefore e_i(t)=\dfrac{d^2}{dt^2}e_o(t)+3\dfrac{d}{dt}e_o(t)+e_o(t)$　답 ②

**74** 그림과 같은 회로에서 콘덴서에 흐르는 전류 $i$를 나타낸 식은?

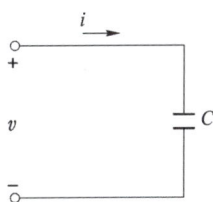

① $C\dfrac{di}{dt}$　② $\dfrac{1}{C}\displaystyle\int v\,dt$

③ $C\dfrac{dv}{dt}$　④ $\dfrac{1}{C}\displaystyle\int i\,dt$

**풀이** 콘덴서에 흐르는 전류
$i=\dfrac{dq}{dt}=\dfrac{d}{dt}Cv=C\dfrac{dv}{dt}[\text{A}]$　답 ③

**75** 어떤 회로에서 유효전력 80[W], 무효전력 60[Var]일 때 역률은?

① 50[%]  ② 70[%]
③ 80[%]  ④ 90[%]

**풀이** 유효전력 $P = 80[W]$
무효전력 $P_r = 60[Var]$
피상전력 $P_a = \sqrt{P^2 + P_r^2} = \sqrt{80^2 + 60^2} = 100[VA]$
∴ $\cos\theta = \dfrac{P}{P_a} \times 100 = \dfrac{80}{100} \times 100 = 80[\%]$  **답** ③

---

**76** 두 개의 자기 인덕턴스를 직렬로 접속하여 합성 인덕턴스를 측정하였더니 75[mH]가 되었고, 한 쪽의 인덕턴스를 반대로 접속하여 측정하니 25[mH] 되었다면 두 코일의 상호 인덕턴스 [mH]는?

① 12.5[mH]  ② 45[mH]
③ 50[mH]    ④ 90[mH]

**풀이** $L_+ = L_1 + L_2 + 2M = 75[mH]$,
$L_- = L_1 + L_2 - 2M = 25[mH]$에서
$M$에 관해서 풀면
∴ $M = \dfrac{L_+ - L_-}{4} = \dfrac{75-25}{4} = \dfrac{50}{4} = 12.5[mH]$

**답** ①

---

**77** 9[Ω]과 3[Ω]의 저항 6개를 그림과 같이 연결하였을 때 A, B 사이의 합성 저항[Ω]은?

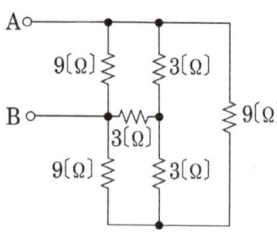

① 6  ② 4
③ 3  ④ 2

**풀이**

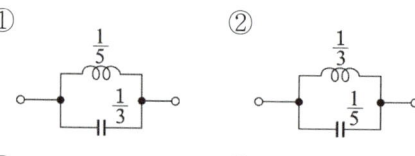

$R_{AB} = \dfrac{4.5 \times (4.5 + 4.5)}{4.5 + (4.5 + 4.5)} = 3[\Omega]$  **답** ③

---

**78** 리액턴스 함수가 $Z(s) = \dfrac{5s}{s^2 + 15}$로 표시되는 리액턴스 2단자망은 다음 중 어느 것인가?

① ② ③ ④

**풀이** $Z(s) = \dfrac{5s}{s^2+15} = \dfrac{1}{\frac{s^2+15}{5s}} = \dfrac{1}{\frac{1}{5}s + \frac{3}{s}}$

$= \dfrac{1}{\frac{1}{5}s + \frac{1}{\frac{1}{3}s}}$

∴ $C$와 $L$ 병렬 회로이다.  **답** ②

---

**79** 그림과 같은 L형 회로의 4단자 $A$, $B$, $C$, $D$ 정수 중 $A$는?

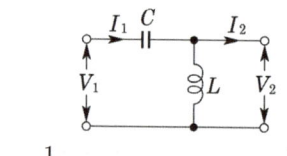

① $1 + \dfrac{1}{\omega LC}$  ② $1 - \dfrac{1}{\omega^2 LC}$
③ $1 + \dfrac{1}{j\omega L}$  ④ $\dfrac{1}{2\sqrt{LC}}$

풀이
$$\begin{bmatrix} A & B \\ C & D \end{bmatrix} = \begin{bmatrix} 1 & \frac{1}{j\omega C} \\ 0 & 1 \end{bmatrix} \begin{bmatrix} 1 & 0 \\ \frac{1}{j\omega L} & 1 \end{bmatrix} = \begin{bmatrix} 1 - \frac{1}{\omega^2 LC} & \frac{1}{j\omega C} \\ \frac{1}{j\omega L} & 1 \end{bmatrix}$$

답 ②

## 80 그림과 같은 회로의 합성 인덕턴스는?

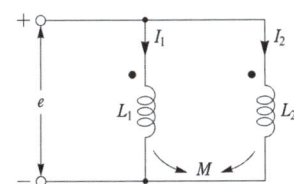

① $\dfrac{L_1 - M^2}{L_1 + L_2 - 2M}$  ② $\dfrac{L_2 - M^2}{L_1 + L_2 - 2M}$

③ $\dfrac{L_1 L_2 + M^2}{L_1 + L_2 - 2M}$  ④ $\dfrac{L_1 L_2 - M^2}{L_1 + L_2 - 2M}$

풀이 병렬 접속형의 등가 회로를 그려 보면 그림과 같다.

그러므로 합성 인덕턴스 $L_0$는

$L_0 = M + \dfrac{(L_1 - M)(L_2 - M)}{(L_1 - M) + (L_2 - M)} = \dfrac{L_1 L_2 - M^2}{L_1 + L_2 - 2M}$

답 ④

## 2024년 3회 _ 전기산업기사·공사산업기사

### 61 3상 불평형 전압에서 역상전압이 50[V], 정상전압이 200[V], 영상전압이 10[V]라고 할 때 전압의 불평형률[%]은?

① 1  ② 5
③ 25  ④ 50

풀이 불평형률 = $\dfrac{\text{역상 전압}}{\text{정상 전압}} \times 100$

$= \dfrac{50}{200} \times 100 = 25[\%]$

답 ③

### 62 다음의 회로가 정저항 회로가 되기 위한 $L$[H]의 값은?

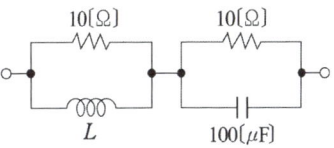

① 1  ② 0.1
③ 0.01  ④ 0.001

풀이 정저항의 조건 $R = \sqrt{\dfrac{L}{C}}$ 에서

$L = R^2 C = 10^2 \times 100 \times 10^{-6} = 0.01[\text{H}]$

답 ③

### 63 그림과 같은 회로에서 임피던스 파라미터 $Z_{11}$은?

① $sL_1$
② $sM$
③ $sL_1 L_2$
④ $sL_2$

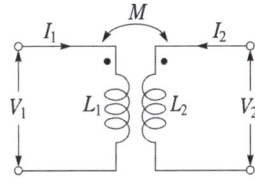

풀이 등가 T형 회로

$Z_{11} = Z_1 + Z_3 = L_1 - M + M = L_1$

$\therefore Z_{11} = sL_1$

답 ①

### 64 일정 전압의 직류 전원에 저항을 접속하고 전류를 흘릴 때 이 전류값을 20[%] 증가시키기 위해서는 저항값을 몇 배로 하여야 하는가?

① 1.25배  ② 1.20배
③ 0.83배  ④ 0.80배

풀이 $I_1 = \dfrac{E}{R_1}$ ...... ①, $I_2 = \dfrac{E}{R_2} = 1.2 I_1$ ...... ②

식 ①, ②에서 $E = I_1 R_1 = 1.2 I_1 R_2$

$\therefore R_2 = \dfrac{I_1 R_1}{1.2 I_1} \fallingdotseq 0.83 R_1$

답 ③

**65** 그림과 같은 회로에 교류전압 $E=100\angle 0°$ [V]를 인가할 때 전전류 $I$는 몇 [A]인가?

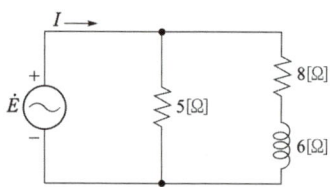

① $6+j28$    ② $6-j28$
③ $28+j6$    ④ $28-j6$

**풀이** 병렬연결 시 공급전압은 동일하므로
- 저항만의 회로에 흐르는 전류
$$I_1 = \frac{E}{R} = \frac{100}{5} = 20[A]$$
- $R-L$ 직렬회로에 흐르는 전류
$$I_2 = \frac{E}{Z} = \frac{100}{8+j6} = \frac{100(8-j6)}{(8+j6)(8-j6)}$$
$$= \frac{800-j600}{8^2+6^2} = 8-j6[A]$$
$$\therefore I = I_R + I_Z = 20+8-j6 = 28-j6[A]$$

**답** ④

**66** 정현파 교류의 실효값을 계산하는 식은?

① $I = \frac{1}{T}\int_0^T i^2 dt$

② $I^2 = \frac{2}{T}\int_0^T i\, dt$

③ $I^2 = \frac{1}{T}\int_0^T i^2 dt$

④ $I = \sqrt{\frac{2}{T}\int_0^T i^2 dt}$

**풀이** 동일한 저항 $R$에 직류전류 $I[A]$가 흐를 때 소비전력
$$P_{DC} = I^2 R[W]$$
교류전류 $i[A]$가 흐를 때 소비전력 $P_{AC}$는 주기를 $T$라 하면
$$P_{AC} = \frac{1}{T}\int_0^T i^2 R\, dt[W]$$
실효값의 정의에 의해 $P_{DC} = P_{AC}$ 이므로
$$I^2 R = \frac{R}{T}\int_0^T i^2 dt$$
$$\therefore I^2 = \frac{1}{T}\int_0^T i^2 dt$$

**답** ③

**67** 4단자 정수를 구하는 식으로 틀린 것은?

① $A = \left(\dfrac{V_1}{V_2}\right)_{I_2=0}$

② $B = \left(\dfrac{V_2}{I_2}\right)_{V_1=0}$

③ $C = \left(\dfrac{I_1}{V_2}\right)_{I_2=0}$

④ $D = \left(\dfrac{I_1}{I_2}\right)_{V_2=0}$

**풀이** $A$, $B$, $C$, $D$로 표시되는 4단자 기초 방정식은
$$\begin{bmatrix} V_1 \\ I_1 \end{bmatrix} = \begin{bmatrix} A & B \\ C & D \end{bmatrix}\begin{bmatrix} V_2 \\ I_2 \end{bmatrix}$$ 이며,
각 파라미터의 물리적 의미는
- 출력을 개방했을 때 전압 이득
$$A = \left.\frac{V_1}{V_2}\right|_{I_2=0}$$
- 출력을 단락했을 때 전달 임피던스
$$B = \left.\frac{V_1}{I_2}\right|_{V_2=0}$$
- 출력을 개방했을 때 전달 어드미턴스
$$C = \left.\frac{I_1}{V_2}\right|_{I_2=0}$$
- 출력을 단락했을 때 전류 이득
$$D = \left.\frac{I_1}{I_2}\right|_{V_2=0}$$

**답** ②

**68** 2단자 회로 소자 중에서 인가한 전류파형과 동위상의 전압파형을 얻을 수 있는 것은?

① 저항    ② 콘덴서
③ 인덕턴스    ④ 저항 + 콘덴서

**풀이** ① 저항 $R$에 정현파 전류($i=I_m \sin\omega t$)가 흐를 때
전압강하 $v_R = Ri = RI_m \sin\omega t = V_m \sin\omega t$
(전압과 전류는 동상)
② 인덕턴스 $L$에 정현파 전류가 흐를 때
전압강하 $v_L = L\dfrac{di}{dt} = V_m \sin(\omega t + 90°)$
(전압은 전류보다 90° 앞선다.)
③ 커패시턴스 $C$에 정현파 전류가 흐를 때
전압강하 $v_C = \dfrac{1}{C}\int i\, dt = V_m \sin(\omega t - 90°)$
(전압은 전류보다 90° 뒤진다.)

**답** ①

**69** 0.1[H]인 코일의 리액턴스가 377[Ω]일 때 주파수[Hz]는?

① 60  ② 120
③ 360  ④ 600

**풀이** 유도 리액턴스 $X_L = 2\pi f L$이므로

$$\therefore f = \frac{X_L}{2\pi L} = \frac{377}{2 \times 3.14 \times 0.1} ≒ 600[\text{Hz}]$$

**답** ④

**70** 그림과 같은 회로에서 0.2[Ω]의 저항에 흐르는 전류는 몇 [A]인가?

① 0.1
② 0.2
③ 0.3
④ 0.4

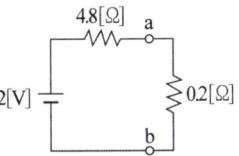

**풀이**

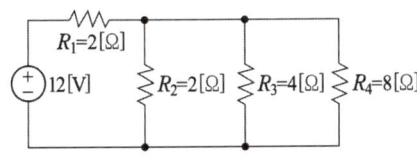

테브난 정리 이용 a, b 개방

$$V_a = \frac{6}{6+4} \times 10 = 6[\text{V}]$$

$$V_b = \frac{4}{6+4} \times 10 = 4[\text{V}]$$

$$\therefore V_{ab} = V_a - V_b = 6 - 4 = 2[\text{V}]$$

전압원을 제거(단락)하고 a, b에서 본 저항 $R_t$는

$$R_t = \frac{6 \times 4}{6+4} + \frac{6 \times 4}{6+4} = 4.8[\Omega]$$

$$\therefore I = \frac{V}{R} = \frac{2}{4.8 + 0.2} = 0.4[\text{A}]$$

**답** ④

**71** 그림과 같은 회로에서 저항 $R_4$에 소비되는 전력은 약 몇 [W]인가?

① 2.38  ② 4.76
③ 9.52  ④ 29.2

**풀이**
- $R_2$, $R_3$, $R_4$의 합성저항

$$R_t = \frac{1}{\frac{1}{R_2} + \frac{1}{R_3} + \frac{1}{R_4}} = \frac{1}{\frac{1}{2} + \frac{1}{4} + \frac{1}{8}} = \frac{8}{7} = 1.14[\Omega]$$

- $R_2$, $R_3$, $R_4$에 걸리는 전압

$$V_t = \frac{12}{2 + R_t} \times R_t = \frac{12}{2 + 1.14} \times 1.14 = 4.36[\text{V}]$$

- $R_4$에서 소비되는 전력

$$P_4 = \frac{V_t^2}{R_4} = \frac{4.36^2}{8} = 2.38[\text{W}]$$

**답** ①

**72** $RL$ 직렬회로에 $V_R = 100[\text{V}]$이고, $V_L = 173[\text{V}]$이다. 전원전압이 $v = \sqrt{2}\, V \sin \omega t[\text{V}]$일 때 리액턴스 양단 전압의 순시값 $V_L[\text{V}]$은?

① $173\sqrt{2} \sin(\omega t + 60°)$
② $173\sqrt{2} \sin(\omega t + 30°)$
③ $173\sqrt{2} \sin(\omega t - 60°)$
④ $173\sqrt{2} \sin(\omega t - 30°)$

**풀이**

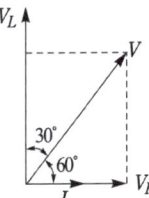

$V = V_R + jV_L = 100 + j173 = 200 \angle 60°[\text{V}]$
문제에서 $V$의 위상은 0°이며,
$V_L$이 $V$보다 30° 앞서므로,
$V_L = 173 \angle 30°[\text{V}]$
$\therefore v_L = 173\sqrt{2} \sin(\omega t + 30°)[\text{V}]$

**답** ②

**73** 입력신호가 $V_i$, 출력신호가 $V_o$일 때, $a_1 V_o + a_2 \dfrac{dV_o}{dt} + a_3 \displaystyle\int V_o\, dt = V_i$의 전달함수는?

① $\dfrac{s}{a_2 s^2 + a_1 s + a_3}$  ② $\dfrac{1}{a_2 s^2 + a_1 s + a_3}$

③ $\dfrac{s}{a_3 s^2 + a_2 s + a_1}$  ④ $\dfrac{1}{a_3 s^2 + a_2 s + a_1}$

**풀이** 초기값을 0으로 하고 라플라스 변환하면

$$a_1 V_o(s) + a_2 s V_o(s) + a_3 \frac{1}{s} V_o(s) = V_i(s)$$

$$\left(a_1 + a_2 s + \frac{a_3}{s}\right) V_o(s) = V_i(s)$$

$$\therefore G(s) = \frac{V_o(s)}{V_i(s)} = \frac{1}{a_1 + a_2 s + \dfrac{a_3}{s}}$$

$$= \frac{s}{a_2 s^2 + a_1 s + a_3}$$

**답** ①

**74** 어느 소자에 전압 $e = 125\sin 377t\,[\text{V}]$를 가했을 때 전류 $i = 50\cos 377t\,[\text{A}]$가 흘렀다. 이 회로의 소자는 어떤 종류인가?

① 순저항
② 용량 리액턴스
③ 유도 리액턴스
④ 저항과 유도 리액턴스

**풀이** 순시전압 $v = V_m \sin\omega t\,[\text{V}]$를 인가할 때의 회로해석

| 소자 | 순시전류 | 위 상 |
|---|---|---|
| $R$만의 회로 | $i = \dfrac{V_m}{R}\sin\omega t\,[\text{A}]$ | 동상(전류와 전압의 위상이 같다.) |
| $L$만의 회로 | $i_L = \dfrac{V_m}{\omega L}\sin\left(\omega t - \dfrac{\pi}{2}\right)\,[\text{A}]$ | 지상(전류가 전압보다 90° 뒤진다.) |
| $C$만의 회로 | $i_C = \omega C V_m \sin\left(\omega t + \dfrac{\pi}{2}\right)\,[\text{A}]$ | 진상(전류가 전압보다 90° 앞선다.) |

$i = 50\cos 377t = 50\sin(377t + 90°)\,[\text{A}]$
즉, 전류가 전압보다 위상이 90° 앞선 진상전류가 흐르므로 **용량 리액턴스**이다.  **답** ②

**75** 대칭 3상 Y결선에서 선간전압이 $200\sqrt{3}\,[\text{V}]$이고 각 상의 임피던스가 $30 + j40\,[\Omega]$의 평형 부하일 때 선전류[A]는?

① 2  ② $2\sqrt{3}$
③ 4  ④ $4\sqrt{3}$

**풀이** Y결선에서 $V_l = \sqrt{3}\,V_p$, $I_l = I_p$이므로

$$\therefore I_l = I_p = \frac{V_p}{Z} = \frac{200}{\sqrt{30^2 + 40^2}} = 4\,[\text{A}]$$

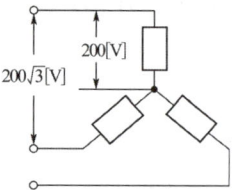

**답** ③

**76** 분포 정수회로에서 직렬 임피던스 $Z\,[\Omega]$, 병렬 어드미턴스 $Y\,[\mho]$일 때 선로의 전파정수 $\gamma$는?

① $\sqrt{\dfrac{Z}{Y}}$  ② $\sqrt{\dfrac{Y}{Z}}$
③ $\sqrt{ZY}$  ④ $ZY$

**풀이** $Z = R + j\omega L\,[\Omega/\text{m}]$, $Y = G + j\omega C\,[\mho/\text{m}]$일 때 선로의 전파 정수 $\gamma$는
$\gamma = \sqrt{ZY} = \sqrt{(R + j\omega L)(G + j\omega C)}$  **답** ③

**77** $\dfrac{1}{s^2 + 2s + 5}$의 라플라스 역변환 값은?

① $e^{-2t}\cos 2t$  ② $\dfrac{1}{2}e^{-t}\sin t$
③ $\dfrac{1}{2}e^{-t}\sin 2t$  ④ $\dfrac{1}{2}e^{-t}\cos 2t$

**풀이** $F(s) = \dfrac{1}{s^2 + 2s + 5} = \dfrac{1}{2} \cdot \dfrac{2}{(s+1)^2 + 2^2}$

$\therefore f(t) = \mathcal{L}^{-1}[F(s)] = \dfrac{1}{2}e^{-t}\sin 2t$  **답** ③

**78** 그림과 같은 회로에서 $G_2\,[\mho]$ 양단의 전압강하 $E_2\,[\text{V}]$는?

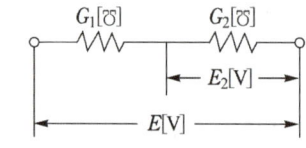

① $\dfrac{G_2}{G_1 + G_2} E$  ② $\dfrac{G_1}{G_1 + G_2} E$
③ $\dfrac{G_1 G_2}{G_1 + G_2} E$  ④ $\dfrac{G_1 + G_2}{G_1 + G_2} E$

**풀이** 전압분배법칙에 의해

$$E_1 = \frac{G_2}{G_1 + G_2}E[V]$$

$$E_2 = \frac{G_1}{G_1 + G_2}E[V]$$

답 ②

**79** 1000[Hz]인 정현파 교류에서 5[mH]인 유도 리액턴스와 같은 용량 리액턴스를 갖는 $C$의 값은 몇 [$\mu$F]인가?

① 4.07　　② 5.07
③ 6.07　　④ 7.07

**풀이** $\omega L = \dfrac{1}{\omega C}$ 이므로

$$\therefore C = \frac{1}{\omega^2 L} = \frac{1}{(2\times\pi\times1000)^2 \times 5\times10^{-3}}$$
$$= 5.07\times10^{-6} = 5.07[\mu F]$$

답 ②

**80** 1차 지연 요소의 전달함수는?

① $K$　　② $\dfrac{K}{s}$

③ $Ks$　　④ $\dfrac{K}{1+Ts}$

**풀이**
- $K$ : 비례 요소의 전달 함수
- $\dfrac{K}{s}$ : 적분 요소의 전달 함수
- $Ks$ : 미분 요소의 전달 함수
- $\dfrac{K}{Ts+1}$ : 1차 지연 요소의 전달 함수

답 ④

# 2025년 회로이론_전기산업기사·공사산업기사_CBT 복원문제

문제의 번호는 실제 시험문제의 번호와 같게 하였습니다.

## 2025년 - 1회 _ 전기산업기사·공사산업기사

**61** $L=2[H]$인 인덕턴스에 $i(t)=20e^{-2t}[A]$의 전류가 흐를 때 $L$의 단자 전압[V]은?

① $40e^{-2t}$  ② $-40e^{-2t}$
③ $80e^{-2t}$  ④ $-80e^{-2t}$

**풀이** $L$의 단자 전압
$$v_L = L\frac{di(t)}{dt} = 2\times\frac{d}{dt}(20e^{-2t}) = -80e^{-2t}[V]$$
**답** ④

**62** 다음과 같은 회로가 정저항 회로가 되기 위한 저항 $R$의 값은?

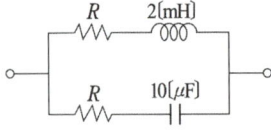

① $8.2[\Omega]$  ② $14.1[\Omega]$
③ $20[\Omega]$  ④ $28[\Omega]$

**풀이** 정저항 회로 조건 $R^2=\dfrac{L}{C}$ → $R=\sqrt{\dfrac{L}{C}}$

$$\therefore R=\sqrt{\dfrac{2\times10^{-3}}{10\times10^{-6}}}=14.1[\Omega]$$
**답** ②

**63** $R-L-C$ 직렬공진회로에서 $R=100[\Omega]$, $L=314[mH]$, $C=125.6[pF]$일 때, 선택도 (전압 확대율) $Q$는?

① $2\times10^3$  ② $3\times10^3$
③ $4\times10^2$  ④ $5\times10^2$

**풀이** 직렬공진회로에서 선택도
$$Q=\dfrac{1}{R}\sqrt{\dfrac{L}{C}}=\dfrac{1}{100}\sqrt{\dfrac{314\times10^{-3}}{125.6\times10^{-12}}}=500$$
**답** ④

**64** 다음의 회로에서 저항 $20[\Omega]$에 흐르는 전류는?

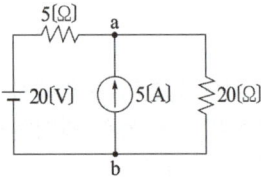

① $0.4[A]$  ② $1.8[A]$
③ $3.9[A]$  ④ $5.4[A]$

**풀이** 중첩의 원리에 의하여
- 20[V]에 의한 전류 (이때 전류원은 개방)
$$I_1=\dfrac{20}{5+20}=0.8[A]$$
- 5[A]에 의한 전류 (이때 전압원은 단락)
$$I_2=\dfrac{5}{5+20}\times5=1[A]$$
$$\therefore I=I_1+I_2=0.8+1=1.8[A]$$
**답** ②

**65** 공급전압이 10[V]이며 회로에 흐른 전류가 10[A]일 때, 이 회로의 유효전력이 50[W]라면 전압과 전류의 위상차는?

① $0°$  ② $35°$
③ $45°$  ④ $60°$

**풀이** 피상전력 $P_a=VI=10\times10=100[VA]$

역률 $\cos\theta=\dfrac{P}{P_a}=\dfrac{50}{100}=0.5$

따라서, 위상차 $\theta=\cos^{-1}0.5=60°$
**답** ④

**66** 다음 그림에서 $V_1=24[V]$일 때 $V_o[V]$의 값은?

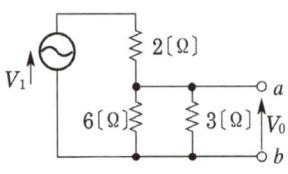

① $8[V]$  ② $12[V]$
③ $16[V]$  ④ $24[V]$

**풀이** 병렬 부분의 저항

$R = \dfrac{6 \times 3}{6+3} = 2[\Omega]$

전압은 저항에 비례하므로

$\therefore V_0 = 24 \times \dfrac{1}{2} = 12[\text{V}]$

답 ②

**67** 비정현파에서 여현 대칭의 조건은 어느 것인가?

① $f(t) = f(-t)$
② $f(t) = -f(-t)$
③ $f(t) = -f(t)$
④ $f(t) = -f(t + \dfrac{T}{2})$

**풀이** 우함수는 여현대칭(Y축 대칭)으로 직류분과 여현항(cos항)만 존재하며, 정현항(sin항)이 없다.

|  | 기함수파<br>(정현대칭) | 우함수파<br>(여현대칭) | 대칭파<br>(반파대칭) |
|---|---|---|---|
| 대칭 조건 | $f(t) = -f(-t)$ | $f(t) = f(-t)$ | $f(t) = -f(t + \dfrac{T}{2})$ |
| 결과 | sin항만 존재한다. | cos항 존재<br>직류분 존재 | 고조파 차수가<br>홀수차 항만<br>존재한다. |

답 ①

**68** $R-L$ 직렬회로에서 시정수의 값이 클수록 과도현상의 소멸되는 시간은 어떻게 되는가?

① 짧아진다.
② 길어진다.
③ 과도기가 없어진다.
④ 관계없다.

**풀이** $R-L$ 직렬회로에서 직류전압 인가 시

$i(t) = \dfrac{E}{R}\left(1 - e^{-\frac{R}{L}t}\right) = \dfrac{E}{R}\left(1 - e^{-\frac{1}{\tau}t}\right)$이므로,

시정수 $\tau$가 커지면 $e^{-\frac{1}{\tau}t}$의 값이 증가하므로 과도 상태는 길어진다.

답 ②

**69** 그림과 같은 평형 3상 Y결선에서 각 상이 8[Ω]의 저항과 6[Ω]의 리액턴스가 직렬로 연결된 부하에 선간전압 $100\sqrt{3}$ [V]가 공급되었다. 이때 선전류는 몇 [A]인가?

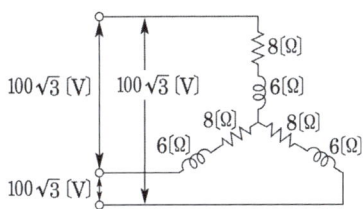

① 5
② 10
③ 15
④ 20

**풀이** Y결선에서의 선전류($I_l$)는 상전류($I_p$)와 같으므로

상전압 $E_p = \dfrac{100\sqrt{3}}{\sqrt{3}} = 100[\text{V}]$

따라서, 선전류 $I_l = I_p = \dfrac{E_p}{Z} = \dfrac{100}{\sqrt{8^2 + 6^2}} = 10[\text{A}]$

답 ②

**70** 3상 불평형 전압에서 불평형률은?

① $\dfrac{영상전압}{정상전압} \times 100[\%]$
② $\dfrac{역상전압}{정상전압} \times 100[\%]$
③ $\dfrac{정상전압}{역상전압} \times 100[\%]$
④ $\dfrac{정상전압}{영상전압} \times 100[\%]$

**풀이** 불평형률 = $\dfrac{역상분}{정상분} \times 100[\%]$

답 ②

**71** 다음과 같은 회로의 공진 시 어드미턴스는?

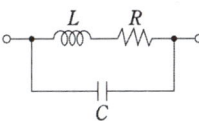

① $\dfrac{RL}{C}$
② $\dfrac{RC}{L}$
③ $\dfrac{L}{RC}$
④ $\dfrac{R}{LC}$

**풀이** ① 합성 어드미턴스

$$Y = Y_1 + Y_2 = \frac{1}{R+j\omega L} + j\omega C$$
$$= \frac{R}{R^2+\omega^2 L^2} + j\left(\omega C - \frac{\omega L}{R^2+\omega^2 L^2}\right)$$
$$= \frac{R}{R^2+\omega^2 L^2}$$

② 병렬공진 시 합성 어드미턴스의 허수부는 0이 되어야 한다.

$$\omega C - \frac{\omega L}{R^2+\omega^2 L^2} = 0$$
$$\omega C = \frac{\omega L}{R^2+\omega^2 L^2} \rightarrow R^2+\omega^2 L^2 = \frac{L}{C}$$
$$\therefore Y_r = \frac{R}{R^2+\omega^2 L^2} = \frac{R}{\frac{L}{C}} = \frac{RC}{L}$$

**답** ②

---

**72** 최댓값이 100[V]인 사인파 교류의 평균값은?

① 141   ② 70.7
③ 63.7  ④ 53.8

**풀이**

| 파 형 | 정현파 | 정현반파 | 삼각파 | 구형반파 | 구형파 |
|---|---|---|---|---|---|
| 평균값 | $\frac{2V_m}{\pi}$ | $\frac{V_m}{\pi}$ | $\frac{V_m}{2}$ | $\frac{V_m}{2}$ | $V_m$ |

따라서 정현파 교류전압의 평균값
$$= \frac{2V_m}{\pi} = \frac{2\times 100}{\pi} \fallingdotseq 63.7[V]$$

**답** ③

---

**73** 기본파의 60[%]인 제3고조파와 80[%]인 제5고조파를 포함하는 전압의 왜형률은?

① 0.3   ② 1
③ 5    ④ 10

**풀이** 왜형률 $= \dfrac{\text{각 고조파의 실효값의 합}}{\text{기본파의 실효값}}$

$$= \frac{\sqrt{V_3^2 + V_5^2}}{V_1} = \sqrt{\left(\frac{V_3}{V_1}\right)^2 + \left(\frac{V_5}{V_1}\right)^2}$$
$$= \sqrt{0.6^2 + 0.8^2} = 1$$

**답** ②

---

**74** 회로에서 스위치를 닫을 때 콘덴서의 초기전하를 무시하면 회로에 흐르는 전류 $i(t)$는 어떻게 되는가?

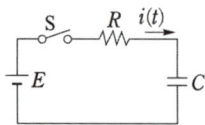

① $\dfrac{E}{R} e^{\frac{C}{R}t}$   ② $\dfrac{E}{R} e^{\frac{R}{C}t}$

③ $\dfrac{E}{R} e^{-\frac{1}{CR}t}$   ④ $\dfrac{E}{R} e^{\frac{1}{CR}t}$

**풀이**
- 스위치를 닫았을 때 회로의 평형방정식은
$$Ri(t) + \frac{1}{C}\int i(t)dt = E$$
- $i(t) = \dfrac{dq(t)}{dt}$ 이므로 $R\dfrac{dq(t)}{dt} + \dfrac{1}{C}q(t) = E$
- 초기 전하를 0라 하면
$$q(t) = CE\left(1 - e^{-\frac{1}{RC}t}\right)$$ 이므로
$i(t) = \dfrac{dq(t)}{dt}$ 에 대입하면
$$\therefore i(t) = \frac{dq(t)}{dt} = \frac{d}{dt}CE\left(1-e^{-\frac{1}{RC}t}\right) = \frac{E}{R}e^{-\frac{1}{RC}t}$$

**답** ③

---

**75** 다음과 같은 회로에서 a, b 양단의 전압은 몇 [V]인가?

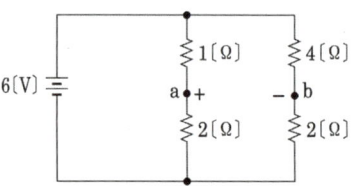

① 1   ② 2
③ 2.5  ④ 3.5

**풀이** a, b 양단의 전압은 1[Ω]과 4[Ω]에서의 전압차와 같으므로, 전압분배 법칙을 적용하여 구하면 다음과 같다.

$$V_a = \frac{1}{1+2} \times 6 = 2[V]$$
$$V_b = \frac{4}{4+2} \times 6 = 4[V]$$
$$\therefore V_{ab} = 4 - 2 = 2[V]$$

**답** ②

**76** 출력이 $F(s) = \dfrac{3s+2}{s(s^2+2s+6)}$ 로 표시되는 제어계가 있다. 이 계의 시간함수 $f(t)$의 정상값은?

① 3  ② 2  ③ $\dfrac{1}{3}$  ④ $\dfrac{1}{6}$

**풀이** 최종값 정리에 의해서
$$\lim_{t\to\infty} f(t) = \lim_{s\to 0} sF(s) = \lim_{s\to 0} s\dfrac{3s+2}{s(s^2+2s+6)}$$
$$= \dfrac{2}{6} = \dfrac{1}{3}$$
**답** ③

**77** 회로의 양 단자에서 테브난의 정리에 의한 등가회로로 변환할 경우 $V_{ab}$ 전압과 테브난 등가저항은?

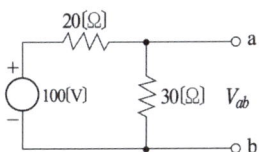

① 60[V], 12[Ω]  ② 60[V], 15[Ω]
③ 50[V], 15[Ω]  ④ 50[V], 50[Ω]

**풀이** • 30[Ω]에 인가되는 전압
$$V_{ab} = 100 \times \dfrac{30}{20+30} = 60[V]$$

• 단자에서 전원측으로 본 전체 저항 (이때 전압원은 단락)
$$R_{th} = \dfrac{20 \times 30}{20+30} = 12[\Omega]$$
**답** ①

**78** 그림과 같은 회로에서 최대 눈금 15[A]의 직류 전류계 2개를 접속하고 전류 20[A]를 흘리면 각 전류계의 지시는 몇 [A]인가? (단, 전류계 최대 눈금의 전압강하는 $A_1$이 75[mV], $A_2$가 50[mV]임.)

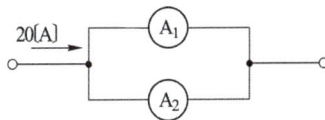

① 2, 18  ② 4, 16
③ 6, 14  ④ 8, 12

**풀이** 전류계 내부 저항
$$R_1 = \dfrac{e_1}{I_1} = \dfrac{75 \times 10^{-3}}{15} = 5 \times 10^{-3}[\Omega]$$
$$R_2 = \dfrac{e_2}{I_2} = \dfrac{50 \times 10^{-3}}{15} = 3.33 \times 10^{-3}[\Omega]$$

전류 분배 법칙에 의해 각 전류계에 흐르는 전류 $A_1$, $A_2$는
$$A_1 = \dfrac{R_2}{R_1+R_2} \times I = \dfrac{3.33 \times 10^{-3}}{5 \times 10^{-3} + 3.33 \times 10^{-3}} \times 20$$
$$= 8[A]$$
$$A_2 = I - A_1 = 20 - 8 = 12[A]$$
**답** ④

**79** 불평형 3상 전류가 $I_a = 15 + j2[A]$, $I_b = -20 - j14[A]$, $I_c = -3 + j10[A]$ 일 때의 영상전류 $I_0$는?

① $2.85 + j0.36[A]$
② $-2.67 - j0.67[A]$
③ $1.57 - j3.25[A]$
④ $12.67 + j2[A]$

**풀이** $I_0 = \dfrac{1}{3}(I_a + I_b + I_c)$
$$= \dfrac{1}{3}(15+j2-20-j14-3+j10) = \dfrac{1}{3}(-8-j2)$$
$$= -2.67 - j0.67[A]$$
**답** ②

**80** 최대값 100[V], 주파수 60[Hz]인 정현파 전압이 $t=0$에서 순시값이 50[V]이고, 이 순간에 전압이 감소하고 있을 경우의 정현파의 순시값 식은?

① $100\sin(120\pi t + 45°)$
② $100\sin(120\pi t + 135°)$
③ $100\sin(120\pi t + 150°)$
④ $100\sin(120\pi t + 30°)$

**풀이** $v = 100\sin(\omega t + 150°)$

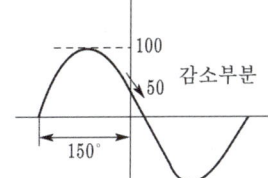

**답** ③

## 2025년 2회 _ 전기산업기사·공사산업기사

**61** 30[Ω]의 저항과 40[Ω]의 유도성 리액턴스가 병렬로 연결되어 있다. 이 $R-L$ 병렬회로에 $v=220\sqrt{2}\sin 377t$[V]의 전압을 가할 때 전원에 흐르는 전류[A]는 약 얼마인가?

① $i = 12.96\sin(377t - 36.87°)$
② $i = 9.17\sin(377t - 36.87°)$
③ $i = 12.96 \angle -36.87°$
④ $i = 10.37 + j7.78$

**풀이** 전류 $I = I_R + I_L = \dfrac{E}{R} + \dfrac{E}{jX_L} = \dfrac{220}{30} + \dfrac{220}{j40}$
$= 7.33 - j5.5 = 9.16 \angle -36.87$[A]
$\therefore i = \sqrt{2} \times 9.16\sin(377t - 36.87°)$
$= 12.96\sin(377t - 36.87°)$[A]  **답** ①

**62** 전압 200[V]의 3상 회로에 그림과 같은 평형 부하를 접속했을 때 선전류 $I$[A]는?
(단, $r = 9[\Omega]$, $\dfrac{1}{\omega C} = 4[\Omega]$이다.)

① 48.1
② 38.5
③ 28.9
④ 115.5

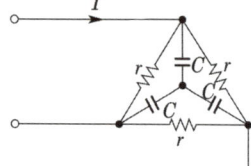

**풀이**
• 부하를 Y변환하면 1상의 어드미턴스는
$Y = \dfrac{1}{3} + j\dfrac{1}{4}$[Ω]
• 따라서 선전류는
$I = YV_p = \left(\dfrac{1}{3} + j\dfrac{1}{4}\right) \cdot \dfrac{200}{\sqrt{3}}$
$= \dfrac{200}{\sqrt{3}}\sqrt{\left(\dfrac{1}{3}\right)^2 + \left(\dfrac{1}{4}\right)^2} = 48.1$[A]

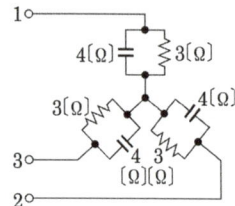

**답** ①

**63** 3상 3선식 회로에서 $V_a = -j6$[V], $V_b = -8 + j6$[V], $V_c = 8$[V]일 때 정상분 전압은 몇 [V]가 되는가?

① 0
② $0.33 \angle 37°$
③ $2.37 \angle 43°$
④ $7.82 \angle 257°$

**풀이** $V_1 = \dfrac{1}{3}(V_a + aV_b + a^2V_c)$
$= \dfrac{1}{3}\left\{-j6 + \left(-\dfrac{1}{2} + j\dfrac{\sqrt{3}}{2}\right)(-8 + j6)\right.$
$\left.+ \left(-\dfrac{1}{2} - j\dfrac{\sqrt{3}}{2}\right) \times 8\right\}$
$\fallingdotseq 1.73 - j7.6 = 7.82 \angle 257°$[V]  **답** ④

**64** $R-L$ 직렬 회로에
$v = 10 + 100\sqrt{2}\sin\omega t + 50\sqrt{2}\sin(3\omega t + 60°)$
$+ 60\sqrt{2}\sin(5\omega t + 30°)$[V]인
전압을 가할 때 제3고조파 전류의 실효값[A]은? 단, $R = 8[\Omega]$, $\omega L = 2[\Omega]$이다.

① 1
② 3
③ 5
④ 7

**풀이** 유도성 리액턴스($\omega L$)는 주파수와 비례하는 관계에 있다. 따라서, 제3고조파 전류
$I_3 = \dfrac{V_3}{Z_3} = \dfrac{V_3}{\sqrt{R^2 + (3\omega L)^2}} = \dfrac{50}{\sqrt{8^2 + (3 \times 2)^2}} = 5$[A]  **답** ③

**65** 그림과 같은 구형파의 라플라스 변환은?

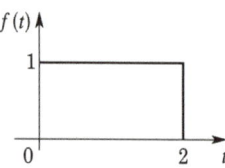

① $\dfrac{1}{s}(1 - e^{-s})$
② $\dfrac{1}{s}(1 + e^{-s})$
③ $\dfrac{1}{s}(1 - e^{-2s})$
④ $\dfrac{1}{s}(1 + e^{-2s})$

**풀이**

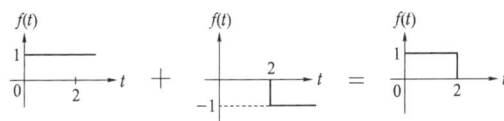

$f(t) = u(t) - u(t-2)$

$\therefore F(s) = \mathcal{L}[f(t)] = \mathcal{L}[u(t) - u(t-2)]$

$= \dfrac{1}{s} - \dfrac{1}{s}e^{-2s} = \dfrac{1}{s}(1 - e^{-2s})$ 　　답 ③

**66** 3상 부하가 Y결선으로 되었다. 각 상의 임피던스가 각각 $Z_a = 3[\Omega]$, $Z_b = 3[\Omega]$, $Z_c = j3$ [Ω]이다. 이 부하의 영상 임피던스[Ω]는?

① $6 + j3$ 　　② $3 + j3$
③ $3 + j6$ 　　④ $2 + j$

**풀이** 영상 임피던스

$Z_0 = \dfrac{1}{3}(Z_a + Z_b + Z_c) = \dfrac{1}{3}(3 + 3 + j3) = 2 + j[\Omega]$ 　　답 ④

**67** 다음 회로에 대한 설명으로 옳은 것은?

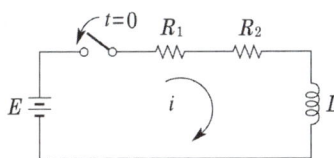

① 이 회로의 시정수는 $\dfrac{L}{R_1 + R_2}$ 이다.

② 이 회로의 특성근은 $\dfrac{R_1 + R_2}{L}$ 이다.

③ 정상 전류값은 $\dfrac{E}{R_2}$ 이다.

④ 이 회로의 전류값은
$i(t) = \dfrac{E}{R_1 + R_2}\left(1 - e^{-\frac{L}{R_1+R_2}t}\right)$ 이다.

**풀이** ① 시정수 $\tau = \dfrac{L}{R_1 + R_2}$

② 특성근은 $-\dfrac{R_1 + R_2}{L}$ 이며, 항상 (-)의 값을 갖는다.

③ 정상 전류값은 $I = \dfrac{E}{R_1 + R_2}$[A]이다.

④ 회로의 전류값은
$i(t) = \dfrac{E}{R_1 + R_2}\left(1 - e^{-\frac{R_1+R_2}{L}t}\right)$ 이다. 　　답 ①

**68** 임피던스 궤적이 직선일 때 이의 역수인 어드미턴스 궤적은?

① 원점을 통하는 직선
② 원점을 통하지 않는 직선
③ 원점을 통하는 원
④ 원점을 통하지 않는 원

**풀이** 직선 궤적의 역궤적은 원점을 통과하는 반원이다. 　　답 ③

**69** $RLC$ 직렬회로에서 공진 시의 전류는 공급 전압에 대하여 어떤 위상차를 갖는가?

① $0°$ 　　② $90°$
③ $180°$ 　　④ $270°$

**풀이** 임피던스 $Z = R + j\left(\omega L - \dfrac{1}{\omega C}\right)[\Omega]$ 에서

직렬공진은 리액턴스 성분이 0($j\omega L = \dfrac{1}{j\omega C}$)이 되므로

공진 시 전압과 전류는 동상(0°)이 되고 전류는 최대로 된다. 　　답 ①

**70** 코일의 권수 $N = 1000$회이고, 코일의 저항 $R = 10[\Omega]$이다. 전류 $I = 10$[A]를 흘릴 때 코일의 권수 1회에 대한 자속이 $\phi = 3 \times 10^{-2}$ [Wb]이라면 이 회로의 시정수[s]는?

① 0.3 　　② 0.4
③ 3.0 　　④ 4.0

**풀이** 코일의 인덕턴스 $L = \dfrac{N\phi}{I} = \dfrac{1000 \times 3 \times 10^{-2}}{10} = 3$[H]

따라서, 시정수 $\tau = \dfrac{L}{R} = \dfrac{3}{10} = 0.3$[s] 　　답 ①

**71** 정전용량 $C$[F]인 콘덴서를 $V_c$[V]까지 충전한 뒤, 저항 $R$[Ω]에 직렬 연결하여 방전시켰다. $t_1$[s] 후 전압이 $V$[V]로 감소하였을 때 정전용량 $C$[F]을 나타낸 식은?

① $\dfrac{t_1}{R\ln\left(\dfrac{V}{V_c}\right)}$  ② $\dfrac{t_1}{R\ln\left(\dfrac{V_c}{V}\right)}$

③ $\dfrac{\ln\left(\dfrac{V}{V_c}\right)t_1}{R}$  ④ $\dfrac{\ln\left(\dfrac{V_c}{V}\right)t_1}{R}$

**풀이** $t_1$[s] 후 저항 양단에 감소한 전압 $V=V_C e^{-\frac{1}{RC}t_1}$

$\dfrac{V}{V_C}=e^{-\frac{1}{RC}t_1}$, $\ln\left(\dfrac{V}{V_C}\right)=\ln e^{-\frac{1}{RC}t_1}$

$\ln\left(\dfrac{V}{V_C}\right)=-\dfrac{t_1}{RC}$, $C=-\dfrac{t_1}{R\ln\left(\dfrac{V}{V_C}\right)}$

여기서
$-\ln\left(\dfrac{V}{V_C}\right)=-(\ln V-\ln V_C)=\ln V_C-\ln V=\ln\left(\dfrac{V_C}{V}\right)$

$\therefore C=\dfrac{1}{R\ln\left(\dfrac{V_C}{V}\right)}t_1$  **답** ②

**72** $\cos\omega t$의 라플라스 변환은?

① $\dfrac{s}{s^2-\omega^2}$  ② $\dfrac{s}{s^2+\omega^2}$

③ $\dfrac{\omega}{s^2-\omega^2}$  ④ $\dfrac{\omega}{s^2+\omega^2}$

**풀이** $f(t)=\cos\omega t$에 대한 라플라스 변환은

$\mathcal{L}[f(t)]=\mathcal{L}[\cos\omega t]=\int_0^\infty \cos\omega t\, e^{-st}dt$ 이고,

$\cos\omega t=\dfrac{e^{j\omega t}+e^{-j\omega t}}{2}$ 이므로

$\therefore \mathcal{L}[\cos\omega t]=\int_0^\infty \cos\omega t\, e^{-st}dt$
$=\dfrac{1}{2}\int_0^\infty (e^{j\omega t}+e^{-j\omega t})e^{-st}dt$
$=\dfrac{1}{2}\int_0^\infty (e^{-(s-j\omega)t}+e^{-(s+j\omega)t})dt$
$=\dfrac{1}{2}\left(\dfrac{1}{s-j\omega}+\dfrac{1}{s+j\omega}\right)=\dfrac{s}{s^2+\omega^2}$  **답** ②

**73** 평형 3상 3선식 회로가 있다. 부하는 Y결선이고 $V_{ab}=100\sqrt{3}\angle 0°$[V]일 때 $I_a=20\angle -120°$[A]이었다. Y결선된 부하 한 상의 임피던스는 몇 [Ω]인가?

① $5\angle 60°$  ② $5\sqrt{3}\angle 60°$
③ $5\angle 90°$  ④ $5\sqrt{3}\angle 90°$

**풀이** Y결선에서 선전류 = 상전류, 선간 전압
$=\sqrt{3}\times$상전압 $\angle 30°$이므로

상전압
$V_a=\dfrac{V_{ab}}{\sqrt{3}}\angle -30°=\dfrac{100\sqrt{3}}{\sqrt{3}}\angle -30°$
$=100\angle -30°$[V]

$\therefore Z_a=\dfrac{V_a}{I_a}=\dfrac{100\angle -30°}{20\angle -120°}=5\angle 90°$[Ω]  **답** ③

**74** 왜형파 전압
$v=100\sqrt{2}\sin\omega t+50\sqrt{2}\sin 2\omega t$
$\quad +30\sqrt{2}\sin 3\omega t$

왜형률을 구하면?

① 1.0  ② 0.8
③ 0.5  ④ 0.3

**풀이** 왜형률 $=\dfrac{\text{전 고조파의 실효값}}{\text{기본파의 실효값}}$
$=\dfrac{\sqrt{V_2^2+V_3^2}}{V_1}=\dfrac{\sqrt{50^2+30^2}}{100}$
$=0.58\fallingdotseq 0.5$  **답** ③

**75** $V=50\sqrt{3}-j50$[V], $I=15\sqrt{3}+j15$[A]일 때 유효전력 $P$[W]와 무효전력 $Q$[Var]는 각각 얼마인가?

① $P=3000$, $Q=-1500$
② $P=1500$, $Q=-1500\sqrt{3}$
③ $P=750$, $Q=-750\sqrt{3}$
④ $P=2250$, $Q=-1500\sqrt{3}$

**풀이** 피상전력 $P_a=V\overline{I}=(50\sqrt{3}-j50)\times(15\sqrt{3}-j15)$
$=1500-j1500\sqrt{3}$[VA]

따라서 유효전력 $P=1500$[W],
무효전력 $Q=-1500\sqrt{3}$[Var]  **답** ②

**76** 그림의 회로에서 전원 주파수가 일정할 경우 평형 조건은?

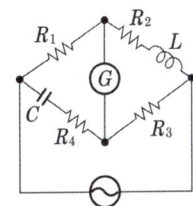

① $R_1R_3 - R_2R_4 = \dfrac{L}{C},\ \dfrac{R_4}{R_2} = \dfrac{1}{\omega^2 LC}$

② $R_1R_3 + R_2R_4 = \dfrac{L}{C},\ \dfrac{R_4}{R_2} = \dfrac{1}{\omega^2 LC}$

③ $R_1R_3 - R_2R_4 = \dfrac{L}{C},\ \dfrac{R_4}{R_2} = \dfrac{L}{C}$

④ $R_1R_3 + R_2R_4 = \dfrac{L}{C},\ \dfrac{R_4}{R_2} = \dfrac{L}{C}$

**풀이** 브리지 평형 조건에서
$R_1R_3 = (R_2 + j\omega L)\left(R_4 - j\dfrac{1}{\omega C}\right)$
$= \left(R_2R_4 + \dfrac{L}{C}\right) + j\left(\omega LR_4 - \dfrac{R_2}{\omega C}\right)$

양변의 실수부와 허수부는 같으므로
$R_1R_3 = R_2R_4 + \dfrac{L}{C}\quad \therefore\ R_1R_3 - R_2R_4 = \dfrac{L}{C}$

또, $\omega LR_4 = \dfrac{R_2}{\omega C}\quad \therefore\ \dfrac{R_4}{R_2} = \dfrac{1}{\omega^2 LC}$  **답** ①

**77** 그림의 회로에서 단자 a, b에 3[Ω]의 저항을 연결할 때 저항에서의 소비 전력은 몇[W]인가?

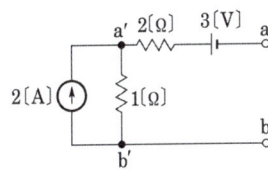

① 1/12  ② 1/3
③ 1    ④ 12

**풀이**
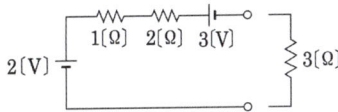

문제의 그림에서 전류원을 전압원으로 등가하면,
전류 $I = \dfrac{V}{R} = \dfrac{3-2}{1+2+3} = \dfrac{1}{6}$[A]

따라서 전력 $P = I^2R = \left(\dfrac{1}{6}\right)^2 \cdot 3 = \dfrac{3}{36} = \dfrac{1}{12}$[W]

**답** ①

**78** 주기적인 구형파 신호의 구성은?

① 직류성분만으로 구성된다.
② 기본파 성분만으로 구성된다.
③ 고조파 성분만으로 구성된다.
④ 직류 성분, 기본파 성분, 무수히 많은 고조파 성분으로 구성된다.

**풀이** 주기적인 비정현파는 일반적으로 푸리에 급수에 의해 표시되므로 무수히 많은 주파수의 합성이다.  **답** ④

**79** $i = 2t^2 + 8t$[A]로 표시되는 전류를 도선에 3[sec] 동안 흘렸을 때 통과한 전 전기량은 몇 [C]인가?

① 18   ② 48
③ 54   ④ 61

**풀이** 전기량 $Q = \displaystyle\int_0^t i\,dt = \int_0^3 (2t^2 + 8t)dt$
$= \left[\dfrac{2}{3}t^3 + 4t^2\right]_0^3 = 54$[C]  **답** ③

**80** 그림의 $R-L-C$ 직렬회로에서 입력을 전압 $e_i(t)$, 출력을 전류 $i(t)$로 할 때 이 계의 전달함수는?

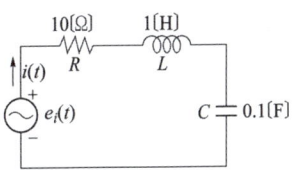

① $\dfrac{s}{s^2 + 10s + 10}$  ② $\dfrac{10s}{s^2 + 10s + 10}$

③ $\dfrac{s}{s^2 + s + 1}$     ④ $\dfrac{10s}{s^2 + s + 1}$

풀이) $G(s) = \dfrac{I(s)}{V(s)} = \dfrac{1}{Z(s)} = \dfrac{1}{R + Ls + \dfrac{1}{Cs}}$

$= \dfrac{1}{10 + s + \dfrac{10}{s}} = \dfrac{s}{s^2 + 10s + 10}$ 답 ①

풀이) $\begin{bmatrix} A & B \\ C & D \end{bmatrix} = \begin{bmatrix} 1 & 4 \\ 0 & 1 \end{bmatrix} \begin{bmatrix} 1 & 0 \\ \dfrac{1}{5} & 1 \end{bmatrix} = \begin{bmatrix} 1+\dfrac{4}{5} & 4 \\ \dfrac{1}{5} & 1 \end{bmatrix}$

$A = 1 + \dfrac{4}{5} = \dfrac{9}{5}$, $B = 4$, $C = \dfrac{1}{5}$, $D = 1$ 이므로

$Z_{01} = \sqrt{\dfrac{AB}{CD}} = \sqrt{\dfrac{\dfrac{9}{5} \times 4}{\dfrac{1}{5} \times 1}} = 6[\Omega]$

$Z_{02} = \sqrt{\dfrac{BD}{AC}} = \sqrt{\dfrac{4 \times 1}{\dfrac{9}{5} \times \dfrac{1}{5}}} = 3.33[\Omega]$ 답 ③

## 2025년 - 3회 _ 전기산업기사·공사산업기사

**61** 그림과 같은 순저항으로 된 회로에 대칭 3상 전압을 가했을 때 각 선에 흐르는 전류가 같으려면 $R[\Omega]$의 값은?

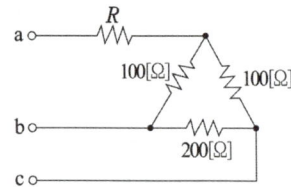

① 20　　② 25
③ 30　　④ 35

풀이) △저항을 Y저항으로 변환하면 그림과 같다.

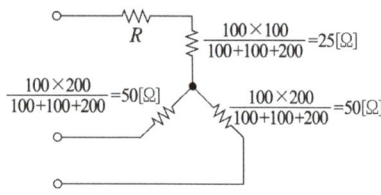

각 선전류가 같기 위해서는 각 선저항이 같아야 하므로 $R + 25 = 50$ 이어야 한다.
∴ $R = 50 - 25 = 25[\Omega]$ 답 ②

**62** 회로의 영상 임피던스 $Z_{01}$과 $Z_{02}$는 각각 몇 $[\Omega]$인가?

① 6, 5
② 4, 5
③ 6, 3.33
④ 4, 3.33

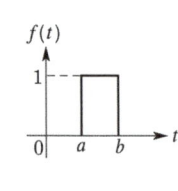

**63** 그림과 같이 높이가 1인 펄스의 라플라스 변환은?

① $\dfrac{1}{s}(e^{-as} + e^{-bs})$

② $\dfrac{1}{a-b}\left(\dfrac{e^{-as} + e^{-bs}}{1}\right)$

③ $\dfrac{1}{s}(e^{-as} - e^{-bs})$

④ $\dfrac{1}{a-b}\left(\dfrac{e^{-as} - e^{-bs}}{s}\right)$

풀이)

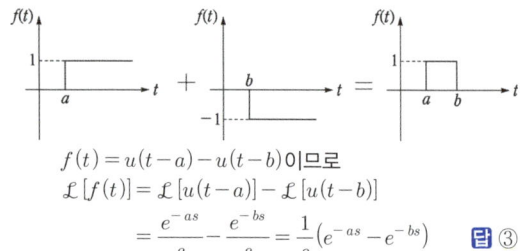

$f(t) = u(t-a) - u(t-b)$ 이므로
$\mathcal{L}[f(t)] = \mathcal{L}[u(t-a)] - \mathcal{L}[u(t-b)]$
$= \dfrac{e^{-as}}{s} - \dfrac{e^{-bs}}{s} = \dfrac{1}{s}(e^{-as} - e^{-bs})$ 답 ③

**64** 각 상의 전류가
$i_a = 30\sin\omega t$[A], $i_b = 30\sin(\omega t - 90°)$[A],
$i_c = 30\sin(\omega t + 90°)$[A]일 때
영상분 전류[A]의 순시치는?

① $10\sin\omega t$　　② $10\sin\dfrac{\omega t}{3}$

③ $30\sin\omega t$　　④ $\dfrac{30}{\sqrt{3}}\sin(\omega t + 45°)$

**풀이**
- 정현파를 phasor로 표시하면
$i_a = 30\angle 0° = 30[A]$, $i_b = 30\angle -90° = -j30[A]$
$i_c = 30\angle 90° = j30[A]$
- 영상전류
$i_o = \frac{1}{3}(i_a + i_b + i_c) = \frac{1}{3}\times(30 - j30 + j30) = 10[A]$
따라서 순시전류 $i = 10\sin\omega t [A]$   **답** ①

**65** $F(s) = \dfrac{s+1}{s^2 + 2s}$ 의 역라플라스 변환은?

① $\dfrac{1}{2}(1 - e^{-t})$   ② $\dfrac{1}{2}(1 - e^{-2t})$
③ $\dfrac{1}{2}(1 + e^{t})$   ④ $\dfrac{1}{2}(1 + e^{-2t})$

**풀이**
$F(s) = \dfrac{s+1}{s(s+2)} = \dfrac{A}{s} + \dfrac{B}{s+2}$ 에서
$A = \dfrac{s+1}{s+2}\bigg|_{s=0} = \dfrac{1}{2}$,
$B = \dfrac{s+1}{s}\bigg|_{s=-2} = \dfrac{-2+1}{-2} = \dfrac{1}{2}$ 이므로
$F(s) = \dfrac{\frac{1}{2}}{s} + \dfrac{\frac{1}{2}}{s+2} = \dfrac{1}{2}\left(\dfrac{1}{s} + \dfrac{1}{s+2}\right)$
$\therefore \mathcal{L}^{-1}[F(s)] = \dfrac{1}{2}(1 + e^{-2t})$   **답** ④

**66** 용량이 50[kVA]인 단상 변압기 3대를 △결선하여 3상으로 운전하는 중 1대의 변압기에 고장이 발생하였다. 나머지 2대의 변압기를 이용하여 3상 V결선으로 운전하는 경우 최대 출력은 몇 [kVA]인가?

① $30\sqrt{3}$   ② $50\sqrt{3}$
③ $100\sqrt{3}$   ④ $200\sqrt{3}$

**풀이** 변압기 1개의 출력을 $P_1$이라 하면
V결선 시 출력
$P_V = \sqrt{3}P_1 = \sqrt{3}\times 50 = 50\sqrt{3}[kVA]$   **답** ②

**67** 그림에서 10[Ω]의 저항에 흐르는 전류는 몇 [A]인가?

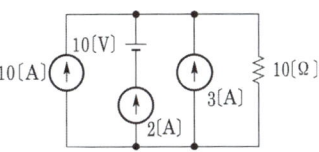

① 16   ② 15   ③ 14   ④ 13

**풀이** 중첩의 정리에 의해 하나의 전원을 택하고, 나머지 전원 중 전압원은 단락, 전류원은 개방하여 정리하면 저항에 흐르는 전류 $I_R = 10 + 2 + 3 = 15[A]$   **답** ②

**68** 그림과 같은 주기 전압파에 있어서 0으로부터 0.02초의 사이에서는 $e = 5\times 10^4(t - 0.02)^2$ [V]로 표시되고 0.02초에서부터 0.04초까지는 $e = 0$이다. 전압의 평균값은 약 얼마인가?

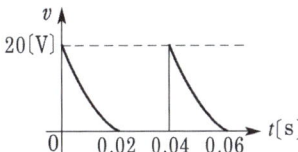

① 2.2   ② 3.3   ③ 4.5   ④ 5.5

**풀이**
$V_{ab} = \dfrac{1}{T}\int_0^{\frac{T}{2}} v\,dt = \dfrac{1}{0.04}\int_0^{0.02} 5\times 10^4(t - 0.02)^2 dt$
$= \dfrac{5\times 10^4}{0.04}\left[\dfrac{1}{3}(t - 0.02)^3\right]_0^{0.02} \fallingdotseq 3.33[V]$   **답** ②

**69** 전기회로의 입력을 $V_1$, 출력을 $V_2$라고 할 때 전달함수는? (단, $s = j\omega$이다.)

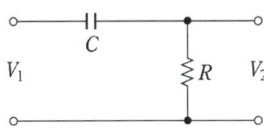

① $\dfrac{1}{R + \dfrac{1}{j\omega C}}$   ② $\dfrac{1}{j\omega + \dfrac{1}{RC}}$
③ $\dfrac{j\omega}{j\omega + \dfrac{1}{RC}}$   ④ $\dfrac{j\omega}{R + \dfrac{1}{j\omega C}}$

**풀이**
$$G(s) = \frac{V_2(s)}{V_1(s)} = \frac{R}{R + \frac{1}{Cs}} = \frac{RCs}{RCs+1}$$
$$= \frac{s}{s + \frac{1}{RC}} = \frac{j\omega}{j\omega + \frac{1}{RC}}$$
답 ③

**70** $\phi$가 0에서 $\pi$까지는 $i = 20[A]$, $\pi$에서 $2\pi$까지는 $i = 0[A]$인 파형을 푸리에 급수로 전개할 때 $a_0$는?

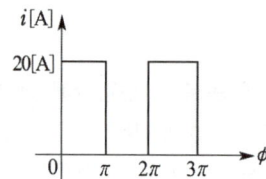

① 5  ② 7.07
③ 10  ④ 14.14

**풀이**
$$a_0 = \frac{1}{2\pi}\int_0^\pi i\, d(\phi) = \frac{1}{2\pi}\int_0^\pi 20\, d(\phi)$$
$$= \frac{20}{2\pi} \cdot \pi = 10[A]$$
답 ③

**71** 그림과 같은 회로망에서 전류를 계산하는데 옳게 표시된 것은?

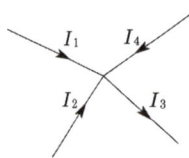

① $I_1 + I_2 + I_3 + I_4 = 0$
② $I_1 + I_2 - I_3 + I_4 = 0$
③ $I_1 + I_4 = I_2 + I_3$
④ $I_1 + I_2 - I_4 = I_3$

**풀이** 키르히호프의 전류 법칙 (제 1 법칙) 답 ②

**72** 전압비 $a$인 단상변압기 3대를 1차 △결선, 2차 Y결선으로 하고 1차에 선간전압 $V[V]$를 가했을 때 무부하 2차 선간전압[V]은?

① $\frac{V}{a}$  ② $\frac{a}{V}$
③ $\sqrt{3}\,\frac{V}{a}$  ④ $\sqrt{3}\,\frac{a}{V}$

**풀이**
- 1차 △결선 : 전압비 $a = \frac{E_1}{E_2}$ 이고,
  △결선 시 '선간전압 = 상전압' 이므로,
  2차 상전압 $E_2 = \frac{E_1}{a} = \frac{V}{a}$
- 2차 Y결선 :
  Y결선이므로 선간전압은 상전압의 $\sqrt{3}$ 배이다.
  따라서, 무부하 2차 선간전압 $= \sqrt{3}\,E_2 = \sqrt{3}\,\frac{V}{a}[V]$
답 ③

**73** $R-C$ 직렬 회로에 $t = 0$일 때 직류 전압 10[V]를 인가하면, $t = 0.1$초 때 전류[mA]의 크기는? 단, $R = 1000[\Omega]$, $C = 50[\mu F]$이고, 처음부터 정전 용량의 전하는 없었다고 한다.

① 약 2.25  ② 약 1.8
③ 약 1.35  ④ 약 2.4

**풀이**
$i = \frac{E}{R}e^{-\frac{1}{RC}t}$ 에서 $t = 0.1$이므로
전류 $i = \frac{10}{1000}e^{-\frac{0.1}{1000 \times 50 \times 10^{-6}}} = \frac{1}{100}e^{-2}$
$\fallingdotseq 1.35[mA]$
답 ③

**74** 0.2[H]의 인덕터와 150[Ω]의 저항을 직렬로 접속하고 220[V] 상용교류를 인가하였다. 1시간 동안 소비된 전력량은 약 몇 [Wh]인가?

① 209.6  ② 226.4
③ 257.6  ④ 286.9

**풀이** 리액턴스 $X_L = \omega L = 2\pi f L = 2\pi \times 60 \times 0.2 \fallingdotseq 75.4[\Omega]$
전류 $I = \frac{V}{Z} = \frac{V}{\sqrt{R^2 + X_L^2}} = \frac{220}{\sqrt{150^2 + 75.4^2}}$
$\fallingdotseq 1.31[A]$
$\therefore W = P \cdot t = I^2 R \cdot t = 1.31^2 \times 150 \times 1$
$\fallingdotseq 257.6[Wh]$
답 ③

**75** 저항 $R$인 검류계 G에 그림과 같이 $r_1$인 저항을 병렬로, 또 $r_2$인 저항을 직렬로 접속하였을 때 A, B단자 사이의 저항을 $R$과 같게 하고 또한 G에 흐르는 전류를 전 전류의 $1/n$로 하기 위한 $r_1[\Omega]$의 값은?

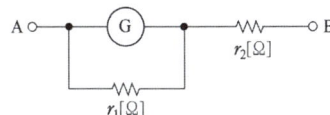

① $\dfrac{n-1}{R}$    ② $R\left(1-\dfrac{1}{n}\right)$

③ $\dfrac{R}{n-1}$    ④ $R\left(1+\dfrac{1}{n}\right)$

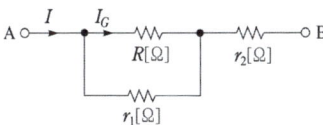

전 전류를 $I$, 검류계에 흐르는 전류를 $I_G$라고 하면
$I_G = \dfrac{1}{n}I = \dfrac{r_1}{R+r_1} \times I$ 이므로

∴ $r_1 = \dfrac{R}{n-1}$    답 ③

**76** 다음 보기 중 전구에 불이 들어오지 않는 경우는?

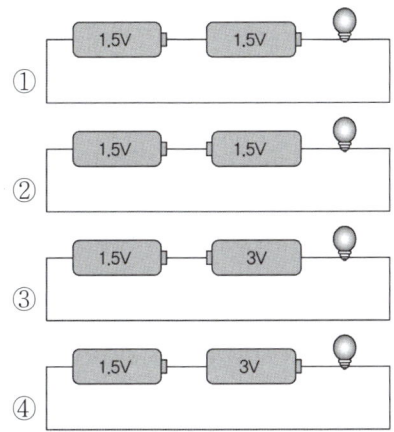

②번 보기의 그림은 1.5V 건전지 두 개가 극성이 반대로 직렬연결 되었으므로.
$V = 1.5 - 1.5 = 0[V]$
따라서 전위차가 없어 전구에 불이 들어오지 않는다.
답 ②

**77** L형 4단자 회로망에서 $R_1$, $R_2$를 정합하기 위한 $Z_1$은? (단, $R_2 > R_1$이다.)

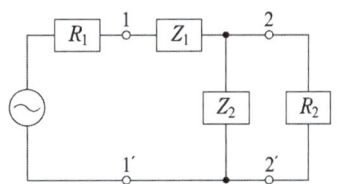

① $\pm jR_2\sqrt{\dfrac{R_1}{R_2-R_1}}$

② $\pm jR_1\sqrt{\dfrac{R_1}{R_2-R_1}}$

③ $\pm j\sqrt{R_2(R_2-R_1)}$

④ $\pm j\sqrt{R_1(R_2-R_1)}$

단자 11'의 영상 임피던스 $Z_{01}$, 단자 22'의 영상 임피던스 $Z_{02}$라 할 때 정합 조건은

$R_1 = Z_{01} = \sqrt{Z_1(Z_1+Z_2)}$, $R_2 = Z_{02} = \sqrt{\dfrac{Z_1 Z_2^2}{Z_1+Z_2}}$

두 관계식에서 $Z_1$을 구한다.

$R_1^2 = Z_1(Z_1+Z_2) \rightarrow Z_1+Z_2 = \dfrac{R_1^2}{Z_1}$

$R_2^2 = \dfrac{Z_1 Z_2^2}{Z_1+Z_2} \rightarrow R_2^2 = \dfrac{Z_1^2 Z_2^2}{R_1^2}$

∴ $R_2 = \dfrac{Z_1 Z_2}{R_1}$

$Z_1 = \dfrac{R_1 R_2}{Z_2}$ ($Z_2 = \dfrac{R_1^2}{Z_1} - Z_1 = \dfrac{R_1^2 - Z_1^2}{Z_1}$)

∴ $Z_1 = \dfrac{R_1 R_2 Z_1}{R_1^2 - Z_1^2} \rightarrow R_1^2 - Z_1^2 = R_1 R_2$

$\rightarrow Z_1^2 = R_1^2 - R_1 R_2$

$Z_1 = \pm\sqrt{R_1(R_1-R_2)}$에서 $R_2 > R_1$이므로

∴ $Z_1 = \pm j\sqrt{R_1(R_2-R_1)}$    답 ④

**78** 그림에서 단자 a, b에 나타나는 전압 $V_{ab}$는 몇 [V]인가?

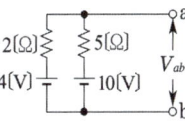

① 3.4    ② 4.3
③ 5.7    ④ 6.5

**풀이** 밀만의 정리에 의해

$$V_{ab} = \frac{\sum \frac{E}{Z}}{\sum \frac{1}{Z}} = \frac{\frac{4}{2} + \frac{10}{5}}{\frac{1}{2} + \frac{1}{5}} = \frac{40}{7} \fallingdotseq 5.7$$

**답** ③

**79** 파형의 파형률 값이 잘못된 것은?

① 정현파의 파형률은 1.414이다.
② 톱니파의 파형률은 1.155이다.
③ 전파 정류파의 파형률은 1.11이다.
④ 반파 정류파의 파형률은 1.571이다.

**풀이**

$$\text{정현파의 파형률} = \frac{\text{실효값}}{\text{평균값}} = \frac{\frac{1}{\sqrt{2}} I_m}{\frac{2}{\pi} I_m} = \frac{\pi}{2\sqrt{2}} = 1.11$$

**답** ①

**80** △결선된 저항 부하를 Y결선으로 바꾸면 소비전력은 어떻게 되겠는가? 단, 저항과 선간 전압은 일정하다.

① 3배  ② 9배
③ $\frac{1}{9}$배  ④ $\frac{1}{3}$배

**풀이**
- △결선 시 소비전력

$$P_\triangle = 3I^2 R = 3\left(\frac{V}{R}\right)^2 R = 3 \cdot \frac{V^2}{R}$$

- Y결선 시 소비전력 : Y결선 시 상전압은 선간 전압의 $\frac{1}{\sqrt{3}}$이므로

$$P_Y = 3\left(\frac{\frac{V}{\sqrt{3}}}{R}\right)^2 \cdot R = 3 \cdot \frac{V^2}{3R} = \frac{V^2}{R}$$

$$\therefore \frac{P_Y}{P_\triangle} = \frac{\frac{V^2}{R}}{\frac{3V^2}{R}} = \frac{1}{3} \rightarrow P_Y = \frac{1}{3} P_\triangle$$

**답** ④

## 전기기사시리즈 2
# 회로이론

| | |
|---|---|
| 발　　행 / 2025년 12월 30일 | 저자와의<br>협의에<br>따라<br>인지생략 |
| 저　　자 / 검정연구회 | |
| 펴 낸 이 / 정 창 희 | |
| 펴 낸 곳 / 동일출판사 | |
| 주　　소 / 서울시 강서구 곰달래로31길7 (2층) | |
| 전　　화 / 02) 2608-8250 | |
| 팩　　스 / 02) 2608-8265 | |
| 등록번호 / 제109-90-92166호 | |

ISBN 978-89-381-1735-9 13560
값 / 22,000원

이 책은 저작권법에 의해 저작권이 보호됩니다. 동일출판사 발행인의 승인자료 없이 무단 전재하거나 복제하는 행위는 저작권법 제136조에 의해 5년 이하의 징역 또는 5,000만원 이하의 벌금에 처하거나 이를 병과(倂科)할 수 있습니다.